水利水电工程建设与运行管理技术新进展

——中国大坝工程学会2016学术年会论文集

贾金生　谢小平　姚栓喜　王鹏禹
张文山　何小雄　刘　斌　周孝德　主编

黄河水利出版社
·郑州·

图书在版编目(CIP)数据

水利水电工程建设与运行管理技术新进展:中国大坝工程学会2016学术年会论文集/贾金生等主编.—郑州:黄河水利出版社,2016.9

ISBN 978-7-5509-1557-2

Ⅰ.①水… Ⅱ.①贾… Ⅲ.①水库-大坝-水利工程-中国-文集 Ⅳ.①TV698.2-53

中国版本图书馆CIP数据核字(2016)第233583号

策划编辑:谌莉 电话:0371-66025355 E-mail:113792756@qq.com

出 版 社:黄河水利出版社

地址:河南省郑州市顺河路黄委会综合楼14层 邮政编码:450003

发行单位:黄河水利出版社

发行部电话:0371-66026940、66020550、66028024、66022620(传真)

E-mail:hhslcbs@126.com

承印单位:河南省瑞光印务股份有限公司

开本:787 mm×1 092 mm 1/16

印张:65

字数:1 580 千字 印数:1—1 000

版次:2016年9月第1版 印次:2016年9月第1次印刷

定价:268.00元

会议组织机构名单

一、主办、承办、协办单位

主办单位：中国大坝工程学会
中国工程院土木、水利与建筑工程学部

承办单位：国家电投集团黄河上游水电开发有限责任公司
中国电建集团西北勘测设计研究院有限公司
中国水利水电第三工程局有限公司
中国水利水电第四工程局有限公司
中国水电建设集团十五工程局有限公司
陕西省水利电力勘测设计院
西安理工大学
中国水利水电科学研究院

协办单位：国家电网公司
中国长江三峡集团公司
中国华能集团公司
中国大唐集团公司
中国华电集团公司
中国国电集团公司
华能澜沧江水电股份有限公司
雅砻江流域水电开发有限公司
黄河勘测规划设计有限公司
中国葛洲坝集团股份有限公司
中国电建集团昆明勘测设计研究院有限公司

二、会议组织机构

（一）顾问委员会

主　席：

汪恕诚　水利部原部长、中国大坝工程学会原理事长

Anton Schleiss　国际大坝委员会主席

副主席：

张　野　国务院南水北调工程建设委员会办公室副主任、中国大坝工程学会副理事长

周大兵　中国水力发电工程学会名誉理事长、中国大坝工程学会副理事长

林初学　中国长江三峡集团公司副总经理、中国大坝工程学会副理事长

刘国跃　中国华能集团公司副总经理

曲　波　中国大唐集团公司总工程师、中国大坝工程学会副理事长

程念高　中国华电集团公司总经理、中国大坝工程学会副理事长

张宗富　中国国电集团公司总工程师、中国大坝工程学会副理事长

周厚贵　中国能源建设集团有限公司副总经理、中国大坝工程学会副理事长

委　员（按姓氏笔画排序）：

王永祥　华能澜沧江水电股份有限公司董事长

冯峻林　中国电建集团昆明勘测设计研究院有限公司总经理

张育林　中国水利水电第三工程局有限公司总经理

李友成　陕西省水利电力勘测设计研究院院长

李文学　黄河水利委员会总工程师、中国大坝工程学会

常务理事

李守义　西安理工大学水利水电学院教授

陈云华　雅砻江流域水电开发有限公司董事长

聂　凯　中国葛洲坝集团股份有限公司董事长

高建民　中国水利水电第四工程局有限公司执行董事、总经理

梁向峰　中国水电建设集团十五工程局有限公司执行董事、总经理

谢小平　国家电投集团黄河上游水电开发有限责任公司董事长、中国大坝工程学会理事

廖元庆　中国电建集团西北勘测设计研究院有限公司总经理

（二）组织委员会

主　席：

矫　勇　中国大坝工程学会理事长

副主席：

夏　忠　国家电力投资集团公司副总经理、中国大坝工程学会副理事长

匡尚富　中国水利水电科学研究院院长、中国大坝工程学会副理事长

张启平　国家电网公司总工程师、中国大坝工程学会副理事长

晏志勇　中国电力建设集团有限公司董事长，中国大坝工程学会副理事长

高中琪　中国工程院二局局长

执行主席：

谢小平　国家电投集团黄河上游水电开发有限责任公司董事长、中国大坝工程学会理事

贾金生　中国大坝工程学会副理事长兼秘书长、国际大坝委员会荣誉主席

委　员（按姓氏笔画排序）：

王光社　陕西省水利电力勘测设计研究院副院长

王国强　中国水电建设集团十五工程局有限公司党委书记

吕炯涛　中国长江三峡集团公司国际事务部主任

刘学海　中国国电集团公司水电与新能源事业部主任、中国大坝工程学会理事

李文谱　中国大唐集团公司工程管理部副主任

吴世勇　雅砻江流域水电开发有限公司副总经理、中国

大坝工程学会常务理事

杨　骏　中国长江三峡集团公司品牌宣传部主任、中国大坝工程学会副秘书长、理事

邹丽春　中国电建集团昆明勘测设计研究院有限公司副总经理、中国大坝工程学会理事

张金良　黄河勘测规划设计有限公司总经理

陈先明　中国水利电力对外公司副总经理

罗锦华　中国华电集团公司战略规划部副主任

和建生　中国葛洲坝集团股份有限公司总经理、中国大坝工程学会常务理事

周孝武　中国水利水电第三工程局有限公司党委书记

周孝德　西安理工大学党委书记

袁湘华　华能澜沧江水电股份有限公司总经理

晏新春　中国华能集团公司基建部副主任、中国大坝工程学会理事

唐海英　中国工程院土木、水利与建筑工程学部办公室主任

席　浩　中国水利水电第四工程局有限公司党委书记、中国大坝工程学会理事

涂扬举　国电大渡河流域水电开发有限公司总经理、中国大坝工程学会理事

尉军耀　中国电建集团西北勘测设计研究院有限公司副总经理

（三）技术委员会

主　席：

陈厚群　中国工程院院士、中国大坝工程学会常务理事

马洪琪　中国工程院院士、中国大坝工程学会常务理事

副主席：

魏山忠　长江水利委员会主任、中国大坝工程学会副理事长

苏茂林　黄河水利委员会副主任、中国大坝工程学会副理事长

钮新强　长江勘测规划设计研究院院长、中国工程院院士、中国大坝工程学会副理事长

刘志明　水利水电规划设计总院副院长、中国大坝工程学会副理事长

李　昇　水利水电规划设计总院副院长、中国大坝工程学会副理事长

樊启祥　中国长江三峡集团公司副总经理

Michael Rogers　国际大坝委员会副主席

委　员（按姓氏笔画排序）：

王鹏禹　中国水利水电第三工程局有限公司总工程师、中国大坝工程学会理事

艾永平　华能澜沧江水电股份有限公司总工程师、中国大坝工程学会理事

刘　斌　陕西省水利电力勘测设计研究院副院长兼总工程师、中国大坝工程学会理事

江小兵　中国葛洲坝集团股份有限公司副总经理

孙志禹　中国长江三峡集团公司科技环境保护部主任、中国大坝工程学会理事

严　军　国电大渡河流域水电开发有限公司副总经理

杨存龙　国家电投集团黄河上游水电开发有限责任公司副总经理

何小雄　中国水电建设集团十五工程局有限公司副总经理兼总工程师

张文山　中国水利水电第四工程局有限公司副总经理兼总工程师

张宗亮　中国电建集团昆明勘测设计研究院有限公司副总经理兼总工程师

张国新　中国水利水电科学研究院结构所所长，中国大坝工程学会副秘书长、理事

周建平　中国电力建设集团有限公司总工程师，中国大坝工程学会副秘书长、常务理事

胡贵良　中国华电集团华电金沙江上游水电开发有限公司总经理

姜长飞　中国大唐集团公司工程管理部水电处副处长

姚栓喜　中国电建集团西北勘测设计研究院有限公司总工程师、中国大坝工程学会理事

柴军瑞　西安理工大学水利水电学院教授

徐泽平　中国水利水电科学研究院教高，中国大坝工程学会副秘书长、理事

郭绪元　雅砻江流域水电开发有限公司基建总工程师

景来红　黄河勘测规划设计有限公司总工程师、中国大坝工程学会理事

温续余　水利水电规划设计总院总工程师，中国大坝工程学会副秘书长、理事

序

大坝是现代社会水利水电工程的标志性建筑物。随着改革开放以来水利水电事业的蓬勃发展,我国已经成为世界坝工事业的一面旗帜,成为国际上公认的21世纪大坝建设领军国家。作为坝工事业的引领者,我们面对的不仅是一种自豪感,而更多的是责任和风险。随着一批200 m甚至300 m以上超高坝的建设和运行,技术的风险、安全的风险、环境的风险、水库移民带来的社会稳定风险等均需要我们认真面对,不断研究新问题,不断总结经验教训,使今后坝工建设步伐走得更稳更好。

为了更好地展示国内外坝工技术方面的最新进展,在更大范围、更广领域和更高层次上搭建水利水电行业的交流平台,促进国内外技术交流合作,推动坝工事业健康和谐发展,中国大坝工程学会自2011年以来连续举办学术年会,针对坝工建设中的难点、重点、热点问题进行交流,取得了丰硕成果,得到各级领导的高度赞扬和业内同行的充分肯定。

今年10月,中国大坝工程学会2016学术年会在古都西安召开,此次会议是系列学术会议的延续,国内、国际专家学者将在此共同分享和交流水利水电工程建设与管理方面的最新技术进展。在各方专家学者及有关单位的大力支持下,经过专家评审,本次会议共收集来自国内外的140篇文章正式出版。

本论文集涉及的主要议题有以下几个方面。

一是高坝建设关键技术。涵盖了高拱坝、高碾压混凝土坝、高堆石坝等坝型的勘察设计、枢纽布置、材料性能、结构分析、温度控制、地震响应、泄流消能等方面,尤其涉及300 m级堆石坝建设、高寒高海拔地区建坝等重大关键技术的新的研究成果。

二是水利水电工程的新技术、新产品和新工艺。重点涉及新坝型、新的设计计算分析手段、新型材料、新施工工艺、新的测量技术、新的机电设备、信息化管控等新技术应用和国内国际推广等新成果。

三是高边坡、长隧洞和跨流域调水工程。涵盖大型跨流域调水工程的关键技术、大型渡槽的设计施工、高边坡监测与治理、隧洞设计施工关键技术等新成果。

四是水利水电工程运行管理与除险加固技术及其他。涉及大坝安全管理、运行维护、监测检测、综合评价、除险加固、清洁能源、生态保护等各个方面的技术新进展。

衷心希望本论文集的出版能为大会的成功召开奠定良好的基础,也能为水利水电行业的决策者、投资者、设计者、研究人员和工程师们提供有价值的参考。

本次会议由中国大坝工程学会和中国工程院土木、水利与建筑工程学部主办,国家电投集团黄河上游水电开发有限责任公司、中国电建集团西北勘测设计研究院有限公司、中国水利水电第三工程局有限公司、中国水利水电第四工程局有限公司、中国水电建设集团十五工程局有限公司、陕西省水利电力勘测设计院、西安理工大学、中国水利水电科学研究院等单位共同承办,同时得到了国家电网公司、中国长江三峡集团公司、中国华能集团公司、中国大唐集团公司、中国华电集团公司、中国国电集团公司、华能澜沧江水电股份有限公司、雅砻江流域水电开发有限公司、黄河勘测规划设计有限公司、中国葛洲坝集团股份有限公司、中国电建集团昆明勘测设计研究院有限公司等单位的协办支持。在此一并表示感谢!

大会组委会主席

2016年9月于北京

目　录

序　矫勇

第一篇　高坝建设关键技术

黄河上游高面板堆石坝变形评价理论及关键技术研究进展 …… 谢小平,张建民,张嘎(3)
拉西瓦特高拱坝设计与初期运行 …… 姚栓喜,白兴平,雷丽萍等(20)
共创世界水库大坝和水电发展的美好未来 …… 贾金生(28)
雅砻江两河口水电站建设重大技术问题及研究进展 …… 吴世勇,周济芳,施召云(36)
碾压混凝土双曲拱坝快速测量放样系统研究及在象鼻岭电站的使用 …… 侯彬(44)
特高拱坝基础灌浆综合技术研究 …… 吴旺宗,张兴(50)
强震区沙砾石面板堆石坝填筑施工技术 …… 付建刚(58)
三河口水利枢纽工程总布置研究 …… 毛拥政,赵玮,谭迪平等(61)
基于强震观测的混凝土拱坝模态参数识别 …… 仝飞,程琳,杨杰等(65)
大渡河双江口水电站可行性研究阶段 300 m 级心墙堆石坝筑坝关键技术研究 …… 段斌,李善平,严锦江等(75)
水工抗冲磨防空蚀混凝土关键技术分析探讨 …… 田育功,杨溪滨,支栓喜等(85)
水利水电工程生态流评估及实施的技术框架 …… Jeff Opperman,禹雪中(96)
高水头大流量旋流消能技术的研究与应用 …… 谢小平,周恒,丁新潮等(103)
细粒含量 $25\% \leqslant P_c < 35\%$ 碎砾石渗透变形类型及特征 …… 齐俊修,赵晓菊,刘艳等(112)
西北院混凝土面板堆石坝设计技术进步 …… 王君利(122)
200 m 级面板堆石坝设计及控制措施总结 …… 张合作,湛正刚(132)
高碾压混凝土坝温度场反分析 …… 于猛(140)
狭窄河谷中高面板堆石坝变形控制关键技术 …… 张晓梅,王君利(147)
全断面三级配超高掺粉煤灰碾压混凝土筑坝关键技术研究及其应用 …… 阮祥明,宁华晚,谭建军等(157)
大岗山水电站高拱坝建设关键技术研究 …… 李新明(174)
河床式水电站厂房地震响应软岩基础刚度敏感性分析 … 苏晨辉,宋志强,党康宁等(182)
高寒高海拔特高拱坝混凝土温控技术研究 …… 杨存龙,芦永政(191)
温度历程对掺 MgO 水工混凝土膨胀效能的影响分析 …… 陆安群,李华,夏强等(198)
牛牛坝混凝土面板堆石坝设计 …… 唐瑜,胡云明,牟高翔(205)
反拱水垫塘在拉西瓦特高拱坝枢纽中的应用及研究成果综述 …… 姚栓喜,王亚娥,杜生宗等(215)
窄缝消能工冲击波及水翅特性研究 …… 胡晗,黄国兵,杜兰等(222)
天然宽级配砾石土工程特性研究 …… 程瑞林,邱焕峰,张胜(230)
拌和系统水工混凝土匀质性试验分析研究 …… 侯彬,温利利(238)

水化热调控材料对水工大体积混凝土抗温度开裂性能的影响 …… 王伟，王文彬，李磊(244)
黄河上游高寒地区高拱坝温度控制技术研究与实践 …… 雷丽萍，黄天润(252)
龙羊峡近坝区地震的特性及对大坝安全的影响分析 …… 李长和，黄浩，武慧芳等(266)
基于均值控制图的高拱坝结构损伤检测 …… 朱良值，郭佳(274)
基于有限体积法的高水头船闸中间渠道非恒定流数值模拟
…… 范敏，李云涛，江耀祖等(283)
茨哈峡天然沙砾石料填筑高面板坝的筑坝优势 …… 翟迎春，周恒(288)
峡谷区高面板堆石坝流变变形控制研究 …… 袁丽娜，欧波，陈军等(293)
基于掺气量变化分析的窄缝消能工水力特性研究 …… 聂艳华，杜兰，王才欢(301)
金川混凝土面板坝两岸趾板建基面选择及工程处理措施研究 …… 张晓将，付恩怀(309)
大风环境下大坝浇筑过程中坝址区域风场变化的数值模拟研究
…… 李国栋，李莹惠，李珊珊(316)

第二篇 水利水电工程的新技术、新产品和新工艺

一种适用于深厚覆盖层土石坝的空间正交防渗体系 …… 梁军，刘汉龙(325)
基于 Catia 三维开挖设计凹面处理技术研究 …… 张积强(332)
水电站压力钢管国产超高强度调质钢施工工艺试验研究 …… 张育林，周林(337)
无人机低空航测系统在水利水电工程中的应用研究 …… 宋胜登，衣峻(347)
寒冷地区土石坝碾压式沥青混凝土防渗心墙冬季施工技术
…… 刘逸军，何鹏飞，吴宪生(353)
复式河谷多岩性混合软岩开挖料筑坝关键技术研究 …… 王思德，张伟，权全(359)
基于 GPU 加速计算技术的溃坝洪水演进模型 …… 齐文超，王润，刘力等(365)
不同骨料全级配大坝混凝土抗冻性的试验研究 …… 刘艳霞，陈改新，刘晨霞等(373)
中国水电创新技术在海外工程建设中的推广应用 …… 王瑞华(380)
“互联网+”形态下的沙坪数字化基建管控 …… 杨庚鑫，晋健(391)
自愈型防渗外加剂及其在 RCC 拱坝防渗中的应用 …… 王磊，张国新，王鹏禹等(401)
微膨胀抗冲磨混凝土抗裂性综合指标研究 …… 祝小靓，丁建彤，蔡跃波等(409)
深厚砂砾石河床上弧形面板支墩瀑布坝设计 …… 徐向阳，韩志云(419)
水利水电工程定向钻孔综合勘察技术应用 …… 付建伟，李树武，刘昌(427)
象鼻岭水电站玄武岩骨料碾压混凝土应用研究 …… 刘兆飞，王鹏禹，王永等(432)
水电工程高分卫星影像数字摄影测量技术研究及应用 …… 刘启寿，魏兰花，陈东(438)
南沟门均质土坝降低填筑土料损耗的施工措施 …… 宁军华，范养行(444)
合页活动坝在敦化市牡丹江水闸改造工程中的应用 …… 陈晏育，刘杰(448)
堆石混凝土在沙坪二级水电站主体工程中的应用研究 …… 刘钊，白晓峰，薛守宁(454)
移动互联网下水电工程施工现场的管理变革 …… 张攀峰，刘龙辉，彭华(459)
水分蒸发抑制剂对水工混凝土分层浇筑时性能的影响 …… 王伟，李明，李磊等(462)
球墨铸铁和高强灌浆料组合抗冲磨补强加固技术研究与应用
…… 马军，孟子飞，徐春梅(470)
呼图壁石门水电站沥青混凝土心墙防渗结构设计 …… 张合作，罗光其，程瑞林(478)

"全断面、可重复式"灌浆管在溧阳电站高强压力钢管段回填(接触)灌浆中的应用 …… 张兵(487)
弱风化玄武岩骨料在碾压混凝土中应用研究 …… 高居生,康小春,吴小会(492)
面板堆石坝混凝土防渗面板施工关键技术 …… 李平平(499)
SK 水基喷涂橡胶涂层技术及其在灌区输水工程中的应用 …… 杨伟才,郝巨涛(504)
高弹性聚氨酯耐磨漆在小浪底泄洪洞弧形工作闸门上的应用 …… 代永信,张雷,郭维克等(509)
基于坍落度时变特性预测混凝土力学性能发展的可行性研究 …… 高志扬,周世华,吕兴栋(518)
混合砂混凝土在肯尼亚内罗毕外环项目中的应用 …… 刘远理(523)
锦西电厂计算机监控系统 LCU 真双网改造 …… 朱力,胡保修,何旺等(530)
双比例阀液压系统在水电厂的应用 …… 陈磊,张阳,邓自辉等(537)
高比例软岩复合土工膜面板堆石坝施工质量控制关键技术 …… 章天长,杨关锋,王大强(541)
水电站压力钢管埋弧自动横焊施工技术研究与运用 …… 杨联东,邹振忠(549)
低热硅酸盐水泥在抗冲磨混凝土中的应用研究 …… 计涛,纪国晋,陈改新等(556)
水性环氧混凝土在青海共玉高速伸缩缝中的应用 …… 崔巩,尹浩,冉千平等(562)
浅议土石坝心墙沥青混凝土施工质量控制 …… 李飞(569)

第三篇　高边坡、长隧洞和跨流域调水工程

南水北调沙河渡槽预应力施工技术应用 …… 牛宏力,王鹏辉(581)
南水北调中线干线工程若干关键技术概述 …… 姚雄,冯正祥,郭雪峰(588)
软岩隧洞支护设计方法研究 …… 鹿宁,邱敏(595)
陕西省江河湖库水系连通方案研究 …… 冯缠利,高旭艳,同海丽(601)
基于 HS-SVM 的边坡安全系数预测 …… 马春辉,杨杰,程琳等(607)
合成孔径雷达技术在龙羊峡库区滑坡监测中的应用研究 …… 武志刚,马正龙,杨启帆(616)
压力分散型预应力锚索在溧阳电站滑塌堆渣体中的应用 …… 张兵,魏建民(622)
实时变形监测系统在水利水电工程边坡观测中的应用 …… 李铮,李宏恩,何勇军(627)
浅谈新疆下坂地电站厂房高边坡优化设计 …… 张俊雅,赵雅敏,王洁(636)
引水隧洞就运行期检测技术探讨 …… 陈思宇,彭望,李长雁(642)
深埋混凝土衬砌隧洞抗外压设计方法研究 …… 张帆,师广山,冯径军(647)
龙滩水电站左岸倒倾蠕变岩体边坡稳定与治理研究 …… 刘要来,赵一航,赵红敏(655)
李家河水库枢纽工程布置及设计特点 …… 张民仙,毛拥政,王碧琦(664)
700 m 级高陡边坡及堆积体开挖与锚固施工技术 …… 王顺,王小升(669)
预应力混凝土连续刚构渡槽技术在调水工程中的研究与应用 …… 徐江,向国兴,罗代明等(676)
复杂环境下的坝肩开挖控制爆破技术 …… 王刚,郭坤,刘紫朝(685)
隧洞进口边坡处理设计应用浅谈 …… 王健,房刚(692)

小湾水电站700 m级高边坡开挖支护施工管理 …………………… 张有斌，魏素香(696)
沙河特大型预制渡槽施工关键技术研究与应用 …………………… 李长春，路明旭(709)
泾河东庄水库供水对象及水量配置远期调整设想 …………… 高建辉，刘哲，吴宽良(717)
高陡边坡免脚手架快速开挖支护技术研究及实施 ………………………… 李哲朋(722)
坝后厂房高边坡强度参数反演分析研究 ……………………………… 武锐，李铮，李卓(728)
基于陕西省引汉济渭工程佛坪县石墩河集镇迁建安置点投资分摊方案的研究
…………………………………………………………………… 胡永超，郭琰，辛向文(734)
钻爆法快速成井技术研究 ………………………………………………… 李玉凡(739)
漕河特大型现浇渡槽关键施工技术研究与应用 …………………… 李长春，路明旭(744)
四川鸭嘴河烟岗电站厂区高边坡加固处理措施优化设计研究
……………………………………………………………………… 赵玮，谭迪平，王平(752)
深圳恒泰裕工业园弃渣滑坡成因分析 ………………… 李茂华，房艳国，吴世泽(759)
南水北调双洎河渡槽移动模架施工技术 ……………………… 张永宏，曾永年(766)
李家河碾压混凝土拱坝排水系统设计 ……………………………… 王碧琦，张恺(773)
库区弯曲河段滑坡灾害数值模拟研究 ………………………… 张通，李国栋，杨飞鹏(776)

第四篇　水利水电工程运行管理与除险加固技术及其他

黄河上游梯级水电优势推动区域多能互补清洁能源基地开发模式探索与实践
……………………………………………………………………………… 谢小平，张伟(787)
某水电站表孔溢洪道混凝土底板缺陷修补及防护 …………… 孙志恒，李季，张秀梅(792)
非溢流坝段缺口度汛方式在狭窄河谷区混凝土重力坝上的应用 ……………………………
…………………………………………………………………… 张锦堂，黄天润，康文军等(798)
不良地质洞段涌水塌方处理 ……………………………………… 屈高见，王刚，王洪涛等(807)
雅砻江流域大坝安全管理模式探索 ………………………………………………… 聂强(813)
面板堆石坝面板接缝止水破损修复技术及实践 ………………… 徐耀，孙志恒，张福成(819)
粘钢、碳纤维布等材料在混凝土修复加固中的应用 ……… 杨宗仁，许晓会，杨西林等(826)
基于 CFD 的水电站厂房水力振源研究 …………………………… 耿聃，宋志强，王建(833)
水光互补协调运行的理论与方法研究 ………………………………… 庞秀岚，孙玉泰(839)
基于 AHP 和 GIS 的帕隆藏布地质灾害易发性评价 ……… 王有林，许晓霞，赵志祥等(846)
基于河流健康的环境流量水文综合法比较分析 ……………… 禹雪中，Todd Hatfield(853)
云南省大中型水库移民后期扶持“十三五”规划相关问题分析 ……………………… 韩款(862)
基于集对分析的大坝溃决社会影响评价 ………………………… 李宗坤，李奇，杨朝霞等(869)
巨型水电厂水工运维信息化管理创新与实践 ……………………………… 张鹏，廖贵能(876)
拱坝建基岩体质量定量验收的研究 ………………………………… 康铭，宋文博，杨西林(883)
公伯峡面板堆石坝水下检查及渗漏点水下封闭处理技术 … 李得英，王念仁，张毅等(888)
黄河上游梯级水库群水温原型观测方案 ……………………………… 王倩，牛乐，牛天祥等(895)
天荒坪抽水蓄能电站上库沥青混凝土面板老化现状研究 … 汪正兴，郝巨涛，刘增宏(902)
基于实测资料的多次灌浆作用下含可溶盐基础演化过程分析
……………………………………………………………………… 李天华，李宏恩，武锐等(915)

衢江姚家航电枢纽船闸下游引航道布置方案试验研究 ………… 黄建成,闫霞,严伟(924)
参量阵水下地层浅剖技术在水库淤积探测中的应用 ………… 潘绍财,崔双利,黄为(930)
向家坝电站泄洪消能建筑物运行管理创新与实践 ………………… 杨鹏,钱军,王波(935)
黄河李家峡拱坝左岸坝肩超载加固分析评价 ……………………………… 张毅,李季(946)
池河流域水电站梯级开发对鱼类资源的影响研究 …………… 张刚,张新寿,王海山(950)
东南亚高温高湿强降雨条件下水电站运行管理 ……………………………… 乐建华(956)
去学水电站坝址区倒悬边坡加固处理研究 …………………………………… 孔彩粉(961)
高海拔大型水库分层取水方案模拟研究 ……………………… 武志刚,张昱峰,王炎(966)
基于二维模型的饮用水水源保护区划分及保护措施研究 ……………………………………………………………………………………… 杨亚珠,张新寿,王海山等(973)
伞式固定支架装置在水下有限空间应用的研究 ………… 顾红鹰,刘力真,董延朋等(980)
基于突变评价法的水库调度多目标风险评价 ………………… 葛巍,李宗坤,李巍等(984)
拱坝坝基岩体结构特征及岩体质量规律性研究 ……………… 李鹏,宋文博,张兴安(990)
浙江省牛头山水库防洪复核分析 ………………………………………… 施征,陈焕宝(997)
多波束声呐在水电站消力塘水下检测中的应用研究 …… 高志良,沈定斌,陈思宇等(1002)
大中型水库老旧底孔工作闸门改造方案探讨 ……………………………… 李宗阳(1010)
水流不同入池角度对陡坡后消力池内水跃特性的试验研究 ……… 葛旭峰,徐莉平(1019)

第一篇　高坝建设关键技术

黄河上游高面板堆石坝变形评价理论及关键技术研究进展

谢小平[1] 张建民[2] 张 嘎[2]

(1. 黄河上游水电开发有限责任公司,西宁 810008;
2. 清华大学水利水电工程系,北京 100084)

摘 要 简要介绍了近十多年来结合黄河上游高面板堆石坝工程实践展开的坝体变形评价理论及关键技术的系列研究进展。开发了面板堆石坝的大型材料试验测试技术,包括大型多功能静动三轴试验机和大型粗粒土与结构接触面试验设备及测试技术;改进和提出了计算堆石体加载变形、湿化变形、流变变形和震动变形的多个实用本构模型;提出了一个接触面静动力统一本构模型,用于描述面板与垫层、堆石体与基岩等坝体中各种接触面的静动力学特性;提出了一个描述混凝土挤压式边墙实际力学特性的实用等效概化数值模型,克服了静动力数值分析中须解决的多尺度计算难题,显著提高了计算分析效率和精度;提出了一个适用于多组分混合料的本构模型及参数确定方法,可明显减少试验工作量并提高计算分析效率。在此基础上,将坝体变形根据成因划分为四种变形,形成了以"面板应力变形为核心"的面板堆石坝变形评价预测方法及关键技术,并成功地应用于公伯峡、积石峡、羊曲等高面板堆石坝工程。

关键词 高面板堆石坝;粗粒料;多组分;接触面;挤压墙;本构模型;数值方法;模拟技术

堆石体变形控制是确保高面板堆石坝安全的最关键问题之一。伴随着筑坝技术的迅速发展以及已建和在建面板堆石坝坝高的不断提升,对坝体变形评价的合理性和可靠性的要求越来越高,从而推动了高面板堆石坝变形预测评价理论及关键技术的不断发展[1]。黄河上游水电开发有限责任公司与清华大学紧密结合黄河上游公伯峡、积石峡、羊曲、茨哈峡等高面板堆石坝的工程实践,从材料试验、测试方法、本构模型、计算技术和设计优化等不同角度入手开展了一系列的深入探究,在以高面板堆石坝变形调控为核心的计算评价理论及关键技术方面取得了诸多研究成果[2-17]。本文着重介绍近十多年来在面板堆石坝变形评价理论与关键技术方面的主要研究进展。

1 筑坝材料静动力学特性测试技术研发

1.1 大型堆石料静动力加载试验设备及测试技术

为了深入系统地研究堆石料的静动力学特性,较精确地测定材料的强度指标与应力应变关系,研制了一台多功能静动三轴试验机。图1给出了该试验机的实体照片,表1给出了

作者简介:谢小平(1959—),男,甘肃临夏人,教授级高级工程师,主要从事水电与新能源工程管理工作。E-mail:xxp1130@126.com。

通讯作者:张建民(1960—),男,教授,博士生导师,主要从事土动力学及岩土抗震工程领域教学与研究工作。E-mail:zrr.zhang@gmail.com。

该试验机的主要技术指标。该试验机能够在轴向与环向分别独立地对试件施加高吨位的静动力荷载，能够控制和测量试件的体积变化、孔隙压力和固结排水量，加载可分别采用位移控制、应力控制、应变控制等多种方式，且各种加载方式在试验过程中可相互转换，试验的加载和数据采集均实现了计算机全过程控制和可视化。

该试验机已用于土石料、软岩与混凝土等材料试验[2,3]，完成了一系列多种应力路径的三轴静动力试验，而且完成了渗流以及渗流与应力的耦合试验。作为一个应用实例，图2给出了采用该试验机得到的偏应力和球应力循环作用下堆石料的可逆性和不可逆性体应变变化规律。试验结果表明，该设备性能良好，为揭示筑坝材料静动力变形规律、建立新本构模型以及确定模型参数提供了一个有效工具。

图1 200 t大型多功能静动三轴试验机

表1 静动三轴试验机主要技术指标

项目	试样尺寸	轴向静荷载	轴向动荷载	压力室静围压	压力室动围压	频率范围	最大行程
指标	ϕ300 mm × 750 mm	2 000 kN	1 000 kN	10 MPa	3 MPa	0 ~ 10 Hz	300 mm

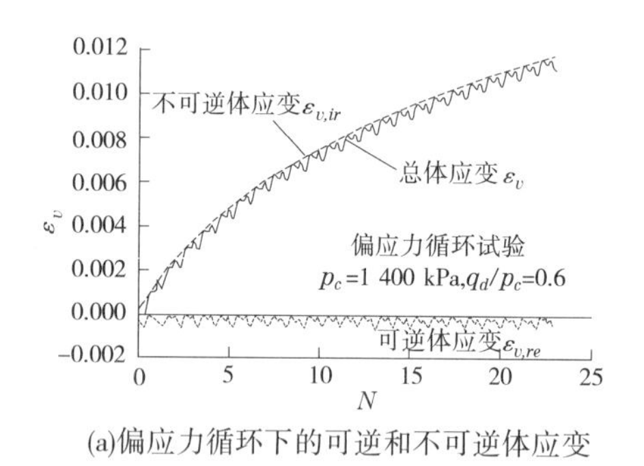

(a)偏应力循环下的可逆和不可逆体应变

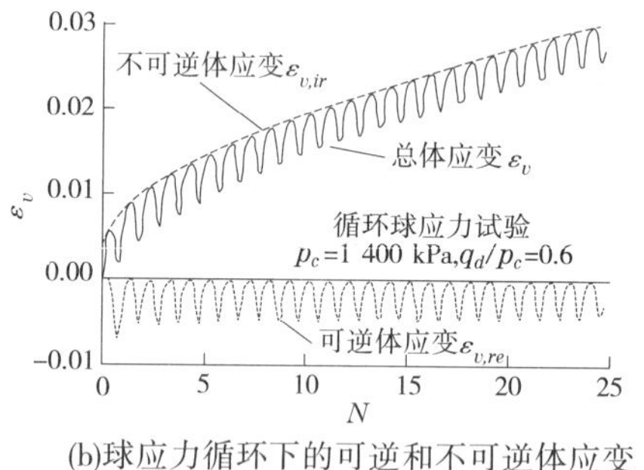

(b)球应力循环下的可逆和不可逆体应变

图2 偏应力和球应力循环作用下堆石料的可逆性和不可逆性体应变试验规律

1.2 大型粗粒土与结构接触面试验设备及测试技术

为了深入系统地研究面板堆石坝中广泛存在的多种土与结构接触面的静动力学特性，先后研制了20 t大型二维循环压剪接触面试验机和80 t大型三维循环加载接触面试验机，开发了成套测试技术[4,5]。图3给出了这两种试验机的实体照片，表2和表3给出了这两种试验机的主要技术指标。该试验设备及测试技术采用了先进加载控制和现代测量技术，实现了加载控制和数据采集的自动化。可以进行各类土与结构接触面单调和循环剪切试验、粗粒土的大型侧限压缩、固结、直剪和拉拔试验，能够从宏观和细观两个角度对接触面受载的力学响应进行实时测量分析。该试验设备及测试技术已实现了针对土与结构接触面力学特性测试的系列化、系统化和自动化，主要有以下新特性：

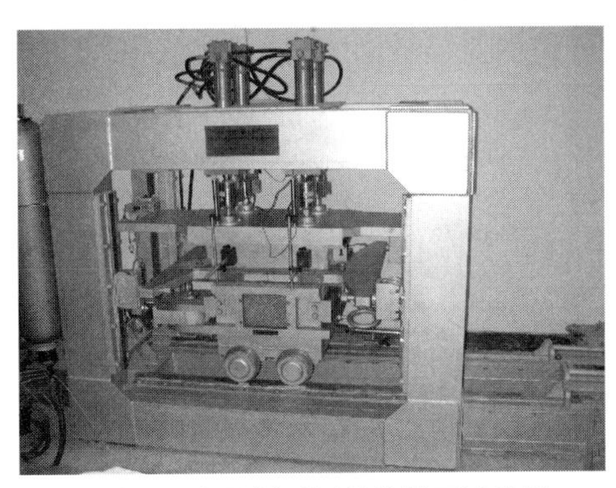

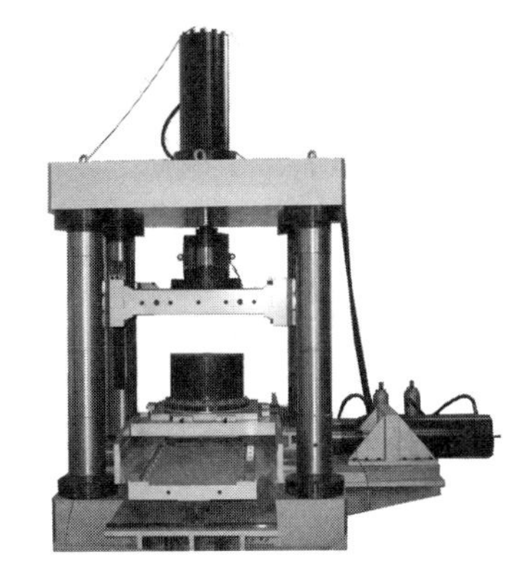

(a) 20 t大型循环压剪接触面试验机　　(b) 80 t大型循环加载接触面试验机

图3　坝体中各种接触面力学特性测试设备

表2　20 t 大型循环压剪接触面试验机的主要性能指标

最大荷载(kN)		最大位移(mm)		测量精度(%)		最大加载频率(Hz)	接触面尺寸(mm)	
切向	法向	切向	法向	荷载	位移		长	宽
200	200	±150	±50	0.3	0.1	0.1	500	360

表3　80 t 大型三维循环加载接触面试验机的主要性能指标

	最大荷载(kN)	最大位移(mm)	测量精度(%)	最大加载频率(Hz)	接触面尺寸	加载速率(mm/s)
x 向	400	±150	0.1	0.5	方形边长500 mm 圆形直径500 mm 尺寸可调缩	0.1~100
y 向	400	±150	0.1	0.5		0.1~100

注:x 向和 y 向为正交的两个水平切向。

(1)采用新颖的整体设计构思,将三向空间正交线性位移组合、三向精密直线导轨、三向液压伺服同步控制巧妙地集为一体,研发了大尺寸接触面上的高精度、高压力、大位移和任意应力或位移路径的真三维静动力加载机构,消除了接触面剪切过程中倾覆力矩的影响。

(2)采用精细的局部构件设计,通过在试样容器上增加过渡盘结构、剪切盒与容器底座之间设置弹簧等位移协调装置,研发了在接触面上直接准确施加常应力、常位移、常刚度等边界加载模态的精密控制机构,显著提高了法向受力变形的施加和量测精度。

(3)采用高效的模块化设计理念,研制了可安装在同一标准化加载承台上的不同尺寸、形状和性能的14种易更换型试验容器模块,研发了可进行各类接触面的直剪与单剪和土工合成材料拉拔试验以及土料的直剪、单剪、压缩、固结、湿化试验等多种功能集成的单一设备。

(4)采用高精度的图像分析和弯曲单元,研发了接触面内土颗粒运动细观测量与微小变形测量技术,可直接观测到接触面内土颗粒平移、旋转与破损现象并测定接触面初始模量。

该试验机自研制成功以来,已用于公伯峡、积石峡、三板溪等许多高面板堆石坝的各类土与结构接触面的单调和往返加载试验。图4给出了采用该设备得到的不同常法向应力条件下某粗粒土与结构接触面的接触面单调剪切试验结果,包括剪应力 τ 与相对切向位移 u、相对法向位移 v 与相对切向位移 u 的关系曲线,规定相对法向位移以压缩为正,膨胀为负。可以看出,接触面未出现较明显的应变软化情形,剪应力峰值随着法向应力增大而增大。接触面表现出较明显的剪切作用引起的相对法向位移，并且该相对法向位移随着法向应力的增大而增大。这意味着接触面表现出了较为明显的剪缩，法向应力对接触面的剪缩特性有重要影响。

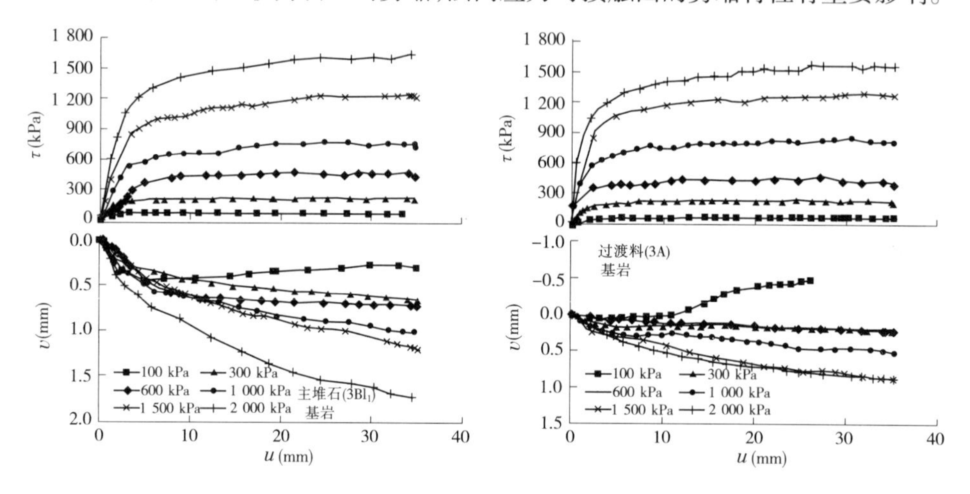

图4　堆石坝中接触面的单调剪切试验结果

2　描述堆石体各种变形的实用本构模型

堆石体变形控制是确保高面板堆石坝防渗体系安全的关键问题之一。根据成因，面板堆石坝的堆石体变形可以分为：加载变形（坝体和库水自重增加引起的坝体变形）、湿化变形（下游尾水位或堆石体内浸润线抬高导致部分坝体增湿饱和引起的变形）、震动变形（地震激励下坝体的动变形和残余变形）和流变变形（长时间运行期坝体堆石料流变产生的变形）。加载变形和湿化变形在施工期和运行初期相对较大，可能对混凝土面板的应力变形产生影响最大；流变变形和震动变形的影响主要发生在运行期，对混凝土面板应力变形的影响程度亦不容忽视。所以，尽可能高精度地预测上述的四种变形是面板堆石坝优化设计和安全调控的关键所在，其核心是建立描述四种变形的本构模型。本节成果主要是针对前三种变形提出，关于流变变形的分析计算将在本文第4节中阐述。

2.1　用于加载变形计算的本构模型的改进

邓肯－张E－B模型和沈珠江双屈服面模型（亦称南水模型）在面板堆石坝应力位移分析中广泛用于描述粗粒料的力学特性。不过，邓肯－张E－B模型由于其本身具有不能合理反映土剪胀性的缺陷，沈珠江双屈服面模型则存在着高围压或较高应力水平条件下模拟土的剪胀性偏大的不足，提出了对这两种模型的修正和改建[6]。这里仅以沈珠江双屈服面模型为例，给出其改进模型，可更好地描述粗粒料的力学特性。改进模型建议改用下式描述体应变与轴向应变的关系，即

$$\mu_t = C\frac{2c_d}{a}\left(\frac{\sigma_3}{p_a}\right)^{n_d-b}\left[1-\frac{\sigma_1-\sigma_3}{aE_i(1-R_s)}\left(\frac{\sigma_3}{p_a}\right)^{-b}\right]$$

$$C = \exp\left[k_1\left(\frac{\sigma_3}{p_a}\right)^m < \varepsilon_1-\varepsilon_d > \right] \tag{1}$$

式中函数 $<x>$ 的取值：$x>0$ 时，等于 x；$x\leqslant 0$ 时，等于0。ε_d 为开始剪胀时的轴向应变，大小与围压有关，采用幂函数形式，即

$$\varepsilon_d = a\left(\frac{\sigma_3}{p_a}\right)^b \tag{2}$$

该修正模型的所有参数均可由常规三轴压缩试验方便地加以确定。采用该模型模拟了紫坪铺、公伯峡、积石峡等国内多座堆石坝坝料的大型三轴排水试验结果。预测结果与试验结果吻合较好,表明修正模型能够较好地模拟粗粒土在低围压条件下剪胀、高围压条件下剪缩的体变特性。图5给出了一个例子,其中点为试验结果,实线为模型模拟结果[2,3]。

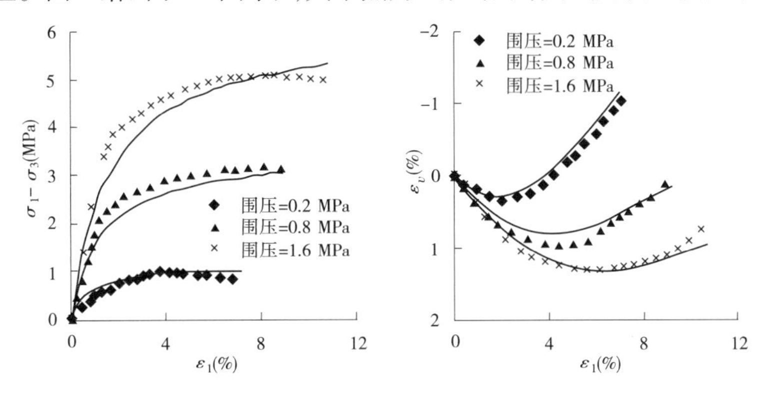

图5　紫坪铺垫层料的应力应变关系模型模拟及试验成果

2.2　用于多组分混合料加载变形计算的本构模型

积石峡高面板堆石坝是由岩性分别为砾岩、中细砂岩、泥质粉砂岩的三种开挖料以不同比例混合而成的混合料填筑的,实际填筑时三种单组分开挖料的混合比例是变化的。设计阶段根据填筑方案的不同,三种开挖料的混合配比也不同。因不同配比的混合料的本构模型参数不同,通常都需要通过试验来确定。这样,设计阶段就需要做大量试验来确定不同配比的混合料模型参数,进而论证不同填筑方案的可行性,由此将导致试验工作量极大而很不经济。为此,提出了"先分解,后综合"的多组分混合料本构描述的新思路,具体地说,首先针对三种单组分的开挖料,"单独"试验测定各组分材料的力学特性;然后基于新提出的力学原理及方法,直接"合成"出不同配比的混合料本构模型参数并模拟其本构响应,从而显著减少试验工作量,提高方案论证的效率和合理性。这样建立的混合料本构模型及模型参数确定方法,已由多组给定配比的混合料室内试验成果验证是有效的[7]。

单组分开挖料的本构模型采用上述的修正模型。该模型共8个参数:c'、ϕ'、K、n、R_f和G、F、D,对各单组分的开挖料,均可根据一组不同围压的三轴压缩试验结果确定。

基于上述单组分模型,可进一步建立多岩性组分模型。设混合料中砾岩、砂岩、泥岩所占比例分别为m、n、l。显然,$m+n+l=1$。模型中K对于坝体变形的计算结果影响较大。考虑一维加载条件下混合料的变形机制,如图6所示。

如果三种材料不混合,而是直接水平分层,如图6(a)所示,可以简化为弹簧串联的情况,该情况下参数K应取K',按下式计算:

$$\frac{1}{K'} = \frac{m}{K_1} + \frac{n}{K_2} + \frac{l}{K_3} \tag{3}$$

如果三种材料不混合,而是直接竖直分层,如图6(b)所示,可以简化为弹簧并联的情况,该情况下参数K应取K'',按下式计算:

$$K'' = mK_1 + nK_2 + lK_3 \tag{4}$$

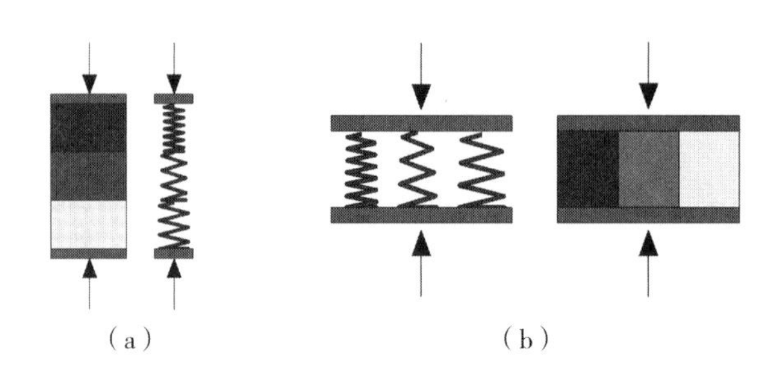

图6　三组分混合料的变形机制

实际情况下，开挖混合料的变形机制应处于上述两种情况之间，引入加权因子 ω，参数 K 应按下式计算：

$$K = \omega K' + (1 - \omega) K'' \tag{5}$$

显然，当 $\omega = 0$ 时，有 $K = K''$；$\omega = 1$ 时，有 $K = K'$。一般建议取 $\omega = 0.5$。

其他模型参数通过将三种单一组分料的模型参数根据所占比例直接进行平均得到。也就是说，某模型参数 d 由下式计算：

$$d = md_1 + nd_2 + ld_3 \tag{6}$$

式中 d 的下标 $j(j = 1 \sim 3)$ 分别表示砾岩、砂岩和泥岩三种岩性成分料的模型参数。这样，只要给出单一岩性成分料的模型参数，可以由上式确定任意岩性成分料比例关系的积石峡开挖混合料模型参数。

图7分别给出了次堆石料的三种单岩性组分和两种混合比例的三轴试验及模型模拟结果。可以看出，模型预测与试验结果吻合较好，能够合理地反映粗颗粒土随着应力水平增长由体缩向体胀发展，以及在低围压作用条件下以体胀为主、高围压下以体缩为主的主要体变特性。表明多组分混合料本构模型可用于方便地描述不同岩性组分比例的粗粒土力学特性。

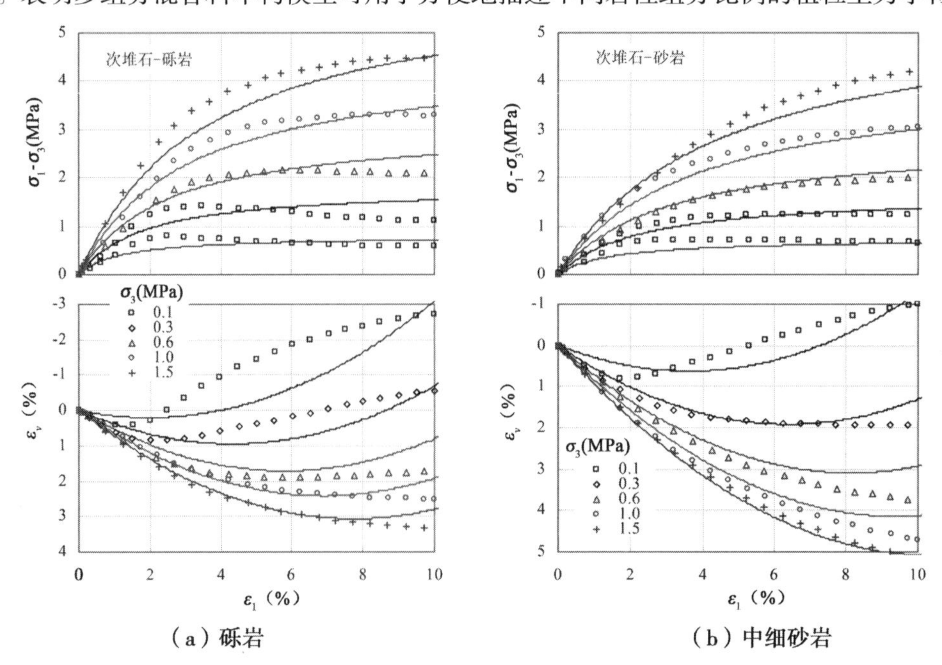

图7　次堆石三轴试验及模型模拟结果

(点:试验结果;线:模型预测结果)

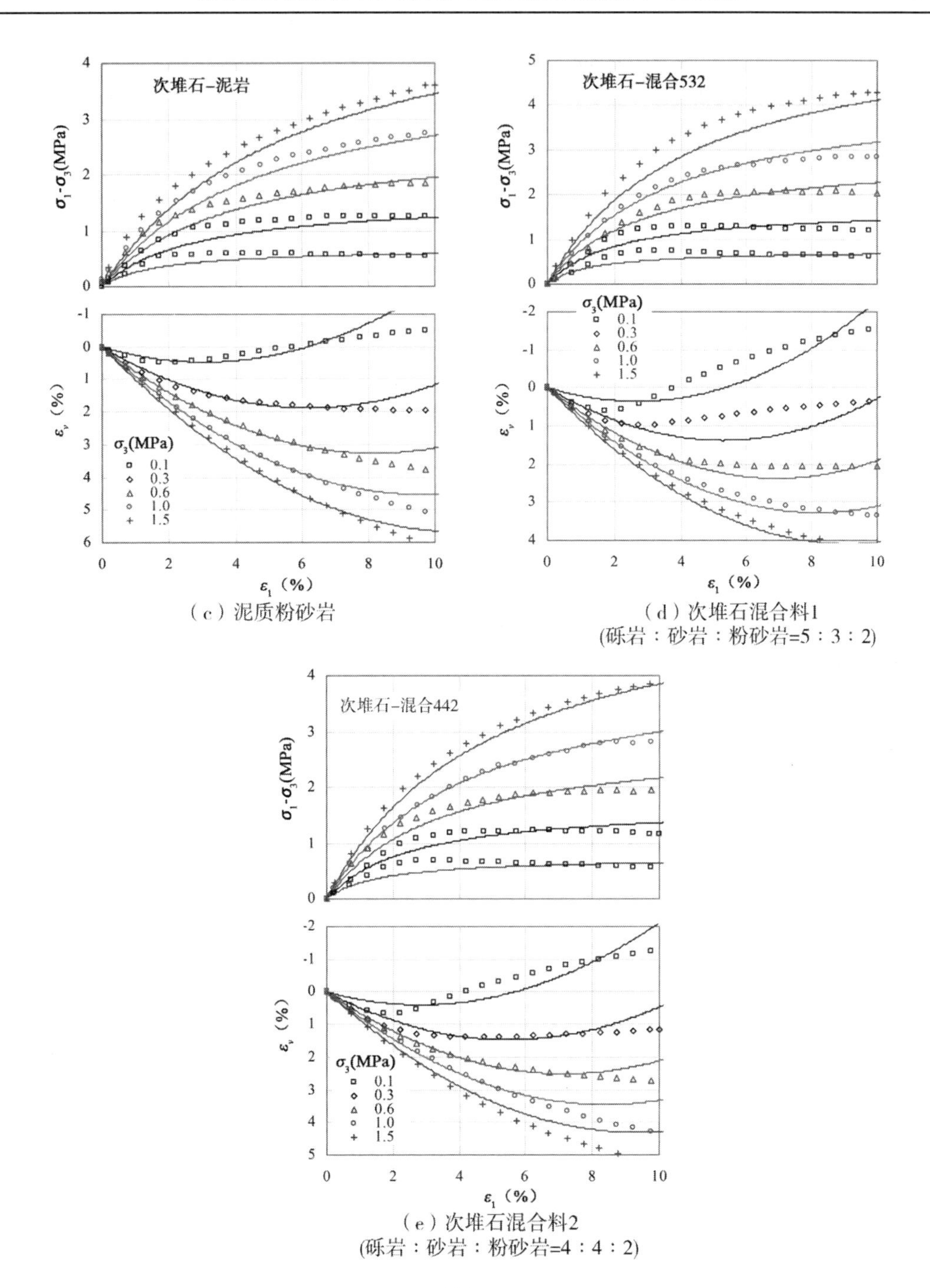

（c）泥质粉砂岩

（d）次堆石混合料1
(砾岩：砂岩：粉砂岩=5：3：2)

（e）次堆石混合料2
(砾岩：砂岩：粉砂岩=4：4：2)

续图 7

2.3 用于湿化变形计算的本构模型

将湿化变形区分为湿化体积变形 ε_{vs} 和湿化剪切变形 γ_s 两部分，基于该划分和湿化试验结果，提出一个新的粗粒料湿化变形本构模型，即

$$\left.\begin{aligned}\varepsilon_{vs} &= \sigma_3/(a + b\sigma_3)\\ \gamma_s &= D_w \cdot S_l/(1 - S_l)\end{aligned}\right\} \tag{7}$$

式中：S_l为应力水平；a、b 和 D_w为试验参数。

假定应变主轴与应力主轴重合，采用 Prandtl - Reuss 流动法则，应变张量为：

$$\{\varepsilon\} = \varepsilon_v I/3 + \gamma/\sigma_s\{s\} \tag{8}$$

式中：$\{s\}$为偏应力张量；σ_s为广义剪应力。

该模型已用于公伯峡、三板溪等面板堆石坝的湿化变形分析，应用效果良好。

2.4 用于震动变形计算的弹塑性循环本构模型

基于对粒状土循环变形规律的认识，提出了将土的应变分为剪切和压缩引起的可逆性与不可逆性的八个分量的划分方法，揭示了粗粒土循环变形的基本规律和物理机制及主要影响因素，并给出了循环应力应变响应异向性的概念。在此基础上，借鉴现有边界面理论的部分成果，提出了一个能较好地描述循环荷载作用下粒状土变形主要特性的新本构模型[8-10]，其主要公式如下：

$$\dot{\sigma}_{ij} = \Lambda_{ijkl} : \dot{\varepsilon}_{kl} \tag{9}$$

$$\Lambda_{ijkl} = E_{ijkl} - \frac{(AM_{ij}^p - CM_{ij}^r) \otimes \delta_{kl} - (BM_{ij}^p - DM_{ij}^r) \otimes \bar{n}_{kl}}{AD - BC} \tag{10}$$

$$E_{ijkl} = K\delta_{ij}\delta_{kl} + G\left(\delta_{ik}\delta_{jl} + \delta_{il}\delta_{jk} - \frac{2}{3}\delta_{ij}\delta_{kl}\right) \tag{11}$$

$$M_{ij}^r = \frac{2G}{H_r}\bar{n}_{ij} + d\frac{K}{H_r}\delta_{ij}, M_{ij}^p = \left(\frac{2G}{H_p}r_{ij} + \frac{K}{K_p}\delta_{ij}\right)h(p - p_m)h(\dot{p}) \tag{12}$$

$$\begin{aligned} A &= \frac{1}{2G} + \frac{1}{H_r},\ B = \frac{d}{H_r}, C = \left[\frac{1}{2G} + \frac{1}{H_p}h(p - p_m)h(\dot{p})\right]r_{ij} : \bar{n}_{ij}, \\ D &= \frac{1}{K} + \frac{1}{K_p}h(p - p_m)h(\dot{p}) \end{aligned} \tag{13}$$

$$d = \frac{1}{\mu}\left(\frac{M_0}{C_2} - \eta\cos\theta\right) + \frac{d_0}{C_3}\frac{\eta_f}{\eta_m}\left(\frac{\bar{\rho}}{\rho}\right)^{0.5} \tag{14}$$

该模型具有以下特点：①可有效地描述循环剪切作用下不可逆性体应变的单调累积性；②能较好地描述循环剪切作用下可逆性体应变的瞬态增减变化性；③能有效地描述循环应力应变响应的异向性；④适用于排水及不排水条件。在此基础上，通过不同加载方式、不同排水条件和不同土性的试验成果初步验证了模型的有效性。图 8 给出了一个循环排水三轴试验的模型预测结果与试验结果，可见模型模拟结果与试验结果符合良好。

3 描述坝体内各种接触变形的实用本构模型

针对黄河上游公伯峡、积石峡等高面板堆石坝中存在的主堆石料与基岩、次堆石料与基岩、垫层料与基岩、混凝土挤压式边墙（以下简称挤压墙）与垫层料、挤压墙与面板等各种接触面，展开了从试验研究、本构建模到模拟技术的系列研究。

3.1 粗粒土与结构接触面的静动力统一本构模型

针对公伯峡、积石峡等高面板堆石坝中的各种接触面，完成了 400 多组系列化试验，率先揭示和凝练出三维静动力加载条件下多种结构与土体接触面的物态演化律、强度律、剪切律、剪胀律和压缩律等 5 个基本的本构规律，建立了弹塑性接触面本构模型并给出了不同精度要求条件的简化模式，据此提出了具有不同精度等级的三维弹塑性数值分析技术。接触

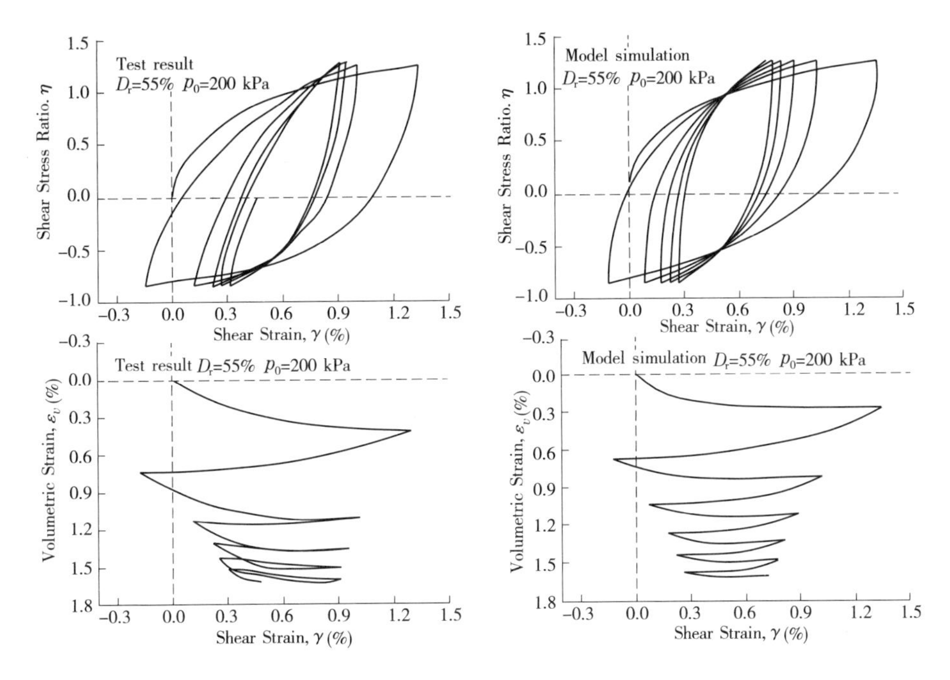

图 8 某粒状土动三轴试验的模型预测与试验结果

面试验表明,一个完备的粗粒土与结构接触面本构模型,应该能够统一地描述接触面的单调和循环剪切特性、剪应变与体应变耦合特性、细观结构异向性及其引起的宏观剪切异向性,颗粒破碎等造成的物态演化特性。在试验基础上,吸收和借鉴已有的双屈服面模型、边界面模型、损伤概念等岩土类材料本构模型的合理元素,提出了新颖的建模思路,建立了一个可统一描述上述接触面主要力学特性的基于损伤的弹塑性本构模型,称作清华接触面弹塑性损伤模型(简称为 EPDI 模型)[11]。该模型以剪应力和法向应力为基本变量的本构关系的增量数学形式如下式所示:

$$\left.\begin{aligned} \mathrm{d}|\gamma| &= \left(\frac{1}{G_e}+\frac{1}{H_r}\right)\mathrm{d}|\tau| - \frac{1}{H_{rd}}\frac{|\tau|}{\sigma}\mathrm{d}\sigma \\ \mathrm{d}\varepsilon_v &= \frac{\frac{1}{\mu}+n_a+A_1}{H_r}\mathrm{d}|\tau| + \left(\frac{C+C_e}{\sigma} - \frac{\frac{1}{\mu}+n_a+A_1}{H_{rd}}\frac{|\tau|}{\sigma}\right)\mathrm{d}\sigma \end{aligned}\right\} \tag{15}$$

该模型参数均具有明确的物理意义,描述各主要力学特性的参数具有较强的独立性,只需通过一组不同法向应力的往返剪切试验和两个侧限压缩试验就能够方便地完全加以确定。图 9 给出了公伯峡面板堆石坝垫层料与混凝土接触面往返剪切的模型预测和试验结果,其中点为试验结果,线为模型预测结果。可以看出模型预测结果与试验结果符合良好。多种粗粒土与结构接触面单调和往返剪切的模型预测与试验结果对比表明,该模型能够统一地描述包括单调与循环加载、应变软化、剪胀体变、接触面异向性等接触面的主要力学特性,也能够统一地描述受载过程中接触面的物态及相应的力学特性的变化、剪应变和体应变的耦合、低法向应力到高法向应力下接触面的力学响应,以及小变形到大变形范围的接触面应力应变关系,具有较强的实用性和适用性。

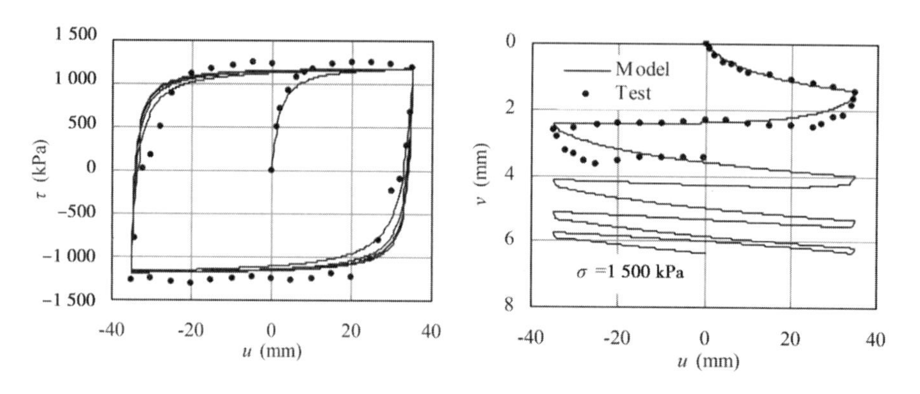

图9　公伯峡面板堆石坝垫层料与混凝土接触面往返剪切模型预测与试验结果

3.2　混凝土挤压式边墙的实用等效概化数值模型

面板堆石坝施工中采用的混凝土挤压式边墙（下文简称挤压墙）技术具有减少斜坡碾压修坡工序、加快施工进度、保证垫层料填筑质量等优点，公伯峡高面板堆石坝在我国首先采用了该项技术，其后很快得到重视和推广。图10（a）给出了挤压墙的实际结构示意图。挤压墙与面板和垫层料直接接触，对其接触面力学特性的合理描述是不容忽视的。

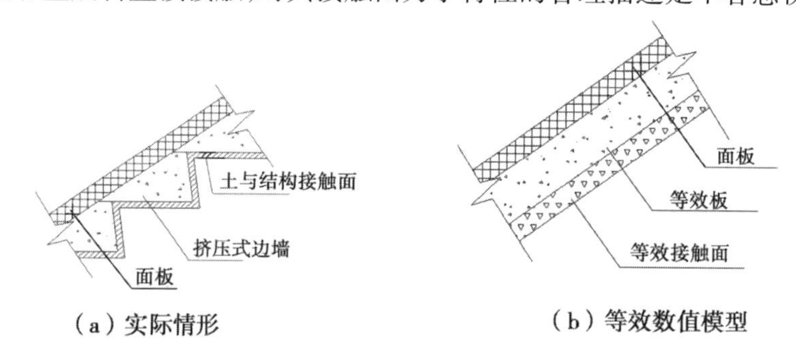

图10　公伯峡面板堆石坝挤压式边墙及等效数值模型

相对于堆石坝体，挤压墙是形状比较复杂的小尺寸结构，若按照其实际形状剖分网格并考虑挤压墙与面板以及挤压墙与垫层之间的实际接触特性，则大坝的静力数值分析特别是动力数值分析的计算规模显著增大，并且多尺度造成计算精度降低的问题非常难以解决。因此，建立了一个由等效板和等效接触面构成的简单实用的挤压墙等效概化数值模型[12]，如图10（b）所示。其中等效板的本构关系采用线弹性模型，等效接触面采用EPDI模型，采用接触面试验和大比尺数值试验相结合的方法模拟挤压墙力学行为，可合理简便地确定概化模型参数。该数值模型的等效概化原理合理，数学模型简单，参数易于确定，不会给大坝的有限元网格剖分及计算造成太多的附加工作量。对比计算分析表明，挤压墙等效概化数值模型所揭示的坝体及面板应力变形规律与原状模拟方法一致，可以合理地描述挤压墙的实际力学特性，同时克服了多尺度数值计算难题，显著提高了计算分析效率和精度。

4　面板堆石坝变形评价预测方法及关键技术

面板堆石坝安全性评价的关键是面板的应力变形是否满足安全要求，核心是需要合理地评价和预测各种工况下的坝体变形。坝体变形可能会在以下六种工况下产生：①施工期坝体本身自重荷载增加引起的坝体变形;②蓄水期作用在面板上的水压力引起的坝体变形;③蓄水期与运行期浸润线以下部分坝体的湿化变形以及下游尾水位抬高引起的湿化变形;④运行期坝体的流变变形;⑤强烈地震激励条件下坝体的动变形和残余变形;⑥非正常工况下可能引起的浸润线抬高所导致的坝体的湿化变形。根据上述各种成因,坝体变形可以分解为加载变形、湿化变形、流变变形和震动变形。现有的评价理论尚不能统一地考虑上述四种变形,需要分别加以计算。

基于上述四种坝体变形的划分,形成了以“面板应力变形为核心”的面板堆石坝变形评价预测理论方法及关键技术,编制完成了相应的计算程序。图 11 给出了面板堆石坝变形评价预测的基本内容及方法。

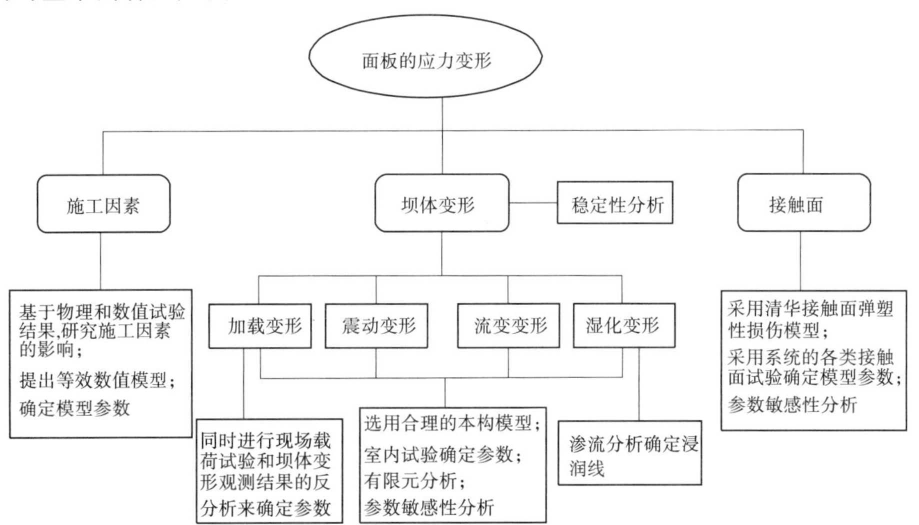

图 11 面板堆石坝变性评价与预测的基本内容及相互关系

4.1 公伯峡面板堆石坝应力位移分析

作为应用的一个实例,这里给出公伯峡面面板堆石坝应力位移计算的部分成果。该混凝土面板堆石坝最大坝高 133 m,图 12 给出了公伯峡面板堆石坝的标准剖面图。总的来说,该坝主要具有以下主要特点[2,13]:①面板坝处于极不对称河谷中,左右岸平均坡度分别为 30°和 60°;②在垫层坡面施工中在国内首次采用挤压式混凝土边墙施工方法;③坝体大部分利用开挖料填筑,岩性变化复杂。针对该面板坝着重研讨以下四个关键课题:①选择和改进现行描述坝体粗粒土静动力学特性的本构模型,合理确定模型参数,以较为可靠地评价坝体的加载变形和震动变形;②通过试验系统地研究了垫层料与挤压墙接触面、主堆石料和次堆石料与基岩接触面以及挤压墙与混凝土面板接触面的静动力学特性,发展了合理的接触面本构模型,以较为合理地模拟面板的应力变形;③研究施工期和运行期挤压墙受力变形的数值分析模型及方法;④选择和改进描述坝体粗粒土湿化变形特性的本构模型及计算方法,以较为合理地评价下游尾水位和浸润线抬高时坝体的湿化变形及其对面板的影响,这分析了面板裂缝或者帷幕灌浆失效引起浸润线变化的非正常工况。限于篇幅,本文只简要给出部分计算结果。图 13 给出了蓄水后在最大断面处大坝的沉降和顺河向水平位移的等值线图,图 14 则给出了面板应力变形的分布。由图可知,坝体的最大沉降量发生在次堆石料区的中部偏下位置;坝体发生自中轴线向两边的顺河向水平位移,并在中轴线两侧形成顺河向水平位移峰值区；面板大部分区域受压，面板压应力和挠度的峰值均发生在最大横断面的中部偏下处，面板底端受拉，最大拉应力发生在最大横断面左侧岸坡陡变处。面板的周边缝张开量较小，发生在最大横断面左侧岸坡陡变处，与该区域的面板顺坡向拉应力出现峰值相对应。图 15 给出了该堆石坝考虑湿化变形后算得的坝体位移场。与未湿化的计算结果比较可以看出，坝料湿化对大坝的位移场影响较大，总的来说考虑坝料湿化后，蓄水期末坝体向下游水平位移、沉降量均有所增大。图 16 给出了一个坝体地震后的残余变形分布图。由图可以看出，大坝的水平顺河向残余变形最大值均分布于坝体顶部上游处；竖向残余变形值的最大值也出现在坝顶处。

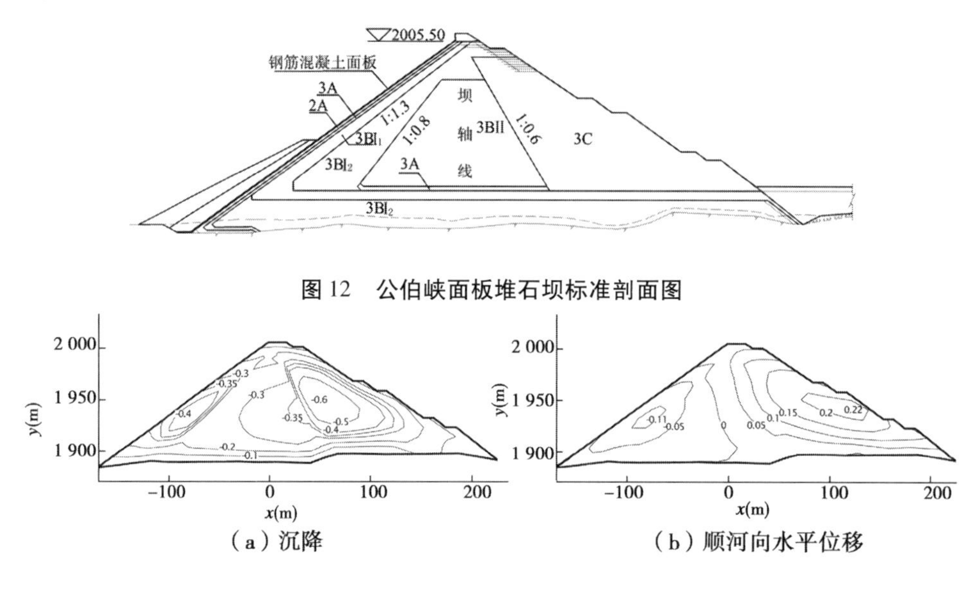

图 12　公伯峡面板堆石坝标准剖面图

（a）沉降　　（b）顺河向水平位移

图 13　公伯峡面板堆石坝坝体的加载变形计算结果　（单位：m）

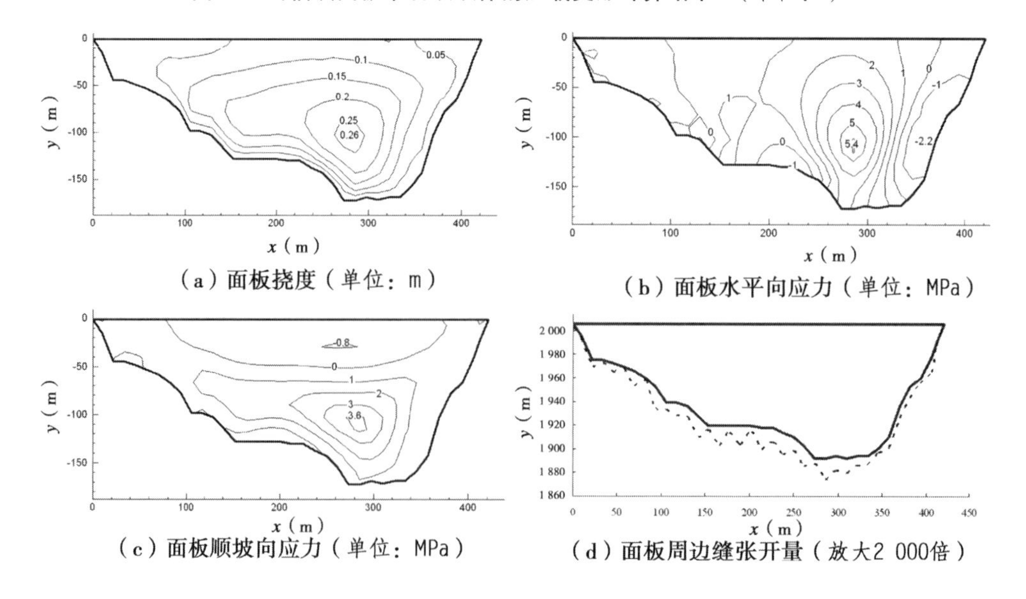

（a）面板挠度（单位：m）　　（b）面板水平向应力（单位：MPa）

（c）面板顺坡向应力（单位：MPa）　　（d）面板周边缝张开量（放大2 000倍）

图 14　公伯峡面板堆石坝加载变形对应的面板应力变形计算结果

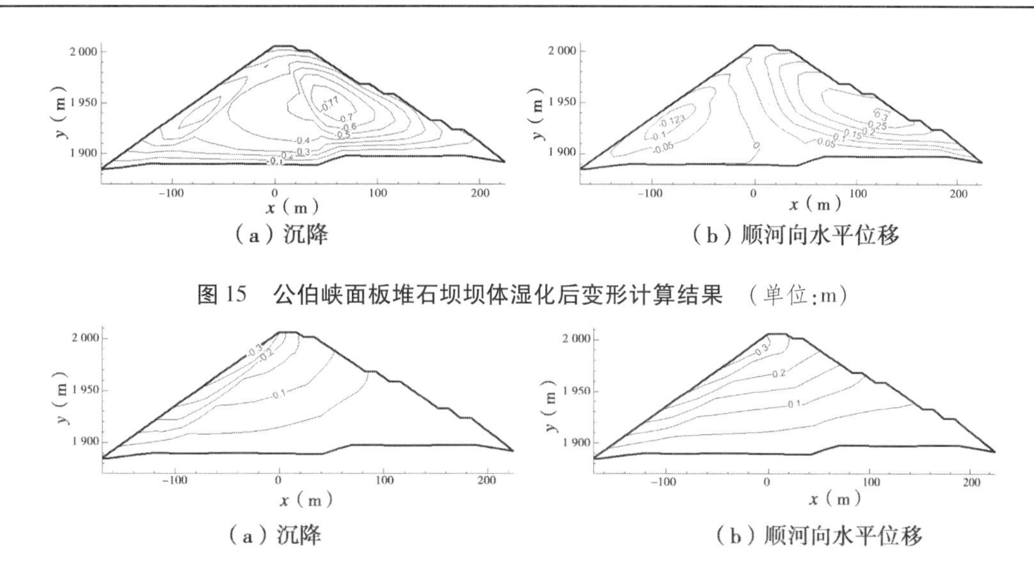

图 15 公伯峡面板堆石坝坝体湿化后变形计算结果 (单位:m)

(a) 沉降　　(b) 顺河向水平位移

图 16 公伯峡面板堆石坝坝体的震动后残余变形 (单位:m)

特别有意义的是,基于上述坝体变形分析理论方法和模拟技术以及大型现场碾压与载荷试验成果,在大坝填筑初期预测的大坝总沉降量与随后的现场监测的大坝最终总沉降量只有几厘米的误差,初步说明了所提出的计算模型及方法的有效性。

4.2 积石峡面板堆石坝流变分析及面板施工前预沉降时间选定

作为应用的另一个实例是依托积石峡面板堆石坝,通过研究堆石体流变变形对大坝应力变形的影响,研究面板铺设前如何选定合理的预沉降时间。积石峡面板堆石坝坝高 100 m。主堆石区和次堆石区均采用混合后的开挖料筑坝,此方案可以大大降低填筑料的开挖运输成本和处理开挖料的成本,但开挖料在运行期可能产生较大的流变变形,从而导致坝体和面板发生较大的应力和变形,对大坝的安全性产生不利的影响。积石峡面板堆石坝施工设计方案是将坝体堆石逐级填筑至坝顶,待变形稳定一段时间后再进行面板施工,坝体竣工以后逐级蓄水至设计水位。初步设计的施工方案建议了 6 个月的预沉降时间,需要回答该方案条件下的坝体和面板应力变形情况是否满足要求,或者是否可以在大坝和面板应力变形满足设计要求条件下通过施工期优化来缩短预沉降时间。

根据大坝设计方案以及积石峡面板堆石坝的地形图,进行了三维有限元网格剖分,如图 17所示。在计算中模拟了坝体分层逐渐上升的填筑过程,坝体施工结束后再进行面板施工。坝体竣工以后逐级蓄水至设计水位。计算中堆石料的加载变形采用多组分混合料加载模型,坝体中的各种接触面和挤压墙模拟均采用前述的新模型,所有的模型参数均通过大型接触面试验结果确定。流变变形计算采用沈珠江三参数流变模型[18],根据积石峡堆石料特点经过反馈分析得到了不同软硬程度的筑坝材料流变参数。

图 18 中各图示出了蓄水完成期和流变变形后的坝体及面板应力变形等值线,其中左侧图形为蓄水完成期计算结果,右侧图形为大坝运行 800 d 流变变形后的计算结果。可以看出,流变变形对大坝的位移场有一定影响,坝体竖向沉降及顺河向位移均有所增加。其中竖向沉降的最大值由 0.44 m 增大至 0.53 m,增加约 20%;由流变引起的竖向位移增量沿坝体高程逐渐增加,使得坝体总体沉降最值出现的位置较蓄水完成期有所抬高,如图 18(a)所示。坝体顺河向位移的增量方向指向下游,使得坝体总体水平向位移向上游有所减小,向下

游有所增加,如图 18(b)所示。流变变形对大坝的应力场影响较小。流变变形引起了坝体变形增加,从而使得面板挠度增大和应力发生较为明显的变化。图 18(c)给出了蓄水完成期和运行 800 d 后面板挠度等值线图,堆石料流变变形引起的面板挠度增量沿高程逐渐增大,在面板顶部达到最大,使得面板挠度最大值出现的位置有所抬高。流变变形对面板应力产生了较大的影响,其中顺坡向应力压应力增大至原来的 3 倍左右,流变变形后压应力最大值达到了 6 MPa;但流变变形对拉应力大小和分布影响不大,如图 18(d)所示。面板水平向应力有所增大,最大值由蓄水完成期的 3.5 MPa 增加至 5 MPa,拉应力大小变化不明显而区域略有缩小,如图 18(e)所示。

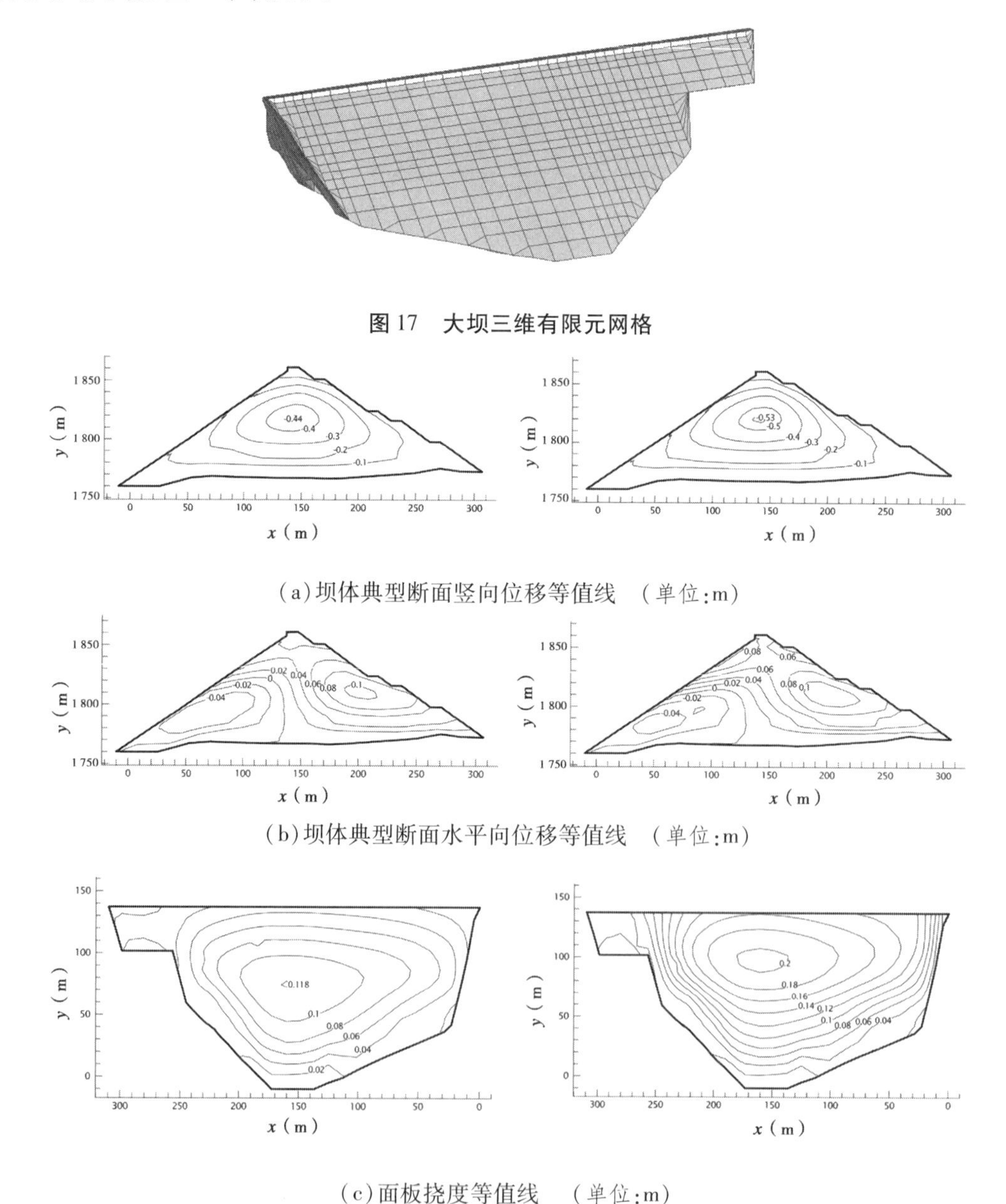

图 17　大坝三维有限元网格

(a)坝体典型断面竖向位移等值线　(单位:m)

(b)坝体典型断面水平向位移等值线　(单位:m)

(c)面板挠度等值线　(单位:m)

图 18　蓄水期和流变后坝体应力应变等值线

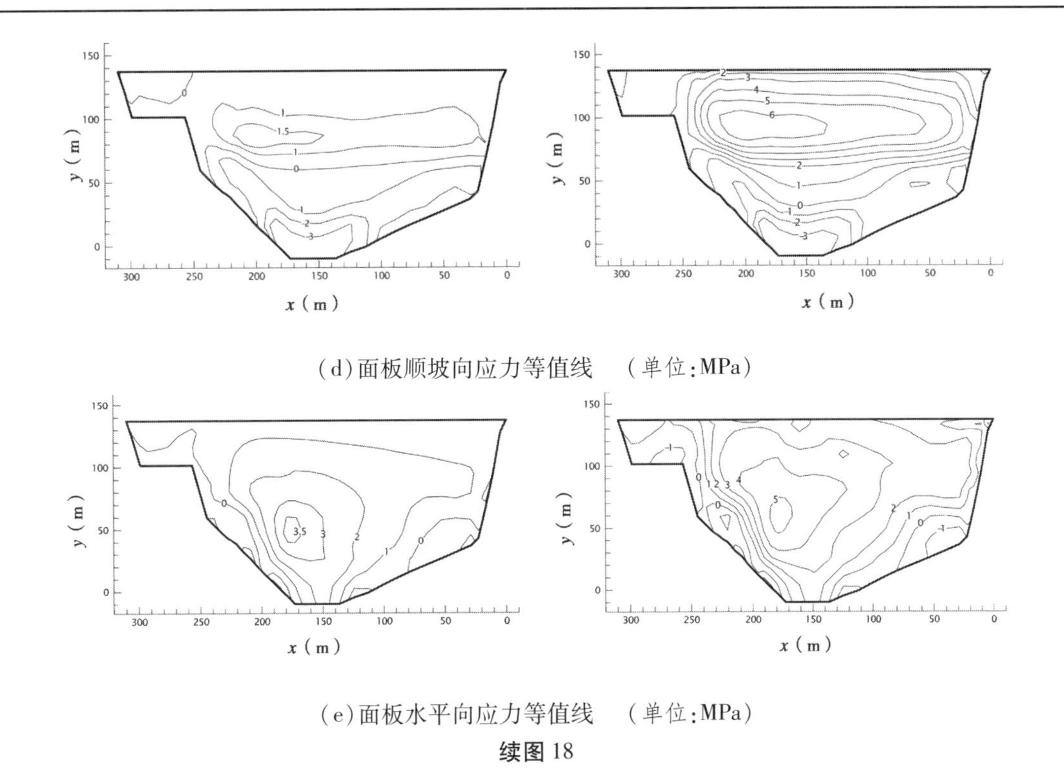

（d）面板顺坡向应力等值线　（单位：MPa）

（e）面板水平向应力等值线　（单位：MPa）

续图 18

针对坝体填筑完成后立即浇筑面板的施工方案，亦即预沉降时间为 0 d 的施工方案，计算结果表明堆石料的流变变形对坝体特别是面板的应力和变形具有较大影响。为了减小流变变形对面板应力变形的影响，实际工程施工中需要设置一定的预沉降时间。研究坝体填筑完成后不同预沉降时间的影响是选择预沉降时间的关键，具体计算中设置的预沉降时间分别为 60 d、120 d、180 d 和 360 d 的施工期方案。图 19（a）给出了计算得到的 5 种不同的施工期方案坝体沉降最大值增量随时间变化的曲线，坝体沉降最值增量由运行期的最值减去相应蓄水完成期的最值得到，各种施工方案坝体沉降增量均随着运行时间增加而增大；从图 19（b）可以看出，预沉降时间较长的施工方案运行期流变变形较小，引起的坝体沉降增量也较小。图 20（a）给出了不同施工方案的面板挠度随时间变化曲线，各种方案的面板挠度均随着运行时间逐渐增加，而预沉降时间较长的施工方案运行期流变变形较小，运行期的面板挠度也就越小。不同施工方案计算得到流变变形对面板应力影响规律类似，但面板应力

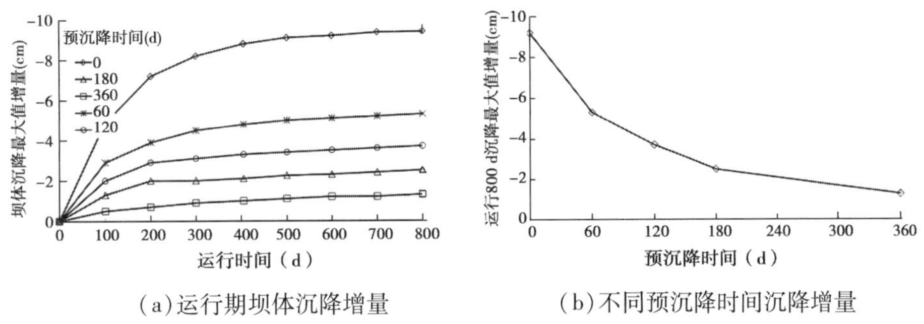

（a）运行期坝体沉降增量　（b）不同预沉降时间沉降增量

图 19　不同预沉降时间坝体流变变形增量

大小受预沉降时间的影响较大。图 20(b)示出了不同施工方案面板顺坡向和水平向应力最值,可以看出预沉降时间越长,面板的压应力最值越小,对面板的安全性也越有利。

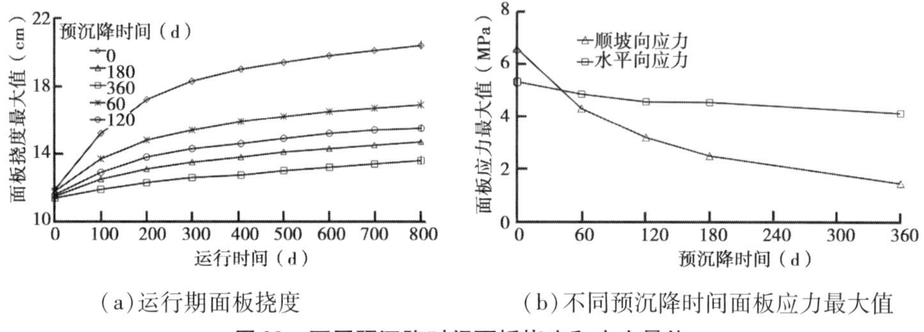

(a)运行期面板挠度　　(b)不同预沉降时间面板应力最大值

图 20　不同预沉降时间面板挠度和应力最值

基于上述计算成果,综合考虑大坝安全和工程投资两方面因素,对积石峡面板堆石坝,认为选择 120 ~ 180 d 的预沉降时间均是可行的。

5　结　语

结合黄河上游公伯峡、积石峡、羊曲、茨哈峡等高面板堆石坝的工程实践,黄河上游水电开发有限责任公司和清华大学水利水电工程系密切合作,在高面板堆石坝变形评价理论及关键技术方面展开了比较深入系统的研究,主要取得了如下进展:

(1)开发了大型筑坝材料试验测试技术,包括大型多功能静动三轴试验机和大型粗粒土与结构接触面试验设备及测试技术,实现了在轴向与环向分别独立地对堆石料试样施加高吨位的静动力荷载作用,取得了多种应力路径下的三轴静动力试验、渗流以及渗流与应力的耦合试验成果,系统地研究了面板堆石坝中各类土与结构接触面在单调和循环剪切作用下的静动力学行为。

(2)完善和提出了能够反映筑坝材料主要力学特性的系列化本构模型,包括:改进了沈珠江双屈服面静本构模型,提出了湿化本构模型和弹塑性循环动本构模型,可分别用于计算堆石坝的加载变形、湿化变形和震动变形;建立了清华接触面弹塑性损伤本构模型,能够统一地描述粗粒土与结构接触面的主要静动力学特性及物态演化规律;建立了一个可用于描述挤压式边墙实际力学特性的实用等效概化数值模型,显著提高了计算精度、效率和合理性;提出了一个多组分混合料的本构模型及参数确定方法,可明显减少试验工作量并提高计算分析效率。

(3)将坝体变形根据成因划分为四类变形,即加载变形、湿化变形、震动变形和流变变形,提出了以面板应力变形为核心的面板堆石坝变形分析预测理论方法及关键技术,并成功地用于黄河上游公伯峡、三板溪、羊曲、茨哈峡等高面板堆石坝优化设计的工程实践。

参 考 文 献

[1] 张建民,张丙印. Geotechnical aspects of large embankment dams in China (Keynote lecture), Proceedings, 12th Asian Regional Conference on Soil Mechanics and Geoetchnical Engineering, 1197-1214, Singapore, 2003.

[2] 张建民，张丙印,等. 公伯峡面板堆石坝应力位移分析最终研究报告[R]. 清华大学水利水电工程系，2003.

[3] 张建民，张嘎,等. 三板溪面板堆石坝结构安全性评价中期研究报告[R]. 清华大学水利水电工程系，2004.

[4] 张嘎，张建民. 大型土与结构接触面循环加载剪切仪的研制及应用[J]. 岩土工程学报，2003，25(2)：149-153.

[5] 张建民,侯文峻,等. 大型三维土与结构接触面试验机的研制与应用[J]. 岩土工程学报，2008，30(6)：889-894.

[6] 罗刚，张建民. 邓肯 - 张模型和沈珠江双屈服面的改进[J]. 岩土力学，2004，25 (6)：887-890.

[7] 张嘎，张建民，于艺林. Modeling of gravelly soil with multiple lithologic components and its application [J]. Soils and Foundations，2007，47(4)：799-810.

[8] 张建民. 砂土动力学若干基本理论探究[J]. 岩土工程学报,2012,34(1)：1-50.

[9] 张建民,罗刚. 考虑可逆和不可逆剪胀的粗粒土动本构模型[J]. 岩土工程学报,2005，27 (2)：178-253.

[10] Zhang JianMin，Luo Gang. A new cyclic constitutive model for granular materials considering reversible and irreversible dilatancy，Proceedings[C]// XIth International Conference on Soil Dynamics & Earthquake Engineering，2004：414-419，USA.

[11] 张嘎,张建民. 粗粒土与结构接触面统一本构模型及试验验证[J]. 岩土工程学报,2005，27(10)：1175-1184.

[12] 张建民，张嘎，刘芳. 面板堆石坝挤压式边墙的概化数值模型及应用[J]. 岩土工程学报,2005，27(3)：249-253.

[13] 王刚,付鹏程,张建民. Seismic Response Analysis of Gongboxia concrete - faced rock - fill dam considering non - uniform Earthquake Input[C]// XIth International Conference on Soil Dynamics & Earthquake Engineering，2004.

[14] 王刚,张丙印,张建民. Static and dynamic response analysis of a high rock - fill dam with a clay core wall. Fifth International Conference on Case Histories in Geotechnical Engineering，USA,2004.

[15] 罗刚,张建民. Dynamic Response Analysis for Yixing Complex Dam with A High Retaining Wall[C]. 11th Intern. Conf. on Soil Dyn. & Earthquake Engng.，2004.

[16] 罗刚,张建民. 3 - D seismic response analysis for Zipingpu concrete faced rockfill dam[C]. Fifth International Conference on Case histories in Geotechnical Engineering,2004.

[17] Zhang JianMin,Yang Z Y ,Gao X Z,et al. Lessons from damages to high embankment dams in the May 12，2008 Wenchuan earthqua[J]. ASCE Geotechnical Special Publication，2010,201：1-31.

[18] 沈珠江. 土石料的流变模型及其应用[J]. 水利水运科学研究，1994 (4)：335-342.

拉西瓦特高拱坝设计与初期运行

姚栓喜　白兴平　雷丽萍　高焕焕

（中国电建西北勘测设计研究院有限公司，西安　710065）

摘　要　从建基面的选择、体形优化、河床坝基开挖形式研究、坝体灌浆、渗控、抗震研究分析及坝体混凝土温度控制等方面对地处气候寒冷、河谷狭窄陡峻和高地应力自然环境下的拉西瓦拱坝作了设计论证。8年初期运行监测结果表明，大坝及基础受力状态及渗流控制完全正常。

关键词　拉西瓦；双曲拱坝；固结灌浆；接触灌浆；监测

1　引　言

拉西瓦水电站位于青海省贵德县与贵南县交界的黄河干流上，上距龙羊峡水电站32.8 km，下距李家峡水电站73 km，距青海省西宁市公路里程为134 km，对外交通便利。电站装机6台，总容量4 200 MW，多年平均发电量102.23亿kWh，主要承担西北电网调峰和事故备用，是支撑实施的西北电网750 kV网架的骨干电源。水库正常蓄水位为2 452 m，校核洪水位为2 457 m；死水位为2 440 m。水库总库容10.79亿m^3，调节库容1.5亿m^3。设计、校核洪峰流量分别为4 250 m^3/s和6 310 m^3/s。

工程枢纽主要建筑物由混凝土双曲拱坝、坝身表深底孔、坝后水垫塘和右岸地下引水发电系统建筑物组成。双曲拱坝最大坝高250 m，坝顶高程2 460 m，拱冠顶、底厚分别为10 m、49 m，厚高比0.196，弧高比1.834。泄洪消能建筑物由坝身3个开敞式表孔、2个深孔和1个底孔组成，坝后水垫塘集中消能。岸塔式进水口布置在右岸，引水隧洞内径9.5 m，单机单管供水。右岸中部式地下厂房洞室群布置在距岸边水平距离为150～466 m深的岩体内，上覆岩体厚度为230～426 m。主副厂房、主变开关室和尾水调压室相互平行布置。

拉西瓦拱坝已经壅挡正常蓄水位考验，与同期设计建设的其他拱坝相比，具有以下特点：

(1)唯一一个拱圈采用对数螺旋线型拱坝；经优化后的体型参数适应了狭窄高陡河谷和岩体总体质量良好的地形地质特点。

(2)国内少有的用几个典型拱梁分载法程序计算，所得的坝体拉应力均在设计标准允许的范围内且拉应力范围较小，坝体应力分布均匀的拱坝。

(3)河谷狭窄对坝体约束力强及相对不算很高的地震动参数使拉西瓦地震作用下的坝体动力响应没有较宽河谷那么强烈，不需采用特殊的措施即可保证大坝抗震安全。

(4)受先前采用坝后反拱型水垫塘启发而将河床坝基开挖形式由传统的平底型改为反拱型的做法，充分发挥了狭窄河谷岸坡对河床浅层岩体在高地应力开挖后卸荷回弹的约束

作者简介：姚栓喜(1960—)，男，陕西澄城人，中国电建集团西北勘测设计研究院有限公司总工程师，教授级高级工程师，主要从事水电工程研究工作。E-mail：1616@nwh.cn。

作用,保证了河床坝基岩体的完整性与基岩质量,适应了高地应力的地质特点,一定程度上减少了开挖量。

(5)借鉴碾压混凝土坝保证施工进度的一些好设计做法,对边坡坝段基础采用一期无混凝土盖重二期在坝段内引管固结灌浆方法、预埋出浆盒溶蚀排气接触灌浆系统,以及采用在坝体上游表面粘贴防晒保温板以达到在寒冷地区拱坝全年接缝灌浆目的的措施,解决了固结灌浆及接缝灌浆与坝体浇筑上升进度的矛盾,加快了施工进度,对按期发电工期提供了保证。

(6)陡坡坝段常规温控分析计算模型难以满足控制标准要求。在分析总结已有拱坝边坡坝段监测资料的基础上,采用河床坝段与边坡坝段联合分析,发挥后者对边坡坝段下部的支撑作用的做法解决了长期困扰陡坡坝段温控计算的问题。

(7)8 年初期运行监测结果表明,大坝及基础受力状态及渗流控制完全正常,是同期建成高度不低于 250 m 特高拱坝中唯一一个坝体、坝肩及河床坝基没有发现任何受力异常的拱坝。

以下从工程地质条件、建基面的选择、体型优化、河床坝基开挖形式研究、坝体灌浆、渗控、抗震研究分析和坝体混凝土温度控制等方面介绍拉西瓦拱坝设计及初期运行情况。

2 主要工程地质条件

电站工程区域构造以 NW—NNW 向断裂为主。库坝区为一相对稳定的弱震区,其地震基本烈度 7 度,100 年基准期超越概率 2% 时的基岩水平峰值加速度为 0.23g。

坝址区为高山峡谷地貌,“V”形河谷两岸基本对称,基岩裸露,岸顶至谷底相对高差达 700 m,岸坡平均坡比 55°,坝顶高程处谷宽 375 m,宽高比为 1.6,平水期河水面宽约为 50 m,河床覆盖层厚平均 8~10 m。坝址岩体为中生代印支期灰白色中粗粒块状花岗岩,岩块致密坚硬,平均湿抗压强度 110 MPa,完整岩体纵波速 4 000 m/s 以上,变形模量(Ⅱ类岩)15 GPa 以上。拱坝大部分可置于微风化完整的Ⅱ级岩体,仅河床左侧局部及两岸坝肩高部位存在Ⅲ级岩体,经适当工程处理均可满足坝基要求。坝址断裂构造的规模不大,对岸坡稳定影响较大的主要是一组 NWW 向缓倾角结构面;河床分布有距坝基上游约 8 m 的 F172 断层,其破碎带宽约 1.5 m。河谷底及坡脚部位是应力集中区,实测最大主应力 σ_1 达 54.6 MPa。两岸卸荷带一般深 10~20 m,弱风化带深 20~30 m;坝顶高程以下无边界复杂且规模很大的不稳定块;岩体透水性弱,水文地质条件简单。

3 拱坝建基面选择

拉西瓦拱坝建基面选择主要考虑岩体风化程度、岩体 RQD 指标和高地应力在岩体开挖过程中及开挖之后可能产生的岩体破坏等因素。选择的原则为:为防止坝基开挖时高地应力释放导致岩体破坏,河床坝段建基面以挖除卸荷带和质量较差的弱风化带为原则;两岸坝肩中下部大部分置于微新岩体上,高高程局部可利用经处理的弱风化岩体。

对河床坝段建基面拟定了 2 215 m、2 210 m、2 205 m 三个方案进行综合比较,结果表明,2 210 m 建基面各方面较优,其基坑开挖深度左岸在 15~20 m,右岸 20~30 m,其中覆盖层 8~13 m,建基面岩体为Ⅱ级。

经综合考虑左坝肩 2 400 m 高程以下坝肩均在微新岩体中,岩体质量为Ⅱ级,坝基综合变模 20 GPa,2 400 m 高程层以上坝肩位于弱风化下部岩体中,岩体质量为$Ⅲ_1$级,坝基综合变模 15 GPa;右坝肩 2 380 m 高程以下建基岩体为Ⅱ级岩体,2 380 m 高程以上为$Ⅲ_1$级岩体。

4　拱坝体型设计优化

4.1　体型优化设计

拱坝体型设计优化以拱梁分载法作为基本方法、静力工况设计,以数值法和动力管控复核。主要考虑了以下约束条件:

(1)优化的主要目标是降低坝踵、坝趾及上部拱圈上游拱端附近的拉应力水平和坝体上部的动应力,使坝体应力分布规律更加合理,提高大坝抗开裂破坏的安全储备。

(2)保持对数螺旋线基本体型和坝肩稳定条件基本不变的前提下,坝轴线位置及拱端位置作相应微调,保证坝踵距 F172 断层下游不小于 5m,坝顶左拱端下游面距Ⅱ#变形体有距离不小于 50 m、2 400 m 高程处距离不小于 90 m。

(3)要求大坝具有较强的适应坝基变模浮动变化的能力;在各种计算工况下的应力满足规范要求,变形状况变化幅度合理。

拉西瓦拱坝体型优化历程中,在可行性研究阶段,根据坝址地形地质特点,经综合比较坝体拱型,选取了对数螺旋线型,招标设计阶段在以前成果的基础上,又充分利用现阶段国内拱坝体型优化的最新技术,进一步比较了统一二次曲线、抛物线、椭圆、双曲线、悬链线、对数螺旋线等拱型及不同水平拱圈形式对拉西瓦坝址的适应性。通过优化分析,最终选定了拉西瓦对数螺线拱坝体型。

以满足坝体优化目标为目的,以拱梁分载法分析为基本方法,同时采用 FEM 分析兼顾坝肩抗滑稳定、对地基的适应性能、施工条件等方面,最终选择的拱坝体型参数特征值如下:坝高 250 m,拱冠顶厚 10 m,拱冠底厚 49 m,拱端最大厚度 54.99 m,顶拱中心线弧长 459.6,最大中心角 98.19°,厚高比 0.196,弧高比 1.834,上游最大倒悬度 0.231,柔度系数 10.02,基本体型体积 243 万 m^3,坝体承受的总水推力约 680 万 t。

4.2　应力成果

拱坝应力计算以西北院 TRILC 拱梁分载法计算程序为主,并采用水科院结构所 ADASO、浙江大学 ADAO 以及水科院抗震所 SDTLM88 拱梁分载法静动分析程序进行辅助验证。各程序应力计算结果均满足应力控制标准,坝体应力、位移分布规律合理、均匀,左右岸对称性较好,应力状态良好,基本荷载组合下不同程序的最大主压应力在 6.8 ~ 7.97 MPa,最大主拉应力在 0.571 ~ 1.18 MPa,特殊荷载组合(无地震)不同程序的最大主压应力在7.126 ~ 8.12 MPa,最大主拉应力在 0.623 ~ 1.3 MPa,均满足应力控制标准,整个拱坝坝面基本上处于受压状态,拉应力的最大节点数上游面为 10 个、下游面为 18 个(计算采用 9 拱 17 梁,总计算节点 81 个)。

不同计算程序计算结果的主要差别在于坝体主拉应力值。同工况相比,ADASO 程序计算的拉应力值最大,SDTLM88 次之,ADAO 较小。西北院所拥有的 TRILC 拱梁分载法计算程序进行设计的龙羊峡、李家峡、蔺河口拱坝等已运行多年,运行情况良好,依此用相同计算程序来进行拉西瓦拱坝受力状态分析与研究,能够保证结构的安全经济性。

4.3 坝体构造设计

坝体顶拱中心线弧长459.6 m,自右至左共分为22个坝段,其中10#~13#坝段为表深孔和底孔所在坝段,坝段(弧线)一般长21~23 m。横缝缝面为铅直面,每条缝面其方向是寻求较合理的某层拱圈中心线的径向设置,使横缝缝面与拱圈中心线的径向夹角小于±15°。缝面设柱面键槽和接缝灌浆系统。沿坝不同高程上设置了5层廊道,以作基础灌浆、排水、观测、检查、交通及运行期维修之用。各层廊道(除2 220 m层)均与两坝肩相应高程上的基础帷幕灌浆洞、排水洞相接,且上面5层通过所设置的骑缝横向廊道与相应高程上的下游坝面坝后桥相通。在9#、14#坝段各设一部电梯。

拉西瓦拱坝混凝土强度标准值采用150 mm立方体试件,在标准制作和养护条件下180 d龄期,具有85%保证率的极限抗压强度值确定。根据拱坝的应力分布情况和坝内结构布置,大坝混凝土按照强度、抗冻、抗渗要求分为三个等级:C_{180}32W10F300、C_{180}25W10F300、C_{180}20W10F300。

4.4 河床坝基开挖体型研究

河床坝基位于高地应力集中区,开挖引起坝基岩体卸荷回弹导致浅层岩体质量明显下降甚至破坏的问题应予以充分重视。受坝后水垫塘采用反拱形式以适应地形地质条件的启发,将招标设计阶段河床坝基传统的平底开挖改为反拱形开挖,经平面和三维非线性有限元分析和实际检测表明:光滑的反弧开挖在高地应力区应力集中程度降低,坝基回弹变位与卸荷松动范围减小。

5 坝体夏季接缝灌浆及封拱灌浆研究

拉西瓦大坝位于气候寒冷干燥,气温年变幅、日变幅均较大的寒冷地区,根据混凝土拱坝设计规范常规的要求及近年来国内类似工程实践经验,大坝接缝灌浆施工时,要求灌浆区两侧混凝土的龄期需达到6个月,采取特殊措施后不宜小于4个月,上部相邻灌区混凝土龄期达到2个月以上;且灌浆区两侧混凝土温度及上部压重混凝土需冷却至设计封拱温度;这样严格的技术标准致使拱坝坝体的施工进度经常受到接缝灌浆技术要求的束缚和控制。同时,根据龙羊峡、李家峡等工程经验并结合西部地区气候特点,通常每年夏季6~9月原则上不宜进行接缝灌浆施工。

针对此问题,对拉西瓦工程大坝施工期至运行初期的工作性态进行全过程仿真研究,通过模拟混凝土的浇筑过程、材料随龄期变化等因素的仿真计算,研究了延长接缝灌浆时段、优化技术标准的可行性,以达到加快拱坝施工进度的目的。经研究,采用在坝体表面贴15 cm厚的保温板,进行初、中、后期冷却且将冷却水管尽可能靠近坝上下游面设置等综合处理措施,第一次实现了寒冷地区特高拱坝全年接缝灌浆施工。

6 拱坝基础处理

6.1 坝基固结灌浆、防渗帷幕与排水

为改善大坝基础浅部岩体的整体性,减少其不均匀变形,并增强其防渗能力,大坝基础需采取固结灌浆处理。拉西瓦坝基固结灌浆在河床坝段采用了常规的固结灌浆,但常规灌浆工艺需要在坝基浇筑3 m厚的混凝土后进行固结灌浆施工,因此将影响到坝体混凝土浇筑工期。我国类似工程曾在基岩直接采用无盖重固结灌浆或者进行找平混凝土施工后的无

盖重固结灌浆，这种施工工艺存在灌浆压力低，基岩灌浆串、冒、漏浆等现象，拉西瓦工程在现场试验的基础上，分两期进行施工，先进行基岩3 m以下，以上部基岩为盖重先进行深部一期无混凝土盖重的固结灌浆，然后在基岩浅表层埋设钢管，进行引管固结灌浆。采取此工艺后，加快了工期，灌浆效果满足设计要求。

防渗帷幕在河床部位沿大坝基础廊道布置，在两岸坝肩延伸一定范围后到两岸相对隔水岩体。坝基及其附近设两排帷幕，其他部位一排帷幕。

防渗帷幕后及坝肩顺河向设专门的排水洞并用排水孔将各层排水洞在高度方向相连，形成良好的设排水幕。

6.2 坝基接触灌浆

拉西瓦工程两岸边坡坝段坝基坡度大于50°，必须进行混凝土与建基面的接触灌浆。常规接触灌浆工艺是坝基固结灌浆结束后，在原孔位重新扫孔并埋设接触灌浆管路之后进行接触灌浆。由于本工程边坡坝段坝基岩体固结灌浆方案选择中采用了分两期进行固结灌浆的方法。若接触灌浆仍然采用传统的出浆方式，那么在二期固灌时，部分出浆盒及排气系统在接触灌浆施工前就可能被二期固灌的浆液所堵塞，使接触灌浆无法进行，因此必须选择一种新的接触灌浆工艺解决上述问题。

经现场试验，为避免接触灌浆系统不被堵塞，设计采取了单向出浆、溶解形成排气通道的措施，即在混凝土浇筑前预先在坝基面上埋设单向出浆盒；排气槽埋设在建基面上的接触灌浆止浆体上，接触灌浆前，用化学材料溶解形成排气通道的软材料，形成排气通道。经大量现场试验及生产性试验验证，灌后效果满足设计要求。

6.3 坝基及坝肩地质缺陷处理

拉西瓦拱坝坝基总体岩体质量良好，地质构造规模不大，即便如此，仍需对坝基及坝肩地质缺陷采用挖、填、灌相结合的综合处理方法。对于影响坝肩抗滑稳定的软弱结构面，分高程沿地质缺陷结构面走向设置抗剪洞，并在水平洞间沿地质缺陷结构面倾向方向适当设置斜洞，使置换洞形成“井”形布置，以增强岩体整体传力效果。

河床坝踵上游F172断层通过平面及三维有限元计算，结果表明在正常运行期，F172只是在河床基础很小范围出现拉应力区，到建基面以下十几米后就处于压紧状态，不存在沿F172断层水力劈裂的情况；模型试验也同样证明了这一点。刚体极限平衡法计算抗滑稳定安全系数满足要求，不存在深层抗滑稳定问题。因此，对F172断层采取了以加强表面防护和防渗为主的工程处理措施。

7 拱坝坝肩稳定及整体稳定分析

根据两岸坝基岩体结构面的分析，构成坝肩可能滑动块体的底滑面为缓倾角的断层（包括Hf7、Hf6、Hf3、Hf8断层和HL32裂隙组）或结构面，侧滑面为陡倾结构面（NWW—NE向结构面和NE向陡倾结构面）。

通过坝肩局部稳定、整体稳定、超载安全分析和整体地质力学模型试验结果表明：

（1）右岸坝肩不存在整体稳定问题，所计算的可能滑移体抗滑稳定纯摩、剪摩安全系数满足设计标准。左岸上部以平缓结构面Hf6、Hf7为底滑面构成的不利块体在剪摩工况下安全系数偏低，经过必要的处理后，均能满足设计要求。

（2）基础处理后，大坝和地基整体承载力得到提高，拱端附近基岩和各断层结构面点安全度和面安全度也得到提高，各层塑性区面积明显减少，拱坝的超载情况在 $5P_0 \sim 6P_0$ 近坝区岩体出现非线性开裂，$7P_0 \sim 8P_0$ 近坝区岩体及两坝肩出现迅速大变形，两坝肩丧失承载能力。

8 拱坝抗震

8.1 抗震安全评价

拉西瓦拱坝采用多种抗震分析手段对各种可能因素进行了分析，论证了拱坝的抗震安全。首先采用拱梁分载法和刚体极限平衡法进行了地震作用下的应力和稳定分析，并用线弹性有限元法进行坝体动力特性及地震反应计算，分析成果均能满足抗震设计规范的要求。此外，采用地震波输入法，分析了地震作用下的坝体动应力；采用能计入坝体横缝和地基辐射阻尼的计算模型，分析地震作用下坝体横缝的张开及坝体应力的重分布。主要结论如下：

(1)拉西瓦拱坝基本振型为反对称振型，动力试载法与有限元法给出了十分接近的自振频率。正常蓄水位时基频约为 1.49 Hz，死水位时基频约为 1.55 Hz。由于拉西瓦水库的运行要求，其消落深度仅为 12 m，死水位时坝体自振频率与正常蓄水位相比提高幅度很小，地震作用下的位移、应力反应变化也不大。

(2)坝肩稳定在地震作用下刚体极限平衡法分析均满足要求。

(3)地基辐射阻尼对大坝地震动力响应的影响比较显著。考虑地基辐射阻尼效应横缝开度最大值由 9.33 mm 降低到 6.95 mm，约削减 26%，而且其张开范围也明显减小，最大梁、拱拉、压应力的水平均有所降低，压应力水平由 9.73 MPa 降到 9.25 MPa，约降低 5%，拉应力水平由 4.07 MPa 降到 3.65 MPa，约降低 10%。

8.2 抗震措施

由于横缝最大张开度不到 1 cm，对于目前工程所采用的止水材料，这样数量级的变形完全是可以承受的；在静动力作用下最大压应力不超过 10 MPa，拉应力 3 ~4 MPa，采用高强度等级的混凝土，可以满足要求，不需采取其他特殊的抗震措施。

9 大坝混凝土温度控制

工程地处青藏高原寒冷地区，气候条件恶劣，具有年平均气温低(7.2 ℃)、气温年变幅大(12.35 ℃)、日温差大(>15 ℃的天数约 190 d)、气温骤降频繁(年均 10.2 次)、年冻融循环次数高(达 117 次)、日照强烈、气候干燥、冬季施工时间长(5 个月)等特点，对混凝土表面保温防裂要求高。

拉西瓦大坝基岩弹模高(30 GMPa)，基础混凝土参数具有中热、高弹模(40 GPa)、高线胀系数(9.5×10^{-6})、自生体积收缩变形大(33×10^{-6})、封拱温度低等特点，对大坝温控防裂不利，应采取更严格的温控标准。设计允许强约束区最高温度为 23 ℃，弱约束区最高温度为 26 ℃，基础混凝土允许抗裂应力为 2.1 MPa。

对拉西瓦河床坝段、陡坡坝段施工期温度应力进行了全过程仿真计算。由于边坡坝段陡峻(63°)，采用单个坝段进行模拟，由于自重的影响，大坝有向下位移的可能。而实际施工时，一般先进行河床坝段施工，再进行边坡坝段施工。因此，边坡坝段采用三个坝段联合建模，以 16# 坝段作为计算坝段，14#、15# 坝段为支撑边界，并在 14# 坝段右侧加法向约束，使计算更符合实际。

夏季 5 ~9 月是拉西瓦大坝混凝土温控的重点。要求采取加冰加冷水预冷骨料等措施控制混凝土出机口温度 $T_0 \leqslant 7$ ℃,浇筑温度 $T_P \leqslant 12$ ℃;约束区浇筑层厚为 1.5 m,非约束区浇筑层厚为 3.0 m。采用人工制冷水进行一期冷却,约束区冷却水管间距为 1.0 m×1.5 m,非约束区为 1.5 m×1.5 m,通水时间为 20 d,进坝水温 4 ~6 ℃。

冬季 10 月至翌年 4 月混凝土施工和表面保温是大坝温控防裂的重点。冬季施工以蓄热法施工为主,当日平均气温低于 -10 ℃时,须采用综合蓄热法。应采取加热水、预热骨料等措施提高混凝土出机口温度,以确保混凝土浇筑温度为 5 ~8 ℃。采用天然河水进行一期冷却,对高温季节浇筑的老混凝土进行中期冷却,降低内外温差,防止混凝土表面裂缝。

对于大坝上下游面等永久暴露面,采用施工期与运行期相结合的全年保温方式。各坝块侧面及上表面采取临时保温方式。上下游面宜分部位分层次进行保温。具体保温标准如下:

(1)考虑约束区混凝土受基础温差和内外温差应力的双重作用,宜加大保温力度,重点保温。要求高温季节 5 ~9 月浇筑的强约束区混凝土,保温材料的 $\beta \leqslant 0.84$ kJ/(m^2 · h · ℃)(15 cm 保温板)。

(2)考虑孔口部位和夏季封拱灌浆的坝体混凝土过冬时表面应力较大,应适当加厚保温材料。要求保温材料的 $\beta \leqslant 2.44$ kJ/(m^2 · h · ℃)(相当于 8 ~10 cm 的保温板)。

(3)要求非约束混凝土上下游面、各坝块侧面及仓面等部位保温材料的 $\beta \leqslant 3.05$ kJ/(m^2 · h · ℃)(相当于 5 cm 的保温板)。

施工期监测资料分析表明,拉西瓦大坝内部混凝土温度基本满足设计要求。大坝上下游面保温材料实测效果表明:混凝土内表温差均小于 10 ℃。说明保温效果良好,有效防止了混凝土表面裂缝。

10　初期运行监测

拉西瓦水电站工程设置了较为完善的安全监测系统,其中大坝垂线系统共 7 组,分别布置在两岸坝肩岩体、1/4 拱部位、1/3 拱部位和拱冠部位。拱冠 2 460 m 高程(坝顶)径向变形最大,在温升与温降工况下实测值分别为 52.6 mm 和 66.1 mm(垂线以向下游或向右岸的变形为正),相应的切向变形分别为 -1.1 mm 和 2.8 mm,径向变形远远大于切向变形。在正常蓄水位工况下,拱冠实测径向变形值与有限元分析结果、模型试验成果三者对比结果为:各部位实测值均小于相应的有限元计算值,最大变形量约为有限元的 75%;在 2 350 m 高程以下实测值稍大于模型试验值,二者相差最大值为 12 mm(2 260 m 高程);2 350 m 高程以上实测值小于模型试验值,最大值约为模型试验值的 80%。

大坝横缝及基础接缝运行性态良好,接缝灌浆前缝宽随混凝土的温度降低测值逐渐增高,大部分在 4 mm 以内,局部可达 8 mm。接缝灌浆完成后缝宽测值基本保持不变,后期随着水位的抬升或降落,变化量不超过 0.5 mm。

为了监测拱冠部位坝踵和坝趾的应力变化情况,分别在 11# 坝段和 12# 坝段坝踵与坝址部位竖直向埋设 1 套钢筋计,共埋设 4 套;在建基面布置压应力计。工程蓄水后坝踵部位的压应力呈减小趋势,坝趾钢筋计压应力有所增加。12# 坝段坝踵部位压应力计在水库蓄水前测值为 3.0 MPa,2009 年 3 月初蓄水后坝踵压应力增大,至 2009 年 7 月 24 日压应力增大至 3.4 MPa,2010 年 5 月 7 日(库水位 2 400 m 高程)后压应力减小,2016 年 2 月测值为 2.8

MPa。同坝段坝趾压应力蓄水前测值为1.3 MPa,蓄水后测值增大,2012年4月(库水位2 440 m高程)后测值增大较快,2013年7月后测值达到3.4 MPa,随后测值变化缓慢。

坝体温度测值在9.2~12.95 ℃,目前坝体温度场基本呈现运行期永久温度场状态。

坝基帷幕前渗压计测值在0.42~1.47 MPa,帷幕后渗压计测值在0.23 MPa以内,帷幕前、后的扬压力有较大的折减,帷幕阻水效果较好。坝体及基础总渗流量基本在6 L/s左右,测值总体较为平稳。

共创世界水库大坝和水电发展的美好未来

贾金生

（中国水利水电科学研究院，北京　100038）

摘　要　水库大坝与水电发展对于世界经济社会发展具有重要意义，是不可替代的重要基础设施。由于世界发展的不平衡性，对水库大坝和水电发展的总结认识也有不同。本文分析了各种能源的回报率、碳排放水平，比较了人均库容与人类发展指数的关系，阐述了300 m级大坝安全、新坝型发展、水库大坝生态保护等理念，目的在于倡导加大研究和投入，以实现全世界更好的发展。

关键词　回报率；水库；水电；胶结颗粒新坝型；水库群；安全

进入21世纪以来，在变化的世界中推动水库大坝的可持续发展已成为国际大坝委员会的核心任务。为了更好地开展水库大坝的规划、设计、施工、维护和运行，推动社会经济可持续发展，在过去的三年里，国际大坝委员会积极行动、采取多种措施。对内主要包括修订国际大坝委员会章程和细则；解决国际大坝委员会技术公报免费下载这个长议而不决的问题；设立国际大坝委员会青年工作委员会；推动各成员国委员会之间的交流与合作，尤其是针对发展中国家等。对外主要包括与世界水理事会、国际灌溉与排水委员会、国际水电协会、国际水资源协会等兄弟协会建立长期友好合作关系；积极参与涉水领域的各种水事活动，例如2010年上海世博会期间与国际水资源协会联合承办了世界水理事会为期一周的水展活动，以及2012年3月在法国马赛举行的第六届世界水论坛上联合其他国际组织举办的“储水设施与可持续发展特别分会”等。

经过80多年的发展，目前国际大坝委员会已经拥有了95个会员国，变得更加有活力、更加有影响力，已成为国际涉水领域内享有世界声誉的国际组织之一。“尊重历史，正视现实，面向未来”一直是指引国际大坝委员会前进的原则。

展望未来，水库大坝建设和水电发展还面临着诸多挑战，为此阐述几点见解，以促进更多的讨论和思考，促进国际大坝委员会沿承其伟大使命，继续推动水资源和水能资源的可持续开发与利用。

1　投资水库大坝就是投资绿色经济

世界人口的不断增长、社会经济的快速发展以及人们生活水平的不断提高，必然导致对水、粮食和能源需求的增加。据估计（Tilman et al. ,2011； WEC, 2007），到2050年，全球粮

基金项目：国家973课题（2013CB035903）；国家十二五课题（2014BAB03B04）；国家十三五课题（2016YFC0401606）。

作者简介：贾金生（1963—），男，河南民权人，博士，教授级高级工程师，主要从事结构材料研究。E-mail：jiajsh@ iwhr. com。

食和能源需求将翻倍。同时,由于全球气候变化影响,水资源时空分布将变得越来越不均衡,洪涝和干旱等自然灾害将会加剧。面对这一严峻形势,国际社会已经重新审视并强调了水库大坝的重要性。在最近的国际权威性会议或论坛上,都不断强调水库大坝对保障水、粮食和能源安全的重要性,同时提倡水库大坝需要考虑可持续发展要求。投资水库大坝就是投资绿色经济这一观点是世界新的主流共识,在 2012 年召开的第六届世界水论坛上不断得到强调。世界银行明确表示世界水坝委员会(World Commission on Dams,简称 WCD)的时代已经成为过去,WCD 报告的使命已结束,需要用可持续发展导则指导实践。世界银行等国际金融机构经过反思后积极支持水库大坝和水电开发,可从其近年来投资图中反映出来,见图 1。

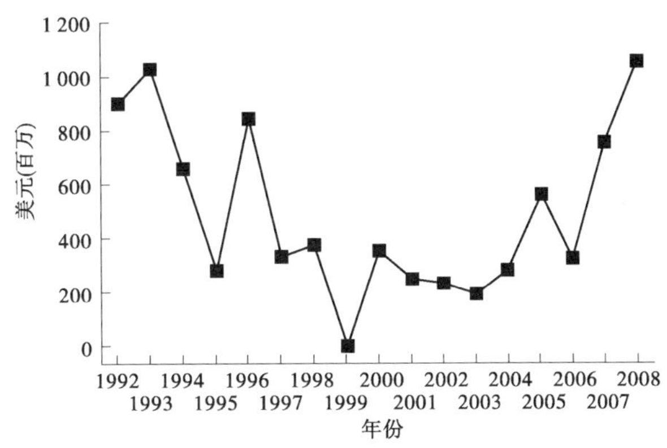

图 1　世界银行有关水电开发的投资图(按批准年份划分)

水库大坝的建设已经进入了新时代,不少国家都把大坝建设和水电开发作为优先的发展目标,制定了宏伟的发展规划并加强了相关投资。世界上有 165 个国家已明确将继续发展水电,其中 110 个国家规划建设规模达 3. 38 亿 kW。发达国家已基本完成水电开发任务,目前重点是水电站的更新改造、增加水库泄洪设施、加强生态保护和修复等,如北美、欧洲等不少国家;发展中国家多数制定了 2025 年左右基本完成水电开发的规划,如亚洲、南美地区的发展中国家等;欠发达国家和地区,虽然多数有丰富的水电资源,限于资金、技术等因素制约,大力开发水电仍然有很多困难,如非洲的不少国家等;还有一些政局不稳的国家,虽然急需发展水电,但限于国力等条件,推进非常缓慢。但从总的形势看,加快水与水能资源利用是新的大的发展趋势,在发展中国家尤其如此。

2　水电是回报率最高、碳排放量极低的能源

在各种类型的能源中,水电的能源回报率(Energy Payback Ratio,简称 EPR)最高。能源回报率的概念出现在石油危机发生的 20 世纪 70 年代早期。石油危机之后,能源议题开始发生重大变化,导致出现了诸如能源独立、空气质量和后期的气候变化等议题(Gagnon,2008)。许多国家开始寻找石油的替代品。很显然,选择有效的替代能源满足不断增长的需求是关键问题之一。为选择适当的解决方案,能源回报率这一概念被用来评估全生命过程中的能源使用情况。以一个火力发电站为例,能源回报率是指在运行期内发出的电力与它在建设期、运行期为维持其建设和运行所消耗的所有电力的比值。

根据盖哥农(Gagnon,2005)的计算,各种能源开发方式的能源回报率见图 2,水电的回

报率在 170 以上，风能为 18 ~ 34，核电为 14 ~ 16，生物能为 3 ~ 5，太阳能为 3 ~ 6，传统火电为 2.5 ~ 5.1，如果考虑碳回收技术，火电则为 1.6 ~ 3.3。

水电除了具有最高的能源回报率，二氧化碳的排放量也极低。根据世界能源委员会计算（WEC，2004），各种类型的能源每生产百万度电排放的二氧化碳情况如下（见图 3）：传统火电排放 941 ~ 1 022 t，碳回收技术火电排放 220 ~ 300 t，太阳能发电排放 38 ~ 121 t，生物能排放 51 ~ 90 t，水库式水电排放 10 ~ 33 t，风能排放 9 ~ 20 t，核电排放 6 ~ 16 t，径流式水电站排放 3 ~ 4 t。

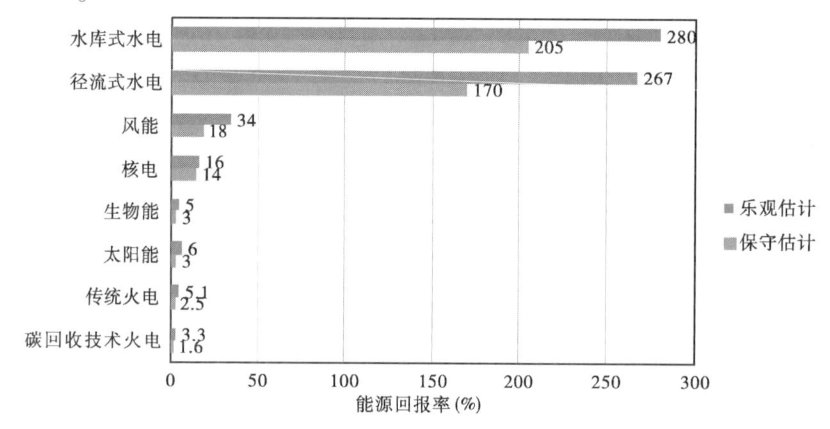

图 2　各种能源开发方式的回报率

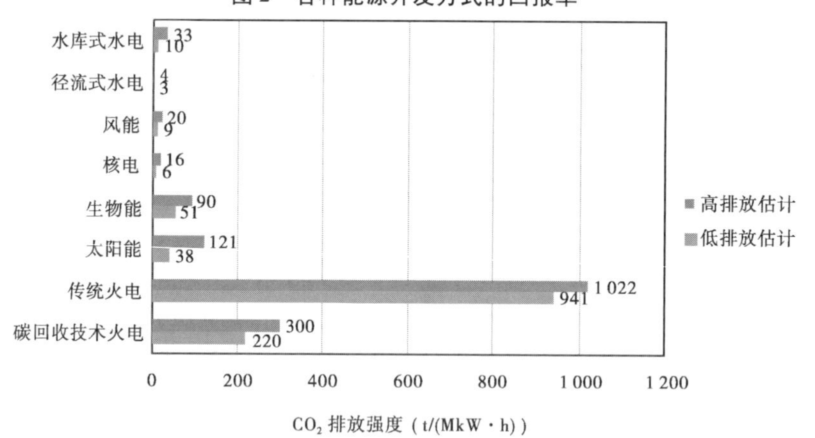

图 3　各种能源的碳排放强度计算结果

总而言之，水电是回报率最高、碳排放量极低的能源。仅此而言，优先发展水电较之发展其他能源对积极应对气候变化，建设资源节约型、环境友好型社会具有无可比拟的优势。发达国家凭借资金、技术和市场机制等方面的优势，比发展中国家早 30 多年优先完成了水电的开发任务，也从侧面说明了发展水电的战略重要性。

3　大坝及水电发展与经济社会发展的协调性

大坝及水电发展与经济社会发展紧密相关。为了更好地说明大坝及水电发展与经济社会发展的协调性，这里提出了人均库容以及水电经济开发度与联合国人类发展指数相关性的概念，为此整理了全球约 100 个国家的人均库容、水电经济开发度与人类发展指数的数据。人类发展指数——*HDI* 是一个反映 GDP、人均寿命、教育水平的介于 0 和 1 之间的数，数值越接近于 1，表示人类发展水平越高。*HDI* 大于 0.8 的国家多为发达国家，如挪威(0.943)、美国(0.910)；*HDI* 介于 0.7 ~ 0.8 的国家多为较发达的发展中国家，如俄罗斯(0.755)、巴西(0.718)；*HDI* 介于 0.5 ~ 0.7 的国家多为亚洲、非洲、拉丁美洲的发展中国家，如中国(0.687)、埃及(0.644)；*HDI* 小于 0.5 的国家多为欠发达国家，如尼日利亚(0.459)等。

2008 年，国际大坝委员会荣誉主席 Luis Berga 教授提出了水库大坝的发展与经济社会发展紧密相关的概念。图 4 比较了不同类别国家的人均库容与人类发展指数的相关关系。结果表明，在保障水安全以及应对各种变化的储水设施建设方面。发达国家已有良好的基础。而发展中国家由于受到资金、技术和人才的限制，发展任务依然艰巨。总体上来说，一个国家的水库大坝发展水平与人类发展水平是一致的。这与联合国 2006 年人类发展报告中所指出的“全球水基础设施的分布与全球水风险的分布呈反比关系”是一致的。需要指出的是，也存在不少例外情况，如莫桑比克人类发展指数很低(*HDI* = 0.322)而人均库容达到了 2 727 m^3，以色列(*HDI* = 0.888)和瑞士(*HDI* = 0.903)的人类发展指数较高而人均库容分别为 27 m^3 和 440 m^3。究其原因，莫桑比克人口稀少，相对水资源开发量较大；以色列是一个干旱且降雨量少的国家，其水资源非常有限；而瑞士则有大量的自然湖泊。

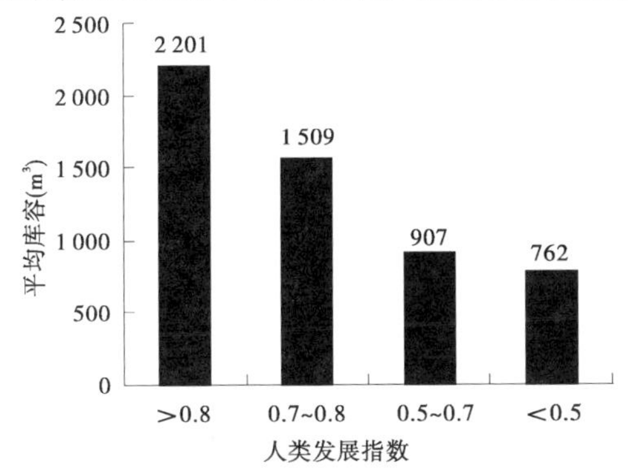

图 4 不同类别国家的人均库容与人类发展指数的关系

除了水库大坝，水电的开发度与人类发展指数也紧密相关。图 5 比较了不同类别国家的平均水电经济开发度与人类发展指数的相关关系。结果表明，发达国家水电开发程度高，而发展中国家、欠发达国家依然任务艰巨。例如，美国人类发展指数为 0.910，水电开发度大于 70%，稍高于发达国家的平均指标；中国人类发展指数为 0.687，水电经济开发度为 41%，稍低于发展中国家的平均指标。换句话说，美国和中国的水电发展水平与国家经济社会发展的水平大体是协调的。但也存在不少例外情况，如布基纳法索(*HDI* = 0.331)水电经济开发度达 54%，澳大利亚(*HDI* = 0.929)水电经济开发度仅 38%，挪威(*HDI* = 0.943)水电经济开发度为 57%，原因是布基纳法索水电资源总量较低，易于开发；澳大利亚由于煤炭资源丰富，开发迫切性不高，而挪威水电已占了全国电力供应的 95%，满足需求。

4 水库大坝未来发展的主要问题

历史资料表明，世界发展过程中失事的水库大坝是非常多的，尤其是公元 1 000 年以前的水库(Jansen，1980)，水库大坝的失事概率是很惊人的。早期各国虽然建设了不少水库大

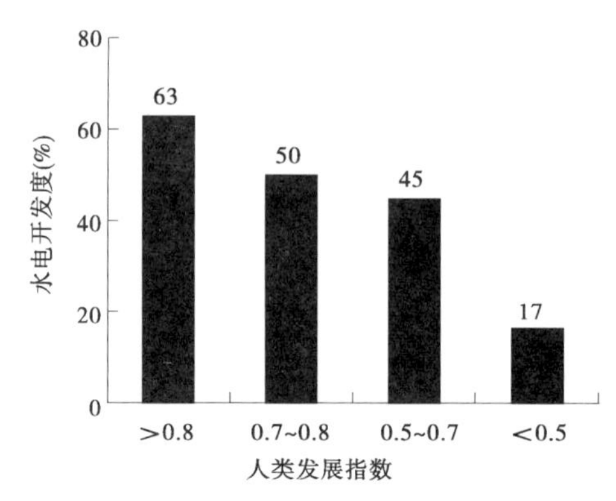

图5　不同类别国家的平均水电经济开发度与人类发展指数的关系

坝,但存续下来的极其有限。据不完全统计,1900 年以前,各国修建的水库达数万座,而由于技术的限制,坝高超过 15 m 的大坝总数不到 200 座,多数都因建设和管理缺陷而溃决,只有少数几座依靠不断维修加固而存在。进入 20 世纪后,随着科学技术的迅猛发展,大坝建设迎来了快速发展时期,首先是在欧洲和北美地区,然后逐步转移到南美和亚洲地区。到 2010 年,世界已建、在建大坝超过 5 万座,其中包括 60 多座 200 m 以上高坝。由此可见,在过去的百年中,科学技术的发展不仅显著推动了世界范围内的大坝建设,而且极大提高了大坝的可靠性和安全性。

现代大坝建设虽然依靠科学技术的不断进步取得了前所未有的成就,但仍然面临很多挑战性的问题,不仅需要提高现有水库大坝的维护和运行水平,而且需要实现新建大坝的可持续发展。我们未来面临的主要挑战如下所述:

4.1　300 m 级高坝建设

300 m 高坝建设已经超出了现有的经验和工程实践,因此技术上的不确定性可能导致无法承受的工程安全隐患。这些高坝工程往往规模巨大,而且其中一些工程的地形和地质条件非常复杂。因此,这些高坝的建设和运行面临着以当前知识和经验难以解决的世界级技术难题与挑战,急需加大研究。例如,目前很难确定混凝土坝尤其是特高混凝土坝的坝踵是否会产生裂缝。裂缝在高压水的作用下,有可能进一步扩展。300 m 级特高混凝土坝的建设应该考虑水力劈裂的影响。图 6 比较了 3 种不同重力坝设计准则设计的重力坝的抗水力劈裂能力。

4.2　极端自然灾害下的大坝安全

在 2008 年中国汶川地震和 2011 年日本地震及海啸这样极端自然灾害中,大坝经受住了严峻的考验,表现出了良好的抗震安全性。但这并不意味着可以确保在极端地震和洪水等自然灾害下,大坝是安全的。相反,这一问题需要在以下两方面作长期研究:首先,极端的自然灾害具有很大的不确定性;其次,超高坝在极端自然灾害下的性能要求非常严格。图 7 展示了我国台湾的石岗坝在地震中剪切破坏情况,地震断裂带横穿坝基。

4.3　梯级水库调度

气候变化导致河流水文情势发生改变从而可能加大水库调度的难度。梯级水库如果发生连续溃坝,将会导致无法承受的巨大损失。另一方面,我们需要在兼顾上下游、干支流、左右岸地区对水资源的需求前提下,优化水库调度,尽可能提高水库蓄水能力,从而充分利用

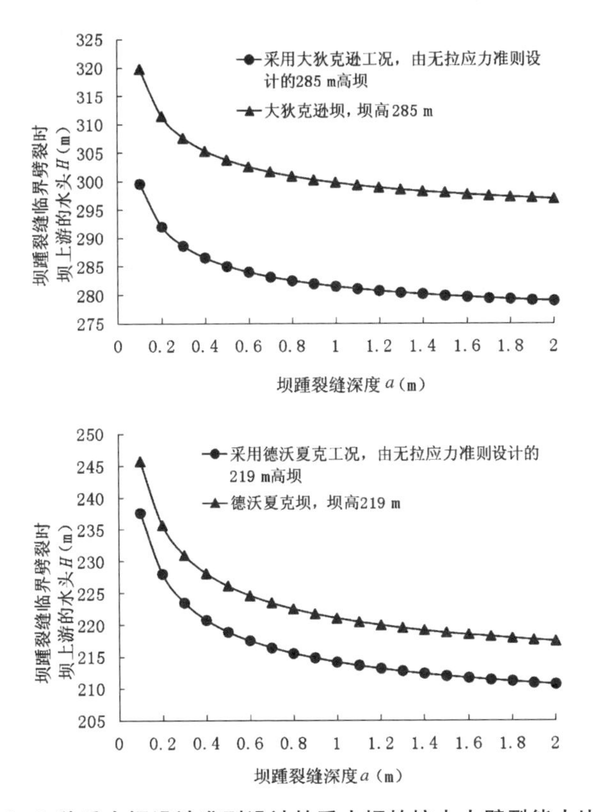

图6　3种重力坝设计准则设计的重力坝的抗水力劈裂能力比较

图7　石岗坝剪切破坏

雨洪资源。因此，有必要研究梯级水库的联合调度，以达到工程安全和水资源充分利用之间的平衡。

4.4　胶结颗粒料坝

近年来，胶凝沙砾石坝（Cemented Sand and Gravel Dams，简称CSG坝）已在法国、土耳其、日本、希腊和我国等国家相继得到应用。堆石混凝土坝（Rockfilled Concrete Dams，简称RFC坝）已在我国应用于新坝建设和老坝修复等工程。堆石混凝土坝是在浆砌石坝基础上利用现代大坝建设技术形成的一种新筑坝技术。浆砌石坝、堆石混凝土坝、胶凝沙砾石坝是碾压混凝土坝和土石坝之间的过渡坝型，统称为胶结颗粒料坝（Cemented Material Dams，简称 CMD 坝）。胶结颗粒料坝利用胶结颗粒料建坝，是介于土石坝和碾压混凝土坝之间的一种新坝型。胶结颗粒坝在土耳其、日本和我国等国家都有成功的工程实例，具有安全、经济、环保的特性，代表了未来大坝技术的发展趋势。

5　水库大坝发展需要探索新的理念

近年来，特别是进入 21 世纪，水库大坝涉及的社会、生态问题越来越受关注。大坝的建设和运行需要新的理念和解决方案来填补当前技术水平和社会严格要求之间的鸿沟。建设一座大坝和水电站已经不仅仅是一件单纯的技术和学术问题，其活动的全过程涉及面更宽、更受关注，需要更加公开和透明，需要更加安全和可靠，需要采用更加和谐、平衡和可持续的方式推进。已有的成功及成熟的经验表明，水与水能以其可靠、廉价、经济可行、社会和谐与环境友好的方式开发是可行的，为此必须以可持续方式加速储水设施建设，尽可能将各种因开发所造成的不利影响降到最低，理念的转变主要有以下四个方面：

（1）在认识上，需要从强调改造、利用自然转变到既强调改造、利用自然，又强调保护和适应自然。不仅需要对已有经验进行认真的反思和总结，更需要立足于创新，以适应当前及今后一个时期发展的要求。

（2）在决策上，需要从重视技术上可行、经济上合理转变到既重视技术上可行、经济上合理，又重视社会可接受、环境友好的发展要求。通过发展规划的制定和目标调整，真正谋求科学决策和科学发展。

（3）在运行管理上，需要从重视工程安全、实现传统功能转变到既重视工程安全、传统功能实现，又重视生态调度、生态安全和生态补偿。

（4）在效益共享上，需要从重视国家利益、集体利益转变到既重视国家利益、集体利益，又重视受影响人利益和生态补偿的发展要求，真正做到统筹兼顾，实现社会和谐和可持续发展。

6　水库大坝的生态功能

水库大坝运行时需要兼顾上下游、干支流、左右岸地区对水资源的不同需求，特别是发挥水库大坝的生态功能。水库大坝通过生态调度等环境措施来维持河流的健康生命。它们能在枯水季维持河流的最小流量，使许多动物和植物得以生存。而且，大坝和水库的建造有助于对邻近地下水位的调节平衡。水库周围更容易形成新的生态栖息地，而且对湿地群落和湿地森林进行灌溉。

一个很好的例子就是小浪底水利枢纽工程，坝高 157 m，于 2001 年建成。从 20 世纪 80 年代到 90 年代，由于过度开发和利用，黄河下游出现断流问题。1997 年黄河出现了最枯水年份，断流河段长达 600 km，断流历时长达 226 d。由此而引发了一系列的生态环境灾难，如河床的淤积抬高、严重的河流萎缩等。黄河下游生态环境恢复是小浪底水库大坝建设与运行的一个重要目标。首先，通过与上游水库的联合调度，确保了河流的基本生态流量。自 1999 年以来，断流问题再没有发生。其次，解决了黄河下游严重的淤沙问题，重建河道的泄洪能力。自 2002 年以来，小浪底大坝运用调水调沙已达 13 次，有效减缓了下游河道侵蚀。如今黄河全年川流不息，河口生态系统得到了极大改善。

为减少大坝建设和水电开发对河流生态的影响,实现河流生态恢复,一些国家或国际组织已经建立了相关的技术标准和认证体系,其中具有代表性的有瑞士的绿色水电认证、美国的低影响水电认证以及国际水电协会的可持续性水电认证。这些对于实现生态保护和水资源利用之间的平衡都具有重要的借鉴价值。因此,在未来更应重点研究绿色大坝与水电的技术标准和认证系统。

7 齐心协力共创世界美好未来

全世界,尤其是大多数发展中国家,仍拥有巨大潜能可以进一步发展生态友好型的水库大坝,以优化利用水资源,亟需加快水库大坝的可持续开发。为此,有以下五个方面值得关注:

(1)为满足水资源可持续开发的新需求,需要发布和推广更多的公报、导则、规程规范等技术资料。国际大坝委员会将继续联合其他国际组织积极准备更多的技术资料以及在世界范围内推广最好的实践经验。

(2)在水库大坝的建设和运行过程中,世界上许多国家都会遭遇类似的问题和困难。这就要求加强国际合作,共同研发和推广应用新技术。

(3)水库大坝工程通常资金需求量大。应鼓励政府、金融机构和私营部门加大投资力度,加快水利基础设施建设。

(4)加快国际河流的开发,使跨国界河流更好地服务于区域经济社会发展,促进合作共赢。例如,位于巴西和巴拉圭两国边界巴拉纳河上、由双方联合投资建设和运行的伊泰普水电站为两个国家和当地的社会经济发展做出了巨大贡献。

(5)国际组织需要加强交流与合作,共同推进水资源的可持续发展,对发展中国家尤其如此。通过共同的努力,举办更多的圆桌会议、能力建设培训项目以及其他相关活动,促进各国尤其是发达国家和发展中国家之间的交流与合作,共创世界美好未来。

参考文献

[1] Tilman D, Balzer C, Hill J,et al. Global food demand and the sustainable intensification of agriculture[C]//Proceedings of the National Academy of Sciences of the USA,2011.

[2] World Energy Council. Deciding the future: Energy policy scenarios to 2050[C]//Executive Summary, 2007.

[3] World Bank Group. Directions in hydropower,world Bank other operation studies,2010.

[4] Gagnon L. Civilization and energy payback[J]. Energy Policy, 2008,36(9): 3317-3322.

[5] Gagnon L. Energy payback ratio[J]. Hydro – Quebec, Montreal. 2005.

[6] Comparison of energy systems using life cycle assessment[R]. World Energy Council,2004.

[7] Human development report 2011[R]. United Nation,2011.

[8] M M Bourke,wallington,AN sm. The International Journal on Hydropower and Dams[J]. Word Atlas & Industry Guide,2011.

[9] Berga L. Dams for sustainable development[J]. Proceedings of High – Level Forum on Water Resources and Hydropower,2008.

[10] Human development report 2006[R]. United Nation,2006.

[11] Jansen R B. Dams and Public Safety[M]. USA:United States Government Printing Office,2011.

雅砻江两河口水电站建设重大技术问题及研究进展

吴世勇　周济芳　施召云

（雅砻江流域水电开发有限公司，成都　610051）

摘　要　两河口水电站地处我国四川藏区高海拔、高寒地区，装机 3 000 MW，砾石土心墙堆石坝，最大坝高 295 m，是雅砻江公司在雅砻江上继二滩水电站和锦屏一、二级水电站之后建设的又一座世界级巨型水电站工程，也是我国藏区开工建设的最大水电项目。电站于 2014 年核准开工建设，2015 年实现大江截流，2016 年实现大坝填筑，计划于 2021 年首台机组投产发电。坝址区河谷较窄，两岸山体雄厚、岸坡高陡，筑坝条件复杂。面临坝工结构及抗震设计、筑坝材料选择、大功率泄洪消能设计、高地应力地下洞室开挖与支护等一系列重大技术问题，经多年来的技术攻关，取得了重要进展。相关成果为保障电站的顺利建设奠定了坚实基础。

关键词　两河口；堆石坝；筑坝材料；全生命周期；数字化

1　工程概况

两河口水电站是雅砻江中下游控制性水库电站，位于四川省甘孜州雅江县境内的雅砻江干流上，电站坝址位于雅砻江干流与支流鲜水河的汇合口下游约 2 km 河段，坝前汇入庆大河，一坝锁三江，下距雅江县城约 25 km。水库正常蓄水位高程 2 865.00 m，水库总库容 107.67 亿 m^3，消落深度 80 m，调节库容 65.6 亿 m^3，具有多年调节能力[1,2]。

电站装机容量 3 000 MW（6 台 500 MW），多年平均年发电量 110 亿 kWh。工程为Ⅰ等大（1）型工程，枢纽工程由砾石土心墙堆石坝、左岸泄水建筑物、右岸引水发电系统等建筑物组成，最大坝高 295 m，是目前国内已建或在建的第二高土石坝，电站的开发任务以发电为主，兼顾防洪。项目于 2014 年正式开工建设，计划于 2021 年实现首台机组发电。两河口工程位于高海拔、高寒山区，规模巨大，技术难度高，工程建设将推动我国土石坝建造工艺从 260 m 级提升至 300 m 级，标志着我国高海拔 300 m 级高土石坝设计施工管理进入新阶段，对我国未来藏区高原高海拔水电开发具有里程碑意义。

2　重大技术问题及研究进展

目前我国土石坝设计、施工规范的最大坝高为 200 m 级，而两河口水电站为 300 m 级高土石坝，其建设突破了现有规程规范及已有工程经验的范畴，面临坝工结构、抗震及防渗设计[3,4]、筑坝材料选择[2]、大功率泄洪消能设计[5]、高地应力地下洞室开挖与支护[6]等一系

作者简介：吴世勇（1965—），男，四川仁寿人，教授级高级工程师，主要从事水电规划设计、建设运营管理和技术研究。E-mail：wushiyong@ ylhdc. com. cn。

列重大技术问题,雅砻江公司为推进行业发展及工程建设,开展了一系列重大科研试验项目,也将形成一系列世界级的科研成果。

2.1 高坝结构设计

2.1.1 高坝结构设计与石料选择

(1)可研阶段。

可研阶段针对反滤料、过渡料及堆石料选用上游两河口、庆大河和下游左下沟三个石料场,并将瓦支沟料场作为下闸蓄水后上游开采料场,各石料场主要分布岩性为砂板岩互层,且砂板岩岩性比例相差较大。上游坝壳以围堰顶高程 2 658.00 m 为界,分堆石Ⅰ区和Ⅱ区,Ⅱ区主要考虑堆石料场表层料和深层料差异,在料场开挖初期填筑两河口和瓦支沟料场的弱风化下段石料,Ⅰ区 2 763.00 m 高程以下填筑两河口料场微新石料,2 763.00 m 高程以上填筑瓦支沟料场微新石料;下游坝壳 2 804.13 m 以上、表层 80 ~ 90 m、底部高程 2 630.00 m 以下为下游堆石Ⅰ区,填筑两河口及瓦支沟料场微新石料,内部设置堆石Ⅲ区,填筑左下沟料场微新及弱下石料。

可研阶段坝体分区见图 1。

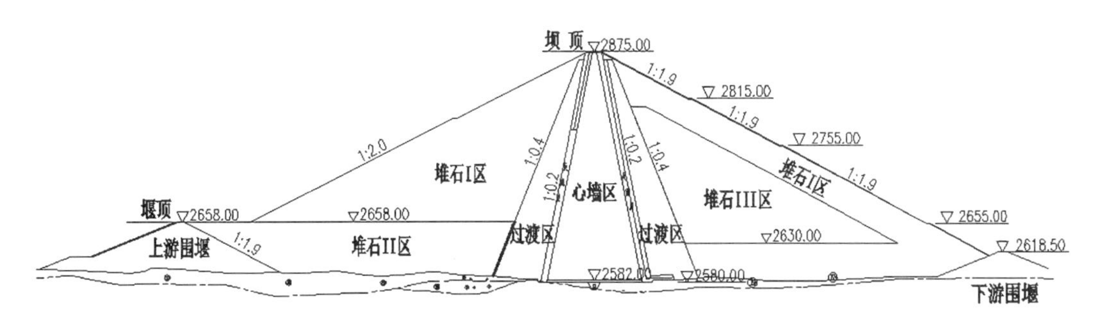

图 1 可研阶段坝体分区

(2)招标及施工图阶段。

上游坝壳料分区同可研阶段,上游高程 2 658.00 m 以上设置堆石Ⅰ区,高程 2 658.00 m 以下设置堆石Ⅱ区;下游坝壳分区取消左下沟料场料源,均采用堆石Ⅰ区料填筑(来自两河口和瓦支沟料场)。过渡料、反滤料设计基本与可研阶段一致。

招标及施工图阶段坝体分区见图 2,施工图阶段堆石料工程量见表 1。

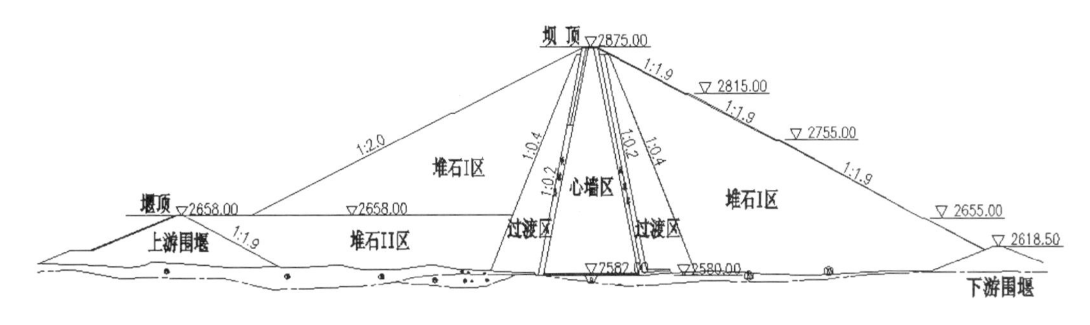

图 2 招标及施工图阶段坝体分区

目前,正结合两河口、瓦支沟石料场开采剥离情况,对坝体石料结构分区及料源选择进行专项优化研究。

表1　施工图阶段堆石料工程量表

序号	项目名称	单位	数量	说明
1	上游堆石料Ⅰ区填筑	万 m³	1 271.93	合计工程量 3 020.70 万 m³
2	上游堆石料Ⅱ区填筑	万 m³	343.54	
3	下游堆石料Ⅰ区填筑	万 m³	1 405.23	
4	上游过渡料填筑	万 m³	236.94	合计工程量 464.51 万 m³
5	下游过渡料填筑	万 m³	227.57	
6	岸边过渡料	万 m³	102.10	最大粒径 500 mm
7	合计	万 m³	3 587.31	

2.1.2　高坝结构设计与心墙土料选择

两河口大坝料源分散、土料性状不均一是工程的一个突出特点。大坝心墙材料设计是技施阶段大坝设计的关键技术问题，在预可研、可研设计阶段针对坝体心墙材料设计进行了大量的科研试验工作；招标、技施设计阶段，在借鉴国内外已建和在建类似工程的设计、研究和施工经验的基础上，针对本工程的特点，组织开展了更加深入的科研工作，为大坝心墙材料设计提供了更有力的技术支撑，确保工程大坝建设质量和运行安全，并为今后我国同类工程的设计与施工积累了经验。

大坝心墙砾石土设计需用量为 441.14 万 m³，预可研阶段选择了坝址附近的上游 4 个料场和下游 7 个料场，可研设计阶段对上游的亿扎、亚中、苹果园、普巴绒、志理、瓜里 6 个料场和下游的西地、白孜、脚泥堡料场进行了物理力学性能研究。经研究，大部分土料颗粒偏细、压缩性偏大、力学指标偏低，难以适应 300 m 级心墙堆石坝的抗剪强度和变形要求，分别对预可研阶段和可研设计阶段各料场的防渗土料进行了室内多种掺配试验的研究和论证，提出了不同土料场的初步掺配比例（或掺配范围）。

各土料场位置及运距见图 3。

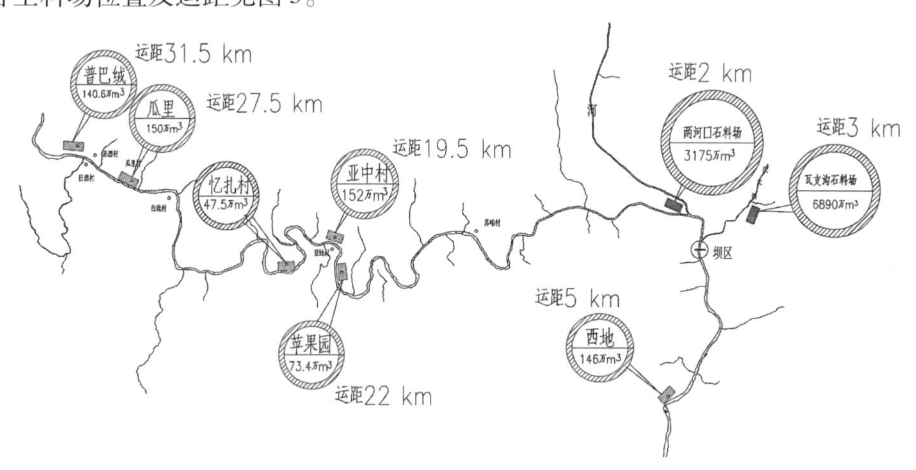

图 3　各土料场位置及运距

可研阶段开展了防渗土料现场掺合及碾压初步试验，研究了上游苹果园 B 区和下游白孜1区1层偏细级配为代表的低液限黏土与板岩夹砂岩人工砾石料的掺合工艺,并对掺砾后土料进行了碾压试验,提出了初步的掺合工艺和碾压参数,满足前期设计的需要。施工图设计阶段针对选用土料场开展了更加深入的土料物理力学特性试验研究,进一步研究心墙料掺合工艺、掺配比例、碾压工艺、碾压参数以及掺砾料制备工艺等。

施工图阶段选定5个料场(上游库区4个,下游1个,共分12个料区,三种类型土料)作为大坝防渗土料料源,料源分散,质量各不相同,部分料场分区分层且空间分布相变较大。目前,各料场按照分场分区、分层使用的原则,各层采用对应掺配比例,有效提高了土料的均匀性。

2.1.3 高坝抗震设计

根据国家地震局地质研究所的场地安全性评价成果,工程场地地震基本烈度为7度,根据《水工建筑物抗震设计规范》(DL 5073—2000)的规定,本工程壅水建筑物抗震设防类别为甲类,设计地震加速度代表值的概率水平,对壅水建筑物取基准期100年内超越概率为2%(基岩水平峰值加速度为287.8g),依据水电水利规划设计总院《水电工程可行性研究阶段防震抗震专题报告编制暂行规定》(水电规计〔2008〕24号文),对挡水建筑物取基准期100年超越概率1%(基岩水平峰值加速度为345.0g)进行校核。本工程的抗震设计要求高,特别是考虑工程为雅砻江中、下游的"龙头"水库,大坝的抗震安全对整个雅砻江梯级电站的影响巨大。目前,设计单位正按照《水电工程水工建筑物抗震设计规范》(NB 35047—2015)对相关建筑物抗震结构设计进行复核。

由于本工程抗震设计要求极高,对两河口砾石土心墙坝结构设计提出了更高的要求。对如何在满足结构设计要求的前提下做到经济合理,进行了一系列的专项研究工作。

为防止地震时心墙产生贯穿性裂缝,增加防渗体可靠性,采用心墙底部最大宽度为140 m的宽心墙布置形式;并适当加大其他坝料分区的结构尺寸:上游两层反滤层厚度分别为4 m,下游两层反滤层厚度分别为6 m,过渡层最大厚度为63 m。坝顶宽度在《碾压式土石坝设计规范》(DL/T 5395—2007)规定的高坝10~15 m基础上适当增加为16 m。采取坝面混凝土框格梁+坝内预制框格梁+土工格栅的措施,坝体上、下游堆石区在高程2 820 m以上共设置6层水平抗震框格梁(设置高度约为坝高的1/5),坝体水平抗震框格梁与上、下游坝坡面框格梁连接为整体。同时,在坝体高程2 820.00 m至坝顶高程范围内的反滤、过渡及坝壳料内铺设土工格栅(层2.4 m)作为安全储备。

2.2 大坝进度监控及质量控制智能化技术

堆石坝填筑碾压施工质量是堆石坝施工质量控制的主要环节,直接关系到大坝的运行安全。堆石坝的填筑施工质量管理,如果仍然采用常规的依靠人工现场控制碾压参数(碾压速度、振动状态、碾压遍数和压实厚度)和人工挖试坑取样的检测方法来控制施工质量,与两河口工程建设要求的大规模机械化施工不相适应,也很难达到两河口心墙堆石坝应有的施工质量要求。因此,研究开发了一种具有实时性、连续性、自动化、高精度等特点的心墙堆石坝施工质量监控系统,实现了坝料的开采、运输、掺合、水量调节、摊铺和碾压全过程(摊铺厚度、行车轨迹、碾压遍数、碾压密实度)的实时监控,系统依托地理信息系统、现代遥感及网络通信技术、物联网、云计算与大数据等新一代信息技术手段,建立了动态精细化的可感知、可分析、可控制的智能化大坝建设与管理运行体系。该系统目前已基本建设完成,并在围堰及大坝堆石料填筑施工中使用。主要建设模块有:工区自主通信网络、摊铺施工质量监控系统、碾压施工质量监控系统、坝料运输上坝实时监控系统、掺砾料掺拌工艺监控系统、坝外加水监控系统、灌浆施工监控与分析系统、大坝施工信息PDA采集系统、大坝建设综合信息管理系统。

两河口心墙堆石坝施工质量与进度实时监控系统见图4。

图4　两河口心墙堆石坝施工质量与进度实时监控系统

2.3　高土石坝安全监测关键技术

国内已建或在建的与本工程类似、坝高超过150 m以上的土心墙堆石坝，有黄河小浪底水利枢纽工程（最大坝高160 m，监测仪器存活率不到70%）、瀑布沟水电站工程（最大坝高186 m，监测仪器存活率不到85.6%），糯扎渡水电站工程（最大坝高261.5 m，监测仪器存活率达97.4%）、长河坝水电站工程（最大坝高240 m）。随着土石坝建设高度的不断增加和建设条件的复杂多变，对安全监测仪器的性能指标和适应恶劣环境条件的能力要求将越来越高，这势必要求目前性能已基本处于极限的常规监测仪器设备进行提高性能开发研制，以及开发研究新型监测仪器设备，其难度均将呈几何级数增加；同时，对监测仪器设备的安装埋设工艺和保护措施要求也将成倍增加。

两河口水电站大坝坝体沉降2.42～2.81 m，水平位移1.01～1.73 m；心墙顶部渗透坡降1.66，下游侧最大出逸坡降3.83，心墙与混凝土基座最大接触坡降4.75；心墙最大主应力6.97 MPa等大坝工程指标，对大坝安全监测设计、监测仪器设备选择、安装埋设工艺及其保护措施等都提出了更高要求。因此，结合目前国内外高土石坝监测仪器设备研究开发、安装埋设工艺和保护措施试验、监测成果分析及应用，开展了300 m级高土石坝安全监测系列研究。

高土石坝安全监测仪器在高水压力、高土压力、大变形以及复杂外部环境条件下，通过对当前主要知名监测仪器设备厂商的调研和交流，对两河口大坝安全监测仪器设备选型、主要技术指标、设备适应性进行了复核，对新型监测仪器应用进行了调查研究。结合已建和在建的类似高土石坝安全监测设计、施工期仪器埋设与保护、安全监测情况进行现场调研，邀请有关设计单位、安全监测施工单位进行交流，对高土石坝大坝监测设计与施工埋设技术进行总结，并应用于两河口大坝工程。目前，结合先期实施的围堰填筑和心墙现场碾压试验以及室内土工试验,开展了监测设备主要性能指标试验验证、安装埋设工艺与保护措施研究。

2.4 大功率泄洪消能措施及雾化防护处理

两河口水电站设计洪水(千年一遇)流量7 090 m^3/s,校核洪水(PMF)流量10 400 m^3/s,枢纽总泄量约为8 200 m^3/s,最大泄洪水头约260 m,最大泄洪功率约为21 000 MW,最大泄洪流速约54 m/s,为目前国内外水头最高的泄水工程之一。泄洪消能同时具有高海拔、高流速、运行水头及流量范围大、泄水建筑物集中布置在左岸、窄河谷,出流归槽条件差、下游河道抗冲能力低、工程区岸坡高陡、沟谷发育、覆盖层深厚等特点。泄洪消能设计难度极大。上述条件对洞身掺气减蚀、溢洪道跨沟结构、出口挑坎体型选择、下游河道防冲防淘、下游岸坡雾化防护等均带来了极大挑战。

为解决超高水头泄洪消能这个关键技术问题,参建各方周密策划、集思统筹、扎实细致地组织开展了枢纽泄洪消能及雾化一系列深化研究,在大量试验研究和综合分析论证基础上,验证了泄水建筑物总体布置及泄流能力;综合比选确定了各泄水建筑物进口、洞身及出口挑坎体型;通过下游河道动床冲刷试验,确定了下游河道防冲防淘范围及分区;通过泄洪雾化物模及数模综合分析,确定了雾化防护范围及防护分区;综合各建筑物、各部位的水力学条件,提出了泄洪运行方式的初步建议。并根据各项研究成果,施工图设计阶段对泄水建筑物进行了进口高程、进口尺寸、运行水位、洞身衔接形式、溢洪道跨沟结构形式、出口挑坎形式等进行了合理调整,有利于提高泄水运行安全性、可靠性和节约工程投资。

泄洪建筑物与中后期导流建筑物均布置在左岸,从左至右分别为深孔泄洪洞、放空洞(4#导流洞)、漩流竖井泄洪洞(由3#导流洞改建)、洞式溢洪道和5#导流洞。为解决高速水流带来的空蚀问题,各建筑物均设置了一定数量的掺气坎,并在各洞室上方增设了补气洞。为解决出口雾化问题,出口挑坎均采用斜切挑坎结构。

2.5 高地应力地下洞室开挖与支护

两河口水电站引水发电系统布置于右岸山体中,主要由主副厂房、主变室、尾水调压室、引水隧洞、尾水隧洞、母线洞、出线系统、地面开关站等建筑物构成,为大型地下洞室群结构。其中,主厂房、主变室及尾水调压室等三大洞室并列平行布置于$T_3lh^{1(4)}$层—$T_3lh^{2(2)}$层砂板岩中,岩石坚硬,岩体微风化—新鲜,以$Ⅲ_1$类围岩为主,部分$Ⅲ_2$类;厂房纵轴线方位为SN向。厂区水平埋深440~650 m,垂直埋深380~550 m。厂区主要发育有F9、F10、F11断层和节理裂隙等地质构造,地下水不发育。右岸山体实测最大主应力σ_1=21.57~30.44 MPa,方向区间为NE20.3°~57.7°,倾向坡外,略缓于岸坡。厂区岩石强度应力比均值约为3.23,属构造与重力叠加的高地应力区。

地下洞室群规模较大,纵横交错,错综复杂,赋存于高地应力区,节理裂隙和断层相对发育,围岩稳定问题是洞室群布置和开挖支护设计与施工的关键问题。可研阶段,根据工程枢纽整体布局要求,从建筑物协调性原则、地质条件局部选优原则、水力学条件优化原则等综合考虑,选定了地下厂房洞室群布置,开展了不同纵轴线布置条件下围岩稳定指标的差异研究和数值计算模拟,选定了NE3°布置方案。招标技施设计阶段,在可研设计的基础上,对地下厂房洞室群布置进行了局部优化,选取SN向轴线布置方案,洞室群赋存地质区条件和水力学条件稍微趋好,并详细开展了岩体力学性能试验、洞室群开挖支护过程模拟等,对各项稳定指标进行了评价,结合工程设计经验,开展了施工图设计。

地下厂房洞室群布置见图5。

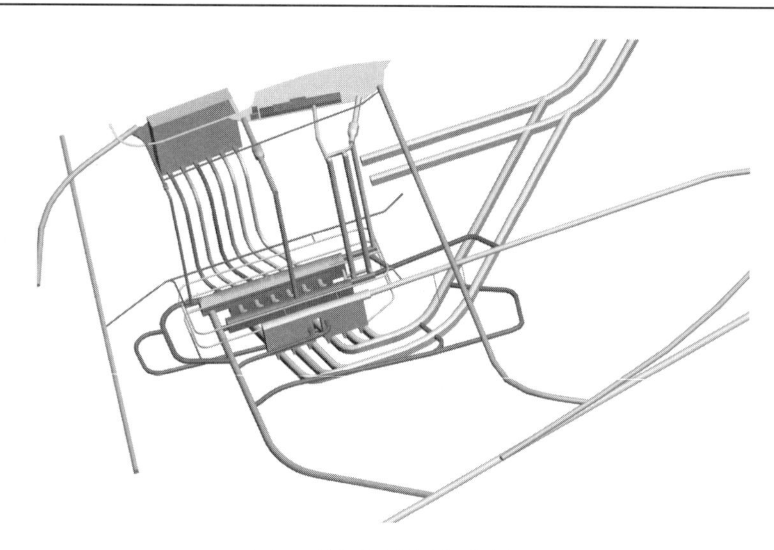

图5　地下厂房洞室群布置

本工程地下洞室群稳定问题的重点和难点在于洞室群布置、脆性岩体应力释放与围岩损伤破坏控制、开挖支护设计与施工时序要求、施工过程和工艺控制等。施工图设计过程中针对本工程特点,采取了喷混凝土分层分序、不同部位锚杆设计参数差异化、系统锚索及锁定吨位的多层次控制、局部强化加固、系统支护的分序施工及空间距离要求等多项措施,保证应力释放的均匀性和变形协调控制。同时,结合施工期围岩稳定问题,开展了安全监测反馈分析工作。已开展地下厂房关键块体稳定分析,同步开展了三维地质建模、支护结构建模、地应力场反演分析、三大洞室第Ⅰ层(主厂房含2层)开挖支护稳定分析与预测等。

从目前地下厂房洞室群施工进展和围岩稳定安全监测情况看,地下洞室群整体稳定,洞室群布置和开挖支护设计总体上是合理的。

3　全方位技术决策体系

针对两河口水电站工程重大关键问题,雅砻江公司加强了决策咨询力量,从设计、施工等方面进行全面把关,建立健全科学决策体系。

(1)成立了土石坝设计、施工、建设管理等方面具有丰富理论和实践经验的顶级专家、学者任专家组成员的两河口特别咨询团,对工程重大技术问题进行咨询。

(2)公司与水电水利规划设计总院签订咨询合同,成立两河口水电咨询项目部,驻现场开展全过程技术质量咨询工作。

(3)将有糯扎渡水电站建设经验的管理人员作为质量专家常驻现场开展独立的技术质量日常巡视检查,出具独立检查报告,直接对公司主要领导负责。

(4)设计院通过技术经济委员会定期开展现场巡视检查活动,及时解决设计相关重大技术问题。

(5)监理单位及施工单位也充分利用本单位智力资源,成立了专家组,定期到现场解决主要施工技术问题。

通过以上措施,充分集中社会专家智力资源,增强对重大技术问题的超前统筹与把控能力。

4 结论与建议

两河口工程规模巨大、技术难度高，位于高海拔、高寒山区，在参建各方的共同努力下，工程建设进展顺利。两河口水电站工程历时近10年的专项技术论证研究，涉及工程建设的主要关键技术问题大部分得到了有效解决，研究成果应用于施工图设计及现场施工，为工程建设提供了较好的技术支持和指导，使工程进度和施工质量受控。为了更好地完成下一步工作，建议：

（1）牢固树立“设计施工监控一体化”理念，加强现场施工过程和工艺管控，提高工程质量，按照合理的工序要求施工，及时支护，保证工程安全。

（2）进一步加强现场各项围岩稳定安全监测和检测等工作，做好数据整理和反馈分析，并及时应用于工程建设过程中。

（3）两河口水电站坝区河谷狭窄，工程边坡开挖高达600 m，大坝为300 m级心墙堆石坝，土料场分散、土料性状相变较大，工程经验少。参建单位应充分运用施工精细化和信息化管理，继续加大技术攻关力度。

参考文献

[1] 陈云华．两河口水电站特高心墙堆石坝关键技术问题研究[C]//中国大坝协会2013学术年会暨第三届堆石坝国际研讨会论文集. 昆明，2013：545-554.

[2] 高鹏，吴世勇．两河口水电站心墙防渗料掺砾试验[J]. 水利水电科技进展，2012，32(5)：64-66.

[3] 杨正权，刘小生，刘启旺，等．两河口高土石坝动力特性振动台模型试验研究[J]. 水利学报，2011，42(10)：1226-1233.

[4] 金伟，姜媛媛，沈振中，等．两河口心墙堆石坝渗流特性及其控制方案[J]. 水电能源科学，2009，27(3)：45-48.

[5] 荣冠，王小江，潘少华．两河口水电站泄洪出口边坡渗流及稳定性计算分析[J]. 水电能源科学，2009，27(5)：48-51.

[6] 王震洲，侯东奇，曾海燕，等．两河口地下厂房轴线方位选择与围岩稳定分析[J]. 地下空间与工程学报，2016，12(11)：227-235.

碾压混凝土双曲拱坝快速测量放样系统研究及在象鼻岭电站的使用

侯 彬

(中国水利水电第三工程局有限公司,西安 657000)

摘 要 传统的测量放样方法多为可编程计算器配合全站仪进行计算放样,象鼻岭水电站坝型为抛物线双曲拱坝,左右岸曲线函数不同,施工时根据现场要求,需要对任意点位的坝面参数进行计算放样,传统的测量放样方法已无法满足快速施工的需求。为满足项目连续浇筑施工,缩短立模板校正时间,需要建立一套快速测量、放样计算系统,这就需要寻求新的方式对双曲拱坝的坝面参数进行快速、准确的计算和放样。

根据该工程的实际情况,结合大坝三维模型,研究人员开发出一款针对性的快速测量软件,通过掌上电脑(PDA 手簿)上的创新软件操控仪器进行测量,并实时将返回的数据进行对比计算,及时得出测量结果及偏差,减少人工测算步骤,缩短测量时间,降低过程误差。本技术将测量仪器、掌上电脑通过创新软件有机高效结合,三位一体地进行测量工作,形成软件集成化快速智能测量。

关键题 双曲拱坝;快速;测量系统;使用

1 前 言

牛栏江象鼻岭水电站位于贵州省威宁县与云南省会泽县交界处的牛栏江上。坝型为碾压混凝土双曲拱坝,坝顶高程 EL1 409.5 m,最大坝高 141.5 m,坝顶长 459.21 m,坝顶宽8.0 m,拱冠梁坝底厚 35 m,厚高比 0.247。电站为地下厂房,采用双机双引管方式。根据进度计划安排,混凝土月浇筑高峰强度约为 10 万 m^3,施工时将采用翻转模板 24 h 不间断作业连续上升,这就要求施工过程中,测量人员快速、准确地对坝面模板进行定位。

传统的测量放样方法多为可编程计算器配合全站仪进行计算放样,而象鼻岭水电站坝型为抛物线双曲拱坝,左右岸曲线函数不同,施工时根据现场要求,需要对任意点位的坝面参数进行计算放样,传统的测量放样方法已无法满足快速施工的需求。为满足项目连续浇筑施工,缩短立模板校正时间,需要建立一套快速测量、放样计算系统,这就需要寻求新的方式对双曲拱坝的坝面参数进行快速、准确的计算和放样。

根据该工程的实际情况,结合大坝三维模型,研究人员开发出一款针对性的快速测量软件,通过掌上电脑(PDA 手簿)上的创新软件操控仪器进行测量,并实时将返回的数据进行对比计算,及时得出测量结果及偏差,减少人工测算步骤,缩短测量时间,降低过程误差。本技术将测量仪器、掌上电脑通过创新软件有机高效结合,三位一体地进行测量工作,形成软

作者简介:侯彬(1982—),男,河南开封杞县人,高级工程师,主要从事水电站施工管理。E-mail:172135010@qq.com。

件集成化快速智能测量。

2 研究内容

(1)硬件改造:将全站仪有线串口通信改造为无线蓝牙通信,通过蓝牙实现和掌上电脑、平板电脑和智能手机的无线连接,为通过掌上电脑实现控制全站仪打好硬件基础。

(2)软件开发:利用 VB. net 语言开发掌上电脑版双曲拱坝快速测量放样系统软件,主要功能包括掌上电脑与各型全站仪蓝牙通信连接,观测数据自动接收计算及测站设置功能,双曲拱坝任意高程面坝体参数计算模块和图形图片生成模块,批量计算任意高程面逐桩的大地坐标和施工坐标模块,放样数据计算和放样日志自动记录模块,实测任意点位分析模块,结合全站仪免棱镜测量功能,实时指导拱坝模板立模,可大幅度提高测量放样计算速度,满足双曲拱坝快速立模的需要。

3 技术方案选择

根据施工计划安排,坝体采用平层通仓法快速、连续浇筑。单仓浇筑高度 5 ~ 12 m,在混凝土浇筑的同时进行上下游坝面模板的安装。为减小施工干扰,混凝土立模将分 4 ~6 个工作面同时进行,时间需压缩在 2 h 以内。根据图纸计算,模板每次翻转时上下游面立模面积为 500 ~1 530 m^2(随坝体高度逐渐增加)。

项目现有 Leica TS11 全站仪和 Topcon GPT –3002LN 全站仪各一台,因设备操作平台授权因素,无法在全站仪机身上进行软件或程序的开发。而在掌上电脑研发一套软件集成化快速智能测量技术,掌上电脑通过蓝牙与各型全站仪实现联机功能,达到自动发送和采集数据进行计算的功能。此时全站仪仅作为测距和测角的设备,所有计算功能均由掌上电脑完成,省略了人工读取和输入数据的时间,用掌上电脑装载放样软件代替了计算器对数据进行处理和计算,提高了测量放样工作的效率。

4 与原方案比较

象鼻岭水电站为抛物线双曲拱坝,结合其他工程测量控制情况,原定施工测量放样采用 CASIO fx –5800p 计算器配合全站仪进行,受限于计算器的计算能力,放样速度较慢;另一方面数据记录、输入均为手工进行,一来速率较低,二来增加了出错的环节;内业断面图绘制采用计算器按 0.5 m 的距离进行计算绘制,费时费力。

采用软件集成化快速智能测量技术方案,全站仪采集测量数据后,自动发送数据到掌上电脑,由软件分析点位关系,对比所测点位与设计值之差,指导点位进行调整;同时可计算任意高程面的坝体参数,自动生成 CAD 图形,便于坝体体型图绘制和工程量计算。既加快了现场施工测量放样的速率和准确度,减少了劳动力投入,也为内业资料整理、工程量计算提供了便利。主要的优点见表 1。

表 1 传统放样与软件放样对比表

放样类别	传统放样	软件放样
人员投入	需 3 ~4 人, 观测 1 人,记录加计算 1 人,前视 1 人	需 2 人, 观测、计算、记录 1 人,前视 1 人

续表 1

放样类别	传统放样	软件放样
放样时间	需 1 ~ 3 min,计算复杂,很难分析点位与坝面关系,导致棱镜放样慢	需 5 ~ 10 s,观测完毕软件立即运行得出成果,并报告出点位与坝面关系,从而直接指挥棱镜快速放档
数据处理	很难判断坝面关系,处理过程缓慢,无法批量输出任意坝面图形	自动成图,自动记录,自动处理数据,过程快速
放样记录	手工记录,速度慢,易出错,不易复核	自动记录,节省时间,方便检核,利于查找
误差来源	计算误差和观测误差主要来源于输入坐标和分析坝面关系时计算出错,以及观测过程仪器中仪器的不正确使用	观测误差,如棱镜没立正带来的观测偏差
现场放样	由于施工现场复杂及不确定因素影响,有些点无法放到正点,从而无法控制放样	通过缩边、锁高,可根据现场实际情况方便准确放样

5　快速测量系统的使用

5.1　运行环境

该软件适应的硬件环境为:HP4700 掌上电脑,CPU 624MHz,ROM128M,RAM64M,4.0 英寸显示屏分辨率 640 ×480。

该软件适应的操作系统为 Windows Mobile、Windows CE、Windows PC2003。编程语言为 VB. Net,开发工具为 Microsoft Visual Studio 2005。

5.2　系统参数设置

《双曲拱坝快速测量放样系统》共包括一个执行文件及四个文件夹。执行文件为软件运行文件,也是该系统的核心,直接双击即可运行,无须安装。预设参数文件夹中的数据大多需要在软件使用前输入,其余文件夹为软件自动生成文件。

预设参数为工程项目及系统运行必须文件,共包括八个文件,均为文本文档(. txt)格式,可在台式电脑及掌上电脑中输入。在八个文件中,“导线数据”、“棱镜高自定义”和“仪器参数”为测量参数,“放样数据”、“曲线系数”、“体型参数”和“坐标参数”为相对应的拱坝参数。软件使用前,需要对测量参数和拱坝参数进行设置。“测站备份”文件无须输入,该文件会自动备份上一测站数据,便于二次自动提取。

5.3　主要应用使用说明

5.3.1　数据计算

点击“数据计算”界面,根据工作需要输入“坝面高程”“点位间距”,点击“参数” ,软件自动计算坝面相关参数,并自动保存到:“记录文件”/“坝面参数”文件夹中。

点击“计算”,显示如图 1 所示。软件自动生成坝面数据图片、各点相对坐标、大地坐标,并自动保存到“记录文件”/“坝面绝对坐标和坝面相对坐标”文件夹中。

点击“批量计算”,软件提示输入“坝面层距”“点位步距”,选择“是否计算上游坐标”

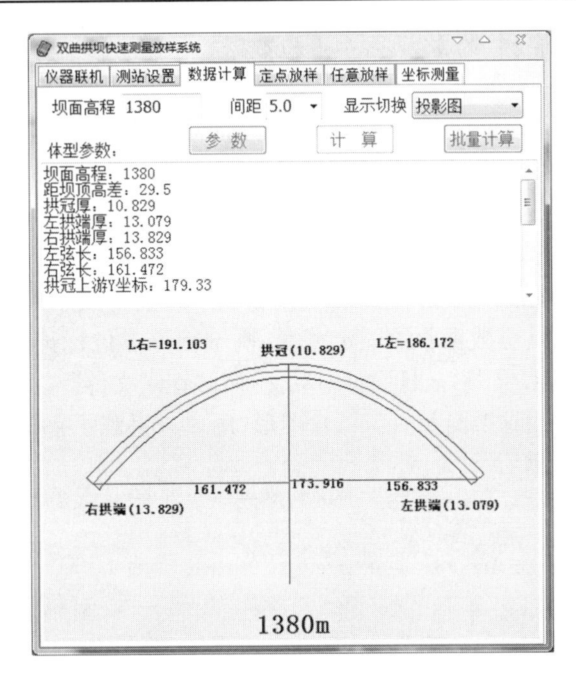

图1 数据计算

(见图2)、“是否计算中轴线坐标”、“是否计算下游坐标”、“是否开始计算”,依次输入或确认,软件据此自动计算各层各点相对坐标,并自动保存到“记录文件”/“坝面相对坐标”/“整体.txt”文件中。通过CASS软件可将“整体.txt文件”展点生成大坝立体数据CAD图形,便于用户了解大坝成型前体型,也可据此校核软件计算成果。

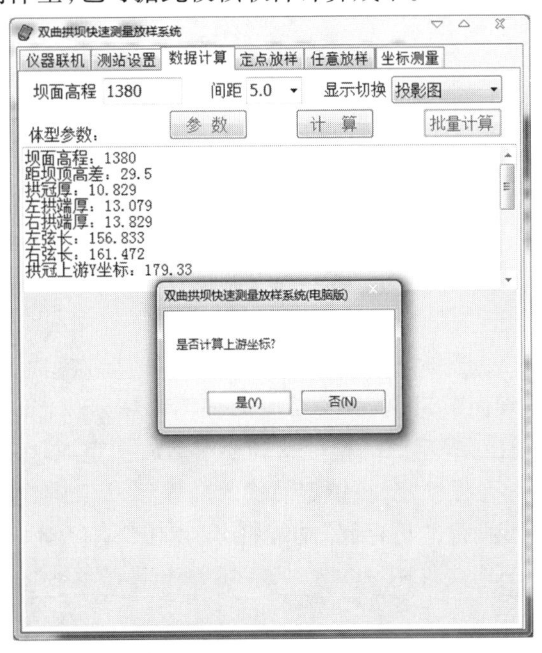

图2 界面提示框

由于批量计算数据量庞大,对于PDA运行时间会相对较长,在听到软件提示音后计算方为结束。在牛栏江象鼻岭水电站双曲拱坝体型计算中,坝面层距和点位步距均选0.5 m,

计算上、下游坝面及中轴线共约 38.7 万个点位数据。

5.3.2 定点放样

点击“定点放样”界面,根据工作需要输入“坝面高程”“轴横距”,点选“部位”,点选或输入“缩边”数据,点击“计算”,软件自动计算待测点位坐标数据及放样方位角和平距,操作仪器据此放样。

“轴横距”为待放样点所对应轴线点的横向坐标,左侧应输入负号“-”,右侧直接输入数据。“部位”可点选为轴线、上游、下游。当“部位”为上游或下游时,可选择或输入“缩边”宽度,软件会自动将点位数据收缩固定宽度,便于用户点位标记。若勾选“存储”后,“请存储”功能打开,点击“请存储”后放样数据自动保存到“记录文件”/“定点放样. txt”文件中。

软件计算中会自动生成坝面及点位图片图形,用户可直观了解放样点与坝面关系,达到简单直观的效果,如图 3 所示。

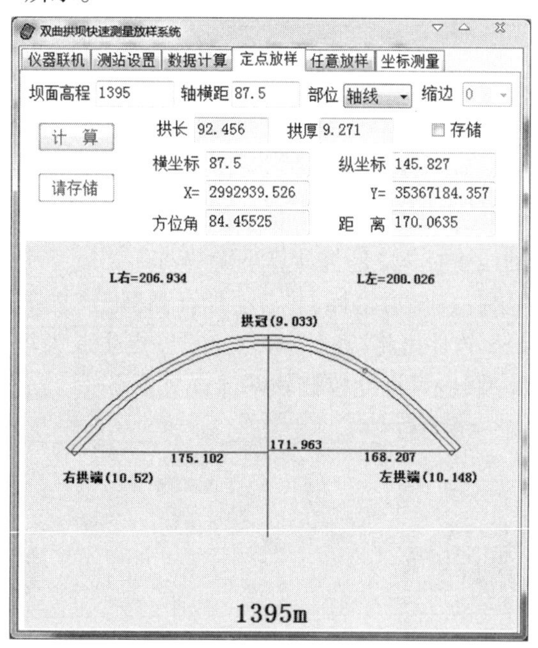

图 3 定点放样

5.3.3 任意放样

选择“部位”及“缩边”,点击“测量采集”,待数据返回后点击“计算”,软件自动计算测点三维坐标,分析点位与坝面关系,生成关系图形如图 4 所示,计算“棱镜调整”数据,指挥棱镜调整位置。调整后再次采集计算,精度达到要求后放样完成。

“锁高”功能可将测点高程锁定,在锁定前输入高程到 H 值中,可预订坝面高程,实现悬空放样功能。若勾选“存储”后,“请存储”功能打开,点击“请存储”后放样数据自动保存到“记录文件”/“任意放样. txt”文件中

5.3.4 坐标测量

坐标测量主要用于测量外野的极坐标放样及地形地籍数据采集作业。

选择“点号”,软件提取点位三维数据,点击“计算”,软件自动计算待测点位方位角和平距。此时可操纵全站仪按计算方位角和平距进行测量放样。点击“上一点”或“下一点”,可

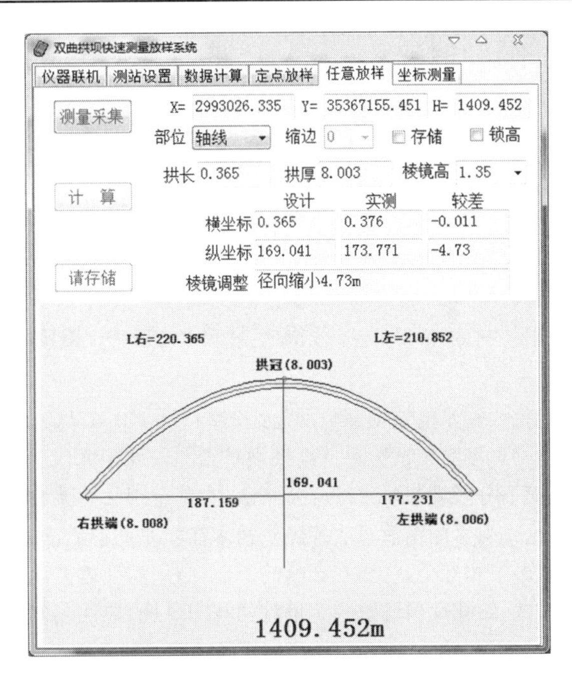

图4 任意放样

连续进行点位的计算,并自动计算本点与上一计算点的平距。勾选“存储”,点击“存储”,测量数据自动保存到“记录文件”/“坐标放样.txt”文件中。

5.3.5 成果检核

1) 图形检核

根据软件中保存CAD文件检核各个高程坝面平面位置与设计图是否一致,并根据生成CAD文件中体型参数与设计拱坝体型参数作比较看是否满足精度要求。

2)记录文件检核

根据外业放样中的自动保存目录,放样结束后回室内提取软件内存中的存储结果,把记录文件中存储的放样坐标反算上CAD设计图,看是否与设计坝面重合并检验精度是否满足要求。

6 结 语

采用软件集成化快速智能测量技术,简化了双曲拱坝施工测量放样的难度,减少了施工放样过程中测量设备和人员的投入,加快施工放样的速度和精度,满足了象鼻岭水电站碾压混凝土快速施工的要求,为工程进度和工程质量提供可靠技术保障,同时通过此项技术研究及使用可为电站节约一定的施工成本。

本项目运用的测量仪器+掌上电脑的测量方式,大大扩展了全站仪的计算性能,不仅仅适用于双曲拱坝,还适用于其他所有的野外测量工作,我们只需要对掌上电脑上的测量软件进行深度开发利用,还可以开发出更多的、适用面更广的测量软件,既能进行常规测量工作,也能进行针对性的特需开发。未来,掌上电脑、平板、智能手机将代替可编程计算器,大幅度地扩展测量数据的深度加工和利用,测量工作将会更加集成化和智能化,智能测量技术将拥有更广泛的应用前景。

特高拱坝基础灌浆综合技术研究

吴旺宗　张　兴

（中国水利水电第四工程局有限公司，西宁　810007）

摘　要　小湾水电站和拉西瓦水电站坝高分别达到 292 m 和 250 m，均为特高混凝土拱坝，本文通过小湾和拉西瓦水电站现场灌浆试验对特高拱坝基础灌浆施工方法、灌浆材料、灌浆参数等进行了研究，通过自上而下分段灌浆法 + 综合灌浆法、有盖重固结灌浆在混凝土间歇期分期施工、岸坡坝段使用无盖重 + 引管固结灌浆法等灌浆技术在坝基的固结灌浆应用，较好地解决了固结灌浆与混凝土浇筑施工相互干扰、相互影响的矛盾；应用深孔帷幕灌浆技术解决了孔深超过 100 m 的帷幕灌浆方法、钻孔偏斜预防和纠偏难的技术难题，应用超细水泥和化学浆液灌浆解决了细微裂隙普通水泥可灌性差的难题，特高拱坝基础灌浆综合技术研究具有一定的实用性和前瞻性。

关键词　特高拱坝；灌浆技术

1　概　述

位于云南省凤庆县境内的小湾水电站和青海省贵德县境内的拉西瓦水电站坝高分别达到 292 m 和 250 m，均为特高混凝土拱坝，坝基灌浆量均超过 100 万 m^3、帷幕灌浆孔深度超过 100 m、固结灌浆最高月强度分别达到了 25 680 m、18 900 m。坝高、施工强度、帷幕深度等均有挑战性和前瞻性，因此以实际工程为依托，对特高拱坝坝基灌浆施工技术、灌浆材料等的研究有助于加快固结灌浆进度，解决坝基固结灌浆与混凝土浇筑之间的矛盾、保证坝基灌浆质量，提高坝基帷幕防渗效果。

2　固结灌浆技术研究与应用

2.1　自上而下分段灌浆法 + 综合灌浆法

根据工程实践和固结灌浆灌浆规律，Ⅰ序孔采用自上而下分段灌浆完成后，大部分可灌性裂隙已被充填，Ⅱ序及其后序孔灌浆进行补充和加强，注入量均会显著减小，采用自上而下分段灌浆法耗时多，施工速度慢，所以后序孔采用其他灌浆法是可行的。

小湾水电站坝基固结灌浆前经过现场灌浆试验和成果论证，确定了坝基固结灌浆Ⅰ序孔采用自上而下分段灌浆法，Ⅱ序孔及以后各序孔使用综合灌浆法（即第一段灌浆结束后，以下各段一次成孔、自下而上分段灌浆法）。施工过程中，Ⅰ序孔和Ⅱ序孔各抽取了 100 个孔的施工资料对第二段及以下各段两种灌浆法所用时间进行了对比，结果见表 1。

作者简介：吴旺宗（1972—），男，甘肃会宁人，高级工程师，主要从事水利水电基础处理工程施工。E-mail：490517358@qq.com。

表1 自上而下分段灌浆法与综合灌浆法钻孔灌浆时间比较

灌浆方法	钻孔设备	灌浆设备	灌浆段数	钻孔时间(h)	灌浆时间(h)	说明
自上而下分段灌浆法	100B	灌浆泵、液压塞、记录仪	3	4.5	7.5	钻孔时间包括反复挪移钻机时间、灌浆时间包括安装、拆卸灌浆塞时间
综合灌浆法	100B		3	2.2	4.8	

由表1可知,综合灌浆法较自上而下分段灌浆法施工进度快,提高了钻孔灌浆效率。

2.2 无盖重+引管固结灌浆法

2.2.1 灌浆试验

(1)拉西瓦水电站固结灌浆施工前,选择了三个区域进行了无盖重+有盖重固结灌浆、无盖重+引管固结灌浆试验研究。

(2)试验Ⅰ区、Ⅲ区、Ⅱ区第一阶段为无盖重固结灌浆试验区,入岩15 m,间排距为3 m×3 m,梅花形布置,同排孔中分两序施工。Ⅱ区第二阶段分为A、B块,Ⅱ$_A$块14个灌浆孔,入岩1.0 m,采用混凝土盖重引管法(混凝土中预埋灌浆管);Ⅱ$_B$块15个灌浆孔,入岩4.0 m,采用混凝土盖重钻孔法。每个试验区各施工了3组物探测试孔,共计27孔,全部进行了灌前、灌后单孔测试和跨孔测试。

(3)试验成果见表2。

表2 灌浆试验成果统计表

区号	次序	孔数(个)	透水率		注入量			说明
			透水率(Lu)	递减率(%)	注入量(kg)	单位注入量(kg/m)	递减率(%)	
Ⅰ区	Ⅰ序	16	84.67		422 237.09	178.36		
	Ⅱ序	16	27.32	67.7	3 840.5	16.41	91	
	检查孔	2	1.20	95.6				
Ⅲ区	Ⅰ序	16	64.12		17 505.3	102.9		
	Ⅱ序	16	1.3	98	6 721.6	44.3	57	
	检查孔	2	1.07	18				
Ⅱ区第一阶段	Ⅰ序	15	13.07	44.2	24 937.8	118.1		检查孔Ⅱ$_A$块2个、Ⅱ$_B$块1个
	Ⅱ序	14	7.29	91.4	4 393.2	22.3	82	
	检查孔	3	0.63					
Ⅱ区第二阶段	Ⅰ序	15	40.79	59.3	7 878.05	202.00		
	Ⅱ序	14	16.59	98.7	8 162.73	233.22	-15	
	检查孔	3	0.22					

表2中Ⅱ区第二阶段单位注入量递减率为-15%,其原因是Ⅱ$_B$块陡倾角裂隙发育,灌

浆过程中串、冒、漏现象严重,单位注入量与地质状况相符合。

灌浆后的岩体波速、动弹性模量值均较灌浆前有显著提高,满足设计要求。

(4)试验成果通过了有关单位组织的验收,认为拉西瓦水电站固结灌浆使用无盖重+有盖重固结灌浆、无盖重+引管固结灌浆法灌浆后岩体透水率显著降低,岩体波速、动弹性模量值均较灌浆前有显著提高,较好地解决了固结灌浆与混凝土浇筑施工相互干扰、相互影响的矛盾,确定无盖重+引管固结灌浆法为岸坡坝段坝基固结灌浆方法。

2.2.2 灌浆参数

(1)灌浆方法:无盖重+引管固结灌浆施工方法。

(2)灌浆方式:分序加密、一次成孔、自下而上分段,孔内阻塞、孔内循环灌浆法。

(3)引管方式:三孔一引,循环式;引管孔深度为入岩3 m。

(4)灌浆压力:无盖重灌浆压力为0.5~2.5 MPa,引管灌浆压力为1.0~1.5 MPa。

(5)浆液比级:采用3∶1、2∶1、1∶1、0.5∶1等四个比级,开灌水灰比为3∶1,灌浆过程中严格控制水灰比,间隔15 min测量一次浆液密度。

(6)结束标准:当注入率不大于1.0 L/min时,连续灌注30 min后,结束灌浆。

(7)质量检查:采用钻检查孔压水试验与岩体波速相结合的检验方法。

2.3 按混凝土浇筑间歇期分期进行固结灌浆

根据施工安排,小湾水电站岸坡坝段有盖重固结灌浆在混凝土间歇期进行,根据施工环境和工程量,每个岸坡坝段固结灌浆施工分为四期,第1期施工抬动观测孔和灌前物探孔,施工时间控制在7 d以内;第2期施工Ⅰ、Ⅱ序孔,时间控制在14 d以内;第3期施工Ⅲ、Ⅳ序孔,时间控制在12 d以内;第4期施工检查孔和灌后物探孔时间控制在7 d以内。混凝土上升过程中抬动观测孔和物探孔采用引管方式。

2.4 研究成果应用

拉西瓦水电站岸坡17个坝段使用了无盖重+引管固结灌浆施工方法,建基面无盖重固结灌浆检查合格后,混凝土浇筑前对每个孔扫孔,深度为3 m,安装循环灌浆管,三孔一引,即三个孔组成一套灌浆回路(每套灌浆回路包括进浆管、回浆管和孔内支管),引至廊道或坝后平台,混凝土达到设计厚度和强度后进行了引管灌浆,单元验收合格率为100%,优良率为95%。

小湾水电站右岸坝基23个坝段固结灌浆使用自上而下分段灌浆法+综合灌浆法,均在混凝土间歇期内完成了固结灌浆,未占用直线工期,单元工程验收合格率为100%,优良率为98%。

3 深孔帷幕灌浆技术研究及应用

帷幕灌浆的目的是在坝基岩体内形成一个具有一定抗渗能力的"连续帷幕",而深度超过100 m的深孔帷幕,施工难度大,钻孔易发生偏斜,并随着深度增加,会出现灌浆时相邻孔浆液有效扩散范围不交叉、衔接不连续现象,所以深孔帷幕施工过程中使用合适的灌浆方法、孔斜控制措施,是形成连续、均匀、密实幕体的保证。

3.1 孔口封闭、孔内循环、自上而下分段不待凝灌浆法

(1)第一段(接触段)采用液压塞阻塞,孔内循环灌浆法。第二段及以下各段采用孔口封闭、孔内循环、自上而下分段不待凝灌浆方法。

(2)孔口管为ϕ 89 mm 无缝钢管,深入基岩以下深度不小于2.0 m,露出廊道底板10 cm以上。

3.2 孔口封闭,自上而下分段带钻具灌浆法

(1)孔口封闭、孔内循环、自上而下分段不待凝灌浆方法。

(2)射浆管由1寸铁管改为钻杆,钻杆接手使用扁平接手。

(3)Ⅱ、Ⅲ序孔(帷幕灌浆孔分为三序)灌浆射浆管带钻具安装。

3.3 帷幕孔偏斜控制措施

3.3.1 预防钻孔偏斜措施

(1)钻机地锚固定、安装稳固。使钻机主动钻杆(立轴)与孔位中心处在同一条直线上,开孔前正确校核方位和倾角,工作时主动钻杆不发生摆动。

(2)孔口管镶牢固,方向正确。孔口管内扫孔钻进及以下各段钻进时,保持主动钻杆与钻孔同心;开孔时低速钻进,孔深超过5 m后可使用中高速钻进。

(3)使用标准地质管材加工的钻具(包括钻杆和岩芯管)和符合规格的钻头及扩孔器,若孔深为0~3 m,使用短岩芯管(长度0.5~1.5 m);若孔深大于3 m,使用长岩芯管(2.5~3 m)。

(4)换径时使用变径导向钻具,或采取其他导正定位措施。

(5)孔深超过40 m后及时调整油压,减压钻进,油压以孔内钻杆转动平稳为宜。

(6)岩石发生变化时,及时调整钻机转速、油压、冲洗水流速及压力。

(7)钻孔前20 m每一灌浆段测量孔斜一次,20 m以后间隔10 m测量孔斜一次,第一段和终孔段必须测斜。

3.3.2 钻孔纠偏措施

(1)换径法:使用比原钻具大一级的钻具低压低速钻进,钻进3~5 m后测斜。若孔斜度没有变化,可用原钻具继续钻进,待条件成熟后再进行矫正;如果孔偏斜度有所减少,可换用带有导向装置的钻具钻进。

(2)控制法:使用加长粗径钻具,增大孔壁,对整个粗径钻具按原方向继续钻进的控制力,使原有孔斜度不再继续扩大。一般情况下,加长后的粗径钻具不小于原钻具的2倍。

(3)扫孔法:在某一灌浆段钻孔结束后发现偏斜值超过允许值时,按正常程序进行洗孔灌浆,达到灌浆结束标准时,用水灰比为0.5(或0.6):1的水泥浆(可加速凝剂)置换孔内稀浆,将射浆管提升至发生偏斜位置以上5 m处;使用该段设计灌浆压力继续灌注1 h以上,待凝72 h后低压低速扫孔钻进,可使已偏斜的孔段得到有效的纠正。

3.4 应用成果

(1)拉西瓦水电站河床9#~14#坝段应用深孔帷幕灌浆技术完成帷幕灌浆孔195个,灌浆长度19 465 m,注入水泥量1 420 675.2 kg,单位注入量72.99 kg/m,检查孔16个,岩石进尺1 916.4 m,压水试验432段,透水率0.02~0.96 Lu,单位透水率0.05 Lu,符合设计要求,单元工程合格率100%,优良率99.5%。

(2)孔口封闭、孔内循环、自上而下分段不待凝灌浆方法,能逐段加大灌浆压力,除终孔段外,其他各段均多次自行复灌,灌浆质量好;操作简单,不待凝,节省时间,速度快,效率高。

(3)经施工统计射浆管由1寸铁管改为钻杆,孔内占用量减少约41%。Ⅱ、Ⅲ序孔(帷幕灌浆孔一般分为三序)灌浆射浆管带钻具,每段(除结束段外)灌浆结束后可省去起出射

浆管和一次下钻杆钻具的时间，一个 110 m 的灌浆孔，可节约时间 24 h。

（4）小湾水电站帷幕孔最大深度为 146 m，21# ~ 23# 和 WMRGA1 灌浆平洞超过 100 m 的帷幕孔 59 个，钻孔过程中 1 个孔采取了纠偏措施，帷幕孔底偏距最大为 1.998 m，偏斜率最大为 1.496%；拉西瓦水电站河床坝段 195 个帷幕孔超过 100 m，钻孔过程中 2 个孔采取了纠偏措施，最大偏距为 0.95 m；两个工程钻孔偏距均小于设计要求孔深的 1.5%。

4　细微裂隙帷幕灌浆材料研究与应用

对于细微裂隙普通水泥可灌性差，灌浆效果不明显，灌浆后防渗帷幕局部存在缺陷，防渗性能达不到设计要求。为了提高坝基防渗能力，使坝基防渗达到设计标准，小湾水电站使用超细水泥灌浆弥补普通水泥灌浆的不足，拉西瓦水电站使用中化 - 798 化学灌浆对水泥帷幕灌浆进行了补强，均取得了很好的效果。

4.1　超细水泥灌浆

4.1.1　灌浆试验

小湾水电站灌浆前，进行了超细水泥灌浆室内试验、工艺试验和生产性试验。

（1）超细水泥帷幕灌浆工艺试验区位于右岸 1 245 m 灌浆廊道内，布置了普通水泥灌浆孔 12 个，超细水泥灌浆孔 3 个，普通水泥灌浆结束后超细水泥复灌孔 3 个；普通水泥灌浆 176 段，超细水泥灌浆 54 段，普通水泥灌浆结束后超细水泥复灌 54 段。

（2）超细水泥帷幕灌浆生产性试验区位于右岸 1 020 m 灌浆洞内，布置了普通水泥灌浆孔 10 个（Ⅰ序孔 6 个、Ⅱ序孔 4 个），超细水泥灌浆孔 9 个（Ⅲ序孔 9 个）；灌浆 230 段，其中普通水泥灌浆 117 段，超细水泥灌浆 113 段。

（3）室内试验、工艺试验、生产性试验成果通过有关各方验收后，确定了超细水泥帷幕灌浆工艺和参数。

4.1.2　超细水泥帷幕灌浆工艺及参数

4.1.2.1　灌浆材料型号及技术指标

（1）灌浆材料：采用 SG0650 型超细水泥和 ZB - 1A 减水剂，超细水泥技术指标见表 3。

表 3　超细水泥技术指标

抗折强度（MPa）		抗压强度（MPa）		凝结时间		
3 d	28 d	3 d	28 d	水灰比	初凝	终凝
4.0、	7.0	23.0	52.5	0.5∶1	>45 min	≤12 h

外观	密度	比面积（m^2/kg）	中值粒径 D_{50}（μm）	最大粒径 D_{max}（μm）
灰色粉末	3.0 ±0.20	≥650	≤8.0	≤40

（2）制浆：在制浆过程中，ZB - 1A 减水剂以水溶液的状态加入，浆液马氏漏斗黏度控制在 35 s 以内，制浆材料称量误差不大于 5%，浆液搅拌均匀，使用的高速搅拌机转速应大于 1 200 r/ min，搅拌时间不少于 30 s，浆液自制备至用完，时间不超过 2 h。

4.1.2.2　超细水泥灌浆参数

（1）灌浆方法：孔口封闭、自上而下分段、孔内循环灌浆法。

（2）灌浆材料：Ⅰ、Ⅱ序孔使用普通水泥浆液，Ⅲ序孔使用超细水泥浆液。

(3)灌浆方式:分为两种,一种是与普通水泥浆液同时灌注,即一个灌浆段在普通水泥灌浆结束后立即进行超细水泥灌浆,另一种直接灌注超细水泥;具体灌浆方式根据同排Ⅲ序孔相邻的Ⅰ、Ⅱ序孔单位注入量确定。

(4)浆液水灰比:普通水泥浆液为2:1、1:1、0.8:1、0.6:1四个比级,开灌水灰比为2:1;超细水泥浆液为2:1、1:1、0.6:1三个比级,开灌水灰比为2:1。

(5)灌浆压力与段长(见表4)。

表4 灌浆压力与段长

压力(MPa)	段次(段长 m)				
	第一段(2.0)	第二段(1.0)	第三段(2.0)	第四段(5.0)	第五段以下(5.0)
上下游排	2.0	3.0	4.0	6.0	6.0
中间排	3.0	4.0	5.0	6.0	6.0

(6)当初始注入率小于10 L/min时,要求30 min内达到设计压力。

(7)灌浆过程中控制灌浆压力与注入率,使之相适应,当压力大于4.0 MPa时,注入率应小于10 L/min。

(8)灌浆结束标准:在前5段当灌浆压力达到设计值,注入率不大于0.4 L/min时,延续60 min结束灌浆;第5段以下各段当注入率不大于1.0 L/min时,延续60 min结束灌浆。

4.2 化学灌浆

以拉西瓦水电站河床部位9# ~14#坝段中化-798化学灌浆技术进行说明。中化-798化学浆液属于环氧类,为真溶液,具有黏度低(密度为1.08 g/cm^3)、可灌性好(水能通过的缝隙就能进入)、可以渗入细微裂隙、结石强度高(渗透系数为10^{-6} ~ 10^{-8} cm/s,李家峡电站中化-798化学灌浆试验结果为41.3~58.1 MPa)、稳定性耐久性好、聚合体无毒等特点,符合坝基防渗灌浆浆材要求。

4.2.1 配浆及保存

(1)配浆:分两次进行。第一次按配浆程序和配合比将浆材配成A、B两种浆液,分别运至现场;第二次将A、B液混合,搅拌均匀(搅拌时间不少于10 min)形成成品浆液,即可用于灌浆。

(2)保存:A、B混合液随配随用,成品浆液装桶密封保存并放入通有循环水的槽中冷却,必要时使用冰冷却。存放时间不得超过2 h;从A、B两种浆液混合搅拌开始至灌入岩体,温度控制在20 ℃以下。

4.2.2 工艺流程

工艺流程如下:钻机就位固定→镶嵌孔口管(待凝72 h)→第一段钻进→洗孔→风赶水→灌注化学浆液→水泥浆置换化学浆液→闭浆48 h→下一段钻灌→……→封孔。

4.2.3 工艺参数

(1)灌浆方法:采用自上而下、封闭孔口,纯压、定量、定时、分段灌浆法。

(2)灌浆顺序:洗孔→风顶水→管孔内充填化学浆液→灌注"中化-798"浆液→屏浆→水泥浆顶浆→闭浆→下一段钻灌→……→封孔。

(3)孔口管直径为φ85~100 mm的无缝钢管,入岩深度不小于2.0 m。

(4)风赶水:钻孔冲洗结束后,用风将孔内积水赶出孔外,风压不小于 0.5 MPa,排除孔内积水后立即化学灌浆。

(5)管孔内充填浆液:孔内积水赶出后,及时将进浆管与化学灌浆泵连接,向灌浆管和孔内填充浆液,当回浆管口流出化学浆液后,及时关闭回浆管阀门,并记录注入管孔内的浆量。

(6)灌浆段段长及压力见表 5。

表 5 "中化 -798"化学灌浆灌浆段压力控制表

段次	1	2	3	以下各段	最后一段
段长(m)	2.0	8.0	8.0	8.0	≤10.0
设计压力(MPa)	2.0	2.5	3.0	3.0	3.0
设计最大压力(MPa)	2.0	3.0	3.5	4.0	4.0

(7)灌浆:纯压式灌注"中化 -798"浆液,开始即使用最大设计压力灌注,当灌注历时 1.0 h 时,计算单位注入率,若单位注入率大于 0.05 L/(min · m),保持单位注入率为 0.05 L/(min · m)状态灌注,直至达到结束标准;若单位注入率小于 0.05 L/(min · m),以设计压力灌注,直至达到结束标准。

(8)结束标准:满足下列条件之一者即可结束灌注:

①纯灌注历时 T:非断层段 $T \geq 30$ h,断层段 $T \geq 40$ h;

②单位注入量:非断层段≥80 L/m,且纯灌注历时≥30 h;断层段≥90 L/m,且纯灌注历时≥30 h。

注:纯灌注历时 T 为在设计压力下灌注"中化 -798"浆液的时间,不包括水泥浆顶浆和闭浆的时间。

(9)屏浆:当化学灌浆满足上述条件中的任一条结束标准时,在设计压力下屏浆待凝 48 h 后关闭回浆阀和进浆阀,待压力表读数自然回零后,结束化学灌浆。

(10)水泥浆置换化学浆液:化学灌浆结束后使用水灰比为 0.5∶1的水泥浆置换孔内"中化 -798"浆液,直至孔口流出 0.5∶1的水泥浆。被水泥浆顶进岩体中的浆材,计入总耗浆量。

(11)闭浆:水泥浆置换化学浆液完成后在设计压力下闭浆 24 h,该段化学灌浆结束,然后进行下一段钻孔。

(12)封孔:最后一段灌浆闭浆待结束,扫孔至原孔深,按帷幕灌浆封孔要求,采用 0.5∶1 的浓水泥浆进行封孔。

4.2.4 应用成果

(1)小湾水电站 8# ~16#、21# ~23#等 12 个坝段帷幕灌浆施工应用了超细水泥灌浆,灌浆长度 12 490.3 m,检查孔压水 469 段,透水率均小于 0.5 Lu,平均为 0.014 5 Lu,灌浆效果显著,单元工程合格率 100%,优良率 100%。

(2)拉西瓦水电站 9# ~14#坝段应用化学灌浆研究成果施工灌浆孔 117 个,钻孔进尺 5 282.31,灌浆长度 3 720.21 m,注入"中化 -798"化学浆液 265 998.50 kg;总单位注入量 71.5 kg/m,其中Ⅰ序孔 65.24 kg/m,Ⅱ序孔 71.65 kg/m,Ⅲ序孔 74.52 kg/m,3 个次序孔单位注入量与总单位注入量相近,在后序排孔钻孔中取出了大量的化灌结石,肉眼观察结石厚度为0.2～2 mm,显微镜下结石厚度最小为0.005 mm,其中陡倾角裂隙所占比例较大。施工检查孔6个,钻孔进尺257.5 m,透水率为0.02～0.07 Lu,单位透水率为0.042 Lu,灌浆效果显著,单元工程验收合格率为100%,优良率为100%。

5 结　语

(1)特高拱坝基础灌浆综合技术依托小湾水电站和拉西瓦水电站工程,采取了现场试验与施工应用相结合的方式进行研究,取得的研究成果经过了工程验证,具有合理性和实用性。

(2)固结灌浆使用自上而下分段灌浆法+综合灌浆法、有盖重固结灌浆法在混凝土间歇期分期施工、坝坡段使用无盖重+引管固结灌浆方法在混凝土浇筑前完成无盖重灌浆,在混凝土浇筑后完成引管灌浆,均较好地解决了固结灌浆与混凝土浇筑施工相互干扰、相互影响的矛盾。

(3)深孔帷幕灌浆技术解决了孔深超过100 m的帷幕灌浆方法、钻孔偏斜预防和纠偏的技术难题,提高了灌浆形成的帷幕的连续性和完整性。

(4)超细水泥和化学浆材解决了细微裂隙灌浆材料和灌浆工艺技术难题,弥补了细微裂隙普通水泥灌浆不足,确保了灌浆质量,提高了帷幕体的防渗能力。

(5)通过特高拱坝基础灌浆综合技术研究与应用,为高拱坝及其他类型大坝基础灌浆设计、施工提供了技术参数和施工方法,具有前瞻性和实用性。

参考文献

[1] 中华人民共和国国家能源局. DL/T 5148—2012 水工建筑物水泥灌浆施工技术规范[S]. 北京:中国电力出版社,2012.

强震区沙砾石面板堆石坝填筑施工技术

付建刚

（中国水电建设集团十五工程局有限公司，西安 710065）

摘 要 强震地区修建沙砾石面板堆石坝，设计地震烈度确定后，设计单位首先进行相应的室内坝料特性试验，开展静动力数值分析，结合进行振动台模型试验，全面研究大坝的地震动力反应性状、抗震性能、残余变形和破坏模式等，分析大坝极限抗震能力，评价大坝的抗震安全性，核算大坝抗震安全裕度；钢筋混凝土面板是面板堆石坝的主要防渗体系，相当于面板堆石坝的“心脏”，大坝填筑的施工质量的好坏直接关系到大坝的沉降量和沉降稳定速率，关系到大坝面板的施工工期和整个枢纽的施工进度，关系到钢筋混凝土面板是否产生施工沉降裂缝和脱空变形，关系到大坝的抗震安全性；进入施工阶段，施工单位全体人员要时刻牢记自己是在强震区修建大坝，大坝的安全关系到下游人民群众生命财产的安全，必须严格按照设计图纸和施工规范施工。本文借新疆卡拉贝利大坝工程，主要从大坝沙砾石料料场复查、碾压试验、碾压参数控制、大坝纵横向接坡处理、边角夯压处理、土工格栅施工、挤压边墙混凝土施工等方面描述卡拉贝利大坝填筑的标准化施工过程，望能为同类工程提供参考作用。

关键词 强震区；碾压；接坡；边角夯压；土工格栅；挤压边墙

1 工程概况

卡拉贝利水利枢纽是Ⅱ等大(2)型工程，水库总库容2.62亿m^3，大坝为混凝土面板沙砾石坝，最大坝高92.5 m，为1级建筑物。大坝采用50年超越概率2%的地震动参数值进行设计，相应基岩地震动水平向峰值加速度为375.1 gal，地震基本烈度为8度强。

卡拉贝利水利枢纽工程由拦河大坝、溢洪道、两条泄洪排沙洞、发电引水洞及电站厂房组成。大坝采用混凝土面板沙砾石坝，坝顶高程为1 775.50 m，最大坝高92.5 m，坝长760.7 m，坝顶宽度12 m。上游坝坡1∶1.7，下游坝坡1∶1.8，在下游坡设10 m宽、纵坡为6%的“之”字形上坝公路。

大坝主要坝料为垫层小区料、垫层料、沙砾料、排水体料，垫层小区料$D \leqslant 20$ mm，垫层料$D_{max}=80$ mm，小于5 mm含量为30%～47%，小于0.075 mm含量小于8%，渗透系数控制在$10^{-2} \sim 10^{-3}$ cm/s，沙砾料采用C3料场全料，排水体料$D \geqslant 5$ mm，渗透系数大于10^{-1} cm/s，各种坝料相对密度控制标准为$D_r \geqslant 0.85$。垫层料上游坡面采取挤压边墙固坡技术，挤压边墙混凝土设计指标为强度3～5 MPa，弹模3 000～5 000 MPa，干密度≥2.15 t/m^3，渗透系数控制在$10^{-3} \sim 10^{-4}$ cm/s。

坝0+030.00 m～0+650 m，1 750～1 771 m高程范围下游坝坡设计有钢塑土工格栅，

作者简介：付建刚(1972—)，男，陕西户县人，高级工程师，中国水电建设集团十五工程局有限公司第二公司卡拉贝利项目部项目总工，主要从事土石坝施工管理及质量管理工作。E-mail：1304873509@qq.com。

每1.5 m铺设1层，格栅在下游边坡处翻卷，与上一个铺设层搭接3 m。

2 料场复查和碾压试验

大坝填筑主料场为C3料场，复查面积为149.3万m^2，按照150 m×150 m间距布置探坑，共计66个，采用1.8 m^3反铲开挖探坑，探坑深度4.4~7.5 m，覆盖层平均厚度0.29 m，有用层平均厚度5.7 m，有效储量851万m^3，目测探坑断面无淤泥、细砂夹层、胶结层，人工在开挖探坑壁内刻槽取料进行筛析法测定颗粒级配，不均匀系数$C_u = d_{60}/d_{10} = 158.33 > 5$，曲率系数$C_c = d_{30}^2/(d_{60} \times d_{30}) = 8.49$，不在1~3，属于不连续级配沙砾料，小于5 mm含量为11.7%~29.7%，平均值23.8%，含泥量（室内水洗法测定）为1.98%~7.28%，平均值4.3%，最大粒径为300~400 mm，大于200 mm粒径含量为5.31%。灌水法测定天然密度平均值为2.12 g/cm^3。

考虑大坝位于强震区，2015年4月，按照料场复查的平均级配线，依据最新版本的《土石坝筑坝材料碾压试验规程》（NB/T 35016—2013）中“沙砾料原型级配现场相对密度试验方法”，对坝料进行原型级配（全级配）的相对密度试验。采用厚度14 mm的钢板加工带底的密度桶6个，内径1 200 mm，高度800 mm。试验场地采用推土机整平，22 t振动碾振动碾压12遍，达到基本不沉降，按照试验布置将密度桶一字间隔摆放。试验用料的级配采用料场复查的平均级配线、上包级配线、上平均级配线、下平均级配线、下包级配线，考虑料场砾石含量的变化，另增加砾石含量65%的级配线。按照级配线采用筛分的C3料场各级配料配置试验用料，拌和均匀后用四分法人工在密度桶内松填装料，距离桶顶10 cm左右时停止，用灌砂法测定不同砾石含量下的最小干密度，人工装料高出桶顶20 cm，桶四周填料，形成碾压工作面，用22 t自行式振动碾，低振幅高频率、行进速度不大于2.5 km/h，在桶上振动碾压26遍，再定点微动碾压15 min，碾压后的桶顶超高控制在10 cm左右，人工去除桶顶10 cm高的沙砾料，用灌砂法测定不同砾石含量下的最大干密度。进行平行试验，取两次试验结果的平均值作为相对密度试验结果，根据相对密度公式和试验结果，绘制砾石含量、干密度、相对密度三因素关系曲线，作为大坝填筑压实质量控制指标。

通过现场碾压试验，对铺料厚度60 cm、80 cm、100 cm和碾压遍数8遍、10遍、12遍组合试验，每个组合取样三组，对试验结果进行组合分析，结果显示，随着碾压遍数的增加，干密度增大；铺料厚度增加，干密度降低；碾压遍数增加，沉降量增大，符合一般规律。通过经济优选分析，选取碾压10遍，铺料80 cm，行进速度不大于2.5 km/h作为沙砾料碾压参数。

3 碾压参数控制、接坡、边角夯压

大坝填筑严格执行标准化施工程序，分铺料区、碾压区、检测区流水线作业，各分区洒线、挂牌标识清楚。

铺料前先做铺料样台，坝面技术人员采用水准仪测量标高，反铲辅助完成，间隔30 m，方格网布置，控制坝面高程偏差不大于10 cm。

碾压区设专人翻计数牌监测碾压遍数，质量管理人员检查碾压速度、碾迹搭接宽度和长度、振动频率和振幅等。

检测区严格按照《混凝土面板堆石坝施工规范》（SL 49—2015）要求的检测频次，沙砾料1 000~5 000 m^3/组，每个坑取样800~1 000 kg，挖至结合层，用灌水法取样检测干密度。

大坝采取分期导流、分期填筑,大坝填筑纵横向接坡严格按照规范要求进行,纵向接坡采取预留台阶法收坡,综合坡比不陡于1:3,预留台阶宽度为1.2 m,大坝填筑层层放线,反铲整理预留台阶边线,形成整齐的梯田状;同样,由于趾板工期影响,分期填筑时先进行大坝下游填筑,形成横向接坡,横向接坡同样采取预留台阶法收坡,预留台阶宽度为1 m。接坡施工时采取反铲挖除填筑层上一层的台阶,使碾压面搭接良好。

大坝填筑靠岸坡部位采取反铲辅助人工处理粗粒料集中现象,22 t 自行式振动碾顺岸坡方向振动碾压4 m宽,与正常碾压碾迹良好搭接,针对振动碾无法碾压到的岸坡部位,采取3 t 平板汽油夯夯压10遍;下游边坡采取超填削坡和下游坡面斜坡碾压的处理方式,保证碾压密实;上游垫层料碾压,为了保证碾压安全,采取振动碾距离挤压边墙预留40 cm,该部位采用3 t 平板汽油夯夯压10遍,通过现场夯压试验证明可满足要求。

4 土工格栅施工

由于大坝的抗震需要,设计单位在EL1750~EL1771,间隔1.5 m一层,在大坝下游布设钢塑土工格栅,共计15层,41万m^2。格栅铺设前进行原材料检测,合格后方可铺设,单卷格栅幅宽6 m、长30 m,施工过程中严格按照设计要求进行搭接,上下游方向搭接长度不小于30 cm,桩号方向搭接长度不小于15 cm,搭接部位采取铅丝间隔绑扎,上下游方向搭接部位平行绑扎两道,桩号方向绑扎一道,绑扎间隔不大于15 cm。

5 挤压边墙施工

垫层料上游坡面采取挤压式混凝土边墙施工技术,明显提高了垫层料的压实质量,简化了垫层料的施工工序,同时满足了临时度汛的要求。边墙挤压机型号为BJY-40,击振力1.3 kN,振动频率48 Hz,成型速度40~80 m/h。边墙断面设计为不对称梯形,墙高40 cm,与垫层料厚度一致,上游坡比1:1.7,下游坡比8:1,顶宽10 cm,底部宽度83 cm。

要保证挤压边墙坡面平整,每层挤压墙线直面平,棱角分明,必须保证挤压边墙机施工行走轨迹范围内垫层基础面平整。施工过程中层层放线,每班配备15人进行靠近边墙1.5 m范围垫层料整平,测量控制,间隔15 m打桩挂线,整平后采用夯板夯压,平整度控制在±3 cm以内。用全站仪每15 m放样并标示出挤压边墙机行走轨迹的内侧边线,作为施工时的控制线;挤压机就位后首先调整挤压机在同一水平面上,且确保其出料口高程为40 cm。混凝土罐车采用前进法卸料,速凝剂由挤压边墙机设置的外加剂罐边行走边向进料口掺加,速凝剂的掺加要连续和均匀。边墙混凝土施工后3 min即可进行垫层料的卸料和摊铺。

6 结 语

卡拉贝利大坝填筑已经接近尾声,目前监测资料显示,大坝主河床坝0+280断面安装的电磁式杆式沉降仪显示最大沉降量为147 mm,该处最大坝高约75.5 m,最大沉降量占坝高的0.2%,说明大坝填筑质量可控,为面板的施工创造了良好的条件,望以上大坝填筑标准化施工技术能为类似工程提供参考。

参 考 文 献

[1] SL 49—2015 混凝土面板堆石坝施工规范[S].
[2] NB/T 35016—2013 土石坝筑坝材料碾压试验规程[S].

三河口水利枢纽工程总布置研究

毛拥政 赵 玮 谭迪平 刘 斌

(陕西省水利电力勘测设计研究院,西安 710001)

摘 要 三河口水利枢纽工程为陕西省引汉济渭工程的调蓄枢纽,是工程的重要水源工程。该工程具有河谷狭窄、地质条件复杂、既有抽水又有供水发电功能、洪水峰高量小等特点。本文通过对大坝、泄洪消能、抽水发电厂房建筑物、施工导流自身布置以及相互协调关系的全面研究。提出适合本工程自然条件的布置方案,大坝为双曲碾压混凝土拱坝坝身布置3个表孔和2个底孔泄洪,表孔右侧布置分层取水的进水口,抽水发电供水厂房布置在大坝右岸岸边,坝下采用平底消力塘消能,导流洞布置在右岸与厂房抽水前池和发电供水尾水洞结合。泄水建筑物分层泄水可满足施工期、运行期的下游供水和泄洪安全要求。

关键词 枢纽布置;碾压拱坝;泄水建筑物;抽水发电厂房;三河口水利枢纽

1 工程概况

三河口水利枢纽是引汉济渭工程的调蓄中枢,水库正常蓄水位643.00 m,校核洪水位644.70 m,死水位558.00 m,总库容7.1亿 m^3,最大坝高145 m,供水设计流量70 m^3/s,抽水设计流量18 m^3/s,发电装机容量60 MW,抽水装机24 MW,年供水量5亿 m^3/s。工程以供水为主,兼顾发电等综合利用。枢纽工程由挡水建筑物、泄水建筑物、供水系统(含抽水、发电)等组成。

坝址处多年平均流量34.5 m^3/s,多年平均径流量8.7亿 m^3,设计(P=0.2%)和校核(P=0.05%)入库洪水分别为7 430 m^3/s和9 210 m^3/s。坝址区两岸地形陡峻,谷坡基本对称,呈宽阔的V形横向河谷,自然边坡坡度35°~50°,坝址处河床高程526 m左右,河谷底宽40~65 m,从河床面起算的河谷宽高比为2.7~3.2,覆盖层5~8.5 m。坝址区出露以变质砂岩、结晶灰岩为主,局部夹有大理岩及花岗伟晶岩脉,岩体坚硬,较完整。

2003年就对三河口的坝址进行了研究,当时进行了坝址上下游两个坝址的研究,上下坝址间距2.5 km,下坝址右岸地质条件较差,上坝址布置条件选择余地较大,经对地形地质、枢纽布置等综合分析选定上坝址方案。

本工程坝址处河道顺直,左岸坝址上下游1 km范围内都有冲沟发育,因此在此区间坝线选择了上、中、下三条坝线。三条坝线岩性以变质砂岩和结晶灰岩为主,但上坝线分布有大面积大理岩,下坝线存在多条伟晶岩脉,大理岩与伟晶岩脉的变形模量偏低,存在因岩性差异而产生的压缩变形及不均匀变形,而中坝线岩脉相对较少,岩性相对单一。从地形地质条件、工程量等综合比较选定中坝线。

作者简介:毛拥政(1971—),男,陕西省石泉县人,高级工程师,主要从事水利水电枢纽工程设计工作。E-mail:723478279@qq.com。

2 设计标准

根据工程规模,三河口水利枢纽所属的引汉济渭工程为Ⅰ等工程。三河口水利枢纽大坝其坝高超过 130 m,提高一级,按 1 级建筑物设计,供水系统流道为 1 级建筑物,下游泄水消能防冲建筑物为 2 级;厂房按抽水泵站确定建筑物级别为 2 级。大坝等挡水建筑物按 500 年一遇洪水标准设计,2 000 年一遇洪水标准校核;厂房及供水流道均按 50 年一遇洪水标准设计,200 年一遇洪水标准校核;泄水建筑物下游消能防冲按 50 年一遇洪水设计,200 年一遇洪水进行校核。

3 泄洪建筑布置研究

三河口水利枢纽具有“高坝、大泄量、窄河谷”的特点,泄洪规模在同类工程中属于适中水平,大坝泄流采用分层布孔,分散泄洪的布置方案可以满足泄流、消能的要求,无需专设岸边分流泄洪设施。考虑到检修和工程安全需要,本工程设表底孔联合泄流的方式,结合本工程的特点和类似工程经验,底孔泄流分配按 20% ~30% 考虑。

坝身泄洪布置比较了 4 个表孔 1 个底孔方案和 3 个表孔 2 个底孔方案,两种泄洪方案均能满足泄洪消能要求。考虑本工程泄洪消能的特点及坝址区的地形地质条件、枢纽总体布置、洪水流量、水库调度运行方式等因素,兼顾施工中、后期导流,综合考虑拟定以下两种表、底孔泄洪孔口尺寸组合布置方案见表 1。

表 1 泄洪布置方案表

方案	表孔			底孔		
	孔口尺寸(m)(宽×高)	孔数(孔)	堰顶高程(m)	孔口尺寸(m)(宽×高)	孔数(孔)	底板高程(m)
方案一	12×15	4	628	5×6	1	550
方案二	15×15	3	628	4×5	2	550

4 个表孔 1 个底孔方案泄流宽度为 84 m,3 个表孔 2 个底孔方案为 71 m,3 个表孔 2 个底孔方案布置更为紧凑,可以更好地满足导流度汛要求,减少了水流对岸坡的冲击影响,投资减少 829 万元。经综合比选,工程泄洪采用 3 个表孔 2 个底孔的泄洪布置方案。

三河口水利枢纽河床覆盖层浅、下游水位低,宜设二道坝增加水垫深度,采用消力塘进行消能。高拱坝消力塘可选用平底板消力塘、反拱消力塘和护坡不护底消力塘三种形式,鉴于三河口拱坝泄洪流量大、泄洪功率高,地质条件不适宜选择护坡不护底消力塘,故选择平底板消力塘、反拱消力塘进行方案比选。经分析比选,两种消力塘都能满足消能要求,反拱消力塘结构受力条件好,但投资大,施工复杂,本工程推荐平底消力塘方案。

4 供水系统(含抽水、发电)布置研究

三河口水利枢纽根据供水和综合利用要求,进行了泵、电站分离方案和泵、电站联合布置方案。

泵站、电站分离方案根据三河口枢纽设计参数分别确定安装高程,沿河道对称布置泵

站、电站厂房,泵站抽水前池和电站尾水池共用一个水池接连接洞。该方案的特点是工程为常规设计,机组选型简单,对三河口宽水头变幅适应性较差,而且占地面积较大。泵、电站合并布置方案根据三河口水利枢纽具有抽水时不发电,发电时不抽水的特点,在同一厂房中安装可逆式水泵水轮机组和常规水轮发电机组。利用抽水蓄能的技术选用水泵水轮机机组来适应抽水和发电两种功能,减少设备投入和土建工程量。经综合比较,联合布置方案较泵、电站分离方案土建投资节省4 256万元,整体工程直接费节省3 352万元。联合布置方案布置紧凑,占地面积小,厂区开挖面积小,开挖范围没有进入坝肩的应力影响区。而分离布置方案需同时设置泵、电站厂房,对坝后山坡开挖大,整体布置不易,可能存在对坝肩稳定的影响。为更好适应三河口水头、流量变化,减少工程的投资,方便运行管理,减少对坝肩的影响,选定泵站、电站联合布置方案。

根据抽水机组和水轮机组的特点和三河口水利枢纽的地形地质条件,对三河口水利枢纽进行了地面岸边厂房方案、地面远离厂房方案和地下厂房方案的比较。地面岸边方案引水流道短,布置紧凑,可不设调压井,但受雾化的影响。地面远离方案引水流道变长,要设调压井,可避开雾化影响。地下厂房布置于右岸山体,厂房不受雾化影响,也可不设调压井,但工程量大,投资多。经综合比选,考虑到三河口水利枢纽河谷上部较宽,风向与河谷走向基本一致,雾化影响有限,同时地面岸边厂房方案投资最省,最终选择地面岸边厂房方案。

5 选定的枢纽布置方案

经过枢纽建筑物的布置研究,三河口水利枢纽工程选定的枢纽布置方案为:大坝采用碾压混凝土双曲拱坝,坝顶高程646 m,最大坝高145 m,坝体下部布置2个4 m×5 m(宽×高)、进出口高程为550 m的底孔和3个净跨15 m、堰顶高程为628 m的表孔。坝下设二道坝,采用平底水垫塘消能。供水厂房布置于右岸,主要建筑物由坝上分层取水进水口、压力钢管、主厂房、副厂房、供水阀室、尾水洞、连接洞、退水闸等组成。选定的枢纽布置平面如图1所示。

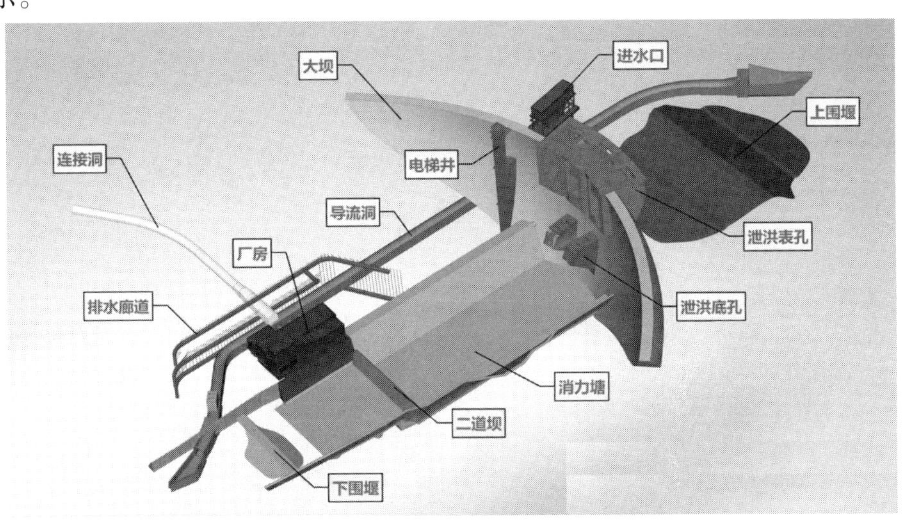

图1 枢纽布置平面

6 结　语

（1）三河口水库泄洪流量最高为7 580 m^3/s，加之泄洪水流落差大，泄洪功率高达735万kW，供水系统厂房也布置在右岸消能区内，泄洪消能设施布置受到很大限制。为此，经过多方案的分析比较和模型试验，采用坝身表、底孔联合泄洪的方式，确保枢纽泄洪安全；坝身泄洪按照纵向分层拉开、横向单体扩散、总体分散归槽的原则和方法，达到较为理想的消能效果。

（2）在同一厂房中装设可逆式水泵水轮机组和常规水轮发电机组。利用抽水蓄能的技术选用水泵水轮机机组来适应抽水和发电两种功能，减少土建工程量，方便工程管理运行。

（3）导流洞、供水系统（含泵站、电站）都集中布置在右岸，将导流洞后期改为泵站的下池以及电站的尾水，在原导流洞的出口增设泄水闸，很好地协调了导流、供水、放空的布置困难，节约了工程投资。

参考文献

[1] 中华人民共和国水利部. SL /T 282—2003 混凝土拱坝设计规范[S]. 北京：中国水利水电出版社，2003.

[2] 李瓒，等. 混凝土拱坝设计[M]. 北京：中国电力出版社，2000.

[3] 廖仁强，李伟，向光红. 乌东德水电站枢纽布置方案研究[J]. 人民长江，2009(12).

基于强震观测的混凝土拱坝模态参数识别

仝 飞[1] 程 琳[1,2] 杨 杰[1] 郑东健[2]

(1. 西安理工大学 西北旱区生态水利工程国家重点实验室培育基地,西安 710048;
2. 河海大学 水文水资源与水利工程科学国家重点实验室,南京 210098)

摘 要 大坝强震观测是利用安装在大坝和自由场上的强震仪,测量的"大坝-水库-地基"系统在地震激励下的动力响应,是一种特殊的结构振动观测数据。我国西部水利开发中面临的高坝、大库、强震级的现状,使得大坝的强震观测愈加受到重视。基于混凝土坝的强震观测进行结构的模态参数识别,可为结构的抗震性能分析、健康诊断和动力模型修正提供基础。根据结构的振动响应进行模态参数识别,是结构动力学的核心课题之一,现有的方法众多。地震激励下的"拱坝-水库-地基"结构系统复杂,模态密集、自由度高,外界干扰强。基于强震观测进行混凝土拱坝模态参数识别,急需对合理方法的选取问题进行研究。

为此,本文研究了基于强震观测的混凝土拱坝模态参数识别问题。基于 Pacoima 拱坝的三次强震数据,采用"输入输出型"的 ARX(Auto-Regressive Exogenous)模型法和"仅考虑输出"的频域类增强型频域分解法(EFDD)和时域类随机子空间法(SSI-Data)分别对 Pacoima 拱坝的模态参数进行了识别,通过将各种方法的模态识别结果,以及有限元计算的模态参数结果进行比较,对各种识别方法的精度、计算效率进行了对比。此外,文章还研究了是否考虑地基自由场观测情况下,模态参数识别结果的差异。相关的研究成果,可为基于强震观测的混凝土拱坝模态参数识别问题的后续研究提供借鉴。

关键词 强震观测;模态参数识别;混凝土拱坝;随机子空间(SSI);增强型频域分解(EFDD)

1 引 言

近40年来,模态分析在吸收了振动理论、信号处理技术、数理统计理论、自动控制理论等相关理论方法的基础上,逐渐发展成为解决复杂结构振动问题的重要方法。根据实测振动数据进行结构模态参数识别是模态分析理论的核心内容。对于混凝土拱坝而言,强震观测是一种重要的结构振动观测数据。采用强震观测来进行结构模态参数识别,属于结构的运行模态分析(OMA)[1-3]问题,其分析结果反映了结构在实际运行状态下的振动特征,能反映结构真实的动力特性。基于强震观测的混凝土结构运行模态分析方法的研究在国内外已取得了相当多的成果[4-12]。寇立夯等[5]和谯雯等[6]采用带输入的自回归(ARX)模型,分别

基金项目:国家自然科学基金项目(51409205);博士后自然科学基金项目(2015M572656XB);陕西省重点科技创新团队(2013KCT-015);水文水资源与水利工程科学国家重点实验室开放研究基金(2014491011);西安理工大学水利水电学院青年科技创新团队。

作者简介:仝飞,男,陕西西安人,在读硕士,主要研究方向为水工结构安全监控。E-mail:tongfei921216@163.com。

通讯作者:程琳,男,山东济宁人,讲师,主要研究方向为水工结构安全监控和无损检测技术。

根据二滩拱坝和水口重力坝的强震观测识别了结构的模态参数;张力飞等[7]对龙羊峡拱坝的强震观测资料进行了分析,对拱坝的频率、阻尼、振型等模态参数进行了识别,并和原型激振试验的结果进行了对比;Loh 等[8]采用随机子空间识别(SSI)方法,基于强震观测资料对翡翠拱坝的模态参数进行了识别,并研究了库水位对模态参数的影响和非均匀输入对拱坝动力响应的影响等问题;Darbre 等[9]和 Okuma 等[10]根据大坝的振动测试数据,分别采用频域法研究了拱坝的系统识别问题;程琳等[11]提出了基于 Hankel 矩阵联合近似对角化(HJAD)的运行模态分析方法,并根据强震观测对某重力坝的模态参数进行了识别。上述模态识别方法可归为“输入—输出”型(如 ARX 模型法)和“仅考虑输出”型(如 EFDD 法)两大类。这两类方法在水利工程中已有了一些应用,但缺乏对各种方法的比较研究。此外,对于是否考虑地基自由场观测数据对模态参数识别结果影响,目前缺乏相关研究。

鉴于此,本文利用 Pacoima 拱坝强震数据,采用两类模态识别方法对大坝进行模态参数识别,通过不同方法识别结果的差异。得出两类方法的优劣性。文章还研究考虑地基自由场观测数据时对模态参数识别结果的影响。

2 “输入—输出”型模态识别的基本理论

基于强震观测的“输入—输出”型模态识别方法一般以地基自由场观测数据作为输入信号,其余观测数据作为响应信号。传统的“输入—输出”型模态识别方法有求频响函数的频域类方法,也有带输入的随机子空间的时域类方法。目前在水利工程中应用较多的是基于线性时不变和最小二乘法的多输入单输出的 ARX(Auto-Regressive Exogenous ,带输入的自回归)模型的时域方法。其模型具体方程如下:

$$A(q)\mathbf{y}(t) = B(q)\mathbf{u}(t-d) + \mathbf{e}(t) \tag{1}$$

式中:$\mathbf{y}(t)$为输出向量;$\mathbf{u}(t)$为输入向量;d 为系统从输入到输出的时间延迟;$\mathbf{e}(t)$为噪声干扰;$A(q)$ 和 $B(q)$ 分别为 n_a 阶和 n_b 阶的多项式,$A(q) = 1 + \sum_{j=1}^{n_a} a_j q^{-j}$,$B(q) = \sum_{j=1}^{n_b} b_j q^{-j}$,j 为第 j 个输入时间序列。

系统输入输出的关系可以表示为:

$$\mathbf{y}(t) + \sum_{j=1}^{n_a} a_j \mathbf{y}(t-j) = \sum_{j=1}^{n_b} b_j \mathbf{u}(t-j) + \mathbf{e}(t) \tag{2}$$

在地震作用下,结构在离散时间域内的反应可以通过一维 ARX 时间序列参数模型来描述:

$$\mathbf{y}(t) = \boldsymbol{\varphi}^{\mathrm{T}}(t)\theta \tag{3}$$

式中:θ 为 $A(q)$ 和 $B(q)$ 中的未知系数,$\theta = (a_1, a_2, \cdots, a_{n_a}, b_1, b_2, \cdots, b_{n_{b-1}})$;$\boldsymbol{\varphi}^{\mathrm{T}}(t)$ 为输入输出数据,$\boldsymbol{\varphi}^{\mathrm{T}}(t) = [-y(t-1), \cdots, -y(t-n_a), u_1(t-1), \cdots, u_1(t-n_{u1}), \cdots, u_k(t-1), \cdots, u_k(t-n_{uk})]$ 。

通过将模型预测与实际地震记录两者之间输出结果的误差进行累积,采取整个地震过程的累积误差为最小的原则,求得式(2)中的未知参数,其中累积误差可表示为:

$$\Pi(\theta) = \frac{1}{N}\sum_{i=1}^{N} \varepsilon(t,\theta)^2 = \frac{1}{N}\sum_{i=1}^{N} (y(t) - \varphi(t)^{\mathrm{T}}\theta)^2 \tag{4}$$

要使得式(4)中 $\Pi(\theta)$的值最小,一般采用最小二乘法[13]求解,得到的参数是方程的最优解。

系统的特征频率和阻尼比可由 ARX 模型中 $A(q)$ 的特征值 q_k 得到：

$$f_k = \frac{|\ln(q_k)|}{2\pi\Delta t}, \xi_k = -\frac{\mathrm{Re}(\ln(q_k))}{|\ln(q_k)|} \tag{5}$$

式中：$\mathrm{Re}(\ln(q_k))$ 为 $|\ln(q_k)|$ 的实部。

3 “仅考虑输出”型模态识别的基本理论

“仅考虑输出”型模态识别方法是用观测信号直接估计系统参数，或将观测信号转换为频域后估计系统参数。

3.1 增强型频域分解法（EFDD）

频域分解法（Frequency Domain Decomposition）是模态参数的频域类识别方法。由峰值拾取法（Peak Picking Technique）发展而来。增强型频域分解法（Enhanced Frequency Domain Decomposition）是频域分解法的改进方法。

若输入为白噪声，输出响应信号的功率谱密度函数可表示为：

$$\mathbf{G}_{yy}(j\omega) = \mathbf{H}^*(j\omega)\mathbf{G}_{xx}\mathbf{H}^{\mathrm{T}}(j\omega) \tag{6}$$

式中：$\mathbf{G}_{yy} \in \square^{m\times m}$ 为输出信号的功率谱阵，m 为测量点数；$\mathbf{G}_{xx} \in \square^{lxl}$ 为输入信号功率谱阵；l 为激励点数；$\mathbf{H}(j\omega) \in \square^{mxl}$ 为频响函数阵；$(\bullet)^*$ 为复共轭；$(\bullet)^{\mathrm{T}}$ 表示转置。

对于多自由度系统，频响函数可以写成留数形式：

$$\mathbf{H}(\omega) = \sum_{i=1}^{n} \frac{\mathbf{R}_i}{j\omega - \lambda_i} + \frac{\mathbf{R}_i^*}{j\omega - \lambda_i^*} \tag{7}$$

式中：n 为模态阶数；$\mathbf{R}_i$ 为系统的第 i 阶留数矩阵。

模型特征值 λ_i 与系统固有振动频率 ω 及模态阻尼比 ξ 的关系如下：

$$\lambda_i = -\xi_i\omega_i + j\sqrt{1-\xi_i^2}\,\omega_i \tag{8}$$

则

$$\mathbf{G}_{yy}(j\omega) = \sum_{i=1}^{n}\left(\frac{\mathbf{A}_r}{j\omega - \lambda_r} + \frac{\mathbf{A}_r^H}{-j\omega - \lambda_r^*} + \frac{\mathbf{A}_r^*}{j\omega - \lambda_r^*} + \frac{\mathbf{A}_r^{\mathrm{T}}}{-j\omega - \lambda_r}\right) \tag{9}$$

式中：$\mathbf{A}_r$ 为所得假定频响函数矩阵，$\mathbf{A}_r = \sum_{k=1}^{n}\left(\frac{\mathbf{R}_k^*\mathbf{G}_{xx}\mathbf{R}_r^{\mathrm{T}}}{-\lambda_k^* - \lambda_r} + \frac{\mathbf{R}_k\mathbf{G}_{xx}\mathbf{R}_r^{\mathrm{T}}}{-\lambda_k - \lambda_r}\right)$。

对于欠阻尼情况有

$$\mathbf{A}_r = \frac{\mathbf{R}_r^*\mathbf{G}_{xx}\mathbf{R}_r^T}{-\lambda_r^* - \lambda_r} = \frac{\boldsymbol{\phi}_r^*\gamma_r^H C\gamma_r\boldsymbol{\phi}_r^T}{2\sigma_r} = \beta_r\boldsymbol{\phi}_r^*\boldsymbol{\phi}_r^T \tag{10}$$

式中：β_i 为实数。

从各通道测得的响应信号估计 $\mathbf{G}_{yy}(j\omega)$ 需要计算各信号之间的自谱及互谱密度，然后再进行奇异值分解：

$$[\hat{\mathbf{G}}_{yy}(\omega_r)] = \mathbf{U}_r\sum{}_r\mathbf{U}_r^H \tag{11}$$

式中：$\mathbf{U}_r = [\mathbf{u}_{r1} \quad \mathbf{u}_{r2} \quad \cdots \quad \mathbf{u}_{rl}]$ 为一酉矩阵，当 r 阶模态为主要模态时，式(3)仅有一项，系统振型为 $\hat{\boldsymbol{\phi}} = u_{i-1}$，频率和阻尼从对应单自由度相关函数（功率谱函数的傅里叶逆变换）的对数衰减中可得。

3.2　随机子空间法(SSI-Data)

随机子空间(Stochastic Subspace Identification,SSI)方法属于模态参数的时域类识别方法。所谓数据驱动的模态识别方法,是指不需要对监测数据进行处理以获得功率谱或者协方差函数,而是直接从时域观测信号获得模态参数的方法。数据驱动的随机子空间法(SSI-Data)是典型的数据驱动的模态识别方法。

自由度为 n 的线性系统,若只考虑随机噪声情况下,其离散状态空间模型为:

$$\begin{cases}\mathbf{x}_{k+1} = \mathbf{A}\mathbf{x}_k + \mathbf{w}_k \\ \mathbf{y}_k = \mathbf{C}\mathbf{x}_k + \mathbf{v}_k\end{cases} \tag{12}$$

式中: $\mathbf{x}_k$ 为时间为 k 时系统的状态向量; $\mathbf{y}_k$ 为观测向量;$\mathbf{A}$ 为离散系统状态矩阵;$\mathbf{C}$ 为输出矩阵; $\mathbf{w}_k$ 为由于模型误差和干扰造成的过程噪声; $\mathbf{v}_k$ 为由于传感器原因造成的观测噪声。

系统的特性完全由特征矩阵 $\mathbf{A}$ 的特征值和特征向量表示。特征矩阵 $\mathbf{A}$ 的特征值分解如下:

$$\mathbf{A} = \boldsymbol{\psi}\boldsymbol{\Lambda}\boldsymbol{\psi}^{-1} \tag{13}$$

式中: $\boldsymbol{\psi}$ 为 $\mathbf{A}$ 的特征向量;$\boldsymbol{\Lambda}$ 为由复特征值为主对角元素形成的对角矩阵。

根据离散系统矩阵 $\mathbf{A}$ 和连续系统矩阵 $\mathbf{A}_c$ 的关系 $\mathbf{A} = e^{\mathbf{A}_c\Delta t}$,可以得到离散系统的特征值:

$$\lambda_r = e^{\lambda_{cr}\Delta t} \Rightarrow \lambda_{cr} = \sigma_r + i\omega_r = \frac{\ln\lambda_r}{\Delta t} \tag{14}$$

式中:σ_r 为衰减系数; ω_r 为第 r 阶固有角频率。

阻尼比 ξ_r 由下式给出:

$$\xi_r = \frac{-\sigma_r}{\sqrt{\omega_r^2 + \sigma_r^2}} \tag{15}$$

根据观测方程可知,l 个测量自由度对应的振型的分量由以下表达式进行计算:

$$\boldsymbol{\Phi}^l = \mathbf{C}\boldsymbol{\Phi} \tag{16}$$

式中:$\mathbf{C}$ 为观测矩阵。

时域模态参数识别方法的关键就在于求出系统矩阵 $\mathbf{A}$ 和输出矩阵 $\mathbf{C}$。不同的时域模态参数识别方法本质上的区别也体现在矩阵 $\mathbf{A}$ 和 $\mathbf{C}$ 的计算方法不同。SSI-Data 是利用响应数据直接组成 Hankel 矩阵,运用矩阵的奇异值分解(SVD)或 QR 分解、特征值分解来识别系统矩阵,最终识别出模态参数。

4　工程实例

本文选择位于美国南加州洛杉矶圣加布里埃尔山脉的 Pacoima 拱坝作为研究对象。该坝最大坝高 113 m,坝顶长 180 m,底厚 30.2 m,顶厚 3.2 m,属于中厚混凝土拱坝。Pacoima 拱坝身、坝基及坝肩岩石上不同高程布置了 10 个加速度传感器,共 17 个观测通道,见图 1。其中通道 1 ~ 8 位于坝身,9 ~ 11 位于坝基处,15 ~ 17、12 ~ 14 分别位于左右坝肩的岩体中。通道 1、2、5、6、7、8、9、12、15 为径向传感器,4、11、14、17 为切向传感器,3、10、13、16 为垂直方向传感器。由于 Pacoima 拱坝离著名的 San Fernando 地震危险区比较近,经历过多次不同震级地震。自从 1994 年北岭大地震后,Pacoima 拱坝更新了数字化强震观测系统,先后记录了 3 次地震,如表 1 所示。

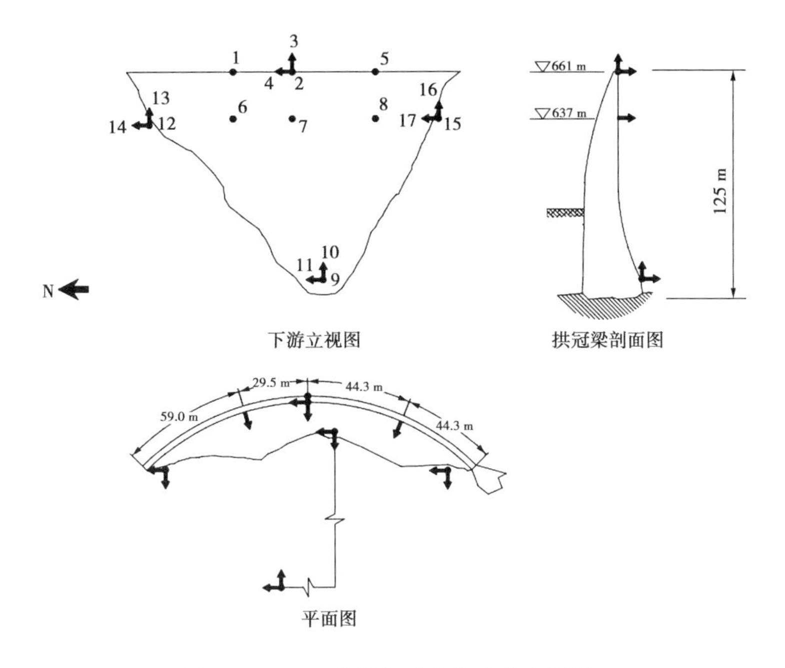

图 1　Pacoima 拱坝加速度传感器布置图

表 1　Pacoima 拱坝强震观测信息

历史地震	时间 (年-月-日)	震级(里氏)	震源位置	震源深度(km)
San Fernando	2001-01-13	4.3	距坝区 6 km	—
Chinohill	2008-07-29	5.5	距坝区 82 km	13.6
Newhall	2011-09-01	4.2	距洛杉矶 12 km	—

由于观测通道数量较多,限于篇幅,本文仅给出在 San Fernando 地震激励下,分别位于坝顶、坝身、坝基处 1、7、9 通道的实测强震激励响应及其对应的功率谱图,如图 2 所示。强震观测数据的采样频率 $f_s = 200$ Hz, Niquist 频率 $f_{niquist} = 100$ Hz,截止频率设定为 $f_{cutoff} = 50$ Hz。

图 3 是利用稳定图理论对 SSI-Data 法进行定阶,其中"s"表示稳定点,"v"表示振型稳定的点,"o"表示极点。从图中我们可以看到,考虑地基自由场观测数据时,在稳定图上,无法根据稳定点分辨出第二阶与第三阶密集模态,两次识别的结果见表 2。

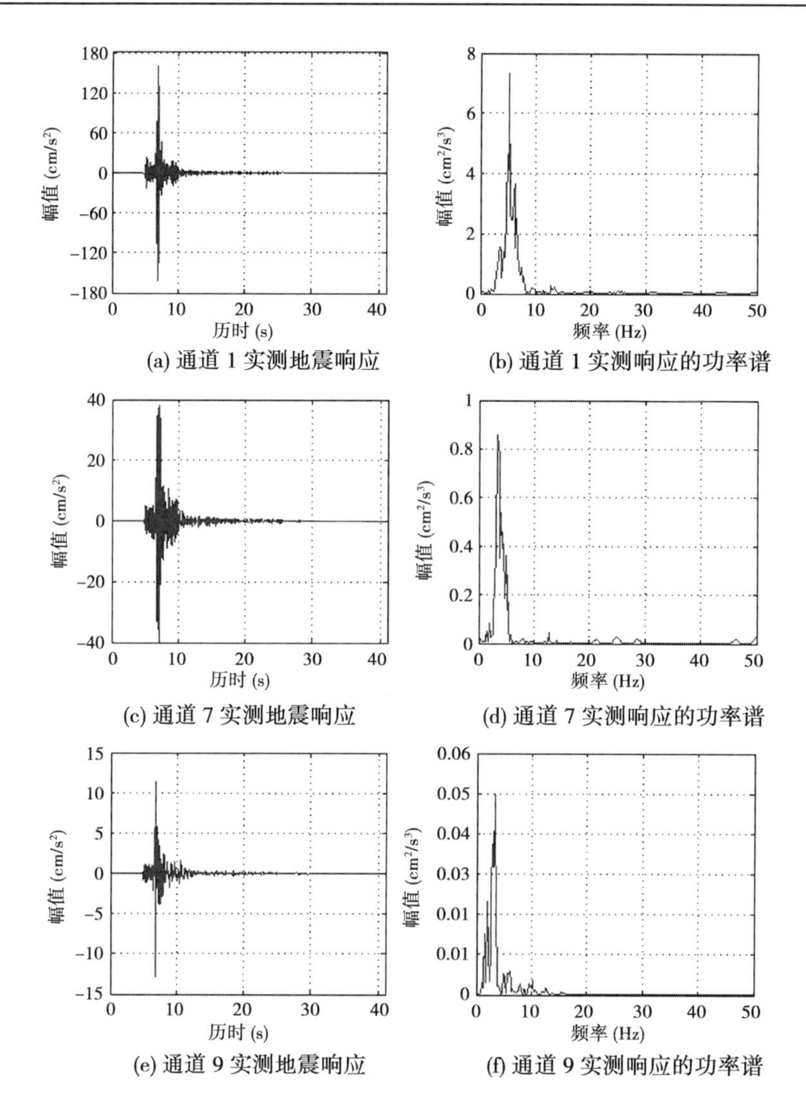

(a) 通道 1 实测地震响应　(b) 通道 1 实测响应的功率谱

(c) 通道 7 实测地震响应　(d) 通道 7 实测响应的功率谱

(e) 通道 9 实测地震响应　(f) 通道 9 实测响应的功率谱

图 2　实测 San Fernando 地震响应及其功率谱

表 2　是否考虑地基自由场观测的识别结果对比

阶数	频率(Hz)	
	考虑地基自由场观测识别结果	不考虑地基自由场观测识别结果
1	3. 573	3. 331
2	5. 033	4. 819
3	—	5. 352
4	7. 650	7. 382
5	—	8. 195

注:—表示未识别出。

分别采用 SSI-Data、EFDD 和 ARX 法根据三次强震数据进行拱坝的模态识别。自振频率识别结果的对比见表 3。表 4 为以往学者对 Pacoima 拱坝的部分模态参数识别结果。

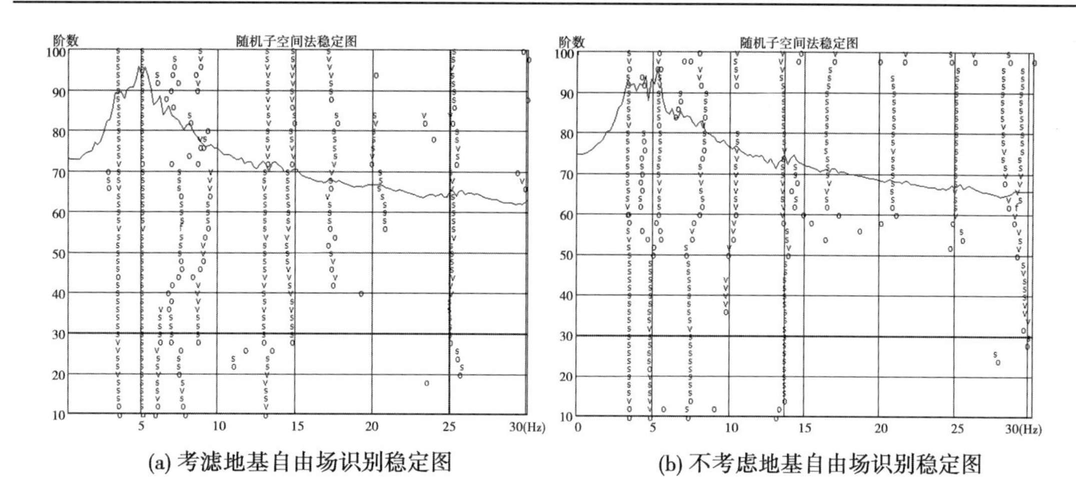

(a) 考滤地基自由场识别稳定图　　(b) 不考虑地基自由场识别稳定图

图 3　SSI-Data 定阶稳定图

表 3　强震前 5 阶模态参数识别结果

地震事件	阶数	频率(Hz)		
		SSI-Data	EFDD	ARX
Chinohill 5.5 级	1	3.972	3.710	3.456
	2	4.539	4.290	—
	3	5.081	5.469	5.417
	4	5.721	6.641	5.732
	5	8.219	7.813	8.343
San Fernando 4.3 级	1	3.331	3.452	3.804
	2	4.819	4.903	4.447
	3	5.352	5.205	5.488
	4	6.672	6.679	6.829
	5	8.195	7.895	8.421
Newhall 4.2 级	1	4.209	4.310	4.491
	2	5.602	5.642	5.674
	3	6.578	6.815	—
	4	7.871	7.783	7.679
	5	8.424	8.411	9.674

表 4　以往 Pacoima 大坝模态参数识别结果

激励方式	识别方法	频率		
		1 阶	2 阶	3 阶
起振机	传统频域法	5. 34	5. 60	
San Fernando 地震	FDD-WT	3. 69	4. 87	5. 21
San Fernando 地震	传统时域法	4. 82	5. 02	
Chinohill 地震	ARX 模型	5. 40	5. 75	
San Fernando 地震	传统时域法	4. 73	5. 06	

对表 3 和表 4 进行对比可以发现,由于采取的方法的不同,以往学者的识别结果普遍较大,忽略了部分低阶频率。但从 2、3 阶来比较,识别结果基本一致。

通过 SSI-Data 和 EFDD 识别出的同一次地震的低阶频率基本一致,但高阶频率存在差异。这可能是方法本身的缺陷造成的。通过 ARX 模型识别的结果与其余两次方法识别结果相比基本一致,表明建立的 ARX 模型是可靠的。

图 4 是根据 San Fernando 强震数据采用 SSI-Data 法识别出的坝高 637 m 拱圈处的前五阶振型。从图中可以看出,一阶为对称振型,二阶为反对称振型。

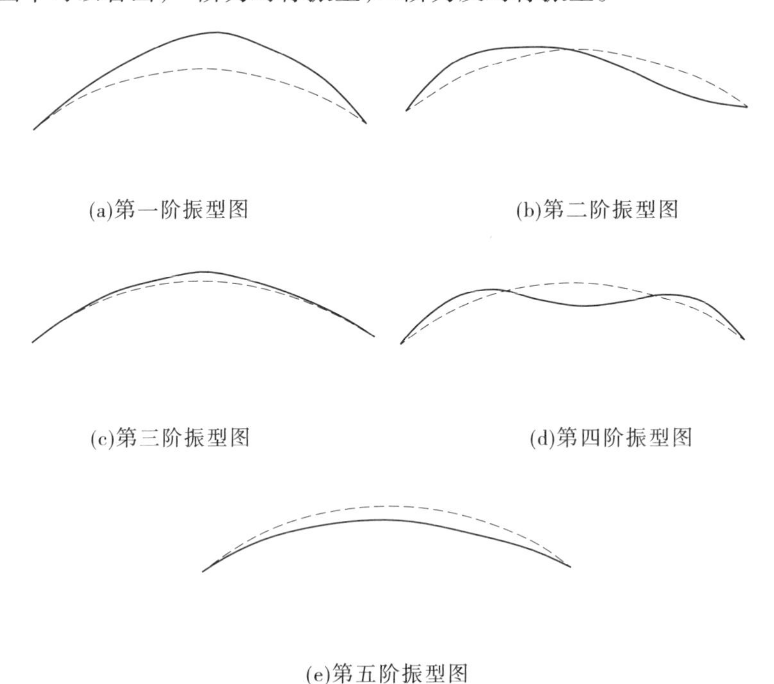

(a)第一阶振型图　(b)第二阶振型图

(c)第三阶振型图　(d)第四阶振型图

(e)第五阶振型图

图 4　San Fernando 地震识别的前五阶振型图

5　结论与展望

本文利用 Pacoima 拱坝的三次强震观测数据,研究了是否考虑地基自由场观测数据,识别结果的异同,并结合 SSI-Data、EFDD 和 ARX 模型法三种方法的模态参数识别结果,评价各种模态识别方法的优劣性。最终结论总结如下：

(1)基于强震观测进行模态参数识别时，由于地基自由场的非线性较强，可能会使结构处于非线弹性状态，此外识别结果也会夹杂部分坝基自由场的模态参数，从而导致拱坝的识别结果不准确。

(2)EFDD 与 SSI-Data 相比，EFDD 从振动信号的功率谱密度函数的峰值拾取模态，计算简单快捷，不会产生虚假模态。但 EFDD 作为频域方法，往往会出现由于谱窗的选择和时频转换而导致的功率谱密度遗漏这种天然缺陷，且难以分离密集模态，识别精度低。SSI-Data 直接作用于响应数据，不会导致信息泄露。这是两种方法与 EFDD 相比的优势。但计算量大、效率低，容易产生虚假模态。如何更好地解决模型定阶、剔除虚假模态这两大主要问题，还需要进一步研究。

(3)ARX 模型法可操作性强，适应范围广。但需要对系统持时和阶数进行迭代优化，耗费时间较长，且无法识别出振型。而且一旦作为输入的地基自由场数据和作为输出的坝身数据之间存在其他噪声激励干扰或地震幅值过高，出现非线性。将会严重影响 ARX 模型的准确度。

随着目前我国大坝数字化监测系统的越发完善和数据处理技术的发展，模态分析在水利工程上会得到更广泛的应用。

参考文献

[1] Rainieri C. Operational modal analysis for seismic protection of structures[D]. University of Naples “FEDERICO II”, 2008.

[2] Cunha A, Caetano E, Magalhaes F, et al. From input-output to output-only modal identification of civil engineering structures[R]. SAMCO Final Report (FEUP), Portugal, 2006.

[3] 练继建，张建伟，李火坤，等．泄洪激励下高拱坝模态参数识别研究[R]．振动与冲击，2007，26(12)：101-105.

[4] 公茂盛．基于强震记录的结构模态参数识别与应用研究[R]．中国地震局工程力学研究所，2005.

[5] 寇立夯，金峰，阳剑，等．基于强震记录的二滩拱坝模态参数识别[J]．水力发电学报，2009，28(5)：51-56.

[6] 谯雯，刘国明，刘枨．基于强震记录的水口混凝土重力坝模态分析[J]．地震工程与工程振动，2014，34(3)：25-33.

[7] 张力飞，邢国良．龙羊峡重力拱坝强震分析[J]．水力发电，1998，(12)：14-17.

[8] Loh C H, Wu T C. System identification of Fei-Tsui arch dam from forced vibration and seismic response data [J]. Journal of Earthquake Engineering, 2000, 4(4): 511-537.

[9] Darbre G R, De Smet C A M, Kraemer C. Natural frequencies measured from ambient vibration response of the arch dam of Mauvoisin[J]. Earthquake Engineering and Structure Dynamics, 2000, 29(5):577-586.

[10] Okuma N, Etou Y, Kanazawa K, et al. Dynamic property of a large arch dam after forty-four years of completion [A]. Proceedings of 14th World Conference on Earthquake Engineering, 2008, Beijing, China.

[11] Cheng L, Zheng D J. The identification of a dam's modal parameters under random support excitation based on the Hankel matrix joint approximate diagonalization technique[J]. Mechanical Systems and Signal Processing, 2014, 42(1-2):42-57.

[12] 徐士代．环境激励下工程结构模态参数识别[D]．东南大学，2006.

[13] 姚志远，汪凤泉，刘艳，等．工程结构模态的连续型随机子空间分解识别方法[J]．东南大学学报(自

然科学版),2004,34(3).

[14] 周晶. 基于环境振动模态参数识别随机子空间方法与应用[D]. 兰州理工大学,2008.

[15] 李达文. 基于 HHT 和 SSI 的环境激励下土木工程结构模态参数识别方法研究[D]. 兰州理工大学,2008.

[16] 程琳. 基于环境激励振动的水工混凝土结构损伤诊断方法研究[D]. 河海大学,2005.

[17] 常军,张启伟,孙利民. 基于随机子空间结合稳定图的拱桥模态参数识别方法[J]. 建筑科学与工程学报,2007(1):21-25.

[18] 常军,张启伟,孙利民. 结构模态参数识别的随机子空间法[J]. 苏州科技学院学报(工程技术版),2006(3):9-14.

[19] 常军, 孙利民, 张启伟. 基于两阶段稳态图的随机子空间识别结构模态参数[J]. 地震工程与工程振动, 2008, 28(3): 47-51.

[20] 叶锡均. 基于环境激励的大型土木工程结构模态参数识别研究[D]. 华南理工大学,2012.

[21] 郑德智,李子恒,王豪. 基于环境激励的桥梁振动模态识别算法研究[J]. 传感技术学报,2015(2):170-177.

[22] 高维成,李冀龙,邹经湘. 多维 ARX 模型在高层建筑模态识别中的应用[J]. 哈尔滨工业大学学报,2003(12):1422-1425.

[23] 王满生,周锡元,胡聿贤. 利用 ARX 模型识别土 - 结构体系的低阶模态频率和阻尼[J]. 世界地震工程,2007(4):205-211.

[24] Processed data for Pacoima Dam-channels 1 through 17 from the M4. 3 Earthquake of 13 January 2001, Report OSMS 01-02, California Strong Motion Instrumentation Prg. , 2001.

[25] Alves S W. Nonlinear analysis of Pacoima Dam with spatially non-uniform ground motion, P. H. D. dissertation, Rep. EERL 2004-11 Earthquake Eng Research Lab. , CA. Inst. of Tech. , Pasadena, CA, 2004.

[26] Reza Tarinejad n. Majid FDD-WT method based on correcting the errors due to non-synchronous sensing of sensor, Mechanical Systems and Signal Processing, 2016:72-73, 547-566.

大渡河双江口水电站可行性研究阶段300 m级心墙堆石坝筑坝关键技术研究

段 斌[1] 李善平[1] 严锦江[1] 李永红[2] 王观琪[2]

(1. 国电大渡河流域水电开发有限公司,成都 610041;
2. 中国电建集团成都勘测设计研究院有限公司,成都 610072)

摘 要 双江口水电站是大渡河干流上游的控制性水库,具有年调节能力,电站装机容量2 000 MW,多年平均年发电量77.07亿kWh。电站坝址位于两岸较陡的"V"形河谷中,河床覆盖层深厚,在项目可行性研究阶段,电站采用碎石土心墙堆石坝,最大坝高314 m,是世界第一高坝。由于目前国内外300 m级心墙堆石坝可供借鉴的筑坝经验极少,也无工程先例,因此迫切需要对深厚覆盖层上300 m级心墙堆石坝筑坝关键技术开展全面、系统的研究。基于现有的水电工程大坝设计和科研技术,通过对坝基覆盖层及筑坝材料特性、坝体及坝基变形与稳定分析理论和方法、坝体结构型式及分区设计、坝体动力反应分析及抗震措施、渗流分析及渗控措施等方面进行深入研究,确定双江口大坝采用直心墙堆石坝,取得一系列筑坝技术研究成果,并将其运用于双江口可行性研究设计中。此项研究进一步推动了世界和中国超高土石坝筑坝技术的发展,为高土石坝工程建设提供了宝贵的经验。

关键词 双江口;300 m级;心墙堆石坝;筑坝技术

1 引 言

心墙堆石坝由于其对基础条件具有良好的适用性、能就地取材和充分利用建筑物开挖料、造价较低及抗震性能好等优点,在国内外水电工程建设中占有重要的地位,是世界各国广泛采用的坝型。通过可行性研究阶段坝型、坝线及枢纽布置格局比选和研究,双江口水电站拟采用碎石土心墙堆石坝,最大坝高314 m,坝址河床覆盖层最大厚度67.8 m,是我国西南高山峡谷地区、深厚覆盖层河道上修建的超级高坝工程。由于双江口大坝坝高已超过世界已建最高的大坝——塔吉克斯坦的努列克心墙堆石坝(坝高300 m),以及我国已建的最高心墙堆石坝——糯扎渡大坝(坝高261.5 m),目前国内外缺乏300 m级心墙堆石坝的设计、施工和运行经验,双江口大坝工程建设已超出了现行规范规定和已有经验的范畴[1]。因此,必须高度重视深厚覆盖层上的300 m级心墙堆石坝设计的关键性技术难题,开展深入的科学研究和技术攻关,为双江口工程建设实施提供必要的技术支持,也为今后我国乃至世界300 m级心墙堆石坝工程建设提供有力的技术支撑。综上所述,在可行性研究阶段,开展双江口300 m级土质心墙堆石坝筑坝的关键技术研究是十分必要的。

作者简介:段斌(1980—),男,四川北川人,博士,高级工程师,从事水电工程技术和管理工作。

通讯作者:李善平(1963—),男,河南方城人,硕士,教授级高级工程师,从事水电工程技术和管理工作。E-mail:33080340@qq.com。

2　工程概况及基本条件

2.1　工程概况

双江口水电站是大渡河干流上游的控制性水库，为大渡河干流水电调整规划22级开发方案的第5个梯级电站。坝址控制流域面积39 000 km^2，多年平均流量524 m^3/s；水库正常蓄水位2 500 m，水库总库容为28.97亿m^3，调节库容19.17亿m^3，具备年调节能力。电站装机容量2 000 MW，多年平均年发电量77.07亿kWh。枢纽建筑物主要由最大坝高314 m的碎石土心墙堆石坝、泄洪建筑物、地下引水发电系统等组成。

2.2　坝址地质条件

双江口水电站坝址地形为两岸较陡的“V”形河谷，河床覆盖层深厚，大坝设防烈度为8度。坝址区出露地层岩性主要为可尔因花岗岩杂岩体。坝址区无区域性断裂切割。除F_1断层规模相对较大外，主要由一系列低序次、低级别的小断层、挤压破碎带和节理裂隙结构面组成；同时，两岸岩体发育条数众多、随机分布的岩脉。坝址区河床覆盖层一般厚48～57 m，最大厚度达67.8 m，根据其物质组成、层次结构，从下至上可分为3层，分别为漂卵砾石层、（砂）卵砾石层、漂卵砾石层。河床覆盖层以粗颗粒为主，结构较密实，总体强度较高，但其中随机分布有较多的砂层透镜体，结构上存在不均一性，透水性强。

2.3　大坝方案拟订

双江口水电站碎石心墙堆石坝坝顶高程2 510.00 m，河床部位心墙底高程2 202.00 m，心墙底部混凝土基座基础高程2 196.00 m，混凝土基座横河向宽45.28 m，顺河向宽128.80 m。基座内设置基岩帷幕灌浆廊道（3 m×3.5 m），最大坝高314 m，坝顶宽度16.00 m。上游坝坡为1∶2.0，2 430.00 m高程处设5 m宽的马道；下游坝坡1∶1.90。坝体典型设计见图1和图2。

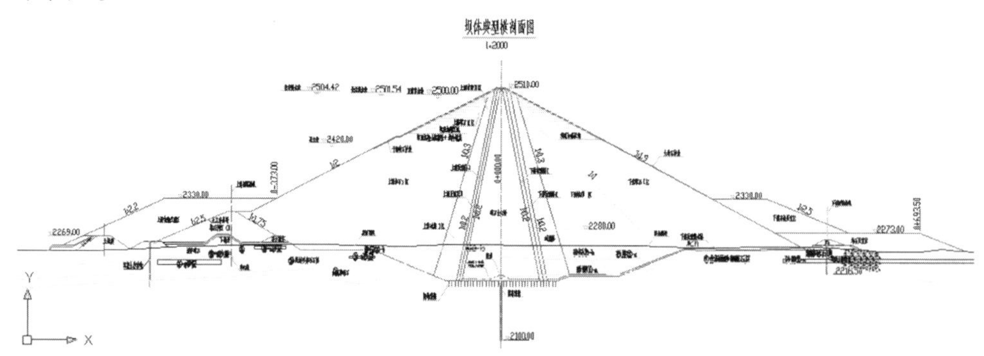

图1　双江口大坝坝体典型断面图

3　面临的筑坝技术难题

结合双江口大坝的工程特点，在可行性研究阶段，深厚覆盖层上300 m级心墙堆石坝设计的关键技术难题主要包括以下几个方面：

（1）近坝区筑坝材料特性及其对300 m级心墙堆石坝的适用性研究；

（2）深厚覆盖层性能及其对300 m级心墙堆石坝的适宜性研究，坝基不均匀沉降对坝体的应力和变形影响；

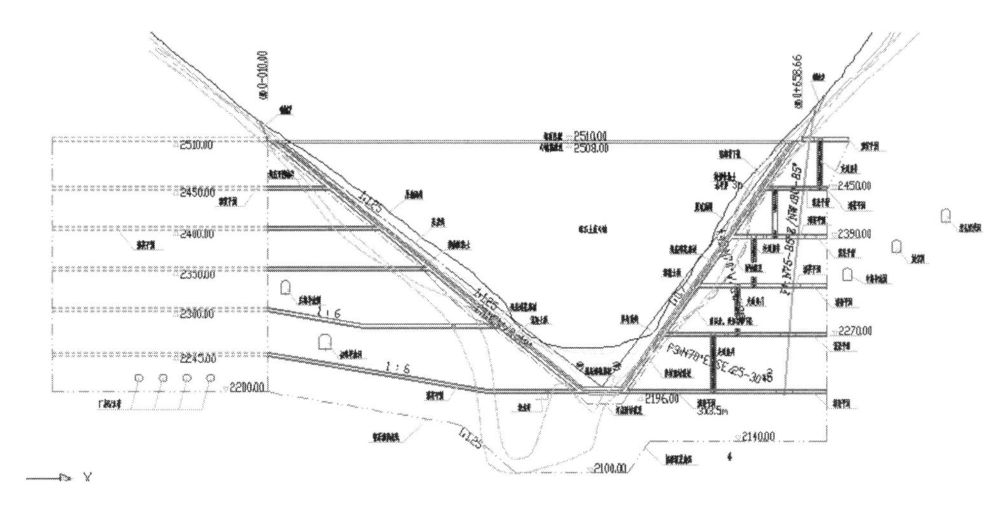

图2 双江口大坝坝体轴线剖面图

(3)深厚覆盖层上300 m级心墙堆石坝的坝体及坝基在各种工况下应力与应变分析;

(4)狭窄河谷、深厚覆盖层上300 m级心墙堆石坝坝壳对防渗心墙的“拱效应”作用及水力劈裂问题研究;

(5)300 m级心墙堆石坝坝基深厚覆盖层防渗结构形式的选择和安全可靠性;

(6)300 m级心墙堆石坝坝基深厚覆盖层防渗体与坝体土质防渗心墙的连接形式选择及接头构造设计;

(7)适应高应力、高水头、大变形条件下300 m级心墙堆石坝的坝基覆盖层混凝土防渗墙墙体材料研究;

(8)坝体堆石料在高应力作用下的变形特性对坝体沉降及防渗结构的影响研究;

(9)深厚覆盖层上300 m级心墙堆石坝坝区渗流分析及控制方案研究;

(10)300 m级心墙堆石坝及覆盖层坝基在高地震烈度下的动力反应分析及抗震措施研究。

4 主要研究内容及成果

4.1 坝基覆盖层及筑坝材料特性研究

4.1.1 河床覆盖层特性试验研究

(1)对覆盖层第③层进行了大型载荷、渗透变形、动探击数和旁压模量等力学试验;并根据现场级配统计和密度指标,在室内进行了土力学系列试验;综合现场与室内试验成果进行了对比分析。成果表明,第③层沙砾石料压缩性低、强度较高,与堆石体模量差异不大。第③层覆盖层具有中—强透水性的工程性质。

(2)对覆盖层第②层,研究了动探击数、旁压模量与上覆压力、密度和级配的关系,比较了现场与室内模型动探和旁压试验成果,推断出河床覆盖层的物理指标。根据第②层物理性质指标,进行室内力学性能试验,获取了河床覆盖层第②层的各项力学参数。

(3)试验成果具有很强的规律性,沙砾石料的旁压模量与土料的密度、级配、上覆压力间具有明确的对应关系。同一材料的旁压模量随密度、P_5含量大小、上覆压力的增大而增加;动探击数与沙砾石料的密度、上覆压力间也具有一定的相关关系,同一材料的动探击数随密度、上覆压力的增大而增加。

(4)坝基砂卵石的强度包线都表现出明显的非线性特征,应力应变关系基本呈应变硬化型,应力应变关系曲线和体变曲线形状基本接近双曲线。因此,应力应变分析计算采用邓肯－张模型是基本合适的。

4.1.2　防渗土料改性试验研究

(1)经过对心墙防渗料的掺和方案及掺合料特性试验研究,并结合现场碾压试验对掺和工艺、掺和参数以及掺合料特性的分析,双江口工程当卡料场土料推荐掺和比例(干重量比)为黏土∶花岗岩破碎料=50%∶50%。

(2)室内及现场碾压试验研究成果表明,当卡料场上部黏土与花岗岩破碎料掺和后具有较好的力学性质,掺砾对强度的提高非常明显。这表明,在掺砾料中,虽然砾石未能形成骨架,但已占有一定的体积,对掺砾料产生明显的影响,掺砾料抵抗变形的能力比黏土大大提高。掺砾料工程特性能满足双江口 300 m 级心墙堆石坝对防渗土料的设计要求。

(3)掺砾料压实最优含水率在 14.5% ~5.4%(掺和比例 100%∶0 ~30%∶70%),经室内和现场掺和工艺研究,砾料应饱水后与土料进行掺和。以花岗岩破碎料浸润状态含水率为 1% 计算,不同掺和比例时掺砾料加权含水率为 15.1% ~5.2%,略高于最优含水率。50%∶50% 掺比下,填筑最优含水率约为 7.7%,而按土料场平均天然含水率 15.1% 及砾石料面干含水率 1.0% 进行加权,掺砾料的含水率约为 8.8%,与最优含水率较为接近,有利于施工填筑。

4.1.3　防渗土料材料特性及试验方法研究

(1)提出了掺砾料固结排水剪切快速试验方法,并进行了验证,解决了大型三轴试验进行心墙料固结排水剪切试验时间太长的问题;进行了掺砾料等应力比应力路径三轴试验,揭示等应力比路径下心墙料的应力应变规律,发现蓄水阶段,心墙剪应变处于显著回弹状态;进行了掺砾料真三轴试验,揭示心墙料的各向异性等应力应变规律,表明对不同的应力状态,心墙料可能呈现出较为显著的各向异性特征。

(2)进行了非饱和心墙料的土水特征曲线试验,确定相关模型参数;进行了接触面应力变形特性试验,揭示了接触面等应力比路径下变形、强度特性。

(3)利用位移控制式单轴拉伸仪和土梁弯曲仪,对双江口心墙土料进行了系列的单轴拉伸、断裂韧度和土梁弯曲试验,系统地分析了压实黏土拉伸应力应变特性及断裂机制,建立了拉伸条件下压实黏土的应力应变模型,认为断裂区的大小和断裂能是描述其裂缝扩展行为的重要指标。

4.1.4　堆石料材料特性及试验方法研究

(1)对堆石料进行了围压 σ_3 不变的平面应变试验,结果显示,破坏时的偏应力要比常规三轴试验大,且有更加明显的软化现象。

(2)针对 6 种不同的初始应力状态,分别进行堆石料 3 个主应力方向上的单向加荷试验,结果表明,堆石料应力诱导各向异性显著,要准确反映堆石料的应力应变性质,应采用能反映各向异性的本构模型。

(3)堆石料高应力下颗粒破碎特性研究表明,颗粒相对破碎率与塑性功基本符合双曲线的关系;颗粒破碎的增加将导致堆石料的抗剪强度降低,峰值内摩擦角与颗粒破碎率之间近似呈线性关系,应力路径对其影响较小。

4.1.5 堆石料湿化特性试验及经验模型研究

(1)堆石料的“单线法”试验和“双线法”试验得到的湿化变形量差别较大;由于“双线法”没有反映湿化过程,“单线法”得到的湿化变形量更为合理,在对堆石料的湿化变形进行研究时,应以“单线法”为主。

(2)堆石料的湿化轴向变形随湿化应力水平的增大而增大,并在湿化应力水平0.6~0.8附近出现拐点,在湿化应力水平0.6~0.8之后,湿化轴向变形随湿化应力水平的增加而急速增大,而湿化轴向应变与围压的相关性不大;堆石料湿化体积应变与湿化应力水平和围压相关,这与细粒料的湿化变形是不同的,湿化体积应变随湿化应力水平和围压的增加而增加。

(3)提出了堆石料湿化变形的经验公式,湿化轴向变形与湿化应力水平的关系可以用指数型函数拟合;湿化体积应变与湿化应力水平的关系可以用线性函数拟合,拟合曲线基本能反映堆石料的湿化变形特性。

(4)堆石料的岩性对其湿化量的大小有重要影响,岩性越硬,其湿化应变量越小,岩性越软,其湿化应变量越大。

4.1.6 堆石料流变特性试验及经验模型研究

(1)三轴剪切流变试验和K_0状态压缩流变试验成果具可比性,压缩流变试验可以视为单一应力水平的三轴流变试验,它不能反映应力水平对堆石料流变的影响,进行堆石料的流变研究,宜采用三轴流变试验。

(2)双江口堆石料的流变量与时间关系仍可采用幂函数表达,其流变规律符合九参数模型。

(3)从静力试验成果看,在试验制样干密度下双江口上下游坝壳料的强度指标差别不大,但从流变试验成果看,由于上游坝壳料岩性较差,在长期荷载作用下,其颗粒破碎较大,较之下游坝壳料表现了较大的流变变形。

4.2 坝体及坝基变形与稳定分析理论和方法研究

4.2.1 考虑接触特性的大坝数值分析

考虑接触特性进行大坝数值分析时,在设置接触面单元的局部部位会发生位移及应力的不连续现象,但这种差别的影响仅发生在接触界面附近一定范围之内,对坝体总体的位移和应力分布影响不大。采用不同的接触面模型,其计算结果均符合一般规律,且结果差别较小。

4.2.2 黏性土抗裂机制及计算理论研究

(1)提出了压实黏土拉伸状态下的脆性断裂模型和钝断裂带模型,通过将土体裂缝弥散于实体单元,考虑压实黏土达到极限拉伸强度发生开裂后土体的各向异性,构造了平面应变条件下考虑压实黏土脆性开裂过程的有限元算法。

(2)提出了基于无单元法的压实黏土弥散裂缝模型。通过将裂缝弥散到无单元法结点影响域中,并考虑压实黏土张拉断裂过程中的各向异性,构建了基于无单元法的裂缝弥散理论的计算模式和点插值无单元法与有限元法的耦合方法。

(3)考虑黏性土抗裂机制的大坝数值分析表明,在坝体岸坡顶部发生的坝体横向张拉裂缝主要由坝体后期变形所引起的坝顶不均匀沉降所致,尽量减小坝体的后期变形是预防坝顶发生横向张拉裂缝的主要措施。双江口心墙堆石坝设计方案坝肩不会发生横河向张拉裂缝。

4.2.3 考虑湿化和流变效应的大坝数值分析

（1）大坝湿化分析表明，湿化引起的上游坝壳的沉降要普遍比不考虑湿化时上游坝壳的沉降大。考虑湿化变形后引起指向上游的变形增加。由于湿化变形主要发生在上游坝壳内，对心墙的影响较小，故而对沉降最大值影响甚微。考虑上游坝体湿化后心墙各主应力极值均有所增加，主要原因是上游坝体的湿化下沉效应相当于在心墙与上游坝体接触部位增加一定的压力而引起主应力增大，故可减小心墙的拱效应。

（2）当考虑坝体（包括心墙）的流变后，坝体竖向位移比不考虑流变时大坝的最大竖向位移增大，大坝的水平位移比不考虑流变时稍有增加，流变效应主要导致大坝产生沉降；流变对坝体的应力状态影响很小。

（3）坝体湿化和流变综合分析表明，坝轴向位移增量总体表现为由两岸向河谷中央变形；上下游坝坡附近顺河向位移增量总体表现为向上游侧变形；上游坝壳料沉降大于下游坝壳料变形，最大沉降值也略微偏向上游。

4.2.4 考虑流固耦合的大坝数值分析

（1）采用基于拟饱和土固结理论的流固耦合有限元计算方法，全面研究了双江口心墙堆石坝在各种工况下的应力变形和渗流特性，对比分析了常用的邓肯－张 E－B 非线性模型和沈珠江双屈服面弹塑性模型的表现，研究了大坝三维效应，考察了水力劈裂风险，提出了以有效小主应力为判断指标，全面考虑坝壳和心墙的拱效应、坝体与岸坡的拱效应的水力劈裂判定方法。

（2）由于坝体填筑历时较长，心墙料排水固结性能较好，坝体填筑期间已基本完成固结，仅心墙中部有少量超静孔隙压力。满蓄期，库水位上升至正常蓄水位后，心墙上下游之间的稳定渗流很快建立，心墙内的渗透力没有导致心墙发生大的变形，渗透稳定性可满足要求。考虑裂缝愈合效应，坝体黏性土料坝轴线上的垂直向应力及孔隙水压力基本上都呈线性分布，且孔隙水压力的量值绝大部分小于垂直向应力。分析结果表明，心墙的渗透稳定性可以得到保障，心墙、帷幕等渗控体系起到了很好的防渗作用。

4.2.5 心墙水力劈裂数值分析

（1）总结了在土石坝水力劈裂发生机制方面的研究成果。除堆石料对心墙拱效应外，在土石坝心墙中可能存在的渗水弱面以及在水库快速蓄水过程中所产生的弱面水压楔劈效应是心墙发生水力劈裂的另一个重要条件。

（2）将弥散裂缝理论和所建立的压实黏土脆性断裂模型引入水力劈裂问题的研究中，扩展了弥散裂缝的概念并与比奥固结理论相结合，推导和建立了用于描述水力劈裂发生和扩展过程的有限元—无单元数值仿真模型。

（3）心墙水力劈裂数值分析表明，双江口心墙堆石坝方案以及水库蓄水方案及蓄水速度是合理的，大坝具有较大的抗水力劈裂安全度，心墙不会发生水力劈裂破坏。

4.2.6 非线性指标坝坡稳定分析及可靠度研究

（1）高堆石坝的坝高与坝坡稳定可靠性研究表明，随坝高的加高，相同坡比的坝坡对应的坝坡稳定安全系数变小；随坝坡的放缓，相同坝高的坝坡对应的坝坡稳定安全系数变大。为保证高坝的坝坡稳定可靠性水平，对于坝料基本为堆石料的面板堆石坝，可以采用放缓坝坡的方式加以解决；对于坝料组成较为复杂的土心墙堆石坝，尤其是建基于覆盖层上的坝，尚需进一步研究,并采取综合措施加以解决。要保证不同高度大坝之间具有一致的坝坡稳定可靠性水平,高堆石坝坝坡稳定允许安全系数可考虑按坝高分级设定标准。

(2)双江口大坝坝坡稳定可靠度分析表明,各工况坝坡稳定最小可靠指标β_{min}与相应滑弧规律与安全系数分析结果基本一致,β_{min}均满足水工统标要求。通过有限元强度折减法揭示了双江口堆石坝坝坡渐进破坏过程及其3个主要失效模式,获得其坝坡稳定体系可靠指标$\beta_s=6.81$(SELM)和$\beta_s=6.70$(RSISM),坝坡整体可靠水平较高。根据“建筑结构可靠度设计统一标准”进行可靠度评价,地震工况下,考虑大坝8度地震100年2%的条件概率下的大坝失效概率,计算结果表明,坝坡稳定最小可靠指标满足水工统标要求。

4.3 心墙堆石坝结构及分区设计

4.3.1 双江口心墙堆石坝布置形式比较

通过直心墙方案、斜心墙方案和弧形心墙方案进行对比研究,3种心墙结构布置方案在地形地质条件的适宜性、枢纽建筑物布置条件、施工特性和施工条件等方面基本没有大的差异。通过渗流、坝坡稳定、坝体坝基的静力与动力计算等分析表明,3个方案均符合心墙堆石坝的一般规律,各量值相差不大,防渗心墙仍有较大的安全裕度。由于3个方案的基础处理范围、坝体填筑工程量等方面的差异,导致投资略有差异,直心墙方案投资最省。综合比较,宜采用直心墙堆石坝方案。

4.3.2 深厚覆盖层坝基防渗处理方案研究

对比直心墙坝方案心墙底部设置防渗墙和心墙底部全部挖除覆盖层两种方案,从坝坡稳定性、渗流特性、应力变形特性及施工组织等方面综合比较,经计算分析,宜将心墙底部覆盖层全部挖除。

4.3.3 坝体填筑技术指标对坝体应力和变形特性的影响

采用5套计算参数,对不同的坝体填筑技术指标对坝体应力和变形特性的影响开展了研究。坝体三维静力有限元应力变形分析表明,双江口心墙坝直心墙方案的坝体材料和分区设计从应力和位移的角度看是合理的。此外,大坝上游堆石区在上部是否采用花岗岩料对大坝的应力及变形影响极小。

4.4 心墙堆石坝坝体动力反应分析及抗震措施研究

4.4.1 坝体材料及覆盖层坝基动力特性试验研究

在克服覆盖层各沙砾石和透镜体砂层的密度和级配确定、试验合理模拟、橡皮膜嵌入影响、橡皮膜刺破、试验成功率低等困难的情况下,首次成功进行了最高围压力3 000 kPa的大型高压力和复杂应力条件下的粗粒土动力特性试验。对大坝的反滤料Ⅰ、心墙掺砾料混合料、坝基砂、坝基沙砾料、主堆石料及过渡料等进行动力试验,研究坝体和坝基填筑材料的动力变形、动力残余变形及孔压、动强度等动力特性,提出相应的本构计算模型参数指标,为坝体抗震设计和动力分析工作提供依据。

4.4.2 坝体及覆盖层地基动力本构关系及计算方法研究

(1)对Hardin模型进行了改进,提出了振动硬化模型及相应的永久变形模型,提出了改进的沈珠江永久变形模型。

(2)基于广义塑性力学,提出了PZ模型和改进的临界PZ模型,验证了模型的合理性,将模型应用到了粗粒料和300 m级的土石坝动力反应分析中。

(3)找出了多种模型之间参数存在的本质联系,如传统Hardin模型和改进的Hardin模型,以及 Hardin 模型与 PZ 模型之间参数的联系,分析了计算参数的合理性,提出了由Hardin 模型推导 PZ 参数的方法。

4.4.3　高坝抗震安全评价方法研究

(1)在动力计算方法中,对计入地基、考虑边界为黏弹性、将地震动作为行进波输入、采用基频与地震波主频确定阻尼系数等问题作了深入研究,前三者计算出动力反应均较传统的方法要小,尤其对双江口这样的 300 m 级的土石坝。因此,采用传统方法计算结果作为设计依据一般是偏安全的。

(2)应用传统和新的模型及计算方法,进行了双江口大坝加速度反应分析、永久变形分析、抗液化分析、坝坡抗滑稳定分析,判断大坝的抗震安全性,分析大坝的抗震薄弱部位,为抗震措施设计提供理论依据。计算结果表明,双江口大坝的在设计和校核地震情况下,抗震能力是有保障的,且大坝还具有一定的承受超标准地震动荷载的能力。

4.4.4　坝体与坝基振动台地震动力模型试验研究

进行了一般重力场下高土质心墙堆石坝大型振动台模型试验,定性研究模型坝的动力特性、地震动力反应性状和破坏机制,并探讨土石坝抗震工程措施。探讨通过相似率,研究土石坝的动力特性、地震反应性状和抗震性能。试验所得有关模型坝的不同幅值输入下的动力特性和动力反应性状等成果,可以作为验证和改进土石坝地震动力反应计算模式、分析方法和计算程序的基本资料。

4.4.5　坝体与坝基三维动力响应分析及抗震措施研究

(1)大坝频谱分析结果表明,建造在基岩上的土石坝主要振型的自振周期较长,300 m 级高土石坝在地震强度高时,其基本自振周期一般为 1.85 s,而坝址基岩地基的场地特征周期一般为 0.1 ~0.2 s。从频谱分析来看,高土石坝具有良好的抗震能力。

(2)以震后永久位移突变作为坝坡失稳的评判标准,特征点位移突变时对应的强度折减系数作为边坡的动力稳定安全系数,以基于广义塑性力学理论的 PZ 模型分析应力应变为基础,进行了强度折减法坝坡动力稳定分析,结果表明,双江口大坝坝坡是稳定的。

(3)首次采用基于已建土石坝实际震害的 ANN 模型对大坝震害进行预测,预测分析表明,双江口大坝在设计地震情况下,震害等级为 4 级,不会发生严重的震害现象。

(4)在计算分析、模型试验、大坝震害及常用抗震措施调研的基础上,结合工程特点,提出双江口大坝抗震措施。主要包括:在坝顶坝高 1/5 范围采用加筋处理;坝顶预留较大超高裕度;对可能液化砂层大部分挖除或压重处理;提高坝料填筑标准;上下游坝面设置干砌石及大块石护坡;分层分散设置枢纽泄水建筑物等。对土工格栅和钢筋抗震措施进行了试验和计算分析,对其抗震有效性进行研究。无论是土工格栅或是钢筋,在设计地震情况下加筋后坝坡动力安全系数至少提高 15%,在校核地震情况下动力安全系数提高得更多。

4.5　心墙堆石坝渗流分析及渗控措施研究

4.5.1　心墙堆石坝坝料渗透特性研究

(1)对不同掺和比和控制干密度心墙掺砾土料进行了渗透特性试验,得出心墙土料的防渗性能与土的细粒含量有关,当土料与掺砾料掺和比为 50∶50 ~100∶0时,由于细粒土填充作用土样的渗透性变化不敏感,渗透系数为 10^{-6}或 10^{-7}量级,具微透水性,当掺和比为 40∶60时,细粒含量少,导致渗透系数增大到 10^{-5}量级。

(2)通过完整试样的反滤试验、裂缝自愈试验和松填细颗粒土的反滤试验三种方法验证了设计反滤Ⅰ料级配的合理性。

（3）上游侧有保护黏土的心墙垫板开裂接触渗流特性试验研究表明，在心墙垫板上游黏土包裹层和下游反滤层的共同作用下，实现了对垫板裂缝接触渗流的"上堵""下排"的渗控功能；如果混凝土垫板未形成上下游贯通性裂缝，在下游反滤层的保护下，心墙黏土仍具有较高接触冲刷抗渗强度。

4.5.2 枢纽区渗流分析及渗控措施优化研究

（1）通过对工程区大量组次的天然渗流场模型反分析计算，得出与天然地下水位观测结果相对较为接近的三维渗流有限元模拟场以及渗透参数和边界水位。

（2）通过对厂坝区防渗系统的分析，坝体坝基的防渗系统（心墙 + 防渗帷幕）能够有效地控制地下水的分布。

（3）地下厂区排水设计合理，厂房和主变洞室顶部的地下水基本被疏干，考虑一定的安全储备，宜保留厂房和主变洞顶部的"人字顶"排水孔幕，厂房与主变洞之间设置排水廊道。同时，由于厂房上游侧和右侧临近库水，应加密厂房上游侧和右侧的上、中、下层排水廊道的排水孔幕孔间距。

（4）发电引水隧洞衬砌即使发生开裂，如果能削减40%左右的内水压力，混凝土衬砌还是可以发挥较大的阻水作用。

（5）F_1 断层自身渗透系数的大小以及其延伸深度对右岸渗流场以及其中的帷幕渗透梯度有较大的影响，F_1 断层附近的帷幕应局部适当加厚。

4.5.3 心墙堆石坝非稳定渗流研究

（1）水库初次蓄水时，心墙内的等势线集中分布在心墙的上游侧，使得心墙上游侧出现较大的渗透力，对心墙防止水力劈裂较为不利。在河谷中央，心墙与混凝土基座之间不会发生接触渗透破坏，而河谷两岸心墙与混凝土基座之间发生接触渗透破坏的可能性较大。

（2）由于心墙的渗透系数很小，即使水库初次蓄水速度较低时，心墙上游侧的渗透坡降仍然较大。因此，应针对水库初次蓄水非稳定渗流场的心墙土料最大渗透坡降与允许渗透坡降之间关系开展进一步研究。

（3）水库放空时，两岸坝肩和岸坡的自由面降落较慢，高出库水位较多，滞后现象明显，且出现渗流逸出，这对上游库区岸坡稳定不利，应予以重视。

4.5.4 坝体坝基防渗系统随机缺陷对坝区渗流场影响研究

（1）在给定的缺损比例条件下，不同的帷幕缺损随机分布形式对坝基渗流场分布影响不大，帷幕下游侧地下水位抬高有限，坝基渗流量增加不多。但是随着上部帷幕缺损比例的提高，坝基下游侧地下水位也所有升高，坝基渗流量也越大，说明上部帷幕对渗流场的影响较大，施工过程中应该重视上部帷幕的施工质量。

（2）心墙开裂对坝区渗流场的影响巨大，心墙下游侧地下水位有大幅升高，坝体渗流量也随着缝宽的增大而急剧增加；心墙混凝土垫板产生上下游贯通的裂缝对坝区的渗流量影响较大。

（3）在心墙掺砾料施工缺陷率较低的情况下（5%左右），施工缺陷对坝体心墙的整体渗流场以及渗流量影响不大，但对心墙局部的渗透梯度的影响较大，特别是若心墙某个高程上的局部施工缺陷所占比例过大，会使该高程其他部位的渗透梯度值增大很多，甚至会超过其允许梯度值，影响心墙的整体渗透稳定。

5 结 语

（1）通过双江口水电站可行性研究阶段5项专题、26个子题的研究，取得了大量创新性研究成果，并将其运用到双江口水电站可行性研究阶段的大坝设计方案中，破解了修建300 m级心墙堆石坝筑坝关键技术难题，为保证双江口水电站通过项目核准评估和实现优质、高效建设奠定了坚实基础。

（2）由于当前国内外300 m级心墙堆石坝可供借鉴的技术经验极少，深厚覆盖层上300 m级心墙堆石坝更是没有工程先例，本项研究以双江口工程为依托实现了300 m级心墙堆石坝筑坝技术的突破，提升了我国水电工程设计和建设能力与水平，具有非常显著的社会效益和经济效益，也具有极高的推广应用价值。

参 考 文 献

[1] 陈五一，余挺，李永红，等．四川大渡河双江口水电站可行性研究报告[R]．中国电建集团成都勘测设计研究院有限公司，2014.

[2] 李菊根，贾金生，艾永平，等．堆石坝建设和水电开发的技术进展[M]．郑州：黄河水利出版社．2013.

[3] 吴世勇，申满斌．雅砻江流域水电开发中的关键技术问题及研究进展[J]．水利学报，2007(增刊)：15-19.

[4] 张建华，严军，吴基昌，等．瀑布沟水电站枢纽工程关键技术综述[J]．四川水力发电，2006，25(6)：8-11.

[5] 段斌，陈刚，严锦江，等．大岗山水电站前期勘测设计中的大坝抗震研究[J]．水利水电技术，2012，43(1)：61-64.

水工抗冲磨防空蚀混凝土关键技术分析探讨

田育功[1] 杨溪滨[2] 支栓喜[3] 李迪光[1]

(1. 汉能控股集团云南汉能投资有限公司,临沧 677506;
2. 广西大藤峡水利枢纽开发有限责任公司,南宁 530029;
3. 甘肃巨才电力技术有限责任公司,兰州 730050)

摘 要 本文主要针对水工泄水建筑物抗冲磨防空蚀混凝土的破坏机制分析,从高速水流掺气减蚀、设计龄期、多元复合材料性能、HF 混凝土技术、层间同步浇筑以及施工工艺等关键技术进行分析探讨,对提高水工泄水建筑物抗冲磨混凝土的质量具有十分重要的现实意义。

关键词 抗冲磨混凝土;空蚀;裂缝;多元复合材料;HF 混凝土;90 d 龄期;同步浇筑

1 前 言

改革开放 30 多年来,我国的水利水电事业得到快速发展,建设了一大批大型水利水电枢纽工程,如三峡、小浪底、洪家渡、水布垭、百色、龙滩、拉西瓦、瀑布沟、光照、小湾、金安桥、糯扎渡、向家坝、溪洛渡、黄登、大藤峡等为代表的工程,这些水利水电工程的挡水建筑物不论是重力坝、拱坝、堆石坝以及闸坝等方面,其数量、高度、规模以及泄水量等指标均位居世界前列。举世瞩目的三峡工程已成为中华民族复兴的标志性工程,我国的水利水电工程已成为引领和推动世界水利水电发展的巨大力量。

我国的大型水利水电枢纽工程主要分布在长江、黄河、金沙江、澜沧江、雅砻江、大渡河、珠江流域以及雅鲁藏布江等大江大河上,这些大江大河主要发源于世界屋脊的青藏高原以及云贵高原,河流湍急,落差大、流量大。如二滩坝高 240 m,拉西瓦坝高 250 m,小湾和溪洛渡坝高接近 300 m,锦屏一级坝高达到了 305 m,泄洪水头一般为坝高的 0.5 ~ 0.8 倍,流速一般达 30 ~ 50 m/s;同时流量大,如二滩达 23 900 m^3/s,溪洛渡达 43 700 m^3/s,三峡通过坝身泄水,达到 102 500 m^3/s,大藤峡坝身泄水量达 67 400 m^3/s,由此引起的脉动振动、空化空蚀、掺气雾化、磨损磨蚀和河道冲刷问题十分突出,给消能防冲设计和施工带来极大的困难,已成为筑坝的关键技术难题之一。

近年来的工程实践表明,已建成的水利水电工程的泄洪排沙孔(洞)、挑坎、溢流表孔、溢洪道、消力池、水垫塘、护坦以及尾水等泄水建筑物经过一定时期的运行,均不同程度地出现磨损、空蚀、破坏现象,个别工程泄水建筑物发生结构性破坏,有的甚至已经危及水工建筑物的安全。特别是部分工程的泄水消能护面抗冲磨防空蚀(以下简称抗磨蚀)混凝土,均有

作者简介:田育功(1954—),男,陕西咸阳人,教授级高级工程师,副总工程师,主要从事水利水电工程技术和建设管理。E-mail:sjtyg@126.com。

不同程度的破坏,一些工程在投入运行后的短时间内就发生严重的破坏。这反映了水工泄水建筑物抗磨蚀混凝土的结构设计、掺气减蚀设施、护面材料选择、施工工艺和质量控制等方面,还存在着许多问题,值得我们分析研究、总结提升和完善。因此,对水工泄水建筑物抗磨蚀混凝土关键技术进行分析、探讨将具有非常重要的现实意义。

2 高速水流对抗磨蚀混凝土的破坏情况

抗冲磨混凝土的表面平整度和裂缝是造成高速水流抗磨蚀混凝土破坏的主要因素之一。水工泄水建筑物表面不平整或在有障碍物的情况下,水流流速较高时很容易遭受空蚀破坏。如施工中由于定线误差,模板接缝不平或未清除残留突起物,抹面工艺差,使过流表面不平整,就会引起局部边界分离,形成漩涡,产生空蚀破坏。施工中由于管理或不可预见因素,使消力池、溢流面等泄水消能建筑物抗冲磨混凝土二次浇筑或间歇时间过长,出现两张皮、脱空现象,或受强约束发生裂缝,以及止水或排水孔损坏,从而减弱混凝土的抗冲性能,在高速水流引起的磨损冲刷、脉动振动、空化空蚀的作用下,往往把抗冲磨混凝土整块掀掉,形成大面积的水力冲刷破坏。这种破坏,国内外的例子很多,如潘家口水库溢流坝、龙羊峡水电站底孔、碧口水电站泄洪洞,新安江水电站厂房顶溢流面、五强溪溢流面,二滩泄洪洞、景洪消力池、金安桥消力池等。这些工程中发生破坏的材料主要包括高等级硅粉混凝土、高强纤维硅粉混凝土以及硅粉+纤维+粉煤灰等复合材料抗磨蚀混凝土。一些工程目前尽管未发生破坏,但护面抗冲耐磨混凝土普遍存在表面裂缝严重、流线型差、平整度不满足要求以及施工缺陷较多等影响工程安全和耐久性隐患[1]。

比如龙羊峡水电站、李家峡水电站是国内建设较早的高水头建筑物,抗冲磨混凝土分别采用C60、C50硅粉混凝土,该工程在投入运行初期就发生了较为严重的破坏。李家峡2004年检查发现护面层有脱空现象,流水从上游部位裂缝中渗入,从下游部位裂缝渗出,加上冻融作用、裂缝扩展,面层50 cm厚的硅粉混凝土与基础混凝土松动。显然,护面层的抗冲稳定性不满足要求。为了防止泄水孔底板被冲,对底板混凝土进行了挖除,重新对抗冲磨混凝土进行维修,但维修后仍然发现底板存在裂缝,并有空鼓现象。

小浪底采用高标号硅粉混凝土,溢洪道和泄洪洞抗冲磨防空蚀混凝土设计强度分别为C50、C70。施工过程中温控防裂及施工抹面防裂困难极大,尽管采取了一切必要的措施,抗冲磨防空蚀混凝土仍存在裂缝。溢洪道泄槽底板裂缝严重,工程竣工后很少投入使用。

二滩水电站泄洪洞为当时国内最大的泄洪洞。断面高13.5~14.9 m,宽13 m,最大流速为45 m/s。泄洪洞抗冲磨防空蚀混凝土采用C50硅粉混凝土,浇筑后硅粉混凝土裂缝严重。竣工后第四年即2002年,洞身护面发生严重破坏。尽管破坏的起因是局部空蚀破坏,但存在严重裂缝的抗冲磨防空蚀混凝土表层,因整体性差,加重了破坏程度和规模。

景洪水电站最大坝高108 m,底板抗冲磨混凝土厚度为1 m,采用外掺硅粉8%的C40硅粉混凝土。为了底板的稳定,又布置5根Φ36 mm、间距为6 m×6 m的锚筋桩,深入基岩的深度为7.4 m,将底板牢牢地锚固在基岩上。2008年建成后第一年过水,护面抗冲磨混凝土发生了较大面积的破坏,2009年汛前使用环氧砂浆等对破坏面进行修补,接缝采用聚氨酯灌浆封堵。2009年过水后抽水检查情况:底板中部出现了大面积表面抗冲耐磨层硅粉混凝土和基础混凝土脱开、冲走现象,块体厚度一般约为1.0 m,最大块体面积约为50 m^2,总冲毁面积约为3 536.62 m^2,占消力池总面积的28%。

小湾水电站水垫塘底板使用$C_{90}60W_{90}10F_{90}150$硅粉混凝土，其中分不同区域外掺钢纤维和聚丙烯纤维（二级配），三级配硅粉混凝土只掺聚丙烯纤维。小湾使用高强硅粉钢纤维+聚丙烯纤维，掺合料多、水灰比小、混凝土黏稠，振捣和抹面非常困难，裂缝和平整度也不易控制，在严格的施工控制下，混凝土质量相对比较好，但裂缝依然存在。在水垫塘第一次充水后，位于其下方的检查廊道漏水严重，后来抽干水对护面抗冲耐磨混凝土的裂缝进行了灌浆处理[2]。

3 掺气减蚀设施在高速水流中的重要作用

高速水流掺气是泄水建筑物混凝土表面减免空蚀的重要措施。1960年美国首先在大古力大坝泄水孔通气槽应用取得成功。我国20世纪70年代初开始该项技术的研究，并不断应用于工程实践。大量工程实践表明，当流速大于30 m/s，工程部位易发生空蚀破坏。随着我国水利水电建设的高速发展，水利水电工程规模越来越大，坝愈来愈高，高速水流问题愈加突出，如掺气、雾化、脉动，诱发振动、空化、空蚀等现象，因此高速水流问题备受重视[3]。

水流在高速运动情况时，由于底部紊流边界层发展到自由表面而开始掺气，形成自然掺气。掺气水流使水流的物理特性发生了一些变化，如在水流与固体边界之间强迫掺气，可减免空蚀，因而得到广泛应用。二滩泄洪洞的运行为合理设计明流洞洞顶余幅提供了宝贵的经验。我国水工隧洞规范中规定，高流速隧洞在掺气水面以上的净空余幅为隧洞面积的15%～25%。较长的隧洞除从闸门井通气外，还需要在适当位置补气。经过二滩泄洪洞的运行和原型观测，要保证这种超长大型泄洪洞的运行安全，水面以上应有足够的空间，至少应取上限值。

刘家峡泄洪洞和龙羊峡底孔泄洪洞是我国20世纪70～80年代最早一批遭遇空蚀破坏的典型工程实例。刘家峡泄洪是在反弧段下游发生空蚀破坏，原因为当时对空蚀破坏认识有限，没有设置通气槽。龙羊峡底孔泄洪洞设在弧门后下游边墙，原因为施工不平整度造成的“升坎”效应。此后，开展了大量的掺气减蚀研究和原型观测，在理论和实践上，取得了重大突破，一大批泄洪洞或溢洪道在采用了掺气减蚀设施后取得了良好的运行效果。我国的水工建筑物抗冲磨防空蚀混凝土技术规范规定，当水流空化数小于0.30或流速超过30 m/s时，必须设置掺气减蚀设施。

4 抗磨蚀混凝土设计指标分析

4.1 抗磨蚀混凝土的设计龄期

我国的《水工泄水建筑物抗冲磨防空蚀混凝土技术规范》（DL/T 5207—2005）规定[4]，“抗冲磨防空蚀混凝土强度等级选择，可根据最大流速和多年平均含沙量选择混凝土强度等级，并进行抗冲磨强度优选试验”。“抗冲磨防空蚀混凝土的强度等级分$C_{90}35$、$C_{90}40$、$C_{90}45$、$C_{90}50$、$C_{90}55$、$C_{90}60$、$>C_{90}60$七级”。水工泄水建筑物明确了抗冲磨防空蚀混凝土设计龄期可采用90 d。设计龄期是抗冲磨防空蚀混凝土十分关键的设计指标，采用不同的设计龄期，将直接关系到抗冲磨防空蚀混凝土掺合料的掺量和胶凝材料的用量，也直接影响到抗冲磨防空蚀混凝土的温控防裂性能。

近年来，抗冲磨防空蚀混凝土均掺用优质Ⅰ级粉煤灰，为了发挥粉煤灰混凝土后期强度,普遍采用 90 d 龄期抗压强度,对改善高等级抗冲磨防空蚀混凝土的施工工艺和提高抗裂性能效果明显。如小湾、溪洛渡、金安桥、瀑布沟、龙口等工程抗冲磨防空蚀混凝土均采用 90 d 设计龄期。抗冲磨混凝土采用 90 d 龄期,其强度增长率系数一般为 28 d 强度的 1.2 ~ 1.25 倍,在相同强度等级、级配、坍落度的情况下,比 28 d 龄期混凝土胶凝材料明显减少,且后期强度增长显著;如设计指标相同的 C50 抗冲磨防空蚀混凝土,90 d 比 28 d 设计龄期混凝土节约胶凝材料 50 ~ 100 kg/m^3,对抗冲磨防空蚀混凝土温控防裂有着十分重要的现实意义。

4.2　糯扎渡溢洪道抗冲磨混凝土 180 d 设计龄期探讨

糯扎渡水电站位于云南省普洱市境内的澜沧江干流上,以发电为主。水库总库容 237 亿 m^3,装机容量 5 850 MW。枢纽建筑物由拦河大坝、左岸开敞式溢洪道、左岸泄洪洞、右岸泄洪洞、左岸地下引水发电系统等组成。拦河大坝为砾土心墙堆石坝,坝高 261.5 m,坝顶长 608.2 m,坝体积 2 794 万 m^3。糯扎渡溢洪道布置于左岸平台靠岸边侧(电站进水口左侧)部位,由进水渠段、闸室控制段、泄槽段、挑流鼻坎段及出口消力塘段组成。溢洪道水平总长 1 445.183 m(渠首端至消力塘末端),宽 151.5 m。泄槽段边墙及中隔墙 3 m 高以下部分及底板为抗冲磨混凝土,抗冲磨混凝土为 $C_{180}55W8F100$。溢洪道泄槽底板横缝间距较大(65 ~ 128 m),而纵缝间距为 15 m,底板厚度为 1 m,底板抗冲磨防空蚀混凝土按限裂设计,底板设计厚度为 0.8 ~ 1.0 m,双层双向钢筋。糯扎渡溢洪道抗冲磨混凝土采用 180 d 设计龄期,值得我们深思探讨。

5　多元复合材料抗磨蚀混凝土

我国从 20 世纪 60 年代就开始进行抗冲磨材料的应用研究[5],主要有三类:高强混凝土、特殊抗冲磨混凝土和表面防护材料。特殊抗冲磨混凝土包括真空作业混凝土、纤维增强混凝土、聚合物混凝土、聚合物浸渍混凝土、铁矿砂混凝土、刚玉混凝土、铸石混凝土等。在抗冲耐磨材料的发展历史中,各种材料相继出现,并应用于水利水电工程,它们各有自己的优缺点。从应用的历史过程看,工程中普遍认为用高强度混凝土来提高泄水建筑物的抗冲磨防空蚀能力是一个基本途径。

20 世纪 90 年代开始,各种掺合料、纤维及外加剂的广泛研究及应用,在吸收和发展高性能混凝土思路下,科研单位通过大量的试验研究及应用,逐步提出了多元复合材料抗冲磨防空蚀混凝土的新理念。现代的多元复合材料抗冲磨防空蚀混凝土虽属水工混凝土范畴,但其材料组成和性能明显有别于水工大体积混凝土和水工结构混凝土。一是抗冲磨防空蚀混凝土设计强度等级高,一般为 C40 ~ C60;二是抗冲磨防空蚀混凝土材料组成,已经远远超越水工大体积混凝土仅掺单一掺合料(粉煤灰)情况;三是为了满足抗冲磨防空蚀混凝土高强度、抗磨性、防裂和韧性的要求,粉煤灰、硅粉、矿渣、纤维、聚羧酸外加剂及铁矿石骨料等组成的多元复合材料在抗冲磨防空蚀混凝土中得到广泛应用,这是常规水工大体积混凝土材料组成中所不具备的。为此,现代的抗冲磨混凝土被称为多元复合材料,也就理所当然,其中对以硅粉粉体为主的多元复合材料抗磨蚀混凝土优点和缺陷分析如下。

第一代硅粉混凝土技术始于 20 世纪 80 年代,其强度和耐磨性很高,但在应用过程中存在着一定的缺陷。我国开始应用硅粉混凝土时,采用单掺硅粉,掺量大,一般掺量达 10% ~

15%，由于受当时外加剂性能制约，硅粉混凝土用水量大，胶材用量多，新拌混凝土十分黏稠，表面失水很快，收缩大，极易产生裂缝，且不易施工；第二代硅粉混凝土技术是从20世纪90年代开始的，聚羧酸等高效减水剂应用，降低了单位用水量，有的在硅粉混凝土中掺膨胀剂，进行补偿收缩，抗裂性能有所改善。由于膨胀剂的使用必须是在有约束的条件下才能有效果，掺膨胀剂对抗磨蚀混凝土的使用效果并不十分理想；第三代硅粉混凝土技术从21世纪初开始，首先降低硅粉掺量，一般掺量为5%～8%，复掺Ⅰ级粉煤灰和纤维，采用高效减水剂，其性能得到较大提高，但施工浇筑过程中新拌硅粉混凝土的急剧收缩、抹面困难和表面裂缝等问题还是一直未能很好地解决。

纤维被用作防裂措施加入混凝土中，但在应用过程中也存在着一定的缺陷。主要表现为：一是用水量和水泥用量增加较大，对温控防裂不利（需要采用减水率高的外加剂或提高外加剂掺量）；二是纤维混凝土拌和时纤维的投料不能采用机械化，拌和时间需要延长才能保证纤维的均匀性；三是施工浇筑时增加了抹面的难度，而且纤维容易外露，对平整度和收面的光洁度影响较大，许多掺纤维的工程，裂缝依然存在。

6 HF混凝土在泄水建筑物中的应用

6.1 HF混凝土[6]

HF混凝土是由HF外加剂、优质粉煤灰或其他掺合料（如多元粉体、磨细矿渣、双掺粉等）、符合要求的砂石骨料和水泥组成，并按规定的要求进行设计（耐磨层结构参数设计、耐磨配合比设计和抗裂设计）和按照要求的施工工艺和质量控制方法组织浇筑完成的混凝土，简称HF混凝土。HF混凝土是继硅粉混凝土之后开发出来的抗冲耐磨材料，HF混凝土于1992年开发研究以来，已在300多个水利水电工程中广泛使用，工程界高度认可并拥有完全的自主知识产权。HF混凝土在水工泄水建筑物部分工程的应用实例详见表1。

HF混凝土跳出传统的只关注混凝土高强度和耐磨较优的选择护面混凝土的观念和做法，通过对高速水流护面混凝土破坏案例及破坏原因的科学分析，认为高速水流护面问题的解决，从材料方面来讲，在保证一定的耐磨强度的情况下，首先要解决好混凝土的抗冲破坏问题，而抗冲破坏主要由护面的结构缺陷和材料的缺陷决定。在结构设计、材料选择、配合比试验及施工质量控制等诸多环节中，消除其可能引起抗冲缺陷的因素，才能可靠地解决好护面混凝土的抗冲问题和耐久性问题。对于空蚀破坏的预防方面，也是通过研究科学合理的施工工艺和质量控制方法，确保混凝土护面达到设计要求的平整度和流线型，防止护面混凝土引起空蚀问题的发生。同时，通过骨料和配合比以及施工工艺解决好混凝土再生的不平整度可能引起的空蚀破坏问题。

HF混凝土除具有良好的抗冲耐磨防空蚀性能外，还具有抗裂性好、干缩性小，水化热温升小等特点，施工与常态混凝土一样简单易行，尤其在严格按照HF混凝土技术要求的抗裂防裂要求操作的情况下，可以避免混凝土出现裂缝。由于HF混凝土良好的使用效果，使其在工程中得到了广泛的认可和应用。目前已经被两个行业——能源（NB）和水利（SL）的《水闸设计规范》（NB/T 35023—2014）采纳或推荐，被《水工隧洞设计规范》（SL 279—2016）推荐为多泥沙河流使用效果好的护面材料。

表 1　HF 混凝土在水工泄水建筑物工程应用的部分实例简介

编号	工程名称	坝高（m）	使用部位	实际使用强度	泄洪流量（m^3/s）或单宽流量（$m^3/(s\cdot m)$）	流速（m/s）	泥沙情况及空化数	抗冲磨防空蚀混凝土强度等级
1	洪家渡电站	179	泄洪洞	$C_{90}45$	1 643	38.13		C50
			溢洪洞		4 591	35.67		C50
2	光照水电站	201	溢流表孔	$C_{90}45$		40	使用加聚丙烯纤维的 C45HF 混凝土，抗裂性好，和易性好，无裂缝	
3	官地水电站	159	溢流面、水垫塘	C35			HF 混凝土代替硅粉混凝土，2011 年 9 月浇筑结束。HF 混凝土无裂缝产生，硅粉混凝土多裂缝并发生严重破坏	
4	洪口水电站	130	溢流表孔	$C_{90}50$	52.33（单宽流量）	42.97		大于 C50
5	贵州双河口水电站	97.5	溢洪道	$C_{90}45$		30		C50
			导流泄洪洞	$C_{90}45$		35		C50
6	鱼跳水电站	110	龙抬头泄洪洞	C40		37		C50
			溢洪道	C40		37		
7	瀑布沟水电站	186	放空洞断面 7 m×11 m	C40	1 500	34（平均）	掺气坎顶的水流空化数 0.28，坎后最小 0.3	C50
8	金盆水库	130	溢洪洞	R50，后改为 $R_{90}50$	10×13	41.71		大于 C60
					10×11.1	40.6		
9	武都水库	130	底中孔及导墙	$C_{90}50HF$		底孔 33 m/s，表孔 25 m/s	原方案为硅粉纤维膨胀剂 $C_{90}60$ 混凝土，实际使用 $C_{90}50HF$ 至 2011 年 10 月施工浇筑完毕，混凝土溢流面无裂缝	$C_{90}60$
10	盘石头水库	102.2	泄洪洞、溢洪洞	原设计（2001.7）使用 C40、C50 泵送硅粉混凝土，无法施工，后改为 $C_{90}50$ 和 C40HF 混凝土。				C40、C50
11	新疆下板地水电站	78	泄洪洞	坝高 78 m，导流兼泄洪（放空）洞采用 C40HF 混凝土，最大流速 32.36 m/s，2006 年浇筑，至今运用完好				

续表 1

编号	工程名称	坝高（m）	使用部位	实际使用强度	泄洪流量（m^3/s）或单宽流量（$m^3/(s·m)$）	流速（m/s）	泥沙情况及空化数	抗冲磨防空蚀混凝土强度等级
12	泸定水电站	84	1[#]、2[#]导流兼泄洪洞	原设计采用 C40 硅粉混凝土，后改为 C40HF 混凝土，2007～2009 年施工。施工中因未施工 HF 混凝土，配合比不满足 HF 混凝土抗裂设计要求，又因无温控措施，立墙混凝土产生了较多温度裂缝。1[#]洞 2008 年开始导流过水，至 2011 年 5 月截流，经过检查，导流洞完好，底板均匀磨损，无冲坑破坏				
13	天花板水电站	113	表孔及泄水中孔	天花板水电站是牛栏江梯级水电站的第 7 级，最大坝高 113 m，首部枢纽泄洪建筑物包括 3 个表孔、2 个中孔和 1 个排沙底孔。2009 年，使用 C35 混凝土作为护面抗冲耐磨材料。混凝土无裂缝产生，至今使用效果好，无破坏				
14	西藏直孔水电站	56	大坝溢流面	直孔水电站，最大坝高 56 m，上游坝坡 1:2.1，下游坝坡 1:1.9。具有气温低、日温差大、年温差小、降水少、蒸发大的高原气候特征。溢流面原设计为 C40 硅粉剂混凝土，因浇筑困难，施工中改为 C40HF 混凝土，混凝土无裂缝				
15	锦屏一级水电站	305	泄洪洞有压段和无压段	无压段最大流速大于 50 m/s，有压段为 C35HF 混凝土，无压段为 $C_{90}40$ 和 $C_{90}50$HF 混凝土，2011 年 4 月开始施工，已经过水，未破坏				
16	两河口水电站	305	导流洞	设计采用 C35HF 混凝土，2010 年 6 月 8 日至 2011 年 11 月 8 日已经浇筑约 7 万 m^3 HF 混凝土，和易性和可泵性好，无裂缝产生				
17	桐子林水电站	66.6	导流明渠溢流坝面	2010 年开始施工至 2011 年 6 月，导流明渠和坝面浇筑 C35HF 混凝土，无裂缝产生，已过水，效果好				
18	牛栏江引水德泽水库	142	导流泄洪洞 溢洪道	2010 年浇筑 $C_{90}50$HF 混凝土约 15 000 m^3，无裂缝产生。过水多年，使用效果好				
19	新疆石门水库	106	导流兼泄洪洞	C40HF 混凝土，2009～2010 年泵送浇筑，无裂缝产生				
20	大西沟水库	98	导流兼泄洪洞	设计使用 C40HF 混凝土，无裂缝，效果好				
21	斯木塔斯水电站	106	溢洪道 泄洪导流洞	斯木塔斯水电站工程为Ⅱ等，属大（2）型工程，泄水建筑物表孔溢洪道、导流兼深孔泄洪洞，最大坝高 106 m，采用 C40HF 混凝土。施工正常无裂缝产生				
22	克孜加尔	61	导流泄洪洞	2010 年施工浇筑 $C_{90}50$HF 混凝土，无裂缝产生				
23	大藤峡水利枢纽	80.01	溢流面消力池	抗冲磨混凝土为 HF 混凝土，2016 年 4 月开始在泄水坝段使用，和易性好，抗裂性好				

6.2 HF 混凝土应用工程实例

(1)HF 混凝土在洪家渡泄洪洞的应用。

洪家渡水电站是我国长江右岸最大支流乌江干流十一个梯级的第一级,是整个梯级中唯一具有多年调节水库的龙头电站,地处贵州省织金县与黔西县交界处。电站枢纽由混凝土面板堆石坝和左岸建筑物组成,左岸建筑物包括洞式溢洪道、泄洪洞、放空洞、发电引水系统和地面厂房等。大坝为混凝土面板堆石坝,坝高 179.5 m。

洪家渡水电站泄洪建筑物抗冲耐磨混凝土的设计指标为 C_{90}45W10F100,二级配,坍落度为 5 ~7 cm,泵送混凝土坍落度为 14 ~16 cm。抗冲磨防空蚀混凝土分别采用 HF 混凝土、硅粉混凝土、铁钢砂混凝土、HLC - Ⅲ硅粉混凝土等进行对比试验研究。洪家渡 C_{90}45 混凝土抗冲磨性能对比试验结果表明,采用Ⅰ级粉煤灰 20% +2% HF 外加剂抗冲磨混凝土,HF 混凝土磨损率为 0.055 g/(h·cm^2)、抗冲磨强度为 18.25 h/(g·cm^2),磨损率小和抗冲磨强度优,仅次于掺硅粉 15% 的抗冲磨混凝土,性能明显优于其他几种混凝土。通过对比优选试验,洪家渡洞式溢洪道、泄洪洞选用 HF 混凝土作为抗冲磨护面混凝土。洪家渡泄洪洞水流流速 38.13 m/s,溢洪洞流速 35.67 m/s,2004 年至今,两条使用 HF 混凝土的隧洞 HF 混凝土未发生破坏,使用效果好。

(2)HF 混凝土在锦屏一级水电站工程中的应用。

锦屏一级水电站位于四川省凉山彝族自治州木里县和盐源县交界处的雅砻江大河湾干流河段上,是雅砻江下游从卡拉至河口河段水电规划梯级开发的龙头水库,距河口 358 km,距西昌市直线距离约 75 km。本工程采用坝式开发,主要任务是发电,坝高 305 m,水库正常蓄水位 1 880 m,死水位 1 800 m,正常蓄水位以下库容 77.65 亿 m^3,调节库容 49.1 亿 m^3,属年调节水库。

泄洪洞洞宽 13.0 m,洞高 17.0 m,泄洪洞水头超过 250 m,设计泄流能力 3 254 m^3/s,设计最大流速为 52 m/s,是锦屏一级水电站的主要泄洪设施,泄洪水头、泄洪量、泄洪功率及流速均为国内最高水平。其布置于大坝右岸,由泄洪洞进水塔、有压段、工作闸室、无压上平段、龙落尾段、出口挑坎段组成,采用有压隧洞转弯后接无压隧洞、洞内“龙落尾”的布置型式,将 75% 左右的总水头差集中在占全洞长度 25% 的尾部(龙落尾段),减少了高流速的范围和掺气减蚀的难度。其中龙落尾段由奥奇曲线段、斜直段、反弧曲线段以及下平段等组成。龙落尾段平距 434.556 m,高差约 133 m,龙落尾洞线总长为 459.949 m。底板和边墙采用了 C_{90}50HF 混凝土作为护面混凝土。

锦屏水电站砂岩粒型差、裹粉严重,级配变异大,混凝土用水量和胶材用量较高,使用 HF 混凝土较好地解决了按相关规范设计抗冲磨所遇到的混凝土温控难度大的问题。泄洪洞工程如期于 2014 年 5 月 31 日浇筑完成,并于 2014 年 10 月 10 日及 2015 年 9 月 26 日,在水库蓄水至正常蓄水位的情况下,先后经过泄洪洞原型观测试验及泄洪洞事故闸门动水关闭试验,试验中泄洪洞工程护面未发生破坏问题。

7 抗冲磨混凝土施工关键技术分析[7]

7.1 冲刷作用对护面抗冲磨混凝土的破坏机制分析

抗冲磨混凝土的缺陷包括表面平整度、裂缝以及基层混凝土与抗冲磨混凝土分开浇筑,是造成高速水流抗冲磨防空蚀混凝土破坏的主要因素之一。施工中由于管理或不可预见因素,使消力池、溢流面等泄水消能建筑物抗冲磨混凝土二次浇筑或间歇时间过长,出现两张皮、脱空现象,或受强约束发生裂缝,以及止水或排水孔损坏,从而减弱混凝土的抗冲刷性能,在高速水流引起的磨损冲刷、脉动振动、空化空蚀的冲击下,往往把抗冲磨混凝土整块掀掉,形成大面积的水力冲刷破坏。这种破坏国内外的例子很多。

例如,金安桥水电站消力池底板抗冲磨混凝土大面积破坏。金安桥水电站2011年7月25日蓄水至1 415.00 m,其后库水位在1 415.00~1 418.00 m运行。2011年汛期主要利用溢流表孔下泄汛期洪水,单孔最大下泄流量2 590 m^3/s,2012年3月底将消力池抽干后发现:消力池底板及其上游侧1:2斜坡部位1.0 m厚的C_{90}50W8F150二级配抗冲磨硅粉纤维混凝土破损,总损毁面积达到2 600 m^2,而基础3.0 m厚C_{90}25三级配混凝土仍保持完好。虽然纤维硅粉混凝土密实性和抗磨性能好,但收缩变形大,新浇筑混凝土的抹面收面困难,平整度不易控制,导致抗冲磨混凝土表面平整度差并产生有害裂缝。同时抗冲磨混凝土与基础混凝土分两次浇筑,层间为新老混凝土结合面,客观原因造成底部基础混凝土与表层抗冲磨混凝土间歇期过长,间歇期为62~697 d,使层间结合薄弱,再加上裂缝形成高速水流进入薄弱结合面的通道,在高水头(118 m)、大流量、高流速水流长达1 561 h的持续泄水作用下,造成消力池表层1 m厚抗冲磨混凝土结构性失稳破坏,属水力冲刷破坏。其中,混凝土的裂缝及抗冲磨混凝土与基础混凝土分开浇筑最主要的原因。

7.2 抗冲磨混凝土与基层混凝土同步浇筑关键技术

抗冲磨混凝土与基层混凝土是否同步浇筑,直接关系到层间结合质量。传统的抗冲磨混凝土施工方法,一般是基层混凝土先浇筑,预留0.5~1.0 m厚的抗冲磨混凝土,再专门进行面层的抗冲磨混凝土浇筑。此方案虽然设计在基层混凝土中采用埋设插筋的技术方案,但往往效果不佳。原因是两种混凝土设计指标、级配、配合比等的不同,其变形、弹模、应力状态均存在很大差异,抗冲磨混凝土与基层混凝土层间的薄弱结合面极容易产生脱空和两张皮的现象,对防冲十分不利。因此,泄水建筑物泄槽、边墙等竖立面抗冲磨防空蚀混凝土施工浇筑,基层混凝土与竖立面抗冲磨混凝土层间结合,也必须采用同步浇筑、同步上升的施工方案,这是保证层间结合质量的关键。所以,抗冲磨混凝土与基层混凝土同步浇筑是防止层间脱开的关键技术。

比如万家寨水利枢纽泄水消能抗磨蚀混凝土施工。笔者于1996年在万家寨坝身过流面抗冲磨混凝土施工中,针对抗冲磨与基层混凝土层间结合不良的难题,采用抗冲磨硅粉混凝土与基层混凝土一起浇筑的施工方案,很好地解决了基层老混凝土与抗冲磨硅粉混凝土层间结合难题。基层混凝土与抗冲磨混凝土施工时,最后一个升层按照2~3 m厚度设计,不论是平面按台阶法施工或侧墙立面按一个整仓施工时,首先浇筑基层三级配混凝土,然后同步浇筑50~80 cm厚度的抗冲磨层硅粉混凝土,有效地解决了基层与抗冲磨混凝土层间结合问题,使用效果良好。但万家寨工程1998年后期消力池抗磨蚀护面材料采用科研单位推荐的硅粉铁钢砂混凝土,由于抗磨蚀护面材料硅粉铁钢砂混凝土与基层混凝土分开浇筑,加之铁钢砂下沉,导致混凝土表面产生大量浮浆,且伴随着大量裂缝的发生,在高速水流的冲刷下造成消力池抗冲磨混凝土大面积破坏。

7.3 抗冲磨混凝土施工浇筑关键技术

(1)尽量采用常态混凝土浇筑方式。

抗冲磨防空蚀混凝土施工与常态混凝土基本相同,但弧面、斜面等采用滑模施工较多。抗冲磨防空蚀混凝土应尽量采用常态混凝土浇筑方式,由于常态混凝土坍落度一般采用5~7 cm,用水量和水泥用量较少,对温控防裂有利。采用泵送混凝土浇筑方式对抗冲磨防空蚀混凝土性能影响较大,而泵送混凝土用水量多、砂率大、干缩也大,不利于防裂。特别是泵送抗磨蚀混凝土时,容易形成浆体上浮、骨料下沉现象,对抗冲耐磨十分不利。

(2)施工振捣及收面的关键技术。

抗冲磨防空蚀混凝土平面施工,一般采用人工刮轨施工收面,刮轨的设计、质量、刚度应满足振捣器要求的振动幅度和振动力。首先对入仓的抗冲磨防空蚀混凝土采用振捣棒振捣密实,然后采用刮轨进行振捣收面,保证抗冲磨防空蚀混凝土内实外平。抗冲磨防空蚀混凝土收面,关键是判断抗冲磨防空蚀混凝土凝结时间,特别是初凝时间判定尤为重要。在施工收面中,必须杜绝在抗冲磨防空蚀混凝土表面洒水或撒水泥不良现象。模板的光度、平整度和立模精度是保证竖立面抗冲磨防空蚀混凝土外观质量的关键。

(3)养护是防止抗冲磨混凝土出现裂缝的关键。

在振捣收面后,要及时对抗冲磨混凝土表面进行养护,未终凝之前,可采用养护剂喷护养护或采用喷雾器进行表面湿润养护,终凝后如养护边界条件允许,可采用养护材料进行覆盖。竖立面抗冲磨混凝土的养护,在模板拆除后,表面同样需要及时覆盖养护材料,始终保持竖立面表面湿润;竖立面在条件允许情况下,可采用挂打眼水管喷淋的养护方法。养护是防止抗冲磨防空蚀混凝土产生裂缝的关键,必须按照设计要求严格执行。

8 结　语

(1)水工泄水建筑物冲刷破坏和空蚀破坏是高速水流抗冲磨防空蚀护面混凝土发生破坏的主因,在选择护面抗磨蚀混凝土时应作为重点予以重视。

(2)高速水流掺气是泄水建筑物混凝土表面减免空蚀的重要措施。

(3)抗冲磨防空蚀混凝土采用90 d龄期已成为趋势,这样对降低胶凝材料用量、提高掺合料掺量和温控防裂十分有利,具有十分重要的现实意义。

(4)抗冲磨防空蚀混凝土材料的选择对于解决高速水流对护面的破坏问题非常关键。硅粉类混凝土及多元复合材料抗冲磨混凝土施工难度大、抹面困难和裂缝等问题一直未能很好解决,还有待深化研究。

(5)HF混凝土具有良好的抗冲耐磨及防空蚀性能,尤其是HF混凝土施工与常态混凝土一样简单易行,裂缝很少,使用效果良好,已经成为高速水流抗磨蚀护面的主要材料。

(6)抗冲磨混凝土与基层混凝土同步浇筑施工方案,可以很好地解决基层混凝土与抗冲磨防空蚀混凝土的层间结合难题,这是防止层间脱空的关键。

参考文献

[1] 支栓喜,陈尧龙. 由硅粉混凝土应用中存在的问题论高速水流护面材料选择的原则与要求[J]. 水力发电学报,2005,24(6):45-48.

[2] 陈涛.小湾水电站水垫塘抗冲耐磨混凝土的施工技术[J].水力发电,2009,35(6):25-27.
[3] 高季章,刘之平,郭军.高坝泄洪消能及高速水流[C]//中国大坝建设60年.北京:中国水利水电出版社,2013:494-515.
[4] 中华人民共和国国家发展和改革委员会.DL/T 5207—2005 水工建筑物抗冲磨防空蚀混凝土技术规范[S].北京:中国电力出版社,2005.
[5] 林宝玉,吴绍章.混凝土工程新材料设计与施工[M].北京:中国水利水电出版社,1998.
[6] 支栓喜.HF混凝土的性能、机理和工程应用[C]//泄水建筑物安全及新材料新技术应用论文集.2010.
[7] 田育功.水工泄水建筑物抗磨蚀混凝土关键技术分析[C]//2011 全国水工泄水建筑物安全与病害处理技术应用会刊.2011.

水利水电工程生态流评估及实施的技术框架

Jeff Opperman[1]　禹雪中[2]

（1. 大自然保护协会，Chagrin Falls，Ohio，USA　44022；
2. Ecofish 研究有限公司，Vancouver，BC，Canada　V6C 2T5）

摘　要　本文介绍了大自然保护协会提出的水利水电工程生态流评估及实施的技术框架，该技术框架包括三种方法：水文综合方法、专家评判法和整体研究方法。三种方法在适用条件、确定性和经济费用方面存在一定的差异，可以独立或连续地应用于水库下泄生态流的评估和实施。本文分析了三种方法的特征、结构和过程，并且概要介绍了在美国和洪都拉斯的应用实例，实践表明这种技术框架对于规范和指导水利水电工程生态流实践具有重要的应用价值。中国的河流与水利水电工程的具体条件差异较大、中小河流生态流评估和实施的投入相对不足，水库生态流调度需要建立具有较好灵活性和规范性的技术框架，本文介绍的技术框架在这方面具有借鉴价值。在中国开展水利水电工程生态流评估和实施，应该重视专家会议的作用，将其作为建立生态流调度方案的必要过程，确定关键的水文－生态响应关系及阈值，制订调控目标和方案。

关键词　水库；生态流；评估；实施；技术框架

水利水电工程通过对河流天然径流过程的调节，可以发挥防洪、发电、供水等综合作用，但是同时也对河流生态系统的关键物理和生态要素产生显著影响，并且被认为是这些要素变化的主要驱动因子[1,2]。在水文情势变化及其生态效应评估的基础上，进行水利水电工程的下泄生态流的调控，可以在一定程度上减轻工程运行对河流生态系统的不利影响，因此在国内外受到广泛重视并且进行了实践[3-6]。

关于河流生态流的评估，已经有200多种方法，这些方法被划分为水文学方法、水力学方法、栖息地模拟法和整体模拟法等四类[7]。具有较大调蓄能力的水利水电工程对天然流量的改变体现为大小、频率、历时、变化率等生态流要素，相应的生态流调控也有可能需要涵盖生态流的所有要素和特征。需要针对水利水电工程生态流调度的特定技术需求，选择适合的生态流评估方法、制订具有针对性的实施技术方案。尽管整体模拟法在这方面具有一定的适用性，但是这种方法需要大量基础数据，对于广泛的工程应用在灵活性方面存在一定欠缺。因此，需要根据水利水电工程生态流调度的技术特点，提出具有广泛适用性的评估和实施技术框架，以规范相关的技术实践，从而推动这个领域的技术进步。

1　生态流评估和实施的技术框架

本文针对水利水电工程生态流评估和实施的实际技术需求，提出了一种包括三个等级方法的技术框架，该技术框架的功能结构以及三个等级方法的主要内容概述如下。

1.1　技术框架的结构和功能

河流生态流的评估和实施，需要解决以下三个问题：第一，生态流应该包括一系列的水

作者简介：Jeff Opperman，男，博士，主要从事淡水保护研究和实践。E-mail：jopperman@ tnc. org。

流大小和过程,以满足河流生态系统诸多生态要素的需求,例如鱼类、无脊椎动物、河流形态、河岸带植物以及河道与洪泛平原的连通性等。与此同时,生态流的评估和实施还需要考虑到人类对河流生态系统的需求。第二,为了保证生态流调控方案的顺利实施,生态流方案应该易于被河流管理者理解、接受和实施,从而在复杂的河流管理过程中得以实施。第三,制订河流生态流评估和实施方案,还需要考虑资金投入的水平,实施方案需要与资金投入相匹配。

根据以上问题和需求,我们提出了一个包括三个等级的生态流评估和实施技术框架:综合水文方法、专家会议方法以及综合研究方法(见图1)。这个技术框架具有三个明显的特点:①三个等级的评估和实施方法适应了河流生态流多样性的特征,综合考虑河流主要生态要素和人类服务对生态流的需求,并且根据实际条件,采用适用的生态流计算方法;②三个等级的方法适用于不同的确定性要求和资金投入条件,解决最主要的生态流需求并且降低评估和实施的不确定性;③三个等级的技术方法既能够单独应用,也可以相互关联形成一个整体框架,采用较低等级方法获得的结果和信息可以用于识别是否需要采用更高层次的方法,或者作为其应用的基础。三个等级方法的主要特征见表1。

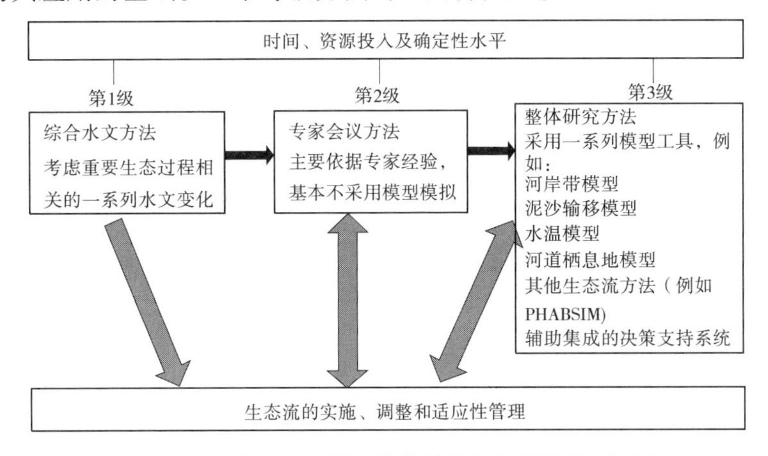

图1 水利水电工程生态流评估和实施的基本框架

表1 三个等级评估和实施方法的主要特征

方法	确定性程度	费用	适用范围
Level 1 综合水文方法	低	低(例如,低于1万美元)	河流生态优先性一般;提出初步的生态流推荐方案;工程调度具有充分的灵活性
Level 2 专家会议方法	中等	中等(大约10万美元)	河流生态优先性中等;工程调度具有较高的灵活性
Level 3 整体研究方法	高	高(例如,50万美元)	河流生态优先性较高;工程调度灵活性一般
实施及适应性管理	.	需要很高的资金投入	

在具体的生态流评估方法方面,该技术框架下的三个等级方法中,涵盖了目前常用的生态流评估方法,既包括相对简单的水文学方法,也包括相对比较复杂的机理性模型方法。在

实际应用中,可以综合考虑河流生态优先程度、工程调度的灵活性、基础资料状况、资金和时间条件,选择适当等级的方法。

1.2 综合性水文方法

作为技术框架中第一级(Level 1)的综合水文方法适用于区域规划、初步评估或者为更高级别的方法提供支持信息。综合水文方法的优点是简单快捷,缺点是未能充分反映河流的生态功能和过程,为了弥补这个缺陷,可以收集相关资料和信息,分析评估河流或类似河流上水文过程与生态功能的联系,从而提高水文学方法对具体河流的适应性。这种方法一般作为其他方法的分析基础,但是对于生态优先程度不高、工程调度灵活性比较充分的河流,也可以采用这种方法直接形成生态流推荐方案。限于篇幅,本文没有单独列出这种方法的实施流程图,其过程可以参照整体研究方法的过程图(见图2)。在一定条件下,这种方法可以直接形成生态流的试验方案进行试验和监测,进而通过适应性管理过程,对生态流方案进行完善。

常用的方法包括 Tennant 法[8]、流量历时曲线法(Flow Duration Curves)[9]、水文变化指标/变异范围法(IHA/RVA)等[5]。其中,大自然保护协会(The Nature Conservancy)提出的IHA/RVA 方法得到了广泛应用,并且开发了免费的计算软件,可以进行生态流的评估和分析。

1.3 专家会议方法

在综合性水文方法分析的基础上,经过生态流相关各个部门及相关专业门类专家的充分讨论,可以降低生态流推荐方案的不确定性,形成生态流推荐方案,进行试验和监测,进而采用适应性管理的方式,对生态流方案进行持续完善(见图2)。专家会议方法适用于生态优先程度、确定性要求和项目资金投入均为中等水平的情况。

专家会议的组成应该包括相关机构(各级研究、技术、管理等部门和社会公众)的各个专业的专家代表(水文、河流形态、鱼类、野生动物、河岸带等专家,以及了解河流文化、经济和鱼类价值的社会专家)。专家会议可以包括以下过程:①初次会议进行主要目标和过程的沟通;②分析和归纳相关基础信息,包括 Level 1 的分析结果;③综合各个部门和专业意见,提出生态流推荐方案。大自然保护协会与美国陆军工程兵团联合开发了工具软件 Regime Prescription Tool (HEC - RPT),可以在专家会议过程中进行生态流推荐方案的可视化与集成分析。

1.4 整体研究方法

整体性研究方法适用于生态优先程度和确定性要求都比较高的河流,主要过程见图2。这种方法需要更多资料、持续时间较长、资金投入比较大,但是对于水文、生态和工程等因素的考虑更加精细和全面。

在专家会议上,如果各方代表和专家认为需要对一些关键过程和问题开展更加深入的研究与分析,就需要制订专门的模拟和研究计划,采用相应的模型技术对这些过程和问题进行模拟、分析,同时考虑生态流与其他需求可能存在的冲突、工程条件的限制,提出生态流推荐方案。相关的模型和方法包括水力学模型、水温模型、泥沙模型、河岸带模型以及鱼类运动监测等。

生态流推荐方案确定之后,工程运行单位据此进行试验性调度,同时开展河流关键环境因子的监测,根据监测资料分析河流生态系统对生态流调度的反应,进而对调度方案进行修

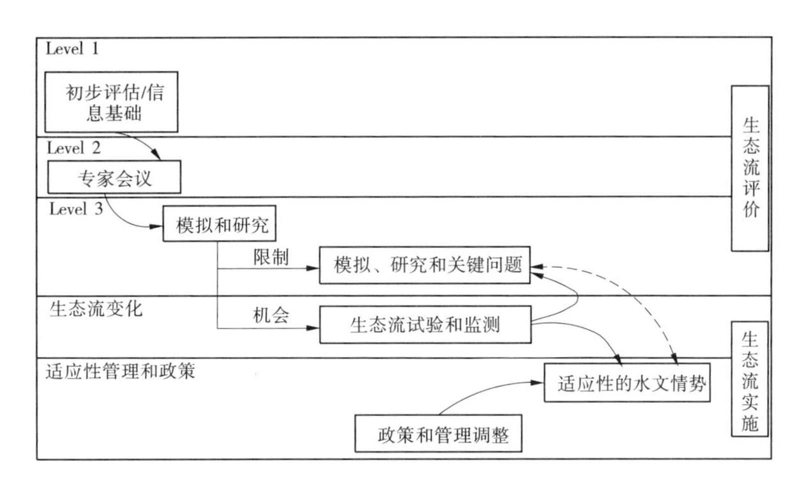

图2 整体研究方法的主要过程

改和完善,同时还要根据生态流调度的需要,对相关政策和管理机制进行调整,从而实现具有适应性管理特征的生态流实施过程。这个过程同样适用于综合性水文方法和专家会议方法直接形成生态流推荐方案的实施过程。

2 生态流评估和实施技术框架的应用

该技术框架已经在美国及其他地区得到了成功应用,对应于三个等级的方法,本文分别概要介绍了一个工程实例。

2.1 综合水文方法的应用

位于美国肯塔基州的绿河(Green River)是俄亥俄河(Ohio River)的支流,流域面积23 400 km^2,河流水生生物丰富,包括151种鱼类(其中12种为本地特有鱼类)和71种贝类。绿河水坝(Green River Dam)建于1969年,是一个兼具防洪、供水和娱乐等功能的水坝。1998年开始,大自然保护协会与美国陆军工程兵团合作开展了绿河水坝生态流的评估和实施项目,该生态流项目的主要保护目标是绿河的鱼类及贝类。生态流评估采用了IHA/RVA方法进行了水文指标变化的分析,并且通过与鱼类专家的讨论制订了生态流推荐方案。

生态流评估结果表明,秋季汛期之前水库水位快速降低,使得水库下泄流量增大、水温降低,从而对水生生物产生了显著影响,例如对贝类繁殖的影响。据此制订了以恢复生态流为目标的调度调整方案,主要包括:①将汛前水库水位消落开始的时间从9月推迟到11月,并且下泄流量模拟这个时间段的天然流量过程;②提高汛期的水库水位,汛后水库下泄流量过程是变化的;③延长水库蓄水时间,从原来的3月中旬至4月中旬,变为3月中旬至5月中旬;④将水库最大下泄量由204 m^3/s提高到230 m^3/s[10]。

2.2 专家会议法的应用

洪都拉斯Patuca河全长465 km,流域面积23 900 km^2,是洪都拉斯最大、中美洲第三大的河流。Patuca河具有丰富的水生生物多样性,并且流经一个原住民保护区和其他几个保护区,为保护区内的居民提供用水、运输和食物。除此之外,Patuca河在洪水季节为沿岸的农业发展提供了富含养料的泥沙。拟建的Patuca Ⅲ水电站位于Patuca河中游,装机容量为104 MW,水库库容12亿m^3。由于Patuca河在生物多样性以及沿岸居民生计方面的重要作用,因此开展了 Patuca Ⅲ水电站下游生态流调度的研究[11]。

一方面,除了水文数据,Patuca 河其他方面的数据和资料十分欠缺,尤其缺乏生物、水文过程与水生生物关系等方面的资料。另一方面,Patuca Ⅲ水电站库容较小,年内大部分时段为径流式运行。因此,基于水文学方法、现场考察成果,进行了两次专家会议讨论,对水文过程与重要水生生物的联系进行了分析,针对 Patuca Ⅲ水电站拟定的调度方案,提出了生态流推荐方案,主要包括:①提高枯水期流量,特别是 4 ~5 月期间的低流量;②在丰水季节的早期和中期,保持接近于天然状态的高流量洪峰数目、大小和持续时间。

2.3　整体研究法的应用

Bill Williams 河位于美国亚利桑那州北部,是科罗拉多河下游的一级支流,河流全长 74.5 km,流域面积 13 700 km^2。Alamo 水坝距离河口 62 km,建于 1968 年,主要功能为防洪。科罗拉多河下游仅存且最大的三叶杨、柳树森林就在 Bill Williams 河沿岸,这些树木是 350 种鸟类的栖息地。Alamo 水坝显著减小了下游的洪水频率和大小,提高了下游地区的防洪安全性,但也对下游水生和陆生栖息地产生了不利影响,因此大自然保护协会和陆军工程兵团合作开展了以恢复坝下河段栖息地的生态流项目。

在相关基础调查和分析的基础上,该项目组织了专家会议,重点从水生生物、陆生植物以及鸟类三个方面分析对生态流的需求并且进行综合,同时采用水力学、地下水和生物学模型进行模拟、分析,进而提出生态流推荐方案。为了模拟主要生态过程对水流条件的响应,陆军工程兵团还开发和应用了生态系统功能模型(Ecosystem Functions Model, HEC - EFM)。2005 ~2007 年,Alamo 水坝进行了生态流调度试验,科研和管理人员对调度试验的效果进行了监测和分析。监测结果表明,水库释放的大流量洪水冲击了河道中的河狸坝、提高了动水栖息地的面积、抑制了外来植物的生长。根据监测结果实施适应性管理,持续对调度方案进行调整和完善[10]。

3　技术框架对中国水利水电工程生态流实践的启示

河流的生态环境需水问题在中国得到了广泛的关注,以恢复自然水文过程为目标的水利水电工程运行调控也在开展研究和实践,并且建立了相关的技术标准,但是尚缺乏评估与实施过程的技术框架。本文介绍的技术框架内容、专家会议方法以及适应性管理模式,对于在中国进一步推动水利水电工程生态流实践具有一定的借鉴价值。

3.1　建立生态流评估与实施的技术框架

近 10 多年来,生态流问题(中国更广泛地称为生态环境需水)在中国得到了充分的重视,研究者对各种技术方法开展了广泛的研究[6, 12-14],并且为水电工程设计和运行提供了支持[15,16]。2014 年,水利部发布了《河湖生态环境需水计算规范》(SL/Z 712—2014),对主要生态流评估计算方法的适用条件和技术要求进行了统一规范。但是这些方法和技术规范基本是针对某一种或一类具体方法,没有涉及面向工程实践的集成性技术框架。

本文介绍的生态流评估和实施技术框架,是一个面向水利水电工程生态流调度实践的集成技术框架。这个技术框架根据河流生态和工程调度特征,考虑生态流实施的限制条件,将各种具体的评估方法集成为三个等级的技术框架。根据河流与工程的具体情况,可以单独应用较低等级的方法形成生态流推荐方法,也可以作为一个连续过程形成整体研究方法,应用于生态和调度情况比较复杂的河流,因此具有较好的灵活性和适用性。在生态流实施过程中,进行具有适应性特征的管理,根据监测资料进行生态流调度效果的分析,进而对生态流方案进行调整,并且对相关管理政策和机制进行完善。

针对中国水利水电工程生态流评估和实施在规范性方面存在的不足,建立生态流评估及实施的技术框架,可以适应“生态优先、统筹考虑、适度开发、确保底线”的水电开发方针,提高水利水电工程生态流评估和实施的技术规范性。同时,该技术框架适合河流与工程具体条件差异较大、中小河流生态流评估和实施投入普遍不足的现实状况,具有较好的灵活性和实用性,对于在中国推动生态流实践具有积极作用。

3.2 重视专家会议方法的作用

确定河流水文过程与生态系统之间的响应关系是生态流评估和实施的技术关键,也是主要的技术难点。首先,河流生态要素对水文过程的响应十分复杂,具有非线性特征,如何确定关键阈值本身就比较困难。其次,在中国得到广泛采用的各种生态流评估方法基本都是基于国外经验发展起来的,而且大多是针对河流的一般生态过程。例如,Tennant 和 IHA/RVA 方法均是美国科学家的研究成果,Tennant 法将河流流量大小与相应的生态状态进行了划分,并不涉及具体的生态要素;IHA/RVA 方法对于水文 - 生态的响应关系进行了具体描述,但是涉及的生态要素均是一般性的生态过程,例如河流地形塑造、河道与漫滩的养分交换等。

进行水利水电工程生态流的评估和实施,需要针对关键的生态要素和过程确定定量的水文阈值,才能确定调控目标和方案。例如,目标鱼类自然产卵的水文需求(流量大小、时间、流量涨幅等)、鱼类栖息地模型计算也需要确定目标鱼类的适宜水文条件(水深、流速等)。这种情况下,采用相关专家会议的方式,对复杂的水文 - 生态响应关系进行分析和描述,并且归纳主要生态目标的水文需求,既可以直接形成生态流推荐方案,也可以为各种模型方法的应用提供基础,经过计算和分析后形成推荐方案。由于复杂的生态和工程条件,在中国开展水利水电工程生态流评估和实施,应该更加重视专家会议的作用,将其作为建立生态流调度方案的必要过程。

此外,在中国开展水利水电工程的生态流调度,需要重视和加强适应性管理过程。工程业主不能认为提出并实施生态流调度方案就是完成任务,从而忽视实施过程中的监测、分析和方案调整过程。河流生态系统具有高度的复杂性与不确定性,人类现有的认知能力也相对有限,因此水库生态流调度必须实施适应性管理模式,开展持续的监测、评价与调整,从而真正实现通过生态流调度恢复河流生态的目标,实现水电开发与生态保护的协调。

4 结 论

本文介绍的水利水电工程生态流评估及实施的技术框架,具有较好的灵活性和实用性,三个等级的评估和实施方案既可以单独应用,也可以形成一个整体,从而适应不同的河流生态优先程度、工程调度灵活性以及资金投入规模。实施阶段的适应性管理模式,通过工程生态流试验的持续监测和分析,对推荐方案不断进行调整和完善,从而提高生态流调度的有效性。

该技术框架对于在中国进一步推进水利水电工程生态流评估和实施具有一定的借鉴价值,可以在现有各种生态流评估方法的基础上,建立和应用具有集成性、灵活性和适应性特征的技术框架,提高水利水电工程生态流评估和实施的技术规范性。在生态流评估和实施过程中,需要进一步重视专家会议方法和可持续管理模式的作用,对复杂的水文 - 生态响应关系进行分析和描述,量化主要生态目标的水文需求,持续开展实施效果的监测和评估,对生态流推荐方案进行调整优化,这是生态流调控的技术关键之一。

参考文献

[1] Richter B D, Baumgartner J V, Powell J,et al. A method for assessing hydrologic alteration within ecosystems [J]. Conservation Biology, 1996, 10(4): 1163-1174.

[2] Bunn S E, Arthington A H. Basic principles and ecological consequences of altered flow regimes for aquatic biodiversity[J]. Environmental Management, 2002, 30(4): 492-507.

[3] Higgins J M, Brockw G. Overview of reservoir release Improvement at 20 TVA Dams[J]. Journal of Energy Engineering, 1999, 125(1): 1-17.

[4] Hughes D A, Ziervogel G. The inclusion of operating rules in a daily reservoir simulation model to determine ecological reserve releases for river maintenance[J]. Water SA, 1998, 24 (4): 293-302.

[5] Richter B D, Baumgartner J V, Wigington R,et al. How Much Water Does a River Need? [J]. Freshwater Biology, 1997, 37: 231-49.

[6] 鲁春霞, 刘铭, 曹学章,等. 中国水利工程的生态效应与生态调度研究[J]. 资源科学, 2011, 33(8): 1418-1421.

[7] Tharme R E. A global perspective on environmental flow assessment: Emerging trends in the development and application of environmental flow methodologies for rivers[J]. River Research and applications, 2003, 19(5-6): 397-441.

[8] Tennant D L. Instream flow regimes for fish, wildlife, recreation and related environmental resources[J]. Fisheries, 1976, 1(4): 6-10.

[9] Caissie D, El - Jabi N. Comparison and regionalization of hydrologically based instream flow techniques in Atlantic Canada[J]. Canadian Journal of Civil Engineering, 1995, 22(2): 235-246.

[10] Konrad C P. Monitoring and evaluation of environmental flow prescriptions for five demonstration sites of the Sustainable Rivers Project, U. S. Geological Survey Open - File Report 2010 - 1065[R]. 2010.

[11] The Nature Conservancy. Environmental Flow Assessment for the Patuca River, Honduras: Maintaining ecological health below the proposed Patuca III Hydroelectric Project[R]. 2007.

[12] 王西琴, 刘昌明, 杨志峰. 生态及环境需水量研究进展与前瞻[J]. 水科学进展, 2002, 13(4): 507-514.

[13] 徐宗学, 武玮, 于松延. 生态基流研究:进展与挑战[J]. 水力发电学报, 2016, 35(4): 1-11.

[14] 班璇. 中华鲟产卵栖息地的生态需水量[J]. 水利学报, 2011, 42(1): 47-55.

[15] 李永, 卢红伟, 李克锋, 等. 考虑齐口裂腹鱼产卵需求的山区河流生态基流过程确定[J]. 长江流域资源与环境, 2015, 24(5): 809-815.

[16] 王俊娜, 董哲仁, 廖文根, 等. 基于水文 - 生态响应关系的环境水流评估方法——以三峡水库及其坝下河段为例[J]. 中国科学: 技术科学, 2013, 43(6): 715-726.

高水头大流量旋流消能技术的研究与应用

谢小平[1] 周 恒[2] 丁新潮[2] 戚志军[1]

(1.黄河上游水电开发有限责任公司,西宁 810008;
2.中国电建集团西北勘测设计研究院有限公司,西安 710065)

摘 要 旋流消能技术具有地形地质条件适应性好、消能率高、下游冲刷及泄洪雾化影响小、经济性较优的特点,是一种环境友好型内消能技术。公伯峡是国内第一个泄量超1 000 m^3/s、泄洪水头超100 m的水平旋流泄洪洞,其建成运用对我国泄洪消能技术的发展具有里程碑意义,为解决高坝泄水建筑物高速水流问题积累了宝贵经验。茨哈峡最大坝高257.5 m,为解决高水头大流量泄洪消能及施工后期度汛问题,目前正在进行泄洪洞与导流洞结合采用双层进口的竖井旋流泄洪洞研究工作,其中下层导流进口泄量约1 160 m^3/s、泄洪水头近120 m,上层泄洪进口泄量约1 500 m^3/s、泄洪水头近230 m。文章对公伯峡水平旋流泄洪洞研究及应用情况进行了介绍,简要介绍了茨哈峡双层进口竖井旋流泄洪洞的研究进展情况。

关键词 高水头大流量;导流洞改建;竖井旋流泄洪洞;水平旋流泄洪洞

随着国内西部地区高坝大库水电工程的兴建,泄水建筑物的泄流流速亦越来越高,在设计、施工或运行管理环节上稍有不慎,即可能导致建筑物发生空蚀破坏,直接威胁到泄水建筑物的安全运行。200~300 m级高坝大库工程一般均具有高水头、大流量的特点,泄水建筑物的设计布置难度不断加大,主要体现在:大功率下泄水流与下游狭小消能空间的矛盾、挑流消能与下游防护的矛盾、泄洪雾化与消能区边坡稳定的矛盾,以及高速水流造成的泄水建筑物空蚀破坏威胁等。为了解决泄水建筑物空蚀破坏问题,通常采取优化泄水建筑物体型、严格控制过流面不平整度、采用掺气减蚀措施及抗冲蚀材料等措施,实践证明这些方法虽有很好的效果,但对超高流速泄水建筑物仍存在一定的局限性。

高土石坝在施工期间一般要采用隧洞导流,如何合理利用导流洞后期改建为永久泄洪洞,达到一洞多用的目的,是降低工程造价及解决枢纽布置困难的一个方向。但传统的龙抬头等形式结合的泄洪洞出口下游一般采用挑流消能,严重的泄洪冲刷和雾化常常引起高边坡的稳定问题,从而带来工程投资的增加。

因此,研究高水头大流量泄水建筑物新的消能技术是高坝水力设计所要解决的重要问题,要求研究技术经济指标优越、运行安全可靠、与生态环境相适应的新型泄洪消能技术。

1 旋流消能技术研究进展

旋流消能技术是通过在泄洪洞内布置起旋设施,使水流在特定部位发生高速旋转的贴

作者简介:谢小平(1959—),男,甘肃临夏人,教授级高级工程师,主要从事水电与新能源工程管理工作。E-mail:xxp1130@126.com。

通讯作者:戚志军(1968—),男,高级工程师,主要从事水电工程管理工作。E-mail:qizhijunqizhijun@163.com。

壁螺旋水流，一方面由于离心力的作用，贴壁螺旋水流可以加大衬砌结构上的压强防止空化破坏；另一方面离心力的作用导致贴壁螺旋水流的连续性遭到破坏，在旋流中部形成空腔，通过向空腔内大量掺气来消除水体能量，达到消能和减轻下游河道冲淤及边坡雾化的影响。旋流消能根据螺旋水流发生的部位不同可以分为两种形式：竖井旋流消能和水平旋流消能。

旋流消能工具有较好的消能效果和水力特性，是增加高水头泄洪建筑物可靠性和降低工程造价的一个发展方向，也是利用导流洞改建为永久泄洪洞的一种可供选择的较好方式。早期苏联在这方面研究较为深入，苏联和意大利在一些实际工程中采用，水头落差达 100 m 以上，竖井内流速达 40.0 m/s，但流量都不是很大。近年来我国在旋流消能技术方面进行了研究探索，以中国水利水电科学研究院、四川大学等为代表的科研院所及以中国电建西北院、成都院、昆明院为代表的设计院等单位结合具体工程项目开展了研究工作，取得了大量研究成果，其中沙牌竖井旋流消能泄洪洞、公伯峡水平旋流消能泄洪洞等工程已经建成并投入运行，运行情况良好。

1.1 竖井旋流消能

水流在竖井内绕竖轴旋转流动消能的形式，最早意大利为城市排污和防洪修建了一些小型工程，苏联人在理论上作了进一步的发展。

国内的沙牌水电站首次将导流洞改建为竖井旋流消能泄洪洞，采用压力短进水口、引水道、涡室、竖井连结的竖井旋流泄洪洞，最大泄洪量 242 m^3/s，水头 88 m，总消能率可达 73%，泄洪洞洞内最大流速可控制在 20 m/s 以下。

国内目前研究采用竖井旋流泄洪洞的工程还有冶勒水电站、狮子坪水电站、斜卡水电站、溪古水电站、查日扣水电站及赵家渡水电站等，这些工程泄洪洞泄量大多在 200 ~ 500 m^3/s，泄洪水头一般在百米级。

国内最早在大型工程中开展旋流消能技术研究的是黄河拉西瓦工程，拉西瓦在“八五”攻关期间，对泄洪水头 213 m、单孔泄量 1 640 m^3/s、双孔泄量 3 260 m^3/s 的竖井旋流泄洪洞开展了研究工作，研究内容包括竖井内单旋和双旋等，对旋流消能技术在高坝大库工程中的应用进行了有益探索。

近年来国内的小湾（泄量 1 400 m^3/s、水头 258 m）、溪洛渡（泄量 2 700 m^3/s、水头 220 m）、洪家渡（泄量 1 640 m^3/s）等工程进行了竖井旋流试验研究，在水力学研究方面取得了大量研究成果，但仍未在实际工程中采用。正在建设的大渡河双江口工程拟将后期导流洞改建为竖井旋流泄洪洞，泄洪洞最大泄量 1 200 m^3/s、泄洪水头近 240 m，泄洪洞拟在千年以上洪水时参与泄洪。

1.2 水平旋流消能

对苏联曾结合罗贡和切尔麻姆进行了试验和理论研究。罗贡泄洪洞进水口平面为扇形，设 3 道弧形闸门，泄量 1 900 m^3/s，水头 200.0 m；竖井直径 13.0 m，下部与起旋室偏心相切连接，为了防止负压引起空蚀，80.0 m 长的旋流洞由直径 13.0 m 渐变到 9.0 m；在紧接旋流洞下游洞内设置消力池与原导流洞连接。切尔麻姆泄洪洞水头 134 m，泄量 1 980 m^3/s，采用两孔有压进水口通过斜井与旋流洞连接，下接洞内消力池，出口为开敞式消力池。

印度特里水电站曾研究将两岸导流洞改建成旋流消能泄洪洞，泄洪洞最大水头 203 m，泄量 1 800 m^3/s。其中右岸为喇叭进口，无闸门控制；左岸为单孔溢流堰进口，直径 12.0 m 的竖井下部同起旋室采用折线偏心相切连接。由于尾水位很高，在起旋洞堵头端设直径3.0

m 的排气井与上部气水分离室连通,同时沿洞线布置 6 道排气井通向洞顶的总排气洞,特里水电站属于沿水平洞全洞线旋流消能的形式。

公伯峡旋流泄洪洞是国内第一个泄量超 1 000 m^3/s、泄洪水头超 100 m 的水平旋流泄洪洞,工程于 2006 年建成并投入运行。

沙牌竖井旋流泄洪洞和公伯峡水平旋流泄洪洞的建成运用对我国泄洪消能技术的发展具有里程碑意义,为解决高坝泄水建筑物高速水流问题积累了宝贵经验。

2 公伯峡水平旋流消能泄洪洞研究与应用

2.1 问题的提出

公伯峡水电站为一等大(1)型工程,水库库容 6.3 亿 m^3,装机容量 1 500 MW。枢纽由混凝土面板堆石坝、右岸引水发电系统、左岸溢洪道、左岸泄洪洞及右岸旋流泄洪洞等建筑物组成。

公伯峡右岸泄洪洞在可行性研究阶段为与导流洞结合"龙抬头"泄洪洞形式,因地质条件复杂,洞顶上覆岩体较薄,洞室成洞条件差,为减少施工风险,提出了旋流消能泄洪洞的研究工作。研究工作进行了"龙抬头"泄洪洞、竖井旋流泄洪洞、水平旋流泄洪洞的方案比较研究,推荐采用的水平旋流消能形式较好地适应了公伯峡复杂地质条件,有利于施工安全和节约工程投资。水平旋流泄洪洞较"龙抬头"泄洪洞相比节约工程投资约 5 600 万元,经济效益显著。

工程完工后于 2006 年 8 月进行的 3 次原型过水试验表明,泄洪洞水流掺气充分,水力条件好,泄洪洞结构安全可靠。

2.2 公伯峡水平旋流泄洪洞体型

旋流泄洪洞由开敞式进水口、竖井、起旋室、水平旋流洞、通气孔、水垫塘、退水洞及鼻坎等部分组成,见图 1。泄洪洞设计泄量 1 032 m^3/s,校核泄量 1 060 m^3/s,运行水头 105 ~ 110 m,消能率约 85%,退水洞平均流速 15 m/s,鼻坎流速 7 ~ 9 m/s。

进水口:开敞式进水口轴线与导流洞轴线夹角 45°,采用顶部设闸门控制的圆弧形实用堰,堰顶布置 12.0 m × 16.8 m 的平板检修门和平板工作门各 1 扇,工作闸门槽下游侧墙收缩角 1∶12,过流宽度从进口的 12.0 m 收缩至竖井中心线处的 9.0 m 并与竖井圆形断面相切连接。

竖井段:竖井作为旋流泄洪洞过流通道,高度约 46 m,直径 9.0 m,竖井中心线与导流洞中心线错距 3.5 m。竖井内设坎高 0.8 m、坡比 1∶3的环形掺气坎,并通过 5 个直径 0.63 m 的通气管进行通气,如图 2(a)所示。

起旋室:竖井下部与水平洞切向进流段之间的竖直段为起旋室,高 33.0 m,断面从进口直径 9.0 m 圆形断面渐变为 9.0 m × 6.35 m 的矩形收缩断面,收缩断面末端通过 1/4 椭圆曲线与水平旋流段断面直径 10.5 m 圆弧曲线相切,使得水流发生旋转,如图 2(b)及图 3 所示。为保证旋流洞内形成稳定的旋转水流和使水流充分掺气,在水平洞的上游端设有直径 3.3 m 的通气孔。

旋流消能段:旋流消能段长 41.7 m,直径 10.5 m,为由导流洞 12.0 m × 15.0 m 的城门洞断面采用混凝土套衬改建而成。

水垫塘段:水垫塘段长 65.5 m,末端设长 20 m 的"机翼型"收缩尾坎,底坎高 2.5 m,左

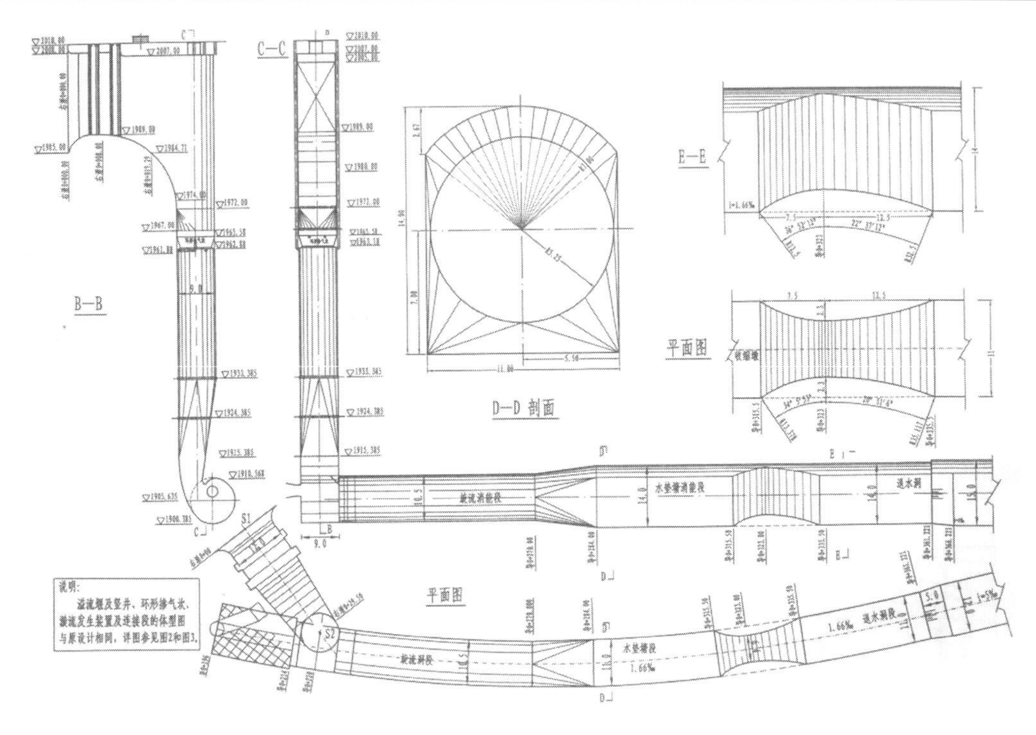

图1　公伯峡水平旋流泄洪洞体型图

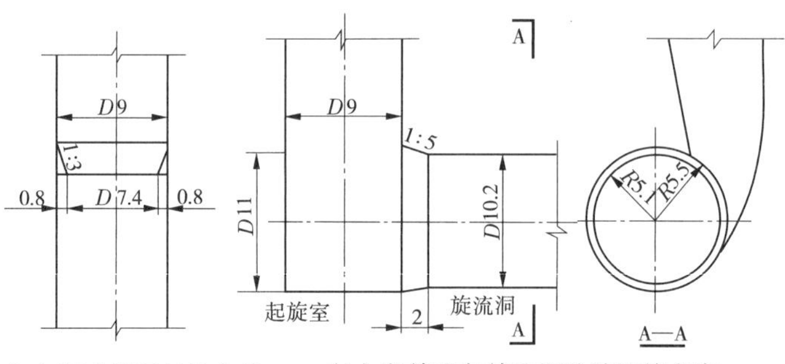

（a）竖井设通气坎方案　　（b）起旋室与旋流洞收缩连接方案

图2　水平旋流泄洪洞防空蚀结构

右两侧各收缩2.3 m，收缩断面尺寸6.4 m×11.5 m，见图4。水垫塘段起到了进一步消除剩余能量和弱化水流旋转的作用，达到调整水流流态使进入退水洞的水流均匀平顺的目的。

图3　起旋室体型

图4　水垫塘体型

退水洞段:水垫塘段收缩断面后与导流洞衔接,利用原导流洞作为旋流泄洪洞的退水洞。

2.3 公伯峡水平旋流泄洪洞设计应用体会

公伯峡水平旋流泄洪洞对形式比较、水力特性、防空蚀措施、各部位体型选择、施工方案等开展了大量工作,主要研究应用经验如下:

(1)规模为百米左右水头、上千泄量、下游尾水不高的泄洪洞,可采用水平旋流消能形式,旋流洞直径可按 $D=(Q^2/g)^{0.2}$ 的经验公式计算。泄洪洞进口及洞线布置具有较大的灵活性,对地形地质条件的适应性强。

(2)为减小水流脉动对竖井混凝土衬砌和围岩的影响,泄洪洞进口后竖井采用淹没流态。其泄流能力由竖井内掺气坎过流断面及起旋室进口断面双重控制。竖井仅作为过流通道,竖井上部水流脉动压力小,较好地适应了竖井上部全强风化的围岩条件。

(3)起旋室是形成旋流的关键部位,又是空化空蚀的敏感部位,为提高其抗空蚀性能就应提高边壁掺气和压力,为此采用了两项措施:一是在竖井中上部设环形掺气坎补气,提高起旋室低压区的掺气量;二是优化起旋室体型,即设导流坎及在起旋室末端设收缩环,提高起旋室及升坎部位的压力,有效地解决了空蚀问题。

(4)旋流洞及水垫塘是水流消能的主要部位,其消能和抗空蚀应综合考虑。采用水垫塘进口长渐变段和出口边底流线型坎的方案,既可提高抗空蚀性能,也满足消能率要求。

(5)旋流泄洪洞采用竖井掺气坎和起旋室上游通气孔共同补气,是保证全洞较高掺气浓度、提高抗空蚀能力的必要措施。

(6)水平旋流消能泄洪洞的消能率达85%以上,退水洞段内的流速小于15 m/s,鼻坎处流速小于10 m/s,很好地解决了下游河道冲淤及雾化问题。

(7)作为内消能工,需要高度重视结构动力响应和泄洪振动问题,泄洪洞结构设计要谨慎论证,采取适宜的工程措施。

(8)综合试验研究和原型过水观测成果分析,公伯峡旋流泄洪洞的体型和结构设计合理、泄量满足要求、掺气减蚀效果好、具有较高的消能率,泄洪洞运行安全可靠。

3 茨哈峡双层进口竖井旋流洞可行性研究

3.1 竖井旋流泄洪洞方案的提出

茨哈峡水电站工程为一等大(1)型工程,挡水建筑物、泄水建筑物按1 000年一遇洪水设计、PMF校核,相应洪峰流量分别为6 150 m^3/s 和9 110 m^3/s。水库正常蓄水位2 990 m,死水位2 980 m,设计洪水位2 991 m,校核洪水位2 993.9 m。水库库容44.74亿 m^3,装机容量2 600 MW。

可行性研究阶段初步选择的枢纽布置格局为:河床混凝土面板堆石坝、左岸引水发电系统地下厂房、右岸泄水建筑物。混凝土面板堆石坝最大坝高257.5 m。泄水建筑物由2孔岸边溢洪道、1条泄洪洞及1条放空洞等建筑物组成。枢纽区地质条件复杂,河道两岸滑坡、变形体等物理地质现象发育,泄洪消能区边坡问题突出。

施工导流采用围堰一次拦断河床,全年土石围堰挡水,隧洞过流的导流方案。初期导流标准采用30年一遇,相应流量为3 830 m^3/s。中期导流标准根据坝体填筑形象及坝前拦蓄库容分别选用100年、200年及500年一遇标准,相应流量分别为4 690 m^3/s、5 140 m^3/s 及5 720 m^3/s。导流洞下闸后进入后期导流时段,导流洞堵头期洪水标准选用20年一遇;大坝度汛标准选用500年一遇,非常运用采用1 000年一遇。

导流布置方案开展了单条低高程导流洞布置方案和高低 2 条导流洞布置方案等多方案的研究比选论证工作。

单条低高程导流洞布置方案导流洞断面尺寸为 13 m×17 m 的城门洞形，导流洞长度 2 811 m。在后期导流时段即导流洞下闸后导流洞封堵期（11 月至翌年 4 月）由放空洞过流，由于导流洞与放空洞进口底板高差 109 m，20 年一遇洪水坝前水位接近 2 902.7 m，导流洞封堵闸门挡水水头达 145 m，咨询及审查均认为导流洞下闸封堵风险大。

为解决导流封堵闸门挡水水头高的问题，开展了高、低 2 条导流洞布置方案等多方案的研究论证工作，论证认为，增加 1 条中高高程导流洞后，导流洞封堵期由中高高程导流洞与放空洞联合过流，导流封堵闸门挡水水头可以控制在 120 m 左右，下闸与封堵安全风险总体可控，但工程投资增加较多，冬季泄水雾化结冰对消能区边坡安全影响问题仍然未能解决。

茨哈峡工程地质条件较差，泄水消能建筑物具有“高海拔、窄河谷、高水头、浅水垫”的特点，建筑物布置困难，泄洪消能及雾化问题突出。为解决茨哈峡高水头大流量泄洪消能、施工后期导流闸门挡水水头高、控制冬季泄水雾化结冰对边坡的影响等问题及节约工程投资，提出了永久泄洪洞与后期中高高程导流洞结合采用双层进口的竖井旋流泄洪洞布置方案，其中下层进口导流洞泄量约 1 160 m^3/s、泄洪水头近 120 m，上层进口泄量约 1 500 m^3/s、泄洪水头近 230 m。

3.2　竖井旋流泄洪洞方案拟订

茨哈峡双层进口旋流泄洪洞布置方案考虑将永久泄洪洞与后期导流洞结合布置，采用竖井旋流泄洪洞形式：永久泄洪进水口及导流进水口根据运用要求及地形地质条件在高程上分别设置，共用竖井及退水洞。上层进口永久泄洪洞承担泄洪、降低库水位及放空水库的任务，下层进口导流洞承担后期导流、水库初期蓄水向下游供水等任务，其使用功能结束后进行封堵。双层进口竖井旋流泄洪洞剖面见图 5。

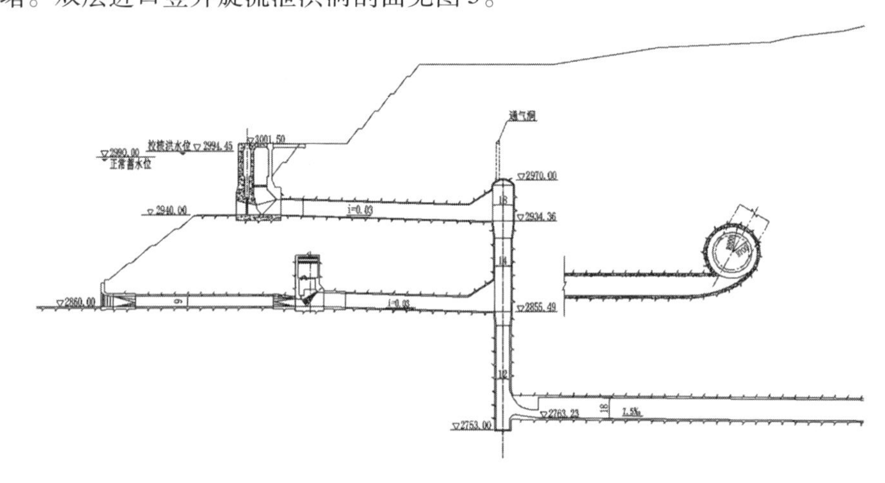

图 5　竖井旋流泄洪洞剖面图

双层进口竖井旋流泄洪洞由上层泄洪进口段、上平洞段及涡室段，下层导流进口段、圆形有压洞段、工作闸室段、无压洞段，共用竖井段、通气孔、下平洞段及出口挑流鼻坎等部分组成。

上层泄洪进口底板高程 2 940.0 m，进口采用岸塔式短有压进水口，设平板事故检修门及弧形工作门各一道，事故门孔口尺寸 7 m×10 m，工作门 7 m×8 m。进水塔后为城门形无压隧洞段，断面尺寸 7 m×13 m，底板纵坡 3%，无压洞末端宽度逐渐收缩并与涡室切向连接,以保证在涡室内产生旋转水流。涡室直径18.0 m,高55 m,上部设有通气孔。涡室与竖井通过高15 m的渐变段连接,上部竖井段直径14.0 m。

下层导流进口段底高程2 860.0 m,工作闸室段前为圆形有压洞,洞径9.0 m。工作闸室设孔口尺寸5.0 m×7.0 m的弧形闸门,工作闸室后为城门形无压洞,断面尺寸7 m×12 m,底板纵坡3%,出口与涡室切向连接,涡室直径与上部竖井直径相同,同为14.0 m。

下部竖井及退水洞段泄洪洞与导流洞共用。下部竖井直径12.0 m。为了增加消能效果、改善洞内流态、降低水流对竖井底部的脉动压力,在竖井底部设一深约15 m的消力井,竖井与退水洞连接处设置顶部压坡的收缩孔口,断面尺寸10.5 m×6 m,压坡段长度40.0 m。退水洞纵坡0.75%,为断面尺寸为12 m×17 m的城门洞形,退水洞下游设挑流鼻坎。

方案比较论证表明,双层进口竖井旋流泄洪洞方案比泄洪洞及中高高程导流洞分设常规体型方案节约工程投资在3.5亿元以上。

3.3 初步研究成果

茨哈峡竖井旋流泄洪洞作为一种新型消能结构,水流流态较复杂,特别是作为内消能工需要充分研究其水力特性、优化建筑物体型,为建筑物结构设计提供可靠依据。为此黄河公司联合西北院等单位专门设立了“茨哈峡旋流消能泄洪洞可行性研究”科研课题,其中水力学研究工作主要采用数值仿真计算与水工模型试验相结合的方法进行研究,水工模型试验由中国水科院和西北农林科技大学所承担,平行开展研究工作,目前取得的阶段性研究成果如下:

(1)泄流能力:进水口体型设计合理,流量系数基本在0.80~0.85,过流能力满足设计要求。

(2)优化了上平洞与涡室连接曲线、导流坎及折流坎等体型,见图6。上平段与起旋室连接段水跃壅水及封堵进气通道的问题得以解决。下一步优化工作拟研究局部放陡上平洞末端与涡室连接处的纵坡,研究降低涡室高度。

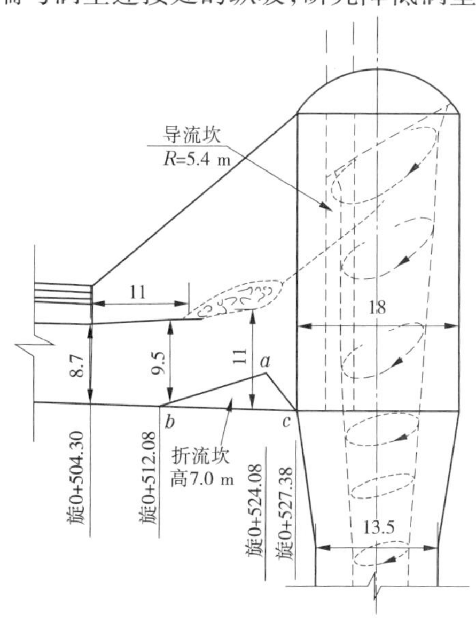

图6 设计洪水工况涡室连接段体型及流态

(3)竖井段:随着竖井高度的降低,贴壁水层厚度逐渐变薄,中心空腔直径增大。在竖井渐变段以上空腔直径增加较快,随后增加不再明显,在环状水跃处及以下竖井,水气充分混掺、紊动剧烈,见图7。

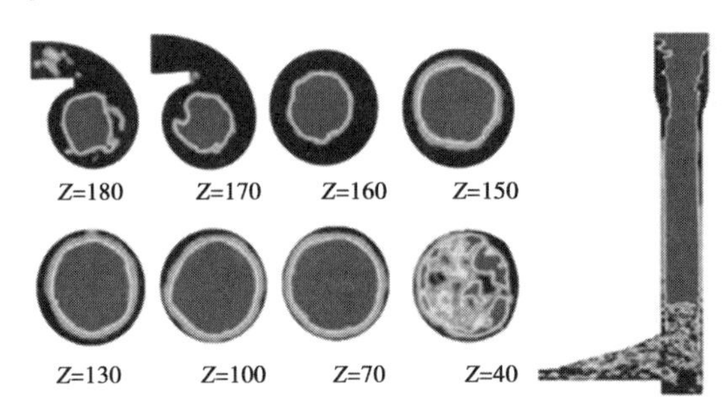

图7　设计洪水工况竖井流态图

设计洪水工况竖井壁面压强分布如图8所示。竖井壁面压强随竖井高度的减小逐渐降低,主要原因是水流在旋转下落过程中,由于边壁的摩阻作用使旋转水流的切向动能逐渐减小、离心力减弱引起的。竖井上部壁面最大压强约为18.0 m水头,至竖井下部环状水跃高程处壁面压强逐渐减小约1.0 m水头。

(4)竖井下部消力井:消力井深度增加对提高竖井的消能作用和减小底板脉动压强有一定作用,但增加到一定深度后其下部水体紊动减小,水流清澈,其消能及减小水流脉动作用效果明显减小,消力井深度以15~20 m为宜。

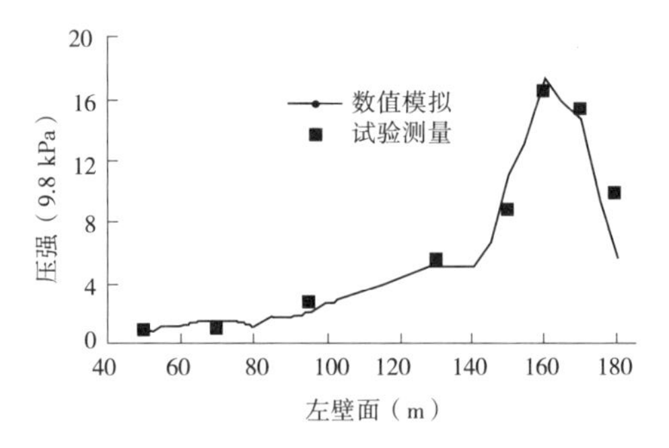

图8　设计洪水竖井壁面压强图

(5)竖井与退水洞衔接段:竖井与退水洞衔接段体型作为优化的重点,进行了多方案体型优化。当退水洞收缩孔口处水流流速控制在25 m/s时,孔口尺寸10.5 m×6.5 m,竖井底板最大脉动压强为11.0×9.8 kPa;当收缩孔口处水流流速按30 m/s控制时,孔口尺寸10.5 m×5.2 m,底板最大脉动压强7.5×9.8 kPa,见图9。竖井底板脉动压强与退水洞收缩孔口大小、底板以上竖井气水混合紊动体体积关系密切。

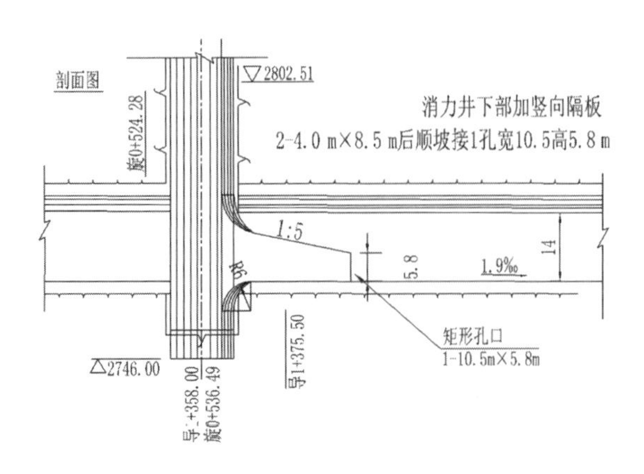

图9　竖井与退水洞衔接段体型流态

(6)退水洞:压坡出口处掺气水流流速在25~33 m/s(不同的收缩孔口尺寸),由于水流掺气充分,退水洞内水流中的气体快速、大量逸出自由水面,水流流速沿程衰减较快,至退水洞出口鼻坎处附近,水流流速在15 m/s以下,退水洞内水流平稳。

(7)消能率:初步研究表明,退水洞中部断面消能率近90%,洞内消能率高,下游河道归槽流速小,从而大大降低了下游河道冲淤及泄洪雾化对边坡的影响。

4 结 语

无论是水平旋流泄洪洞还是竖井旋流泄洪洞,均具有较好的水力特性,洞内消能率高、对地形地质条件适应性强、布置灵活,能较好地解决泄洪洞下游消能区雾化和冲刷问题,是一种环境友好型消能,是提高坝工程枢纽布置灵活性、增加高水头泄水建筑物可靠性和降低工程造价的一个发展方向,也是利用导流洞改建为永久泄洪洞的一种较好方式,研究工作及工程应用均取得了较大进展,在高水头大流量泄洪工程中具有很好的推广应用前景。同时也应当认识到,旋流消能泄洪洞是一种新型内消能技术,其水力条件及结构问题复杂,国内外尚缺少实践经验,下一步茨哈峡工程需结合进一步的水力试验研究、体型优化和结构设计,逐步研究解决关键技术问题,夯实茨哈峡旋流泄洪洞的应用基础。

参考文献

[1] 安盛勋,等.水平旋流消能泄洪洞设计与研究[M].中国水利电力出版社,2002.

[2] 周恒,等.公伯峡导流洞改建为旋流消能泄洪洞专题研究报告[R].西北勘测设计研究院,2002.4.

[3] 董兴林.公伯峡水电站导流洞改建竖井—旋流式泄洪洞试验研究报告[R].中国水利水电科学研究院水力学所,2002.2.

[4] 尹进步,等.黄河茨哈峡竖井旋流泄洪洞水力学模型试验阶段成果报告[D].西北农林科技大学,2016.5.

[5] 孙双科,等.黄河茨哈峡竖井旋流泄洪洞水工模型试验报告(阶段成果)[R].中国水利水电科学研究院,2016.5.

细粒含量 $25\% \leqslant P_c < 35\%$ 碎砾石渗透变形类型及特征

齐俊修[1] 赵晓菊[1] 刘 艳[1] 张中炎[2] 张广禹[3]

(1. 中国电建集团北京勘测设计研究院有限公司,北京 100024;
2. 中水北方勘测设计研究有限责任公司,天津 300204;
3. 黄河勘测规划设计有限公司,郑州 450008)

摘 要 细粒含量判别法是无黏性粗粒土渗透变形类型的主要判别方法。细粒含量判别法认为,当细粒含量 $25\% \leqslant P_c < 35\%$ 时,其渗透变形类型为过渡。但试验结果表明,其渗透变形类型即可能为过渡,又可能为流土或管涌。为进一步验证该部分土渗透变形类型及规律性,统计了45个工程300个试样的渗透变形试验结果。统计分析表明,该部分土的渗透变形类型与 D_{15}/d_{85} 之比值关系十分密切。即在细粒含量 $25\% \leqslant P_c < 35\%$ 的碎砾石土中,当试验结果为流土时,其 D_{15}/d_{85} 基本小于等于5;当试验结果为管涌时,其 D_{15}/d_{85} 基本大于5;当试验结果为过渡时,其 D_{15}/d_{85} 比值既可能小于等于5,也可能大于5,而与密实度关系不大。

关键词 碎砾石;细粒含量;渗透变形类型;过渡;流土;管涌;D_{15}/d_{85}

1 引 言

国内外坝工实践表明,由渗流引起的渗透变形(管涌、内部冲蚀等)是造成土石坝破坏和失事的主要原因[1]。开展土的渗透变形研究和抗滑稳定性研究同样重要[2]。其中,土的渗透变形类型的判别研究是前提和基础。

土的渗透变形类型的判别方法很多,如细粒含量判别法、基于反滤设计理论判别法、级配曲线斜率判别法、不均匀系数判别法、土体孔隙直径与细粒粒径对比法等[3,4]。其中,细粒含量判别法占重要地位,且已被纳入国标无黏性土渗透变形类型判别准则[5,6]。

细粒含量判别法认为,无黏性粗粒土由粗颗粒和细颗粒组成。在土体结构中,粗颗粒起骨架作用,细颗粒起填充作用。且其渗透变形类型符合以下准则,当细粒含量 $P_c < 25\%$ 时为管涌;当 $25\% \leqslant P_c < 35\%$ 时为过渡,并随着其密度、粒级及形状的变化,可能为管涌或流土;当 $P_c \geqslant 35\%$ 时为流土。本文粗细颗粒区分粒径依据标准为2 mm[1,7-11],那么对 $25\% \leqslant P_c < 35\%$ 这部分碎砾石而言影响其渗透变形类型的主要因素是什么呢?为此,我们统计分析了45个工程300个试样的渗透变形试验结果,发现在细粒含量 $25\% \leqslant P_c < 35\%$ 的条件下,其渗透变形类型和土的颗粒级配结构特征关系密切,具体讲和土的反滤设计理论密切相

作者简介:齐俊修(1946—),男,教授级高级工程师,主要从事岩土工程科研试验、监测、治理等方面的研究工作。E-mail:179326776@qq.com。

关,如当土的 D_{15}/d_{85} <5 时,多为流土或过渡,当土的 D_{15}/d_{85} >5 时,多为管涌或过渡。换句话说,在细粒含量 25% ≤P_c <35% 的前提下,其渗透变形类型为流土时,则其 D_{15}/d_{85} 基本小于 5;当其渗透变形类型为管涌时,则其 D_{15}/d_{85} 基本大于 5;而渗透变形类型为过渡时,则其 D_{15}/d_{85} 之值既可能小于 5,也可能大于 5。

2 细粒含量 25% ≤P_c <35% 碎砾石分布概况及基本物理性能指标

2.1 细粒含量 25% ≤P_c <35% 碎砾石分布概况

在统计的 45 个工程 300 个试样中,细粒含量 25% ≤P_c <35% 的碎砾石分布在 17 个工程,有 39 个试样,占总数 300 个试样的 13%。其中,渗透变形类型为流土的有 12 个试样,过渡的有 13 个试样,管涌的有 14 个试样。

2.2 细粒含量 25% ≤P_c <35% 碎砾石基本物理性能指标

参与本次统计的细粒含量 25% ≤P_c <35% 碎砾石试样基本物性指标见表 1。

表 1 参与本次统计的细粒含量 25% ≤P_c <35% 碎砾石试样基本物性指标

工程及试样简称	试验干密度 (g/cm^3)	试验级配(%)										<2 mm (%)	曲率系数 C_c	不均匀系数 C_u	临界水力比降	破坏水力比降	破坏形式	D_{15}/d_{85}
		>60 mm	60 ~ 40 mm	40 ~ 20 mm	20 ~ 10 mm	10 ~ 5 mm	5 ~ 2 mm	2 ~ 0.5 mm	0.5 ~ 0.25 mm	0.25 ~ 0.075 mm	<0.075 mm							
安②混	2.18		20.3	19.1	12.7	12.8	5.0	11.5	11.4	5.3	1.9	30.1	0.68	65.0	—	2.03	流土	4.75
安④ZKK10	2.19		24.6	16.2	11.3	8.9	5.5	11.8	12.7	5.9	2.1	33.5	0.38	75.0	—	2.82	流土	5.0
安④ - 2ZKK3	2.20		8.5	13.9	22.1	18.0	5.3	12.3	12.3	5.6	2.0	32.2	0.76	42.9	—	1.75	流土	5.0
安⑤ZKK30	2.22		10.1	15.3	20.3	16.5	5.4	22.4	12.3	5.7	2.0	32.4	0.73	44.6	—	0.61	流土	5.0
安②ZKK46	2.19		23.1	13.4	8.7	20.5	4.9	11.2	11.2	5.1	1.9	29.4	1.01	53.3	—	2.03	流土	5.0
新③SJB5	2.09		10.8	19.5	14.2	15.0	10.6	14.4	5.6	7.3	2.6	29.9	1.23	52.0	0.65	1.09	流土	3.6
新②XTJ25	2.10		10.5	18.6	14.9	15.7	11.7	10.7	4.4	9.5	4.0	28.6	2.28	79.8	0.54	1.15	流土	3.8
新①BSJ2	2.02		11.9	20.0	14.3	15.1	10.0	11.3	4.8	9.3	3.3	28.7	2.08	79.2	—	1.56	流土	3.9
新①BSJ4	2.03		8.0	14.0	19.2	18.8	9.1	16.0	6.2	6.9	2.6	32.3	0.76	42.9	—	1.75	流土	3.9
牛垫上	2.21		—	22.0	15.0	14.0	20.5	13.5	5.0	9.0		27.5	1.96	39.2	1.62	1.92	流土	2.4
察 2BSP - 1 - 3	2.24		—	12.5	23.5	19.0	15.0	15.5	4.5	10.0		30.0	1.84	34.8	3.0	4.18	流土	2.3
立 HC05	2.11		6.6	17.0	20.6	15.9	12.8	9.1	2.7	11.6	3.7	27.1	3.5	80.0	1.45	1.90	流土	3.8
尚 XK1	2.16		15.5	21.8	15.0	8.9	8.5	19.1	6.2	1.8	3.2	30.3	0.5	40.9	0.41	0.90	过渡	3.87
尚 XK3	2.10		18.8	22.2	12.4	7.7	9.1	22.3	5.0	1.3	1.2	29.8	0.3	35.6	0.55	1.00	过渡	3.48
安④ - 2ZKK04	2.24		15.1	18.0	18.0	19.6	4.2	9.6	9.5	4.4	1.6	25.1	4.78	47.1	0.66	1.18	过渡	5.87
安④ - 3ZKK03	2.19		21.0	17.9	23.0	8.9	4.1	9.6	9.5	4.4	1.6	25.1	4.35	55.9	—	1.28	过渡	7.81
安④ZKK07	2.22		35.9	17.3	9.7	7.6	4.2	9.7	9.6	4.4	1.6	25.3	2.34	100.0	0.3	1.20	过渡	7.54
安⑤ZKK02	2.24		30.3	19.3	9.5	3.7	5.3	12.2	12.1	5.6	2.0	31.9	0.38	103.7	0.86	1.77	过渡	7.78
新 2XTJ18	2.20		11.5	20.1	13.4	14.6	11.9	10.2	4.1	9.2	5.0	28.5	2.52	93.3	1.45	2.26	过渡	3.68
水 SD3	2.31		13.0	20.0	16.0	11.0	12.0	12.0	6.0	4.0	12.0	34.0	1.20	168.2	0.26	—	过渡	3.83
固 CKT 平	2.02		2.9	12.0	17.3	22.4	15.4	20.3	2.7	4.2	2.8	30.0	0.97	15.2	0.3	1.21	过渡	2.41
双 SZYZ 平 1	2.02		14.6	20.7	15.7	11.6	7.6	5.8	2.5	1.6	19.9	29.8	24.2	1650	0.88	1.90	过渡	8.63
双 SZYZ 平 2	1.99		10.2	18.8	18.9	14.7	6.5	7.5	3.0	2.3	18.1	30.9	19.3	1166.7	0.79	3.19	过渡	8.02
林 ST1	1.92		12.8	25.7	14.1	11.9	5.2	5.1	2.3	3.4	19.5	30.3	30.9	2769.0	1.57	3.11	过渡	12.2
林 ST2	1.93		11.7	23.6	15.8	12.5	7.3	5.5	2.1	3.6	17.9	29.1	42.7	2200.0	1.70	3.41	过渡	8.41

续表 1

工程及试样简称	试验干密度(g/cm³)	试验级配(%)										<2 mm(%)	曲率系数 C_c	不均匀系数 C_u	临界水力比降	破坏水力比降	破坏形式	D_{15}/d_{85}
		>60 mm	60~40 mm	40~20 mm	20~10 mm	10~5 mm	5~2 mm	2~0.5 mm	0.5~0.25 mm	0.25~0.075 mm	<0.075 mm							
内 SBJ16-2	2.22		13.1	23.1	13.8	14.1	4.4	4.8	2.3	20.2	4.2	31.5	0.85	154.0	0.44	1.77	管涌	13.0
河 HKTJ2	2.02		10.0	16.2	21.5	21.3	2.8	10.0	10.6	6.6	1.0	28.2	3.4	46.6	0.60	1.75	管涌	5.3
冷 SBZ1	2.27		11.7	32.7	14.0	11.7	2.9	1.0	3.2	4.5	18.3	27.0	87.4	1692.3	0.17	0.56	管涌	30.0
冷 SBZ6	2.30		12.5	21.6	21.6	15.9	0.6	0.2	1.6	3.2	14.0	27.8	258.2	2656.3	0.11	0.33	管涌	66.7
玉 FG2	2.08		17.1	20.8	17.7	13.1	5.5	3.6	2.5	5.4	14.3	25.8	32.9	666.7	0.13	0.30	管涌	14.1
玉 FG6	2.21		27.5	21.8	13.9	7.0	2.4	5.3	10.4	9.8	1.9	27.4	4.7	132.5	0.21	0.42	管涌	18.3
乌瓦 C4	2.24	30	15.0	15.5	6.5	5.0	3.0	5.0	10.0	10.0	—	25.0	4.4	208.5	—	0.19	管涌	21.1
西 NJ1-30	2.15	25.1	14.8	14.1	6.6	3.5	2.2	6.0	11.0	10.9	5.8	33.7	0.14	307.7	0.21	—	管涌	27.9
新 1BSJ6	2.01		13.8	24.6	12.4	13.1	6.0	8.7	6.0	12.2	3.2	30.1	1.44	123	0.86	2.22	管涌	6.4
乌瓦 L4	2.24	15	19.0	20.0	8.0	4.0	4.5	7.5	10.0	11.0	—	28.5	1.20	168.2	—	0.26	管涌	9.0
内 1DBT3	2.07		14.2	23.7	14.8	15.9	5.4	9.1	5.7	8.8	2.4	26.0	4.12	88.1	0.41	1.24	管涌	5.8
新 1BSJ11			15.4	27.1	8.9	9.3	4.9	9.0	6.1	14.8	4.5	34.4	0.36	176.0	0.53	0.80	管涌	8.2
新 1BSJ13	2.03		18.5	29.6	8.1	8.1	3.4	10.9	5.6	11.6	4.2	32.3	0.71	172.0	0.35	0.50	管涌	8.0
新 1BSJ14	2.04		13.5	24.5	12.0	12.2	6.7	9.2	3.8	11.4	6.7	31.1	1.71	171.0	0.25	0.30	管涌	6.4

3　细粒含量 $25\% \leqslant P_c < 35\%$ 碎砾石颗粒级配特征及密度特征

前已述及，细粒含量 $25\% \leqslant P_c < 35\%$ 的碎砾石，其渗透变形类型即有过渡类，又有流土及管涌，且各类试样数比较接近。细粒含量 $25\% \leqslant P_c < 35\%$ 的碎砾石，当其渗透变形类型为过渡时，是细粒含量法判别准则使然，故没有必要进一步论述。需要说明的是，如表 1 所示本次统计的该类试样，其试验干密度变化范围为 1.92 ~ 2.31 g/cm³，平均为 2.07 g/cm³；既有连续级配试样（8 个），又有不连续级配试样（5 个）；既有优良级配试样（3 个），又有不良级配试样（10 个）；D_{15}/d_{85}之比既有大于 5 的试样，又有小于 5 的试样。下面着重论述细粒含量 $25\% \leqslant P_c < 35\%$，其渗透变形类型分别为流土和管涌试样的颗粒级配特征即密度特征。

3.1　细粒含量 $25\% \leqslant P_c < 35\%$ 渗透变形类型为流土碎砾石颗粒级配特征和密度特征

3.1.1　颗粒级配特征

研究表明，无黏性粗粒土细粒含量及颗粒级配特征是影响其渗透变形类型的最主要因素[12]。为研究细粒含量 $25\% \leqslant P_c < 35\%$ 碎砾石渗透变形类型为流土颗粒级配曲线特征，我们绘制其颗粒级配曲线，见图 1。

图 1 结果表明，所有颗粒级配曲线均未见明显的两侧斜率较斜、中间曲线斜率较缓的现象，结合表 1 试样颗粒级配特征，所有 12 个试样中，有 11 个试样为连续级配，仅有 1 个为不连续级配，且不连续粒级未出现在中端，仅出现在尾端。这种类型的颗粒级配曲线及连续级配曲线类型，在同等的沉积条件或压实条件下，会得到较高的密实度，因而不利于细颗粒从

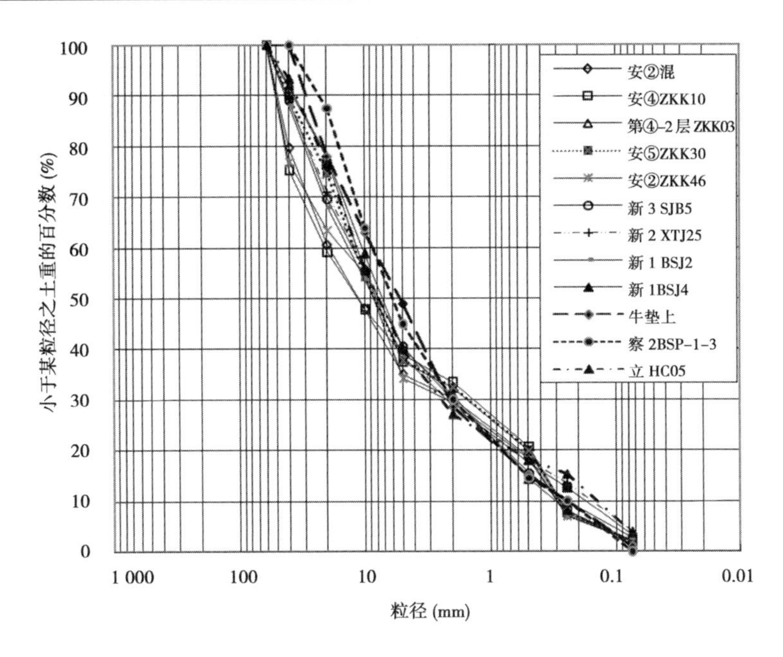

图1 细粒含量25% ≤P_c <35%碎砾石颗粒级配曲线

粗颗粒孔隙中流失或移动。

3.1.2 级配特征指标

细粒含量25% ≤P_c <35%渗透变形类型为流土的碎砾石的级配特征指标不均匀系数、曲率系数具体数值见表1,在此基础上进一步统计了其优良、不良级配占比(见表2)。

表2结果表明,属优良级配试样占50%。另外,序号2、3的试样虽为不良级配,但其曲率系数接近优良级配曲率系数的下限或上限。颗粒级配属优良级配或接近优良级配的试样占比达91.65%,其颗粒密实度在同等压实度条件下,可以达到最大压实度。

表2 统计试样优良级配及不良级配占比

序号	级配类型	曲率系数变化范围	不均匀系数变化范围	试样个数(个)	占总数百分数(%)
1	优良级配	1.01 ~2.28	39.2 ~79.8	6	50.0
2	不良级配	0.68 ~0.76	42.9 ~65.0	4	33.3
3	不良级配	3.5	80.0	1	8.3
4	不良级配	0.38	75.0	1	8.3

3.1.3 D_{15}/d_{85}之比值特征

D_{15}/d_{85}之比值,又称为管涌比,是反映土的颗粒级配曲线特征的又一量化指标(D_{15}指粗颗粒部分含量为15%的粒径;d_{85}指细颗粒部分含量为85%的粒径),该部分试样D_{15}/d_{85}之比统计结果见表3。

表 3　D_{15}/d_{85} 之比统计结果

工程及试样简称	<2 mm (%)	破坏形式(试验结果)	D_{15}/d_{85}	破坏形式(计算结果)	工程及试样简称	<2 mm (%)	破坏形式(试验结果)	D_{15}/d_{85}	破坏形式(计算结果)
安②混	30. 1	流土	4. 8	流土	新②XTJ25	28. 6	流土	3. 8	流土
安②ZKK10	33. 5	流土	5. 0	流土	新②BST2	28. 7	流土	3. 9	流土
安④ - 2ZKK3	32. 2	流土	5. 0	流土	新①BST4	32. 3	流土	3. 9	流土
安⑤ZKK30	32. 4	流土	5. 0	流土	牛垫上	27. 5	流土	2. 4	流土
新③SJB5	29. 9	流土	3. 6	流土	察 2BSP - 1 - 3	30. 0	流土	2. 3	流土
安②ZKK46	29. 4	流土	5. 0	流土	立 HCO5	27. 1	流土	3. 8	流土

当 $D_{15}/d_{85} \leqslant 5$ 时，土的渗透变形类型为非管涌；当 $D_{15}/d_{85} > 5$ 时，土的渗透变形类型为管涌。表 3 结果再次印证了反滤设计理论的正确性，也表明，当细粒含量 $25\% \leqslant P_c < 35\%$ 且当 $D_{15}/d_{85} \leqslant 5$ 时，其渗透变形类型应为非管涌。

3. 1. 4　密度特征

细粒含量 $25\% \leqslant P_c < 35\%$ 渗透变形类型为流土的碎砾石的密度值本次参与统计的试样结果为：变化范围 2. 02 ~ 2. 22 g/cm³，平均值 2. 17 g/cm³。密度分布直方图见图 2。

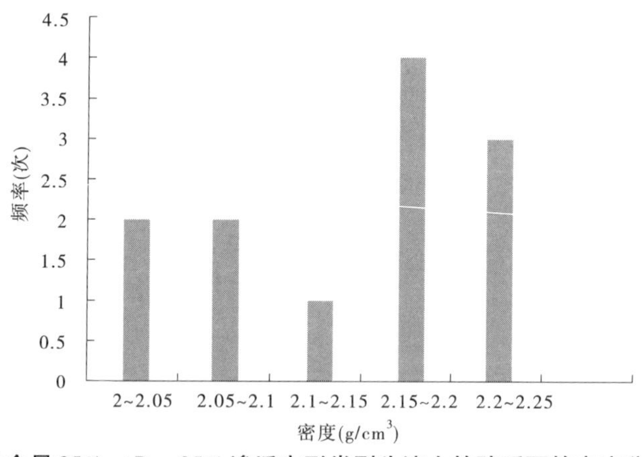

图 2　细粒含量 $25\% \leqslant P_c < 35\%$ 渗透变形类型为流土的碎砾石的密度分布直方图

从图 2 可见，其分布范围在 2. 00 ~ 2. 25 g/cm³，其中 2. 15 ~ 2. 20 g/cm³ 分布频次最多，达 4 次。

3. 2　细粒含量 $25\% \leqslant P_c < 35\%$ 渗透变形类型为管涌碎砾石颗粒级配特征和密度特征

3. 2. 1　颗粒级配曲线特征

为研究细粒含量 $25\% \leqslant P_c < 35\%$ 渗透变形类型为管涌碎砾石颗粒级配曲线特征，我们分别按级配不连续和级配连续 2 类类型分别绘制去颗粒级配曲线，结果见图 3、图 4。

图 3、图 4 曲线表明，所有颗粒级配曲线均呈两侧曲线斜率较陡、中间曲线斜率较缓的特点，区别仅在于陡、缓的程度不同而已。具体讲，就是级配不连续碎砾石颗粒级配曲线中

间段更缓，而级配连续碎砾石颗粒级配中间段较缓。这种颗粒级配曲线呈两侧段较陡、中间段较缓的碎砾石，通常情况下，其颗粒之间孔隙相对较大，且有利于细颗粒从粗颗粒孔隙中流动和流失。

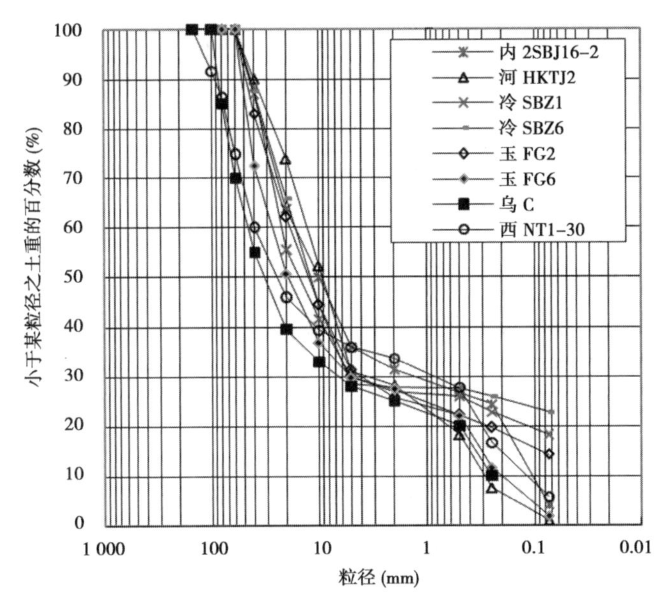

图 3 细粒含量 25% ≤ P_c < 35% 且级配不连续

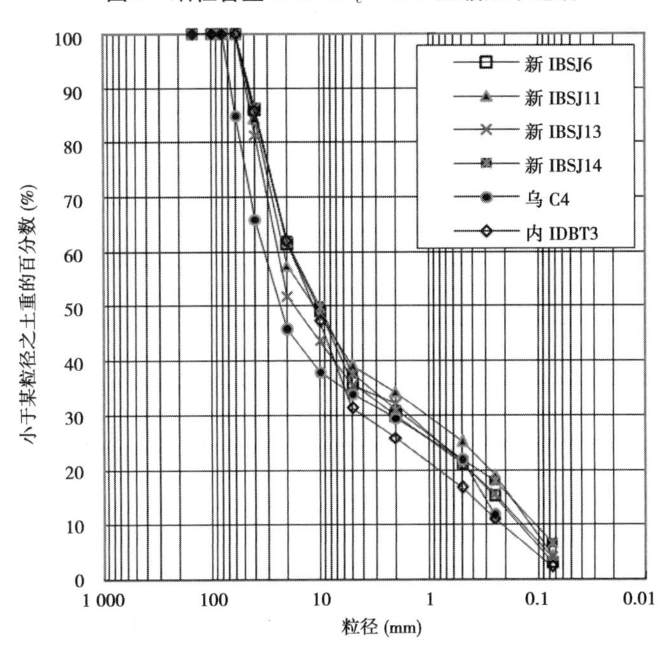

图 4 细粒含量 25% ≤ P_c < 35% 且级配连续

3.2.2 级配特征指标

细粒含量 25% ≤ P_c < 35% 渗透变形类型为管涌碎砾石颗粒级配特征指标不均匀系数、曲率系数具体指标见表 1，在此基础上统计了其优良、不良级配占比，见表 4。

表4　统计试样优良级配、不良级配占比

序号	级配类型	曲率系数变化范围	不均匀系数变化范围	试样个数(个)	占总数百分数(%)
1	优良级配	1.20~1.71	123.0~171.0	3	21.4
2	不良级配	0.14~0.85	172.0~307.7	4	28.6
3	不良级配	3.4~258.2	46.6~2 656.3	7	50.0

表4结果表明,属不良级配试样占比达78.6%,属优良级配试样仅占21.4%。实践表明,在同等压实功能或自然条件下,不良级配土的密实度较小,孔隙较大。显然,这种级配的土有利于细颗粒从粗颗粒所形成的骨架孔隙中流失。

3.2.3　D_{15}/d_{85}之比特征

前已述及,D_{15}/d_{85}之比是反映土的颗粒级配曲线特征的又一量化指标,本部分试样D_{15}/d_{85}之比统计结果见表5。

表5　D_{15}/d_{85}之比统计结果

工程及试样简称	<2 mm(%)	破坏形式(试验结果)	D_{15}/d_{85}	破坏形式(计算结果)	工程及试样简称	<2 mm(%)	破坏形式(试验结果)	D_{15}/d_{85}	破坏形式(计算结果)
内2SBJ16-2	31.5	管涌	13.0	管涌	西NJ1-30	33.7	管涌	27.9	管涌
河北HKTJ2	28.2	管涌	5.3	管涌	乌瓦C4	28.5	管涌	9.0	管涌
冷SBZ1	27.0	管涌	30.0	管涌	内1DBT3	28.0	管涌	5.8	管涌
冷SBZ6	27.8	管涌	66.7	管涌	新1BST6	30.1	管涌	6.4	管涌
玉FG2	25.8	管涌	14.1	管涌	新1BST11	34.4	管涌	8.2	管涌
玉FG6	27.4	管涌	18.3	管涌	新1BST13	32.3	管涌	8.0	管涌
乌瓦C4	25.0	管涌	21.1	管涌	新1BST14	31.1	管涌	6.4	管涌

表5结果再次印证了反滤设计理论的正确性。也表明,当细粒含量$25\% \leq P_c < 35\%$且当$D_{15}/d_{85} > 5$时,渗透变形类型应为管涌。

3.2.4　密度特征

细粒含量$25\% \leq P_c < 35\%$渗透变形类型为管涌的碎砾石的密度值本次参与统计的试样结果为:变化范围2.01~2.30 g/cm^3,平均值2.0 g/cm^3。本次统计的试样密度分布直方图见图5。

4　不同渗透变形类型土密实度和临界比降、破坏比降比较分析

为比较细粒含量$25\% \leq P_c < 35\%$级配段的碎砾石不同渗透变形类型的密实度和临界比降、破坏比降之间关系,我们编制了密实度和临界比降、破坏比降对照表(见表6)。

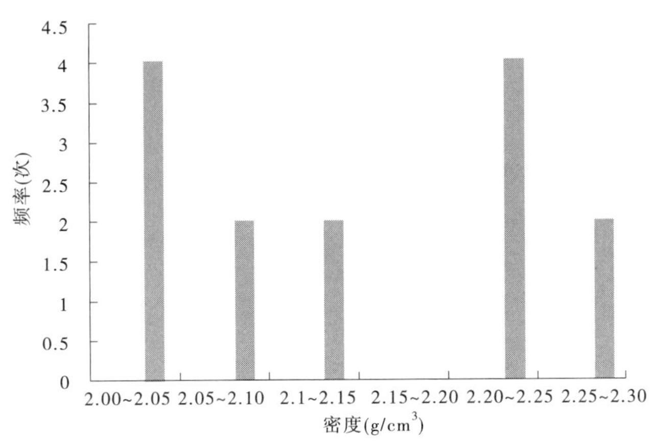

图 5 细粒含量 25% ≤P_c <35% 渗透变形类型为管涌的碎砾石的密度分布直方图

表 6 碎砾石试验干密度与临界比降、破坏比降值比较表(25% ≤P_c <35%)

渗透变形类型		流土	过渡	管涌
试验干密度(g/cm³)	最大值	2.24	2.31	2.30
	最小值	2.02	1.92	2.01
	算术平均值	2.14	2.12	2.15
	试验组数(组)	12	13	13
临界比降	最大值	1.62	1.70	0.86
	最小值	0.54	0.26	0.11
	算术平均值	0.94	0.81	0.36
	试验组数(组)	3	12	12
破坏比降	最大值	4.18	3.41	2.22
	最小值	0.61	0.90	0.19
	算术平均值	1.90	1.87	0.82
	试验组数(组)	11	12	13

注:流土类型的临界比降最大值原为3.0,由于该值比较之下偏大,故取1.62为该类最大值。

从表6可知,3种类型碎砾石试验干密度非常接近,其平均值仅相差0.03 g/cm³,但其临界比降、破坏比降却表现为流土、过渡比较接近,但其与管涌类差异较大。为更直观地比较密实度与临界比降、破坏比降之间关系,我们绘制了不同渗透变形类型碎砾石试验干密度与临界比降、破坏比降平均值对比曲线图(见图6)。

从图6可直观看出,不同类型统计试样试验干密度几乎在一条水平直线上,但是临界比降和破坏比降却表现为,流土型和过渡型临界比降、破坏比降均比较接近,而管涌型则明显变小。表6和图6一致地表明,在统计干密度范围内,其对细粒含量25% ≤P_c <35%级配段碎砾石渗透变形类型影响不大,换句话说,对该级配段碎砾石而言,在统计干密度基本相同范围内,其渗透变形类型即可能为流土、过渡,也可能为管涌。

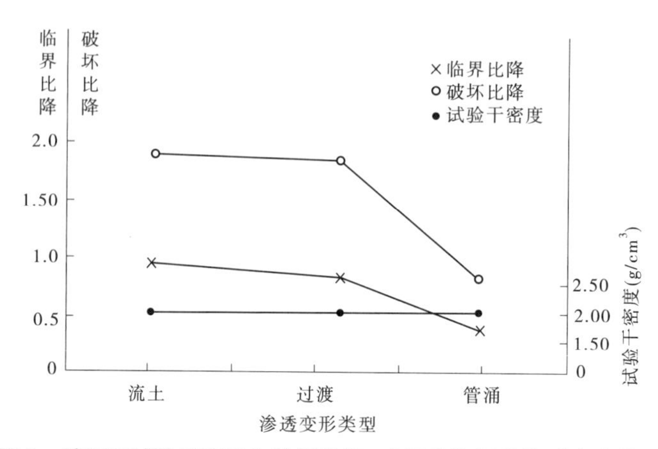

图6　碎砾石试验干密度与临界比降、破坏比降平均值对比曲线图

5　错误试验结果的判断及处置

在整理试验资料时，我们发现有个别试验结果不符合反滤设计理论（准则）。反滤设计理论认为，当 $D_{15}/d_{85} \leqslant 5$ 时，其渗透变形类型为非管涌，反之为管涌。这些不符合反滤设计理论的试样的试验结果和按反滤设计理论判断结果对照如表7所示。

表7　渗透变形试验结果与按反滤设计理论判断结果对比表

工程及试样简称	试验干密度(g/cm^3)	<2 mm(%)	C_c	C_u	K(cm/s)	试验结果			反滤设计理论结果		两结果一致性(是或否)
						临界比降	破坏比降	破坏形式	D_{15}/d_{85}	破坏形式	
安⑥ZKK43	2.22	26.4	1.96	78.8	2.77×10^{-3}	—	1.67	流土	7.4	管涌	否
安⑦ZKK02	2.28	30.5	0.50	80.0	3.36×10^{-3}	—	2.45	流土	5.8	管涌	否
安⑦ZKK07	—	29.0	0.51	136.7	6.91×10^{-3}	0.96	1.39	流土	16.9	管涌	否
安②ZKK02	2.17	33.2	0.49	63.0	1.04×10^{-3}	—	4.65	流土	5.4	管涌	否
安②ZKK11	2.18	27.8	1.26	74.2	1.81×10^{-3}	—	1.96	流土	6.1	管涌	否
新3SJB4	—	26.0	0.72	66.7	1.60×10^{-2}	0.16	0.78	管涌	2.7	非管涌	否
新1BSJ11	2.02	34.4	0.36	176.0	3.93×10^{-3}	0.53	0.80	管涌	4.8	非管涌	否
河SHJ1	2.09	25.1	1.28	35.0	1.14×10^{-2}	0.85	1.75	管涌	3.5	非管涌	否

表6结果表明，这些试样的渗透变形类型试验结果与按反滤设计理论判断结果并不一致，这些不一致的结果中，除安②ZKK02、新1BSJ11的 D_{15}/d_{85} 之比值与判断界限较接近，有可能出现异常情况外，对其他试样的试验结果，我们认为，应由有经验的第三者进行复核试验，并应加强试样的制备工作和试验过程控制。

6　结　语

通过对45个工程300个渗透变形试样试验结果统计分析，得出以下主要认识：

(1)细粒含量 25% ≤P_c <35% 的碎砾石,其渗透变形类型既可能是过渡,又可能是流土或管涌,其决定因素是管涌比 D_{15}/d_{85}。

(2)细粒含量 25% ≤P_c <35% 的碎砾石,当试验结果为过渡时,这是细粒含量法使然,可不必进一步论证。

(3)细粒含量 25% ≤P_c <35% 的碎砾石,当试验结果为流土时,其管用比 D_{15}/d_{85} 基本小于等于 5,否则应进行复核试验。

(4)细粒含量 25% ≤P_c <35% 的碎砾石,当试验结果为管涌时,其管涌比 D_{15}/d_{85} 基本为大于 5,否则应进行复核试验。

参 考 文 献

[1] 屈智炯. 对粗粒土渗透变形研究的进展[J]. 水电站设计,2008,24(1):48-55.

[2] 张利华,余功检,蔡克强. 堤与坝管涌发生的机理及人工智能预测与评定[J]. 浙江大学学报(工学版),2004,38(7):902-908.

[3] 刘忠玉,苗天德. 无黏性管涌型土的判定[J]. 岩土力学,2004(7):1072-1076.

[4] 姜春露,姜振泉,孙强,等. 基于 Fisher 判别分析法的无黏性土渗透破坏类型判别[J]. 应用基础与工程科学学报,2012(10):820-827.

[5] 中华人民共和国国家标准编写组. GB 50287—2006 水力发电工程地质勘察规范[S]. 北京:中国计划出版社,2007.

[6] 中华人民共和国国家标准编写组. GB 50487—2008 水利水电工程地质勘察规范[S]. 北京:中国计划出版社,2009.

[7] 齐俊修,赵晓菊,刘艳,等. 不均匀系数 C_u≤5 的无黏性土的渗透变形类型统计分析研究[J]. 岩石力学与工程学报,2014,12:2554-2562.

[8] 武汉水利电力学院. 土力学及岩石力学[M]. 北京:水利出版社,1982.

[9] 齐俊修,赵晓菊,刘艳,等. 级配不连续碎砾石粗细颗粒区分粒径比较分析[J]. 水利与建筑工程学报,2016,14(1):225-231,242.

[10] 齐俊修,赵晓菊,刘艳,等. 连续级配碎砾石粗细颗粒区分粒径分析[J]. 电力勘测设计,2016,2(1):6-10,29.

[11] 齐俊修,赵晓菊,刘艳,等. 粉细砂渗透、渗透变形参数统计分析研究[J]. 地下空间与工程学报,2015,11(增):419-424.

[12] 刘杰. 土的渗透破坏及控制研究[M]. 北京:中国水利水电出版社,2014.

西北院混凝土面板堆石坝设计技术进步

王君利

（中国电建集团西北勘测设计研究院有限公司，西安　710065）

摘　要　我国自1985年设计建设混凝土面板堆石坝以来，西北院承担了马来西亚的巴贡（Bakun，坝高202 m）、察汗乌苏（深厚覆盖层）、公伯峡（国内首次采用混凝土挤压墙技术，超长面板施工）、积石峡（软岩筑坝）、羊曲（镶嵌式组合坝）以及在建和拟建的玛尔挡、茨哈峡、新疆大石峡、金川及西藏俄米等面板堆石坝工程的设计施工。在设计过程中总结和分析国外多座面板堆石坝严重渗漏以及大坝溃决的原因，重点从坝体变形安全新理念出发进行设计研究，逐步形成了坝体各区变形协调设计理念、渗流安全理念，进行坝体结构设计及渗流控制。对软岩堆石料筑坝、不利自然条件（狭窄河谷与高陡岸坡、深覆盖层、高寒地区等）建坝等逐步形成了完整技术，展示了西北院在混凝土面板堆石坝设计方面的技术进步。

关键词　西北院；面板堆石坝；技术进步

1　发展历程和主要特征

我国自1985年开始学习和引进国外混凝土面板堆石坝设计施工技术和经验，重视自主创新的科学研究和技术开发，对混凝土面板堆石坝建设中的关键技术问题，进行科学研究和开发，设计科技成果不断应用于工程实践，取得了重大的技术进步。

混凝土面板堆石坝在实践中体现出来的安全性、经济性和适应性具有良好的优势，使其经常成为首选的坝型。据不完全统计，到2014年底我国已建成、在建和拟建的混凝土面板堆石坝已达305余座，其中坝高100 m或超过100 m的高坝有94座，包括已建成48座、在建20座、拟建26余座。我院承接的马来西亚的巴贡（Bakun，坝高202 m）、新疆察汗乌苏（坝高110 m，河床覆盖层宽96 m，厚46.7 m）、白龙江苗家坝（坝高111 m，河床覆盖层厚48 m）、青海公伯峡（坝高132 m，国内首次采用混凝土挤压墙技术，超长面板（面板长218 m）施工）、青海积石峡（坝高110 m，软岩筑坝）、青海羊曲（坝高150 m，镶嵌式组合坝）以及在建和拟建的青海玛尔挡（坝高211 m）、茨哈峡（坝高257.5 m）、新疆大石峡（坝高247 m）、四川金川（坝高111.5 m，河床覆盖层宽56 m）及西藏俄米（坝高227 m）等面板堆石坝工程的技术咨询或设计施工，展示了我院在国内及国际面板堆石坝工程领域的领先地位。

据统计，我国混凝土面板堆石坝的总数已经占全世界的50%以上，高混凝土面板堆石坝的数量已经占全世界的60%左右，我国混凝土面板堆石坝在数量、坝高、工程规模和技术难度等方面都居世界前列。在强地震区、深覆盖层、岩溶等不良地质条件和在高陡边坡、河道拐弯等不良地形条件下建造了多座高混凝土面板堆石坝工程。

作者简介：王君利（1960—），男，陕西泾阳人，中国电建集团西北勘测设计研究院有限公司副总工程师，教授级高级工程师，主要从事水电工程设计研究工作。E-mail：1547@ nwh. cn。

我国至今已建成各具特点的混凝土面板堆石坝,主要有:国内外最高的混凝土面板堆石坝的水布垭坝(湖北清江,坝高233 m),堆石体积最大(1 800 万 m^3)、面板面积最大(17.27 万 m^2)的天生桥一级坝(贵州南盘江,坝高178m),强震区(设计烈度9 度)最高的混凝土面板沙砾石坝吉林台一级坝(新疆喀什河,坝高157 m),已经受强震(汶川8 级地震)考验的紫坪铺坝(四川岷江,坝高156 m),坝址地震烈度达9~10 度,河谷不对称且岸坡高陡(左岸趾板边坡高310 m)的洪家渡坝(贵州乌江,坝高179.5 m),主体用砂岩和泥岩混合料填筑的董菁坝(贵州北盘江,坝高150 m),河谷最狭窄(河谷宽高比1.27)的猴子岩坝(四川大渡河,坝高223.5 m),深厚覆盖层上建的新疆察汗乌苏坝(深覆盖层深70 余米,坝高100 余米),国内首次采用混凝土挤压墙技术,超长面板(面板长218 m)施工的青海公伯峡大坝等。

2 筑坝技术的进步

2.1 设计技术进步

2.1.1 坝体结构设计

在混凝土面板堆石坝设计、建设过程中,不断总结工程经验教训,重点从坝体变形安全新理念出发进行设计研究,逐步形成了具有中国特色的坝体结构设计理念。首先,充分利用建筑物开挖料和料场各种料源的同时重点考虑坝体各区的变形协调;同时采用较高的压实标准,即较小的孔隙率或较高的相对密度,目前面板堆石坝垫层区、过渡区、主堆石区和下游堆石区的孔隙率分别提高到17%、18%、19%和19%左右。重视不同地形条件下采用不同的坝体分区以达到坝体各区变形协调,在陡峻的山坡段或地形起伏较大区域的下部设置一定的增模区,以改善坝体变形性状、变形协调和抗滑稳定性等。

2.1.2 变形协调理念与变形控制措施

总结和分析国内外已建高面板堆石坝存在垫层区裂缝、面板脱空和裂缝、面板挤压破坏和严重渗漏的原因,在设计过程中逐步形成了面板堆石坝设计的变形协调理念,提出和采用了变形控制措施。

(1)我院在马来西亚巴贡水电站大坝设计中采用数值分析和土工离心模型试验等方法比较不同分区方案时坝体变形和面板应力变形性状,以达到坝体各区变形协调、面板工作状态良好的目的,确定坝体合理分区;对原设计的坝体分区进行了调整见图1,图2 为变形协调设计的Bakun 面板坝坝体分区图。表1 为经验设计与变形协调设计的Bakun 面板坝坝体对比表。

从表1 和图1 可以看出,巴贡坝若采用经验设计方案,填筑区顶部和中部坝体变形很不协调,坝体沉降差达到4.545×10^{-2},面板浇筑后随着坝体的继续填筑,面板顶部与垫层区的法向位移差达到113.5 cm,很可能造成垫层区裂缝、面板脱空甚至面板挠曲应力裂缝。若采用经验设计方案,河谷中央面板最大压应变为670×10^{-6},很可能也发生面板挤压破坏。采用变形协调设计新理念指导的坝,坝体变形则比较协调,坝体沉降差仅为3.189×10^{-2},减小了51%。一期面板浇筑后随着后期坝体填筑面板顶部与垫层区的法向位移差只有70.98 cm,减小了60%,从而大大减少了面板脱空现象,避免了面板产生结构性裂缝。经验设计方案河谷中央面板最大压应变为670×10^{-6},变形协调设计方案只有619×10^{-6}(不设置新型止水)和540×10^{-6}(设置新型止水),分别减少了8%和24%,从而避免了面板混凝土挤压破坏。巴贡坝在施工期及正常运行以来,已有的监测分析成果表明,各项监测值均未超过设计允许值，亦表明巴贡面板堆石坝的设计、施工中所采用的技术是合适的。

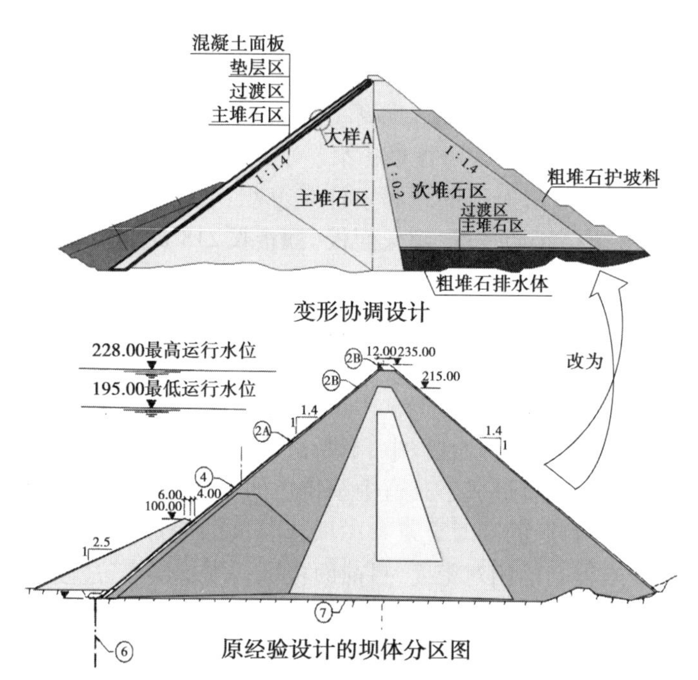

图1　变形协调设计的坝体分区对比

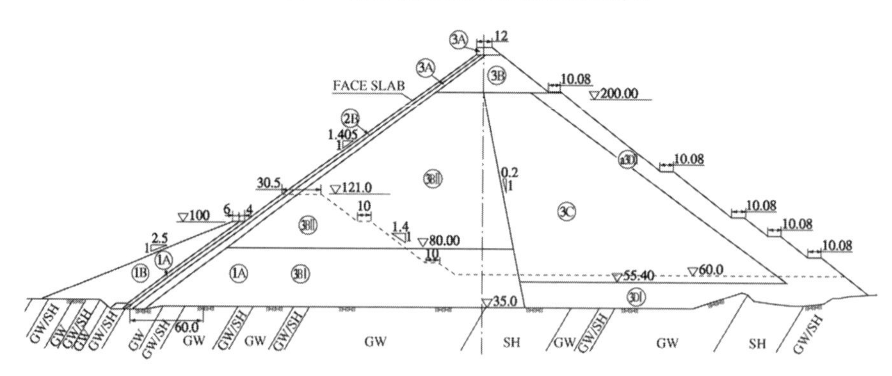

图2　变形协调设计的坝体分区图　（尺寸单位：m，高程单位：m）

（2）适当提高下游堆石区的填筑标准，即使下游堆石区料为建筑物开挖料的岩性、风化程度和颗粒级配较差，只要提高其填筑标准，使坝体各区的变形模量相近，也可达到坝体变形协调。

（3）合理确定在纵剖面和横剖面上坝体填筑形象进度，合理组织筑坝材料开挖、储存和填筑，尽量做到坝体填筑全断面均衡上升（如黄河公伯峡、积石峡、察汗乌苏等大坝采用坝体填筑全断面均衡上升），达到施工期坝体变形协调。

表 1　经验设计与变形协调结构设计的巴贡大坝工程实例对比

设计思想			经验设计	变形协调结构设计
坝坡　上游坡/下游坡			1∶1.4/1∶1.4	1∶1.4/马道间 1∶1.3
压实标准		过渡层	干密度 2.16 g/cm^3、振动碾 6～8 遍	孔隙率≤18%、干密度≥2.27 g/cm^3、振动碾＞8 遍
		主堆石区	干密度 2.09 g/cm^3、振动碾 6～8 遍	孔隙率≤20%、干密度≥2.22 g/cm^3、振动碾＞8 遍
		次堆石区	干密度 2.09 g/cm^3、振动碾 6～8 遍	孔隙率≤20%、干密度≥2.22 g/cm^3、振动碾＞8 遍
面板垂直缝止水			经验型止水、沥青木板	新型止水，Pulai 可变形软木板
坝体最大沉降(cm)		施工期	376.4	230.6(原型观测值 227.5)
		蓄水期	406.4	245.3
顺河向水平位移(cm)	向上游	施工期	-35.4	-27.6
		蓄水期	-20.3	-15.2
	向下游	竣工期	65.8	41.6
		施水期	79.2	48.9
面板挠度(cm)	蓄水期		105.7	84.7
蓄水期面板轴向位移(cm)	指向右岸		6.1	5.2
	指向左岸		-6.1	-5.1
面板坝轴向应力(MPa)	拉应力		-2.23	-1.94
	压应力		19.2	18.3
面板顺坡向应力(MPa)	压应力		31.2	28.5
坝体最大沉降差(10^{-2})	上游坝体		4.55	3.18
	下游坝体		-3.71	-2.39
坝体最大水平位移差(10^{-2})			-2.94	-2.19
面板法向位移与垫层面法向位移差(cm)			113.5	70.98
面板最大坝轴向压应变(10^{-6})			670	619

(4)合理确定面板分期浇筑时间以及面板浇筑时已填筑坝体顶面与该期面板顶面之间的高差，即预沉降措施，使堆石坝体变形与面板变形同步协调；青海公伯峡大坝采用超长面板(面板长 218 m)施工，大坝填筑一次到顶，使大坝施工期变形基本完成等。

(5)适当增加面板受压区垂直缝的宽度和范围，垂直缝中嵌填的材料能够适应变形协调。

(6)提高堆石坝体填筑标准，减小堆石坝体在坝轴线方向的位移，减小面板与垫层之间的约束，减小两岸坝肩附近面板的拉应力以及河谷中央面板的压应力，避免两岸坝肩附近面板产生拉裂缝以及河谷中央面板挤压破坏。

2.1.3　渗流安全理念与渗流控制措施

我院在设计过程中总结和分析国外多座面板堆石坝严重渗漏以及沟后坝溃决的原因，逐步形成了面板堆石坝渗流安全理念，提出了渗流控制措施，总结和分析我院已建和在建工程的设计研究和建设，渗流安全理念与渗流控制措施主要有：

（1）大坝自上游至下游坝体各区渗透系数和层间关系满足水力过渡准则，同时根据大坝填筑料的特性和渗透系数增设竖向排水区，确保堆石坝主体处于非饱和状态不产生渗透变形破坏。

（2）减小与控制接缝位移，修正趾板建基面的地形和趾板下游的地形；提高周边缝附近特殊垫层区与垫层区的填筑标准，同时应使得周边缝附近的垫层区、过渡区和堆石区的填筑标准和变形模量彼此相近。

（3）减小甚至避免面板裂缝，适应大变形的接缝止水结构和止水材料的选用。

（4）研究在不同水头、不同渗流速度乃至止水破损条件下的垫层料和过渡料的渗透变形特性，研究和确定垫层料和过渡料的设计。

（5）采用内趾板、截水槽、加深固结灌浆和反滤保护等措施处理不良地质条件趾板基础。

2.2 施工和监测技术进步

2.2.1 施工技术

形成了一支高水平的施工队伍和高面板堆石坝优质快速施工技术，主要采用以下技术：①做好料场规划和料源平衡，使料场开采与坝体填筑在规模和强度上相适应；②分别采用枯期围堰、过水围堰和全年围堰导流度汛方式和全断面均衡填筑快速施工技术；③开发32 t重型振动碾，采用冲击碾压施工技术；④开发垫层区翻模固坡技术、混凝土挤压墙、喷乳化沥青技术；⑤开发面板混凝土浇筑布料器、趾板混凝土滑动模板和防浪墙混凝土移动式模板台车等专业机具和配套技术。

2.2.2 质量检测与质量控制技术

坝体填筑质量监测采用压实效果与施工参数双控，压实效果是指用试坑法在现场检测坝体堆石料的颗粒级配、干密度或孔隙率和渗透系数；施工参数铺层厚度、加水量、碾压机械、碾压遍数通过现场生产性碾压试验确定，筑坝材料（爆破开挖料）通过爆破试验确定等。开发了大坝填筑GPS高精度实时监控技术、附加质量法快速检测堆石体密度的方法、挤压边墙质量检测方法和趾板灌浆抬动变形监测方法等。

2.2.3 安全监测设备与资料分析技术

采用国家科技攻关项目开发了混凝土面板堆石坝安全监测仪器设备，主要包括：①堆石坝体内部变形监测仪器——水管式沉降计、电磁式分层沉降计和引张线式水平位移计、电位器式位移计。②面板变形监测仪器——固定式测斜仪。③周边缝位移监测仪器——三向测缝计。N2000型遥测遥控水平垂直位移计，主要性能达到国际领先水平，已应用于多个面板堆石坝工程。④目前正在分析研究在坝体内设置水平和竖直观测廊道，初步分析研究成果表明是可行的，已确定在黄河羊曲大坝采用。⑤形成了混凝土面板堆石坝安全监测资料分析技术系统，建立了坝体变形、面板应力和面板挠度等的统计分析模型，为工程的安全运行提供了有力保障。

2.3 筑坝材料和防渗结构技术进步

2.3.1 软岩堆石料（或沙砾石）筑坝技术

堆石坝体采用砂泥岩等软岩堆石料或沙砾石时，除垫层区、过渡区和排水区外，堆石坝体需处于非饱和状态，重视坝体分区的变形协调，大坝变形尽可能在施工期完成。国内典型工程大坝断面如图3、图4所示。

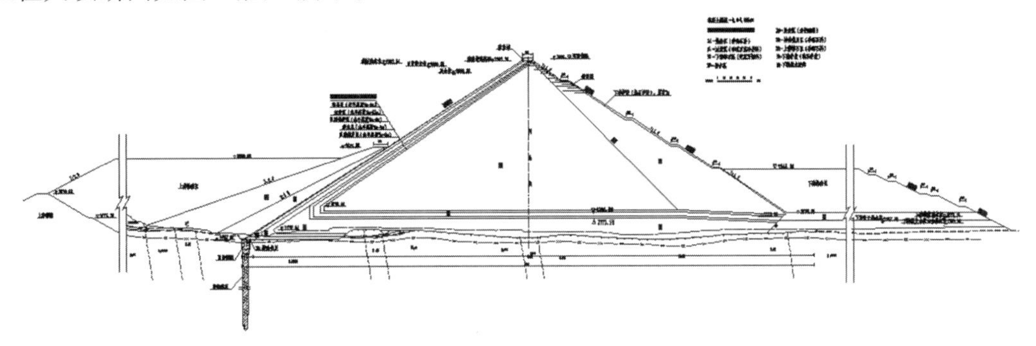

图3　黄河茨哈峡面板堆石坝断面图

坝体标准剖面图　方案3

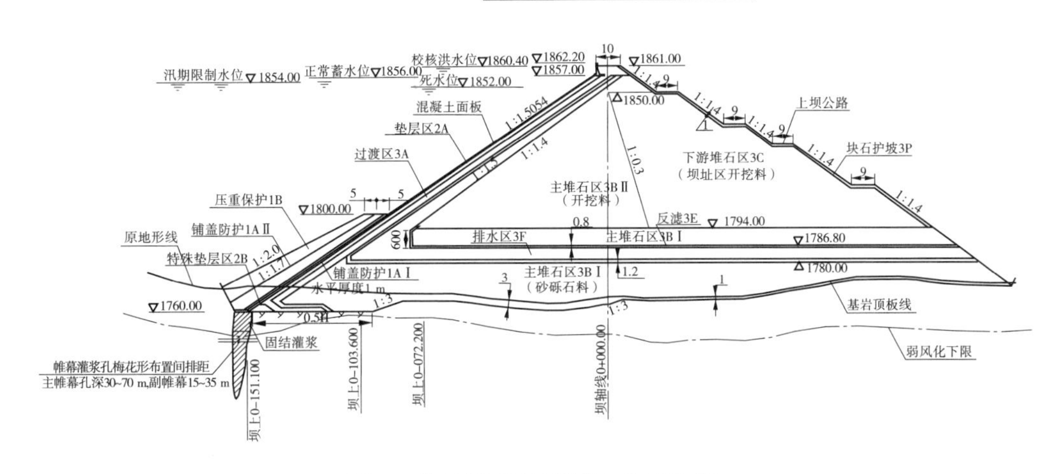

图4　黄河积石峡面板堆石坝断面图

软岩(或沙砾石)筑坝设计采用了以下关键技术措施:

(1)设置有足够排水能力的排水区,竖向排水尽量靠近上游,使软岩(或沙砾石)堆石区处于非饱和状态,有足够的抗剪强度和变形模量。

(2)重视坝体分区的变形协调,提高软岩堆石区的压实标准,使软岩堆石区的变形与其他各区的变形比较协调;积石峡两岸不对称,采用分期、分区填筑的方式将坝体填筑分为4个阶段,以解决坝体的不均匀沉降对大坝的影响。

(3)研究软岩堆石料的压实特性和变形特性,针对不同岩性的软岩堆石料采取相应的压实施工参数和施工方法。

(4)为提高软岩坝料碾压质量及减小坝体沉降变形,根据坝料特性和现场碾压试验,采用坝外加水、坝面洒水等工序,以确保坝料碾压前达到预期含水量。

(5)通过大型足尺渗透变形试验等来研究沙砾石料的颗粒组成、渗透系数和渗透变形特性,合理设计垫层区、沙砾石区和排水区,使沙砾石坝体不发生渗透变形破坏。

(6)为了充分释放坝体(软岩)沉降量,预留合理沉降期,尽可能采取坝体浸水措施,使加速先填区坝体沉降加速,提前释放坝体湿化变形的影响。

(7)顶部面板最小厚度增加至40 cm、减小底部止水凸起肋条高度、增设抗挤压钢筋等面板抗挤压破坏措施。

(8)重视从面板混凝土材料、面板混凝土施工技术和面板工作条件等,全面地进行混凝土面板防裂技术研究,采取措施防止面板裂缝或挤压破坏。

2.3.2　止水结构与止水材料

国家科技攻关项目研究了接缝的止水结构与止水材料,其中具有代表性并广泛应用的是 GB 系列的止水材料与结构和 SR 系列的止水材料与结构,主要性能都超过国际同类止水材料与结构。除早期建设的株树桥坝和沟后坝外,都没有因止水结构发生破坏而产生严重渗漏。在巴贡面板受压区垂直缝中嵌填可变形的止水材料以避免挤压破坏,面板受压区垂直缝如图 5 所示,工程运行证明采取的结构及措施是十分有效的。

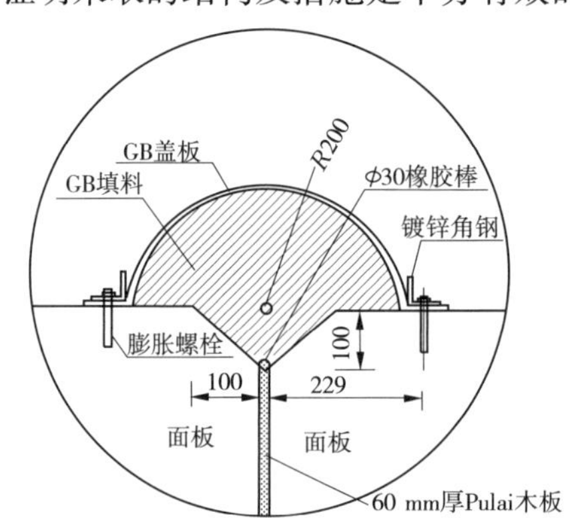

图5　巴贡坝面板压性垂直缝止水　(单位:mm)

2.4　不利自然条件下建坝技术

2.4.1　狭窄河谷与高陡岸坡坝址建坝技术

在深卸荷岩体或软弱岩体构成的窄深峡谷中不适宜修建拱坝,面板堆石坝就成为一种具有明显优势的坝型,这种情况在今后可能开发的西北、西南地区峡谷中会越来越多地遇到。在窄深峡谷中修建高混凝土面板堆石坝时,由于堆石体流变特性、河谷束窄效应的影响,极有可能出现因坝体变形梯度过大,从而导致止水结构和面板破坏的情况。深卸荷岩体则给高面板坝的防渗幕体带来了帷幕形成困难、抗渗透稳定性和耐久性等问题。而国内外又都缺乏可资借鉴的工程经验,因此如何采取工程措施,控制坝体变形,消除窄深河谷地形给工程可能带来的隐患;如何设计防渗方案,控制坝基及坝体渗漏,成为勘测设计面临的难题。

结合黄河羊曲水电站工程下坝址坝高 191 m,坝顶长度 146 m,河谷系数(A/H^2)为 0.56,河谷极狭窄,呈对称"V"形,总结分析河谷宽高比较小的已建工程三板溪(坝高 185.5 m、宽高比 2.28)、洪家渡(坝高 179.5 m、宽高比 2.38)、水布垭(坝高 233m、宽高比 2.83)、江坪河(高 219 m、宽高比 1.89)、猴子岩(高 223.5 m、宽高比 1.27)等工程的设计建设经验,进行了大量设计、科学研究,取得的主要成果和创新如下:

(1)分析研究了坝体分区、坝料填筑参数、坝体应力应变成果及运行情况,提出主要控制指标,为特窄河谷高面板坝变形控制研究提供了依据。

(2)提出特窄河谷高面板堆石坝筑坝材料采用硬岩,垫层料、过渡料及主堆石料孔隙率分别按不大于 17%、19%、20% 控制,下游堆石料孔隙率与主堆石料基本一致,压缩模量大于 100 MPa,可以满足羊曲特窄河谷高面板堆石坝坝体设计的要求。

(3)从坝体分区及施工填筑程序、特殊边界模拟、河谷束窄效应、堆石体流变影响及动力特性等方面,研究分析了不同河谷宽高比对坝体应力变形的影响。特窄河谷面板坝三维效应明显,具有初期变形相对较小、后期变形相对较大、周边缝剪切变位相对较大等特点,但变形仍在可控范围内。揭示随着河谷变窄,周边缝位移剪切变形较沉陷和张开变形大,而剪切变形增大。对特殊边界采用碾压干贫混凝土处理,岸坡设置一定厚度的过渡料,能减小特窄河谷坝体变形,改善应力分布。

(4)通过对特窄河谷高面板坝接缝位移研究,揭示了周边缝剪切变位明显大于张开和沉陷变位的规律,提出了接缝止水技术控制指标。

(5)通过现场强卸荷岩体灌浆试验研究,提出采用投细砂、待凝等工艺的综合帷幕灌浆方法,解决了强卸荷岩体的防渗问题。

经分析研究和工程实践证明,采用以下技术措施是十分有效的:

(1)提高堆石压实标准,减少堆石坝体变形;下游堆石料孔隙率与主堆石料基本一致,压缩模量大于 100 MPa。

(2)在特殊边界及与岸坡连接处设置变形模量较高的特别碾压区。

(3)合理确定坝体填筑顶面高程与面板浇筑高程的高差,以及合理确定面板浇筑时间与坝体填筑时间的预沉降期。

(4)采用适应较大变形的周边缝(特别是两岸)止水结构和材料。

(5)不利地形条件下采用高趾墙或便于与其他建筑物连接。

(6)采用内趾板减少陡坡开挖量,采取合理的边坡加固措施。

(7)对两岸不称的地形地质条件或坝内设有建筑物的,在大坝填筑施工时,应合理分期分区,使大坝各区变形协调。如图 6 所示为黄河积石峡坝体分期填筑示意图。

(8)监测坝轴向坝体变形和面板垂直缝变形。

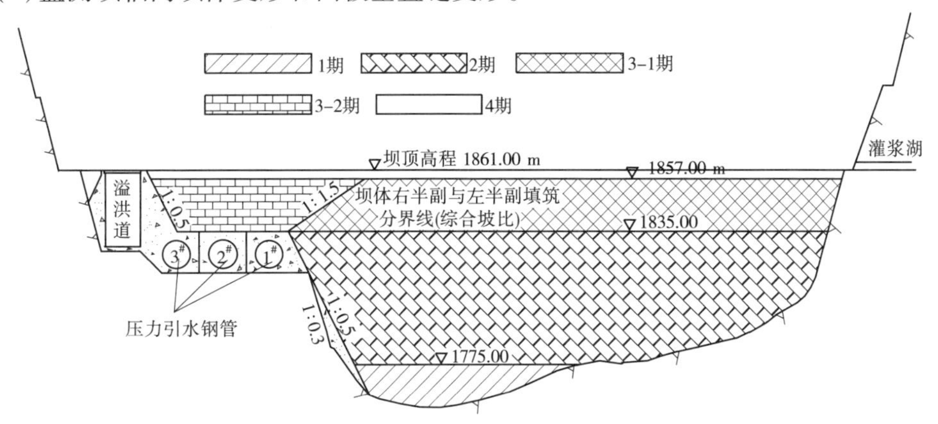

图 6　黄河积石峡坝体分期填筑示意图

2.4.2　深覆盖层上建坝技术

坝基覆盖层最厚的是铜街子副坝,覆盖层厚达 73.5 m,坝高 48 m;趾板建在覆盖层上最高的是九甸峡坝,覆盖层厚 56 m,坝高 136.5 m,河床覆盖层最宽厚的是察汗乌苏坝,坝高 110 m,河床覆盖层宽 96 m,厚 46.7 m。我院设计的察汗乌苏、苗家坝面板沙砾石坝典型断面如图 7、图 8 所示。

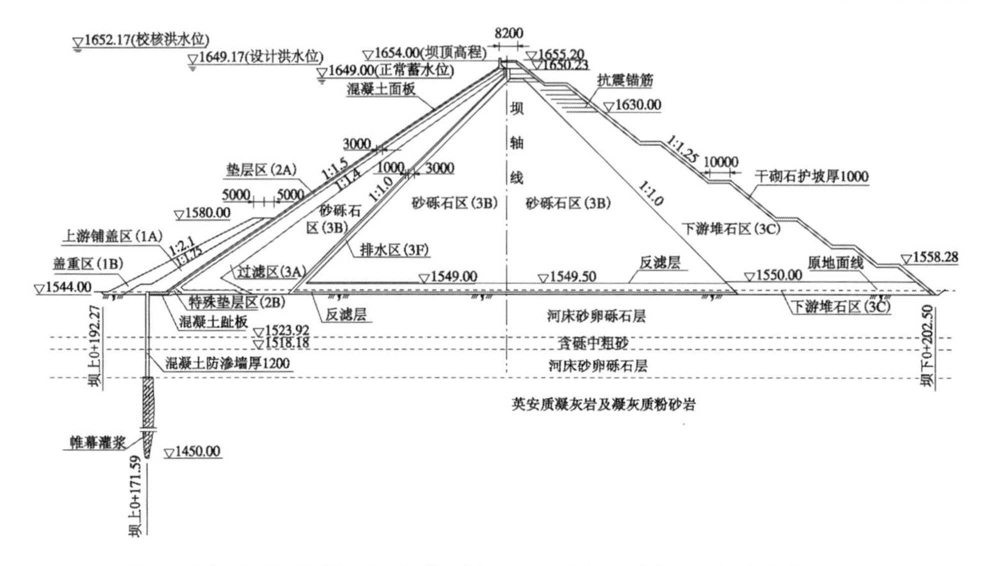

图 7　察汗乌苏面板沙砾石坝典型断面图　（高程单位:m,尺寸单位:mm）

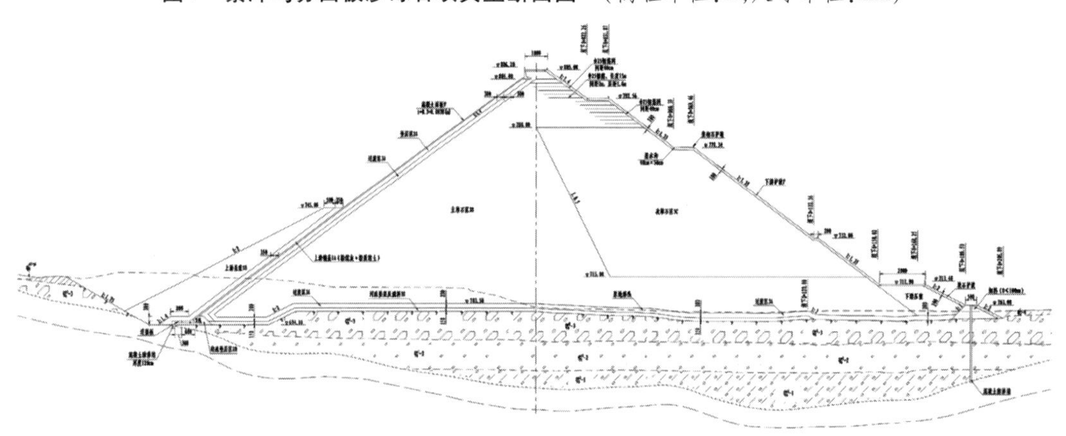

图 8　苗家坝面板沙砾石坝典型断面图

分析研究和工程实践证明,采用以下技术措施是十分有效的:

(1)采用钻孔、动力触探、面波测试、原位旁压试验和载荷试验等多种手段,查明覆盖层的组成和结构、软弱夹层和可能液化砂层的分布以及覆盖层的工程特性,论证覆盖层沉降变形特点和规律,作为坝基进行研究,必要时进行工程处理。

(2)对坝基覆盖层采用混凝土防渗墙防渗是十分有效的。

(3)防渗墙与趾板采用连接板连接形式,满足变形协调条件,能够有效改善趾板的工作条件。需采用三维有限元法计算分析优化连接板长度、块数、分缝及防渗体系设计。

(4)研究防渗墙应力变形性状及其影响因素(特别是施工期与运行期变形协调),提出有效的工程措施。

(5)重视施工期坝基覆盖层的变形及趋势,根据坝基覆盖层的变形合理安排连接板、面板的施工工序。

2.4.3　高寒地区建坝技术

我院在新疆和青海等高寒地区建成了察汗乌苏、柳树沟、公伯峡、积石峡和在建的羊曲、玛尔挡、茨哈峡等混凝土面板堆石坝,其中的代表是新疆察汗乌苏(坝高110 m),通过大量的科研试验和设计研究,设计技术进步主要是:

(1)采取薄层重型振动碾压实,合理增加碾压遍数,实现冬季堆石碾压施工不间断;同时坝体需预留足够的变形期及沉降期,防止面板结构裂缝的产生。

(2)选择采用降低水灰比、掺加外加剂和保温养护等措施,提高面板混凝土抗冻性能;柳树沟采用掺适当的罗赛纤维素纤维,对抑制混凝土表面塑性裂缝和收缩裂缝效果较明显,抗裂效果优良。

(3)高寒、高蒸发等恶劣气候环境地区,面板施工时机宜应选择在春末夏初,尽管如此仍会发生混凝土保湿、保温养护困难,造成混凝土温降收缩的温度裂缝和表面蒸发失水较快引起的塑性收缩裂缝,需采取必要的保障措施。

(4)适当增加面板钢筋含量,在水位变动区设置表层抗温度应力钢筋。

(5)建议在面板表面涂设憎水(憎冰)涂料,增加热交换,维持冰面和面板间有一层不冻水膜。

(6)适当增加滑模刚度及延长混凝土拌和时间,也是保证面板混凝土内在及外观质量措施。

(7)表面止水采用沉头螺栓等固定形式,避免表面止水被冰盖拔出破坏。在表面接缝止水两侧增设混凝土条,可有效地保护接缝止水。

3 结 语

随着对高混凝土面板堆石坝工作机制的认识,我院在新疆、青海和西藏正在设计和建设一批超高面板堆石坝,在设计研究中总结分析国内外混凝土面板堆石坝设计施工技术和经验,重视自主创新的科学研究和技术开发,提出并研究镶嵌混凝土面板堆石坝、复合式混凝土面板堆石坝、高模量混凝土面板堆石坝及坝内设置观测廊道、现场大型原型材料试验等关键技术问题,将形成具有我院特色的高混凝土面板堆石坝的设计理论。

200 m级面板堆石坝设计及控制措施总结

张合作 湛正刚

（中国电建集团贵阳勘测设计研究院有限公司，贵阳 550081）

摘 要 随着薄层碾压技术的推广，大容量、大功能、高效率机械的发展使得面板坝取得了较快的发展，岩土力学理论、丰富的试验手段、先进的计算技术和计算设备发展进一步保障了大坝设计的安全可靠性，同时对高面板堆石坝变形控制理念认识的转变，加快了高面板坝的建设。目前200 m级面板坝建设在国内外取得了迅速发展并运行良好。本文从面板堆石坝材料设计、坝体分区、防渗系统设计、坝基处理设计和坝体填筑碾压、面板挤压破坏控制、面板防裂控制等方面总结了200 m级面板坝的建设经验，为更高面板坝设计和建设提供了技术与理论支撑。

关键词 200 m高面板坝；控制措施；总结；建设经验

1 前 言

混凝土面板坝对地形地质条件的适应性能良好，可以充分利用建筑物开挖料和周边材料，对外来物资需求少，建设速度快，经济性好，运行安全且维修简便，因此在国内外得到了迅速发展。从20世纪90年代开始，随着天生桥一级（坝高178 m，1999年建成）、阿瓜密尔帕（墨西哥，坝高187 m，1993年建成）面板坝的建成，国内外在2000年以后掀起了200 m级面板坝的建设高潮，先后修建了洪家渡（坝高179.5 m，2005年建成）、三板溪（坝高186 m，2006年建成）、水布垭（坝高233 m，2007年建成）、坎波斯诺沃斯（巴西，坝高202 m，2006年建成）、巴拉格兰德（巴西，坝高185 m，2006年建成）、巴贡（马来西亚，坝高202 m，2009年建成）。

这一时期修建的面板坝由于借鉴了天生桥一级和阿瓜密尔帕面板坝的建设经验与教训，所以大坝建成后的沉降量总体均较小，面板裂缝也较少，运行情况较好。但部分工程在建设和运行中出现了较大的面板水平向结构性裂缝、面板坝挤压引起的结构性破坏、面板和垫层料之间的脱空等缺陷，导致坝体产生较大的渗漏量。但经学者的理论分析和建设者的工程实践，在优化坝体分区、控制上下游堆石模量差、提高堆石压实度、选用大功率碾压设备、采用坝体预沉降控制、预设面板挤压缝宽、预埋回填灌浆管等措施后基本有效控制了在建设和运行中出现的变形、渗透和抗滑稳定引起的工程缺陷与破坏，确保了大坝的安全可靠性。这些都表明200 m级面板堆石坝的设计及建设控制技术日趋成熟。

本文试图通过200 m级面板坝建设中有关变形、渗透和抗滑控制的主要设计与控制措

基金项目：中国水电工程顾问集团有限公司科技项目：200 m级高面板堆石坝安全性及关键技术研究（GW－KJ－2012－16－01）。

作者简介：张合作（1979—），男，陕西礼泉人，高级工程师，主要从事水工设计和管理。E-mail：83274169@qq.com。

施，总结、凝炼200 m级面板坝在变形、渗透制和抗滑控制方面的主要经验，展望面板坝进一步发展面临的技术问题。

2 变形设计及控制措施总结

面板坝的主要问题是坝体变形过大或出现较大的不均匀变形以及随之而来的面板结构性裂缝、面板挤压破坏、面板脱空等显现。如天生桥一级、墨西哥的阿瓜密尔帕、巴西的辛戈和坎波斯诺沃斯等面板坝均由于堆石孔隙率偏大，上、下游堆石模量差别大，使得坝体不均匀变形过大，导致垫层料开裂、面板脱空，出现结构性裂缝和挤压破坏等。在总结经验教训的基础上，我国工程师集成了一套有效的设计和控制技术。具体如下：

（1）扩大主堆石区范围，降低下游堆石变形对面板的影响。

2000年以后，面板坝的建设吸取了阿瓜密尔帕和天生桥一级的经验教训，对库克和谢拉德的建议分区（见图1）进行了修正，扩大了主堆石区的设置范围（见图2），希望通过分区降低下游堆石体变形对面板变形应力的影响，同时确保各区变形相对均匀。伴随洪家渡、三板溪和水布垭等大量高坝实践，该分区已得到了国内外坝工专家的肯定。

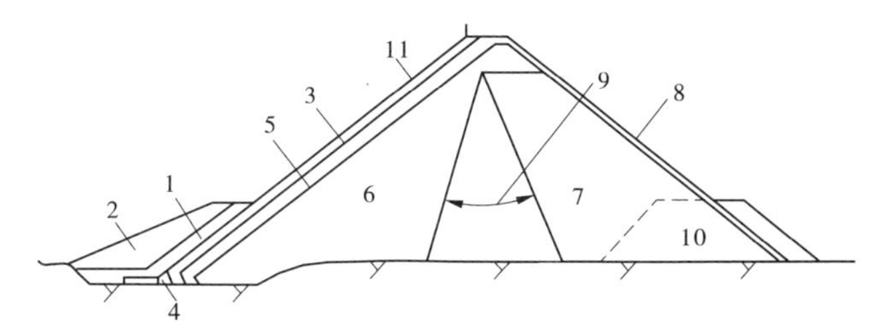

1—上游铺盖区；2—盖重区；3—垫层区；4—特殊垫层区；5—过渡区；6—主堆石区；7—下游堆石区；8—下游护坡；9—可变动的主堆石区与下游堆石界面，角度依坝料特性及坝高而定；10—抛石区（或滤水坝趾区）；11—混凝土面板

图1 库克和谢拉德建议的面板坝分区

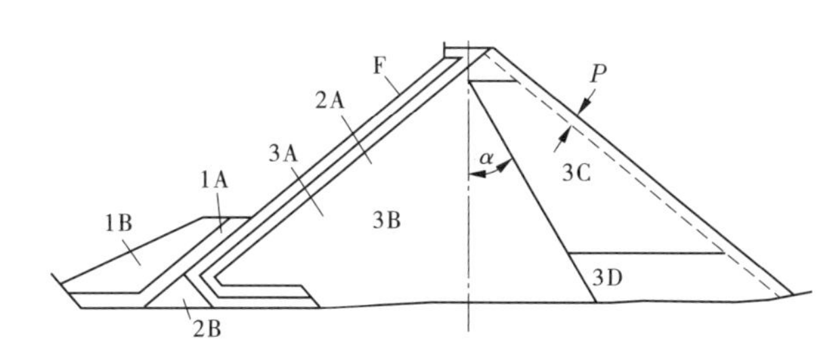

1A—上游铺盖区；1B—盖重区；2A—垫层区；2B—特殊垫层区；3A—过渡区；3B—上游堆石区；3C—下游堆石区；3D—排水区；P—块石堆砌；F—面板

图2 2000年以后的面板坝分区

同时，针对不利地形地质条件等因素，坝体可增加其他分区，如增模区（低压缩区）、反压平台等，而对于高坝，坝顶上部1/5～1/3范围宜设置增模区，以减小顶部堆石的变形，提高坝体抗震性能。

（2）提高填筑标准，加强上、下游堆石的模量差控制。

天生桥一级面板坝各堆石区碾压后的孔隙率控制在22%～24%，坝体实测最大沉降354 cm（占最大坝高1.99%），混凝土面板出现大面积裂缝。后期建设的洪家渡、三板溪、水布垭碾压后的上、下游堆石孔隙率均在19.33%～20.02%，坝体最大沉降分别为135.6 cm（占最大坝高的0.76%）、175.1 cm（占最大坝高的0.96%）、247.3 cm（占最大坝高的1.06%），面板裂缝控制相对较好。

为达到较好的碾压密实度，施工中一般优选25～32 t的振动碾，碾压层厚80 cm、碾压遍数8～10遍和洒水15%～20%（堆石体积）的方式，如表1所示。

表1　典型面板坝堆石碾压控制

工程名称	碾压机具型号	碾压层厚(cm)	碾压遍数
天生桥一级	18 t自行式振动碾	80	6
洪家渡	18 t自行式(牵引式)振动碾/25 t三边形冲击碾	80/160	8/27
三板溪	20～25 t牵引式振动碾	80	8～10
水布垭	25 t自行式振动碾	80	8
江坪河	32 t自行式振动碾	80	8

为加强碾压质量的控制，堆石料检查在现场挖坑取样的基础上发展了附加质量法、微变形量测法以及GPS施工监控法。新的检测方法工序简化、周期缩短，检测数量增加，可靠性和效率得到较大提高。

（3）严控坝体填筑分期，减小不均匀沉降。

工程实践和理论研究表明，坝体的不均匀沉降和蠕变是导致垫层料开裂和面板产生裂缝的主要原因。所以在坝体填筑分期中要求，相邻填筑区段的坝面高差不应过大，其上、下游高差一般不应大于50 m，有条件时可让下游面超高填筑；减小相邻区段填筑的时间差，尽量争取平起均衡填筑，同样，沿坝轴线方向的填筑也应尽量做到整体均衡上升。

（4）采用预沉降和超高填筑堆石体等措施，减小面板脱空发生概率。

每期面板施工前，坝体分期填筑面要求超高在15 m以上或设置预沉指标，使面板浇筑前面板下部坝体的沉降速率小于5 mm/月；具备条件的情况下，还可以采取充水预压措施。上述措施均能够显著减少面板顶部脱空的概率。如表2所示。

表2　典型面板坝预沉降和超填控制

项目	面板分期	坝体预沉降时间(月)	坝体垫层区实测月沉降速率(mm/月)	面板顶部与浇筑坝面高差(m)
洪家渡	一期	7～8	3.68～5.02	6
	二期	3.7	1.85～4.71	10
	三期	3.7	3.26～5.01	3
三板溪	一期	7.2	≤5	0
	二期	5	≤5	8
	三期	7.5	≤5	0
水布垭	一期	6	≤6	12
	二期	3.5	≤2	13
	三期	3	≤6	0

3 渗透设计及控制措施总结

面板坝渗透设计的目的一方面是确保坝体不出现过大的渗漏；另一方面是在出现过大的渗漏情况下，保证堆石体的渗透稳定，即避免堆石中细料的大量流失，从而导致堆石体的附加变形，并进一步导致面板的破坏。前者是由混凝土面板、趾板和接缝止水组成的表层防渗体保障的，而后者主要是垫层料的设计和控制。

3.1 混凝土趾板

200 m 级面板坝的趾板均位于基岩上，尺寸按照基础允许水力梯度和灌浆要求确定。对于陡岸坡狭窄河谷，为减少边坡开挖支护量，趾板采用“窄趾板 + 内趾板”的形式，如洪家渡和水布垭面板坝。

混凝土强度等级一般为 C25 或 C30 混凝土，抗渗等级均为 W12，抗冻等级均在 F100 以上；趾板混凝土防裂技术主要包括掺粉煤灰、MgO 等膨胀剂、聚丙烯纤维和加强养护等措施。

趾板配筋采用单层双向，基础一般布置间距 1.2 ~ 1.5 m 的插筋，增强趾板与地基连接。

3.2 混凝土面板

面板结构按照 $t = (0.3 \sim 0.4) + 0.0035H$ 确定，为了增加河床面板抵抗挤压破坏的能力，河床中部二期或三期受压面板的厚度加大。

面板混凝土防裂主要选择低收缩性或微膨胀性的混凝土，在满足强度保证率的条件下，掺入纤维，提高其极限拉伸值，并且使其弹性模量相对较低，适应变形的能力增强；加强混凝土表面进行保温保湿养护。

面板的配筋形式多采用单层双向，部分工程采用了双层双向的配筋形式，通过工程实践，双层双向配筋限裂效果更显著。

3.3 防渗与自愈结合的接缝止水

(1)防渗与自愈相结合的周边缝。周边缝止水结构一般为 2 ~ 3 层，强调“止水与自愈相结合”，其中自愈型止水系统是表层止水上部设置粉煤灰、粉细砂、黏土等无黏性料作为堵漏或自愈材料。无黏性自愈填料外设不锈钢带孔金属保护罩，内衬透水纺布，既可以透水，又可以防止粉煤灰的流失。如表 3 所示。

表 3 典型面板堆石坝周边缝设计

工程名称	顶部止水	中部止水	底部止水	缝面
水布垭	波形橡胶止水带，塑性填料	铜片止水(高高程取消)	W1 型铜片止水	沥青乳剂，沥青木板
三板溪	塑性填料	PVC 止水	铜片止水	沥青乳剂
洪家渡	波形橡胶止水带，塑性填料，外包粉煤灰	无	铜片止水	沥青乳剂，沥青杉板
天生桥一级	粉煤灰和粉细砂	铜片止水(高高程 PVC 止水)	铜片止水	沥青木板

(2)具有吸收变形的受压垂直缝止水。坝体中部可能受压的垂直缝，设计成具有吸收变形能力的垂直缝。受压缝宽 8 ~ 15 mm，缝内嵌填具有一定强度可吸收坝体变形的闭孔塑料板、橡胶片或沥青杉木板等弹性材料，以期抵消面板朝中部的位移，使面板不致受挤压，保

证垂直缝止水系统的功能。几座典型面板坝垂直挤压缝设计见表4。工程运行表明该方法对防止面板挤压破坏具有较好效果。

表4 几座典型面板坝垂直挤压缝设计

项目	止水措施
天生桥一级	底部铜片止水;缝面沥青乳剂
洪家渡	底部铜片止水;顶部塑性填料;缝内填塞8 mm闭孔塑料板
紫坪铺	底部铜片止水;缝内填塞15 mm沥青杉木板
三板溪	底部铜止水;顶部塑性填料;缝面沥青乳剂
水布垭	底部铜片止水;顶部塑性填料;缝内填塞5 mm高密泡沫板
滩坑	底部铜片止水;顶部塑性填料;缝内填塞12 mm厚橡胶片
董箐	底部铜片止水;顶部塑性填料;缝内填塞8 mm闭孔塑料板

3.4 良好的层间反滤保护

当垫层料作承担挡水防渗作用时,垫层料与上游防渗铺盖的自愈性防渗材料和过渡料间均应有良好的反滤过渡关系。

3.4.1 上游防渗补强区

当面板发生裂缝或周边缝和垂直缝出现渗漏时,垫层料能对上游防渗补强区的细粒土起到保护作用,从而实现渗漏的自愈功能。国内天生桥一级、洪家渡、三板溪和水布垭面板坝为封堵面板可能出现的裂缝以及张开的周边缝和垂直缝,在上游面板的坝高30% ~50%范围内设置黏土铺盖,该区的存在是坝体后期安全运行的重要防线。当坝体出现问题后,还可用泄洪或放空系统将库水放空到该补强区顶部附近,从而对坝体进行检修。

3.4.2 垫层及过渡区

早期垫层料级配主要是依据谢拉德建议的级配曲线,谢拉德认为当小于5 mm的粒径含量在35% ~55%时,就可保证垫层料具有较低的渗透系数。

但工程实践表明,谢拉德的建议在渗控理念上是正确的,然而根据谢拉德提出的垫层料级配曲线,其渗透系数很难达到10^{-4} cm/s。为此,中国水电科学研究院对单纯用小于5 mm颗粒的含量能不能反映垫层料的渗透特性进行了试验研究,研究表明,单纯用小于5 mm颗粒的含量不能准确反映垫层的渗透性,渗透系数主要取决于小于30%的颗粒组成。国内典型200 m级面板坝垫层料设计如表5所示。

表5 几座典型面板坝垫层料设计

工程名称	D_{max} (m)	$D_{<5\ mm}$ (%)	$D_{<1.0\ mm}$ (%)	$D_{<0.075\ mm}$ (%)	渗透系数 (cm/s)
水布垭	80	35 ~ 50	20 ~ 32	4 ~ 7	$10^{-2} \sim 10^{-4}$
三板溪	80	30 ~ 40	20 ~ 34	5 ~ 7	$1\times10^{-3} \sim 2\times10^{-4}$
洪家渡	40 ~ 100	35 ~ 50	25	5 ~ 10	
天生桥一级	80	35 ~ 55	20 ~ 32	4 ~ 8	$(2 \sim 9)\times10^{-3}$

而过渡料对于垫层料同样具有保护作用,如坎波斯诺沃斯坝蓄水后,部分面板发生挤压破坏,坝体渗漏量高达 1 400 L/s。天生桥一级坝面板大面积出现裂缝,但坝体最大渗流量为 165 L/s,2002 年减小为 70 ~ 80 L/s。国内外学者分析两座坝渗漏量差异时,认为主要是垫层料级配设计差异和层间反滤设计引起的。天生桥一级坝垫层料小于 5 mm 的颗粒含量为 35% ~ 55%,相应渗透系数 $i\times10^{-3}$ cm/s。坎波斯诺沃斯坝垫层料小于 5 mm 的颗粒含量为 10% ~ 38%,垫层料较粗,相应渗透系数较大,面板破损后,垫层未能发挥防渗作用,加之坝内水头较大,使垫层中的细颗粒流失,过渡料未能对垫层料起到较好的反滤保护,从而使垫层料细颗粒流失,加剧了面板脱空与破坏,使渗流量增加。相反,天生桥一级坝,由于过渡料对垫层料较好的反滤作用,防止了细颗粒的流失,从而降低渗漏量。国内 200 m 级面板坝垫层料和过渡料主要设计与控制经验如表 6 所示。

表 6　国内 200 m 级面板坝垫层料和过渡料主要设计与控制技术

主要设计项目		主要控制参数
垫层料	级配设计	最大粒径 80 ~ 100 mm,小于 5 mm 的颗粒含量宜为 35% ~ 55%,小于 0.075 mm 的颗粒含量宜为 4% ~ 8%
	材料要求	母岩强度较高,颗粒破碎率较低,压实性能好,且抗剪强度高,确保对面板的支撑作用。一般材料是人工轧制的新鲜坚硬碎石,还有一种是筛分天然沙砾石
	渗透性能	$i\times(10^{-4}\sim10^{-3})$ cm/s;寒冷地区 $1\times(10^{-3}\sim10^{-2})$ cm/s
	结构控制	一般取 3 ~ 6 m,其中以 4 m 所占比例为多;填筑层厚 0.3 ~ 0.5 m,多为 0.4 m
过渡料	级配设计	最大粒径 <300 mm;小于 5 mm 的颗粒含量 20% ~ 30%;<0.075 mm 的颗粒含量 <5%,同时与垫层料的层间满足反滤要求
	材料要求	可以由砂石加工系统生产,也可以在爆破试验的基础上直接爆破开采新鲜坚硬的石料或采用洞挖渣料,也有工程采用天然沙砾石料
	渗透性能	$1\times(10^{-2}\sim10^{-1})$ cm/s,比垫层料大 1 ~ 2 个量级
	结构控制	水平宽度一般为 5 ~ 6 m 等宽,也有采用变宽设计的;填筑层厚与垫层料相同

此外,200 m 级面板坝建设中普遍注重施工期垫层料、面板和接缝止水的反向渗透保护,其主要措施是在上游坝体内埋设反向排水管,将坝体内的水排向上游集水井,然后采用水泵抽至上游围堰外,有的工程还在坝体内设置集水井或排渗井,然后采用钢管或水泵将水排出,也有工程在大坝下游和两岸边坡设排水措施。

4　抗滑设计及控制措施总结

一般而言,影响堆石坝坝坡稳定的主要控制变量可以分为三类:堆石料的物理力学性质、坝体轮廓和外部荷载,其中堆石料的物理力学性质主要控制指标为堆石料的摩擦角(φ_0、$\Delta\varphi$),坝体轮廓主要包括坝顶宽度、上下游坝坡和坝高等,外部荷载主要包括堆石自重、水荷载和地震荷载等。200 m 级面板坝的母岩大多为中硬岩和硬岩,上下游常用的坝坡是 1:1.4,大于抛填堆石坝的自然休止角,而且密实的碾压堆石,其内摩擦角将远大于此,因此在静力情况下其坝坡抗滑稳定是有保证的。紫坪铺坝在经历汶川地震后下游坝坡局部出现了塌陷、鼓包，但是整体稳定，仅仅是局部发生了震损，因此在强震地区需对下游坝坡进行抗震保护。所以，面板坝的抗滑设计和控制主要是关注在动力情况下的稳定状态。

已建面板坝主要抗滑控制措施包括：

（1）修建在基岩上的200 m面板坝，当筑坝材料为质量良好的硬质堆石料，上、下游坝坡常采用1∶1.4。

（2）部分或全部采用沙砾石或软岩堆石料筑坝时，宜考虑适当放缓下游坝坡，其值根据料源特性在1∶1.4（沙砾石时为1∶1.5）~1∶1.7中选择，如滩坑、董箐坝等。

（3）大坝抗震设防烈度为8度及以上时，一般对坝坡进行放缓，或者做成上缓下陡的形式，如紫坪铺坝下游坝坡设计成上缓下陡的坡度，最大坝高1/4以上部位坝坡为1∶1.5，以下为1∶1.4。

（4）下游坝坡宜采用抗冲蚀、抗震损能力强的大块石堆砌。

（5）施工期对上游垫层料坝坡进行保护，一般采用碾压低强度砂浆、喷洒乳化沥青、喷射混凝土、挤压混凝土边墙和翻模砂浆固坡等。

国内部分面板堆石坝工程抗滑设计和控制如表7所示。

表7　国内部分面板坝抗滑设计和控制技术

工程名称	最大坝高（m）	坝顶宽（m）	筑坝材料	下游坝坡	抗震设防烈度（度）	下游坝面形式
洪家渡	179.5	10.95	灰岩	1∶1.4	7	干砌石
紫坪铺	156	12	灰岩，砂岩	1∶（1.4~1.5）	8	干砌石
吉林台一级	157	12	沙砾石	1∶1.96	9	
三板溪	185	10	弱风化－新鲜灰岩	1∶1.4	7	干砌石
水布垭	233	12	灰岩	1∶1.4	7	干砌石
董箐	150	10	灰岩，砂泥岩混合料	1∶1.5	6	干砌石

5　结　论

（1）200 m级面板坝的建设技术重点在于三个方面：一是坝体的变形，重点控制坝体的分区、分期填筑、施工控制和预沉降等；二是渗透控制，重点是控制垫层料的级配设计和层间反滤设计；三是在地震作用下的坝坡抗滑稳定问题。

（2）我国200 m级面板坝在建设中针对已有工程中出现的坝体变形过大、面板挤压破坏、面板裂缝、坝体渗漏量大等问题，提出了适应于高面板的新技术：①重视坝体变形协调控制、控制坝体填筑均衡上升、提高堆石压实标准、减小上下游堆石的模量差异、丰富和发展了堆石碾压和检测工艺；②采用坝体预沉降时间和预沉降收敛两项量化指标，研发了适应面板混凝土材料裂缝控制的新材料并丰富了混凝土养护措施，接缝止水采用了防渗与具自愈结合的止水结构。

（3）虽然我们在200 m级面板坝工程实践和理论研究等方面取得了丰硕的成果，但对于更高面板的建设，如何准确预测其变形特点、防止面板挤压破坏、确定设计标准、评价大坝安全风险等方面仍存在不足和缺陷，还需进一步开展关键技术研究，以推动面板堆石坝的建设。

参 考 文 献

[1] 蒋国澄,傅志安,凤家骥. 混凝土面板坝工程[M]. 武汉:湖北科学技术出版社,1997.

[2] 湛正刚,等. 软硬岩混合石料填筑面板堆石坝关键技术研究及其应用[R]. 贵阳勘测设计研究院,2012.

[3] 周建平,杨泽艳,等. 高寒地区混凝土面板堆石坝的技术进展[C]//堆石坝建设和水电开发的技术进展. 郑州:黄河水利出版社,2013.

[4] 冯业林,张宗亮. 天生桥一级水电站混凝土面板堆石坝[C]//王伯乐. 中国当代土石坝工程. 北京:中国水利水电出版社,2004.

高碾压混凝土坝温度场反分析

于　猛

（中国电建集团中南勘测设计研究院有限公司，长沙　410014）

摘　要　通过分析高碾压混凝土坝温度场反问题的自身特点，本文从反分析的最优化数学模型出发，提出基于可变容差的碾压混凝土坝温度场反分析方法，并开发了相应的可视化程序模块，实现了与原有温度场正分析程序的成功嵌套。通过对算例的计算，验证了程序的可行性和有效性，进而可以有效指导设计方案和温控措施。

关键词　碾压混凝土坝；温度场；反分析；浮动网格法；可变容差法

1　引　言

碾压混凝土筑坝技术由于具有诸多优点而在近些年得到了快速发展，建坝高度也越来越高。由于碾压混凝土在水化热、散热条件等方面与常态混凝土筑坝有明显的区别，大体积混凝土所具有的温度应力与温度控制问题在碾压混凝土坝中同样存在，且具有其自身的特点。只有了解这些特点和规律才能制定出科学的温控措施，保证大坝的安全。其中，碾压混凝土的热学参数的确定一直是工程上的难点。目前热学参数通常都是通过室内试验得来的，由于试验仪器的本身误差以及工地施工现场条件的复杂多变，往往试验所得到的参数不能反映其真实的热学性能。温度场的反分析从实测温度反求计算参数，为热学参数的获取提供了另一条有效的途径。

2　反分析模型的建立

影响温度场变化的主要热学参数有混凝土的比热 c 、密度 ρ、导温系数 a 、导热系数 λ、表面散热系数 β、混凝土的最终绝热温升 Q_0 以及其绝热温升常数 n 。热学参数中混凝土的比热 c 和密度 ρ 可直接测得，而且精度可满足计算要求；导温系数 a 和导热系数 λ 的关系式为 $a=\lambda/(c\rho)$；对第三类边界条件采用虚厚度法进行近似处理：$d=\lambda/\beta$。因此，参数 c 、ρ、λ、β 均不作为反演对象，统一取为导温系数 a 、虚厚度 d 。所以，仅需对 a 、d 、Q_0 和 n 这四个参数进行反分析。

若以热学参数的试验值作为计算参数，由于与实际热学参数的偏差，由温度场程序计算得到的 (x_i, y_i, z_i) 点处 τ_j 时刻温度值 $T(x_i, y_i, z_i, \tau_j)$ 显然与实测温度值 $T(x_i, y_i, z_i, \tau_j)$ 不等。假设计算参数等于实际参数，如果忽略由模型、边界条件、数值计算等引起的误差，则应满足如下等式：

$$T(x_i, y_i, z_i, \tau_j) = T_m(x_i, y_i, z_i, \tau_j) \tag{1}$$

作者简介：于猛（1983—），男，山东枣庄人，工程师，研究生学历，主要研究方向为水工结构设计。E-mail：yum4311@163.com。

而实际上误差总是客观存在的，上式不能严格满足要求。因此，本文采用非线性约束最优化控制来定义反问题的解。实际上，利用经验和混凝土的配合比可以得到使 Q_0,n,a,d 具有实际物理意义的上、下界 Q_0^l、Q_0^u，n^l、n^u，a^l、a^u，d^l、d^u，即：

$$Q_0^l \leqslant Q_0 \leqslant Q_0^u, n^l \leqslant n \leqslant n^u, a^l \leqslant a \leqslant a^u, d^l \leqslant d \leqslant d^u$$

从而可以建立碾压混凝土坝温度场反分析的数值计算模型，考虑温度场的正计算和约束条件，反问题的求解可以转化为求以实测温度和计算温度误差最小为目标函数的最优化问题：

$$\begin{cases} \min J = \sum_{i=1}^{M} \sum_{j=1}^{N} [T(x_i,y_i,z_i,\tau_j) - T_m(x_i,y_i,z_i,\tau_j)]^2 \\ Q_0^l \leqslant Q_0 \leqslant Q_0^u \\ n^l \leqslant n \leqslant n^u \\ a^l \leqslant a \leqslant a^u \\ d^l \leqslant d \leqslant d^u \end{cases} \tag{2}$$

3 可变容差法在温度场反分析中的应用

由于反分析的模型为约束非线性最优化问题，求解约束非线性问题常用的方法有随机试验法、复合形法、可行方向法、可变容差法、广义梯度法、罚函数法等，以及后来发展起来的全局最优化方法，如模拟退火算法、遗传算法、一些人工神经网络算法等。由于本文优化问题的目标函数的每次计算都需要一次温度场的正分析，而高碾压混凝土坝温度场的每次正分析都需要花费大量时间，因此一些需要大量计算目标函数的最优化方法不宜采用，如模拟退火算法、遗传算法、人工神经网络算法等；并且由于目标函数过于复杂而无法求导，因此一些涉及对目标函数求导的优化方法也不宜采用，如可行方向法、广义梯度法等。

通过算例计算比较分析以及一些文献的结论，可变容差法具有不需要求导、迭代次数少、优化精度高、程序容易实现等优点。因此，本文提出基于可变容差法的高碾压混凝土坝温度场反分析。

3.1 可变容差法

可变容差法是一种求解约束最优化问题的直接解法，也称伸缩保差法（Flexible Tolerance Method）。它是从单纯形法发展而来的，所以也称有约束的单纯形法。其基本思想是把多个约束条件的最优化问题化简为一个单约束问题来求解。该方法无需求解函数的导数，常用于求解非线性带等式约束和不带等式约束的最优化问题，计算量相对较小。

许多约束最优化方法在搜索迭代的每一步都要求严格满足约束条件，这往往要花去相当多的时间，而可变容差法是由可行点和称为近乎可行点的某些非可行点提供的数据来改进目标函数值，并且在探索向着最优解的逼近过程中，逐步加强对近乎可行点的约束破坏估计量的限制，直到最后只有可行的解才会被接受为止。作为这种策略思想，就可以将具有多个约束条件的最优化问题：

$$\begin{cases} \min f(X), X \in E^n \\ \text{s.t } h_v(X) = 0 \quad (v = 1,2,\cdots p) \\ g_u(X) \leqslant 0 \quad (u = 1,2,\cdots,m) \end{cases} \tag{3}$$

用一个具有单约束而又与上述问题有相同解的如下问题来代替：

$$\begin{cases}\min f(X), X \in E^n \\ \text{s.t. } \Phi^{(k)} - T(X) \geq 0\end{cases} \tag{4}$$

式中，$\Phi^{(k)}$ 为第 k 步搜索中给出的关于可行性的可变容差准则，按下式构造，使得 $\Phi^{(0)} \geqslant \Phi^{(1)} \geqslant \Phi^{(2)} \geqslant \cdots \geqslant \Phi^{(k)} \geqslant 0$；

$$\begin{cases}\Phi^{(k)} = \min\{\Phi^{(k-1)}, \dfrac{p+1}{r+1}\sum_{j=1}^{r+1} || X_j^{(k)} - X_{r+2}^{(k)} ||\} \\ \Phi^{(0)} = 2(p+1)h\end{cases} \tag{5}$$

$T(X)$ 为约束破坏估计量或约束违背准则，用以估计约束破坏的程度。

$$T(X) = \sqrt{\sum_{v=1}^{p} h_v^2(X) + \sum_{u=1}^{m} U_u g_u^2(X)} \tag{6}$$

当等式约束条件与不等式约束条件全部得到满足时，$T(X^{(k)}) = 0$，此时 $X^{(k)}$ 在可行域内；否则，当 $T(X^{(k)}) > 0$ 时，则 $X^{(k)}$ 不在可行域内，且 $T(X^{(k)})$ 值愈小，则意味着 $X^{(k)}$ 点愈接近可行域。

3.2　碾压混凝土坝温度场反分析

可变容差法用于碾压混凝土坝温度场反分析的步骤为：

(1)选择热学参数初值 $X^{(0)}$，最小误差 ε 及单纯形法的反射系数 α，压缩系数 μ，扩张系数 γ 与步长 h。通常取 $\alpha = 1, \mu = 0.5, \gamma = 2, \varepsilon = 10^{-5}$。

(2)由 $X_1^{(0)}$ 出发构成单纯形，其边长为 h，调用碾压混凝土坝温度场正分析计算单纯形各顶点 $X_j^{(0)}$ 的目标函数值 $f(X_j^{(0)})$，$j = 1, 2, \cdots, r+1$。

(3)求出最好点 $X_l^{(0)}$ 及最差点 $X_h^{(0)}$，并求出除 $X_h^{(0)}$ 外其他各顶点的形心 $X_{r+2}^{(0)}$。

(4)计算最好点 $X_l^{(0)}$ 的 $T(X_l^{(0)})$，检验 $\Phi^{(0)} - T(X_l^{(0)}) >$ 是否成立。若成立，则表明 $X_l^{(0)}$ 在可行域或近乎可行域内，可以用单纯形法求出新点代替最差点；若不成立，则应以 $X_l^{(0)}$ 点为出发点用单纯形法求出代替最差点 $X_h^{(0)}$ 的新点。若仍得不到在可行域或近乎可行域中的点 $X_l^{(0)}$，则另选初始点 $X_l^{(0)}$。

(5)进行下一步搜索，使 $k = k+1$，转入步骤(3)，并计算 $\Phi^{(k)}$，直至 $\Phi^{(k)} \leqslant \varepsilon$。

其计算流程图如图 1 所示。

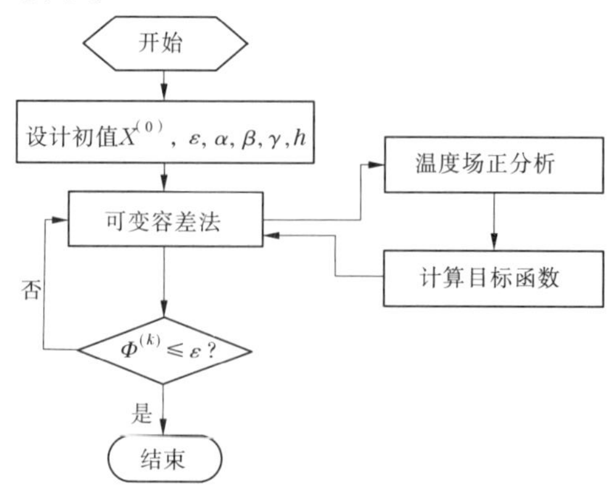

图 1　碾压混凝土坝温度场反分析简化流程图

碾压混凝土坝温度场反分析的计算量主要是由正分析模块产生的,为了有效减少计算时间,提高反分析效率,本文在正分析中采用三维浮动网格模型,可以在不降低计算精度的前提下使计算规模降低,大大提高了计算效率。

本文利用 VB 语言编制了高碾压混凝土坝温度场反分析可视化程序模块,实现了与原有的温度场计算程序 RCTS 的成功嵌套,可视化界面如图 2 所示。

4 工程应用

某碾压混凝土坝体结构形式及温度计埋设如图 3 所示,坝体所用材料有三种,其中碾压混凝土占绝大多数,其他材料对坝体温度影响很小,只需对碾压混凝土热学参数进行反分析即可。

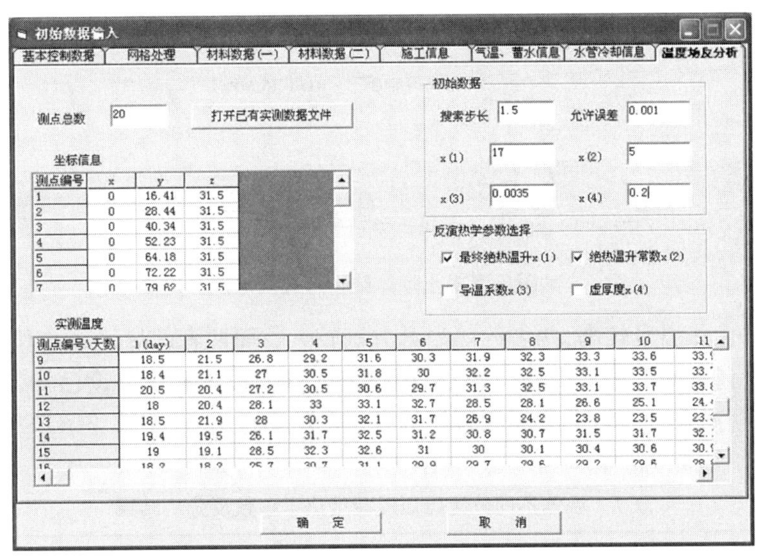

图 2 碾压混凝土坝温度场反分析可视化界面

考虑到高碾压混凝土坝温度场反问题的复杂性、计算量大等特点,本文在正分析模块采用了浮动网格法,且计算总天数只取整个施工期,有效地降低了温度场正分析的工作量,提高了反分析效率。本文采用分区反分析碾压混凝土热学参数的方法,不仅可以缩短可变容差法的收敛时间,还可以有效保证反分析结果的正确性。分区反分析碾压混凝土热学参数的具体实施步骤如下:

(1)从图 3 中温度计的埋设位置,结合实测资料的温度变化趋势,坝内温度计所测温度在短期内一直升高,故可看成是绝热的。混凝土的绝热温升是这些测点的温度变化的决定性因素,而导温系数和虚厚度对其温度分布影响相对很小,因此可以利用这些测点来反分析绝热温升。绝热温升中热学参数包括最终绝热温升 Q_0 和常数 n,这样就把本来的四个需要反分析的变量减少为两个,明显降低了反分析工作量,加快了反分析的收敛时间。

(2)步骤(1)已经反演出绝热温升,主坝区碾压混凝土的绝热温升变成已知。由于靠近坝体边界的温度场分布不仅由绝热温升决定,特别是后期降温过程中,导温系数和虚厚度对其温度场的影响也很大,因此用坝后靠近边界的测点来反分析主坝区碾压混凝土的导温系数 a 和虚厚度 d 。

(3)上游坝面的碾压混凝土与主坝区的碾压混凝土的区别在于,上游坝面的水泥用量

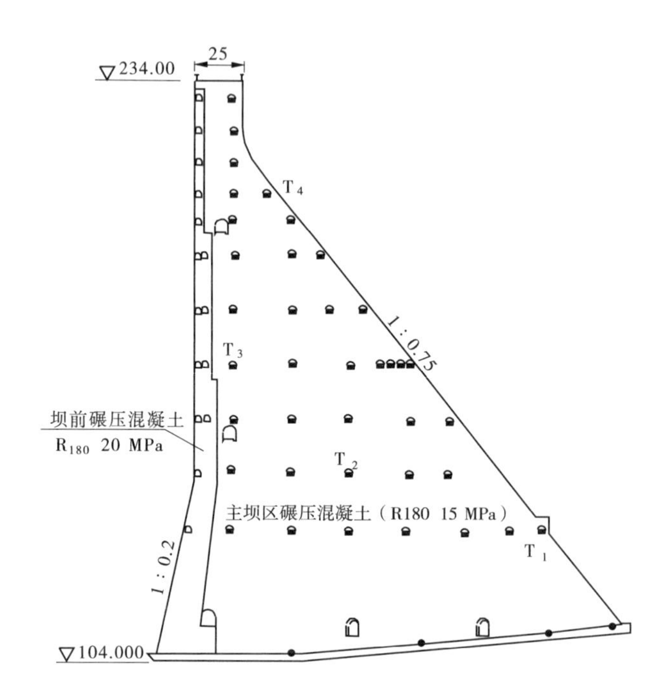

图3　某碾压混凝土坝体结构形式及温度计埋设

较主坝区大，水化热温升较高，两者绝热温升差别较大。而两者的导温系数和虚厚度差别较小，可以近似看成是同一值。步骤(2)反分析得来的导温系数和虚厚度已知，利用靠近上游坝面区附近的测点来反分析上游坝面碾压混凝土的绝热温升。

反分析最终结果见表1。

表1　坝体不同分区碾压混凝土热学参数反分析结果

材料分区	导温系数(m^2/h)	最终绝热温升(℃)	绝热温升常数	虚厚度(m)
上游坝面 R_{180}20 MPa	0.003 106	23.46	5.26	0.147
坝体内部 R_{180}15 MPa	0.003 106	17.35	4.88	0.147

从表1反演的结果可以看出，上游坝面的碾压混凝土的最终绝热温升比坝体内部碾压混凝土的最终绝热温升高出6 ℃左右，这是出于防渗的需要，上游坝面碾压混凝土的水泥用量大，产生的水化热较主坝区碾压混凝土要多。反演的温升常数大概在5左右，而常态混凝土的温升常数一般在1～3之间，这是由于碾压混凝土中粉煤灰掺量大，而粉煤灰有延迟发热的特点。因此，碾压混凝土具有绝热温升低和发热速度慢的特点。

为了验证结果的可靠性，将反分析得来的热学参数再进行温度场的正计算，并将每个测点的计算温度与实测温度比较，部分测点的实测与计算温度历时曲线的对比如图4～图7所示。

5　结　论

(1) 计算量大一直是限制大体积温度场反分析发展的瓶颈，而计算量主要是由于反分析过程中的大量正分析产生的。本文针对碾压混凝土坝通仓分层浇筑的特点，在温度场仿

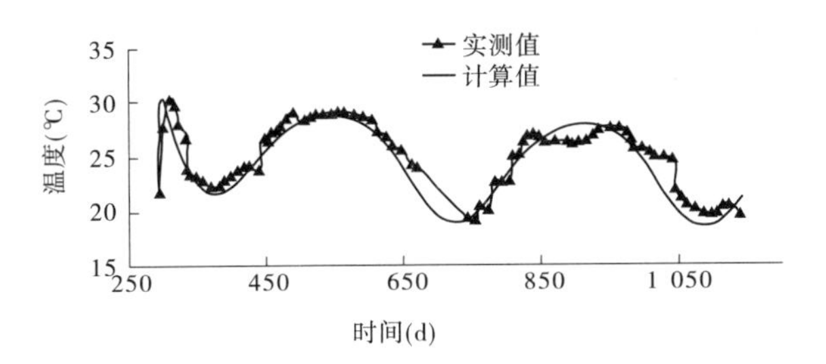

图4　T_1 测点温度计算值与实测值对比曲线

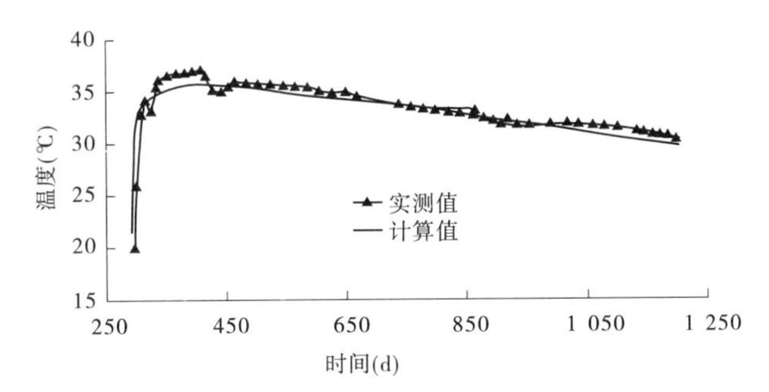

图5　T_2 测点温度计算值与实测值对比曲线

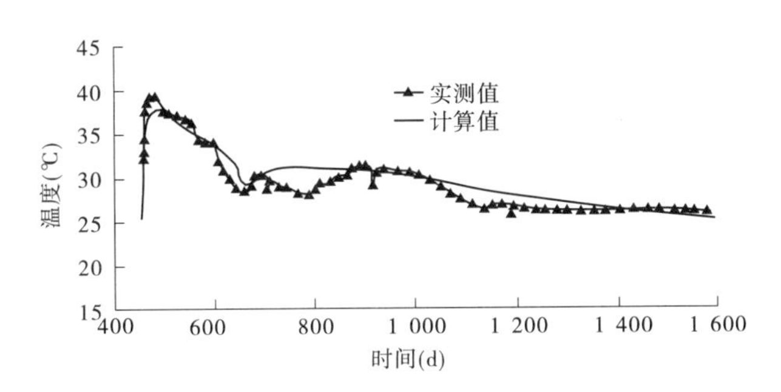

图6　T_3 测点温度计算值与实测值对比曲线

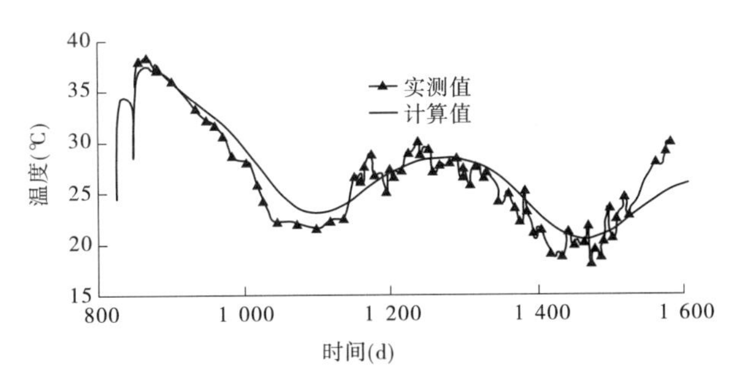

图7　T_4 测点温度计算值与实测值对比曲线

真计算中采用浮动网格法。通过工程算例可以看出，在保证精度的条件下，浮动网格法明显降低了计算规模，减少了计算时间，提高了计算效率。

(2)大体积混凝土三维非稳定温度场的反问题具有不适定性及高度的非线性，而直接解法避开了这些困难，直接从计算温度与实测温度的误差最优化着手，将本文的反问题转化为一约束非线性最优化问题,并建立数学模型。

(3)针对本文反问题高度非线性、计算量大等特点,分析比较了各种最优化方法的优劣性,提出基于可变容差法的碾压混凝土坝温度场反分析方法,并且编制了相关可视化程序。通过对工程算例的计算,验证了该方法的可行性和有效性。

(4)针对某碾压混凝土坝工程,结合工程实测资料,对其三维非稳定温度场进行了反分析,并利用反演结果重新进行温度场计算;通过测点计算温度与实测温度的比较,验证了反分析结果的可靠性。

参考文献

[1] 张国友. 碾压混凝土筑坝有关技术问题的探讨[J]. 水利科技与经济,2007(7).
[2] 朱伯芳. 大体积混凝土温度应力与温度控制[M]. 北京:中国电力出版社,1999.
[3] 沈振中. 三维粘弹塑性位移反分析的可变容差法[J]. 水利学报,1997(9):66-70.
[4] 沈振中,赵坚,吴玲莉. 渗透参数反演的可变容差法[J]. 水电能源科学,1999,17(1):5-8.
[5] 刘惟信. 机械最优化设计[M]. 北京:清华大学出版社,1994.
[6] 万耀青,梁庚荣,陈志强. 最优化计算方法常用程序汇编[M]. 北京:工人出版社,1983.
[7] D. M. Himmelblau. Applied Nonlinear Programming[M]. New York:McGraw-Hill,1972.
[8] 陈尧隆,何劲. 用三维有限元浮动网格法进行碾压混凝土重力坝施工期温度场和温度应力仿真分析[J]. 水利学报,1998(增刊).
[9] 陈尧隆,李守义,等. 高碾压混凝土重力坝温度应力和防渗措施研究[D]. 西安:西安理工大学,1999.

狭窄河谷中高面板堆石坝变形控制关键技术

张晓梅 王君利

(中电建西北勘测设计研究院有限公司,西安 710065)

摘 要 针对在狭窄河谷地质条件较差、岩体构造复杂等特点,修建高混凝土面板堆石坝是一种有竞争力的坝型,但是在施工及运行期也出现了问题,由于堆石体流变特性、河谷束窄效应等的影响,从而导致坝体变形梯度较大,特别是工程蓄水后坝体水平位移较大,两岸周边缝剪切变形大,致使面板脱空、挤压破坏、两岸周边缝止水失效等情况极有可能发生。黄河上游某工程(坝高为191 m,河谷宽高比0.78)拟采用面板坝,以上问题特别突出,采取哪些工程措施控制坝体变形,避免狭窄河谷给工程可能带来的隐患,需研究解决。

本文结合狭窄河谷地形特点,通过研究河谷束窄效应、堆石体流变对坝体的影响分析,得出狭窄河谷大坝三维效应明显,初期变形相对较小、后期变形相对较大、两岸周边缝剪切变形明显大于张开和沉陷变形的规律等,从坝料选择、坝体分区、特殊边界模拟等方面进行了坝体变形控制,提出了主要措施:①坝材料采用硬岩,适当提高垫层料、过渡料及上游堆石料孔隙率,下游堆石区与上游堆石区孔隙率基本一致;②在与岸坡连接处设置变形模量较高的特别碾压区;③合理确定坝体填筑顶面高程与面板浇筑高程的高差,以及合理确定面板浇筑时间与坝体填筑时间的预沉降期;④采用适应较大变形的周边缝止水结构和材料等。

通过以上措施较好地解决了狭窄河谷高面板坝变形控制关键技术问题,为类似工程设计施工提供借鉴。

关键词 狭窄河谷;高面板堆石坝;关键技术

1 概 述

当在软弱岩体构成的狭窄河谷中不适宜修建拱坝,面板堆石坝就成为一种具有明显优势的坝型,在西北西南地区峡谷中会越来越多的遇到这种情况。在狭窄河谷中修建高混凝土面板堆石坝时,由于堆石体流变特性、河谷束窄效应等的影响,极有可能出现因坝体变形梯度过大,特别是工程蓄水后坝体水平位移较大,两岸周边缝剪切变形大,从而导致止水结构和面板破坏的情况。因此,如何采取工程措施,控制坝体变形,消除狭窄河谷地形给工程可能带来的隐患需研究解决。

黄河上某工程,大坝为混凝土面板堆石坝,最大坝高191 m,坝顶长度146 m。其大坝标准剖面见图1。坝址位于长约900 m的峡谷中,峡谷两岸地形陡峭,峡谷上、下游河谷豁然开阔,河谷宽高比0.78,呈对称“V”形,自然坡度65°~70°,局部近垂直,坝基为二叠系下统灰岩,岩石坚硬,强度高,断裂构造主要有NE、NW二组,并发育缓倾角断裂,两岸岩体深部卸荷明显,局部岩溶发育,卸荷拉裂区水平深度一般在35~68 m之间,表部约30 m岩体相

作者简介:张晓梅(1967—),女,陕西咸阳人,羊曲项目副设总,教授级高级工程师,主要从事水利水电工程设计工作。E-mail:2565961227@qq.com。

对完整。修建拱坝、重力坝存在边坡稳定问题及防渗困难等,使得开挖及基础处理工程量较大、经济性较差、技术风险也较大,因此选择面板堆石坝。针对工程的特定条件,进行了面板堆石坝坝体变形控制关键技术研究。

坝体分区主要由垫层区(2A)、特殊垫层区(2B)、过渡料区(3A)、主堆石区(3B)、下游堆石区(3C)、底部30 m高混凝土趾墙、趾墙后碾压干贫混凝土回填、两岸特别碾压区以及上游压坡体(1A、1B)组成,如图1所示。

2　河谷束窄效应影响分析

为了研究狭窄河谷地形(宽高比0.76)引起的束窄效应对面板堆石坝坝体应力变形的影响,通过将原河谷沿坝轴线长度放大2倍(宽高比1.52)、5倍(宽高比3.8)进行了三维有限元静力计算分析,并将计算结果与原河谷形状三维有限元静力计算结果相对比,分析束窄效应的影响程度。

2.1　计算模型和参数

堆石料的本构模型以“南水”双曲服面弹塑性模型为主。混凝土结构采用线弹性模型。面板与垫层、趾板与地基间采用薄层单元模拟接触面特性,面板与防浪墙之间的接缝以及面板垂直缝采用分离缝模型模拟。面板周边缝采用连接单元模拟接缝材料特性。计算模型参数见表1。

表1　计算模型参数表

材料名称	ρ(g/cm^3)	ϕ(°)	$\Delta\phi$(°)	K	n	R_f	c_d(%)	n_d	R_d
垫层料2A	2.25	54.8	8.7	1 023.3	0.32	0.61	0.72	0.46	0.56
过渡料3A	2.17	56.2	10.9	1 438.6	0.23	0.72	0.32	0.77	0.68
上游堆石料3B	2.15	56.6	11.3	1 412.5	0.22	0.72	0.31	0.86	0.69
下游堆石3C	2.15	56.2	11.2	1 390.3	0.20	0.71	0.28	0.91	0.70

2.2　成果分析

不同河谷宽度坝体应力变形计算结果特征值见表2,竣工期最大横剖面内堆石体大主应力等值线见图2。

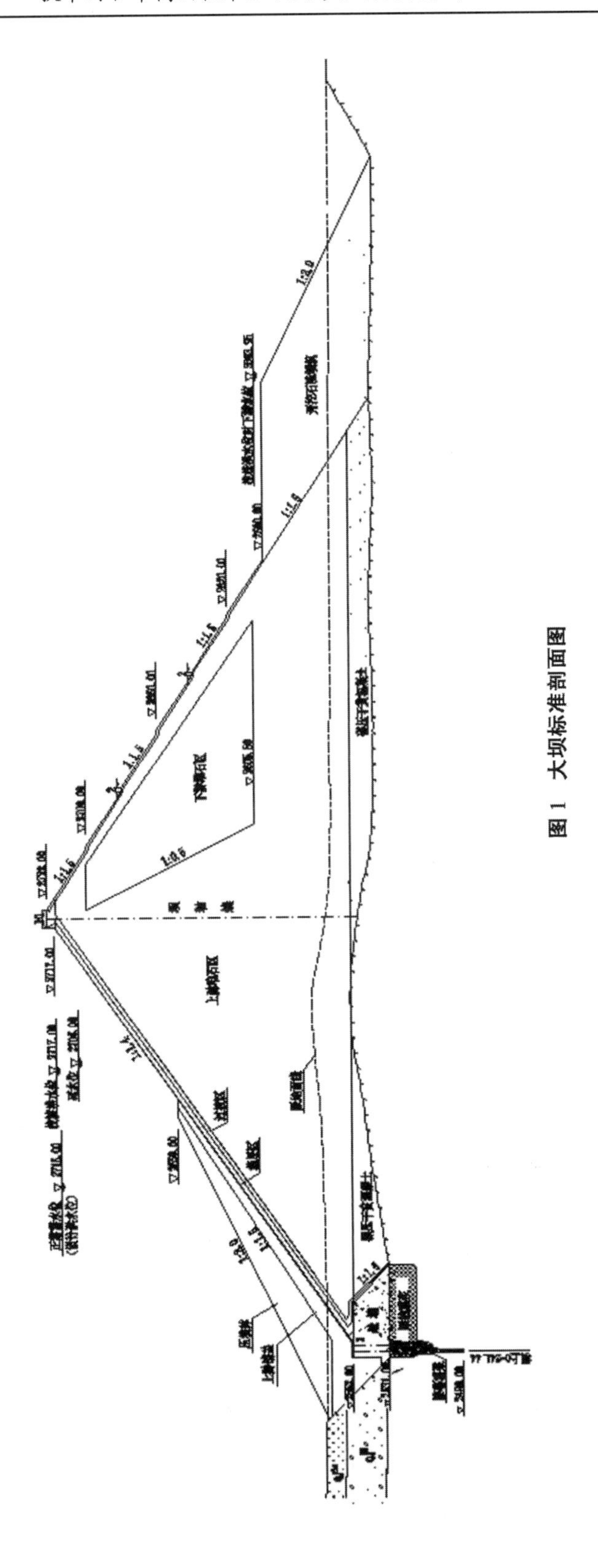

图1 大坝标准剖面图

表 2　不同河谷宽度坝体应力变形计算结果特征值

计算工况				原河谷（宽高比 0.76）	沿坝轴线长度放大 2 倍（宽高比 1.52）	沿坝轴线长度放大 5 倍（宽高比 3.8）
堆石体	竣工期	沉降(cm)		53.8	79.7	97.3
		顺河向位移(cm)	上游向	5.8	8.9	15.1
			下游向	6.5	12.9	22.8
		大主应力(MPa)		1.56	2.67	3.82
		小主应力(MPa)		0.50	0.93	1.36
	蓄水期	沉降(cm)		57.8	82.9	102.7
		顺河向位移(cm)	上游向	3.2	4.2	7.5
			下游向	7.3	18.7	25.9
		大主应力(MPa)		1.62	3.19	3.90
		小主应力(MPa)		0.53	1.08	1.38
面板	竣工期	坝轴向变形(cm)		-0.21	-0.8	-1.2
				0.50	1.6	2.0
		挠度(cm)		2.6	8.5	9.5
		轴向应力(MPa)	压应力	2.53	4.81	5.26
			拉应力	—	0.35	0.52
		顺坡向应力(MPa)	压应力	3.14	4.39	6.41
			拉应力	—	0.58	0.78
	蓄水期	坝轴向变形(cm)		-0.66	-2.6	-3.2
				1.17	3.0	3.5
		挠度(cm)		22.7	29.4	31.6
		轴向应力(MPa)	压应力	7.52	12.60	14.87
			拉应力	1.33	1.69	2.45
		顺河向应力(MPa)	压应力	9.45	11.26	12.16
			拉应力	0.98	1.54	1.68
		面板周边缝位移(mm)	张开	14.5	18.6	25.1
			沉陷	22.2	25.5	29.4
			剪切	38.3	33.2	21.2

注：坝轴向变形“+”指向右岸，“-”指向左岸。

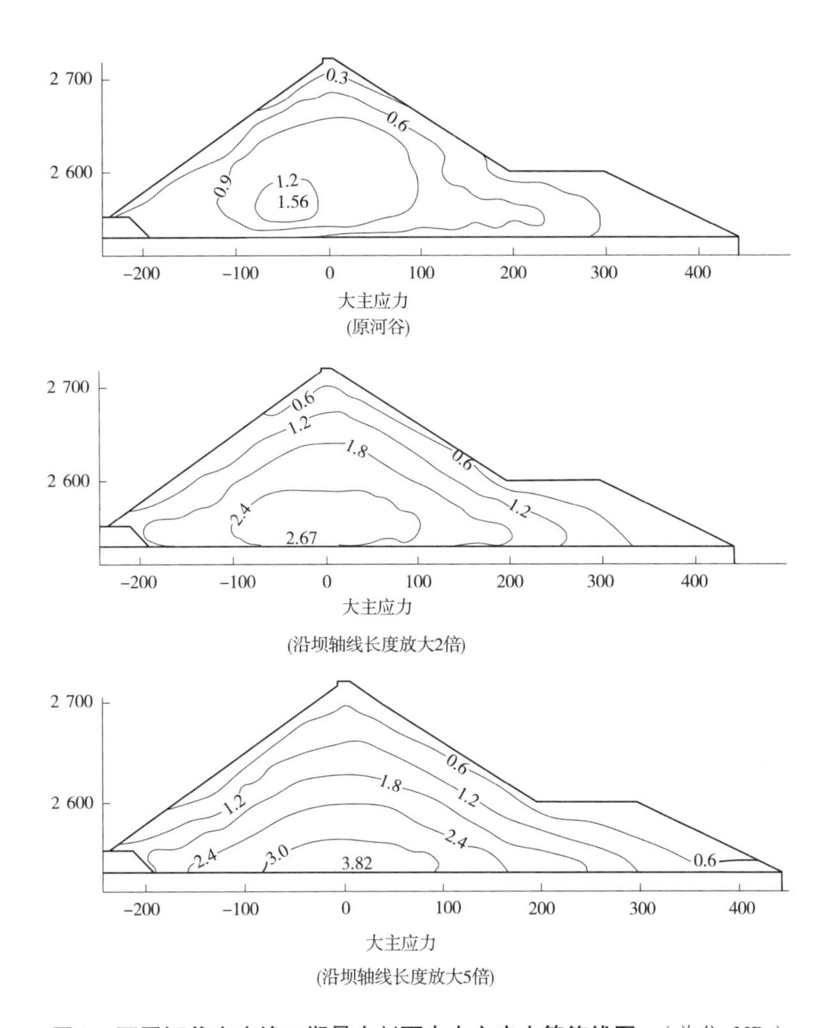

图 2　不同河谷宽度竣工期最大剖面内大主应力等值线图　（单位:MPa）

计算结果显示,原河谷坝体的应力变形都较小。坝体蓄水期沉降 57.8 mm,小于宽河谷 82.9 mm、102.7 mm。竣工期坝体大主应力的最大值为 1.56 MPa,位于中部 1/4 坝高处,应力数值远小于按照上覆堆石体深度计算出的自重数值(为 0.51 倍),峡谷的三维效应很明显,岸坡的约束极大地阻碍了自重荷载的传递,坝体自重荷载由河床段堆石体承受的部分较少,而岸坡承担了大量坝体自重荷载。

和原河谷相比,当沿坝轴线长度放大 2 倍时,相当于河谷宽高比为 1.52,仍在狭窄河谷范畴。竣工期坝体大主应力的最大值为 2.67 MPa,位于中部 1/5 坝高处,应力数值小于按照上覆堆石体深度计算出的自重数值(为 0.82 倍)。计算所得的坝体应力变形明显增加,混凝土面板的应力变形也相应增加。周边缝切向错动有所减小,但张开和沉陷位移有所增加。

当沿坝轴线长度放大 5 倍时,相当于河谷宽高比为 3.8,属于宽河谷范畴。竣工期坝体大主应力的最大值为 3.82 MPa,位于坝体底部,应力数值与按照上覆堆石体深度计算出的自重数值相当(为 0.93 倍)。此时坝体变形计算值远超过原河谷计算值,面板的应力变形也明显增加,周边缝变形计算结果符合一般规律。

虽然沿坝轴线长度放大后坝体和面板的应力变形有较为明显的增加,但并不意味着坝体未来会发生如此严重的后期变形。计算结果只是反映了河谷束窄效应的程度。河谷空间效应是客观存在的,坝体进入运行期后空间效应释放会增加后期变形,但变形同样受到空间制约,变形不至于很大。

2.3　坝轴线纵剖面河谷束窄作用

不同河谷宽度蓄水期坝轴线纵剖面内大主应力矢量图见图3,剪应力等值线图见图4。

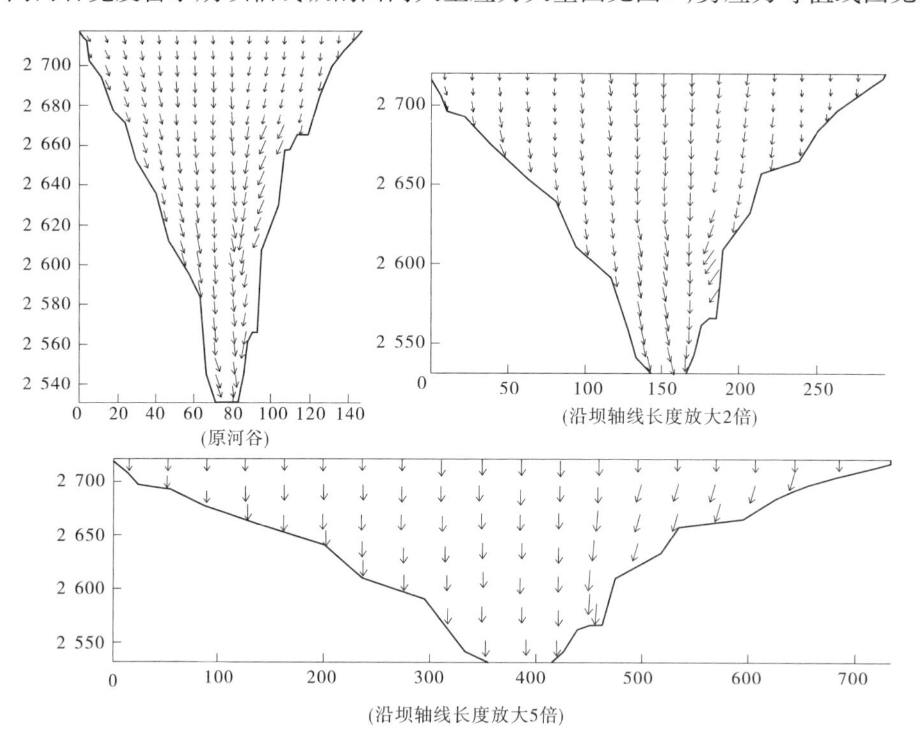

图3　不同河谷宽度蓄水期坝轴线纵剖面内大主应力矢量图

从主应力矢量图来看,由于河床岸坡的束窄作用,原河谷岸坡附近主应力方向产生了明显的偏转;沿坝轴线长度放大2倍后,岸坡附近主应力方向仍产生了较明显的偏转,说明沿坝轴线放大2倍后河谷束窄效应仍然较强;沿坝轴线长度放大5倍后,岸坡附近主应力方向产生的偏转不很明显,表明沿坝轴线放大5倍情况下河床的束窄作用已经较弱。这说明河谷越狭窄,岸坡附近主应力方向偏转越严重。

从剪应力等值线图可以看出,河谷越狭窄,纵剖面内剪应变越大,这反映了陡峭岸坡坝体变形较大的特点。

3　堆石体流变影响分析

对于高混凝土面板堆石坝,面板的应力变形主要取决于堆石体变形,如果堆石体变形过大,就会使面板产生裂缝,从而影响其防渗性能,甚至危及坝体的安全,尤其是狭谷中的混凝土面板堆石坝,面板下沉后,可能因卡在基岩上而局部被压碎。近年来国内外水利水电工程建设中逐步发现高面板堆石坝内的堆石体存在比较明显的长期变形(流变),如澳大利亚的塞沙那(Cechana)坝,建成10年后仍在沉降;我国的西北口面板坝,蓄水运行7年后,坝体仍

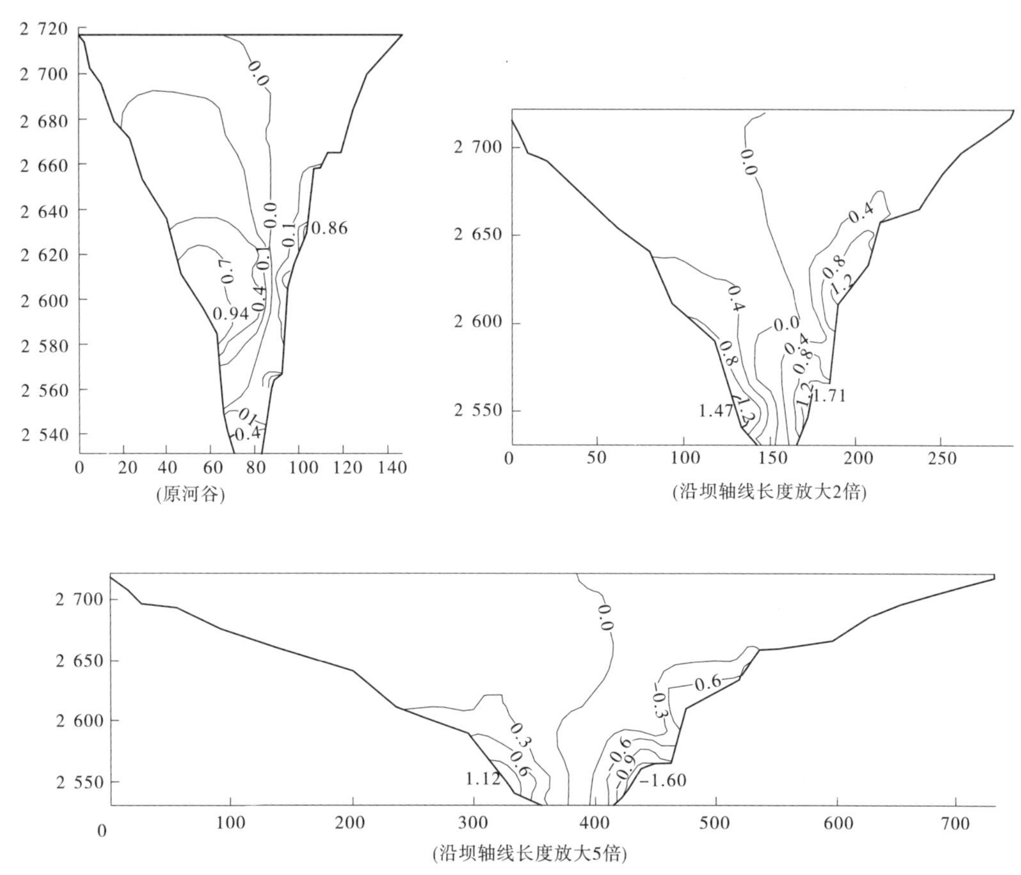

图 4　不同河谷宽度蓄水期坝轴线纵剖面内剪应力等值线

有较大变形产生。受堆石体长期变形影响,一些高面板堆石坝出现了裂缝、脱空等现象,如罗马尼亚的 Lesu 面板堆石坝、我国的天生桥面板堆石坝等。因此,合理考虑筑坝材料的流变变形,进而估算面板堆石坝建成后的长期变形,是非常重要的研究内容。

为了考察堆石体流变对坝体应力、变形的影响,进行了考虑流变的三维有限元静力分析,同时研究河谷形态对流变特性的影响。首先对原河谷情况进行考虑流变的三维有限元静力分析,其次通过将沿坝轴线长度放大 2 倍、5 倍后进行考虑流变的三维有限元静力分析。

3.1　流变模型参数

计算过程中流变按初应变考虑,计算参数由试验分析选用。流变模型参数见表 3。

表 3　流变模型试验参数

试样名称	ρ(g/cm³)	b(%)	c(%)	d(%)	m_1	m_2	m_3
上游堆石料	2.15	0.041	0.016	0.32	0.77	0.63	0.52
下游堆石料	2.19	0.063	0.031	0.44	0.80	0.65	0.59

流变分析时,坝内垫层料、过渡料等流变模型计算参数基本采用上游堆石料的计算参数,但参数 b、c、d 均为上游堆石相应参数的 0.95 倍。

3.2　成果分析

表 4 为考虑流变情况下运行期不同河谷宽度坝体应力变形计算结果特征值。计算结果

表明,考虑流变后坝体及面板的应力变形总体上有所增加。

表 4　考虑流变不同河谷宽度坝体应力变形计算结果特征值

计算工况				原河谷	沿坝轴线长度放大 2 倍	沿坝轴线长度放大 5 倍
坝体	运行期	坝顶最大沉降(cm)		23.5	18.4	14.6
		坝体最大沉降(cm)		78.3	98.2	114.8
		顺河向位移(cm)	上游向	6.3	7.1	9.3
			下游向	12.0	24.1	30.0
		大主应力(MPa)		2.84	3.90	4.10
		小主应力(MPa)		1.18	1.35	1.41
面板	运行期	坝轴向变形(cm)		-2.5	3.3	3.5
				3.1	3.9	4.4
		挠度(cm)		30.6	36.8	38.1
		轴向应力(MPa)	压	10.79	15.49	17.82
			拉	1.78	2.38	2.80
		顺河向应力(MPa)	压	14.17	15.26	15.98
			拉	0.95	1.47	1.52
		面板周边缝位移(mm)	张开	24.4	25.3	28.9
			沉陷	29.4	31.1	33.5
			错动	44.6	36.8	26.2

注:坝轴向变形"+"指向右岸,"-"指向左岸。

对照 3 个方案的计算结果可以发现,狭窄河谷坝体及面板的应力变形总体上较宽河谷小,但狭窄河谷的后期变形较大。从坝顶沉降看,原河谷、沿坝轴线长度放大 2 倍方案、沿坝轴线长度放大 5 倍方案坝顶沉降最大值分别为 23.5 cm、18.4 cm 和 14.6 cm。3 个计算方案坝体最大后期沉降分别为 78.3 cm、98.2 cm 和 114.8 cm,与不计流变相比增量分别为 20.5 cm、15.3 cm 和 12.1 cm,即流变占总沉降的比率分别为 26.2%、15.6% 和 10.5%。混凝土面板挠度 3 个方案分别为 30.6 cm、36.8 cm 和 38.1 cm,与不计流变相比增量分别为 7.9 cm、7.4 cm 和 6.5 cm。由此可见,狭窄河谷主要的不利影响就是反映在后期变形较大这一点上。

从原河谷方案的应力变形计算结果来看,坝体的应力变形基本在正常范围内。混凝土面板的应力变形除周边缝剪切位移较大外,也基本在正常范围内。通过研究可以认识到,虽然狭窄河谷存在运行期坝内应力调整导致后期变形增大的问题,但调整引起的后期变形是有限的,最大沉降值小于坝高的 1%。

4 坝体变形控制措施

4.1 筑坝材料母岩选用中等硬度以上岩石

为了控制狭窄河谷高面板坝堆石体变形，对工程区的筑坝材料进行分析研究，选择在荷载作用下尽可能变形小的筑坝材料，以满足坝体设计的要求。坝址区出露的地层主要有灰岩、千枚状板岩。灰岩属中硬岩，力学强度高。千枚状板岩岩性较软弱，力学强度较低。经比选，料场选择坝址下游右岸Ⅰ灰岩料场。灰岩比重为2.70～2.74，干密度为2.69～2.72 g/cm^3，饱和密度为2.69～2.73 g/cm^3，吸水率平均值为0.06%，干抗压强度为60～104 MPa，饱和抗压强度为48～80 MPa，软化系数为0.69～0.84。

4.2 严格控制堆石体孔隙率(17%～20%)

严格控制堆石体孔隙率，控制垫层料、过渡料及主堆石料分别为不大于17%、19%、20%，取规范推荐下限值，下游堆石料孔隙率不大于19%，同主堆石基本一致，比规范推荐下限小4%，各区孔隙率控制差值不大于3%。对控制堆石体变形及各区不均匀变形起到了有利作用。

4.3 减小上下游堆石模量差及河床底部采用改性坝料处理

由于工程河谷狭窄的地形特点，考虑到面板堆石坝的后期沉降变形较大，原则上使上下游堆石体的模量差尽量减小，下游堆石采用开挖料中参数较高的料，同时，为了改善堆石体及面板的应力状况，河床底部采用改性坝料即碾压干贫混凝土回填，填筑高程最高处30 m。通过两种方案的三维有限元仿真对比分析可知：采取以上措施后，堆石体与面板的应力变形均减小，蓄水期堆石体沉降减小约10%，面板挠度、应力分别降低约14%、13%。

4.4 岸坡附近设置特别碾压区

狭窄河谷由于存在河谷束窄作用，坝体的变形总体上比较小。但是坝体与岸坡之间较大的相对变形，往往对混凝土面板及面板周边缝止水结构产生不利的影响。1978年6月建成的坝高125 m的Golillas砂砾石面板坝，河谷宽高比0.87，竣工时实测最大沉降仅39 cm左右，但在1982年6月蓄水过程中却发生严重漏水现象，经检查发现存在周边缝止水结构局部破坏和面板局部破坏的现象，原因主要是窄陡岸坡附近堆石体变形较大。

对于狭窄河谷而言，坝体与岸坡边界接触面的特性对坝体的应力变形有较为明显的影响。由于岸坡陡峭，坝体与岸坡之间可能产生较为明显的相对位移，因此通过采用设置坝体与基岩之间的接触面单元进行三维有限元计算分析，研究岸坡接触面对坝体变形的影响。设置接触面单元后，坝体应力变形值均增大，其中蓄水期堆石体沉降增大约16%，面板挠度增大约16%，周边缝沉陷和剪切增大约17%。

因此通过合理模拟坝体与河谷之间的相互作用，可以看出控制坝体与河谷岸坡之间的相对变形，可以达到减小坝体变形、改善面板应力变形以及面板周边缝位移的目的。可以通过在岸坡附近设置一定厚度的变形模量较高的特别碾压区，来控制坝体与河谷岸坡之间的相对变形。

4.5 合理确定坝体填筑顶面与面板浇筑高程的高差、合理确定面板下部堆石预沉降期

为了避免面板脱空及考虑施工工艺，施工安排分期浇筑的面板顶部高程低于堆石体填筑顶面10 m左右的高差。为了减少坝体的后期变形，坝体在浇筑面板前尽量留够4～6个月时间，使面板下部堆石预先发生一定的沉降，以及控制月沉降值不大于3～5 mm。

4.6　采用适应较大变形的周边缝止水结构和材料

从接缝位移研究成果看，坝体地震永久变形导致面板周边缝位移增加较为明显，主要表现为沉陷和切向位移的增加，研究工程周边缝位移设计指标：张开35 mm、沉陷70 mm、剪切80 mm。采用塑性填料型止水结构，即表层止水采用塑性填料+波形止水带，底部止水采用铜止水。表层塑性填料面积根据接缝设计张开断面面积的2.0~2.5倍确定，底部铜止水尺寸，采用M态软铜，厚度1 mm，鼻高15 mm，鼻宽30 mm，可以适应较大变形，即80 mm的剪切变形和100 mm的张开和沉陷变形。

5　结　论

（1）狭窄河谷面板堆石坝三维效应明显，初期变形相对较小、后期变形相对较大、周边缝剪切变形相对较大等特点，但变形仍在可控范围内。

通过对不同河谷地形、堆石体流变对坝体应力变形的影响研究表明，河谷较窄时，岸坡的约束阻碍自重荷载传递，三维束窄效应愈明显，随着河谷变宽，束窄效应减弱；河谷愈窄，大坝总的变形愈小，随着河谷变宽，大坝总变形有所增大；河谷较窄时，坝体初期变形相对较小、后期变形相对较大，随着河谷变宽，大坝初期变形增大，后期变形变小。随着河谷变宽，周边缝位移沉陷和张开变形增大，而剪切变形增大。虽然狭窄河谷存在运行期坝内应力调整导致后期变形增大的问题，但调整引起的后期变形是有限的，最大沉降值小于坝高的1%。

（2）为控制坝体变形，提出填筑堆石料主要为中等强度以上的灰岩，严格控制堆石体孔隙率（17%~20%）。

（3）结合狭窄河谷的地形特点，考虑到面板堆石坝的后期沉降变形较大，采用减小上下游堆石模量差、河床底部采用改性坝料处理、岸坡附近设置特别碾压区、合理确定坝体填筑顶面与面板浇筑高程的高差、合理确定面板下部堆石预沉降期等措施，控制坝体的应力变形，特别是后期变形。

（4）选用适应较大变形的接缝止水结构和材料，可以满足狭窄河谷高面板堆石坝接缝变形的需要。

全断面三级配超高掺粉煤灰碾压混凝土筑坝关键技术研究及其应用

阮祥明 宁华晚 谭建军 王晓峰 张 斌

（中国电建集团贵阳勘测设计研究院有限公司，贵阳 550081）

摘 要 本文主要研究百米级高大坝全断面三级配超高掺粉煤灰碾压混凝土直接防渗，从渗层稳定、层面抗滑稳定以及设置排水孔的作用和意义来研究，并给出了三级配碾压混凝土渗透稳定厚度和作用水头之间的关系，研究了设置排水孔与不设排水孔对稳定影响程度，坝体存在薄弱层面对坝体层面抗滑的影响，并结合具体的工程应用总结其关键技术成功经验。结合材料试验与温控防真研究，采用超高掺粉煤灰技术，粉煤灰掺量超过70%，其水泥用量较少，最低为42 kg/m^3，水化热较低，优化了温控措施，节约了温控费用。实际工程运用中，混凝土防裂效果好，坝体后坡无渗水、无裂缝，坝体排水孔渗水量少。

关键词 全断面三级配；超高掺；碾压混凝土；防渗结构；渗透稳定；温控防真；材料试验

1 研究背景

碾压混凝土坝因其施工快速性，近30年来快速发展，但由于坝体防渗体系的需要，坝体断面上游面多数采用二级配碾压混凝土+变态（常态）混凝土进行防渗，而坝体内部为三级配碾压混凝土，这样造成大坝碾压仓面存在多种级配的混凝土，从而形成的主要问题有：一是混凝土级配种类多，施工管理不便，容易混杂，仓面因运输车辆倒混凝土时倒错位置后处理难度大；二是混凝土拌和楼生产混凝土调整次数多，较生产单一品种混凝土生产效率低。在不改变现有砂石系统、混凝土拌和系统生产工艺的条件下，若大坝采用三级配直接防渗（大坝采用单一级配混凝土），周边变态混凝土采用现场加浆即可完成，这样将大大简化现场管理难度，提高混凝土生产效率，加快仓面摊铺速度。另外，因为采用三级配碾压混凝土直接防渗，其水泥用量较二级配混凝土少，水化热较低，温控措施可以适当优化，混凝土上游面防裂效果更好。

碾压混凝土的温度裂缝一直是困扰坝工界的难题，在第五届碾压混凝土坝国际研讨会上，朱伯芳院士提出《全面温控 长期保温 结束“无坝不裂”的历史》[1]，提出了外部保温的措施对坝体进行全面长期保温，这是对外部环境温度进行调节作用。混凝土自身水化热大这一本质问题需要从材料本身研究，既然水化热是水泥化学反应产生的，是否可以进一步

基金项目：贵州省科技厅项目（黔科合SY字〔2013〕3075号）。

作者简介：阮祥明（1978—），男，硕士，马马崖一级水电站勘测设计项目部设计总工程师，高级工程师，从事水利水电工程设计工作。E-mail：121962519@qq.com。

降低水泥用量呢？本文试验研究出一种既不降低混凝土性能，又能降低水化热的高性能配合比，采用超高掺量的粉煤灰代替水泥用量，粉煤灰用量达到70%以上，而水泥用量下降至42 kg/m^3。实际运用其水化温升较普通掺量的降低了1.5 ℃，温控措施简单，防裂性能良好。

2 国内外研究状况及存在问题

近期我国设计完成的碾压混凝土重力坝中，已有部分采用三级配直接布置于大坝上游面高程用于防渗[2]，贵州沙阡、云南红坡水库三级配直接防渗，坝高分别为46.64 m和54 m，其余在坝顶不超过40 m范围内运用，如光照、石垭子、沙沱等重力坝。这些已建工程在30～55 m水头部位采用三级配，通过工程经验积累及相关数据分析研究，可预期百米级高坝三级配碾压混凝土直接防渗设计施工的可行性。这将大大简化碾压混凝土坝结构分区及施工工艺，从而加快碾压混凝土筑坝技术的发展。

T. 菲茨杰拉德等[3]在《富浆RCC技术在美国迪普克里克坝的应用》中介绍了美国迪普克里克坝首次将富浆RCC应用于大坝防渗。《Dams of the United States》[4]中介绍了美国所有大坝，其中部分采用碾压混凝土这一坝型。越南松邦4水电站[5]采用了碾压混凝土快速施工技术。

以上研究主要是基于坝顶部50 m范围内，从不便于分区碾压的角度被动修改成三级配碾压混凝土直接防渗，其上游面作用水头低，层面抗渗安全系数大，无渗透稳定之忧，工程本身重实践运用，无前期结构研究与施工完成后的技术总结。虽已经有一定的工程经验及相关数据，而没有系统地研究三级配直接防渗的渗透稳定性，并对其作出评价。是否可以在百米级高坝上全面运用？本文结合试验及对试验数据的系统分析，研究三级配直接防渗的渗透稳定性，以期为百米级高坝上三级配碾压混凝土直接防渗工程运用提供设计依据。同时，将大大简化碾压混凝土坝结构分区及施工工艺，更快速施工，从而加快碾压混凝土筑坝技术的发展。

3 本文研究主要内容

本文以100 m高典型断面进行模拟研究，并研究不同渗透系数下其渗透稳定情况；是否设排水孔对渗透稳定的影响；层面抗滑稳定，坝体内部出现薄弱层面是否影响，其影响程度如何。对坝体温度仿真计算、材料试验等方面进行系统研究。

3.1 百米级高坝三级配碾压混凝土直接防渗渗透稳定研究

3.1.1 典型断面拟定

选取典型挡水坝段剖面进行研究，如图1所示。不考虑地基情况，但考虑大坝底部碾压层受建基面及垫层高度位置的影响，有限元划分建立模型。模型单元剖分如图1所示，共2 587个节点，2 495个单元。

3.1.2 本构模型

采用Abaqus通用有限元软件可对多孔介质的渗流和变形进行耦合分析。

软件采用Forchheimer渗透定律：

$$snv_w = -\bar{k}\frac{\partial\varphi}{\partial x}$$

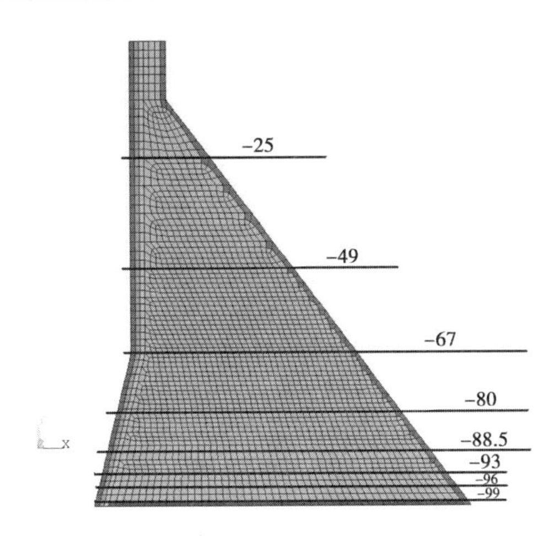

图 1　坝高 100 m 挡水坝段材料分区模型

其渗透系数 $\bar{k}$ 定义为：

$$\bar{k} = \frac{k_s}{(1 + \beta \sqrt{v_w v_w})} k$$

式中：snv_w 为单位体积流速；$\bar{k}$ 为 Forchheimer 渗透系数；φ 为流速水头；k 为饱和渗透系数；v_w 为流体流速；β 为渗透系数的影响系数，当 $\beta = 0.0$ 时，Forchheimer 渗透定律简化为达西定律，本次计算 $\beta = 0.0$；k_s 为与饱和度有关的系数，取 1.0；饱和度 S_r 取 1.0。

本文是基于 Abaqus 的总水压力的稳态饱和渗流分析。碾压混凝土坝具有渗流的正交异性特点，在层面水平方向的渗透性远远大于竖直方向。因此，采用正交异性的达西定律进行渗流分析。从以上渗流场分析得到碾压层面的水压力，并进行积分确定层面扬压力值，由此评判大坝结构的渗透稳定性。

3.1.3　计算参数

坝体渗透稳定有限元分析渗透系数参数值见表 1，抗剪断参数值见表 2。

表 1　坝体渗透稳定有限元分析渗透系数参数值

部位	上游三级配变态 C15	坝体内部三级配碾压 C15	垫层二级配常态 C20	下游三级配变态 C15
顺河向渗透系数(cm/s)	1e－9	2e－7	1e－9	1e－9
竖直向渗透系数(cm/s)	1e－9	1e－9	1e－9	1e－9

表 2　坝体渗透稳定有限元分析抗剪断参数值

部位	f'	C'(MPa)
C15 三级配碾压混凝土	0.91	0.97

3.1.4　边界条件

结构节点位移全约束，仅做渗流分析。上游迎水面压力值按作用水头值附孔压，建基面扬压力仅按三角形荷载作用，下游无水压力。

3.1.5　计算结果

计算结果见图 2 ~ 图 4。

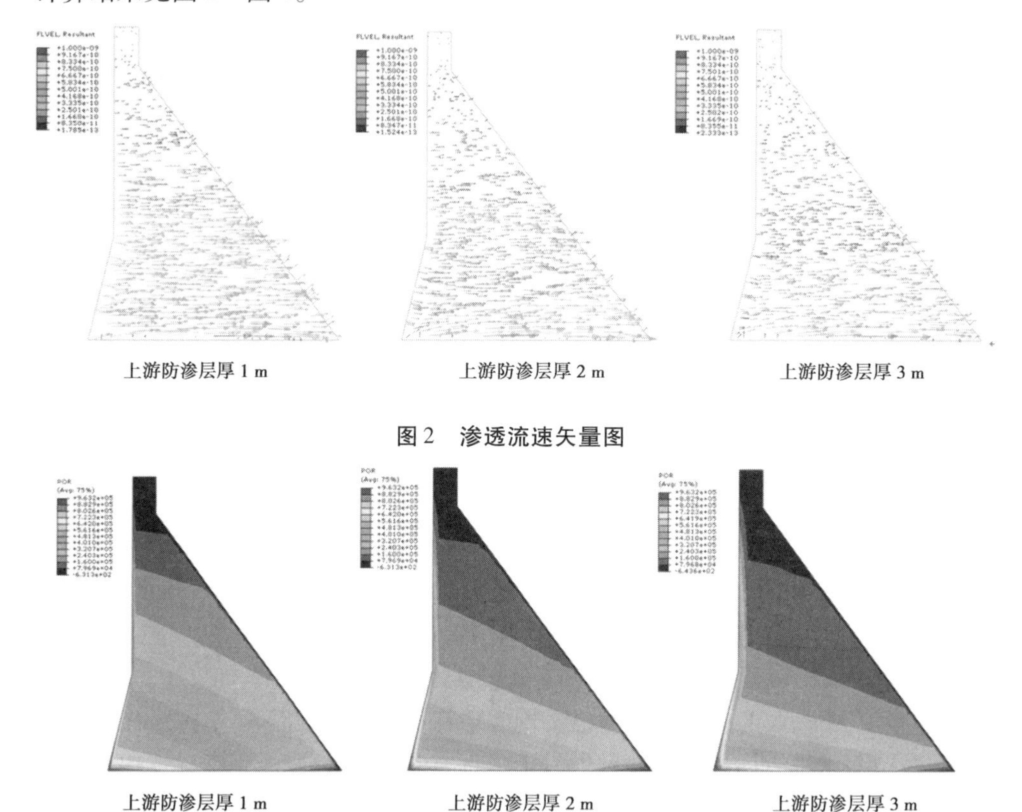

图 2　渗透流速矢量图

图 3　大坝孔压分布图　（单位:Pa）

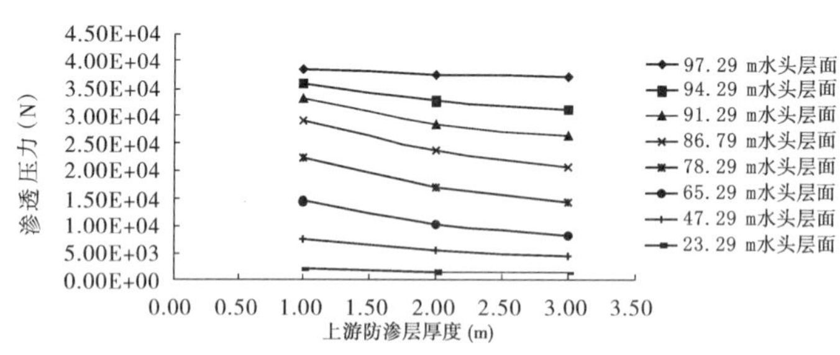

图 4　大坝层面渗透压力随防渗层厚度变化

从图 3 中看到，大坝防渗层越厚，高水压力值分布范围越小，防渗层厚度对层面扬压力影响较大。从大坝渗透压力分布可知，大坝结构主要承担防渗的在上游 C20 三级配碾压混凝土防渗区，材料本身渗透性满足设计要求。

3.2　排水孔效应分析

建立坝高 100 m 典型重力坝含排水系统平面模型，如图 5 所示。

排水孔的模拟方法有杂交元法（朱伯芳）[7]、等效杆单元法（杜延龄）[8]、排水子结构法（王镭）[9]和以管代孔法（王恩志等）[10]等。现应用较多的是武汉大学陈胜宏教授[11]推广的空气单元法。

排水孔的模拟，增加了大量约束条件，增加了网格单元，给计算增加了难度。排水孔的无压渗流时自由面和排水孔的相交问题很难很好地解决。

排水孔中充满空气或者水体，可以把排水孔看作是充满特殊物质的柱状体，只不过它的渗透系数很大而已。经此处理后，可以把排水孔作为实体单元来计算，用数值很大的渗透系数来模拟排水孔的渗透性能。这种方法的计算结果比较接近实际情况。此法为空气单元法。

依据空气单元法的理论，采用流量相等原则计算排水孔幕单元的等效渗透系数 k。假定排水孔幕为均质材料，其渗透系数 k_1 约为周围材料渗透系数 k_2 的 1 000 倍（胡静，陈胜宏，2003）[11]。若排水孔直径为 D_1，间距为 L_1，模拟排水孔幕的横向宽度为 B（见图 6），则由流量相等条件可得：

$$kBL_1 = k_1 \frac{\pi D_1^2}{4} + k_2 \left(BL_1 - \frac{\pi D_1^2}{4} \right)$$

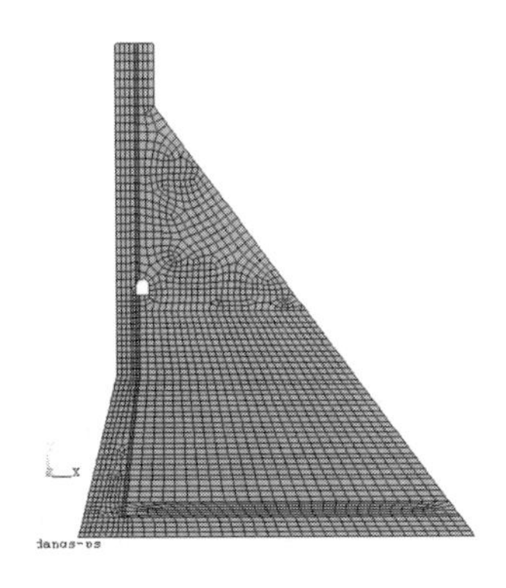

图 5　三级配碾压混凝土重力坝挡水坝排水系统模型

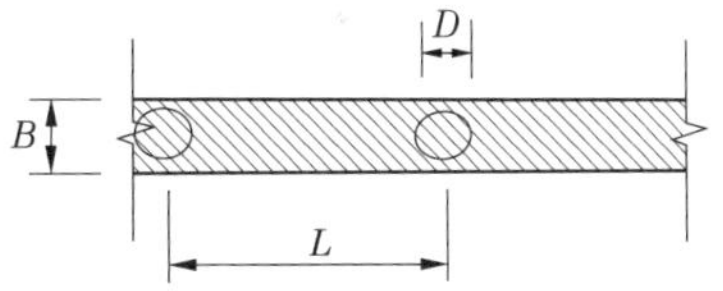

图 6　排水孔等效渗透系数换算示意图

等效渗透系数

$$k = \frac{k_1 \frac{\pi D_1^2}{4} + k_2 \left(BL_1 - \frac{\pi D_1^2}{4} \right)}{BL_1}$$

在本次计算中，排水孔幕按厚度为 0.8 m 剖分（考虑 Φ150 mm 的排水盲管或 Φ110 mm 的打孔排水孔在大坝内影响范围为 0.8 m）。模型中排水孔间距 3 m，其渗透系数取值为 2×10^{-4} cm/s，碾压混凝土层面渗透系数为 2×10^{-7} cm/s。

几个边界条件：①大坝排水廊道设置为 0 孔压的边界，考虑廊道一般为二级配的预制或现浇，所以渗透系数为 1×10^{-9} cm/s。②同样从偏安全角度考虑。假定下游水位只对底部扬压力有影响，故对下游边界按 0 孔压设置。③底部扬压力考虑帷幕效应，按坝踵水头的一半进行折减。

计算工况：选取正常工况上游水位 −1.71 m，下游无水；上游防渗层厚度 2 m。

计算结果如图 7 所示，在排水孔有效情况下，坝体渗流经过防渗层后快速进入排水孔内，并沿排水孔汇集于廊道等排水设施。大坝排水孔显著降低了坝体渗透压力，大大缩小了高渗透压力区范围，且在排水设施后坝体渗流基本维持在一个较小的等级，没有像无排水设施的均质三级配碾压混凝土坝体那样还有明显的坡降存在。说明排水设施有效时，明显降低了坝体内部三级配碾压混凝土坝的渗透压力，从而渗透稳定有较高保证。

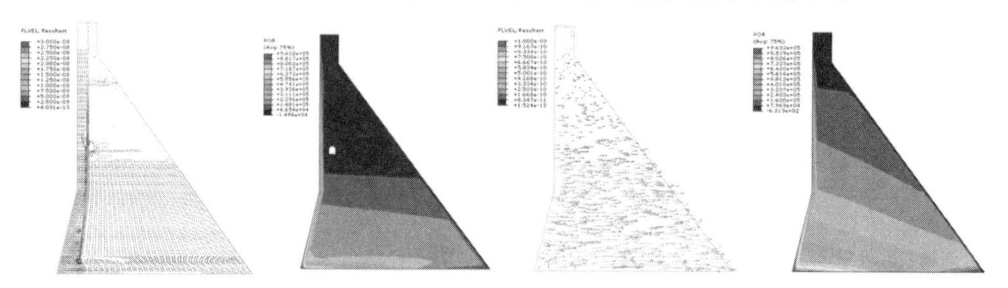

图 7　有无排水设施大坝渗流流速矢量对比与大坝孔压对比　（单位：Pa）

3.3　全断面三级配层间抗滑稳定研究

根据承载能力极限状态计算的规定：

$$\gamma_0\psi S(\gamma_G G_K,\gamma_Q Q_K,a_K)\leqslant\frac{1}{\gamma_{d1}}R(\frac{f_K}{\gamma_m},a_K)$$

对于碾压混凝土重力坝层面抗滑稳定问题，作用 $S(\cdot)=\sum P_c$，抗力函数 $R(\cdot)=f'\sum W+C'A$。

本文定义层间抗滑稳定安全系数：$K=[\frac{1}{\gamma_{d1}}R(\cdot)]/[\gamma_0\psi S(\cdot)]$

计算结果如图 8 所示。结果表明，随着水头值的降低，层面安全系数增加；随着上游防渗厚度增加，层间抗滑安全裕度增加，每增加 1 m 厚 C20 三级配碾压混凝土防渗结构，安全系数提高 4.26%；为满足层面抗剪断强度安全要求，考虑工程安全及现场质量管理与控制等因素，百米级全断面三级配碾压混凝土重力坝宜以 1.05 的安全系数进行大坝层间抗滑稳定控制，建议重力坝上游 C20 三级配碾压混凝土防渗层厚：水头≤35 m，取 0.5 m；35 m＜水头≤60 m，取 1 m；60 m＜水头≤90 m，取 2 m；水头＞90 m，取 3 m。

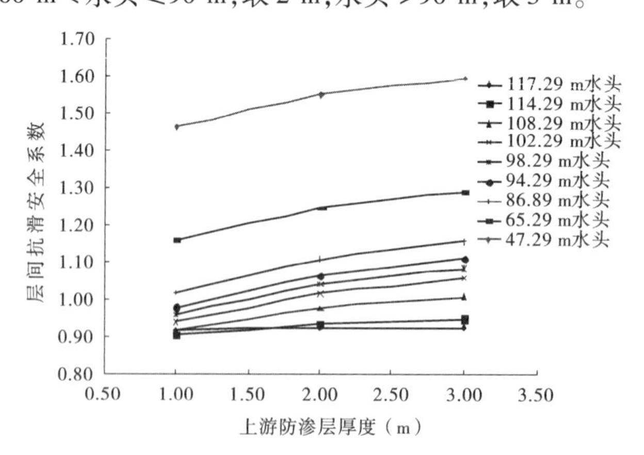

图 8　大坝层面渗透稳定控制系数随厚度及水头变化情况

3.4　大坝可能存在薄弱层面影响分析

假定的施工薄弱层面渗透系数是非薄弱层的 100 倍，即相应的薄弱层渗透系数如表 3 所示。薄弱结构面在有限元模型中如图 9 所示。

计算工况：上游水位为设计高水位，下游无水情况下，迎水面 2 m 防渗层。

表 3 坝体渗透稳定有限元分析渗透系数参数值 （单位:cm/s）

部位	上游富胶三级配 C20 变态(2 m)	主体贫胶三级配 C15 碾压(竖向)	主体贫胶三级配 C15 碾压(切向)	下游富胶三级配 C15 变态
正常	1e -9	1e -9	2e -7	1e -9
薄弱结构面	1e -7	1e -7	2e -5	1e -7

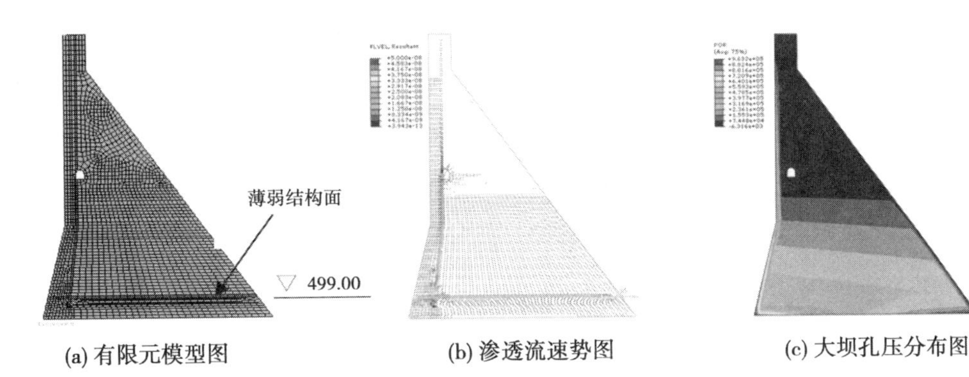

(a) 有限元模型图 (b) 渗透流速势图 (c) 大坝孔压分布图

图 9 挡水坝段薄弱结构面及渗流场分布

薄弱结构面对挡水坝段层间抗滑稳定影响见表 4。

表 4 薄弱结构面对挡水坝段层间抗滑稳定影响

路径	高程(m)	坝高(m)	水头(m)	现行规范安全系数		新手册安全系数		
				正常情况	薄弱结构面	正常情况	薄弱结构面	百分比(%)
1	496	96	94.29	1.369 1	1.256 4	1.154 4	1.081 2	-6.34
2	499	93	91.29	1.401 7	1.246 4	1.182 4	1.081 5	-8.53
3	503.5	88.5	86.79	1.417 3	1.265 5	1.203 4	1.104 7	-8.20

对比来看，在挡水坝段薄弱结构面处安全系数降低约 8.53%。薄弱结构面下部 3 m 处降低约 6.34%，上部 4.5 m 处降低约 8.20%；可以看到，薄弱层面使坝体产生渗流畅通通道，水头将直接作用于该危险层面。即使结构面抗剪断参数不折减，该层面的抗滑稳定安全系数也降低 8.5%。表 5 给出假定坝高 93 m 薄弱层面处新手册下对抗剪断参数的敏感性情况（f'和 C'同比例折减）。

表 5 薄弱结构面抗剪断参数敏感性情况（坝高 93 m 处）

参数折减(%)	薄弱层面混凝土抗剪断参数		挡水坝段层间抗滑安全系数
	f'	C'(MPa)	
100	0.91	0.97	1.081 5
95	0.864 5	0.921 5	1.027 4
90	0.819	0.873	0.973 3

续表 5

参数折减(%)	薄弱层面混凝土抗剪断参数		挡水坝段层间抗滑安全系数
	f'	C'(MPa)	
80	0.728	0.776	0.865 2
70	0.637	0.679	0.757 0
50	0.455	0.485	0.540 7

从参数敏感性情况看到,层面参数弱化后,每降低 10 个百分点,层间抗滑安全系数就折减了 0.108(挡水)。层面受施工影响产生冷缝,或加之处理不当,薄弱的层面参数一般至少降低至 80% 左右,于是该层面抗滑安全系数在 0.86(挡水)。因此,在 100 m 级高水头下,层间抗滑稳定在该薄弱层面不能满足。

因此,薄弱结构面对层间抗滑稳定安全系数的影响明显。施工中若产生薄弱层面(特别是低高程),将危及大坝的层间抗滑稳定。所以,施工质量控制对结构安全影响较关键。

3.5 温控仿真

3.5.1 有限元模型

计算有限元模型选取某电站溢流坝段(坝横 0 + 129.55 m ~ 坝横 0 + 159.30 m),见图 10、图 11。时间步长为 1 d,仿真分析 750 d,即从起始浇筑日期 2013 年 1 月 25 日至 2015 年 2 月 13 日止。

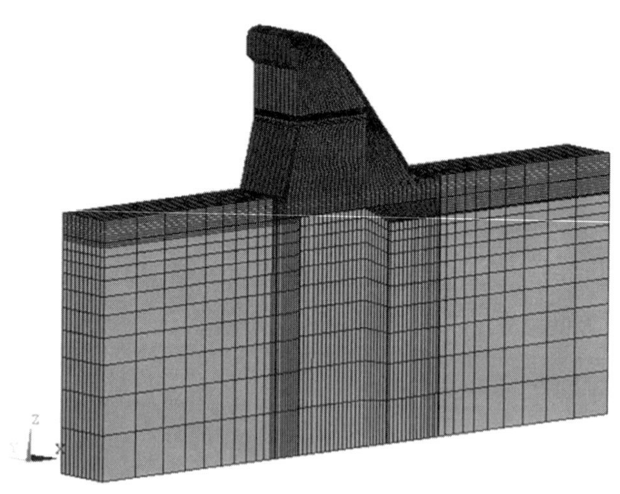

图 10 溢流坝段模型网格

根据大坝全级配超高掺粉煤灰碾压混凝土的坝体结构、混凝土原材料热力学性能、施工进度安排、坝址区水文气象等边界条件,结合原材料试验成果进行三维有限元仿真计算分析,对大坝混凝土的施工全过程进行仿真计算,分析温控措施实施后坝体温度应力分布状态和规律,提出满足超高掺粉煤灰碾压混凝土坝各部位的温控及防裂措施。

3.5.2 计算工况

结合现场拟定的浇筑计划、混凝土原材料试验成果来进行坝体混凝土施工期仿真计算和分析。共拟定了 5 种工况,见表 6。

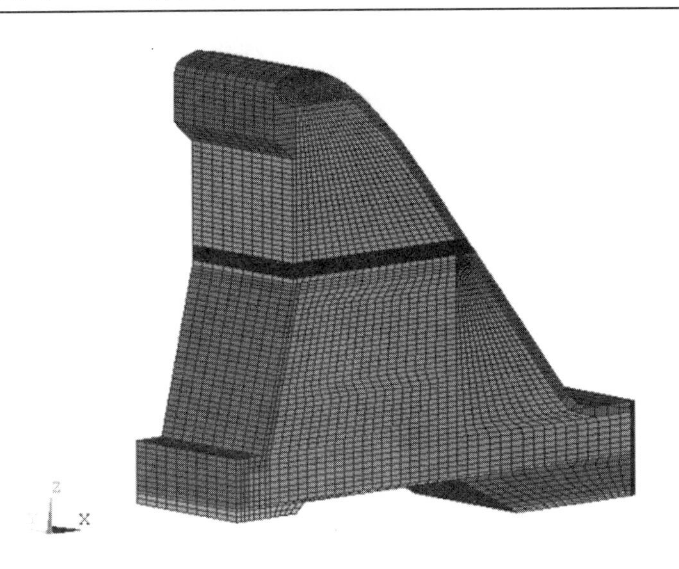

图 11 溢流坝段坝体模型网格

表 6 混凝土施工期仿真计算工况拟定及参数

项目	工况 1	工况 2	工况 3	工况 4	工况 5
浇筑温度	12 月至次年 3 月的浇筑温度采用日平均气温加 1.5～2 ℃，其他季节控制浇筑温度≤20 ℃	同工况 1	同工况 1	高温季节浇筑温度采用日平均气温加 3 ℃，其他同工况 1	高温季节浇筑温度控制在 25 ℃，其他同工况 1
通水参数	坝体全断面混凝土内部埋设冷却水管，冷却水管间距为 2.1 m×2 m，通水时长均为 30 d，通水流量 1.2 m^3/h。高温季节通 15 ℃制冷水，其他季节通河水	冷却水管全断面采用 3 m × 3 m 布置，其他同工况 1	基础约束区 526 m 高程以下采用 2.1 m ×2 m，以上采用 3 m×3 m，其他同工况 1	通水时长改为 60 d，其他同工况 3	同工况 4
保温参数	坝址区每年 12 月初至次年 2 月底，根据坝址区该时段气温较低、变幅较大的情况，对坝体混凝土的上下游表面均采用 2 cm 厚的保温被和保温板进行覆盖保温	同工况 1	同工况 1	同工况 1	同工况 1

3.5.3 温度场仿真成果分析

坝体内部最高温度、内外温差、强约束区基础温差、弱约束区基础温差的历程曲线对比分析见图 12。

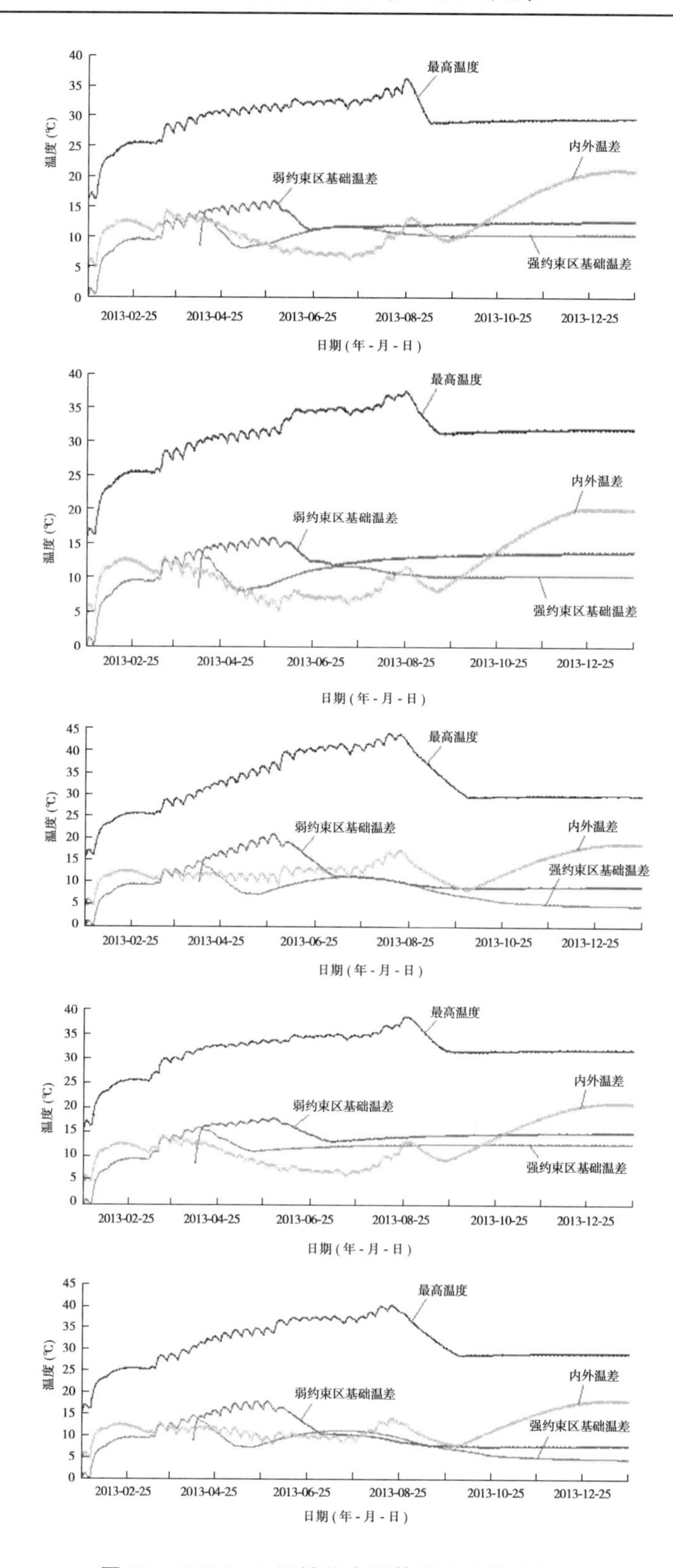

图 12　工况 1 ~5 温控仿真计算历程曲线对比

各工况温控防真计算特征值见表7。

表7 各工况温控防真计算特征值

项目	工况1	工况2	工况3	工况4	工况5
浇筑块最高温度(℃)	36.18	38.51	37.26	43.55	38.19
最大内外温差(℃)	18.17	20.95	19.98	18.23	18.23
最大强约束区基础温差(℃)	14.00	15.89	14.00	14.58	14.58
最大弱约束区基础温差(℃)	15.88	17.82	15.88	21.02	16.92
温差指标评价	满足要求	最大内外温差强约束区基础温差超标	满足要求	最大弱约束区基础温差超标	基本满足要求

从经济和可操控性上看，工况3和工况5能较好满足温控要求，即在距坝顶高程66 m(具体工程526 m)以下按2.1 m×2 m布置冷却水管，526 m高程以上按3 m×3 m布置冷却水管；高温季节浇筑温度控制在20～25 ℃，通30～60 d 15 ℃冷却水。

特征点温度历程曲线见图13。

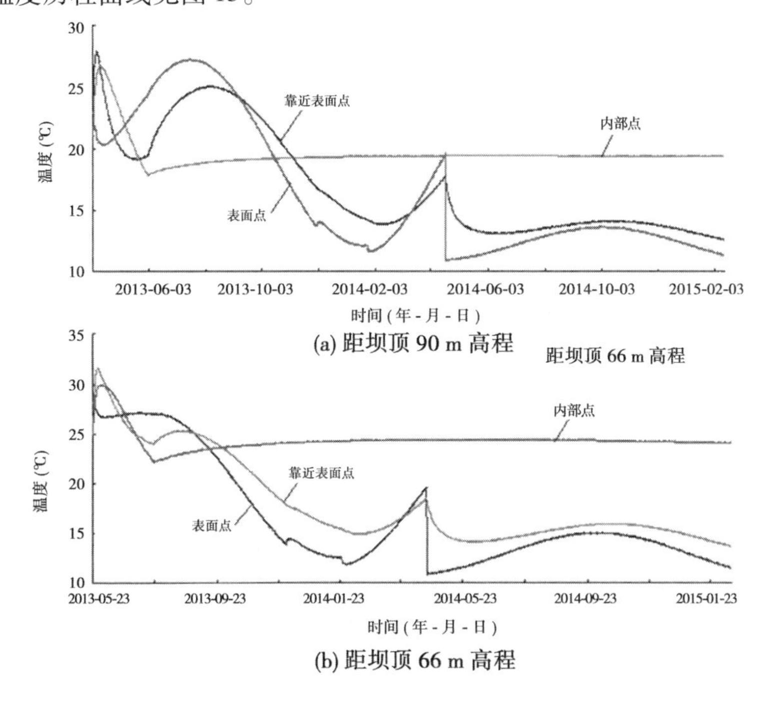

(a) 距坝顶90 m高程

(b) 距坝顶66 m高程

图13 特征点温度历程曲线

靠近坝体上游面的三级配富胶变态混凝土，绝热温升较高，但由于靠上游坝面比较近，受到外界气温和水温的影响，在达到最高温度后便逐渐随气温变化，曲线呈现出与气温变化类似的余弦函数变化规律；坝体内部点在早期剧烈放热后，受到通水冷却影响而温度缓慢下降，停止通水后，温度又逐渐回升，后期温度缓慢下降并趋于平缓。

3.5.4　温度徐变应力场仿真成果分析

早期降温阶段，拉应力增长较快，而且混凝土的早期抗拉强度较低，因此防裂的重点是混凝土早期28 d以内，尤其注意开浇后14 d期间内的温控防裂。

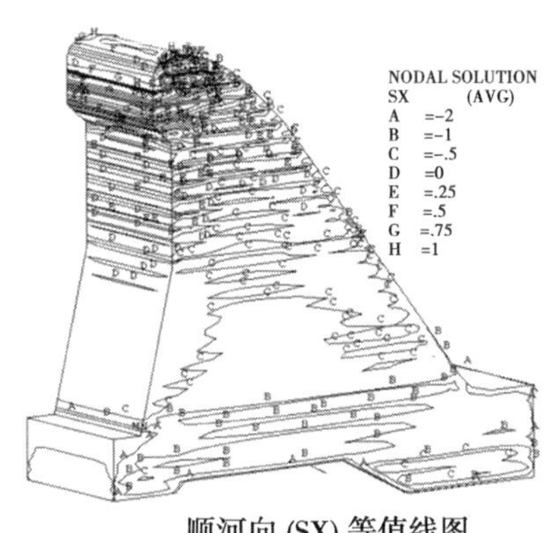

顺河向 (SX) 等值线图

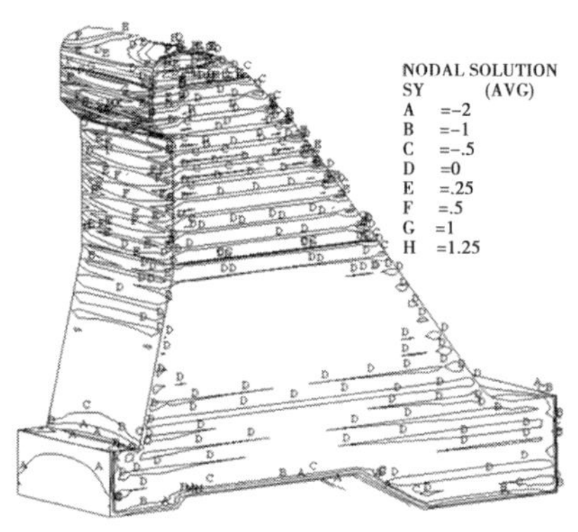

横河向 (SY) 等值线图

图14　第228 d(2013-09-09)浇筑至566 m高程等值线

坝体全断面三级配超高掺粉煤灰碾压混凝土的特性，一方面降低了混凝土的水化热，另一方面混凝土弹模增长相对缓慢，因此从温控仿真的计算角度分析，对整个施工期的坝体温控防裂是有利的，且可以有效简化温控措施，节约施工成本。但在施工过程中需加强施工质量管理和控制。

坝体混凝土施工期需采用控制浇筑温度、坝内通水冷却和表面保温措施。一方面，控制浇筑温度和坝内通水冷却使得施工期内坝体内部的最高温度得到有效控制，同时施工期保温可有效地降低混凝土坝体的温度梯度，以此减小坝体内外温差；另一方面，通过表面保温和坝内通水冷却措施，使得施工期坝体混凝土各龄期内表面和内部的拉应力满足大坝混凝土允许拉应力的要求。

最终选择推荐工况3和工况5，冷却水管间距在526 m高程以上由2 m×2.1 m布置优化成3 m×3 m布置，通水时长由30 d改为60 d。节约了冷却水管布置长度，节约了施工工期，通水时长略有增加。在温控成本上，节省1～1.1元/m^3。

3.6　全断面三级配超高掺粉煤灰材料性能试验研究

3.6.1　超高掺粉煤灰三级配碾压混凝土室内试验研究

室内试验共进行了普通掺量粉煤灰碾压（C_{90}20：50%；C_{90}15：60%）及相应变态混凝土配合比试验4组。为了获得超高掺粉煤灰碾压混凝土的水灰比、粉煤灰掺量等参数，进行了15组超高掺粉煤灰碾压混凝土的水灰比与强度的试验，采用了4个粉煤灰掺量（$F=60\%$、$F=65\%$、$F=70\%$、$F=75\%$）、4个水胶比（0.52、0.50、0.48、0.46）。结合现场需求，补充了6组不同减水剂的配合比试验，同时给出了层间抗剪断性能试验数据，主要得到以下结论：

（1）配合比及工作性能：超高掺粉煤灰碾压混凝土的配合比保持和普通掺量粉煤灰碾

压混凝土一样的胶凝材料用量，水胶比降低 0.04～0.05，用水量降低 7 kg/m³，水泥用量降低而粉煤灰用量增加，前者的泛浆效果略差于后者，泛浆反应略微迟缓，V_c 值略大。可在工程实际中应用粉煤灰代石粉等措施增强层面泛浆效果。

（2）力学性能：超高掺粉煤灰碾压混凝土的力学性能（抗压强度、极限拉伸值（$C_{90}15$ 可达 0.74×10^{-4}，$C_{90}20$ 可达 0.82×10^{-4}）、抗拉强度、抗压弹模、密度等）和普通掺量粉煤灰碾压混凝土相差不大，均属同等水平，无明显差异。前者的凝结时间短于后者。说明采用了超高掺粉煤灰碾压混凝土并不会降低混凝土的力学性能。

（3）耐久性能：超高掺粉煤灰碾压混凝土的耐久性能（抗冻等级、抗渗等级）和普通掺量粉煤灰碾压混凝土相差不大，均能满足设计要求，说明采用了超高掺粉煤灰碾压混凝土并不会降低混凝土的耐久性能。

（4）水化热温升：在相同的胶凝材料用量的情况下，超高掺粉煤灰碾压混凝土的绝热温升值比普通掺量粉煤灰碾压混凝土略低 1～1.5 ℃。

（5）体积变形性能：超高掺粉煤灰碾压混凝土和普通掺量粉煤灰碾压混凝土的自生体积变形均为收缩型，但前者的收缩值比后者低 10% 左右；超高掺粉煤灰碾压混凝土的干缩值比普通掺量粉煤灰碾压混凝土的要低 5%～8%。

（6）对于 $C_{90}20W8F100$ 三级配迎水面防渗碾压混凝土，粉煤灰的掺量宜选用 60%，水胶比可选用 0.46，相应胶凝材料用量为 152 kg/m³。对于 $C_{90}15W6F50$ 三级配内部碾压混凝土，粉煤灰的掺量宜选用 70%，水胶比可选用 0.50，相应胶凝材料用量为 140 kg/m³。

（7）从抗剪断试验成果来看，碾压混凝土施工中只要能保持快速覆盖及碾压完毕（宜为 6 h），其层面抗剪断参数是可以满足设计要求值的，层面抗剪断性能是可以得到保证的。

（8）超高掺碾压混凝土配合比的胶凝材料用量和普通掺量粉煤灰碾压混凝土配合比保持一致，粉煤灰掺量提高 10%，粉煤灰的掺量不宜提高太多，否则碾压混凝土的强度不一定得到保证。

总的来看，超高掺粉煤灰碾压混凝土相比普通掺量粉煤灰碾压混凝土直接成本略有降低，其力学性能和耐久性能相当，水化热温升值略低，自生体积变形收缩值和干缩值均要小，说明超高掺粉煤灰碾压混凝土并没有降低混凝土的性能，其抗裂性还有一定提高。因此，相比普通掺量粉煤灰碾压混凝土，超高掺粉煤灰碾压混凝土具有一定的优势。

3.6.2 超高掺粉煤灰三级配碾压混凝土现场芯样力学性能试验研究

现场对坝体 $C_{90}15$ 三级配碾压混凝土进行取芯检查成果如下：

（1）试验共对 J1－1、J1－2、J1－3、J1－4 四个典型钻孔芯样进行了表观密度、极限拉伸值、弹性模量、抗压强度、劈拉强度、抗剪强度及抗冻抗渗等级的物理力学试验及外观描述。

（2）芯样外观密实，局部有麻面孔洞。

（3）根据试验成果得到各芯样的物理力学指标如下：表观密度在 2 482～2 504 kg/m³，极限拉伸值在 70～87（$\times10^{-6}$）范围内，弹模在 3.3（$\times10^{4}$ MPa）左右，抗压强度在 18.8～24.4 MPa 范围内，劈拉强度在 1.62～2.40 MPa 范围内，抗冻等级全部大于 F50。

（4）50% 芯样抗渗等级 ＞W6，50% 芯样抗渗等级仅满足 ＞W5；芯样抗剪断参数 f' 在 1.12～1.31，C' 在 1.26～1.52 MPa。

3.6.3　坝体 $C_{90}20$ 三级配碾压混凝土(J2 - 5)进行取芯检查的试验成果[12]

(1)从 $C_{90}20$ 三级配超高掺量粉煤灰碾压混凝土芯样的外观来看，大部分碾压混凝土的整体密实性较好，芯样表面较为光滑，骨料分布均匀，层间胶结较好，少部分芯样存在小气泡、空洞和骨料分离的现象。依据《水工碾压混凝土施工规范》(DL/T 5112—2009)"8.4 质量评定"，芯样整体级别属于良好。

(2)抗压强度、极限拉伸平均值为 75×10^{-6}，抗渗等级满足要求；抗冻等级试验值为 F75，略低于 F100 设计要求。

从以上成果来看，大坝 $C_{90}15$ 三级配碾压混凝土抗剪断参数较高(f'大于计算值的 23% ~ 44%，C'大于计算值的 30% ~56%)，坝体层间抗滑稳定有保障。坝体内部部分层间渗透性不满足原 W6 设计值，但上游防渗体 $C_{90}20$ 三级配碾压混凝土抗渗等级满足 W8 要求。坝体渗流梯度主要由 $C_{90}20$ 三级配碾压混凝土防渗体承担，对整个结构渗流场影响不大，马马崖一级大坝渗透稳定满足要求。

4　工程施工情况及效果

运用三级配碾压混凝土直接防渗的某电站工程于 2012 年 12 月 25 日开始碾压，于 2014 年 5 月完成大坝碾压混凝土施工，历时 18 个月。

负责该大坝的某水电施工局制定了碾压混凝土的施工工法，对 RCC 施工工艺流程、RCC 原材料控制与管理、RCC 配合比和配料单的选定、浇筑施工前检查与验收、运输、仓内施工管理、斜层铺筑、特殊气象条件下的施工、质量控制与检测、收仓后仓面管理等做出了具体规定，确保了大坝的施工质量。若出现薄弱层面，采用初凝后冲毛，碾压前冲洗铺一层砂浆，必要时采取在上游面设置止水的措施进行处理。该工程于 2014 年 10 月下闸蓄水，至 2016 年 6 月运行 1 年 8 个月，水位已经达到正常蓄水位，最大泄量达 2 300 m^3/s，经过正常高水位考验，坝内排水孔渗水量很少，坝体渗漏量不到 3 L/min。其监测的各项指标均在设计范围内，坝体无新发育裂缝、坝后无渗水现象，坝体运行良好。

工程运用效果：三级配碾压混凝土比传统的二级配碾压混凝土少用水泥 20 ~30 kg/m^3，粉煤灰掺量略多，降低了水化热温升 1.6 ~2.4 ℃。因通仓均为三级配，可以通仓铺设碾压，也可以顺水流方向碾压，布置较灵活，为施工提供方便，加快施工速度，节约工期。在混凝土直接成本上节约 4 ~5 元/m^3，在温控成本上，可以节省 1 ~1.1 元/m^3，对于该工程整体节约费用 730.94 万元。

工程部分照片如图 15 ~图 18 所示。

图 15　碾压混凝土铺设、碾压、温控

图 16 排水孔安装、质检、测温

图 17 工程竣工蓄水后照片

图 18 三级配碾压混凝土完整、光滑的芯样

5 结论与展望

5.1 结论

本文通过碾压坝体防渗体系的研究,认为渗透系数是控制碾压混凝土的关键因素,设计排水体系是有效降低层面的渗透压力、提高安全系数的有效措施,碾压混凝土的施工质量是层面抗滑的安全保障。

通过以上对百米级重力坝采用三级配碾压混凝土直接防渗筑坝的渗透稳定分析,得出以下结论:

(1)百米级三级配碾压混凝土防渗厚度与作用水头线性相关。按结构抗力函数值是作用函数值(极限平衡法)的 1.05 倍进行安全度控制,上游防渗层厚度可取作用水头的 0.03 ~ 0.07 倍,小于规范规定的 0.07 ~0.10 倍。随着水头值的降低,层面安全系数增加;随着防渗厚度增加,层间抗滑安全裕度增加,提高幅度约为每增加 1 m 富胶防渗结构,安全系数提高 4% ~5% 。

(2)对大坝防渗层和内部本体渗透系数进行参数敏感性分析,渗透稳定与渗透系数的绝对值不相关,与它们之间的相对值相关。

(3)鉴于排水孔实际施工中容易堵塞,取消排水孔会进一步加快施工,为研究是否能取消碾压混凝土坝内排水孔,进行了有无排水设施的对比计算分析。采用空气单元法对排水孔进行模拟,其结果为在排水孔有效情况下,坝体渗流经过防渗层后快速进入排水孔内,并沿排水孔汇集于廊道等排水设施,大坝排水孔显著降低了坝体渗透压力,大大缩小了高渗透压力区范围,且在排水设施后坝体渗流基本维持在一个较小的等级,存在明显的渗透坡降。说明排水设施有效时,明显降低了坝体内部三级配碾压混凝土坝的渗透压力,从而渗透稳定有较高的保证。取消排水孔后结构渗透稳定及层面抗滑稳定不满足规范要求,从理论上论证了碾压混凝土设置排水孔的必要性。

(4)结合施工过程中容易出现的薄弱层面,采用层面渗透系数降参数法进行计算,当薄弱层面渗透系数是周围的 100 倍时,层面渗透稳定不满足要求,百米级水头下的安全系数仅 0.8 左右,提出了施工过程加强仓面的管控措施,以及冲毛、加砂浆,必要时上游面设置止水的措施进行处理。

(5)结合工程实例运用研究某 109 m 高大坝,目前已经建成蓄水发电,安全运行,经过正常蓄水位考验,坝体渗流量小,坝后无渗水现象。并利用现场芯样的物理力学试验,进行验证分析。试验结果表明,各项指标基本符合设计要求,百米级高坝三级配碾压混凝土直接防渗具有可行性。

(6)坝体采用三级配碾压混凝土直接防渗,一方面混凝土水化热降低,另一方面混凝土弹模增长相对缓慢,因此从温控仿真的计算角度分析,对整个施工期的坝体温控防裂是有利的,且可以有效简化温控措施,节约施工成本。

(7)通过现场取芯试验,获得坝体物理力学参数,经复核分析研究,百米级高坝三级配碾压混凝土直接防渗坝体的渗透稳定、安全、可靠。

5.2 展望

百米级高坝三级配碾压混凝土直接防渗筑坝技术研究,从宏观二维静力角度分析,得到结构设计安全可靠的结论。其意义不仅为坝体可以在百米级水头下直接可以用三级配混凝土作为防渗层,而且还可以为坝身材料提供各种级配混凝土或组合,基于以上研究,已经有全断面三级配高掺辅助材料混凝土,或者三级配防渗 + 坝身四级配碾压混凝土筑坝的运用。

三级配碾压混凝土材料自身特性在 100 m 级水头下的细观作用机制,特别是在有微裂缝时,大坝的渗流特性及结构安全性有待进一步研究。

通过本文的研究和实际工程运用,可以为后续工程设计与施工提供参考依据,本文研究均局限于百米级高坝,未来可以向更高坝高、更大体积方量碾压混凝土重力坝或重力拱坝上运用。

参 考 文 献

[1] 朱伯芳. 全面温控长期保温结束“无坝不裂”的历史[C]//第五届碾压混凝土坝国际研讨会论文集,2007.

[2] 张斌,宁华晚,阮祥明,等. 全断面三级配碾压混凝土重力坝渗透稳定研究[J]. 人民长江,2016(6).
[3] T. 菲茨杰拉德,唐玲,邓持恒,等. 富浆 RCC 技术在美国迪普克里克坝的应用[J]. 水利水电快报,2014(7).
[4] Dams of the United States[M]. A Pictorial Display of Landmark Dams. 2013.
[5] 朱小林. 越南松邦4 水电站大坝碾压混凝土快速施工方案[J]. 黑龙江水利科技,2013(10).
[6] 速宝玉,张祝添,胡云进. 碾压混凝土渗透性的评价指标及其间关系初探[J]. 红水河,2002(2).
[7] 朱伯芳. 渗流场中考虑排水孔作用的杂交元[J]. 水利学报,1982(9):32-42.
[8] 杜延龄. 渗流分析的有限元法和电网络法[M]. 北京:水利电力出版社,1992.
[9] 王镭,刘中,张有天. 有排水孔幕的渗流场分析[J]. 水利学报,1992(4):15-20.
[10] 王恩志,王洪涛,邓旭东."以管代孔"——排水孔模拟方法探讨[J]. 岩石力学与工程学报,2001(3):346-349.
[11] 胡静,陈胜宏. 渗流分析中排水孔模拟的空气单元法[J]. 岩土力学,2003(2):281-283.

大岗山水电站高拱坝建设关键技术研究

李新明

（中国葛洲坝集团第一工程有限公司，宜昌　443002）

摘　要　拱坝以其结构合理、体型优美、安全储备高、工程量少为显著特点，往往作为狭窄河谷地段首选坝型；高陡边坡和坝体混凝土是拱坝工程关键施工项目，是直接影响工程建设目标的关键。高拱坝的高边坡施工安全问题突出，施工难度大，施工工期紧，生态保护与水土流失等矛盾突出；需统筹解决高边坡稳定、施工道路布置、高强度开挖、环境保护等技术难题。拱坝形体较为经济，但其温控要求严格，须在保证工期和质量的前提下实现拱坝混凝土快速施工，提高坝体施工质量的同时降低工程建设成本。本文结合大岗山水电站超高拱坝现场施工实施情况，介绍拱坝500 m级高陡边坡“先分后挖”的环保施工理念，围堰分期实施、河道提前分流、高边坡开挖基坑集渣出渣的导流、截流、围堰填筑及陡坡开挖的综合控制与施工技术；200 m级超高拱坝混凝土施工，合理的施工组织、科学管理、先进的施工技术和材料机械设备相互匹配，发挥了混凝土生产系统的整体最大效能，达到混凝土快速施工目的，尽量减少坯层覆盖时间，保证拱坝混凝土施工质量和实现混凝土温控目标。

关键词　高边坡；先分后挖；高拱坝；容量；匹配；快速施工

1　前　言

拱坝是一种建筑在峡谷中，在平面上向上游弯曲、呈曲线形凸向上游的、空间壳体结构为拱形的拦水坝，两端紧贴着峡谷壁，借助拱的作用将水压力的全部或部分传给河谷两岸的基岩。与重力坝相比，在水压力作用下，坝体的稳定不需要依靠本身的重量来维持，主要是利用拱端基岩的反作用来支承，可充分利用筑坝材料的强度。在狭窄河谷上修建高坝，当地质条件允许时，拱坝往往是首选坝型。拱坝以其结构合理、体型优美、安全储备高、工程量少而著称。而高边坡和坝体混凝土施工是高拱坝项目的关键线路直线工程项目。

拱坝高边坡施工安全问题突出，施工难度大，施工工期紧，生态保护与水土流失等矛盾突出；解决拱坝高边坡快速开挖关键技术难题，促进水电工程建设与水土保持和环境保护之间和谐发展，是高坝建设新领域。

提高混凝土浇筑强度的措施主要是加大施工资源投入、缩短转仓时间等。但由于拱坝多位于高山峡谷地区，施工场地狭小，坝址地形、地质条件复杂，工程施工受地形、地质、水文和气象等多方面影响因素制约明显，不利于场内施工设施布置与交通运输，加大施工资源措施投入，难以发挥有效作用。提高拱坝浇筑强度，可采用提高缆机等垂直入仓设备施工效率

作者简介：李新明（1978—），男，湖北黄冈人，高级工程师，主要从事水利工程施工管理。E-mail：21068289@qq.com。

的方式,即在不超过缆机吊运能力前提下增加每次吊运混凝土方量成为一种解决思路;一方面可扩大混凝土生产系统容量来提升混凝土拌制强度,另一方面在不增加缆机数量前提下,充分利用缆机吊运能力提高缆机垂直入仓强度,同时在坝体附近布置辅助吊装设备,提高缆机利用率,从而达到快速施工目的。

2 大岗山水电站项目200 m级超高拱坝

2.1 工程概况

大岗山水电站坝址位于四川省大渡河中游雅安市石棉县挖角乡境内,上游与规划的硬梁包(引水式)电站尾水相接,下游与龙头石电站水库相接,为大渡河干流规划的22个梯级的第14个梯级电站。电站枢纽主要由挡水建筑物、泄洪消能建筑物、引水发电建筑物等组成。挡水建筑物采用混凝土双曲拱坝,最大坝高210.0 m;泄洪建筑物由坝身四个深孔和右岸一条开敞式进口无压泄洪洞组成;引水发电建筑物布置于河床左岸,为地下厂房,电站装机容量2 600 MW(4×650 MW)。最大水头178.0 m,最小水头156.8 m,额定水头160.0 m;发电引用流量1 834 m^3/s(4×458.5 m^3/s);保证出力636 MW,年发电量114.30亿kWh。经国家地震局烈度评定委员会审查,确定大岗山电站工程区地震基本烈度为8度。根据对大岗山坝址进行的专门地震危险性分析,设计地震加速度峰值取100年基准期内超越概率P_{100}为0.02,相应基岩水平峰值加速度为0.557g。

2.2 坝区基本地质条件

坝址河谷狭窄,两岸山体雄厚,谷坡陡峻,基岩裸露,自然坡度一般为40°~60°,相对高差一般在600 m以上。坝区基岩以澄江期花岗岩为主,各类岩脉发育于花岗岩中,尤以辉绿岩脉分布较多。坝址两岸边坡岩体风化较强,隐微裂隙发育,岩石完整性较差。

2.3 挡水建筑物

大岗山水电站挡水建筑物——混凝土双曲拱坝坝顶厚10 m,坝底厚52 m,最大中心角为94.15°,坝顶中心线弧长635.467 m,厚高比0.248,弧高比3.026,上游倒悬度0.12,坝体混凝土工程量约318万m^3。坝体设置28条横缝,将大坝分为29个坝段,横缝间距在22 m左右,平均坝段宽度为22.6 m,施工不设纵缝。

3 高拱坝建设关键技术研究

我国水能资源集中的西部地区,构造环境和工程地质条件较复杂;大岗山水电站工程位于我国西南地区,其高拱坝工程项目建设质量要求高、施工难度大、施工工期紧。本文结合大岗山水电站拱坝建设关键技术,展开深入研究。

3.1 500 m高陡边坡高效环保施工关键技术

大岗山水电站坝址河谷狭窄,两岸山体雄厚,谷坡陡峻,基岩裸露,自然坡度一般为40°~60°,相对高差超过500 m,左岸海流沟、右岸铜槽沟为较大支沟,海流沟口以上大渡河河谷呈"V"形河谷,下游河谷相对宽缓(见图1)。岸坡岩体向河谷临空方向卸荷较为强烈,右岸边坡上部揭露出XL316-1、XL09-152中等倾角卸荷裂隙集中发育带,上部卸荷裂隙与下部的f_{231}断层相接,形成控制右岸边坡稳定的结构面,结构面上部存在高260 m、顺河床长200~240 m、水平厚70~100 m、体积约400万m^3的组合块体。

高边坡开挖是水利工程施工中难度最大、工期最难控制的环节,一般都尽可能提早安

图 1　大岗山水电站坝址地形

排。传统的实施方案是在分流前,开始进行全面边坡开挖。狭窄的开挖工作面上集中分布着边坡全部的开挖、支护、出渣设施,施工布置难度大,相互干扰多,工程效率将非常低下。高陡边坡开挖出渣料如果直接下河,将造成严重的水土流失、河水污染等问题。大岗山左右岸边坡布置超过 6 000 束锚索,边坡内部还有 6 层抗剪洞,10 条平洞和 9 条斜井组成的大规模岩脉网格置换体,边坡处理体系复杂。如何协调好开挖、支护、出渣、环境保护之间的相互关系,是决定大岗山水电站高边坡开挖进度的关键所在。

大岗山水电站拱坝高陡边坡施工,统筹规划边坡的开挖、支护、出渣、深部卸荷裂隙加固处理及深部基础置换处理等各工程项目,成功应用了“先分后挖”的拱坝高陡边坡绿色施工技术。通过“围堰分期实施、河道提前分流、坝顶开挖基坑集渣出渣”的导流、截流、围堰填筑及陡坡开挖的综合控制与施工技术,实现分区、分块、分层的“立体多层次”施工,成功解决了拱坝高陡边坡开挖渣料下河引起的水土流失、河道污染等环境保护问题,同时极大地简化了岸坡施工道路的布置与建设,实现了高边坡快速开挖。

利用 GIS 系统数据组织结构来组织导截流及高陡边坡开挖动态仿真数据,结合实体三维模型构造方法和建模技术等,并根据各种假想或实际的施工方案,结合气象水文数据,综合考虑度汛策略,建立大岗山水电站导截流及高陡边坡开挖三维数字模型。模拟坝顶以上开挖、导截流施工、动态水流、渣场堆存回采、场内道路交通等各种系统的动态模型,通过对各个系统动态模型进行比较,分析方案的经济性、技术复杂性、环境影响等因素,论证导流洞施工、河道提前分流、围堰分期实施、坝肩开挖渣料基坑出渣整体施工方案的可行性。

通过模型试验、安全监测等技术手段,进一步验证采取分期导流、过水围堰度汛的导截流方案和河床提前截流、形成基坑,高陡边坡开挖利用基坑内集渣和出渣方案。

2008 年 1 月 30 日大岗山水电站实施了河道分流,分流采用单戗立堵、双向进占方式,右岸导流洞单洞过流。分流时坝址流量 270 m^3/s,龙口最大落差 2.9 m,最大流速 5.3 m/s,最大抛投强度 1 200 m^3/h。从龙口预进占到合龙用时约 10.5 h。由于导流洞进口岩埂拆除彻底,分流条件好,河道分流进行得非常顺利。2008 年汛期,临时子堰经受住了超预期流量 3 400 m^3/s 洪水考验,基坑未过流,保持了良好的安全度汛面貌。坝肩开挖在 2008 年 12 月达到了坝顶高程。高陡边坡开挖采用“先分后挖”方案，将原有运输路线挖、装、运变为挖、推方式，由零散的出渣改为大规模集中出渣，开挖强度达55万m^3/月，单岸单向最高出渣强度为45万m^3/月，两岸最高出渣强度为63万m^3/月。

3.2 混凝土高强度垂直运输

（1）大型缆机智能诱导与防撞预警系统确保缆机安全高效运行。

大岗山水电站坝体混凝土垂直运输共采用4台30 t缆机。由于施工现场干扰因素众多，坝体结构复杂且施工机械设备密集，4台缆机之间以及缆机与坝后辅助塔机等机械设备之间易出现碰撞现象（见图2）。尤其在5级以上大风条件下及雨雾气候条件施工，如何保证缆机安全稳定运行，避免碰撞，是工程建设面临的技术难题。

图2 混凝土高强度垂直运输

传统大型缆机导航和防撞以人工监测指挥和编码器机械定位两种方式为主。但由于工作量大、效率低以及人员安全难以保证，无法满足当前大型工程的信息化、智能化的全天候施工安全监测需求。为了安全地按计划完成大坝混凝土浇筑和金属结构吊运安装任务，从施工环境复杂性和自然环境恶劣性两个角度出发，大岗山水电站采用基于卫星导航（GNSS）和惯性导航（INS）为主体的组合导航技术，自主研发了一套全天候自动测控运行系统，能够在各种常规恶劣天气条件下，使缆机操作手能仅根据测控显示系统所显示的缆机、吊钩的运行轨迹就能安全操作。而且能实时显示平面、立面图并能互相切换；随时掌握大坝障碍物情况和吊运状况；并能就相关故障和可能碰撞进行报警；保证缆机安全运行，满足大坝浇筑连续生产的要求，提高信息化管理水平。系统单次报警时间小于0.1 s，漏警率不超过百万分之三。

针对大型缆机在施工工程中安全高效运行的控制需求，采用GNSS和INS集成技术，探索了适应复杂地形条件的GNSS/INS组合定位的高精度处理算法，设计出了嵌入式高精度缆机定位的硬件终端设备，建立了不同施工模式下的缆机智能诱导防撞预警模型，研发出基于 GIS 的大型缆机智能诱导与防撞的业务化软件平台，具有实时性、连续性、自动化、高精度等特点。通过精确定位大型缆机所吊物体的位置、诱导大型缆机的安全运行以及实时预警潜在障碍物，全方位解决了复杂施工工况和多变自然环境下大型缆机全过程运行的智能诱导问题，为缆机高效安全的信息化施工提供了技术支撑。

（2）供料平台防撞缓冲系统确保吊罐快速准确定位。

大岗山水电站左岸 1 135 m 高程设置缆机供料平台。由于缆机运行时的惯性作用，吊罐在停放过程中不能平稳精确控制，吊罐停放将与平台碰撞振动，导致缆机吊罐位置摆放不准确，将造成自卸汽车泄料时容易外漏而使混凝土浪费以及给缆机供料平台下方的施工人员造成安全隐患，另外吊罐长期与平台碰撞，会造成平台的贝雷梁钢桁架结构失稳而影响使用安全（见图 3）。

图 3　吊罐供料平台

大岗山水电站左岸 1 135 m 高程设置缆机供料、吊物平台，平台采用贝雷梁钢桁架作为主体支撑结构，平台最大高度达 50 m，边缘设防撞墩，保证混凝土运输车辆向缆机吊罐卸料时的安全性。平台靠近大坝一侧 1 130 m 高程设 4 m 宽料罐平台，用于缆机吊罐停放及装料。通过改造混凝土水平运输汽车大箱尾部，采取添加挡板的措施提高了汽车倒料速度和准确性；设置左岸主供料平台钢栈桥防撞系统，采用安装带有减震功能的防撞挡板，提高了缆机吊罐定位速度和准确度及吊罐定位效率。混凝土自左岸高线拌和系统生产，由自卸车运输至 1 135 m 高程平台卸料，再由缆机吊运立罐垂直运输至大坝施工部位。左岸缆机供料平台防撞缓冲系统确保吊罐快速准确定位，提高缆机垂直运输效率（见图 4）。

3.3　混凝土施工系统设施容量相互匹配，发挥混凝土生产系统整体最大效能

（1）提高缆机单罐容量，加大缆机垂直运输强度。

国内外大型水电工程，当使用缆机作为混凝土垂直入仓设备时，混凝土单罐吊运量均不超过 9.0 m^3；大岗山水电站拱坝混凝土垂直运输采用的是 4 台 30 t 缆机，如何提高缆机垂直运输能力是工程建设的关键。

以提高缆机运行时单罐吊运混凝土的方量为出发点，首先分析缆机结构，确定缆机吊运混凝土时的吊重组合，对各部分吊重按照缆机吊运混凝土时做有用功和无用功的情况进行分类，并且需要考虑做无用功的吊重部分对缆机运行有无安全防护、制动等方面的作用；其次对缆机的吊重组合进行优化，减轻吊罐的自重及其辅助的配重，将混凝土单罐吊运量由 9.0 m^3 提高到 9.6 m^3，打破了缆机混凝土单罐吊运量不超过 9.0 m^3 的传统，减少了缆机吊

图4 自卸车辆卸料

运混凝土的时间及次数，提高了混凝土浇筑的效率与质量及缆机安全运行系数。

缆机配置的混凝土料罐为立式吊罐，该吊罐采用不摘钩形式可以连续吊运混凝土，开闭门不采用电动传动形式，而是利用吊罐自重和混凝土重量通过液压装置蓄能，满足吊罐自动开门卸料和卸料后关门，还可以控制卸料速度。该吊罐的净重为5.66 t，注水容积12 m^3，可以装振捣密实（密度约为2.41 t/m^3）的混凝土10 m^3。分析缆机吊运混凝土时的吊重组合，对吊罐罐体、液压系统、起吊牵引钢丝绳等逐级减轻冗余负荷，最终为提升单罐混凝土吊运量提供了约2 t（约0.8 m^3 混凝土）有效载荷。

（2）增加拌和系统单罐拌制方量，与缆机配套使用。

大岗山水电站拱坝混凝土垂直运输采用30 t缆机，其单罐吊运混凝土能力9.6 m^3。而在生产混凝土环节，传统混凝土搅拌机单罐生产能力4.5 m^3，两罐也只有9 m^3，为匹配9.6 m^3 的缆机吊罐，需要将混凝土单罐搅拌容量增加至4.8 m^3，并选用与之配套的制冷、骨料输送系统等，从而提高混凝土生产系统的综合生产能力，满足工程混凝土的高峰浇筑强度要求。

大岗山水电站大坝项目选用特大4×4.8 m^3 自落式预冷混凝土拌和系统（见图5），每2个搅拌机为一组进行混凝土生产，混凝土单罐拌制的方量由4.5 m^3 提高到4.8 m^3。通过施工工艺组合，每组两个搅拌机就可以生产9.6 m^3，混凝土的生产能力与缆机吊运混凝土的垂直运输能力就达到匹配要求。4×4.8 m^3 自落式搅拌机的拌和系统，与30 t缆机配套使用，缆机的单罐吊运能力由原设计的9.0 m^3 提高到9.6 m^3；拌和楼生产能力由360 m^3/h 提高到380～400 m^3/h；单台缆机的月生产能力可提高5 000 m^3，使得生产效率提高7%。

大岗山水电站拱坝工程于2011年9月23日开始浇筑河床置换块，之后开始浇筑大坝主体，2014年10月30日大坝全线到顶，坝体浇筑历时37个月，平均月均升高6 m。

拱坝主体共有1 574仓，其中2011年、2012年、2013年和2014年各浇筑13仓、414仓、568仓和579仓。截至2014年10月30日，拱坝主体共浇筑混凝土318.13万 m^3（含已浇筑贴角），各年度分别浇筑1.68万 m^3、88.32万 m^3、139.77万 m^3 和88.36万 m^3。最大月浇筑强度在2012年12月，浇筑强度为14.14万 m^3/月，共有18个月的浇筑强度大于10万 m^3/月。其中2013年为坝体浇筑高峰年，全年月浇筑强度均超过10万 m^3，最大月均升高度为7.68 m。

图 5　混凝土拌和楼

2014 年 11 月 10 日大岗山水电站导流底孔下闸蓄水,至今坝体径向整体表现为向下游变位,随库水位上升,坝体切向变位增加,变化规律正常。坝体径向、切向变位基本对称,变形协调,变化规律正常。大坝径向最大累计位移量 89.16 mm,与设计预测值基本吻合。

水库蓄水后,大坝位移变化呈对称分布,变形协调,变化规律正常;目前大坝帷幕后最大渗压折减系数小于 0.15,满足设计要求。大坝灌排廊道渗流总量 80 L/s,坝基渗流量与库水位相关性较好,坝基渗流变化平稳。

2014 年 12 月排查发现高程 940 m、979 m 廊道顶拱出现裂缝,裂缝基本沿横河向,位于顶拱中心分布,长度方向基本贯穿河床坝段,连续性好,裂缝宽度一般小于 0.15 mm,相应钻孔取芯检测只有 0.15 m 深。廊道顶拱裂缝产生的主要原因是坝体自重应力作用下,孔口应力集中造成的,对大坝的后期受力及蓄水运行影响不大。监测数据显示,廊道顶拱裂缝累计开合度在 -0.13 ~ 0 mm,处于压紧状态,裂缝无发展。

4　结　语

(1)水利水电工程建设与水土保持和环境保护之间和谐发展,既是水利工程建设的目标也是工程建设的必备条件,高边坡高效环保开挖绿色施工将是水利工程建设关注的重点。

(2)对大岗山水电工程 500 m 级高边坡开挖支护技术研究,针对高地震烈度、复杂地质条件拱坝高陡边坡施工要求,统筹规划边坡的开挖、支护、出渣、深部卸荷裂隙加固处理及深部基础置换处理等各工程项目,对高边坡安全稳定及加固措施进行了深入研究,实现了工程建设快速推进,环境保护及安全措施不断加强的良好建设面貌。

(3)围堰分期实施、河道提前分流、高边坡开挖基坑集渣出渣的导流、截流、围堰填筑及陡坡开挖的综合控制与施工技术,成功解决了拱坝高陡边坡开挖渣料下河引起的水土流失、河道污染等环境保护问题,简化了岸坡施工道路的布置与建设,加快了高边坡施工进度。

(4)当水利水电工程建设面临工期紧、任务重时,一般采取增加系统资源投入,扩大施工生产能力,抢赶工期;而高山峡谷地区建设高坝,受到诸多条件限制无法增加施工资源。利用现有施工资源,优化组合成施工生产系统,力争施工系统设施容量相互匹配,整体提升施工系统的生产效率,达到加快施工速度、降低水利工程建设单位能耗的目的。

(5)拱坝快速施工关键技术不仅确保在高标准、严要求条件下拱坝工程建设工期目标实现；而且连续施工确保了坝体整体性，保证了坝体混凝土质量，提高了大坝的抗震性能。

参 考 文 献

[1] 林丹，吕鹏飞，李方平. 大岗山水电工程建设重大技术问题研究及处理[J]. 人民长江，2014，45(22)：5-8.
[2] 王国胜. 大岗山混凝土双曲拱坝施工关键技术研究[J]. 科技资讯，2014(18)：36.
[3] 黄浩. 混凝土拱坝取料平台防撞装置设计与应用[J]. 水电与新能源，2014(6)：10-13.

河床式水电站厂房地震响应软岩基础刚度敏感性分析

苏晨辉　宋志强　党康宁　耿　聃

（西安理工大学水利水电学院，西安　710048）

摘　要　软岩基础的刚度变化对其上建筑物动力响应的影响不可忽视，对同一水工建筑物基于新抗规的地震响应分析结果较原抗规更强，基于新抗规采用振型分解反应谱法对某软岩基础河床式水电站厂房进行地震响应计算，分析软岩基础刚度变化对其上厂房地震反应的影响，结果表明，软岩基础刚度越小，其上建筑物的地震响应对基础刚度变化越敏感，随基础刚度降低，厂房上部结构第一主应力值减小，整体位移增大，鞭梢效应趋强后又减弱。

关键词　基础刚度；水电站厂房；反应谱法；抗震规范；敏感性分析

软岩的强度与刚度指标均偏低，不是最理想的水工建筑物基础类型，但实际工程在多方案比选后仍可能采纳软岩基础处选址为最终方案。

结构自振特性与其本身的质量和刚度直接相关，将基础－结构体系作为整体进行结构动力分析的方法可以兼顾到基础弹性对结构动力反应的影响，体系中基础刚度的变化必然改变体系整体的动力特性，进而影响其上建筑物动力反应的分析结果。

综合以上两种原因，工程参建各方均十分关注建筑物静动力分析结果关于软岩基础刚度的敏感性情况，地震工况往往是成为结构设计的控制工况，因此建筑物地震反应关于软岩基础刚度的敏感性更成为各方关注的焦点。

河床式水电站厂房通常体形大，覆盖区域广，地质条件相对复杂，精确提取软岩基础力学参数的工作同成本控制、技术投入限制构成矛盾。通过比较不同刚度软岩基础上同一河床式水电站厂房模型的振型分解反应谱法计算结果，分析河床式水电站厂房地震反应对软岩基础刚度变化的敏感性，为工程决策提供参考。

1　三维动力有限元模型和分析方法

以某软岩基础河床式水电站厂房为例，对中间标准机组段建立基础－厂房整体有限元模型，基础自建基面向下取 88.3 m，沿水流分别向上、下游延伸 80 m，如图 1 所示。蜗壳、座环、风罩、尾水管和机井里衬采用壳单元，厂房混凝土和基础采用六面体为主的实体单元，水轮机发电机组、吊车重量、屋面荷载和动水压力等在相应位置以附加质量单元模拟，厂房两侧设为自由边界，不考虑相邻机组段间的相互影响，基础底面全约束，四周法向约束。

基金项目：国家自然科学基金（51479165）。

作者简介：苏晨辉（1988—），男，硕士。E-mail：suchenhui1933@163.com。

通讯作者：宋志强（1981—），男，博士，副教授。

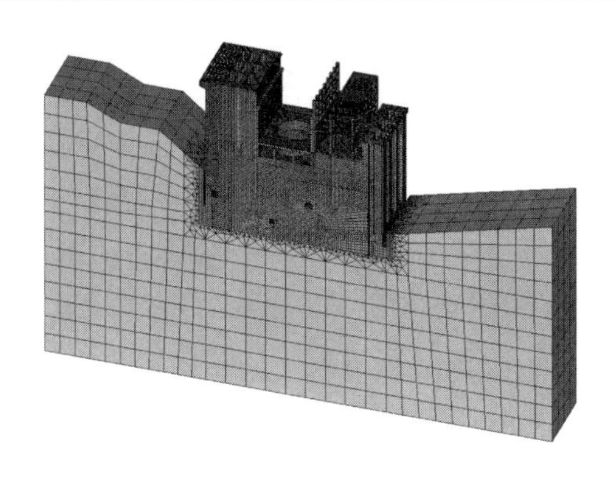

图1 基础-厂房有限元模型

振型分解反应谱法(简称反应谱法)是当前水工建筑物抗震设计最常使用的动力法,它依赖于分析对象的动力特性解,通过利用单自由度体系的加速度设计反应谱求解各阶振型所对应的等效地震作用,然后按一定规则将各阶振型下的地震响应进行组合得到整个多自由度体系的地震响应。反应谱法可以通过相对小的计算代价暴露出结构在地震中的薄弱部位[1],也是众多行业结构抗震设计规范所推荐的方法之一,但仅限应用于线性体系的动力分析。

2 规范修订对厂房地震响应的影响

水工结构设计通常采用规范给定的标准设计反应谱进行计算[2],《水电工程水工建筑物抗震设计规范》(NB 35047—2015)(简称新抗规)于2015年9月1日起正式实施,替代原有《水工建筑物抗震设计规范》(DL 5073—2000)(简称原抗规);《中国地震动参数区划图》(GB 18306—2015)(简称新区划图)于2016年6月1日起正式实施,替代原《中国地震动参数区划图》(GB 18306—2001)(简称原区划图)。相较于原抗规,新抗规中的标准设计反应谱特征周期取值和反应谱下降段衰减系数均有所调整,水电站厂房基本周期通常位于标准设计反应谱下降段,因此该部分调整将可能对水电站厂房的地震响应分析结果产生显著影响。

水工建筑物基础通常优于普通建筑,新抗规将原抗规中Ⅰ类场地($C_s \geqslant 500$ m/s,C_s为场地覆盖层等效剪切波速)细化为I_0($C_s \geqslant 800$ m/s)和I_1(800 m/s$\geqslant C_s \geqslant 500$ m/s)两类,使之更符合基于性能的抗震设计要求,这一修订将导致部分已建或已批复的原Ⅰ类场地项目在日后抗震能力复核(如震后修复加固等)时将选择不同的反应谱特征周期,影响分析所得的结构响应水平。

基于两版抗规[3-6]分析水工抗规修订对软岩基础河床式水电站厂房地震响应分析结果的影响,方案编号与反应谱参数取值见表1。

表1 反应谱参数表

方案编号	软岩刚度	标准设计反应谱	场地类型	反应谱特征周期(s)	水平地震动加速度设计代表值	反应谱最大代表值β_{max}	下降段衰减系数
1	1.6	新规范谱	I_1	0.30	0.1g	2.25	0.6
2	1.6	原规范谱	Ⅰ	0.25	0.1g	2.25	0.9
3	1.6	新规范谱	I_0	0.25	0.1g	2.25	0.6

各特征位置如图 2 所示,图 3 为方案 1 ~3 下厂房应力特征位置处的第一主应力值。图中各处第一主应力值基本呈现方案 1 > 方案 3 > 方案 2 的规律。究其原因,与方案 1 相比,方案 3 的反应谱特征周期小,相应的反应谱平台段短,导致更多低阶振型分布在下降段,因此所得响应值小;与方案 2 相比,方案 3 反应谱下降段衰减系数小,导致下降段衰减放缓,因此所得响应值大。通过比较,方案 1 相比方案 2 的第一主应力值最高增加了 36.3% ,即该算例在新抗规下的分析结果可比原抗规高 36.3% 。表 2 为各方案下厂房的位移最值,其变化规律与应力基本一致。同方案 2 相比,方案 1 的总位移最值最高增大 29.8% 。

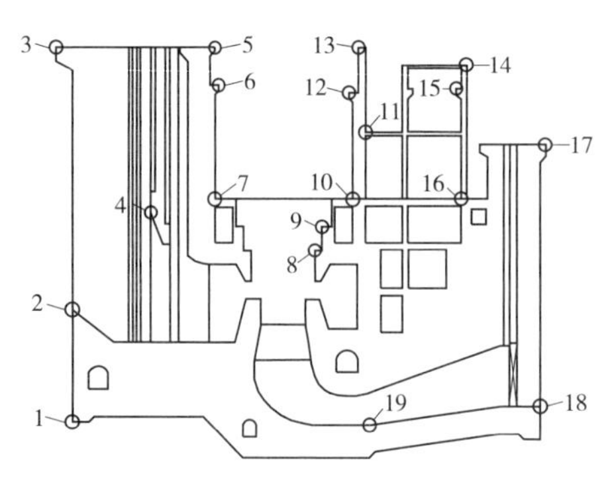

图 2　应力特征点位置示意图

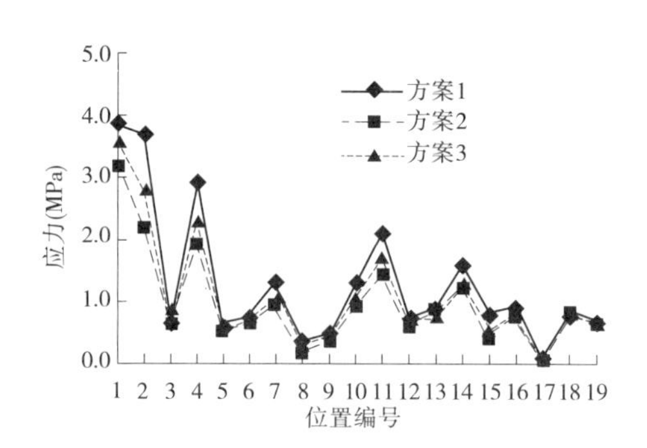

图 3　特征位置第一主应力值(a)

表 2　厂房位移最值表(a)

项目		方案 1		方案 2		方案 3	
		最大值	最小值	最大值	最小值	最大值	最小值
位移(cm)	顺河向	5.71	0.32	4.29	0.87	5.04	0.61
	竖向	-0.18	-2.47	-0.42	-2.62	-0.29	-2.52
	横河向	3.42	-1.37	2.25	-0.86	2.77	-1.10
	总位移	6.32	1.27	4.87	1.20	5.60	1.23

注:位移值顺河向下游为正,横河向左岸为正,竖向向上为正,下同。

由以上比较结果可以看出,新抗规下所得厂房地震响应更强烈,且增大程度不可忽视,后面将采用基于新抗规和新区划图的反应谱参数对不同刚度软岩基础上的河床式水电站厂房进行计算并分析其敏感性。

3　软基刚度变化对厂房地震响应的影响

拟订 7 个不同刚度的方案分别进行设计地震工况下的计算,反应谱特征周期 0.3 s,水平地震动加速度设计代表值 0.1g,反应谱最大代表值 2.25。方案划分见表 3,其中方案 a 的软岩基础刚度为该工程的实际地勘建议值,方案 a ~ b 的软岩基础刚度依次增大至方案 a 的 20 倍,即 16.0 GPa。

表 3　方案划分表

方案编号	a	b	c	d	e	f	g
软岩基础刚度(GPa)	0.8	1.6	2.4	5.0	8.0	12.0	16.0

基础 - 厂房体系整体自振频率与其刚度正相关,表 4 为不同基础刚度下模型的前 10 阶自振频率。随软岩基础刚度的增大,体系各阶自振频率顺次增大,且每阶自振频率随基础刚度变化而增大的速度逐渐变缓,说明基础刚度越小,体系动力特性对基础刚度的变化越敏感;相对于高阶自振频率,低阶自振频率对基础刚度变化更敏感,说明软岩基础刚度变化对体系低阶自振频率的影响更大。反应谱法通常是选取前若干阶振型作为参与振型进行结构的地震响应计算,因此相较于坚硬基础,软岩基础上的河床式水电站厂房对基础刚度的变化更为敏感。

表 4 厂房前 10 阶自振频率

阶次	方案 1	方案 2	方案 3	方案 4	方案 5	方案 6	方案 7	方案 8	方案 9	方案 10
方案 a	0.565 6	0.965 7	1.455 2	1.475 8	1.756 7	1.871 6	1.982 7	2.014 5	2.134 7	2.420 8
方案 b	0.732 1	1.300 2	1.455 2	1.560 6	1.761 8	1.913 7	2.070 8	2.245 4	2.570 0	2.765 7
方案 c	0.828 6	1.455 2	1.516 1	1.604 9	1.771 4	1.918 5	2.084 4	2.342 3	2.667 5	2.765 7
方案 d	0.975 3	1.455 3	1.688 7	1.731 5	1.922 1	1.973 5	2.093 2	2.510 3	2.765 7	2.855 9
方案 e	1.041 4	1.455 3	1.737 9	1.742 8	1.923 5	2.095 3	2.200 8	2.600 3	2.765 7	2.967 9
方案 f	1.082 1	1.455 4	1.745 0	1.774 5	1.924 3	2.096 9	2.365 5	2.657 6	2.765 8	2.968 5
方案 g	1.103 5	1.455 4	1.746 1	1.795 1	1.924 7	2.097 7	2.460 3	2.687 5	2.765 8	2.968 7

图 4 为方案 a ~ g 在设计地震工况下厂房应力特征位置(见图 2)处的第一主应力值。除位置 1、18、19 外,其余各处的第一主应力值基本表现为随基础刚度增大而增大的规律;位置 1 为厂房上游底部,相当于坝踵位置,位置 18 为下游出水口底部,位置 19 为尾水管底部,三处均靠近基岩,基础刚度增大将限制基底变形,导致基底周围部分的应力分布更趋均匀,第一主应力值随基础刚度的提高而减小。

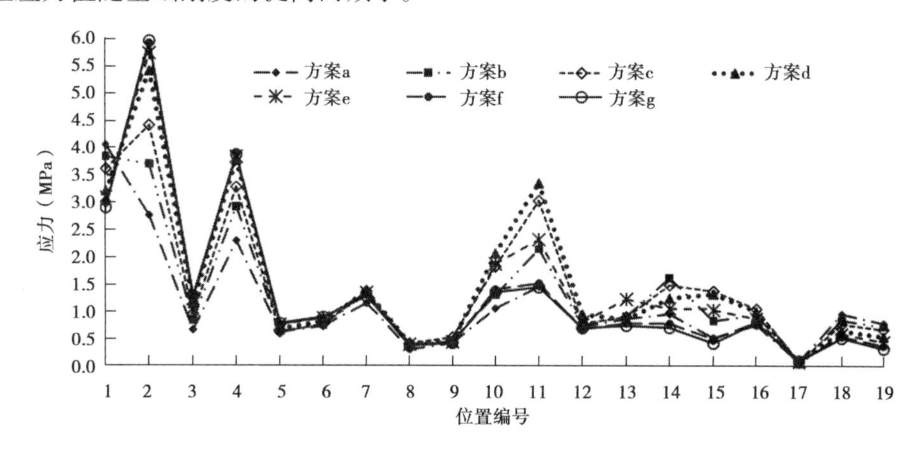

图 4 特征位置第一主应力值(b)

表 5 为设计地震工况下各方案的厂房位移最值。随软岩基础刚度增大,厂房整体位移水平减小,且变化范围缩小;顺河向位移最值整体向上游变化,竖向与横河向位移减小。

表 5　厂房位移最值表(b)

项目		方案 a		方案 b		方案 c		方案 d		方案 e		方案 f		方案 g	
		最大值	最小值	最大值	最小值	最大值	最小值	最大值	最小值	最大值	最小值	最大值	最小值	最大值	最小值
位移(cm)	顺河向	7.49	1.04	5.70	0.32	6.33	0.14	5.21	0.09	3.97	-0.28	2.36	-0.47	2.11	-0.54
	竖向	-0.67	-4.45	-0.18	-2.47	0.07	-1.17	0.13	0.07	0.17	0.04	0.17	-0.81	0.19	-0.74
	横河向	4.68	-2.22	3.42	-1.37	3.12	-1.01	2.83	-0.60	2.68	-0.45	2.58	-0.36	2.52	-0.31
	总位移	8.91	2.59	6.31	1.27	6.62	0.83	5.32	0.39	4.05	0.25	2.87	0.17	2.76	0.13

图 5 是下游排架柱位置沿高程的位移变化曲线，基底处位移随基础刚度增大而减小。可以看出，厂房上部结构顺河向鞭梢效应明显，且随基础刚度增大呈现先趋强后又趋弱的规律：方案 a ~ d 依次增强，方案 e ~ g 依次减弱；横河向变形相对均匀，沿高程基本呈线性变化，鞭梢效应不明显，但随基础刚度增大有越来越强的趋势。

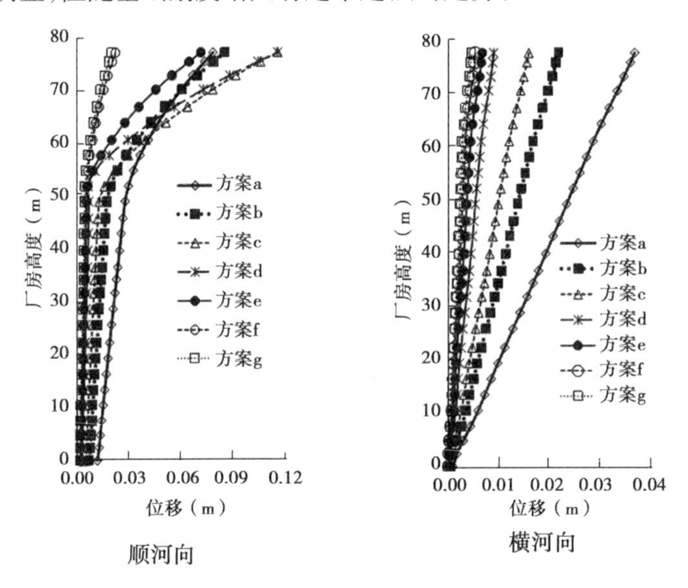

图 5　位移沿厂房高程变化曲线

由于震区电站往往担负抢险救灾的电力供应任务，因此有必要评价地震对机组运行安全的影响，下机架基础、机墩、风罩外墙、发电机层楼板等是水电站厂房动力响应所应关注的典型部位[7]，文献[8]在总结了多国规范与标准的基础上提出了针对水电站主厂房的振动控制标准建议值，由于结构的地震响应一般强于内源振动，因此仅参考该控制标准中的评价项目而不考虑其量化的标准，以此比较不同方案下各待评价项目的变化情况，图 6 为典型部位示意图。

如图 7 所示，典型部位的最大位移与软岩基础的刚度变化负相关。图 8 为典型部位在各方案下的最大水平和竖向速度，除发电机层楼板外，各典型部位水平和竖向速度最大值均

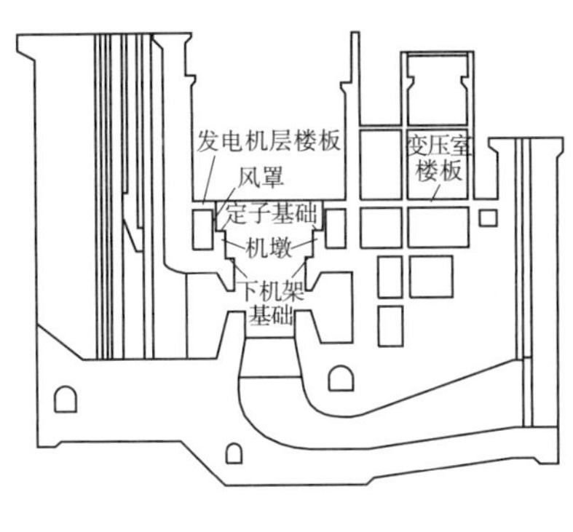

图6 典型部位示意图

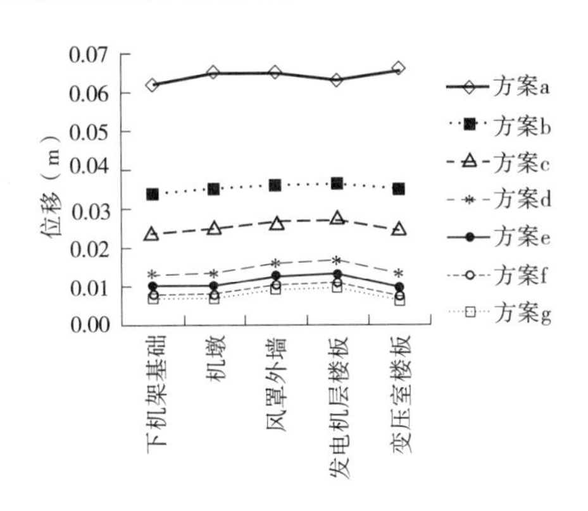

图7 典型部位位移最大值

随基础刚度的增大而减小。图9所示为典型部位在各方案下的最大水平和竖向加速度绝对值,除发电机层楼板和变压室楼板外,各典型部位最大水平加速绝对值随基础刚度提高而增大,竖向最大加速度绝对值先增大后减小后又增大。

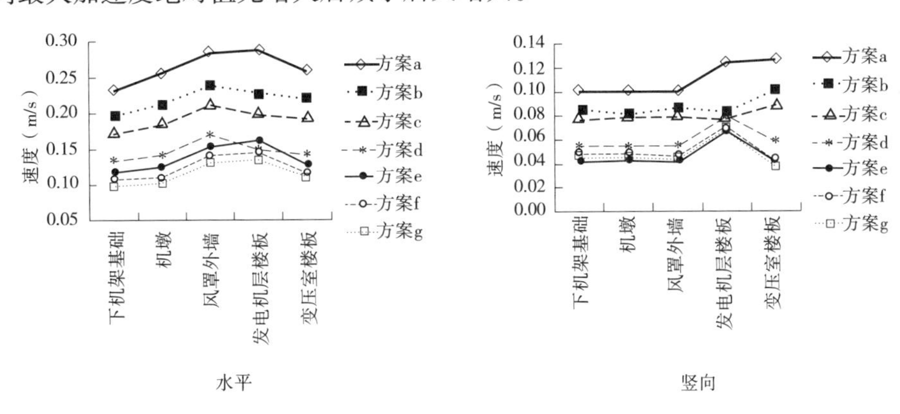

图8 典型部位速度最大值

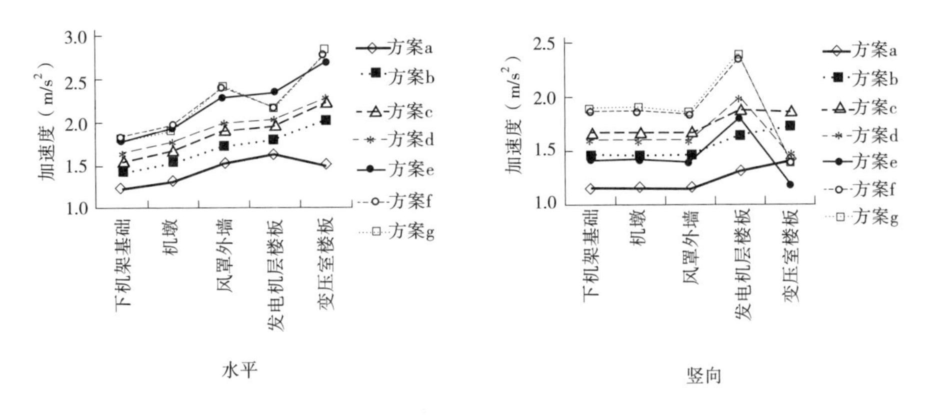

图9 典型部位加速度最大值

随基础刚度的降低,各典型部位的位移、速度和加速度绝对值的最大值变化速率越来越大,说明软岩基础刚度越小,典型部位响应对基础刚度的变化越敏感。分析结果表明楼板结构对基础刚度的变化相对更为敏感,以往的计算分析与实践经验均表明厂房结构中楼板最容易因振动而引起损害,且工作人员和电气设备居于其上,所以对楼板的响应须多加注意[7]。

文献[9]以层间位移角来评价结构的地震变形,评价标准如表 6 所示。表 7 中 θ_{e1}、θ_{e2}和θ_{e3}为厂房上部墙体层间位移角,θ_{e4}为立柱层间位移角,位置如图 10 所示。随基础刚度增加,θ_{e1}、θ_{e2}减小,θ_{e3}、θ_{e4}先增大后又减小。相较于上游墙体的变形,下游立柱层间位移角更大,这是由于立柱本身刚度小且约束少。对照表 6,不同方案下厂房上部墙、柱大多基本完好,层间位移角最大值为 1/423,属于轻微损坏。

表 6　地震破坏等级变形参考值

等级	等级 1	等级 2	等级 3	等级 4	等级 5
破坏程度	基本完好	轻微损坏	中等破坏	严重破坏	倒塌
继续使用可能性	不用修复	不用或稍微修复	一般修理	大修、局部拆除	拆除
层间位移角限值	$<\theta_e$	$(1.5\sim2)\theta_e$	$(3\sim4)\theta_e$	$<0.9\theta_p$	$>\theta_p$
厂房立柱	<1/550	1/367 ~ 1/225	1/183 ~ 1/137	<1/56	>1/50
厂房墙体	<1/1 000	1/667 ~ 1/500	1/333 ~ 1/250	1/111	>1/100

表 7　层间位移角值

层间位移角	方案 a	方案 b	方案 c	方案 d	方案 e	方案 f	方案 g
θ_{e1}	1/1 446	1/2 059	1/2 431	1/2 958	1/3 174	1/3 382	1/3 524
θ_{e2}	1/1 496	1/2 171	1/2 597	1/3 235	1/3 497	1/3 748	1/3 924
θ_{e3}	1/1 202	1/1 155	1/830	1/876	1/1 469	1/2 319	1/2 558
θ_{e4}	1/784	1/677	1/473	1/423	1/710	1/1 046	1/1 134

4　基础刚度变化对静力响应的影响

河床式水电站厂房本身兼有挡水建筑物的角色,正常使用工况下的荷载环境复杂且当量大,软岩基础刚度参数的确定对静力工况下结构的响应也可能造成不可忽视的影响。

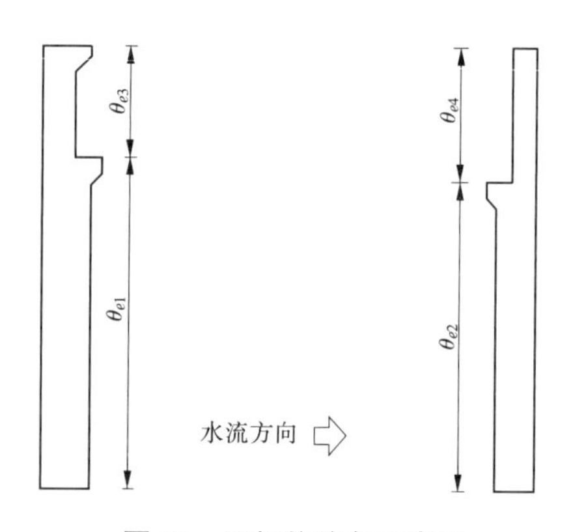

图 10　层间位移角示意图

对方案 a ~ g 分别进行设计正常使用工况下的计算,分析发现随软岩基础刚度增大,结构最大位移发生的位置由尾水平台下游侧顶角变为进水口下游侧顶角。表 8 为设计正常使用工况下各方案的厂房位移最值,规律与设计地震工况分析结果相似:随着基础刚度的增大,厂房整体位移水平和变化范围均变小,这说明软岩基础刚度越小,厂房的位移和变形水平会越大,这将不利于机组、闸门等设备的正常运行和维护。

表 8 厂房位移最值表(c)

项目		方案 a		方案 b		方案 c		方案 d		方案 e		方案 f		方案 g	
		最大值	最小值	最大值	最小值	最大值	最小值	最大值	最小值	最大值	最小值	最大值	最小值	最大值	最小值
位移(cm)	顺河向	6.15	2.18	3.56	1.07	2.68	0.69	1.73	0.30	1.39	0.27	1.19	-0.14	1.09	-0.22
	竖向	-1.94	-6.01	-0.88	-3.19	-0.54	-2.37	-0.21	-1.52	-0.11	-1.22	-0.06	-1.05	-0.03	-0.97
	横河向	0.28	-0.37	0.18	-0.05	0.14	0.07	0.10	-0.08	0.08	-0.08	0.08	-0.09	0.07	-0.09
	总位移	7.54	3.00	4.12	1.42	3.08	0.91	1.98	0.41	1.58	0.25	1.35	0.17	1.23	0.13

河床式水电站厂房下部为大体积混凝土,设计正常使用工况下受软岩基础刚度改变影响最直接且最具代表性的应力值是厂房上、下游的基底竖向正应力。由表 9 所示,基底正应力随软岩基础刚度增大而减小,且应力值变化范围缩小,这是因为在相同荷载条件下,基础刚度提高导致基础变形减小,基底附近各部分材料可以更多地参与到抵抗外荷载的工作中。因此,基础刚度降低将导致基底应力分布趋于更不均匀,不能有效发挥各部位材料的力学性能。

表 9 厂房上、下游基底竖向正应力值表

方案		方案 a	方案 b	方案 c	方案 d	方案 e	方案 f	方案 g
基底正应力代表值(MPa)	下游	-3.11	-2.75	-2.48	-1.94	-1.59	-1.31	-1.13
	上游	3.32	2.93	2.69	2.32	2.15	2.05	2.01

设计正常使用工况下的分析结果同时表明,单位刚度变化幅值下,基础刚度越小,其上结构的反应对其变化越敏感,而通常软岩基础刚度都偏小。因此,对软岩基础上的建筑物,即使可不进行专门抗震验算,也应重视其基础刚度的测取,较小的变化也可能对结构静力分析结果产生不可忽视的影响。

5 结 语

同一水工建筑物在新抗规下的分析结果较原抗规更为剧烈,且增强程度不容忽视。

通过分析,基础刚度越小,其上建筑物的静动力响应对基础刚度的变化越敏感,而软岩的刚度通常都处于较低水平,因此应引起建设者和设计者的重视,较小的变化也会对结构的静动力分析结果产生显著影响。随基础刚度提高,基础-厂房体系整体刚度增大,自振频率提高,且其变化对低阶振型影响更为显著。随软岩基础刚度减小,河床式水电站厂房静力工况下整体位移增大,基底应力集中更为严重。

基础刚度的增加可使结构应力趋于均匀分布,削弱应力集中,改善结构整体的受力特性,充分发挥各部位材料的力学性能,应重视软岩基础的处理,改善其强度、刚度等重要指标。

参考文献

[1] 张志国,杨阳,牟春来,等.水电站地下厂房结构抗震计算方法探讨[J].岩土力学,2014,35(增1):319-327.
[2] 于倩倩,王海军,练继建.河床式水电站厂房结构的地震响应分析方法[J].南水北调与水利科技,2014(5):22-26.
[3] NB 35047—2015 水电工程水工建筑物抗震设计规范[S].北京:中国电力出版社,2015.
[4] DL 5073 —2000 水工建筑物抗震设计规范[S].北京:中国电力出版社,2000.
[5] GB 18306—2015 中国地震动参数区划图[S].北京:中国标准出版社,2015.
[6] GB 18306—2001 中国地震动参数区划图[S].北京:中国标准出版社,2001.
[7] 宋志强.水电站机组及厂房结构耦合振动特性研究[D].大连理工大学,2009.
[8] 马震岳,董毓新.水电站机组及厂房振动的研究与治理[M].北京:中国水利水电出版社,2004.
[9] GB 50011—2010 建筑抗震设计规范[S].北京:中国建筑工业出版社,2010.

高寒高海拔特高拱坝混凝土温控技术研究

——拉西瓦水电站双曲拱坝混凝土施工温度控制技术

杨存龙　芦永政

（黄河上游水电开发有限责任公司，西宁　810008）

摘　要　拉西瓦大坝为对数螺旋线双曲薄拱坝，最大坝高250 m。工程地处青海高原寒冷地区，多年平均气温7.2 ℃，气温年变幅24.7 ℃，气温年变幅、日变幅均较大，气候干燥、蒸发量大，冬季施工期较长，加之大坝混凝土强度等级较高且采用通仓浇筑、全年施工、全年封拱的施工工艺，种种因素叠加，使得拉西瓦拱坝的温度控制问题极具挑战性，成为影响大坝安全的关键问题之一。前期设计阶段，采用三维有限元温控计算程序，通过数值仿真计算和敏感性分析，提出了在坝体内部设置冷却水管、在大坝上下游外立面加设保温板等一系列的温控防裂措施。工程施工阶段，从原材料准备、配合比试验、不同季节混凝土拌和至入仓全过程温度控制、仓面保温等方面进行了全过程的温控措施。经后期观测，大坝未发现明显的温度裂缝，大坝温控效果良好。

关键词　拉西瓦工程；双曲拱坝混凝土；温控

0　引　言

拉西瓦水电站地处西北青藏高原，多年平均气温为7.3 ℃，极端最低气温 -23.8 ℃、极端最高气温38.7 ℃，多年平均水温为7.58 ℃，平均地表温度10 ℃（见表1），具有气候比较寒冷，气温年变幅、日变幅均较大，气候干燥，太阳辐射热强，寒潮频繁又伴随有大风，冬季施工期长等特点（见表1）；其坝体稳定温度要求达到7.5 ℃；且大坝为双曲薄拱坝，坝高库大，混凝土强度等级较高，材料线膨胀系数大，混凝土自生体积变形为收缩型；大坝采用通仓浇筑的施工方法，基础约束应力大。因此，混凝土冬季温控技术及筑坝施工工艺流程控制成为工程建设的一项重要内容。本文以黄河上游拉西瓦水电站双曲拱坝为例，研究其混凝土施工温度控制的关键性技术，以期能促进国内高寒高海拔地区特高拱坝混凝土温控施工水平，为类似工程提供可借鉴的资料。

1　概　述

拉西瓦水电站坝体结构形式为双曲拱坝，坝体建基面高程为2 210.0 m，坝顶高程2 460.0 m，其坝顶宽10 m，拱冠处最大底宽49.0 m，拱端最宽处55.0 m，是黄河上游大坝最高的水电站，是我国高寒地区最高的薄拱坝。坝体从右至左共设22个坝段，其中10#～13#

作者简介：杨存龙（1962—），男，陕西渭南人，教授级高级工程师，主要从事水电与新能源工程管理工作，E-mail：yangcunlong@qq.com。

通讯作者：芦永政（1972—），男，高级工程师，主要从事水电工程管理工作，E-mail：534896945@qq.com。

坝段为泄洪坝段，设有 3 个表孔，2 个深孔，2 个底孔，在 9#、14#分设两电梯塔。除 10# ~ 13# 坝段横缝间距较大（平均为 23 ~ 25 m）外，其余 18 个坝段横缝间距平均为 21 m。水库正常蓄水位为 2 452 m，相应库容 10.89 亿 m^3，电站总装机容量 4 200 MW。

表 1　拉西瓦水电站气温、水温、地温表　（单位：℃）

项目	月份												全年
	1	2	3	4	5	6	7	8	9	10	11	12	
月平均气温	-6.4	-2.4	3.7	9.6	13.5	16.2	18.3	18.2	13.5	7.3	0.1	-5.0	7.3
月平均水温	5.17	4.47	4.43	6.13	7.27	8.07	9.23	10.10	11.17	10.67	8.87	5.4	7.58
地表温度	-6.7	-1.4	6.5	13.8	18.6	21.9	23.6	22.3	16.8	9.5	0.6	-5.7	10.0

2　原材料控制

2.1　水泥

根据工程所处地理位置、已建工程施工经验、《拉西瓦水电站主体工程混凝土配合比及其性能试验成果》，拉西瓦主体工程混凝土选用中热 42.5 级硅酸盐水泥。

试验结果表明，拟选用的水泥均满足国家标准《中热硅酸盐水泥 低热硅酸酸盐水泥 低热矿渣硅酸盐水泥》（GB 200—2003）对中热硅酸盐水泥的要求和拉西瓦水泥指标要求。

2.2　粉煤灰

拉西瓦工程大坝为双曲薄拱坝，坝体混凝土强度等级高、胶材用量较大，应在坝体混凝土中掺入一定比例的优质粉煤灰，粉煤灰的品质和指标需满足拉西瓦工程的要求。

根据工程所处地理位置、对粉煤灰的使用要求及其相应试验成果，本工程选择 Ⅰ 级灰。试验结果表明，Ⅰ 级粉煤灰均能满足拉西瓦工程要求。

2.3　骨料

（1）骨料储量及其力学性能试验结果。

根据可行性研究阶段设计成果，拉西瓦水电站主体工程混凝土骨料选择据坝址下游 10 km 的红柳滩料场的天然沙砾石。其各项物理力学指标均满足规范和工程要求。

（2）骨料碱活性评定及其抑制试验。

分别采用岩相法、化学法、砂浆长度法、砂浆棒快速法、棱柱体等方法进行骨料碱活性反应鉴定及其抑制试验。

试验结果表明，30% 和 35% 掺量的 Ⅱ 级粉煤灰都可以有效抑制红柳滩沙砾石骨料的碱 - 硅酸反应，35% 掺量时，混凝土棱柱体试件基本不膨胀。

（3）混凝土骨料的质量要求。

保证骨料的质量，是确保大坝混凝土质量的主要内容之一。用于混凝土的骨料，包括粗骨料和细骨料，应质地坚硬、清洁、级配连续良好，骨料的堆存、运输及其品质要求需满足《水工混凝土施工规范》（DL/T 5144—2015）中的相关规定和要求，承包单位应按规范要求进行骨料质量检测。

2.4 外加剂

为了改善混凝土的和易性能，提高混凝土的耐久性，在满足混凝土设计强度的前提下，混凝土中均须掺入经过试验论证的优质外加剂，减水率大于17%，混凝土的含气量控制在5%～6%。应按照《混凝土外加剂》(GB 8076—2009)中检验规则的规定执行。

2.4.1 减水剂

在混凝土配合比试验研究阶段，曾对多种外加剂进行了试验研究，试验结果表明，在推荐掺量下除JG－3的减水剂减水率略小于21%，其余减水剂的减水率均大于21%，各种减水剂均具有一定的引气性能，均属于高效缓凝型减水剂。其中ZB－1A各项性能均较优，根据国内水电工程使用经验，经综合分析，推荐采用ZB－1A作为拉西瓦主体工程混凝土的减水剂。

2.4.2 引气剂

由于拉西瓦水电站工程地处高原寒冷地区，对混凝土抗冻要求较高，大坝混凝土的抗冻等级为F300，因此在混凝土中除采用减水剂外，还须掺一定量的引气剂。

通过比选试验，认为DH_9引气剂除3 d强度略偏低外，其他性能均满足标准要求，具有引气气量大、缓凝等作用，且性能稳定，经综合分析，建议采用DH_9引气剂作为拉西瓦水电站主体工程混凝土引气剂。

3 混凝土配合比优化

混凝土配合比设计原则是在满足设计要求的强度等级、抗渗、抗冻、抗裂等各项指标的前提下，选择最小的胶材用量，最大限度地掺加优质粉煤灰，更多地减少水泥用量，以降低混凝土水化热温升。要求大坝基础约束区混凝土掺加30%的粉煤灰，非约束区混凝土掺加35%的粉煤灰。要求大体积混凝土的保证率为85%，钢筋混凝土的保证率为90%。

4 冬季温控措施

4.1 混凝土生产前期设计阶段

采用三维有限元温控计算程序，通过数值仿真计算和敏感性分析，提出了在坝体内部设置冷却水管、在大坝上下游外立面加设保温板等一系列的温控防裂措施。

4.1.1 库水温度研究成果

拉西瓦水库为日调节水库。结合拉西瓦水库运行方式和坝址区水文气象条件等，采用数值分析法对拉西瓦水库运行期水库水温分布进行系统研究。

4.1.2 拱坝运行混凝土准稳定温度场

根据拉西瓦运行期水库水温研究成果和坝址区气象条件等边界条件，采用三维有限元程序，计算坝体运行期各月准稳定温度场。

4.2 大坝混凝土温控设计标准

4.2.1 允许基础温差

拉西瓦水电站地处高原寒冷地区，坝高库大，对混凝土质量要求较高，同时考虑混凝土自身弹模(40 GPa)和基岩弹模(30 GPa)均较高，基础混凝土温差应力较大，为确保工程质量，防止基础混凝土产生贯穿性裂缝，应严格进行混凝土温度控制。根据《混凝土拱坝设计规范》（DL/T 5346—2006）规定进行温差控制。

4.2.2　坝体最高温度控制标准

根据温控计算及实际工程经验，无论是冬春季新浇混凝土还是老混凝土，若不进行表面保温，其表面温度应力均较大。为防止混凝土表面出现裂缝，施工中必须控制混凝土内外温差。但无论是基础温差还是内外温差，由于在施工中均不便于控制，因此一般以混凝土最高温度作为控制标准。

4.2.3　上下层温差

当下层混凝土龄期超过 28 d 时，其上层混凝土浇筑时应控制上下层温差。老混凝土面上下各 $L/4$ 高度范围内上层最高平均温度与新混凝土开始浇筑时下层实际平均温度之差为 15 ℃。

4.2.4　基础混凝土允许抗裂应力

拉西瓦水电站工程地处高原寒冷地区，坝高库大，对混凝土抗裂必须高标准、严要求。经综合分析，采用抗拉强度控制法确定拉西瓦大坝混凝土允许抗裂应力。

4.3　大坝混凝土温控仿真计算成果

采用三维有限元程序，分别对拉西瓦水电站大坝混凝土 12#拱冠坝段、16#边坡坝段等典型坝段建立三维网格模型，分别按照春夏秋冬季不同工况和不同温控措施进行方案组合，分别对河床坝段、边坡坝段混凝土施工期温度场及温度应力进行了全过程仿真计算，最终确定了不同坝段、不同部位、不同季节混凝土综合温控措施。

4.4　混凝土表面温度应力计算及其表面保护标准选择

一般夏季浇筑的混凝土，在冬季气温较低的时段，因受年气温变化和气温骤降的影响，其表面拉应力较大；冬季低温时段新浇筑的混凝土遇到气温骤降，其表面拉应力较大，而此时混凝土自身强度不高，很容易产生裂缝。

根据各种最不利工况组合下的混凝土表面应力计算成果，对于高温季节浇筑的混凝土过冬和低温季节新浇筑混凝土遇寒潮，若不进行混凝土表面保护，混凝土表面应力均不满足设计要求，表面抗裂安全系数小于 1.0。

因此，对于大坝混凝土施工期要求保温后的混凝土表面放热系数 $\beta \leqslant 3.05$ kJ/(m^2 · h · ℃)。

同时根据三维温控计算成果，对于每年 4 ~ 9 月浇筑的基础强约束区混凝土，过冬前必须采取加强保温的方式，要求保温后的 $\beta \leqslant 1.225$ kJ/(m^2 · h · ℃)；对于孔口部位，要求保温后的 $\beta \leqslant 2.1$ kJ/(m^2 · h · ℃)。

4.5　大坝混凝土综合温控措施

（1）选择优质混凝土原材料，优化混凝土配合比，提高混凝土自身的抗裂能力。

（2）提高施工工艺，有效降低混凝土浇筑温度，确保各月混凝土浇筑温度满足设计要求。

（3）合理的浇筑层厚及间歇期。

①采用薄层短间歇浇筑，以利层面散热。②间歇期控制在 5 ~ 7 d，以不超过 10 d 为宜。避免长间歇浇筑混凝土，特别是边坡坝段基础约束区混凝土，严禁长间歇浇筑混凝土；当下层混凝土龄期超过 28 d，浇筑上层混凝土时，应按基础约束区混凝土温控要求控制。

(4)人工冷却。

应采取初期、中期冷却措施,降低混凝土最高温度和内外温差,同时为了进行接缝灌浆,还须进行后期冷却,将坝体温度降到稳定温度。

(5)严格控制相邻坝段高差。

各坝段应连续均匀上升,尽量缩短混凝土侧面暴露时间。严格控制相邻坝段高差不大于10~12 m,控制最高坝段与最低坝段高差不大于30 m。

(6)加强混凝土表面养护工作。

拉西瓦坝址区太阳辐射热强,日照时间长,气候比较干燥,应特别注意加强混凝土表面养护。要求混凝土浇筑完毕12~16 h后,及时采取洒水养护措施,保持混凝土表面经常处于湿润状态。

(7)冬季施工及混凝土表面保护。

①结合拉西瓦坝址区气象特点,混凝土冬季施工方法选择以蓄热法施工为主。②要求采用预热骨料、加热水拌和等措施提高混凝土出机口温度,保证混凝土浇筑温度不低于5 ℃。

(8)施工期温度测量。

①温度测量的内容包括:混凝土原材料温度、出机口温度、入仓温度、浇筑温度、内部温度以及外界气温等。②保温层温度观测:要选择有代表性的部位进行保温层内、保温层外的温度观测。观测仪器应采用电子自动类温度计。③施工期混凝土内部温度测量:混凝土内部最高温度临时测量采用仪器测量。开始浇筑到本灌区接缝灌浆结束。④坝体通水冷却的各个阶段均应闷水测温,不同间距水管的闷温时间可参考设计要求,并对通水、闷温情况进行记录。⑤温度观测要制定好观测制度,作好观测记录,如发现测量结果不符合技术要求,应及时通报并采取措施予以处理。

4.6 水平运输温度控制

混凝土从拌和站的出机口到浇筑仓面,侧卸车、自卸车车厢侧面采用橡塑保温海绵封闭,顶口安装滑动式保温盖布,保温盖布在混凝土卸料完成后,将其拉盖封闭。搅拌车车厢采用帆布及保温卷材封闭保温,减少倒运次数,减少热量损失和避免混凝土受冻。

4.7 垂直运输温度控制

对于用吊罐入仓的混凝土,为了减少混凝土的温度损失,吊罐四周用橡塑海绵保温,以确保混凝土入仓温度不低于8 ℃。

4.8 仓面升温和浇筑温度控制

4.8.1 蓄热法

拉西瓦工程坝址区每年11月至翌年3月下旬,日平均气温低于5 ℃,大坝混凝土即进入冬季施工。在低温期初期和末期视外界气温情况,采用蓄热法施工。

4.8.2 综合蓄热法

本工程坝址区当日平均气温在-10 ℃时采用"综合蓄热法"新工艺进行施工,综合蓄热法包括对模板周边部位采用搭设简易保温棚升温及仓号中间部位采用电热毯升温。

4.9 冬季永久及临时混凝土表面保温

上下游坝面采用内贴式挤塑聚苯乙烯保温板进行永久保温,基础约束区、非基础约束区

$\delta=5$ cm,孔口曲面采用喷涂弹性材料永久保温。

4.10　人工冷却

大坝混凝土采取三期冷却方式,其中初期冷却对混凝土防裂尤为重要。混凝土覆盖冷却水管时立即进行初期通水冷却,有效控制混凝土最高温升。

4.11　控制间歇期

进入冬季施工期后,混凝土间歇时间控制在5～7 d,最长不超过14 d,当下层混凝土龄期超过28 d时,浇筑上层混凝土时按基础约束区混凝土温控要求控制,并在仓面布设防裂钢筋。

4.12　拆模时间控制

冬季浇筑的混凝土适当推迟拆模时间5～7 d。同时遵循下列规则:

(1)非承重模板拆除时,混凝土强度必须大于允许受冻的临界强度或成熟度。对于大体积混凝土,不低于10.0 MPa(或成熟度不低于1 800 ℃·h);对于非大体积混凝土和钢筋混凝土,不低于设计强度的85%。

(2)禁止在气温骤降期间拆模,模板拆除后立即进行混凝土表面保温,防止产生裂缝。

5　温控效果

(1)拉西瓦水电站冬季混凝土施工中,采用上述措施后,在各方面均满足温控技术指标。

(2)拉西瓦属于高寒地区,冬季保温尤为重要,混凝土防裂及施工难度更大。通过实践测试综合蓄热法对坝前、坝后及横缝模板周边部位升温后经过实测,暖风机出口温度可达到95 ℃,棚内暖风机主管温度可达到60 ℃,模板周边温度可升至8 ℃。

(3)浇筑前用电热毯对混凝土表面升温经过实测,混凝土表面温度可达到11 ℃。

(4)浇筑过程中采用一边揭除保温被,一边浇筑的方法仓面检测浇筑温度,平均为9.4 ℃,温度最低的模板周边温度仍能达到8 ℃。

6　技术经济分析

6.1　技术分析

高寒地区冬季混凝土常规施工方法是采用搭设保温棚。保温棚采用钢桁架形式,搭设保温棚后,由于保温棚的高度限制及棚内预埋的钢桁架支撑,使平仓机和振捣臂无法在棚内使用,只能采用人工平仓及振捣,而且大坝混凝土为Ⅳ级配,人工平仓及振捣无法保证混凝土浇筑质量,并延长了浇筑速度,冬季施工中浇筑速度越慢,热量损失越多,混凝土容易受冻。此种施工工艺制约了施工进度。

拉西瓦水电站冬季施工采用以上施工新工艺首先在拌和中调整混凝土外加剂缓凝成分,缩短混凝土凝结时间,水平、垂直运输时加强保温,提高混凝土入仓温度。其次,浇筑时可以使用平仓机和振捣臂,加快浇筑速度,保证了混凝土浇筑质量。通过在拉西瓦大坝成功应用,有效解决了冬季施工进度慢这一难题。

6.2　经济分析

高寒地区冬季混凝土施工原要求搭设保温棚,其中单仓保温棚耗用钢材35 t左右,拉西瓦水电站冬季施工采用新工艺取代暖棚法施工，单仓节约投资14.5万，而且会使施工进度提高3倍以上。经济指标相当可观。

7 结 论

通过施工过程中的实测数据，拉西瓦水电站冬季施工工艺过程满足温控技术要求的各项指标，保证了混凝土施工质量。另外冬季采用的综合蓄热法替代暖棚法的施工工艺成功应用，加快了施工进度，节约投入，为以后的施工提供了宝贵的施工经验。

温度历程对掺 MgO 水工混凝土膨胀效能的影响分析

陆安群[1,2] 李 华[1,2] 夏 强[1,2] 王育江[1,2]

(1. 高性能土木工程材料国家重点实验室,南京 210003;
2. 江苏苏博特新材料股份有限公司,南京 211103)

摘 要 利用轻烧 MgO 膨胀剂具有延迟膨胀的特性,后期产生的膨胀应力补偿水工大体积混凝土因温降、自缩等产生的拉应力,从而达到简化温控措施、加快施工进度的目的。轻烧 MgO 膨胀剂的膨胀效能,除与水化活性值、粒度等内在因素有关,还与其温度历程有关。为了考察水工混凝土的温度历程(温升值、温降速度等)对轻烧 MgO 膨胀剂的膨胀性能、水化程度的影响,选取了水化活性值 100 s、200 s MgO 膨胀剂,研究不同温度历程对外掺轻烧 MgO 膨胀剂的水工 C25 混凝土的自生体积变形,并从轻烧 MgO 水化程度及微观结构对其机制进行分析。试验结果表明:水化活性值高的轻烧 MgO 膨胀剂的膨胀性能,表现出较强的温度敏感性,适用于补偿温升值高、温降速度慢的水工 C25 混凝土的温降收缩。水化活性值低的轻烧 MgO 膨胀剂适用于补偿温升值低、温降速率快的水工 C25 混凝土的温降收缩变形。相同水化活性值、粒度的轻烧 MgO 膨胀剂的自身膨胀效能及水化反应程度的差异主要受温度历程的影响。XRD 分析表明,相同温度历程条件下,低活性值的 MgO 的水化程度高于高活性值 MgO 膨胀剂。通过 80 ℃水中加速养护试验表明,外掺 8% 200 s MgO 的水工 C25 混凝土不存在安定性问题。

关键词 温度历程;MgO 膨胀剂;膨胀效能;安定性

1 引 言

混凝土大坝等大型水工建筑物体积庞大,导热不良,水泥水化过程中放出大量的热,使混凝土内部温度升高,体积增大;温度降低后,混凝土的体积发生收缩,使混凝土内部应力由压应力转变为拉应力,由于混凝土的抗拉强度比较低,当拉应力超过混凝土的极限抗拉强度时,混凝土结构就会出现开裂的现象。裂缝问题是影响工程结构质量和耐久性的关键因素之一,尤其是深层裂缝和贯穿性裂缝影响工程安全,缩短工程寿命。同时,对裂缝的修复耗费巨大。防止混凝土产生裂缝,历来是各国坝工建设中的重大研究课题,相关科研人员为此在全球范围内进行了技术攻关和有益探索,取得了一定的进展。但至今大体积水工混凝土的温度裂缝问题依然困扰着学术界和工程界,仍旧是制约发展水利水电基础设施的重要技术难题。目前,我国水利水电工程建设正处于蓬勃发展阶段,金沙江、雅砻江、澜沧江等流域

基金项目:广西科学研究与技术开发计划——超长结构混凝土裂缝控制研究与应用技术(桂科合 14251002)。

作者简介:陆安群,工程师,主要从事新材料研究分析工作。E-mail:luanqun@ cnjsjk. cn。

的一大批大型和超大型水利水电工程相继兴建,都将面临这一技术难题的严峻挑战。

导致水工大体积混凝土结构开裂的因素很多,但主要是由温度应力引起,因此在水利水电工程建设中,各国都高度重视温控防裂措施的研究。自 20 世纪 60 年代,从结构和施工方面采取措施,混凝土温控形成了一套成熟的设计理论和施工工艺,对大体积水工混凝土温控防裂技术起到了积极作用;但采取上述措施,需耗费大量的人力物力,增加工程投资,影响施工进度。解决水工大体混凝土开裂,除了从结构和施工方面考虑,可从材料方面材料措施。利用轻烧 MgO 膨胀剂具有延迟膨胀特性,后期产生的膨胀应力可有效补偿水工大体积混凝土因温降、自缩等产生的拉应力,从而达到简化温控措施、加快施工进度的目的。

自 20 世纪 70 年代修建白山重力拱坝时发现 MgO 有补偿收缩效果以来,科研人员对 MgO 膨胀剂的活性值、粒度等内在因素进行了深入研究。轻烧 MgO 膨胀剂的膨胀效能,除与水化活性值、粒度等内在因素有关,还与其温度有关。朱伯芳等认为 MgO 混凝土的膨胀变形与 MgO 含量、当前温度及历史温度等因素有关。张国新等通过构件模拟认为温度对 MgO 混凝土的自生体积变形影响较大,温度越高,混凝土水化膨胀速率越快。混凝土温度历程对 MgO 膨胀效能的影响,已成为掺 MgO 混凝土抗裂性研究的热点问题。

本文主要研究不同温度历程(温升值、温降速度等)对水化活性值 100 s、200 s MgO 膨胀剂的膨胀性能、水化程度的影响,为轻烧 MgO 膨胀剂在水工大体积混凝土工程中的应用提供有参考价值的相关技术参数。

2 材料、配合比及试验方法

2.1 原材料

水泥:采用海螺水泥厂生产的 P · O42.5 中热水泥;粉煤灰:采用华能电厂Ⅱ级粉煤灰;砂:采用天然河沙,细度模数为 2.88;骨料:采用石灰岩碎石,小石粒径为 5 ~ 20 mm,中石粒径为 20 ~ 40 mm,大石粒径为 40 ~ 80 mm;减水剂:采用江苏苏博特新材料股份有限公司生产的 PCA 系聚羧酸高性能减水剂;引气剂:采用江苏苏博特新材料股份有限公司生产的 GYQ 系混凝土高效引气剂。

轻烧 MgO 膨胀剂由江苏苏博特新材料股份有限公司提供,分别标记为 MEA - 100、MEA - 200。水泥和轻烧 MgO 膨胀剂的化学组分见表 1。轻烧 MgO 膨胀剂的活性值由柠檬酸法测定的活性值分别为 100 s、200 s。

表 1 水泥和轻烧 MgO 膨胀剂的化学成分 (%)

材料	活性值(s)	SiO_2	Fe_2O_3	Al_2O_3	MgO	CaO	K_2O	Na_2O	SO_3	Loss
海螺水泥	—	23.60	5.43	4.95	1.35	60.05	0.50	0.18	0.35	1.15
MEA - 100	100	2.46	0.29	0.44	90.02	3.18	0.02	0.05	0.68	0.68
MEA - 200	200	4.28	0.31	0.43	89.32	3.19	0.01	0.04	0.63	0.63

2.2 配合比

C25 强度等级的水工混凝土配合比,如表 2 所示。轻烧 MgO 膨胀剂采用外掺方式,以胶凝材料总量计掺量为 5%。通过减水剂、引气剂控制混凝土的坍落度在 140 ~ 180 mm,含气量在 4.0% ~6.0%。

表 2　C25 强度等级的水工混凝土配合比　（单位：kg/m^3）

材料配比	胶凝材料		水	砂	骨料			MgO 膨胀剂
	水泥	Ⅱ级粉煤灰			5～20 mm	20～40 mm	40～80 mm	
C25～Ref	307.5	33.75	150	725	226.8	680.4	226.8	0
5% MgO	307.5	33.75	150	725	226.8	680.4	226.8	17.5
8% MgO	307.5	33.75	150	725	226.8	680.4	226.8	27.5

2.3　试验方法

2.3.1　变温条件下 C25 混凝土的变形性能测试

采用构件实验室模拟某水工 C25 混凝土的温度历程。构件中 C25 混凝土的变形和温度历程采用南瑞集团 NZS－15G2 型差动电阻式应变计监测。为模拟某水工 C25 混凝土温度历程，混凝土成型后置于南京环科试验设备有限公司制的高低温交变湿热试验箱中；C25 混凝土的变形和温度历程采用南瑞集团 NZS－15G2 型差动电阻式应变计监测。

2.3.2　变温条件下 MgO 膨胀剂的水化程度

MgO 膨胀剂等量内掺取代水泥，按 0.40 水胶比制成水泥净浆试件，通过高低温交变湿热试验箱模拟变温条件，选取芯部碎块烘干粉磨至 80 μm。采用 Bruker D8 Advance X 射线衍射仪定量分析矿物组成。

2.3.3　掺轻烧 MgO 膨胀剂的 C25 混凝土的安定性测试

外掺 5%、8% 轻烧 MgO 膨胀剂的 C25 混凝土的安定性能测试参照《水工混凝土掺用氧化镁技术规范》（DL/T 5296—2013）中 80 ℃水中养护加速试验方法进行测试。

3　结果与讨论

3.1　不同温度历程下掺轻烧 MgO 膨胀剂的 C25 混凝土的自生体积变形

构件模拟水利工程的未掺、掺 5% 100 s MgO 膨胀剂和掺 5% 200 s MgO 膨胀剂的自生体积变形和温度历程，如图 1 所示。以初凝为零点，C25－Ref 基准混凝土温升阶段产生了 94.63 με膨胀变形，温升速率为 11.2 ℃/d，温峰值 37 ℃，12 d 龄期产生 －69 με 变形。掺 5% 100 s MgO 膨胀剂的 C25 混凝土温升阶段产生了 184.38 με 膨胀变形，温升速率 14.3 ℃/d，温峰值 39.8 ℃，12 d 龄期产生 61.8 με 膨胀变形。掺 5% 200 s MgO 膨胀剂的 C25 混凝土温升阶段产生了 130.34 με 膨胀变形，温升速率 14.8 ℃/d，温峰值 40.0 ℃，12 d 龄期产生 －5.04 με 变形。

在上述构件的温度历程下，扣除温度的影响，C25－Ref 基准混凝土 12 d 龄期产生 －69 με，掺 5% 100 s MgO 膨胀剂的 C25 混凝土 12 d 龄期产生 66.8 με 膨胀变形，掺 5% 200 s MgO 膨胀剂的 C25 混凝土 12 d 龄期产生 －7.04 με 变形。此温度历程下，与基准 C25－Ref 相比，掺 5% 100 s MgO 膨胀剂的 C35 混凝土 12 d 内处于膨胀变形，有效补偿了水工 C25 混凝土的温度收缩和早期自收缩。

构件模拟水利工程的未掺、掺 5% 100 s MgO 膨胀剂和掺 5% 200 s MgO 膨胀剂的自生体积变形和温度历程，如图 2 所示。以初凝为零点，掺 5% 100 s MgO 膨胀剂的 C25 混凝土温升速率 16.0 ℃/d，温峰值 77 ℃，温降速率 3 ℃/d，10 d 龄期产生 344 με 变形；掺 5% 200

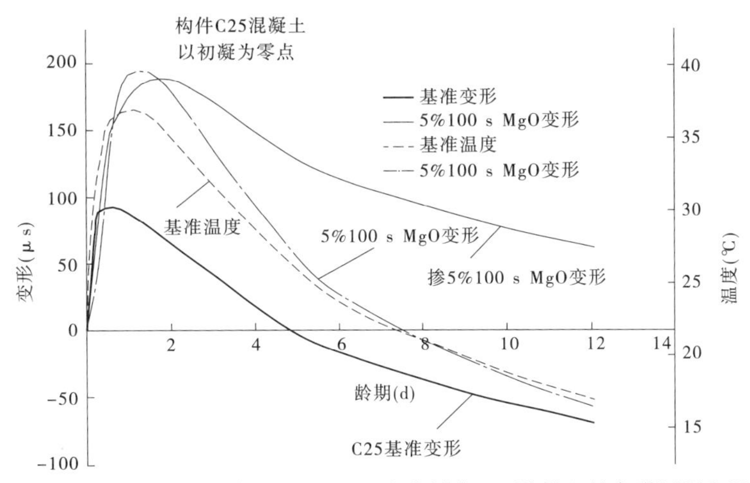

(a)以初凝为零点，未掺和掺5%100 sMgO膨胀剂的C25混凝土的变形历程和温度历程

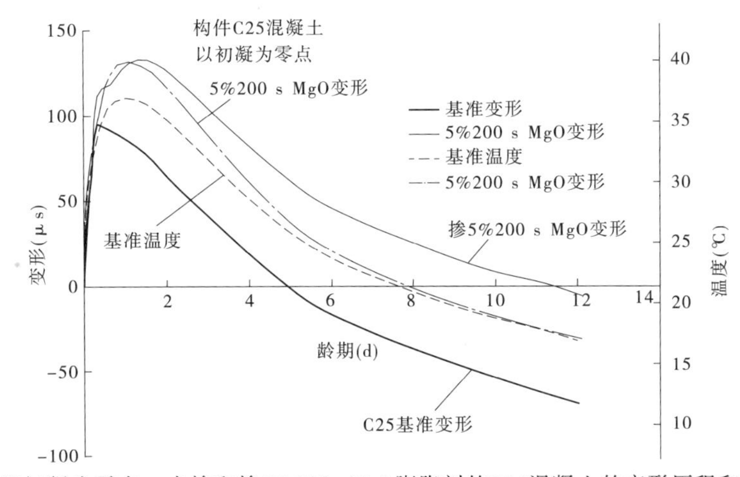

(b)以初凝为零点，未掺和掺5%200 sMgO膨胀剂的C25混凝土的变形历程和温度历程

图1 温度历程对掺不同活性 MgO 膨胀剂的 C25 混凝土自生体积变形的影响

s MgO 膨胀剂的 C25 混凝土温升速率 16.0 ℃/d,温峰值 77 ℃,温降速率 3 ℃/d,10 d 龄期产生 399 με 变形。此温度历程下,5% 200 s MgO 膨胀剂的膨胀变形相比 5% 100 s MgO 膨胀剂提升约 55 με。

图 1 和图 2 表明,200 s MgO 膨胀剂的膨胀性能表现出较强的温度敏感性,适用于补偿温升值高、温降速度慢的水工 C25 混凝土的温降收缩。100 s MgO 膨胀剂适用于补偿温升值低、温降速率快的水工 C25 混凝土的温降收缩变形。

3.2 不同温度历程下 MgO 膨胀剂的水化程度

在变温条件下(模拟温度历程如图 1 所示),掺 MgO 膨胀剂的水泥净浆与不掺膨胀剂的水泥样品的 XRD 对比图谱,如图 3 所示。表 3 为不同温度历程条件下掺 5% 100 s MgO、5% 200 s MgO 水泥浆体中 MgO 的水化程度。相同水化活性值、粒度的轻烧 MgO 膨胀剂的水化程度的差异主要受温度历程的影响。温度越高,MgO 膨胀剂的水化程度越高。相同温度历程条件下,100 s MgO 膨胀剂的水化程度高于 200 s MgO 膨胀剂。

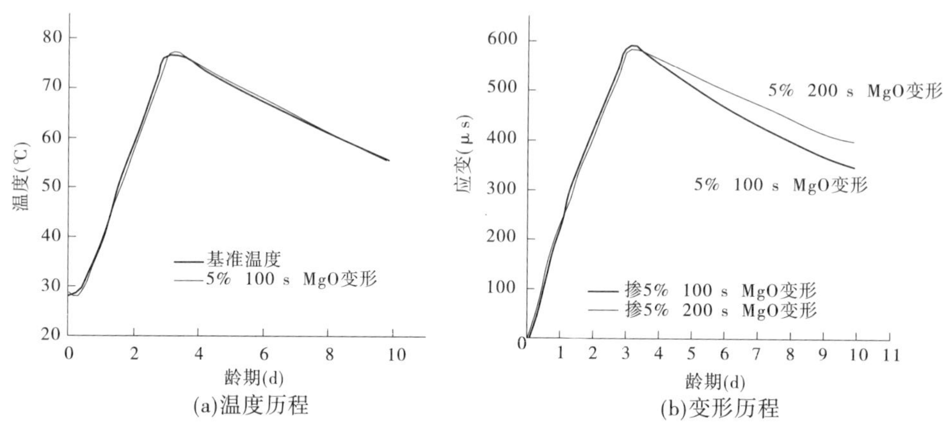

图2　以初凝为零点,温度历程对掺5% 100 s MgO、200 s MgO 膨胀剂的 C25 混凝土自生体积变形的影响

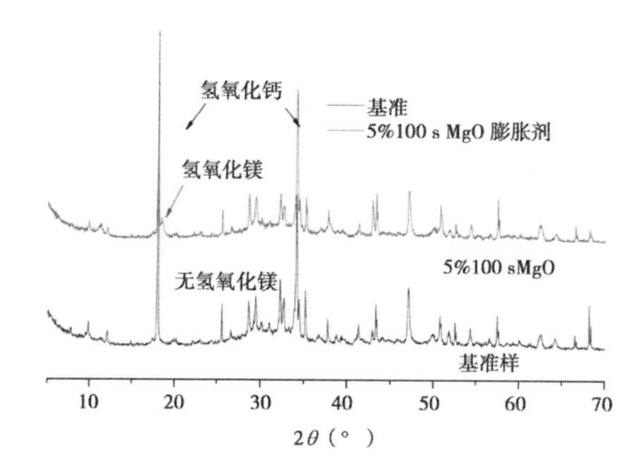

图3　变温条件下掺与不掺 MgO 膨胀剂的水泥净浆的 XRD 图谱对比

表3　变温条件下 14 d 龄期的水泥浆体中 MgO 水化程度

编号	模拟图 1 中的温度历程		模拟图 2 中的温度历程	
	5% 100 s MgO	5% 200 s MgO	5% 100 s MgO	5% 200 s MgO
MgO 水化程度(%)	37.0	21.8	70.2	55.3

3.3　掺轻烧 MgO 膨胀剂的 C25 混凝土的安定性

长期体积安定性是 MgO 混凝土的一项重要性能,MgO 掺量过高产生的膨胀过大可能引起混凝土破坏,如何评估掺 MgO 混凝土的长期体积安定性,确定 MgO 最大掺量是关系到氧化镁能否成功应用的关键问题。为 MgO 膨胀剂在水工大体积混凝土中的应用提供基础支持,基于 C25 混凝土配合比,采用 80 ℃水中养护的加速试验方法,进行了掺不同掺量 200 s MgO 膨胀剂的混凝土安定性的研究,为 MgO 膨胀剂在水利工程大体积混凝土中的应用提供基础支撑。

图 4 为标准养护 1 d 后再放入 80 ℃水中养护的混凝土试件的变形曲线。可以看出,80 ℃水中养护时,掺 MgO 混凝土膨胀迅速,5 d 膨胀曲线出现拐点,此后曲线趋于平缓。未掺 MgO 的对比试件也出现了微小的膨胀,其原因可能是水分进入混凝土试件内部引起的湿

胀。80 ℃水中养护 26 d 龄期时,外掺 5% 200 s MgO 混凝土产生 419 με;外掺 8% 238 s MgO 混凝土产生 540 με 膨胀变形,均低于 MgO 混凝土膨胀率小于 0.080% 的要求。

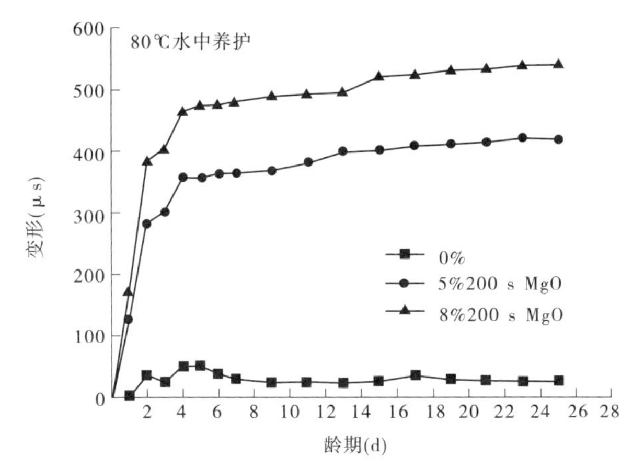

图4 80 ℃水中养护的掺 5%、8% 200 s MgO 膨胀剂的混凝土的变形性能(标准养护 1 d)

图 5(a)为标准养护 1 d 后再放入 80 ℃水中养护的混凝土试件的劈裂抗拉强度。根据试件强度测试结果,各混凝土试件加速养护 7 d 的劈拉强度达到了 1.9 MPa;28 d 龄期内,掺 5%、8% 的 200 s MgO 膨胀剂的各混凝土试件的劈拉强度与基准试件相比均未降低,甚至有不同程度的提高。MgO 混凝土膨胀变形稳定后,掺 5% MgO 的混凝土的劈拉强度高于基准样,掺 8% MgO 的混凝土的劈拉强度相比掺 5% MgO 的混凝土的劈拉强度略有降低。

图 5(b)为标准养护 1 d 后再放入 80 ℃水中养护的混凝土试件的抗压强度。根据试件强度测试结果,各混凝土试件加速养护 7 d 的抗压强度均达到 40 MPa 以上;28 d 龄期内,掺 5%、8% 的 200 s MgO 膨胀剂的混凝土试件的抗压强度与基准试件相比均未降低,甚至有不同程度的提高。MgO 混凝土膨胀变形稳定后,掺 5% MgO 的混凝土的抗压强度相比基准样提高;掺 8% MgO 的混凝土的抗压强度较基准样提高,但相比掺 5% MgO 的混凝土的抗压强度降低。

通过 80 ℃水中加速养护的 MgO 混凝土的膨胀性能、力学性能及试件表观裂纹监测发现,外掺 8% 200 s MgO 的 C25 混凝土不存在安定性问题。

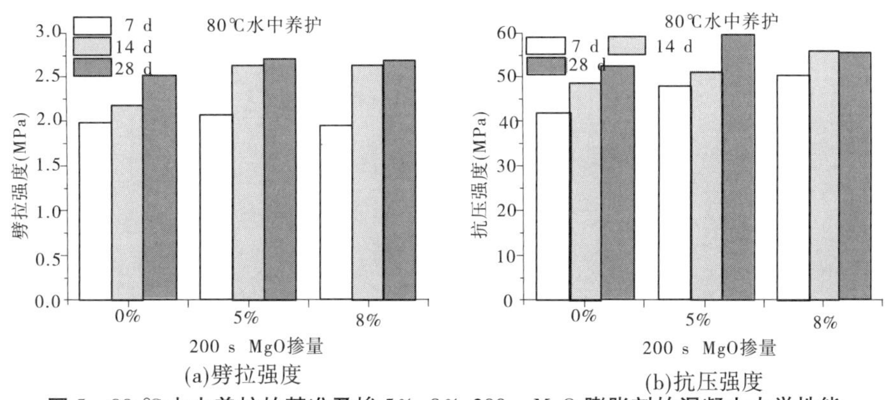

图5 80 ℃水中养护的基准及掺 5%、8% 200 s MgO 膨胀剂的混凝土力学性能

4 结 论

(1)200 s MgO 膨胀剂的膨胀性能表现出较强的温度敏感性,适用于补偿温升值高、温降速度慢的水工 C25 混凝土的温降收缩变形。100 s MgO 膨胀剂适用于补偿温升值低、温降速率快的水工 C25 混凝土的温降收缩变形。

(2)相同水化活性值、粒度的轻烧 MgO 膨胀剂的水化程度的差异主要受温度历程的影响。

(3)通过 80 ℃水中加速养护的 MgO 混凝土的膨胀性能、力学性能及试件表观裂纹监测发现,外掺 8% 200 s MgO 的 C25 混凝土不存在安定性问题。

参 考 文 献

[1] 黄国兴,陈改新,纪国晋,等. 水工混凝土技术[M]. 北京:中国水利水电出版社,2014.

[2] 吴中伟,廉慧珍. 高性能混凝土[M]. 北京:中国铁道出版社,1999.

[3] 曹泽生,徐锦华. 氧化镁混凝土筑坝技术[M]. 北京:中国电力出版社,2003.

[4] Mo Liwu, Deng Min, Tang Mingshu. Effects of calcination condition on expansion property of MgO – type expansive agent used in cement – based materials[J]. Cement and Concrete Research, 2010, 40(3):437-446.

[5] 莫立武,邓敏. 氧化镁膨胀剂的研究现状[J]. 膨胀剂与膨胀混凝土,2010(1):2-9.

[6] 邓敏,崔雪华,刘元湛,等. 水泥中氧化镁的膨胀机理[J]. 南京化工学院学报,1990,12(4):1-10.

[7] 李红,邓敏,莫立武. 不同活性氧化镁膨胀剂对水泥浆体变形的影响[J]. 南京工业大学学报(自然科学版),2010,32(6):98-102.

[8] 朱伯芳. 兼顾当前温度与历史温度效应的氧化镁混凝土双温计算模型[J]. 水利水电技术,2003,34(4):16-17,63.

[9] 张国新,金峰,罗小青,等. 考虑温度历程效应的氧化镁微膨胀混凝土仿真分析模型[J]. 水利学报,2002(8):29-34.

[10] 刘加平,王育江,田倩,等. 轻烧氧化镁膨胀剂膨胀性能的温度敏感性及其机理分析[J]. 东南大学学报(自然科学版),2011,42(2):359-364.

[11] 田倩,涂扬举,刘加平,等. 氧化镁复合膨胀剂膨胀性能的温度敏感性研究[J]. 水力发电,2010,36(6):49-51.

牛牛坝混凝土面板堆石坝设计

唐 瑜 胡云明 牟高翔

（中国电建集团成都勘测设计研究院有限公司，成都 610072）

摘 要 牛牛坝水电站为四川省美姑河流域梯级规划开发的龙头工程，拦河大坝为混凝土面板堆石坝，最大坝高155 m，坝顶长度约333 m，为国内高混凝土面板堆石坝之一。坝址地处高山峡谷地区，河床及两岸基岩均为玄武岩，两岸冲沟发育、岸坡陡峻，地形地质条件复杂。且该工程具有坝体填筑材料相对较软、坝体变形及周边缝开度相对较大等特点。本文针对工程具体特点，分别就枢纽建筑物的合理布置、坝体分区、趾板布置、周边缝止水结构设计和基础处理等方面进行了论述，并提出了高混凝土面板堆石坝设计中的几点体会，具有一定的参考价值。

关键词

1 工程概况

牛牛坝水电站位于四川凉山彝族自治州美姑县境内，是美姑河流域“一库五级规划开发方案”的龙头电站。距西昌公路里程152 km，工程区有美姑—雷波公路通过，对外交通方便。电站以发电为主，具有年调节功能，无其他综合利用要求。水库总库容为2.218 亿 m^3，额定水头155 m，装机容量80 MW，年发电量2.335 亿 kWh。

工程枢纽由拦河大坝、溢洪道、泄洪洞及引水发电系统组成（见图1）。拦河大坝为混凝土面板堆石坝，最大坝高155 m，坝顶长度为333 m，坝体总填筑量为456 万 m^3，混凝土面板面积4.98 万 m^2。

采用岸边溢洪道和泄洪洞相结合的泄洪方式，引水及泄洪设施均置于右岸。引水隧洞总长3 190 m，穿越右岸山体至地面发电厂房，内装2台混流式水轮发电机组。

2 坝址区工程地质概况

坝址正常蓄水位1 740 m时河谷宽300余m，呈较对称的“V”形，两岸地形坡度40°～50°。右岸受三飞下沟、美姑河切割影响，形成一顺河长约500 m、横河宽约300 m的河间地块，鞍部最窄处约50 m，正常蓄水位1 740 m时最短渗径约160 m，右坝肩上部山体单薄，左岸山体雄厚。

坝区岩性主要为二叠系上统峨眉山玄武岩，地层走向与河流大角度相交，近横向谷。坝址区处于纪尔洛背斜核部，构造较为复杂，主要构造有褶皱、断层，玄武岩内的层内错动带、挤压带以及节理裂隙等，以中等透水为主。岸坡岩石风化卸荷较强。

工程区属基本稳定区，据中国地震局地质研究所场地地震安全性评价结果，坝址区场地

作者简介：唐瑜（1980—），男，甘肃临洮人，硕士，高级工程师，主要从事水工结构工程设计及研究工程。E-mail：24026024@qq.com。

图1 枢纽平面布置图

地震基本烈度为Ⅶ度,工程区基岩水平加速度0.122g。

3 坝体结构设计

3.1 坝体断面设计

水库正常蓄水位1 740.00 m,设计洪水位1 740.95 m,校核洪水位1 743.00 m,坝顶宽度12.0 m。为减小大坝填筑量,坝顶上游设“L”形防浪墙,墙底高程1 742.00 m,高出正常蓄水位2.0 m,墙顶高程1 748.20 m,坝顶高程1 747.00 m。

参考国内外已建和在建100 m以上高混凝土面板堆石坝的经验及规范规定,结合本工程地质地形条件、抗震要求、筑坝材料等特点,经计算分析,确定坝体上游坝坡为1∶1.40,下游坝坡为1∶1.50,下游边坡在1 700.00 m和1 655.00 m高程处各设宽5.0 m的马道。大坝剖面图见图2。

3.2 坝体分区及设计

堆石坝分区的目的是在保证大坝安全运行的前提条件下力求获得最大的经济性。具体有如下原则:①满足坝体各部位变形协调要求,尽量减小坝体(尤其是坝体上游侧)变形量;②坝体内部应有畅通的排水通道,以保证下游形成一定的干燥区,为充分利用质量较差、渗透系数较小的材料创造条件;③料区划分尽可能简单,以便于施工;④优先考虑利用各建筑物的开挖料和就地取材。

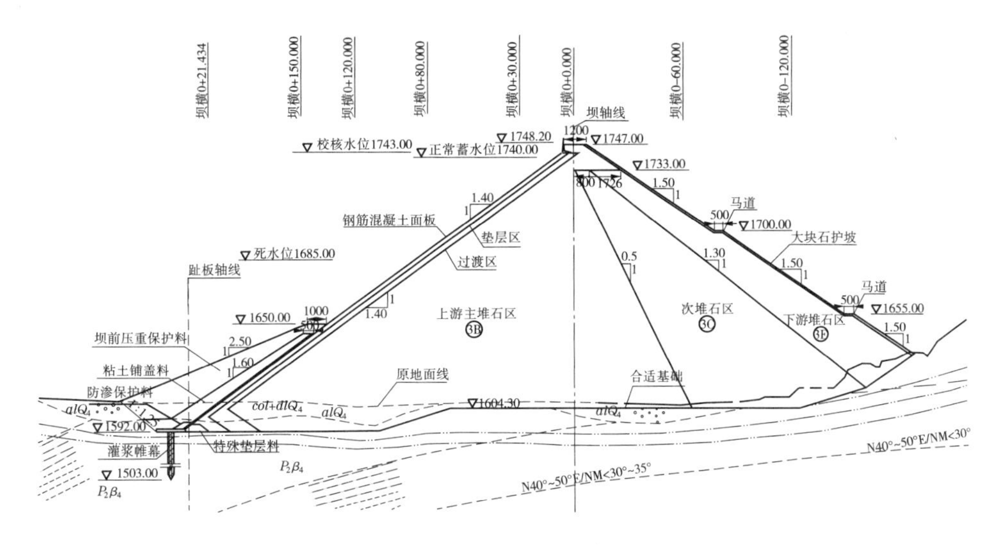

图2 大坝纵剖面图 （单位:m）

由此,根据本工程各种筑坝材料的性质和面板坝的工作条件,大坝从面板以下依次分成5个主要材料分区:垫层区、过渡区、主堆石区、次堆石区及下游堆石区。

上游盖重区顶高程1 650.00 m,顶宽10.00 m,边坡1∶2.5。垫层料水平宽度4.0 m,过渡区水平宽度5.0 m,其后为主堆石区、次堆石区和下游堆石区。主、次堆石区分界线坡比按1∶0.50,次堆石区与下游堆石区分界线坡比按1∶1.30考虑。下游坝面铺设1.0 m厚的干砌块石护坡至坝顶。

3.3 细部设计

3.3.1 垫层料

垫层料直接位于面板下部,为面板提供均匀、平整的支撑,避免面板产生应力集中。垫层料的渗透系数较小,当面板开裂或者止水局部破坏时,可以限制进入坝体的渗透量,同时还可以对上游堵缝材料起反滤作用。新鲜、坚硬、级配良好、相对密实度高的土石料,具有低压缩性和半透水性。采用人工破碎料,其料源为均一性较好的当地弱风化致密玄武岩。设计最大粒径为100 mm,小于5 mm的颗粒含量为31% ~47%,小于0.075 mm粒径颗粒含量为2% ~6%。控制孔隙率为15% ~20%。垫层作为面板的基础,在浇筑面板之前,应对垫层严格压实,平整坡度与面板底坡一致。

3.3.2 特殊垫层料

特殊垫层料位于周边缝止水下部,旨在为周边缝底部止水提供比垫层料更密实、平整的支撑面,同时当止水局部破坏的时候,上游黏土反滤料随水流进入到特殊垫层料以后,能增强垫层料对渗漏的控制。采用从人工垫层料中筛选粒径小于40 mm的细料,铺层厚度20 cm,用小型振动器等设备夯实,内部结构稳定,对粉煤灰、粉细砂或堵缝泥浆有自愈作用。

3.3.3 过渡料

过渡料位于垫层与主堆石之间,主要是防止垫层细料在渗透水流作用下流失,本区变形对面板有较大影响,故仍要求用料坚硬、软化系数低、密实度高,压实后具有低压缩性和高抗剪强度,并需具有自由排水功能。采用均一性较好的当地弱风化致密玄武岩。控制最大粒径为200 mm,颗粒级配连续,控制孔隙率为18% ~22%,小于5 mm粒径颗粒含量为15% ~

25%，小于0.075 mm粒径颗粒含量为0.5% ~3%。与垫层料平起铺填并同时碾压，与垫层料的界面上不得有大于200 mm的颗粒，与主堆石的界面上不能有大于300 mm的颗粒。

3.3.4　主堆石料

本区为堆石坝主体部分，面板所受水压力将通过垫层、过渡区传至本区，由本区传至地基，对面板起到支撑作用，应具有足够的密实度和必要的变形模量，故要求用母岩强度高、软化系数低的料填筑，级配良好，坝料最大粒径不超过压实厚度，并需具有自由排水功能。

设计用量约220万 m^3，其料源采用均一性较好的当地弱风化致密状玄武岩及角砾熔岩混合料。最大限制粒径800 mm，颗粒级配连续，小于5 mm粒径颗粒含量为7% ~18%，小于0.075 mm粒径颗粒含量为0 ~2%。控制孔隙率为20% ~25%。

3.3.5　次堆石料及下游堆石料

(1)次堆石料填筑于主堆石区下游侧，由于远离面板，受水荷载的影响较小，其用料要求较主堆石料可适当降低，其最大粒径不超过压实厚度。小于5 mm粒径颗粒含量不超过20%，小于0.075 mm粒径颗粒含量不超过5%。在坝体干燥区可利用部分坝区开挖料填筑，也可在料源充足、开采条件允许的情况下用料同主堆石区。

(2)下游堆石料属大坝表层，不仅常年日晒雨淋，且为直观之主要部位，本区可用料场或坝区开挖的超径料填筑，表面辅以人工安砌，以求平整美观。

3.3.6　沿周边缝防渗保护区

为了更好地保护周边缝及起到良好的对特殊垫层料的反滤作用，本工程在上游边坡贴面板铺设粉细砂或粉煤灰防渗保护区，河床段顶高程为1 597 m，顶部宽度为4 m，其上游边坡坡度为1:2.0，两岸沿周边缝保持相同断面布置至1 645 m高程。

3.3.7　上游铺盖及压重料

上游铺盖料主要起堵塞面板裂缝的作用，并利用细粒料达到面板裂缝自愈的目的。由于本工程中设计了沿周边缝防渗保护区，故上游铺盖区采用黏土填筑，以保护铺设在周边缝表面的粉细砂(粉煤灰)，位于面板上游1 645.00 m高程以下，顶宽5.00 m，边坡1:2.0。压重体料采用坝区开挖料或其他堆石、石渣料填筑。

4　混凝土面板设计

面板置于垫层之上，其应变和堆石体变形特性密切相关，与自身厚度关系不大，故只要面板混凝土抗渗性、抗裂性和耐久性满足要求，其柔性越大就越能适应坝体变形。本工程面板顶部最小厚度为30.00 cm，底部最大厚度为77.00 cm。面板混凝土采用C30W12F150混凝土。此外，为提高面板混凝土的抗裂、抗渗等性能，参考国内外面板堆石坝成熟经验，本工程面板混凝土采用低脆性水泥、外掺Ⅱ级配粉煤灰及适量优质外加剂，并掺加聚丙烯腈等纤维材料来改善混凝土性能。

面板只设垂直缝，不设永久水平缝。根据坝体三维非线性有限元计算结果和坝基形态，面板共分29条块，共28条垂直缝，中部12条为压性缝，左岸7条缝和右岸9条缝为张性缝。

5　趾板设计

趾板既要保证混凝土面板与基岩的连接，构成整体的挡水防渗体系，又要兼有灌浆盖板的作用，是混凝土面板堆石坝中防渗的重要部分。其宽度确定依据基岩风化、破碎情况，允许渗透比降和基础处理措施综合确定，本工程按 1/10 水头设计成 14.0 m、12.0 m、10.0 m、8.0 m 四种宽度趾板形式，相应厚度为 1.4m、1.2 m、1.0 m、0.8 m。趾板在截面的中部采用单层双向配筋，每向配筋率控制在 0.4% 。趾板采用 C30W12F150 混凝土。

为了提高趾板与基岩的整体性，增强灌浆效果，将趾板与基岩间用直径 28 mm 的螺纹钢筋锚固，锚筋间、排距 1.5 m，锚入基岩 8.0 m，锚筋布置在整个趾板基础面。

6 分缝止水设计

根据三维有限元仿真计算成果和止水结构试验研究，以满足最大变形仍不失去其止水性能为主要条件进行止水设计。

6.1 周边缝止水

本工程采用中国水科院提出的新型止水形式，将中部止水带提至表层，形成非流动型表层止水。即在顶部和底部设两道止水，底部止水为 GB 复合 F 型铜止水片，顶部止水由 GB 复合橡胶板 + GB 柔性填料 + 波形橡胶止水带 + PVC 支撑棒组成，两道止水之间填塞硬木垫片。顶部 GB 复合板与波形橡胶止水带在为 GB 填料提供保护和支撑作用的同时，又可各自单独作为一道止水，以达到多重止水的功效，且波形止水带可完全吸收接缝变形而不致在止水带中引起过大的附加应力，经过模型试验，完全能满足设计要求，结构如图 3 所示。

6.2 防浪墙底缝止水

面板与防浪墙间设防浪墙底缝，其止水设计在周边缝止水结构基础上进行简化和调整，底部铜止水应和面板垂直缝的铜止水片连接(见图 4)。

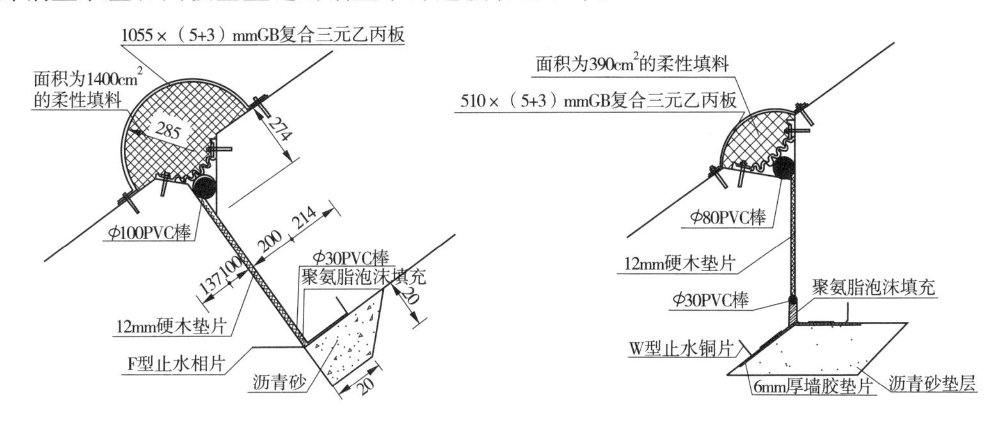

图 3 周边缝止水结构图　　图 4 防浪墙与面板接缝止水结构图

6.3 面板垂直缝止水

面板垂直缝(张性缝和压性缝)亦采用两道止水，底部设一道 GB 复合 W1 型止水铜片，顶部采用 GB 三复合三元乙丙板 + GB 填料，由于张性缝和拉性缝受力条件及控制开裂程度不同，故只在 GB 填料用量上有所差别，如图 5 所示。面板不设永久水平缝，水平施工缝不设止水。

整个大坝止水系统要求很好连接，以组成坝体完整封闭的防渗系统。

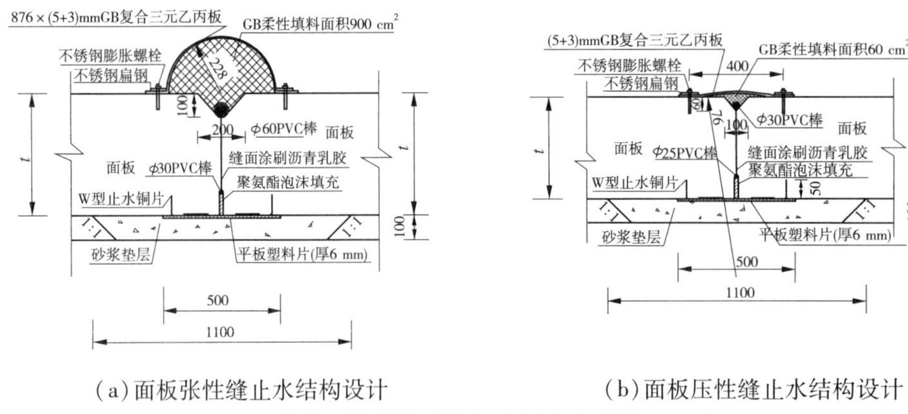

(a)面板张性缝止水结构设计　　　　(b)面板压性缝止水结构设计

图5　面板垂直缝止水结构图　(单位:cm)

7　基础开挖和基础处理

7.1　大坝建基面

本工程坝高155 m,作用水头较高,坝址区覆盖层较浅,根据相关规范要求,将趾板均建于基岩之上,河床段至于弱风化弱卸荷下限岩体上,建基面为1 592.00 m,两岸随水头减小,逐步建于弱卸荷上限岩体上。

河床覆盖层约厚10 m,下伏基岩为$P_2β_4$层玄武岩,经处理后可满足基础承载要求。根据有限元计算结果及工程经验,堆石坝水荷载经堆石体后传入基础的位置在靠近坝轴线上游侧附近,由于本工程坝体高度较大,将坝体主堆石区上游1/3建于基岩顶面,堆石区其余部位作清基平整处理后建于河床覆盖层之上。为减小坝体沉降变形,坝基利用覆盖层的部位,挖除上部崩坡堆积体,对下部漂卵砾石层进行强夯处理,表层进行碾压后铺设2.0m厚的过渡层,然后进行坝体填筑。坝基范围内局部有凹陷的深槽、钻孔、平硐等需用浆砌石塞填,并进行灌浆处理。

7.2　趾板固结灌浆

为加强趾板建基面的完整性,趾板建基面采用固结灌浆处理。固结灌浆采用梅花形布置,孔、排距2.0 m,垂直趾板线布置,孔深10.0 m。在薄弱部位适当加深、加密。

7.3　帷幕灌浆

坝址区岩主要为玄武岩,岩体风化卸荷主要受地形和岩性以中等条件控制,坝基岩体以中等透水为主,其透水性总体随深度增加而减弱。右岸山脊较为单薄,1 740 m高程渗径仅为160 m,且岩石风化卸荷较为发育。根据本工程的水文、地质条件,防渗帷幕布置原则为:河床基础防渗主帷幕深入相对不透水层(<3 Lu)不小于5.0 m;左岸防渗帷幕深入岩体透水层(3~5 Lu)不小于5.0 m,并使得帷幕深度随高程平顺过渡;右岸防渗主帷幕深入天然状态地下水位线(相对不透水层(<3 Lu))以下5.00 m。帷幕灌浆孔深度范围为:河床部位89 m,左岸80~114 m,右岸47~86 m。左岸坝肩设100 m长灌浆平硐,帷幕深度40~114 m,右岸坝肩设100 m长灌浆平硐,帷幕深度67~86 m,且与溢洪道的帷幕相连。两排灌浆帷幕分主、次帷幕,次帷幕深度为深帷幕深度的70%。

基岩灌浆按先固结后帷幕的原则进行。

8 有限元计算分析

为了全面掌握堆石体、混凝土结构、接触结构缝等的应力变形情况，为设计科学合理确定的坝体分区及各区填筑材料性能和合理的面板及分缝结构形式提供技术参考，分别进行了平面及三维有限元静动力计算分析。堆石体采用非线性邓肯－张 E－B 本构模型，混凝土面板及趾板采用线弹性本构关系，混凝土面板和趾板与堆石料之间设置面—面摩擦接触面单元。有限元网格及坝体材料参数见图 6 及表 1。

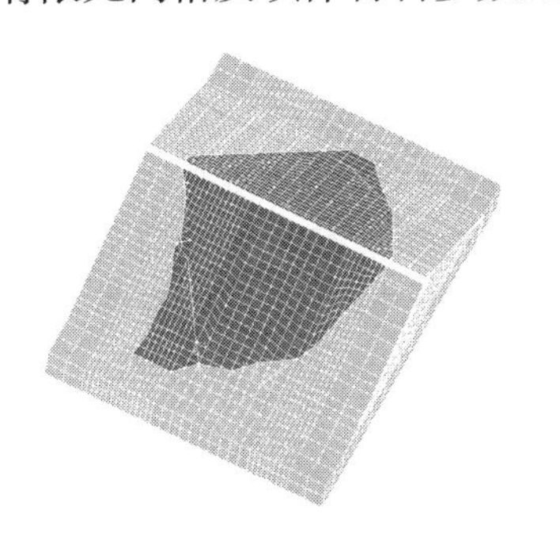
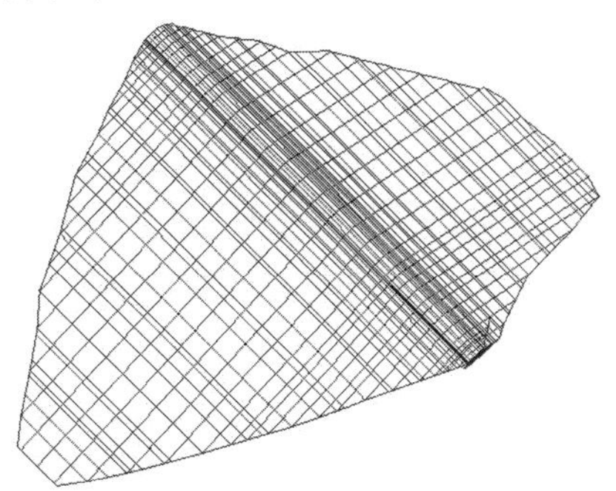

图 6 大坝三维有限元网格图

表 1 模型材料参数

材料类型	ρ_d (kg/m^3)	k	n	k_b	m	R_f	c	φ (°)	$\Delta\varphi$ (°)	K_{ur}	n_{ur}	C_d	n_d	R_d
主堆石	2 140	1 430	0.21	234	0.192	0.90	2	52.6	10.0	2 860	0.21	0.002 9	0.837	0.716
次堆石	2 050	950	0.18	221	0.182	0.88	2	51.2	9.2	1 900	0.18	0.002 8	0.978	0.748
下游堆石	2 050	950	0.18	221	0.182	0.88	2	51.2	9.2	1 900	0.18	0.002 9	0.837	0.716
垫层料	2 300	1 233	0.31	184	0.53	0.84	2	55.9	11.3	2 466	0.31	0.001 1	1.145	0.769
过渡料	2 170	1 330	0.29	153	0.554	0.74	2	55.9	8.3	2 660	0.29	0.001 1	1.107	0.690

坝体填筑分为 4 期分区上下游交替进行；面板分为 2 级浇筑：Ⅰ期面板铺设以后，蓄水至死水位 1 685.0 m，满足提前发电要求；Ⅱ期面板铺设后，蓄水到正常水位 1 740.0 m。本文以三维有限元计算结果为主进行分析说明。

8.1 静力有限元计算

8.1.1 坝体位移

三维计算显示，竣工期和蓄水期坝体最大沉降均发生在坝体 1/2 高度偏上部位的主堆石与次堆石交界位置，数值为坝高的 0.85%～0.95%。坝体全部区域的水平位移均指向下游，但因考虑提前蓄水，蓄水期顺河向水平位移与竣工期相差较多，最大值为 59.6 cm，发生在一期坝体上游面中上部。在自重和水压力作用下，受河谷两岸陡坡的影响，坝轴向位移在河床两边出现两个极值区，在坝址的河道弯处，坝体受到上游右岸河谷的约束作用较大，导致底部坝体位移值较小，上部较大，最大值均出现在坝体上部两侧约 3/4 坝高处，较为对称。

8.1.2 堆石体应力

竣工期和蓄水期坝体应力基本沿坝轴线对称分布，最大值出现在坝底中部。蓄水后上游坝体应力增大，大主应力最大值位置较竣工期向上游偏移，最大大主应力范围 0.85 ~ 2.22 Mpa，计算分布规律与已建工程相似，且与变形是相互协调的。

8.2.3 面板应力与变形

竣工期面板坝轴向压应力分布在左右两侧岸坡处，最大值为 3.75 MPa，拉应力较小，最大值为 1.05 MPa，分布在一期面板岸边侧及底部部位。蓄水期由于水压力作用，面板坝轴向应力等值线向下移动，压应力范围移动到坝轴线中部约 1/2 坝高处，最大值增加到 8.89 MPa，拉应力较小，分布在左右岸坡附近，最大值为 0.09 MPa。

竣工期，由于上部坝体沉降较大及分期蓄水，使得面板下部产生向下游的挠度，最大挠度值为 60.02 cm，发生在河床段面板底部处；蓄水期，整个面板在水压力作用下呈一向下凹的曲面，面板较大挠度值范围从河床段底部向中部高程扩散，面板挠度最大值为 86.87 cm。

三维有限元采用三参数指数型曲线流变本构模型进行了流变计算。考虑堆石体的流变效应后，坝体、面板及周边缝的应力和变形均较不考虑流变结果略大，面板变形更加贴近实际情况。

总体上坝体结构的位移及应力分布与已建国内外同类工程相似，符合面板堆石坝体的变形规律。但由于堆石体室内试验得到体积变形模量参数 k_b 和接触面变形参数偏小，使得三维仿真计算结果与类似工程相比偏大（相对坝高而言），但仍在设计的控制范围之内。可通过优化堆石料的级配和分区、严格控制施工过程中的碾压参数及综合考虑坝体和面板的施工进度、蓄水工程等，从而进一步减小坝体、面板及接缝的变形量，确保大坝安全。

二维计算由于边界约束不及三维模型严格以及网格处理等差异性，计算结果略大于三维结果，但总体规律与三维结果基本一致。

坝体应力、位移最大值见表 2。

表 2 面板堆石坝应力、位移有限元计算最大值

坝体计算模型			不考虑流变		考虑流变	
			竣工期	蓄水期	竣工期	蓄水期
堆石体变形（cm）	向上游水平位移		12.0	0.6	13.2	2.5
	向下游水平位移		32.9	59.6	33.0	60.1
	竖向位移		137.0	154.1	156.6	171.7
堆石体应力（MPa）	第三主应力		2.09	2.22	2.24	2.38
	第一主应力		0.85	1.07	0.69	0.81
面板变形（cm）	坝轴向位移	向左岸	0.92	2.32	0.60	2.06
		向右岸	0.58	3.73	0.39	3.73
	顺坡向位移	向上	1.65	5.47	3.93	7.60
		向下	1.33	0.39	0.76	0.76
	向坝内法向位移		48.92	76.30	40.81	89.90
面板应力（MPa）	顺坡向应力	拉应力	1.05	0.81	—	2.09
		压应力	3.75	5.83	4.75	7.99
	坝轴向应力	拉应力	0.07	0.09	—	3.34
		压应力	5.10	8.89	2.07	4.66

续表 2

坝体计算模型		不考虑流变		考虑流变	
		竣工期	蓄水期	竣工期	蓄水期
周边缝位移(cm)	沉降	2.66	2.72	3.02	4.59
	张开	1.35	5.24	3.09	7.45
	剪切	1.26	4.98	2.58	7.11
垂直缝位移(cm)	张开	0.32	2.89	0.36	3.44

8.2 三维有限元动力计算结果分析

动力分析采用等效弹性模量 E(或 G)和等效阻尼 λ 两个参数的等效线性模型,设计地震烈度为 7 度,选取了三条地震波分别进行计算分析。

三条地震波引起的加速度最大值都几乎发生在坝顶附近,故在设计中在下游坝坡坡顶附近局部范围内增设土工栅格。坝体动应力在三条地震波作用下最大值数值接近,且不大,在 109.1 ~247.00 kPa 范围内,与静应力叠加后亦能满足安全要求。地震会引起坝体永久变形,最大震陷量 12 ~15 cm,水平位移为 7.8 ~9.9 cm,均发生在坝顶部位。坝体最大动剪应力比为 0.88,发生在下游坝脚处,范围很小,坝体普遍范围不超过 0.4。三条地震波引起的面板加速度、动位移、动应力均很小,满足安全要求,计算得到面板竖缝变形张拉 1.05 ~ 1.84 mm,剪切 0.78 ~ 1.21 mm,沉降 0.13 ~ 0.19 mm,周边缝变形值:张拉 11.7 ~ 14.94 mm,剪切 7.64 ~8.00 mm,沉降 1.37 ~2.03 mm,与静力变形值叠加后,作为止水结构的设计依据,以保证遭遇设计地震工况时止水不受破坏。总体来说,在Ⅶ度地震作用下,本工程结构是安全可靠的。

9 坝坡稳定计算

由于本工程坝高及水头较高,对下游坝坡进行稳定计算,采用计条块间作用力的简化毕肖普法进行计算,并用摩根斯顿 – 普赖斯法进行复核。选取最大坝高断面,计算分正常运行期、非正常运行期、水位降落期等工况,考虑了渗流和地震的影响,其中场地基岩地震水平加速度峰值按 0.122 g 计算。计算表明,各工况下均满足允许安全系数的要求,安全系数最小的滑面通过覆盖层及次堆石区。材料参数参见表 1,计算结果如表 3 所示。

表 3 下游坝坡最小抗滑稳定安全系数计算成果表

下游坝坡工况	K		[K]
	毕肖普法	摩根斯顿 – 普赖斯法	
正常运行水位	2.024	1.513	1.50
竣工期	2.022	1.513	1.30
校核洪水位	2.024	—	1.30
正常运行水位 + 地震	1.864	1.325	1.20
死水位 + 地震	1.839	—	1.20

10 结　语

牛牛坝坝址处地形、地质条件复杂，坝基岩体以弱风化为主，多呈碎裂结构，岩体质量较差，两岸冲沟较发育，坝体高度较大，作用水头较高，筑坝材料相对较软，计算变形量相对较大，在设计过程中，广泛吸取类似工程经验，结合自身特点，因地制宜地解决问题，在高面板堆石坝设计方面收获颇丰。

设计过程紧密结合模型试验和计算分析，将其成果及时反馈到结构布置、分区设计、施工进度安排等环节当中。牛牛坝堆石体室内试验得到的体积变形模量参数和接触面变形参数相对偏小，使得三维有限元仿真分析得到的坝体、面板及周边缝变形较类似工程略大，因此最大限度优化堆石料的级配和分区，严格控制碾压参数及施工进度、蓄水过程，才能从根本上减小面板裂缝和接缝变形量。

由于堆石体变形量相对较大，使得分两期浇筑的面板的变形与坝体不协调，需严格控制施工进度及面板浇筑时间，可有效避免面板与坝体变形不协调而产生的脱空现象，改善面板的受力条件，避免或减少面板裂缝产生。此外，良好的基础开挖和地质地形缺陷处理措施，也是减小周边缝附近不均匀沉陷的有效措施。

针对本工程周边缝变形相对较大的特点，设计中采用上下两道止水设计，获得四道止水保护效果，经模型试验满足设计要求，并能有效降低施工难度，缩短施工周期。

参 考 文 献

[1] 蒋国澄，傅志安，凤家骥. 混凝土面板坝工程[M]. 武汉：湖北科学技术出版社，1997.
[2] 王伯乐. 中国当代土石坝工程[M]. 北京：中国水利水电出版社，2004.
[3] 郝巨涛，陈慧，等. 牛牛坝混凝土面板堆石坝止水结构试验研究报告[R]. 中国水利水电科学研究院结构材料研究所.
[4] 常晓林，周伟，等. 牛牛坝混凝土面板堆石坝结构安全分析[R]. 武汉大学水资源与水电工程科学国家重点实验室.
[5] 陈念水，安盛勋，等. 公伯峡混凝土面板堆石坝分区设计[R]. 面板堆石坝工程，2005. 3.
[6] 杨启贵，熊泽斌. 水布垭面板堆石坝设计与新技术应用[C]//中国混凝土面板堆石坝20年. 北京：中国水利水电出版社，2005.

反拱水垫塘在拉西瓦特高拱坝枢纽中的应用及研究成果综述

姚栓喜　王亚娥　杜生宗　张友科

（中国西北勘测设计研究院，西安　710065）

摘　要　为了实现反拱水垫塘在高水头、窄河谷、高地应力和水垫塘长度受限制条件下的应用，采用各种物理模型试验、结构仿真计算和流行元超载能力分析等多种研究方法，解决了反拱水垫塘适应条件、作用荷载、工作机制、稳定机制、破坏机制、承载能力、成拱条件、体型结构和构造等关键技术问题，实现了反拱水垫塘在拉西瓦 250 m 特高拱坝中的应用。连续运行半年，监测结果表明反拱水垫塘运行正常，满足设计要求。

关键词　拉西瓦；反拱水垫塘；冲击动水压力；结构稳定；承载能力

1　引　言

随着我国西部地区特高拱坝的兴建，众科研单位和高等院校对反拱水垫塘开展了大量的试验分析研究工作，取得了较丰富的成果，但反拱水垫塘在实际工程中的应用仅有坝高 81.6 m 的长潭岗水电站一例。特高拱坝一直以来没有采用反拱水垫塘的主要原因有三点：一是没有同类工程应用先例；二是对这种消能水垫塘应用中诸如适应条件、成拱条件、破坏机制、拱圈与底部锚固设施联合作用等关键技术问题的解决没有给出令决策者们放心的答案；三是认为反拱水垫塘施工困难。

黄河拉西瓦水电站工程下游消能区谷狭窄，地应力高，枢纽地形地质条件限制了水垫塘的长度和宽度；与此同时，施工期度汛时作用在水垫塘上的冲击动水压力接近 30 ×9.8 kPa。在这种情况下，为了实现反拱水垫塘在拉西瓦工程高水头、窄河谷、高地应力和水垫塘长度受限制条件下的应用，西北勘测设计研究院委托天津大学、西安理工大学、西北水利科学研究所实验中心、中国水利水电科学研究院、长江科学院，采用了物理模型试验、结构仿真计算和流行元超载能力分析等研究方法，历时近 5 年时间，解决了反拱水垫塘适应条件、作用荷载、工作机制、稳定机制、破坏机制、承载能力、成拱条件、体型结构和构造等关键技术问题，取得了丰富的研究成果并用于实际工程中，实现了反拱水垫塘在拉西瓦 250 m 特高拱坝中的应用。自 2009 年 3 月 7 日起反拱水垫塘在水头约 160 m、最大泄量约 1 200 m^3/s、坝身孔口出流长达 3 700 h 连续运行，监测结果表明反拱水垫塘初期运行正常，满足设计要求。

2　反拱水垫塘在拉西瓦特高拱坝枢纽中的应用

作者简介：姚栓喜（1960—），男，陕西澄城人，中国电建集团西北勘测设计研究院有限公司总工程师，教授级高级工程师，主要从事水电工程设计研究工作。E-mail：1616@ nwh. cn。

2.1 工程概况

黄河拉西瓦水电站工程枢纽主要建筑物由混凝土双曲拱坝、坝身泄洪建筑物、坝后水垫塘及右岸地下引水发电系统组成。水库正常蓄水位为2 452 m，混凝土双曲薄拱坝坝高250.0 m，右岸地下厂房总装机容量6×700 MW。泄洪建筑物均布置在坝身，由3个表孔、2个深孔、1个永久底孔和1个施工期临时底孔组成，坝后消能建筑物由水垫塘、二道坝、护坦及下游护岸组成。大坝、泄洪建筑物按1 000年一遇洪水设计，5000年一遇洪水校核，设计泄洪流量4 250 m^3/s，校核泄洪流量6 310 m^3/s。消能防冲建筑物按100年一遇洪水设计2 000年一遇洪水校核，相应下泄流量分别为4 180 m^3/s和6 280 m^3/s。

坝后消能区河谷狭窄陡峻。平水期河面宽度45～55 m，两岸边坡坡度大多在70°～80°。

河床基岩为花岗岩，谷底处于中偏高地应力环境场中，水垫塘底板建基面的开挖高程宜高不宜低。

由于电站尾水洞出口位置不能往下游移动，同时为防止二道坝后泄洪水流剧烈波动对尾水洞出口水位的影响，二道坝的位置还应在尾水洞出口以上一定距离，从而导致水垫塘池长较短。招标阶段坝身深、底孔布置调整后，施工期度汛时底孔水舌平射出去，落点离二道坝更近，塘底板冲击动水压力最大值接近30×9.8 kPa。

由于受电站1#、2#尾水洞出口位置的限制，坝后消能建筑物水垫塘二道坝只能布置在坝下0+270 m以内的河道范围内；消能区天然河道具有“河谷狭窄、岸坡陡峻、坡角地应力较高”的特点。与国内类似工程比较，拉西瓦水垫塘具有“长度短、宽度窄、深度浅”(简称“短、窄、浅”)的特点。

2.2 反拱水垫塘布置及体形

拉西瓦反拱水垫塘长184.6 m，宽84 m，深29.0 m(宽、深均指二道坝顶高程平面处及以下水垫塘的宽度和深度)，在上下游长度方向分为13个拱圈。反拱拱圈底板内径60.5 m，中心角61.647°，内侧弧长65.1 m，水平弦长62.0 m，内矢高8.55 m，拱圈最低点高程2 214.5 m，底板衬砌混凝土厚度为2.5 m和3.0 m两种。每个拱圈长14.2 m，拱圈沿反拱底板横向分成5块，每块过流面平均弧长13.0 m。反拱底板两端设混凝土拱座，拱座底面为水平面，宽6.46～6.72 m，高11 m，靠山体为铅直面，过流面与拱圈上端以1∶0.73的斜坡相接。反拱水垫塘标准剖面见图1。

2.3 结构及构造设计

反拱水垫塘拱圈之间设永久伸缩缝，为垂直水流方向的横向直缝，顺水流方向为纵向键槽缝，缝内设止水；水垫塘底板按构造要求配置两层通缝钢筋；键槽缝面设插筋，拱圈内过缝钢筋及插筋均设保护措施；对键槽缝进行接缝灌浆，上下游相邻拱圈缝面不灌浆。

2.4 反拱水垫塘锚固

在反拱水垫塘底板按不同部位、不同水力条件及结构需要进行锚固设计，其中，1号、11号整个拱圈及4～13号拱圈中间板块不锚固；其余拱圈或板块设有系统锚杆和锚筋桩，锚筋桩在岩面下一定深度设自由段；两侧拱座设置了1 000 kN级预应力锚索。

2.5 抽排水设施

水垫塘设置了独立的抽排系统。水垫塘两侧拱座及拱圈中间板块下部设有纵向排水廊道，拱座、拱圈及两岸一定高度混凝土护坡与岩面之间布有排水孔及暗排水设施，渗水均汇

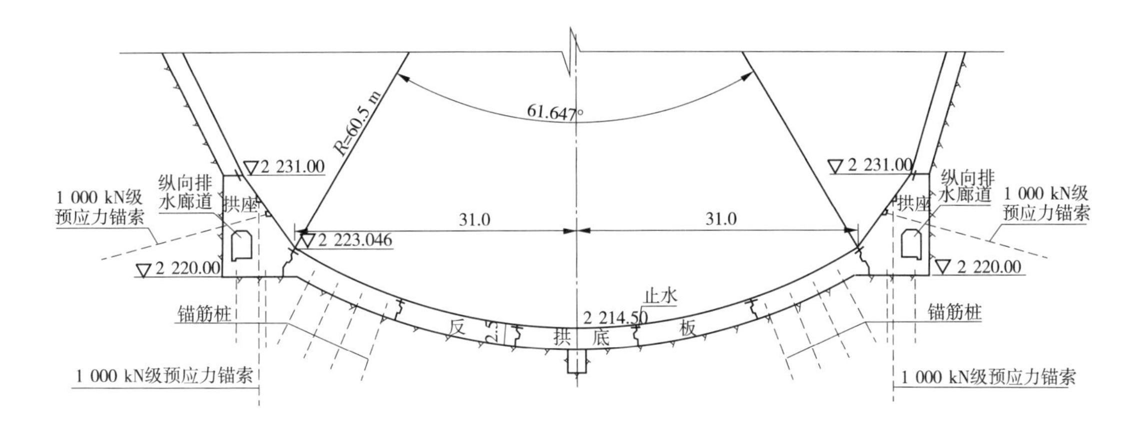

图1 反拱水垫塘标准剖面 （单位:m）

入水垫塘中间板块下部岩体内所设的集水廊道，再流入集水井。

2.6 反拱水垫塘施工

反拱水垫塘底板开挖施工采用常规预裂爆破就可达到预期的建基面要求，无须采取特殊措施。反拱底板厚度分别为2.5 m和3.0 m，一次浇筑不分层。浇筑仓位根据机械设备的混凝土入仓能力和环境温度采取平铺法和台阶法浇筑。抗冲耐磨混凝土与常态混凝土同仓号浇筑，保证了两种混凝土间的黏结强度。

2.7 反拱水垫塘在拉西瓦特高拱坝枢纽中应用的意义

反拱型水垫塘不仅适应了拉西瓦河谷狭窄、岸坡陡峻、地应力高、单位水体承载泄洪功率大、冲击动水压力高、水垫塘布置“短、窄、浅”的工程特点，更重要的是为拉西瓦及类似工程的坝后水垫塘找到并实现了承载能力强、超载能力高、安全可靠的新型结构型式。

在国内外特高拱坝实践中，拉西瓦首次采用反拱水垫塘，为提高大中型水利水电工程枢纽高水头、大泄量坝后水垫塘安全可靠性，增加混凝土坝坝身泄量，减少岸边泄量，做到“坝身泄得下，塘内兜得住”，降低工程造价探明了发展方向。

3 反拱水垫塘研究成果综述

3.1 反拱与平底水垫塘比较

反拱与平底水垫塘几方面比较如下：

对于河谷狭窄、岸坡陡峻、地应力偏高的坝后消能区，反拱水垫塘底板高程沿横向逐渐抬高，弱化了对岸坡与河床相交的岩体的干扰，对水垫塘两岸边坡稳定有利；两种水垫塘消能机制相同，塘内流态均属于一种多元射流水下扩散的淹没混合流流态，水舌入水区附近，反拱水垫塘的流态和底板受力都优于平底水垫塘，入水区上下游反拱水垫塘的流态和底板压力分布稍逊于平底水垫塘；在底板厚度相同、承受的荷载相同、锚固措施相同的条件下，反拱水垫塘底板承载能力较平底水垫塘高3倍左右，安全储备大；反拱水垫塘较平底水垫塘施工工艺相对复杂，但施工难度不成为选择反拱水垫塘的制约因素。

3.2 工作机制及稳定机制

(1)反拱水垫塘适应性：反拱水垫塘一般适用于消能区岸坡坡脚和河床能够布置成拱结构、岩体质量较好的地形地质条件，尤其对河谷狭窄陡峻、地应力高、泄洪流量大、单位水体承载泄洪功率大、冲击动水压力高等条件有更好的适应性。

(2)反拱水垫塘的工作机制:在拱座稳定的前提下,拱圈底板从空载自由状态过渡到上举力作用下底板块径向位移增大至锁定高度,拱圈底板块成拱(瞬时或长期成拱)状态。拱结构将作用在板块上的上举力(扬压力)转换为拱向轴压力,再传至拱座。

(3)反拱水垫塘的稳定机制则表现为利用混凝土材料的抗压性能将拱圈径向荷载变为轴向压力(拱端推力),并传递给拱座,通过拱座将大部分荷载传给岩体,依靠拱座和岩体保持拱结构的稳定。

(4)只要拱座保持稳定,反拱水垫塘一般没有局部板块失稳的问题。

3.3　反拱水垫塘的破坏机制

(1)反拱水垫塘的破坏机制包括底板块局部破坏和拱圈整体破坏机制。当拱座稳定满足要求、单块板在水荷载或扬压力作用下变位过大或失去传递拱向力作用时为单块板失稳;当拱圈与拱座均发生变位,其中之一不能使结构正常工作时,即认为整体失稳。试验表明,就拉西瓦反拱水垫塘体形而言,对于单底板块,底板块之间原型缝宽为 200 mm 时,在动水压力作用下底板块发生向上变位量大于自身厚度而脱离拱圈约束时,拱圈即失稳。对于整个拱圈,当底板块间缝宽为 150 mm、底板块出穴时,拱圈即失稳。拱圈多底板块振动时,拱圈底板块失稳是底板缝隙的“累加”所产生的效应。

(2)反拱水垫塘的稳定为整体稳定,拱座稳定是反拱水垫塘稳定的根本保证。

3.4　反拱水垫塘的横断面线型

对于反拱水垫塘圆弧形断面和抛物线形断面,从水力学、拱座稳定性、施工难度和降低开挖边坡等多因数综合分析研究表明,圆弧型断面形式较优。

3.5　反拱水垫塘拱圈与锚筋联合作用与成拱措施

拱圈分成多个板块,由于混凝土温降及气温降低,板块两侧就存在一定宽度的间隙 δ,对应圆心角为 $\Delta\alpha$ 的单个板块在上举力作用下要弥合两侧间隙,其向上的径向位移 Δr 的计算式为:

$$\Delta r = \frac{2\delta}{\Delta\alpha}$$

反拱水垫塘拱圈与锚筋联合作用与成拱措施有以下几方面:

(1)底部设置锚筋时,必须处理好拱结构与锚筋的变形协调问题,使二者联合受力,否则二者作用将相互矛盾。锚筋的设置虽然能够减少底板位移,但会影响拱结构的及早形成,只有锚筋和拱结构同时发挥作用,才能提高和利用反拱水垫塘结构功能。

(2)板块之间的缝隙宽度越大,底板块振动位移也越大。拱圈失稳是单底板块缝隙宽度的累加效应所致,应控制拱圈板块间的缝宽。

(3)底板锚筋不能够提供给板块弥合两侧间隙所需伸长变形时,应采取接缝灌浆、加长单块板弧长等措施,减小板块间的间隙。

3.6　反拱水垫塘拱圈的临界厚度

反拱水垫塘拱圈底板厚度由水力学和结构稳定共同控制。圆弧底板的临界厚度为 2.0 m 左右。

3.7　反拱水垫塘结构及稳定分析方法、拱座稳定标准

反拱水垫塘结构及稳定分析方法、拱座稳定标准如下:

(1)水垫塘底板只要能形成拱效应,可以用三铰拱或其他近似结构进行内力分析。拱结构主要承受轴力和弯矩,剪力较小。分析比较三铰拱、两铰拱、无铰拱支座反力计算结果,两铰拱的水平反力比三铰拱大10%,无铰拱的水平反力比三铰拱大13%,因此按三铰拱计算的安全系数偏于安全。

(2)对拱座的稳定分析应根据规范要求,采用安全系数法或承载能力极限状态进行,计算结果须满足规范要求。对于拱座体形复杂或岩体条件复杂的结构可采用数值计算分析进行复核。

(3)拱座稳定分析结果表明,纯摩计算中,底板的扬压力大小在一定范围内对拱座稳定的影响不敏感,拱座后边坡渗水压力大小对拱座稳定影响敏感。当渗水压力较大而拱圈底板扬压力较小时,对拱座的稳定最不利。

(4)反拱水垫塘的稳定分析、破坏机制分析、超载能力研究均可采用模型试验、数值分析进行。模型试验除要求满足重力、材料力学性能和几何相似准则外,还要使研究对象满足水力学条件相似。

(5)数值流行元是目前分析反拱水垫塘这种几何不连续结构的先进且有效的手段。

3.8 止水瞬间破坏时板块上表面动水压力与板块下表面扬压力相互作用机制

止水瞬间破坏时,缝隙动水压力取决于底板表面动水压力与扬压力大小的对比,两者相互抑制和抵消,两者不会使缝隙动水压力叠加增大。当扬压力较大,或扬压力水平与无扬压力时的缝隙动水压力相当时,止水突然破坏的瞬间,缝隙水流表现为"释放"效应,缝隙水流在较大扬压力作用下,突然通过缝隙向外释放,使缝隙动水压力突然降低。当扬压力较小,止水突然破坏的瞬间,缝隙水流表现为"灌入"效应,灌入缝隙的水流,抑制扬压力后,产生了缝隙动水压力,其值大小与扬压力水平、止水破坏程度有关。止水破坏程度越大,缝隙动水压力则不断增加,向着无扬压力作用时的缝隙动水压力值靠近。极限情况是,随扬压力水平减少至零,缝隙动水压力随止水破坏程度增大,而增加至无扬压力作用时的缝隙动水压力。

3.9 拉西瓦反拱水垫塘拱圈承载能力研究

(1)研究成果表明,反拱型水垫塘冲击动水压力控制值可提高至30 m水柱不受惯用的15 m水柱限制。

(2)反拱水垫塘的承载能力是同等水力条件的平底水垫塘3倍;单块板可承受自身重量3~4倍的上举力;反拱水垫塘结构承载能力远大于混凝土材料和拱座稳定所能承受的荷载。

(3)拱座承载能力是反拱水垫塘整体稳定的制约因素。

3.10 反拱水垫塘设计原则与体形研究

(1)反拱水垫塘设计应以保证拱座稳定、拱圈板块成拱、反拱与锚筋联合作用、充分发挥拱圈承载优势为原则。圆弧形反拱水垫塘体形选择要以适应河谷地形地质条件、有利于反拱结构整体稳定为原则。

(2)反拱水垫塘宜采用圆弧形横断面线型;反拱水垫塘布置时,其底板高程、拱圈开口宽度(拱圈水平弦长)、水垫塘长度等控制参数初估基本上同平底水垫塘。

(3)反拱水垫塘拱圈建基面最低高程基本与平底水垫塘相同;拱圈矢高一般为拱座处对应的河谷宽度10%~20%;拱圈中心角一般为45°~85°,圆弧半径以0.74~1.3倍的水平弦长为宜。

(4)拱端剪力较大时,拱圈内外半径可采用不同曲率的圆弧半径或不重合的圆心位置,拱圈设计成为变厚度形式以最大限度地适应拱结构的受力特点。

(5)应采取结构及构造措施,减小板块间缝隙宽度,使拱圈板块及早成拱。反拱水垫塘板块间缝隙大小是影响拱结构形成的主要因素,有条件时应尽可能加大单块板的拱向长度。

(6)拱圈底板块是否设置锚筋和拱向过缝钢筋、设置数量和构造等应通过稳定及结构计算分析研究后确定。

(7)拱端与拱座之间的抗剪满足要求时,可不用设置穿过二者结合缝的拱向钢筋。

4　结　语

拉西瓦工程反拱水垫塘研究为高拱坝下游类似水垫塘设计提供了技术支持,主要研究成果归纳如下:

(1)明确了反拱水垫塘的工作机制和稳定机制。工作机制为在拱座稳定的前提下,拱圈底板从空载自由状态过渡到上举力作用下,底板块径向位移增大至锁定高度,拱圈底板块成拱状态。稳定机制表现为利用混凝土材料的抗压性能将拱圈径向荷载变为拱圈轴向压力,并传递给拱座,通过拱座将大部分荷载传给岩体,拱圈依靠拱座和岩体保持稳定。

(2)明确了反拱水垫塘保持稳定的关键技术问题。反拱水垫塘的稳定为拱圈和拱座组成的整体稳定,拱座稳定是反拱水垫塘稳定的根本保证;试验证明拉西瓦反拱水垫塘在拱端稳定、底板缝宽小于临界值的条件下,不会发生局部失稳破坏。

(3)首次提出了反拱水垫塘底板锚杆设计与拱结构通过变形协调共同承担上举力荷载的联合作用机制,确定了拱圈按需分区锚固、锚筋和过缝钢筋设置自由段等有效措施。

(4)试验证明,反拱水垫塘的冲击动水压力控制值可取为 30×9.8 kPa,可不受惯用的 15×9.8 kPa的限制。

(5)提出了反拱水垫塘结构设计原则。反拱水垫塘底板的锚固设计、板块间缝面构造必须以拱结构作用的及时发挥为原则,板块间缝面设置键槽是必不可少的。

(6)定量比较了反拱水垫塘拱圈底板的承载能力。拉西瓦反拱水垫塘的承载能力是同等水力条件的平底水垫塘的3倍左右。

(7)施工经验表明,虽然相对平底板施工较为困难,但采用常规设备、常规模板和常规混凝土浇筑方式,能够保证施工质量,施工条件不作为平底水垫塘和反拱水垫塘体形选择的制约因素。

(8)提出了反拱水垫塘的适用条件。反拱水垫塘更适用于"河谷狭窄、岸坡陡峻、坡脚地应力较高"的地形地质条件、"长度短、宽度窄、深度浅"的水垫塘布置条件及"单位水体承载泄洪功率大、冲击动水压力大、入塘水舌难以形成淹没水跃"的水力条件。

(9)确定了反拱水垫塘体形选择原则及临界底板厚度。根据试验研究、数值计算及理论分析,提出了反拱水垫塘圆心角一般为45°~85°、圆弧半径为0.74~1.3倍的水平弦长;底板锚固可根据拱圈在水垫塘中的水力条件及板块在拱圈中的不同位置采用变锚固设计。

参 考 文 献

[1] 王继敏,王珮璜,杨清生,等.长潭岗水电站反拱形水垫塘研究及应用[A].水利水电技术,2002(7):

10-12.

[2] 孙建,宁利中,郝秀玲,等.黄河拉西瓦水电站反拱形水垫塘破坏机理及工作机理研究[R].西安:西安理工大学,2008.

[3] 张国新,刘毅,姚栓喜,等.拉西瓦水电站反拱水垫塘混凝土温度场、温度应力及板块间缝展度仿真计算(总报告)[R].北京:中国水利水电科学研究院,西安:西北勘测设计研究院,2007.

[4] 练继建,杨敏,彭新民,等.黄河拉西瓦水电站施工设计阶段反拱水垫塘水力学及水弹性模型试验研究[R].天津:天津大学, 2008.

[5] 张志恒,张丽花,姚德生,等.黄河拉西瓦水电站水工整体模型试验研究总报告[R].杨凌:水利部西北水利科学研究所实验中心, 2007.

[6] 练继建,杨敏,彭新民,等.黄河拉西瓦水电站反拱形水垫塘结构分析研究报告[R].天津:天津大学, 2008.

[7] 丁秀丽,董志宏,姚栓喜,等.拉西瓦水电站反拱型水垫塘拱圈承载力及受力动态过程流形元数值分析[R].武汉:长江水利委员会长江科学院,西安:西北勘测设计研究院,2008.

[8] 白俊光,姚栓喜,张友科,等.反拱型水垫塘设计关键技术研究成果报告[R].西安:西北勘测设计研究院,2009.

[9] 杜生宗,姚栓喜,等.反拱水垫塘体形专题研究成果报告[R].西安:西北勘测设计研究院,2006.

[10] 王亚娥,姚栓喜,等.反拱水垫塘稳定及结构设计专题研究成果报告[R].西安:西北勘测设计研究院,2009.

窄缝消能工冲击波及水翅特性研究

胡 晗 黄国兵 杜 兰 杨 伟

（长江科学院水力学研究所，武汉 430010）

摘 要 窄缝消能工(STED)是一种结构简单、消能高效率的消能设施，广泛应用于高水头、大流量及窄河谷条件的水利工程。然而，由收缩段中冲击波造成的水翅作为窄缝消能工的一种特殊水力现象，将给下游岸坡稳定性和建筑安全带来危害，由水翅造成的危害没有引起足够的重视，因此有必要对冲击波的形成机制及由此造成的水翅的运动特性进行专门研究。本研究通过模型试验深入研究流态，结合理论分析揭示了窄缝消能工冲击波和水翅之间的内在联系。通过加入修正系数的方式将Ippen理论应用于窄缝消能工中，提出了冲击波波角的简化计算公式和水翅影响范围的估算方法，模型试验的结果显示，该估算方法能够精确反映水翅的影响范围，计算相对误差在5%以内。

关键词 窄缝消能工；水流冲击波；水翅；模型试验

1 概 述

窄缝消能工采用了特定的挑坎收缩体型，当水流通过收缩段时沿横向收缩，沿纵向伸展[1,2]。在此过程中，水流中的能量被大量耗散，从而有效减轻了水流对下游河槽的冲刷和侵蚀[3,4]。正是由于窄缝消能工消能效率高的优势，被广泛应用于高水头、大流量及窄河谷条件的水利工程中。成功解决了包括龙羊峡水电站、二滩水电站、水布垭水电站[5]以及隔河岩水电站等多个大型水利工程中的消能难题。

多位研究者通过理论推导和试验方法从能量耗散效率、结构安全、水面特征、压力和空化特征、水舌形态、下游河床的冲刷效应等方面研究了窄缝消能工。张彦法和吴文平[6]、戴震霖和于月增[7]研究了窄缝水舌的运动扩散规律，给出了窄缝收缩段水面线和水舌挑距的估算公式[8]。吴建华等提出了计算水舌形态的经验公式，并通过模型试验研究了水流的壅塞效应[9]。黄智敏等对窄缝反弧收缩段动水压强的计算方法进行了探讨[10,11]。

由收缩段冲击波造成的水翅作为一种特殊的水力现象，将给下游岸坡稳定性和建筑安全带来危害。然而，由水翅造成的危害没有引起足够的重视。因此，有必要对冲击波的形成机制及由此造成的水翅的运动特性进行专门研究。本研究通过模型试验和理论分析，揭示了冲击波和水翅运动特性的内在联系。

基金项目：国家自然科学基金项目(51279013、51509015、1379020)，中央级公益性科研院所基本科研业务费专项项目CKSF2016046/SL。

作者简介：胡晗(1988—)，男，湖北武汉人，工程师，主要从事工程水力学研究。E-mail：smith_hu@qq.com。

2 试验装置和方法

水工模型及试验装置示意如图 1 所示，采用高水箱模拟上游水库，主体建筑物采用有机玻璃制作。试验中采用高速摄影技术捕捉冲击波形态、碰撞水翅形态及其运动轨迹；采用水滴粒子采集分析仪对水翅体量的空间分布进行分区定量观测。倾斜水槽尺寸为 3.2 m 长、0.2 m 宽，在靠近窄缝消能体型收缩段入口处安装有一个弧形闸门，用来调节进入收缩段水流的弗汝德数，模型材质为有机玻璃。

窄缝消能工的主要几何参数有收缩段的长度 L、挑角 α、收缩段入口和出口宽度 B 和 b，如表 1 所示。于是收缩比为 b/B。

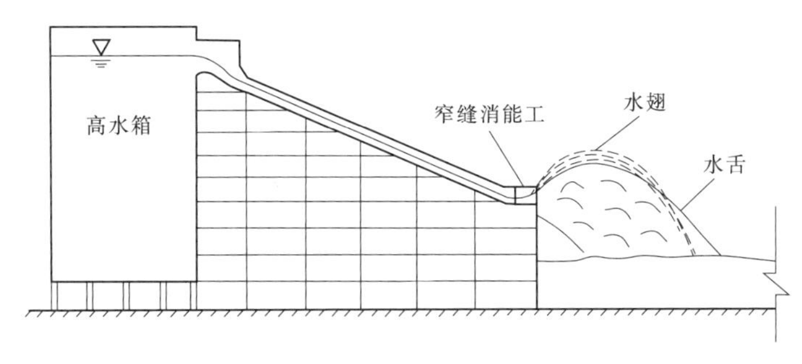

图 1 试验设置

本研究总共设置了 9 个体型，采用不同收缩比（b/B = 0.2，0.25，0.3）和不同的挑角（α = 0°，5°，10°）。窄缝消能工收缩段的长度为 0.5 m。模型的几何特征如表 1 所示。模型试验系统地采用了不同弗汝德数（从 4.1 到 5.95）的进口水流，流量保持为 0.1 m^3/s。

表 1 窄缝消能工模型的几何特征

几何参数	数值
L	0.5 m
B	0.2 m
α	0°，5°，10°
b/B	0.2，0.25，0.3

本研究采用高速摄影观察了冲击波的形式、形状和水翅的运动轨迹。水翅降雨量的测量设备设置在下游池中。采用水滴粒子采集分析仪对水翅体量的空间分布进行分区定量观测。

3 流态观察

3.1 收缩段内的流态

如图 2 所示，在收缩段上游，来流保持自由明渠流态、自由表面和静水压力分布。当水流通过窄缝消能工收缩段时沿横向收缩，沿纵向伸展。由于窄缝消能工边墙的收缩，下泄的高速水流对两侧边墙产生强烈的冲击，收缩段内水流产生了急流冲击波，在收缩段内，自由表面不再保持水平。

收缩段内水流的水力特性受到两个因素的影响：一是侧壁糙率造成的摩擦影响和自由流区的大涡体紊动惯性作用。由于冲击波交汇点和收缩部分的入口之间的距离较短，侧壁糙率造成的摩擦影响可以忽略。二是在收缩边墙附近由于高速来流惯性力产生了冲击波（一种特殊的水跃）。

在冲击波交汇后，水流的紊动不断加剧[12]，一方面由于边墙继续收缩，沿程水深加大，流速减小，水流的惯性作用相应减小，涡体尺寸受到两侧边墙的限制，较大的涡体不断破碎分裂成较小的涡体；另一方面，冲击波交汇后的水流对两侧边墙而言相对较平顺。水流中大小涡体并存，但起主导作用的仍是大涡体的紊动惯性作用。

当一定条件下的水流进入窄缝收缩段后，由于侧墙收缩作用，两侧水面沿程迅速升高，而中线水面沿程也增高，但壅高程度较边墙低，故边墙水面线比中线水面线要高，断面水面呈“U”形；当两侧冲击波相遇交汇之后，断面水面呈“W”型，两侧水面随着边墙进一步收缩而继续上升，而中间水面则急剧升高超过边墙水面线并脱离主体水流，具有较大的向斜上方的初速度，会以散射的方式抛射出去，此时的边墙水面线要低于中线水面线。这也就是水翅的成因。

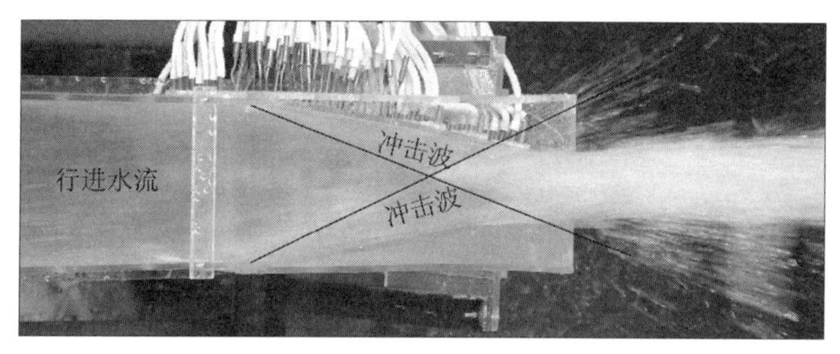

图2　收缩段流态

3.2　水舌形态

图3展示了窄缝消能工的水舌形态。窄缝消能工的主体水舌由沿纵向伸展的主体水流形成。由于收缩段内冲击波的碰撞，部分水体脱离了主流水体以散射的方式抛射出去，这就是水翅的主要来源。部分水翅直接汇入主体水舌落入下游，这部分水翅不会对下游岸坡和建筑物造成危害，另外一部分水翅向下游散射，落到主体水舌的两边，引起了对下游特定区域岸坡和建筑物的持续冲刷降雨。因此，预测水翅的影响区域，并以此为参考对下游岸坡和建筑物进行有针对性的防护是至关重要的。

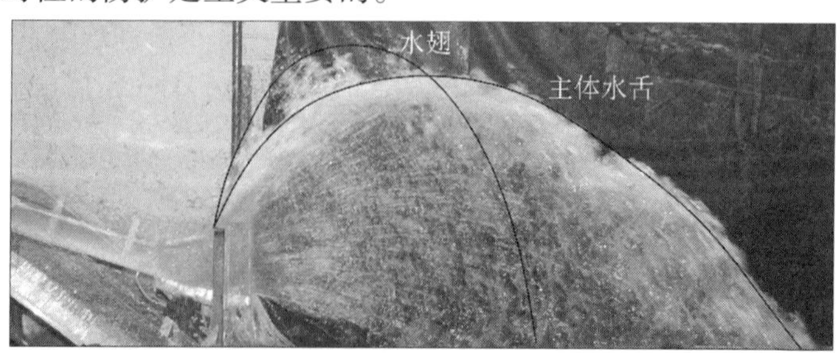

图3　水舌形态

4 冲击波

冲击波的形状是影响窄缝消能工运行的关键因素。Ippen 提出了基于静水压强假设的冲击波基本公式[13]：

$$\sin\beta = \frac{1}{Fr_0}\sqrt{\frac{1}{2}\frac{h_1}{h_0}\left(1 + \frac{h_1}{h_0}\right)} \tag{1}$$

式中：β 为冲击波波角；h_0 和 h_1 为上下游水深；Fr_0 为来流的弗汝德数。

Hager[14,15]和刘韩生[16]对 Ippen 的公式进行了简化。根据 Ippen 提出的理论有以下两式：

$$\frac{h_0}{h_1} = \frac{\tan\varphi}{\tan\beta} \tag{2}$$

$$\frac{v_0}{v_1} = \frac{\cos\varphi}{\cos\beta} \tag{3}$$

式中：v_0 和 v_1 分别为冲击波上下游的流速。

于是

$$\sin\varphi = \frac{h_0}{h_1}\frac{v_0}{v_1}\sin\beta \tag{4}$$

式中：φ 为冲击波和收缩边墙之间的角度。

比能不变假定可表达为：

$$h_1 + \frac{v_0^2}{2g} = h_2 + \frac{v_1^2}{2g} = H \tag{5}$$

将式(1)、式(4)、式(5)合并可得：

$$\sin\varphi = \frac{1}{Fr_0}\sqrt{\frac{1}{2}\left(\frac{h_0}{h_1} + 1\right)\frac{H - h_0}{H - h_1}} \tag{6}$$

对于微冲击波，同样将上式进行泰勒级数展开、忽略高阶小量得：

$$\sin\varphi - \frac{1}{Fr_0} = \frac{1}{2Fr_0}\left(\frac{\Delta h}{H - h_1} - \frac{\Delta h}{2h_1}\right) \tag{7}$$

忽略一阶小量得新的冲击波简化式：

$$\sin\varphi = \frac{1}{Fr_0} \tag{8}$$

于是，冲击波波角可简化表达为：

$$\varphi = \arcsin\frac{1}{Fr_0} \tag{9}$$

然而，窄缝坎边墙偏转角较大，冲击波后不再符合静水压力假定，直接用 Ippen 理论研究窄缝挑坎中的冲击波误差较大，需要进行修正。

假设：

$$\varphi = c \cdot \arcsin\frac{1}{Fr_0} \tag{10}$$

式中：c 为基于窄缝消能工几何参数和来流流态的修正系数。

假定修正系数 c 的影响因素包括挑角 α、边墙偏转角 θ 和来流弗汝德数 Fr_0。正交分析的结果显示只有边墙偏转角 θ 和来流是弗汝德数 Fr_0 对修正系数 c 产生了显著影响。

图4描述了不同边墙偏转角 θ 情况下修正系数 c 和来流弗汝德数 Fr_0 之间的关系。

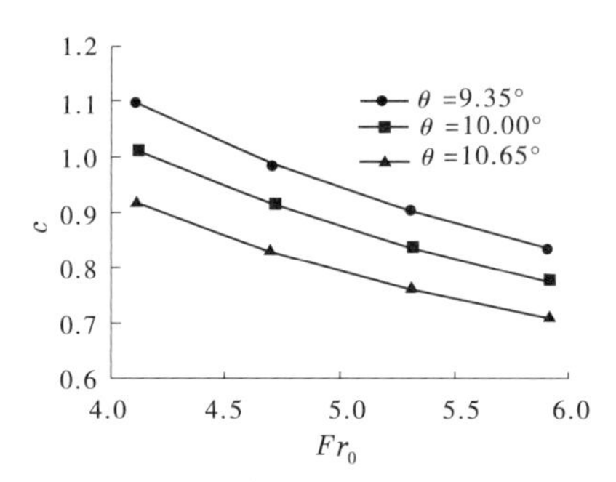

图4　修正系数 c 和来流弗汝德数 Fr_0 之间的关系

通过最小二乘法得出了修正系数 c 的经验计算公式：

$$c = \frac{Fr_0^{0.336} - 0.929}{1.580 - 5.141\theta} \tag{11}$$

最后，得出了窄缝消能工冲击波波角的简化计算公式：

$$\beta = \theta + \frac{Fr_0^{0.336} - 0.929}{1.580 - 5.141\theta} \cdot \arcsin\frac{1}{Fr_0} \tag{12}$$

5　水　翅

窄缝挑坎的水翅现象是由于挑坎内两股急流冲击波交汇碰撞后，部分水体提前挑射并脱离主体水舌向下游及周围裂散而成。水翅裂散后一部分跌落与主体水舌混掺，另一部分则向周围抛洒，形成非天然超强降雨，若泄水建筑物临岸布置，则这部分超强降雨水体将对岸坡造成有力冲击，对其稳定性构成威胁，将此部分水体定义为次生水翅，也是本文重点研究对象。

如图5所示建立坐标系。坐标原点 O 位于收缩段起始处中心，距离底板高度为 z。冲击波碰撞于 C 点。水翅以最大的出射角 γ 并跟随边墙附近的两股水流从主体水舌两侧跌落，落点为 D。于是 L_{OC} 定义为落点 D 与冲击波交汇点 C' 的水平距离；L_M 为落点 D 与远点的纵向距离；T_M 定义为落点 D 与中心线的横向距离。于是水翅的影响范围可以用 L_M 和 T_M 来概括。

则由几何关系可得：

$$T_M = L_{CD} \cdot \tan\beta \tag{13}$$

$$L_M = L_{OC} + L_{CD} \tag{14}$$

$$L_{OC} = \frac{B}{2} \cdot \cos\beta \tag{15}$$

忽略空气阻力，把挑射水流的运动看作质点的自由抛射体运动，L_{CD} 可近似按自由抛射体的运动轨迹来计算。根据自由抛射体运动原理可以求得：

$$L_{CD} = \frac{v_C \cdot \cos\gamma\cos\beta}{g}\left(\sin\gamma + \sqrt{v_C^2 \cdot \sin^2\gamma\cos^2\beta + 2g(z + h_C)}\right) \tag{16}$$

式中：v_C、γ 和 h_C 分别为冲击波交汇点 C 处的流速、出射角度和水深；g 为重力加速度。

因此，确定了 v_C、γ 和 h_C 后，可得到 L_{CD} 的值。

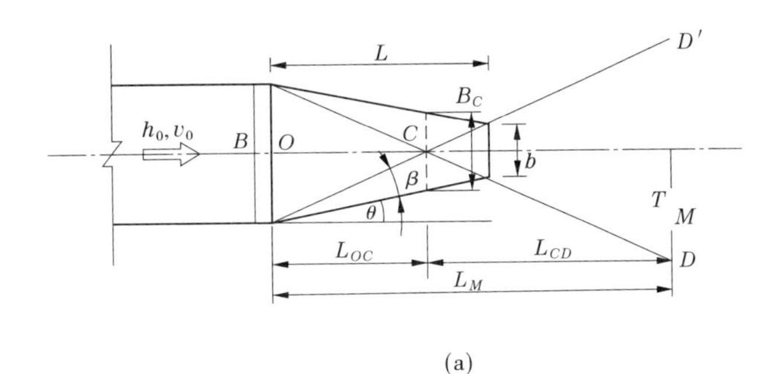

(a)

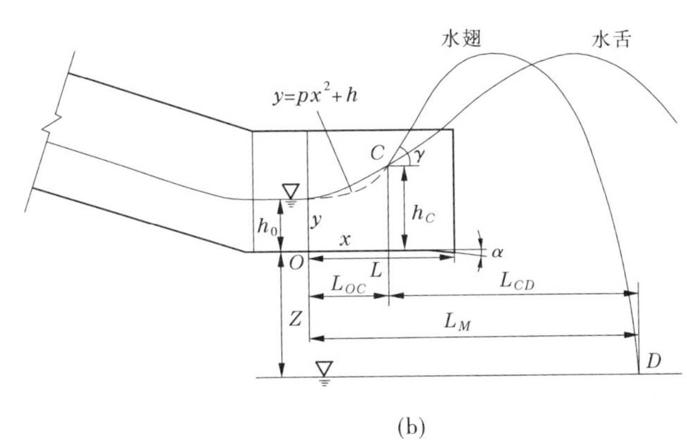

(b)

图 5　冲击波与水翅示意图

Ippen 冲击波理论给出了冲击波波后水流流速：

$$v_C = v_0 \frac{\cos\beta}{\cos(\beta - \theta)} \tag{17}$$

式中：v_0 为冲击波交汇点上游的流速。

根据连续性方程可得冲击波交汇点 C 处的水深 h_C。

$$v_0 h_0 B = v_C h_C B_C \tag{18}$$

式中：B_C 为冲击波交汇点 C 处的断面宽度。

于是

$$h_C = \frac{v_0 h_0 B}{v_C B_C} = \frac{h_0 \cdot \cos(\beta - \theta)}{\cos\beta(1 - \tan\theta \cdot \cot\beta)} \tag{19}$$

试验结果表明（见图 6），窄缝坎中线截面上的水面线，可用抛物线函数来近似表达：

$$y = px^2 + h_0 \tag{20}$$

根据前文定义，冲击波交汇点 C 的坐标为（L_{OC}，h_C），因此

$$p = \frac{h_C - h_0}{L_{OC}^2} \tag{21}$$

将式（21）代入式（20），抛物线函数表达式为：

$$y = \frac{h_C - h_0}{L_{OC}^2} x^2 + h_0 \tag{22}$$

在 C 点（L_{OC}，h_C）对式（22）求导，可得冲击波交汇点（L_{OC}，h_C）处水流的出射角度

$$\tan\gamma = \frac{2(h_C - h_0)}{L_{OC}} \tag{23}$$

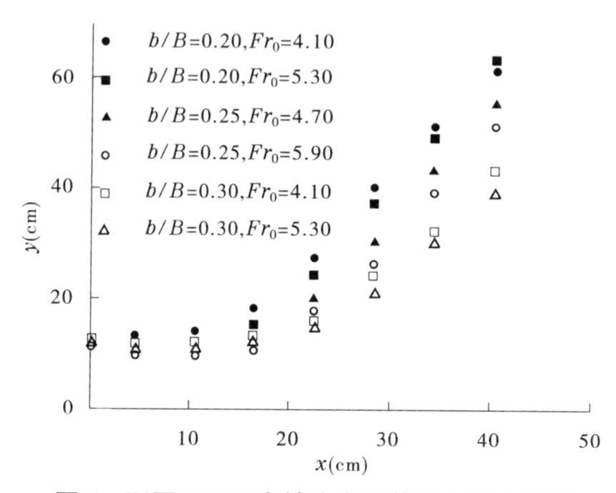

图 6　不同工况下窄缝坎中线截面上的水面线

因此

$$\gamma = \arctan\frac{2(h_C - h_0)}{L_{OC}} \tag{24}$$

为了验证式(13)和式(14)的精度,将计算得到的 L_M、T_M 和试验得到的水翅降雨影响区域进行对比,如图 7 所示。由于难以确定水翅降雨区域的边界,确定降雨强度 500 mm/h 等值线以内的区域为典型水翅影响区域。

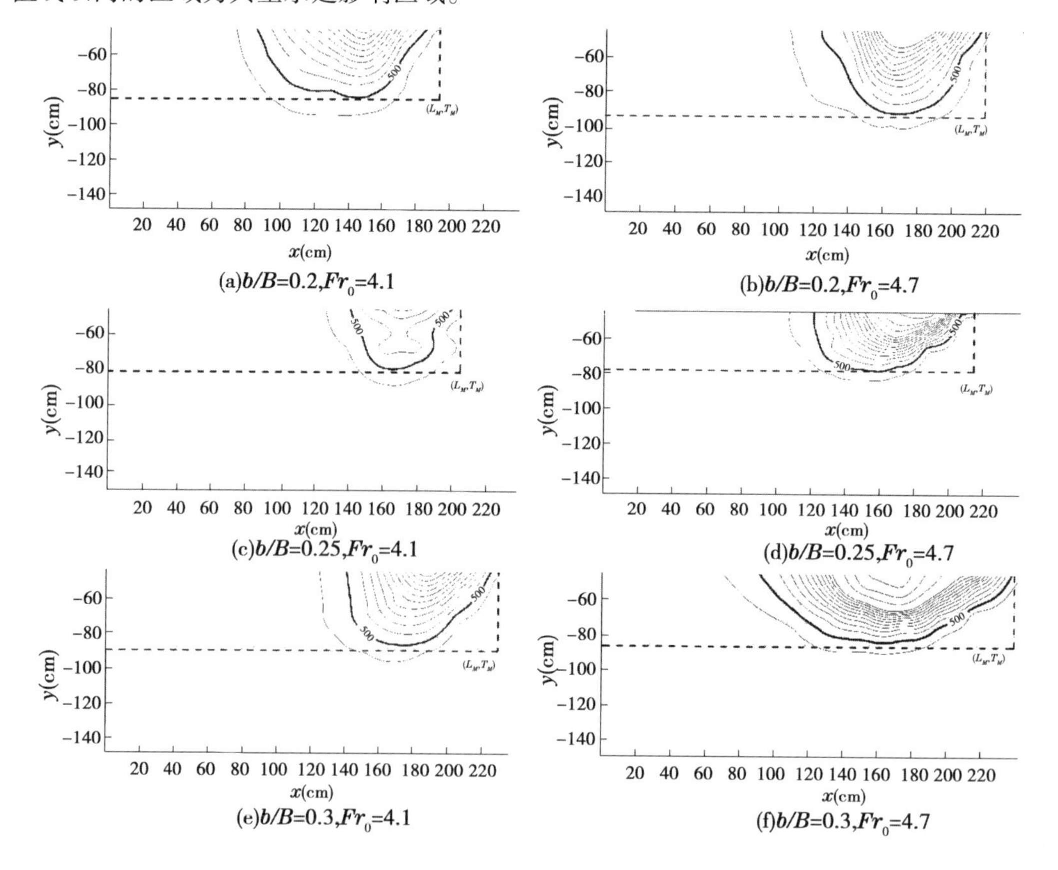

图 7　不同体型和工况下计算水翅范围和试验水翅影响区域的对比

根据图7的比较验证,不同体型和工况下的典型水翅影响区域恰好被由式(13)和式(14)计算得到的估算范围 L_M、T_M 所包围。L_M 的最大估算误差和平均估算误差分别为4.4%和3.0%;T_M 的最大估算误差和平均估算误差分别为4.7%和2.6%。因此,该方法能准确估算水翅的典型影响范围。

6 结 论

本研究通过模型试验深入研究流态,结合理论分析揭示了窄缝消能工冲击波和水翅之间的内在联系。通过加入修正系数的方式将Ippen理论应用于窄缝消能工中,提出了冲击波波角的简化计算公式和水翅影响范围的估算方法,模型试验的结果显示该估算方法能够精确反映水翅的影响范围,计算相对误差在5%以内。

参 考 文 献

[1] CHENG Chuntian, SHEN Jianjian, WU XinYu, et al. Operation challeges for fast-growing China's hydropower systems and respondence to energy saving and emission reduction[J]. Renewable and Sustainable Energy Reviews, 2012, 16(5): 2386-2393.

[2] 李乃稳,许唯临,周茂林,等. 高拱坝坝身表孔和深孔水流无碰撞泄洪消能试验研究[J]. 水利学报, 2008,39(8).

[3] 肖兴斌. 窄缝式消能工在高坝消能中的应用与发展综述[J]. 水电站设计, 2004, 20(3): 76-81.

[4] 陈忠儒,陈义东,黄国兵. 窄缝式挑坎体型研究及其挑流水舌距离的估算[J]. 长江科学院院报, 2002, 19(4):11-14.

[5] 马吉明,张永良,郑双凌. 水布垭工程差动窄缝挑坎型溢洪道水力特性的试验研究[J]. 水力发电学报, 2007(3): 93-99.

[6] 张彦法,吴文平. 窄缝挑坎水面线及水舌挑距的试验研究[J]. 水利学报, 1989(5): 14-21.

[7] 戴震霖,于月增. 深孔窄缝挑流水力参数及挑距的研究[J]. 陕西水力发电, 1992, 8(1):7-13.

[8] WU Jianhua, MA Fei, YAO Li. Hydraulic characteristics of slit-type energy dissipaters[J]. Journal of Hydrodynamics, 2014,1(1):86-93.

[9] WU Jianhua, Wan Bin, MA Fei, et al. Flow choking characteristics of slit-type energy dissipaters[J]. Journal of Hydrodynamics, 2015, 27(1):159-162.

[10] 柳杨,马飞,吴建华. 窄缝坎的冲击波及水舌入水宽度的计算[J]. 水利水电科技进展, 2014, 34(3): 20-29.

[11] 黄智敏,何小惠,朱红华, 等. 窄缝式挑坎体型及动水压强特性分析[J]. 中国农村水利水电, 2006(5):69-72.

[12] LUO Beier, WANG Junxing, ZHANG Yingying. Researches on the chaotic characteristics of fluctuating pressure in slit-type energy dissipater[J]. Advanced Materials Research, 2014:1025-1026,1150-1159.

[13] Ippen AT. Gas-wave analogies in open channel flow[C]//Proc. 2nd Hydraulics conf, 1943, Bulletin 27, studies in Engineering, University of Iowa, Iowa.

[14] Harger W H, Bretz N V. Discussion of "Simplified design of contractions in supercritical flow" by Terry W. Strum[J]. Journal of Hydraulic Engineering, 1987, 113(3): 422-427.

[15] Harger W H, Schwalt M, Jimenez O. Supercritical flow near an abrupt wall deflection[J]. Journal of Hydraulic Research, 1994, 32(1):103-118.

[16] 刘韩生,倪汉根. 急流冲击波简化式[J]. 水利学报, 1999(6): 56-60.

天然宽级配砾石土工程特性研究

程瑞林[1,2] 邱焕峰[1] 张 胜[1]

(1. 中国电建集团 贵阳勘测设计研究院有限公司,贵阳 550081;
2. 三峡大学 水利与环境学院,宜昌 443002)

摘 要 随着水电行业的发展,国内将相继建成如美、两河口、双江口及长河坝等一批250~300 m级高土心墙堆石坝工程。高土石坝采用宽级配土作为大坝的防渗材料具有较大的优越性,从国内外已建的土石坝筑坝经验看,高土石坝防渗体采用冰碛土、风化岩和砾石土为代表的宽级配土越来越普遍。本文针对某300 m级高心墙堆石坝土料场天然宽级配的工程特点,开展了系列物理试验及数值试验,研究其渗透特性及力学特性,对比目前国内外已建及待建的工程防渗土料特性,初步拟定工程防渗土料指标如下:①结合已建工程经验和试验成果,粒径大于5 mm的颗粒含量不超过50%,不应低于25%;粒径小于0.075 mm的颗粒含量不小于15%;粒径小于0.005 mm的黏粒含量不小于6%;②防渗土料渗透系数控制在小于1×10^{-5} cm/s是合适的;③防渗土料的力学指标要求$\varphi>30°$、$c>30$ kPa。

关键词 宽级配砾石土;渗透特性;力学特性;工程特性

1 引 言

随着水电行业的发展,国内相继将建成如美、两河口、双江口及长河坝等一批250~300 m级高土心墙堆石坝工程。从已建的国内外土质防渗体土石坝筑坝经验看,高土石坝防渗体采用冰碛土、风化岩和砾石土为代表的宽级配土越来越普遍。

采用宽级配土作为大坝高土石坝的防渗材料具有较大的优越性[1,2]。这种材料压实后可获得较高的密度,从而提供防渗体的强度,降低压缩性,使得防渗体与坝壳料的变形模量更为协调,有效降低坝壳对心墙的拱效应,改善心墙的应力应变,减少心墙裂缝的发生概率,防止水力劈裂的产生;在防渗体开裂时,裂缝需绕过砾石料才能进一步延伸,因此粗颗粒砾石料的存在,可起到限制裂缝的开展,并使裂缝起伏差加大,降低沿裂缝渗流的水力坡降,同时因粗颗粒不易冲蚀,对限制沿裂缝的渗流冲蚀有积极作用,在反滤保护下裂缝的自愈效果亦较好;采用砾石土便于施工,可采用重型施工机械进行运输和碾压,对含水量不敏感,多雨地区施工较黏土料容易。因此,国内外较多200 m级以上高土石坝采用砾石土作为防渗料(见表1)。

土料的各项性能受级配的分布影响极大,颗粒组成分布越好,压实后越容易取得较高密度,其不透水性越好,相应的抗剪强度等力学性能越好。一般来说,土中粗粒料越多,对取得

基金项目:本论文受“国家十二五科技支撑计划项目(2013BAB06B00)”资助。

作者简介:程瑞林(1980—),男,湖北鄂州人,高级工程师,主要从事水工结构设计、科研及项目管理工作。E-mail:42900174@qq.com。

表1 典型工程防渗土料部分指标

坝名	坝高(m)	防渗土料部分指标
奥罗维尔坝	230	采用黏土、粉土、砂砾石和卵石混合料,最大粒径 76 mm,大于 5 mm 颗粒平均含量 45%
特里坝	260	采用取自表层壤土(中等塑性黏土)与下层砂砾石料混合使用,要求细料(≤0.075 mm)含量不低于 2%,黏粒(≤0.002 mm)含量不低于 7%,大于 5 mm 颗粒含量 20% ~40%,最大粒径为 200 mm。其中,砂砾石料占 20% ~40%,粒径尺寸为 75 ~150 mm
努列克坝	300	采用壤土、沙壤土及小于 200 mm 碎石的混合料,大于 5 mm 的颗粒含量 20% ~40%,在心墙边缘要求最大粒径小于 70 mm
瀑布沟坝	186	采用黑马土料场的宽级配砾质土,剔除大于 80 mm 的粗颗粒,小于 5 mm 颗粒含量 40.24% ~49.76%,小于 0.1 mm 粒径含量 18.04% ~22.62%,黏粒含量 5.46% ~5.75%
糯扎渡坝	261.5	采用农场土料场土料并掺入 35% 人工碎石,最大粒径 120 mm,大于 5 mm 颗粒含量 30% ~40%,小于 0.075 mm 的颗粒含量不小于 15%,黏粒含量不小于 8%
两河口坝	295	采用上游亿扎、亚中、苹果园、普巴绒、志理村、瓜里料场和下游西地料场土料并掺入 40% 人工碎石,粒径大于 5 mm 的颗粒含量不超过 50%,最大粒径不大于 150 mm,以免影响压实;小于 0.075 mm 的颗粒含量不小于 15%,填筑时不得发生粗料集中架空现象;小于 0.005 mm 的黏粒含量不小于 8%
双江口坝	314	采用当卡土料并掺入 50% 人工碎石,粒径大于 5 mm 的颗粒含量 30% ~40%,最大粒径不大于 150 mm,以免影响压实;小于 0.075 mm 的颗粒含量不小于 15%,填筑时不得发生粗料集中架空现象;小于 0.005 mm 的黏粒含量不小于 8%

较高的密度和抗剪强度等力学性质以及避免超孔隙水压力有利,但对防渗性能不利;反过来,土料中细粒料越多,土体的防渗性能越好,但对取得较好的密度和抗剪强度等力学性质以及孔隙水压力的消散不利。为使土料取得较好的防渗性能和力学性质,DL/T 5388—2007 规程要求高坝防渗土料最大粒径不宜大于 150 mm 或不超过碾压铺土层厚 2/3,大于 5 mm 粒径颗粒含量范围在 20% ~50%。因此,国内的瀑布沟、两河口、双江口、长河坝、糯扎渡等工程结合其土料特点,均采用了掺人工碎石的措施来较好地控制 P_5 及其他颗粒的含量。

某 300 m 级高心墙堆石坝工程,其土料场剔除大于 60 mm 粒径后,其 P_5 含量分布范围较大,级配较宽。为了解土料的工程特点,开展了系列物理试验及数值试验分析,研究其天然宽级配砾石土的渗透特性、力学特性及工程特性等。

2 渗透特性研究

2.1 土料的渗透特性

2.1.1 P_5 含量的影响

土料渗透特性随 P_5 含量的影响如图 1、图 2 所示。试验成果表明,P_5含量直接影响着防渗土料渗透系数及坡降。①随 P_5 含量的增大，渗透系数增大。当 P_5 含量增大至 50% ~ 55% 时，个别土样渗透系数开始大于 1×10^{-5} cm/s；在 P_5 含量 < 50% 下，渗透系数均小于 1×10^{-5} cm/s；②随 P_5 含量的增大，破坏坡降减小，当 P_5 含量 > 50% 时，破坏减小的趋势更加明显，但仍具有较大的破坏坡降。

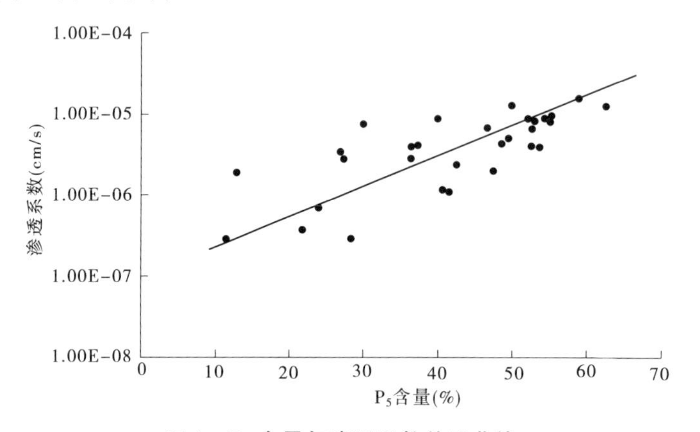

图 1　P_5 含量与渗透系数关系曲线

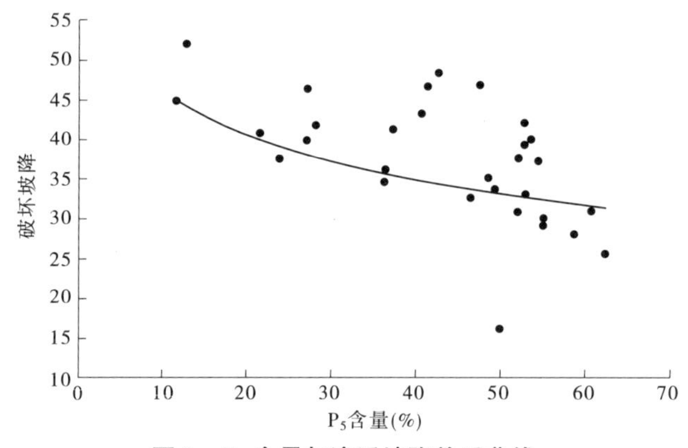

图 2　P_5 含量与渗透坡降关系曲线

2.1.2　细粒(< 0.075 mm、< 0.005 mm)含量的影响

土料渗透特性随细粒含量的影响如图 3、图 4 所示。试验成果表明，随细粒(< 0.075 mm、< 0.005 mm)含量的增加，渗透系数变小，但当细粒含量达到某一范围时，渗透系数逐渐趋于稳定。< 0.075 mm 含量在小于 15% 以及黏粒含量为 4% 时，渗透系数大于 1×10^{-5} cm/s。

2.2　裂缝自愈试验

防渗土料出现裂缝条件下的裂缝自愈试验，是在有反滤料保护下进行的。开展了 P_5 含量为 30%、40% 及 50% 时，在防渗土料出现裂缝条件下的自愈试验，心墙料及反滤料试验级配曲线如图 5 及图 6 所示。

防渗土料出现裂缝条件下的裂缝自愈试验结果见表 2。试验成果表明，试验渗流量从试验开始到结束均有所减小，试验过程中均未出浑水，缝出口处有淤堵，说明反滤起到保护心墙渗流出口、防止裂缝扩展进而发生破坏的作用。

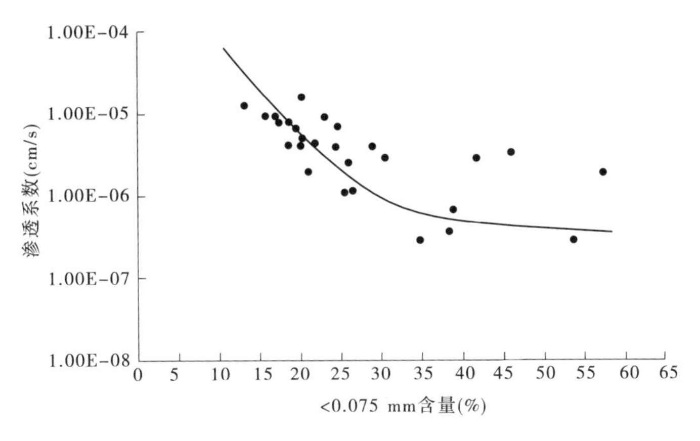

图3 <0.075 mm 颗粒含量与渗透系数关系曲线

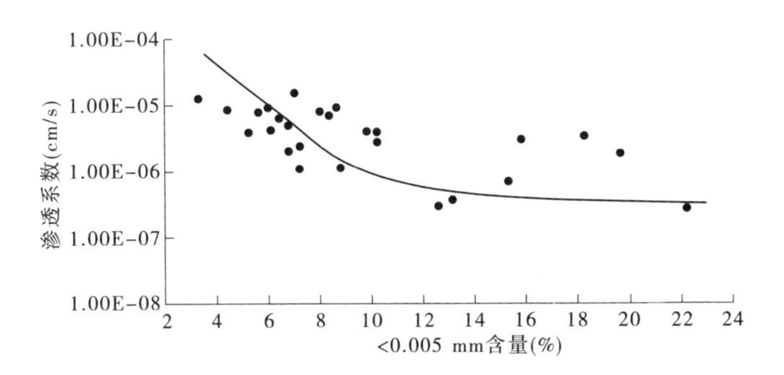

图4 <0.005 mm 颗粒含量与渗透系数关系曲线

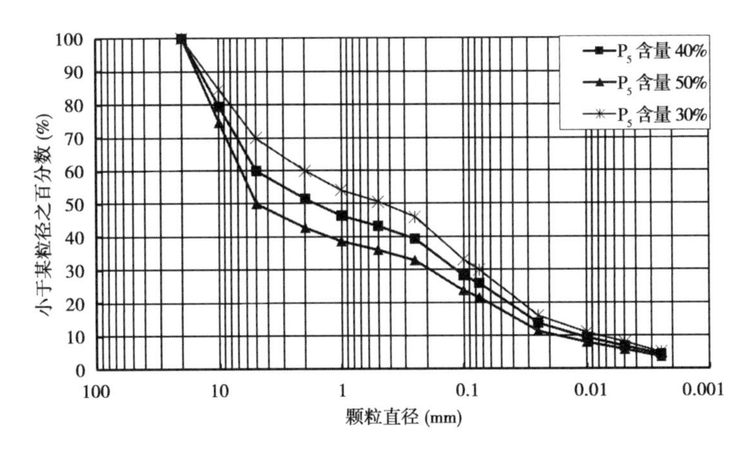

图5 土料试验级配曲线

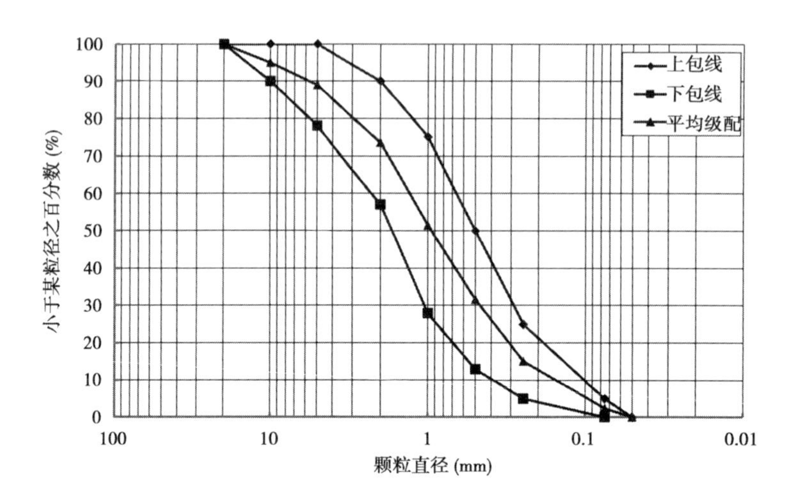

图6 反滤料试验级配曲线

表2 裂缝自愈试验成果

试验编号	被保护土	保护土	渗流量(mL/s)		试验现象描述
			开始	结束	
试验1	P_5 含量50%防渗土料	反滤料上包线	27.5	9.6	试验过程中未出浑水,缝出口处有淤堵
试验2	P_5 含量50%防渗土料	反滤料平均级配	31.6	18.8	试验过程中未出浑水,缝出口处有淤堵
试验3	P_5 含量50%防渗土料	反滤料下包线	33.0	22.0	试验过程中未出浑水,缝出口处有淤堵

2.3 渗透系数的敏感性分析

针对工程开展心墙防渗土料渗透系数敏感性分析,计算成果见表3。计算结果表明,当心墙料的渗透系数小于 1×10^{-5} cm/s 后,随着渗透系数的减小,心墙单宽渗透量及最大渗透坡降变化不大。

表3 防渗土料渗透系数敏感性分析

方案	心墙渗透系数(cm/s)	单宽渗透流量(m^3/d)	心墙最大渗透坡降
1	5.00×10^{-5}	22.3	2.9
2	1.00×10^{-5}	10.5	3.0
3	5.00×10^{-6}	8.9	3.0
4	1.00×10^{-6}	7.6	3.1

3 力学特性研究

3.1 力学特性试验研究

为了解土料的强度及变形特性,开展了 67 组土料相同功能下的压缩试验,71 组三轴(CD)试验。统计成果如图 7 ~ 图 9 所示。试验成果表明:①压缩模量随着 P_5 含量的增加而增大,当 P_5 含量为 20% ~50% 时,压缩模量为 16 ~ 30 MPa;②内摩擦角随着 P_5 含量的增加而增大,当 P_5 含量为 20% ~50% 时,内摩擦角为 30.5° ~ 33.5°;③邓肯 - 张 E - B 模型参数中,K 随着 P_5 含量的增加而增大,当 P_5 含量为 20% ~50% 时,K 为 310 ~ 550;n 随着 P_5 含量的增加而减小,当 P_5 含量为 20% ~50% 时,n 为 0.48 ~ 0.43。

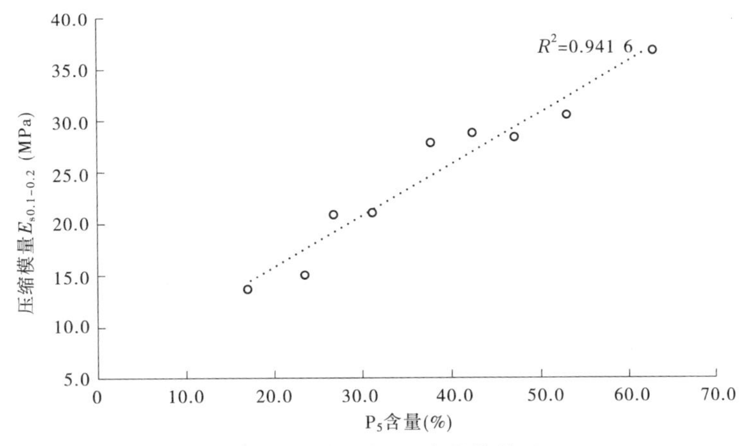

图 7 压缩模量与 P_5 含量的关系

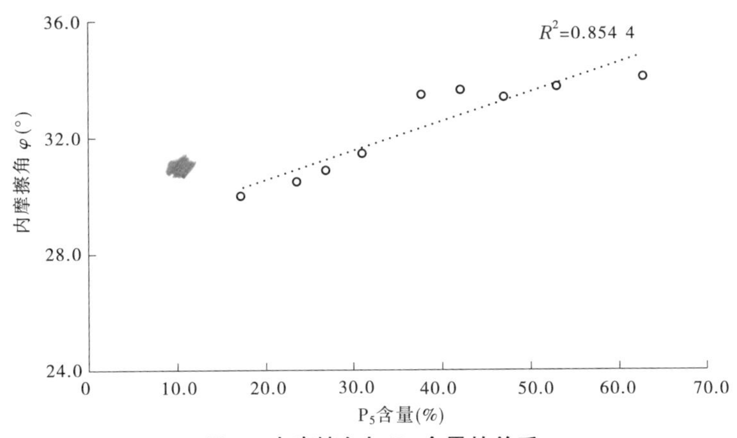

图 8 内摩擦角与 P_5 含量的关系

3.2 P_5 含量随机有限元分析

针对防渗土料的特性,开展心墙料 P_5 含量在 25% ~30% 的敏感性分析,随机挑取心墙 15% 面积比的单元赋值地参数,建立随机有限元模型如图 10 所示,计算中采用邓肯 - 张 E - B模型参数见表 4,开展两种方案下(方案一:全采用 P_5 含量为 31.1% 的参数;方案二:85% 的单元采用 P_5 含量为 31.1% 的参数、15% 的单元采用 P_5 含量为 26.8% 的参数)的敏感性分析。

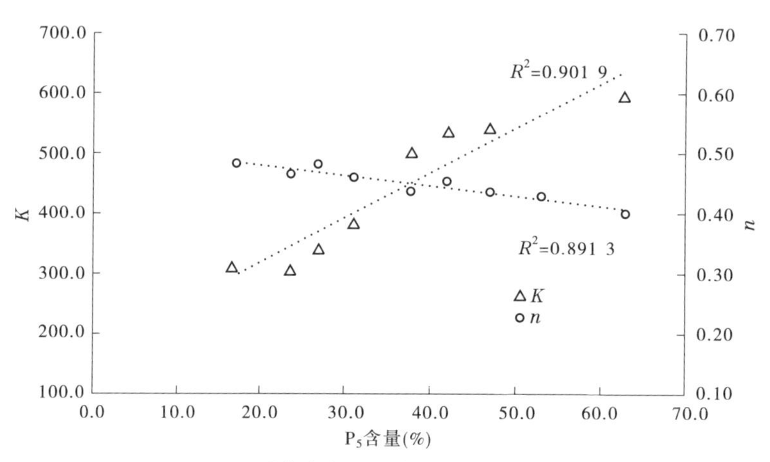

图 9 邓肯参数 K、n 与 P_5 含量的关系

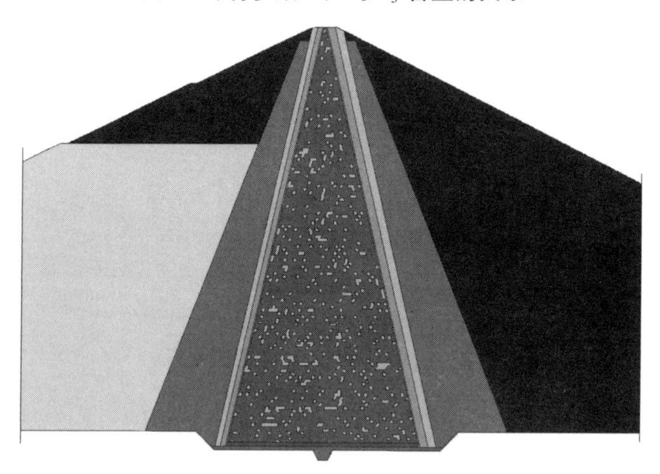

图 10 二维随机有限元网格模型

表 4 心墙料二维随机有限元计算参数(邓肯 - 张模型)

P_5 含量(%)	c_d(kPa)	φ_d(°)	φ_0(°)	$\Delta\varphi$(°)	K	n	R_f	K_b	m	D	G	F
31.1	112.5	31.8	38.7	3.7	373.5	0.46	0.76	309.3	0.34	1.1	0.39	0.06
26.8	93.8	29.7	35.1	3.5	323.0	0.42	0.76	259.8	0.40	1.4	0.44	0.05

计算结果表明:①两种方案下,心墙料的沉降、顺河向位移主压应力分布规律基本相同;②由于 P_5 含量25% ~30% 土料占总工程量的 15%,比例较小,两种方案下,心墙料的沉降、顺河向位移主压应力数值相当。方案一下,心墙料的最大沉降约为 4.19 m,最大顺河向位移约为 1.30 m,最大主压应力约为 5.3 MPa;方案二下,心墙料的最大沉降约为 4.23 m,最大顺河向位移约为 1.31 m,最大主压应力约为 5.3 MPa。因此,P_5 含量下限取 25% 是可行的。

4 结　论

本文针对某 300 m 级高心墙堆石坝土料场天然宽级配的工程特点,开展了系列试验及数值分析,研究了渗透特性及力学特性,对比目前国内外已建及待建的工程防渗土料特性,初步拟定工程防渗土料指标如下:

(1)结合已建工程经验和试验成果,作为高心墙堆石坝防渗材料的砾石土,其粒径大于 5 mm 的颗粒含量不超过 50%,不应低于 25%;粒径小于 0.075 mm 的颗粒含量不小于 15%;粒径小于 0.005 mm 的黏粒含量不小于 6%。

(2)结合已建工程渗流监测成果和防渗土料渗透系数敏感性分析,高心墙堆石坝防渗土料渗透系数控制在小于 1×10^{-5} cm/s 是合适的。

(3)高心墙堆石坝防渗土料的力学指标要求 $\varphi>30°$、$c>30$ kPa。

参 考 文 献

[1] 张宗亮. 200 m 级以上高心墙堆石坝关键技术研究及工程应用[M]. 北京:中国水利水电出版社,2011.

[2] 朱建华,游凡,杨凯虹. 宽级配砾石土坝料的防渗性及反滤[J]. 岩土工程学报,1993(6):18-26.

[3] 陈宗梁. 世界超级高坝[M]. 北京:中国电力出版社,1998.

[4] 国家电力公司成都勘测设计研究院. 四川大渡河瀑布沟水电站初步设计调整及优化报告——工程布置及建筑物[R]. 2003. 3.

[5] 陈定贤,袁光国,吕衡,等. 瀑布沟电站防渗土料的研究[J]. 四川水力发电,1996(2):51-56.

[6] 中国水电顾问集团昆明勘测设计研究院有限公司. 糯扎渡水电站 C3 标招标设计报告——枢纽布置及建筑物[R].

[7] 中国水电顾问集团成都勘测设计研究院. 四川雅砻江两河口水电站可行性研究心墙堆石坝设计专题报告[R]. 2008. 4.

[8] 中国电建集团成都勘测设计研究院有限公司. 四川省大渡河双江口水电站可行性研究报告——工程布置及建筑物(咨询稿)[R]. 2007. 8.

[9] 袁光国,张伯骥,陈定贤. 粗粒土料的防渗性能[J]. 地下空间,1999(10).

拌和系统水工混凝土匀质性试验分析研究

侯　彬　温利利

（中国水利水电第三工程局有限公司，西安　710032）

摘　要　结合某水电站拌和系统改造后科研课“水工混凝土匀质生产在线监控系统研究与应用”，对电站拌和系统混凝土生产匀质性进行试验与分析研究，为课题提供了试验数据分析，提高了混凝土生产质量，降低了工程施工成本。并建立了以拌和机工作电流（功率）与拌和时间为监控指标的匀质性检测模型，对后续拌和系统生产进行实时监测。

关键词　混凝土；搅拌时间；匀质性

1　前　言

混凝土的匀质性是指混凝土中各原材料组分分布的均匀程度，当混凝土配合比确定后，混凝土匀质性的好坏对新拌混凝土的和易性及硬化混凝土的力学性质、耐久性等性能有着重要的影响。因此，保证新拌混凝土具有良好的匀质性就显得尤为重要。混凝土搅拌是混凝土生产过程中一个关键工序，因此在混凝土搅拌过程中，除需对原材料的质量、衡量精度及配合比有很高的要求外，搅拌时间也是一个很重要的技术参数。因此，我们通过新拌混凝土匀质性分析更好地控制混凝土质量波动幅度；控制混凝土达到最佳匀质性所需要的搅拌时间；使新拌混凝土在最佳搅拌时间达到最佳匀质性是我们此次试验的最终目的。

2　试验设计

试验设施：HZ180－2S3000混凝土搅拌站，仕高玛水工专用双卧轴混凝土搅拌机。

混凝土配合比：某水电站工程常态混凝土和碾压混凝土配合比，分别研究在不同搅拌时间的出机性能，进行匀质性（坍落度/*VC*值、含气量、拌和均匀性试验、目测施工性能）的试验分析。

3　试验参数

3.1　常态混凝土

混凝土强度等级：C20W8F100；级配：二级配；混凝土品种：常态混凝土；设计坍落度：110～130 mm；含气量要求：3.5%～5.5%，拌和时间：30 s、40 s、50 s、60 s、70 s、90 s。

混凝土配合比见表1。

作者简介：侯彬（1982—），男，河南开封杞县人，高级工程师，主要从事水电站施工管理。E-mail：172135010@qq.com。

表1 常态混凝土配合比

混凝土设计要求	级配	混凝土品种	水胶比	混凝土材料用量(kg/m³)							
				水	水泥	粉煤灰	砂	小石	中石	减水剂	引气剂
C20W8F100	二	常态	0.50	135	202	68	705	590	720	2.16	1.89

3.2 碾压混凝土

混凝土强度等级：C_{90}15F50W6；级配：三级配；混凝土品种：碾压混凝土；设计 *VC* 值：3 ~ 8 s；含气量要求：3.5% ~4.5%；拌和时间：30 s、40 s、50 s、60 s、70 s、90 s。

混凝土配合比见表2。

表2 碾压混凝土配合比

混凝土设计要求	级配	混凝土品种	水胶比	混凝土材料用量(kg/m³)								
				水	水泥	粉煤灰	砂	小石	中石	大石	减水剂	引气剂
C_{90}15W6F50	三	碾压	0.55	90	66	98	750	437	582	437	1.312	13.12

4 混凝土拌和物制作与取样

搅拌机在保证原材料、配合比相同的情况下，达到选定的拌和时间(30 s、40 s、50 s、60 s、70 s、90 s)后，从搅拌机口分别取最先出机和最后出机试样各一份，然后将所取试样分别拌和均匀，检验不同时间混凝土拌和物的拌和均匀性，评定搅拌机的拌和质量和选择合适的拌和时间。各取一部分试样进行试件成型、养护及28 d龄期抗压强度测定，将另一部分分别称取试样总质量，用5 mm筛筛取砂浆并拌和均匀，测定其砂浆表观密度及筛余骨料质量。

5 试验频率

按选定的相同的配合比在每一个选定的搅拌时间(30 s、40 s、50 s、60 s、70 s、90 s)，拌和后出机混凝土分别取样5组进行出机性能匀质性指标试验分析 。

6 试验依据

根据《水工混凝土试验规程》(DL/T 5150—2001)中规定的方法检验相关指标。

7 试验结果分析

7.1 常态混凝土

7.1.1 试验数据

常态混凝土我们选定常用配合比 C_{28}20W8F100 二级配常态混凝土进行试验分析，设计坍落度110 ~ 130 mm，设计含气量4.5% ~5.5%。试验数据整理见表3，试验数据分析见图1 ~ 图4。

表 3　C_{28}20W8F100 常态混凝土不同搅拌时间下混凝土拌和物试验汇总表

拌和时间（s）	最先出机混凝土					最后出机混凝土					砂浆表观密度偏差率（%）	28 d 抗压强度偏差率（%）
	5 组平均数据											
	坍落度（mm）	含气量（%）	砂浆表观密度（kg/m^3）	筛后骨料质量（kg）	28 d 抗压强度（MPa）	坍落度（mm）	含气量（%）	砂浆表观密度（kg/m^3）	筛后骨料质量（kg）	28 d 抗压强度（MPa）		
30	42	1.8	1 710	17.01	25.3	38	2.3	1 680	17.35	26.8	1.754	5.597
40	78	2.5	1 740	16.87	26.4	72	2.9	1 720	17.22	27.1	1.149	2.583
50	117	2.9	1 760	16.32	27.3	112	3.1	1 750	15.96	27.8	0.568	1.798
60	125	3.7	1 760	16.47	27.9	123	4.3	1 760	16.53	28.3	0	1.413
70	136	4.3	1 780	16.84	28.1	131	4.7	1 770	16.66	28.6	0.562	1.748
90	126	3.9	1 740	15.36	27.7	124	4.3	1 730	15.67	27.1	0.575	2.166

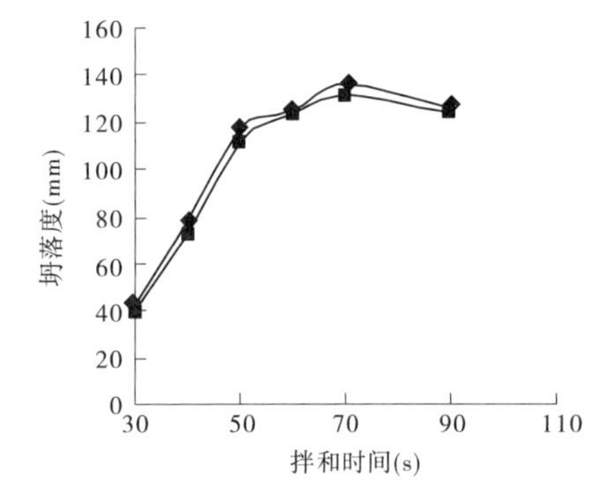

图 1　C_{28}20W8F100 常态混凝土拌和时间与坍落度关系图

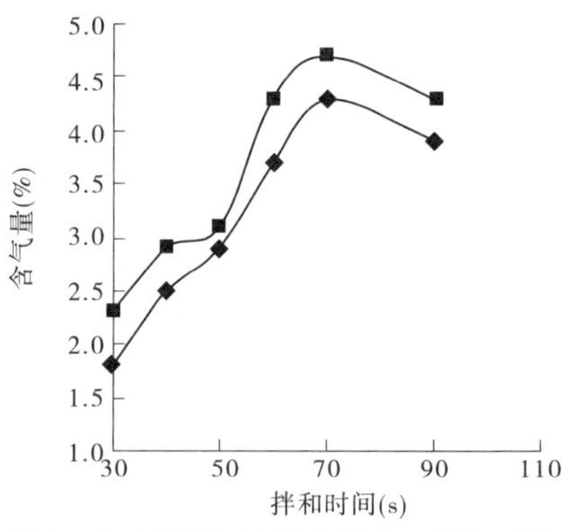

图 2　C_{28}20W8F100 常态混凝土拌和时间与含气量关系图

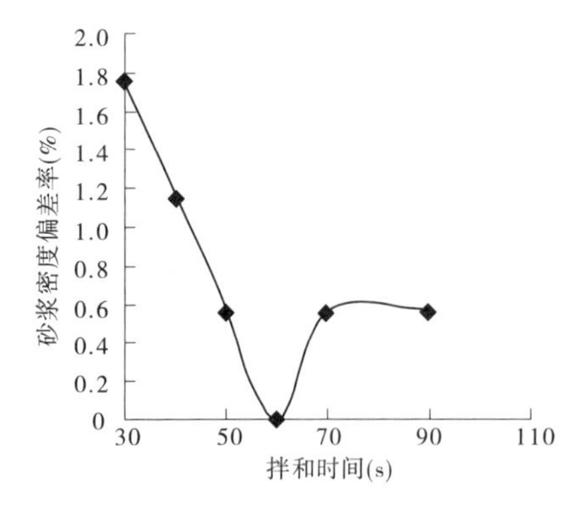

图 3　C_{28}20W8F100 常态混凝土拌和时间与砂浆密度偏差率关系图

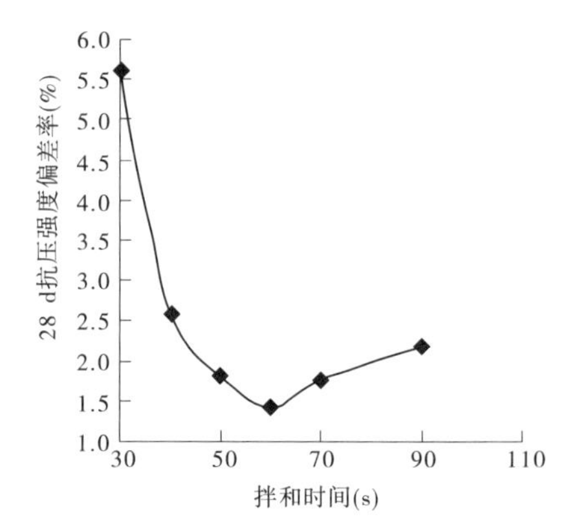

图 4　C_{28}20W8F100 常态混凝土拌和时间与 28 d 抗压强度偏差率关系图

7.1.2 试验分析

在试验过程中,由于设计坍落度是110~130 mm,目测混凝土和易性比较困难,不同搅拌时间混凝土出机性能均不做判断。

(1)根据图1可以看出,随着搅拌时间的增加混凝土坍落度呈上升趋势,搅拌时间增加至70 s坍落度达到顶峰;搅拌时间增加至90 s时,坍落度呈下降趋势。所以,单从坍落度指标分析,混凝土搅拌时间以70 s为宜。

(2)根据图2可以看出,随着搅拌时间的增加混凝土含气量呈上升趋势,搅拌时间在70 s时,混凝土含气量达到顶峰,完全引气;在搅拌时间增加至90 s时,含气量呈下降趋势。所以,搅拌时间在70 s为最佳。

(3)根据《水工混凝土试验规程》(DL/T 5150—2001)中规定拌和物的拌和均匀性,可用先后出机取样混凝土的28 d抗压强度的差值和砂浆密度的差值评定;在选择合适的拌和时间时,以拌和时间为横坐标,以不同批次混凝土测得的强度偏差率或密度偏差率为纵坐标,绘制时间与偏差率曲线,在曲线上找出偏差率最小的拌和时间,即为合适的拌和时间。所以,根据图3和图4可以看出,混凝土搅拌时间在60 s时先后出机混凝土砂浆表观密度偏差率和28 d抗压强度值偏差率均最小,即60 s时为最佳拌和时间。

7.1.3 结论

C_{28}20W8F100常态混凝土设计坍落度在110~130 mm,设计含气量4.5%~5.5%时,混凝土搅拌时间以70 s为宜。

7.2 碾压混凝土

碾压混凝土我们选择常用配比C_{90}15W6F50三级配,设计*VC*值3~8 s,设计含气量3.5%~4.5%。试验数据整理见表4;试验数据分析见图5~图8。

表4 C_{90}15W6F50碾压混凝土不同搅拌时间下混凝土拌和物试验汇总表

拌和时间(s)	最先出机混凝土					最后出机混凝土					砂浆表观密度偏差率(%)	28 d抗压强度偏差率(%)
	5组平均数据											
	*VC*值(s)	含气量(%)	砂浆表观密度(kg/m³)	筛后骨料质量(kg)	28 d抗压强度(MPa)	*VC*值(s)	含气量(%)	砂浆表观密度(kg/m³)	筛后骨料质量(kg)	28 d抗压强度(MPa)		
30	23	0.8	1 650	17.76	8.1	18	1.6	1 680	17.61	10.3	1.786	21.359
40	16	1.3	1 680	17.53	10.4	13	2.0	1 700	17.51	11.4	1.176	8.772
50	11	1.7	1 760	17.35	11.6	9	2.3	1 740	17.14	13.3	1.136	12.781
60	8	2.8	1 740	17.08	14.5	6	3.3	1 750	16.97	14.9	0.571	2.685
70	5	3.2	1 740	16.86	15.3	4	3.5	1 730	16.52	15.6	0.575	1.923
90	7	3.2	1 730	17.13	14.9	8	3.1	1 720	17.34	15.2	0.578	1.974

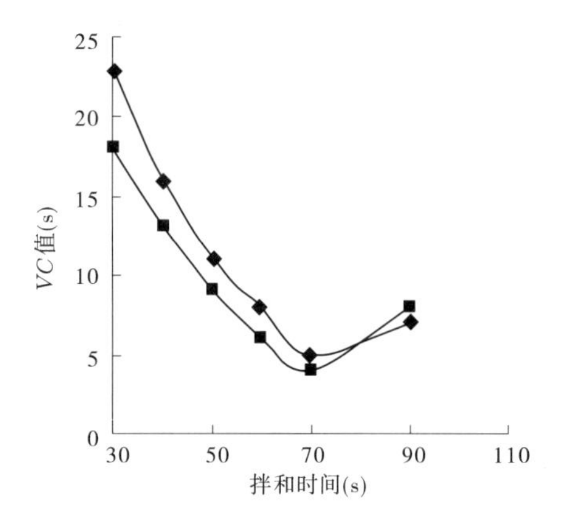

图 5　C_{90}15W6F50 碾压混凝土拌和时间与 VC 值关系

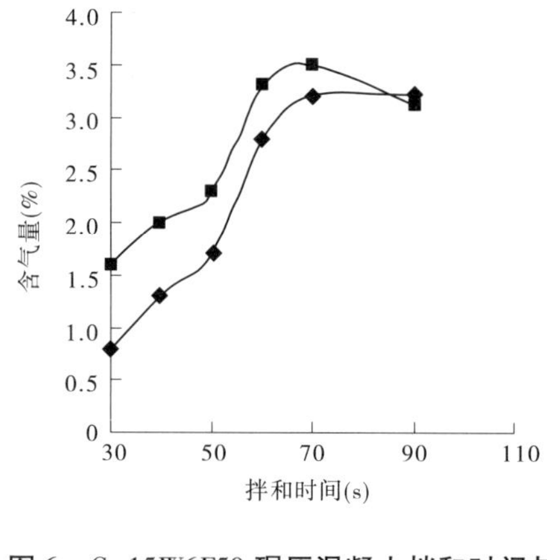

图 6　C_{90}15W6F50 碾压混凝土拌和时间与含气量关系

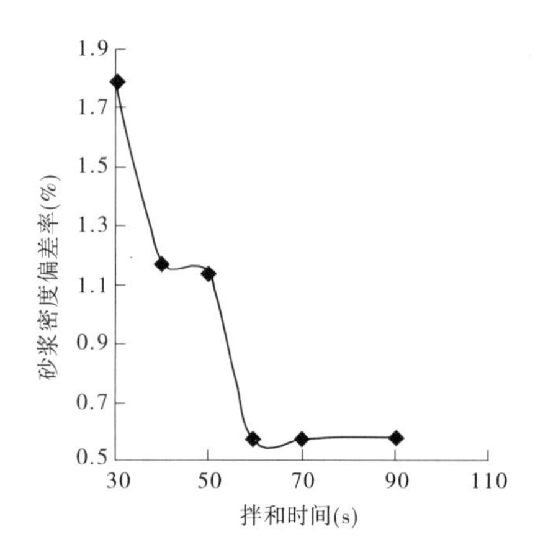

图 7　C_{90}15W6F50 碾压混凝土拌和时间与与砂浆密度偏差率关系

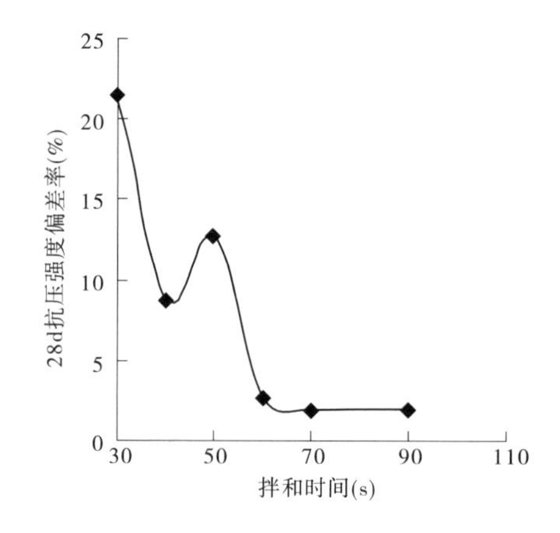

图 8　C_{90}15W6F50 碾压混凝土拌和时间与 28 d 抗压强度偏差率关系

7.2.1　试验分析

目测碾压混凝土在搅拌时间 30 s 时,混凝土完全没有拌和均匀、骨料裸露很明显、工作度很差、不易成型、基本不能泛浆;50 s 时,混凝土不均匀、骨料裸露较明显、工作度很差、不易成型、泛浆不明显。在 60 s 和 70 s 时混凝土容易泛浆、工作度良好、易成型。在 90 s 时混凝土泛浆效果好、工作度较好。

(1) 根据图 5 可以看出碾压混凝土 *VC* 值随着搅拌时间的增长,*VC* 值呈下降趋势,在 60 s 时趋于缓和,但在 70 s 后呈上升趋势;为了避免 *VC* 值损失,搅拌时间不宜超过 90 s。从 *VC* 值指标分析 70 s 为最佳搅拌时间。

(2) 根据图 6 可以看出,碾压混凝土在时间 30 s 和 50 s 时不易引气,含气量偏小的很明显;在 70 s 时含气量达到最佳引气效果;在 88 s 左右前后出机混凝土含气量交叉,混凝土均匀性最好,但在 70 s 后呈下降趋势。从含气量指标分析 70 ~ 80 s 为最佳搅拌时间。

(3)根据《水工混凝土试验规程》(DL/T 5150—2001)中规定,拌和物的拌和均匀性可用先后出机取样混凝土的 28 d 抗压强度的差值和砂浆密度的差值评定;在选择合适的拌和时间时,以拌和时间为横坐标,以不同批次混凝土测得的强度偏差率或密度偏差率为纵坐标,绘制时间与偏差率曲线,在曲线上找出偏差率最小的拌和时间,即为合适的拌和时间。根据图6可以看出,砂浆密度偏差率随着搅拌时间的增加呈下降趋势,在60 s后偏差率最小,变化不明显,所以判断拌和时间不能少于60 s。根据图7可以看出,混凝土28 d抗压强度偏差率随着搅拌时间的增加呈下降趋势,在70 s时偏差率最小,变化不明显,所以判断拌和时间不能少于70 s。

7.2.2 结论

从上述试验数据分析,C_{90}15W6F50碾压混凝土在设计*VC*值3~8 s,设计含气量3.5%~4.5%时,最佳拌和时间为70~80 s。

8 结 语

在某水电站拌和系统生产中,通过我们对混凝土不同搅拌时间混凝土匀质性的试验分析,确定了不同配合比达到匀质性的最佳搅拌时间,提高了混凝土生产质量控制水平,使混凝土匀质性指标达到“优秀”水平,不仅提高了混凝土质量,而且可以在保证混凝土各项性能达到最优的情况下,获得混凝土生产效益,达到节能减排的效果。研究完成后,根据成果还建立了以拌和机工作电流(功率)与拌和时间为监控指标的匀质性检测模型,对后续拌和系统生产进行实时监测。

水化热调控材料对水工大体积混凝土抗温度开裂性能的影响

王　伟　王文彬　李　磊

（高性能土木工程材料国家重点实验室、江苏苏博特新材料股份有限公司，南京　211103）

摘　要　本文研究了一种新型混凝土外加剂——水化热调控材料对水工混凝土凝结时间、强度、水化温升和绝热温升等性能的影响。结果表明：与缓凝剂不同，水化热调控材料对混凝土凝结时间影响较小；水化热调控材料会造成混凝土早期强度下降10%左右，但是28 d以后强度与基准混凝土相近；直接法与绝热温升测试结果显示，水化热调控材料能够延缓水泥水化温升的发展，可以有效降低水泥水化进程中加速期的水化放热速率，延长水泥水化放热过程，大幅延缓$C_{90}40$中热水泥混凝土绝热温升发展速率，7 d绝热温升值能够降低30%左右，同时保持14 d绝热温升值与基准基本一致，从而能够有效抑制水工大体积混凝土温度上升。因此，实体结构中，应用水化热调控材料并充分利用结构的散热条件，能够降低温峰并延缓温降过程，提高水工大体积混凝土结构抗温度开裂性能。

关键词　水化热调控材料；水工混凝土；温度裂缝；大体积混凝土

1　引　言

随着国民经济的飞速发展和基础建设的不断深入，我国的水利水电大坝、港口、码头、铁路、桥梁等重大基础工程建设规模空前巨大。作为基础性大宗建筑材料——混凝土，因为具有强度大、成本低、易取材等优势，现已在这些领域发挥着不可替代的作用，其性能直接影响整个工程及建筑物的服役寿命。然而，目前水工大体积混凝土构件的裂缝问题已成为水工工程的普遍问题，裂缝的存在严重威胁到混凝土结构的安全性及耐久性，并且造成巨大的社会不良影响和大量的经济损失以及能源与资源的浪费。混凝土裂缝占比最大的为变形裂缝，其中又以温度裂缝最常见、最复杂。

多项研究和工程跟踪调查结果表明，混凝土开裂会导致混凝土劣化加速，并最终导致构件失效。混凝土构件一旦出现开裂现象，就会对结构整体造成不可逆转的破坏，渗透性增加，钢筋锈蚀加速，混凝土碳化腐蚀程度大大加深，造成混凝土力学性能及耐久性能的急剧下降，并进一步扩大裂缝宽度，形成恶性循环，降低混凝土构件安全性能以及服役寿命。因此，在我国基础设施建设规模持续增大，工程结构日益复杂的大背景下，科学有效地解决混凝土早期温度应力引起的温度裂缝问题，不仅具有重要的基础研究价值，而且对提高工程结构的安全性和服役寿命具有不可估量的现实意义。

水工混凝上结构为典型的大体积混凝土，大体积混凝土温度裂缝主要是由于混凝土结构的不同部位、不同时期温度差产生温度应力引起的，其本质原因是水泥早期急速水化，放

作者简介：王伟(1987—)，男，硕士，工程师，主要从事混凝土外加剂研究。E-mail：wangw@ cnjsjk. cn。

出的热量远远大于散失的热量，导致热量在混凝土内部聚集而产生温度上升。目前常规的解决途径主要有：①降低水泥水化的放热量，如降低混凝土单方混凝土的水泥用量，掺粉煤灰、矿粉替换水泥或者使用中低热水泥；②增加散热速率，如预埋冷却水管，减小结构尺寸等；③采取二次风冷及混合冰水降低浇筑温度。但这些方法均以牺牲混凝土性能或者提高施工难度和成本为代价，因此有必要寻求一种不降低混凝土性能，同时能提高经济效益且简便易行的措施抑制混凝土温度裂缝。

最近一种可以降低混凝土温升的新型外加剂材料获得学术界和工程界的广泛关注。其是一种能降低水泥水化速率、调节水泥水化进程的水化热调控材料。与传统缓凝剂主要影响凝结时间不同，传统缓凝剂通常采取缓凝技术延缓放热峰，但其一般只延缓胶凝材料水化的诱导期，并不能显著降低其后的加速期和减速期的水化速率；水化热调控材料的作用原理是：通过优化水泥水化放热的进程，降低水泥的水化速率，减少混凝土早期放热量，推迟温峰出现时间，进而延长了散热时间，削弱了温峰并降低温降速率，降低了混凝土结构的温度开裂风险。

水工混凝土结构作为典型大体积混凝土，温控严格，通常通过采用控制混凝土入仓温度、使用中热水泥甚至低热水泥、通冷却水管等措施抑制混凝土的温升，水化热调控材料的出现为水工混凝土温控措施提供了新思路，以外加剂的形式掺入混凝土中，使用简便，同时可以相对节省时间和成本。水化热调控材料使用在水工混凝土结构的应用将会有效抑制水工大体积混凝土温度裂缝。

作为一种全新的建筑材料，为了能够在水工混凝土结构中进行大规模的应用，前期必须进行针对性的试验。本文针对水工混凝土，研究水化热调控材料对水工混凝土工作性能、力学性能和热学性能等的影响，探索水化热调控材料不同掺量对基准水泥、中热水泥和低热水泥水工混凝土性能的关系，为水化热调控材料在水工混凝土中的应用提供理论依据和技术支持。

2 原材料和配合比

试验用原材料如下：

水泥：本研究使用了三种水泥，分别是中联水泥厂生产的 P·I 42.5 基准水泥、利森 P·MH 42.5中热水泥和利森 P·LH 42.5 低热水泥。水泥矿物组成如表1所示。

表1 水泥矿物成分 XRD 分析结果

矿物成分	基准水泥(%)	中热水泥(%)	低热水泥(%)
C_3S	62.6	51.2	39.7
C_2S	13.5	26.7	40.3
C_3A	6.3	1.7	1.8
C_4AF	10.6	14.8	12.8
MgO	1.6	3.8	3.8
SiO_2	0.3	0.3	0.1
K_2SO_4	0.1	0.1	0.1
$CaSO_4 \cdot 2H_2O$	3.9	0.2	1.0
$CaSO_4 \cdot 1/2H_2O$	0.7	0.8	0.3
$CaSO_4$	0.1	0.4	0.0
$CaCO_3$	1.0	0.0	0.0

粉煤灰：马鞍山第一发电厂的Ⅱ级粉煤灰。

细集料：采用天然河砂，表观密度为2 650 kg/m^3，细度模数为2.6。

粗集料：粗集料采用石灰岩碎石，其粒径为5～20 mm，表观密度为2 810 kg/m^3。

减水剂：江苏苏博特新材料股份有限公司生产的PCA－Ⅰ聚羧酸高性能减水剂。

水化热调控材料：江苏苏博特新材料股份有限公司生产的SBT－TRA(Ⅰ)混凝土水化温升抑制剂。

3　试验方法

3.1　混凝土拌和物工作性能

混凝土的坍落度、扩展度、凝结时间测试按照《水工混凝土试验规程》(DL/T 5150—2001)的规定进行。

3.2　混凝土力学性能

混凝土的抗压强度和劈裂抗拉强度测试按照《水工混凝土试验规程》(DL/T 5150—2001)的规定进行。

3.3　混凝土热学性能

分别采用直接法和绝热温升法测试了水泥砂浆和混凝土的水化放热。

直接法测试按照《水泥水化热测定方法》(GB/T 12959—2008)的规定进行。绝热温升测试按照《水工混凝土试验规程》(DL/T 5150—2001)的规定进行。

4　试验结果与分析

4.1　混凝土拌和物工作性能

测试了不同掺量的水化热调控材料对混凝土拌和物坍落度、扩展度和凝结时间的影响。混凝土配合比如表2所示。所有试验选用相同的配合比，水化热调控材料掺量分别为0、1%和2%。其工作性能测试结果如表3所示。

表2　混凝土配合比

设计强度等级	混凝土类型	级配	水胶比	材料用量(kg/m^3)						
				水	水泥	粉煤灰	砂	小石	减水剂	引气剂
$C_{90}40$	泵送	二	0.40	140	245	105	790	1 220	2.1	0.06

表3　混凝土工作性能测试结果

水泥种类	试验编号	水化热调控材料掺量(%)	流动性(mm)		初凝时间(h)	终凝时间(h)
			坍落度	扩展度		
基准水泥	PC－REF	基准	180	263	14:35	17:40
	PC－1% HR	1	208	437	15:25	18:30
	PC－2% HR	2	225	442	17:25	21:55

续表 3

水泥种类	试验编号	水化热调控材料掺量(%)	流动性(mm)		初凝时间(h)	终凝时间(h)
			坍落度	扩展度		
中热水泥	PMH - REF	基准	175	260	15:05	20:20
	PMH - 1% HR	1	190	447	22:10	26:40
	PMH - 2% HR	2	235	480	25:55	29:30
低热水泥	PLH - REF	基准	170	263	14:50	17:55
	PLH - 1% HR	1	205	454	20:20	26:30
	PLH - 2% HR	2	240	510	23:45	27:00

从表 3 中可以看出,掺入水化热调控材料之后,混凝土拌和物的坍落度和流动度均增加,当掺量增加到 2% 时,坍落度增加 25% ~40%,即水化热调控材料有减水的作用。中热水泥和低热水泥的凝结时间较基准水泥长;掺入水化热调控材料之后,混凝土的凝结时间延长。对基准水泥,随着水化热调控材料掺量的增加,凝结时间增加 1 ~2 h,中热水泥和低热水泥中,水化热调控材料对凝结时间影响程度较大,当掺量为 1% 时,初凝时间延长 6 h 左右。

因此,在实际工程施工应用中掺入一定量的水化热调控材料可以减少减水剂的用量,对中热水泥和低热水泥等凝结时间影响较大时,可以适当增加拆模和养护时间或者取消减水剂中的缓凝组分以抵消此影响。

4.2 混凝土力学性能

混凝土的力学性能是衡量混凝土性能的基本指标,由于水化热调控材料对水泥水化历程产生影响,因此也可能对混凝土早期强度产生一定的影响。分别测试了不同掺量的水化热调控材料对不同水泥的水工混凝土抗压强度和劈裂抗拉强度的影响。

由图 1 ~图 3 可以看出,随着水化热调控材料掺量的增大,混凝土的 7 d 和 14 d 抗压强度和劈裂拉伸强度均有所降低,且掺量越大,降低幅度越高。但达到 28 d 龄期时,不同掺量的水化热调控材料对混凝土的抗压强度和劈裂抗拉强度基本无负面影响。可以看出,随着水化热调控材料的掺入,混凝土的早期强度有所下降,但对后期强度基本无影响。针对早期强度下降的问题,实际使用时可以针对水化热调控材料设计配合比,适当延长拆模时间或者降低水化热调控材料的掺量,消除此种影响。

4.3 混凝土热学性能

水化热调控材料主要通过有效降低水泥水化进程中加速期的水化放热速率,延长水泥水化放热过程,降低温峰并减缓温降过程,降低温度开裂风险。因此,需要分析其对水化放热的影响。本文采用了直接法和绝热温升法对水化热调控材料,对混凝土热学性能的影响进行了研究。

水泥放热曲线的测定(直接法)采用了武汉博泰斯仪器设备有限公司生产的 PTS - 12S 型水泥水化热测定仪,分别测定了不同掺量的水化热调控材料对基准水泥、中热水泥、低热水泥放热曲线的影响。试验中采用的砂浆水灰比为 0.45,灰砂比为 1:3,水化热调控材料的掺量分别为 0、1%、2%、3%。测试结果如图 4 所示。

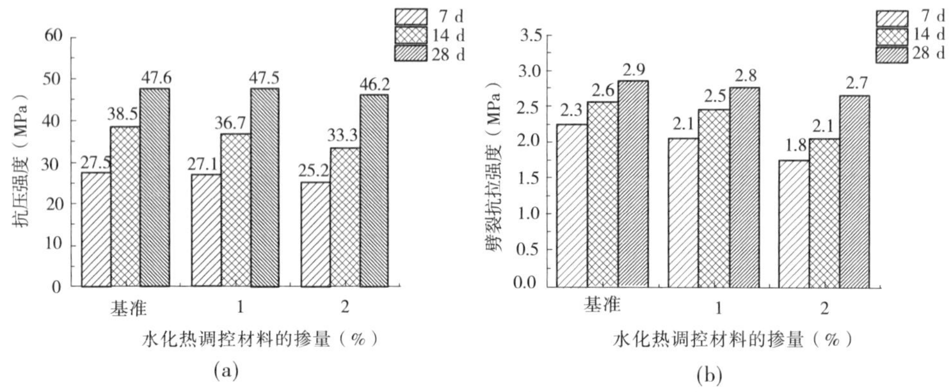

图1　水化热调控材料对基准水泥混凝土力学性能的影响

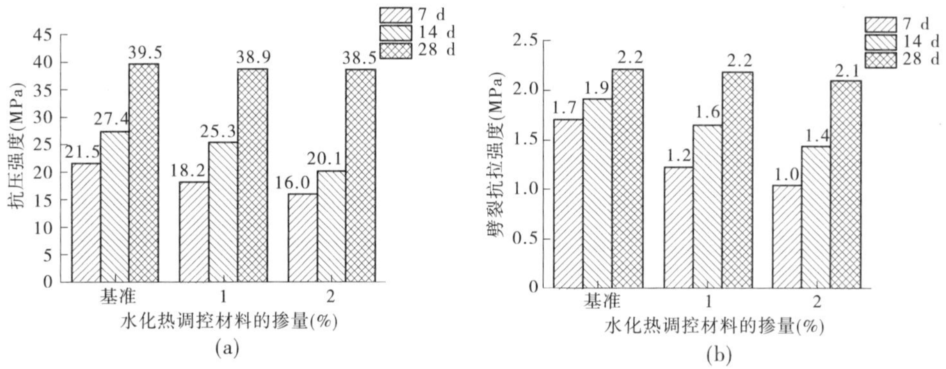

图2　水化热调控材料对中热水泥混凝土力学性能的影响

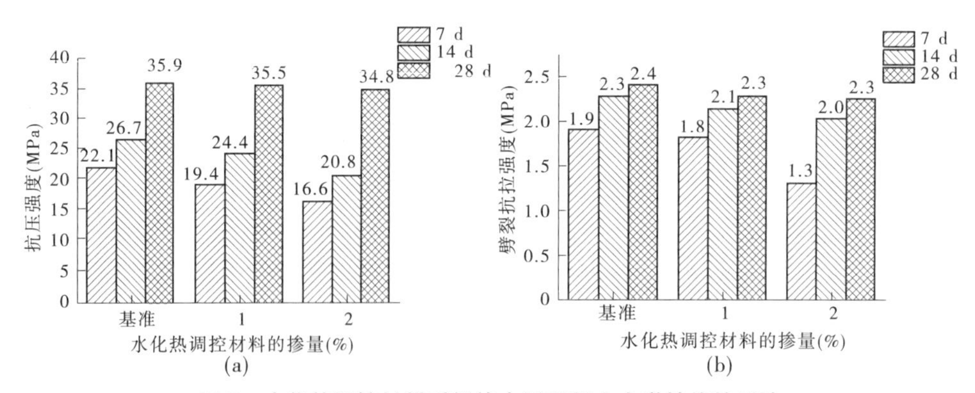

图3　水化热调控材料对低热水泥混凝土力学性能的影响

从图4中可以看出：随着水化热调控材料掺量的增加，水泥的水化温峰显著下降，并且诱导期也明显延长，有效地实现了放热速率和凝结时间的双重调控。以基准水泥放热曲线为例，当HR掺量为1%时，水泥水化温峰可降低2.5 ℃；当HR掺量为2%时，水泥水化温峰可降低5 ℃；当HR掺量为3%时，水泥水化温峰可降低10 ℃。

水化热调控材料的掺入显著地降低了水泥早期放热峰值，优化了水泥水化历程，延长了水泥水化反应的放热时间，为结构散热赢得了时间，使混凝土结构充分利用自身的散热条件,实现了放热过程和散热过程的协调统一,进而达到大幅度缓解水化热集中放热、削弱温峰降温过程的目的。

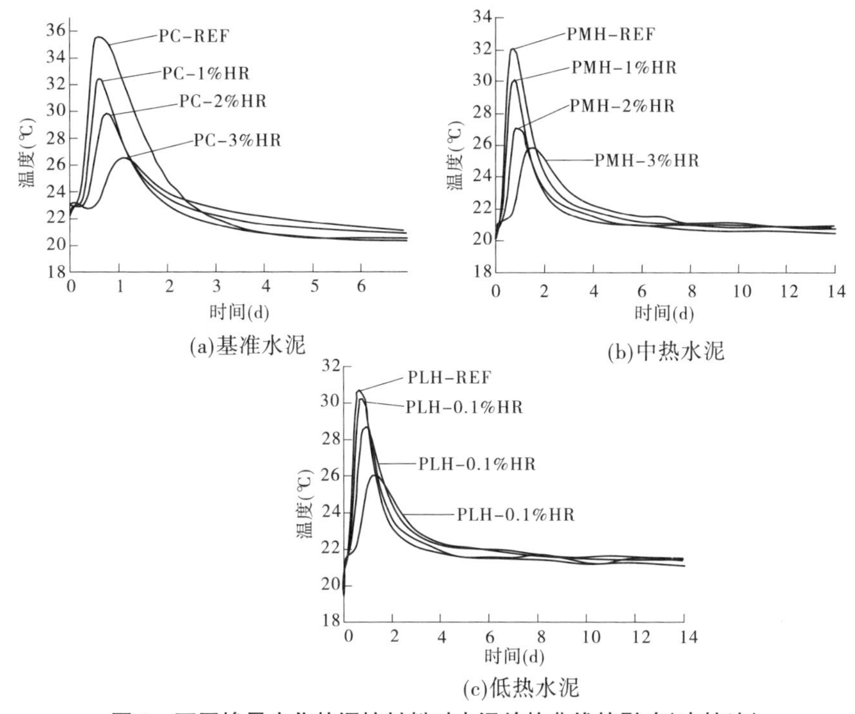

图4 不同掺量水化热调控材料对水泥放热曲线的影响(直接法)

混凝土绝热温升曲线测定采用 BY-ATC/JR 型混凝土绝热温升测定仪,分别测定掺量为0、1%、2%中热水泥混凝土,测试龄期为14 d。

从图5中可以看出,水化热调控材料能够显著降低混凝土早期绝热温升,当龄期增长到14 d时,掺入1%和2%水化热调控材料的水工混凝土与基准混凝土绝热温升基本一致。但是在7 d龄期时,掺入1%和2%水化热调控材料的绝热温升值分别只有基准混凝土的76.4%和67.0%,可见,水化热调控材料能够有效降低混凝土早期水化温升,但是在后期混凝土绝热温升逐渐与基准一致,这也保证了总体水化放热基本不变,同时有效控制水化温升速率,从而混凝土的后期强度得到保证。

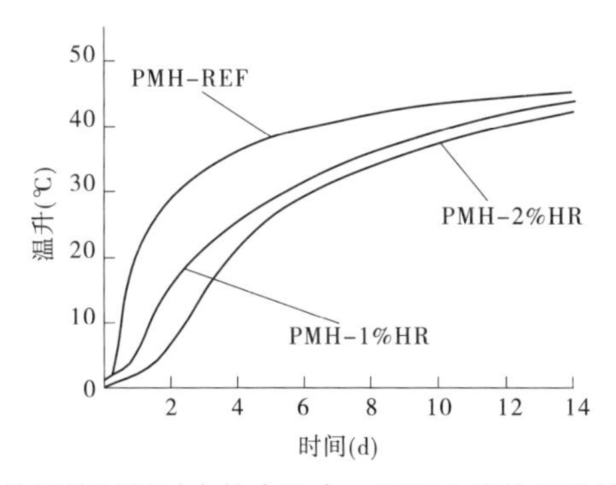

图5 水化热调控材料对中热水泥水工混凝土绝热温升性能的影响

由此可见,水化热调控材料可以显著抑制混凝土的绝热温升上升速率,同时对其后期强度没有负面影响。如果充分利用实体结构的散热条件,可以将实体结构的温升降低更多。

5 结 语

本文以水工混凝土为研究对象,探究水化热调控材料的掺入对水工混凝土工作性能、力学性能和热学性能的影响,探索水化热调控材料不同掺量对基准水泥、中热水泥和低热水泥水工混凝土性能的关系,为水化热调控材料今后在水工实际工程中的推广与应用提供了理论依据和技术支持。主要结论如下:

(1)水化热调控材料的掺入对混凝土有一定的减水作用,同时也有一定的缓凝作用,并且随着掺量的增加,减水效果和缓凝效果越来越明显。可以利用水化热调控材料的减水效果,适当降低减水剂的用量。

(2)水化热调控材料的掺入,会使混凝土的早期强度下降,且随着掺量的增加,这种影响越明显,但对混凝土 28 d 抗压强度和劈裂抗拉强度基本无影响。

(3)水化热调控材料掺入可以显著降低水泥水化的放热速率和放热峰值,同时抑制了混凝土的绝热温升快速发展,7 d 绝热温升值能够降低 30% 左右,同时 14 d 绝热温升值与基准基本一致,优化了水泥水化放热历程,为混凝土结构的自身散热赢得了时间,缓解了水泥水化集中放热的程度,缩小了混凝土内外的温度梯度,从而降低了温度应力,最终避免了混凝土温度裂缝的产生和进一步发展,提高了水工混凝土的抗温度开裂性能。

综上,在水工大体积混凝土施工中为了避免温度裂缝的产生,降低混凝土的开裂风险,可以采用水化热调控材料对水化历程及水化放热进行调控,从而比较便捷地改善混凝土的热学性能,降低温度开裂风险。

参考文献

[1] 缪昌文,刘建忠,田倩. 混凝土的裂缝与控制[J]. 建筑材料学报,2013(4):3-6.

[2] 黄国兴. 试论水工混凝土的抗裂性[J]. 水力发电,2007(7):90-93.

[3] Karen L. Scrivener ,Patrick Juilland, Paulo J. M. Monteiro . Advances in understanding hydration of portland cement[J]. Cement and Concrete Research, 2015(78) :38-56.

[4] Report on thermal and volume change effects on cracking of Mass concrete[J]. American Concrete Institute, 2007:02-07.

[5] D. P. Bentz. A review of early-age properties of cement-based materials[J]. Cement and Concrete Research, 2008(38):196-204.

[6] 江昔平. 大体积混凝土温度裂缝控制机理与应用方法研究[D]. 西安:西安建筑科技大学,2013.

[7] 张焕敏,涂兴怀. 水工混凝土裂缝的成因及控制[J]. 混凝土,2005(10):74-77.

[8] 邓海荣. 水工混凝土裂缝的危害和防治措施[J]. 安徽水利水电职业技术学院学报,2015(2):56-58.

[9] Aldea C M, Shah S P, Karr A. Effect of cracking on water and chloride permeability of concrete[J]. Journal of Materials in Civil Engineering, 1999, 11(3): 181-187.

[10] 许文忠. 大体积混凝土基础温度裂缝控制施工技术研究[D]. 天津:同济大学,2007.

[11] 胡章贵. 大体积混凝土温度裂缝的成因与控制[J]. 中国科技信息,2011(8):78-79.

[12] 刘勇军. 水工混凝土温度与防裂技术研究[D]. 南京:河海大学,2002.

[13] 徐文,王育江,姚婷,等. 温度场与膨胀历程双重调控抑制混凝土开裂技术[J]. 新型建筑材料,2014(1):39-41,45.

[14] 田倩,王育江,张守治,等. 基于温度场和膨胀历程双重调控的侧墙结构防裂技术[J]. 混凝土与水泥制品,2014(5):20-24.

黄河上游高寒地区高拱坝温度控制技术研究与实践

雷丽萍　黄天润

（中国电建西北勘测设计研究院有限公司，西安　710065）

摘　要　以黄河上游已建的龙羊峡、李家峡、拉西瓦三个大型水电工程拱坝为依托，结合高寒地区气候特点，采用试验研究—数值仿真—理论计算—监测分析的技术路线，对黄河上游大型水库联合运行对下游河道水温的影响进行了敏感性分析，对运行期库水温度分布规律进行了分析与反分析研究；对高寒地区高拱坝混凝土原材料及其配合比性能开展了全面试验研究，对高拱坝施工期温度应力及温控措施进行了全过程仿真分析研究；对高拱坝外掺 MgO 微膨胀混凝土施工期温度补偿应力、MgO 混凝土对拱坝横缝开度和整体应力的影响进行全过程仿真分析研究。结合拉西瓦大坝实测资料，对拉西瓦拱坝施工期温度应力进行了全过程反演分析，提出了一整套适合高寒地区高拱坝工程实际的混凝土温控综合防裂措施。

关键词　高寒地区；高拱坝；温度控制技术

1　黄河上游高寒地区高拱坝温控特点

1.1　气候特点

（1）海拔均大于 2 000 m，年平均气温较低（7.2 ℃），气温年变化幅度大（12.5 ℃），较国内同类工程（二滩、小湾）高 5 ~ 8 ℃，因而气温年变幅应力较大，混凝土表面保温标准要求更高。

（2）气温日变幅大，年平均日温差大于 15 ℃的天数达 200 d。

（3）气温骤降频繁，全年最大达 13 次，降温幅度大（16.8 ℃）；寒潮往往伴随着大风，加剧了气温骤降的冷击作用，须加强坝面保温。

（4）正负气温交替频繁，年冻融循环次数多达 117 次，对混凝土的抗冻等耐久性要求较高。

（5）每年 10 月至翌年 3 月混凝土进入冬季施工，长达 5 个月。冬季施工工序复杂，对温控防裂不利。

（6）气候干燥，太阳辐射热强，日平均照射时间为 6 ~ 8 h；混凝土表面极易出现干缩裂缝，应加强混凝土表面养护工作。

（7）由于拱坝坝体较薄，受外界气温变化影响大，须特别重视高拱坝混凝土上下游面永久保温工作。

作者简介：雷丽萍（1964—），女，陕西西安人，本科，教授级高级工程师，主要从事水利水电工程施工设计与温控研究工作。E-mail：llp@ nwh. cn。

1.2 结构特点

(1)高拱坝混凝土一般具有强度等级高、抗渗、抗冻、抗裂等耐久性指标高等特点。

(2)高拱坝对整体性要求高,基础弹模大,须采取通仓浇筑的施工方法。而高拱坝拱冠和拱端厚度较大,众所周知,基础仓面尺寸越大,基岩弹模越高,基础混凝土温度应力越大,而混凝土强度等级越高,水化热温升越高,相应的水化热温升应力越大,因而大坝温度控制要求更严格,难度更大。

(3)为了满足大坝混凝土强度、抗冻、抗裂等耐久性要求,必须提高混凝土自身抗裂性能。

综上所述,高寒地区气候条件恶劣,具有年平均气温低、气温年变幅大、日变幅大、气温骤降频繁,年冻融循环次数高、日照强烈、气候干燥、冬季施工时间长等特点,对混凝土表面保温防裂要求高,因而要求具有较高的强度等级、抗渗、抗冻等耐久性指标;同时高拱坝基础浇筑块尺寸大,基岩弹模高,约束应力和水化热温升应力大,大坝温度控制要求更严格,难度更大。

2 高寒地区高拱坝混凝土原材料选择及其配合比设计原则

以拉西瓦拱坝为依托,全面系统地开展了大坝混凝土原材料及配合比性能试验研究,对影响混凝土性能的主要因素进行了敏感性分析总结,尤其在提高混凝土抗裂强度、抗冻等级等耐久性指标方面,从原材料选择、配合比设计、天然骨料砂石系统工艺等方面提出了相应的措施,提出了高寒地区高拱坝混凝土原材料选择及其配合比设计原则。

2.1 原材料选择

(1)水泥。

应优先选择中热42.5级硅酸盐水泥,除满足国标对中热水泥的要求外,对下列指标提出更严格的要求:

①为使混凝土自生体积变形产生微膨胀,宜控制水泥内含MgO为3.5%~5.0%;

②控制水泥7 d水化热不宜大于280 kJ/kg,以降低水化热温升;

③为提高混凝土的抗裂强度,建议控制水泥熟料中C4AF大于16%,28 d抗折强度大于8.0 MPa;

④考虑水泥细度对早期强度和发热速率有一定影响,应控制水泥比表面积在(250~300) m^2/kg;

⑤为了抑制骨料碱活性反应,应控制水泥中的碱含量小于0.6%。

(2)掺合料与外加剂。

①为提高混凝土强度和抗冻性能,宜采用优质Ⅰ级粉煤灰,并严格控制粉煤灰的烧失量、细度等;

②要求减水剂的减水率宜大于20%,掺入的引气剂可使混凝土在搅拌过程中引入大量不连续的小气泡,气泡直径不应大于0.05~0.2 mm;若大气泡较多,可掺入适量的破乳剂。

(3)骨料选择。

必须高度重视骨料的强度特性、耐久性及热力学特性指标。

①强度特性:对于人工骨料,一般要求母岩饱和抗压强度大于1.5倍的混凝土强度等级;选择天然骨料时必须严格控制粗骨料的压碎指标、针片状含量等满足要求。

②骨料的耐久性：一般采用坚固性、耐磨性、碱活性等指标评价骨料的耐久性；宜选择坚固性和磨损率较小，无碱活性反应的骨料。

③热力学特性：混凝土弹性模量、线胀系数主要取决于骨料的岩性。骨料的弹性模量越大，极限拉伸值越小，对混凝土抗裂不利。为减小大坝混凝土温度应力，宜选择骨料弹性模量适中、线胀系数较小的骨料。

④天然骨料均匀性：高拱坝对骨料均匀性要求较高，而天然骨料级配及砂子细度模数分配不均，在砂石加工时应采取增加细砂回收设施、分粗砂和细砂两级堆放、增加人工制砂设施、分区有序开采、均衡生产等措施调整砂的细度模数，保证成品砂细度模数的均衡性，控制细度模数在2.4～2.8。

2.2　配合比设计原则

高寒地区高拱坝要求混凝土具有较高的抗压、抗裂强度及抗冻等级。配合比设计的核心是提高混凝土的强度、抗冻及抗裂性能，选择优质的水泥、粉煤灰和骨料，配合比设计采用“两低三掺”的原则，即低水胶比、低用水量，高掺粉煤灰、高效减水剂、优质引气剂。在满足混凝土设计要求的强度等级、抗渗、抗冻等各项指标的前提下，提出绝热温升低、极限拉伸值和抗冻性能较高的最优配合比。

(1)设计龄期：为了充分发挥粉煤灰混凝土后期强度，减小胶凝材料用量，降低水化热温升，大坝混凝土宜采用180 d龄期；

(2)掺合料：高寒地区高拱坝对混凝土早期抗裂要求高，粉煤灰掺量不宜大于35%。拉西瓦拱坝基础混凝土粉煤灰掺量为30%，非约束区混凝土粉煤灰掺量为35%；

(3)为提高混凝土的抗冻性，应掺入高效减水剂和引气剂。为避免高频振捣过程中混凝土气泡损失过大，可掺入适量的稳气剂，以确保混凝土含气量在5%～6%。若大气泡较多，可掺入适量的破乳剂。

(4)强度保证率：由于加大粉煤灰掺量，对混凝土早期强度有一定影响。为提高混凝土早期强度，强度保证率应不低于85%。

(5)水胶比：为提高混凝土抗冻等级，宜控制高强度等级混凝土最大水胶比不大于0.45。

3　高寒地区高拱坝运行期坝前水库水温分布研究

3.1　大型水库蓄水后对下游河道水温的影响

(1)龙羊峡单库对下游河道水温的调节作用。

以贵德站为例，1986年龙羊峡开始水库运行后，其每年冬季12月至翌年2月水温由0 ℃抬高到4～5 ℃，夏季最高水温由17.5 ℃降到12.1 ℃，较气温滞后1～2个月。可见龙羊峡水库蓄水后对下游河道水温的影响十分显著。即具有“调峰填谷”的作用，也就是说抬升冬季水温，降低夏季水温。

(2)大型水库联合运行对下游河道水温的调节作用。

以循化站为例，1993年龙羊峡水库单库运行后，夏季最高水温由18.5 ℃降到14 ℃，冬季最低水温由0 ℃升至3.5 ℃。而2001年李家峡和2004年公伯峡水库分别投入联合调节后，其循化站冬季水温均略有抬高(1.5 ℃和1.8 ℃)，夏季水温虽变化不大，但相位有一定的滞后。

综上所述，说明多年调节水库对下游河道水温调节作用是主要的，而对于黄河上游坝高大于 100 m 的日调节水库，对下游河道水温仍有一定的微调节作用。

大型水库蓄水运行对下游河道水温的影响见图 1。

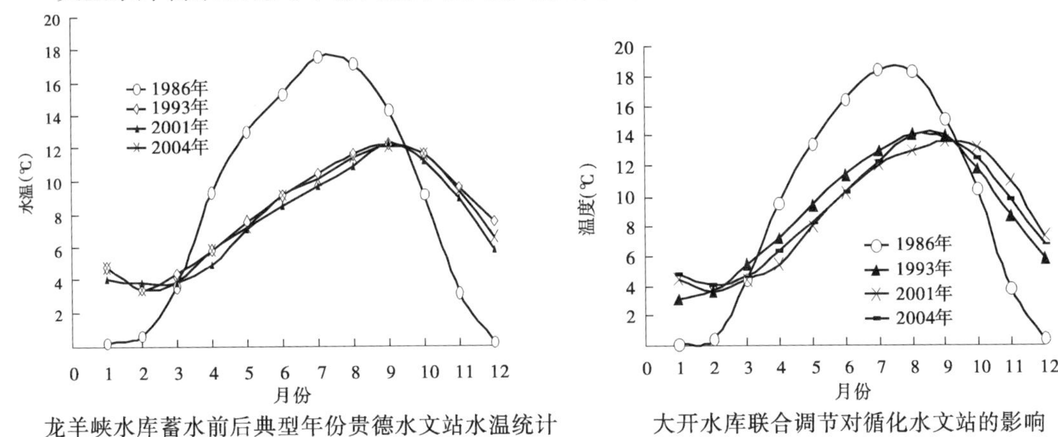

图 1　大型水库蓄水运行对下游河道水温的影响

3.2　高寒地区高拱坝运行期水库水温研究

拉西瓦水库为日调节水库，水库正常蓄水位 2 452 m，表孔底板高程 2 442.5 m，深孔底板高程为 2 371.8 m，电站进水口最低高程为 2 350 m，坝前最大水深 242 m，总库容 10.79 亿 m^3，水库水温分布系数 α 为 19.26 < 20，初步判定拉西瓦水库水温分布为过渡型。考虑库水位日最大变幅为 2.2 m，而且年泄洪仅 1 ~ 2 次，主要为表孔泄洪，因此判定库底存在稳定低温水层。

(1)拉西瓦水库水温计算成果。

分别采用估算法和数值分析法，对拉西瓦水电站运行期坝前水库水温分布进行计算研究，详见图 2。研究结果表明：两种方法计算结果基本一致。计算结果显示：电站进水口(2 350 m)以上水库水温受气温影响较大。随着水深的增加，水温受气温影响减小。每年 8 月库表水温最高为 17.43 ℃；3 月最低为 3.3 ℃，水温随气温变化滞后 1 ~ 2 个月；电站进水口 2 350 m 以下库底水温受气温影响较小，各月水温基本在 4 ~ 6 ℃变化；受地温和库底弃渣的影响，2 250 m 以下库底水温在 5 ~ 11 ℃变化。

(2)拉西瓦水库运行初期实测水温与设计预测水温对比分析。

拉西瓦水库于 2009 年 3 月开始蓄水，初期蓄水位 2 370 m，2011 年 12 月蓄至 2 448 m，2015 年 10 月蓄至正常高水位 2 452 m，已历时 7 年半，虽然历时较短，水库水温还不够稳定，但水温分布趋势较明显。由对比图可知，数值分析法和估算法预测的年平均水温分布图基本一致，与实测水温相比，数值分析法线型与之大体一致，但也略有差异，详见图 3。

①受库底堆渣的影响，库底 2 250 m 以下实测年平均水温在 6.5 ~ 11.7 ℃呈直线变化，较计算值高 0.5 ~ 1.0 ℃；

②反分析库底水温为 5.6 ~ 6 ℃，较计算值高 0.6 ~ 1 ℃；

③受电站进水口影响，2 350 m 进水口以下 20 m 范围水温受到一定扰动，年平均水温在 6 ~ 7.5 ℃，但年内变幅仅 1 ℃左右；

④2 350 m 进水口以上水温受气温影响较大，计算水温偏低；2 400 m 以上高程实测水温

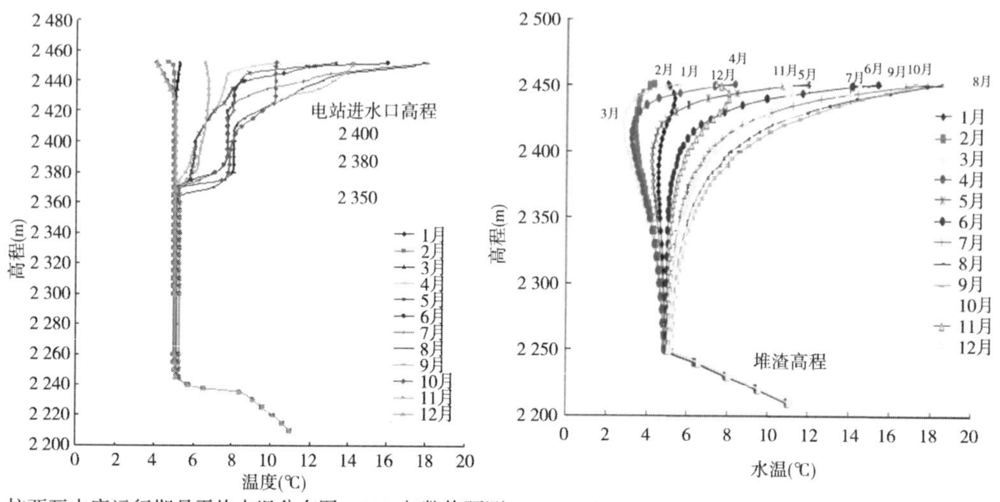

拉西瓦水库运行期月平均水温分布图—2004年数值预测　　拉西瓦水电站各月水库水温分布图(估算法)

图 2　拉西瓦水电站各月水库水温计算成果(数值分析法和估算法)

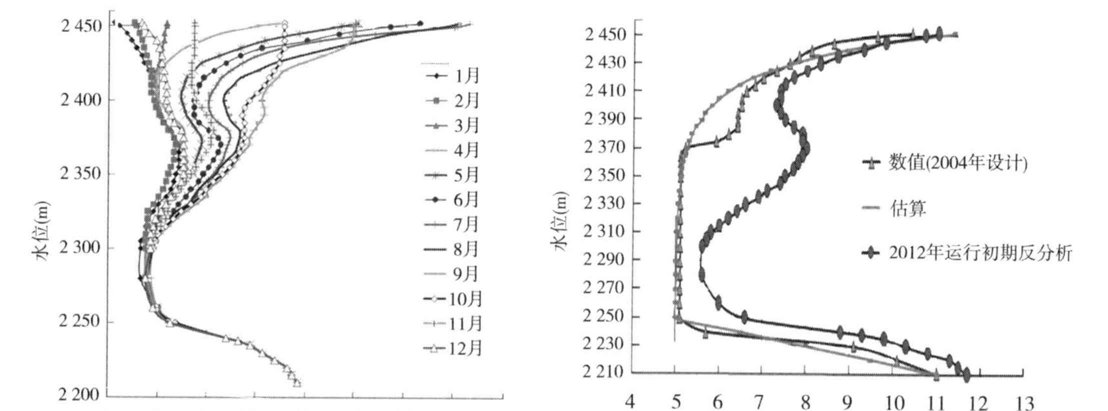

拉西瓦水库运行初期实测水库水温分布图(反分析)　　拉西瓦水库运行初期年平均实测水温与设计阶段预测值对比图

图 3　拉西瓦水库运行初期实测水温与设计预测水温对比分析

与计算水温基本相近。

总体而言,采用数值分析法和估算法预测的水库水温分布相对合理,由于水库蓄水历时较短,水温不够稳定,计算值较实测值低,偏于安全。

3.3　黄河上游高寒地区高拱坝运行期水库水温分布研究成果

(1)一般年调节或多年调节水库,如果坝前不存在浑水异重流,其水库水温一定是稳定分层型(如龙羊峡水库)。

(2)对于黄河上游坝高大于 100 m 的周调节或日调节水库,其水温分布系数 α 一般在 10 ~ 20,为过渡型水库(如李家峡、拉西瓦)。由于洪水流量小,年泄洪次数少,水位调节变幅小,坝前不存在浑水异重流,其水库水温分布基本成层状分布,库底存在稳定的低温水层。

(3)由于数值分析法考虑了水文气象条件、水库运行方式等对水库水温的影响,计算较为准确。估算法计算较简单,其难点在于库底水温、库表水温、库表水温年变幅等常数较难确定。应结合同一条河流上的实测水库水温进行类比分析。初步设计阶段,可采用估算法计算水库水温;可研阶段,宜采用数值分析法计算水库水温。

(4)黄河上游地区高坝大库水温计算常数及水温分布特性。

①地温:库底地温与该地区多年平均地温相近。龙羊峡—李家峡水库实测地温在 10 ~ 11 ℃;

②库表水温:实测资料表明,龙羊峡下游电站库表年平均水温为 10 ~ 11 ℃,每年 3 月份库表水温最低,10 月份最高,较气温滞后 2 ~ 3 个月,库表水温年变幅为 6 ~ 8 ℃,主要受上游龙羊峡水库调蓄作用的影响。

③库底水温:库底年均水温与坝址区纬度、年平均气温有一定的相关性。黄河上游的高坝大库,根据其纬度和气温,若坝前无弃渣的影响,其库底水温实测值基本在 4 ~ 8 ℃。

④变温层底部高程:与泄引水建筑物进口高程有关,一般变温层底部高程在进水口以下 10 ~ 20 m。

⑤恒温层水温分布:自库底堆渣高程以上 10 ~ 15 m 处为库底低温水层,至变温层底部高程即为恒温层,这部分水体水温受外界气温变化较小。但是恒温层的分布与水库特性有关,过渡型水库,恒温水层范围较小,水温呈斜线分布;多年调节水库,恒温层水温呈垂线分布。

4 高寒地区高拱坝混凝土施工其温度应力及其温控措施研究

拉西瓦大坝为对数螺旋线双曲薄拱坝,最大坝高 250 m,拱冠最大底宽 49 m,拱端最宽处约 55 m。大坝建基面高程 2 210 m,坝顶高程 2 460 m。主坝共分 22 个坝段,除 10# ~ 13# 坝段横缝间距为 23 ~ 25 m,其余坝段横缝间距 21 m。

4.1 温度控制标准

高寒地区高拱坝气候条件恶劣,对混凝土温控防裂要求高,应按照规范要求的温差下限严格控制,抗裂安全系数为 1.8 ~ 2.0,实际中应采取“双标准”控制,既要满足温差标准,又要满足应力标准。结合拉西瓦大坝基础浇筑块最大尺寸和封拱灌浆温度要求,确定强约束区允许温差取 14 ℃,弱约束区允许温差取 17 ℃,相应的弱约束区最高温度为 26 ℃;结合拉西瓦大坝混凝土材料参数特性,确定基础混凝土允许抗裂应力为 2.1 MPa。

4.2 拉西瓦大坝混凝土温控措施敏感性仿真研究成果

(1)浇筑层厚:减小浇筑层厚,可有效降低混凝土最高温度及最大应力。基础混凝土浇筑层厚每减小 0.5 m,混凝土最高温度平均降低 0.8 ℃,最大应力减小 0.1 MPa。

(2)浇筑温度:降低浇筑温度可有效降低混凝土温度及应力。基础混凝土最高温度及最大应力越小。混凝土浇筑温度每降低 1 ℃,其混凝土最高温度降低 0.5 ℃,最大应力减小 0.05 MPa。

(3)间歇时间:适当延长混凝土间歇时间,可有效降低混凝土最高温度和最大基础温差应力。间歇时间由 5 d 延长至 7 d,当浇筑层厚分别为 1.5 m 和 3.0 m 时,基础混凝土最高温度分别降低 0.8 ℃和 1.3 ℃,最大应力减小了 0.1 ~ 0.15 MPa。

(4)长间歇浇筑混凝土对基础温差应力影响较大。当间歇时间大于 28 d,基础混凝土早期温差应力超标,对混凝土防裂不利。施工过程中应避免长间歇,尤其是应缩短固结灌浆引起的长间歇。

(5)一期通水冷却措施对降低混凝土温度应力效果明显。一期通 6 ℃冷水 15 d,水管间排距 1.5 m×1.5 m,最高温度可降低约 10 ℃,最大应力减小 0.8 MPa;适当延长一期冷却时间,对减小混凝土后期最大拉应力有利,但对控制混凝土早期拉应力不利。对于拉西瓦大坝混凝土一期冷却时间不宜大于 20 d;采用外径 32 mm 的高密聚乙烯管材,通水流量为 1.2 m^3/h,可获得与金属水管相同的冷却效果。

(6)表面流水冷却措施对降低混凝土最高温度和减小基础温差应力效果明显。当浇筑层厚分别为 1.5 m 和 3.0 m 时,采用表面流水养护措施,混凝土最高温度分别降低 1.9 ℃和 0.6 ℃。可见浇筑层厚越薄,表面流水效果越好。

(7)外界气温的影响:相同温控措施条件小,4 月工况的基础温差应力小于 7 月份工况应力,说明外界气温越低,越有利于混凝土散热,基础温差应力越小。因此,宜尽量利用低温季节浇筑基础混凝土。但是当采取表面流水措施后,浇筑季节对混凝土基础温差应力的影响相对较小。

(8)表面保温是降低混凝土表面温度应力的最有效措施。中期冷却措施对降低混凝土表面应力效果明显。

①高寒地区每年 9 月、10 月是气温变幅较大季节,混凝土表面若不进行保温,混凝土表面应力严重超标。当采取表面保温措施后,表面温度应力大幅度减小。

②当过冬前 9 月初对高温季节浇筑的混凝土进行中期降温冷却后,使混凝土内部温度降到 16~18 ℃,表面应力满足设计要求。

(9)自生体积变形对混凝土温度应力有较大影响。每 10 个收缩微应变,可产生约 0.1 MPa 的拉应力。

4.3　河床坝段混凝土施工期温度应力及温控措施仿真计算研究

以拱冠 12# 坝段为计算模型,结合施工进度计划,以 4 月、12 月份工况为计算工况,7 月份工况为控制工况,共组合了 43 个温控方案,对拉西瓦河床坝段混凝土施工期温度场及温度应力进行了全过程仿真计算,进一步对拉西瓦大坝混凝土温控措施进行了深化研究。

(1)7 月份工况:仿真计算结果表明,当约束区层厚为 1.5 m,间歇时间为 7 d,浇筑温度 12 ℃;一期通水时间 20 d,水温 6 ℃,水管间排距 1.0 m×1.5 m,采取表面流水冷却措施,过冬时采取中期冷却措施;上下游坝面采取 5 cm 的保温板全年保温,过冬时加大强约束区混凝土保温力度,采用 15 cm 厚的保温板时,其混凝土最高温度(23.2 ℃)及基础温差应力(1.9 MPa)、表面应力(2.1 MPa)均满足设计要求。详见图 4。

(2)4 月份工况:4 月份外界气温相对较低,散热条件较好,相同条件下其基础温差应力较 7 月份工况小,对混凝土温控有利。4 月份混凝土可采用常温浇筑,其他措施与 7 月工况相同。

(3)冬季混凝土层厚可采用 3.0 m,须加热水、预热骨料控制混凝土浇筑温度为 5~8 ℃,同时采用天然河水进行一期冷却,水管间排距 1.5 m×1.5 m。计算的基础约束区混凝土最高温度为 20.1 ℃,混凝土最大应力为 1.5 MPa,表面最大应力为 1.4 MPa,满足设计要求。

(4)分析河床坝段仿真计算成果,可知大坝混凝土最高温度一般出现在浇筑后的 5~7 d,最大应力一般出现在后期冷却结束时段,位于基础强约束区 0.2 L 范围内;在有保温的情况下,混凝土表面最大应力一般出现在冬季气温较低时段(12 月至翌年 1 月),在无保温措施的条件下,在冬季气温变幅较大季节(即 9 月底、10 月初),表面温度应力增幅较大,如果表面保温不及时,大坝混凝土将会开裂。

4.4 陡坡坝段混凝土施工期温度应力及温控措施研究

(1)计算模型:拉西瓦大坝两岸边坡陡峻(63°),采用单个坝块进行模拟,由于自重的影响,大坝有向下位移的可能;而在实际施工时,一般先进行河床坝段施工,再进行边坡坝段施工。因此,陡坡坝段采用三个坝段联合建模,以16#坝段作为计算坝段,以14#、15#坝段为支撑边界,并在14#坝段右侧加法向约束。详见图5。主要以夏季7月份工况为控制工况,同时还计算了春季4月、秋季10月、冬季12月工况,共组合了23个方案。

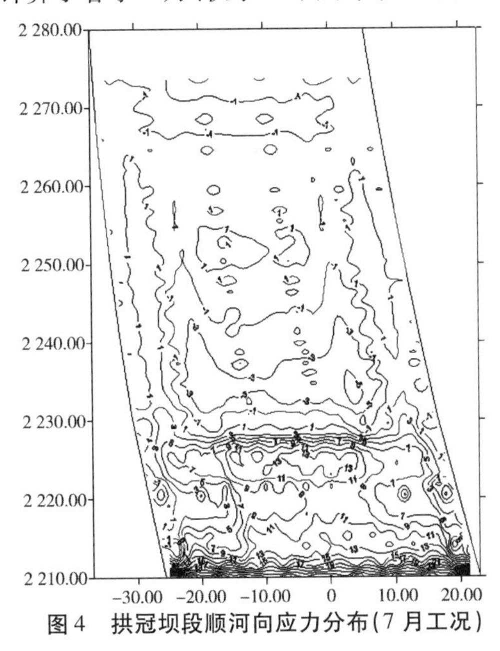

图4 拱冠坝段顺河向应力分布(7月工况)

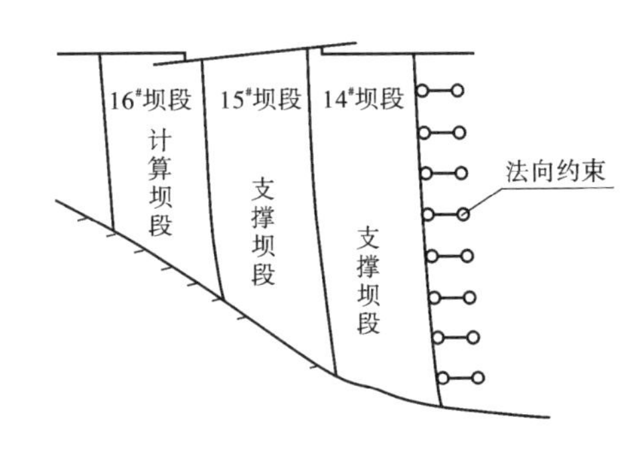

图5 陡坡坝段计算模型简图

(2)仿真计算结果分析:陡坡坝段混凝土最高温度及应力随浇筑层厚、间歇时间、一期通水时间、浇筑温度、浇筑季节等变化规律与拱冠坝段基本相同,在此不再重复。

陡坡坝段基础面为斜坡,基础约束区范围大,由于自重作用引起的建基面法向压应力变小,因此相同温控措施计算的陡坡坝段基础最大拉应力(2.1 MPa)较拱冠坝段(1.9 MPa)大,且应力分布与拱冠坝段亦不完全相同。拱冠坝段混凝土最大应力一般位于基础强约束区(0~10 m),而陡坡坝段高应力区分布较广,基础三角区0~30 m均为高应力区,并且从水平剖面第一主应力分布图可知,越靠近边坡一侧,应力越大。因此,应严格进行陡坡坝段混凝土温度控制。陡坡坝段应力分布图详见图6。

4.5 高寒地区高拱坝接缝灌浆的温控措施研究

考虑高寒地区气候寒冷,气温年变幅较大,一般夏季6~9月原则上不进行接缝灌浆施工。考虑拉西瓦采用分期蓄水发电,须研究全年封拱灌浆的可行性和夏季封拱灌浆对坝体应力的影响。计算结果表明:

(1)基础约束区顺河向最大应力为2.0 MPa,其他部位拉应力小于1.5 MPa;在坝面保温材料$\beta=3.05$ kJ/(m^2·h·℃),表面绝大部分区域,上下游面拱向应力小于1.5 MPa,仅2 340~2 370 m附近区域大于2.0 MPa,表面高应力与夏季封拱灌浆密切相关。详见图7。

(2)分析不同季节封拱灌浆时坝体温度分布,可知坝体内部温度基本满足设计要求的封拱温度,但是坝体表面温度存在明显差异,夏季封拱灌浆时坝体表面温度较高,过冬时表

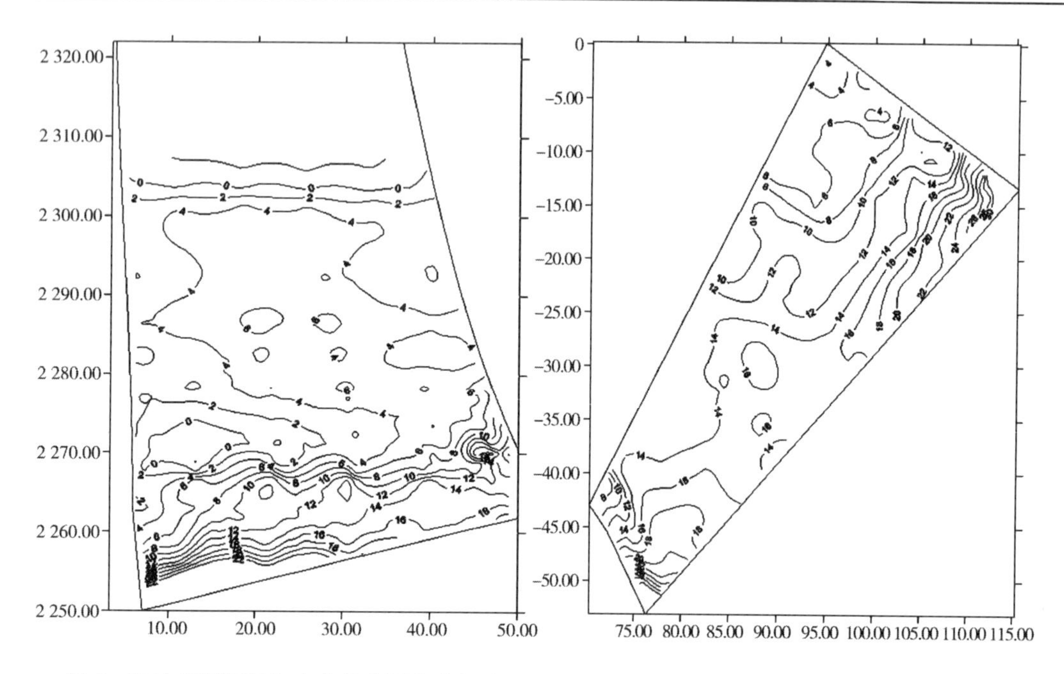

图 6　陡坡坝段顺河向应力分布图和高程为 2 267.0 m 水平面第一主应力分布图(7 月工况)

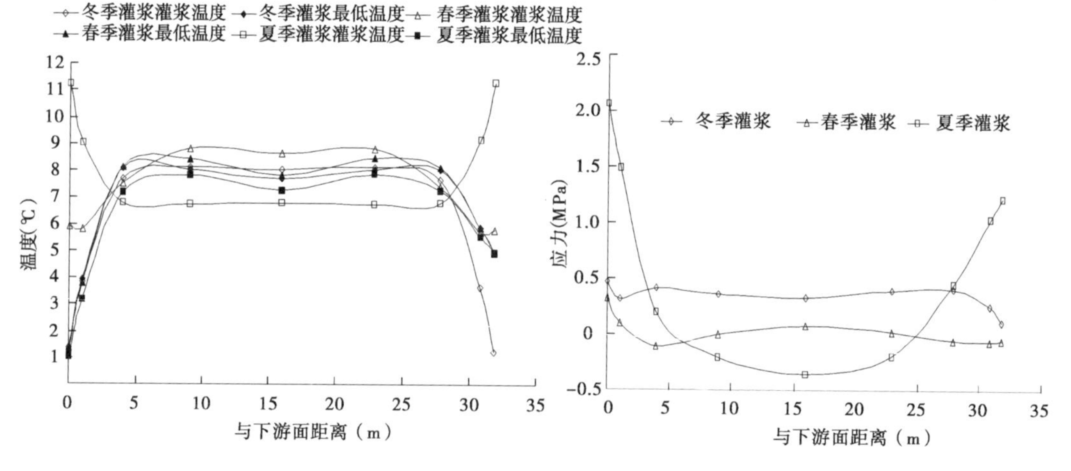

图 7　不同季节封拱灌浆时的坝块温度分布及表面应力分布

面温度降幅达 10 ℃,表面拉应力较大。研究结果表明,加强表面保温可有效缓解夏季封拱灌浆坝体混凝土表面高应力问题。当保温材料 $\beta<2.44$ kJ/(m² · h · ℃)时,表面应力满足要求。另外,对表层混凝土加强冷却可改善夏季封拱灌浆区表面高应力。

因此,对于夏季封拱灌浆的坝体,可加大保温力度,采用 8 ~ 10 cm 的保温板保温,对表层混凝土加密冷却水管间距,加强冷却,使表层混凝土温度与内部灌浆温度接近。

4.6　冬季混凝土施工及表面保护

拉西瓦工程坝址区每年 10 月下旬至翌年 3 月中旬,日平均气温低于 5 ℃,混凝土进入冬季施工。多年日平均气温低于 -10 ℃仅 4 d,但瞬时气温低于 -10 ℃有 64 d,主要集中在 12 月至翌年 2 月的夜间。

(1)冬季混凝土施工。

宜以蓄热法施工为主,尽量避开夜间低气温时段开盘浇筑混凝土;当日平均气温低于

-10 ℃时，须采用综合蓄热法。应采取加热水、预热骨料提高混凝土出机口温度，以确保混凝土浇筑温度为 5～8 ℃。除此之外，对新浇混凝土仍须进行一期冷却，对高温季节浇筑的老混凝土进行中期降温冷却，降低混凝土内外温差，防止混凝土表面出现裂缝。

（2）表面应力计算及保温标准选择。

分析了拉西瓦拱坝施工期近 10 年日平均气温统计资料，不仅对气温年变幅、气温骤降、气温日变幅等三种单工况应力分析计算外，还进行了最不利工况组合应力计算。揭示了高温季节浇筑的老混凝土在冬季低温时段遇寒潮（气温年变幅 + 气温骤降 + 日变幅）和冬季新浇筑混凝土遇寒潮（气温骤降 + 日变幅）是高寒地区高拱坝施工期遇到的两种最不利工况，其表面应力最大。

考虑高温季节浇筑的老混凝土过冬遇寒潮，受气温年变幅作用时间长，要求表面抗裂安全系数大于 1.8；冬季新浇筑混凝土遇寒潮，主要受寒潮和日温差的影响，作用时间短，要求表面抗裂安全系数大于 1.65。结合典型坝段仿真计算成果和表面应力计算成果，对于拉西瓦大坝混凝土保温标准要求如下：

①对于大坝上下游面等永久暴露面，采用全年保温的方式。各坝块侧面及上表面采取临时保温方式。高寒地区高拱坝上下游面保温宜分部位、分层次进行保温。

②考虑基础约束区混凝土受基础温差和内外温差应力的双重作用，宜加大保温力度。要求保温材料的 $\beta \leqslant 0.84$ kJ/(m^2 · h · ℃)。要求高温季节 5～9 月浇筑的基础强约束区混凝土，采取 15 cm 的保温板保温。要求非约束混凝土上下游面、各坝块侧面及仓面等部位保温材料的 $\beta \leqslant 3.05$ kJ/(m^2 · h · ℃)（相当于 5 cm 的保温板）。

③考虑孔口部位结构复杂，混凝土过冬时表面应力较大，应适当加厚保温材料。要求保温材料的 $\beta \leqslant 2.1$ kJ/(m^2 · h · ℃)（相当于 10 cm 的保温板）。

④考虑夏季封拱灌浆的坝体过冬时表面应力较大，应适当加厚保温材料，要求 $\beta \leqslant 2.44$ kJ/(m^2 · h · ℃)（相当于 8～10 cm 的保温板）。

（3）大坝上下游面永久保温材料实测效果分析。

拉西瓦大坝上下游面采用挤塑型聚苯乙烯保温板保温，图 8 为拉西瓦大坝上下游面保温材料实测效果图。实测结果表明：①当保温材料厚度为 5 cm，浇筑初期内表温差在 5～10 ℃；当保温材料厚度为 15 cm，浇筑初期混凝土内表温差在 0～5 ℃，满足设计要求；②随着龄期的延长，表面混凝土温度随外界气温的变化在 5～15 ℃呈周期性变化，但是内部温度在二次冷却结束后变化很小，混凝土内表温差均小于 10 ℃。说明大坝保温效果良好，内表温差较小，有效防止了表面裂缝。

5 高寒地区高拱坝 MgO 微膨胀混凝土筑坝技术研究

全面系统地对李家峡拱坝外掺 MgO 微膨胀混凝土施工期温度补偿应力、MgO 微膨胀混凝土对拱坝横缝开度和整体应力进行全过程仿真分析研究。研究结果表明：

（1）李家峡拱坝最大坝高 155 m，最大底宽 40 m。大坝混凝土采用永登中热 42.5 号硅酸盐水泥，平均内含 2.5% 的 MgO。为补偿基础混凝土温度应力，实现大坝通仓浇筑，简化温控措施，在压蒸试验合格的前提下，按照水泥内含与外掺 MgO 总量≤5.5%，大坝基础允许外掺 3.0% 的辽宁海城轻烧 MgO，采用机口外掺的方式，为确保外掺 MgO 的均匀性，延长拌和时间为 150 s。

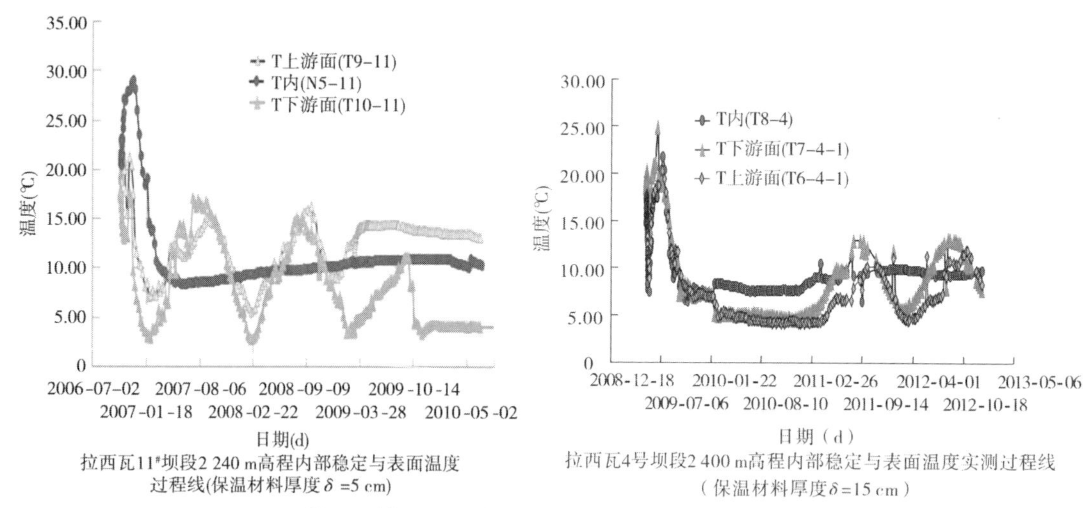

拉西瓦11#坝段2 240 m高程内部稳定与表面温度过程线(保温材料厚度δ =5 cm)　　拉西瓦4号坝段2 400 m高程内部稳定与表面温度实测过程线（保温材料厚度δ=15 cm）

图 8　拉西瓦拱坝上下游面内部温度与表面温度实测过程线

(2)补偿效果分析:①基础混凝土 MgO 掺量越大,其补偿应力越大;②基岩约束越大,补偿拉应力越大;③外掺 2.5% MgO 后,靠近坝基处最大补偿应力可达 0.3 ~0.4 MPa;外掺 3.5% MgO 时,最大补偿应力可达 0.4 ~0.5 MPa。李家峡大坝最终外掺 2.5% ~3.5% 的 MgO,混凝土自生体积最终膨胀变形为 50 ~70 μm,实现了大坝通仓浇筑,取消了夏季骨料预冷措施。

(3)拱坝采用 MgO 微膨胀混凝土后,对改善坝体运行期拉应力效果明显,对坝体上下游面压应力影响不大。

(4)大坝外掺 MgO 在一定程度上减小了横缝开度,MgO 掺量越大,横缝开度越小。①当基础约束区外掺 2.5% ~3.5% 的 MgO 时,自生体积变形为 50 ~70 μm,内部横缝开度值在 0.6 ~2.0 mm,基本满足灌浆要求;②全坝外掺 3.5% 的 MgO,内部横缝开度值在 0.7 ~1.7 mm,局部横缝开度较小(0.45 mm),对横缝灌浆不利;③实测横缝开度 0.5 ~3.5 mm,与仿真计算结果基本吻合,满足大坝接缝灌浆要求。

6　施工期温度应力反演分析研究

以拉西瓦拱坝为依托,结合施工期大坝施工进度、气温资料、温控措施等,对 12# 坝段混凝土施工期温度应力进行全过程反演分析计算。计算结果表明:

12# 拱冠坝段施工期在 2 218.0 m、2 232.0 m、2 370 m 水平仓面发现 3 组裂缝,反演分析结果也表明,上述部位应力偏大,不满足设计要求。

(1)高程 2 218 m 层面:反演计算结果显示高程 2 216.5 m、高程 2 218.0 m 层混凝土最高温度超出设计要求 3 ~4 ℃,高程 2 218 m 层面的最大温度应力为顺河向应力,发生在最大气温骤降幅度(12 ℃)的 6 月 14 日,最大应力为 2.1 MPa(混凝土龄期仅 33 d),大于此时混凝土的允许应力,详见图 9。分析原因主要是 2006 年 5 月 15 日大坝浇筑初期,第一次缆机故障,造成高程 2 218 m 层面长间歇 64 d,期间共遇 4 次寒潮,最大降温幅度 12.5 ℃,由于保温不及时,导致混凝土早期表面应力超标而开裂,其实质原因就是基础强约束区混凝土遇频繁寒潮冲击,即基础温差应力和内外温差应力的双重作用的结果。由图 9 可以看出,气温骤降产生的表层温度应力影响深度为 1.5 ~ 3.0 m,但是大于 1.5 MPa 的应力仅在表层 1.0 m 范围内。

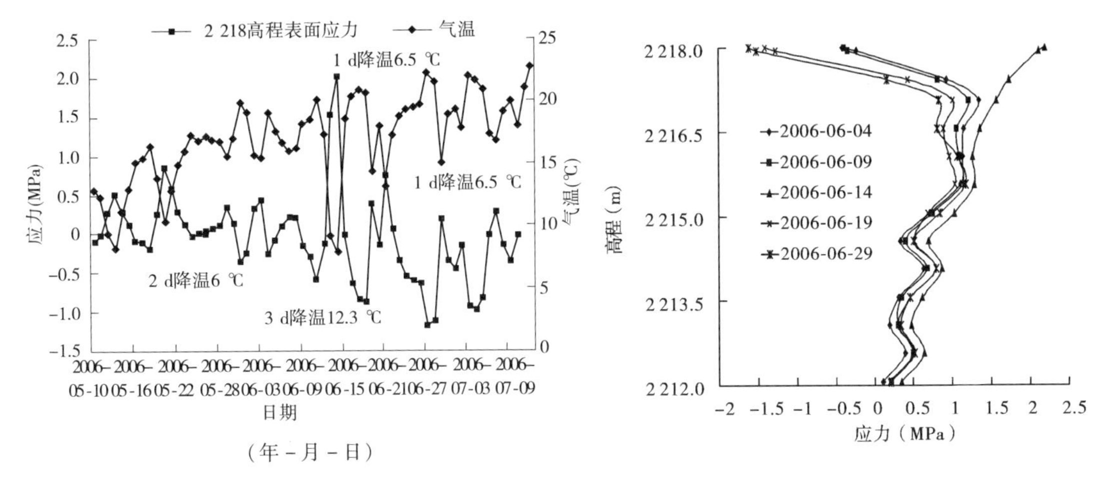

图 9 2 218.0 m 层长间歇面顺河向温度应力及气温骤降影响深度

(2)高程 2 320 m 层面:反演计算结果显示,2 232.0 m 层面混凝土最高温度为 28.5 ℃,基本满足设计要求,但是 2007 年 9 月 27 日高程 2 320 m 层面混凝土顺河向达 2.03 MPa,超过混凝土的即时抗裂能力,详见图 10。现场调查结果是 2007 年 7 月中旬,右岸缆机平台边坡因暴雨塌方,造成缆机第二次停机,致使大坝混凝土停歇长达 109 d,期间又遭遇 4 次寒潮,至 2007 年 11 月高程 2 320 m 长间歇层面混凝土出现 4 条裂缝。其实质原因是高温季节浇筑的混凝土,长间歇期间频繁遭遇寒潮袭击,在年内平均温降和温度骤降的共同作用下,层面应力多次接近或超过混凝土的允许拉应力。由图 10 还可看出,当 10 月初开始保温以后,虽有寒潮发生,但是表面应力明显下降,可见保温效果明显。

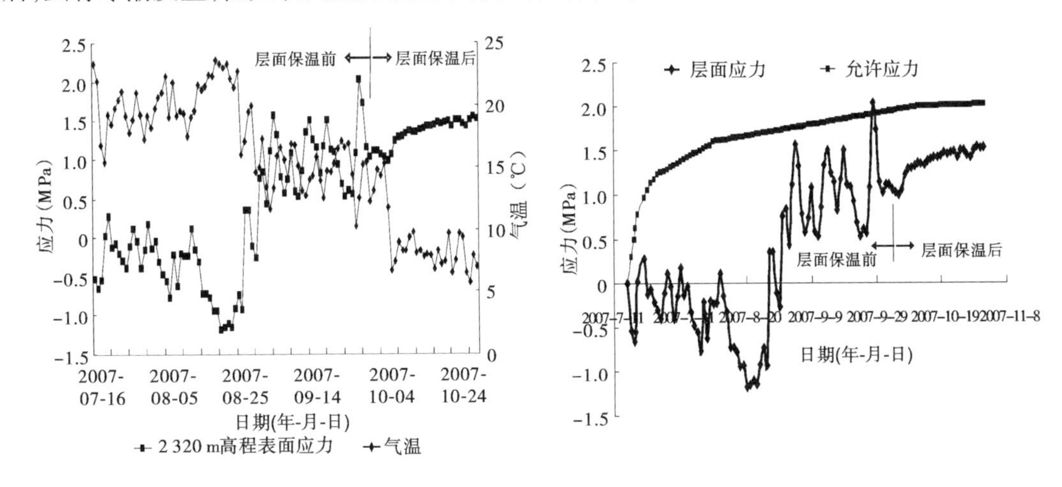

图 10 高程 2 320 m 层面典型点顺河向温度应力过程线

(3)高程 2 370 m 层面是由于 2008 年 8 ~ 12 月进行孔口坝段钢衬安装造成的长间歇裂缝,与 2 320 m 层面相似,在此不再分析。

综上所述，大坝混凝土施工遇长间歇、恶劣的气候条件，频繁的寒潮冲击，是造成大坝裂缝的直接原因；混凝土最高温度超标，寒潮频发季节未对水平施工层面及时进行表面保护是造成大坝裂缝的主要原因。上述裂缝原因可归纳为两类，一是基础强约束区的新浇筑混凝土长间歇期内遇气温骤降，二是高温季节浇筑的老混凝土过冬时遇寒潮，未及时进行表面保温而导致的裂缝。可见，避免长间歇浇筑混凝土，严格进行混凝土温度控制，及时进行表面保温是防止混凝土表面裂缝的有效途径。

7　结论与建议

（1）优选混凝土原材料，优化混凝土配合比，采用中热 42.5 号硅酸盐水泥，掺加优质Ⅰ级粉煤灰和高效减水剂、引气剂，可加大粉煤灰掺量至 35%，以减少水泥水化热温升，提高混凝土自身抗裂性能。

（2）深入分析坝前水库水温计算边界条件，应考虑上游大型水库联合运用对下游河道水温的影响。对坝高大于 100 m 的水库，宜采用数值分析法计算水库水温分布。

（3）高寒地区高拱坝对混凝土防裂要求高，温控要求更严格。应采用温差及应力“双标准”进行控制，基础混凝土抗裂安全系数应不小于 1.8～2.0。

（4）对于高拱坝进行温度应力仿真分析计算时，陡坡坝段应采用多坝段联合建模，以便考虑自重引起的法向应力作用。

（5）加强通水冷却措施。高寒地区全年浇筑混凝土均须进行一期冷却，连续通水时间不宜大于 20 d；控制一期冷却降温幅度为 6～8 ℃，平均降温速率小于 0.5 ℃/d。一期冷却结束后，还应采取间断通水、减小通水流量等措施控制温度回升。每年 9 月底、过冬前采用天然河水加强高温季节浇筑的老混凝土中期冷却，降低混凝土内外温差。中期冷却目标温度按 16～18 ℃控制。

（6）表面流水养护是降低混凝土最高温度及应力的有效措施。高拱坝基础温差控制严格，对于夏季浇筑的约束区混凝土，宜采用薄层浇筑、表面流水养护措施。

（7）冬季浇筑混凝土，宜以蓄热法施工为主，尽量避开夜间低气温时段开盘浇筑混凝土；当日平均气温低于 -10 ℃时，须采用综合蓄热法。应采取加热水、预热骨料提高混凝土出机口温度，以确保混凝土浇筑温度为 5～8 ℃。

（8）加强坝面保温，防止混凝土表面裂缝。对于大坝上下游面等永久暴露面，采用全年保温的方式；各坝块侧面及仓面采取临时保温方式。对当年冬季 10 月至翌年 4 月浇筑的混凝土，混凝土浇筑完毕立即保温；9 月底前完成所有临时部位保温工作，对重要部位的孔洞、廊道等挂保温材料封口，防止冷空气对流。保温标准要求如下：

①对于高温季节 5～9 月浇筑的基础强约束区混凝土，要求当年 9 月底前加大力度保温，要求保温材料的 $\beta \leq 0.84$ kJ/(m^2 · h · ℃)（相当于 15 cm 的保温板）。

②考虑孔口部位和夏季封拱灌浆的上下游面混凝土过冬时表面应力较大，应适当加厚保温材料。要求保温材料的 $\beta \leq 2.44$ kJ/(m^2 · h · ℃)（采用 8～10 cm 的保温板）。

③对于非约束区上下游面混凝土和各坝块侧面及仓面等临时保温部位的混凝土，要求保温材料的 $\beta \leq 3.05$ kJ/(m^2 · h · ℃)（相当于 5 cm 的保温板）。

（9）MgO 是一种延迟性膨胀剂，必须在特定的约束条件下，才能产生预压应力，以补偿大体积混凝土在降温收缩时产生的拉应力。一般宜在基础约束区外掺 MgO 以补偿收缩应力。对 160 m 级的高拱坝补偿效果良好。

(10)大坝混凝土施工遇长间歇、频繁的寒潮冲击,是造成大坝裂缝的直接原因;混凝土最高温度超标,寒潮频发季节未及时进行表面保护是造成大坝裂缝的主要原因。因此,采取短间歇连续浇筑混凝土,尽量避免长间歇浇筑混凝土,控制间歇时间以 5~10 d 为宜,采取有效措施控制固结灌浆时间不大于 14 d,严格进行混凝土温度控制,及时进行表面保温是防止混凝土表面裂缝的有效途径。

龙羊峡近坝区地震的特性及对大坝安全的影响分析

李长和[1] 黄 浩[2] 武慧芳[1] 孔庆梅[1] 苟廷仙[1] 鄢宁平[1]

(1. 青海黄河上游水电开发有限公司大坝管理中心,西宁 810003;
2. 青海省地震局,西宁 810000)

摘 要 断裂带活动是一般地震的原因,而大坝基础及附近岩体存在断裂构造难以避免,因此大坝基础中的断裂构造就成为工程处理和运行过程中关注的重点,近坝区如果存在发震机制,将使工程管理复杂化。本文以近期龙羊峡大坝下游侧 3 ~ 4 km 处发生的 $M_L2.4$ 级地震及其后数十次余震为例,开展了包括震源附近断层特性排查及震源机制分析、地震区域背景排查、大坝基础断层变形和渗流监测资料分析,说明重视近坝区地震分析的必要性和可行性。本次多方面的分析结果能够相互支持,提高了分析结论的可信度。分析认为本次地震位于龙羊峡大坝下游的 F7 断层与拉西瓦水库库尾的多隆沟断层之间,而这两者均为压、顺扭性断层,与震源机制解相符,地震是否与拉西瓦水库蓄水有关尚需进一步观察;本次地震应属局部事件,时空上未见与青藏高原较大地震的相关性;分析中排除了坝基断层,尤其是那条顺河向、过坝基并指向本次地震震源区断层(F120)的活动;本次地震在龙羊峡坝基部位的烈度为 I 度弱,未见其对大坝及其基础的不利影响;文中结合分析中解释的问题提出探索和建立断层活动监控机制的建议。

0 前 言

龙羊峡水库诱发地震深入研究始于 1983 年,研究涉及区域地应力测试和反演分析、不同大小范围历史地震和库坝区周边发震机制研究、坝址附近断层活动性勘测和研究、水库诱发地震的预测等[1,4],这些分析研究指导了工程的运行,但鉴于地震发震机制的复杂性,相关研究结论需要不断地验证、完善、修正。对于电站运行管理者来讲,利用地震监测资料反演地质状况以及时掌握地质条件的变化及其对工程安全的影响、利用地震监测资料分析完善对水库诱发地震的认识,以便采取必要预防或工程措施保证工程的安全。

1987 年龙羊峡库坝区地震台网形成后,至目前水库附近的地震集中发生在 2 处:大坝上游 60 km 附近、大坝下游数千米以内。前者数量和量级较大,但因距离较远,对大坝安全影响较小;后者因距坝近,并考虑到坝址区断层发育,而成为重点关注的对象。2016 年 5 月 1 日在坝下游近坝区发生了 $M_L2.4$ 级地震,其后 20 多天内又发生了数十次小震,恰好地震震中附近设有 1 个地震台,其所测资料为本次分析提供了可靠的素材。

近坝区地震是一个重要而敏感的问题,对其持续监视与深入分析意义重大,结合大坝安全监测资料分析能够提高结论的可靠性,进而体现出其更高的价值。

作者简介:李长和(1964—),男,河南登封人,高级工程师,主要从事水电工程安全监测工作。E-mail:lch966@163.com。

1 基本情况

1.1 工程简介

龙羊峡水电站位于青海省共和县、黄河干流龙羊峡峡谷入口下游2 km处。拦河坝为混凝土重力拱坝及两岸重力墩、左右岸混凝土重力副坝,拱坝最大坝高178 m,坝顶高程2 610 m。水库正常蓄水位2 600 m,对应库容247亿m^3,具有多年调节性能。电站装机容量1 280 MW。1986年10月开始蓄水,库水位历史最高为2005年11月的2 597.62 m。工程设计阶段确定坝址区基本烈度Ⅷ度,1994年修改为Ⅶ度,设防烈度取高基本烈度Ⅰ度。

从地质背景看,龙羊峡水电站位于青藏高原东北部,所在区域构造—地貌格架明显地呈菱形网络展布[1],包括南部NWW向的阿尼玛卿山断裂、西部NNW向的鄂拉山断裂、北部NWW向的青海湖南山断裂、东部NNW向的数条近平行的断层,四者构成一菱形区,电站位于菱形区东侧。上述断裂孕震震级依南、北、西、东的次序由强变弱,水库蓄水后估计东侧最大孕震能力5级,相应的震中烈度不超过Ⅷ度[1],这些断裂是电站场地安全评价的主要分析因素。

坝址所在区域自第四纪中更新世以来表现为大面积间歇性升降运动,地质构造发育。大坝坐落在印支期花岗闪长岩上,岩体裂隙发育且有多条规模较大的断层切割,这些断层成为工程处理的重点和运行期监测的重点。构造主要有NNW压扭性、NE张扭性、NWW等3组。本文提及的断层特性列于表1中。

表1 部分断层特性

断层	走向	倾向倾角	宽度(m)	活动特征	位置
F7	345°	NE∠80°	50~60	压扭	坝下游7 km
F120	40°	SE∠75°	6	张扭	在右岸贯穿上下游
F73	335°~345°	NE∠60°	3.5	压扭	斜切左右岸
多隆沟	340°~350°	E∠75°~80°	100	压扭	坝下游300 m

注:坝址河道近东西向、流向为西,拱坝拱冠参考面为89°。F73断层是左坝肩抗滑稳定的控制性滑面,F120断层是右岸压缩变形稳定的控制性结构面,F73断层在因F7断层形成的大山水沟沟底之下100多m处与F7断层交会,F7断层对F73断层上盘有支撑作用。

1.2 水库诱发地震监测

据相关统计[4],自1968年青海省地震台网建立至1981年7月,在龙羊峡大坝20 km半径范围内未记录到小震活动。1981年8、9月施工围堰临时挡水,上游最高水位达2 495 m(坝址区天然河道平水期水位为2 450 m),最大蓄水量达10亿m^3,10~12月在坝址附近测到数十次的小震,最大震级M_s1.8。此后至1985年7月每年均能测到数十次小震。对于这些小震,有的资料认为是在坝前的数千米内[2,3],有的资料认为是在坝后的数千米内[4],这主要是当时为单台定位而小震定位精度低引起的。但对于这些资料的分析,均认为是水库诱发地震。

1987年在库坝周围建立了由6个测点构成的地震监测网,此后网点有所变动。至2005年大坝附近的地震震中大部分位于大坝下游侧,小部分位于水库内。

2006年由5个测点构成的数字地震监测网投运,地震监测精度明显提高,至2016年5月底,在大坝下游数千米范围内测到小震有400多次,包括了一些负震级地震。2016年5月1日在坝下游3 km附近发生了M_L2.4级地震,至5月底该部位接连发生了60多次小于

$M_L1.9$ 的地震，这一地震序列是本次分析的重点对象。

随着后续李家峡、公伯峡、拉西瓦三个水电站数字地震监测网的投入，龙羊峡—公伯峡四电站的监测网首尾相接沿河道连成一体，此网称为黄河数字地震监测台网（简称黄河台网）。青海省地震台网的4个台站和黄河台网的4个台站实现了资料共享。

1.3　大坝安全监测

除设置有大坝变形、应力应变、扬压力、渗漏量监测项目外，在大坝两岸岸坡布置了变形、地下水位监测项目，对重要断层布置了跨断层的变形监测项目，在大坝上下游布置了往返测总长度50 km的水准线路。另外在坝体中布置了强震测点，以监视大坝的地震动加速度。

从历史监测资料情况看，大坝变形、应力、扬压力、渗漏量均处于正常状态；两岸变形监测中发现坝肩岩体向河道收缩并已趋于稳定，国内有不少的高拱坝也存在类似的现象；两岸地下水显示出存在通过副坝基础渗漏的情况，即地下水位与库水位有明显的相关关系；跨断层的水准观测总体上未见断层的明显错动，F7、F120断层布置的断层活动仪和多点变位计的测值变化基本在1～2 mm范围内，且不同点的测值未见相关的变化，可说明各被监测的断层未见活动迹象。总体来看，龙羊峡大坝及其基础、两岸抗力体工作状态正常，需要长期关注的是两岸地下水对断层的影响。

2　震源机制分析地震原因

本次地震序列始于2016年5月1日的$M_L2.4$级地震，此后在20多天的时间内发生了60多次小震，发震位置见图1。按照振动测试，F7断层深度在15 km以内，多隆沟断层深度为15 km[4]，F7断层与多隆沟断层相距7 km。此序列地震绝大部分发生在图1所示的位置，基本在上述两断层的中间部位，过坝基的F120断层也指向此处。图中还示出了黄河台网的两个台站——LYT台和QNH台。

图2为地震在时间上的分布情况。可见此序列开始密集后逐渐稀疏，量级上逐渐减小，有典型的主震—余震形态。

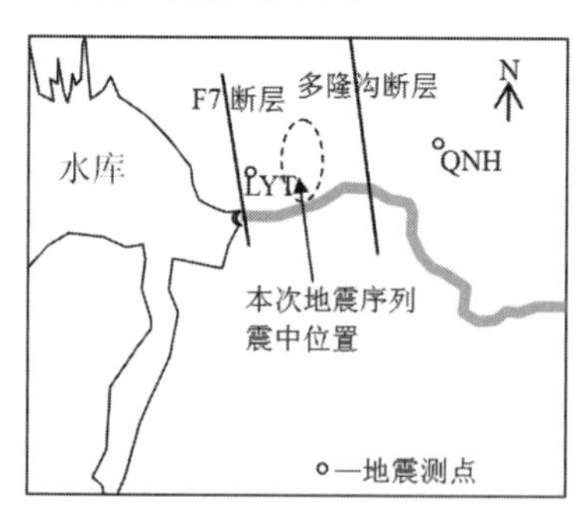

图1　发震位置示意

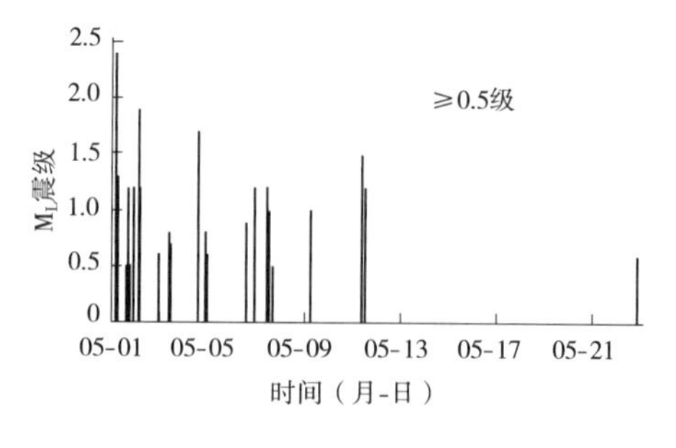

图2　2016年5月地震序列M—T图

2.1　$M_L2.4$级地震震源机制解

这里利用地震波初动和振幅比方法（Hash方法），采用如图3所示的距震中150 km范围内的14个地震台站（青海省地震台网13个、黄河台网1个）信噪比较好的波形资料，反演了本次地震序列的$M_L2.4$级地震的震源机制解（见图4）。震源机制解具体参数：节面Ⅰ走向342°、倾角88°、滑动角164°，节面Ⅱ走向73°、倾角74°、滑动角2°，P轴方位角28°、仰角

10°,T 轴方位角 296°、仰角 13°,B 轴方位角 155°、仰角 74°。

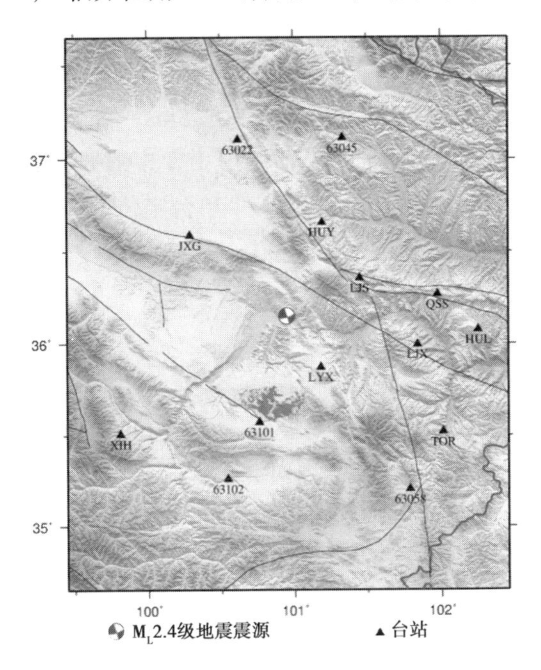

图 3 反演地震震源机制所用的台站

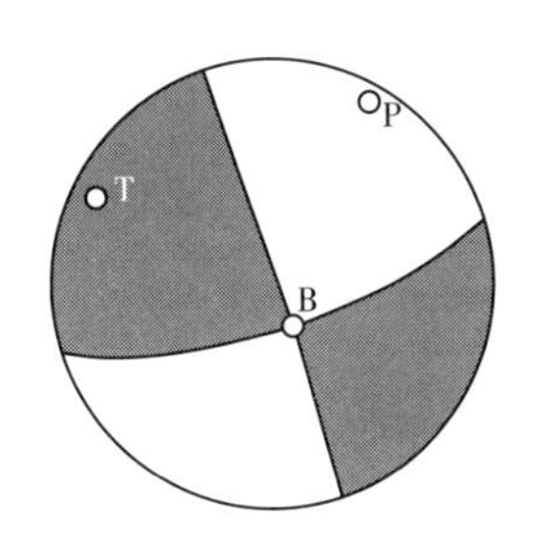

图 4 M_L2.4 级地震的震源机制解

震源机制解表明,此次地震是一次走滑型地震,是近乎直立的发震断层(倾角较高)在 NE 向压应力作用下发生的,但仅通过震源机制无法确定哪一个节面是发震断层。

此震源机制解中得出的 NE 向压应力作用机制符合龙羊峡相关研究成果[1],事实上这也是青藏高原东北部最大压应力的总趋势方向。

如果节面 I 表示发震断层,断层便是顺扭性质,而这恰好与 F7 断层和多隆沟断层的 NNW 走向、高倾角、顺扭的性质相符。节面Ⅱ走向与 F120 断层走向差超过 30°,且不符合 F120 断层顺扭的性质,基本可以排除 F120 为发震断层。

2.2 地震序列性质及震中位置的确认

本次地震序列发生后,我们对龙羊峡所在的前述菱形区边界断裂附近进行了排查,4 月份未发生 4 级以上地震,从时间和空间相关性判断,未见周围构造地震诱发本次地震的依据。

本次地震序列发生的位置附近有 LYT 台站,LYT 台站录得了完整、质量高的地震波形,这里选取序列中最大的 3 次地震的波形示于图 5(以 P 波初动时间对应起来作图)。从波形图看,本次地震序

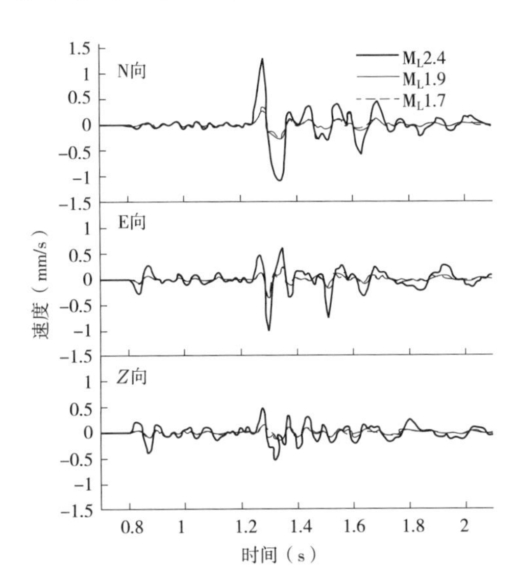

图 5 LYX 台 2016 年 5 月部分地震波形

列波形相似,说明发震机制相同,判断为主震—余震性态。

这里对 QNH 台波形资料进行了分析,其三向振幅均为 LYT 台的 1/2 以下,因此排除此次地震与多隆沟断层的关系。这样 F7 断层发震的可能性就比较明显了,台网定位说明图 5 中的 3 次较大地震距 F7 断层最近距离约 3 km(注:本台网定位精度为 1.5km—随机误差,还有波速取值不精确带来的误差—系统误差—目前尚难估计)。在图 5 中发现 N 向初动 P 波幅值明显小于另两向,说明震中位置在 LYT 台的东侧,这里再用 LYT 单台定位上述 $M_L2.4$ 级地震方向进行情况说明。

震源到 LYT 台震波射线方位角:

$$\alpha = \arctan(A_E/A_N) = 258$$

式中:A_E、A_N分别为上述 $M_L2.4$ 级地震初动 P 波的 N 向振幅、E 向振幅。

可见 LYT 台处于 F7 断层和震中之间(对比图 1 看),因此需要对本次地震序列所指的震中部位进行重点关注,此部位以往并没有发现断层,后续还需要对此部位做些工作。

为慎重起见,认为此次发震与 F7 断层有关,考虑到地质条件和地震机制的复杂性,这样认为也是比较合理的,本次还是将焦点聚在该断层。

3　大坝安全监测分析地震原因

大坝强震监测点测到此次地震在拱坝与基岩交界面的地震动最大加速度 1gal 多,量级微弱。本次地震后,我们对大坝安全监测系统各测点测值进行了排查,均未发现 4 ~ 6 月测值规律发生变化的情况,即未见此次地震对大坝及相关部位岩体的影响。

20 世纪 80 年代进行的水库诱发地震研究中,将坝址区大量的小震活动归因于库盘变形和岩体渗流因蓄水而改变[2],此后一直沿用这类结论,并认为库盘变形对 F7 断层所在部位影响大,即此处岩体水平向位移较大而弱化相应部位岩体,进而使 F7 断层蠕滑[4]。2009 年位于龙羊峡峡谷出口的拉西瓦水电站水库开始蓄水,2012 年 8 月水位升至 2 448 m,2015 年 5 月水位升至 2 450 m,已基本与龙羊峡水电站尾水相接。龙羊峡水库于 2005 年 11 月达到历史最高水位,此后维持较高水位运行(较 2005 年之前),但每年水位波动较大,最大年内波动接近 30 m。在龙羊峡、拉西瓦两水库水位变化的过程中,河道北岸自龙羊峡坝址区向上游延伸 9 km 的水准线路、龙羊峡坝址区向下游延伸至多隆沟的水准线路,其 2005 年至 2015 年的测值未见趋势性变化,即未感知到两水库水位变化带来岩体变形。另外拉西瓦库水位回水至龙羊峡电站尾水部位不至于明显影响 F7 断层附近渗流条件,事实也是如此——近几年龙羊峡大坝下游岸坡地下水位维持着拉西瓦水库蓄水前的性态。

在黄河北岸跨 F7 断层布置了平面变形监测网,该网于 1991 年年底开始观测,各测点在 1998 年前有向上游位移的趋势变形,其中不能识别出 F7 断层变形的情况;此后各测点基本稳定,例外的是 F7 断层下游侧称为东大山的山嘴持续向 F7 断层变形,东大山本身处在被扰动后卸荷蠕变中,可能并不是 F7 断层变形的表现。两套断层活动仪未反映出断层的整体变形迹象。F7 断层附近的地下水与库水位相关,并向 F7 断层补水,这对 F7 断层长期影响如何需持续关注。

4 地震的趋势判断

4.1 震源深度

由于本次地震震级小，台网深度定位准确性较差，为简单明了起见，采用 LYT 单台定位（单台定位一般并不理想，但本次地震在 LYT 台所录的震波质量高，用其定位结果应该是比较好的）：

（1）计算地震波行程——单台定位震源距 LYT 台（结果列于表 2）：

$$L = (t_s - t_p) V_s \cdot V_p / (V_p - V_s)$$

式中：$t_s - t_p$ 为横纵波到时差；V_s、V_p 为横、纵波速；$V_s \cdot V_p/(V_p - V_s)$ 为虚波速度，虚波速度在某一具体地区是相当稳定的，这里依据该区域以往实测值取 8 km/s[4]。

表 2 本次地震序列 2016 年 5 月大于 M_L1 级地震定位情况

时间		震级（M_L）	横纵波到时差（s）	台网定位震中距 LYT 台（km）	单台定位震源距 LYT 台（km）
日	时:分:秒				
1	03:43:40	2.4	0.45	2.6	3.60
	05:46:55	1.3	0.43	2.6	3.44
	16:00:19	1.2	0.42	1.8	3.36
	21:58:27	1.1	0.43	1.4	3.44
	22:29:01	1.2	0.43	2.6	3.44
2	02:47:51	1.9	0.42	2.6	3.36
	03:35:16	1.2	0.42	4.3	3.36
	14:24:21	1.7	0.42	3.4	3.36
	23:14:15	1.2	0.42	1.8	3.36
7	12:05:24	1.2	0.42	1.8	3.36
	13:19:24	1.0	0.42	1.8	3.36
11	08:41:58	1.5	0.45	2.3	3.60
	12:51:46	1.2	0.44	1.8	3.52

注：从后两列对比看，黄河台网定位系统误差不是很大，但做进一步的速度标定是必要的。

（2）按初动 P 波（因震中距 LYT 台近，初动 P 波均为直达波——Pg 波）振幅计算地震波射线出射角：

$$i = \arctan(A_Z / \ )$$

式中：A_N、A_E、A_Z分别为 N、E、Z 向 P 波初动振幅，计算所得表 2 中的所列各次地震 i 值相差在 5°以内（有 5 个地震波型较差未计算），平均 i 值约 52°。

（3）计算震源深度：$h = L\sin i$，计算得到 h 在 2.6～2.8 km，因此粗略估计本次地震序列震源深度在 3 km 以内，本次地震属浅震是可以明确的。

对水库诱发地震的预测经常会用到类似 $M = 3.3 + 2.1\lg L$[6]（式中 L 为两个小震区之间的无震空段长度）的震级预测经验公式。

在本次发震区域，以往资料中有不同深度的小震密集区（其中有些可能会是深度定位不准确带来的问题），这些不同深度的小震密集区在不断的地震作用下可能发生小震密集区之间贯通引起较大的地震。就本次 3 km 以内的浅层地震未向深处发展，推断短期内尚不致发生较大规模的地震。

4.2　趋势预测

古登堡—里克特地震频度与震级的关系：

$$\log N = a - bM$$

式中：a、b 为常数，通过相关分析得到；M 代表震级，这里计算时采用 M_L震级；N 代表相应的地震频度。

式中 b 值被广泛用于地震趋势判断，“一次强震后，余震 b 值通常比震前 b 值大，这种现象很少例外”[5]。

黄河台网数字化后在 F7 至多隆沟之间的地震资料见图 6，以这些样本计算 b 值。这里以 2006 年 1 月至 2016 年 4 月、2016 年 5 月各为一组计算。2006 年至 2016 年 4 月组之 $b=0.68$（相关系数 $R^2=0.94$），2016 年 5 月组之 $b=0.55$（$R^2=0.99$）。后者 b 值小于前者 b 值，这就意味着本次地震序列没有降低该部位的应力水平，或者可能增加了孕震应力。从 F7 断层附近的地震情况看，南北方向上地震密集区在黄河北岸的 2 km 范围内，即发震主要在 F7 断层（该断层地面能见长 4 km，航拍影像解读长度为 12 km）的局部范围内，这就有可能出现地震在局部释放应力而整体上增大应力现象。就此判断该部位类似的地震将继续。

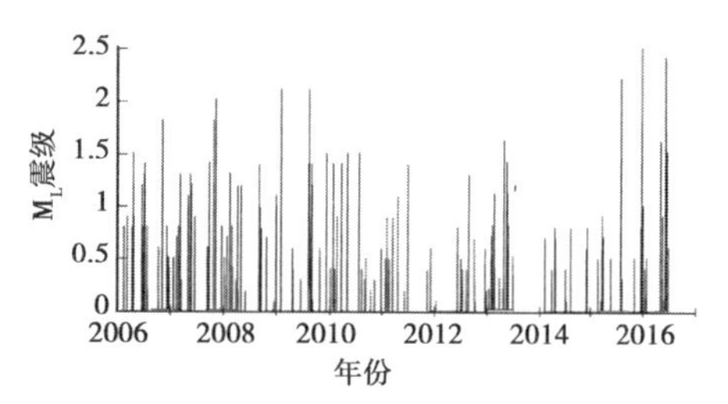

图 6　2006 至 2016 年 5 月地震 M—T 图

5　结　论

经过以上分析得到结论：

（1）依据震源机制分析，本次地震序列发震原因与 F7 断层有关。

（2）按照本次地震序列发震前后 b 值判断，震源处的应力水平没有降低，以后的类似地震可能会继续发生。

（3）从本次地震序列的波形情况看，属浅层地震且发震机制类似，震源深度不超过 3 km，对比 1981 年后大量小震的深度分布，尚未显示不同深度发震位置垂直贯通形成较大地震的迹象。

（4）本次地震后，包括 F73、F120 等重要断层的大坝下游岸坡地下水位未见异常，由于坝基的地震烈度弱而未对大坝产生明显影响。鉴于近期坝下游地震活动的增强，有必要建立一套相关的监控机制：重点关注 F7 断层附近地下水位、震源深度变化情况及震源位置在南北方向的变化、M_L3 级以上地震的震源机制分析、区域内的 b 值变化等。

参 考 文 献

[1] 王士天，李渝生，苏道刚，等. 黄河龙羊峡电站区域构造稳定性的工程地质研究[J]. 地质学报，1988(4)：361-372.

[2] 王士天,魏伦武,李渝生.龙羊峡水库地震诱发机制及危险性预测[J].水文地质工程地质,1987(6):23-26.
[3] 国家电力公司西北勘测设计研究院.黄河龙羊峡水电站勘测设计重点技术问题总结(第二卷)[M].北京:中国电力出版社,2003.
[4] 龙羊峡地区地壳稳定性分析[R].兰州地震研究所震源物理室,1986.
[5] 丁文镜.*b* 值预报的物理基础[J].地震学报,1980,2(4):378-387.
[6] 郭增建,秦保燕.震源物理[M].北京:地震出版社,1979.

基于均值控制图的高拱坝结构损伤检测

朱良值　郭　佳

（中国水利水电第十三工程局有限公司，西安　710032）

摘　要　为了研究高拱坝在水流和温度等荷载作用下引起的结构损伤问题，基于统计模式理论中的均值控制图方法，实现高拱坝结构的损伤检测。该方法首先通过获取的正常状态和待检测状态下振动响应数据构建出自回归滑动均值（ARMA）模型，然后利用特征参数估计提取模型特征值，采用主成分分析方法对特征向量进行降维处理，最后以包含大部分特征信息的第一阶主成分为判别依据，利用均值控制图对高拱坝结构进行损伤识别。拱坝有限元数值仿真和石膏模型损伤试验的结果表明，基于均值控制图的高拱坝结构损伤检测方法能够准确识别出结构是否存在损伤，并对损伤位置和严重程度具有一定的敏感性，同时对于实测数据中掺杂的环境噪声具有较强的免疫力，因此可以为实际高拱坝工程的损伤检测提供借鉴和指导。

关键词　高拱坝；损伤诊断；ARMA 模型；主成分分析；均值控制图

我国西南地区水资源丰沛，是目前水利开发建设的重点。该地区以高原和山地为主，峡谷广布，地势起伏，为充分利用水能资源，一大批高拱坝被修建起来。运行期的高拱坝承受着高速水流冲刷、温度荷载以及地震荷载等作用，坝体由此存在微小、难以观测的裂缝和损伤，并严重影响拱坝结构整体性功能。因此，在不伤害结构和不影响运行前提下，对高拱坝进行实时损伤检测具有重要的指导意义和工程实用价值。

传统的拱坝结构损伤检测方法通过检测人员配合检测设备对损伤部位进行检测，该方法需要预先知道损伤的大致部位并且受到检测人员触及范围的限制，是一种局部的检测手段，对于如今的高拱坝而言，已无法满足结构的实时损伤检测要求。因此，环境激励下基于振动响应信号的损伤检测方法成为目前识别工作状态的高拱坝结构损伤的主流方法。目前，学者们通过长期的研究已取得众多卓有成效的成果。例如，王柏生等通过混凝土拱坝模型试验对结构裂缝损伤检测的振动法进行了研究，根据裂缝对拱坝固有频率的影响，采用统计神经网络成功检测出裂缝损伤的存在并且确定出损伤的位置。何宗成利用统计神经网络方法对单曲拱坝试验模型以及有限元仿真模型进行损伤检测，根据结构动力特性测试的实测数据可以准确识别出损伤的存在。孙万泉采用基于泄洪激励下振动响应能量的互熵矩阵曲率法对高拱坝进行损伤识别，数值模拟分析结果表明该方法不论对其单一损伤、轻微损伤，还是多种损伤，均能够定位损伤和定性反映损伤程度。黄飞燕研究得到时域分析法可以提高损伤辨识精度并且能够快速定位损伤，通过帕满大坝的现场振动实测信号，实现对大坝的结构动力学分析和损伤评估。由此可见，对高拱坝结构振动响应识别损伤是目前研究的热点，能够为高拱坝的实时无损检测提供理论和技术支持。

作者简介：朱良值（1982—），男，安徽太和人，工程师，主要从事项目管理。E-mail：zhulz022@gmail.com。

1 检测基础理论

1.1 自回归滑动均值(ARMA)模型

自回归滑动均值(ARMA)模型是时序方法中最基本、实际应用最广的时间序列模型,其不需输入激励数据,基于结构响应序列 x_t 即可建立模型,适用于环境复杂、激励数据不可测的结构。

若时间序列 $\{x_t\}$ 的取值不仅与前 p 步取值,$x_{t-1},x_{t-2},\cdots,x_{t-p}$ 有关,还与前 q 步的干扰项 $\varepsilon_{t-1},\varepsilon_{t-2},\cdots,\varepsilon_{t-q}$ 有关($p,q=1,2,\cdots$),可以得到 ARMA(p,q)模型的一般形式:

$$x_t - \sum_{i=1}^{p}\varphi_i x_{t-i} = \varepsilon_t - \sum_{j=1}^{q}\theta_j \varepsilon_{t-j} \tag{1}$$

式中:p 和 q 分别表示 AR 部分和 MA 部分的阶次;$\varphi_i(i=0,1,\cdots,p)$ 表示自回归系数;ε_t 表示均值为 0、方差为 σ^2 白噪声序列;$\theta_j(j=0,1,\cdots,q)$ 表示滑动平均系数。

1.2 模型定阶

模型定阶是建立 ARMA 模型的第一步,同时也是损伤识别过程中的关键步骤,阶数是否合适关系到模型精度和从中提取到的模型参数的可靠性。相较于其他准则,Akaike 信息准则具有更好的定阶精度。因此,选择 Akaike 信息准则中的 AIC 准则进行定阶,其一般形式如下:

$$\text{AIC} = -2\ln(\text{模型的极大似然度}) + (\text{模型独立参数}) \tag{2}$$

式中“模型的极大似然度”用似然函数表示,舍去其中与模型和参数个数无关的项,整理得:

$$AIC(n,m) = N\ln\hat{\sigma}^2 + 2(n+m+1) \tag{3}$$

式中第一项体现模型拟合的好坏,第二项代表模型参数的多少。参数个数的增加会使模型拟合精度增加,这种增加是逐渐递减的。因此,选取使 AIC 准则函数取最小值的 n 和 m 作为模型最佳阶数。

1.3 模式特征提取

特征提取是模式识别的关键环节,因 ARMA 时序模型阶数较高,导致模型参数是高维参数,直接利用高维参数进行损伤识别既费时费力,又无必要。因此,引入主成分分析方法对模型参数进行特征提取,将获得的新模式向量作为判别结构损伤敏感指标的依据。

模型参数特征提取是从已有的诸多模式向量中,选取有代表性的关键信息构成新模式向量,其选构须遵循既降低向量维数又包含原模式中绝大部分关键信息的原则。主成分的定义如下:涉及 p 个变量指标的向量 $X=(X_1,X_2,\cdots X_p)$ 经线性变换后,得到新的综合变量 $Y=(Y_1,Y_2,\cdots Y_p)$,过程如下:

$$\begin{cases} Y_1 = u_{11}X_1 + u_{12}X_2 + \cdots + u_{1p}X_p \\ Y_2 = u_{21}X_1 + u_{22}X_2 + \cdots + u_{2p}X_p \\ \vdots \\ Y_p = u_{p1}X_1 + u_{p2}X_2 + \cdots + u_{pp}X_p \end{cases} \tag{4}$$

线性变换应使新变量 $Y=u'_iX$ 的方差足够大,同时保证 Y_i 两两相互独立。各阶主成分的方差在总方差中所占的比重依次递减,即所包含原变量指标的信息量依次递减。

1.4 均值控制图

均值控制图是统计假设检验的图上作业法,由样本点均值确定的中心线(CL)和置信度确定的上控制线(UCL)、下控制线(LCL)以及一系列描点构成。上、下控制线计算方法如下:

$$CL = \mathrm{mean}(X_i) \tag{5}$$

$$UCL, LCL = CL \pm Z_{\alpha/2}\frac{S}{\sqrt{n}} \tag{6}$$

式中：X_i 表示时间序列；S 表示各组样本标准差的均值；$Z_{\alpha/2}$ 表示由显著性水平 α 确定的接受域和拒绝域的临界值。

描点超出控制线时有两种可能：一是两组数据来自相同状态，把相同统计模式判别为不同统计模式，即发生了误判，当显著性水平 $\alpha = 0.05$ 时这种情况发生的概率仅为5%，从概率学的角度来讲就是小概率事件实际上不发生；二是两组数据来自不同状态，由于上、下控制线是由正常状态数据确定的，异常状态下数据均值溢出控制线的概率显著增加。因此，若有多点溢出，发生情况二的概率远高于情况一。

2 检测原理及步骤

如果高拱坝结构存在损伤，则损伤会导致结构动力特性异常，因此通过选取能够表征动力特性变化的指标即可进行损伤识别。高拱坝损伤检测的实质是区分损伤状态与健康状态，以高拱坝的健康状态作为参考对象，对待检测状态进行识别的过程。

本文损伤检测方法的处理过程为：

(1)进行振动试验，采集高拱坝结构振动响应数据。

(2)根据实测响应信号确定模型阶数，建立 ARMA 时序模型并提取出模型参数。

(3)利用主成分分析方法对模型参数进行降维处理，得到包含主要特征信息的第一阶主成分。

(4)以第一阶主成分为判别依据，作出高拱坝结构待检测工况的均值控制图，识别出结构损伤工况。

3 有限元数值仿真计算

3.1 有限元模型建立

拉西瓦水电站位于青海省贵德县及贵南县交界处，是黄河上游龙羊峡—青铜峡河段的第二个大型梯级电站。坝体为混凝土双曲薄拱坝，左、右基本对称布置，最大坝高 250 m，坝顶中心线弧长 459.63 m；坝顶厚度 10 m，拱冠底部最大厚度 49 m，厚高比 0.196；拱端最大厚度 55 m，两岸拱座采用半径向布置。

利用有限元分析软件 ANSYS 对拉西瓦拱坝进行有限元数值仿真计算，建立的高拱坝模型如图 1 所示。模型共有 48 778 个单元，其中模拟混凝土拱坝的 SOLID65 单元共 25 440 个，模拟基岩的 SOLID45 单元共 20 800 个，模拟水体的 MESS21 单元共 2 538 个。整体坐标系为直角坐标，R 为拱坝径向振动(顺河向)方向，S 为切向振动(横河向)方向，Z 为垂向振动方向。采用无质量地基，基岩本构模型为 Drucker - Prager 模型，混凝土本构模型采用 Mises模型，坝基模拟范围为地基上下游各延伸两倍坝高，左右两岸各延伸两倍坝高，地基深度取两倍坝高。

通过改变单元弹性模量的方法模拟拱坝损伤，损伤工况设置如下：

工况一：健康状态。

工况二：迎水面左岸 1/4 坝段处出现坝顶向下 1/3 坝高的裂缝，裂缝深度为 3/5 坝厚。

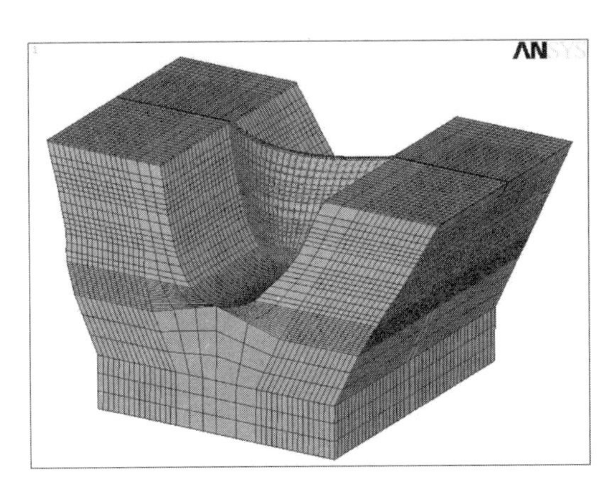

图1 拱坝及周边岩体模型

工况二模型如图2所示。

工况三:迎水面左岸1/4坝段处出现坝顶向下1/3坝高的裂缝,裂缝深度为3/5坝厚;迎水面右岸1/4坝段处出现坝顶向下2/3坝高的裂缝,裂缝深度为一倍坝厚。工况三模型如图3所示。

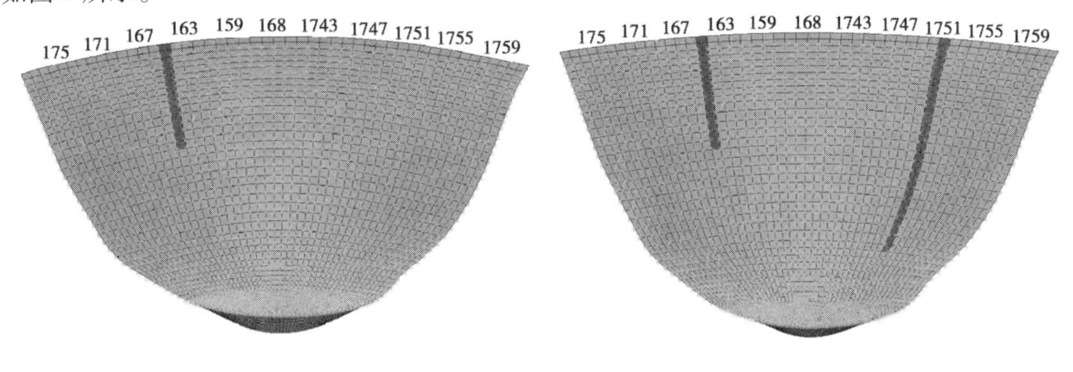

图2 拱坝工况二模型　　图3 拱坝工况三模型

采用三向EI - Centro地震波作为仿真计算激励输入,等距离选取坝顶上11个节点作为测点,输出加速度响应数据。

3.2 仿真数据处理及分析

选取256个加速度响应数据为一组,分段滞后10个数据,共得到200组进行分析处理。利用AIC准则对200组数据进行定阶,根据理论阶次ARMA($2n$,$2n-1$)得工况一下模型阶数为ARMA(26,25),工况二为ARMA(24,23),工况三为ARMA(26,25)。利用主成分分析方法将多维参数的特征信息集中到第一阶主成分中,缩减多余的参数,以此提取模型特征信息。采用第一阶主成分作为均值控制图的判别依据,通过工况一确定中心线、上控制线和下控制线,将工况二和工况三的200个第一阶主成分每4个为一个子组进行描点,作出均值控制图,测点6各工况的均值控制图如图4所示。

均值控制图中的中心线以及上、下控制线根据健康工况测点振动信号特征信息确定。由于结构在损伤状态下特征信息发生变化,其均值点会偏离中心线,从图4不难发现,损伤越大,均值点的均值线偏离中心线就越多,导致溢出点个数增多。把健康以及损伤工况下各

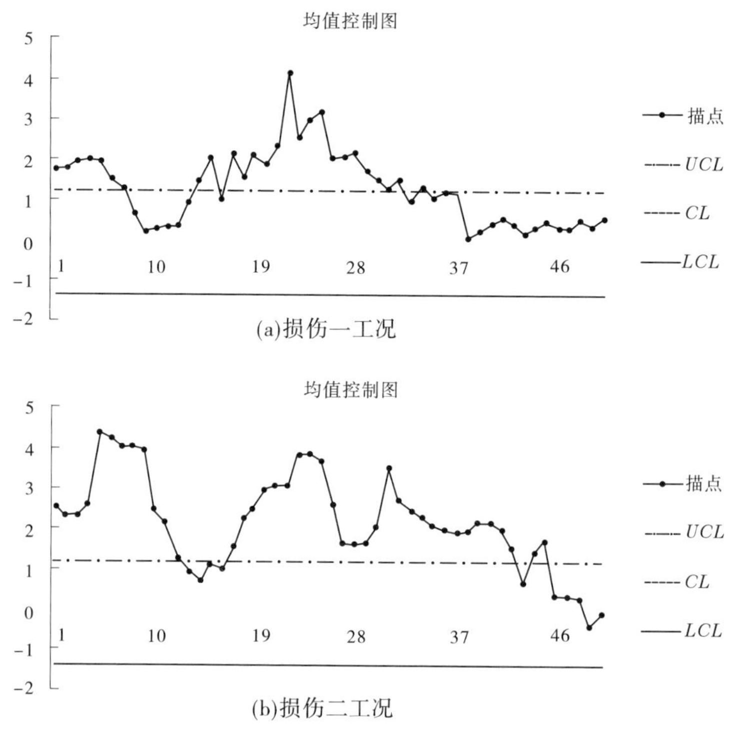

图 4　测点 6 均值控制图

测点溢出点个数统计于表 1 中。

表 1　均值点溢出情况统计表

工况	测点 1	测点 2	测点 3	测点 4	测点 5
损伤一	18	30	42	47	38
损伤二	28	37	45	49	43

工况	测点 6	测点 7	测点 8	测点 9	测点 10	测点 11
损伤一	26	19	15	9	5	3
损伤二	40	44	47	50	50	47

作出表 1 中各工况的溢出点的变化曲线，溢出点变化曲线如图 5 所示。

当结构存在较小损伤时，每个测点已经出现了大量的溢出点；当损伤较大时，更多的溢出点出现。由图 5 可知，离损伤位置最近的测点溢出点个数最多，离损伤位置越远溢出点个数越少，这说明均值控制图法对损伤位置有一定的识别能力。

4　石膏模型损伤试验

以拉西瓦拱坝为工程背景，以 2 430 m 以上高程部分原型坝为研究对象，建立比例尺为 1∶300 的石膏拱圈模型。将拱圈模型按照长度等分布置 9 个测点，从右至左依次为 1 号、2 号、…、9 号测点，每个测点位置布置一个加速度传感器，以采集模型该点的响应加速度。

4.1　工况设置

为验证损伤诊断方法，根据拱坝损伤开裂机制研究成果，对石膏拱圈模型设置刻缝模拟

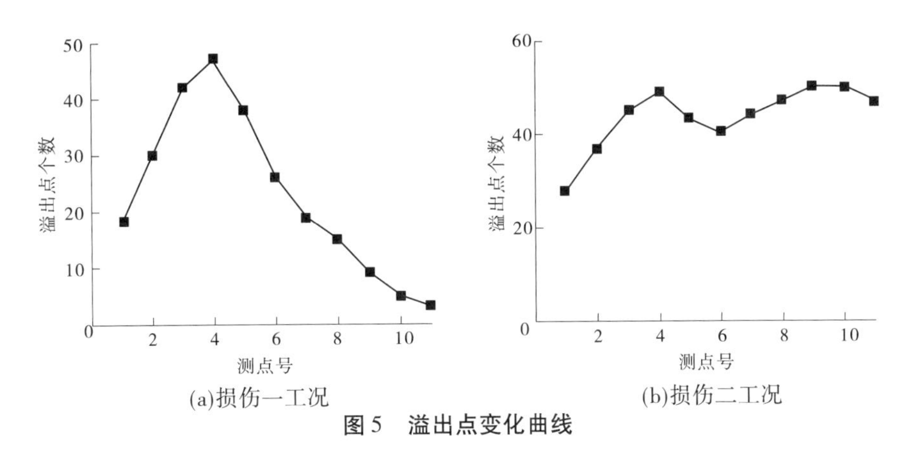

图5　溢出点变化曲线

损伤,刻缝位置分别为左右坝段1/4处,刻缝深度分别为1/4和1/2拱圈厚度。刻缝位置如图6所示。工况设置如表2所示。

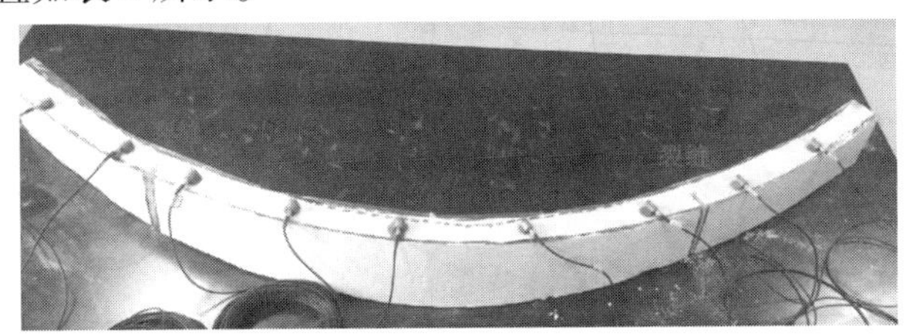

图6　拱圈模型刻缝位置

表2　工况设置

工况一	工况二	工况三	工况四	工况五
健康状态	测点2、3之间刻缝1/4拱圈厚度	测点2、3之间刻缝1/2拱圈厚度	测点2、3之间刻缝1/2拱圈厚度,测点7、8之间刻缝1/4拱圈厚度	测点2、3之间刻缝1/2拱圈厚度,测点7、8之间刻缝1/2拱圈厚度

4.2　实测数据处理及分析

选取205312振动响应数据作为样本,每1 024个为一组,分段滞后512个点,共分成400组。对各组数据用AIC准则进行定阶,得到模型阶数为ARMA(18,17)。利用主成分分析法将特征参数中的振动信息凝聚到第一阶主成分中。利用健康工况确定中心线、上控制线和下控制线,将损伤工况的400个第一阶主成分每4个为一个子组进行描点,作出均值控制图,测点5各工况的均值控制图如图7所示。

由图7可得,损伤工况的均值点由于结构状态的变化而偏离中心线,且损伤越大,均值点偏离中心线就越多,由此导致溢出点个数增多。把四种损伤工况下各测点溢出点个数统计于表3中。

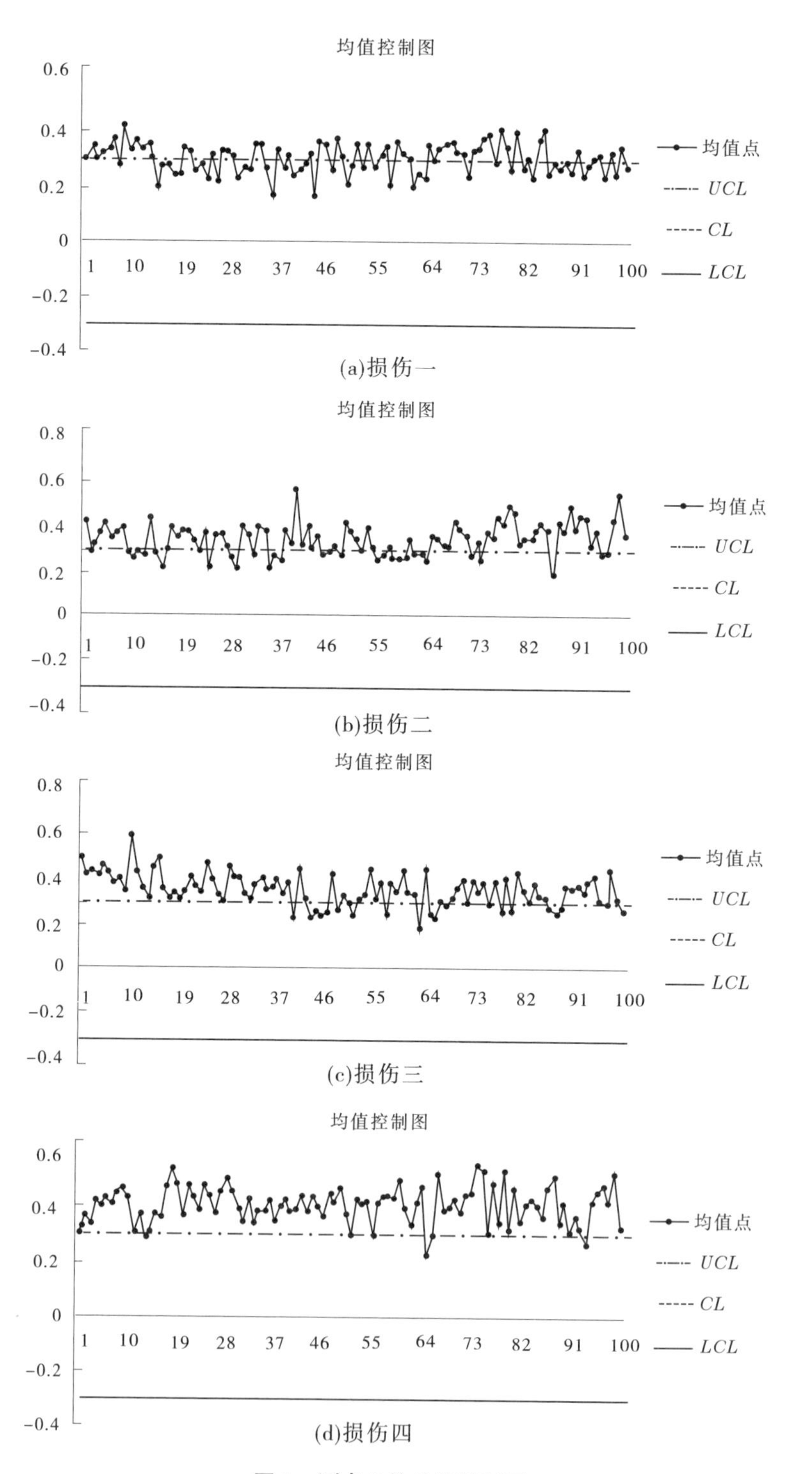

图7　测点5的均值控制图

表 3　均值点溢出情况统计表

工况	测点 1	测点 2	测点 3	测点 4	测点 5	测点 6	测点 7	测点 8	测点 9
损伤一	49	56	64	60	54	47	38	33	23
损伤二	68	74	83	76	70	62	56	44	37
损伤三	86	91	97	90	82	88	94	89	81
损伤四	94	99	100	97	93	98	100	100	92

作出各工况溢出点变化曲线，如图 8 所示。

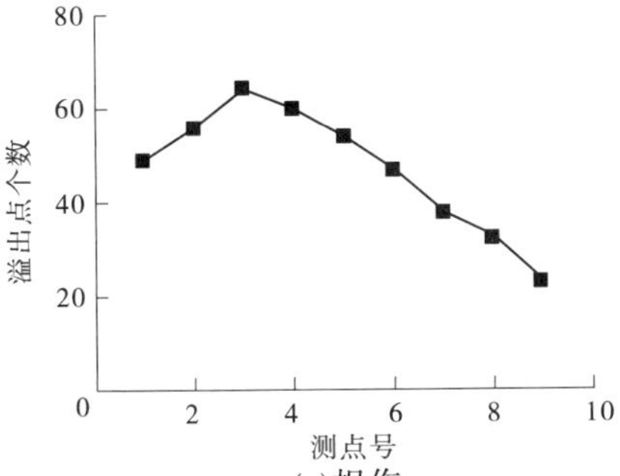

(a)损伤一

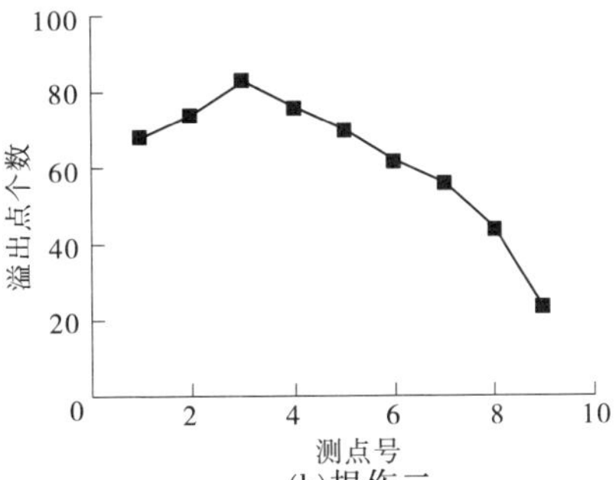

(b)损伤二

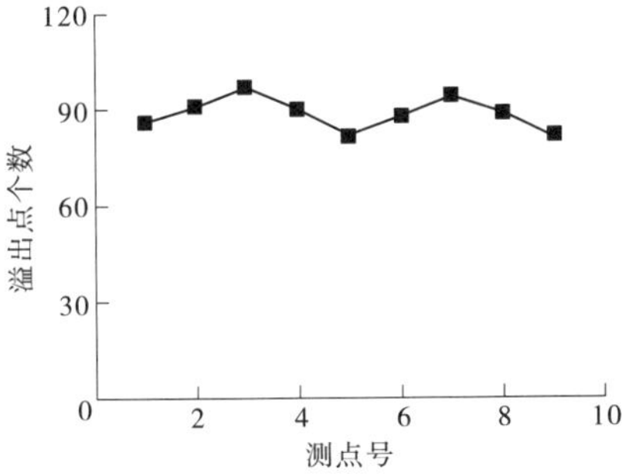

(c)损伤三

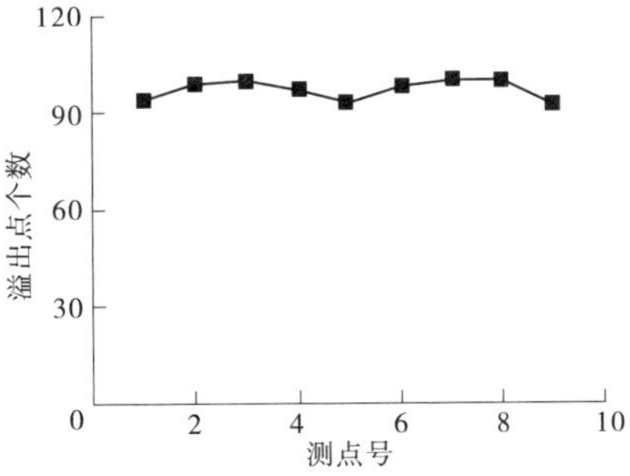

(d)损伤四

图 8　溢出点变化曲线

由图 8 可知，损伤越严重时各测点的溢出点越多，且距离损伤位置越近测点的溢出点越多，这表明基于均值控制图的损伤检测方法不仅能识别出高拱坝结构存在的损伤，而且对于损伤位置和损伤严重程度具有敏感性，能够为损伤位置和严重程度的检测提供借鉴。

5　结　论

本文提出了一种基于均值控制图的高拱坝结构损伤检测方法，通过结构振动响应信号建立时序模型，利用主成分分析方法将提取到的模型特征参数进行降维缩减，依据健康状态和损伤状态得到的均值控制图识别出高拱坝的损伤情况。有限元数值仿真和石膏模型损伤试验结果表明，该损伤诊断方法能够准确识别出高拱坝结构存在的损伤，同时对于损伤位置和严重程度具有敏感性，能够为高拱坝的实时无损检测提供技术指导。

参考文献

[1] 王柏生,何宗成,袁野. 混凝土拱坝裂缝损伤检测振动法的试验研究[C]// 全国水工抗震防灾学术会议. 2006.

[2] 何宗成. 基于振动的混凝土拱坝损伤识别试验研究[D]. 杭州:浙江大学, 2006.

[3] 孙万泉. 泄洪激励下高拱坝损伤识别的互熵矩阵曲率法[J]. 工程力学, 2012, 29(9):30-36.

[4] 黄飞燕. 基于时域分析法的水库大坝结构损伤研究[J]. 水利规划与设计, 2015(11):77-78.

[5] 何龙军. 水工结构损伤整体精细识别理论方法研究[D]. 天津:天津大学,2013.

[6] 李成业. 基于 HHT 的二滩拱坝工作性态识别及其"拍振"机理研究[D]. 天津:天津大学,2013.

[7] 赵瑜,薛白,张建伟. 基于 ARMA 模型的桥梁结构模态参数辨识研究[J]. 华北水利水电大学学报(自然科学版),2015, 36(2):21-24.

[8] 马斌. 高拱坝及反拱水垫塘结构泄洪安全分析与模拟[D]. 天津:天津大学,2006.

[9] 程晟钊. 强震下高拱坝动力分析与损伤开裂模式研究[D]. 郑州:华北水利水电大学, 2013.

基于有限体积法的高水头船闸中间渠道非恒定流数值模拟

范 敏[1,2] 李云涛[3] 江耀祖[1] 吴英卓[1]

(1. 长江水利委员会长江科学院,武汉 430010;
2. 重庆交通大学内河航道整治技术交通行业重点实验室,重庆 400074;
3. 中国能源建设集团湖南省电力设计院有限公司,长沙 410007)

摘 要 中间渠道是两端封闭的特殊渠道,是分散梯级船闸的重要通航建筑物,具有调度灵活、通过能力大等优点,但由于上、下游闸室不同运行条件的的影响,极易在中间渠道内产生复杂的非恒定流波动,对船舶航行和停泊产生不利影响。本文在已有试验成果的条件下,进一步构建了高水头船闸中间渠道的数学模型,对船闸上下游闸室同时充泄水条件进行数值模拟,计算分析了中间渠道内水位和流速波动,明确了中间渠道各部位的变化情况。

关键词 中间渠道;有限体积法;非恒定流;往复波特性

1 概 述

随着高坝建设的进一步发展,坝区通航及其高坝建筑物通航问题逐渐彰显,需要采用各种形式的通航建筑物来满足和增加实际工程通航要求,中间渠道作为高水头分散式船闸中重要的通航建筑物,在工程运行中发挥着至关重要的作用,而中间渠道上、下游闸室充、泄水过程的非恒定流问题则是影响通航的主要因素。因此,在采用传统物理模型试验的条件下,进一步采用合理有效的数值计算方法,对船闸中间渠道的往复波特性进行深入研究具有十分重要的工程应用价值。现阶段,船闸中间渠道的研究主要集中在试验研究和数值模拟两方面,试验研究方面,李焱等[1,2]分别对龙滩升船级中间渠道和百色升船级中间渠道进行试验研究,对中间渠道船行波的形态进行分析,明确了中间渠道的通航条件;曹玉芬等[3]通过1:40 的水工概化模型试验,对规则矩形断面中间渠道的船闸充泄水运行方式进行试验,分析了单充、单泄以及双充双泄条件下的中间渠道水流波动形态;数值模拟方面,吴时强等[4]采用平面二维非恒定流数值模型,基于隐式求解自由表面的剖开算子法,模拟了三峡通航工程中间渠道的比选方案,通过模拟计算进一步优化运行方案;李广一等[5]采用 RNG $k-\varepsilon$ 湍流模型对大藤峡水利枢纽中间渠道进行三维数值模拟,分析了中间渠道水流波速、震荡波高和局部水面比降等水力特性。本研究在已有成果基础上,结合中间渠道物理模型成果,进一步采用有限体积法建立了船闸中间渠道非恒定流数学模型,对中间渠道上、下游闸室同时

基金项目:重庆交通大学内河航道整治技术交通行业重点实验室开放基金资助(NHHD-201507)。

作者简介:范敏(1987—),男,陕西合阳人,博士,工程师,主要从事水力学及河流动力学研究。E-mail:hmfanmin@163.com。

充、泄水产生的往复波进行深化研究。

2　数学模型及计算方法

2.1　控制方程

采用基于水深平均的平面二维数学模型来描述中间渠道的水流运动,直角坐标系下水流运动的控制方程为:

$$\frac{\partial Z}{\partial t}+\frac{\partial uH}{\partial x}+\frac{\partial vH}{\partial y}=0 \tag{1}$$

$$\frac{\partial uH}{\partial t}+\frac{\partial uuH}{\partial x}+\frac{\partial vuH}{\partial y}=-g\frac{n^2\sqrt{u^2+v^2}}{H^{\frac{1}{3}}}u-gH\frac{\partial Z}{\partial x}+v_T H\left(\frac{\partial^2 u}{\partial x^2}+\frac{\partial^2 u}{\partial y^2}\right) \tag{2}$$

$$\frac{\partial vH}{\partial t}+\frac{\partial uvH}{\partial x}+\frac{\partial vvH}{\partial y}=-g\frac{n^2\sqrt{u^2+v^2}}{H^{\frac{1}{3}}}v-gH\frac{\partial Z}{\partial y}+v_T H\left(\frac{\partial^2 v}{\partial x^2}+\frac{\partial^2 v}{\partial y^2}\right) \tag{3}$$

式中:Z 为水位;H 为水深;u、v 为 x、y 方向的流速;n 为糙率系数;g 为重力加速度;v_t 为水流综合扩散系数。

边界条件包括初始条件与边界条件。边界条件为上、下游闸室分别给定充水、泄水的流量过程。对于固壁边界,则采用水流无滑移条件。在计算时,由计算开始时刻上、下边界的流量确定模型计算的初始条件,中间渠道初始流速取为0,随着计算的进行,初始条件的偏差将逐渐得到修正,其对最终计算成果的精度不会产生影响。

2.2　数值计算方法

采用有限体积法对控制方程进行了离散,用基于同位网格的 SIMPLE 算法处理压力和流速的耦合关系,其中对流项采用具有三阶精度的 QUICK 格式,扩散项采用中心差分格式。离散后的代数方程组形式如下:

$$A_P\phi_P=\sum A_{Fj}\phi_{Fj}+b_0 \tag{4}$$

采用 Gauss - Seidel 迭代求解线性方程组,根据单元残余质量流量和全场残余质量流量判断是否收敛,当单元残余质量流量为进口流量的 0.01%,全场残余流量为进口流量的 0.5%,认为迭代收敛。

3　中间渠道非恒定流验证计算

由于缺少中间渠道实测资料,选取长江科学院[6]成果中与本工程类似的中间渠道进行验证,该中间渠道为标准梯形渠道,其总长 3 290 m,距离上闸室口门 1 765 m 处有一个 21°的转角,边坡 1:1,底部宽度 158 m,底高程 99 m。工程布置图见图 1。试验中波动测量采用 KGY - 2 型电容式浪高仪器,并采用 SC - 16 光线示波器记录波动信号,并在渠道中心线共布置了 5 个测点,分别距离上闸室口门 200 m、600 m、1 765 m、2 690 m 和 3 190 m。

验证计算条件为船闸闸室双充条件,即充水历时 28 min,最大流量 550 m^3/s,出现时间为第 2.5 min,船闸中间渠道初始水位为 106 m。按照计算范围,本文计算网格采用 Delaunay 三角化法,计算区域内共布置了 35 402 个网格节点和 15 900 个计算单元,网格间距最大为 10 m,最小为 5 m。

图 2 给出了船闸闸室双充双泄条件下,各测点(篇幅所限,仅给出两个测点)不同时刻

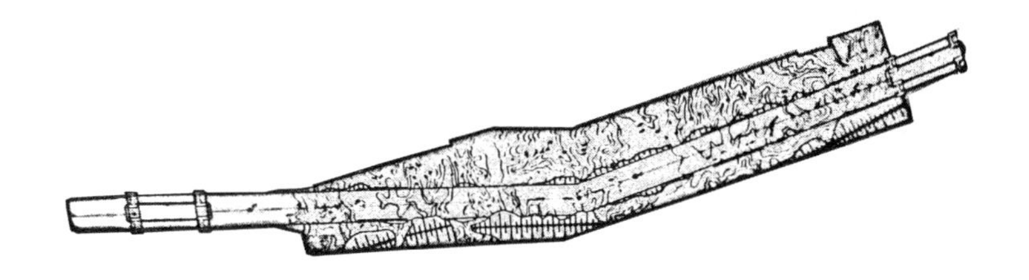

图 1 工程布置图

水位随时间波动计算值和试验值比较图。从图 2 中可以看出:①从整体趋势来看,计算值和试验值波动周期基本一致;②从波高来看,计算值和实测值基本吻合,最大值不超过 0.1 m;③从水位波动变化来看,模型计算值和试验值均呈现出水位下降较慢的情况。综上,模型计算与试验成果吻合,能够满足工程精度要求。

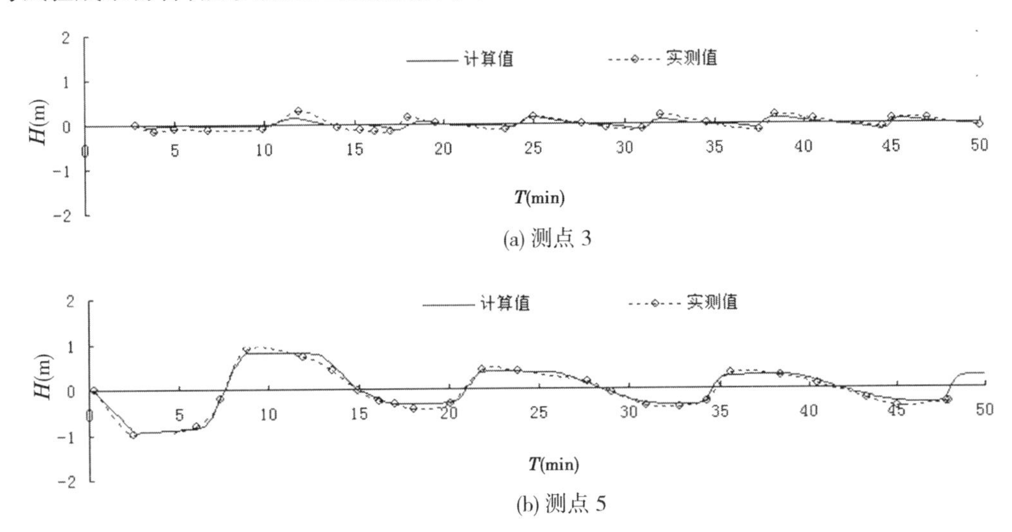

图 2 验证计算值与实测值比较图

4 中间渠道非恒定流模拟计算

本文主要对第Ⅱ中间渠道进行计算,其断面形式为标准梯形断面,计算区域长 1 870 m,底高程 98 m,底宽 128 m,边坡坡度 1∶0.5。对船闸正常运行条件下,中间渠道上、下游闸室同时充、泄水进行模拟计算,其中上游闸室充水总历时为 11 min,最大流量为 790 m^3/s,出现时间为第 125 s;下游闸室泄水总历时为 11 min,最大流量为 800 m^3/s,出现时间为第 125 s,计算过程中,中间渠道初始水位为 106.5 m。

计算网格采用 Delaunay 三角化法对计算区域进行网格划分。在计算区域内共布置了 113 118 个网格节点和 57 241 个计算单元,网格间距最大为 5 m,最小为 2 m。为了监测中间渠道不同位置的水力特性,中间渠道选取了距离上闸室 100 m、300 m、600 m、950 m 和距离下闸室 600 m、300 m、100 m 共计 7 个特征点(编号分别为特征点 1 ~ 特征点 7)。

4.1 水位波动

图 3 给出了各特征点随时间的波动情况。从图 3 中可以看出:①由于上闸室和下闸室同时运行,各特征点水位随时间变化呈现出以初始水位为轴线的波动,随着时间的逐渐增

加，波动幅度逐渐减小，并最终趋于平衡状态；②从各特征点发生时间来看，由于上、下闸室同时运行，分别距离闸室上、下闸室越近的特征点，其水位变化时间越早，水位变化呈现出上闸室端水位增加，下闸室端水位降低的趋势。

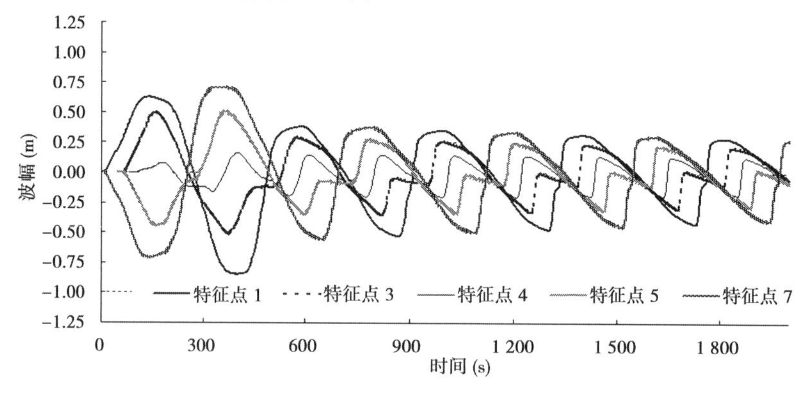

图 3　特征点水位随时间变化

4.2　水位变率

水位变率直接影响船舶的停泊条件，表 1 进一步根据特征点水位波动情况计算出各特征点的水位变率。从表 1 中可以看出：①各特征点最大变率均出现在首波的波峰至波谷（波谷至波峰）阶段，后续波动的水位变率均小于首波的变率，其中特征点 7 的最大变率为 0.43 m/min，出现在首波的波谷至波峰位置；②从特征点布置来看，距离上、下闸室越近的点，其水位变率越大，其中，距离上下闸室较近的特征点 1 和特征点 7 水位变率明显大于布置在中间位置的特征点 3 和特征点 5。

表 1　工况 3 特征点水位平均变率统计表

特征点编号	水位变率（m/min）						
1	静—峰	峰—谷	谷—峰	峰—谷	谷—峰	峰—谷	谷—峰
	0.26	−0.40	0.37	−0.19	0.38	−0.16	0.38
3	静—峰	峰—谷	谷—峰	峰—谷	谷—峰	峰—谷	谷—峰
	0.17	−0.27	0.24	−0.15	0.20	−0.14	0.20
5	静—谷	谷—峰	峰—谷	谷—峰	峰—谷	谷—峰	峰—谷
	−0.17	0.28	−0.21	0.20	−0.13	0.20	−0.13
7	静—谷	谷—峰	峰—谷	谷—峰	峰—谷	谷—峰	峰—谷
	−0.28	0.43	−0.24	0.36	−0.18	0.38	−0.15

注：+ 表示水位上涨，− 表示水位下降。

4.3　流速变化

图 4 给出了船闸上下游闸室同时充泄水条件下的流速随时间变化图。从图 4 中可以看出：①各特征点流速随时间变化呈波浪式下降过程，且随着时间逐渐增长，各特征点流速最终趋于稳定；②从各特征点发生时间来看，各特征点流速变化时间也随着距离上、下闸室距离的增长而逐渐变晚；③从各特征点流速波动来看，距离上闸室越近的特征点其纵向流速越大，其流速变化幅度远大于下闸室附近的特征点，其中，特征点 1 纵向流速最大，约为 0.68

m/s,出现时间为上闸室泄水的第 138 s,但流速变化最大出现在中间渠道中间位置,最大变幅为 0.92 m/s。

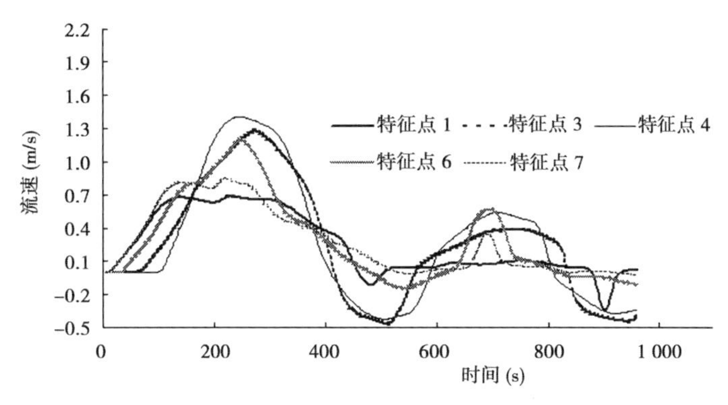

图 4 特征点流速随时间变化

5 结 论

(1)本研究建立了基于有限体积法的船闸中间渠道非恒定水流数值计算方法。通过对同类工程模型试验成果的验证计算,结果表明,计算结果无论是从波动周期、水位变幅还是波动衰减情况均与验证试验成果吻合。

(2)通过对高水头船闸中间渠道上、下游闸室同时充、泄水运行条件下的往复波特性进行计算模拟,成果表明,水位和流速波动情况均随着时间的逐渐增加而逐渐减小,并最终趋于平衡状态;水位变化较大出现在距离上、下游闸室较近区域,而流速变化最大出现在中间渠道的中间区域。

参 考 文 献

[1] 李焱,郑宝友,于宝海,等. 龙滩升船机中间渠道通航条件试验[J]. 水道港口,2006(4):89-94.

[2] 李焱,刘俊涛. 百色升船机中间渠道内船舶航速与渠道尺度分析及航行条件试验[J]. 水道港口,2014(8):393-398.

[3] 曹玉芬,戈龙仔,孟祥玮,等. 带中间渠道船闸运转方式的试验研究[J]. 水道港口,2007(4):393-398.

[4] 吴时强,丁道扬. 中间渠道内非恒定流数值模拟 [J]. 水利水运科学研究,1997(9):219-227.

[5] 李广一,范宝山,金贤,等. 大藤峡水利枢纽船闸中间渠道非恒定流三维数值模拟研究中间渠道内非恒定流数值模拟 [J]. 水利科技与经济,2012(10):58-65.

[6] 长江科学院. 三峡 150 方案分散两级船闸中间渠道水力学研究报告(之二)[R]. 1991.

茨哈峡天然沙砾石料填筑高面板坝的筑坝优势

翟迎春　周　恒

（中国电建集团西北勘测设计研究院有限公司，西安　710065）

摘　要　茨哈峡天然沙砾石料储量丰富，级配良好、分布较均匀，室内试验和现场碾压试验成果证明，沙砾石料具有低压缩性，可压实到较高的干密度，具有较高的力学指标，有利于坝体变形的协调控制。沙砾石料渗透性差，需要针对性地设置坝体排水措施。由于沙砾石料级配是天然的，级配容易控制，施工质量保证率高，且经济性好，在技术经济方面均具有较大优势，是高面板坝理想的筑坝材料。

关键词　沙砾石料；级配；低压缩性；应力应变特性；渗透特性；经济性

1　工程概况

茨哈峡水电站位于青海省海南州境内的黄河上游干流上，工程区海拔 2 750 ~ 3 300 m，具有典型的内陆高原气候特点。茨哈峡面板坝是目前国内拟建的高面板堆石坝之一，坝顶高程 3 001. 5 m，坝顶长 681. 35 m，最大坝高 257. 5 m，较已建的水布垭面板坝高出 24. 5 m。大坝上游堆石区采用天然沙石料，下游堆石区采用建筑物开挖块石料筑坝，上游坝坡1∶1. 6，下游综合坝坡 1∶1. 75。垫层区、过渡区、排水区均采用变厚度布置，自上而下随着水头的增加，厚度逐渐加厚。面板坝填筑总量约 3 800 万 m^3，其中天然沙砾石料填筑量为 2 255 万 m^3。

坝址区天然沙砾石料储量丰富，推荐采用的吉浪滩沙砾石料料场位于左岸岸顶平台，距坝址约 1 km。料场上覆粉质壤土，土层厚度 1 ~ 20 m，下覆沙砾石层厚 40 ~ 80 m，总面积约 4. 7 km^2，沙砾石料总储量大于 1 亿 m^3。天然沙砾石料母岩为中细砂岩、石英岩、花岗岩、板岩等。

建筑物开挖料为中厚—薄层的砂岩夹板岩，开挖后的岩块最大粒径为 50 ~ 60 cm。砂岩为硬岩，板岩为中硬—软岩，且各向异性明显，软化系数较小，坝料开采时无法剔除，作为下游堆石区料，控制板岩含量不大于 30% 。

2　级配特性

对吉浪滩料场在常规勘察的基础上，在推荐料区范围内布置了 6 个深 80 m、直径约 2. 0 m、穿过料层的勘探竖井，并进行了全井连续颗分试验，加上料场坑槽及钻孔、料场周边沟槽

作者简介：翟迎春（1964—），男，山东单县人，教授级高级工程师，主要从事水电站设计。E-mail：2571157333@ qq. com。

的颗分试验成果，共获得超过300组颗分试验成果，具有足够的代表性。

吉浪滩天然沙砾石料场沙砾石料级配包线见图1。最大粒径一般为300 mm，大于5 mm的颗粒含量为90.8% ~69.5%，小于5 mm的颗粒含量为9.2% ~30.5%，小于0.075 mm的颗粒含量为1.4% ~8.9%（平均4.0%），级配曲线为连续、光滑、凹面向上的形式。不均匀系数11 ~311（平均212），曲率系数1.53 ~9.92（平均24.45）；紧密密度2.01 ~2.25 g/cm^3（平均2.14 g/cm^3）。小于5 mm以及20 ~40 mm、100 ~200 mm的粒径组的含量普遍高于其他粒组含量。

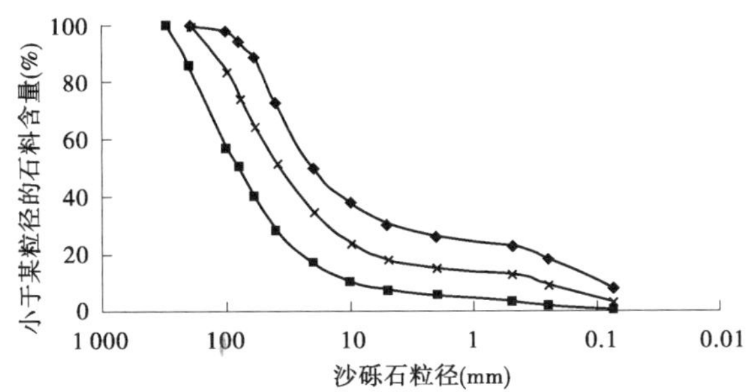

图1 吉浪滩沙砾石料级配曲线

根据勘探资料，吉浪滩料场天然沙砾石级配在平面和立面上分布均匀，小于5 mm的颗粒含量变化不大，料场各部位的沙砾石料级配曲线均在包线范围内，料场砂砾石料级配的均一性较好；没有发现大面积分布的细砂层透镜体或黏土夹层，细砂夹层厚度在10 ~20 cm，延伸一般不超过10 ~20 m，属透镜状薄层中细砂。透镜状胶结层分布较少，厚度一般10 ~15 cm，胶结程度一般。极少量“风化花岗岩”砾石，易压碎，为软弱颗粒，但含量少，压碎后为砂，不影响砂砾石料力学特性。

3 低压缩性

室内大型压缩试验成果表明，制样干密度不同，压缩模量也不相同，干密度较高压缩系数小、压缩模量大，抗变形能力强。以沙砾石料平均级配为例，在最大压力级别为3.2 ~6.0 MPa时，坝料干密度分别为2.2 g/cm^3、2.23 g/cm^3、2.26 g/cm^3、2.37 g/cm^3，相应压缩模量为250 MPa、298 MPa、340 MPa、567 MPa，相应压缩系数为0.004 9、0.004 1、0.003 9、0.00 2，随着干密度的提高，压缩模量提高。

将茨哈峡沙砾石料与类似工程二长岩、砂岩块石料的大型压缩试验成果进行对比分析，见图2。当轴向压力在2.0 MPa以下时，玛尔挡块石料的压缩模量随压力的提高，逐渐提高；当轴向压力大于2.0 MPa时，由于块石料产生颗粒破碎，压缩模量降低，在最大压力级别3.2 ~6.0 MPa时，压缩模量为100 ~150 MPa；茨哈峡砂岩夹板岩料在0.5 MPa时就出现颗粒破碎现象，其后压缩模量随压力的升高而降低，在大于3.0 MPa时，模量有所升高，压缩模量为100 MPa左右。而茨哈峡沙砾石料随压力的升高，压缩模量持续增大，未出现随压力增大压缩模量减小的现象，3.2 ~6.0 MPa时压缩模量达到300 ~350 MPa。由此可见，茨哈峡沙砾石料颗粒破碎率低，压缩模量高，特别是在高围压下具有低压缩性和抗变形能力强的特点。

茨哈峡沙砾石料现场原级配料“密度桶”法相对密度试验成果表明，最大干密度可达到

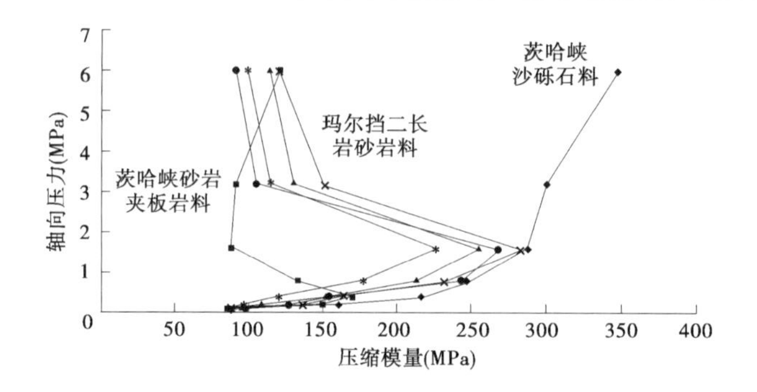

图 2　室内压缩试验轴向压力与压缩模量关系曲线

2. 385 g/cm^3。现场碾压试验成果:采用 32 t 自行式振动碾、铺料厚度 80 cm、洒水量 10%、碾压 12 遍,干密度为 2. 36 g/cm^3,与最大干密度较接近,相对密度可达到 0. 92,换算得到的孔隙率约为 14%。采用块石料填筑的类似工程面板坝,如水布垭、洪家渡等工程,筑坝料干密度均小于 2. 25 g/cm^3,孔隙率为 19. 5% ~20%。

由此可见,茨哈峡沙砾石料具有高模量、低压缩性,易于压实到较高干密度,坝体变形易于控制等特点,是高面板坝理想的筑坝材料。

4　应力应变特性

室内不同围压下的大三轴试验成果见表 1。随着围压的增加,沙砾石料的破坏峰值偏应力显著提高,而对应的摩擦角明显降低。

表 1　沙砾石料破坏峰值及非线性强度指标

围压(kPa)	400	800	1 200	1 600	2 000	2 600	3 300
破坏峰值(kPa)	2 527. 2	4 342. 7	5 887. 1	7 493. 5	8 851. 4	11 030. 5	13 246. 7
摩擦角(°)	49. 4	47	45. 3	44. 5	43. 5	42. 8	41. 9

从应力应变曲线(见图 3)来看,沙砾石料偏应力均随轴向应变的增加而增加,没有明显的软化现象;从体积应变曲线(见图 4)来看,沙砾石料的剪胀现象较为明显,在围压达到 2 MPa 时仍有较明显的剪胀。对块石料而言,在围压较高情况下,由于颗粒破碎影响,试样一般都表现为剪缩。从沙砾石料在较高围压下试样仍表现为剪胀现象,可见沙砾石料对抑制坝体的体积变形很有益处。

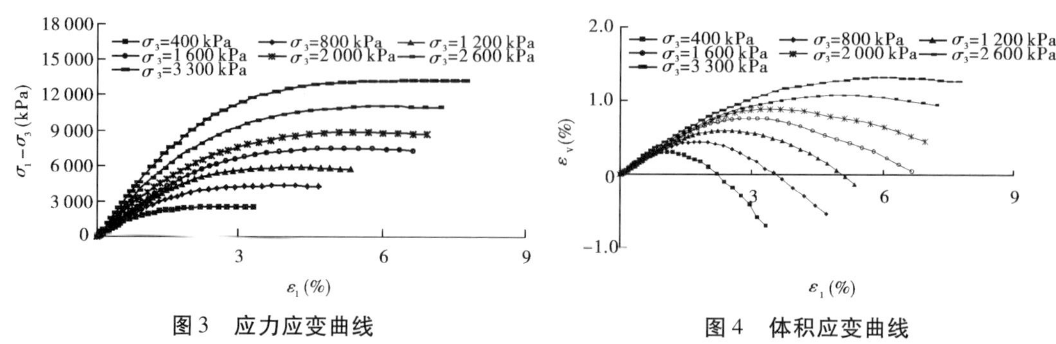

图 3　应力应变曲线　　　　图 4　体积应变曲线

室内大三轴试验成果表明，茨哈峡沙砾石料模量系数 $K=2\ 138\sim1\ 910$、$n=0.36\sim0.43$，见表2。已建类似工程面板坝块石料室内大三轴试验的成果，模量系数 K 值一般在1 100左右。

表2　茨哈峡沙砾石料大三轴试验 E－B 模型参数

干密度(g/cm^3)	φ_0(°)	$\Delta\varphi$(°)	R_f	K	n	K_b	m
2.32～2.37	54.3～56.3	8.2～10.6	0.61～0.76	1 910～2 138	0.36～0.43	1 100～1 300	0.28～0.36

5　渗透特性

室内试验结果沙砾石堆石料渗透系数为 $2.51\times10^{-2}\sim7.87\times10^{-4}$ cm/s，现场碾压试验测得的渗透系数为 $4.2\times10^{-3}\sim8.5\times10^{-3}$ cm/s。一般情况下，作为主堆石区的填筑料渗透系数为 $i\times10^{-1}$ cm/s 左右，应具有自由排水能力。与块石料相比，沙砾石料渗透系数偏小，不具备自由排水能力。

对于面板坝而言，坝体填筑料为获得较高的干密度，必将影响其渗透性，而坝体的渗透稳定性是保证面板坝安全的关键技术问题之一，因此在茨哈峡坝体内设置排水区是必要的。

6　坝料级配易得到保证

众所周知，面板坝上坝料级配控制是影响坝体压实度的关键因素之一，通过爆破开采的块石料级配应满足设计级配的要求，但由于受块石料场不同部位岩石的风化程度、裂隙发育程度等地质条件的影响，爆破后料的级配控制较难，特别是5 mm以下的细颗粒含量较难保证，直接影响压实效果。面板坝施工规范并未明确要求对每一批次的爆破料进行级配检测以及检测的组数，可能造成上坝料的级配偏离设计级配。

由于沙砾石料级配是天然的，且茨哈峡吉浪滩沙砾石料级配分布较均匀，最大粒径及5 mm以下的细颗粒含量绝对保证，上坝料的级配控制较容易，施工质量的保证率较高。

7　坝体变形分析

茨哈峡坝体三维应力变形计算结果，坝体最大沉降145 cm左右，位于1/2坝高处，沉降率约为坝高的0.56%，见图5。面板挠度最大值为75.9 cm，与面板长度的比值为0.16%。周边缝变位均不超过4.0 cm，面板应力主要为压应力，局部部位产生一定量值的拉应力。

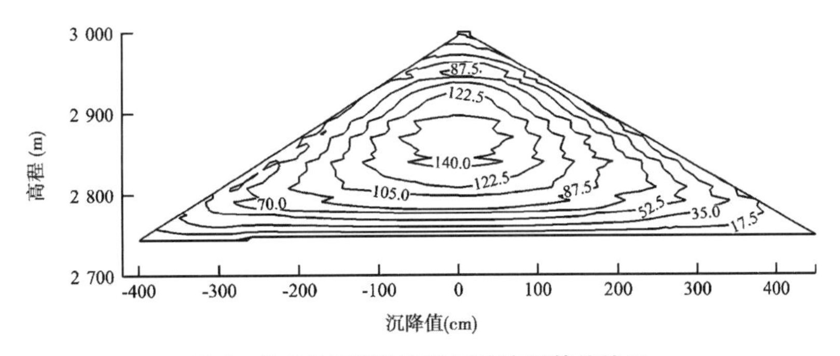

图5　茨哈峡面板坝坝体垂直变形等值线图

据已建 200 m 级面板坝实测资料，采用块石料填筑的面板坝坝体变形沉降率大多在 0.7% ~1%，一些面板坝由于坝体沉降变形大，导致混凝土面板出现挤压破坏或裂缝等问题，并引起坝体渗漏水流量较大。采用以沙砾石料为主填筑的面板坝，如吉林台一级、乌鲁瓦提、古洞口、那兰等，坝体沉降率一般在 0.24% ~0.4%，大坝运行情况良好。

8　较好的经济性

沙砾石料与块石料相比较，沙砾石料开挖时无须爆破，可利用机械设备直接开挖装车。初步估算，在运距相同的条件下，茨哈峡面板坝采用沙砾石料筑坝费用较块石料节省工程投资约 7 亿元，沙砾石料筑坝具有明显的经济优势。

9　结　语

茨哈峡天然沙砾石料储量丰富，与块石料相比较，沙砾石料开采运输方便，级配易于控制。沙砾石料具有较好的力学特性和压实性，干密度大、压缩模量高，有利于坝体变形协调控制。沙砾石料渗透性较差的缺点可通过设置排水区来解决。茨哈峡工程沙砾石料筑坝技术经济性突出，施工质量易于控制，是高面板坝理想的筑坝材料。

参 考 文 献

[1] 300 m 级高丽面板坝安全性及关键技术研究[R]. 中国水电工程顾问集团公司，2015.
[2] 茨哈峡水电站预可行性研究报告[R]. 中国电建集团西北勘测设计研究院有限公司，2012.
[3] 茨哈峡水电站筑坝料现场碾压试验研究报告[R]. 中国电建集团西北勘测设计研究院有限公司，2016.

峡谷区高面板堆石坝流变变形控制研究

袁丽娜　欧　波　陈　军　罗代明

（贵州省水利水电勘测设计研究院，贵阳　550002）

摘　要　狭窄河谷对面板坝变形存在拱效应，阻碍坝体和面板变形的快速稳定。以峡谷区黔中平寨水库混凝土面板堆石坝为例，对大坝进行三维有限元流变特性数值模拟。计算结果表明，狭窄河谷下面板坝变形稳定时间长，考虑堆石料流变特性后坝体变形明显增大，并且面板挠度和面板应力也有相应的增加，从而增大了面板挤压破坏的可能。在大坝堆石体流变变形特性研究的基础上，提出坝体流变变形控制的工程措施，减小坝体后期变形，改善面板的受力条件，确保坝体和面板的应力变形控制在设计允许范围之内。

关键词　狭窄河谷；混凝土面板堆石坝；流变；拱效应

1　引　言

混凝土面板堆石坝因其自身优点在国内外得到广泛应用，并且面板坝的坝高也在逐渐增加。然而，修建在狭窄河谷中高混凝土面板堆石坝的数量比较少，尤其是200 m级的高面板堆石坝，比较有名的包括澳大利亚的Cethana坝[1]（坝高110 m、河谷宽高比1.94）、委内瑞拉的Yacambu坝[2]（坝高162 m，河谷宽高比0.90），国内的吉林台面板坝[3]（坝高157 m，河谷宽高比2.48）、洪家渡面板坝[4]（坝高179.5 m，河谷宽高比2.49）以及黔中水利枢纽一期工程平寨水库混凝土面板堆石坝（坝高157.5 m，河谷宽高比2.2）等。狭窄河谷中，散粒料在荷载不变情况下变形持续时间长，使得建于狭窄河谷的高面板坝受力特性明显不同于宽阔河谷中的面板坝。据已有资料分析可知，狭窄河谷条件容易导致堆石体压力拱形成，使堆石的铅直压力比上覆堆石层自重应力小，坝体沉降变形量与宽阔河谷相比较小。另外，根据高面板堆石坝的安全监测结果，堆石体的流变现象比较明显[5]。因此，对高面板坝进行设计时除了考虑瞬时变形外，坝体应力和位移的分析还应考虑时间效应，以便正确合理地计入堆石体流变变形的影响[6,7]。

2　平寨水库面板坝的工程概况

平寨水库混凝土面板堆石坝位于贵州省三岔河中游，坝址以上集水面积3 492 km^2，水

基金项目：贵州省重大科技专项计划项目（20126013-2）。

作者简介：袁丽娜（1989—），女，安徽淮北人，硕士，助理工程师，主要从事水工建筑物设计工作。E-mail：15996281697@163.com。

通讯作者：欧波（1978—），男，贵州凯里人，学士，高级工程师，主要从事水工建筑物设计工作。E-mail：76418996@qq.com。

库总库容10.89亿m^3,最大坝高157.5 m,坝顶高程1 335 m,坝顶长355 m,坝顶宽10.3 m。大坝上游坝坡(面板顶部)1∶1.404,下游坝面设置宽度8 m的“之”字形公路,综合坝坡1∶1.533,坝体的典型剖面如图1所示。坝址位于平寨峡谷河段,横向谷,坝顶河谷宽355 m,坝顶高程处河谷宽高比2.2,两岸左缓右陡呈“V”形谷(见图2),是典型建于狭窄河谷中的高面板堆石坝。

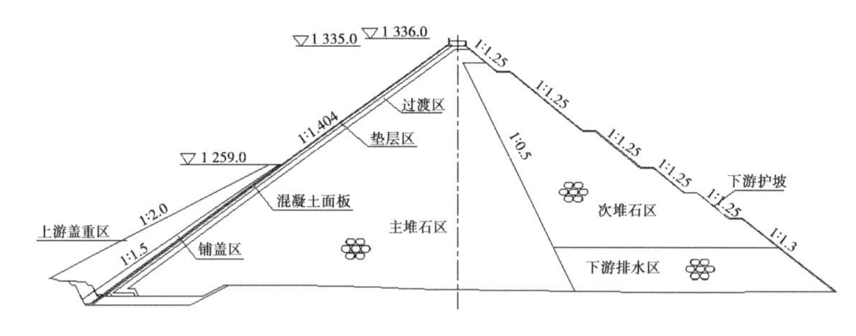

图1　坝体典型剖面图

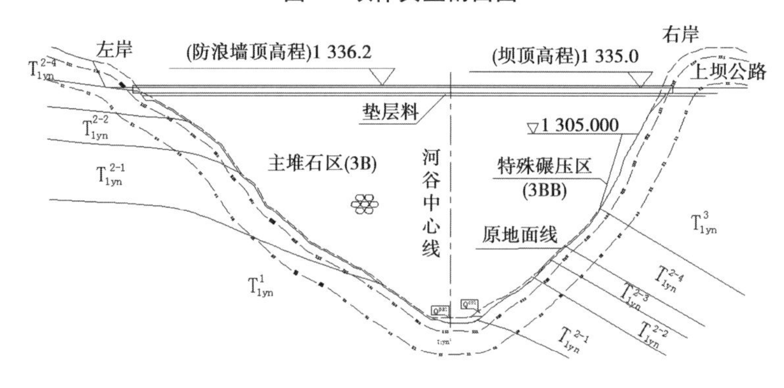

图2　平寨坝轴线剖面图

3　堆石料的流变模型及计算参数

对平寨面板堆石坝的三维有限元流变分析,坝体瞬时应力变形采用沈珠江的“南水”双屈服面弹塑性模型[8],该模型主要有K、n、R_f、c、φ、R_d、c_d和n_d这8个参数,可由三轴试验整理得出[9],模型参数值见表1。流变模型选用以指数型衰减的Merchant模型模拟常应力下的$\varepsilon \sim t$衰减曲线[10-12]。坝体材料的流变模型参数由流变模型试验整理得到,见表2。混凝土面板、趾板按线弹性考虑,其重度$\gamma = 24.5\ kN/m^3$,弹性模量$E = 30$ GPa,泊松比$\mu = 0.167$。

表1　坝体填筑料计算参数

材料名称	ρ (g/cm^3)	φ_0 (°)	$\Delta\varphi$ (°)	K	n	R_f	K_{ur}	c_d	n_d	R_d
垫层料	2.24	49.4	5.6	903.3	0.32	0.62	1 800	0.004 9	0.58	0.57
过渡层	2.21	52.0	7.7	1 205.2	0.27	0.68	2 400	0.004 3	0.69	0.64
主堆石料	2.18	52.9	8.7	1 184.6	0.25	0.75	2 360	0.003 1	0.85	0.72
下游堆石料	2.16	52.8	8.8	1 106.7	0.25	0.72	2 200	0.003 2	0.86	0.69

表 2 流变模型计算参数

材料名称	α	$b(\%)$	$c(\%)$	$d(\%)$	m_1	m_2	m_3
垫层料	0.001 4	0.060 0	0.018	0.205	0.450	0.650	0.640
过渡层料	0.001 3	0.050 0	0.012	0.160	0.400	0.500	0.500
主堆石料	0.001 3	0.051 8	0.014	0.175	0.430	0.611	0.610
下游堆石料	0.001 3	0.054 5	0.015	0.193	0.434	0.627	0.627

4 堆石流变对面板坝应力变形的影响

平寨混凝土面板堆石坝有限元分析过程中，根据面板垂直缝共切取 56 个横剖面进行三维网格剖分。三维实体单元一般采用 8 结点六面体等参单元，坝体共形成三维实体单元 12 089 个，结点 14 136 个。图 3 为大坝空间三维网格图。通过河床最大剖面以及坝轴线纵剖面来描述坝体的变形特性，对于顺河向位移，以指向下游为正，指向上游为负；对于坝轴向位移，以左岸指向右岸为正，以右岸指向左岸为负；应力以压应力为正，拉应力为负。

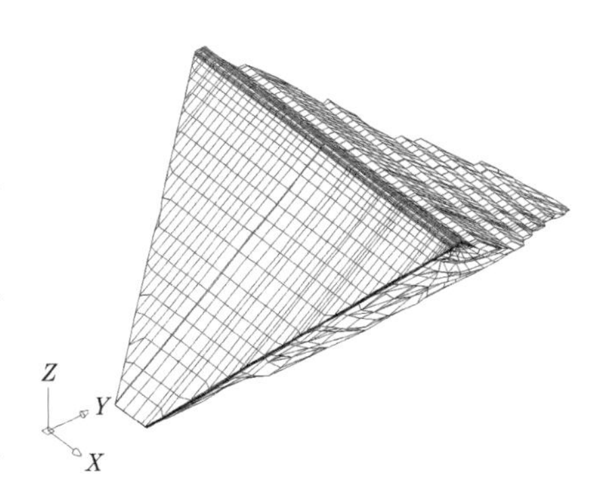

图 3 拦河坝三维网格图

4.1 流变对坝体变形的影响

表 3 给出考虑流变与不考虑流变计算成果的对比值，限于篇幅，仅给出考虑流变蓄水期坝体各个方向的变形，如图 4 所示。考虑流变后竣工期和蓄水期的沉降都较明显的增大，并且到变形稳定期坝体沉降增加了 8.2 cm，坝顶沉降增加了 22.94 cm，坝体后期变形较大，尤其是坝顶在后期的沉降变形。由于考虑流变后流变变形表现为向坝内收缩，与不考虑流变计算结果相比，指向上下游向的水平位移均有所减小；考虑流变后轴向位移由两岸向河谷方向挤压更严重，左岸向坡度较陡的右岸移动较大。

表 3 大坝变形计算成果对比 （单位:cm）

工况	时期	顺河向		垂直向		坝轴向	
		向上游	向下游	坝内	坝顶	向右岸	向左岸
不考虑流变	竣工期	-7.8	6.5	56.7	0.0	7.5	-5.2
	蓄水期	-4.5	7.8	62.7	7.27	7.9	-5.3
考虑流变	竣工期	-6.1	5.4	70.5	0.17	8.3	-6.4
	蓄水期	-2.7	6.3	77.5	9.63	8.8	-6.9
	20 年后	-1.4	4.3	85.7	32.57	11.0	-10.1

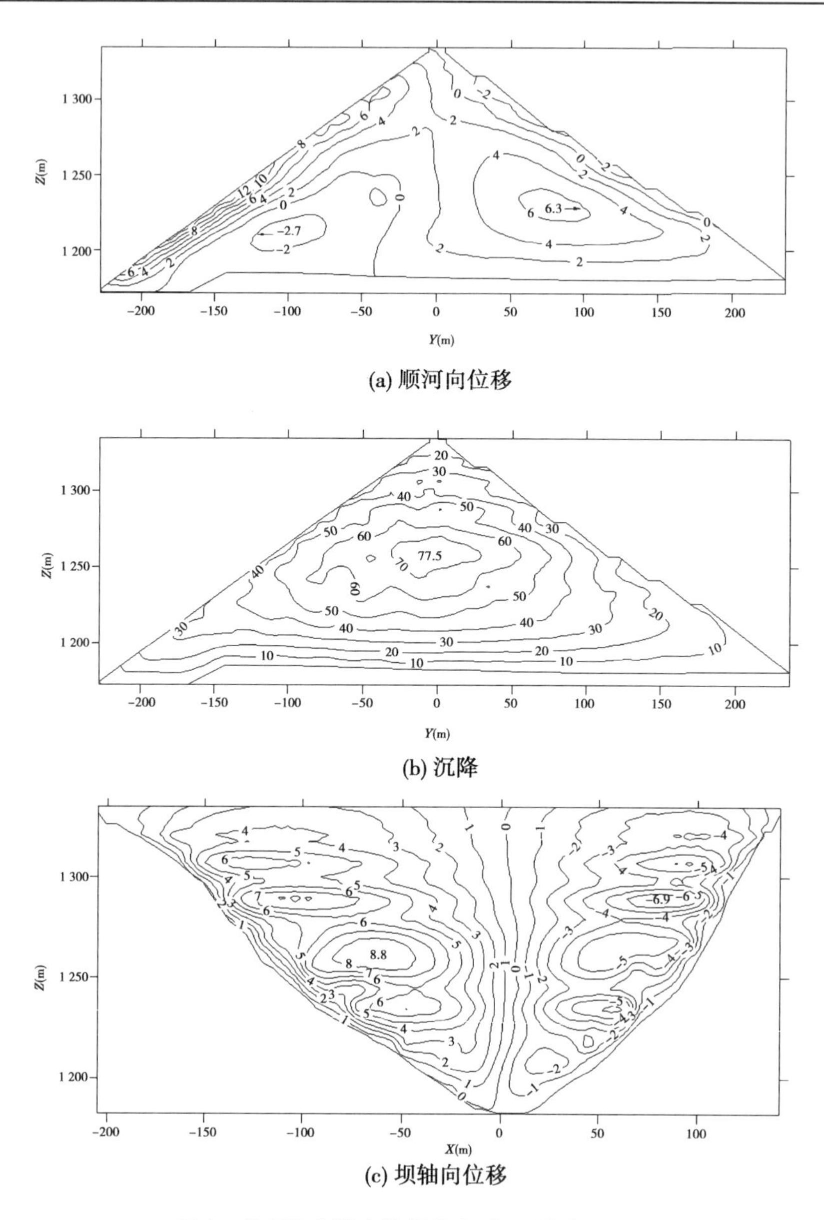

(a) 顺河向位移

(b) 沉降

(c) 坝轴向位移

图 4　考虑流变蓄水期坝体变形　（单位：cm）

4.2　流变对面板应力的影响

表 4 给出考虑流变与不考虑流变面板应力变形计算成果。考虑流变蓄水期面板的应力变形如图 5 所示。与不考虑流变计算结果相比，考虑流变后蓄水期面板挠度有较大增加，流变变形最大值发生在面板顶部。面板轴向应力在中部受压，两岸受拉，并且在蓄水时受拉区域有明显增加，面板的轴向应力和顺坡向应力均有较大幅度增大，尤其是河谷中上部面板坝轴向应力。运行 20 年后，面板轴向压应力增大到 22.4 MPa，发生在面板顶部，轴向拉应力增大为 2.37 MPa，发生在右侧面板的周边缝附近，面板顺坡向最大压应力增大到 17.68 MPa。

表 4　面板计算成果对比

工况	时期	变形(cm)			应力(MPa)			
		坝轴向		挠度	顺坡向	坝轴向		
						拉应力		压应力
		向右岸	向左岸	内部		左侧	右侧	
不考虑流变	竣工期	0.79	-0.76	4.61	7.89	-0.51	-0.35	3.62
	蓄水期	2.45	-1.82	23.54	14.12	-0.92	-1.44	9.20
考虑流变	竣工期	0.93	-0.81	6.83	7.56	-0.58	-0.43	4.37
	蓄水期	3.47	-2.88	30.76	15.28	-1.06	-1.58	10.1
	20 年后	8.32	-7.35	38.18	17.68	-1.63	-2.37	22.4

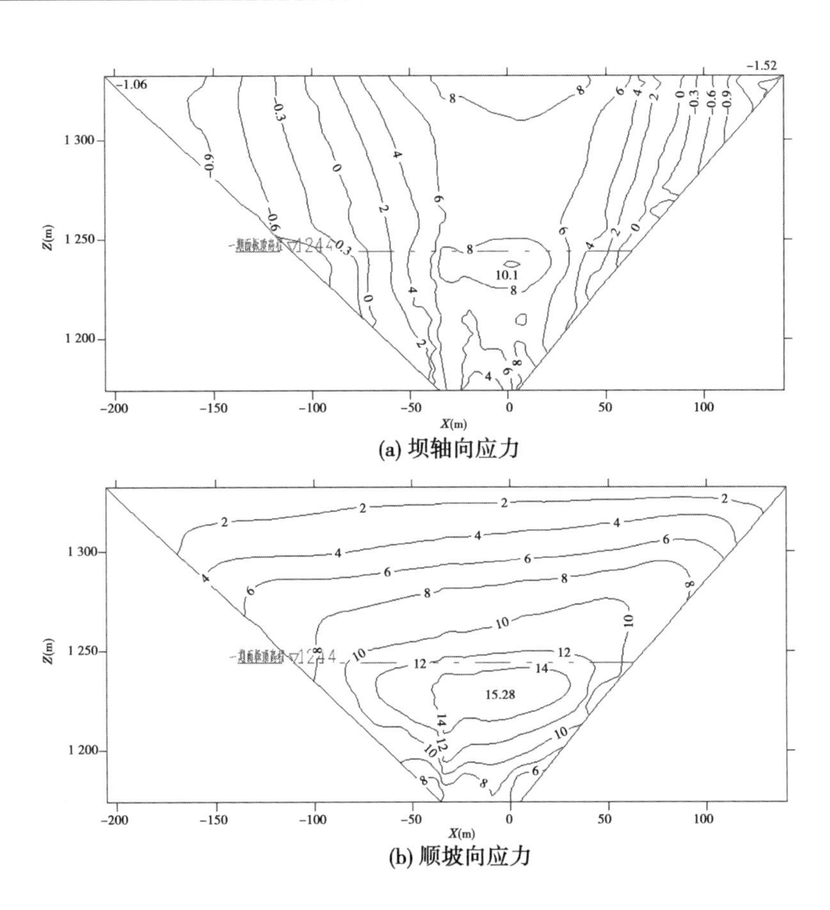

(a) 坝轴向应力

(b) 顺坡向应力

图 5　考虑流变蓄水期面板应力变形分布图　(单位:MPa)

4.3　流变对面板周边缝和垂直缝的影响

考虑流变后周边缝三向变位和垂直缝张开量均有所增大,蓄水期和 20 年后三向变位最大值分别为:错动,22.8 mm 和 24.4 mm;沉陷,15.3 mm 和 16.0 mm;张开,4.2 mm 和 4.5 mm。蓄水期和 20 年后面板垂直缝最大张开变形分别为 3.9 mm 和 4.1 mm。

5　减少流变变形控制措施

5.1　考虑流变特性的坝体填筑

根据大坝三维有限元计算结果,流变特性对坝体变形影响较大。堆石体流变变形与堆石料自身性质、碾压工艺以及施工顺序等方面因素有关,河谷拱效应对堆石体流变变形特性也有很大影响。因此,从施工和设计方面提出有效流变变形控制措施,确保大坝后期安全运行。

5.1.1　筑坝材料

坝体流变变形控制是面板坝进行流变分析的主要目的,而面板坝填筑材料的工程特性会直接影响坝体沉降、面板应力以及接缝位移。因此,坝体填筑材料需要有足够大的变形模量,同时具有较高的密实度[13],在自重荷载和水压力作用下变形尽可能小。

对筑坝控制参数中反映坝料变形模量 K 和反映坝料体积变形 c_d 进行调整,研究坝料对坝体变形的影响,计算结果见表5。随着坝料弹性模量提高,堆石料密实度提高,坝体变形变小,面板变形和应力也随之减小;坝料弹性模量降低,堆石体的整体力学性质相对较差,导致坝体和面板的整体变形相对较大。从计算结果还可以看出,即使施工中出现不确定情况,坝料模量降低20%,在静力状态下面板仍是安全的。

表5　坝料参数敏感性分析结果

工况	时期	河床断面0+0			面板						
		顺河向变形(cm)		垂直向变形	变形(cm)			应力(MPa)			
					坝轴向		挠度	顺坡向	坝轴向		
									拉应力		压应力
		向上游	向下游		向右岸	向左岸			左侧	右侧	
原材料参数	竣工期	-7.8	6.5	56.7	0.79	-0.76	4.61	7.89	-0.51	-0.35	3.62
	蓄水期	-4.5	7.8	62.7	2.45	-1.82	23.54	14.12	-0.92	-1.44	9.20
K提高20% c_d降低20%	竣工期	-6.6	5.5	47.2	0.74	-0.70	4.01	7.55	-0.48	-0.33	3.40
	蓄水期	-3.9	6.4	52.1	2.14	-1.66	19.58	13.21	-0.90	-1.32	8.67
K降低20% c_d提高20%	竣工期	-9.6	8.2	70.8	0.85	-0.80	5.32	8.21	-0.54	-0.37	3.81
	蓄水期	-5.6	9.7	78.0	2.81	-2.03	29.14	15.12	-1.01	-1.56	9.65

5.1.2　坝料的压实标准

坝体材料的密实度对坝体变形影响较大,坝体填筑施工时应提高碾压标准[14],增加压缩模量。由室内试验以及现场爆破与碾压试验结果表明,采用合适的爆破参数,可以满足平寨大坝过渡料与主堆石料的级配要求,主要坝料碾压成果见表6。平寨水库面板坝在坝料碾压过程对主堆石区和下游堆石区(次堆石区)采用了相同的碾压标准,控制坝体的不均匀沉降,并在振动碾上安装GPS监测仪,对堆石体的压实过程进行全程监测,保证碾压质量。

表 6 坝料碾压成果实测表

坝料名称	主堆石体料	过渡料	垫层料
设计干密度(g/cm^3)	2.16	2.21	2.24
铺料厚度(cm)	80.0	40.0	40.0
总沉降量(mm)	50.0	31.6	33.0
实测干密度(g/cm^3)	2.164	2.243	2.263
实测孔隙率(%)	19.85	16.83	16.19
渗透系数(cm/s)	2.56×10^{-1}	2.04×10^{-2}	2.05×10^{-3}

5.2 消除河谷形状的影响

为了使堆石体流变变形尽早完成,必须减小由河谷形状产生的拱效应影响[15]。因此,平寨面板坝开挖过程中,对坝轴线上游两岸堆石地基的岸壁按不陡于1∶0.5边坡开挖,局部超挖采用回填混凝土补坡,保证坝肩边坡成为较为平顺的连续面,避免大的陡坡突变。为控制右岸局部陡坡段的堆石剪切变形量,在右岸陡坡段设置特别碾压区。特别碾压区主要采用干贫混凝土,与主堆石料采用同等碾压标准来减小陡边坡对坝体变形的不利影响。

5.3 面板分期浇筑

对于200 m级的高面板堆石坝,面板很难一次性浇筑并满足度汛和蓄水对坝体安全的要求,故采用分期浇筑方式。平寨面板坝坝体填筑至1 255 m高程时,开始浇筑Ⅰ期面板,其高程比坝体顶部低11 m;坝体填筑至坝顶时,停工3个月再进行Ⅱ期面板浇筑。从截流后的第一个枯水期到汛期,面板及止水结构抢筑到拦洪高程有一定的困难,因此采用挤压边墙混凝土护坡挡水的度汛措施,来削弱堆石体形成拱效应的条件,减轻拱效应对后期面板的影响。

6 结 论

(1)峡谷岸坡对坝体和面板存在较明显的拱效应,并使得左岸侧坝体存在较强向陡峻右岸侵入的趋势。同时,拱效应使后期变形中靠近岸坡的接缝错动张开都有一定增大,可能导致面板在后期变形中的压缩破坏。堆石体流变特性对面板应力影响也比较明显,因此面板的变形分析中应考虑流变的影响,加强在应力集中区域的安全设计。

(2)高面板堆石坝应从坝料选择、设计与施工参数的确定等方面提高标准,最大可能减小工后坝体变形。坝体填筑材料尽可能选择压实性能好、抗剪强度高的硬岩堆石,筑坝材料的压实孔隙率宜小于20%;主次堆石区材料变形模量不宜相差过大,并且压实标准应基本一致;狭窄河谷宜在堆石与坝基接触部位设置外包过渡区,以减小顺坝轴线向的变形梯度。

(3)面板浇筑时应预留足够的坝体沉降间歇期,通常将面板浇筑时间滞后其下卧堆石体,并保证面板顶与坝体临时断面顶部留有足够的高差,减轻后期填筑堆石料对先期浇筑面板位移产生不利影响。面板浇筑前,尽量采用坝体挡水度汛,使堆石体形成拱效应的条件削弱,减轻拱效应对后期面板的影响。

参 考 文 献

[1] Fitzpatrick M D, Liggins T B, Barnett R H W. Ten years surveillance of cathana dam[C]// Proceeding of the 14th ICOLD Congress. Rio de Janeciro, 1982: 847-865.

[2] 邓刚, 徐泽平, 吕生玺,等. 狭窄河谷中的高面板堆石坝长期应力变形计算分析[J]. 水利学报, 2008, 39(6): 639-646.

[3] 李川. 吉林台一级水电站混凝土面板堆石坝填筑施工和质量控制[J]. 水利水电技术, 2004, 35(6): 5-7.

[4] 徐泽平, 邵宇, 梁建辉. 狭窄河谷中高面板堆石坝应力变形特性研究[J]. 水力发电, 2005, 36(5): 97-103.

[5] 付志安, 凤家骥. 混凝土面板堆石坝[M]. 武汉: 华中理工大学出版社, 1993.

[6] 周伟, 常晓林. 高混凝土面板堆石坝流变的三维有限元数值模拟[J]. 岩土力学, 2006, 27(8): 1389-1392.

[7] 南京水利科学研究院. 黔中水利枢纽一期工程大坝枢纽工程大坝结构计算之面板堆石坝三维有限元静动力特性研究[R]. 南京: 南京水利科学研究院, 2010.

[8] 朱百里, 沈珠江. 计算土力学[M]. 上海: 上海科技出版社, 1990.

[9] 李国英, 赵魁芝, 米占宽. 堆石体流变对混凝土面板坝应力变形特性的影响[J]. 岩土力学, 2005 (S1): 117-120.

[10] 沈珠江. 鲁布革心墙堆石坝变形的反馈分析[J]. 岩土工程学报, 1994, 16(3): 1-13.

[11] 王观琪, 余挺, 李永红,等. 300 m级高土石心墙坝流变特性研究[J]. 岩土工程学报, 2014, 36(1): 140-145.

[12] 沈珠江, 赵魁芝. 堆石坝流变变形的反馈分析[J]. 水利学报, 1998(6): 1-6.

[13] 徐泽平, 邵宇, 胡本雄,等. 狭窄河谷中高面板堆石坝应力变形特性研究[J]. 水力发电, 2004, 36 (5): 97-103.

[14] 徐泽平. 堆石压实标准及结构分区对混凝土面板堆石坝应力变形影响的研究综述[J]. 中国水利水电科学研究院学报, 2009,7(2):112-119.

[15] 胡颖, 汪金元, 闫生存. 高面板堆石坝考虑流变变形影响的填筑方法[J]. 水力发电, 2002, 10 (10): 63-65.

基于掺气量变化分析的窄缝消能工水力特性研究

聂艳华　杜　兰　王才欢

（长江科学院水力学研究所，武汉　430010）

摘　要　本文建立了窄缝挑坎消能工物理模型，通过调整进入窄缝收缩段水流含气量来进行对比试验，分析掺气量变化对收缩段水面线、压力特性以及出射水舌特征等相关窄缝消能工水力特性的影响，总结其规律。研究有助于揭示含气量对窄缝挑坎消能工水力特性的影响规律，成果可对优化工程设计提供技术支撑，也可为已有工程相关问题提供解决思路。

关键词　窄缝挑坎消能工；含气量；物理模型；水力特性

1　概　述

窄缝消能工被广泛应用于水利水电工程消能防冲设计中，最早采用窄缝式出口消能方式的是1954年建成的葡萄牙Cabril拱坝水利工程。20世纪70年代末，林秉南[1,2]在介绍当时国外高水头泄水建筑物时，首次介绍了葡萄牙Cabril拱坝溢洪道末端采用的窄缝式挑坎，开启了我国窄缝消能工的应用和研究先例。青海的龙羊峡水电站溢洪道是在我国首次采用的窄缝消能工[3]，随后采用窄缝消能工成功解决了龙羊峡、东江、东风、李家峡、二滩、拉西瓦、水布垭、隔河岩[4-10]等一批大、中型水电站的泄洪消能难题。

目前，窄缝式消能设施的体型设计仍主要由水工模型试验来确定。模型试验从消能防冲效果和消能工本身安全出发展开研究，关注窄缝挑坎的体型[11-15]、挑坎底板边墙动水压力特性[16-18]、挑坎水面线、挑射角度及水舌挑距[19-26]、下游的冲刷情况[27-29]、窄缝挑坎急流冲击波[30-34]等方面，但对不同含气量水流引起的窄缝挑坎水力特性变化的研究较少。而通常在水工模型试验中模拟的强制掺气与实际工程的强制掺气并不完全相似，模型上下泄水流的掺气量在窄缝挑坎部位较少，而实际工程中由于泄洪洞末端窄缝挑坎部分充分掺气，出射水流的水力特性发生了较大变化，导致实际工程水舌挑距与模型试验出现较大差别，本文通过人工干预的方式在模型试验上实现窄缝挑坎出射水流含气量的变化，以研究其对挑坎水力特性的影响。

基金项目：国家自然科学基金项目（51279013，51379020，51509015），长江科学院中央级公益性科研院所基本科研业务费（CKSF2014042/SL）。

作者简介：聂艳华（1983—），男，硕士，工程师。专业：水力学及河流动力学，研究方向：输水调度。E-mail：54277262@qq.com。

2　试验装置

2.1　窄缝挑坎水工模型

概化模型选用1:1.2坡比的泄槽后接窄缝挑坎,同时,为使挑坎前断面水流弗氏数能够在一定范围内调整,在泄槽前端设置有压段,通过弧形闸门控制有压段出口的开度实现挑坎前断面的水深及流速改变,即水流弗氏数的改变。并在泄槽中部窄缝挑坎前方设置台阶段,用以调整含气量。图1为模型的布置图,模型主要包括上游水箱、泄槽段和下游水池三部分,其中泄水建筑物采用有机玻璃制作。整个模型规模约为10 m×3 m×4 m(长×宽×高),其中泄水建筑物长2.82 m、高2.60 m、宽0.27 m,安装高度为0.77~3.2 m。上游水库由水箱模拟,进流采用自由进流方式,下游水池规模为4 m×1.0 m×0.6 m(长×宽×高),由电磁流量计记录流量。

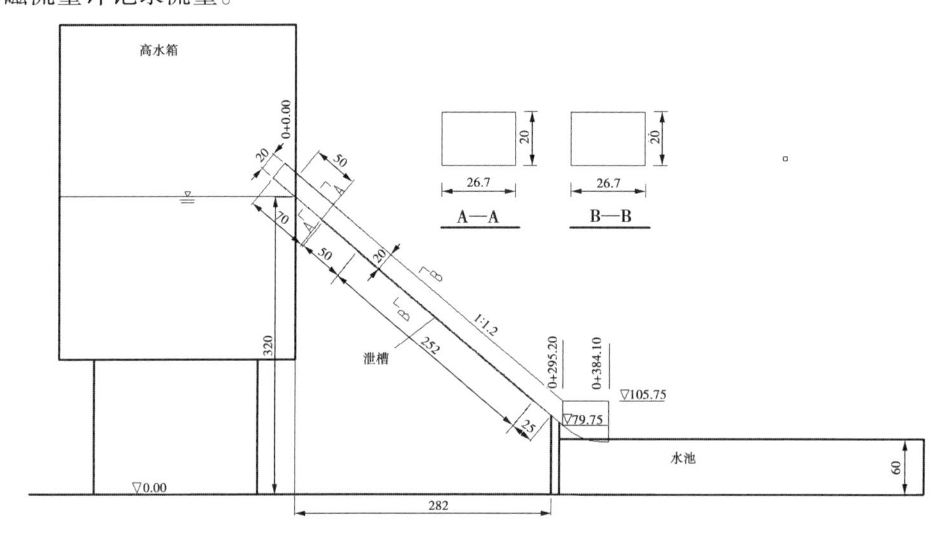

图1　概化模型示意图

2.2　含气量率定装置

常规水流掺气浓度测量通常是通过设置在泄槽底部的传感器获取,所得到的是底板附近的掺气浓度,传感器元件通常较灵敏,且受限于水质经常出现读数偏差,不能满足本试验需求。为此,专门在泄槽出口段设置含气量测量装置进行水流含气量的测量,试验装置如图2、图3所示。泄槽下泄水体直接进入下游箱体,箱体内设置多道阻拦消能墙,以使含气水流气体充分分离,以出口水体含气量至0为最佳效果,通过测定稳定状态水流流量与空气流量值即可计算出下泄均匀掺气水流的含气量。

为了检验水气混合流的平均掺气浓度在窄缝收缩段前后的变化情况,分别测量了以窄缝收缩前断面作为封闭水槽进口和以窄缝收缩出口作为封闭水槽进口的水气分离试验,并分别计算各自的水流平均掺气浓度。经测量对比前后掺气浓度发现,两者相差较小,可认为窄缝收缩段水流含气量基本未发生变化。

图 2 率定装置侧视图

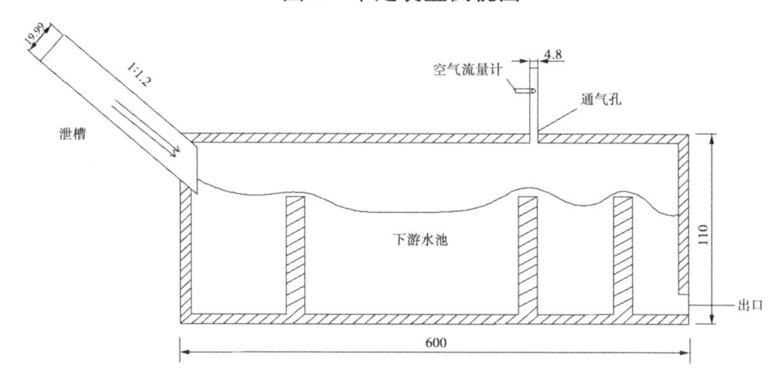

图 3 率定装置示意图

3 试验内容分析

3.1 试验工况设定

本试验选取特定窄缝挑坎体型进行试验，其中窄缝收缩比 $\beta=0.25$（$\beta=b/B$，b 为挑坎出口宽度，B 为挑坎起始断面宽度），挑坎挑角 $\theta=0°$，通过调整泄槽段掺气坎尺寸来获得不同掺气浓度的来流，水流含气量 c 分别取 0.0%、12.0%、22.0% 三个量级与未掺气条件下的窄缝挑坎水力特性（水面线、收缩段压强、水舌）进行对比研究。

通过调整来流流量、控制闸门开度、掺气坎尺寸等方式进行率定试验，获取不同掺气浓度条件下，窄缝进口段不同断面流速与断面水深的试验条件，选取其中具有相近断面流速和断面水深、不同含气量的四组试验工况进行放水试验。这四组试验工况如表 1 所示。

表 1 试验组次表

试验组次	水流含气量 c（%）	收缩段进口断面水深 h（cm）	收缩段进口断面流速 v（m/s）	含气水流弗氏数 Fr'
1	0.0	6.5	5.0	6.4
2	12.0	6.5	5.0	6.4
3	22.0	6.5	5.0	6.4

(1)断面流速 v。

窄缝进口断面水流属于含气水流,$v = Q'/h'B$,$Q' = q/(1-c)$,Q'为含气水流流量,q 为水流量。

(2)含气水流弗氏数 Fr'。

$$Fr' = v'(gh')^{0.5}$$

(3)挑坎收缩比 β。

工程经验及研究认为,收缩比 β 取 0.20 ~ 0.35,挑坎条件取 0° ~ -10°较为合理,本次试验研究考虑收缩比取 0.25,挑角采用俯角 0°的方案作为探索方案。

3.2 试验数据分析

3.2.1 收缩段水面线

不同含气量收缩段中心水面线和边墙水面线见图 4。

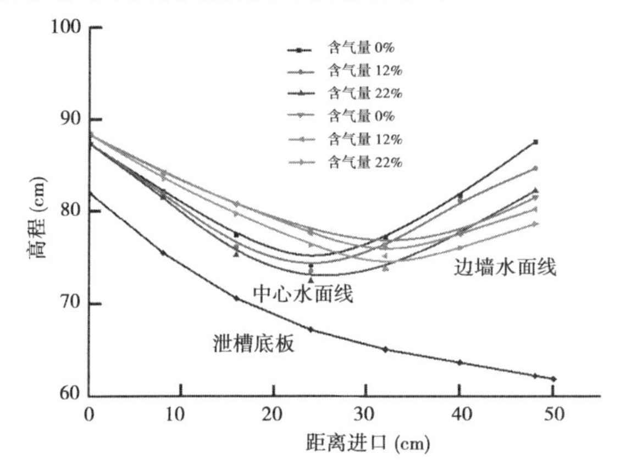

图 4 不同含气量收缩段中心水面线和边墙水面线

(1)水流进入窄缝收缩段后,受逐渐变化的边界约束及水流惯性作用,各断面的水面不再为一水平面,而是两侧水面随着边墙逐渐收缩而迅速升高,中间水面也有一定程度壅高,但较边墙水面壅高幅度要小,故边墙水面线比中线水面线要高,断面水面线呈"U"形,同时,在此过程中挑坎内形成急流冲击波;靠近边墙的两股冲击波迅速向中间聚拢,当其相遇后,即冲击波交汇之后,断面水面呈倒"V"形,两侧水面随着边墙进一步收缩而继续上升,而中间水面则急剧升高,超过边墙水面线并脱离主体水流,具有较大的向斜上方的初速度,会以散射的方式抛射出去,此时的边墙水面线要低于中线水面线(见图 5)。

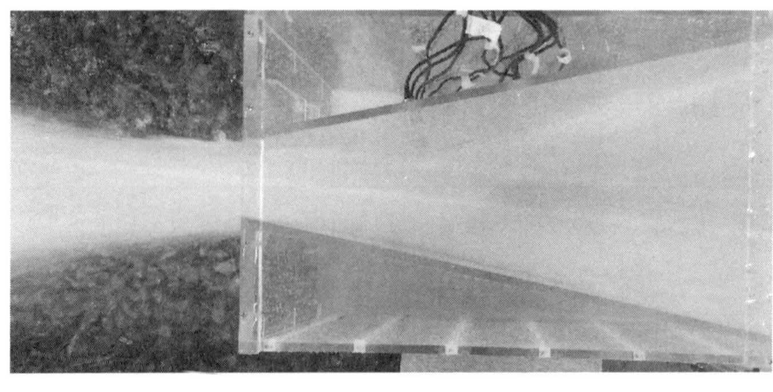

图 5 收缩段水面线试验照片

(2)在相同的挑坎体型下,冲击波交汇点之前,边墙和中线水面高程下降幅度受含气量影响明显,含气量越大,水面线下降梯度越陡,其中降幅最大的为含气量 22.0% 的水面线高程,其中心水面线从收缩段进口至最低点下降了 14.9 cm,降幅 17%,边墙水面线也下降了 14.6 cm,降幅也为 17%;急流冲击波交汇后,水面呈上挑趋势出射,在此过程中,水流含气量越大,水面线上升幅度反而越缓,水流出射角也越小,最小为含气量为 22.0% 时,出射角为 33.9°。而自收缩段内水面线高程最低点至出口处,三种工况中边墙和中心水面线上升幅度最小的也是含气量为 22.0% 时,高程分别上升了 4.9 cm 和 9.8 cm。

3.2.2 收缩段压力

图 6 为各试验工况下,收缩段底板和边墙压力变化过程。

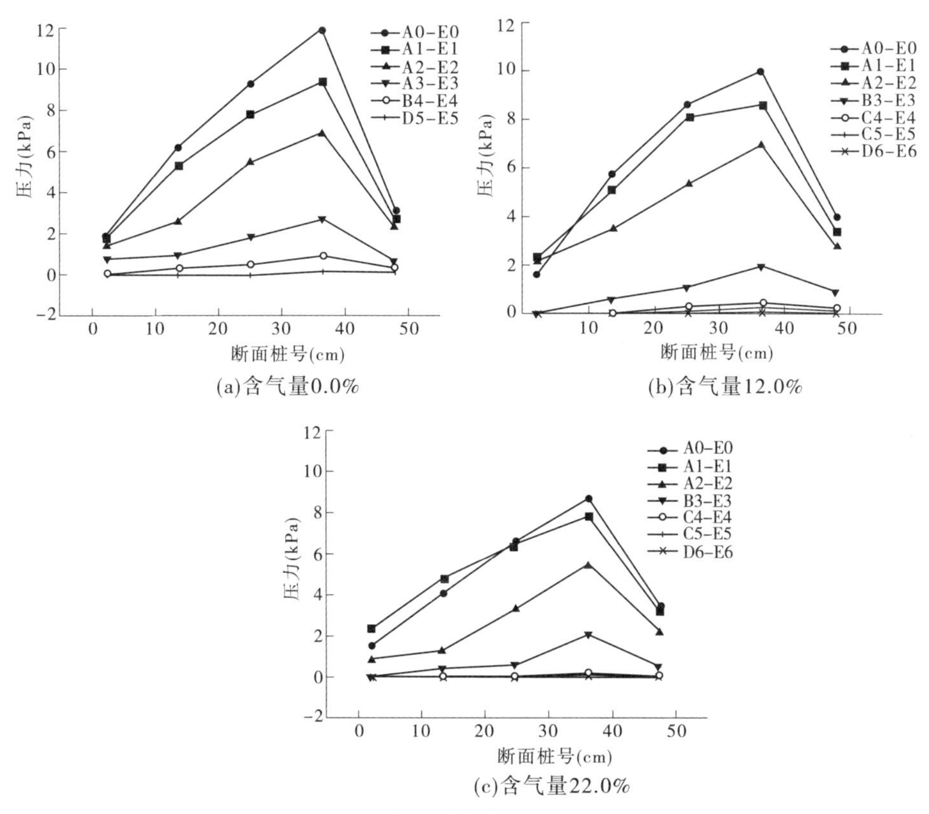

图 6 不同含气量收缩段压力沿程变化图

从图 6 中可以看到,水平方向上侧墙压力沿程先逐步增加,在距离挑坎出口 10 ~ 15 cm 时达到最大值后逐步减小,越靠近挑坎出口压力梯度越大,在垂直方向上压力分布自上而下逐步增加,在泄槽底部达到最大,整个收缩段内侧墙压力呈“蚌形”分布,三个试验组次中侧墙压力整体分布规律基本相同。

从不同收缩比下收缩段内时均压力实测数据可做如下分析:

(1)窄缝收缩段内底板及边墙压力水头沿程逐渐增加,在收缩段出口附近达到最大值,然后再急剧减少,在出口断面降为零。

(2)在窄缝挑坎体型一定条件下,窄缝收缩段内,底板与边墙的压力增加值(压力最大值 - 进口处压力值)与水流含气量密切相关,水流含气量越大,压力增加幅度越小,含气量

22.0%时,底板压力增加幅度最小,为485%,最大边墙压力增加幅度最小,为246%。

3.2.3　水舌比较

窄缝挑射水流的水舌轨迹分别为水舌内缘、水舌外缘和水翅外缘。形成水舌的原因是,当高速水流通过收缩的窄缝鼻坎时,受收缩段的挤压,水体沿纵向扩散,水流脱离挑坎后,在重力作用下形成呈抛物线状水舌轨迹,其中主流下部边缘水舌最早落入下游水体中,其运动轨迹称为水舌内缘,同理,主流上方边缘水体的运动轨迹称为水舌外缘(见图7)。水舌外缘与内缘落入下游水体中落点之间的距离称为入水宽度。通常我们认为,挑距越远,入水宽度越长,水流发散性越好,相应的能量消散效果越好,即消能效果较好。水翅外缘是由于收缩段内冲击波交汇后撞击,引起水深急剧增加,导致一部分外缘水体率先脱离主体水流,向斜前方抛射出去而形成的水流流态。它不仅是雾化源的主要组成部分,也能直接对边坡稳定构成威胁,主体水舌部分则是主要水流,它是造成下游河槽冲刷的主要因素(见图8)。

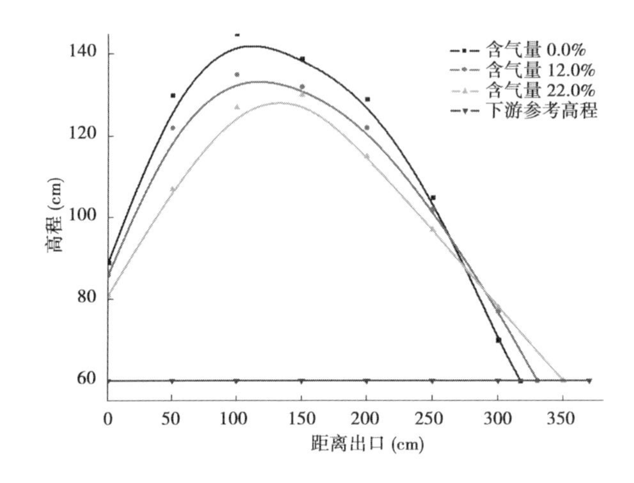

图7　不同含气量水舌外缘轨迹图

图8　试验水舌照片

(1)在试验选定的3组不同水流含气量方案下,当窄缝挑坎体型一定时,随着出射水流含气量的增大,水舌出射角度呈减小趋势,水舌外缘最高点逐渐降低,水舌外缘挑距也是逐渐增大,内缘挑距却相反随含气量增大逐渐减小,水舌的入水宽度也随含气量增加而变大。对于窄缝消能工,水舌挑距及入水长度可作为消能效果判定手段之一,由试验结果可知,在本试验选取的挑坎体型和流量条件下,水流含气浓度增大后可相应增大水舌挑距及入水面积,一定程度上增大了消能效率,但同时也降低了水舌高度,延长了挑射距离,下游消能区长度要相应增加。

(2)窄缝消能工是通过减少水舌入水单位面积上的能量,达到预期的消能效果。水流含气量的变化对出射水流挑距及入水宽度有直接影响,对于高水头、长流程溢洪道或泄洪洞,由于泄槽用于防空蚀而设置的底部强制掺气和水流表面自掺气的发展,泄槽末端窄缝挑坎的原型水流平均掺气浓度有时可达15%以上,因而在窄缝消能工体型设计及强制掺气设施的设置时,应考虑掺气后水流对水舌运动带来的影响,综合考虑空蚀破坏和消能效果两方面,以利于工程更安全有效运行。

4 结 语

本项目建立物理模型对掺气水流条件下的窄缝挑坎水力特性进行研究,在陡槽水流模型上,通过调整和控制窄缝侧收缩前参考断面的水流掺气浓度,选定特定挑坎体型,研究窄缝挑坎的掺气水流时均压力、水面线、出坎水流挑角分布、水舌空中运动轨迹及挑距等,揭示掺气水流条件下的窄缝挑坎水力要素变化规律:

(1)窄缝收缩段内的水流受逐渐变化的边界约束及水流惯性作用,由两侧向中心收缩形成急流冲击波,在冲击波交汇点前,边墙水面线比中线水面线要高,断面水面线呈“U”形;在冲击波交汇之后,断面水面呈倒“V”形,两侧水面随着边墙进一步收缩而继续上升,而中间水面则急剧升高,超过边墙水面线并脱离主体水流,以散射的方式抛射出去,此段内边墙水面线要低于中线水面线。

(2)在相同的挑坎体型下,冲击波交汇点之前,边墙和中线水面高程下降幅度受含气量影响明显,含气量越大,水面线下降梯度越陡,其中降幅最大的为含气量22.0%的水面线高程;急流冲击波交汇后,水面呈上挑趋势出射,在此过程中,水流含气量越大,水面线上升幅度反而越缓,水流出射角也越小,最小为含气量为22.0%时;而自收缩段内水面线高程最低点至出口处,三种工况中边墙和中心水面线上升幅度最小的也是含气量为22.0%时。

(3)窄缝收缩段内底板及边墙压力水头沿程逐渐增加,在收缩段出口附近达到最大值,然后再急剧减少,在出口断面降为零。在体型一定条件下,窄缝收缩段内,底板与边墙的压力增加值(压力最大值 - 进口处压力值)与水流含气量密切相关,水流含气量越大,压力增加幅度越小。

(4)当窄缝挑坎体型一定时,随着出射水流含气量的增大,水舌出射角度呈减小趋势,水舌外缘最高点逐渐降低,水舌外缘挑距也是逐渐增大,水舌的入水宽度也随含气量增加而变大。

参 考 文 献

[1] 林秉南,龚振瀛,刘树坤. 收缩式消能工和宽尾墩[R]. 水利水电科学研究报告, 1979.

[2] 林秉南. 我国高速水流消能技术的发展[J]. 水利学报, 1985(5): 23-26.

[3] 徐国藩. 龙羊峡水电站泄水建筑物的消能形式[R]. 中国水利科学研究院,1983(9).

[4] 童显武,苏祥林. 东江滑雪式溢洪道窄缝消能工的试验研究[J]. 水力发电, 1988(6): 41-44.

[5] 祁永澍. 窄缝式消能工在二道河子水库的应用[J]. 内蒙古水利, 1988(2): 9-13.

[6] 花立峰,陈素文. 曲面贴角窄缝鼻坎的水力特性及其在东风水电站溢洪道上的应用[J]. 水利水电技

术, 1994(7):16-21.

[7] 黄荣彬. 拉西瓦水电站泄洪消能优化设计中的几个水力学问题[J]. 水力发电, 1996(8):50-53.

[8] 黄国兵,陈俊,高仪生, 等. 水布垭枢纽泄洪消能防冲试验研究[J]. 长江科学院院报, 2001, 18(5): 3-6.

[9] 刘韩生,倪汉根,梁川. 对称曲线边墙窄缝挑坎的体型设计方法[J]. 水利学报, 2005(5): 70-75.

[10] 倪汉根,刘韩生,梁川. 兼使水流转向的非对称窄缝挑坎[J]. 水利学报, 2001(8): 85-89.

[11] 陈忠儒,陈义东. 窄缝式消能工的水力特性及其体型研究[J]. 水利水电科技发展, 2003, 23(2): 25-29.

[12] 陈忠儒,陈义东,黄国兵. 窄缝式挑坎体型研究及其挑流水舌距离的估算[J]. 长江科学院院报, 2002, 19(4): 11-14.

[13] 黄智敏,何小惠,朱红华, 等. 窄缝式挑坎体型及动水压强特性分析[J]. 中国农村水利水电, 2006(5): 69-72.

[14] 徐自立,夏源宏,梁宗祥, 等. 曲面贴角窄缝鼻坎在大坝中孔的应用研究[J]. 2008, 39(8): 64-67.

[15] 花立峰,陈素文. 曲面贴角窄缝鼻坎的水力特性及其在东风水电站溢洪道上的应用[J]. 水利水电技术, 1994(7):16-21.

[16] 高季章. 窄缝挑坎侧墙动水压力的初步研究[C]//水利水电科学研究论文集. 北京:水利水电出版社,1986.

[17] 吴文平,韩瑜,张晓宏. 窄缝挑坎底板压力分布的数值分析[J]. 西安理工大学学报,1997(13):73-77.

[18] 王春龙. 窄缝消能工的水力特性试验及数值模拟研究[R]. 长江科学院,2008.

[19] 吴文平,张彦法. 窄缝挑流水舌的运动扩散规律及应用[J]. 水力发电学报, 1989(4): 71-76.

[20] 张彦法,吴文平. 窄缝挑坎水面线及水舌挑距的试验研究[J]. 水利学报, 1989(5): 14-21.

[21] 韩守都,刘韩生,倪汉根. 直线边墙窄缝挑坎的水力计算[J]. 水利水电科技进展,2012 (4):54-56.

[22] 戴震霖,于月增. 深孔窄缝挑流水力参数及挑距的研究[J]. 陕西水力发电, 1992, 8(1): 7-13.

[23] 乔世军,郭志勇. 考虑水流掺气时窄缝挑坎射距的求解[J]. 水利科技与经济, 2010,16(8): 889.

[24] 章福仪,陈美法,项亚萍. 窄缝挑坎倾角对射流扩散减冲效果试验和挑距计算[J]. 水力学报, 1993(11):69-75.

[25] 张海龙,吴文平. 窄缝挑坎出流水舌的出射角的计算[J]. 西北水力发电, 2007,23(1):67-69.

[26] 李刚,马锋. 窄缝挑坎挑流系数理论公式推导[J]. 水利科技与经济, 2010, 16(9): 1030-1031.

[27] 吴文平. 窄缝挑流的冲刷特性[J]. 陕西水力发电, 1996, 12(2): 11-13.

[28] 王刚,王永涛. 关于窄缝挑坎挑流冲坑水垫厚度的估算[J]. 水利科技与经济, 2010, 16(7): 754.

[29] 吴刚,周昱,李娟. 窄缝挑流冲刷坑上游平均坡度公式推导[J]. 水利科技与经济, 2011, 16(9): 1032-1033.

[30] 黄智敏,翁情达. 窄缝挑坎收缩段急流冲击波特性的探讨[J]. 水利水电技术, 1989(8): 11-15.

[31] Ippen A T. Gas-wave analogies in open channel flow[C]// Proc. 2nd Hydraulics conf, 1943, Bulletin 27, studies in Engineering, University of Iowa, Iowa.

[32] 王康柱,张彦法. 窄缝挑坎急流冲击波的分析计算[J]. 陕西水利发电, 1991(3): 46-55.

[33] 宁利中,戴振霖. 窄缝挑坎收缩段急流冲击波及其控制水深的计算[J]. 陕西机械学院学报, 1992, 8(3):197-204.

[34] Wang R Y, Zhang C K, Zhang D S, et al. Attachment condition and the computational methods of torrent shock waves[C]//Proceedings of inaugural international conference on port and maritime R&D technology, Singapore: Photoplates Pte Ltd., 2001, 261-266.

金川混凝土面板坝两岸趾板建基面选择及工程处理措施研究

张晓将　付恩怀

（中国电建集团西北勘测设计研究院有限公司，西安　710065）

摘　要　在分析评价两岸卸荷岩体的工程地质特性、抗滑稳定性、承载力、应力变形和渗透特性的基础上，论证了两岸趾板建基于强卸荷岩体的可行性，提出了两岸趾板建于强卸荷岩体的设计标准以及工程处理措施。

关键词

大渡河金川水电站挡水建筑物采用混凝土面板堆石坝，坝顶高程 2 258 m，最大坝高 112 m。坝址两岸岩体卸荷拉裂较为严重且深度随高程加大。如完全按照现行规范规定将趾板置于坚硬的弱风化至新鲜基岩上，势必使趾板建基高程偏低（扩挖深度 30～80 m），坝轴线延长 100～200 m，带来右岸溢洪道和左岸电站进水口布置极为困难，更使得两岸边坡高度达 300 多 m，也大大增加了坝体填筑量。因此，结合卸荷岩体的承载力、应力变形、渗透特性和抗滑稳定来论证两岸趾板建基于强卸荷岩体的可行性及工程措施，是金川混凝土面板坝的关键技术问题之一。

1　两岸坝肩卸荷岩体特性

金川水电站坝址区为横向谷，岩体裂隙发育，弱风化下限埋深深，岩体卸荷拉裂、倾倒变形普遍发育，完整性差。两岸强卸荷深度 2～50 m，弱卸荷深度 21～140 m，卸荷水平深度随岸坡高程增加而增大，强卸荷岩体完整性差，为碎裂—块裂结构，弱卸荷岩体完整性较差，为块裂—层裂结构。

1.1　岩体波速测试

对坝址区左右岸平硐进行了岩体声波测试，测试成果见图 1。从各平硐硐壁声波波速测试成果可见，坝址岩体声波波速与岩体风化程度、卸荷程度、岩体完整性相对应。总体上强卸荷岩体声波波速小于 2 500 m/s，完整性系数 0.1～0.15，岩体破碎；弱风化上带、弱卸荷岩体声波波速在 2 500～3 500 m/s，完整性系数 0.2～0.25，岩体较破碎；弱风化下带岩体声波波速在 3 500～5 000 m/s，完整性系数 0.3～0.6，岩体完整性差；新鲜岩体声波波速值大于 5 000 m/s，完整性系数大于 0.6，岩体较完整—完整。

1.2　岩体质量分级

根据坝址区岩体岩性组合、岩体结构类型、岩体声波纵波速度、岩体质量指标、风化程

作者简介：张晓将（1973—），男，陕西蒲城人，茨哈峡项目副设总高级工程师，主要从事水电工程设计研究工作。E-mail：961944988@ qq. com。

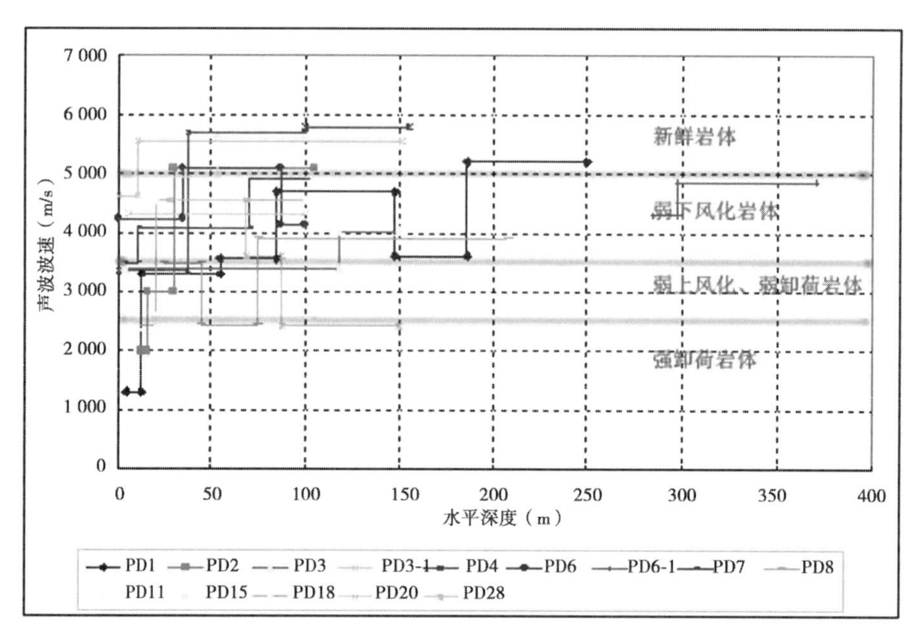

图1　坝址区平硐声波波速测试成果

度、断裂发育情况、岩体结构特征及强度等，采用多因素综合分级法，将坝址区岩体质量分为Ⅱ、Ⅲ、Ⅳ和Ⅴ级。

Ⅱ级岩体：整体呈厚层状结构。岩体较完整，断裂不发育—轻度发育，岩体完整性好，力学强度高，为较好地基。

Ⅲ级岩体：呈中厚层状结构。结构面中等发育，岩体较完整，强度较高，抗滑抗变形能力较强，软弱结构面对局部岩体稳定性有影响。

Ⅳ级岩体：呈薄层状碎裂结构及互层岩带(ph)。结构面较发育—发育，软弱结构面分布较多，岩体稳定性差，抗滑、抗变形性能差。

Ⅴ级岩体：呈碎裂—散体结构，主要为浅表层岩体、部分强卸荷带岩体、变形体岩体及断层破碎带岩体。岩体破碎，稳定性差，力学强度低。

2　两岸趾板建基面初选

结合两岸卸荷岩体(风化)特征及右岸溢洪道和左岸电站进水口的布置，拟定两岸趾板建基面置于强卸荷上部、强卸荷中部和强卸荷底部三个方案进行比较。

2.1　趾板建基面稳定计算

选取高程2 210 m、2 200 m和2 180 m，分别对应于强卸荷岩体上部、中部、底部的三块趾板进行了趾板下游抗压强度承载能力极限状态、趾板与基础面抗滑稳定极限状态以及趾板上、下游面拉应力正常使用极限状态的计算分析，计算结果见表1。

表1　趾板稳定及应力分析结果汇总

趾板上游抗压强度承载能力极限状态						
计算工况	高程2 210 m趾板		高程2 200 m趾板		高程2 180 m趾板	
	$\psi\gamma_0 S(\cdot)$	$R(\cdot)/\gamma_d$	$\psi\gamma_0 S(\cdot)$	$R(\cdot)/\gamma_d$	$\psi\gamma_0 S(\cdot)$	$R(\cdot)/\gamma_d$
正常蓄水位	423.66	740.74	604.07	925.93	825.57	1 111.11

续表 1

趾板与基础面抗滑稳定极限状态						
计算工况	高程 2 210 m 趾板		高程 2 200 m 趾板		高程 2 180 m 趾板	
	$\psi\gamma_0 S(\cdot)$	$R(\cdot)/\gamma_d$	$\psi\gamma_0 S(\cdot)$	$R(\cdot)/\gamma_d$	$\psi\gamma_0 S(\cdot)$	$R(\cdot)/\gamma_d$
施工期	380.61	740.74	525.38	925.93	714.00	1 111.11
校核洪水位	26.24	740.74	25.51	925.93	25.51	1 111.11
正常蓄水位 + 地震	364.48	476.19	517.39	595.24	707.14	714.29
正常蓄水位	459.759	726.594	588.152	962.704	814.441	1 275.688
施工期	343.80	746.85	512.39	975.53	704.78	1 289.07
校核洪水位	12.634	372.118	6.441	455.070	6.441	540.073
正常蓄水位 + 地震	381.98	454.43	498.62	597.92	690.09	785.78
趾板上、下游面拉应力正常使用极限状态						
计算工况	高程 2 210 m 趾板		高程 2 200 m 趾板		高程 2 180 m 趾板	
	上游面应力(kPa)	下游面应力(kPa)	上游面应力(kPa)	下游面应力(kPa)	上游面应力(kPa)	下游面应力(kPa)
正常蓄水位	60.17	383.14	35.64	546.55	47.07	746.94
施工期	59.62	405.00	36.72	559.24	47.78	759.99
校核洪水位	11.56	25.11	10.32	24.41	10.32	24.41
正常蓄水位 + 地震	58.17	387.82	33.28	550.76	43.86	752.72

由表 1 计算结果可知，趾板满足稳定要求，趾板上游抗压强度满足基础承载力要求，趾板上、下游面应力也满足要求。强卸荷岩体最小承载力为 2.0 MPa，而趾板最大压应力为 0.76 MPa，因此将趾板基础置于强卸荷岩体中是可行的。

2.2 趾板卸荷岩体基础应力变形特征

鉴于卸荷带岩体完整性较差，工程力学指标较低，透水性较好，为研究坝基卸荷岩体对坝体应力变形的影响，选取岸坡剖面进行平面有限元静力计算。有限元计算采用平面非线性总应力法，堆石体静力计算模型采用 Duncan E－B 模型。

经计算，岸边剖面竣工期，最大沉降 17.0 cm，最大上游向水平位移 6.6 cm，最大下游向水平位移 6.4 cm；蓄水期，最大上游向水平位移减少至 4.7 cm，最大下游向水平位移增加至 7.2 cm，最大沉降增加至 17.2 cm。竣工期，该剖面坝体最大大主应力为 0.76 MPa，最大小主应力为 0.17 MPa；蓄水期，最大大主应力为 0.86 MPa，最大小主应力为 0.27 MPa。坝内应力水平不大，在 80% 以下。

蓄水期，混凝土面板最大挠度 7.0 cm，面板主要受压，底部受拉，中部受坝基形态的影响有受拉趋势，最大顺坡向压应力为 1.46 MPa，最大顺坡向拉应力为 0.57 MPa。

趾板及其混凝土垫座(高 5 m)变形很小，在 0.5 cm 以下，竣工期趾板和垫座受压，压应力在 0.44 MPa 以下，蓄水期趾板和垫座内出现拉应力区，最大主拉应力为 0.88 MPa，位于垫座踵部附近，大、小主应力最大值分别为 2.71 MPa、0.36 MPa。对于岸边剖面，由于趾板坐落于 5 m 高的混凝土基座上，趾板变形很小，面板周边缝变形相对较大，蓄水期面板周边缝沉陷达到 33.9 mm，张开为 6.2 mm。蓄水期面板与防浪墙之间的接缝水平错动为 2.5 mm。

计算结果显示，岸边趾板及坝体虽坐落在强度差的强卸荷带岩体上，但坝基变形很小，坝体变形与应力较小，面板除底端受拉外，中部还有受拉趋势，在库水压力作用下，趾板与垫座应力出现一定范围的拉应力区，尤其是混凝土垫座踵部，最大拉应力达到 0.88 MPa。面板周边缝变位较大，沉陷达到 33.9 mm，但仍在目前止水材料能够适应的范围内。

虽然混凝土垫座踵部存在拉应力，但通过在混凝土垫座基础面增设锚筋，加强灌浆以及进一步优化垫座的体型，可以改善垫座的应力状态，减小垫座的拉应力范围及拉应力值。

趾板建基面稳定计算、趾板卸荷岩体基础应力变形分析结果表明，趾板建基于强卸荷岩体是可行的。

3 卸荷岩体灌浆试验及评价

灌浆试验区选在坝址左岸，试验平台位于 T_{3z2}（4）岩组的强卸荷岩体，平台高程 2 192.00 m，平台下方岩体裂隙较发育，地质条件与趾板基础接近。

3.1 灌浆前、后压水试验

灌前 Ⅰ 序孔总灌浆段数为 74 段，不返水的段数为 27 段，占 36.5%，返水段透水率平均吕荣值为 79.22 Lu；Ⅱ 序孔总灌浆段数为 42 段，不返水的段数为 6 段，占 14.3%，返水段透水率平均吕荣值为 44.33 Lu。说明卸荷岩体透水性强、可灌性较好。灌后选择 3 个检查孔进行压水试验。

灌浆试验前后透水率相比较，灌后岩体透水率显著减小，灌后 3 个检查孔总段数为 21 段，小于 5 Lu 的为 19 段，占总段数的 90.5%，可见灌浆效果明显，满足透水率小于 5 Lu 的设计要求。

3.2 灌浆前、后声波弹性波测试

灌浆段共测试单孔有效数据 384 组，统计结果见表 2。

表 2 灌浆前后单孔波速 V_p 值统计

孔号	深度（m）	灌前岩体波速（m/s）	平均值（m/s）	灌后岩体波速（m/s）	平均值（m/s）	平均增长率（%）
WT1	0.5～35.7	1 710～5 560	3 400	1 910～5 950	4 330	27.4
WT2	0.9～36.3	1 920～5 950	4 030	2 190～5 950	4 550	12.3
WT3	33.3～38.9	3 250～5 680	4 200	3 250～5 680	4 550	8.3
J1	0.9～19.9	—	—	2 480～5 440	4 260	—
J2	9.3～36.5	—	—	3 170～5 950	4 470	—

综合比较，岩体灌浆前后纵波波速改善明显，见表 3。灌浆后强卸荷带纵波波速提高了 22.5%，弱卸荷带纵波波速提高了 12.7%，从而说明灌后岩体完整性得到一定程度提高，强卸荷岩体灌后质量可达到弱风化岩体。

表3　灌浆前后岩体质量改善情况对比一览表

项目	灌前纵波波速平均值(m/s)	灌后纵波波速平均值(m/s)	纵波波速提高值(%)
强卸荷带	3 026	3 907	22.5
弱卸荷带	4 294	4 911	12.7

3.3　灌浆试验结论

通过金川坝址区卸荷岩体的固结灌浆试验,可以得出以下结论:

(1)检查孔压水试验结果表明,小于5.0 Lu的设计标准孔段占全孔段的90.5%(>85%),满足《水工建筑物水泥灌浆施工技术规范》(DL/T 5148—2012)中关于固结灌浆工程质量的检查要求。

(2)从物探声波检测成果看灌后岩体声波波速基本在3 000~5 000 m/s,提高幅度大于10%,灌浆后岩体物探纵波波速普遍提高,尤其是在5~15 m处平均增长率为29.02~44.81%,3 000 m/s以下的低波速强卸荷带基本消除,完整性显著提高,可以达到弱风化岩体即Ⅲ级岩体的要求。也可以说明,金川坝址区强卸荷岩体经过固结灌浆处理,能满足两岸趾板基础要求。

(3)趾板固结灌浆孔深15 m,孔距2.0~2.5 m,排距1.0~1.5 m,2∶1级浆液开灌,浆液比级(水灰比)采用2∶1、1∶1、0.5∶1三级,最大灌浆压力不超过1.5 MPa;帷幕灌浆标准入岩(≤5 Lu)相对隔水层下5.0 m,孔距1.5~2.0 m,排距1.5 m,最大灌浆压力≤3.0 MPa,能适应金川两岸趾板地层特点。渗漏量可接受,无渗透稳定破坏现象,灌浆设计是可靠的。

4　两岸趾板建基面选择及确定标准

趾板是混凝土面板与坝基的联结结构,主要作用是将面板与坝基渗流控制连接成完整的防渗系统,趾板的自身稳定和基础防渗直接影响面板堆石坝的运行安全。《混凝土面板堆石坝设计规范》规定,“趾板宜置于坚硬、不冲蚀和可灌浆的弱风化至新鲜基岩上。对置于强风化或有地质缺陷的基岩上的趾板,应采取专门的处理措施”。

金川趾板区岩体卸荷拉裂严重,趾板基础可利用岩体评价见表4。

表4　趾板基础可利用岩体评价

<table>
<tr><th>岩体分级</th><th>最大水头(m)</th><th colspan="2">风化卸荷</th><th>变形模量(GPa)</th><th>波速(m/s)</th><th>可利用岩体评价</th></tr>
<tr><td>Ⅲ2</td><td>106</td><td colspan="2">弱风化、弱卸荷</td><td>7~9</td><td>3 000~4 000</td><td>具可灌性,简单处理后即可作为趾板建基面</td></tr>
<tr><td rowspan="2">Ⅳ1</td><td rowspan="2">88</td><td>$T_3z^{2(6)}$</td><td>弱风化、强卸荷</td><td rowspan="2">4~5</td><td rowspan="2">2 500~3 000</td><td rowspan="2">具可灌性,浅孔固结灌浆处理后可作为趾板建基面</td></tr>
<tr><td>$T_3z^{2(5)}$</td><td>弱风化、弱卸荷</td></tr>
<tr><td>Ⅳ2</td><td>54</td><td colspan="2">弱风化、强卸荷</td><td>2~3</td><td>2 000~2 500</td><td>具可灌性,深孔固结灌浆处理后可作为较低水头部位趾板建基面</td></tr>
</table>

从固结灌浆试验效果分析,基础以下5 m范围内的强卸荷岩体,灌前波速约2 500 m/s,

灌后波速约 2 900 m/s;5 ~ 10 m 段,灌前波速约 2 700 m/s,灌后波速约 3 500 m/s;10 ~ 15 m 段,灌前波速约 2 700 m/s,灌后波速约 4 000 m/s;15 ~ 20 m 段,灌前波速约 3 300 m/s,灌后波速约 4 700 m/s。

综合国内外已建工程趾板基础的标准,并分析金川两岸趾板地质条件以及卸荷岩体灌浆试验效果,初步确定趾板可利用建基面标准如下:

(1)Ⅲ级岩体可作为趾板建基面,Ⅳ1 级岩体浅孔固结灌浆处理后可作为趾板建基面,Ⅳ2 级岩体深孔固结灌浆处理后可作为较低水头部位趾板建基面。

(2)岩体的波速值通常与岩性、风化、卸荷、裂隙发育程度、岩体紧密程度等密切相关,不同岩性和结构状态其波速值不一样。波速值是岩体质量的综合体现,可作为一种定量指标评价岩体质量。类比相关工程,经处理后金川趾板建基面标准为:岩石饱和抗压强度 R 应大于 30 MPa,岩体完整性系数 K_v 大于 0.3,波速 V_p 不低于 3 000 m/s,岩体变形模量 $E_0 >$ 2.5 GPa。

金川大坝两岸趾板布置采用平趾板形式,高程 2 200 m 以下趾板建基面坐落在强卸荷岩体中下部,趾板宽度 7.0 m,厚度为 0.6 m;高程 2 200 m 以上坐落在强卸荷岩体上中部,趾板宽度 4.0 m,厚度为 0.4 m。因局部趾板承受水力梯度偏大,采用浇筑混凝土板或喷混凝土以延长渗径。

5　两岸趾板基础处理措施

5.1　固结灌浆

地质勘探成果表明,强卸荷岩体声波波速小于 2 500 m/s,完整性系数 0.1 ~ 0.15,岩体破碎;弱卸荷岩体声波波速在 2 500 ~ 3 500 m/s,完整性系数 0.2 ~ 0.25,岩体较破碎。为防止沿趾板底部产生接触渗透破坏,提高趾板基础卸荷岩体的整体性,改善岩体的物理力学性能和防渗性,对两岸趾板基础采取固结灌浆措施。

结合现场灌浆试验成果,固结灌浆孔沿趾板平行布置,为使灌后基岩波速不低于 3 000 m/s,孔距 3 m,排距 1.5 ~ 2 m,梅花形、铅垂孔布置,孔深入基岩 10 ~ 15 m。

5.2　防渗处理

因两岸基岩低高程(2 165 m)水平深度 20 ~ 30 m 以外岩体透水率 $q \geq 10$ Lu,130 ~ 140 m 以内岩体透水率 $q < 5$ Lu,水平深度 220 ~ 250 m 以内透水率 $q < 3$ Lu,两岸坝顶高程(2 260 m)水平深度 30 ~ 40 m 以外岩体透水率 $q \geq 10$ Lu,200 m 以内体透水率 $q < 5$ Lu,260 m 以内透水率 $q < 3$ Lu,两岸坝基防渗以帷幕灌浆为主。

两岸趾板上设置主、副两排帷幕,主帷幕深入相对不透水层($q < 5$ Lu)5 m,左岸最大深度 157 m,右岸最大深度 138 m,副帷幕深度为主帷幕的 1/2。帷幕灌浆孔间距为 1.5 ~ 2 m,排距 1.5 m。

6　结　论

通过对卸荷岩体的抗滑稳定、承载力、应力变形和渗透特性分析研究,可以得出以下结论:

(1)初步确定趾板可利用建基面标准为:①Ⅲ级岩体可作为趾板建基面,Ⅳ1 级岩体浅孔固结灌浆处理后可作为趾板建基面,Ⅳ2 级岩体深孔固结灌浆处理后可作为较低水头部位趾板建基面;②工程处理后,岩石饱和抗压强度 R 应大于 30 MPa,岩体完整性系数 K_v 大于 0.3,波速 V_p 不低于 3 000 m/s,岩体变形模量 E_0 >2.5 GPa。

(2)通过分析灌浆前后的压水试验及波速测试结果,灌浆后岩体的完整性、抗渗性均有较大的改善,固结灌浆效果明显。趾板可建基于卸荷岩体中,需对趾板基础进行全面固结灌浆加固处理,增加基础整体性。工程设计施工时建议固结灌浆孔的孔距 2.0 ~2.5 m,孔深入岩 10 ~15 m。

两岸趾板建于卸荷岩体上,使趾板建基面抬高 15 ~30 m,边坡降低 70 ~100 m。趾板基础采取孔深 10 ~15 m 的全断面深孔固结灌浆后,提高了趾板基础卸荷岩体的整体性,改善了岩体的物理力学性能和防渗性,降低了工程难度,节省了工程投资、缩短了工期,有一定的突破和创新。本项研究既促进了混凝土面板坝筑坝技术的发展,也为类似工程提供了借鉴,已通过了上级技术主管部门的审查。

参考文献

[1] DL/T 5016—2011 混凝土面板堆石坝设计规范[S].

[2] 周火明,李维树,熊诗湖,等.清江水布垭面板堆石坝趾板可利用建基面标准研究[J].长江科学院院报,2003(1).

[3] 李洪,彭仕雄,张世殊,等.紫坪铺工程趾板地基岩体质量标准研究[J].水利水电技术,2002(11).

大风环境下大坝浇筑过程中坝址区域风场变化的数值模拟研究

李国栋 李莹慧 李珊珊

(西安理工大学 西北旱区生态水利工程国家重点实验室培育基地,西安 710048)

摘 要 以金沙江干流某大型梯级水电站为研究对象,应用流体力学软件FLUENT对坝址区域进行了风场数值模拟分析。通过对多种工况的对比分析,分析了山区峡谷地形的风场特性,得到了大风条件下大坝周围的风场绕流情况,探讨了随着大坝浇筑高程的不断增长,大风经过大坝枢纽区时风场分布的变化情况。研究结果表明:坝址区域的风环境较为复杂,风速分布在空间很不均匀,整体呈左岸风速大、右岸风速小的特性;受大坝影响,坝址区域高风速区和低风速区的位置和范围随着坝体高度的变化而呈现一定的变动;在峡谷地形条件下,风速沿高度的变化并不符合传统的指数规律分布。研究结论为大坝进一步的抗风设计提供了依据。

关键词 峡谷地形;坝址区;数值模拟;FLUENT;风场特性

0 引 言

近年来,随着我国西部大开发战略的实施,山区大型结构建设项目日益增多,受峡谷地形的影响,山区的风环境较为复杂。大坝在浇筑过程中受河谷大风影响较大,超过七级的风会影响布置的缆索式起重机的运行和其他大型设备的运行,因此为保证工程建设的顺利进行以及竣工以后运营阶段的安全性,明确山区峡谷地形的风场特性分布规律显得尤为重要。

目前关于山区风场特性的研究主要包括三个方面:现场实测、风洞试验、数值模拟。其中数值模拟方面,湖南大学李春光[1]以矮寨大桥为工程背景模拟了桥位周围风场,并和风洞试验结果进行对比,总结了山区峡谷的风环境分布规律。同济大学的胡峰强[2]以北盘江特大桥为工程背景模拟了山区桥位风环境。西南交通大学李永乐等[3-4]以紧邻高陡山体的大跨度悬索桥为工程背景,探讨了不同来流条件下高陡山体对主梁平均风速、风剖面以及风攻角的影响,讨论了桥址区的峡谷风效应。并针对深切峡谷的地形进行了数值模拟研究,得到了典型深切峡谷地形的风场特性。长安大学张玥等[5,6]以禹门口黄河大桥为工程背景,结合现场实测和数值模拟两种方法对桥位附近风场特性进行了对比分析,给出了峡谷山口处强风时段湍流积分尺度和风剖面模型的建议,为内陆风环境的研究提供了参考。

目前业界对于山区桥址区风场特性的研究较多,对于山区坝址区域风场特性的研究并

基金项目:国家自然科学基金资助项目(51579206);水利部公益性行业科研专项经费项目(201301063);陕西省自然科学基础研究计划项目(2015JM5201)。

作者简介:李国栋(1967—),男,陕西米脂人,教授,博士生导师,主要从事水利工程数值模拟及水动力学试验研究。E-mail:gdli2010@yeah.net。

不多,本文以金沙江干流某大型梯级水电站为研究对象,采用计算机流体力学(CFD)数值模拟的方法,根据大坝枢纽区上下游河谷地形、大坝枢纽区开挖体型及大坝枢纽建筑物结构体型,建立坝址区仿真模型,应用CFD软件FLUENT 15.0模拟了大坝自建基面开始浇筑,每上升50 m至浇筑到顶的过程中,不同坝高条件下区域内的流动特征。通过对多种工况的对比分析,得到了大风条件下大坝周围的风场绕流情况,分析了随着大坝浇筑高程的不断增长,大风经过大坝枢纽区时风场分布的变化情况,为大坝在施工过程中采取防风措施提供了重要的依据。

1 工程概况

本文中某水电站的拦河大坝为椭圆线形混凝土双曲拱坝,坝顶高程834.0 m,最大坝高289.0 m,坝顶中心线弧长708.7 m。该水电站位于金沙江下游的高山峡谷中,该河段为南北走向,两侧地形非常复杂,地势高差变化大,坝址区域最大海拔约为2 500 m。在干季(1~4月,10~12月)大风天气频发,据坝区气象统计资料,2012~2014年7级以上大风天数分别为255 d、214 d、249 d,平均为239 d,占全年总日数的65.5%,坝区风口位置极大风力可以达到12级。

2 数值模型

2.1 模型建立

为了反映地形变化对坝址区域风场的影响,消除风场数值模拟的阻塞效应,结合该水电站坝址区域的地形条件和当前计算机的能力,选定的计算区域为南北方向长10 000 m,东西方向长8 000 m,高度从河道(约560 m)至5 000 m高空的长方体(减去山体、河流所占空间)。大坝距离上游4 000 m、下游6 000 m。

为获取计算区域的地形数据,本文使用Google Earth和AutoCAD相结合,在拟定的模拟范围内,确定控制断面。根据风场模型的需要,结合地形的变化状况,按近坝址区密、远坝址区疏,抓住地形主要变化特性的原则,选取了25个控制断面,提取断面信息。按照一定的间距量测各断面上特征点的坐标及高程,将提取的点保存为.dat格式,导入到gambit中进行建模,即可得到需要的计算区域,再对模型加以修正,得到高低线供料平台、坝肩槽等局部地形特征。建立上下游围堰模型,不同高度的坝体模型,嵌入地形形成本风场计算的几何模型,如图1所示。

由于峡谷地形复杂,计算域模型采用非结构网格进行划分,同时考虑到计算速度和计算精度的需求,采用渐变的网格划分方案。在包含坝体、围堰、供料平台的坝址区网格尺度为5 m,按1.2的增长因子向外逐渐增大网格尺度,最大网格尺度限制为100 m,网格总数约为413万。计算域局部网格划分如图2所示。

2.2 求解控制及边界条件设定

数值计算模型中采用有限体积法对流场控制方程进行离散,求解器选用适用于不可压缩及低速流动的全隐式分离求解器,压力与速度耦合选用Simple算法。选取湍流模型时,本文采用的是Realizable $k-\varepsilon$两方程湍流模型,计算收敛的标准统一为流场中所有的物理量残差小于10^{-3},且关键点的风速基本不再变化。

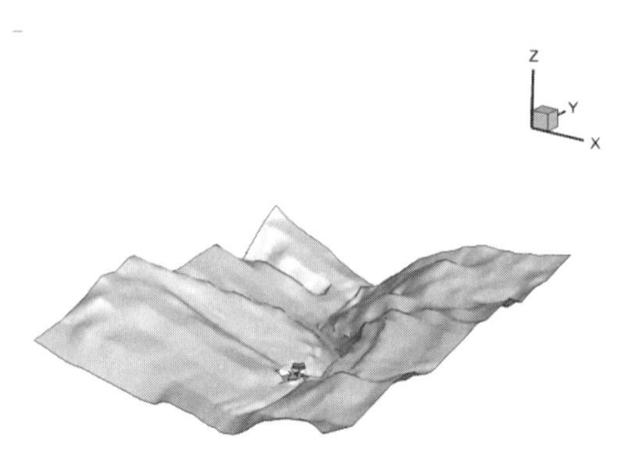

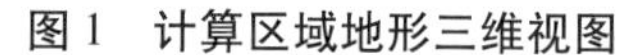

图1　计算区域地形三维视图

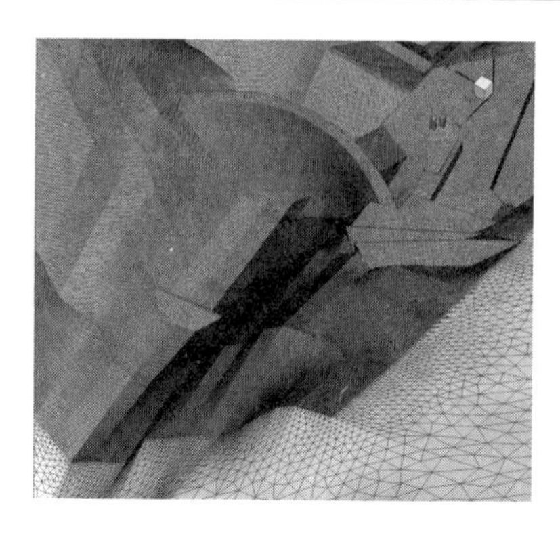

图2　大坝模型及其局部网格划分

风场计算中边界入口条件为速度入口，本文采用均匀来流风剖面假设，由于大风风向基本沿着河道方向，所以仅考虑风从金沙江下游垂直入口边界进入计算域这种风向，入口风速取为24.4 m/s，保证来流到达坝址区域河道中心时的风速为8级。边界出口条件采用压力出口边界条件，按零压给定。计算域底面采用无滑移壁面边界条件，并引入了非平衡壁面函数解决近地面相对复杂的湍流运动形式，从而减少了近壁面的网格量。两个侧边界及顶面采用对称边界条件。

2.3　计算工况

为分析在大坝浇筑至不同高程时坝址区域内风场的变化情况，从大坝建基面开始直至浇筑到顶的过程中，大坝每上升50 m建一模型，总计6种工况，计算工况见表1。

表1　计算工况说明

工况	1	2	3	4	5	6
坝顶高程(m)	无大坝	600	650	700	750	800

3　计算结果及分析

为考察不同坝体高度对坝址区域风场分布的影响，选取几种典型工况下坝址处纵向、横向和水平向速度分布云图，如图3～图6所示。

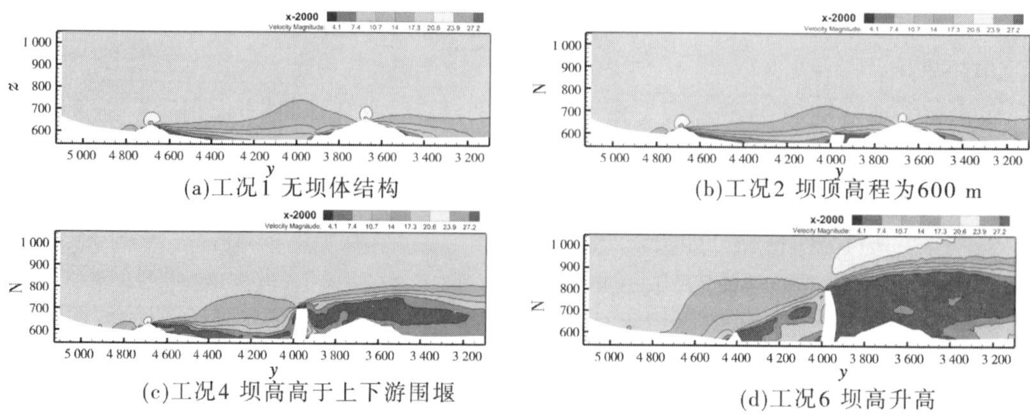

(a)工况1 无坝体结构

(b)工况2 坝顶高程为600 m

(c)工况4 坝高高于上下游围堰

(d)工况6 坝高升高

图3　不同工况下沿河道纵剖面的速度分布云图

图3给出了坝升高至不同高程时沿河道纵剖面的速度分布云图，从图中可知，无坝体结构时（工况1），受上下游围堰影响（上游围堰658 m，下游围堰627 m），气流在围堰顶部发生分离，风速比较大，但基坑内的风速较小，且分布较为均匀。当坝顶高程为600 m时（工况2），由于低于上下游围堰高度，大坝对整体的风场分布并没有太大影响。当坝高高于上下游围堰时（工况4），此时坝址区域的风场分布受大坝影响较大，由于受到坝体的阻挡作用，在坝前及坝后一定范围内形成旋涡回流区，回流区内风速较小。随着坝高的进一步升高（工况6），由于风场抬升，大坝顶部出现气流分离，在大坝上方形成高速风带，而且大坝前后回流区的范围也进一步增大。

图4给出了坝升高至不同高程时沿坝轴线河道横剖面的速度分布云图，可见风力分布在空间很不均匀，符合中间大、近地小的风场分布基本特征。在无坝体结构和坝较低时，受峡谷地形影响，整体呈左岸风速大、右岸风速小的特性。随着坝体高度的不断升高，由于过流断面被不断压缩，坝顶上方的风速逐步增强，在8级风的来流情况下，局部出现了9级风。

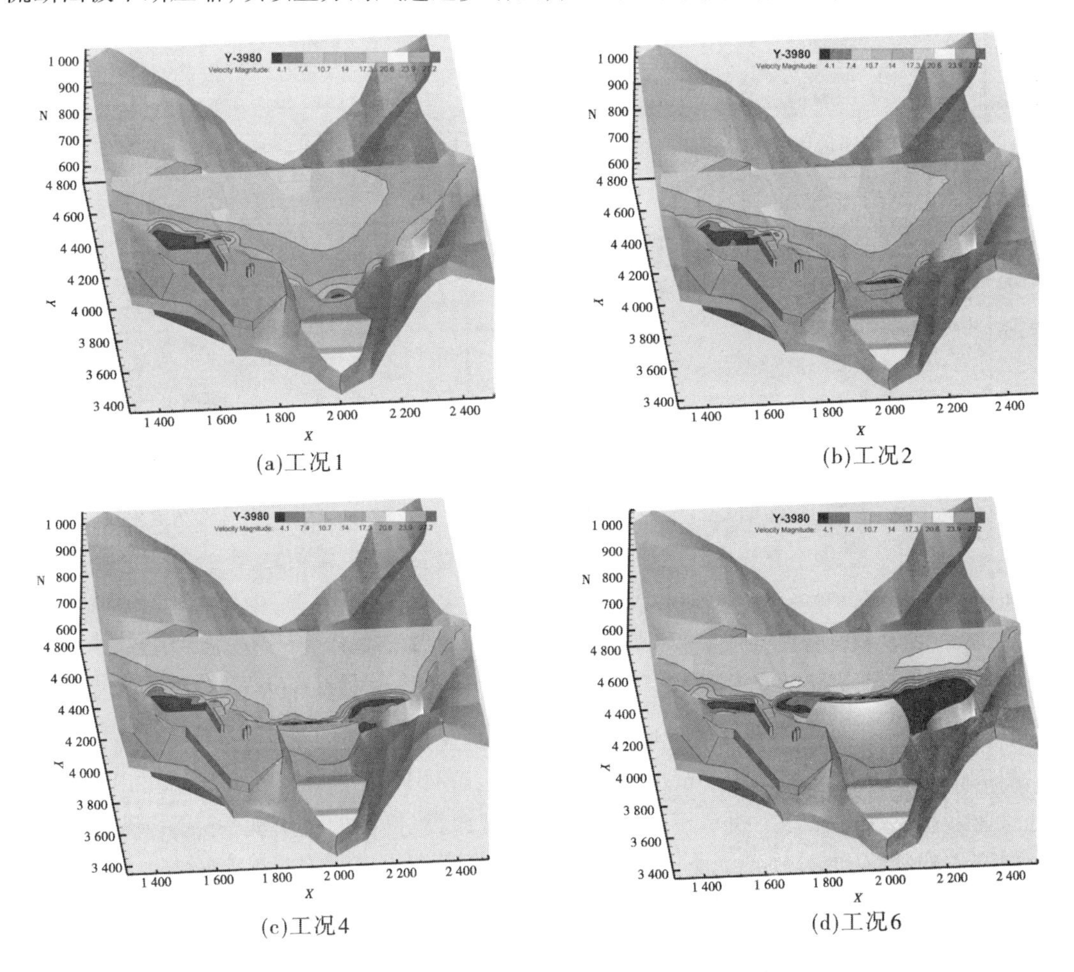

(a)工况1

(b)工况2

(c)工况4

(d)工况6

图4 不同工况下沿坝轴线河道横剖面的速度分布云图

图5、图6分别给出了坝升高至不同高程时左岸低线供料平台（768 m）及高线供料平台（834 m）上空10 m高程处的风场分布，可以看出各处的风力分布非常不均匀，从9级大风到4级以下微风都有。气流到达坝址区域时，由于地形较为开阔，坝址处左右两侧的风速较

小。在坝很低时，大坝对坝址区域的风场分布影响较小，整体风场分布与无坝时并无大的区别。随着坝的升高，在右岸出现低风速区，由于气流受到挤压，左岸局部区域出现高风速区，而且低风速区和高风速区的范围随着坝高的增加进一步扩大。低线供料平台落罐处风力分布随坝的升高变化不太大，内侧处由于高线平台基台和储料罐的阻挡，风力较小，外侧风力以6、7级风为主。随着坝的升高，高线供料平台落罐处的风力由7级加大到了8级。

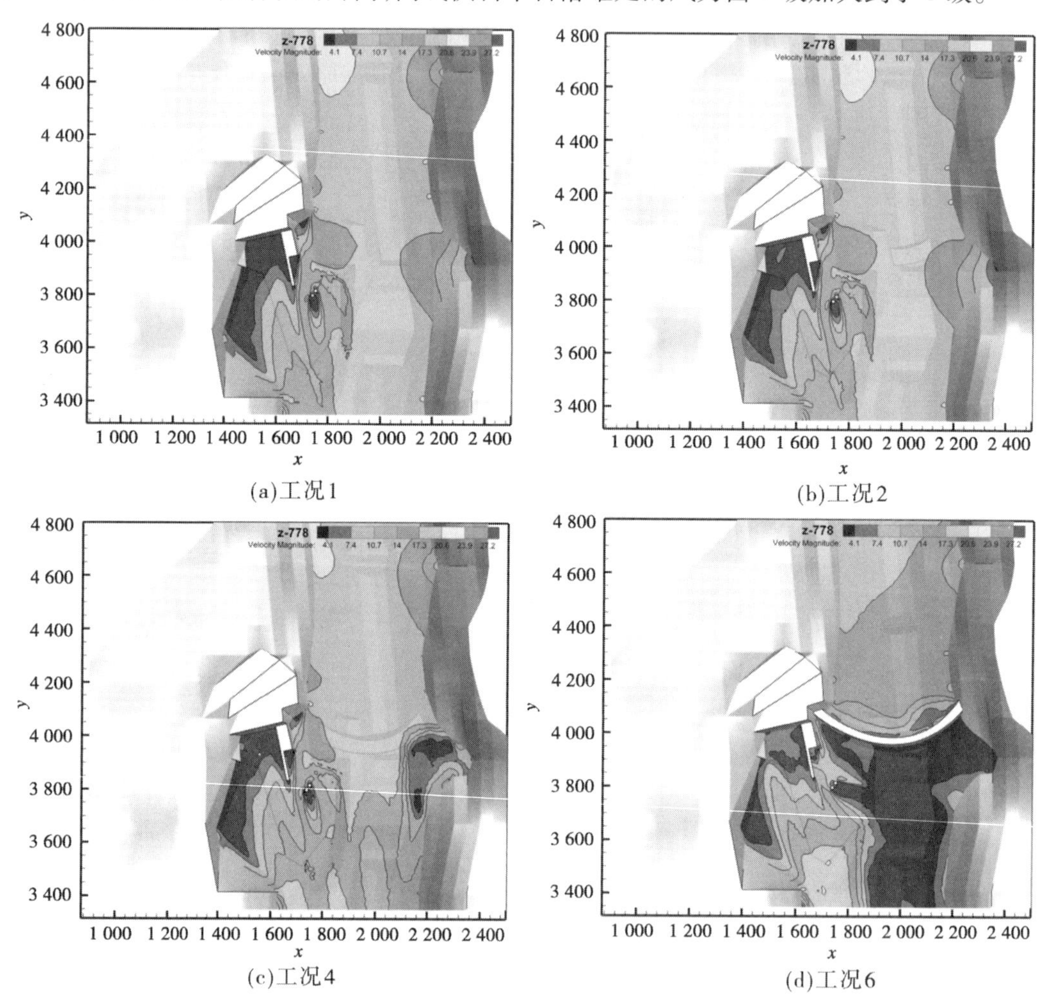

(a)工况1　(b)工况2

(c)工况4　(d)工况6

图5　不同工况下左岸低线供料平台(768 m)上空10 m高程处的速度分布云图

图7给出了坝顶高程为800 m时坝轴线不同位置处风速沿高度的变化。可以看出，坝址处风速沿高度的变化并不符合传统的指数分布规律，风剖面曲线出现拐点，呈现先增大后减小再增大的现象，而且坝轴线不同位置处风速随高度变化规律的差异亦较大。1 000 m以下的高度范围内，差异不大；1 000 m以上，风速在同一高度处沿坝轴线从右岸至左岸逐渐增加，左岸风速高于右岸风速；在1 400 m左右高程时差距最大。

图8给出了坝升高至不同高程时坝中位置处风速沿高度的变化。可以看出，在1 400 m以下的高度范围内风速受坝高影响较大，随着坝的升高，坝顶上方的最大风速不断增加，而且最大风速的位置也不断上移，1 400 m以上各工况的风剖面逐渐重合。

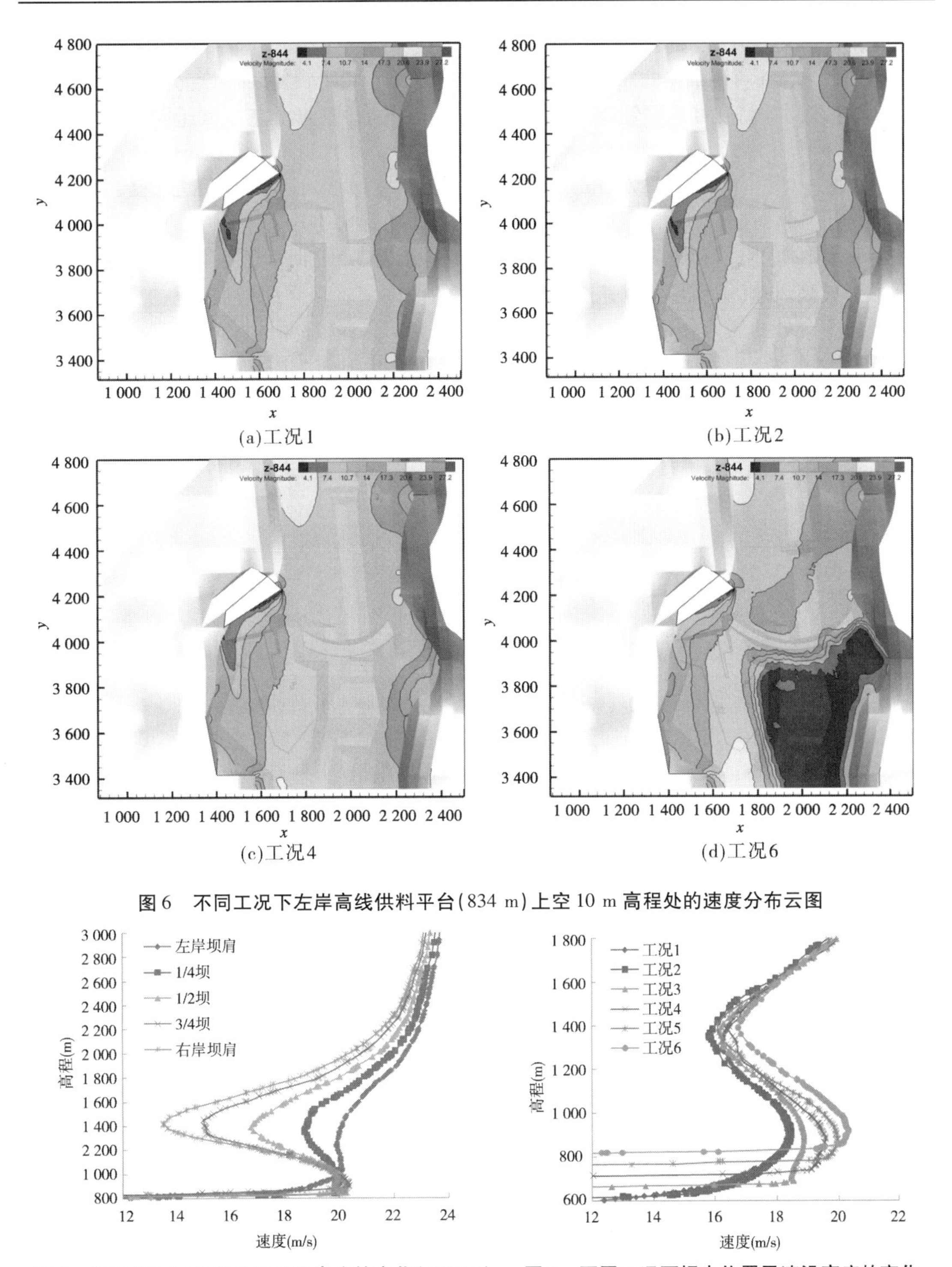

(a)工况1

(b)工况2

(c)工况4

(d)工况6

图6 不同工况下左岸高线供料平台(834 m)上空10 m高程处的速度分布云图

图7 坝轴线不同位置处风速沿高度的变化(工况6)

图8 不同工况下坝中位置风速沿高度的变化

4 结 论

本文探讨了大坝浇筑至不同高程时对坝址区域风场分布的影响,通过对六种工况下坝

址区域的风环境进行数值模拟研究,可以得出以下主要结论:

（1）由于峡谷两侧山体的影响,山区坝址区域的风环境比较复杂,风速分布在空间很不均匀,风速在同一高度处沿坝轴线从右岸至左岸逐渐增加,整体呈左岸风速大、右岸风速小的特性。

（2）通过对不同工况进行对比分析,可以看出,在坝很低时,大坝对坝址区域的风场分布影响较小,整体风场分布与无坝时并无大的区别。随着坝的升高,坝顶上方的最大风速不断增加,受坝体的阻挡和气流分离影响,在坝前及坝后形成低速回流区,坝顶上方及左岸局部区域形成高风速区,而且低风速区和高风速区的范围随着坝高的增加进一步扩大。关于左岸供料平台处的风力分布,其中高线供料平台在大坝高程较低时风力比来流小1级,大坝高程较高时风力与来流相当;低线供料平台风力在大坝上升过程中均比来流小1~2级。

（3）在峡谷地形条件下,风速沿高度的变化并不符合传统的指数分布规律,由于气流分离影响,风剖面曲线会出现拐点。

参考文献

[1] 李春光. 紊流风场中大跨度桥梁紊流风场中大跨度桥梁非线性气动稳定性研究[D]. 长沙:湖南大学,2010.

[2] 胡峰强. 山区风特性参数及钢桁架悬索桥颤振稳定性研究[D]. 上海:同济大学,2006.

[3] 李永乐,胡朋,蔡宪棠. 紧邻高陡山体桥址区特性数值模拟研究[J]. 空气动力学学报,2011,29(6):770-776.

[4] 李永乐,蔡宪棠,唐康,等. 深切峡谷桥址区风场空间分布特性的数值模拟研究[J]. 土木工程学报,2011,44(2):116-122.

[5] 张玥. 西部山区谷口处桥位风特性观测与风环境数值模拟研究[D]. 西安:长安大学,2009.

[6] 张玥,胡兆同,刘健新. 西部山区斜拉桥风特性观测及数值仿真[J]. 长安大学学报,2011,31(5):44-49.

第二篇　水利水电工程的新技术、新产品和新工艺

一种适用于深厚覆盖层土石坝的空间正交防渗体系

梁 军[1] 刘汉龙[2]

(1. 四川省水利厅,成都 610017;2. 重庆大学土木工程学院,重庆 400015)

摘 要 针对当前国内已建成的深覆盖层土石坝渗流控制与防渗结构设计全部采用垂直防渗结构的事实,本文提出一种同样适合于深厚覆盖层土石坝的空间正交防渗体系及其结构,这种防渗结构是在大坝坝基同时设有竖直与水平方向的防渗结构,在坝基地面高程处的上游方向设有水平防渗层,在坝基下游沿地面高程设水平向排水层。采用 FLAC3D 程序完成了高土石坝的渗透变形分析。计算表明,空间正交防渗结构体系将对土坝渗透稳定提供积极作用,可以明显降低地基中的水头高度,提高土坝的稳定。空间正交防渗体系简洁的结构设计、投资节省和施工简便的特点,足以在工程实践中进一步研究与应用。

关键词 深厚覆盖层;土石坝;空间正交;防渗

1 引 言

当前,西南地区的大江大河上建立了很多以高坝大库为标志的大型水电站,其中尤以土石坝居多[1]。由于地质条件优越的场地都已经建成各类大坝工程,未来大坝工程将不得不考虑建造在深厚覆盖层且结构组成复杂的地基之上[2]。因此,土石坝的渗流控制和防渗结构安全[3]是深厚覆盖层筑坝的一个关键技术问题。

目前在土石坝中应用广泛的是垂直防渗结构体系,一般为坝体防渗体 + 坝基覆盖层混凝土防渗墙 + 坝基深层帷幕灌浆“三位一体”的联合防渗体系[1]。这种垂直防渗技术较为成熟,对深厚覆盖层上的土石坝的渗流控制也十分有效。目前,国内已采用垂直防渗技术的土石坝工程有傍多(最大坝高 72.3 m,最大覆盖层深度大于 150 m,最大防渗墙深度 158 m)、黄金坪(最大坝高 95.5 m,最大覆盖层深度大于 130 m,最大防渗墙深度 101 m)、巴底(最大坝高 97 m,最大覆盖层深度大于 120 m,最大防渗墙深度 105 m)和大船沿(最大坝高 74.7 m,最大覆盖层深度大于 150 m,最大防渗墙深度 150 m)等[4]。

从上述坝体的最大防渗墙深度和最大坝高的比较来看,目前在深厚覆盖层上的土石坝,采用防渗墙与灌浆帷幕相结合的防渗统一体以贯穿覆盖层且深度大于最大坝高的思路来修建。然而,在实践中发现,防渗墙并非越深越好,谢兴华等[5]通过改进阻力系数法和数值模拟方法找到防渗墙的最优深度。认为在一般情况下,防渗墙深度和覆盖层深度的比值在0.7左右时的防渗墙深度为最优深度。毛海涛等[6]研究了透水地基上防渗墙的深度和位置对

作者简介:梁军(1962—),男,四川阆中人,四川省水利厅总工程师,教授级高级咨询师,主要从事水利工程技术管理等工作。E-mail:130762101@qq.com。

渗流的影响，对于无限透水地基，垂直防渗墙达到一定深度时，坝基渗流量的变化越来越小并逐渐达到一个稳定值，且防渗墙位置越靠近上游，防渗效果越好。

传统的“三位一体”垂直防渗体系运用以来，也存在着一些不可忽视的问题。比如：①坝基深处防渗结构遭受外力破坏（如地震等），由于其是单向结构，修复无法进行，因此存在一定的运行风险；②墙幕结合体工程量大，施工期较长，可能存在防洪度汛的安全风险，且工程造价较高；③防渗墙和心墙之间连接结构复杂，超深防渗墙及墙下灌浆帷幕施工工艺与质量控制难度较大，需要较高的专业技术水平和优良的设备条件，对施工方要求较高。

针对以上问题，本文提出了一种新的适用于深厚覆盖层高土石坝的空间正交防渗体系，即在大坝坝基中同时设置垂直向和水平向的防渗结构，使其在坝轴线附近交汇形成联合防渗体。通过简单介绍空间正交防渗体系的特点及其结构，本文以典型的深厚覆盖层高心墙堆石坝为原型，依据一般设计的空间正交防渗结构，用 FLAC3D 软件对比分析空间正交防渗结构与传统垂直防渗结构的渗流力学特性[7,8]，找出坝基底面采用上游水平防渗结构与垂直防渗体结合为最优型式，从而论证空间正交防渗体系的经济可行性。

2　空间正交防渗体系

空间正交防渗体系是将传统的垂直单向防渗结构负担的渗流量，分为两个部分来控制。首先是利用水平防渗层对整体下渗量进行渗流控制，并沿程削减水头压力，然后垂直向防渗墙再负担控制后的渗流量和水头压力，保持坝基渗流场水力比降控制在允许安全范围内，不会出现渗透变形甚至失稳情况。水平防渗层的增加，使得垂直防渗墙的负担得以减小，从而缩短防渗墙的长度（一般为悬挂式），达到减小防渗墙工程量的目的。另外，采用空间正交防渗结构还可以在保持垂直防渗长度不变时，有效简化垂直防渗体的厚度与布置型式。

针对基于垂直防渗结构的空间正交防渗体系，无怪乎有三种防渗型式的组合，一是全坝基水平防渗型（贯穿上下游），二是坝基上游水平防渗，三是坝基下游水平防渗，如图 1 所示。通过这三种情况的计算分析，从中得出一种相对较优的结构型式。

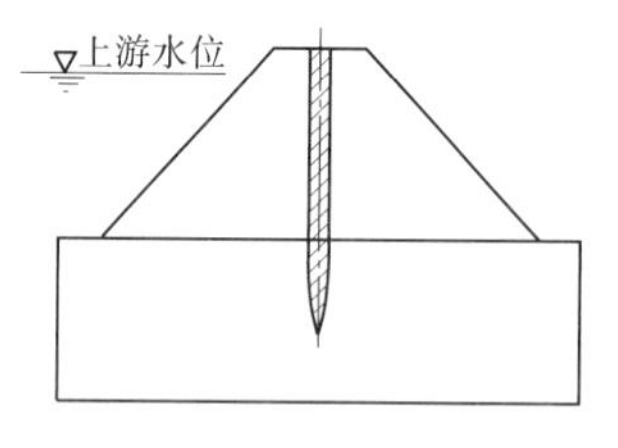

(a)单一的垂直防渗结构(基本工况)

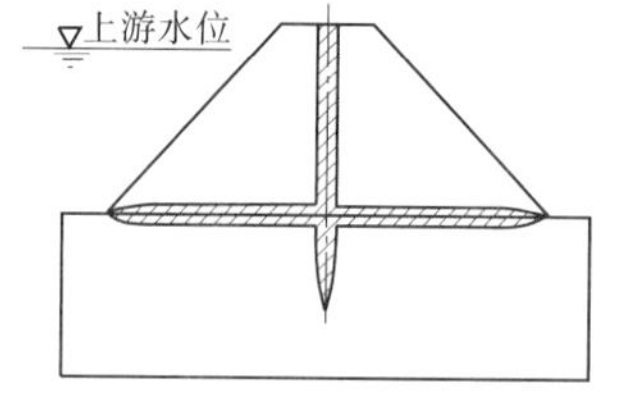

(b)全断面水平防渗结构(工况一)

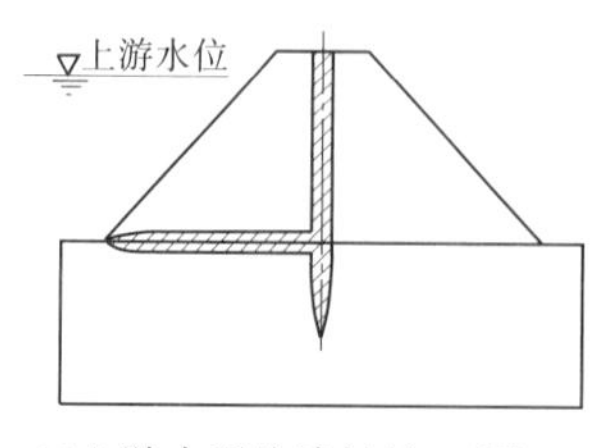

(c)上游水平防渗结构(工况二)

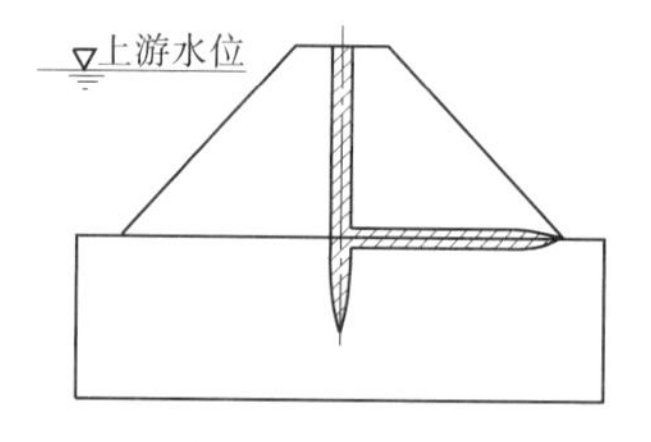

(d)下游水平防渗结构(工况三)

图 1　几种型式的防渗设计工况

3 分析方法

3.1 分析方法的选择

本文的渗透变形分析是采用 FLAC3D 程序来实现的[7]。FLAC3D 是一种显式有限差分程序,程序将计算区域内的介质划分为若干个单元,单元之间以节点相互连接。对某一个节点施加荷载之后,该节点的运动方程可以写成时间步长的有限差分形式。在某一个微小的时段内,作用于该节点的荷载只对周围的若干节点有影响。根据单元节点的速度变化和时段,程序可以求出单元之间的相对位移,进而求出单元应变,根据单元材料的本构方程可以求出单元应力。随着时段的增长,这一过程将扩展到整个计算范围,直到边界。FLAC3D 程序将计算单元之间的不平衡力,然后,将此不平衡力重新加到各节点上,再进行下一步的迭代运算,直到不平衡力足够小或者各节点位移趋于平衡迭代终止。它在数值计算格式中采用的是动态方程,其目的是确保当所模拟的物理系数不稳定时,数值计算仍然是稳定的,这便使 FLAC3D 程序特别适用于模拟岩土类非线性材料的几何大变形问题,因而它在各类岩土工程中都有较好的应用。FALC3D 采用的是显式方法求解策略,不用求解繁杂的联立方程组,即其控制方程中的诸导出量都可以用由场变量构成的代数表达式来描述,且无须规定各个场变量在单元内的变化模式。其求解循环示意图如图 2 所示。

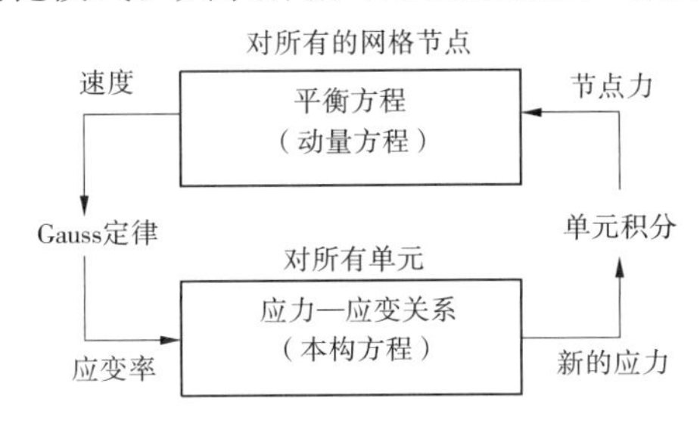

图 2 FLAC3D 循环求解示意图

3.2 计算模型

计算中采用一个理想化的高土坝,坝高 200 m,坝顶宽度为 40 m,上游和下游坡比分别为 1∶1.5 和 1∶1,覆盖层深度为 300 m,坝基垂直防渗墙长度分别为 100 m、150 m、200 m。顺流向(x 方向)计算模型的尺寸为 802 m,坝轴向(y 方向)计算模型尺寸为 10 m,近似为平面应变问题,上游水位设置为 180 m。计算中采用的数值模型如图 3 所示。

计算中采用的边界条件包括:模型底部和水平方向的法向位移约束,模型上游设置水头边界条件,下游地面高度处设置孔压为 0 的排水边界条件。

3.3 土体本构模型和参数

通过对土体进行简化,采用摩尔 - 库仑理想弹塑性本构模型。整个模型的土体分成三个组,包括地基、坝体和防渗体。详细计算参数如表 1 所示。

表 1 本项目中的土体参数

土体类型	容重(kN/m^3)	变形模量(MPa)	泊松比	黏聚力(kPa)	摩擦角(°)
地基	2 000	82	0.36	200	30
坝体	2 000	82	0.36	300	45
防渗体	2 500	2 700	0.35	2 000	35

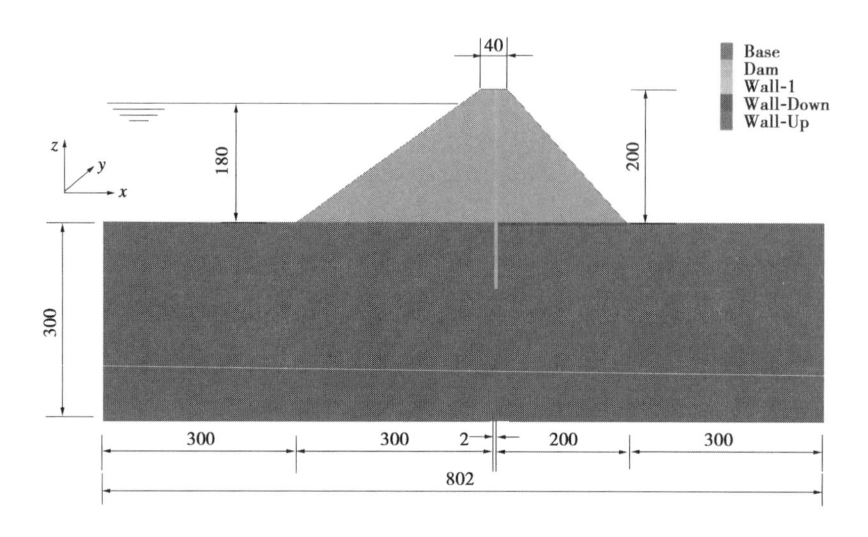

图 3　计算网格尺寸图　(单位:m)

3.4　计算步骤

计算过程包括以下几个步骤:首先建立地基,并进行地应力计算;随后根据分层填筑模拟土坝的筑坝工程;然后再施加水压力和水头孔压,通过渗流和应力计算分别得到稳态渗流条件下土坝的孔压分布和变形,从而研究比较各工况的渗透特性,找出最佳防渗型式。

4　计算结果与分析

先行开展的土坝分层填筑时的应力与变形计算,表明计算产生的坝基变形符合土石坝填筑的变形规律。由于变形分析计算不是本文的重点,故不再赘述。

先计算了传统型垂直防渗 100 m、150 m、200 m 的坝基渗透特性,如图 4 所示坝基 -10 m 处的水头高度分布曲线,可以看出,改变土坝轴线上的防渗墙深度能对墙体附近的水头高度产生影响,防渗墙深度越大,上游坝基中的水头高度越低,越有利于土坝的渗流稳定,墙体上下游的水头差也越大,分别为 40 m、65 m、85 m,可见防渗深度越深水头降低效果越好,但这会带来筑坝成本提高和施工难度增加。

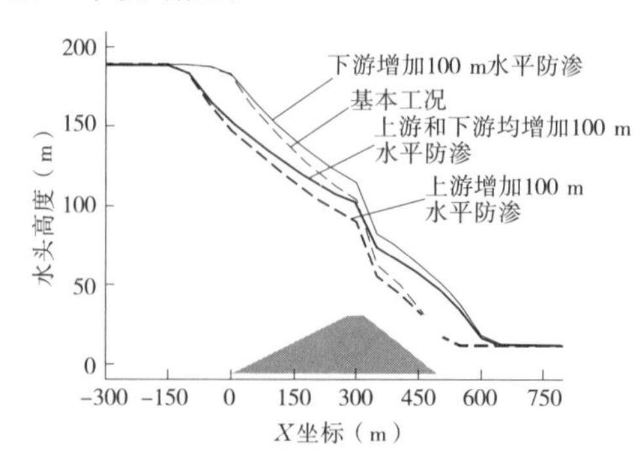

图 4　防渗墙深度对水头高度的影响

将如图 1(a)所示保持防渗墙深度 100 m 不变的单一垂直防渗结构作为基本工况,并在此基础上分析不同水平防渗设计的效果。如图 5 所示,对于上下游均增加水平防渗层的工况一，可以发现在上游坝基中水头高度比基本工况有所降低，但是到了下游坝基中，由于下游水平防渗部分的存在，将会提高水头高度，存在着渗透破坏的风险。对于工况二（坝基上游设水平防渗层），可以发现相对于基本工况，上游地基中的水头高度大幅降低。坝轴线处的水头高度由基本工况的 180 m 降低至 147 m 左右，这将有利于整个土坝的渗流稳定性，同时，上游增设水平防渗层对下游地基中的水头高度也有一定影响，但相对于上游地基的降幅来说，影响要小，但仍比基本工况要好。对于工况三（坝基下游设水平防渗层），将会提高坝基内部水头高度，尤其是下游坝基内的水头高度将会大大提高，这不利于土坝下游的渗透稳定，有可能会引起管涌等渗透破坏。

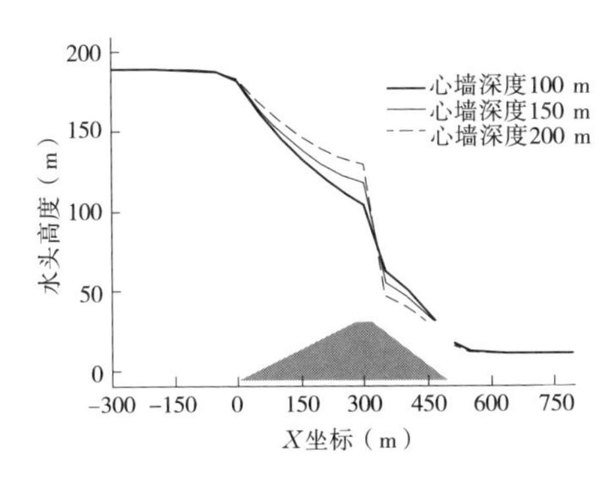

图 5　增设水平防渗体时坝体的水头高度曲线（防渗墙深 100 m）

从以上计算分析可知，基于坝基垂直防渗的结构设计，只有通过在坝基上游表面增加水平防渗层，才能够更有效地降低坝轴线上墙幕上、下游的水头（基本工况降低水头约 43 m，加上上游水平防渗层工况二后降低水头约 32 m）。因此，由基本工况 + 上游水平防渗层形成空间正交防渗体系的结构设计是最为合理的，具体包括垂直向的防渗墙和水平向的在坝基地面高程处的上游设置的水平防渗层，竖直向和水平向防渗结构在坝轴线附近交会形成紧密防渗体，并在坝基下游沿地面高程设水平向排水层。

由此，空间正交防渗结构型式如图 6 所示。这一设计依然遵循“上防下排”的原理。另外，按照主副防渗帷幕的概念[9]，在上游既增加水平防渗层又增设垂直防渗体（亦称副帷幕）如图 7 所示。计算发现，增加的垂直防渗体（副帷幕）附近存在较大的水头差，相对于上述工况二，在副帷幕上游水头高度提高明显，如图 8 所示，而在下游则可有效降低水头高度。

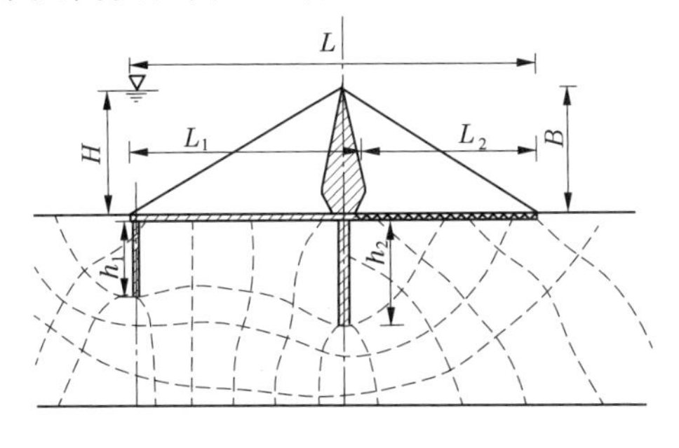

图 6　一般设计的空间正交防渗结构图

需要注意的是，由于增加了竖向防渗体（副帷幕），导致上游的防渗体上的水头差（53 m）远大于心墙上的水头差（34 m），这说明在土坝上游增加的竖向防渗体，虽然深度与心墙一样（同为 100 m），但是承受的水头荷载有重要差别，在工程设计中应仔细分析两者所承受水压力的区别，在同样深度条件下，上游增加的水平防渗体应具有更高的抗劈裂强度。如把副帷幕缩短成 50 m，情况就好多了，此时水头降低到 28 m 左右，一般设计副帷幕 h_1 不宜大于主帷幕深度 h_2，如图 7 所示为带副帷幕的空间正交防渗结构。因此，图 6、图 7 为空间正交防渗结构的两种基本型式。

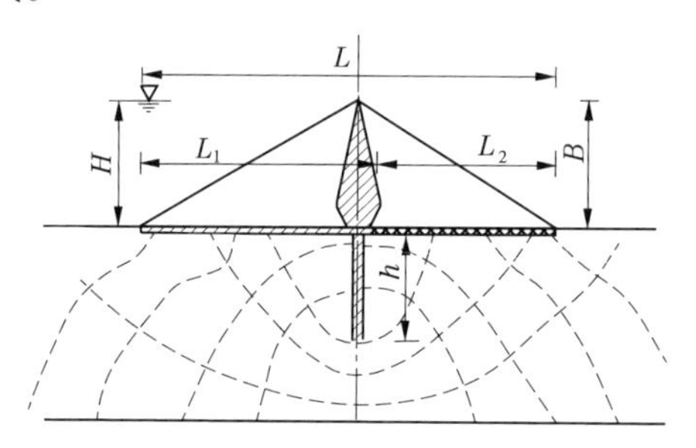

图 7　垂直向主副防渗墙的空间正交防渗结构图

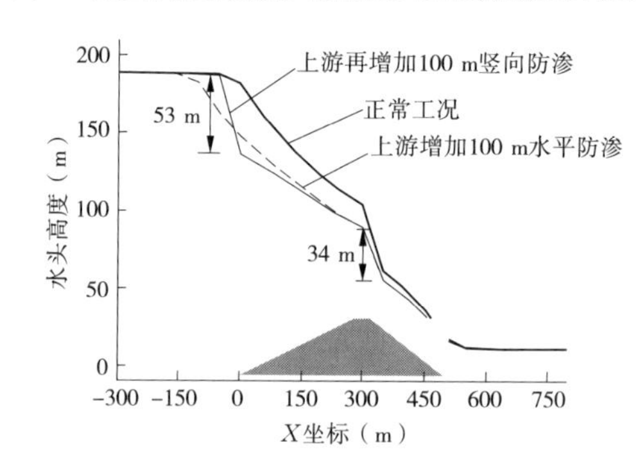

图 8　上游增加竖向防渗体（副帷幕）的影响（防渗墙深 100 m）

5　结论与建议

5.1　结论

空间正交防渗体系具有结构设计简单、施工难度小、施工质量保证度高、运行风险小的优点。其中增加的上游水平防渗结构 L_1 和下游水平排水体 L_2，这在施工上是很容易做到的；减少或缩短垂直防渗结构长度 h（或 h_1、h_2）使施工难度大大降低，从而提高施工质量的保证程度。

空间正交防渗体系在上游坝底布置的水平防渗层将对土坝渗透稳定提供积极作用，可以明显降低地基中的水头高度，提高土坝渗流稳定性。下游增加水平防渗层不利于土坝的渗透稳定，工程中应避免这种措施。在坝基上游增加竖向防渗层作为副帷幕也可以进一步提高土坝的渗透稳定，但副帷幕的深度不宜超过主帷幕的深度。

5.2　建议

深厚覆盖层高土石坝空间正交防渗体系在理论上是可行的，应深入开展相关研究工作与实际应用，为深厚覆盖层上安全建坝提供科学依据。

参考文献

[1] 林继镛. 水工建筑物[M].5 版.北京:中国水利水电出版社, 2009.

[2] 杨天俊. 深厚覆盖层岩组划分及主要工程地质问题[J].水力发电,1998 (6): 17-19.

[3] 党林才,方光达.深厚覆盖层上建坝的主要技术问题[J].水力发电,2011,37(2): 24-28,45.

[4] 沈振中,邱莉婷,周华雷.深厚覆盖层上土石坝防渗技术研究进展[J],水利水电科技进展,2015,35(5): 27-35.

[5] 谢兴华,王国庆.深厚覆盖层坝基防渗墙深度研究[J].岩土力学,2009,30 (9) :2708-2712.

[6] 毛海涛,侍克斌,王晓菊,等. 土石坝防渗墙深度对透水地基渗流的影响[J].人民黄河,2009(2):84-86.

[7] 陈育民, 徐鼎平. FLAC/FLAC3D 基础与工程实例[M].北京:中国水利水电出版社, 2009.

[8] 陈育民, 刘汉龙. 邓肯 - 张本构模型在 FLAC3D 中的开发与实现[J]. 岩土力学, 2007, 28(10): 2123-2126.

[9] 党发宁,田红梅,王振华. 基于平衡防渗原理的土石坝防渗帷幕优化设计[J].水利水电科技进展, 2015,35(4): 44-48,643.

基于 Catia 三维开挖设计凹面处理技术研究

张积强

（中国电建集团西北勘测设计研究院有限公司，西安 710065）

摘　要　对 Catia 软件中进行水工建筑物边坡开挖设计凹点部位的开挖面处理的一般思路进行了总结，并进行了拓展性研究，提出了复杂情况下凹点处开挖面设计及曲面倒角的基本思路和方法，为解决整体开挖面设计提供了有力的技术支持，为模板化、程序化解决开挖问题提供了基本思路。

关键词　CATIA；水电工程；三维开挖；凹面；曲面倒角

1　概　述

在工程边坡开挖设计中，往往碰到边坡开挖放坡所依据的建基线在平面上的投影不在同一直线上，凹点处的边坡一般都会出现棱角，尤其是凹点两侧的坡面夹角比较小的时候，这种棱角显得边坡尤为不安全，如图 1 所示。工程实际设计中往往将凹点部位进行圆角处理，形成如图 2 所示的圆弧曲线。

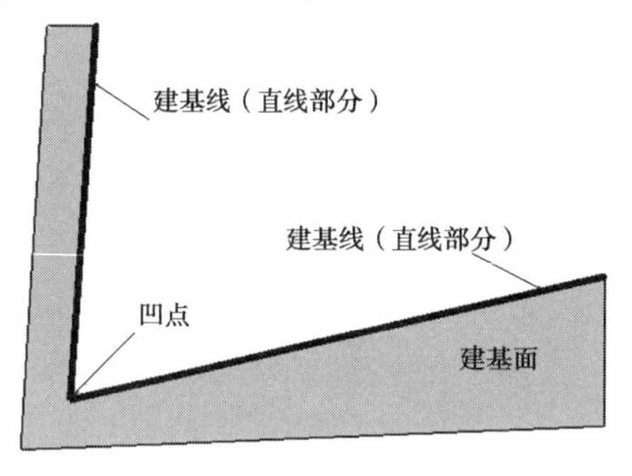

图 1　凹点处折线形建基线

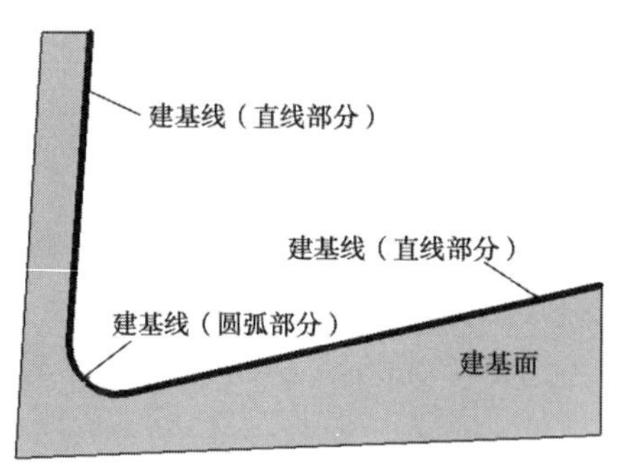

图 2　凹点处圆弧形建基线

但在 CATIA 中，要基于图 2 所示看似简单的建基线设计出合理的开挖面并不是一件简单容易的事情。针对图 1、图 2 所示的建基线，采用整体扫略方法，无论怎样调整选项，都可能由于自相交或者曲面复杂等原因无法得到结果；采用多截面方法，同时考虑耦合、引导线等控制方式，可以得到一个结果，如图 3、图 4 所示。如图中看到的，开挖坡面上出现了不规则的曲面，工程施工中很难控制，并不是理想的结果。

作者简介：张积强（1973—），男，陕西千阳人，中国电建集团西北勘测设计研究院有限公司数字工程中心副总工程师，教授级高级工程师，早期主要从事水电工程设计研究工作，目前主要从事数字工程研究与应用工作。E-mail：zjqmax@ qq. com 。

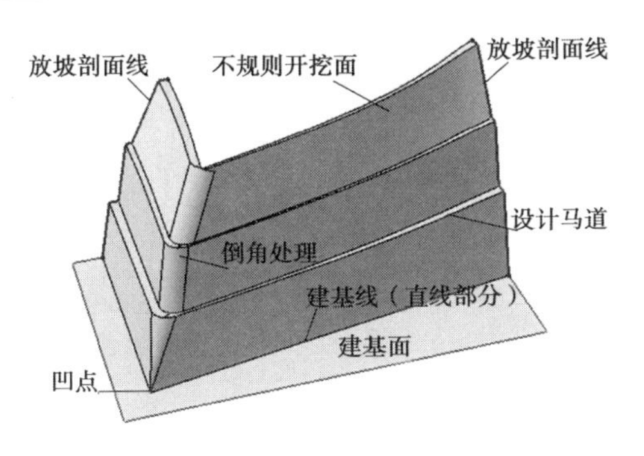

图 3　折线形建基线边坡设计

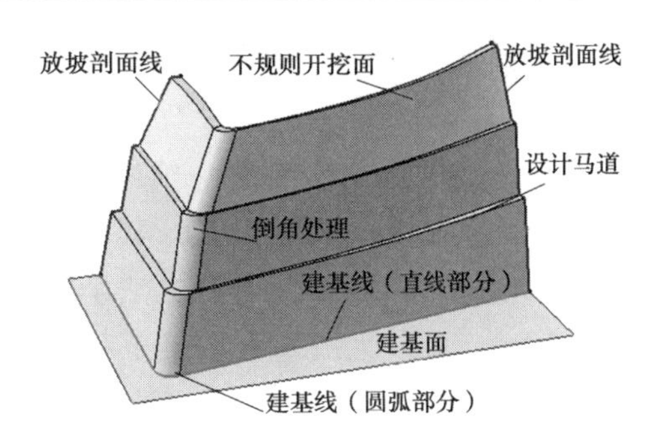

图 4　圆弧形建基线边坡设计

2　处理方法研究

笔者对产生上述不规则曲面的原因进行了分析，认为产生上述问题的原因有两点：第一点是两侧的剖面线和底部的建基线过于复杂，第二点是 CATIA 的多截面曲面的耦合功能综合考虑了两侧剖面线受底部建基线的趋势影响，但并没有严格控制边坡马道的走向。针对上述存在的问题，笔者按照化繁为简、细节控制的思路做了大量试验，找到了几种切实可行的处理方法，供大家参考。

2.1　一般设计思路

针对上述情景，一般利用扫略、剪切、可变圆角等工具进行设计。对于图 1 所示的带凹点的建基线，通过"使用参考曲面"方法对凹点两侧的直线部分分别扫略（拉伸命令也可以），然后进行相互剪切，并采用"可变圆角"方式对棱线进行倒角，即可形成倒圆角后的开挖坡面，如图 5 所示，其前提是凹点两侧的马道高程一样，即马道是一个水平面。

如果两侧的马道高程不一样，其效果如图 6 所示，这种处理方式在工程上很少见。在工程上，每一层马道基本都是连通的，以满足小工具车通行，在这种情况下，马道高程需要从一个剖面位置倾斜过渡到另一个剖面处。

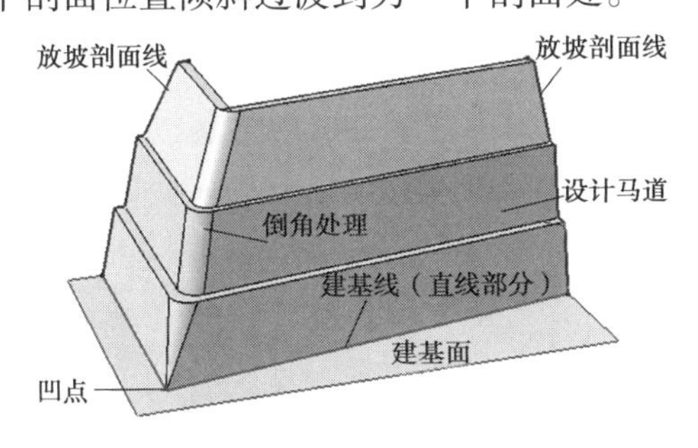

图 5　一般开挖设计

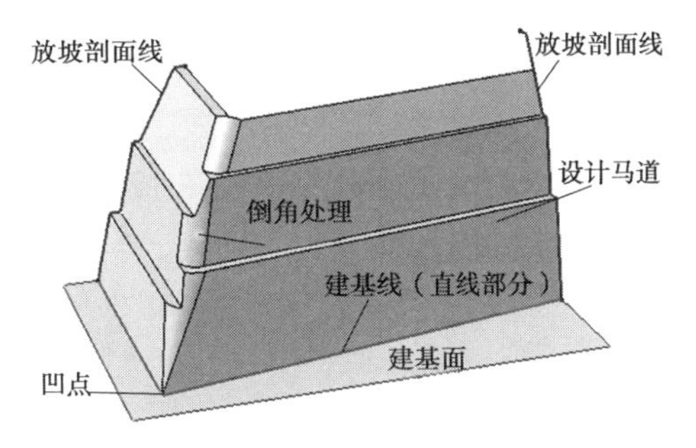

图 6　不同马道高程的开挖设计

2.2　凹点处剖面线设计

为了解决图 6 所显示的问题，可考虑在凹点处增加一个剖面线，从而将一个复杂问题转化为凹点处剖面线设计问题。

在图 5 制作过程中，如果将两侧的直面进行相交计算，可以得到一条空间折线，这条折线继承了两侧剖面线的基本特点。按照这个思路，可以利用两侧边坡的马道高程、坡比、马道宽度、建基线的信息，通过计算、放样获得剖面线。按照凹点两侧马道面水平还是倾斜，凹点处剖面线设计可有两种思路：第一种思路是一侧马道面水平，另一侧为带有纵坡的斜坡面；第二种思路是两侧马道统一坡比，均按带有纵坡的斜面设计，如图7所示，其设计思路和流程如图8所示。利用这种方法生成的凹点处剖面线，可以生成基本满足工程设计需要的边坡开挖面，如图9所示。为了生成这个凹点处的剖面线，两侧马道内侧边线的交点做了近似处理，一般情况下其误差均小于1 mm，满足工程要求。这种方法简称为单剖面线过渡法，常用于洞口的洞脸与两侧边坡的开挖设计。

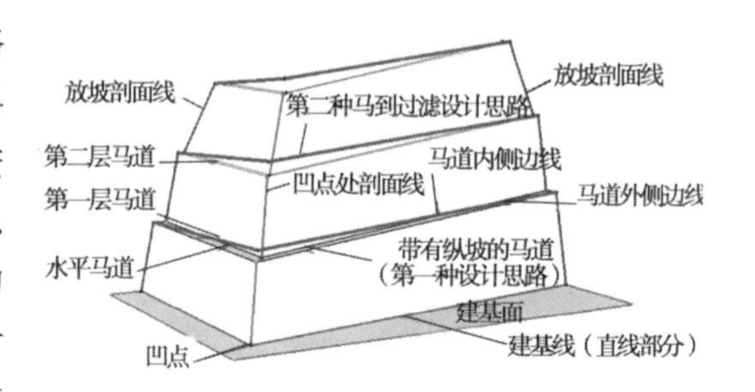

图7　凹点处剖面线设计

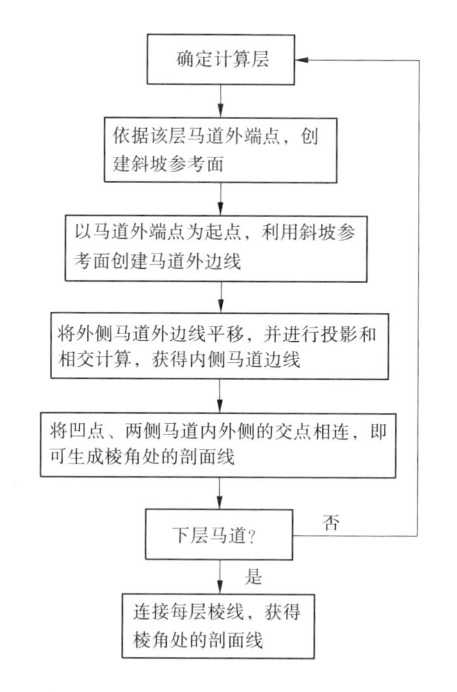

图8　凹点剖面线设计流程

2.3　曲面倒角设计

为了设计安全，工程上一般对比较尖锐的棱线进行倒角处理，可利用CATIA的可变圆角曲面工具处理，图9所示棱线进行圆角处理后如图10所示。如果建基线是图2所示的曲线，则可修改底部的半径参数，处理为图11所示效果。

实际上，工程上除了上面两种圆角处理方法，可能还有倒直角的处理要求，其效果如图12所示。其制作方法可参考圆角处理思路，先利用曲线的3D圆角功能，对棱线两侧的马道边线分别圆角，获得两条新的剖面线，如图13所示。然后利用桥接工具，将这两条剖面线作为第一、二曲线，并将同一马道的对应点进行耦合，则可分部生成图12所示的直面边坡开挖设计图；如果利用多截面曲面工具，并以建基线的圆弧线为引导线，结合耦合则可以生成如图10所示的边坡开挖设计图。

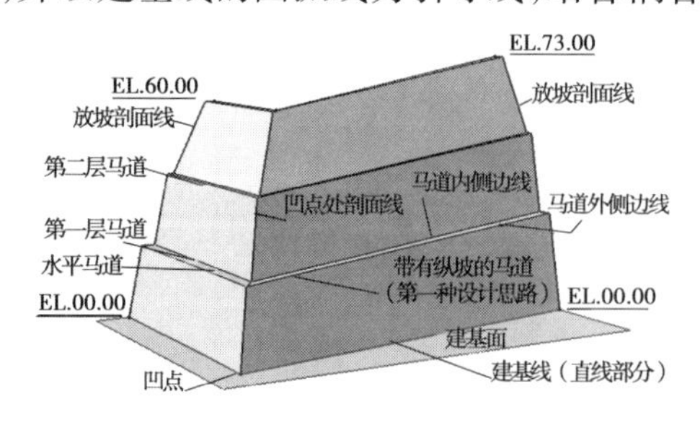

图9　棱线形边坡开挖面

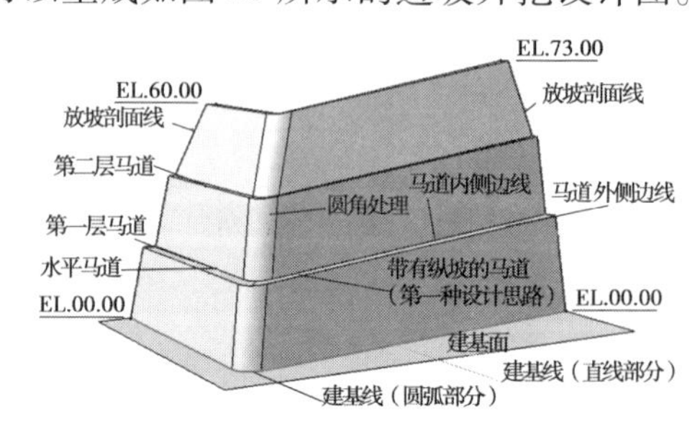

图10　圆角处理后的边坡开挖面（1）

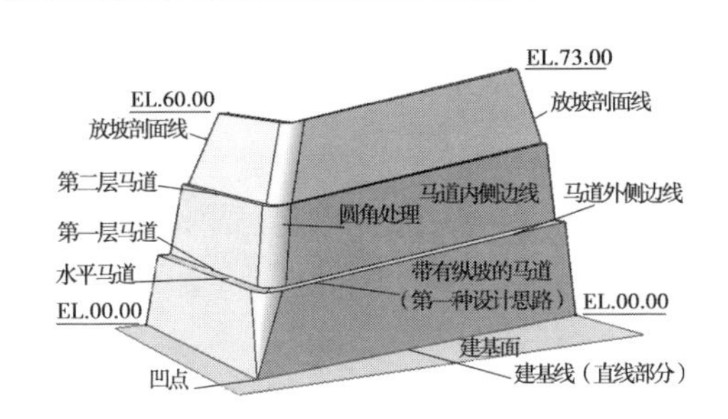

图11 圆角处理后的边坡开挖面(2)

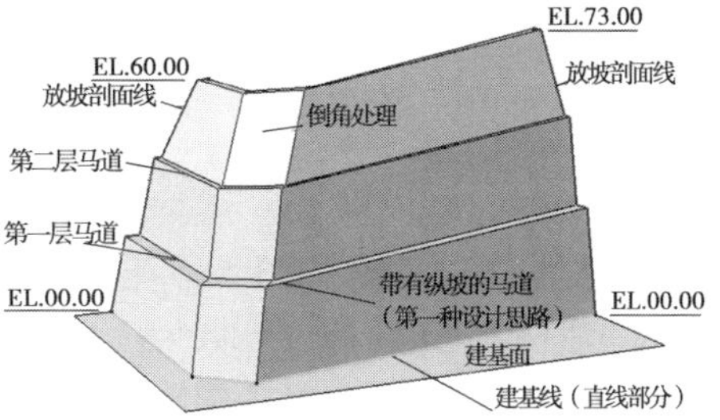

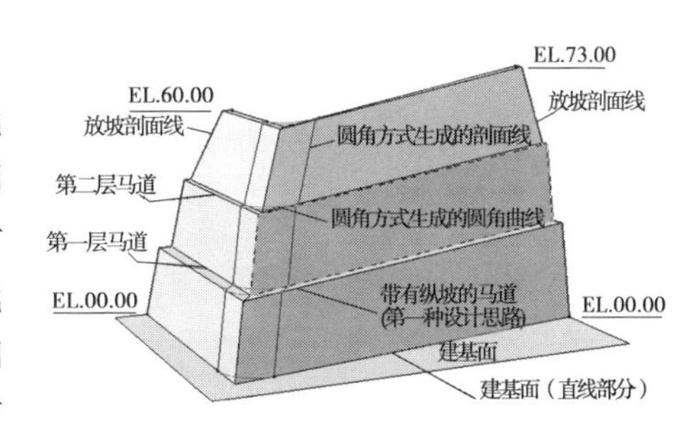

图12 倒角处理后的边坡开挖面

2.4 直接设计

以上方法是针对已生成的图9所示的直线形开挖面所做的倒角设计,适用于人工设计;如果用于程序开发,还可以利用凹点处剖面线设计成果,采用图7所展示的思路,直接对马道边线进行倒角,如图14所示,据此生成的开挖面如图15所示。这种方法简称为双剖面线过渡法,常用于处理相邻建筑物之间有预留岩体的情况。

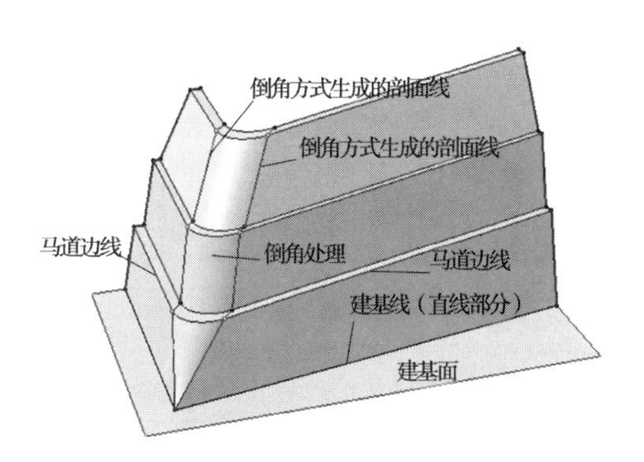

图13 倒角处理过程

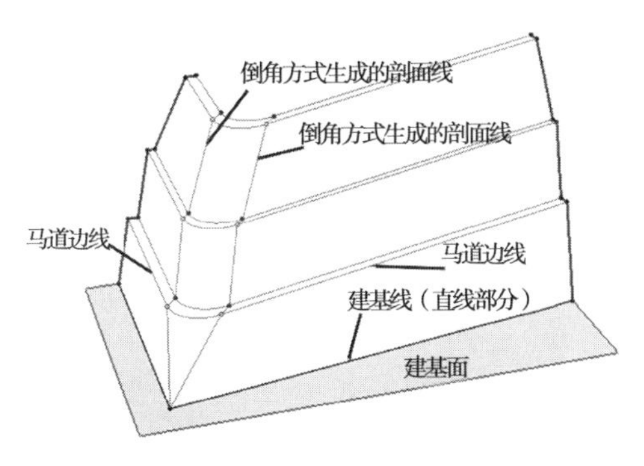

图14 预先倒角设计过程

图15 预先倒角设计后生成的开挖面

从精度上看,双剖面线过渡法比单剖面线过渡法高,这是因为双剖面线过渡法在预先倒角处理时利用的马道边线没有近似处理,完全符合CATIA中曲面设计的几何原理,与采用前文2.1中所述的一般设计思路所制作的开挖面非常吻合。

3 结 论

凹面开挖设计是工程边坡开挖设计中普遍碰到的一个难点问题,也是边坡开挖类软件开发中碰到的一个主要技术问题。本文提到了凹面边坡开挖设计的多种思路,相比来说,采用扫略、剪切、可变圆角的一般设计方法可能更简单,一般设计中应用更多;但如果要解决复杂问题,基于凹点处剖面线设计的思路可能更能满足设计需要。笔者将这里提到的方法用于三维边坡开挖设计系统的开发中,其编程思路相对清晰,效率较高,设计成果更能满足工程设计、施工要求。

参考文献

[1] 郑声安,等. 基于 CATIA V5 的水利水电工程三维设计基础应用[M]. 北京:中国水利水电出版社,2010.
[2] 李斌宗,等. 基于 CATIA V5R20 的水利水电工程三维设计应用教程[M]. 郑州:黄河水利出版社,2011.
[3] 李斌,等. 水利水电工程三维设计方法引进与研究[J]. 人民黄河,2011.
[4] 李东阳,等. CATIA 在南水北调中线工程渠道开挖中的应用[J]. 河南水利与南水北调,2013.
[5] 潘炜元. CATIA 在渠道施工详图三维设计中的应用[J]. 山东工业技术,2014.
[6] 孙程. 基于 GEOPAK Site 的三维开挖辅助设计[J]. 人民长江,2013.

水电站压力钢管国产超高强度调质钢施工工艺试验研究

张育林　周　林

（中国水利水电第三工程局有限公司，西安　710024）

摘　要　通过呼和浩特抽水蓄能电站应用实例，对WSD690E钢材料的进厂检验、冷加工的卷板试验、焊接材料的比选、焊接性及焊接工艺试验、实体工程质量控制等方面进行全面的施工技术研究，了解了700 MPa级以上超高强度调质钢的热敏感性、淬透性、焊接性、冷加工性与普通钢的区别，探索出了用超高强度调质钢制造引水压力钢管的工艺方法和参数，解决了小径厚比厚壁压力钢管瓦片冷卷和焊接的施工技术难题，推动了国产高强钢及配套焊接材料在水电站的应用，取得了很好的经济效益和社会效益，经两年半的运行实践证明，工程质量优良，安全可靠。研究成果经鉴定专家委员会会议评审，达到了国内领先水平，可为类似工程施工提供借鉴。

关键词　施工技术；工艺研究；试验比较；调质钢；国产高强钢；压力钢管；制造安装

1　引　言

钢结构工程中，采用高强钢相对于普通钢而言，可以减少钢材的用量，从而减少焊接材料消耗及施工工作量，可以减少矿产资源消耗，符合“效益优先型”“资源节约型”“环境友好型”的产业发展方向，并且使得成型、组装、起吊、运输更加容易而带来显著的经济效益和社会效益，而被越来越广泛地采用，也是钢结构工程发展和进步的必然趋势。国内水工钢结构高强钢应用已有近半个世纪的历史，国产600 MPa级高强钢在20世纪90年代由于三峡工程的推动，在国内水电站引水压力钢管制造中被广泛应用。但700 MPa及以上级别的超高强度调质钢钢板一直依赖进口，仅在河南宝泉蓄能电站的钢支管中使用了少量的800 MPa级超高强度调质钢。为推动超高强度调质钢及其相应焊接材料的国产化和在水电站压力钢管中的应用，呼和浩特抽水蓄能电站引水压力钢管工程的钢板及配套焊接材料全部采用国产产品。针对超高强度调质钢加工工艺的研究现状及存在的问题，以西龙池抽水蓄能电站中已掌握的日产SUMITEN780钢的施工经验为基础，进行WSD690E钢的材料性能分析、配套焊材的比选、焊接工艺评定、实体工程质量控制等研究，为类似工程提供借鉴和参考。

2　应用工程概况

呼蓄电站地处高寒的内蒙古大青山地区，电站共安装4×300 MW可逆式水轮（水泵）/发电（电动）机组。采用分组供水，两条输水道均采用三平两斜的布置方式，在下平段设岔

作者简介：张育林（1965年—），男，陕西大荔人，硕士，教授级高级工程师。现任中国水利水电第三工程局有限公司总经理。主要从事水利水电工程施工及管理工作。E-mail：zhangyulin@vip.163.com。

管。调压井出口至厂房上游墙间采用地下埋藏式引水压力钢管引水。钢管壁厚 18 ~ 66 mm,直径 2 000 ~ 5 400 mm,钢管制造安装总量 14 355 t,共用 3 种钢板,其中,用 WSD690E 钢制造钢管 3 645 t,管壁厚度 30 ~ 66 mm,共 17 个规格。该钢种是国内专为水电站引水压力钢管研发的 800 MPa 级超高强度调质钢,也是首次在国内电站压力钢管制造的实体工程中大规模应用。钢管设计遵循《水电站压力钢管设计规范》(DL/T 5141—2001),钢管制造安装执行《水电水利工程压力钢管制造安装及验收规范》(DL/T 5017—2007)。

3 WSD690E 钢的材料性能分析

3.1 钢板机械性能与化学成分

对到货钢板按 GB/T 2975 的规定抽取了 105 组样品,进行了机械性能试验和化学成分分析试验。屈服强度 $R_{p0.2}$、抗拉强度 R_m、延伸率、-40 ℃/V 型冲击功 A_{kv}(横向)等试验结果表明,WSD690E 钢各项机械性能指标满足水电站引水压力钢管的设计要求。由化学成分分析结果计算得知 C_{eq} = 0.47%、P_{cm} = 0.27%,说明其焊接性较好。WSD690E 钢板的力学性能、化学成分分别见表 1 和表 2。

表 1 WSD690E 钢板的力学性能

规格(mm)	$R_{p0.2}$(MPa)	R_m(MPa)	延伸率(%)	冲击试验温度(℃)	A_{kv}(横向)(J)	时效冲击试验温度(℃)	A_{kvs}5%(横向)(J)	180°冷弯,$d=3a$	
<50		≥685	780 ~ 930	≥15	-40	≥47	0	≥34	完好
≥50		≥665	760 ~ 910						
全厚度	max	697	774	15		48	—	—	完好
	min	886	924	22		262			

表 2 WSD690E 钢板的化学成分(%)

合金元素		C	Si	Mn	P	S	Cu	Ni	Cr	Mo	V	B
设计		≤0.14	≤1.50	≤1.50	≤0.015	≤0.015	≤0.50	0.30 ~ 1.50	≤0.80	≤0.60	≤0.05	≤0.005
实测	max	0.15	0.29	1.52	0.019	0.014	0.28	0.50	0.66	0.45	0.054	0.005
	min	0.085	0.14	1.09	0.007 5	0.001 6	0.045	0.30	0.16	0.12	0.026	0.002 7

3.2 冷卷的加工性分析

从拉伸试样的屈服强度 $R_{p0.2}$、断面收缩率 A、冷弯试验等指标的结果看,材料的冷加工性较好。压力钢管制造的冷加工主要是弯曲加工(卷板),按 DL/T 5017 规范规定,当钢板屈服强度 R_{CL} > 540 N/mm^2、$R_{p0.2}$ ≤ 800 N/mm^{2}时,瓦片允许冷卷的最小径厚比 $D/\delta \geq 57$。受内水压力及结构限制,支管多个管节的径厚比小于 57。以 3 号支管为例,部分管节设计径厚比如表 3 所示。从表中可以看出,许多管节的径厚比突破了规范的规定。为验证在较小径厚比时钢板的冷卷加工性,进行了 3 个试样的卷板试验。采用多次少量下压的措施进行试样的卷制。卷制后对瓦片取样测试钢板机械性能的变化情况。试验参数及瓦片机械性能测试结果如表4所示。与卷制前钢板的性能比较，随着曲率半径变小，即径厚比减小时，屈服强度上升，屈强比变大，-40 ℃横向冲击功、抗拉强度、延伸率均有所下降，即材料的机械性能变差，但数值变化不大，均在设计的指标范围内，并有较大裕量，满足工程需求。

表3 3号支管部分管节设计径厚比

管节号	管内径(mm)		管壁厚(mm)	径厚比
	大端	小端		
Z3-1	3 200	3 200	66	48.5
Z3-19	2 840	2 600	46	56.5
Z3-20	2 600	2 360	46	51.3
Z3-21	2 360	2 120	46	46.1
Z3-22	2 120	2 000	46	43.5
Z3-23	2 000	2 000	46	43.5

表4 卷板试验参数及瓦片机械性能检验结果

试样编号	曲率半径(mm)	板厚(mm)	径厚比	下压次数	-40 ℃,A_{kv}(横向)(J)				抗拉强度(N/mm²)	屈服强度(N/mm²)	延伸率(%)	180°冷弯，$d=3a$
					样1	样2	样3	平均				
J110	1 100	66	33.3	6	78	186	162	142	860	688	15	合格
J162	1 620	66	49.1	4	184	180	142	169	880	698	17	合格
J330	3 300	66	100.0	2	180	180	186	182	903	677	16	合格

3.3 焊接性试验

试验遵循《焊接性试验　斜Y型坡口焊接裂纹试验方法》(GB 4675.1)标准。试件尺寸为200 mm×160 mm，厚度$\delta=66$ mm，焊条牌号THJ807RH。焊接方法为焊条电弧焊。焊接电流为170 A，电压为22~24 V，速度为150~155 mm/min。试验结果表明与化学成分分析结果一致，材料的焊接性较好，裂纹敏感性较低，焊接时的预热温度应不低于80 ℃。

4 配套焊材的比选

4.1 焊接方法

适用于800 MPa级超高强度调质钢大规模焊接施工的方法有焊条电弧焊(SMAW)、自动埋弧焊(SAW)、富氩气体保护焊、双保护焊等四种。经质量保证、技术难度、焊接效率、采购难易、材料成本等综合经济技术比较，最终确定本工程WSD690E钢采用SMAW、SAW两种焊接方法。

4.2 焊接材料比选

进行WSD690E钢施工研究之前，已经掌握了日产SUMITEN780钢的施工技术，焊接材料由日本配套进口，未选择国产焊接材料。根据已掌握的技术和调研结果，选定了4个国产知名品牌和1个日本品牌进行焊接材料比选试验。试焊在相同的外界条件、用同一台设备、同一个 pWPS 进行焊接。焊后以相同的标准对接头进行 VT、UT、DOFD 检测，再进行抗拉、冲击、侧弯等主要机械性能测试，结果如表 5 所示。

表 5　各供货商的焊条和埋弧焊丝焊接接头检验结果

供货商	试件数量	抗拉(MPa)		−40 ℃，A_{kv}(J)		侧弯	结论
		max	min	max	min		
国产 1	8	894	790	202	34	合格	合格
国产 2	2	850	780	226	54	合格	合格
国产 3	3	755	719	170	28	合格	不合格
国产 4	4	832	588	182	34	不合格	不合格
日产	6	867	772	280	60	不合格	合格

国产 1 的 SAW 焊接接头低温冲击值不稳定，经焊接材料供货商对焊丝配方进行调整，新配方的焊丝保证了焊接接头机械性能的稳定。国产 2 的 SAW 焊接接头各项机械性能指标稳定，但该供货商不生产电焊条。日产焊接材料 SMAW、SAW 的焊接接头各项指标均稳定。用国产 3、国产 4 的焊接材料焊接的接头低温冲击和抗拉强度均不合格。根据现场试验结果，采取专家咨询、会议评审的方式，综合考虑各种因素，决定采用国产 1 的焊接材料对焊接工艺预规程(pWPS)进行验证和评定。

5　焊接工艺评定

5.1　评定项目

按 DL/T 5017 规范和设计文件，选用国产 1 的焊接材料，进行了 8 组 WSD690E 钢试板的焊接工艺评定，1 组 WSD690E 钢 +600 MPa 级钢异种钢接头的 SAW 平焊工艺评定。焊接工艺评定项目、试板编号、试焊位置如表 6 所示。

表 6　焊接工艺评定项目及编号

钢种	试板厚度(mm)	SAW 平焊	SMAW，45 ℃固定	SMAW 立焊	SAW +SMAW 组合
WSD690E	66	Z1	—	S1	—
	56	Z3	S1	LS4	—
	38	Z2	S2	LS2	—
WSD690E +600 MPa 级	30/38	Z3 −1	—	—	S3

5.2　评定结果

WSD690E 钢试板采用 SMAW、SAW 两种方法焊接，WSD690E +600 MPa 级钢的异种钢接头采用 SAW 平焊位焊接。选用 CHE808RH(焊条)、CHW −S80(焊丝)、CHF606(焊剂)焊接材料。试板接头的主要机械性能检测结果如表 7 所示。

表7 试板焊接接头的主要机械性能检验结果

抗拉(MPa)		−40 ℃, A_{kv}(J)		硬度 HV_{100g}	侧弯	结论
max	min	max	min			
890	810	224	64	<420	合格	合格

主要焊接参数:SAW 的热输入控制在 20~35 kJ/cm 之间,SMAW 的热输入控制在 12~35 kJ/cm 之间。预热温度为 80~120 ℃,定位焊的预热温度在此基础上增加 50 ℃,层间温度不高于 200 ℃。后热消氢温度为 160~200 ℃,时间为 1.5~2.5 h,钢板厚时取大值。

6 实体工程质量控制

6.1 特殊要求质量管控

压力钢管制造安装都有完整的质量保证体系并保持有效运行,施工过程也能严格执行设计文件和规范,这些还不能满足工艺技术的要求。对于 700 MPa 级以上的超高强度调质钢,在冷加工时较大回弹量的补偿、焊接接头过热区的高温停留时间、$t_{8/5}$的冷却速度等方面有着特殊要求,针对这些特殊要求需要进行探讨。

6.2 下料、成型、组装

(1)切割下料:高精度的切割、下料、成型,可避免强制装配带来的较大内应力及其由此产生的裂纹、变形等危害。为保证瓦片的成型和组装精度,采用数控切割机切割下料,多次下压而减小每次下量的方式进行卷制成型。

(2)端部预弯:利用卷板机可水平下调的功能,对待卷钢板的端部进行预弯处理。如图 1所示,将卷板机的两个下滚平移到进板边的极限位置,在卷板机出板侧的下滚顶部平行放置钢板条,减小两个下滚轴间的支间距,操作上滚轴分次下压,不断用样板检查钢板端部弧度,直到合格为止。钢管卷制中采用此工艺,使钢管纵缝处的直边问题得以改善,同时也使环缝组装时的错牙问题得到解决,保证了大节组装质量。

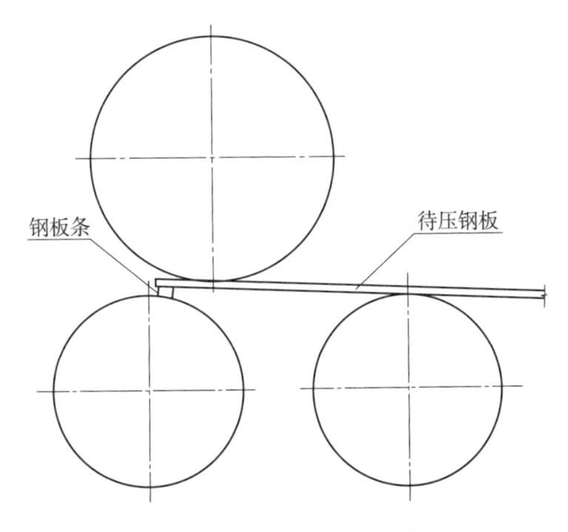

图1 待卷钢板的端部预弯处理

(3)瓦片卷制:WSD690E 钢屈服强度大,卷制中回弹量也大,特别是对于径厚比较小的厚壁管节,必须采用多次卷制成型,严格控制每次的下压量,尽量减少冷弯作业对钢板的组织性能和机械性能的不利影响。在多次卷制成型的同时,要不断地用样板检查瓦片成型的弧度,及时调整压延所需的下压量,以保证成品瓦片质量。

(4)单节组装:单瓦片管节,在瓦片成型后,用专门的夹具在卷板机上组对纵缝,检测焊口及管口错台,合格后进行定位焊,整节吊离卷板机。对于多瓦片管节,则将各瓦片呈自由状态立于组装平台,组装调整纵向焊缝的调整,检测错台,以组装平台的精度来保证管口平面度。

(5)大节组装:大节组装在专门的台车上卧式进行。检查管口平面度,测量两管口的周长差,计算环缝错台数值,由下中为起点,从左右两侧分别向上中对缝,将错台均匀分布于整条环缝。

(6)附件安装:用“米”字形支撑等工装和设备进行管节的调圆,当管节的形位偏差符合要求后,安装加劲环、止水环、止推环、排水槽(角)钢等附件。

6.3　焊接

6.3.1　焊工、规程、管理

从事一、二类焊缝焊接的焊工均按《锅炉压力容器压力管道焊工考试与管理规则》考试和管理,操作技能还在现场用 WSD690E 钢按规则复试合格后方可上岗。将 WPS 印刷成为便于携带的小册子,发至每一个从事焊接工作及与焊接工作相关的人员手中,便于随时查阅。施焊前,组织人员反复学习,做到人人心中明白。在每个班次的焊接作业中,设专职的焊接质检员,严格控制焊接热输入、焊接顺序、预热(层间)温度等主要焊接工艺参数,保证 WPS 的全面贯彻执行。

6.3.2　焊接温度控制

严格执行 WPS 的规定,WSD690E 钢的所有焊缝均进行 80 ~ 100 ℃的预热,层间温度控制在 80 ~ 200 ℃之间。温度过低,易引起冷裂纹,温度过高,相当于增大了焊接过程中的热输入量。焊缝的预热采用履带式远红外加热器加热。定位焊预热温度应比主焊缝预热温度提高 40 ~ 50 ℃,加热方法也可采用火焰加热,加热范围为焊缝四周向外延伸至少 3 倍钢板的厚度,且单侧不小于 100 mm。焊接过程中随时监测待焊部位的表面温度,温度过低时,采用预热的方法加热,层间温度过高时,则临时中断焊接降温。用数字式远红外测温枪监测温度,显示快捷,读数方便,计量准确。

6.3.3　焊接热输入

(1)对于低碳钢、普低钢材料的焊接,长期以来的着眼点主要是焊缝,只要焊缝的 VT、UT、RT、TOFD 等检查合格就行了。可对于调质状态供货的钢材,不仅要保证焊缝的无损检测合格,还要保证焊缝和热影响区的组织不出现不可接受的既没有强度又没有韧性的组织。焊缝可以通过调整熔敷金属的化学成分达到控制组织、改善性能的目的,但热影响区的晶粒和组织粗化问题才是焊接接头质量的关键。焊接热输入的大小,决定热循环过程,影响 $t_{8/5}$ 时间的长短,决定了焊接接头的组织性能。图 2 为几个钢种焊接热输入与接头脆性转变温度的关系。这些不可接受的组织及其性能,直接危害结构安全,现有的无损检测方法又无法检测出,只能靠焊接施工过程中工艺参数的控制来实现。这些参数中,热输入起着决定性的作用,过程中的热输入控制就极为重要。要避免过大的热输入造成热影响区的组织变坏,在严格控制预热和层间温度避免裂纹产生的同时,需更加准确地控制热输入的大小。焊接热输入的计算公式为 $E = IU/V$,计算很简单,难点是全员、全过程、全方位的有效控制。

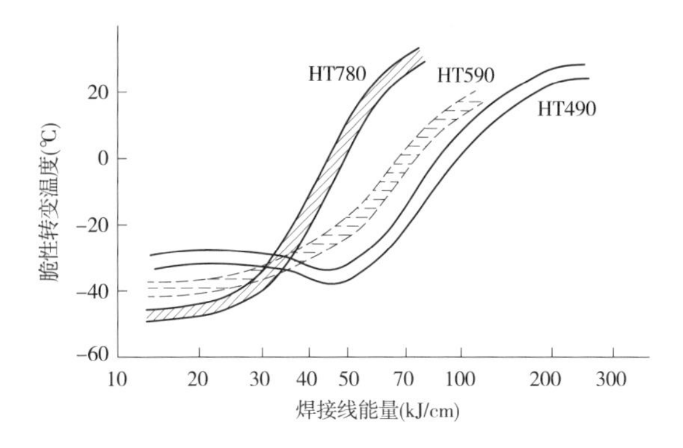

图 2　热输入与受热影响部位韧性之间的关系

(2)自动埋弧焊的热输入宜控制在 20 ~ 35 kJ/cm 之间。首先对操作控制盘上的电流表、电压表、速度表进行校准。根据计算公式 $E = 60IU/1\ 000\ V$,按每伏特一个级差制成一张图表,发给埋弧焊操作工,要求只能按图表给定的参数进行焊接。表 8 所示为电弧电压等于 33 V 时的电流 I、速度 V、热输入 E、电流与电压比值 I/U 的关系。考虑到焊缝成型、熔深系数、药渣清理的难易程度等因素,I/U 比值最佳应选择在 14 ~ 17 之间,如表 8 中阴影部分的热输入所对应的焊接电流、行走速度。

表 8　焊接电流等于 33 V 时焊接其他参数的相互关系

I/U	I \ V	32	34	36	38	40	42	44	46	48	50	52	54	56
12	400	25	23	22	21	20								
13	420	26	24	23	22	21	20							
13	440	27	26	24	23	22	21	20						
14	460	28	27	25	24	23	22	21	20					
15	480	30	28	26	25	24	23	22	21	20				
15	500	31	29	28	26	25	24	23	22	21	20			
16	520	32	30	29	27	26	25	23	22	21	21	20		
16	540	33	31	30	28	27	25	24	23	22	21	21	20	
17	560	35	33	31	29	28	26	25	24	23	22	21	21	20
18	580		34	32	30	29	27	26	25	24	23	22	21	21
18	600		35	33	31	30	28	27	26	25	24	23	22	21
19	620			34	32	31	29	28	27	26	25	24	23	22
19	640			35	33	32	30	29	28	26	25	24	23	23
20	660				34	33	31	30	28	27	26	25	24	23

(3)焊条电弧焊的热输入应控制在 12 ~ 35 kJ/cm 之间。焊条电弧焊为手工操作,表显电弧电压、焊接电流跳动较大,不便于读取和记录,且运条速度监测困难,按热输入要求提前计算出每根焊条应焊接的焊道长度,以此控制焊接热输入。表 9 为不同直径单根焊条焊道的长度范围。

表 9　每根焊条应焊接的焊道长度

ø3.2 mm		ø4.0 mm		ø5.0 mm	
max	min	max	min	max	min
7.8	21.8	10.6	29.8	16.6	46.5

6.4　工程质量评价

（1）钢管制造：钢管制造下料实测偏为差 0.1 ~ 0.5 mm，卷板弧度偏差实测值为 0.5 ~ 3.0 mm，实测周长偏差为 2.0 ~ 9.0 mm，实测管口圆度为 1 ~ 15 mm，管口平面度为 0.5 ~ 2 mm。钢管制造中严格实行工序验收制，只有上道工序合格后方可转入下道工序，从而保证了所有管节各项环节全部进行检查验收，各项数据均满足设计及规范要求。

（2）钢管安装：钢管安装的实测管口中心偏差 15 ~ 20 mm，环缝错台 0.5 ~ 3 mm。桩号、里程、调和等位置公差全部符合规范要求。

（3）钢管焊接：施工中严格执行 WPS 的规定，焊接质量优良。工程由第三方进行无损检测，一、二类焊缝检测结果如表 10 所示。

（4）整体质量：用 WSD690E 钢板制造安装的呼和浩特蓄电站引水压力钢管质量评定结果如表 11 所示。

表 10　WSD690E 钢焊缝无损检测结果

施工阶段		MT		UT		TOFD	
		检测长度（m）	一次合格率（%）	检测长度（m）	一次合格率（%）	检测长度（m）	一次合格率（%）
制造	一类	2 474	100.0	825	96.4	329	100.0
	二类	4 925	100.0	1 641	98.8	656	100.0
安装		6 869	100.0	2 290	97.8	716	100.0

表 11　钢管制造安装质量评定结果

评定单元个数	合格	优良	合格率（%）	优良率（%）
174	174	165	100	95

7　研究成果与建议

7.1　研究成果

（1）通过焊接性试验、焊接工艺研究与评定，表明自动埋弧焊、焊条电弧焊两种焊接方法均适用于国产 WSD690E 超高强度调质钢压力钢管的制造安装工程。

（2）通过多个品牌焊接材料的对比焊接与试验研究，比选出焊接 WSD690E 钢的多个品牌的国产焊接材料，实现了焊接材料的国产化。

（3）国产 WSD690E 超高强度调质钢常温焊接时焊接裂纹率高。通过试验研究，当预热温度控制在 80 ~ 120 ℃时，可有效预防焊接裂纹。确定了钢材的预热、层间、后热温度范围。

明确了自动埋弧焊、焊条电弧焊热输入范围和最佳工艺参数,保证了焊接接头的性能符合设计要求。

(4)通过试验研究,总结出了厚壁小径厚比钢管瓦片多次下压卷制成型的卷板工艺试验参数,解决了超高强度调质钢小径厚比钢管瓦片的冷卷难题,得出了径厚比为33.3、δ = 66 mm时WSD690E钢冷卷瓦片的各项机械性能指标满足设计规范要求的结论。

(5)通过焊接残余应力测试结果表明,钢管的焊接方法、程序、参数合理,焊接接头的残余应力值控制在合理范围内。

(6)研究成果已运用于呼和浩特抽水蓄能电站引水压力钢管制造安装工程。该电站于2014年6月充水,11月发电,并经双机甩负荷试验考验,安全运行至今。

7.2 建议与意见

(1)根据近四五年国内类似工程800 MPa级超高强度调质钢国际招标采购报价统计,国外同级别的钢板价格是国产价格的1.4~2.0倍,平均达到1.65倍。国产超高强度钢板已能满足水电站压力钢管工程的设计要求,从投资经济学、支持国产化、推动产业发展角度,应大力推广使用。

(2)按《钢、镍及镍合金的焊接工艺评定试验》(GB/T 19869.1—2005)规定:认可的热输入上限、下限可在试件焊接使用的热输入±25%范围内浮动,实际工程应用中此范围仍然较窄,工地现场的大规模生产性焊接控制难度较大,反而容易失控。"如果焊接工艺评定试验用高、低两个热输入进行,则其中间的所有热输入也适用",在焊接工艺评定中,应拓宽试件焊接的热输入范围,使认可的热输入范围更加宽泛,以利于生产中的实际控制。

(3)钢板材料供应商提供的焊接工艺参数:2003年、2013年日本神钢推荐的SUMITEN780钢焊接热输入范围均是不大于46 kJ/cm即可,并且推荐了可靠的配套焊接材料,现场施工控制非常方便。国内800 MPa级钢供货商推荐的焊接热输入范围狭小,焊接接头质量、现场焊接控制的难易、规模性焊接的生产效率、优势焊接材料的配套等均无法与日产钢板相比。国产钢板厂商在推荐焊接工艺规范时,应推荐适应性更加广泛的工艺参数,以提高产品的竞争力。

(4)通过焊接材料试验,用国产2生产的焊丝进行SAW焊接,其焊接接头各项机械性能指标优良且稳定,虽是小厂,却是专业生产焊丝的厂商,"因为专业,所以卓越",应该不仅仅是口号。选择焊接材料时,不能仅看生产厂是否大厂、老厂,而应以科学的试验数据为准。

参 考 文 献

[1] 施刚,石永久,王元清.超高强度钢材钢结构的工程应用[J].建筑钢结构进展,2008,10(4):32-38.
[2] 谭艳艳,马春伟.高强钢焊接研究现状及发展趋势[J].上海工程技术大学学报,2014 ,28(4):374-377.
[3] 王勇.低合金调质高强钢焊接工艺研究进展[J],应用能源技术,2009(9):11-13.
[4] 赵瑞存,徐跃明,杨志锋,等.国产高强钢板在宝泉抽水蓄能电站引水高压钢管中的应用[J].水力发电,2008,34(10):84-86.
[5] 周林,屈刚,罗栓定.两种不同牌号800 MPa级高强钢焊接性试验比较[J].电焊机,2013(10):72-75.
[6] 周林,屈刚.国产WSD690E高强钢焊接试验及工程应用[J].科学技术与工程,2014,14(6):247-250.
[7] DL/T 5017—2007 水电水利工程压力钢管制造安装及验收规范[S].
[8] 张忠和.西龙池抽水蓄能电站引水系统钢管制造安装工艺[J].水力发电,2009,35(4):78-80.
[9] 赵琳,张旭东,陈武柱.800 MPa级低合金钢焊热影响区韧性的研究[J].金属学报,2005,41(4):392-

396.
[10] 邓磊,尹孝辉,袁中涛,等.焊接热输入对800 MPa级低合金高强钢焊接接头组织性能的影响[J].热加工工艺,2015,44(1):36-38,41.
[11] 谭震国,潘霖.Q690D低合金高强钢焊接性能研究[J].重工与起重技术,2010(4):21-23.
[12] GB/T 19869.1—2005 钢、镍及镍合金的焊接工艺评定试验[S].

无人机低空航测系统在水利水电工程中的应用研究

宋胜登　衣　峻

（中国水利水电第四工程局有限公司勘测设计研究院，西宁　810007）

摘　要　无人机低空航测系统具有机动、快速、经济、适用范围广等特点，在小区域、特定的构筑物及测量人员难以进入的地带，利用无人机低空航测系统可以实时、快速获取高分辨率影像，尤其是我国开放低空资源之后，无人机在地形测绘、抢险救灾、生态环境监测、数字城市建设、物资调度等方面得到了广泛的应用。据此，本文以我国某一水电站为例，采集了蓄水前坝址区、库区的原始影像，随机选用 DOM 中测图区域内的 21 个控制网观测墩和地物特征点与采用 GPS 和全站仪采集的地物数据进行了比较。结果表明：其平面位置较差中误差为 ±0.79 m，满足山地限差 1.6 m 的精度要求；较传统航空摄影测量缩短工期 30 余天，节约成本 90 余万元。证明了无人机低空航测系统在水利水电工程应用领域具有较传统测量方法无法比拟的优势，为指导以后的水利水电工程及其他行业进行了初探。

关键词　无人机；航空摄影；位置精度；水利水电

1　引　言

水利水电工程建设的前期勘测中，大比例尺地形图的测绘是工程规划设计的首要内容和任务[1]。由于水利水电工程多处于交通不便的高山峡谷区，要做好地形图的测绘，对测绘人员也是一项具有挑战性的工作。随着现代测绘技术的飞速发展，当前国内大比例尺数字测图的作业模式以全站仪采集、GPS - RTK 采集、数字近景摄影测量、航空摄影测量以及纸质地形图的数字化等方法为主，但这些方法都存在获得的地形图精度不高，现势性不好，成图周期较长，地形图成果精度不均匀，经济费用很高，产品单一等缺点，不能完全满足水利水电工程建设中各种地貌的大比例尺地形图测量工作[2]。

无人机低空航测系统可以解决现有成图方法的缺点，这得益于该系统是以当前先进的无人机遥感技术和卫星导航定位技术为核心，综合利用无人驾驶飞行器技术、遥控程控技术、通信技术、GPS 差分定位技术、先进的数据处理技术的遥感应用技术，具有自动化、智能化、专用快速获取国土、资源、环境等空间遥感信息，能够完成遥感数据处理、建模和应用分析[3]。基于以上特点，本文引入无人机低空航测系统对我国某一水电站进行测绘，以期为以后水工构筑物的安全监控提供一种新的技术支持。

作者简介：宋胜登（1976—），男，甘肃静宁人，高级工程师，工程测量专业，中国水利水电第四工程局有限公司勘测设计研究院副院长，从事水利水电工程施工测量方向研究。E-mail：69563721@ qq. com。

2 无人机低空航测系统的技术框架

2.1 无人机航测系统软件的配置

2.1.1 现场作业软件

本文采用了 ZC－1 型无人机航摄系统(详细参数配置见表 1),配备了数码相机的检校场和检校软件,实现了非量测型单反数码相机的精确检校,保证了航空影像的可量测性。同时,该系统还安置了基于地形的精确航线设计软件、航摄质量快速评价软件、影像快速预处理软件,实现了航线的准确规划、影像的快速评价和影像畸变差的现场改正。

表 1 ZC－1 型无人机主要参数

飞机性能指标	机长	2 100 mm	翼展	2 700 mm
	最大起飞质量	23 kg	实际有效荷载	5 kN
	最大抗风能力	5 级	最大升限	5 000 m
	巡航速度	120 km/h	续航时间	2 h
	起飞速度	约 60 km/h	降落速度	约 80 km/h
	起飞距离	平坦地区 20 m	降落距离	平坦地区 60 m
	发动机型号	3W56iB2	燃油类型	93# ＋2T(fc)
飞机起降方式	起飞方式	滑跑/弹射架助飞/车载弹射架助飞 起落架为后三点滑翘带轮	降落方式	滑降回收/4 型降落伞伞降/撞网降落
影像和视频数据获取指标	相机曝光方式	GPS 控制的定点曝光/等距	旋偏改正	飞控控制的旋偏改正
	搭载相机型号	佳能 5D mark Ⅱ型	存储大小	≥16 GB
	搭载视频型号	520 线摄像机	监控方式	垂直/侧视 定点/巡航
飞行控制系统性能指标	控制范围	无遮挡条件下 ≥40 km	可控飞行高度(相对)	20～5 500 m
	可控最高空速	200 m/s	可控最高地速	350 m/s
	导航精度(偏航距)	≤ ±3 m,无差分,直飞段	定高控制精度	≤ ±2 m(参考值),直飞段
	工作温度	－20～55 ℃	储存温度	－40～85 ℃

2.1.2 影像后处理软件

ZC－1 型无人机航摄系统获取的影像能采用数字摄影测量工作站(JX－4 系统和 VZ 系统)以及基于并行网络化处理的数字摄影测量网格(DPGrid)进行处理。

2.2 无人机航测系统作业流程

与传统的航空摄影测量相同,无人机低空飞行进行地形测绘同样需要现场查勘、设备调试、航线设计、野外飞行工作[4-6]，最后进行现场数据处理工作（主要包括影像检查、展点、影像重采样、质量检查、补飞或重飞、畸变差改正）。需要说明的是，为了对影像进行精确纠正和拼接，给缺少野外控制点的地区测图提供绝对定向，我们进行了像控测量和空三加密工作。其中，在像控测量时，我们布置了43个像控点，包含4个检查点，平面控制点和平高控制点相对最近基础控制点的平面位置中误差不应超过地物点平面位置中误差的1/5，即平面位置中误差不超过±0.24 m。空三加密时，我们针对本测区情况，采用数字摄影测量网格系统（DPGrid）的自动空三DPGrid. AT，平差计算采用光束法平差系统DPGrid. BA。航空摄影总体技术流程如图1所示。

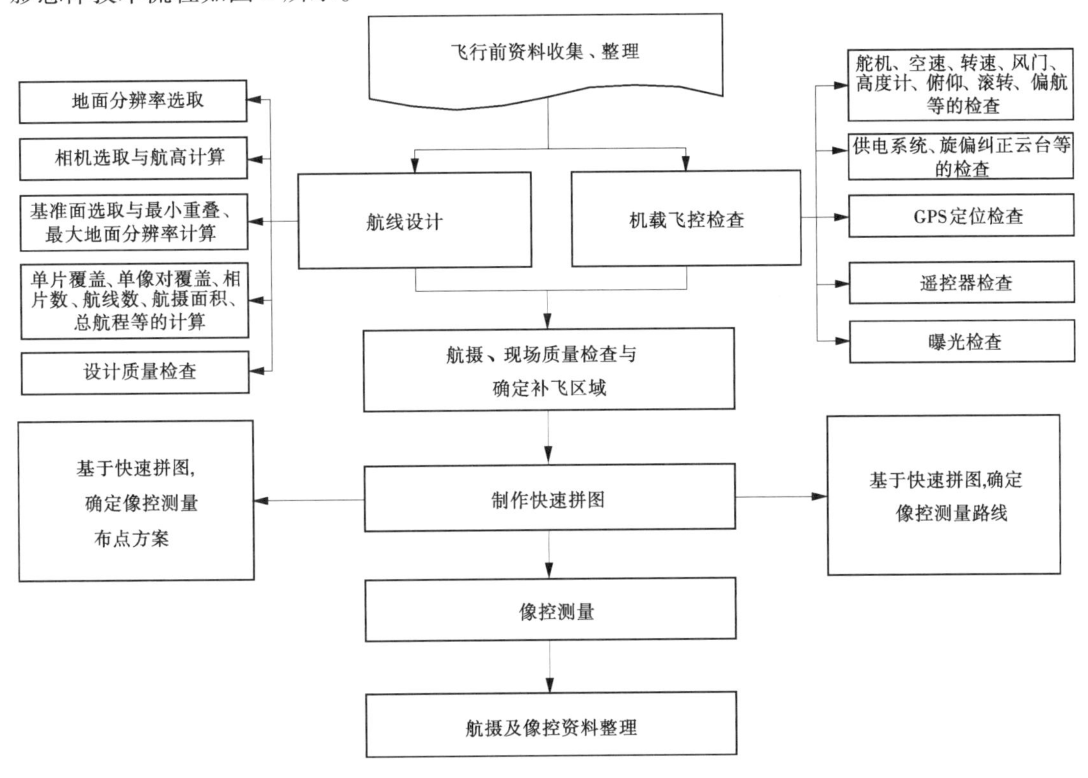

图1 航空摄影总体技术流程

2.3 数字正射影像（DOM）的制作

数字摄影测量网格（DPGrid）系统中完成空三加密后，在苏武现代数字摄影测量软件中恢复立体模型，在已生成的匹配点基础上增加地貌特征要素（特征点、线），以保证构建不规则三角格网（TIN）的需要，根据所采集的特征要素数据进行DEM生产。

利用生成的数字高程模型（DEM）对数字影像数据进行逐像元投影差改正后，镶嵌、剪裁，并采用空三加密得到外方位元素成果[7]，在DPGrid系统中自动制作成正射影像图（DOM）。首先将全测区采集成一个影像图，然后切割分幅图，因此测区内无接边误差。

本次制作DOM共使用航片826张，航摄种类为真彩色。

3 无人机低空航测系统应用分析

3.1 研究区背景及成果展示

我国某一大型水电站，其设计规模、单机容量和年发电量均为世界前列，现阶段为下闸蓄水前期，需要对其坝址及附近上下游地区进行大比例尺地形图测量，并将测图成果作为珍贵档案资料永久保存。本次测量任务要求精度较高、时间紧迫、测图范围内地形地物复杂且为高山峡谷地带，采用传统测量手段无法完成[8]。为了解决问题，本文采用了无人机低空航测技术对该水电站蓄水前坝址区、库区进行了低空飞行影像采集。最终获取了该水电站枢纽区和施工区的 DOM 和 DLG 成果，分别如图 2、图 3 所示。

(a)枢纽区

(b)施工区

图 2　水电站区域的 DOM 图

该水电站施工区域的数字线划地图(DLG)如图 3 所示。

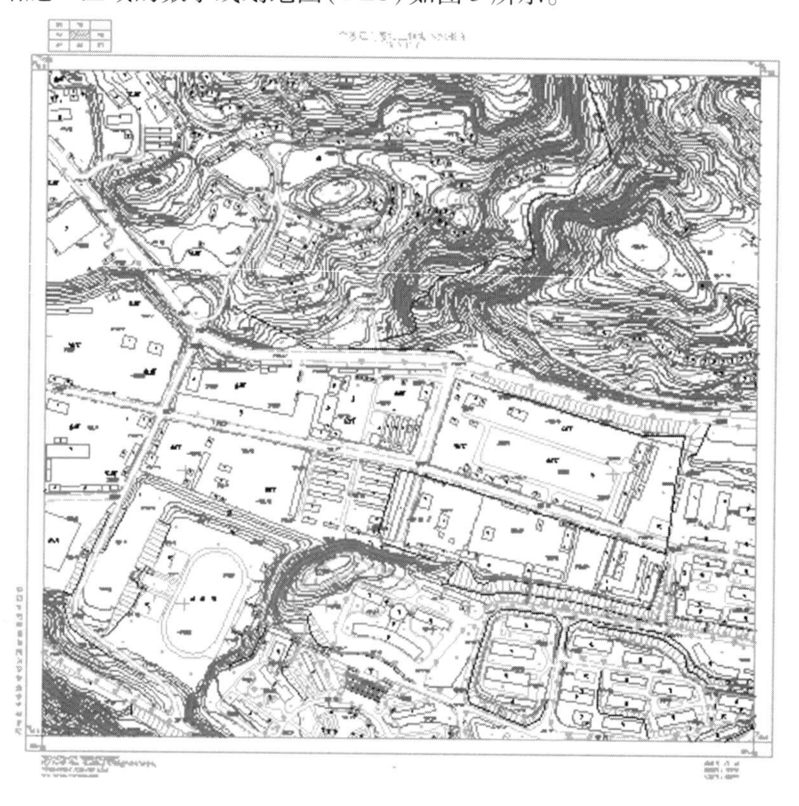

图 3　施工区 DLG 图

3.2 成果检核及精度分析

通过对826张航片进行处理，最终得到的成果主要包括：空三加密成果（VZ格式）；像控点展点图；1∶2 000数字正射影像（DOM）成果（GeoTiff格式）；1∶2 000 DOM图幅结合表；重要过程数据和相关文档资料。为了验证无人机低空航测系统的可靠性，我们随机选用DOM中测图区域内的21个控制网观测墩和地物特征点与采用GPS和全站仪采集的地物数据进行了比较。结果表明：其平面位置较差中误差为±0.79 m，满足山地限差1.6 m的精度要求；较差统计结果如表2所示。

表2 平面位置较差统计表

序号	DLG坐标		图上坐标		较差(mm)
	X	Y	X	Y	Δ
1	7 441.950	70 487.500	7 441.800	70 487.400	0.18
2	9 426.425	70 712.300	9 426.550	70 712.450	0.20
3	10 018.425	70 565.425	10 018.200	70 565.700	0.36
4	10 570.125	70 545.750	10 570.300	70 545.800	0.18
5	11 424.500	70 505.125	11 424.400	70 505.000	0.16
6	12 790.000	70 174.375	12 790.100	70 174.600	0.25
7	13 349.825	70 051.850	13 350.100	70 052.100	0.37
8	9 467.025	69 089.900	9 467.450	69 090.075	0.46
9	9 048.675	69 575.250	9 048.700	69 575.850	0.60
10	10 541.400	69 450.625	10 542.800	69 451.300	1.55
11	10 890.350	69 077.875	10 890.400	69 078.500	0.63
12	11 579.650	69 598.625	11 579.750	69 598.600	0.10
13	12 783.775	69 387.475	12 784.450	69 387.300	0.70
14	13 295.100	69 238.375	13 295.400	69 239.400	1.07
15	14 182.925	69 353.975	14 183.600	69 354.000	0.68
16	9 091.375	68 833.975	9 091.350	68 833.400	0.58
17	10 482.200	68 935.500	10 481.875	68 933.400	2.13
18	11 243.250	68 796.150	11 242.825	68 795.775	0.57
19	12 690.350	68 142.450	12 690.375	68 142.825	0.38
20	13 089.400	68 598.700	13 089.000	68 598.000	0.81
21	14 004.100	68 313.900	14 003.400	68 313.000	1.14
统计数量		21	点位中误差		0.79

4 结 论

本文首次引入无人机低空航测系统对我国水电站进行测绘成图，并与传统测绘手段获取的测区数据进行对比，验证了该技术在水工设施领域的可行性并得出以下结论：

(1)针对高山峡区,通过对无人机副翼的有效面积和转动幅度做出调整,更好地适应了特殊条件下的平稳旋转和转向。

(2)本次无人机低空航测的外业像控点加密、调绘和内业处理均建立在原有高精度控制网的布设下,使得像控点的精度和密度大大满足了规范要求,其生成的 DEM、DOM、DLG 等测绘产品的精度更加可靠。

(3)首次利用无人机低空航测技术大大缩短了工期和成本,能快速实时获取研究区域的地形图测绘工作。

(4)低空航测飞行获得的测区高分辨率影像,与全站仪和 GPS 测得结果吻合,验证了这一新兴技术在工程建设中的可靠性,可以在以后的水利水电工程测量以及非水电工程的测量中进行应用和借鉴。

参 考 文 献

[1] 雷兴顺. 加强水利水电勘测设计标准化工作 提高水利工程勘测设计水平[J]. 水利技术监督, 2003, 11(4):8-10.

[2] 郝鹏, 高素平, 郭志芳, 等. 试论现代测绘技术在工程测量中的应用[J]. 科技情报开发与经济, 2011, 21(29):221-222.

[3] 李德伟. 无人机航测成图在水利水电工程中的应用[J]. 城市建设理论研究(电子版), 2013(16).

[4] 韩文军, 雷远华, 周学文. 无人机航测技术及其在电网工程建设中的应用探讨[J]. 电力勘测设计, 2010(3):62-67.

[5] 刘刚, 许宏健, 马海涛, 等. 无人机航测系统在应急服务保障中的应用与前景[J]. 测绘与空间地理信息, 2011, 34(4):177-179.

[6] 杨永平, 段学云, 段德磊, 等. 无人机航测技术在输电线路中的应用实践[J]. 城市勘测, 2013(1):29-32.

[7] 宋文涛. 基于数字摄影测量的 DOM 制作与应用研究[J]. 科技创新导报, 2010(2):5.

[8] 倪恒, 刘翔宇. 高山峡谷地区的高精度地质灾害遥感解译方法研究[J]. 南方能源建设, 2016, 3(2).

寒冷地区土石坝碾压式沥青混凝土防渗心墙冬季施工技术

刘逸军　何鹏飞　吴宪生

（中国水电建设集团十五工程局有限公司，西安　710065）

摘　要　碾压式沥青混凝土防渗心墙作为防渗结构，具有结构简单、工程量小、防渗性能安全可靠等优点。目前在国内外已经得到广泛的运用和推广。对于常温条件下碾压式沥青混凝土防渗心墙施工技术已趋于成熟，但在寒冷地区土石坝碾压式沥青混凝土防渗心墙冬季施工技术方面在本领域内仍属于探索阶段。本文笔者通过库什塔依水电站沥青混凝土心墙坝的施工实践，全面总结了在低于规范要求的0 ℃低温条件下碾压式沥青混凝土的施工技术。提出了在寒冷地区碾压式沥青混凝土防渗心墙冬季施工的适用条件和相关要求，为大坝碾压式沥青混凝土防渗心墙在寒冷季节施工提供了科学依据和参考价值。

关键词　寒冷地区；碾压式沥青混凝土心墙；冬季施工技术

1　概　况

新疆库什塔依水电站沥青心墙坝工程位于特克斯河汇合口18.36 km，距特克斯县20 km。工程等别为Ⅱ等大(2)型工程。大坝为2级建筑物，采用碾压式沥青心墙坝防渗，坝长439 m，最大坝高91.1 m，坝顶高程EL1306，碾压沥青混凝土工程量约19 677.4 m^3。工程所在位置处于山区，冬天寒冷，夏季凉爽。库克苏河流域年平均气温7.3 ℃，极端最高气温37.5 ℃，极端最低气温－29.0 ℃；多年平均气压882.6 mb，多年平均湿度68%，多年平均雷暴日数57.7 d；历年最大冻土深度136 cm，最大积雪深度38 cm。

2010年11月中旬库什塔依水电站大坝截流，大坝防渗设计为碾压式沥青混凝土心墙防渗，为了保证本工程2011年4月底具备度汛要求，大坝沥青混凝土心墙施工必须在冬季连续施工。2011年1～4月库什塔依水电站大坝碾压式沥青混凝土心墙施工时段恰逢本地区多年极端气温，要在此气温条件下进行碾压式沥青混凝土施工国内尚属首例，施工过程中面临了一系列难题。本文全面地介绍了该工程碾压式沥青混凝土施工措施，对类似气候条件地区碾压式沥青混凝土心墙坝的施工具有推广应用和参考价值。

2　碾压式沥青混凝土冬季施工措施

2.1　施工配合比

按照《水工碾压式沥青混凝土施工规范》(DL/T 5363—2006)的要求，采用常规的碾压

作者简介：刘逸军(1972—)，男，陕西扶风人，教授级高级工程师，中国水电建设集团十五工程局有限公司第一工程公司党委书记，主要从事土石坝施工管理及质量控制研究。E-mail：Liuyijun369-72@126.com。

式沥青混凝土配合比无法满足高寒地区冬季沥青混凝土各项质量指标要求，要在冬季低温条件下连续进行碾压式沥青混凝土施工，首先必须进行冬季沥青混凝土配合比设计试验。

为了满足库什塔依水电站在寒冷气候条件下，沥青混凝土心墙能够正常施工，在室内模拟 -25 ℃气温条件进行了沥青混凝土室内试验，对取样的马歇尔试件的密度、孔隙率、稳定度、流值及渗透性各项指标进行了检测，均符合规范要求，并且对马歇尔试件的结合面、非结合面力学指标进行了检测，均满足规范要求。

2.1.1 沥青混凝土原材料检测研究

试验按《水工沥青混凝土试验规程》(DL/T 5362—2006)进行，并参照《公路工程沥青及沥青混合料试验规程》(JTJ 052—2000)有关条文。

原材料取自库什塔依水电站坝下左岸 P2 灰岩料场，经人工破碎后筛分为 19～16 mm、16～13.2 mm、13.2～9.5 mm、9.5～4.75 mm、4.75～2.36 mm 和 <2.36 mm 粒径 6 级矿料；填料为伊犁自治州南岗水泥厂生产的矿粉；沥青为克拉玛依 AH-90 号沥青。

各种材料检测后，与《土石坝沥青混凝土面板和心墙设计规范》(DL/T 5411—2009)技术要求作分项对比，判定各材料的适用性，各种材料均能满足规范的要求。

2.1.2 沥青混凝土配合比设计

沥青混凝土配合比设计就是根据不同原材料、不同骨料级配指数、不同填料含量和油石比组成各种不同配合比，通过基本性能(孔隙率、变形和强度)试验，初步选择出满足工程要求的最优的配合比。

根据沥青混凝土心墙的受力特点，在室内试验中采用间接拉伸试验，其试验条件的应力和变形特性与沥青心墙工作状态相近，能较好地评价沥青混凝土心墙配合比。

试验温度根据试验规范要求通常采用当地年平均温度。库什塔依沥青混凝土心墙性能试验温度为当地年平均气温 7.3 ℃。根据常温情况下沥青混凝土配合比的研究成果，确定矿料级配指数为 0.38、填料浓度为 1.8。在此基础上，最大骨料粒径选用 D_{max} = 19 mm。选取 7 个不同油石比，即 6.8%、7.1%、7.4%、7.7%、8.0%、8.3%、8.6%，共组成 7 个配合比，试件制备采用马歇尔击实成型法。击实次数根据中击实功能转换试验成果，为正常碾压沥青混凝土心墙击实功的 1/3，两面各击 12 次(以油石比 7.7% 击实次数为准)，试件钢模直径为 101.6 mm，试件厚度控制为(63.5±0.5)mm，每种配比在相同条件下制备 3 个试件。测定不同配比参数条件下试件的密度和孔隙率，采用间接拉伸试验测定间接拉伸强度和间接拉伸轴向位移，计算出试件间接拉伸强度。间接拉伸试验温度为(7.3±0.5)℃，加载速度为 1 mm/min。

测定不同配比参数条件下试件的密度和孔隙率，采用间接拉伸试验测定间接拉伸荷载和间接拉伸轴向位移，计算出间接拉伸强度。

根据配合比试验结果，从防渗、变形、强度、施工等性能和安全、经济考虑，结合工程实际情况，推荐编号为 19 号和 D5 两种配合比分别为正常气温碾压沥青混凝土心墙配合比和冬季碾压沥青混凝土心墙配合比，并做进一步的各项性能试验。配合比材料和级配参数见表 1，矿料级配见表 2。

表1 冬季碾压沥青混凝土心墙材料和配合比

配比编号	级配参数				材料品种			
	最大骨料粒径(mm)	级配指数	填料浓度	油石比(%)	沥青	粗骨料岩性	细骨料岩性	填料
19(正常气温)	19	0.38	1.8	6.8	克拉玛依AH-90	灰岩	灰岩人工砂	灰岩矿粉
D5(冬季)	19	0.38	1.8	8.0	克拉玛依AH-90	灰岩	灰岩人工砂	灰岩矿粉

表2 配合比的矿料级配

配比编号	筛孔尺寸(mm)	粗骨料(19~2.36)					细骨料(2.36~0.075)					小于0.075
		19	16	13.2	9.5	4.75	2.36	1.18	0.6	0.3	0.15	
19	通过率(%)	100	93.7	87.1	76.9	59.1	45.3	34.8	26.9	20.7	15.9	12.2
D5	通过率(%)	100	93.8	87.4	77.4	60.1	46.6	36.4	28.7	22.7	18.0	14.4

为了进一步验证选用的沥青混凝土配合比在大坝运行期的适应性,分别对所选的冬季沥青混凝土配合比进行了小梁弯曲、拉伸、抗压以及水稳定等性能试验。最终结论为:在低温-25 ℃条件下进行碾压式沥青混凝土心墙施工是可行的。

2.2 设备选型及保温措施

2.2.1 沥青混凝土拌和系统

新疆伊犁库什塔依水电站沥青拌和系统根据施工强度选择 YQLB1000 型沥青混凝土搅拌设备。本设备的特点为:将强制间歇式的计量精确、性能稳定与移动式搅拌设备的机动灵活、转场方便的优势相结合,特别是在沥青加热和保温方面,采用了独特的专利技术高效节能罐中罐,完全取掉了导热油炉,使设备的运行成本大大降低,安装和运输非常便利快速。

YQLB1000 型沥青混凝土拌和系统对低温条件适应性不足,沥青混凝土拌和系统在-2 ℃以上的计量精度可以满足设计使用要求, 但温度低于-2 ℃且不采取适当的保温措施的情况下是不能满足设计要求的, 这是因为热沥青在管道中热量损失较大, 热沥青的黏滞性增大, 流动性减小, 计量时沥青含量偏大。为了保证 YQLB1000 型沥青混凝土拌和系统在冬季寒冷气温条件下的适用性,在施工中对拌和系统的各种管路、阀件、集尘装置等易结冰部件采取主动保温及加温措施,具体措施为:在沥青管道、系统所有管路、阀件、集尘装置等易结冰部件采用两层矿棉中间加电热丝的保温措施,此保温措施可在设备运行前进行电热丝通电加热升温,从而使拌和系统各种管路、阀件、集尘装置等易结冰部件处于常温运行条件。经过库什塔依水电站沥青心墙坝在-20 ℃的寒冷低温条件下使用,YQLB1000 型沥青混凝土拌和系统运行正常,且计量精度可以满足设计使用要求。

2.2.2　沥青混凝土运输设备

沥青混合料运输设备是根据工程摊铺的生产强度、设备运输能力及运输距离进行合理配置的。用于沥青混合料运输的设备必须满足使用要求。包括专用汽车、转运设备。转运设备用装载机改装。库什塔依项目沥青混合料运输使用3台5 t自卸车,自卸车厢底部和四周添加保温层和保温盖,进料口和卸料口可自动控制进料和卸料,并由沥青混合料自卸车卸入5 t装载机,由装载机直接倒入仓面或摊铺机。由于拌和站距施工现场较近,运输过程仅需10~15 min,经多次在运输车内测定,发现在运输过程中温度损失并不明显。由此看来,沥青混合料运输车的保温效果比较理想。

2.2.3　沥青混凝土摊铺设备

新疆伊犁库什塔依水电站沥青摊铺设备选用了西安理工大学自行开发研制的XT120沥青混凝土心墙联合摊铺机,该设备是沥青混凝土心墙施工的大型专用工程机械,摊铺宽度0.4~1.2 m,目前仅德国、挪威生产,属国内首创,整机由履带式台车、驾驶室、动力仓、沥青混凝土料仓、可调式滑模、过渡料摊铺拖车、层面清洁器、层面加热器、液压系统、电气控制系统组成。

2.2.4　沥青混凝土碾压设备

为保证沥青混凝土的密实性(孔隙率小于3%),充分发挥沥青混凝土的抗渗性能,必须对入仓的沥青混合料进行碾压密实,在土石坝沥青混凝土心墙的施工中,心墙两侧的过渡料、心墙沥青混凝土是同时进行摊铺和碾压的。在库什塔依水电站沥青心墙施工中,配置了2台BWI20AD-3型(2.7 t)双轮振动碾,固定用于心墙两侧过渡料的碾压。心墙沥青混凝土混合料碾压采用1台BW80AD双轮振动碾进行。与两岸岸坡结合部位采用汽油夯压实。

2.3　施工工艺

2.3.1　试验用的施工配合比

碾压式沥青混凝土在负温下开展模拟试验的配合比仍选用实验室试验的冬季配合比,油石比选用8.0%。通过现场试验以检验实验室冬季配合比在现场的适用性。

2.3.2　碾压试验参数

借鉴以往沥青混凝土防渗心墙低温模拟试验成果,选取沥青混凝土及过渡料的碾压参数,试验参数布置见表3。

表3　现场摊铺碾压试验参数布置

过渡料静2动2→心墙静2→过渡料动8→心墙动6,碾压温度115 ℃	过渡料静2动2→心墙静2→过渡料动8→心墙动6,碾压温度125 ℃	过渡料静2动2→心墙静2→过渡料动8→心墙动6,碾压温度135 ℃	过渡料静2动2→心墙静2→过渡料动8→心墙动6,碾压温度145 ℃	第二层
过渡料静2动2→心墙静2→过渡料动4→心墙动6,碾压温度135 ℃	过渡料静2动2→心墙静2→过渡料动6→心墙动8,碾压温度135 ℃	过渡料静2动2→心墙静2→过渡料动8→心墙动10,碾压温度135 ℃	过渡料静2动2→心墙静2→过渡料动10→心墙动12,碾压温度135 ℃	第一层

2.3.3 沥青混凝土的拌和

沥青混合料原材料加热温度控制,根据规范要求,沥青加热温度150~170 ℃,骨料加热温度170~190 ℃,实际试验过程中沥青加热温度控制在160~168 ℃,骨料加热温度稍高,在190~205 ℃。

拌制混合料投料顺序为先投骨料和矿粉干拌15 s,再喷洒沥青湿拌45 s,拌出的沥青混合料色泽均匀、稀稠一致,无花白料、黄烟及其他异常现象,卸料时均未产生离析。

沥青混合料温度控制采用混合料在出机口卸入运输车辆时检测一次温度,运至现场摊铺完成后再检测一次。根据试验检测,在-16~-5 ℃环境中及车顶覆盖情况下,运距约300 m,运输过程中温度损失约为15 ℃,现场摊铺后立即采用帆布进行覆盖,可满足沥青混凝土规范要求的碾压温度。

2.3.4 现场摊铺、碾压

试验现场布置在右岸围堰心墙位置,试验段长60 m,分两层,每层4段,均为机械摊铺施工,第一层进行过渡料不同碾压遍数及沥青混凝土相同温度下不同碾压遍数的试验,选取过渡料及沥青混合料最佳碾压遍数,第二层过渡料采用第一层试验选定的碾压参数进行,沥青混合料采用第一层试验选定的最佳碾压参数进行不同混合料温度的碾压试验,测定沥青混合料适宜的碾压温度。

机械摊铺工艺流程:混凝土表面清理→测量放线→过渡料、沥青混合料分别装入摊铺机→摊铺机摊铺→沥青混合料碾压→过渡料碾压。

2.4 施工质量检测

在拌和站生产前进行了热料仓级配筛分,根据筛分情况进行配料单调整,摊铺试验期间,在两层均取样进行沥青混合料抽提试验、最大密度试验并取成型马歇尔试件进行密度、稳定度、流值检测等,均符合设计及规范要求。

对碾压完成后的沥青混凝土,采用表面渗气仪对其各段进行渗透试验,试验结果表明,渗透系数均 $<1.0\times10^{-7}$ cm/s,随后采用钻孔取芯法在各段均取芯样一组检测层间结合情况,芯样的密度、孔隙率、马歇尔指标及渗透试验均符合设计及规范要求。

碾压温度与混合料与孔隙率关系:在140~160 ℃温度范围内,在同一碾压工况下,所有试验结果都满足设计要求;同时试验数据显示趋势为:碾压温度愈高,碾压后沥青混合料孔隙率越小。

碾压试验完成后对沥青混凝土心墙及过渡料的厚度采用全站仪放线检测,在虚铺厚度为30 cm情况下,沥青混凝土压实厚度最大值29 cm,最小值25.5 cm,平均27 cm,过渡料压实厚度最大值30 cm,最小值27 cm,平均28 cm;对沥青混凝土心墙宽度采用挖开两侧过渡料量取内部宽度的方法,检测结果最大值83 cm,最小值79 cm,平均81 cm,基本满足设计宽度80 cm的要求。需要说明的是,根据现场摊铺的实际情况,在均为虚铺30 cm的情况下,碾压后,沥青混凝土高于过渡料2~3 cm,因此在第二层的摊铺过程中,我们有意加厚过渡料的摊铺厚度约5 cm,第二层施工后过渡料与沥青混凝土能基本保持在同一平面。

3 结 语

为了满足度汛要求和达到蓄水条件,库什塔依水电站大坝沥青混凝土心墙的实施,通过在寒冷的冬季进行大胆的探索和研究,成功实现了在寒冷冬季施工,满足了4月底的防洪度汛要求和9月底的蓄水条件。经过近5年的大坝运行,库什塔依水电站大坝运行良好,取得了较好的社会效益和经济效益,为在寒冷的气候条件下碾压式沥青混凝土的施工提供了科学的实践依据和参考价值。碾压式沥青混凝土的极限施工气温不能低于-20 ℃。另外,建议沥青心墙两侧的过渡料最好选择新鲜坚硬的人工碎石,最大粒径60 mm,有棱角的碎石比天然圆滑的卵石更能为心墙和摊铺机提供稳定的支撑。过渡材料级配曲线在施工过程中很容易发生偏差,因此必须对粒径的分布情况定期进行监测和控制。另外,心墙、过渡带和坝壳之间的骨料粒径差异也不能过大。

参考文献

[1] 祁世京. 土石坝碾压式沥青混凝土心墙施工技术[M]. 北京:中国水利水电出版社,2001.

[2] 尼尔基水利枢纽主坝碾压式沥青混凝土心墙施工技术[M]. 北京:中国水利水电出版社,2005.

[3] 中国三峡建设杂志社. 茅坪溪沥青心墙土石坝专辑[J]. 中国三峡建设,1998(12).

[4] 李伟,杨树忠. 北方寒冷地区沥青混凝土心墙施工技术[M]. 北京:中国水利水电出版社,2006.

[5] 李志强,张鸿儒,侯永峰,等. 土石坝沥青混凝土心墙三轴力学特性研究[J]. 岩石力学与工程学报,2006(5).

[6] 何玉,张春学. 碾压式沥青混凝土心墙施工技术剖析[J]. 黑龙江水利科技,2008(2).

[7] 西安理工大学. 新疆伊犁库克苏河库什塔依水电站工程沥青混凝土心墙材料及配合比试验报告[R]. 西安理工大学水工沥青防渗研究所、水利部新疆维吾尔自治区水利水电勘测设计研究院,2010. 6.

[8] 丁朴荣. 水工沥青混凝土材料选择与配合比设计[M]. 北京:中国水利水电出版社,1990.

[9] 冶勒水电站工程施工技术[M]. 北京:中国电力出版社,2008.

[10] DL/T 5363—2006 水工碾压式沥青混凝土施工规范[S].

[12] DL/T 5362—2006 水工沥青混凝土试验规程[S].

复式河谷多岩性混合软岩开挖料筑坝关键技术研究

王思德[1] 张 伟[1] 权 全[2]

(1. 黄河上游水电开发有限责任公司,西宁 810008;
2. 西安理工大学,西安 710048)

摘 要 混合软岩筑面板堆石坝的技术是目前坝工界积极寻求的解决筑坝条件较差的工程办法。实践证明,合理的软、硬岩堆石料分区不仅有利于控制工程的投资,同时还可以避免坝体出现不均匀变形,本文以积石峡水电站面板堆石坝为例,采用枢纽区开挖的多岩性混合软岩料作为面板堆石坝的主要填筑材料,研究其开挖料筑坝的可行性与坝体分区优化,同时开展施工期坝体浸水新技术的探索。经下闸蓄水前裂缝普查及近6年的运行监测,堆石坝沉降、面板渗漏量等均在设计和规范范围内,大坝运行正常。

关键词 复式河谷;软岩筑坝;混凝土面板堆石坝;大坝浸水;积石峡水电站

0 引 言

我国西部高寒地区复杂气候条件和地质构造,从经济安全的角度出发,面板堆石坝在坝型比选时具有很大的优势。然而工程实践中源自溢洪道开挖的坝料通常是饱和抗压强度较低的软岩或各向异性软岩[1]。国外含软岩的面板堆石坝起步于20世纪60年代末至70年代末,最早报道是1969年建成的美国Cabin Creek坝(高76 m)、澳大利亚Kangaroo Creek坝(高60 m),稍晚还有1977年建成的澳大利亚Little Para坝(高53 m),1979年建成的美国Bailay坝(高95 m)和澳大利亚Winneke坝(高85 m),这一时期的坝高都不超100 m,基本都在美国和澳大利亚。进入20世纪80年代,国外含软岩面板堆石坝高超过了100 m,典型的有1987年建成的印度尼西亚Cirata坝(高125 m)、1985年建成的哥伦比亚Salvajina坝(高148 m)和1994年建成的目前国外最高的墨西哥Aguamilpa面板堆石坝(高186 m)。中国最早应用软岩的工程是1992年建成的株树桥坝(高78 m),接着有1995年建成的十三陵蓄能上库坝(高75 m)、1998年建成的大河坝(高68 m)和1999年建成的大坳坝(高90.5 m)。这一时期坝高都不超过100 m。21世纪初中国面板堆石坝进入突破发展阶段,含软岩面板堆石坝的高度有了长足的发展,2000年建成的天生桥一级坝(高178 m)、2002年建成的鱼跳坝(高106.5 m)、2005年建成的盘石头坝(高102.2 m)、2006年建成的公伯峡坝(高

作者简介:王思德(1965—),男,青海湟中人,高级工程师,主要从事水电工程管理工作。E-mail:wingsd@vip.sina.com。

通讯作者:张伟(1982—),男,高级工程师,主要从事水电与新能源工程管理工作。E-mail:wei123504@163.com。

132.2 m)，以及2008年建成的水布垭坝(高233 m)、2010年建成的董箐坝(高150 m)，筑坝材料部分或少量采用了软岩料，这一时期坝高突破100 m，并向200 m级高坝发展，对软岩筑坝技术进行了大量研究，取得了丰富的研究成果，对含软岩面板堆石坝的变形控制有了新的认识。从国内含软岩面板堆石坝的建设情况看，基本上都针对软岩特性进行了大量研究，采取了针对性的工程措施[2]。本文以黄河上游积石峡水电站面板堆石坝为例，研究其工程质量的关键性控制技术。以期能促进国内水利工程中软岩筑坝技术的发展，为类似工程提供可借鉴的资料。

1 工程概况

积石峡水电站位于青海省循化撒拉族自治县境内积石峡峡谷出口处的黄河干流上，是黄河干流龙羊峡—青铜峡河段梯级开发中的第5座大型水电站。工程规模属二等大(2)型，枢纽建筑物由混凝土面板堆石坝、左岸表孔溢洪道、左岸中孔泄洪洞、左岸泄洪排沙底孔及引水发电系统、坝后厂房等组成。该工程以发电为主，工程水库为日调节水库，正常蓄水位1 856 m，总库容2.94亿m^3，总装机102万kW，多年平均发电量33.63亿kWh。

混凝土面板堆石坝坝顶高程1 861 m，趾板开挖最低高程1 758 m，最大坝高103 m，坝顶全长321.9 m，坝顶宽9.8 m，坝顶上游侧设5.2 m高的L形混凝土防浪墙，上游坝坡1∶1.5，下游坝坡1∶(1.3～1.4)，在高程1 800 m以下的面板上游加设顶宽均为5 m、坡度分别为1∶1.7和1∶2.0的粉质壤土及开挖任意料压坡体，下游坝坡设4层9 m宽的“之”字形上坝公路。

2 面板堆石坝工程建设的特点与难点

(1)积石峡坝址开挖料主要分布在左岸表孔溢洪道及电站进水口处、高程为1 819～1 940 m的白垩系K_{13}～K_{14}地层中，开挖料约450万m^3，其中K_{13-2}岩性为紫红色、紫灰色砾岩夹薄层及条带状中细砂岩，局部夹透镜状泥质粉砂岩，饱和抗压强度为33～123 MPa，软化系数为0.33～0.87，K_{14}地层岩性为砖红色、紫红色泥质粉砂岩及中细砂岩、砾岩，其饱和抗压强度为32～122 MPa，软化系数为0.29～0.88。从坝址区岩石试验资料看，岩石的抗压强度试验值较高。但由于岩层分布无规律，岩相变化大，岩体抗风化能力差，认为岩性整体偏软。鉴于岩石开挖量明显大于大坝填筑量，从挖填平衡的角度出发，如果尽可能多地采用开挖料筑坝，既能降低填筑料的开挖运输成本，又能节省开挖料的处理成本，这无疑是既经济又合理的设计方案。但是，根据可行性研究阶段地勘成果，枢纽区开挖料具有岩性复杂、强度较低、渗透性差且遇水后易发生较大的湿化变形等特点，用作大坝主堆石料存在安全风险[1]。因此，如何在确保安全的前提下尽可能多的应用枢纽区开挖料是本工程的一大难点。

(2)积石峡水电站站址处为“左凸右凹”的复式河谷地形，面板堆石坝横卧其中，坝下掩埋式引水压力管道设置在左岸台地上，由此将面板堆石坝分为左岸埋管坝段、河床及右岸坝段两部分，这两部分建基面之间的最大高差达到77 m。这种枢纽布置充分利用了坝址区的地形特点，但同时也对面板堆石坝的不均匀沉降控制也提出了更高的要求。

3 确保工程质量的关键性控制技术

3.1 开挖料筑坝可行性研究与坝体分区优化

为了尽可能多地利用枢纽区开挖料,建设单位委托清华大学水利系进行坝料试验和坝体三维有限元应力变形分析计算,在确认了开挖料筑坝的可行性后,安排西北勘测设计研究院开展了坝体材料分区优化工作。

3.1.1 坝料试验和坝体三维有限元应力变形分析计算的主要研究结论[2]

(1)开挖料的压缩模量在大坝竖向应力范围内一般为几十兆帕的数量级,且强度较高,可以作为堆石料;堆石体采用开挖料时的有限元分析结果表明,坝体的应力水平总体较小,蓄水后有所减小,这表明大坝采用开挖料作为主堆石具有良好的稳定性。

(2)考虑到积石峡面板堆石坝的应力状态,开挖料的渗透系数处于 10^{-2} cm/s 数量级上,与一般堆石料的试验结果相比渗透系数偏低一些,建议选用开挖料作为主堆石时,应考虑采用在面板后设置渗透性强的排水区等措施,以避免出现浸润线过高等问题。

(3)开挖料的湿化变形特性处于一般水平,用于下游尾水位以下的主堆石区时可能会导致坝体产生一定的湿化变形,建议适当采取措施(如在浇筑面板前泡水等)减小该变形对于面板的影响。

3.1.2 坝体材料分区优化的主要内容

(1)调整主堆石区坝料料源。

可行性研究设计阶段,鉴于开挖料中部分岩石强度较低,岩石胶结程度较差,在干湿交潜状态下易崩解,仅同意将开挖料用于大坝下游堆石区,同时明确主堆石区坝料采用坝址上游样板弯块石料场天然沙砾料。

招标设计及施工图设计阶段,根据清华大学的开挖料研究成果[3],将主堆石区坝料调整为枢纽区开挖料,其中,主堆石 3BⅠ区采用以中细砂岩为主、微风化的枢纽区硐室开挖料,主堆石 3BⅡ区采用多岩性(砾岩: 中细砂岩: 泥质粉砂岩 =5:3:2)、弱风化下部微风化的主要建筑物开挖料。

(2)增设排水区。

鉴于枢纽区开挖料岩性复杂、软化系数低、易破碎、渗透系数小,尤其是现场碾压试验证明 3BⅡ料渗透系数为 10^{-3} cm/s,达不到自由排水的要求,为保证堆石区内排水顺畅、降低坝体浸润线,在坝内设置渗透系数 10^{-1} cm/s 数量级的“L”形强排水区,将坝内渗水集中引排至大坝下游的量水堰中。

可行性研究阶段和施工图设计阶段的混凝土面板堆石坝坝体标准断面图如图 1、图 2 所示。

3.2 坝基特殊处理与大坝填筑施工规划

为了减少因基础高程突变引起的坝体不均匀沉降,坝基处理时,对台地边坡采用回填素混凝土或爆破开挖的方式进行了修坡处理,使台地边坡不陡于 1:1.5。

为了确保大坝填筑过程坝体沉降的均匀性,根据先右岸及河床坝段、后左岸埋管坝段、全断面均衡上升的原则,将面板堆石坝规划为四个填筑阶段:首先进行河床深槽部位 1 775 m 高程以下坝体填筑,根据趾板施工情况,先进行坝上 0 - 100 至下游段填筑,再进行坝上 0 - 100至上游段填筑;其次进行河床及右岸坝段 1 834.5 m(右岸引水压力管道进水口顶

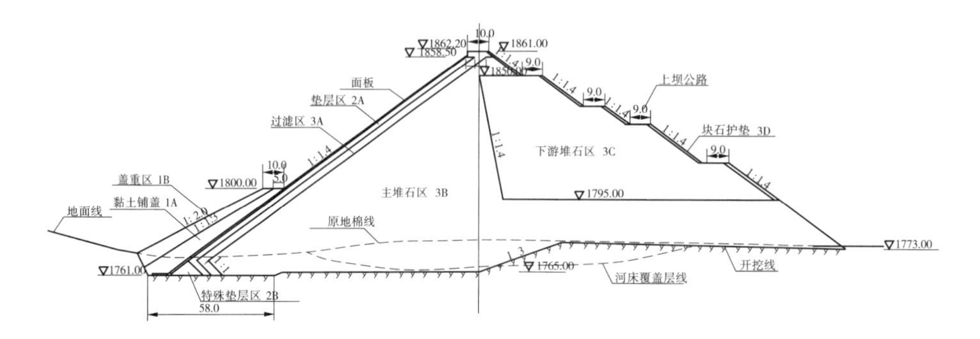

图 1　混凝土面板堆石坝坝体标准断面图(可行性研究设计阶段)

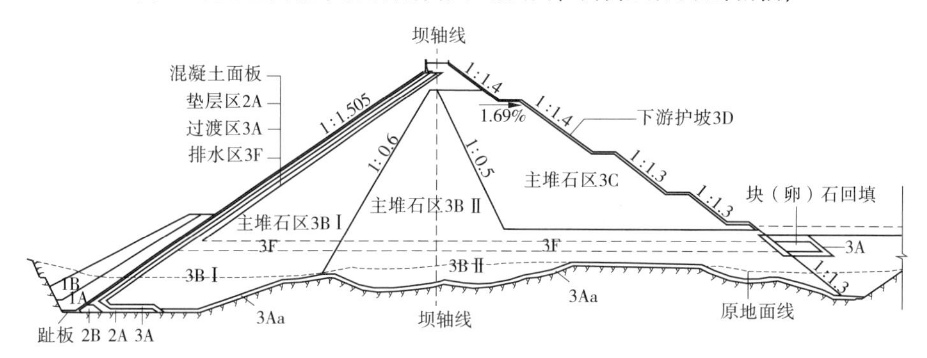

图 2　混凝土面板堆石坝坝体标准断面图(施工图设计阶段)

部)高程以下的坝体填筑;再次进行 1 857 m(防浪墙底部)高程以下的坝体填筑,按照先河床坝段、后埋管坝段的原则分两期实施,两期坝体间以 1#压力钢管外包混凝土边缘为分界线、按 1∶1.5 的综合坡比预留施工横缝,在两期之间对河床坝段进行浸水预沉降;最后进行 1 857 m 高程以上坝体填筑(待混凝土面板及防浪墙完工后),如图 3 所示。

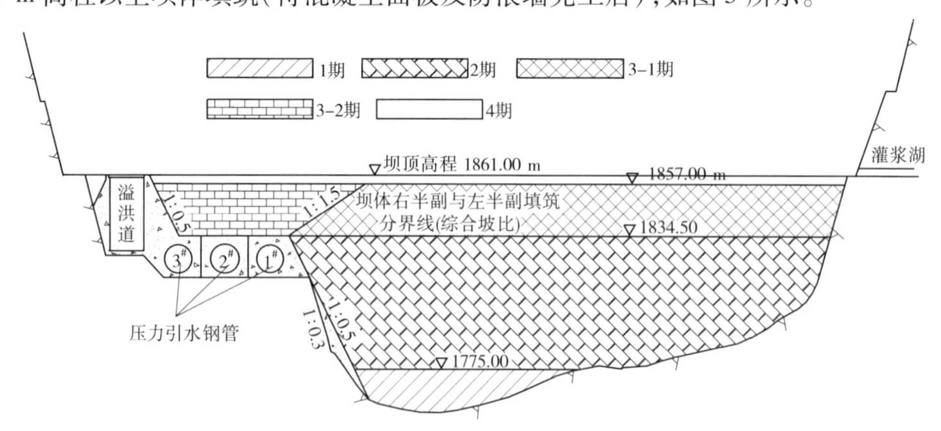

图 3　面板堆石坝分期填筑示意图[3]

3.3　施工期坝体浸水

为了提前释放多岩性软岩开挖料筑坝导致的坝体湿化变化风险,在严格控制坝料碾压工艺(坝料加水碾压)的同时,在大坝填筑完成后的预留沉降期(半年)内,根据清华大学开挖料筑坝可行性研究的成果建议,建设单位组织设计、施工、监测等单位对面板堆石坝 1 785

m 高程(水平排水体底部高程)以下坝体进行了为期2个月(2009年9月6日至11月5日)的浸水施工。

此次坝体浸水为人为的强制性浸水。原理是利用坝体上下游挡水设施(围堰或永久建筑物)、两岸边坡形成的大基坑储水,使下游最高尾水位以下需要浸水的坝体得到浸泡[4]。

根据蓄水前后大坝沉降监测情况(见图4、表1),以蓄水前坝体最大沉降量为基准计算,可知浸水期坝体沉降量达到坝体最大沉降量的23.5%,浸水后坝体最大沉降量达到蓄水前坝体最大沉降量的94.2%,而浸水后坝体最大沉降量仅增加了2.8%。由此可见,通过施工期坝体浸水,使软岩筑坝存在的坝体湿化变形在蓄水前得到充分释放,同时坝体浸水能够有效加快坝体沉降,使坝体沉降在短期内趋于稳定[4]。

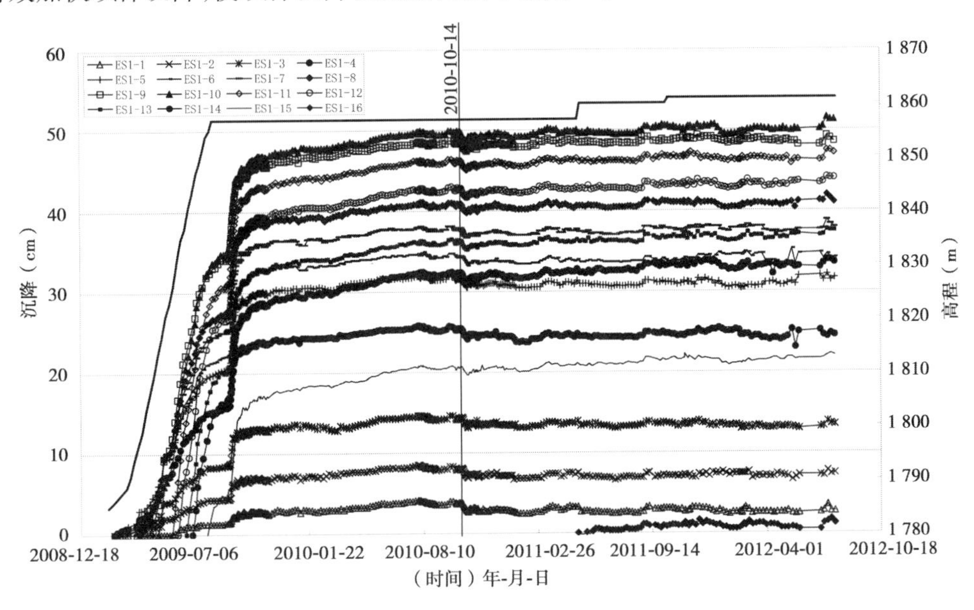

图4 ES1电磁式沉降管测点沉降过程线[6]

表1 坝体最大沉降情况统计

	浸水前	浸水后	蓄水前	蓄水后
最大沉降量	35.2 cm	46.9 cm	49.8 cm	51.2 cm
区间沉降增量		11.7 cm	2.9 cm	1.4 cm

注:表中数据引自ES1电磁式沉降管测点测值[4,5]。

3.4 与计算结果对比分析

根据电磁式沉降管实测资料,绘制坝右0+167.00 m断面左右坝体沉降等值线图如图5所示(2011年5月31日)。中国水利水电科学研究院积石峡三维非线性有限元静力计算坝右0+160.00 m断面满蓄期坝体沉降成果(考虑堆石体流变)见图6。

通过实测值与有限元计算成果对比可知:坝体沉降变形规律与有限元计算成果基本一致。实测坝体最大沉降49.7 cm,远小于有限元计算成果(80 cm以上);实测坝体最大沉降发生位置在1 810.00 m高程左右、坝轴线附近,与有限元计算成果基本一致[7]。

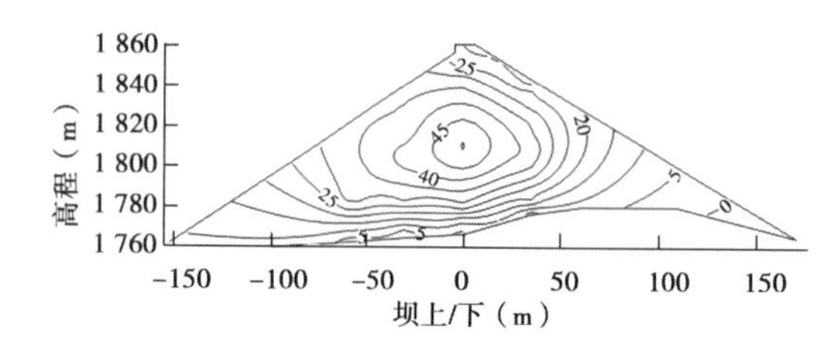

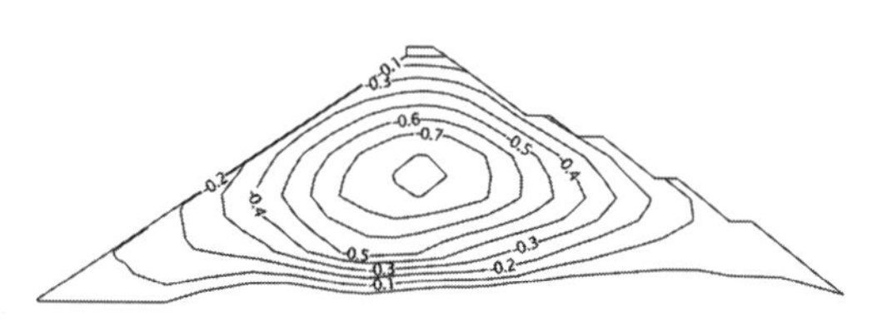

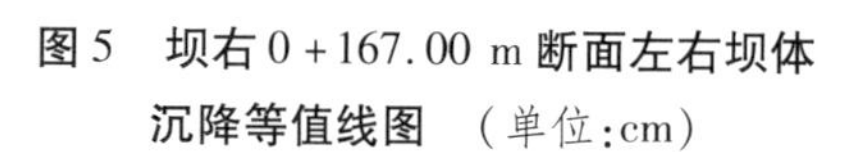

图 5　坝右 0 + 167.00 m 断面左右坝体沉降等值线图　（单位:cm）

图 6　满蓄期坝右 0 + 160.00 m 断面坝体沉降计算成果(考虑流变)　（单位:m）

4　结　语

积石峡水电站已于 2010 年 10 月下闸蓄水。根据蓄水前后的安全监测结果，蓄水前宽度大于等于 0.2 mm 的面板混凝土裂缝仅 27 条，且 1 790 m 高程以下未出现混凝土裂缝，蓄水后面板堆石坝沉降变形稳定，未出现不均匀沉降及湿化变形，说明积石峡水电站实施的浸水方案效果非常显著，大大加速了大坝的预变性，对于减小大坝后期变形取得了较好的效果。针对复式河谷多岩性混合软岩开挖料筑坝的应对措施是有效的。

参 考 文 献

[1] 李学武，曾锃，王秋杰，等. 基于数值仿真的某水电站软岩筑高混凝土面板堆石坝剖面优化设计研究[J]. 固体力学学报，2014，35：184-189.

[2] 杨泽艳，周建平，王富强，等. 面板堆石坝安全性研究及软岩筑坝技术[C]//中国水力发电工程学会混凝土面板堆石坝专业委员会高面板堆石坝安全性研究及软岩筑坝技术进展研讨会，2014，南京.

[3] 积石峡面板堆石坝开挖料筑坝的可行性研究最终研究报告[R]. 清华大学水利水电工程系，2006.

[4] 张伟. 积石峡水电站面板堆石坝不均匀沉降控制措施[J]. 西北水电，2013.

[5] 张伟. 积石峡水电站面板堆石坝湿化变形控制研究[J]. 人民黄河，2014.

[6] 积石峡水电站工程蓄水验收安全监测资料分析报告(截至 2012 年 8 月)[R]. 中国水电顾问集团西北勘测设计研究院，2012.

[7] 苏晓军，权全. 面板堆石坝实测沉降分析与研究——以积石峡为例[J]. 水资源与水工程学报，2013，24：115-118.

基于GPU加速计算技术的溃坝洪水演进模型

齐文超 王 润 刘 力 李 鹏 荆海晓 王 雯 侯精明

(西安理工大学水利水电学院,西安 710048)

摘 要 基于非结构网格,采用Godunov类型的有限体积格式建立了求解二维非线性浅水方程的数值模型,以模拟复杂地形上溃坝洪水演进过程。模型采用GPU加速计算技术来大幅提升计算效率。通过算例模拟溃坝试验和Malpasset溃坝过程,证实了所建模型具有较好的稳定性和较高精度。与相应的CPU程序计算结果对比,在精度一致的情况下,GPU模型能提速20倍以上。故所建模型是模拟复杂地形上溃坝洪水演进过程的理想工具。

关键词 溃坝;数值模型;GPU;非结构网格

1 引 言

溃坝溃堤事件将会造成巨大的生命和财产损失,如,“75 · 8”大洪水引起的驻马店地区包括两座大型水库在内的数十座水库漫顶垮坝,1 100万亩农田受到严重的破坏,1 100万人受灾,超过2.6万人死亡,经济损失近百亿元。2016年7月19日,河北省邢台市七里河在大贤村村口发生漫顶溃堤,进入包括大贤村在内的12个村,造成25人死亡。溃坝事件在国外也屡见不鲜,1976年6月5日,位于美国爱达荷州斯内克河支流的Teton坝发生溃坝,损失惨重。对溃坝过程进行研究,可为溃坝灾害的预防与应对提供理论依据和技术支撑,是十分必要也是迫切的。

鉴于其灾难性的后果,大批学者采用理论分析、构建数学模型和物理模型等手段来研究溃坝。在数值模拟方面,戎贵文等[1]采用有限体积法数值离散雷诺时均方程,并以COBRAS模型为基础建立了三维$k \sim \varepsilon$紊流数学模型,利用压力隐式算子分割法求解紊流方程,采用VOF法捕捉自由液面。该数值模型可较可靠地计算局部断面突缩条件下的溃坝水流特性,然而该模型计算量大,不宜用其来计算溃坝下游溃坝波演进过程。贺娟等[2]利用HEC-GeoRAS和Google提取研究区域的地形数据,然后将建好的模型导入到一维溃坝洪水计算工具HEC-RAS中进行溃坝洪水演进模拟,最后通过HEC-GeoRAS分析研究区域的洪水淹没范围及流速分布。由于该模型采用的地形数据精度有限,故模拟的可靠度也亟待提高。高分辨率地形数据代表着更真实的地表信息,是提高模拟结果可靠度的一个重要前提,因而在溃坝洪水演进模拟中应予采用。但分辨率的数据势必造成更大的计算量,如对于1 km^2的计算范围,5 m分辨率的二维方形网格包含了4万个计算单元,而采用1 m分辨率则需100万个计算单元。此外,根据Corant定律,单元尺寸变小会导致更短的计算步长。通常认

基金项目:水利部“948”计划项目资助,项目编号201423。

作者简介:齐文超(1991—),男,陕西宝鸡人,硕士,主要从事城市内涝及洪水模拟方面的研究。E-mail:645703203@qq.com。

为,二维网格加密1倍,计算量约增9倍[3]。此外,溃坝模拟的一个重要应用是洪水预报,更及时的预报对模型的计算效率提出了更高的要求。

为解决高分辨率模型的计算效率问题,一般采用了高性能计算技术如CPU并行技术包括Message Passing Interface(MPI)和Open Multi Processing(Open－MP)来实现多核并行计算[4]。但CPU并行计算技术对硬件要求较高,实现成本较大。近年来,GPU(显卡)并行计算技术的发展速度远超CPU[5],因其高性能和低成本的优势(同价格GPU较CPU能提速10倍以上),越来越多的学者开始使用该技术来完善动力波模型,如Smith等[3]、Vacondio等[6]、Lacasta等[7]也证实了GPU计算的优势随着网格单元的增加而更加突出,是加速高分辨率水动力学模型的理想工具且有着明朗的应用前景。国内近期也开始进行GPU加速计算在水利工程领域的研究,如赵旭东等[8]开发了基于GPU的海洋动力学模型,尹灵芝等[9]利用GPU技术来加速模拟洪水演进的元胞自动机模型。

本文介绍一套作者自行开发的基于GPU并行计算技术的溃坝洪水演进数值模型,该模型采用Godunov类型的有限体积法求解二维浅水方程,可有效处理复杂地形和复杂流态等问题。为高效高精度溃坝洪水风险评估和预报提供了一套有力工具。该模型的计算效率与可靠性也在本文中进行了展示。

2　模型数值方法

本模型的控制方程为平面二维浅水方程(简称SWEs)。忽略了运动黏性项、紊流黏性项、风应力和科氏力,二维非线性浅水方程的守恒格式可用如下的矢量形式来表示:

$$\frac{\partial \boldsymbol{q}}{\partial t}+\frac{\partial \boldsymbol{f}}{\partial x}+\frac{\partial \boldsymbol{g}}{\partial y}=\boldsymbol{S} \tag{1}$$

式中:$\boldsymbol{q}=\begin{bmatrix} h \\ q_x \\ q_y \end{bmatrix}$;$\boldsymbol{f}=\begin{bmatrix} q_x \\ uq_x+gh^2/2 \\ uq_y \end{bmatrix}$;$\boldsymbol{g}=\begin{bmatrix} q_y \\ vq_x \\ vq_y+gh^2/2 \end{bmatrix}$;

$$\boldsymbol{S}=\boldsymbol{S}_b+\boldsymbol{S}_f=\begin{bmatrix} 0 \\ -gh\partial z_b/\partial x \\ -gh\partial z_b/\partial y \end{bmatrix}+\begin{bmatrix} 0 \\ -C_f u\sqrt{u^2+v^2} \\ -C_f v\sqrt{u^2+v^2} \end{bmatrix}。$$

其中:t为时间;$\boldsymbol{q}$为变量矢量,包括水深h两个方向上的单宽流量$\boldsymbol{q}_x$和$\boldsymbol{q}_y$;u、v分别为x、y方向上的流速;$\boldsymbol{f}$和$\boldsymbol{g}$分别为x、y方向上的通量矢量;$\boldsymbol{S}$为源项矢量,包括底坡源项$\boldsymbol{S}_b$、摩阻力源项$\boldsymbol{S}_f$;z_b为河床底面高程;谢才系数$C_f=gn^2/h^{1/3}$,其中n为曼宁系数。此外,水面高程$\eta=h+z_b$。

本模型采用了文献[10]提出的一种基于有限体积法的Godunov类型二维有限体积格式求解非结构化网格上的浅水方程。采用MUSCL方法对计算单元边界上的变量值进行二阶空间插值,然后用初始水深进行重构[11],计算变量均采用重构后的数值,以保持数值变量守恒[12,13]。重构后的值作为初始值代入HLLC黎曼解法器[14]中,计算出水和动量的通量项。为了适应任意复杂非结构化网格,坡面源项采用作者提出的底坡通量法进行计算[10],即将一个计算单元中的坡面源项转换为位于该单元边界上的通量。摩擦源项使用点隐式进行处理[15]。此外,采用二步龙格－库塔方法来进行时间步进。

本模型采用 GPU 加速计算技术,通过 CUDA 编程在 Nvdia 显卡上实现高速并行计算。即将每个计算单元的边界通量和源项等过程的计算作为一个单独线程,在 GPU 各个计算核上通过 Kernel 函数来实现多线程并进,从而实现多个单元的同时计算,以大幅提升计算速度。本文模拟计算采用的显卡为 NVDIA GeForce GTX 980Ti,含 2 816 个流处理单元(CUDA 核),核心频率为 1 253 MHz,具有 6 144 MB 的 DDR5 显存。模型在 Microsoft 的 Visual Studio 平台上编写并编译,其代码界面如图 1 所示。

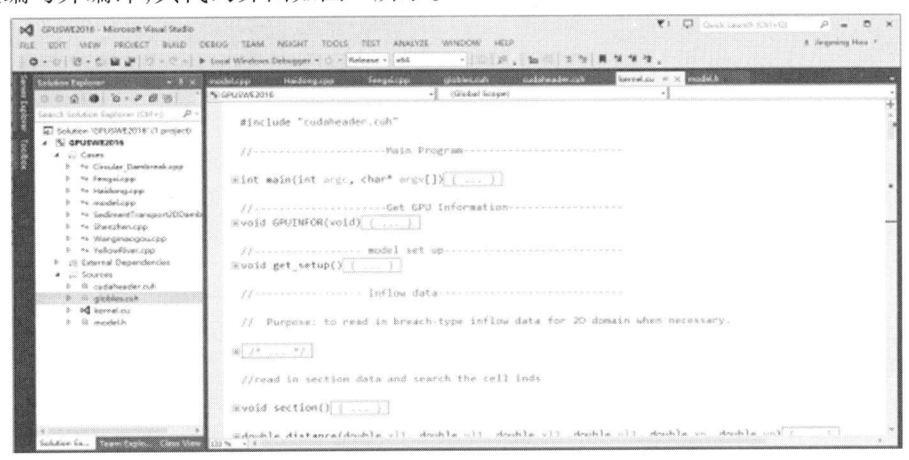

图 1 模型代码界面

3 溃坝洪水演进过程模拟算例

本文模拟了室内溃坝试验和实际溃坝两个算例,以验证所建模型的精度和效率。

3.1 溃坝波冲击单体建筑物过程模拟

Zech 和 Soares - Frazão[16] 进行了溃坝波冲击单体建筑物过程的物理模型试验研究,试验布局如图 2 所示。基于此物理模型,数值模拟在河道出口设置为开放边界,并将计算域划分为 15 141 个 Delaunary 三角形计算单元。模拟开始时将大坝的水位和河道的水位分别设为 0.4 m 和 0.02 m(河床高程为 0 m),且均为静水。模型在库朗数为 0.5 的条件下计算了 30 s的溃坝波演进过程。

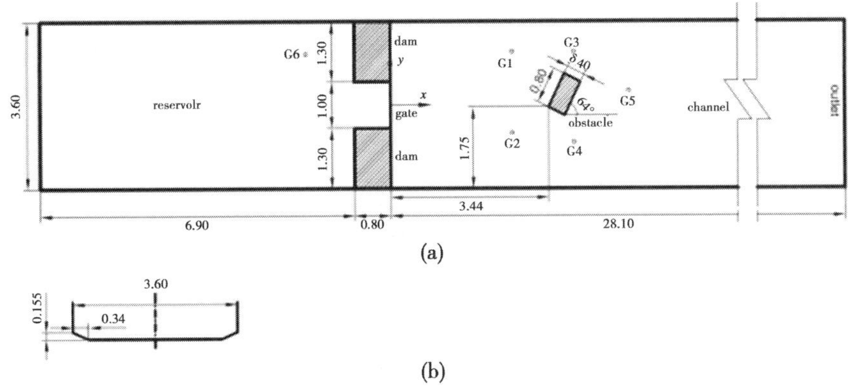

图 2 溃坝波冲击单体建筑物模拟中设施布置及测点位置

计算的溃坝波冲击建筑物的洪水演进过程如图 3 所示,波前在 1 s 时已经接近建筑物,并在 2 s 时达到该建筑物。为定量显示数值模型的性能,本文对各测点模拟和实测水力要素(水位和流速)的变化过程进行了比较,其中测点 G2、G4 和 G6 的对比如图 4 和图 5 所示,各测点位置见图 2。计算结果证实,本模型可以较为精确地计算水位和流速,同时,也能可靠预测洪水到达时间和持续过程。为彰显 GPU 的提速效果,具有相同数值方法的 CPU 模型也被用来模拟本算例,结果高度一致,但 CPU 模型的耗时是 GPU 模型的 20 倍以上,可见 GPU 模型能以更高的效率来进行溃坝洪水模拟。

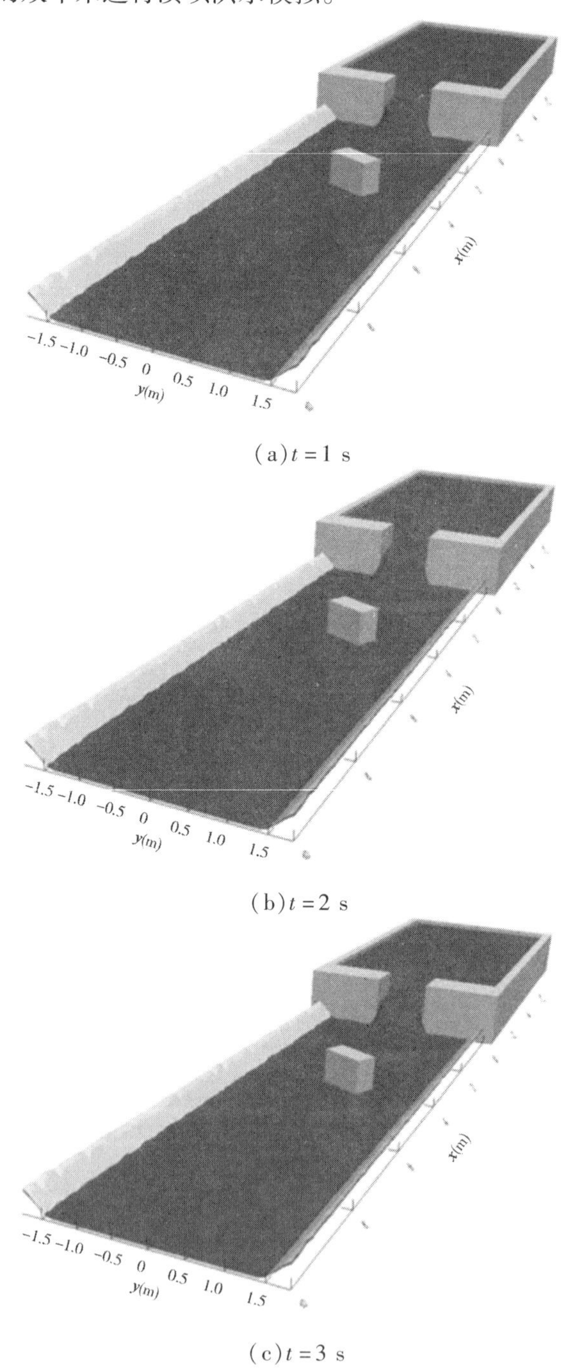

(a) $t=1$ s

(b) $t=2$ s

(c) $t=3$ s

图 3　溃坝波演进过程模拟

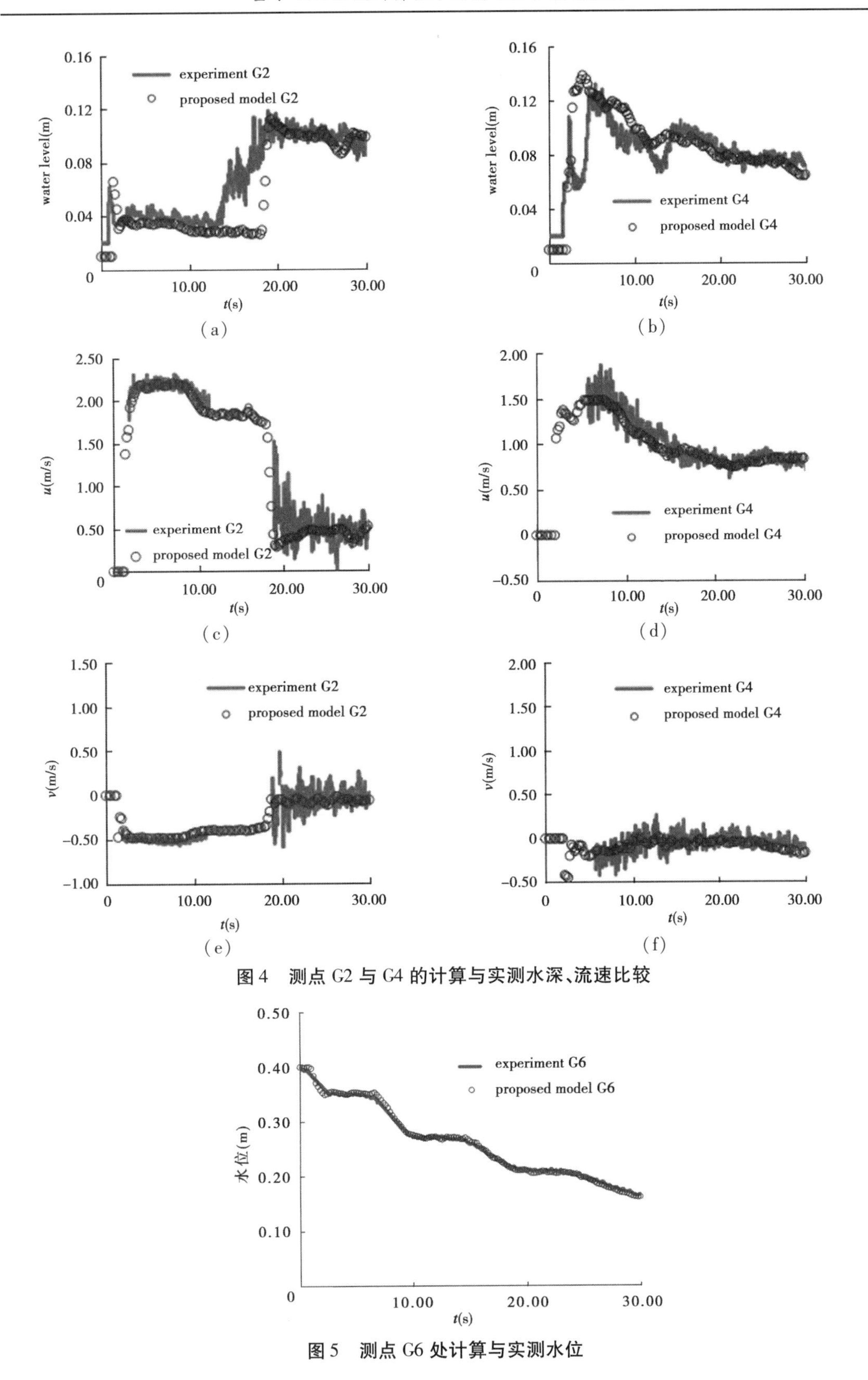

图 4　测点 G2 与 G4 的计算与实测水深、流速比较

图 5　测点 G6 处计算与实测水位

GPU 与 CPU 模型的计算效率比较见表 1。

表 1　GPU 与 CPU 模型的计算效率比较

算例	Intel Corei 74 790 K	NVIDIA Geforce GTX 980 Ti	计算速度比(倍)
算例 1 (15 141 个单元)	0. 23 h	0. 011 h	20. 90
算例 2 (26 000 个单元)	0. 46 h	0. 017 h	27. 04

3. 2　Malpasset 溃坝模拟

Malpasset 大坝位于法国尼斯附近,于 1959 年溃坝并造成 400 多人死亡,这一灾难性事故作为一个典型工程实例被中外学者多次模拟来验证其数值模型,如 Goutal[17],Delis[18],Hou[10,19]。本文选取此溃坝过程为实例,来验证本模型在实际工程中的计算效果。模拟区域共划分为 26 000 个三角形单元,网格和地形条件如图 6(a)所示。采用与文献[10]相同的边界、初始、摩阻条件,在库朗数等于 0. 5 的条件下计算至 t =3 600 s。

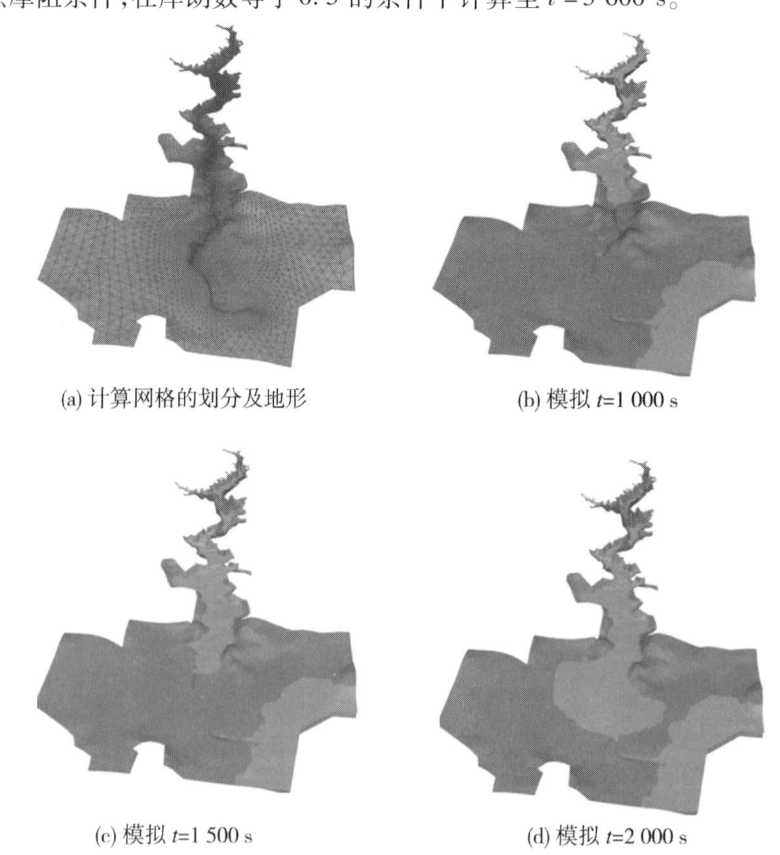

(a) 计算网格的划分及地形　(b) 模拟 t=1 000 s

(c) 模拟 t=1 500 s　(d) 模拟 t=2 000 s

图 6　Malpasset 溃坝过程模拟

所选用的数值格式十分稳定,在模拟过程中并未出现负水深以及非正常速度等情况。图 6(b)、(c)、(d)展示了模拟的溃坝洪水在山谷和河漫滩的流动过程。洪峰抵达区域内三个变电站的模拟与实测时间在图 7(a)中进行了比对。此外,本次洪灾后,对 17 个点位的最高洪水位进行了调查,这些测点处(位置见文献[17])的模拟和调查水位值在图 7(b)中显示。

以上结果均表明该GPU模型计算精度与稳定性甚为满意,且计算效率是CPU模型的27倍以上(见表1),可较好地应用于实际工程。

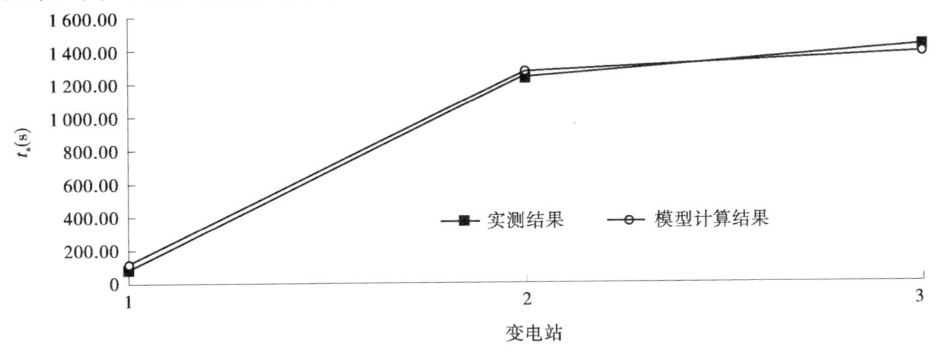

(a)洪峰抵达三个变电站的模拟与实测时间比对

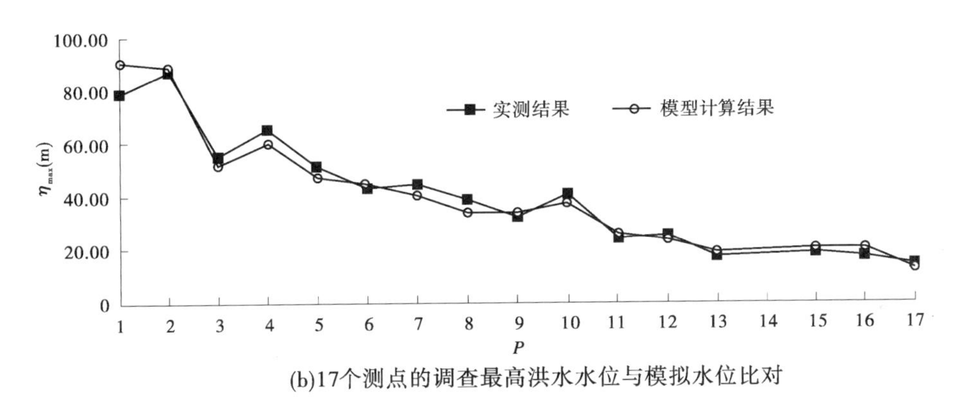

(b)17个测点的调查最高洪水水位与模拟水位比对

图7 洪峰抵达时模拟与实测时间及最高洪水位与模拟水位比对

4 结 论

本文介绍了一套基于GPU加速计算技术的溃坝洪水演进模型,该模型的数值求解格式为非结构网格Godunov类型的有限体积法,此方法能够很稳健地解决不连续问题,复杂流态如干湿演变问题,可严格保持物质守恒,并适应任意复杂内外边界;模型的另一个特点是利用新的GPU技术在单机上提升计算性能,以满足实际应用需求。算例表明,所建模型不论是在室内试验还是在工程实例中,计算稳定性好,精度高,适用于复杂地形的溃坝洪水演进模拟。同时,计算效率有了质的提升,较相应的CPU程序能提速20倍以上。可见,所建模型是模拟复杂地形上溃坝洪水演进过程的理想工具。

参 考 文 献

[1] 戎贵文,袁岳,戴会超,等. 基于COBRAS模型的突缩断面溃坝水流特性研究[J]. 水发电学报,2016(5).

[2] 贺娟,王晓松. 基于HEC-RAS及HEC-GeoRAS的溃坝洪水分析[J]. 水利水运工程学报,2015(6):112-116.

[3] Liang Q, Smith L S. A high-performance integrated hydrodynamic modelling system for urban flood simulations[J]. Journal of Hydroinformatics, 2015(17):518-533.

[4] Schubert J E, Sanders B F. Building treatments for urban flood inundation models and implications for predictive skill and modelling efficiency[J]. Advances in Water Resources, 2012(41):49-64.
[5] 刘强, 谢伟, 邱辽原, 等. 桌面计算机上利用格子 Boltzmann 方法的 GPU 计算[J]. 2014, 48(9): 1329-1333.
[6] Vacondio R, Dal Palu A, Mignosa P. GPU-enhanced finite volu me shallow water solver for fast flood simulations[J]. Environmental Modelling & Software, 2014(57):60-75.
[7] Lacasta A, Morales-Hernandez M, Murillo J, et al. An optimized GPU implementation of a 2D free surface simulation model on unstructured meshes[J]. Advances in Engineering Software, 2014(78):1-15.
[8] 赵旭东, 梁书秀, 孙昭晨, 等. 基于 GPU 并行算法的水动力数学模型建立及其效率分析[J]. 大连理工大学学报, 2014, 54(2):204-209.
[9] 尹灵芝, 朱军, 王金宏, 等. GPU - CA 模型下的溃坝洪水演进实时模拟与分析[J]. 武汉大学学报(信息科学版), 2015, 40(8):1125-1136.
[10] Jingming Hou, Franz Simons, Mohamed Mahgoub, et al. A robust well-balanced model on unstructured grids for shallow water flows with wetting and drying over complex topography[J]. Computer Methods in Applied Mechanics and Engineering, 2013(257):126-149.
[11] Emmanuel Audusse , Marie Odile Bristeau. A well-balanced positivity preserving second-order scheme for shallow water flows on unstructured meshes[J]. Journal of Computational Physics, 2005(206):311-333.
[12] Alfredo Bermudez, Ma Elena Vazquez. Upwind methods for hyperbolic conservation laws with source terms [J]. Computers & Fluids, 1994(23):1049-1071.
[13] Bojan Crnkovic, Nelida Crnjaric-Zic, Lado Kranjcevic. Improvements of semi-implicit schemes for hyperbolic balance laws applied on open channel flow equations[J]. Computers & Mathematics with Applications, 2009, 58(2):292-309.
[14] Eleuterio F Toro. Riemann solvers and numerical methods for fluid dynamics: a practical introduction[M]. third edition, Springer Verlag Berlin, Heidelberg: 2009.
[15] Qiuhua Liang, Fabien Marche. Numerical resolution of well-balanced shallow water equations with complex source terms[J]. Advances in Water Resources, 2009(32):873-884.
[16] Soares-Frazao S, Zech Y. Experimental study of dam-break flow against an isolated obstacle[J]. Journal of Hydraulic Research, 2007, 45(Extra Issue):27-36.
[17] Nicole Goutal. The malpasset dam failure—an overview and test case definition[C]//In Proceeding of the 4th CADAM meeting. Spain Zaragoza, 1999.
[18] Delis A I, Nikolos I K, Kazolea M. Performance and comparison of cell-centered and node-centered unstructured finite volume discretizations for shallow water free surface flows[J]. Archives of Computational Methods in Engineering, 2011(18):57-118.
[19] Jing ming Hou, Qiuhua Liang, Franz Simons, et al. A 2D well-balanced shallow flow model for unstructured grids with novel slope source term treatment[J]. Advances in Water Resources, 2013(52):107-131.

不同骨料全级配大坝混凝土抗冻性的试验研究

刘艳霞　陈改新　刘晨霞　孔祥芝　纪国晋

（中国水利水电科学研究院，北京　100038）

摘　要　采用三种不同岩性的粗骨料A、B和C，分别配制全级配大坝混凝土进行混凝土冻融试验。结果表明，三种骨料大坝混凝土的湿筛标准试件（100 mm×100 mm×400 mm）均具有良好的抗冻性，但三种骨料大坝混凝土全级配大试件（400 mm×400 mm×1 600 mm）的抗冻性却存在显著差异，其动弹性模量衰减规律也不同。其中，饱和面干吸水率最大的A骨料配制的全级配混凝土，其大试件的抗冻性最差。根据混凝土冻融破坏的机制骨料的特性，分析了三种骨料全级配混凝土抗冻性存在差异的原因，并得出结论：全级配混凝土中高含量的大尺寸骨料对其抗冻性有负面作用，采用低吸水率、低渗透性的骨料可以配制出抗冻性良好的全级配混凝土。

关键词　混凝土；抗冻性；全级配混凝土；骨料；衰减规律

1　引　言

冻融破坏是水工混凝土建筑物老化病害和耐久性下降的主要原因之一。据统计，水工混凝土的冻融破坏发生率在我国东北、华北和西北的工程中高达100%；同时，在气候比较温和但冬天仍然出现冰冻的华中、华东地区也广泛存在冻融破坏。冻融破坏造成的水工建筑物老化和病害不仅降低了水工建筑物的使用寿命，损害了水利水电工程的经济效益，甚至还会威胁到大江大河的防洪度汛安全。

水工大坝混凝土一般采用三、四级配骨料，粒径分为5～20 mm、20～40 mm、40～80 mm和80～150 mm四级，最大粒径达120 mm或150 mm，无法按现行试验标准中规定的试件尺寸直接成型和进行冻融试验。因此，试验规程规定采用湿筛法，即经湿筛去除大坝混凝土中粒径大于30 mm的骨料后成型标准试件，通过标准试件的冻融循环试验结果来确定大坝混凝土的抗冻等级。已有的研究表明，湿筛混凝土与工程大坝全级配混凝土在骨料含量、胶凝材料含量及最大骨料粒径上的差别，会造成二者抗冻性的不同。另外，不同骨料的特性也存在差异，如渗透性、孔隙率和饱和面干吸水率等，因此不同骨料全级配大坝混凝土受冻行为也不同。本文通过不同品种骨料全级配混凝土的冻融结果，探索了不同骨料全级配混凝土的动弹性模量衰减规律，并初步分析了其抗冻性的特点。

2　混凝土原材料、配合比及试验方法

2.1　原材料

试验采用符合国家标准GB 200—2003的42.5中热硅酸盐水泥，粉煤灰为符合国家标

基金项目：国家自然科学基金（50579075），中国水科院科研专项（SM0145B252014）。

作者简介：刘艳霞（1977—），女，山东青州人，博士，高级工程师，主要从事水工混凝土性能研究。E-mail：liuyx@iwhr.com。

准 GB/T 1596—91 的Ⅰ级粉煤灰。骨料有 A、B、C 三类：A 类为黑云花岗片麻岩和角闪斜长片麻岩制成的混合人工粗、细骨料；B 类为玄武岩人工粗骨料和灰岩人工砂；C 类为灰岩制成的人工粗、细骨料。粗骨料采用四级配，骨料粒径为小石 5 ~ 20 mm，中石 20 ~ 40 mm，大石 40 ~ 80 mm，特大石 80 ~ 120 mm。骨料的饱和面干密度和饱和面干吸水率见表 1。减水剂的减水率在 20% 左右，引气剂为改性松香引气剂，其品质均满足相应的技术规范要求。

表 1　人工砂和人工碎石的饱和面干密度和饱和面干吸水率

材料性能		砂	特大石	大石	中石	小石
饱和面干密度(g/cm)	A	2.66	2.88	2.70	2.73	2.70
	B	2.67	2.94	2.92	2.93	2.90
	C	2.68	2.69	2.69	2.69	2.68
饱和面干吸水率(%)	A	1.20	0.27	0.39	0.49	0.67
	B	1.09	0.19	0.28	0.29	0.41
	C	0.76	0.13	0.22	0.27	0.33

2.2　试验用配合比

采用 A、B、C 三种类型的骨料，配制 A、B、C 全级配混凝土。混凝土的配合比根据实际工程配合比优化而来。试验中全级配混凝土水胶比在 0.41 ~ 0.45，粉煤灰掺量 30%，坍落度 3 ~ 5 cm，含气量 5.0% 左右。配合比设计采用绝对体积法，骨料质量以饱和面干状态为准。引气剂的掺量根据所需含气量的大小进行调整。混凝土的配合比参数如表 2 所示。

表 2　全级配混凝土配合比

混凝土编号	水胶比	粉煤灰掺量(%)	胶材用量(kg/m^3)	砂率(%)	粗骨料级配	每方混凝土材料用量(kg/m^3)				
						水	水泥	粉煤灰	砂	石
A	0.45	30	197.8	24	30:30:20:20	89.0	138.4	59.4	533	1 687
B	0.41	35	200.0	23	30:25:20:25	82.0	130.0	70.0	511	1 843
C	0.42	35	195.2	24	30:30:20:20	82.0	126.9	68.3	527	1 675

2.3　试验方法与仪器

全级配混凝土大试件采用的试模尺寸为 400 mm × 400 mm × 1 600 mm，一组有三个试件。试件成型时分三层装模，每层高频振捣时间不超过 45 s。大试件成型 1 周后拆模，然后放入(20 ± 3)℃的静水中浸泡养护至规定的试验龄期，以便使混凝土大试件在入箱冻融前能够充分吸水。混凝土大试件冻融试验采用 DDR - 2 型全级配混凝土快速冻融试验机进行，一次冻融循环历时 13 ~ 14 h，其中降温历时 7 ~ 8 h，升温历时 5 ~ 6 h。降温和升温终了时，试件中心温度分别控制在 - 17 ℃ ± 2 ℃和 8 ℃ ± 2 ℃。试验过程中测试混凝土的相对动弹性模量和质量损失率，以评定其抗冻性能。全级配混凝土湿筛标准试件的冻融试验按照《水工混凝土试验规程》(SL 352—2006)中规定的快速冻融法进行。

3 试验结果及讨论

3.1 试验结果

3.1.1 全级配混凝土 A 的冻融试验结果

全级配混凝土 A 的大试件(200 次冻融循环)及其湿筛标准试件(300 次冻融循环)的冻融试验结果和冻融过程中大试件的外观如图 1 和图 2 所示。

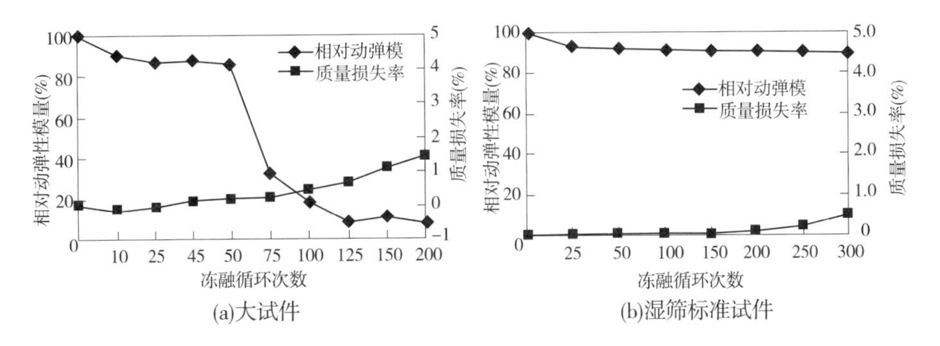

图 1 全级配混凝土 A 的大试件及其湿筛标准试件的冻融试验结果

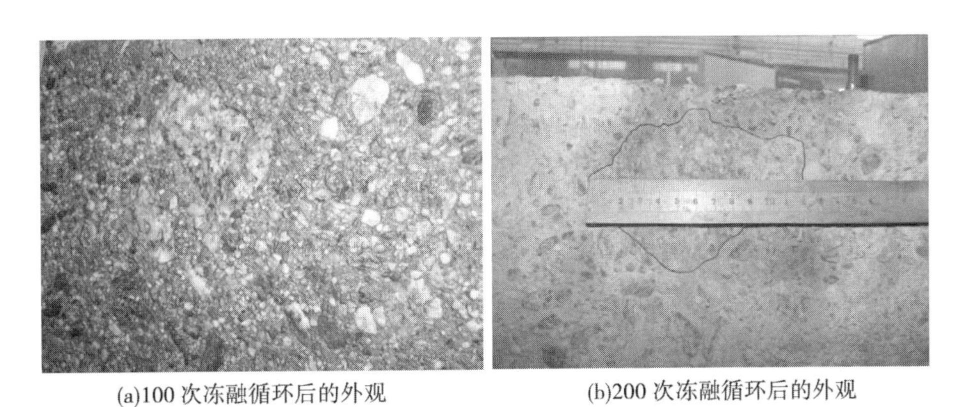

(a)100 次冻融循环后的外观　　(b)200 次冻融循环后的外观

图 2 全级配混凝土 A 的大试件 100 次和 200 次冻融循环后的外观

由图 1 可以看出,全级配混凝土 A 的大试件在冻融循环初期,相对动弹模逐渐下降,50 次冻融循环后,混凝土的相对动弹模迅速下降,100 次冻融循环后,相对动弹模在 10% 左右;质量损失率在 50 次冻融循环前为负值,200 次冻融循环时为 1.46%。湿筛混凝土小试件经 300 次冻融循环后,相对动弹模仍高达 89.9%,质量损失率仅 0.47%,即湿筛混凝土小试件抗冻等级大于 F300,具有良好的抗冻性。图 2 表明,随着冻融循环次数的增加,大试件表面砂浆的剥蚀损伤程度逐渐增加。经 200 次冻融循环后,全级配混凝土 A 表面裸露骨料的最大粒径达 120 mm。

3.1.2 全级配混凝土 B 的冻融试验结果

全级配混凝土 B 的大试件(100 次冻融循环)及其湿筛标准试件(300 次冻融循环)的冻融试验结果和冻融过程中大试件的外观如图 3 和图 4 所示。

由图 3 可以看出,全级配混凝土 B 的大试件在经历 100 个冻融循环后,相对动弹模为 47.6%,质量损失率为 0.10%,抗冻性较差。而湿筛标准试件经 300 次冻融循环后,相对动

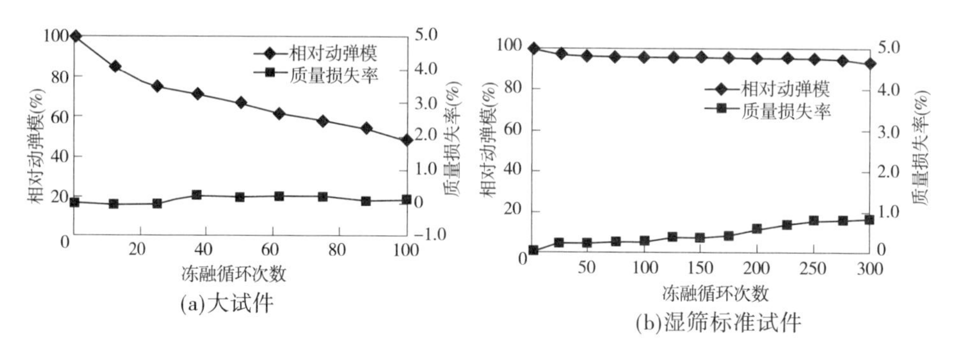

(a)大试件　　(b)湿筛标准试件

图3　全级配混凝土B的大试件及其湿筛标准试件的冻融试验结果

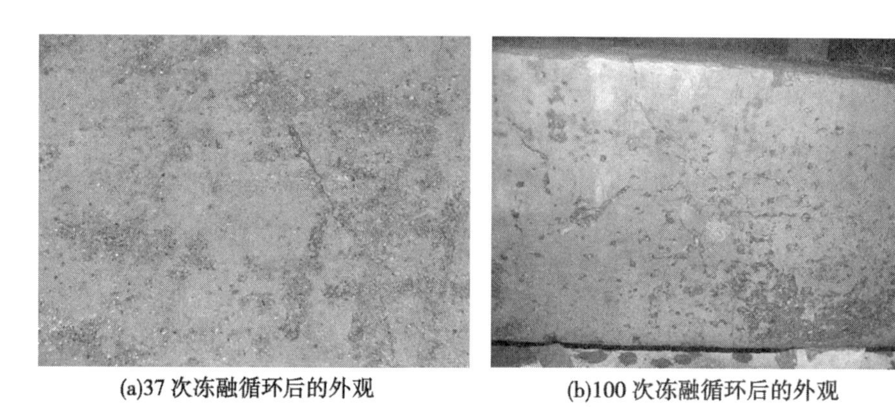
(a)37次冻融循环后的外观　　(b)100次冻融循环后的外观

图4　全级配混凝土B的大试件经37次和100次冻融循环后的外观

弹模为92.9%,质量损失率为0.84%,大于抗冻等级F300,具有良好的抗冻性能。全级配混凝土B的大试件经25次冻融循环后,试件表面出现肉眼可见的细小裂纹,但表面砂浆剥落很少;至37次冻融循环时,试件表面的裂缝明显,100次冻融循环时试件表面出现多条明显的裂缝(见图4(b))。

3.1.3　全级配混凝土C的冻融试验结果

全级配混凝土C的大试件(350次冻融循环)及其湿筛标准试件(300次冻融循环)的冻融试验结果和冻融过程中大试件的外观如图5和图6所示。

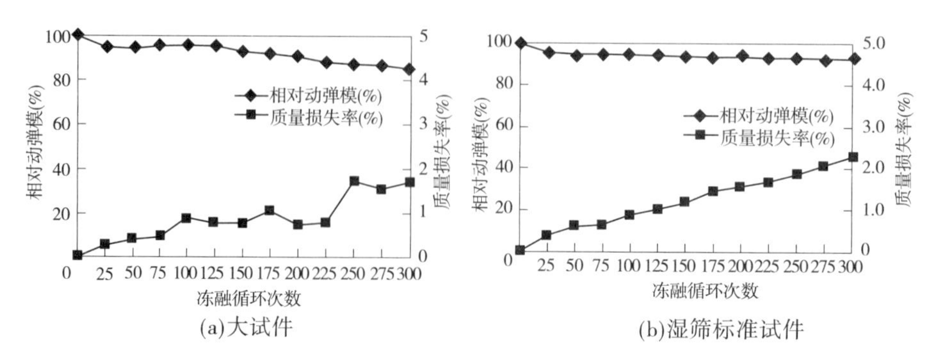

(a)大试件　　(b)湿筛标准试件

图5　全级配混凝土C的大试件及其湿筛标准试件的冻融试验结果

由图5可以看出,全级配混凝土C的湿筛标准试件经300次冻融循环后,相对动弹模为

(a)100 次冻融循环后的外观

(b)300 次冻融循环后的外观

图 6 全级配混凝土 C 的大试件经 100 次和 300 次冻融循环后的外观

92.3%，质量损失率为 2.27%；大试件经 300 次冻融循环后，相对动弹模为 85.4%，略低于湿筛标准试件，质量损失率为 1.71%。图 6 为全级配混凝土大试件 C 经 100 次和 300 次冻融循环后的外观，由图可以看出，经 100 次冻融循环后试件表面砂浆剥落导致少量石子外露，而 300 次冻融循环后，除成型面外其余表面均剥落严重，裸露的骨料最大粒径可达 40～80 mm。

3.2 讨论

对比全级配混凝土 A、B、C 的冻融结果可以看出，在水胶比为 0.41～0.45、含气量为 5.0% 左右的情况下，其湿筛标准试件经 300 次冻融循环后，相对动弹模均在 90% 左右，均具有良好的抗冻性；全级配混凝土大试件 A、B 和 C 的抗冻性均低于相应的标准试件。分析认为，全级配混凝土中骨料的最大粒径可达 150 mm，因此骨料与水泥石界面过渡区和微裂缝等薄弱环节较湿筛小试件更多，且骨料粒径也越可能大于其临界尺寸，导致全级配混凝土 A、B、C 大试件的抗冻性均小于相应的湿筛标准试件。

三种骨料全级配混凝土大试件的抗冻性、相对动弹模衰减规律和试件外观等有明显的差别：全级配混凝土大试件 A 的抗冻性最差，在 50 次冻融循环后，相对动弹模呈现迅速下降趋势，至 100 次冻融循环时相对动弹模低于 20%；其质量损失率在 50 次冻融循环前为负值，说明混凝土在此阶段的吸水量远远大于表面砂浆的剥落量。随着后质量损失率逐渐增加；混凝土表面剥落严重，在 200 次冻融循环时裸露骨料最大粒径达 120 mm，表面无明显的可见裂缝。大试件 B 的抗冻性次之，其相对动弹模在冻融循环过程中的下降速率平稳；质量损失率在 25 次冻融循环内为负值，后缓慢增加；混凝土表面剥落很少，几乎无粗骨料外露；试件表面自 25 次冻融循环起出现肉眼可见的裂纹，随着冻融循环次数增加，裂纹宽度增加，数目增多。大试件 C 具有良好的抗冻性，经 300 次冻融循环后其相对动弹模略低于湿筛标准试件；冻融试验过程中，混凝土表面剥落程度逐渐增加，但无肉眼可见的表面裂缝。

根据混凝土冻融损伤机制，混凝土的冻融破坏与水泥浆体的冻害和骨料的冻害均有关系，且二者的受冻行为有很大差别。若混凝土中的硬化水泥浆体内引入大量的气泡且气泡间距系数足够小，毛细孔水结冰不会对硬化水泥浆体产生破坏作用。与硬化水泥浆体相比，混凝土常用的骨料内部含有许多互相连通的毛细孔，其平均孔径大于典型的硬化水泥浆体中的毛细孔。它所包含的大部分孔隙水都能在接近 0 ℃的较窄的温度范围内冻结。饱水骨料在冰冻过程中会向外排水，在骨料内、骨料－水泥浆界面或硬化水泥浆基体中产生静水压，造成骨料破裂、浆体与骨料界面的分离或浆体开裂。当中高孔隙率、低渗透性骨料的粒径大于其临界尺寸时，在受冻时就容易发生冻裂；骨料颗粒越大，孔隙率越小，越容易发生冻融破坏。骨料的临界尺寸取决于冷却速率、骨料的水饱和程度、渗透性和抗拉强度等。而中高空隙率、高渗透性的骨料受冻时，其孔隙中排出的水可能会造成界面过渡区的破坏。

本研究中三种骨料的饱和面干吸水率大小顺序依次为 A > B > C。在冻融循环初期，三种骨料混凝土的质量损失率变化规律不同，全级配混凝土 A 和 B 均出现质量损失率为负值的阶段，说明混凝土受冻前未能达到完全饱和，或受冻时混凝土内产生了微裂缝且裂缝中充满了水。其中全级配混凝土 A 的吸水量和吸水过程所经历的冻融循环次数最多。在混凝土水胶比相差不大、含气量相当的情况下，混凝土的吸水率越大，骨料的吸水量越高，受冻时骨料或骨料 - 水泥石界面处的水压力越大，混凝土发生冻融破坏的可能性也越大，从而导致三种骨料全级配混凝土的抗冻性出现差异。从冻融过程中试件的外观和破坏程度看，全级配混凝土大试件 A 主要发生表面砂浆的剥蚀等破坏，其破坏时相对动弹模出现迅速下降；而全级配混凝土大试件 B 的表面剥落程度很小，破坏是冻胀破裂，相对动弹模下降速率平稳；大试件 C 主要为表面砂浆剥落，其相对动弹模下降缓慢。这可能与骨料的孔隙率和渗透性等有关，有待进一步的研究。

4　结　论

（1）试验所用 A、B、C 三种骨料配制的全级配混凝土，其湿筛标准试件均具有良好的抗冻性。

（2）不同岩性骨料配制的全级配混凝土，其大试件的抗冻性存在显著差异，且冻融循环过程中其相对动弹模的衰减规律也不同；骨料的饱和面干吸水率越大，全级配混凝土的冻融破坏越严重。

（3）全级配混凝土大试件冻融破坏的形式存在差异，这可能与骨料的孔隙率和渗透性等性质有关，有待进一步的研究。

（4）随着骨料粒径的增大，混凝土的抗冻性呈降低趋势。对于吸水量大的骨料，该趋势更为明显。骨料特性对全级配大坝混凝土抗冻性的影响有待于进一步的研究。

参 考 文 献

[1] Mehta P K，等，混凝土的微观结构、性能和材料[M]. 3 版. 覃维祖，等，译. 北京：中国电力出版社，2008.

[2] M. Pigeon，R. Plean. Durability of concrete in cold climates [M]. Imprint of Chapman and Hall，1997.

[3] 李金玉，曹建国. 水工混凝土耐久性的研究和应用[M]. 北京：中国电力出版社，2004.

[4] 刘艳霞，陈改新，鲁一晖. 大坝全级配混凝土抗冻性的试验研究[J]. 水力发电学报，2011，30(1)：139-143.

[5] 刘艳霞. 大坝全级配混凝土抗冻性问题的试验研究[D]. 北京：中国水利水电科学研究院，2008.

[6] ACI Committee 201. Guide to Durable Concrete (ACI 201.2R - 92) [R]. 1999.

[7] George Verbeck，Robert Landgren. Influence of Physical Characteristics of Aggregates on Frost Resistance of Concrete [C]// Proceedings of the American Society for Testing Materials，Philadelphia 3，Pa.，USA，Volume 60，1955，1063-1079.

[8] T. C. Powers. Freezing Effects in Concrete [C]// C. F. Scholer eds. Durability of Concrete，ACI SP - 47，Detroit，1975，1-11.

[9] T. C. Powers. A Working Hypothesis for Further Studies of Frost Resistance of Concrete [J]. Journal of the American Concrete Institute, 1945, 16(4): 245-272.

[10] T. C. Powers. The Air Requirement of Frost-Resistant Concrete [C]// Proceedings of the Highway Research Board, Washington, D. C., USA, Volume 29, 1949.

中国水电创新技术在海外工程建设中的推广应用

王瑞华

（中国电建集团国际工程有限公司，北京 100048）

摘　要　近些年来，凭借着我国世界一流的水电站枢纽工程建设技术，在海外成功建设了一批具有世界影响意义的水电站工程，水库大坝高度达200 m级以上。同时，也使我国水利水电建设技术规程、规范得到了国际的认可，科技创新成果得到了全面推广应用，在中国水电（SINO-HYDRO）等子名品牌的有力推动下，创立了中国电建（POWER CHINA）母品牌。

关键词　水电站；创新技术；海外工程；应用；技术规范；工程实例

1　引　言

近十几年来，我国水电站大坝工程建设技术水平已进入国际领先行列，现有14座坝高大于200 m的大坝，其中龙滩电站最大坝高216.5 m（目前为一期192 m），是当今世界上最大最高的碾压混凝土重力坝；水布垭电站大坝高达233 m，目前属世界最高的混凝土面板堆石坝；混凝土拱坝已达到300 m级的水准，如小湾坝高292 m和锦屏一级坝高305 m。这些在业内世界瞩目的项目，为我国在海外成功竞标水电站工程建设奠定了基础，同时，使我国的相关先进技术在世界范围内得到了推广应用，也使我国的水利水电技术规程、规范走向了世界，并且在海外成功建设了一批具有影响意义的水电站大坝工程。

2　海外推广应用国内水电工程建设的主要创新技术

2.1　拱坝施工创新技术

我国早在1996年已建成高240 m的二滩拱坝，目前正在建设的锦屏一级拱坝坝高为305 m。在施工中积累了宝贵的建设经验，形成了多项创新技术，这些创新技术在海外工程施工中得到广泛的推广应用。如：

（1）优选筑坝原材料和优化混凝土配合比、降低水泥用量、大幅提高混凝土抗裂性能。

（2）采用预冷骨料及坝内降温等综合措施进行坝体温度控制。

（3）采用大仓面、分层缆机等提高混凝土浇筑强度。

（4）在建立高混凝土坝施工进度控制数学模型的基础上，形成了施工进度预警与动态调整方法。

通过推广应用这些技术，在外海成功建设的典型工程是埃塞俄比亚的泰克泽水电站工

作者简介：王瑞华（1965—），大学本科，教授级高级工程师，主要从事水利水电工程建设项目管理。E-mail：wangruihua@ sinohydro. com。

程，该工程的拦河坝是当时世界上高厚比最小的混凝土拱坝。

2.2 心墙堆石坝、混凝土面板堆石坝施工创新技术

我国堆石坝技术发展较快，已进入300 m级高土石坝建设阶段。澜沧江上的糯扎渡心墙堆石坝最大坝高261.5 m，大渡河双江口心墙堆石坝最大坝高314 m。水布垭面板堆石坝最大坝高达233.2 m，是世界最高的面板堆石坝。施工过程中部分创新技术有：

(1)坝体填筑上、下游堆石料选择多样化，充分发挥堆石坝就地取材优势。根据料场实际情况对中硬岩或硬岩料、砂砾料和软岩料等填筑均一化应用技术。

(2)在狭窄河谷建设面板堆石坝时，应用了等宽连续窄趾板结构型式，可减少工程量。

(3)面板接缝止水创新了止水结构，形成表、中、底层止水结构各自成为一体，外设自愈系统。周边止水采用止水与自愈相结合的新型止水结构，可取消中部止水。面板压性垂直缝止水施工中，在缝内填充塑性材料，避免面板挤压破坏的可能。止水材料已开创了自主品牌。

(4)采用面板浇筑前的预沉降技术，有效减小面板与堆石体的变形差，避免或减少脱空现象，以减少面板发生结构性裂缝和挤压破坏的可能性。

(5)开发了混凝土挤压边墙、翻模固板、移动模板固坡等施工技术。

在海外成功建设的典型工程是马来西亚巴贡水电站大坝工程。

2.3 碾压混凝土坝施工创新技术

(1)采用全断面斜坡碾压填筑和上游防渗体同步施工技术。大坝上游防渗体采用二级配混凝土或变态混凝土与坝体三级配混凝土同时碾压填筑。

(2)混凝土骨料和掺合料创新技术。碾压混凝土除用灰岩外，可采用玄武岩、花岗岩和绿泥岩加工料用于碾压混凝土填筑；在缺少粉煤灰地区可采用石粉作为掺合料。

(3)坝体横缝接缝灌浆塑料拔管法灌浆系统。由于软塑料管拔出后形成骑缝混凝土孔代替原来的升浆管和出浆盒，硬塑料管代替原来的排气管和进、回浆管，这样可节约大量钢材，降低造价。塑料拔管法便于施工。塑料管具有重量轻、加工容易等特点，同时塑料管材具有切割、焊接加工方便等优点。塑料拔管法更容易保证灌浆质量。传统的埋管法是由出浆盒出浆(点式出浆)，排气槽在浇筑时易被水泥浆堵塞，造成排气不通畅。而塑料拔管法则是由骑缝孔出浆，全孔出浆，具有不易堵塞等特点，灌浆质量更易得到保证。

在海外成功建设的海外水电站碾压混凝土大坝工程较多，比较典型的有加纳布维水电站大坝工程、柬埔寨甘再水电站大坝工程、老挝南俄5水电站大坝工程等。

2.4 大型地下厂房等施工创新技术

我国在隧洞开挖方法方面的研究起步较晚，但发展速度很快。从20世纪80年代初开始在推广喷锚支护新技术基础上，相关行业广泛地开展了科学研究，并取得了可喜的成果。“新奥法”在工程实践中得到广泛应用和深入研究。20世纪90年代以后，随着我国水电行业的大发展，在隧洞和地下厂房开挖中大量使用现代的机械设备，我国的地下工程创新技术不断攀升新的台阶，同时在国外工程建设中进行了广泛的推广应用。如在海外推广应用“平面多工序、立体多层次”的施工观念、地下厂房开挖的分层、顶拱和岩锚梁开挖等技术，成功实施了赞比亚卡里巴北岸扩机工程、厄瓜多尔CCS水电站工程、乌干达卡鲁玛水电站工程等大型洞室开挖工程。

2.5 其他主要施工创新技术

（1）高速水流的消能工创新技术。我国在水工建筑物消能工形式和结构的系统研究上取得了具有特色的创新成果，保障了水电工程的运行安全。如向家坝表孔和中孔的最大单宽流量达到了 300 $m^3/(s \cdot m)$ 和 331 $m^3/(s \cdot m)$，最大入池流速约 40 m/s，采用了“表中孔差动 + 跌坎”泄流方式。

（2）氧化镁微膨胀混凝土筑坝技术。这是具有我国自主知识产权的首创技术，曾经被誉为国际筑坝技术的重大突破。自进入 21 世纪，国内开始全坝填筑添加氧化镁微膨胀技术，以部分或全部代替温控措施。

（3）大坝基础处理创新技术。我国已掌握在复杂特殊地质条件下，深度达 150 m 的防渗墙基础处理技术，基础灌浆处理中的灌浆孔最大深度已达 206 m。

（4）高边坡开挖、加固技术已达到 700 m 级。

3 中国水电技术规范应用到海外工程

随着国内大坝建设的发展，各项创新技术的应用，相关技术规程、规范也得到了修改、完善和提高。目前，普遍适用的相关技术规程、规范有国家标准、水电行业标准、水利行业标准。这些技术标准为国内企业承建海外工程发挥了巨大的作用，并且越来越得到国际上的承认，使相应的创新技术能更广泛地推广应用。其主要原因如下：

一是我国水电工程规程、规范的特点是具有系统性和权威性。系统性主要是从规划设计、施工到竣工验收以及运行管理都有统一的可操作性强的规程、规范。权威性主要表现在国家标准由国务院标准化行政主管部门编制计划、组织拟稿、统一审批、编号、发布。工程建设国家标准由工程建设主管部门审批，由国务院标准化行政主管部门统一编号，国务院标准化行政主管部门和工程建设主管部门联合发布。行业标准由国务院标准化行政主管部门确定的国务院有关的行政主管部门编制计划、组织草拟、统一审批、编号、发布，并报国务院标准化行政主管部门备案。

二是我国相关规程、规范具有先进性和创新性。目前国际上通用的相关规范有美国标准和欧洲规范，这些规范在 20 世纪 90 年代以前发布的居多，创新技术含量较低，而我国现行的相关规范都是 21 世纪以后修订发布的，创新技术含量较高。在我国每一项大中型水电站工程的实施都产生大量的施工工法，这些工法再回到实际工程中应用后，经总结提炼形成了行业规范。这种先进性和创新性在工程建设中产生的直接效果就是可靠、经济。如在某国施工的水电站工程中，渠首工程坝高不超过 30 m，按我国的规范在坝基存在不连续的局部软弱夹层情况下，不需进行抗液化动力分析，直接采取相关的处理措施即可，而美国标准则要求进行抗液化动力分析。在业主工程咨询的坚持下，最后工程耗费了几百万美元进行了分析，分析后采取的措施与国内技术规范要求采取的处理措施基本相同。再有某水电站枢纽沉沙池设计，用我国技术规范进行设计的结构形式比用美国标准设计的结构形式可节省工程造价近百万美元。为了说服业主咨询相信我国规范的可靠性，除进行模型试验外，通过与其他国际类似规范进行对比，最后得到了业主咨询方的认可，节约了工程造价。

三是我国相关规范修订是在诸多世界一流的工程实例经验总结提炼形成标准后，再到工程实践中检验再补充、完善提高，不断完成 PDCA 循环过程而形成的标准体系。PDCA 循环又叫戴明环，PDCA 是英语单词 Plan（计划）、Do（执行）、Check（检查）和 Act（行动）的第一个字母。在海外工程建设中,对外国咨询工程师提出异议我们有充足的实际工程例证来说服其质疑。

四是我国从 20 世纪 70 年代的非洲援建,到现在市场竞争条件下的海外建设投资,中国的水电设计、施工技术人员在实际工作中一直进行着中国技术规范和相关国际标准的互相验证工作。诸多工程在大坝稳定计算、应力计算、结构计算中采用我国技术规范与美国标准进行设计成果比较,结果的差异性不大,成果的一致性是主要的。如某海外水电站坝顶高程设计采用中国技术规范和采用美国标准成果基本一致(详见表 1)。

表 1 坝顶高程计算成果不同标准对比表

计算依据	运用情况	水位(m)		波浪计算高度(m)	安全超高(m)	计算坝顶高程(m)
美国标准	挡水	正常水位	1 030.00		1.07	1 031.07
	泄水	设计水位	1 030.25		1.07	1 031.32
中国标准	正常挡水	正常水位	1 030.00	0.81	0.50	1 031.31
	泄水	设计水位	1 030.25	0.48	0.40	1 031.13

五是近些年来,我国相关行业部门积极推动中国技术规范"走出去"工作,将中国的相关技术规范翻译为英语正式出版。据不完全统计,截至目前正式出版发行的水电工程设计英文版规范 40 多部,施工规范 50 多部,目前已全面开展了中国规范翻译成英文工作以及中国规范与国际通行规范的对标工作。这些举措为世界范围内推广中国大坝创新技术起到了积极作用,同时为我国建设商在海外工程建设中提高了话语权,向国际标准的制高点又向前迈进了一步。经初步统计,全部使用或参考使用中国规范的建设的海外水电工程有 40 多项,其中比较典型的工程有柬埔寨甘再水电站工程、老挝南俄 5 水电站工程在合同中明确载明用中国的技术规程、规范建设。

4 创新技术在海外工程应用实例

4.1 马来西亚巴贡水电站

巴贡水电站大坝为混凝土面板堆石坝(见图 1),最大坝高 203.5 m,总库容 440 亿 m^3,总装机容量 240 万 kW。坝底河谷宽 40 m,顺流向宽度为 580 m,坝顶长 740 m、宽 12 m。大坝上游坡比为 1∶1.4,下游局部坡比为 1∶1.3,在下游坝坡上设"之"字形上坝道路,下游坡综合比为 1∶1.52。大坝防渗体为上游薄形混凝土面板结合帷幕灌浆系统防渗。在面板上游 125 m 高程以下,加设顶宽分别为 4 m 和 6 m、坡度分别为 1∶1.4 和 1∶2.5 的上游 1A 和 1B 盖重区。大坝主体为堆石填筑体,总填筑方量 1 672 万 m^3。大坝主体从 2004 年 6 月开始填筑,2007 年 5 月填筑至 229 m 高程,填筑总工期 35.5 个月,平均月填筑强度为 47.1 万 m^3,最高月填筑强度达 86.4 万 m^3。

该工程在国际上的知名度很高,并荣获了多项国际荣誉,这些佳绩的取得和成功推广应用国内多项创新技术是分不开的,具体如下:

(1)推广应用了坝体填筑料与开采料匹配优化技术。混凝土面板堆石坝的标准断面结构形式是面板、垫层区、过渡区、主堆石区、次堆石区、下游堆石区、底层区。其中,次堆石区的坝体填筑料对岩石物理指标的要求与其他区相比,要求相对较低。主要分布在坝体的中下游部分,其工程量占坝体填筑总量的30%左右。填筑料开挖通常是先获得风化程度高的石料,后获得风化程度低的新鲜岩石料。为了减少强风化料的堆放和倒运,需尽快开辟坝体次堆石区的填筑工作面,使次堆石区的填筑与料场先期开挖的强风化料相匹配。

图1 马来西亚巴贡大坝

巴贡水电站大坝按原设计的填筑标准,经挖、填平衡分析,除需另选增料场外,有用料占开挖料的比例仅为29%,填筑料开挖浪费巨大。经中国水电建设团队认真分析研究,根据国内的建设成功经验,利用石料参数的优化反演分析方法,通过现场碾压试验,系统研究面板的应力应变特性,优化了坝料填筑设计,使开挖料利用利率由29%提高到39.6%。

(2)推广应用了大坝周边缝止水创新技术。高面板堆石坝的周边止水通常设置三道止水结构,即底部铜止水、中部橡胶止水带止水和上部塑性填料表面止水。巴贡水电站大坝采用了新型表面止水结构形式,周边表面止水工序为:"V"槽表面处理、安装底部橡胶棒、波纹止水下面的GB填料、波纹橡胶止水、GB填料和盖板安装。

(3)推广应用了竖井混凝土衬砌滑模技术。从2006年9月1日安装6#竖井滑模开始,到2007年5月20日浇筑完1#竖井的混凝土,在长达9个月的施工过程中,项目部不断刷新滑模安拆和混凝土浇筑的记录,创造8条井滑模平均安装时间14天、浇筑15天、拆除7天的成绩。

(4)其他国内创新技术的推广应用。在大规模石方开挖中,液态乳化炸药灌注技术、深孔梯段爆破技术的应用,提高了爆破效率且获得了高质量的填筑材料。

4.2 老挝南立1-2水电站混凝土面板堆石坝边墙挤压施工技术

"边墙挤压施工法"于1999年用于巴西依塔(ITA)坝,简称ITA施工法,2000年引进中国。边墙挤压机由陕西省水利机械厂开始研发,并在国内大坝建设投入使用。在总结国内施工经验的基础上,进行了创新,在老挝南立1-2水电站工程施工中采用了该项施工技术。

南立1-2水电站位于老挝人民民主共和国中部、湄公河左岸一级支流南俄河的支流南立河上,坝址距老挝首都万象132 km。

该工程是以发电为主的水电水利枢纽工程，采用集中布置方式，电站正常蓄水位305.00 m，相应库容9.03亿m^3，死水位285.00 m，死库容3.62亿m^3，校核洪水位305.61 m，总库容9.27亿m^3，水库为多年调节，调节库容5.41亿m^3；总装机容量2×50 MW，工程等别为一等大(1)型。

该枢纽工程大坝(见图2)为混凝土面板堆石坝，混凝土面板堆石坝布置于主河床，坝顶高程311.00 m，趾板建基面高程208.0 m，最大坝高为103.0 m，最大坝底宽度292.0 m。坝轴线长351.0 m，坝顶宽8.6 m。上游由钢筋混凝土面板、趾板、防浪墙及各分缝止水系统、防渗帷幕形成密闭防渗系统。下游采用1 m厚干砌石护坡；上游坝坡为1∶1.4，下游坝坡1∶1.35。坝体总填筑方量为170.0万m^3。

老挝南立1－2水电站混凝土面板堆石坝施工中，为了防止坝体填筑期间雨水对坝坡的冲刷，并提高坝体填筑进度，在每一填筑垫层之前，用BJY40型边墙挤压机成型一条半透水的混凝土边墙。挤压边墙混凝土设计标号为C5，半透水性，坍落度为零。施工顺序如下：测量放线→基面整理→BJY40型挤压机就位→挤压墙混凝土浇筑→端部墙体施工→养护→垫层料填筑→验收合格进入下一循环。施工中边墙挤压机平行于坝轴线方向行走，挤压机水平行走精度控制在±(2～3)cm。每层挤压边墙浇筑前，由M5砂浆进行找平，确保挤压边墙顺直。垫层料碾压施工在混凝土边墙挤压作业完成后2 h以后进行。震动碾的钢轮与混凝土边墙距离控制在50 cm，边墙50 cm以内的垫层料碾压采用手扶光面震动碾碾压。

图2 老挝南立1－2大坝

4.3 柬埔寨甘再水电站

柬埔寨甘再水电站是中国水电建设集团国际公司在海外投资建设的第一个BOT项目，工程主要包括三大部分：首部枢纽、引水发电系统和反调节堰枢纽，电站总装机容量为194.1 MW，水库总库容7.18亿m^3，最大坝高112.00 m，坝顶宽6.0 m，坝顶高程153.00 m，坝底高程41.00 m。坝上游面上部为竖直面，高程84.0 m以下坡度为1∶0.3，下游面坡度为1∶0.75，折坡点高程为145.00 m。大坝分10个坝段，横缝间距一般为42～60 m；横缝采用通缝布置。大坝泄洪采用开敞式溢洪道，布置在河中，溢洪道堰顶高程135.00 m，共设5孔，每孔净宽12 m，中墩宽3.0 m，边墩宽3.0 m，采用5扇12 m×15 m弧形钢闸门，相应配5台卷扬机控制闸门启闭。

甘再大坝(见图3)的施工采用了国内近几年诸多大坝创新技术，如混凝土斜层平推法、变态混凝土，外掺石粉等。

碾压混凝土的斜层平推法施工，当时是在国内发展起来的新的施工方法，甘再大坝的填筑采用此方法施工。据相关资料介绍，2010 年 2 月实现了 5 200 m^2 大仓面下的连续浇筑，平均日填筑量高达近 1 万 m^3。

图 3　柬埔寨甘再大坝施工

采用碾压混凝土掺合料创新技术，碾压混凝土坝使用过的掺合料有粉煤灰、水淬铁矿渣、磷矿渣、凝灰岩、天然火山灰、石灰石粉等。石粉是指石灰岩或其他原岩经机械加工后的小于 0.16 mm 的微细颗粒，其作为掺合料在碾压混凝土中的应用也越来越受到人们的重视。工程实践表明，石粉含量为 18% 左右时，碾压混凝土拌和物性能显著改善且可进一步提高，小于 0.08 mm 粒径的石粉作为碾压混凝土掺合料的应用在国内外都有较深入的研究。甘再水电站大坝通过充分论证，在防渗区采用胶凝材料量为 134 kg，水泥、粉煤灰、石粉配比为 4∶3∶3；在大坝高程 123 m 以上，配比为 5∶0∶5。甘再水电站大坝的成功实践，尤其是在海外缺少粉煤灰地区，修建碾压混凝土大坝具有很好的借鉴意义。

4.4　泰克泽水电站

泰克泽水电站大坝（见图 4）为混凝土双曲拱坝，大坝最大坝高 188 m，长 420 m，大坝在低高程布置四个泄水孔，附带四扇平板安全门和弧形工作门，流道为钢衬设计，设计控制泄洪流量为 4 500 m^3/s。有两条总长 800 m 的导流隧洞，一座 76 m 高的进水塔。引水系统包括引水隧洞上段、垂直调压井、引水隧洞下段、渐变段、四条压力钢管和四条尾水洞。地下厂房，安装 4 台 7.5 万 kW 的轴流式发电机组；一座 230 kV 变电站和一条 105 km 双回路输电线路。2008 年因左岸地址条件缺陷新增推力墩项目的土建。工程规模属大（1）型，水库控制流域面积为 3 万 km^2，最大库容为 93.1 亿 m^3。

该工程在实施过程中积极推广和应用创新技术，其主要体现在以下几个方面：

（1）中国水电企业首创完成导流洞阀帽门的设计、制造、安装和调试，并一次通过验收。

（2）首创完成 600 t 级液压启闭机的设计、制造、安装和调试，并一次通过验收，完成了定轮门在水库单侧水压力作用条件下提升安全门的特殊要求，创造了目前同类型水电站安全门提升启闭机的最大吨位。

(3)泰克泽水电站大坝是目前世界上最薄的混凝土双曲拱坝之一,坝高 188 m,最大厚度 27.78 m,最小厚度 5.6 m,厚高比仅为 0.145,坝体混凝土采用了 C90/150 的四级配。除大坝出水口结构混凝土外,坝体采用素混凝土结构,对混凝土质量的要求非常高,通过综合使用国内混凝土填筑各项创新技术,保证了工程质量。如对温控技术项目部与国内专家合作调整了大坝冷却温度的指标,采用一期河水冷却和二期 10 ℃冷水冷却至调整的温度指标,获得了理想的效果,大坝目前没有出现渗水点和裂缝。

图 4 泰克泽水电站大坝

(4)地下厂房开挖采用了先进的分部开挖,及时支护、控制爆破和爆破监控、围岩实时监测等多种施工方法,与工程师一道设计和制作了预应力锚杆居中器,确保浆液与锚杆和岩体全断面均匀黏结,预应力锚杆张拉合格率达 99%,厂房全断面爆破半孔率高达 96%,受到业主咨询工程师的高度评价。

(5)推广和应用了国内创新的大坝横缝接缝灌浆拔管技术,通过现场试验获得业主咨询工程师的肯定和批准,确保了接缝灌浆的顺利实施。2011 年达到最大蓄水位后,经检查大坝所有观测设备运行正常,检测数据均在安全范围内,坝体仍未发现渗水点。

4.5 加纳布维水电站工程

加纳布维水电站工程(见图 5)主要由 1 座碾压混凝土主坝、1 座黏土心墙堆石坝、1 座均质土坝、1 座 400 MW 大发电厂房、1 座 4 MW 小发电厂房、240 km 输电线路、1 座开关站以及 1 座下游永久桥组成。

主坝为碾压混凝土重力坝,坝顶高程为 185.00 m,坝基最低点高程为 71.00 m,最大坝高 114 m。坝顶全长 492.5 m,宽 7 m。

主坝碾压混凝土施工推广采用了满管运输混凝土技术,超长距离胶带机运输混凝土技术,斜层法碾压混凝土施工等国内创新技术。具体如下:

(1)满管混凝土入仓。满管混凝土入仓方式在布维工程得到了充分应用与推广,满管入仓方式应用几乎贯穿于主坝的整个碾压混凝土施工过程,以右岸及左岸坝段为例,满管沿右岸坝肩成56°倾角布置，管径为700 mm，单节长1 500 mm，由顶部储料斗、管身、出料弧门组成，设计最大输送能力为500 m^3/h，完成RCC 填筑26.81 万 m^3；左岸1#至10#坝段146.0 m 高程以上碾压混凝土的入仓采用自卸汽车和满管相结合的方式，满管倾角为46°，先采用自卸汽车经右岸拌和楼运至左岸坝肩，再经满管系统入仓，共运送碾压混凝土4.62 万 m^3，入仓强度与碾压混凝土施工质量均满足要求。

图5 加纳布维水电站

(2)超长距离胶带机运输。超长距离胶带机运输混凝土也是布维碾压混凝土施工的一大创新点，胶带机距离之长、运输效果之好在国外甚至国内罕见，2011 年底汛期结束，坝段缺口停止过流，此时，左右岸坝段碾压混凝土均已上升至183.0 m 高程，缺口与左右岸坝段最大高差为51 m，为解决缺口坝段碾压混凝土入仓问题，沿19#至29#坝段布设胶带机并原右岸满管进料胶带机相连，通过胶带机向安装在18#、19#坝段横缝面的满管系统输料入仓，该套碾压混凝土运输系统胶带机总长约250 m，由4 条胶带机组成，单条胶带机最大长度约74 m，最大运输垂直落差为53 m，自2012 年1 月开始运行至2012 年5 月缺口坝段剩余碾压混凝土全部完工，共运送碾压混凝土5.83 万 m^3，同样在混凝土运输过程中没有出现骨料分离等影响混凝土质量的问题，入仓强度与碾压混凝土施工质量均满足要求。

(3)斜层碾压技术。为充分发挥碾压混凝土通仓薄层碾压、连续上升的优势，布维大坝碾压混凝土全面采用斜层碾压技术，起到了减少层间覆盖时间、降低供料强度、提高层间结合质量的作用。根据碾压混凝土配合比设计所确定的混凝土初凝时间，为保证碾压混凝土施工质量，要求混凝土从出机至仓面摊铺碾压完毕的时间不超过2 h，层间间隔一般按4 h 控制，碾压混凝土松铺厚度按35 cm、压实后厚度按30 cm 控制，布维工程碾压混凝土施工斜层最大面积按4 000 m^2进行控制，实际施工时，当单坝段或通仓浇筑不超过2 个坝段时采用平层碾压施工，当通仓浇筑超过2 个坝段时均采用斜层碾压，最大通仓坝段为9 个坝段。碾压混凝土斜层浇筑方法在布维大坝施工过程中应用极为广泛，保证了主坝的施工进度。

4.6 乌干达卡鲁玛水电站

乌干达卡鲁玛水电站合同金额16.9 亿美元，装机容量60 kW，是乌干达能源和矿产部规划的维多利亚尼罗河上7个梯级电站中的第3级。工程于2013年12月开工,按合同工期工程将于2018年12全部建成并网发电(见图6)。

图6 卡鲁玛电站进水洞施工现场

20世纪90年代,一家中国企业在乌干达承建一座水电站时,曾因各种原因被业主终止了合同、没收了保函,致使工程最后由西方国家公司完成。在这种情况下中国水电集团的施工企业顶住了压力,凭借着国内积累的成功经验和技术创新能力开展了具有深远影响意义的攻坚战,项目自开工至顺利完成施工导截流时,就挽回了中国水电企业具有强大的技术创新能力和施工组织能力的荣誉。该工程正在实施过程中,其中,地下发电厂房共有五层开挖,采用国内先进成熟的大洞室开挖施工技术,该工程厂房宽21 m、长200 m、深53 m,厂房开挖第三层就是整个厂房最关键的、难度最大的岩锚梁层的开挖,鉴于工程施工的技术创新性,开展了科技创新课题研究,课题题目为"卡鲁玛水电站工程大型浅埋洞室群岩体动态智能监控反馈设计和施工组织研究",预计取得的成果如下:

(1)实现大型浅埋地下洞室群的安全监测和预警及施工期快速反馈分析,保证大型地下洞室的围岩稳定和安全运行。

(2)提出大型浅埋地下洞室群的围岩稳定分析方法、控制方法,动态优化设计方案,评估、预测洞室群的长期稳定性,保证大型地下洞室的围岩稳定性,实现工程安全、经济、高效。

(3)系统研究工程施工组织,通过不断优化设计和施工方案,合理组织施工,降低制约施工工期因素的影响,确保工程顺利建成。

(4)针对大型浅埋洞室群的开挖、支护、施工技术,将理论研究与工程技术转化为现实的设计、施工方案,满足实际工程的迫切需要,同时从工程应用中反馈验证相关研究成果的正确性和合理性,做到科研与工程紧密融合。

5 结 语

正是这些高水平的水电工程技术,使我国的水电事业跃升到现代科学技术成就的高峰,我国的坝工技术在数量、规模、技术难度和技术创新等方面都已进入了世界最前列,同时也引起了国际河流组织等的关注,虽然时有指责的声音,但是,水电站工程建设对人类能源需求的贡献是有目共睹,对兴水利除水害的功能也是无以替代的。我们相信,通过水电建设者的不断创新将对环境问题、生态问题等负面影响降到最低,中国水电技术的发展空间和在海外的应用范围将更加广阔。同时,随着国家"一路一带"战略的实施,中国电建集团国际化战略的推进,在中国电建(POWER CHINA)的带领下,在科技创新的驱动下,包括中国水电(SINOHYDRO)等子品牌企业将在国际舞台上发挥更大的作用,在国际上的更多领域做出更大贡献。

"互联网+"形态下的沙坪数字化基建管控

杨庚鑫　晋　健

(国电大渡河沙坪水电建设有限公司,四川　峨边　614300)

摘　要　当前的水电工程建设中将水电项目划分为各单位(单项)工程,确保了工程建设的齐头并进,但各单位、各标段、各专业无形之间形成了"独立体制"壁垒,导致施工过程中的信息沟通不畅,资源调度不合理,建设公司全局掌控力度不佳等问题,而以信息通信业为基础的"互联网+"形态极大地推动了信息通信技术与水电建设行业的全面融合,通过"互联网+"把传感器、控制件、云端和人连接在一起,形成了人与云端、云端与控制件、控制件与传感器的全面连接,形成了对原有水电建设监管思路的破壁与重建,将传统水电建设的硬性监管模式转变为满足工程个性的智慧型监管模式。沙坪公司结合自身工程特点,以混凝土生产工序和3D数字厂房为突破口,先后完成了拌和楼的网络化升级改造、施工车辆的物料绑定、作业人员的追踪定位、大数据计算平台的集成研发,打破了原有混凝土生产—运输—浇筑的单线生产体制,形成了以云服务平台为核心,混凝土质量风险自动识别的智慧化服务体系,实现以自动打料生产、合理化运输分配、全过程仓面浇筑监控。同时结合3D数字厂房的开发,有效地提升工程施工质量和进度,减少物料的浪费率,实现工程施工过程中的决策管理智能化。沙坪智慧建设平台的成功应用确保了沙坪二级水电站的投资、质量、进度的三维可控,为大渡河流域电站的智慧开发提供了成功的借鉴。

关键词　沙坪智慧建设平台;互联网+;混凝土生产监控;3D数字厂房;风险识别自动化;决策管理智能化

1　项目背景

2014年10月,大渡河公司正式启动"智慧大渡河"建设,以风险识别自动化和决策管理智能化为基点,借助通过改革创新和智能管理,充分利用云计算、大数据、物联网、移动互联网、人工智能等新兴技术,把公司的生产、建设、经营、管理行为数字化,以大数据和智能分析技术构建信息决策"大脑",为公司风险控制和智能决策提供科学技术支持,最终实现"打造幸福大渡河、智慧大渡河,建设国际一流水电企业"的目标。而沙坪公司作为"智慧工程"的试点单位,大胆启动和推进沙坪二级水电站智慧建设平台的建设,拟定了混凝土生产监控单元、3D数字厂房单元、施工资源实时监控管理单元和工程安全实时监控分析单元为主体的4大单元模块,并结合工程实际质量、进度需求率先进行混凝土生产监控单元和3D数字厂房的研发工作,实现了全过程的风险识别自动化和决策管理智能化。沙坪二级水电站智慧建设平台的成功应用为大渡河流域电站的智慧开发提供了成功的借鉴。

2　混凝土生产监控和3D数字厂房主要功能模块

混凝土生产监控和3D数字厂房单元充分利用工业自动化控制、GIS、GPS、4G网络等技

作者简介:杨庚鑫(1986—),男,博士,从事水电工程技术及管理工作。E-mail:36151431@qq.com。

术,完成混凝土生产拌和楼信息化改造和3D数字化建模,同时通过对运载车辆和作业员进行实时定位,实现人员、车辆施工作业及混凝土生产、运输与浇筑全过程的监控和统计分析。其主要的四大功能模块如下所述。

2.1 拌和楼生产监控

混凝土拌和楼生产监控功能模块主要包括拌和楼生产系统数据接口和拌和楼混凝土生产数据展示两个功能子模块。

(1)拌和楼生产数据接口实现了混凝土制备相关信息的主动报送,这些报送的数据包括拌和楼基本信息、混凝土生产任务信息、混凝土生产状态信息和装运车辆拌和楼进站、出站信息。生产数据接口如图1所示。

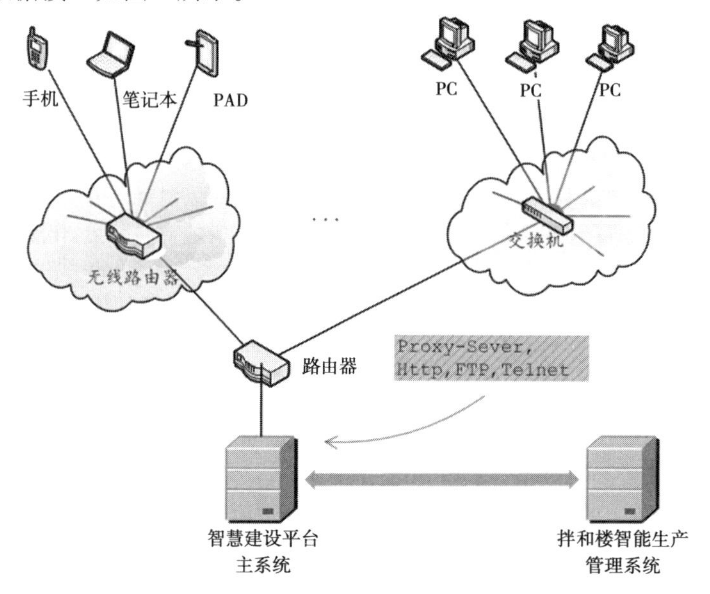

图1 智慧建设平台与拌和楼生产系统数据接口关系图

(2)拌和楼混凝土生产数据展示实现了混凝土生产数据的可视化,系统利用GIS基础地理信息模块,以BS网页、移动端APP的形式将拌和楼基本信息、拌和楼当前生产信息、拌和楼生产任务队列信息和拌和楼历史生产信息通过服务抓取在前端用户界面显示,生成拌和楼生产数据看板,包括拌和楼基本信息、当前生产信息、历时生产信息、任务队列信息、各类混凝土生产量信息和混凝土生产强度信息。生产数据展示如图2所示。

2.2 混凝土作业资源管理

本功能模块通过获取施工资源监控管理系统提供的外勤人员和现场车辆实时定位数据,实现对混凝土浇筑工作面的施工人员、监理人员以及现场车辆的有效监控,确保人员和车辆配置的合理化,避免施工效率低等不利情况,保证混凝土浇筑质量。

2.2.1 人员定位监控

人员定位监控利用“智能手机APP + Wifi”定位技术,实现对现场工程人员坐标方位的全过程、全天候在线实时监控。人员定位监控包括人员基本信息、当前位置信息、历史位置信息查询和位置轨迹回放等功能。人员定位监控如图3所示。

2.2.2 车辆定位监控

车辆定位监控是利用GPS信号追踪与定位技术,实现对所有车辆设备坐标方位的全过

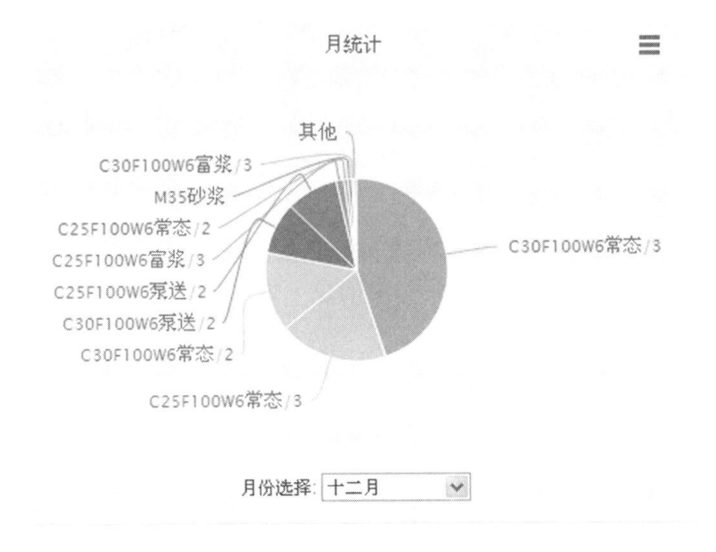

图 2 混凝土浇筑月度统计图

程、全天候在线实时监控,同时借助 GIS 地图将车辆定位基本数据、车辆行驶数据、定位数据与各工作面的相对位置关系以二维可视化方式呈现。车辆定位监控主要包括车辆定位监控基本信息、当前位置信息、历史位置信息和车辆位置轨迹回放等功能。车辆出车车次统计如图 4 所示。

图 3 人员定位监控

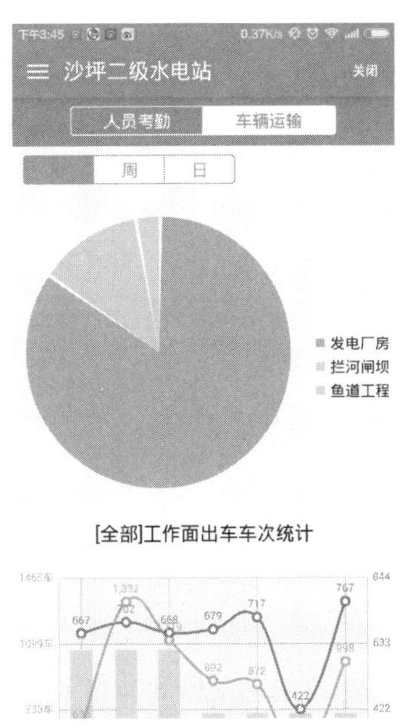

图 4 工作面出车车次统计分析

2.3 混凝土浇筑监控和质量控制

混凝土浇筑监控和质量控制功能模块以混凝土为管控对象,自动获取记录混凝土制备到浇筑全过程信息。本模块实现了每一仓混凝土的全部数据信息的监控和对不满足生产要求的混凝土信息的预警,确保了混凝土施工质量。其主要内容包括:

(1)混凝土浇筑信息展示。混凝土浇筑信息展示通过实时抓取每仓混凝土浇筑信息，在系统 GIS 基础地理信息平台上实现了对所有混凝土浇筑信息的统计展示。

(2)混凝土质量异常信息查询。混凝土质量异常信息查询实现对混凝土生产运输浇筑全过程异常信息的查询展示,包括混凝土生产异常信息、混凝土运输异常信息和混凝土浇筑异常信息。

(3)混凝土质量预警值设定。混凝土质量预警值设定实现了混凝土生产、运输及浇筑各环节数据信息的预警指标的设定,并将采集信息与设定值比对,实现了对混凝土生产全过程数据的自动检验。

(4)混凝土预警信息报送。混凝土预警信息报送是利用系统广播的方式将混凝土制备与运输浇筑过程中存在的异常情况实时发送至相关用户。

2.4 3D 数字厂房

3D 数字厂房通过水电水利工程三维数字化设计平台 Hydro Station,建立沙坪二级水电站发电厂房三维全信息模型,实现土建与金结埋件空间位置关系的 3D 呈现。其内容主要包括发电厂房全信息模型、工程数据中心、模型动态分仓、金结埋件自动算量、数字厂房建设进度分析等功能模块。通过与混凝土生产监控单元的互通互联,可实现关键线路智能决策、施工成本智能分析、质量风险智慧决策、物资动态管理、金结埋件安装精细化施工、智慧电厂的拟态模拟等功能。沙坪二级水电站 3D 数字厂房如图 5 所示。

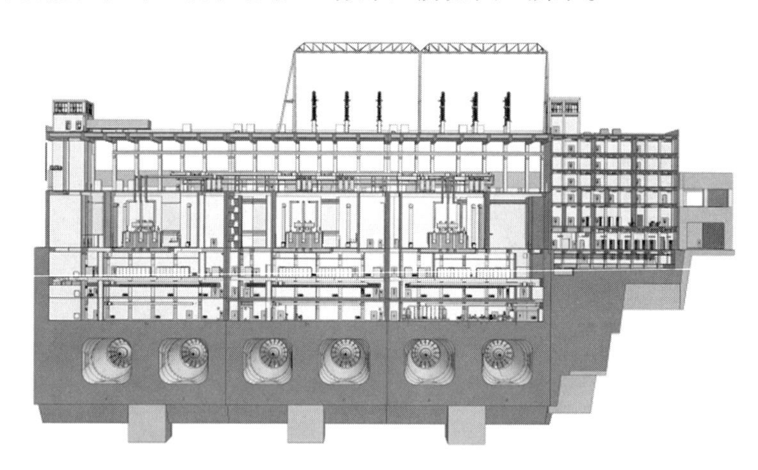

图 5 沙坪二级水电站 3D 数字厂房

3 混凝土质量风险识别

沙坪二级水电站混凝土质量风险识别主要体现在混凝土质量的风险把控。通过拌和楼网络化改造,实现了生产原料的封闭化管理、打料过程的自动化启动、运输车辆的映射对应关系,达到了“一车一料一启动”的生产状态,从生产源头进行质量把控。在施工现场布置电子围栏,配合车载 GPS 的联通,实现对工区车辆的实时在线监控,应用进出电子围栏的时间差来判定运输车辆的正常化与否,并设置报警红线进行实时预警。浇筑过程中,通过手机“APP + Wifi”的定位设置,建立了完整的监理、施工等作业管理人员的数据库信息,通过作业分区对现场管理人员进行区域化管理,提高了夜班、交接班和旁站人员的出勤率,保证施工现场的监管力度,同时也为后期质量纠察提供依据。其具体系统化构建如下所述。

3.1 拌和楼生产风险把控

拌和楼生产的风险把控主要通过数字化和网络化的改造来实现。以往拌和楼的生产方式,从原料皮带入楼,主机启动生产,要料车辆进入均通过人为操作实现,增加了质量风险的发生概率。通过数字化和网络化的改造,料源的入楼达到了自动化配置标准,可对所缺料源进行自动化显示并自动补充;运输车辆和司机进行磁卡化管理,并通过磁卡感应器与主机启动装置相连接,实现运输司机对主机启动—停止的人性化管理;运输车辆的自动报备,使其浇筑仓位信息能够准确传达到工区云服务平台,实现了车—料—仓的三线绑定,确保了"一车一料一启动"的生产状态。混凝土生产操作系统与车辆感应系统如图 6 和图 7 所示。

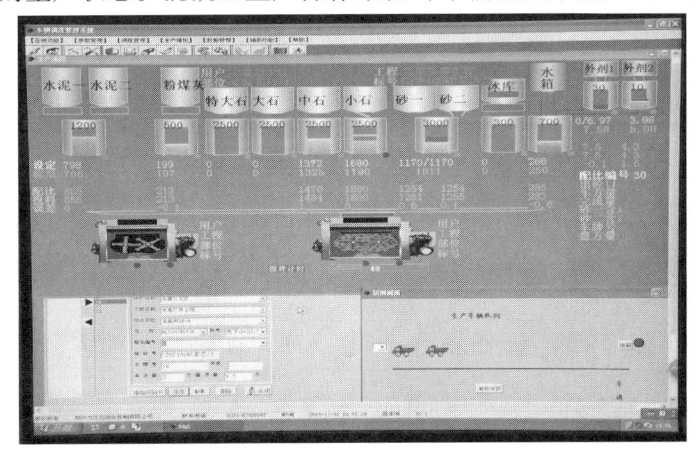

图 6 混凝土生产操作系统

图 7 车辆感应系统

3.2 作业资源风险把控

作业人员定位把控主要通过手机"APP + Wifi"的定位设置,通过主动 Wifi 网的布设,自动获取工区内的手机信号,通过后台数据库比对实现工区作业人员的定位把控。在实际应用中,可通过作业人员区域时间内的轨迹回放实时追踪其运动轨迹,与 GIS 航拍地图进行空间位置对比,得到其主要活动热点区域,达到作业人员定位监控的目的,提高出勤率和在岗时长，保证浇筑质量。

运输车辆风险把控通过加装 GPS 设备实时记录混凝土自卸汽车实时定位数据，获取运输车辆行驶轨迹、速度、时间、里程等信息，最终形成混凝土制备与运输全过程的大数据。该模块包括以下四个部分：①拌和楼系统装运车辆数据接口。拌和楼系统装运车辆数据接口是在拌和楼信息化改造完成后，实现了对混凝土装运车辆号牌、进站、装运、出站等信息的自动上报。②车载 GPS 定位系统数据接口。车载 GPS 定位系统数据接口利用混凝土装运车辆的 GPS 定位装置，通过无线通信将车辆的 GPS 定位、行驶速度等信息自动报送到工程数据中心 GPS 专用数据库。③混凝土装运车辆通行信息展示。混凝土装运车辆通行信息展示通过实时抓取的车辆 GPS 定位信息，在系统 GIS 基础地理信息平台上实现了对全部混凝土装运车辆进行动态跟踪展示。④混凝土装运车辆运输信息统计。混凝土装运车辆运输信息统计利用工程数据中心记录的混凝土装运车辆的装运信息，实现了对车辆在某一时段内完成运输的混凝土量、行驶里程、行车时间等运输作业信息的查询统计。混凝土运输统计界面如图 8 所示。

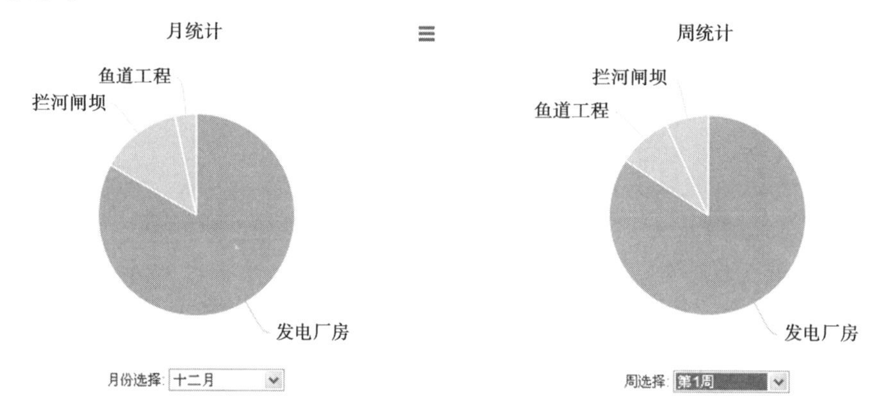

图 8　混凝土运输统计界面

3.3　质量预警信息报送

质量信息预警主要分为拌和楼生产预警、混凝土温度预警、运输车辆超时预警、调度开仓数量预警、特殊部位预警，共 5 大类。拌和楼生产预警主要是通过数字化磁卡实现，每辆运输车辆都与固定的打料磁卡绑定，同时磁卡在生产系统中进行数据库报备和统一调度，生产系统又与现场仓位信息一一对应，因此只有在仓位—原料—磁卡—车辆全部统一情况下拌和楼生产系统才能启动打料，若出现意外情况，则拌和楼生产系统停止打料并发送预警信息。混凝土温度预警针对温控混凝土而设计，在拌和楼出机口和运输车辆上加装温度感应器并设定预警温度信息，当温度超过预设值时，拌和楼自动启动加冰冷却方式进行降温处理，同时报送相关监理工程师。运输车辆超时预警主要进行混凝土入仓时间监控，力求解决混凝土初凝问题，通过拌和楼出机口时间、电子围栏进出时间差和下一仓打料时间进行时间过程统计，通过统计时间差和试验中心的混凝土初凝小时数相对比分析，进行混凝土初凝的风险识别自动化。而调度开仓数量预警和特殊部位预警则根据业主、监理和承包方的实际需要可进行拟态化设计。拌和楼生产信息预警如图 9 所示，特殊部位预警如图 10 所示。

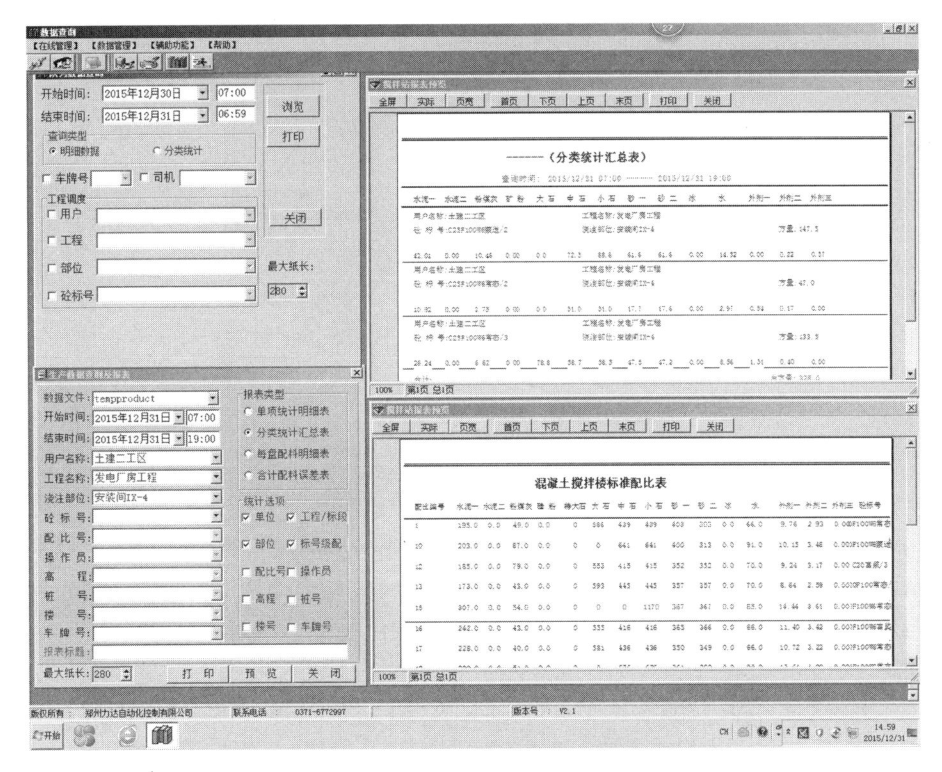

图9 拌和楼生产信息预警

记录时间	报警类型	仓面名称
2016-01-03 00:52:04.753	开仓未打富浆	5/6#机-I-12-8
2016-01-04 10:51:36.947	开仓未打富浆	安装间爬山虎-11
2016-01-04 22:35:04.623	开仓未打富浆	5/6#机-III-9-10
2016-01-08 05:45:34.34	开仓未打富浆	5/6#机-I-15-7
2016-01-09 00:49:26.87	开仓未打富浆	1/2#机-IV-左-7
2016-01-10 00:30:30.89	开仓未打富浆	塔机轨道基础

图10 特殊部位富浆预警

4 3D数字厂房拟态模拟

沙坪二级水电站智慧建设平台的核心单位——3D数字厂房,在3D数字厂房单元所提供的拟态模拟基础上,配合混凝土生产监控单元的数据导入进行决策管理智能化的分析。通过虚拟分仓完成关键线路决策智能化、通过三维对碰完成工序决策智能化、通过反演统计完成成本决策智能化等。除此之外,3D数字厂房还可以进行物资系统决策智能化、金结精细化安装以及智慧电厂的动拟态模拟等功能。3D数字厂房的核心结构如图11所示。

4.1 关键线路模拟

关键线路的智能化决策以虚拟分仓为基础,采用矩阵分析思维为导向进行BP神经网

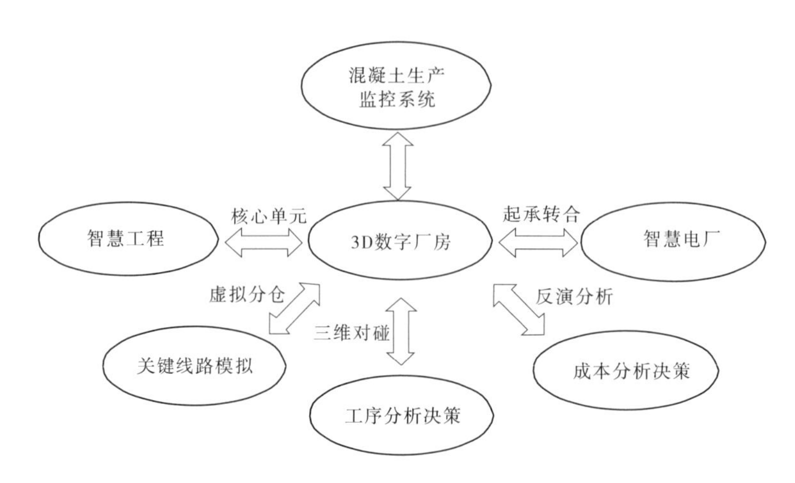

图 11　3D 数字厂房核心结构图

络决策化计算，在合同约定工期内计算得到相对优化解，从而进行智能化决策。针对沙坪二级水电站而言：根据承包方施工组织计算进行虚拟分仓，结合 2017 年 2 月发电的计划目标合理化布局，引入时间变量 t 构建本构关系进行智能化决策。沙坪二级水电站厂房关键线路决策如图 12 所示。

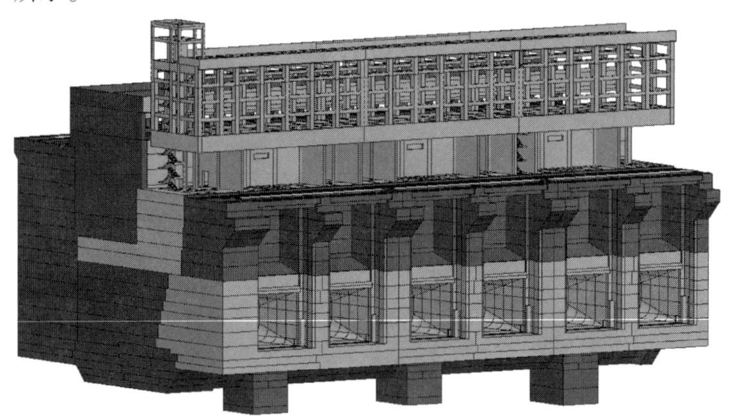

注：蓝色实体为 2015 年 9 月至 2016 年 2 月关键线路；绿色实体为 2016 年 3 月至 2016 年 8 月关键线路

图 12　沙坪二级水电站厂房关键线路决策图

4.2　工序决策模拟

工序决策模拟以仓位为重点分析对象，对重点仓位进行三维解剖。特别是通过一期混凝土、二期混凝土、电一、电二、给排水和水机预埋件安装的三维对碰分析得到仓位工程量清单，可智能化实现备料、安装和验仓等一系列工作。工序决策模拟如图 13 所示。

4.3　成本决策模拟

在水电工程施工过程中、存在多工作面，多施工队伍的局面，业主对于甲供材料的控制一直都处于粗放式的管理模式之中，对于成本投资的控制十分不利。沙坪公司在本次智慧平台建模之中，将施工队伍与工作仓面进行绑定式管理，通过 3D 数字厂房计算仓位的工作量清单，同时与拌和楼出机口、物资供应单进行自动化比对，可实现施工队伍的成本浪费率排序，从而对相应队伍进行奖励、整改和淘汰，达到节约成本的目的。成本决策模拟如图 14 所示。

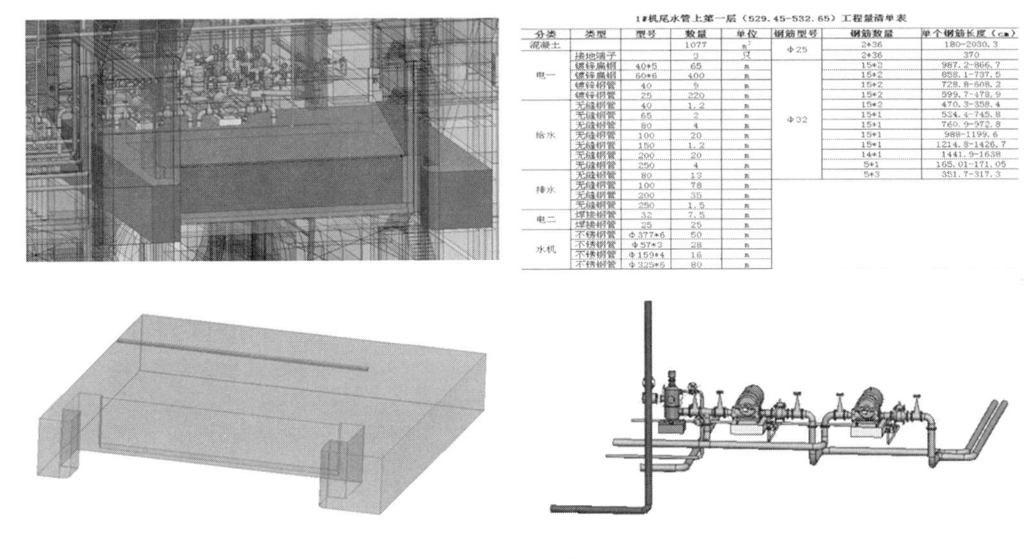

1#机尾水管上第一层（529.45-532.65）工程量清单表

分类	类型	型号	数量	单位	钢筋型号	钢筋数量	单个钢筋长度（cm）
混凝土			1077	m^3	Φ25	2*36	180-2030.3
电一	接地端子		3	只		2*36	370
	镀锌扁钢	40*5	65	m	Φ32	15*2	987.2-866.7
	镀锌扁钢	60*6	400	m		15*2	858.1-737.5
	镀锌钢管	40	9	m		15*2	728.8-608.2
	镀锌钢管	25	220	m		15*2	599.7-478.9
给水	无缝钢管	40	1.2	m		15*2	470.3-358.4
	无缝钢管	65	2	m		15*1	534.4-745.8
	无缝钢管	80	4	m		15*1	760.9-972.8
	无缝钢管	100	20	m		15*1	988-1199.6
	无缝钢管	150	1.2	m		15*1	1214.8-1426.7
	无缝钢管	200	20	m		14*1	1441.9-1638
	无缝钢管	250	4	m		5*1	165.01-171.05
排水	无缝钢管	80	13	m		5*3	351.7-317.3
	无缝钢管	100	78	m			
	无缝钢管	200	35	m			
	无缝钢管	250	1.5	m			
电二	焊接钢管	32	7.5	m			
	焊接钢管	25	25	m			
水机	不锈钢管	Φ377*6	50	m			
	不锈钢管	Φ57*3	28	m			
	不锈钢管	Φ159*4	16	m			
	不锈钢管	Φ325*6	80	m			

图 13　工序决策模拟

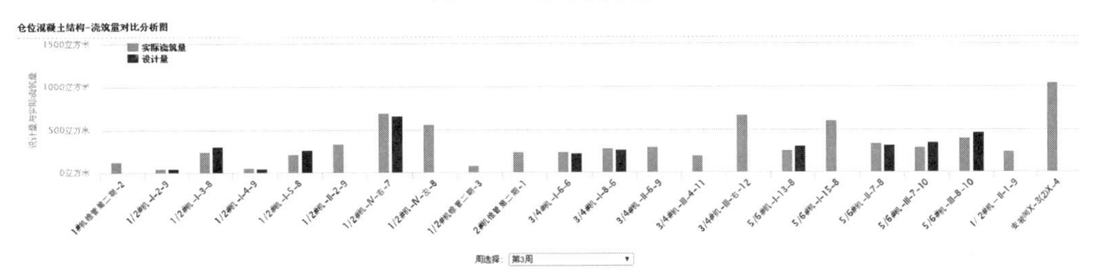

图 14　成本决策模拟图

5　结　语

沙坪二级水电站智慧建设平台开发的体系及模块具有良好的普适性、可拆分性、实用性，其主要贡献可为大渡河公司在双江口、金川等项目的智慧工程建设提供良好的借鉴。沙坪智慧建设平台的研究成果主要有以下几项：

(1)完成了沙坪二级水电站智慧建设平台——混凝土生产监控单元 &3D 数字厂房单元的开发。为下一步的智慧电厂、智慧检修、智慧调度的建设打下良好的基础。

(2)采用无人机航拍建立了沙坪坝址区的实时动态 GIS 地图，同时结合沙坪单元工程的划分设置了电子围栏，实现在建工程的具态化展现，网络化设置坝址区监控范围，在监控管理层面形成封闭的空间。

(3)对拌和楼生产系统进行了升级改造，运用无线网络、射频识别和工业自动化等技术，不仅实现了拌和楼生产的数字化改造，升级改造后的拌和楼系统不仅能够精准控制混凝土的生产，更能将生产明细数据进行实时上报，达到智能化管控的目的。

(4)构建了混凝土生产监控平台，全过程记录混凝土生产、运输、浇筑的信息，通过云服务平台对海量的数据进行大数据分析，形成图形化、符号化，实现跨平台(WEB、Android和IOS)推送，同时及时发现混凝土生产、运输、浇筑全过程中存在的问题，并及时预警，有效地保证了混凝土施工质量。

(5)构建了沙坪二级水电站工程数据中心，自动化采集建设期各子系统、各工序的建设数据参数，打破了彼此之间的“信息孤岛”状态，使得各独立子系统、工序通过工程数据中心实现数据的集成和无缝连接，同时工程数据中心提供的通用数据接口可以实现与其他各业务系统的信息共享。

（6）沙坪二级水电站的移民、枢纽工程、送出工程均贯彻执行了“智慧”企业的管理理念，实现了投资、质量、进度的三维可控，为大渡河流域电站的智慧开发提供了成功的借鉴。

参考文献

[1] 路振刚，王永潭，孟继慧，等．丰满水电站重建工程智慧管控关键技术研究与应用[J]．水利水电技术，2016(6)．

[2] 刘世隆，林恩德，刘龙辉．“互联网+”在水利水电工程现场安全管理中的应用[J]．安全生产与监督，2016(14)．

[3] 王金锋，陈健，王国光，等．水利水电工程三维数字化设计平台建设与应用[J]．水力发电，2014，40(8)：1-4．

[4] 姚明海，何通能．混凝土考产监控和管理系统研究[J]．混凝土，2002(3)：59-61．

[5] 罗罡，詹筱霞，王俊．沙沱水电站大坝工程施工中的风险识别与应对策略[J]．水利水电技术，2013，41(5)：20-22．

[6] 周智芝，袁越，徐锦才．水电站智能化体系研究[J]．小水电，2010(4)：11-15．

[7] 郑文，薛晔．智能化水电站建设的探索[J]．科技创新与应用，2014(11)：139．

自愈型防渗外加剂及其在 RCC 拱坝防渗中的应用

王 磊[2] 张国新[1] 王鹏禹[3] 代曰增[4]

(1. 中国水利水电科学研究院,北京 100038;2. 山东大学,济南 250061;
3. 中国水利水电第三工程局有限公司,西安 710016;
4. 潍坊百汇特新型建材有限公司,潍坊 261000)

摘 要 本文简要介绍了混凝土裂缝自愈性修复技术的研究进展,阐述了研发的新型水泥基自愈型防渗外加剂的特点与防渗工作机制,并通过 SEM 辨析混凝土自愈面试样表面形貌特征,研究了新型自愈型防渗外加剂对混凝土微观结构的影响,最后依托贵州省象鼻岭水电站 RCC 拱坝工程,开展了自愈型防渗外加剂掺加工艺及其碾压混凝土性能的应用试验研究。

关键词 自愈;防渗;外加剂;RCC 拱坝

1 引 言

常态混凝土坝的整个坝体混凝土都是防渗体,RCC 坝则主要靠上游面附近的变态混凝土层,以及 RCC 坝体在变态混凝土后设置的二级配混凝土防渗体。RCC 坝的这种防渗结构对大多数坝来说是成功的,但也有许多坝出现了问题,初次蓄水下游面漏水严重,个别部位呈水帘状甚至喷射状态渗漏,不得不限制水位运行,甚至放空水库进行防渗处理。坝体的渗漏不仅会影响正常使用,还会带走混凝土的胶凝材料,使混凝土的胶接能力逐步降低,影响长期运行安全。

目前大坝的防渗除了靠提高工程质量外,在上游面涂刷防渗层也是防渗手段之一,但是由于上游防渗层黏结能力和耐久性等原因,其长期作用倍受质疑。贵州省象鼻岭水电站拦河大坝为碾压混凝土双曲拱坝,目前工程正处于建设期,为了解决 RCC 坝的防渗难题,提高混凝土抗渗能力,中国水利水电科学研究院、中国水利水电第三工程局有限公司、山东大学与潍坊百汇特新型建材有限公司联合成立了课题组,研发应用了一种自愈型防渗外加剂,其施工方法简单,只需按比例加入混凝土即可,达到施工和防水同步,具有裂缝自愈性能,且自愈效果永久性,只需有水就能激活混凝土中的有效成分,裂缝自愈是重复性的。

2 混凝土裂缝自愈性修复技术

混凝土产生裂缝的原因十分复杂,归纳起来有外力荷载引起的裂缝和非荷载因素引起

基金项目:中国水利水电科学研究院流域水循环模拟与调控国家重点实验室开放研究基金资助项目(IWHR-SKL-201506)。

作者简介:王磊,高级工程师,主要从事水利水电工程相关设计研究工作。E-mail:wanglei@ sdu. edu. cn。

的裂缝两大类。钢筋混凝土结构除了由外力荷载因素引起的裂缝外,很多非荷载因素,如温度变化、混凝土收缩、基础不均匀沉陷、冰冻、钢筋锈蚀以及碱骨料化学反应等都可能引起裂缝。裂缝的存在及其发展,不仅影响到混凝土结构的正常使用性能和耐久性,而且危及结构的安全。但是,并非所有的初始裂缝都会演变为有害的或失稳的裂缝。国内外学者的一些研究表明:受损混凝土的力学性能在相当大的程度上都可以恢复,甚至宽度0.3 mm的裂缝经过一段时间后都可以完全恢复,这种自愈合能力取决于多方面因素,包括混凝土的组成、受损程度与龄期,自愈合的环境条件以及愈合周期等。

混凝土裂缝自愈性修复是指混凝土结构或构件一旦产生缺陷和裂缝后,自身可及时释放或产生新的物质自行封闭和愈合。裂缝自愈性修复是一个十分复杂的物理和化学过程,按照裂缝愈合机制,自愈性修复技术可以分为以下四个主要类型:①仿生自修复技术;②利用微生物调控晶体生成技术;③水泥基渗透结晶自愈技术;④智能混凝土的自修复技术。

仿生自修复技术是模仿生物组织对受创伤部位能自动分泌某种物质,从而使受创伤部位愈合的机制,在混凝土中掺入内含修复剂的液芯纤维或微胶囊,当混凝土受损后会导致液芯纤维或微胶囊破裂,释放出修复剂并自动流入损伤部位并修补愈合的技术,日本东北大学的三桥博三、美国伊利诺伊斯大学的Dry等在这方面开展了研究。

微生物调控晶体生成技术是预先在新拌混凝土中添加特殊微生物和合适的底物,一旦混凝土表面出现裂缝,混凝土中的微生物便与底物在裂缝处发生反应形成碳酸钙沉淀,所生成的碳酸钙沉淀可以填充或者修复裂缝从而使裂缝愈合。Seifan等国内外学者在对这方面的研究进行了综述和展望,利用微生物诱导形成的碳酸钙沉淀来修复混凝土裂缝的技术得到广泛关注,目前该技术尚处于实验室研究阶段。

智能混凝土的自修复技术是将传感器、驱动器及微处理器等功能元件置于混凝土内实现的。传感器主要是光纤,驱动器主要是记忆合金和电流变体。智能混凝土能感知自身状态变化、自我监测和诊断,通过内置修复剂等就可以自我调节或自我修复。Meehan、张妃二等国内外学者在这方面开展了研究。

虽然上述研究已取得了较大进展,但仍有许多问题还需解决和完善,如修复剂的补给、液心纤维或胶囊与混凝土材料搅拌易破裂、传感技术、驱动器控制、微生物诱导等问题,使得以上技术仍处于实验室研究阶段,目前只有水泥基渗透结晶自愈技术进入了实用阶段。

水泥基渗透结晶型自愈技术是以硅酸盐水泥或普通硅酸盐水泥等为基材,掺入带有活性功能基团的物质,在载体水的作用下,利用本身所含有的活性化学物质与混凝土中未水化的水泥颗粒或游离的$Ca(OH)_2$、CaO等碱性物质发生反应生成不溶性晶体,这些晶体封堵和封闭混凝土内部的毛细孔隙和裂隙,生成的结晶体与混凝土结合,从而增加混凝土的密实度,提高其强度和抗渗能力。当混凝土处于干燥状态时,活性物质就会处于休眠状态,停止反应。一旦由于外力荷载、温差变化等造成新的裂缝或其他的结构缺陷导致混凝土漏水,活性物质便再次发生反应生成新的不溶性晶体,封堵新出现的孔隙,抑制水的渗漏。

3　新型水泥基自愈型防渗外加剂

国外水泥基防水材料的研究和工程应用,已走过了近百年的历程。水泥基渗透结晶型防水材料是1942年由德国化学家Lauritz Jensen在解决水泥船渗漏水的实践中的发明。产品也从早期的德国的VANDEX品牌,延伸发展出加拿大的XYPEX、加拿大的KRYSTOL、美国的 PENETRON、日本的 PANDEX 和 BESTONE 等数十个品牌,均有不同程度的改进,形成了系列产品。国内的一些学者也对渗透结晶型防水材料做了研究,但依然不太成熟,材料研制的关键技术还掌握在国外,造成此类产品价格很高,限制了工程应用。基于此,课题组历时多年攻关,终于自主研制成功了一种新型的水泥基渗透结晶型防渗外加剂(渗立康),拥有自主知识产权,其各项主要技术指标与国外产品比肩。

3.1 新型水泥基自愈型防渗外加剂的特点

新型水泥基自愈型防渗外加剂(渗立康)是一种灰色粉末状无机材料,其主要材料是天然的火山灰矿石,将矿石经过微粉末加工磨细后,添加多种特殊的活性无机化学物质制成,具有以下特点:

(1)渗立康施工方法简单,只需按比例加入混凝土,按普通的混凝土施工完成,达到施工和防水同步,缩短工期。

(2)独有的裂缝自愈性能,且自愈效果永久性。只需有水就能激活混凝土表面,裂缝自愈是重复性的。

(3)抑制混凝土中氢氧化钙溢出,可防止混凝土中性化、老化,提高混凝土结构的耐久性。

(4)耐高温、耐酸碱、耐腐蚀。渗立康掺入混凝土中形成自身防水结构体,无须再做其他柔性或刚性被动防水,使用年限与结构体一样持久。

(5)促进水泥粒子表面活性,在水化反应过程中,就能促进水泥粒子表面的活性,遏制水泥水化反应温度急速变化。

(6)具有膨胀、减水、防渗、抗裂、补偿收缩等特性,无毒无味,对环境无污染。

3.2 新型水泥基自愈型防渗外加剂的防渗机制

新型水泥基自愈型防渗外加剂的主要成分是活性二氧化硅,二氧化硅的含量不低于75%,与水泥掺合后借助水分或水源,同水泥中的氢氧化钙结合,生成一种新物质——硅酸钙(胶体),可以堵塞混凝土硬化过程中形成的由水和空气所占有的空隙部分,切断空气和水流的通道,从而达到防渗的目的。

掺入渗立康的混凝土初凝至终凝只有 15% ~20% 的渗立康发生反应,剩下的二氧化硅则处于静止状态,一旦渗立康混凝土开裂进水,未反应的渗立康和氢氧化钙立即再次反应,又会恢复到游动状态,这样裂缝就会自愈,起到抗渗作用,达到永久性防水抗渗。

3.3 普通和碾压渗立康混凝土自愈面的微观特性

渗立康混凝土是掺入新型水泥基自愈型防渗外加剂(渗立康)的混凝土。普通渗立康混凝土采用常用 C30 混凝土的配合比,碾压渗立康混凝土采用象鼻岭水电站碾压混凝土双曲拱坝的碾压混凝土配合比。当水通过混凝土试件的劈裂面,劈裂面表面就会有自愈现象,掺加渗立康的混凝土试件的劈裂面甚至会完全愈合,扫描电镜(SEM)试样就取之这些试件自愈面的中部。

利用 SEM,对比分析掺加和不掺加渗立康的混凝土自愈面试样,可以得到不同放大倍数的扫描电镜照片,以分析两种不同混凝土试样表面形貌特征,辨析渗立康混凝土的渗透结晶体分布情况,以及渗透结晶体的形貌特征,来研究配制的自愈型防渗外加剂对普通和碾压混凝土微观结构的影响和防渗机制。两种不同混凝土试样的电镜照片如图 1 ~ 图 4 所示。图 1 是没有掺加渗立康的 90 d 普通混凝土自愈面试样的电镜照片,图 2 是掺加渗立康的 90

d 普通混凝土自愈面试样的电镜照片，图 3 是没有掺加渗立康的 90 d 碾压混凝土自愈面试样的电镜照片，图 4 是掺加渗立康的 90 d 碾压混凝土自愈面试样的电镜照片。

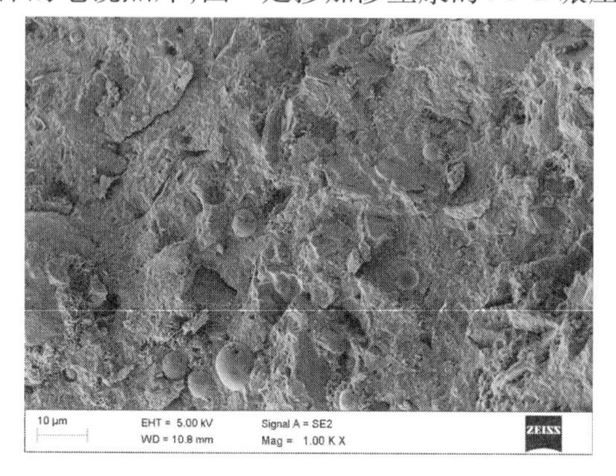

图 1　90 d **普通混凝土**(×1 000)

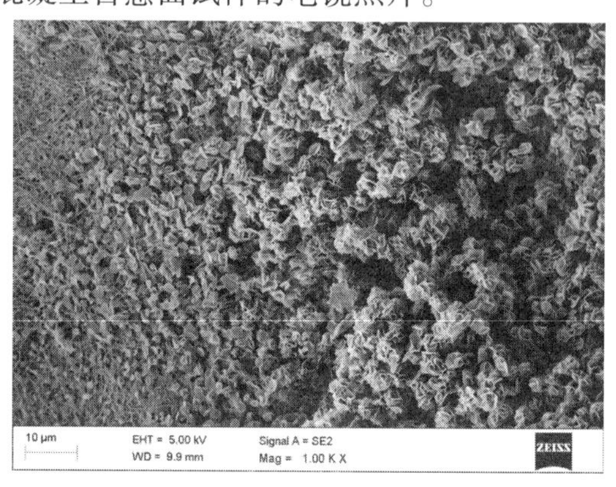

图 2　90 d **普通渗立康混凝土**(×1 000)

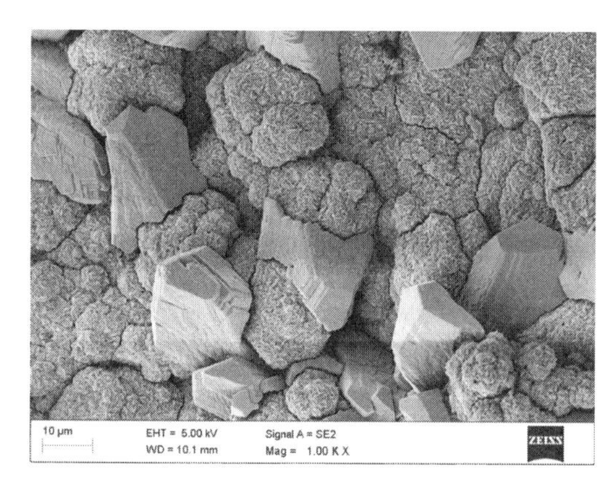

图 3　90 d **碾压混凝土**(×1 000)

图 4　90 d **碾压渗立康混凝土**(×1 000)

通过电镜试验可以得到以下结论：

(1)对比研究 90 d 普通混凝土试样和 90 d 普通渗立康混凝土自愈面试样，发现两种不同混凝土试样表面形貌特征有差异显著，90 d 渗立康混凝土自愈面试样的表面密布渗透结晶体；90 d 普通混凝土试样表面基本上没有观察到渗透结晶体。

(2)对比研究 90 d 碾压混凝土试样和 90 d 碾压渗立康混凝土自愈面试样，发现两种不同混凝土试样表面形貌特征有明显差异，90 d 碾压渗立康混凝土自愈面试样的表面密布渗透结晶体，多呈颗粒状，渗透结晶体基本将孔隙和裂缝充满；90 d 碾压混凝土试样表面生成物明显与前者不同。

4　自愈型防渗外加剂在 RCC 拱坝防渗应用研究

象鼻岭水电站位于贵州省威宁县与云南省会泽县交界处的牛栏江上，枢纽建筑物由碾压混凝土拱坝、右岸引水系统和地下厂房等组成，拦河大坝为碾压混凝土双曲拱坝，坝顶高程 1 409.50 m，最大坝高 141.50 m(未含填槽混凝土高度)，坝顶长 459.21 m，坝顶宽 8.00 m，拱冠梁坝底厚 35 m，厚高比 0.247。

为了解决象鼻岭水电站碾压混凝土双曲拱坝的防渗难题，课题组推荐采用了新研发的新型水泥基自愈型防渗外加剂，并陆续开展了相关应用研究。研究采用水电三局象鼻岭水电站工程项目部试验室选定的 C_{90}20W8F100/二变态混凝土施工配合比为基准配合比（见表 1），外掺 6%（胶凝材料质量的百分比）的渗立康自愈型防渗外加剂，开展了掺加工艺的选定、混凝土强度性能、变形性能、耐久性能等试验研究。

表 1　碾压混凝土、变态浆液施工配合比

序号	设计强度等级	级配	混凝土类别	水胶比	掺合料掺量（%）	砂率（%）	减水剂（%）	引气剂（/万）	单位材料用量（kg/m³）							
									水泥	粉煤灰	水	减水剂	引气剂	砂	中石	小石
1	C_{90}20W8 F100	二	碾压	0.47	50	37	1.0	20	108	109	102	2.17	0.43	829	706	706
2	M_{90}25		变态浆液	0.47	50	—	0.5	—	598	598	562	5.98	浆液密度（kg/m³）		1 750	

4.1　自愈型防渗外加剂在碾压混凝土中的掺加工艺

本次试验掺加工艺主要为以下两种：

第一种：将渗立康自愈型防渗外加剂掺入变态浆液中，搅拌均匀，再掺入混凝土中进行混凝土的拌制。

第二种：将渗立康自愈型防渗外加剂直接掺入混凝土中进行混凝土的拌制。

4.1.1　第一种掺加工艺

从试验过程来看，自愈型防渗外加剂掺入变态浆液后，其密度明显变大（由掺加前的 1 750 kg/m³变为 2 200 kg/m³），将浆液洒入碾压混凝土中渗入较慢，5 min 渗入深度约为 1/3。

试验过程中，搅拌方式分为两种形式进行混凝土的拌制，不同搅拌形式的试验情况见表 2。从人工翻拌与拌和机搅拌的混凝土状态来看，拌和机搅拌的混凝土状态优于人工翻拌的混凝土，含气量明显增大，混凝土均匀性好，且泛浆效果明显。

表 2　不同搅拌形式的试验情况说明

序号	拌制方式	出机性能		具体描述
		坍落度（mm）	含气量（%）	
1	拌和机搅拌碾压混凝土 3 min，放到钢板上，再将搅拌均匀的掺有渗立康的变态浆液洒到混凝土面上，人工翻拌 3～4 次	—	3.1	混凝土均匀性较差，泛浆效果不明显
2	拌和机搅拌碾压混凝土 2 min，再将搅拌均匀的掺有渗立康的变态浆液加入拌和机中，再搅拌 1.5 min	23	4.7	混凝土均匀性好，泛浆效果明显

4.1.2　第二种掺加工艺

将粗骨料、自愈型防渗外加剂、胶凝材料、细骨料依次加入搅拌机中，搅拌约 1 min，再将减水剂、引气剂、水加入搅拌机中搅拌 3 min，试验结果见表 3。

表 3　第二种掺加工艺试验结果

序号	拌制方式	出机性能		备注
		坍落度(mm)	含气量(%)	
1	将自愈型防渗外加剂直接掺入混凝土中，搅拌 3 min	14	3.0	引气剂掺量 20/万
2		25	4.9	引气剂掺量 25/万

为了验证变态浆液在碾压混凝土中的渗入效果，在采用此种掺加方式拌制过程中，将掺有自愈型防渗外加剂的碾压混凝土出机后，再将变态浆液洒入碾压混凝土中，5 min 后能够渗透至底部，渗入效果较好。

过程中发现，自愈型防渗外加剂直接掺入混凝土中进行混凝土的拌制时，混凝土含气量虽然能够满足设计要求（设计要求 3.0% ~5.0%），但相同掺量比掺入变态浆液中的含气量低 1.9%，当引气剂掺量提高 5.0/万时，含气量基本相同。

4.2　外掺自愈型防渗外加剂碾压混凝土的性能试验

外掺自愈型防渗外加剂碾压混凝土的性能部分试验结果见表 4 ~ 表 6。经过重复试验，三种试验工况的 28 d 和 90 d 的抗渗等级均满足 W8 的设计要求，其中掺加渗立康的试件 28 d 和 90 d 的抗渗等级最低为 W17 和 W19。渗立康自愈型防渗外加剂在一定程度上提高了混凝土强度、极限拉伸值、抗压弹性模量和抗渗等级等指标，作为防渗外加剂，效果突出。

表 4　碾压混凝土出机性能试验结果

试验工况	设计强度等级	单位材料用量(kg/m^3)		混凝土出机性能	
		防渗外加剂	掺量(%)	坍落度(mm)	含气量(%)
基准混凝土	C_{90}20W8F100	—	—	25	4.2
第一种掺加工艺	C_{90}20W8F100	渗立康	6.0	23	4.7
第二种掺加工艺	C_{90}20W8F100	渗立康	6.0	25	4.9

表 5　碾压混凝土强度与变形性能试验结果(一)

试验工况	极限拉伸值($\varepsilon \times 10^{-4}$) 28 d	轴拉强度(MPa)		弹性模量(GPa)		轴压强度(MPa)	
		28 d	90 d	28 d	90 d	28 d	90 d
基准混凝土	0.69	0.69	0.86	1.59	2.16	27.7	32.4
第一种掺加工艺	0.72	0.72	0.91	1.61	2.21	27.9	34.2
第二种掺加工艺	0.66	0.66	0.85	1.52	2.18	26.8	33.1

表6 碾压混凝土强度与变形性能试验结果(二)

试验工况	抗压强度(MPa)			劈裂抗拉强度(MPa)	
	7 d	28 d	90d	28 d	90 d
基准混凝土	12.9	17.8	30.5	1.79	2.27
第一种掺加工艺	12.0	19.3	32.8	1.85	2.32
第二种掺加工艺	11.1	18.6	31.9	1.81	2.29

通过分析试验结果,综合考虑施工要求和造价等多方面因素,可以在RCC拱坝的变态混凝土层采用外掺自愈型防渗外加剂,选用第二种掺加工艺。

5 结 论

混凝土坝体的渗漏不仅会影响正常使用,还会带走混凝土的胶凝材料,使混凝土的胶接能力逐步降低,影响长期运行安全,尤其是RCC拱坝的防渗是目前RCC坝建设的一个重要任务。为了解决RCC坝的防渗难题,提高混凝土抗渗能力,课题组历时多年攻关,基于水泥基渗透结晶型混凝土裂缝自愈技术,自主研制成功了一种新型自愈型防渗外加剂。

在介绍了混凝土裂缝自愈性修复技术的研究进展的基础上,本文阐述了研发的新型水泥基自愈型防渗外加剂的特点与防渗工作机制,并通过SEM辨析混凝土自愈面试样表面形貌特征,研究了新型自愈型防渗外加剂对混凝土微观结构的影响和抗渗机制。同时,为了解决贵州省象鼻岭水电站RCC双曲拱坝的防渗难题,开展了自愈型防渗外加剂掺加工艺及其碾压混凝土性能应用试验研究,综合考虑施工要求和造价等多方面因素,采用第二种掺加工艺,在RCC拱坝的变态混凝土外掺自愈型防渗外加剂。通过研发和应用自愈型防渗外加剂,积累工程经验,为改善和解决混凝土坝裂缝问题提供经济适用的新途径。

参 考 文 献

[1] Wieland R, Michaela B. Autogenous healing and reinforcement corrosion of water - penetrated separation cracks in reinforced concrete[J]. Nuclear Engineering and Design,1998, 179 (2):191-200.

[2] Abdel J Y, Haddad R. Effect of early overloading of concrete on strength at later ages [J]. Cement and Concrete Research,1992, 22 (5):927-936.

[3] Hearn Nataliy. Self - sealing, autogenous healing and continued hydration: What is the difference? [J]. Materials and Structures, 1998, 31(31): 563-567.

[4] Edvardsen Carola. Water permeability and autogenous healing of cracks in concrete[J]. ACI Materials Journal,1999, 96(4):448-454.

[5] Li Houxiang, Tang Chun'an,Xiong Jianmin,et al. The Impermeability mechanism of self - compacting water proof concrete[J]. Journal of Wuhan University of Technology,2005, 20(1): 121-125.

[6] Granger S, Loukili A, Pijaudier - Cabot G. Experimental characterization of the self - healing of cracks in an ultra high performance cementitious material: Mechanical tests and acoustic emission analysis[J]. Cement and Concrete Research,2007, 37 (4):519-527.

[7] Wenhui Zhong, Wu Yao. Influence of damage degree on self - healing ofconcrete[J]. Construction and Building Materialsm,2008,22 (6):1137-1142.

[8] 王洪祚,王颖. 混凝土裂缝的自愈性修复[J]. 粘结,2011, 10:72-75.

[9] Gao L, Sun G. Development of Microbial Technique in Self – healing of Concrete Cracks[J]. Journal of the Chinese Ceramic Society, 2013, 41(5):627-636.

[10] Seifan M, Samani A K, BerenjianA. Bioconcrete: next generation of self – healing concrete[J]. Applied Microbiology & Biotechnology,2016, 100(6):2591-2602.

[11] Meehan D G, et al. Electrical – resistance – based Sensing of Impact Damage in Carbon Fiber Reinforced Cement – based Materials[J]. Journal of Intelligent Material Systems & Stru. ,2010, 21(1):83-105.

[12] 张妃二,姚立宁. 光纤智能混凝土结构自修复研究[J]. 功能材料与器件学报, 2003, 9(1):91-94.

[13] 王桂明,余剑英. YJH 材料性能及其对混凝土微观结构的影响[J]. 材料科学与工艺,2006(3):272-275.

[14] 曾昌洪. 水泥基渗透结晶防水剂的制备及其性能研究[D]. 2007.

[15] 周述光,姬海君. 复合型渗透结晶防水涂料的开发研究[J]. 新型建筑材料,2007(8):32-35.

[16] 王全,唐明. 多组分改性水泥基渗透结晶型防水材料的研究[J]. 混凝土,2009(1):62-66.

[17] 崔巩,刘建忠,高秀利. 水泥基渗透结晶型防水材料渗透结晶性能评测方法研究现状[J]. 中国建筑防水,2010(16):35-38.

[18] 黄伟,王平,尹万云,等. 渗透结晶型裂缝自愈合混凝土的抗渗性能及其机制[J]. 混凝土,2010(8):28-30.

微膨胀抗冲磨混凝土抗裂性综合指标研究

祝小靓[1,2,3] 丁建彤[1,2] 蔡跃波[1,2] 傅琼华[3]

(1. 南京水利科学研究院,南京 210029;2. 水利部水工新材料工程技术研究中心,南京 210029;3. 江西省水利科学研究院,南昌 330029)

摘 要 针对目前水工抗冲磨混凝土普遍存在的开裂问题,本文建立了一套针对微膨胀抗冲磨混凝土抗裂性评价的综合体系。首先分析了现有常用抗裂性指标的优缺点;论证了所用计算方法和参数的准确性和可行性;揭示了微膨胀抗冲磨混凝土的抗裂机制:升温阶段产生足够的预压应力,而且最大预压应力发生的时间应该在温峰时刻或者温峰时刻之后;指出了影响抗裂性的主要因素;最后提出以密封条件下温峰时刻所对应等效龄期的限制膨胀率与混凝土温降幅度－热膨胀系数乘积之比作为微膨胀混凝土抗裂性综合指标。结果表明,这一混凝土抗裂性综合指标CCR与开裂敏感度(结构物中混凝土的拉应力与其抗拉强度的比值)高度相关。当CCR≥0.2时,能够获得开裂敏感系数在0.6以内,开裂风险小的微膨胀抗冲磨混凝土。

关键字 微膨胀;抗冲磨混凝土;抗裂性:综合指标

近年来,在西部大开发及西电东送战略的推动下,一大批大型和特大型水电工程相继开工建设,在建或拟建的高坝日趋增多,例如“十二五”期间计划开发的白鹤滩、乌东德、两河口等。它们均具有水头高、流量大的显著特点,泄水流速多达到40 m/s以上,对泄水建筑物的抗冲磨性能提出了更高的要求。目前水工抗冲磨混凝土存在的主要问题之一是抗冲磨性能与抗裂性能之间的矛盾。抗冲磨混凝土的裂缝问题已引起了学术界和工程界的关注,且目前仍没有得到很好的解决。

本课题组曾在黄河一级支流沁河某水库泄洪洞应用了NSF－Ⅱ抗冲磨混凝土,尝试采用微膨胀的措施解决抗冲磨混凝土的开裂问题。衬砌施工未采取任何温控措施,浇筑后约45 h松开钢模板。在混凝土内部最高温度达到69℃,环境温度20℃左右,洞内风力5~6级的恶劣情况下,浇筑的1.5万m^3抗冲磨混凝土未出现一条裂缝。该工程通过掺入膨胀剂抵抗住了抗冲磨混凝土的开裂问题,是偶然还是有其抗裂的必然性,其抗裂机制是什么?该技术能否推而广之?如果可以推广使用,那么确保其他结构物不裂的控制指标是什么?这一系列问题都需要得到很好的解答才能进一步推广膨胀剂在抗冲磨混凝土中的运用。

本文首先比较了现有常用的抗裂性指标的优缺点;选用基于成熟度方法考虑温度对抗裂性参数影响的三维有限元温度应力仿真分析软件B4Cast,结合课题组前期经过改进的各

基金项目:中央级公益性科研院所基本科研业务费专项项目(Y415014);江西省水利厅科技项目(KT201414)。

作者简介:祝小靓(1987—),男,衢州,博士后,主要从事水工结构混凝土耐久性研究工作。E-mail:495480427@qq.com。

项性能参数随龄期和温度变化的模型,并在升温、降温段采用不同的热膨胀系数,对模拟实际温度和约束的开裂架试件考察其混凝土内部“温度 - 应力 - 强度”的经时发展历程,验证计算方法和参数的准确性与可行性;将通过验证的计算方法和参数用于泄洪洞 $C_{90}50$ 泵送二级配抗冲磨混凝土实际结构物的计算,揭示微膨胀抗冲磨混凝土的抗裂机制;以密封条件下温峰时刻所对应等效龄期的限制膨胀率作为微膨胀抗冲磨混凝土膨胀性能的一个重要参数,结合抗裂机制,在现有抗裂性评价指标的基础上,提出混凝土抗裂性综合指标。

1 传统抗裂性评价指标

目前,用于评价混凝土抗裂性能的指标大多数是根据混凝土不同的用途提出来的,考虑的侧重点各有不同。但总的来说大都是通过测试单项性能指标,然后根据这些单项性能对抗裂性不同的影响方式和程度,将其组成一个函数表达式,以此作为评价混凝土抗裂性的综合评价指标。常用综合指标有以下几种:

(1)热强比 H/R_l。

热强比[1]是某龄期单位体积混凝土发热量与对应龄期抗拉强度比($J/m^3 \cdot MPa$)。热强比越小,混凝土的抗裂性越强。用热强比对混凝土抗裂性的评定仅考虑温度应力的影响,并且局限于某一龄期混凝土的发热量与抗拉强度之比,未综合考虑影响混凝土抗裂性的诸多因素,综合性不强,存在一定的局限性。另外还有弹强比等,其缺点相似。

(2)抗裂性系数 CR。

抗裂性系数[2]是指混凝土止裂作用的极限拉伸值与起裂作用的热变形值之比,即

$$CR = \frac{\varepsilon_p}{\alpha \Delta T} \tag{1}$$

式中:ε_p 为混凝土极限拉伸应变值,$\times 10^{-6}$;$\alpha \Delta T$ 为混凝土的温度变形,$\times 10^{-6}$。

CR 值越大,混凝土的抗裂性越好。该指标只将极限拉伸值同混凝土的热变形包括在内,而仍未统盘考虑混凝上抗裂性的诸多因素,同样存在局限性。

(3)抗裂系数 K_l。

20 世纪 60 年代我国首次提出了混凝土抗裂系数[3]:

$$K_l = \frac{\varepsilon_p R_l}{\varepsilon_d E_l} \tag{2}$$

式中:R_l 为混凝土的抗拉强度,MPa;E_l 为拉伸弹性模量,GPa;ε_d 为混凝土干缩率(%)。

K_l 越大,混凝土的抗裂能力越强。该指标仅考虑极限拉伸、抗拉强度、抗拉弹模、干缩 4 个因素,没有考虑温度变形、徐变变形与自生体积变形,并且物理意义不明确。其分母为弹模与干缩率的乘积,为干缩应力,而分子为极限拉伸与抗拉强度之乘积,不知是何物理意义。

(4)2000 年由曾力等[4]提出的混凝土抗裂参数 φ:

$$\varphi = \frac{\varepsilon_p R_l}{\alpha \Delta T E_l} \tag{3}$$

该指标仅考虑混凝土极限拉伸、抗拉强度、拉伸弹模与温度变形,也没有考虑混凝土的徐变和自生体积变形等因素,且物理意义也不明确。分母为弹模与温度变形之乘积,为温度应力,而分子为极限拉伸与抗拉强度之乘积,不知为何物理意义。

实际应用中发现,不同的抗裂指标得到的抗裂评价结果并不同。主要是由于不同的抗

裂指标所考虑的开裂因素侧重点不同,因此某一综合指标针对某一类的混凝土评价有效,而换成其他类的混凝土,这一指标便无法准确地判定,说明目前抗裂性指标的适用性和综合性还有待提高。

2 基于温度—应力试验机的开裂架试验

温度—应力试验机是德国慕尼黑工业大学于 20 世纪 80 年代在开裂试验架(Cracking frame)的基础之上开发出来的单轴约束试验装置。其结构示意见图 1。试件有效总长为 1 500 mm,截面为 150 mm × 150 mm。早期的温度—应力试验机仅有一根约束试件,只能测量近似 100% 约束度状态下混凝土的各项性能,后来经过改进,增加了一根与约束试件处于相同温度控制条件下的自由试件,从而实现了在 0 ~ 100% 约束度可变情况下的早龄期混凝土的徐变和热膨胀系数的测量,其原理见图 2[5],图 3 为本研究采用的温度—应力试验机。

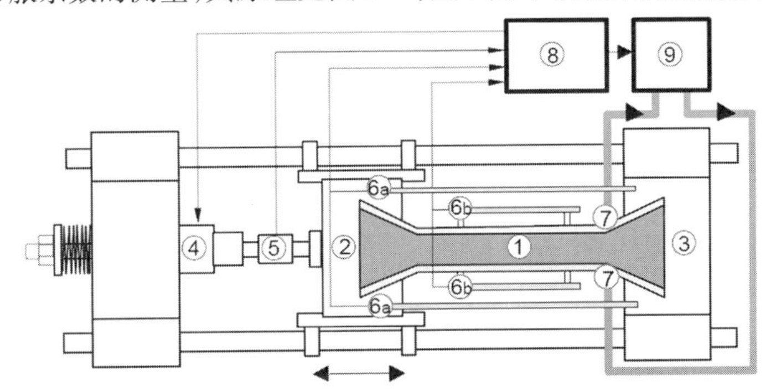

1—混凝土试件;2—活动夹头;3—固定夹头;4—步进电机;5—荷载传感器;6a—夹头位移传感器;6b—试件变形测量传感器;7—温控模板;8—计算机控制中心;9—加热/冷却循环系统

图 1 约束试件结构示意图

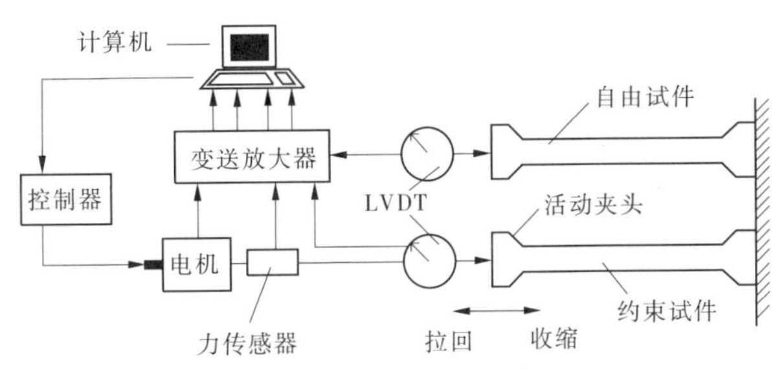

图 2 闭环计算机控制系统原理图

试验机的两夹头,一个固定在基架上,另外一个为活动夹头。受约束试件的一端固定在试验机机架上,另外一端可自由活动。活动端经由荷载传感器连接在步进电机的减速箱上。试验过程中,试件的变形受到试验机整体钢架的约束,当试件的温度变形和自生体积变形累计达到预先设定阈值(比如 1 μm)时,步进电机对活动端进行一次拉/压的回复动作,使其始终保持在原点或留有一定比例的残余变形,从而实现近似 100% 至其他不同程度的约束。试件处于温控模板的包围中。温控模板是空心的,可通过其内的循环介质对试件进行加热或冷却,使试件处于不同的温度历程(绝热、恒温或其他特定的温度曲线)。试件位移通过 LVDT 位移传感器测得。计算机控制系统通过温度传感器、荷载传感器和位移传感器自动记录试件的温度、应力和变形。

图 3　温度—应力试验机

本文通过固定温度—应力试验机的夹头，将温度—应力试验机改造成开裂架模式，其主要特点是在试验过程中，试验机的夹头固定不动，没有步进电机反复拉/压过程，不会对试件造成疲劳损伤，约束度主要由机架两侧的钢棒来实现，约束度在 60% ~80%，与实际结构物的约束度更接近。

3　试　验

3.1　原材料

所用胶凝材料为海螺牌 P. O. 42. 5 普通硅酸盐水泥、南京热电厂生产的二级粉煤灰、Elken920U 型硅粉和三种类型膨胀剂（氧化钙 - 硫铝酸钙复合类 EA、WS，硫铝酸钙类 ZE）。减水剂为聚羧酸高性能减水剂。粗骨料为破碎玄武岩，粒径分别为 5 ~20 mm 和 20 ~40 mm 两档；细骨料采用细度模数为 2. 6 的天然河砂。

3.2　配合比

按照 $C_{90}50$ 等强度设计原则，根据表 1 配合比制备混凝土样品。通过调节减水剂用量将混凝土坍落度控制在 200 ~220 mm。

表 1　抗冲磨混凝土配合比　（单位：kg/m^3）

编号	水胶比	水泥	粉煤灰	膨胀剂	硅粉	水	砂	小石	中石
FAS	0. 355	327	87	—	22	155	689	531	531
FA	0. 320	388	97	—	—	155	673	519	519
EA	0. 330	322	94	31	23	155	676	521	521
WS	0. 330	322	94	31	23	155	676	521	521
ZE	0. 330	322	94	31	23	155	676	521	521
EA10	0. 310	331	80	48	24	150	679	523	523

4 计算方法和参数的准确和可行性

本文结构计算采用的是由丹麦技术研究所开发的 B4cast 有限元仿真计算软件，其最大特点是基于 Arrhenius 方程的成熟度方法，充分考虑了温度对性能的影响，并且徐变采用的是针对早龄期混凝土的黏弹性系数随龄期变化的模型，这是目前常规的仿真计算软件做不到的。该软件目前已成功应用于连接瑞典和哥本哈根的厄勒海桥、哥本哈根地铁、马尔马拉海底隧道等工程。计算时，只需提供施工方法、热边界条件和混凝土热物理性能参数，以及本课题组经过改进的抗裂性参数（包括弹性模量、自生体积变形、徐变、表观活化能等）经时发展模型，建模后即可计算温度场和应力场。

B4Cast 计算与开裂架试验实测结果见图 4。以 EA 为例，B4Cast 计算得到 EA 应力最大值为 3.41 MPa，出现在 40 h，而实测得到的应力最大值为 2.90 MPa，出现在 21.2 h。在 21.2 h 到 40 h，温度由 67.96 ℃先升高，后降低到 66.94 ℃，而自生膨胀变形由 341×10^{-6} 增大到 445×10^{-6}，热膨胀系数采用升温和降温段变形系数平均值 9.4×10^{-6}/℃，温度变形减小了 9.6×10^{-6}，自生膨胀和温度收缩综合膨胀了 94×10^{-6}，该时段内的弹性模量由 26 GPa 增大到 32 GPa，按平均弹性模量为 29 GPa 计算，在不考虑其他徐变和测试机器空隙的条件下，该时段应力应该增大 2.7 MPa，实际上却只增大了 0.51 MPa；计算时分别采用考虑与不考虑徐变作用，结果发现考虑徐变比不考虑徐变在该时段小 0.07 MPa，两者之和为 0.58，这就意味着有 1.12 MPa 应力被机架释放，占到总应力的 41%，也就是说，开裂架模式下，混凝土的约束度由浇筑后的 100% 逐渐减小到 60% 左右。

从实测结果来看，最大应力值出现在温峰和最大自生体积膨胀值对应的等效龄期之前。主要有两方面原因：一是由于早期徐变作用松弛了一部分预压应力，二是开裂架试验机约束度随着混凝土弹性模量的增加而降低，部分预压应力被释放。

从图 4 还可以看出，在第二零应力附近（从压应力转为拉应力），有一段应力平台，主要原因是开裂架的固定螺帽间存在一定的空隙，使得实测过程中产生第二零应力时间偏差，达不到 100% 的约束度，而通过 B4Cast 计算则不存在试验机器的缺陷对结果造成的影响。因此，如果开裂架的约束度足够，实测结果与 B4Cast 计算结果吻合程度较高。因此，利用测试得到的混凝土抗裂性参数经时发展模型，结合 B4Cast 软件计算，可以对实际混凝土结构进行精确的计算，以此评价结构的抗裂性。

是否预压应力越大，抗裂性能越好，从 EA10 温度匹配养护下混凝土的力学性能及开裂架试验结果来看，答案是否定的。微膨胀混凝土早期过大的膨胀能，有时会造成适得其反的效果，导致混凝土的各项力学性能大幅度的降低，从而降低抗裂能力。这也是图 4（f）中 EA10 的实测值与计算值相比大幅度降低，同时开裂时间大幅度提前的原因。

ZE 最大膨胀值时间点比 EA 和 WS 均提前，由于早期混凝土徐变较大，使得 ZE 的预压应力比 EA 和 WS 分别小了 1.2 MPa 和 1.7 MPa。因此，对于微膨胀混凝土来说，膨胀的过早会导致一部分预压应力被早期徐变松弛，从而降低抗裂能力。EA10 和 ZE 很好地解释了为什么在膨胀混凝土的应用中，掺了膨胀剂反而更容易开裂，同时膨胀剂也不是一掺百灵的。自生体积变形大不代表就能产生足够的预压应力，还与膨胀产生的时间及徐变有关。

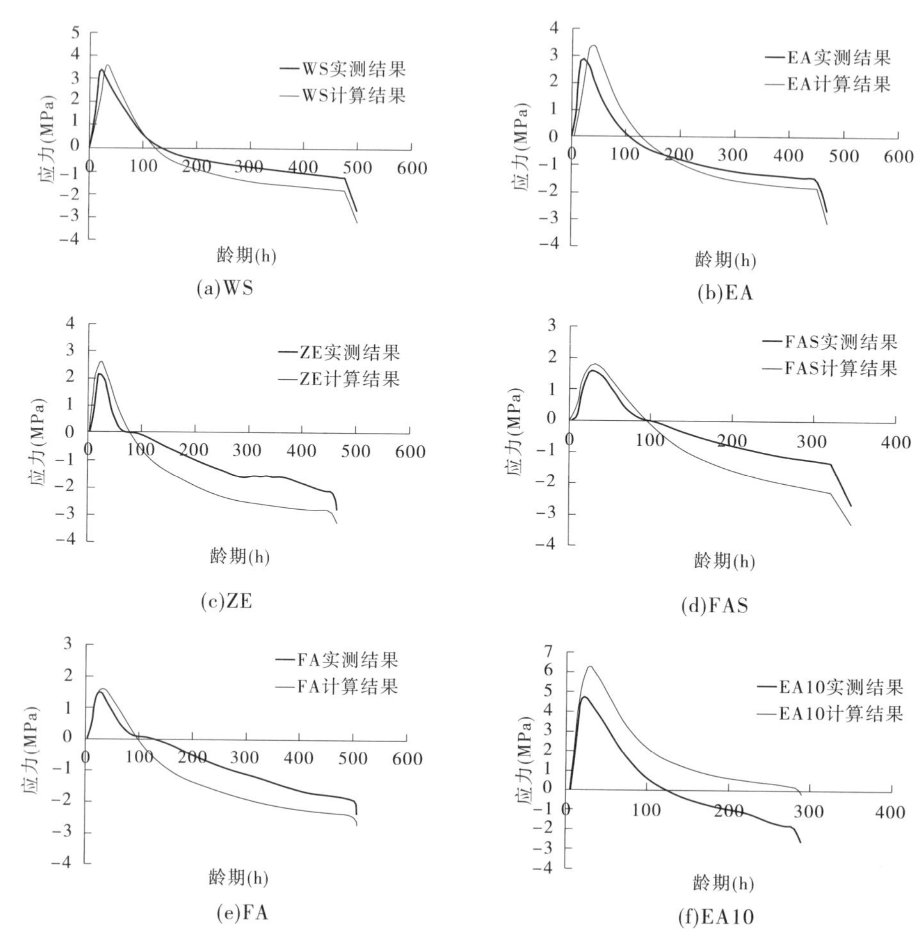

图4　微膨胀抗冲磨混凝土开裂架试验与计算应力发展结果

5　微膨胀抗冲磨混凝土抗裂机制

5.1　微膨胀抗冲磨混凝土在实际结构物中的抗裂性

通过对实际抗冲磨混凝土结构的计算,从约束应力与轴拉强度的比值(开裂敏感系数)随时间发展(见图5)的结果可以直观看出,微膨胀混凝土的抗裂性明显优于非膨胀混凝土,而且至温度稳定时,微膨胀混凝土还有一定的抗裂富裕能力。非膨胀混凝土在温度至稳定之前就已经开裂。

为了直观地看出降温阶段应力随温度的变化速率,以降温结束点作为起点得到应力和温度从零开始的发展曲线,通过对降温阶段应力随温度发展曲线可以看出(见图6)。微膨胀与非膨胀混凝土的应力发展速度相当。其中FAS的应力发展速率较大。主要原因有以下几点:①FAS弹性模量比微膨胀混凝土稍大;②FAS降温阶段的热膨胀系数较大;③FAS徐变较大,会导致降温阶段预压应力松弛加快。这些因素最终导致了FAS在降温阶段应力随温度发展的速率加快。

由以上分析可知,通过在降温阶段产生的膨胀变形来补偿快速降温阶段的变形是不可行的。而且温峰之后,微膨胀混凝土的膨胀变形相对温度收缩变形来说很小,远远达不到补

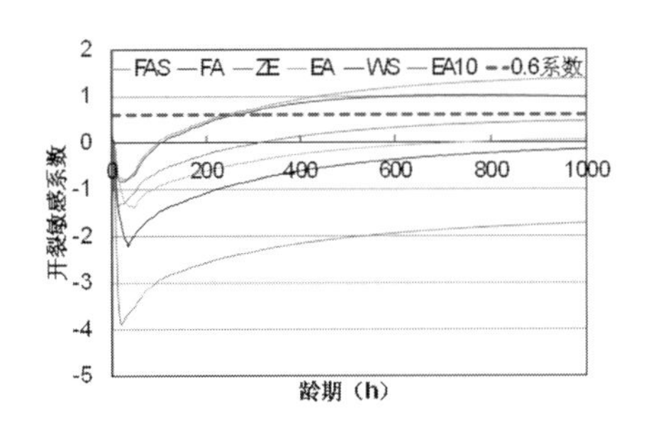

图5 开裂敏感

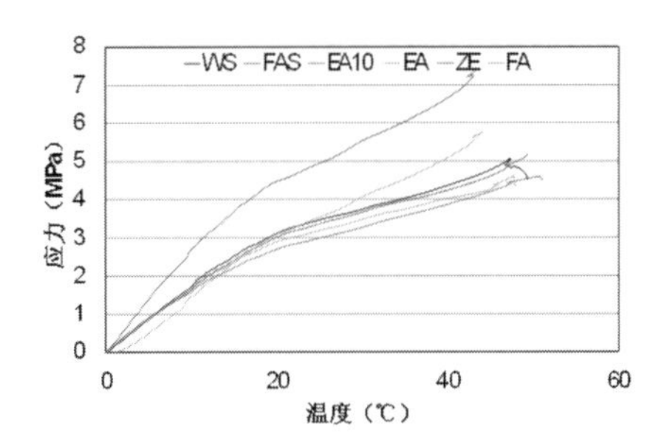

图6 降温段应力随温度发展

偿温度收缩变形的效果。真正的抗裂机制是升温阶段产生足够的预压应力，而且最大预压应力发生的时间应该在温峰时刻或者温峰时刻之后。

5.2 抗裂性影响因素分析

5.2.1 自生体积变形对抗裂性的影响

以EA为例，通过设置大小不同的自生体积膨胀变形，以开裂敏感系数作为判断混凝土抗裂能力的依据，得到的应力和开裂敏感系数发展曲线分别如图7和图8所示。

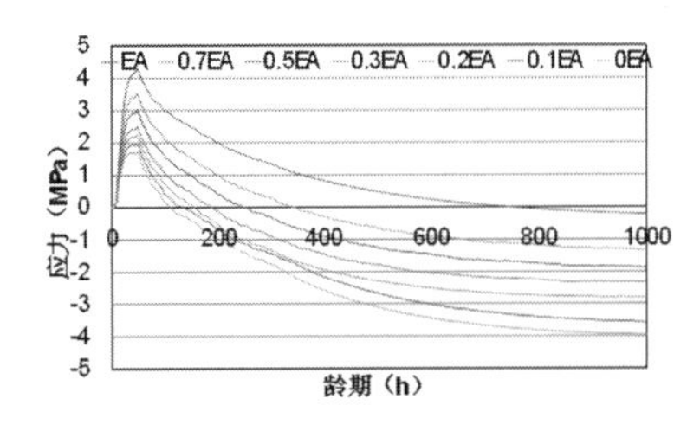

图7 不同自生体积变形下的应力发展

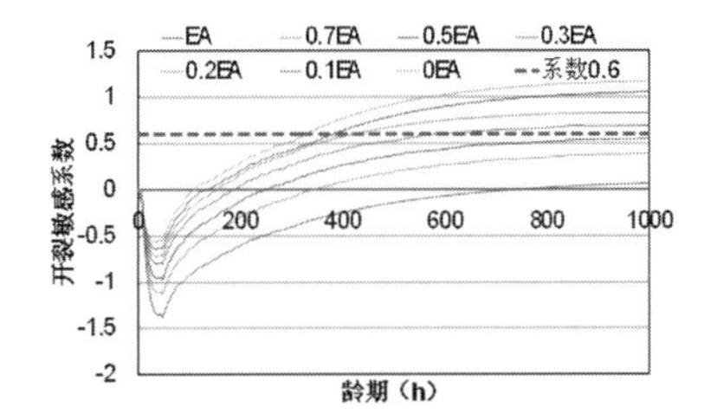

图8 不同自生体积变形下的开裂敏感系数

从图7可以看出，自生体积变形越大，其温升阶段的预压应力值越大，在降温阶段，应力随时间的减小速率相当，在温度稳定至环境温度时，其应力值相差较大。从图8可以看出，不同自生体积变形下的开裂敏感性系数也相差较大，以开裂敏感性系数0.6作为开裂的判断标准，那么0.5EA以下的混凝土早在降温稳定之前就已经开裂。因此，自生体积变形是影响抗裂性的一个重要因素。

5.2.2 热膨胀系数对抗裂性的影响

在EA热膨胀系数的基础上，考察了5种不同热膨胀系数对微膨胀抗冲磨混凝土应力发展的影响，结果见图9。从结果中可以看出，热膨胀系数越大，温升阶段的预压应力越大，但在温降阶段，热膨胀系数的提高，使得温度变形引起的拉应力迅速发展，预压应力的释放速度明显比低热膨胀系数的混凝土快。高热膨胀系数1.4EA的预压应力比低热膨胀系数0.6 EA大1 MPa的情况下，其降温稳定时刻的应力反而比0.6EA小1 MPa。

产生上述现象的主要原因是早期温升阶段热膨胀系数的提高，在一定程度上提高了预压应力，但仍有较大一部分的预压应力被早期较大的徐变所松弛，而后期随着徐变作用的减弱，高热膨胀系数使得拉应力发展速度比低热膨胀系数的拉应力发展速度要大得多。因此，在做抗裂性评价时，热膨胀系数是一个必不可少的因素。

5.2.3 弹性模量对抗裂性的影响

弹性模量对应力发展的影响见图10。从图中可以看出，随着弹性模量的增大，温升阶段对预压应力的提高较为明显，但是随着温度的降低，高弹性模量使得温降变形产生的拉应力迅速发展，抵消了早期温升阶段产生的高预压应力，到温度稳定至环境温度时，不同弹性模量的混凝土表现出的应力水平相当。

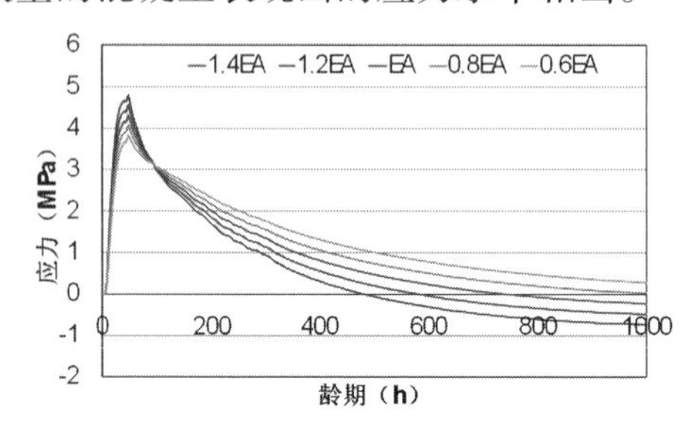

图 9　不同热膨胀系数下的应力发展(EA)

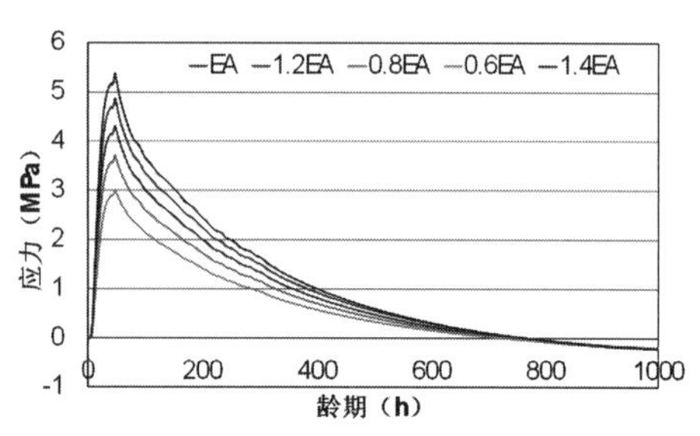

图 10　不同弹性模量下的应力发展(EA)

因此，温升阶段的预压应力水平高对于不同弹性模量的混凝土来说并不意味着抗裂性高，在其他抗裂性能参数特定的情况下，弹性模量对抗裂性的影响不大，在提抗裂综合指标时，可以不用将其作为其中的一个因素考虑。

5.2.4　温度历程对抗裂性的影响

为了考察温度对微膨胀抗冲磨混凝土抗裂性的影响，以 EA 水化热结果为基准，设置不同比例的水化热值，通过仿真计算得到实际结构物的温度场如图 11 所示，在 9 种不同温度历程下的应力场结果见图 12。

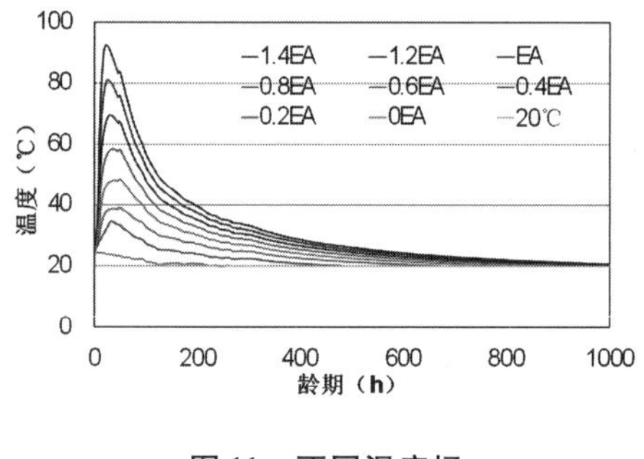

图 11　不同温度场

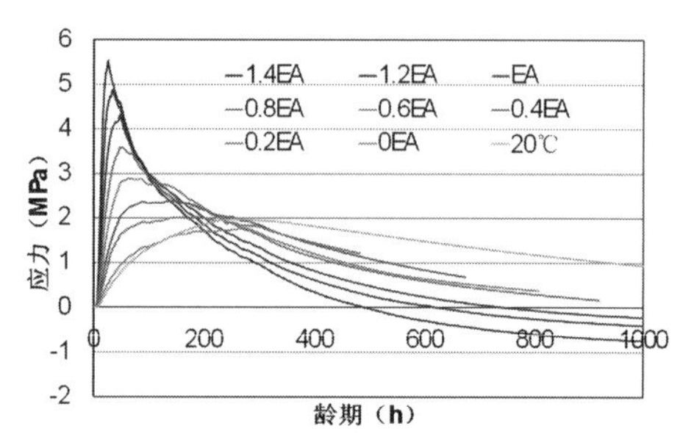

图 12　不同温度场下的应力发展

计算结果表明，温峰越高，恢复到稳定的环境温度时的拉应力越大。例如，在混凝土内部温度达到 92 ℃的 1.4EA 温度历程下，混凝土温度降至室温时的拉应力为 -0.74 MPa。虽然在混凝土硬化过程中，较大的温升会加速水泥水化，抗拉强度相对增长较快，但在降温阶段拉应力的增长速度远远超过了抗拉强度的增长速度，从而增大了混凝土的早期开裂敏感性。对于 0.2EA 的温度历程，混凝土内部温度最大为 35 ℃，当温度恢复到环境温度后，仍表现为 1.2 MPa 压应力，而对同时刻的恒温 20 ℃的混凝土，其最终的压应力为 2 MPa。

不同温度历程下的抗裂性差异很大，这使得实际结构中混凝土的开裂趋势预测更加困难。因此，在评估结构混凝土开裂危险性时，需要尽可能地模拟实际工程的温度条件，而且在提综合性抗裂指标时，温度是一个不可忽视的因素。

综上所述，自生体积变形、热膨胀系数以及温度历程是影响微膨胀抗冲磨混凝土抗裂性的主要因素，要对抗裂性水平做出判断，需要将这三个因素综合考虑。而自生体积变形的发展时间对抗裂性的影响同样很重要，自生体积膨胀变形如果发展较快，那么大部分应力将会被徐变松弛,达不到期望的预压应力值,最大自生体积膨胀变形时间应该在温峰时刻或者温峰之后。

6 微膨胀抗冲磨混凝土抗裂性综合系数的提出

微膨胀抗冲磨混凝土的主要抗裂机制是升温阶段产生足够的预压应力,而且最大预压应力发生的时间应该在温峰时刻或者温峰时刻之后。如果有足够大的预压应力叠加上抗拉强度来抵抗住温降阶段所产生的拉应力,那么即可认为该混凝土抗裂能力强。预压应力水平与自生体积变形、弹性模量、温度历程、热膨胀系数以及徐变有关,而密封条件下温峰时刻所对应等效龄期的限制膨胀率恰恰可以综合考虑到这些因素,温降阶段产生的拉应力可以用温降阶段的温降幅度和温降阶段的热膨胀系数表示,而从前文弹性模量对抗裂性的影响来看,温升和温降阶段弹性模量对抗裂性的影响可以抵消,总体上对抗裂性影响不明显。

在牛光庭等[2]提出的抗裂性系数基础上,提出了简单实用的混凝土抗裂性综合指标:

$$CCR = \frac{\varepsilon_l}{\alpha T_r} \tag{4}$$

式中:ε_l 为密封条件下温峰时刻所对应等效龄期的限制膨胀率(%);α 为温降阶段热膨胀系数,$\times 10^{-6}$;T_r 为混凝土的温降幅度,℃。

该指标的分子为综合考虑自生体积变形、温度历程、热膨胀系数,以及徐变影响的密封条件下温峰时刻所对应等效龄期的限制膨胀率,它代表了温升阶段的膨胀性能,分母是温降幅度与热膨胀系数的乘积,代表的是温降阶段的收缩变形,这与其他抗裂性指标采用的绝热温升不同,该指标具有明确的物理意义。

为了得到该综合指标,只需测试标养密封条件下混凝土的限制膨胀率、绝热温升、活化能、导热、比热及温降阶段热膨胀系数,通过温度场计算,获得实际结构物的温峰和对应时间,与现有其他抗裂性指标相比,限制膨胀率综合考虑了温升阶段徐变、热膨胀系数、自生体积变形,而密封条件养护与实际大体积水工混凝土的湿度条件一致,该指标同时结合了材料性能参数测试和温度场计算,与传统的纯材料或纯结构计算不同,而且将温度对材料性能影响通过成熟度概念体现进去了,该限制膨胀率虽然是在标准条件下测得,但实际上是在实际温度条件下的一个值,只要做活化能测试,不需要做实际温度试验。

为了制定抗裂性综合指标的控制水平,将抗裂性综合系数与实际结构物降温结束点对应的开裂敏感性系数建立关系,结果如图 13 所示,相关性系数 R^2 为 0.983 6,两者高度线性相关。

拟合得到线性关系式:

$$y = -2.327\,8x + 1.060\,7 \tag{5}$$

其中 y 为开裂敏感系数;x 为抗裂性综合系数。

通过本课题组的研究发现,开裂架试验得到的开裂应力与等效龄期下抗拉强度的比值基本在 0.67 ~ 0.81。Altoubat 等[6]研究表明约束拉应力约为同龄期抗拉强度的 0.8,而且试验结果离散性大,反映出的规律不明显;《水工混凝土结构设计规范》(DL/T 5057—2009)[7]规定在做抗裂验算时,结构构件受拉应力不应该超过混凝土抗拉强度的 0.85。为保守起见,本文将约束拉应力达到抗拉强度的 0.6(开裂敏感系数)作为混凝土开裂的评判标准,通过公式(5)计算得到抗裂性综合系数为 0.2。因此,对于抗冲磨混凝土,当采用本文提出的

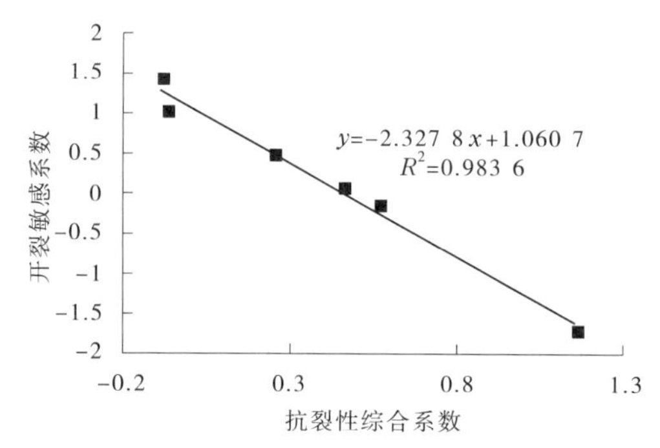

图13 抗裂性综合系数与开裂敏感性系数的关系

抗裂性综合指标 $CCR\geqslant0.2$ 时,能够获得开裂敏感系数0.6以内,开裂风险小的微膨胀抗冲磨混凝土。

7 结 论

选用基于成熟度方法考虑温度对抗裂性参数影响的三维有限元仿真分析软件B4Cast,结合课题组前期经过改进的各项性能参数随龄期和温度变化的模型,并在升温、降温段采用不同的热膨胀系数,考察混凝土内部"温度-应力-强度"的经时发展历程,揭示微膨胀抗冲磨混凝土的抗裂机制,提出混凝土抗裂性综合指标,主要结论如下:

(1)微膨胀抗冲磨混凝土真正的抗裂机制是升温阶段产生足够的预压应力,而且最大预压应力发生的时间应该在温峰时刻或者温峰时刻之后。

(2)提出以密封条件下温峰时刻所对应等效龄期的限制膨胀率与混凝土温降幅度-热膨胀系数乘积之比作为微膨胀混凝土抗裂性综合指标。

参 考 文 献

[1] 刘数华,方坤河,曾力,等. 混凝土抗裂评价指标综述[J]. 混凝土,2004(4):105-107.

[2] 牛光庭,李亚杰. 建筑材料[M]. 北京:水利电力出版社,1993.

[3] 黄国兴. 对"碾压混凝土抗裂性能的研究"一文的商榷[J]. 水力发电,2005,31(2):72-75.

[4] 曾力,方坤河,吴定燕,等. 碾压混凝土抗裂指标的研究[J]. 水利水电技术,2000,31(11):3-5.

[5] Kovler K. Tensile creep behavior of high strength concretes at early ages[J]. Materials and Structures,1999(32):383-387.

[6] Altoubat S A,Lange D A. Creepshrinkageand cracking of restrained concrete at early age[J]. ACI Materials Journal,2001,98(4):323-330.

[7] 中华人民共和国国家能源局. GL/T 5057—2009 水工混凝土结构设计规范[S]. 北京:中国电力出版社,2009.

深厚砂砾石河床上弧形面板支墩瀑布坝设计

徐向阳[1] 韩志云[2]

(1. 长江勘测规划设计研究有限责任公司上海分公司,上海 200439;
2. 安庆市潜山县长春水库管理所,潜山 246300)

摘 要 为了推动当地旅游业的发展,管理部门希望在风景区河流上建造一座景观瀑布。该段河床内岩性主要为冲洪积的砂砾卵石,表层为现代河床冲洪积层,结构松散,下部中密。两岸山体岩性为风积黄土状轻粉质壤土。由于河床及两岸山体地质条件限制,不可能在此河床上布置常规的刚体重力坝。为此,笔者经多方案比较研究,设计了一种新型坝型——弧形面板支墩瀑布坝。这种坝型改变了靠重力与坝基摩擦来维持坝体稳定的传统设计理念,能适应深厚砂砾石河床坝基甚至软土地基,更主要的是坝型结构简洁轻巧,挡水结构均隐藏在瀑布水帘后面,能够营造出较为漂亮的瀑布景观。

关键词 深厚砂砾石河床;弧形面板;弧形支墩;瀑布坝

1 前 言

为了推动当地旅游业的发展,管理部门希望在风景区河流上建造一座人工景观瀑布。

河床内岩性主要为冲洪积的砂砾卵(漂)石组成,表层为现代河床冲洪积层,结构松散,下部中密。钻孔深35 m尚未将砂砾卵(漂)石层打穿。两岸山体岩性为风积黄土状轻粉质壤土。

要想在此河流上修建景观瀑布,只能采用刚体结构拦河坝,但由于地形地质条件限制,不可能在此修建拱坝,而修建重力坝不但体量较大,且难以形成瀑布景观。而业主希望修建的就是景观瀑布,为此,笔者经多方案比较研究,设计了一种新型坝型——弧形面板支墩瀑布坝,这种坝型的特点是能够适应深厚砂砾石河床坝基甚至软土地基,更主要的是能够形成较为漂亮的人造瀑布景观。

2 地形条件

坝址位于低山丘陵区与山前倾斜平原区的过渡地段,地形为北高南低,河床宽60 ~ 80 m,河道较顺直,河底距地面深度3 ~ 6 m。枯季河道水面宽10 ~ 20 m,水深0.4 ~ 0.8 m,河道纵坡坡降15‰ ~ 20‰,河床为第四系冲洪积物覆盖。

3 地质条件

该河段河床内岩性主要为冲洪积的砂砾卵(漂)石组成,表层为现代河床冲洪积层,结

作者简介:徐向阳,男,副总工程师,高级工程师,主要从事水利水电工程设计技术审查工作。E-mail:shfyxxy@163.com。

构松散，下部中密。

河床卵石青灰色，稍湿，中密，颗粒磨圆度一般，多呈亚圆状，级配不良，分选性较好，母岩成分以石英岩、片麻岩、闪长岩为主。颗粒组成：大于 60 mm 的颗粒含量 50.26%，60～20 mm 的颗粒含量 28.23%，20～5.0 mm 的颗粒含量占 10.26%，5.0～2.0 mm 的颗粒含量占 2.39%，2.0～0.5 mm 的颗粒含量占 3.30%，0.5～0.25 mm 的颗粒含量占 2.03%，0.25～0.075 mm 的颗粒含量占 2.06%，小于 0.075 mm 的颗粒含量占 1.47%。不均匀系数 26.72，曲率系数 4.10，级配不良，砂卵石层的渗透变形类型可判为管涌。土粒比重 2.70，内摩擦角 $\varphi=31°\sim33°$，天然干密度 1.99～2.05 g/cm^3，埋深 0～14 m 渗透系数 $k=1.77\times10^{-2}\sim3.12\times10^{-2}$ cm/s，埋深 14 m 以下渗透系数 $k=8.35\times10^{-3}\sim7.63\times10^{-4}$ cm/s，岩土渗透性分级为强透水层，地下水埋深 0.3～1.5 m，地基承载力特征值为 400～450 kPa，压缩模量 30～40 MPa。基底摩擦系数 $\mu=0.45$。

工程区地震基本烈度为 8 度。坝址地层岩性主要为砂卵砾石层，不存在地震液化问题。

4　修建重力坝的可行性研究

从地质条件来看，若修建水库，采用土石坝坝型是合适的。由于业主要求拦河坝溢流状态要达到瀑布景观的目的，因此就不可能在此修建土石坝。为此笔者研究修建重力坝的可行性。

所谓重力坝，就是靠坝体自重与坝基产生的摩擦力抵抗水推力来取得坝体的滑动稳定的，在此砂砾石河床上修建重力坝需要多大体量呢？笔者进行了简略计算。

坝型采用 C20 混凝土灌砌块石重力坝，坝长 72.0 m，坝高 7.0 m，全坝段溢流。首先要计算重力坝的抗滑稳定性，计算工况为坝前刚蓄满水未溢流，见图 1（图中尺寸单位为 mm，下同）。经计算抗滑稳定安全系数仅为 0.82，小于允许安全系数 1.05。在无法改变坝基摩擦系数的情况下，唯有增大坝重及可利用的水重，故对重力坝横断面形式做了修改，见图 2。

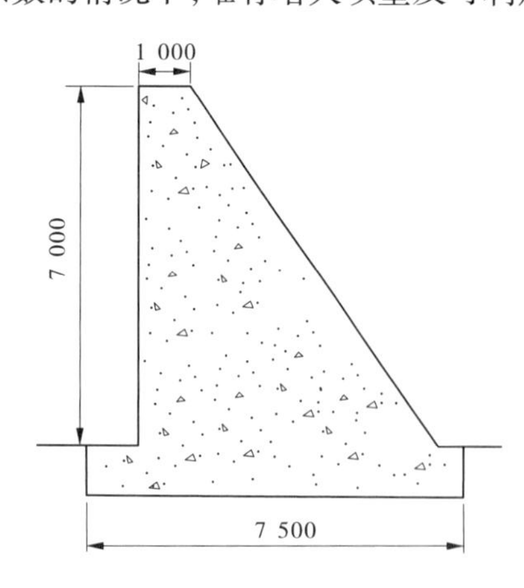

图 1　重力坝横断面形式

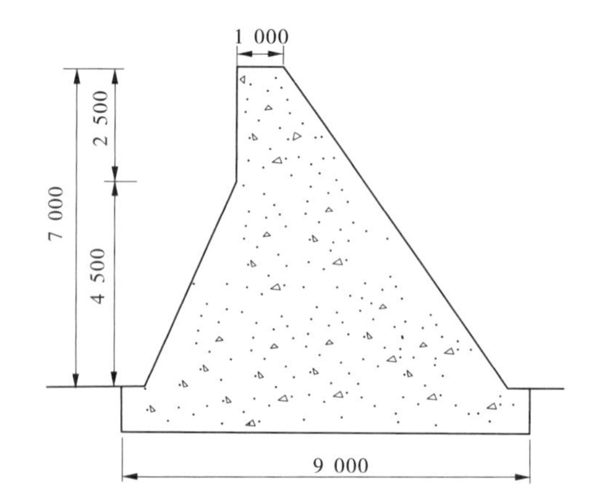

图 2　修改后的重力坝横断面形式

经计算图 2 坝体抗滑稳定安全系数为 1.05，基本满足抗滑稳定要求。

从图 2 可以看出，这种形式的重力坝只能形成溢流状态，不能满足业主所期望的瀑布景观要求。为了使该坝型溢流时能够形成瀑布状态，必须在下游坝坡上增加梁板柱结构，见图 3。

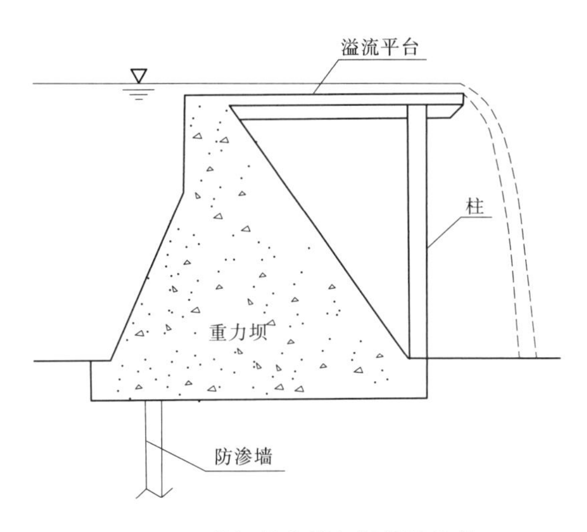

图 3　下游坝坡上增加梁板柱结构

至此,图 3 坝型解决了抗滑稳定和瀑布景观两大基本问题。但也明显存在以下缺陷:

(1)坝体结构笨重,没达到景观要求。

从图 3 可以看出,坝横断面几乎就是等腰三角形,体态笨重,不但造价高,而且下游面梁板柱众多,根本达不到景观要求。

(2)坝顶溢流平台可能成为两岸交通通道,造成行人危险。

由于建坝河段两岸交通没有桥梁,当坝顶平台不溢流或平台水深不大时,哪怕坝端设有栅栏设施,居民也完全有可能将此平台作为交通通道,这会造成极大的危险。

总之,建造混凝土灌砌块石重力瀑布坝并不是最佳选择。

5　修建面板支墩坝的可行性研究

混凝土面板支墩坝是由一系列支墩和挡水面板组成的坝型。支墩坝有倾斜的挡水面板,可充分利用上游水重增加坝的抗滑稳定性。挡水面板较薄,支墩间的空腔较大,有利于地基排水,扬压力较小。因此,支墩坝比同等高度的重力坝节省坝体混凝土。

本工程地基为砂砾石,摩擦系数小,即使充分利用水重也不能解决面板支墩坝的滑动稳定问题。为此将混凝土面板与槽孔混凝土防渗墙连接成一个整体,利用插在地基中的墙体拖拽和支墩下灌注桩支撑以确保坝体稳定,见图 4。

图 4 坝型工程量明显比图 3 坝型节省,也基本满足了瀑布景观要求。但也存在溢流平台有行人强行通过的风险和作为景观建筑并不美观的缺点。为此,笔者以此坝型为基础做了进一步优化。

6　修建弧形面板支墩瀑布坝的可行性研究

6.1　面板优化

为了消除行人上坝的风险和改善面板和防渗墙相接处受力状况,将平面挡水面板修改为弧形挡水面板。考虑面板受力随着水深减小而减小,将面板厚度 600 mm 逐渐变薄为 250 mm,见图 5。

弧形面板与防渗墙连成整体,类似于插在地基中的板桩,只不过露出地表的部分弯向下

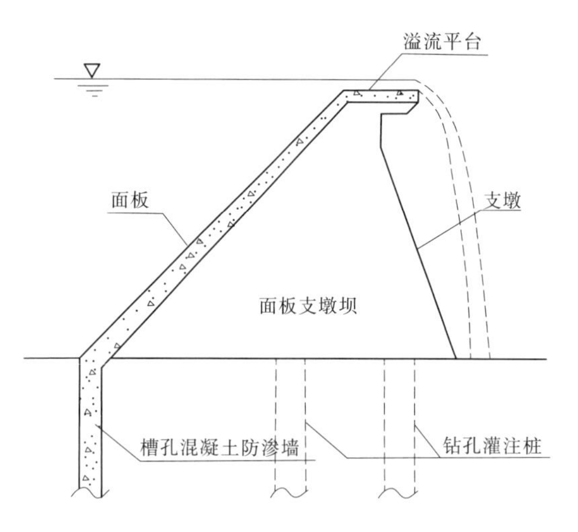

图4　支墩坝

游。为了减少板、墙在自重、水重压力下沉降以及减小板、墙相接处的面板底部弯矩，在板、墙相接处加设平衡板，向上游挑出 1.50 m、向下游挑出 1.0 m，见图5。

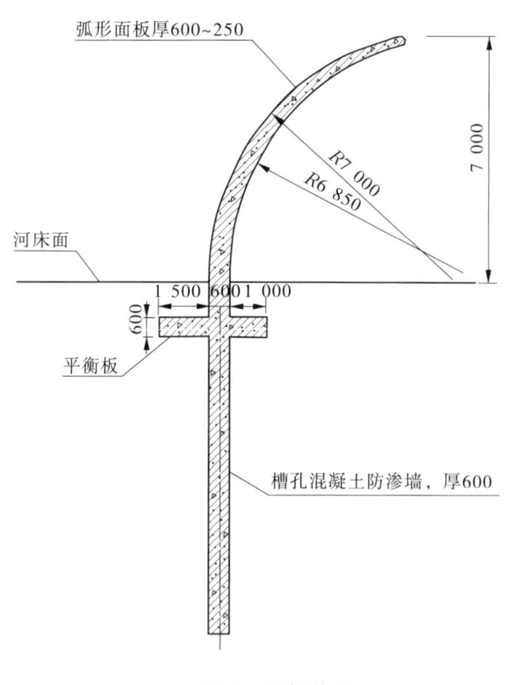

图5　面板优化

6.2　支墩优化

显而易见，仅靠弧形面板是不能支撑水压力的，面板下游必须布置支墩。若将支墩下游面布置成直线型，考虑到溢流形成瀑布时坝后空腔必须补气，在支墩上开 3ϕ1 000 mm 的通气孔，见图6。

从图6可以看出支墩结构型式与弧形面板不协调，从侧面剖视和下游立视看也不美观。为此，将支墩的下游面修改成弧形，这样弧形支墩与溢流瀑布间的空腔可以作为补气通道，取消支墩上的通气孔,见图7。

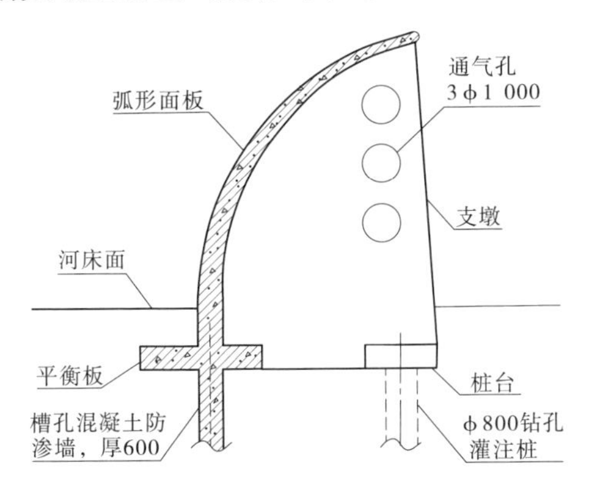

图6 支墩优化1

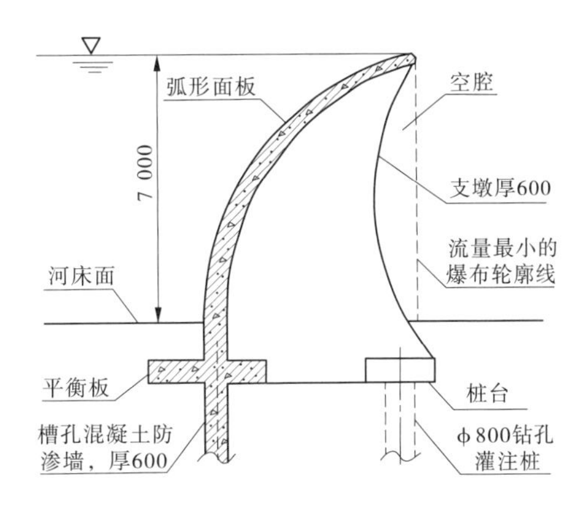

图7 支墩优化2

考虑到支墩上游端支撑在防渗墙上,为了变形协调,在支墩的下游端采用单根 ϕ800 mm 钻孔灌注桩支撑,在桩顶与支墩相接处加设桩台,见图7。

综上所述,将面板支墩坝优化为弧形面板支墩瀑布坝,见图8。

6.3 面板分缝

本工程河宽约70 m,瀑布坝的面板必须分段。参照重力坝分缝间距要求,同时考虑面板较薄,确定支墩间距6 m,面板每隔12 m分一道伸缩缝,槽孔混凝土防渗墙及平衡板不分缝,见图9。为防止平衡板不分缝过长产生收缩裂缝,可在平衡板混凝土中掺入适量微膨胀剂,并加强抗裂配筋。

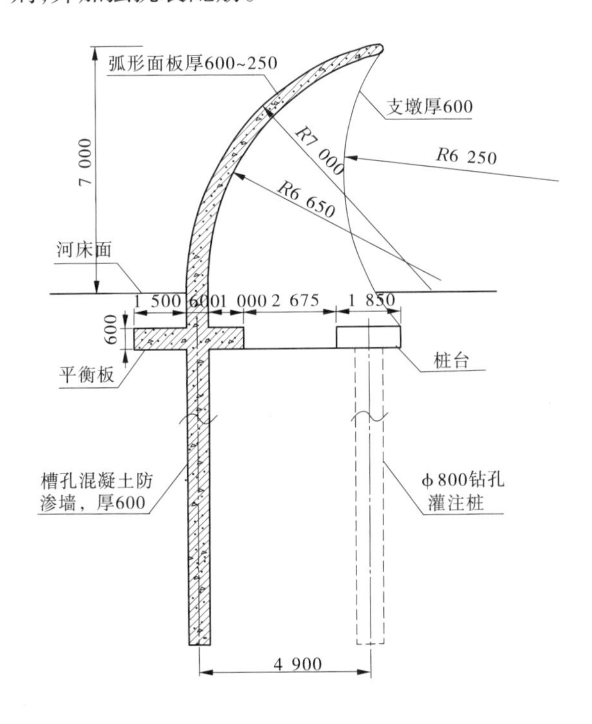

图8 支墩优化3

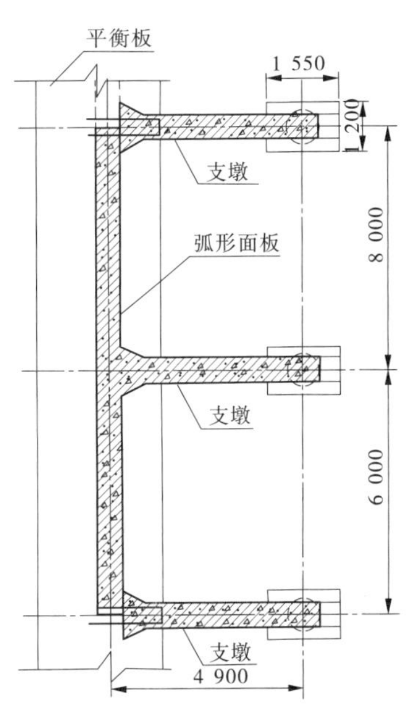

图9 面板分缝1

面板伸缩缝位于支墩上，缝宽 20 mm，安装止水橡皮，采用聚乙烯闭孔泡沫板隔缝，缝表面 20 mm 注入聚氨酯密封胶。

考虑到抗震需要，同时为使面板与支墩形成铰接，在支墩上游面每隔 500 mm 预埋一根 U 形锚筋，锚筋穿过面板中钢管，与面板表面上锚固钢板焊接，以确保地震时弧形面板不与支墩脱开。为保证面板能自由伸缩，要求锚筋与钢管内壁间隙不小于 15 mm。同时，在面板与支墩接触面上采用二毡三油隔缝，以保证面板能够自由伸缩，见图 10。

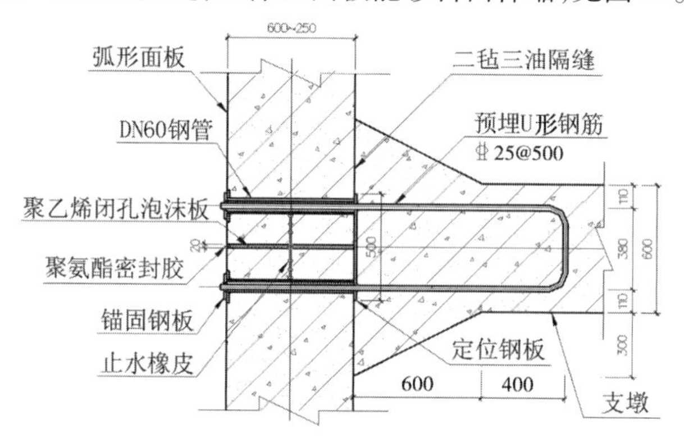

图 10　面板分缝 2

6.4　坝后空腔补气

当溢流瀑布水帘封住坝后下游面时，弧形面板与瀑布水帘之间成了密闭的空腔，随着水流下泄，腔内空气将被带走，必将引起面板、支墩混凝土气蚀，甚至引起坝体振动。考虑坝高仅 7.0 m，同时，水流流速小，跌落速度也不高，腔内空气流失速度有限，确定在坝两端边墙上、对应支墩下游弧面与瀑布水帘之间通道位置设置 3 个直径为 1 000 mm 的补气孔，见图 11。边墙为扶壁式空箱挡土结构，空箱内设有竖向补气通道，通道口安装钢格栅，既能补气又能保护其上行人安全。

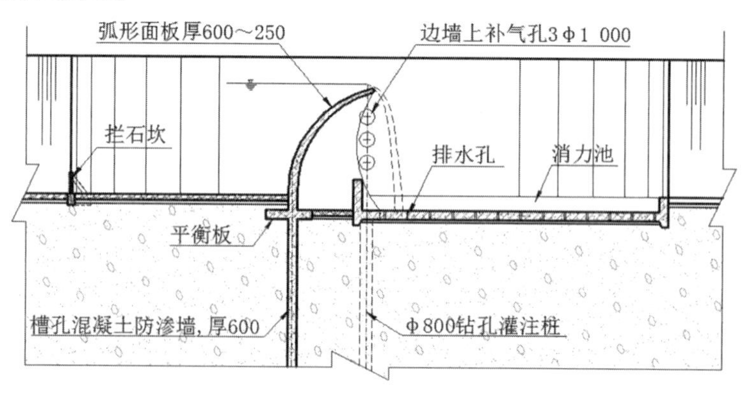

图 11　坝后空腔补气

6.5　坝前拦石坎

本工程河流的河床为冲洪积砂卵砾石层覆盖，漂石最大直径超过 1 000 mm。为防止随水流而下大石撞坏冲砂闸，在坝前设置钢结构透水拦石坎，将粒径大于 150 mm 的石头拦在坎前，见图 11。小于 150 mm 的卵石泥沙经冲砂闸排向下游。当然，拦石坎前极易积满石头,要求每年汛期1~3次放空水库检查,清除坎前积石。

6.6 冲砂闸

本工程所处河流含砂石量大,同时,考虑淤积后清淤放空的需要,必须设置冲砂闸。单孔闸孔净宽4.4 m,净高2.2 m,平面钢闸门,油压启闭机,见图12。

从图12可以看出,单孔闸体结构布置在弧形面板后的一个空腔内,布置紧凑,不影响瀑布的形成,不影响瀑布坝的整体美观。

至于需要几孔冲砂闸才能解决坝前淤积问题,理论上应用物理模型试验才能确定,考虑到坝长仅72 m,以布置3~5孔冲砂闸为宜,若冲砂孔不足,只不过汛后再清淤一次,不存在坝体安全问题。为了方便管理人员进入启闭机房,可将边墙上3个直径为1 000的补气孔改为门洞形,并在边墙至机房之间的坝后空腔内架设简支板桥。还要求用钢管穿过机房将相邻空腔的补气通道连通,使得每个坝后空腔都能从左、右两岸补气,见图12。

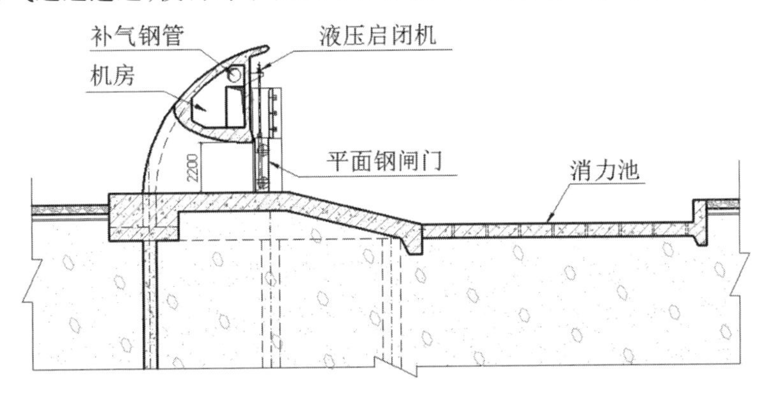

图12 冲砂闸

6.7 坝后消力池

依据地质勘察报告,坝址处河床覆盖层为级配不良的砂卵砾石,因而必须在坝后修建消力池,以确保瀑布跌流不对坝后河床形成冲刷。

消力池长度及深度可按《水闸设计规范》中消能防冲计算确定。至于跌流消能防护,考虑到坝顶设计水头仅为0.8 m,坝高仅7.0 m,跌流冲击能量不大,可在池内铺一层粒径300 mm左右的卵块石对消力池底板进行保护即可。

同时,要求坝后所有护面必须是透水结构,并设置可靠的反滤层。考虑到河床砂石级配不良,必须在砂石反滤层底先铺一层无纺土工布,防止细沙流失。

6.8 弧形面板支墩瀑布坝的设计计算要点

6.8.1 坝段稳定

常规的面板支墩坝是利用水重和自重与坝基面产生的摩擦力来抵抗水推力而维持稳定。而深厚砂砾石河床上弧形面板支墩瀑布坝的稳定设计则完全不同,它主要依靠插在坝基中钢筋混凝土防渗墙的拖拽、支墩以及灌注桩的支撑来获得整体稳定。由于坝高较低,其结构受力分析采用平面结构计算内力也能够满足工程安全要求。设计计算重点有:一是要确保弧形面板与防渗墙相接处不开裂;二是要确保坝趾处灌注桩有足够的承载力并且不下沉;三是坝基渗流稳定不会发生管涌。

6.8.2 防渗墙

对于强透水的深厚砂砾石坝基,采用槽孔混凝土防渗墙截渗是最佳选择。仅从防渗而言，防渗墙一般不配钢筋，但该墙与弧形面板是一整体受力结构，因此该墙必须配筋。当然，若墙深过大，仅对墙的上半部进行配筋也是可行的。

防渗墙深度以伸入渗透系数 $i\times10^{-4}$层为宜，若该层过深，通过渗流稳定计算和渗漏量控制计算，减小墙深是完全可以的。

防渗墙长度要考虑坝端绕渗情况，不能完全截渗的，防渗墙要延长 1 ~3 倍水头。坝端防渗墙上部与边墙的刺墙相接，以保证绕坝渗径长度满足渗流稳定要求。

6.8.3 弧形面板

由于坝高低、水头低，弧形面板内力计算可以简化为平面面板计算内力。面板内力可按两边固接、一边铰支和一边自由的板计算。弧形面板与防渗墙相接处要进行抗弯和抗裂（或限裂）计算配筋；面板顶部可按一端简支、一端固定的单宽板复核面板顶缘内力并计算抗弯、抗裂配筋。

6.8.4 支墩

支墩是一个异形结构。支墩要注重两处配筋：一处是支墩底部可按梁高 1.0 m 的水平暗梁配置底面受力主筋和箍筋；另一处是支墩下游弧面处可按竖向变截面暗柱配置水平箍筋，暗柱最小边长按 0.6 m 考虑；其他部位可按构造要求配筋。

7 结 论

（1）弧形面板支墩瀑布坝是由面板支墩坝而演变的新型坝型。坝顶过流不是以紧贴坝面的溢流形态出现，而是无论水量大小均能形成瀑布状态，这是该坝型最突出的优点。

（2）弧形面板支墩瀑布坝结构的巧妙布置，改变了靠重力（自重及水重）与坝基摩擦来维持坝体稳定的传统设计理念；进而推论，该坝型亦可用于软土地基，这是弧形面板支墩瀑布坝的最突出的特点。

（3）弧形面板支墩瀑布坝是适应砂砾石河床或软土河床的一种新型坝型，结构布置简洁轻巧，整体稳定安全可靠，能够营造出较为漂亮的瀑布景观，可作为河道景观建筑的一种补充。

水利水电工程定向钻孔综合勘察技术应用

付建伟[2] 李树武[1,2] 刘 昌[2]

(1. 国家能源水电工程技术研发中心高边坡与地质灾害研究治理分中心,西安 710065;
2. 中国电建集团西北勘测设计研究院有限公司,西安 710065)

摘 要 定向钻孔综合勘察技术将钻探技术、孔内成像技术、物探测试技术和计算机技术融为一体,能够探测预定深度岩体的孔壁影像资料、声波波速、地震波穿透波速、弹性模量等信息,为研究区岩体质量评价提供科学的依据。本文主要介绍了定向钻孔综合勘察技术的作业流程、分析方法、应用特点,并对其在实际工程中的应用成果与传统勘察成果进行了对比验证,分析认为该项综合勘察技术可以提高勘察工作效率,获取更为丰富的岩土信息。

关键词 定向钻孔综合勘察;孔内摄像;物探测试; 技术验证

1 前 言

工程地质勘察是水利水电工程建设的基础和前提,对水利水电工程项目的规划、设计、施工等起着非常重要的作用。随着水利水电工程建设的迅速发展及相关学科新成果的不断引入,水利水电工程地质勘察技术手段和水平也有了较大发展[1]。采用合理、规范、科学的地质勘察技术,能够显著提高工程地质勘察水平,缩短勘察周期,提高工作效率,节约投入成本、适应国际化发展需求[2]。先进技术(含理论、技术设备)的推广应用是工程地质勘察好、省、快的强大技术和物质基础。

2 研究现状

不论国内或国外,钻探技术是工程勘察中能直接获取地下信息的最重要的技术手段,但就目前的钻孔技术水平,由于地质条件的复杂性和特殊性,要想准确评价岩体质量,仍存在很多问题,这主要是由于:①钻孔岩芯提供的是一维信息,仅为一孔之见,很难准确获知周围岩体信息;②钻进过程中机械扰动导致岩芯破碎的因素往往被忽视;③量测手段落后,精度低。

在水电行业具有直观、可靠特点的勘探手段仍然是勘探平硐(在国内其他行业很少利用,国外水电项目投入工作量也极少),但由于勘探平硐开挖费时、费力,效率低下,且受火工材料管制等多种外界因素影响严重,往往会成为制约勘测进度的一项主要因素。

针对钻孔勘探应用中存在的这些问题和进行平硐勘探的实际困难,从提高工作效率、节约投入成本,且不影响勘探质量的角度考虑,有必要引入一种全新的工程地质勘探技术——定向钻孔综合勘察技术[3]。

基于数字全景技术发展起来的钻孔摄像系统和其他孔内物探测试技术是该项综合勘察技术的有力技术支持。20 世纪 60 年代钻孔摄像首次被引入到我国,并且一直延用至今,近

作者简介:付建伟(1987—),男,工程师,主要从事水电站工程地质问题研究。E-mail:717342779@qq.com。

年来长足发展,已广泛应用于采矿工程、水电工程、冰川研究等领域,目前能够获得含有三维信息的全景图像,利用数字技术能对全景图像进行准确解译。它能像人眼一样直接观察钻孔孔壁、形成高精度孔壁图像、完整描述孔内地质信息,通过解译准确获得诸如岩性、断层、软弱夹层、裂隙及破碎带的位置和厚度,了解岩溶发育情况;测定结构面产状,解决工程地质勘察的完整性和准确性问题,使工程地质勘察技术水平、勘察精度和勘察效率得到了极大的提升[4-6]。

3　定向钻孔综合勘察技术

3.1　定向钻孔综合勘察技术

定向钻孔综合勘察技术是指根据勘察需求,设计不同倾向、倾角的钻孔,并基于钻孔摄像和其他多种物探测试手段以获取更多工程地质信息的技术,它是一项多学科相结合的综合应用研究。该项技术将钻探技术、孔内成像技术、物探测试技术和计算机技术融为一体,从工程地质入手,探测预定深度岩体的孔壁影像资料、声波波速、地震波穿透波速、弹性模量等信息,为研究区岩体的结构面发育情况、岩体质量评价、岩体风化及卸荷深度判别等提供科学的依据。

3.2　作业流程

定向钻孔综合勘察技术是勘探、物探、试验及地质专业的联合工作,作业必须要安排科学、合理的顺序,以免部分工作对钻孔孔壁造成破坏或对后续物探测试工作造成影响。

3.2.1　现场作业

定向钻孔综合勘察现场作业流程见图1。

各项现场测试工作的安排需按以下原则依次进行,即根据测试工作对钻孔孔壁可能造成损坏的影响程度统筹安排,影响轻微的居前,影响较大的居后,存在严重影响的置于最后。若有其他特殊物理测试方法,可在此基础上对流程图作适当调整。地勘专业需严格按任务要求进行钻探施工,并对孔斜严格控制。

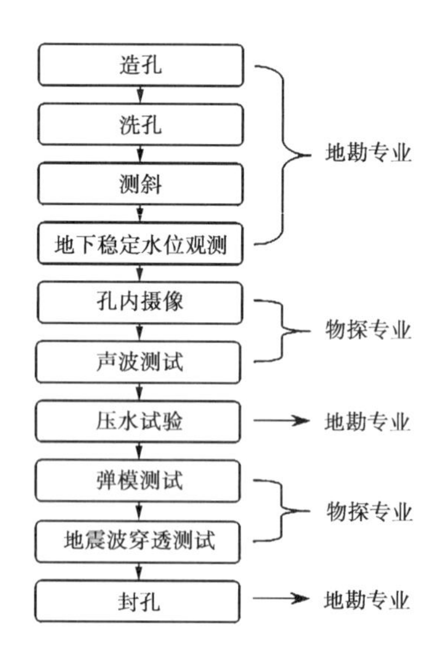

图1　现场作业流程

3.2.2　内业整理

定向钻孔综合勘察技术成果整理过程中需地勘、物探及地质三个专业人员进行相互沟通,工作程序为并互式作业流程,内业整理工作流程见图2。

地勘专业人员需在终孔后将孔斜测量成果、稳定地下水观测成果及时传递给物探专业人员。物探专业人员在得到孔斜、地下水资料后,结合地质专业人员提供的已有的地质资料,开展孔内摄像及声波测试、地震波穿透波速测试、弹性模量测试等多种物探测试工作,并对孔壁影像资料及物探测试成果进行解译、整理。最后,地质专业人员利用获取的勘探成果(压水试验成果、勘探记录资料等、孔内结构面解译成果及物探测试成果,结合本专业岩芯编录成果及其他已有的勘察资料进行综合分析,以评价场地工程地质条件。

3.3　应用特点

(1)物探测试和钻探技术互补,使钻探的优点更加突出。

在地质勘探中,钻孔摄像可以对孔内地质现象进行观察和探测,从而辅助查明那些不易取得却具有重大工程意义的软弱夹层和构造破碎带等地质现象,充分发挥了两种技术的优势,并形成互补,使钻探的优点更加突出。

(2)数字摄像技术的运用,大大提升了勘察的技术水平。

钻孔摄像系统能够直接观察钻孔孔壁、形成高清晰度孔壁图像、完整描述钻孔内地质信息。同时,钻孔摄像系统还具备准确获得如裂缝产状、裂缝宽度等结构参数的能力,使工程地质勘探更具完整性和准确性,大大提升了工程地质勘探的技术水平和勘察精度。

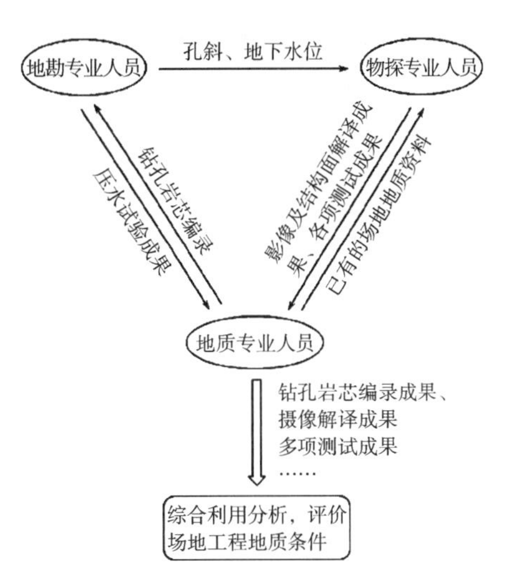

图2　内业整理流程

(3)数字摄像与其他物探测试技术的综合运用产生的新优势。

钻孔图像能够准确描述钻孔内结构特征,包括细小的节理裂隙,而声波测试、弹模测试能够反映钻孔侧壁周围岩体的异常变化,通过对数字摄像和其他物探测试的数据分析对比,很容易建立钻孔图像中的结构特征与声波值、弹模值的对应关系。钻探、物探解译成果和地质分析等方法有机结合,应用到具体勘测工作中,建立起了一种全新的、有效的工程地质勘察方法。

4　技术验证

为了验证定向钻孔综合勘察技术的可行性及可靠性,研究者分别在昌马抽水蓄能电站、金川水电站及巴塘水电站进行了多次比对验证,这里以在昌马抽水蓄能电站工程中取得的成果进行介绍。

本次开展的工程地质对照分析部位位于昌马抽水蓄能电站工程中库坝址区右岸,该段岸坡陡峻,基岩裸露,岩性为黑云母斜长片麻岩,中薄层结构,岩质致密坚硬,岩层产状为NE3°~64°、NW(SE)∠51°~89°。研究者在原有常规勘探的基础上增加了ZK30定向钻孔,并在该定向钻孔与原ZK24垂直孔内进行了孔内摄像、声波测试、地震波穿透测试及弹模测试。通过对比常规勘察与定向钻孔综合勘察获得的岩体风化及卸荷深度、岩体内结构面发育情况、岩体质量,比较之间的差别,验证定向钻孔综合勘察技术的可靠性。

4.1　风化、卸荷深度对照

不同方法获得的风化、卸荷深度成果见表1,由表可以看出由传统岩芯地质编录获得的风化、卸荷深度与定向钻孔综合勘察获得的成果略有差距,但总体一致,这主要是由于岩体风化、卸荷深度本就无明显分界,风化卸荷、深度可根据岩芯地质编录与影像、波速综合确定。

表1　风化、卸荷深度比对

钻孔编号	方位角(°)	下倾角(°)	孔深(m)	卸荷深度(m)		弱风化深度(m)	
				钻孔编录	影像、波速	钻孔编录	影像、波速
ZK30	25.5	15	99.4	6.0	6.2	26.7	26.4
ZK24	0	90	98.6	6.0	6.0	53.3	52.9

注:波速划分风化标准参考《水力发电工程地质勘察规范》(GB 50287—2006)。

4.2　结构面发育情况对照

地表测绘、平硐开挖揭露获得的断层、裂隙与综合勘察获得的断层、裂隙成果见表 2 及图 3、图 4。对比图、表可以看出，试验区主要发育的断层、裂隙是基本一致的，不同之处在于平硐揭露裂隙中，层面裂隙(①组)较为发育，但在解译的裂隙中，层面裂隙相对较少，分析认为这主要由于在平硐开挖过程中，爆破作业对原岩的扰动所致。

表 2　研究区裂隙、断层发育情况比对

裂隙组	地表测绘、平硐编录	地表测绘、钻孔解译
①	NE20° ~ 35°、NW(SE)∠65° ~ 88°	NE24° ~ 50°、NW(SE)∠56° ~ 85°
②	NW294° ~ 348°、SW∠50° ~ 89°	NW286° ~ 351°、SW∠45° ~ 86°
③	NW292° ~ 352°、NE∠52° ~ 89°	NW282° ~ 348°、NE∠49° ~ 89°
④	NE20° ~ 46°、NW∠22° ~ 51°	NE24° ~ 50°、NW∠32° ~ 53°

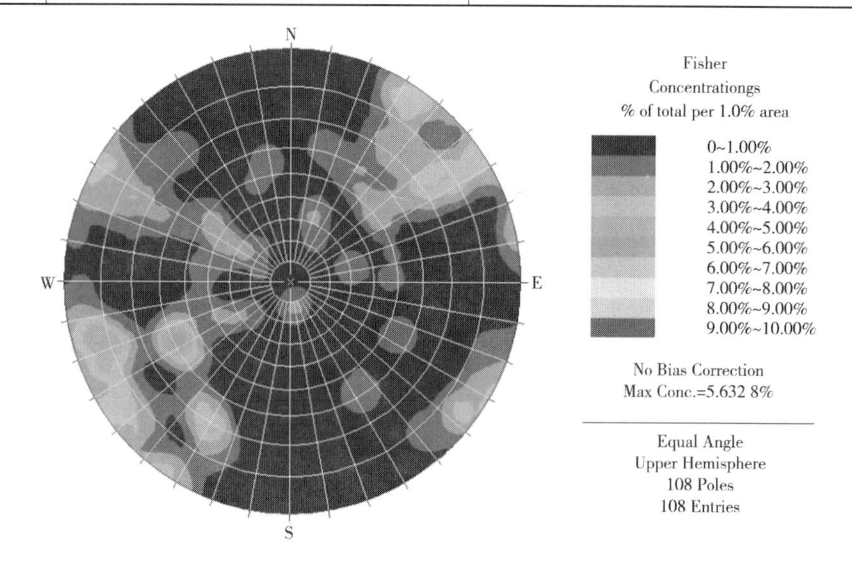

图 3　研究区地表及平硐裂隙、断层等密度图

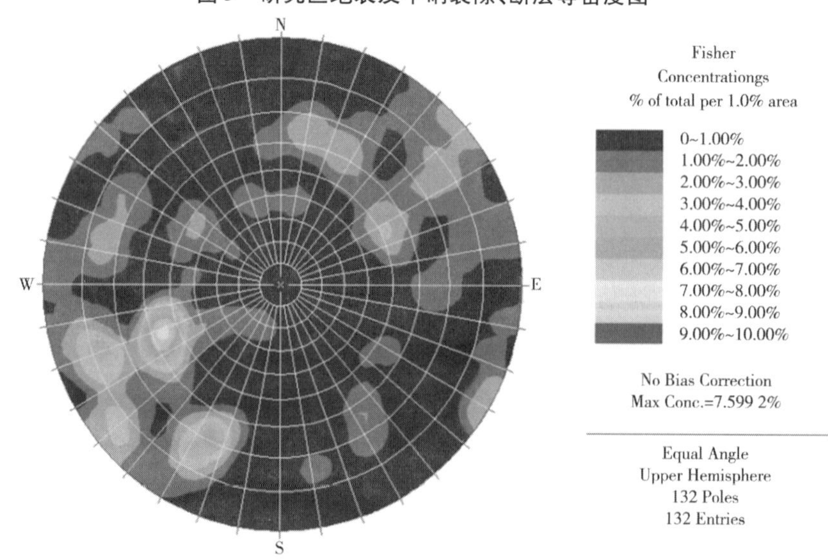

图 4　研究区地表及钻孔解译裂隙、断层等密度图

4.3 岩体质量对照

对 ZK30 及 ZK24 钻孔进行声波波速测试、地震波穿透(与边坡间进行)测试、弹性模量测试,获得的各项测试成果与常规勘探测试成果见表 3。由表 3 可以看出:①常规勘探与综合勘探获得的岩体 *RQD* 值及岩体弹性模量值基本一致;②定向钻孔声波波速比平硐中测得的弹性波波速偏大,相应 K_v 值也偏大;③定向钻孔与边坡间地震波穿透测试获得的 K_v 值与平硐弹性波测试取得的 K_v 值基本一致。

表 3 岩体质量比对

勘探类别	风化程度	*RQD* (%)	平硐弹性波测试		地震波穿透测试		声波测试		弹性模量 (GPa)
			$\bar{v}$(m/s)	K_v	$\bar{v}$(m/s)	K_v	$\bar{v}$(m/s)	K_v	
常规勘探	弱风化	30 ~ 60	2 738	0.32	—	—	—	—	20.09
	微风化	50 ~ 70	4 000	0.5	—	—	—		22.32
综合勘探	弱风化	33 ~ 50	—	—	4 535	0.68	—	—	19.27
	微风化	49 ~ 64	—	—	4 800	0.72	4 560	0.49	22.26

注:综合勘探 *RQD* 值根据钻孔影像资料及岩芯编录综合确定。

分析认为造成定向钻孔声波波速大于平硐勘探弹性波波速值的主要因素是:ZK30 钻孔方位角(25.5°)与研究区岩层产状较为接近,加之 ZK24 钻孔(垂直孔)与陡倾岩层层面倾角之间的夹角多小于 25°,这均导致在声波测试时近似于在岩层层面传导,波速自然相对更高,由此计算的 K_v 值也相应更大。

5 发展与展望

综合分析认为,定向钻孔综合勘察技术能够对水利水电工程中岩体风化程度、结构面分组及发育程度、较大结构面准确定位、岩体质量分级等提供科学、可靠的基础地质资料,在实际工程中可以减少或代替部分平硐勘探工作量。利用钻孔数字摄像和其他物探测试技术的优越性,可以实现"一孔多用"和"一场多孔",为工程勘察提供一种系统的、有效的综合勘察方法。

定向钻孔综合勘察技术同常规钻孔勘探比较,虽然工作成本有明显增加,但综合勘察技术能够提供的基础资料更为丰富、更为全面,它有效地弥补了单纯的钻孔勘探的不足;定向钻孔综合勘察技术同常规平硐勘探比较,工作成本明显降低(工作成本基本能节约 40%),工作效率明显提高(工作时间大体缩短 1/2),经济效益显著。定向钻孔综合勘察技术的应用对水利水电工程地质勘察技术的发展起到推动作用,具有重要意义,是未来发展的趋势。

参 考 文 献

[1] 范中原,孙云志,魏岩峻,等. 水利水电工程地质勘测方法与技术应用综述[J]. 人民长江,2005(3):4-6.

[2] 唐传生. 水利水电工程地质勘察[J]. 中国新技术新产品,2011(1):79.

[3] 胡二中. 水电勘察工程受控定向钻进技术研究[D]. 长沙:中南大学,2008.

[4] Pratt W K. Digital image processing:3rd edition[M]. New York: Wiley Inter-science,1991.

[5] 王川婴,胡培良,孙卫春. 基于钻孔摄像技术的岩体完整性评价方法[J]. 岩土力学,2010,31(4):1326-1330.

[6] 王川婴, Lawk Tim. 钻孔摄像技术的发展与现状[J]. 岩石力学与工程学报,2005(19):42-50.

象鼻岭水电站玄武岩骨料碾压混凝土应用研究

刘兆飞　王鹏禹　王　永　米淑琴

（中国水利水电第三工程局有限公司，西安　710016）

摘　要　象鼻岭水电站大坝为玄武岩骨料碾压混凝土双曲拱坝。玄武岩骨料属火成岩，密度大、质地硬脆，造成碾压混凝土用水量、拌和物性能与石灰岩骨料碾压混凝土相比，差别很大。为提出满足设计要求和现场施工要求且经济、合理的混凝土施工配合比，在对玄武岩骨料性能开展试验研究的基础上，采取降低水胶比、增加掺合料掺量和减水剂掺量等技术措施对混凝土配合比进行了优化设计，有效地提高了玄武岩骨料碾压混凝土的可碾性、液化泛浆和层间结合质量。机口混凝土性能检测和钻孔取芯检查表明，玄武岩骨料碾压混凝土的强度、变形性和耐久性均满足设计要求。

关键词　玄武岩骨料；碾压混凝土；配合比试验研究；现场施工；象鼻岭水电站

1　前　言

象鼻岭水电站位于贵州省威宁县与云南省会泽县交界处的牛栏江上，电站枢纽建筑物由碾压混凝土拱坝、坝身泄洪表、中孔、右岸引水系统、右岸地下厂房等建筑物组成。电站装机容量 240 MW。大坝为抛物线型双曲拱坝，坝顶高程 1 409.50 m，最大坝高 141.50 m，坝顶长约 450 m，坝顶宽 8 m，坝底厚 35 m，厚高比为 0.258。坝体混凝土为 $C_{90}20$ 三级配碾压混凝土，其用量约为 46.06 万 m^3，坝体上游面采用 $C_{90}20$ 二级配碾压混凝土结合 $C_{90}20$ 二级配变态混凝土防渗，$C_{90}20$ 二级配碾压混凝土用量约为 15.95 万 m^3。

象鼻岭水电站大坝混凝土采用全人工骨料，料源均为位于坝址右岸上游田坝小河冲沟右侧的玄武岩料场。玄武岩骨料属火成岩，密度大、质地硬脆，其碾压混凝土用水量、拌和物性能与石灰岩骨料碾压混凝土相比，差别很大。为提出满足设计要求和现场施工要求且经济、合理的混凝土施工配合比，在对玄武岩骨料性能开展试验研究的基础上，采取降低水胶比、增加减水剂掺量等技术措施对混凝土配合比进行了优化设计，有效地提高了玄武岩骨料碾压混凝土的可碾性、液化泛浆和层间结合质量，确保玄武岩骨料碾压混凝土的强度、变形性和耐久性均满足设计要求。

2　原材料

（1）水泥采用华新水泥有限公司生产的 P. O42.5 水泥。其物理和化学指标均满足《通

作者简介：刘兆飞（1985—），男，本科，助理工程师，主要从事水工材料试验研究。E-mail：370854886@qq.com。

用硅酸盐水泥》(GB 175—2007)要求。

(2)掺合料采用贵州烨煌环保材料科技有限公司生产的Ⅱ级粉煤灰。各项指标均满足《水工混凝土掺用粉煤灰技术规范》(DL/T 5055—2007)要求。

(3)粗、细骨料为水电三局象鼻岭水电站工程项目部砂石加工系统生产的玄武岩人工骨料。其各项品质指标均满足规范要求。

(4)外加剂采用石家庄长安育才建材有限公司生产的GK－4A萘系缓凝高效减水剂和GK－9A引气剂。各项性能指标均满足规范和施工要求。

3 混凝土配合比试验研究

3.1 试验依据

试验依据为《牛栏江象鼻岭水电站工程大坝碾压混凝土现场试验技术要求》及《水工碾压混凝土施工规范》(DL/T 5112—2009)、《水工混凝土配合比设计规程》(DL/T 5330—2005)、《水工碾压混凝土试验规程》(DL/T 5433—2009)等现行的规程、规范。

3.2 骨料级配和最优砂率试验

按照不同的比例组合进行骨料的级配试验,以空隙率小、级配组合合理的原则选择最佳级配进行配合比试验。最优砂率试验是在水胶比与胶凝材料用量保持不变的条件下,测定混凝土拌和物的工作度。

在室内试验结果的基础上,结合现场施工具体情况,确定二级配骨料最佳级配为小石∶中石＝50∶50,三级配骨料最佳级配为小石∶中石∶大石＝30∶40∶30。在此基础上,研究确定混凝土最优砂率。经试验检测,当二级配碾压混凝土砂率为37%、三级配碾压混凝土砂率为33%时,对应的V_C值最小、密度最大,且工作性好。因此,二级配碾压混凝土砂率为37%、三级配碾压混凝土砂率为33%即为最优砂率。

3.3 混凝土配制强度的确定

根据《牛栏江象鼻岭水电站工程大坝碾压混凝土现场试验技术要求》及《水工混凝土配合比设计规程》(DL/T 5330—2005)计算确定C_{90}20W8F100(二级配)和C_{90}20W6F50(三级配)混凝土的配制强度为23.4 MPa。

3.4 不同掺合料掺量与胶水比—强度的关系

根据前期混凝土配合比设计试验成果,参考类似工程碾压混凝土配合比设计经验,分别选取0.45、0.50、0.55、0.60不同水胶比及40%、50%、60%不同掺合料掺量,开展不同掺合料掺量与胶水比—强度关系试验。

通过对强度试验结果的研究、分析,以及混凝土强度—胶水比—掺合料掺量的二元回归关系,计算确定混凝土水胶比和粉煤灰掺量。最终确定C_{90}20W8F100(二级配)混凝土水胶比为0.47,掺合料掺量为50%;C_{90}20W6F50(三级配)混凝土水胶比为0.47,掺合料掺量为50%。

3.5 混凝土性能试验

根据所确定的水胶比、掺合料掺量及设计要求,开展混凝土出机性能、抗压强度、劈裂抗拉强度、变形性能、耐久性能等试验研究工作。

混凝土出机口试验结果表明,拌和物泛浆效果良好,V_C值、含气量及表观密度均满足设计和施工要求。

混凝土强度性能、变形性能及耐久性能试验结果见表1、表2。

表1 C_{90}20W8F100(二级配)混凝土试验结果表

设计要求	抗压强度(C_{90}20)(MPa)	劈裂抗拉强度(≥2.20)(MPa)	极限拉伸值(≥0.70×10^{-4})	抗压弹性模量(≤36.0)(GPa)	抗渗性能(≥W8)	抗冻性能(≥F100)
试验结果	26.3	2.35	0.79×10^{-4}	31.5	>W8	>F100

表2 C_{90}20W6F50(三级配)混凝土试验结果表

设计要求	抗压强度(C_{90}20)(MPa)	劈裂抗拉强度(≥2.20)(MPa)	极限拉伸值(≥0.65×10^{-4})	抗压弹性模量(≤36.0)(GPa)	抗渗性能(≥W6)	抗冻性能(≥F50)
试验结果	25.9	2.26	0.72×10^{-4}	30.9 GPa	>W6	>F50

3.6 混凝土施工配合比

通过试验成果确定了混凝土、层间砂浆、变态浆液施工配合比如表3所示。

4 混凝土现场施工

2015年4月15日至2015年5月2日,象鼻岭水电站大坝主体工程完成了“一枯阶段”的碾压混凝土施工,浇筑混凝土约3万m^3。

2015年12月22日至今,工程处于“二枯阶段”,截至2016年6月底,已浇筑混凝土约30万m^3。

从混凝土拌和物出机到仓内施工,进行了全过程的控制及检测,使碾压混凝土施工质量得到有效保障。

4.1 V_C值动态控制

针对工程所在地空气干燥、风大和气温温差较大的气候特点,碾压混凝土V_C值损失快,为保证混凝土的液化泛浆效果和可碾性,保障工程施工质量,研究将出机口V_C值控制在1~2 s,运输车辆设置遮阳篷,并在施工现场采取喷雾措施,形成仓面小气候,降低V_C值的损失;在阴雨天气,将出机口V_C值控制在4 s左右。

从现场施工的实际状况来看,通过对碾压混凝土V_C值实施动态控制,有效保障了混凝土的现场可碾性、液化泛浆,有利于保障层间结合质量。

4.2 出机口混凝土性能检测

“一枯阶段”碾压混凝土共浇筑约3万m^3,“二枯阶段”碾压混凝土截至2016年6月底浇筑约30万m^3。碾压混凝土出机口性能检测结果统计如表4所示,碾压混凝土强度性能检测结果统计如表5所示,碾压混凝土变形及耐久性能检测结果统计如表6所示。

表3 混凝土、层间砂浆、变态浆液配合比

序号	设计强度等级	级配	混凝土类别	水胶比	掺合料掺量(%)	砂率(%)	减水剂(%)	引气剂(/万)	单位材料用量(kg/m³)								
									水泥	粉煤灰	水	减水剂	引气剂	砂	大石	中石	小石
001	C_{90}20W8F100	二	碾压	0.47	50	37	1.0	20	108	109	102	2.17	0.43	829	-	706	706
002	C_{90}20W6F50	三	碾压	0.47	50	33	1.0	20	98	98	92	1.96	0.39	756	461	614	461
003	M_{90}25	层间砂浆		0.50	45	100	0.8	1.0	270	220	245	3.92	0.05	1 465	—	—	—
004	M_{90}25		变态浆液	0.47	50	—	0.5	—	598	598	562	5.98	—	—	—	—	—

注:1. 配合比中碾压混凝土 V_C 值控制在1~4 s,含气量控制在3.0%~5.0%;层间砂浆稠度控制在70~90 mm。

2. 配合比中混凝土以质量法计算,C_{90}20W8F100(二级配)混凝土密度为2 560 kg/m³;C_{90}20W6F50(三级配)混凝土密度为2 580 kg/m³。

3. 配合比中水泥为华新(昭通)水泥有限公司生产的P. O42.5水泥,掺合料为贵州烨煌环保材料科技有限公司生产的Ⅱ级粉煤灰,减水剂、引气剂分别为石家庄长安育才建材有限公司生产的GK-4A缓凝高效减水剂、GK-9A引气剂,骨料为水电三局砂石骨料系统生产的人工骨料。

4. 配合比中骨料用量按饱和面干状态计;细骨料细度模数控制在2.2~2.9,石粉含量宜控制在16%~20%。

5. 配合比中变态浆液密度为1 750 kg/m³,加浆量为混凝土体积的7%。

表 4 碾压混凝土出机口性能检测结果统计表

序号	检测内容	检测组数	平均值	最大值	最小值
1	V_C 值(s)	749	2. 2	3. 8	1. 1
2	含气量(%)	749	3. 5	4. 7	3. 3
3	出机口温度(℃)	749	17. 5	19. 0	11. 0
4	环境温度(℃)	749	15. 8	36. 0	0. 0

表 5 碾压混凝土强度性能检测结果统计表

序号	设计强度等级	抗压强度(MPa)				劈裂抗拉强度(MPa)			
		检测组数	平均值	最大值	最小值	检测组数	平均值	最大值	最小值
1	C_{90}20W8F100(二级配)	195	25. 6	31. 2	23. 3	74	2. 27	2. 47	2. 20
2	C_{90}20W6F50(三级配)	402	25. 5	30. 5	22. 1	79	2. 26	2. 56	2. 20

表 6 碾压混凝土变形及耐久性能检测结果统计

序号	设计强度等级	检测组数	极限拉伸 ($\varepsilon \times 10^{-4}$)	抗压弹性模量 (GPa)	抗冻等级	抗渗等级
1	C_{90}20W8F100(二级配)	4	0. 77	29. 9	F100	W8
2	C_{90}20W6F50(三级配)	6	0. 74	28. 7	F100	W8

以上统计结果表明,碾压混凝土出机口性能、强度性能、变形及耐久性能均能满足设计要求。

4. 3 现场混凝土质量控制

碾压混凝土现场质量控制主要检测入仓 V_C 值、入仓温度、浇筑温度、环境温度及相对密实度。现场碾压混凝土质量控制检测结果统计见表 7。

表 7 现场碾压混凝土质量控制检测结果统计

序号	检测内容		检测组数	平均值	最大值	最小值
1	入仓 V_C 值(s)		1 203	3. 0	6. 5	1. 3
2	入仓温度(℃)		1 201	18. 2	23. 1	9. 8
3	浇筑温度(℃)		1 084	18. 7	25. 0	10. 7
4	环境温度(℃)		2 287	15. 7	38. 0	0. 0
5	相对密实度(%)	C_{90}20W8F100(二级配)	3 326	99. 6	103. 7	98. 6
		C_{90}20W6F50(三级配)	6 667	99. 5	103. 5	98. 7

以上统计结果表明,碾压混凝土入仓 V_C 值能够满足现场施工要求,相对密实度能够满足 98. 5% 的设计要求。

4.4 钻孔取芯检查

2015 年 6 月和 10 月，分别对“一枯阶段”高程为 1 268.00 ~ 1 279.00 m 浇筑的碾压混凝土进行钻孔取芯。从钻孔取芯施工情况来看，芯样获得率高，在二级配区取出了长度为 11.27 m 的完整芯样，且钻取的芯样(见图 1)外观光滑、密实、骨料分布均匀，碾压混凝土与基础垫层混凝土、基础岩石胶结良好。通过对钻取芯样进行性能检测，结果表明，芯样强度、变形及耐久性能等各项指标均能满足设计要求。

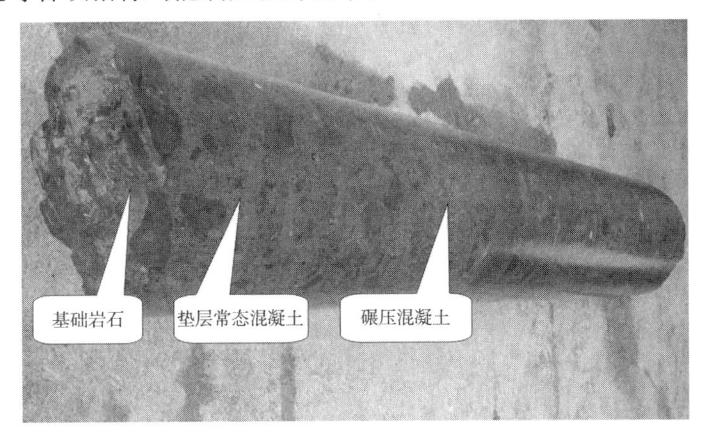

图 1 碾压混凝土芯样外观情况

5 结 语

象鼻岭水电站大坝已浇筑玄武岩碾压混凝土 30 多万 m^3，从现场质量检测结果来看，混凝土出机性能及强度、变形、耐久性能等各项指标满足设计要求，为后续工程施工积累了丰富经验，也为玄武岩骨料碾压混凝土在其他工程中应用具有借鉴意义。

(1)玄武岩骨料碾压混凝土配合比试验结果表明，混凝土单位用水量较高，使得胶材用量较高，需提高减水剂掺量，降低用水量。

(2)适当降低混凝土水胶比，提高掺合料掺量，使混凝土各项指标能够满足设计要求，从而降低了单位水泥用量，有利于大坝温度控制。

(3)玄武岩人工砂在生产过程中，提高了石粉含量，从而改善了现场混凝土可碾性，保障施工质量。

(4)象鼻岭水电站大坝土建工程在施工过程中采用低 V_C 值，且实施动态控制，运输过程中采取遮阳措施，施工现场采取喷雾机辐射式喷雾和冲毛枪移动式喷雾的措施，形成仓面小气候，有效地减少了碾压混凝土 V_C 值的损失，从而使浇筑质量得到保障。

水电工程高分卫星影像数字摄影测量技术研究及应用

刘启寿　魏兰花　陈　东

（中国水利水电第四工程局有限公司勘测设计研究院，西宁　81000）

摘　要　本文主要介绍了结合国际工程安哥拉库沃河流域水电开发地形测绘项目，开展高分卫星影像数字摄影测量技术在水利水电工程中的研究应用工作过程。表明采用高分辨率卫星影像进行数字摄影测量是一种周期短、效率高、花费少、范围广，高效快速、切实可行的测绘作业方法。精度满足1∶5 000比例尺地形图，同时可提供4D数字产品。

关键词　高分辨率卫星影像；数字摄影测量；水利水电工程；地形测绘

1　引　言

卫星遥感应用是测绘产业的重要组成部分。卫星影像资料成为基础地理信息的重要数据源，随着卫星遥感影像几何分辨率的大幅度提高和影像处理技术的日趋完善，从遥感影像上提取信息正逐渐成为获取和更新基础地理信息的重要手段，是快速获取大比例尺现势性地理信息、进行快速测图的新方法。用高分辨率卫星影像提取基础地理信息存在着巨大的需求和发展空间。

数字摄影测量（Basic Concept of Digital Photogrammetry）是基于数字影像和摄影测量的基本原理，应用计算机技术、数字影像处理、影像匹配、模式识别等多学科的理论与方法，提取所摄对像以数字方式表达的几何与物理信息的摄影测量学的分支学科。采用高分辨率卫星影像进行数字摄影测量，是根据立体像对重建被摄物体的表面，即建立按比例缩小的地面几何模型，并通过对模型进行量测，绘制出符合规定比例尺的地形图。

采用高分辨率卫星影像进行数字摄影测量课题属于工程测绘技术新领域。运用高分辨率卫星影像进行数字摄影测量，快速准确地制作出比例尺满足水利水电工程项目需要的地形图及其他测绘资料。

2　工程概况

安哥拉库沃河（Queve）流域河流落差大，水量充沛，水力蕴藏量大。库沃河流域水电站建设急需精度为1∶5 000比例尺的地形图。流域地处偏远山区，基础设施落后，交通不便，而且大部分地方有原始森林和沼泽地，自然环境恶劣。导致野外常规测量难度大，测绘作业周期长，测量条件受限，以及国际工程中人身、设备安全，经济风险等现实问题。项目所需测

作者简介：刘启寿（1976—），男，本科，高级工程师，主要从事工程测量工作。E-mail：541050654@qq.com。

图区域范围广，约为410 km^2。采用航空摄影、近景摄影、RTK结合全站仪等测量方法在短时间内很难完成。通过采用高分辨率卫星影像进行数字摄影测量可解决以上问题，而且采用高分辨率卫星影像进行数字摄影测量具有覆盖范围广、成本低、测图周期短、更新速度快、可提供多种测绘资料等优点。

采用高分辨率卫星影像进行数字摄影测量目前仅是局限于1∶10 000地形图测绘和1∶5 000地形图局部修测，并无在水利水电工程地形测绘项目中的整体应用。

3 高分辨率卫星影像的选取

影像制图要求选择合适的时相，恰当的波段与指定地区的卫星影像，需要镶嵌的多景卫星影像宜选用同一颗卫星获取的图像。在成像时间上应尽可能地接近，以保证数据在内容和现势性上的统一协调。

经过调研分析，选择现势性强、影像清晰、反差适中、无云或无雾覆盖的pleiades 0.5 m级高分辨率卫星影像，同时获取影像元数据及轨道参数文件，作为本次测量的数据源。pleiades（普莱亚）高分辨率卫星影像有以下特点：

（1）卫星影像分辨率高，达0.5 m级；

（2）数据生产周期快，一般为15～20 d，数据现势性好；

（3）成本费用低，目前市场价格约为500元/km^2；

（4）数据采集能力强，覆盖范围广：单星最高日采集能力为1 000 000 km^2；单星日采集景数约600景，幅宽达到20 km，在0.5 m级高分辨率卫星中幅宽最大。

4 精度测试

为确保高分辨率卫星影像进行数字摄影测量测绘1∶5 000比例尺的地形图的精度及方法，进行精度测试。测试数据为pleiades卫星影像数据，两景，分辨率为0.54 m。位于北京西部区域，地形类型为平原、丘陵地，如图1和图2所示。

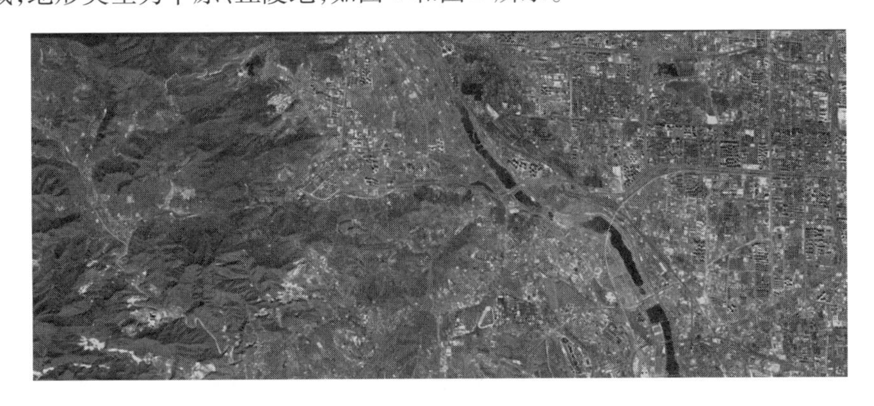

图1 IMG_PHR1A_P_001影像

在本次测试中，采用我国测绘科学研究院开发的Pixel Grid软件，平差数学模型采用RPC+二维仿射变换的方式。外业用网络RTK测量11个外业点，从中选取一部分作为控制点，剩余的作为检查点，根据定向结果计算出相应的精度。针对不同数量控制点的分布情况，分析点位精度。试验结果统计见表1。

图 2　IMG_PHR1A_P_002 影像

表 1　试验结果统计

<table>
<tr><td rowspan="4">方案 1</td><td rowspan="4">采用 P4 为控制点，其他点为检查点进行区域网平差</td><td colspan="8">检查点精度</td></tr>
<tr><td colspan="4">检查精度(m)</td><td colspan="4">最大残差(m)</td></tr>
<tr><td>σ_X</td><td>σ_Y</td><td>σ_{XY}</td><td>σ_Z</td><td>Δ_X</td><td>Δ_Y</td><td>Δ_{XY}</td><td>Δ_Z</td></tr>
<tr><td>0.7</td><td>2.0</td><td>2.12</td><td>1.75</td><td>1.49</td><td>3.75</td><td>4.04</td><td>3.19</td></tr>
<tr><td rowspan="4">方案 2</td><td rowspan="4">采用 P4、P23、P19 和 P8 作为控制点，其他点为检查点进行区域网平差。定向单位权中误差为 0.528 像素</td><td colspan="8">检查点精度</td></tr>
<tr><td colspan="4">检查精度(m)</td><td colspan="4">最大残差(m)</td></tr>
<tr><td>σ_X</td><td>σ_Y</td><td>σ_{XY}</td><td>σ_Z</td><td>Δ_X</td><td>Δ_Y</td><td>Δ_{XY}</td><td>Δ_Z</td></tr>
<tr><td>0.63</td><td>0.63</td><td>0.89</td><td>0.99</td><td>0.95</td><td>-1.14</td><td>1.48</td><td>2.33</td></tr>
<tr><td rowspan="4">方案 3</td><td rowspan="4">11 个点全作为控制点进行区域网平差。定向单位权中误差为 0.889 像素</td><td colspan="8">检查点精度</td></tr>
<tr><td colspan="4">检查精度(m)</td><td colspan="4">最大残差(m)</td></tr>
<tr><td>σ_X</td><td>σ_Y</td><td>σ_{XY}</td><td>σ_Z</td><td>Δ_X</td><td>Δ_Y</td><td>Δ_{XY}</td><td>Δ_Z</td></tr>
<tr><td>0.53</td><td>0.38</td><td>0.65</td><td>0.66</td><td>0.93</td><td>0.68</td><td>1.15</td><td>1.53</td></tr>
</table>

测试结论：根据《1∶5 000　1∶10 000 地形图航空摄影测量内业规范》(GB/T 13990—2012)，引用绝对定向后基本定向点残差和多余控制点的限差如表 2 所示规定。

表 2　绝对定向后平面位置与高程限差

<table>
<tr><td rowspan="2">地形类别</td><td rowspan="2">点别</td><td colspan="2">平面限差(m)</td><td colspan="2">高程限差(m)</td></tr>
<tr><td>1∶5 000</td><td>1∶10 000</td><td>1∶5 000</td><td>1∶10 000</td></tr>
<tr><td rowspan="2">平地</td><td>基本定向点</td><td>1.5</td><td>3.0</td><td>—</td><td>—</td></tr>
<tr><td>多余控制点</td><td>1.75</td><td>3.5</td><td>—</td><td>—</td></tr>
<tr><td rowspan="2">丘陵地</td><td>基本定向点</td><td>1.5</td><td>3.0</td><td>4.0</td><td>8.0</td></tr>
<tr><td>多余控制点</td><td>1.75</td><td>3.5</td><td>5.0</td><td>10.0</td></tr>
</table>

续表2

地形类别	点别	平面限差(m)		高程限差(m)	
		1:5 000	1:10 000	1:5 000	1:10 000
山地	基本定向点	2.0	4.0	7.5	15.0
	多余控制点	2.5	5.0	10.0	20.0
高山地	基本定向点	2.0	4.0	9.5	22.0
	多余控制点	2.5	5.0	12.5	30.0

根据平差结果和《1:5 000　1:10 000 地形图航空摄影测量内业规范》(GB/T 13990—2012)的限差规定对比可以得出结论:采用 pleiades(普莱亚)高分辨率卫星影像进行数字摄影测量,在有一个控制点的情况下可达到 1:10 000 地形图的精度要求,使用多个控制点后可达到 1:5 000 地形图的精度要求。

5　数字摄影测量

全数字摄影测量系统的选择选用了武汉航天远景公司研发的新型数字摄影测量平台 MapMatrix。MapMatrix 平台软件主要有多数据源支持、网络化协同作业、采编入库一体化、支持实时核线采编等特点。

5.1　影像预处理

预处理是卫星影像应用的第一步,也是非常重要的一步。基本的数据预处理的过程包括几何精校正、配准、图像镶嵌与裁剪、去云及阴影处理等环节。

5.2　像控点布设和测量

对从卫星影像上选取的像控点进行实地测量,测量方法采用全球卫星定位系统 GPS - RTK 作业方法进行施测,获取像控点的坐标和高程信息。

(1)在图像上有明显的、清晰的点位标志,如道路交叉点、河流交叉点等。

(2)地面控制点上的地物不随时间而变化。

(3)均匀分布在整幅影像内,且要有一定的数量保证,通常每景要求在 4 个像控点以上,对于山区、丘陵等地形复杂区域,应适当增加像控点数量。

(4)像控点的野外选判:像控点遵循以现场判读为主、刺点为辅的原则。

5.3　模型建立

影像模型处理过程在全数字摄影测量系统 MapMatrix 平台软件里完成。主要包含前期控制点数据准备、建立工程、影像加载、测区参数设置、指定 RPC 参数、建立立体相对并置平、添加控制点、相对定向、模型数据检测等工作。

5.4　数据要素采集

数据要素采集,即卫星影像数据解译和量测,是指从卫星影像获取信息的基本过程。即根据项目要求,运用解译标志和实践经验与知识,从卫星影像上识别目标,定性、定量地提取出目标的分布、结构、位置等有关信息,并把它们表示在地理底图上的过程。在卫星影像上,不同的地物有不同的特征,这些影像特征是判读识别各种地物的依据,这些都称为判读或解译标志。

5.4.1　高分辨率卫星影像目视解译方法

（1）总体观察：观察图像特征，分析图像对判读目的任务的可判读性和各判读目标间的内在联系。观察各种直接判读标志在图像上的反映，从而可以把图像分成大类别以及其他易于识别的地面特征。

（2）对比分析：包括多波段图像、多时域图像、多类型图像的对比分析和各判读标志的对比分析。多波段图像对比有利于识别在某一波段图像上灰度相近但在其他波段图像上灰度差别较大的物体；多时域图像对比分析主要用于物体的变化繁衍情况监测；而多个类型图像对比分析则包括不同成像方式、不同光源成像、不同比例尺图像等之间的对比。各种直接判读标志之间的对比分析，可以识别标志相同（如色调、形状），而另一些标识不同（纹理、结构）的物体。对比分析可以增加不同物体在图像上的差别，以达到识别目的。

（3）综合分析：主要应用间接判读标志、已有的判读资料、统计资料，对图像上表现得很不明显，或毫无表现的物体、现象进行判读。间接判读标志之间相互制约、相互依存。根据这一特点，可作更加深入细致的判读。如对已知判读为农作物的影像范围，按农作物与气候、地貌、土质的依赖关系，可以进一步区别出作物的种属；河口泥沙沉积的速度、数量与河流汇水区域的土质、地貌、植被等因素有关。地图资料和统计资料是可靠结果，在判读中起着重要的参考作用，但必须结合现有图像进行综合分析，才能取得满意的结果。实地调查资料，限于某些地区或某些类别的抽样，不一定完全代表整个判读范围的全部特征。只有在综合分析的基础上，才能恰当应用、正确判读。

5.4.2　全数字摄影测量系统平台

通过立体观测，按图式和技术设计要求的内容，进行影像判读解译，量测地物和地貌数据信息，完成数据采集工作。

5.5　数据编辑输出

对经过预处理的高分辨率卫星影像进行纠正编辑分幅，编辑输出数字正射影像图（DOM）；在全数字摄影平台上采集量测的高程数据编辑输出数字高程模型（DEM）；利用广州南方测绘仪器有限公司的 CASS 软件，对立体采集的数据进行编辑绘制成图，输出地形图（DLG）。安哥拉库沃河流域水电开发地形共计测图面积 134 km^2，制作完成了 22 幅 1∶5 000 数字正射影像图、数字线划地图等测绘资料。

6　质量检查

经过外业调绘及实测图上特征点坐标和高程，可得出以下结论：

（1）数字地形图平面精度：经过分析对比图上地物点对于附近野外控制点的平面中误差，平地和丘陵地不大于图上 ±0.5 mm，山地和高山地不大于图上 ±0.75 mm。采用高分辨率卫星影像制作的地形图平面精度满足规范要求。

（2）数字地形图高程精度：采用高分辨率卫星影像制作的地形图高程精度满足规范要求，平地高程精度优于规范要求。

7　结　论

高分辨率卫星影像作为目前涵盖内容最为广泛的数据源，具有数据获取能力强、立体影像覆盖面积大、地理信息数据现势性好等特点，只需少量的像控制点即可满足成图要求。数字摄影测量是目前应用最为广泛的基础地理信息数据采集和更新方式,具有覆盖范围广、成本低、测图周期短、更新速度快等优点。两者结合应用,是一种高效快速、切实可行的测绘作业方法。

(1)提高地形测绘内外业工作效率。与常规测量方法相比,可以快速获取大范围区域的地形测绘资料,具有成本低、周期短、更新速度快等优点。

(2)具有良好的经济效益。通过应用该方法,减少了人力、仪器设备等资源投入,减少了外业工作量,缩短了工期,取得了良好的经济效益。特别是在海外工程中,快速、高效地完成测绘作业,避免了人身、设备安全和经济风险等。

(3)制作的地形图实现了1:5 000比例尺精度要求,完全可以应用到水利水电工程项目建设中。采用高分辨率为0.5 m级卫星影像进行数字摄影测量可以制作出比例尺为1:5 000的地形图,同时也制作出4D数字产品。

(4)大范围、快速制作地形测绘资料,测绘成果丰富,即4D数字产品:数字高程模型(DEM)、数字正射影像(DOM)、数字线划地图(DLG)、数字栅格地图(DRG)。

(5)减少测绘作业外业工作量,减轻外业测绘人员劳动强度,提高工作效率;减少了人力、仪器设备资源等成本费用投入,成本得到有效的控制;高效优质提供测绘成果,为工程建设提供数据支持,由此产生的经济效益和社会效益是不可估量的。

(6)分辨率0.5 m级高分辨率卫星影像数据质量好的(没有云量遮挡、拍摄倾角小)或分辨率0.3 m级的高分辨率卫星影像数据(如World View-3),进行地形测绘,平面精度可达到1:2 000比例尺。

采用高分辨率卫星影像进行数字摄影测量方法已在西藏昌都地区金河流域原始地形测绘项目中得到应用,施测面积达380 km^2,历时45 d制作完成了61幅1:5 000数字正射影像图、数字线划图等测绘资料,该方法技术性能指标得到良好验证。

参考文献

[1] 李德仁.摄影测量与遥感的现状及发展趋势[J].武汉测绘科技大学学报,2000,25(1):1-6.
[2] 张永生,巩凡超,刘军,等.高分辨率遥感卫星应用[M].北京:科学出版社,2004.
[3] GB/T 7931—2008 1:500、1:1 000、1:2 000地形图航空摄影测量外业规范[S].
[4] 栾有昆.全数字摄影测量与遥感技术在水电工程的应用[J].云南水力发电,2004,20(5):85-88.
[5] 谢建仁,槐燕萍.基于IKONOS卫星影像进行地形图修测的方法研究[J].测绘技术装备,2006,8(4).
[6] 李玉平,裴佳佳,周小娟.IKONOS卫星影像在若羌河山区河段1:10 000地形图测制中的应用[J].资源环境与工程,2010,24(5):562-565.
[7] 李兵,朱继东,陈艳.采用IKONOS卫星影像进行立体测图技术的应用研究[J].地理信息世界,2006,4(6):62-66.
[8] 简灿良,阮红利.利用高分辨率的遥感卫星影像更新1:1万比例尺数字地形图的研究[J].福建师范大学学报,2007,23(S1):10-14.

南沟门均质土坝降低填筑土料损耗的施工措施

宁军华　范养行

（中国水电建设集团十五工程局有限公司，西安　710065）

摘　要　南沟门水利枢纽大坝为均质土坝，位于陕北黄土高原南部，第四系上更新统黄土和中更新统黄土状壤土分布广泛，坝区周围土料储量丰富，但由于工程区气候干旱少雨，地下水埋深大，天然含水率远小于土料的最优含水率（15.0% ~18.4%），最小值仅7.0%，且分布水平垂直分布不均匀，不符合设计要求和规范标准，不能直接用于坝体填筑，需要加水制备焖存后开采上坝。施工各工序降低土料损耗、控制工程施工成本显得尤为重要，本工程施工中采取措施提高了土料的利用率，在提高土料制备利用率上积累了经验，获得了较好的经济效益。

关键词　均质土坝；填筑土料；降低损耗；措施

1　工程简介

1.1　工程概况

南沟门水利枢纽工程位于延安市黄陵县境内葫芦河上。大坝为均质土坝，坝顶高程为852.0 m，宽度为10 m，最大坝高65 m，坝顶总长504.43 m。大坝上游边坡为1∶2.75和1∶3，在高程830 m、812.5 m处设宽2.0 m马道；下游边坡坡比均为1∶2.5，在高程835 m和818 m处设宽2.0 m的马道，土方填筑工程量为357万m^3。

1.2　土料的性质

根据对土料场进行复查情况看，土料以粉粒(0.075 ~0.005 mm)为主，其含量占71.5% ~83.0%，其次是黏粒，含量最小为17.0%，最大值为28.5%，平均值为22.3%，符合规范中对均质土坝土料黏粒含量的要求；土料天然干密度最小1.21 g/cm^3，最大值1.61 g/cm^3，土料天然干密度平均值约为1.35 g/cm^3，土料天然干密度较小，较为疏松；土粒比重最小值为2.69，最大值为2.72，平均值为2.71；塑限含水率在14.0% ~19.1%，平均值为17.0%，液限含水率在26.1% ~34.7%，平均值为30.5%，塑性指数在10.8 ~16.8，平均值为13.5。填筑含水率应控制在最优含水率16.5%。料场土层各项技术质量指标基本符合《水利水电工程天然建筑材料勘察规程》（SL251—2000）对均质土坝土料的质量要求。为了保证坝体的填筑质量，大坝利用混合料进行填筑，也就是把土料经过掺和、拌和以后使其混合料的土质及含水率均达到一定程度的均匀。

作者简介：宁军华（1978—），男，陕西城固县人，工程师，中国水电建设集团十五工程局有限公司第三工程公司引黄项目分部经理，主要从事水工混凝土施工管理及质量控制工作。E-mail：524662564@qq.com。

2 土料料源及制备场地使用规划

根据土料场地形,土料场分为 A、B 两个区进行开采, A 土料场面积为 128 038 m^2,高程▽820~▽890,平均开采深度为 33 m,土料储量 430 万 m^3。按储量与实际填筑量 2:1的关系计算,可填筑 215 万 m^3 的工程量,满足▽818 以下坝体填筑的要求(填筑量 213 万 m^3)。B 土料场面积 157 287 m^2,土场高程▽890~▽980,土料平均开采深度为 35 m,土料储量 534 万 m^3。B 料场的土料完全可满足▽818~▽852 段坝体填筑的要求(填筑量 144 万 m^3)。

土料制备场布置 3 个,以 1#制备场为主,2#、3#制备场为辅。2012 年使用 1#、3#制备场制备 A 料场土料 167 万 m^3,其中 1#制备场制备 127 万 m^3 运距约 850 m,3#制备场制备 40 万 m^3 运距约 1 500 m。2013 年使用 1#、2#制备场制备 B 料场土料 208 万 m^3,运距约 1 000 m。2014 年使用 1#、3#制备场制备土料 108 万 m^3,其中大坝右岸▽852 高程以上土料 40 万 m^3 拉运至 3#制备场,运距约 1 300 m; B 料场土料 70 万 m^3 拉运至 1#制备场,运距约 1 000 m。

3 大坝填筑降低土料损耗的主要施工措施

3.1 采用磅秤计量制备土料,精确了计量

在制备场合理位置布置了两台 40 t 地磅,对制备土料进行称重,在开挖工作面不定期进行土料自然密度的测定,把重量划算成方,有效规避了采用仪器地形测量计算工程量误差的问题,为制备土料量的精确度提供了保证。

3.2 土料制备场基础硬化降低土料损耗

利用大坝工程开挖的石渣提前对土料制备场地进行硬化,采用 HP160 推土机平整成里高外低成 2% 的坡度(便于排水),22 t 振动碾碾压密实后铺设 40 cm 厚石渣硬化,HP160 推土机整平、22 t 振动碾碾压密实。减少土料二次运输过程中的损失。土料顶部卸料过程中自卸汽车不在同一车辙碾压,减少对顶部土料的破坏。土料制备好后,顶部推 2% 的坡度,方便雨水及时排出。

3.3 采用合理的翻晒工艺处理雨后坝面的高含水土料

每年 5 月中旬至 9 月中旬是本地区的雨季,降雨量大,根据统计的情况看,2012 年累计下雨影响施工天数为 56 d,2013 年累计下雨影响施工天数为 112 d,对均质土坝的上坝施工造成了很大影响。首先是对施工进度造成了严重影响,其次是经过雨水浸泡的土料,含水量过高后无法正常碾压处理,要么开挖弃掉,要么翻晒处理。如果弃掉的话将造成土料大量浪费,土料利用率也将降低,所以必须经过合理的翻晒施工工艺使含水量达到设计要求。采用旋耕机翻晒处理雨后坝面的高含水土料合格后再碾压上坝。本工程旋耕机选用 1GQN-200KH 框架式,最大旋耕深度可达 29 cm,能达到旋松翻晒的目的,根据检测统计的数据看,土料含水超标深度基本在 25 cm 以内(经过雨前碾压封面的土料),当然还建立在坝面采取了排水措施的前提下。翻晒工艺流程:1GQN-200KH 框架式旋耕机旋松土层 0.3 m→在日照时间内每隔 1 h 沿坝面纵、横方向各旋耕一遍→每次翻晒后定点测量土料含水率→土料含水率达到要求后,碾压取样。翻晒效果分析:在当时气温条件下(室外温度可达 30 ℃),坝面 1 d 翻晒 10 次以上,含水率可达合格。翻晒区域按照同期大坝填筑面积 4 万 m^2 计算,土料压实厚度约 0.3 m,单层翻晒节省合格土料 12 000 m^3(自然方)。

3.4　增加上坝路口减少路口土料剪切破坏损失

（1）1#施工道路（左、右）连接上游制备场至大坝上游基坑，1-2#施工道路（下游贴坡道路）连接下游制备场至大坝下游基坑，承担大坝下游基坑～809 m 高程以下土方填筑；2#施工道路布置在右岸通过上游围堰连接制备场至大坝填筑面（高程在 813.5～838 m），该路在大坝填筑至 840 m 高程时改为贴坡道路延伸至 852 m 高程，承担大坝 809～852 m 高程土方填筑；3#施工道路布置在左岸岸坡（高程在 815～835 m），连接上游制备场和大坝填筑面，承担大坝 809～840 m 高程土方填筑；4#施工道路布置在左岸岸坡 840 m 高程，与坝体连接后改为上游贴坡道路，连接上游制备场和大坝填筑面，承担大坝 840～852 m 高程土方填筑。通过上述增加上坝路口的方法，路口土料经车辆碾压造成剪切破坏程度减轻了许多，仅发现上部 20 cm 左右厚度的土料剪切破坏严重，进行了清除。

（2）坝内区与区之间采用回填土料垫路的方案解决剪切破坏现象。当跨区上土时，在已碾压检测合格的土层上覆盖 40 cm 含水率在最优含水 −2% 土料，当作跨区运输的道路，作业完后，视道路土料剪切破坏程度而定，上部 15～20 cm 剪切较为严重，彻底清理，运出坝面弃掉，下部为板结现象，剪切破坏不严重，首先采用 HP160 推土机摊开，厚度低于 20 cm，再采用旋耕机旋松后洒水车洒水 1～2 次（视含水损失的情况看），再用旋耕机旋松 3～5 遍后直接作为上坝土料，经检测质量均能达到设计要求，每层道路均错开布置。

3.5　合理利用刷坡土料

大坝上游边坡为 1∶2.75 和 1∶3，下游边坡坡比均为 1∶2.5，按照现场生产施工实际看，大坝前后的坡面超填宽度的余量大于 90 cm 后，就能满足碾压施工需要，经检测，大坝设计尺寸内的土料压实度均能满足设计要求。大坝每填筑 4～5 层（高度约 1.25 m，斜坡长度约 4 m）后开始进行上下游削坡处理，削坡采用 Cat330 反铲，预留垂直坡面 15 cm 厚保护层。工艺流程为：刷坡前在摊铺面充分洒水→削坡土甩至待上料区→推土机摊铺（摊铺厚度控制在 20 cm 以内）→洒水车补水→旋耕机旋耕均匀→摊铺 20 cm 厚度的制备土料→推土机推平→振动碾压→取样检测。

根据检测数据看，压实度取样 1 561 组，合格 1 497 组，经过返工补压处理后压实度均达到了 98%，满足设计要求，取土大样 3 组，渗透系数、湿密度、干密度及饱和密度均满足设计标准指标，如表 1 所示。

表 1　坝面施工道路下部土大样检测结果统计

序号	取样时间（年-月-日）	取样高程	取样部位	渗透系数（cm/s）		湿密度（g/cm³）	干密度（g/cm³）	饱和密度（g/cm³）
1	2012-10-02	▽ 800.0	上游坝左 0+150	垂直	7.163×10^{-7}	2.05	1.77	2.1
				水平	1.009×10^{-6}	2.05	1.77	2.1
2	2013-05-20	▽ 820.0	下游坝左 0+300	垂直	3.748×10^{-7}	2.05	1.75	2.09
				水平	5.035×10^{-7}	2.04	1.74	2.08
3	2014-03-10	▽ 840.0	上游坝左 0+450	垂直	1.170×10^{-6}	2.06	1.77	2.11
				水平	1.225×10^{-6}	2.04	1.76	2.1

3.6 合理利用冬季坝面覆盖土料

南沟门均质土坝施工区域，极端最低温度为 -28 ℃，最大冻土深度为 68 cm。每年进入 11 月 5 日左右，室外温度基本低于 -5 ℃，大坝填筑停止施工，填筑停工后开始进行坝面覆盖，覆盖厚度为 60 cm，覆盖采用制备土料。覆盖土施工流程为：自卸汽车倒退法卸料→推土机摊平→旋耕机旋松。

施工区域进入来年 3 月 15 日左右，室外温度基本能达到 6 ℃左右，具备处理坝面覆盖层的条件，根据两年统计的数据看，经过旋松后的土料冻土深度均未大于 5 cm。覆盖层处理划分为不大于 60 m×60 m 的施工区，施工流程为：HP160 推土机推掉表面 30 cm 土料→装载机配合集料至处理分区以外→下部含水检测→合格后进行碾压→取样→合格后采用推土机或装载机摊铺推出土料→平整→旋耕机旋松→碾压→下一区施工。

4 结 语

南沟门水利枢纽工程均质土坝自 2012 年 3 月 21 日填筑施工开始，于 2014 年 6 月 9 日顺利封顶，除雨季影响及冬季不能施工，实际施工天数为 376 d，实际制备土料 442 万 m^3（自然方），实际填筑压实方为 358.2 万 m^3。而根据陕西省水利水电建筑工程预算定额：100 m^3 压实方需要自然方 = ((100 + A) × 设计干容重/自然干容重)，计算需要制备土料 473 万 m^3（根据试验检测可知本工程土料自然干容重约为 1.35 g/cm^3，设计干容重为 1.69 g/cm^3，A 可取 4.93）。南沟门水利枢纽工程均质土坝通过实施了科学合理的施工措施，土料利用率得到了很大提高，也为后续均质土坝土料制备积累了经验。

参 考 文 献

[1] 梅锦煜，党立本. 水利水电工程施工手册[M]. 北京：中国电力出版社，2002.
[2] DL/T 5129—2013 碾压式土石坝施工规范.
[3] DL/T 5395—2007 碾压式土石坝设计规范.

合页活动坝在敦化市牡丹江水闸改造工程中的应用

陈晏育　刘　杰

（中国水利水电科学研究院，北京　100048）

摘　要　敦化市牡丹江城区段堤防两座橡胶坝因建设年限较长，现存在设施老化、维修费用大、坝袋易损坏、冬季无法正常运行、升降时间长、耗能大、排沙排污能力差等问题。针对这些现状，将其已建橡胶坝进行拆除并改造。结合牡丹江城区段河流的水文泥沙基本特征，对现常用的拦水坝如钢坝闸、液压升降坝、合页活动坝的结构形式、技术特点、适用性、投资等进行对比，最终选择合页活动坝。该坝体改造完成后，使工程运行更加安全可靠，达到了可自由调节水位、缓解河道泥沙淤积、快速升降坝、降低维修费用等目的；实现了橡胶坝冬季无法运行的目标，提升了牡丹江城区段河道水资产的利用；使其成为集生态、景观、节能、旅游等为一体的综合性水利工程。

关键词　改造；合页活动坝；冰冻；无动力降坝；景观

0　引　言

随着国民经济的日益发展，人民生活水平逐步提高，发展生态友好型城市已成为社会各界的广泛共识。城市水环境作为生态城市的重要组成部分，正受到愈来愈多的关注与重视。水闸工程是城市水利项目的节点工程，担负着防洪排涝、水体隔断、水质改善等多重功能，同时也具有一定的河道景观改善功能，因此目前水闸工程也日趋提倡亲水性、隐蔽性与生态性。

现国内外普遍采用的传统低水头活动坝有橡胶坝、钢坝闸、翻板门坝、液压升降坝等，而这些传统的拦水闸应用到城市河道都存在着缺点。如橡胶坝运行的安全性、可靠性较差，使用寿命较短；钢坝闸造价高，需要较大马力驱动，难以实现液压同部驱动，同时坝面宽度受限制；翻板门坝易阻水，经不住特大洪水的冲击，且易被漂浮物卡塞或上游泥沙淤积，造成不能自动翻板而影响防洪安全。因此，河道中拦河建筑物采用何种形式，应根据河道的实际情况及工程要求等特性综合分析[1-3]。

1　工程概况

牡丹江为松花江右岸一级支流，发源于敦化市江源镇马家店的南寒葱岭北，干流由南流向东北，经敦化市大山嘴子出吉林省汇入镜泊湖。位于敦化市牡丹江城区段堤防的1#橡胶坝在敖东桥—铁路桥之间，敖东桥下游650 m，建成于1999年。2#橡胶坝在敖东桥—六顶山

作者简介：陈晏育（1960—），男，北京人，高级工程师，主要从事水利工程管理。E-mail：imexb@126.com。

大桥之间,敦化水文站上游 500 m,建成于 2007 年,至今已运行 7 年。

本工程主要改造任务是拆除现有橡胶坝袋,在原橡胶坝基础上安装其他类拦水坝,一是改变现橡胶坝老化,冻胀严重,排沙、排污功能差,无法及时泄洪等弊端;二是选择冬季可运行的拦水闸门以提高景区水资产的利用;三是选择景观性的拦水闸门以增亮美化城市。拦水坝改造完成后,工程运行更加安全可靠,可自由调节水位,快速排沙、排污等;可实现橡胶坝冬季无法运行的目标,促进冬季开发增效的目的;改造后的工程将成为集生态、景观、节能、旅游等为一体的综合性水利工程。

2 自然状况

2.1 气象水文

牡丹江流域属于北温带大陆性季风气候区,其特点是春季风大而干燥,夏季湿润多雨,秋季凉爽多雾,冬季寒冷多雪。一年中寒暑温差悬殊,春秋两季短暂,冬季漫长,平均气温低于零度的时间,一般从 11 月中旬起直到翌年 3 月下旬,长达 4 个月之久。

本工程段气象资料采用敦化气象站资料。敦化气象站多年平均降水量为 633.2 mm,多年平均气温为 3.8 ℃,历年最高气温为 34.5 ℃,最低气温为 -38.3 ℃。

受太平洋季风及西伯利亚高压影响,牡丹江流域暴雨主要发生在 6 ~ 9 月,大暴雨出现时间一般为 7 月中旬至 8 月下旬,雨量集中,根据本流域近百年的雨量资料统计分析,一次暴雨历时为 3 ~ 5 d,最多不超过 7 d,且一次雨量的 70% ~ 80% 都集中在一天。

2.2 泥沙和冰情

本工程泥沙设计根据敦化水文测站泥沙观测资料,经计算,多年平均含沙量为 187.2 g/m^3,多年平均悬移质输沙量模数为 48.2 $t/(km^2 \cdot a)$,推移质输沙模数按悬移质输沙模数的 20% 计算,悬移质输沙量为 8.60 万 t,推移质为 1.72 万 t,输沙总量为 10.32 万 t。

牡丹江流域冬季水量比较稳定,河流全部封冻,在封冻期内流量变化较小,河道流量比较稳定,根据敦化站观测资料分析,初冰日期为 10 月 31 日左右,开河日期为 4 月 11 日左右;冬冰日期一般在 4 月 12 日左右,稳定封冻日期大约在 131 d;最大河心冰厚 1.25 m,发生在 1977 年;最大岸边冰厚 1.02 m,发生在 1961 年;多年平均河心冰厚为 0.8 m,多年平均岸边冰厚为 0.80 m。

2.3 工程地质

2.3.1 坝址区工程地质条件及评价

牡丹江橡胶坝位于牡丹江城区段河谷相对宽阔地带,两岸为防洪堤。坝址区出露的地层岩性较为简单:一为第四系松散堆积物沙砾;二为第四系马连河玄武岩。

2.3.2 水文地质条件

根据区域地层特点,坝址区地下水分为两种类型:一是松散堆积物孔隙水,二是基岩裂隙水。孔隙水主要分布在沙砾层中,裂隙水分布于马连河玄武岩节理裂隙及孔洞中,气孔具有较好的连通性,两种地下水在坝址区无明显的隔水层分布,两者有较好的水力联系,裂隙水受地表水补给条件良好。本地区地下水对混凝土不具腐蚀性。

3 改造方案选择

依据敦化市牡丹江城区堤防橡胶坝工程改造的要求和目的,结合牡丹江城区段河流的水文泥沙基本特征，对国内外目前技术较为成熟、应用较多的钢坝闸、液压升降坝、合页活动坝在改造投资、冬季运行、技术特点等方面进行对比，最终选择合页活动坝。

3.1 投资方面

1#坝需在原橡胶坝基础上改建单跨净长73.2 m坝体，共计3跨。中、边墩厚1.1 m，墩高2.5 m。橡胶坝底板高程为494.52 m，坝高2.0 m。原橡胶坝底板为钢筋混凝土结构，顺水流方向底板宽6.0 m、厚0.9 m。底板前后设齿墙，深1.6 m，基础高程为492.02 m。泵房设在左岸，平面尺寸为6 m×9 m（长×宽），泵房底板高程492.52 m，由集水井、压力供水箱、控制室及管理房四部分组成。2#工程需在原橡胶坝基础上改建三跨坝体，中跨净长72.0 m，两侧边跨净长73.0 m，中、边墩厚1.0 m，墩高2.5 m。橡胶坝底板高程为495.43 m，坝高2.0 m。原橡胶坝底板为钢筋混凝土结构，顺水流方向底板宽7.0 m、厚0.8 m。底板前后设齿墙，深2.2 m，基础高程为492.43 m。泵房设在左岸，平面尺寸为5 m×8.6 m（长×宽），泵房共三层，一层为设备层，二层为检修层，三层为配电层。

此工程是在原有的基础上进行改建的，依据现有的情况，原有的橡胶坝基础无法被改造的钢坝闸所用，如若改造成钢坝闸则需建设启闭机装置，且现有的中墩需要加宽，需建检修廊道，底板基础需要加长，在土建方面需要添加额外的建设成本，提高了改造项目工程概算（见表1），已超出预算范围。因此，钢坝闸不作为此改造所选择的方案。

表1 敦化市牡丹江1#、2#橡胶坝技术改造项目工程概算表 （单位：万元）

坝型	建筑工程投资	机电设备及金属结构投资	施工临时工程	独立费用	合计
钢坝闸	1 726.88	102.71	226.42	131.87	2 187.88
液压升降坝	627.82	51.93	153.95	55.45	889.15
合页活动坝	909.89	63.40	192.54	62.77	1 228.6

液压升降坝坝体材质为钢筋混凝土，坝面由多扇坝板组成，坝板之间不需设闸墩等阻水建筑物，设置止水橡皮以满足坝体止水效果。单扇坝板标准宽度为6 m，也可依据河道的长度进行调整。基础上部的宽度只要求与活动坝高度相等，同时液压系统简便。因此，可利用原有基础进行改造，且整体改造造价在预算范围之内，可作为备选方案。

对于此改造项目，合页活动坝每跨长度也可依据现有基础进行调节，每跨长度7 m左右，进行标准化设计与生产，坝体之间进行橡胶P型止水，不需要改造现有中墩。挡水高度均为2 m，合页活动坝可利用原有橡胶坝基础进行改建。同时，此种坝型结构采用隐藏式低重心支撑，液压支撑系统均隐藏在坝体，无需单独建检修廊道，非汛期进行局部围堰，配以检修支撑杆即可进行检修。此外，1#、2#橡胶坝的泵房平面尺寸分别为6 m×9 m（长×宽）、5 m×8.6 m（长×宽），合页活动坝的泵房结构简单，目前该泵房尺寸均可用。合页活动坝和传统闸门相比，减少了闸墩、金属结构埋件，混凝土工程量小，从而节约投资成本，可作为此改造项目的方案选择之一。

3.2 冬季运行方面

传统河道拦水闸门在冬季运行时，一旦结冰就会对坝体本身产生冰压力，尤其是液压升降坝，因坝体本身由固定支撑杆进行支撑，冬季运行中不能进行调节，冰压力会压迫坝面，致使支撑杆压弯变形。此外,因液压升降坝坝体材质为钢筋混凝土,在我国东北地区 -20 ℃甚至更低的温度下,坝面会出现冻胀撕裂等现象。除此之外,为保护坝体质量就必须做好刨冰工作,橡胶坝及液压升降坝都存在此类问题。而刨冰工作完全依靠人工完成,既耗时又耗力,且给管理带来极大的不便。

合页活动坝研发过程中,考虑了传统坝型在冬季运行的缺点,采用开放式低矮台阶底板结构,液压油缸及面板受冰冻影响很小。液压系统的回油旁路上选用性能良好的溢流阀,其目的是稳压、卸荷和安全保护。当系统压力超过溢流阀的调定压力时,溢流阀自动打开,将多余的压力释放回油箱,坝面做出相应的退让动作并会倾斜一定角度,冰层可以沿着斜角向上延伸,可有效地释放缓解冰冻压力,从根本上解决冬季冰冻压力对坝面及液压系统带来的损害。另因钢材本身的坚硬特质,每年春天的凌汛均可以完全在坝顶泄洪。

3.3 景观效果、排沙排漂、洪期调度等方面

液压升降坝底部以铰链轴固定在坝基上,铰链承力杆支撑坝面,并以坝面背后液压杆的伸缩带动坝面做扇形上下升降。液压缸和支撑杆均设置解锁装置控制坝体升降。同时,液压升降坝有支撑、锁定两套液压系统进行联动运动,管路布置较为复杂;洪水期坍坝调度与蓄水难以协调,无法实现任意高度挡水;液压升降坝因其在下游背水面设有众多细长支撑杆,在景观美学角度,人工机械钢铁部件外露过多,影响河道人文自然和谐。

相比液压升降坝技术特点(见表2),合页活动坝每扇面板由两个液压缸进行隐藏式支撑,重心低,与挑流设置相结合可营造出连续扰流跌水效果,与河岸动静相补,行色相称,形成自然流水潺潺的动态河道景观。同时,相比其他传统坝型,合页活动坝降低对河床地形地势开挖量,稳定其变形的河床,保持天然状态河道,强化水体自净能力,减少对水生态系统影响,构建生态草、生物膜净化水质,有利于梳理水系形态,促进生态环境可持续循环。

表2 液压升降坝与合页活动坝技术特点对比

性能	液压升降坝	合页坝
景观效果	视觉效果杂乱	景观效果好
可否任意高度挡水	因有支撑杆,只有到达限定的位置才可以使坝面停留,液压缸不能长期受力,无法实现任意高度挡水	每扇坝面均可在设计运动范围内做任意角度的停留,可在设计拦水位范围内任意调节并长期蓄水
排漂、排沙效果	可单扇或整体坝面进行调节,排漂、排沙效果较好,但行洪后液压启闭的油缸和解锁装置的坑槽需及时清理,以免淤堵	可反复操作单扇面坝面升降,形成集中高速水流,排漂、排沙效果明显
可否无动力降坝	支撑杆需解锁后才能启动液压系统,双作用主液压缸的动力必须电力供应	通过手动系统可以单独或多坝同时降坝行洪,其降坝速度可自由控制

此外,合页活动坝无动力降坝液压系统的设计可实现在一些偏远的缺电山区或无电情况下进行快速降坝,单个坝面升降可在30 s之内完成,可进行快速排沙排漂,此外还可保障洪水期应急降坝的要求。

4 改造方案设计

根据《防洪标准》(GB 50201—94)、《水利水电工程等级划分及洪水标准》(SL 252—

2000)、《堤防设计规范》(GB 50286—2013)的规定,牡丹江水利景观拦河坝工程为Ⅳ等,主要建筑物级别为4级,相应的洪水标准,即正常运行期为20年一遇,非常运行期为50年一遇,临时工程洪水标准为非汛期洪水5年一遇。

该工程改造成合页活动坝后,1#工程利用原有的橡胶坝基础底板、中墩及边墩、海漫段、泵房等进行合页活动坝工程改造(见图1)。在原坝轴线上游进行开凿,预埋槽尺寸为1.2 m×1.2 m×0.45 m,预埋槽上放置预埋板,预埋板尺寸为0.92 m×0.7 m×0.02 m,浇筑预埋槽,待混凝土强度达到预定强度后,吊装坝面,将坝面底座与预埋板进行焊接,然后安装底止水,进行二期混凝土浇筑。合页活动坝采用平面钢板式,挡水高度2.0 m,即正常蓄水位为496.62 m,合页活动坝底板高程为494.22 m,共3跨。其中左跨、右跨宽度均为73.1 m,每扇坝面宽7.29 m,中跨宽度为71 m,每扇坝面宽7.08 m。现改建成合页活动坝后,其控制室只利用地上一层进行电控柜、液压站等安装。

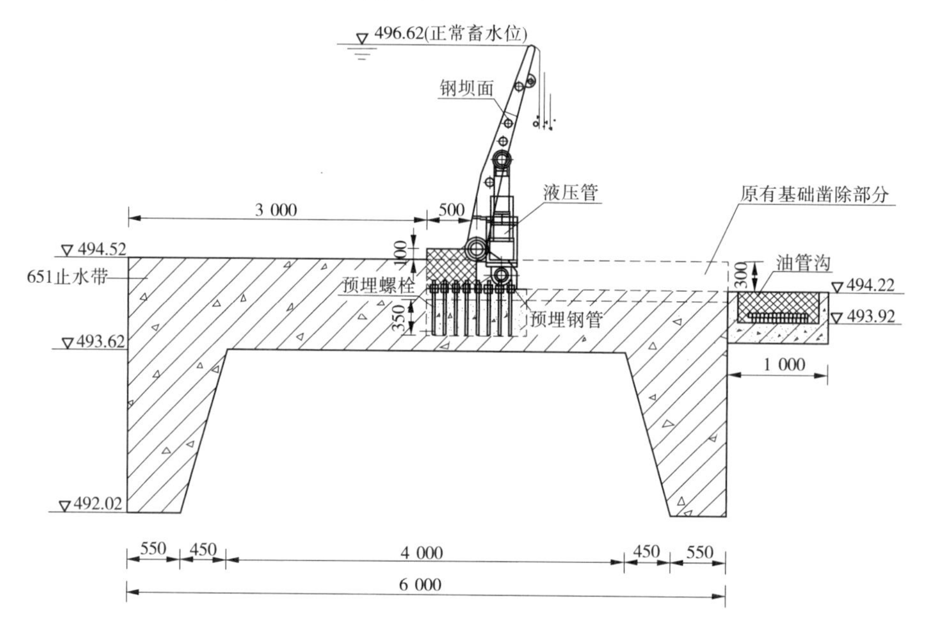

图1　1#工程改造后的合页活动坝

2#工程依旧利用原有的橡胶坝基础底板、中墩及边墩、海漫段、泵房等进行合页活动坝工程改造(见图2)。在原坝轴线上游进行开凿,预埋槽尺寸为1.2 m×1.2 m×0.35 m,预埋槽上放置预埋板,预埋板尺寸为0.92 m×0.7 m×0.025 m,浇筑预埋槽,待混凝土强度达到预定强度后,吊装坝面,将坝面底座与预埋板进行焊接,然后安装底止水,进行二期混凝土浇筑。合页活动坝采用平面钢板式,挡水高度2.0 m,即正常蓄水位为497.53 m,合页活动坝底板高程为495.13 m,共3跨,其中左岸边跨为76.3 m,每扇坝面宽7.61 m,共10扇,中跨为72 m,每扇坝面7.18 m,共10扇,右岸边跨为73 m,每扇坝面宽7.28 m,共10扇。原有泵房由三层组成,合页活动坝的控制室只利用地上一层进行电控柜、液压站等安装。

5　结　语

(1)技术改造工程完成后,合页活动坝改造投资在预算范围之内,没有额外提高改造成本。

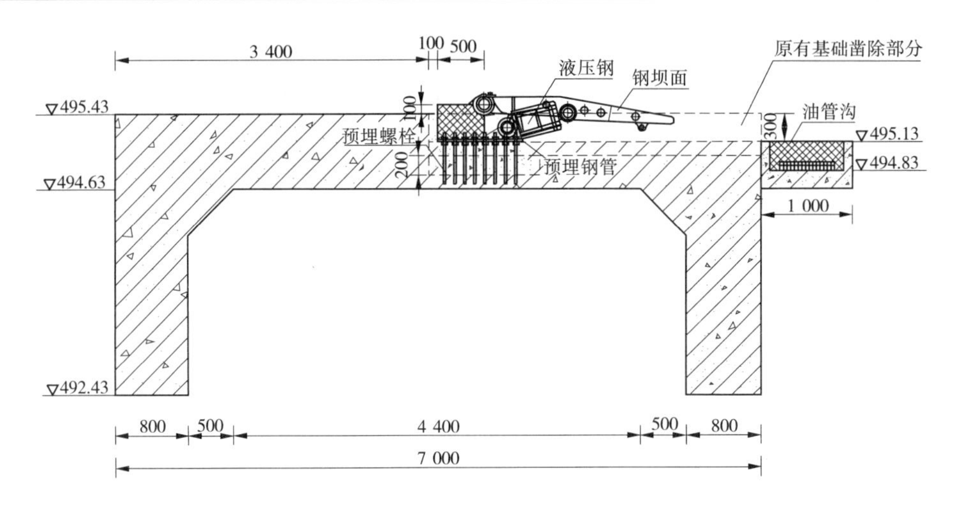

图2 2#工程改造后的合页活动坝

(2)技术改造工程完成后,实现了科学监控、预报、调度洪水,自由调节水位,快速排沙、排漂,洪峰期自动运动降坝泄洪,冬季正常运行等功能,提高运行管理水平。

(3)技术改造工程完成后,两座合页活动坝在枯水期挡水,在市区内形成宽阔水面,一方面蓄水后对低水位范围影响扩大,增加地下水调节水量,从而增加供水水源,拦蓄河川径流,提高供水效益。另一方面改善了城区的生态环境,增加了旅游景观,通过增加亮化美化灯光设施,与周边步行公园融为一体,夜间也可成为城市一道亮丽的风景,为当地居民增添一处休闲游玩场所。此外,合页活动坝冬季可进行正常蓄水挡水,形成的天然冰场可作为一项娱乐项目,不仅提升了牡丹江城区段河道水资产的利用,也对敦化市冬季旅游事业的发展和经济繁荣起到了促进作用。

参考文献

[1] 姚东海,武慧娟,等. 浅谈伊敏河橡胶坝选型及设计中的重点[J]. 内蒙古水利,2010(6):57.
[2] 江飞. 某景观河道水闸设计分析[J]. 中国农村水利水电, 2012(8):115-119.
[3] 蔡新明,韩晔. 城市景观水闸选型探讨[J]. 浙江水利科技,2014,194(4):63-65.
[4] 和宝锋. 钢坝在山丘地区城市景观水利工程中的适用性分析[J]. 水利交通, 2015.
[5] 饶和平,朱水生,等. 液压升降坝与传统活动坝比较研究[J]. 水利水电快报, 2015, 36(12): 23-26.

堆石混凝土在沙坪二级水电站主体工程中的应用研究

刘 钊 白晓峰 薛守宁

（国电大渡河沙坪水电建设有限公司，峨边 614300）

摘 要 大渡河沙坪二级水电站主体工程采用堆石混凝土，在国内水电行业尚属首次；单仓面积最大达 1 911 m^2，是目前国内最大的堆石混凝土仓面；另外，施工过程正值当地月平均最高气温季节。通过对大渡河沙坪二级水电站拦河闸坝基础堆石混凝土施工的研究，总结了堆石混凝土在沙坪工程中的应用优势及局限、施工流程、大仓面应用等，系统分析了堆石混凝土在该工程中的利弊及施工控制要点，为水电行业同类工程的应用提供了借鉴。

关键词 沙坪二级；堆石混凝土；应用优势；施工工艺

1 工程概况

沙坪二级水电站位于四川省乐山市峨边彝族自治县和金口河区境内，距峨边县城上游约 7 km，是大渡河流域规划 22 个梯级中第 20 个梯级的第二级。电站坝址位于官料河口上游约 230 m 处，采用河床式开发，开发任务主要为发电。坝址以上流域面积为 73 632 km^2，多年平均流量 1 390 m^3/s，水库正常蓄水位 554.00 m，总库容 2 084 万 m^3，挡水建筑物最大坝高 63.0 m，装机容量 348 MW，属二等大(2)型工程，与双江口、瀑布沟联合运行，保证出力 124.5 MW，多年平均发电量为 16.10 亿 kWh。

沙坪二级水电站闸坝基础为堆石混凝土，起止高程为 494 ~ 524 m，最大浇筑高度 30 m。分 3 区浇筑，上下游长度 49 m，左右方向 104.5 m，单仓最大尺寸为 49 m × 39 m，总计设计堆石混凝土 11.66 万 m^3。后因石料不足，部分更改为常态三级配混凝土，实际浇筑方量为 3.25 万 m^3。施工时段为 2014 年 5 月 8 日至 2014 年 8 月 15 日。

2 堆石混凝土应用优势

2.1 大量使用块石

沙坪二级水电站明渠及闸坝基础开挖过程中采用控制爆破，筛选出 8 万 m^3 满足堆石混凝土施工要求的灰岩大块石，施工过程中块石使用比例实际可达 55% ~ 60%，能够充分利用开挖石料，最大限度的降低胶凝材料的用量，从而降低造价约 10%。

2.2 温控措施简单

堆石混凝土中水泥用量显著降低，C20 等级堆石混凝土中的水泥用量不超过 80 kg/m^3，绝热温升不超过 15 ℃。沙坪二级水电站工程堆石混凝土单仓浇筑 2 867 ~ 3 822 m^3，施工

作者简介：刘钊(1987—)，男，陕西城固人，硕士，工程师。E-mail：504797414@qq.com。

过程正值6~7月的高温季节,但除采用喷水养护外,基本未采取其他温控措施,且埋设温度计显示温升满足设计要求并未出现温度裂缝。

2.3 工艺简单,施工速度快

堆石混凝土浇筑主要包括堆石入仓和高自密实性能混凝土生产浇筑。两道工序均可以通过大规模的机械化施工来完成,减少人工参与,避免了人为的干扰。在完成一定堆石仓面后,堆石入仓和混凝土生产浇筑可以平行进行,工序间干扰小,生产效率成倍提升的同时还降低了设备强度的要求。简化温控措施、混凝土生产运输浇筑量减半且无需振捣等,都为加快施工速度、缩短工期提供了有力保证。沙坪二级水电站工程堆石混凝土施工相对普通混凝土累计节约工期约20 d。

2.4 降低工程成本

沙坪二级水电站工程采用堆石混凝土回填基础,有效的降低了工程成本,主要通过以下几个方面实现:一是大量使用堆石减少胶凝材料用量,堆石混凝土的材料成本较常态混凝土有所降低;二是由于高自密实性能混凝土的用量不高于45%,所以在混凝土生产、运输以及浇筑等工序的施工成本更能够显著降低;三是堆石混凝土施工机械化程度高,简化或消除了温控措施,浇筑过程免去了振捣工序,减少了人工成本的投入。

3 堆石混凝土施工工艺

3.1 施工工艺流程

堆石混凝土施工工艺流程如下:基础面及施工缝处理→模板安装→堆石入仓→高自密实性能混凝土拌和→高自密实性能混凝土运输→高自密实性能混凝土浇筑→堆石混凝土养护→进入下个循环。

3.2 基础面及施工缝处理

(1)对基岩上的松动岩石进行撬挖,并将浮石虚渣清除,最后用高压风将表面吹干净。仓内积水舀干或采用棉纱、抹布等吸干。

(2)浇筑顶面应留有块石棱角,且块石棱角高出自密实混凝土顶面5~20 cm。在进行施工缝面处理时,对于外露的松动块石应予以清除。施工缝缝面使用压力水(30~50 MPa)或人工打毛等方式加工成毛面,清除缝面上所有的浮浆、松散物料等污染体,以泛露粗砂粒为准,不得损伤内部骨料。

3.3 模板安装

模板形式采用钢模板、木模板、预制块模板等模板形式均可,支立形式可选择内拉式、外撑式、悬臂模板等形式,条件许可时宜采用外撑式模板。当无外观要求时,可优先选用预制块模板。

预制模板尺寸一般为2 m×1.5 m×0.5 m,混凝土等级与需要浇筑混凝土等级一致。预制模板一侧进行凿毛,作为堆石结构的一部分浇筑在混凝土内。每块预制模板拉结2根拉筋。

3.4 堆石筛选

基岩开挖、洞挖、爆破开采等石料均可作为堆石料的来源;对于基岩开挖料,可根据施工现场情况,选取离使用点较近的料场进行堆放。

为保证堆石料的粒径要求(不小于30 cm),需要对不合格的堆石料进行筛选。在收集堆石料时，应挑选粒径较大的块石料：

（1）对于大块石，直接用挖机选取装车；

（2）对于逊径较多的混合料，为确保满足堆石粒径要求，采用钢筛进行筛分，用挖机喂料，直接装车，逊径料用装载机转运集中堆放，用于加工 1 级配、2 级配混凝土骨料。

3.5　堆石冲洗

堆石的含泥量要求控制不超过 0.5%，不允许泥块含量存在。因此需对堆石料进行充分冲洗。冲洗可选择料源处冲洗、过程中冲洗、或挖机斗内冲洗，冲洗方式可因地制宜，如高压水枪、冲洗平台等。一般较常用、效率较高的是在堆石运输过程中借助冲洗平台进行冲洗。

根据取料的道路布置，在坡道上设置一个冲洗平台，用于料场石料冲洗。冲洗系统是三维布置的，如图 1 所示，主要包括：

（1）布置 3 根 Φ80 花管，水压大于 0.2 MPa，自卸汽车装满堆石后，从花管下经过，水流垂直往下冲洗。

（2）运输车车箱底部设置装有内置花管的钢栅，预留冲洗水接口，汽车行驶至冲洗平台后，连接花管从下往上倾斜角度冲洗。

自卸汽车装满堆石后，从三维冲洗系统（见图 1）下经过，连接钢栅内置花管的冲洗水接口，打开上部花管的阀门，使水流立体冲洗堆石 5 ~ 10 min，至车尾流水不再浑浊后运输至仓面。冲洗废水经沉淀后排放。

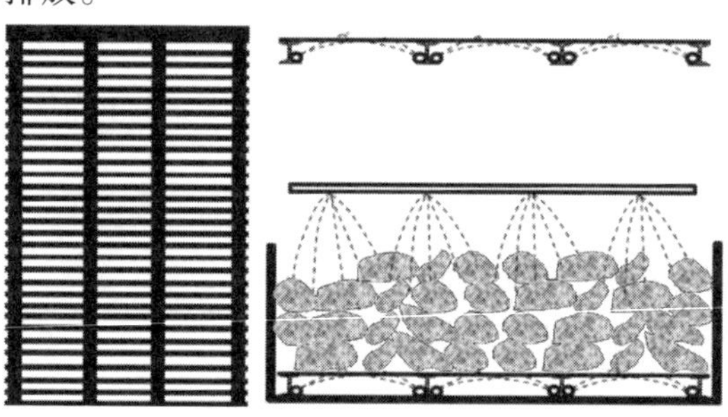

图 1　车箱内置钢栅的三维冲洗系统

3.6　堆石入仓

堆石料可采用吊车、缆车、自卸车等方式入仓，应尽量避免周转。条件允许的情况下宜采用自卸车直接运输入仓。重点介绍这种入仓方式。

（1）进仓轮胎冲洗：在进仓道路上铺设 9 m 长的钢栅，在钢栅两侧布置冲洗管路。冲洗完毕后铺设 3 ~ 5 m 碎石路段，进行汽车轮胎脱水，防止进仓汽车轮胎带入泥渣、渍水。

（2）对于大仓面堆石，应布置环形道路，进仓面和出仓面的车辆分开。

（3）堆石入仓采用“倒退法”，由里向外布仓。并配备装载机和挖掘机进行平仓。

（4）对于粒径超过 800 mm 的大块石，宜放置在仓面中部。

（5）在靠近模板、止水带等细部 1 m 左右的区域，需要使用人工辅助堆石，以避免机械堆石对模板和止水带的冲击。有外观面要求的部位，堆石体以不接触模板为宜。

（6）上游防渗区域采用抓斗抓块石堆码。

（7）在堆石过程中，堆石体外露面所含有的粒径小于 200 mm 的石块数量不得超过 10 块/m^2，且不应集中堆放。

(8)为减少自卸车车厢内逊径料、积水对层间的污染,仓面卸料应固定卸料点,自卸汽车卸料后采用挖机转运平仓。卸料点剩余的逊径料及积水、残渣采用人工集中清理。单个卸料点覆盖范围半径 8 ~ 10 m,根据仓面大小布置卸料点位置。

3.7 高自密实性能混凝土运输

(1)高自密实性能混凝土运输须使用混凝土搅拌车,运输速度应保证堆石混凝土施工的连续性。条件允许的话,可以采用高自密实性能混凝土出机后直接通过泵送输送至仓面浇筑,省去混凝土运输环节。

(2)运输车在接料前应将车内残留的其他品种混凝土清洗干净,并将车内积水排尽,运输过程中严禁向车内的高自密实性能混凝土加水。

(3)高自密实性能混凝土的运输时间应保证在 60 min 内卸料完毕。高自密实性能混凝土的初凝时间应根据运输时间和现场情况加以控制,如需延长运送时间,应采用相应技术措施,并应通过试验验证。

(4)卸料前搅拌运输车应高速旋转 1 min 以上方可卸料。

(5)在高自密实性能混凝土卸料前,如对高自密实性能混凝土扩展度进行调整时,需在加入专用外加剂后高自密实性能混凝土搅拌运输车应高速旋转 3 min,使高自密实性能混凝土均匀一致,经检测合格后方可卸料。调整后,如仍不能满足性能要求,应按照现场监理工程师指定位置处理。外加剂的种类、掺量应事先试验确定。

3.8 高自密实性能混凝土浇筑

(1)高自密实性能混凝土的浇筑方式多种多样,考虑浇筑区域、范围、施工条件等灵活选择、搭配,常见的浇筑方式有混凝土泵、挖掘机、溜槽、吊罐、罐车等。混凝土泵是最常见的浇筑方式,适用性广。

(2)当采用泵送入仓时,应根据试验结果及施工条件,合理确定混凝土泵的种类、输送管径、配管距离等,并应根据试验结果及施工条件确定混凝土的浇筑速度。混凝土的泵送和浇筑应保持其连续性,当因停泵时间过长,混凝土不能达到要求的工作性能时,应及时清除泵及泵管中的混凝土,重新配料。

(3)堆石混凝土表面外观有较高要求的部位,可在浇筑时辅助敲击模板外侧进行排气。

(4)需对现场浇筑的混凝土进行工作性能进行检测。运抵现场的混凝土自密实性能不满足要求时不得施工,并采取经试验确认的可靠方法调整自密实性能。

(5)浇筑时的最大自由落下高度控制不超过 5 m。

(6)混凝土浇筑点应均匀布置,浇筑点间距不宜超过 3 m。在浇筑过程中应遵循单向逐点浇筑的原则,每个浇筑点浇满后方可移动至下一浇筑点浇筑,浇筑点不应重复使用。混凝土的浇筑应从上游面往下游面的方向移动。

(7)在浇筑过程中要密切关注并防止模板、预埋件等的移动和变形。

(8)当分层连续浇筑混凝土时,应在下一层混凝土初凝前将上一层混凝土浇筑完毕。

(9)在雨季施工时应注意:①中雨以上的雨天不得新开堆石混凝土浇筑仓面,有抹面要求的堆石混凝土不得在雨天开工;②遇到小雨时,可采取措施继续施工。应根据雨水的大小适当降低混凝土单方用水量、提高单方外加剂用量,提高混凝土黏性;③遇到中雨时,应停止施工,并对仓面采取防雨保护和排水措施;④雨季施工的混凝土仓面,在收仓过程中应注意避免局部低洼的出现,防止积水。

(10)在收仓时,除达到结构物设计顶面外,高自密实性能混凝土浇筑宜使适量块石高出浇筑面 50～150 mm,同时高自密实性能混凝土浇筑顶面可不采用人工平整,以加强层面结合。

(11)高自密实性能混凝土浇筑完成后,对于堆石不饱满的部位在混凝土初凝前可适当抛撒小块石,可有效提高混凝土表面防开裂性能。

(12)高温天气浇筑高自密实性能混凝土时,应注意喷雾降温加湿,防止混凝土失水过快导致的流动性损失。

3.9 堆石混凝土拆模与养护

(1)混凝土强度达到 2.5 MPa 以上方可拆模。

(2)混凝土抗压强度达到 2.5 MPa 以前,不得进行下一仓面的准备工作。

(3)浇筑完成的堆石混凝土,在养护前宜避免太阳曝晒。在浇筑完毕 6～18 h 内开始洒水养护。养护期内始终使混凝土表面保持湿润。

(4)混凝土养护时间,不宜少于 28 d,有特殊要求的部位宜适当延长养护时间。

4 堆石混凝土大仓面应用

堆石混凝土在沙坪二级水电站工程主体工程中的应用单仓面积最大达 1 911 m^2,是目前国内最大的堆石混凝土仓面。通过优化施工组织、合理地安排工序衔接、充足投入施工设备,堆石混凝土上升速度达 4 天/层(2 m),满足了施工进度要求。在堆石混凝土浇筑过程中,通过加大冲洗水压和在车厢底部加设冲洗格栅的方式,解决了块石底部冲洗不干净的问题;通过采取固定卸料点,单仓设置 5 个卸料点,定时人工清理,解决了层间残留碎渣、小石的问题;合理地安排高低仓,搭设溜槽等多方式入仓,解决了大仓面入仓强度问题。

通过钻孔取芯、压水试验、声波检测对堆石混凝土进行了质量检查。芯样外观密实光滑,堆石料与高自密实性能混凝土黏结紧密,结合较好,未出现孔洞或大的气泡。芯样受压后,混凝土与堆石料做为一个整体共同破坏。声波检查数值满足设计要求。

5 结　语

堆石混凝土在沙坪二级水电站主体工程中的成功应用对比常态混凝土表现出了工期优势、质量优势、成本优势等重要优势,同时也凸显出对堆石料源、仓面大小及仓面结构难易程度要求较高等局限性。文章基于沙坪二级水电站工程对堆石混凝土施工工艺要点的系统总结,可为同类工程应用提供参考。

参考文献

[1] 金峰,安雪晖,石建军,等. 堆石混凝土及堆石混凝土大坝[J]. 水利学报,2005,36(11):1347-1352.

[2] 金峰,安雪晖. 堆石混凝土大坝施工方法[P]. 中国专利: 03102674.5,2006-01-25.

[3] Huang M, An X, Zhou H, et al. Rock—Filled Concrete-development, Investigations and Ap-plications[J]. International Water Power&Da m Con-struction,2008,4(60):20-24.

[4] 殿海,刘剑. 自密实堆石混凝土在宝泉抽水蓄能电站的应用[J]. 水力发电,2007,33(9):26-27.

移动互联网下水电工程施工现场的管理变革

张攀峰　刘龙辉　彭　华

(武汉英思工程科技股份有限公司,武汉　430071)

摘　要　随着移动互联网技术的飞速发展,个人移动终端的性能不断提升,3G/4G 移动数据通信网络的全面覆盖,使得通过移动终端随时随地数据通信成为可能。移动互联网的深入应用也开始对水电工程现场的施工管理方式产生了巨大冲击。本文以国内工程典型的现场管理 APP 的应用实例为基础,描述移动应用的建设方法与现场的应用实效。

关键词　移动互联网;水电工程;施工管理;信息化;移动应用

传统水电工程现场施工管理模式形成已久,面对面交流、纸质记录签认,一直是现场管理的主要沟通手段。即使进入计算机时代,由于施工现场环境艰苦,施工场地不固定,人员、设备流动量大,有线网络建设困难,施工现场的数据采集与数据交互一直是工程管理信息化向生产过程覆盖中难以逾越的“最后一公里”。

随着移动互联网技术的飞速发展,智能手机已经逐步深入到人们的生活、工作中,成为不可或缺的重要沟通工具和信息交换工具。《2015－2016 年中国手机市场研究年度报告》显示,中国智能手机用户在 2015 年 6 月底已接近 6 亿。水电行业内每一位工程管理人员手中都至少配有一部智能手机,国内绝大部分的水电工程的施工现场都实现了 3G/4G 移动数据通信网络的覆盖。当智能手机和移动互联网解决了终端设备小型化及设备间的互联互通问题后,水电工程施工现场的信息化管理也终于迎来了破冰之期。

1　移动技术在工程现场的应用方向

智能手机作为移动互联数据终端,在施工现场可以发挥的作用主要表现在两个方面:数据采集与数据接收。智能手机自带功能,如书写、拍照、录音、录像、简单绘图、GPS 定位等,不仅为用户提供了更丰富的信息采集形式,手机自身也能产生位置、温度等有价值的信息。通过开发各类 APP 应用,移动通信设备基本上可以替代施工现场的纸质记录方式,实现施工一线的“无纸化办公”。

经历了近 20 年的信息化发展,工程建设期内大量的设计方案、图纸、文档、影像资料都实现了电子化储存。但在移动技术普及前,由于缺乏便捷的数据终端设备,工程人员通常要将所需资料打印出来后随身携带,做不到资料的实时查阅。如今,信息技术人员将这些电子文件转换为智能手机可以阅读的格式,现场人员利用 APP 程序,在授权访问的控制下,可以随时随地的查阅、共享这些资料。

水电工程施工过程中,施工单位内部、施工、监理、现场设代、业主单位之间,有非常多的

作者简介:张攀峰(1981—),男,高级工程师,主要从事水电工程信息化建设和咨询相关工作。E-mail:49263030@qq.com。

现场核准与签审过程,如混凝土的开仓申请、专业会签、浇筑要料,洞挖的爆破申请等。微信、手机QQ、其他类似的APP应用,可以实现审批流程的标准化与固化、保证审核信息随时随地的推送、接收、处理与反馈,极大地提高了现场的沟通效率。

在移动终端与移动网络的密切配合下,手机成为集数据采集、数据展现、数据传输为一体的“移动工作台”,它的这种综合能力在水电施工的现场中已经逐步得到了尝试与应用。

2 基于移动技术的施工日志、监理日志

施工日志、监理日志是施工现场最常见的现场记录形式。每个班次、每个施工作业面上、每一位施工管理人员与现场监理都会用到。施工(监理)日志的记录内容通常包括人员设备投入情况、材料消耗情况、施工进度质量情况、监测检测情况以及现场各类异常情况等,记录工作量大。但纸质形式记录表在审核人员及交班人员看过后,除非有重大事故,很少再有人问津,丢失情况较为严重。日志中各种当班的资源投入与工作完成数据,还需要有内业人员专门摘取出来,录入到计算机中,形成各类日报、周报等统计报表。

现场日志APP将传统记录在纸上的方式改为在智能手机上记录,同时还对记录过程进行了优化。首先,根据日志记录项的特点,软件通过预制常用选项,减少文字输入量;其次,导入历史记录项,如前后班次投入资源类型(工种、设备类型)较相似,导入后,只需要录入变化数量即可,进一步提高数据的工作效率;最后,引入新的记录手段,通过智能手机采集现场的照片(支持标记)、录像、录音,突破文字的约束,对记录内容进行扩展,能更直观地反映施工现场的进展情况。

日志的填写在现场完成,不仅保证了记录的及时性、完整性,也可以根据需要将部分内容(例如施工异常、预警信息)进行共享发布,其他不在现场的中高层管理人员可实时掌握现场施工情况,及时采取应对措施,提高反馈效率。日志中的各种统计量,也可以通过计算机自动汇总统计,生成管理需要的各类生产报表,减轻了人工的重复统计工作。

3 基于移动技术的施工质量验收评定

水电工程施工质量验收评定包括工序验收评定、单元工程验收评定、分部工程验收以及单位工程验收,其中工序验收评定主要在施工现场完成,涉及施工单位“初检、复检、终验”以及监理抽检的检测结果与评定结论,是质量评定过程中质量表单样式最多、数据采集规模最大的环节。传统的工序施工质量验收评定采用现场纸质填写、审批的工作方式,存在记录签审不及时、签审不到现场、评定资料提交滞后等现象。建设方很难对工序、单元质量评定工作的及时性、真实性、完整性进行管控,也无法在出现质量事故时快速对当时的现场情况、参与人员进行信息回溯、及时形成处理措施与追责。

质量管理APP将工序验收评定过程进行了全面数字化,施工单位质检人员、监理质检人员通过智能手机录入、提交、审核工序验收评定表单。工序验收评定中检查类指标项目在质评中,施工质检人员往往根据填表示例范本进行填写,每次填写内容几乎相同,审核人员很难了解现场真实情况,APP中增加了拍照、录像等影像资料的采集,作为辅助评定依据。针对检测类指标项,质量规范明确了其质量评价标准与质量等级的评定方法,APP从定性、定量两个维度建立起质量标准参数库,可自动完成检测点合格个数的统计、合格率的计算,作为是否达到质量标准要求的最终判定依据。

在工序的验收评定管理过程中，为了约束施工、监理的指定人员在指定时间内、指定地点完成指定任务，质量 APP 采用头像采集（定人）+ GPS 定位（定点）+ 时间控制（定时）相结合的方式对数据的录入与审批环节进行了控制。

（1）通过工作流设计器定义质量表单的审核流程，审核过程只能按既定流程进行，不能跨流程环节，审核不通过可退回上一环节。

（2）结合人员权限管理，在进行质量表单数据审核审批过程中校验身份信息，并通过采集头像信息，手写签名或电子签章等方式防止审核审批代签现象。

（3）利用 GPS 定位数据控制移动终端的使用，只允许在施工区域使用质量指标数据的采集和质量表单的审核审批功能；通过数据录入、提交、审核时间来判定数据采集及签字审核是否在规定时间内完成，超过该时间段不允许再进行补录或补签；严格限制桌面系统补录功能的权限，保证检验成果的真实性与及时性。

（4）系统可拍摄、上传现场图像和简单绘图，签名审定后，数据具有不可逆性。现场网络通畅的条件下现场质检数据将同步传输至数据中心，离线条件下数据暂存在移动设备中，但不可编辑，待网络通信恢复后，再同步至数据中心中。

质量 APP 与桌面系统配合使用，还能实现自动归集质量相关竣工验收资料的作用。系统在逻辑设置时，将相关质量表单配置到对应的工序、施工工艺、施工单元之下，通过施工单元与验收单元的对应关系，将单元工程质量验收评定的全套资料归集在对应的质量评定单元之下，并通过工程项目划分的对应规则，完成单元工程资料向分部工程、单位工程的汇集。

4 基于移动技术的现场安全管理

施工现场的安全管理，重点是进行人的不安全行为与物的不安全状态的控制，落实安全管理决策与目标，以消除一切事故，避免事故伤害，减少事故损失为管理目的。安全 APP 在现有安全管理的基础上，着重解决安全隐患上报、处置不及时以及过程追踪困难的问题。

工地安全 APP 将“互联网 +”引入安全隐患识别的工作中，以“人人都是安全员”为理念，强调工地安全，人人有责，发挥现场的人员的积极性，利用身边的智能手机，以文字、图像、视频等形式，及时将发现的安全隐患记录上报，安全隐患上报后的后续确认、追踪、督办也通过 APP 进行反馈，直至隐患排除。

5 结　语

本文列举了移动技术在水电工程施工现场管理中的几个应用场景，这些应用对提高现场的沟通效率，约束现场工作人员的行为方式，保障制度的严格落实和执行，提升工程建设质量、现场安全管理水平都大有助益。尽管施工现场的移动应用领域还有很多需要扩展的空间，移动设备还需进一步提高防护性能与电池的待机时间，但是不难看出，小巧便携的智能终端替代个人电脑成为施工现场移动信息化的新兴载体，在移动互联网的支持下，我们距离“装在口袋里的工程管理”会越来越近。

水分蒸发抑制剂对水工混凝土分层浇筑时性能的影响

王 伟 李 明 李 磊 田 倩

（高性能土木工程材料国家重点实验室、江苏苏博特新材料股份有限公司，南京 211103）

摘 要 本文研究了混凝土塑性阶段水分蒸发抑制剂对干热河谷气候条件下的水工混凝土性能的影响。通过室内试验模拟高蒸发环境下水工泵送混凝土和常态混凝土分层浇筑时，喷洒水分蒸发抑制剂对混凝土表观形貌、凝结时间、力学性能和耐久性能的影响。试验结果表明：①水分蒸发抑制剂能够显著抑制水泥基材料表层水分蒸发，喷洒2次时，水分蒸发抑制率可达70%以上；②在高温室条件（相对湿度（45±5）%、环境温度（38±2）℃、风速（5±0.5）m/s）下，喷洒水分蒸发抑制剂的泵送混凝土初凝时间略有延长（1 h左右），终凝时间基本不受影响，而喷洒水分蒸发抑制剂对常态混凝土凝结时间则基本无影响；③喷洒水分蒸发抑制剂可显著抑制高蒸发环境下试件表面的结壳起皮及塑性裂缝现象；④力学性能测试结果表明，1∶4稀释比例喷洒的水分蒸发抑制剂的混凝土力学性能优于1∶9稀释比例，且对试件的强度无不利影响，稀释比例过大将会影响水分蒸发抑制剂的功能；⑤喷洒水分蒸发抑制剂可以提高混凝土的抗冻性，对强度等级较低、分层浇筑间隔时间较长的混凝土，抗冻性提高较大。

关键词 水分蒸发抑制剂；水工混凝土；分层浇筑；塑性开裂；力学性能

1 引 言

针对处于高温、大风、低湿的干热河谷气候条件下的水电工程，由于混凝土掺加了高效减水剂和大量掺合料且拌和物坍落度较小、泌水少，在运输、浇筑和服役过程中的水分蒸发问题将会特别突出，进而造成以下3方面问题：①减少了水泥正常水化所需要的水分；②失水引起的湿度梯度和应力集中会造成混凝土塑性开裂和干燥开裂；③快速失水容易造成混凝土表层结壳，影响后续施工，而且如果是分层浇筑，层间处理不到位，将会导致层与层之间界面黏结力下降，增加安全隐患。因此，加强水电混凝土的养护，减少混凝土表层的水分蒸发，抑制因水分蒸发引起的开裂，对提高水电混凝土耐久性和结构安全具有重要的意义。

传统养护方法包括自然养护、洒水养护、铺草垫养护和铺薄膜养护等，通常从接近初凝时才开始进行，忽略了塑性阶段的早期养护，可能产生早期塑性开裂。并且，在极端大风条件下，传统的养护方法也难以满足工程需要。这种特殊环境下的混凝土施工，必须从混凝土浇筑开始就进行养护。上述问题也得到了国际社会的广泛关注，例如美国混凝土协会（American Concrete Institute，简称ACI）在其报告ACI 308R－01 Guide to Curing Concrete（《混凝土养护指南》）中就指出传统的养护方法，养护效率低下，水资源浪费严重，对混凝土外观和表

作者简介：王伟（1987—），男，硕士，工程师，主要从事混凝土外加剂研究。E-mail：Wangw@cnjsjk.cn。

层水灰比会产生不利影响,不能满足现代混凝土及其结构设计的需要,ACI 建议使用新型水分蒸发抑制技术对混凝土进行养护。在高蒸发环境条件下,建议采用单分子膜水分蒸发抑制技术减少塑性阶段的水分蒸发,降低开裂风险。

单分子膜水分蒸发抑制技术是利用纳米尺寸的粒子自组装实现对塑性阶段水分蒸发的有效抑制(最高可降低塑性阶段水分蒸发 70% 以上),对降低极端干燥条件下的塑性开裂驱动力——毛细管负压的增长和开裂风险有良好的作用。此项技术是在纳米尺度的组装过程中实现的,具有喷洒量低、效果优异的特点。以每立方米混凝土为例,在建议的施工工艺下,喷洒水分蒸发抑制剂引入的纳米粒子仅有 0.4 ~ 1 g。另一方面,该技术采取的纳米粒子是惰性不具有反应活性的材料,不会给混凝土带来引气和耐久性下降等问题,因此在水工混凝土分层浇筑的条件下,不会对混凝土性能产生副作用,不存在安全隐患。

虽然实验室研究和工程实践均证明水分蒸发抑制剂能够有效抑制塑性阶段混凝土表层水分蒸发,显著改善混凝土表面的结壳和起皮等不良现象,大幅降低混凝土塑性开裂,但是在水工混凝土中还未有大规模的应用案例。

鉴于上述问题,针对水工混凝土,开展水分蒸发抑制剂应用技术及效果评估研究,为快速蒸发条件下水工混凝土性能的提升提供依据。试验内容为研究常态混凝土和泵送混凝土分层浇筑时,喷洒水分蒸发抑制剂之后,混凝土的凝结时间、抗压强度、劈裂抗拉强度、极限拉伸值、抗渗性和抗冻性等性能的变化,同时开展水分蒸发抑制率试验。

2 原材料和配合比

2.1 试验用原材料

水泥:华新 P. MH42.5 水泥;

粉煤灰:武汉沐青园的 F 类 I 级粉煤灰;

细骨料:细骨料采用人工砂,细度模数 2.84,表观密度 2 760 kg/m³;

粗骨料:粗骨料采用碎石,5 ~ 20 mm 和 20 ~ 40 mm 二级配,表观密度分别为 2 780 kg/m³和 2 790 kg/m³;

减水剂:江苏苏博特新材料股份有限公司生产的 PCA 系聚羧酸高性能减水剂;

引气剂:江苏苏博特新材料股份有限公司生产的 GYQ(Ⅰ)混凝土引气剂;

水分蒸发抑制剂:江苏苏博特新材料股份有限公司生产的 Ereducer -101 塑性混凝土高效水分蒸发抑制剂。

2.2 混凝土配合比

混凝土配合比如表 1 所示。

表 1 混凝土配合比

设计强度等级	混凝土类型	级配	水胶比	材料用量(kg/m³)								
				水	水泥	粉煤灰	砂	小石	中石	大石	减水剂	引气剂
$C_{90}40$/W6F150	泵送	二	0.35	145	331	83	728	691	461	0	2.484	0.070
$C_{90}20$ W6F100	常态	三	0.55	110	130	70	646	457	457	609	1.200	0.050

3　试验内容及方法

3.1　试验内容

分别研究分两层浇筑时水分蒸发抑制剂对混凝土性能的影响。测试的性能有抗压强度、劈裂抗拉强度、极限拉伸值、抗渗性和抗冻性。分层浇筑时均是第一次先浇筑成型一半，一定的间隔时间(3 h、5 h 和 10 h)之后,再浇筑剩下的一半。

水分蒸发抑制剂的使用量为(200 ±20) g/m^2(稀释液的使用量),每次保证喷洒均匀。测试不同喷洒次数时,每次喷洒的时间间隔为 30 min。试件浇筑成型后立即置于高温室内,环境温度(38 ±2)℃,相对湿度(45 ±5)%,风速(5 ±0.5) m/s。

3.2　试验方法

3.2.1　水分蒸发抑制率

水分蒸发抑制率试验按照《混凝土塑性阶段水分蒸发抑制剂》(JG/T 477—2015)的相关规定进行。

3.2.2　抗压强度、劈裂抗拉强度、极限拉伸值、抗渗性和抗冻性

抗压强度、劈裂抗拉强度、极限拉伸值、抗渗性和抗冻性试验按照《水工混凝土试验规程》(DL/T 5150—2001)的相关规定进行。

4　试验结果与分析

4.1　水分蒸发抑制率

根据《混凝土塑性阶段水分蒸发抑制剂》(JG/T 477—2015),在高温室内开展了水分蒸发抑制率试验,净浆试件的水泥和水的质量比为 5∶2。试件模具尺寸 300 mm ×150 mm ×50 mm,按照 200 g/m^{2}的使用量,测试了 1∶4稀释液喷洒 1、2 次和 1∶9稀释液喷洒 1 次试件的水分蒸发抑制率,分别编号为 4E -1、4E -2、9E -1,结果见表 2。

表 2　净浆试件的水分蒸发抑制率

试件	4E -1	4E -2	9E -1
2 h 水分蒸发抑制率(%)	30.0	71.9	23.1
4 h 水分蒸发抑制率(%)	44.8	53.1	33.9

从测试结果可以看出,以 1∶9的稀释比例喷洒水分蒸发抑制剂一次,4 h 水分蒸发抑制率约为 33.9%,而以 1∶4的稀释比例喷洒水分蒸发抑制剂一次,4h 的水分蒸发抑制率可达到 44.8%。如果喷洒水分蒸发抑制剂两次(第一次喷洒之后,半小时之后再喷洒),4 h 水分蒸发抑制率可达到 53.1%,抑制效果非常明显。对比 2 h 的数据可以发现,以 1∶4的稀释比例喷洒水分蒸发抑制剂,其水分蒸发抑制率可达到 71.9%,超过了 70%。

由于水泥净浆试件收缩较大,试验中,约 3 h 时就观察到了基准组水泥净浆试件明显开裂,并且表面结壳起皮严重,而 4 h 内均未观察到喷洒水分蒸发抑制剂的试件开裂。4 h 后试件表面形貌如图 1 所示。

4.2　凝结时间

在高温室内,分别测试了基准组和喷洒 1∶4稀释液 1、2、3 次以及 1∶9稀释液 2 次时泵送

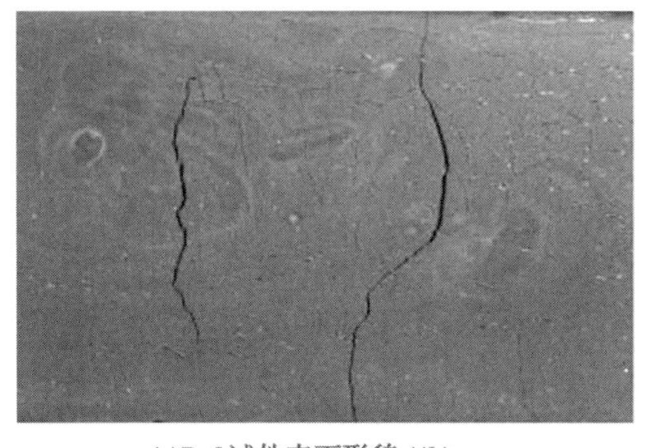

(a)Ref 试件表面形貌 (4h)

(b)4E-1 试件表面形貌 (4h)

(c)4E-2 试件表面形貌 (4h)

(d)9E-1 试件表面形貌 (4h)

图 1　水分蒸发抑制率试验

和常态混凝土的凝结时间,每组平行测试两个试件,分别编号为 Ref、4E－1、4E－2、4E－3、9E－2，凝结时间测试结果见表 3。结果表明,在高温室条件下,喷洒水分蒸发抑制剂会对泵送混凝土的初凝时间有较短的延长,对终凝时间影响不大,这可能是由于喷洒水分蒸发抑制剂后,减少了混凝土塑性阶段的水分蒸发,但作用时间有限,同时,混凝土表层状态对现行的凝结时间测试方法获得的结果有一定的影响,因此初凝时间受到的影响比终凝时间显著。需要指出的是,不同浓度的水分蒸发抑制剂对凝结时间的影响程度也表现出差异,其中,1∶4稀释液对凝结时间影响程度较小,1∶9稀释液对凝结时间影响较大,可能是溶液浓度过小,水分蒸发抑制剂有效成分减少,实际喷洒附带的水分增大了混凝土表层的水灰比,导致凝结时间相对明显延长。对于常态混凝土,由于粉煤灰掺量较大,混凝土初凝时间较泵送混凝土有所推迟,喷洒水分蒸发抑制剂对其凝结时间无影响。

表 3　泵送及常态混凝土凝结时间测试结果

测试项目	混凝土类型	Ref	4E－1	4E－2	4E－3	9E－2
初凝时间(h)	泵送	4.4	5.9	5.1	5.4	6.1
	常态	5.4	5.5	5.4	5.4	5.4
终凝时间(h)	泵送	6.7	7.3	7.5	7.5	7.9
	常态	7.1	7.1	7.1	7	7.2

4.3　抗压强度

分别测试了泵送混凝土和常态混凝土分两层浇筑时，在不同的间隔时间下，水分蒸发抑制剂对混凝土抗压强度的影响。测试结果如图 2 和图 3 所示。

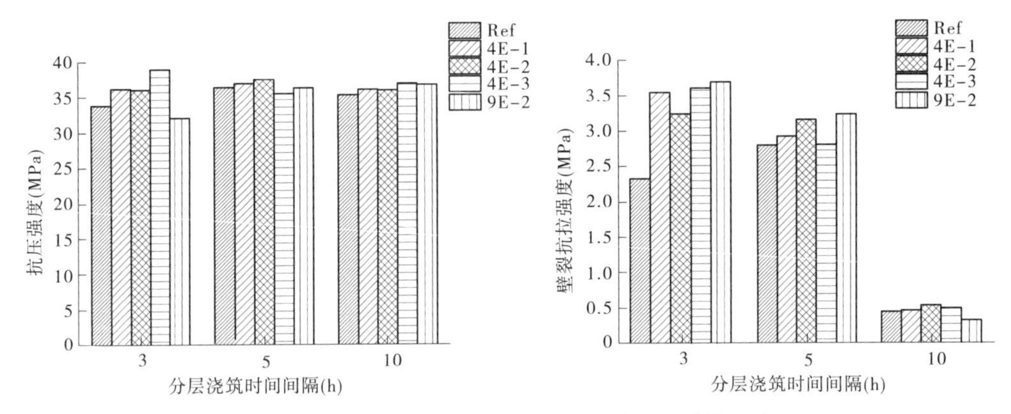

图 2　泵送混凝土分 2 层浇筑试件 28 d 抗压及劈拉强度

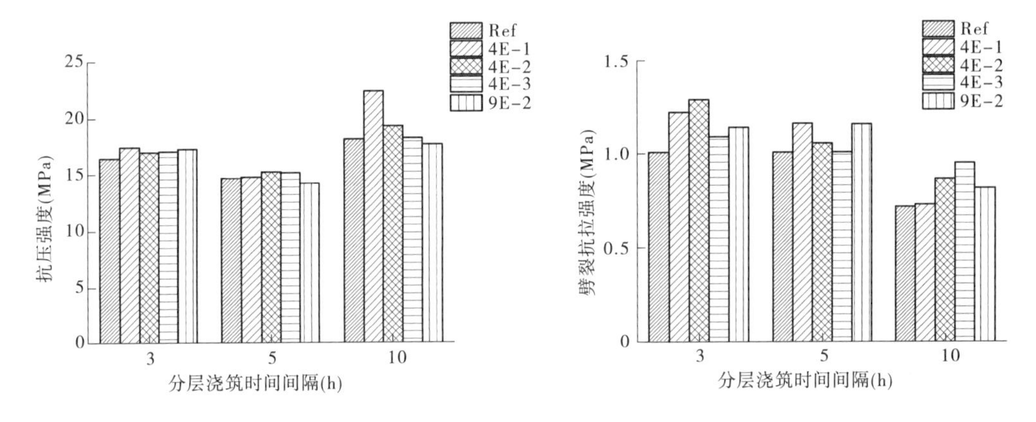

图 3　常态混凝土分 2 层浇筑试件 28 d 抗压及劈拉强度

轴心抗压强度和劈裂抗拉强度测试结果表明，无论是泵送混凝土还是常态混凝土，分层浇筑时，水分蒸发抑制剂均以 1∶4稀释比例喷洒时对试件的强度无不利影响，稀释比例过大影响水分蒸发抑制剂的实际效果，并会对混凝土强度造成小幅降低。以 1∶4稀释液喷洒一次时，混凝土轴心抗压强度和劈裂抗拉强度均增加。

4.4　极限拉伸强度

测试了分层浇筑时间间隔 3 h、5 h 和 10 h 时，以 1∶4的稀释比例喷洒水分蒸发抑制剂两次之后，泵送混凝土和常态混凝土极限拉伸强度的变化。测试结果如表 4 所示。

从表 4 中可以看出，分层浇筑间隔时间越长，极限拉伸值和轴心抗拉强度越低。水分蒸发抑制剂可以增大混凝土的极限拉伸值和轴心抗拉强度（最高达 30%），分层浇筑间隔时间越长，水分蒸发抑制剂对极限拉伸值增加的幅度越低。水分蒸发抑制剂对泵送混凝土极限拉伸值增加的幅度大于常态混凝土。这是由于泵送混凝土坍落度大，泌水较多，水分蒸发抑制剂作用更加显著。需要说明的是，由于分层浇筑，并且分层界面未经凿毛等处理，层间结合力与实际情况相比，有所降低，因此表 4 中测试的极限拉伸值和轴心抗拉强度比一次成型试件降低较多，实际测试时也发现极限拉伸试件沿分层面破坏较多。

表 4　混凝土极限拉伸试验结果

编号	极限拉伸值($\times 10^{-6}$)	轴心抗拉强度(MPa)
$C_{90}40-3Ref$	75	2.40
$C_{90}40-3E$	99	3.14
$C_{90}40-5Ref$	68	1.87
$C_{90}40-5E$	87	2.78
$C_{90}40-10Ref$	55	1.41
$C_{90}40-10E$	66	1.61
$C_{90}20-3Ref$	62	1.52
$C_{90}20-3E$	75	2.08
$C_{90}20-5Ref$	56	1.23
$C_{90}20-5E$	67	1.67
$C_{90}20-10Ref$	47	0.96
$C_{90}20-10E$	51	1.12

注:编号 $C_{90}40-3Ref$ 表示泵送混凝土 $C_{90}40$,分层浇筑试件间隔为 3 h,基准试件;编号 $C_{90}40-3E$ 表示泵送混凝土 $C_{90}40$,分层浇筑试件间隔为 3 h,以 1∶4稀释比例稀释水分蒸发抑制剂,喷洒两次;$C_{90}20$ 为常态混凝土,其余编号类推,下同。

4.5　耐久性

分别测试了 $C_{90}40$ 和 $C_{90}20$ 分两层浇筑时,分层浇筑时间间隔为 3 h、5 h 和 10 h 的抗渗性和抗冻性的变化。测试结果如表 5 所示。

从表 5 中可以看出,基准混凝土和喷洒水分蒸发抑制剂的混凝土抗渗等级均能够达到 W6,即喷洒水分蒸发抑制剂不降低混凝土的抗渗等级。抗冻试验结果表明,$C_{90}40$ 混凝土 3 h 和 5 h 分层浇筑间隔时间,喷洒水分蒸发抑制剂试件和基准试件冻融循环测试均能够达到 150 次,当分层浇筑间隔时间增加到 10 h 时,基准混凝土抗冻次数只有 25 次,即断裂,喷洒水分蒸发抑制剂混凝土则可以达到 50 次。

对 $C_{90}20$ 基准混凝土,分层浇筑时间 3 h、5 h 和 10 h,抗冻次数分别为 >150、25 和 75,喷洒水分蒸发抑制剂之后,抗冻次数均可以达到 150 次。

因此,喷洒水分蒸发抑制剂不降低混凝土的抗渗性,提高混凝土的抗冻性,对强度等级较低、分层浇筑间隔时间较长的混凝土,抗冻性提高较大,试件破坏时冻融循环次数增加数倍。

表 5　混凝土抗渗和抗冻试验结果

编号	抗渗等级	冻融循环次数
$C_{90}40-3Ref$	> W6	> 150
$C_{90}40-3E$	> W6	> 150
$C_{90}40-5Ref$	> W6	> 150
$C_{90}40-5E$	> W6	> 150
$C_{90}40-10Ref$	> W6	25
$C_{90}40-10E$	> W6	50
$C_{90}20-3Ref$	> W6	> 150
$C_{90}20-3E$	> W6	> 150
$C_{90}20-5Ref$	> W6	25
$C_{90}20-5E$	> W6	> 150
$C_{90}20-10Ref$	> W6	75
$C_{90}20-10E$	> W6	> 150

注:1. 抗渗试验达到 W6 时即停止,满足设计要求。

2. 抗冻性试验达到 150 次冻融循环即停止,满足设计要求。抗冻试验的破坏均是分层浇筑的试件断裂成两部分,故以断裂时的冻融循环次数为其抗冻等级。

5 结　语

本文研究了分层浇筑时,在高蒸发的环境下水分蒸发抑制剂对水工混凝土凝结时间、力学性能和耐久性能的影响,研究发现:

(1)水分蒸发抑制剂能够显著抑制水泥基材料表层水分蒸发,喷洒两次时,2 h 水分蒸发抑制率能够达到 70% 以上。

(2)在高温室条件下,喷洒水分蒸发抑制剂会对泵送混凝土的初凝时间有一定的延长,但对终凝时间影响不大;喷洒水分蒸发抑制剂对常态混凝土凝结时间几乎无影响。

(3)基准试件在高温室内结壳起皮现象非常严重,结壳起皮和裂缝程度随时间的延长明显加剧,喷洒水分蒸发抑制剂可显著抑制结壳起皮及塑性裂缝的产生。

(4)以 1:4稀释比例喷洒水分蒸发抑制剂对试件抗压强度和劈拉强度无不利影响,稀释比例过大影响水分蒸发抑制剂的实际效果,并会对混凝土强度造成小幅降低。

(5)分层浇筑间隔时间越长,极限拉伸值和轴心抗拉强度越低。水分蒸发抑制剂可以增大分层浇筑混凝土的极限拉伸值和轴心抗拉强度(最高达 30%),分层浇筑间隔时间越长,水分蒸发抑制剂对极限拉伸值增加的幅度越低。水分蒸发抑制剂对泵送混凝土极限拉伸值增加的幅度大于常态混凝土。

(6)喷洒水分蒸发抑制剂不降低混凝土的抗渗性,提高混凝土的抗冻性,对强度等级较低、分层浇筑间隔时间较长的混凝土,抗冻性提高较大。

综上所述,混凝土塑性阶段水分蒸发抑制剂可以有效降低混凝土塑性开裂,改善表面形貌,同时可以提高分层浇筑面的层间结合力和分层浇筑混凝土的力学性能,并且增强混凝土的抗冻性。水分蒸发抑制剂能够提升高蒸发环境下混凝土性能，提高混凝土工程的服役寿命。

参考文献

[1] 亢景富，冯乃谦. 水工混凝土耐久性问题与水工高性能混凝土[J]. 混凝土与水泥制品，1997(4):4-10.

[2] D. P. Bentz. A review of early properties of cement-based materials[J]. Cement and Concrete Research, 2008,38: 196-204.

[3] Andreas Leemann, Peter Nygaard, Pietro Lura. Impact of admixtures on the plastic shrinkage cracking of self-compacting concrete[J]. Cement and Concrete Composites, 2014, 46:1-7.

[4] O. M. Jensen, P. F. Hansen. Autogenous deformation and RH-change in perspective, Cement and Concrete Research[J]. 2001, 31 (12):1859-1865.

[5] M. Ibrahim, M. Shameem, M. Al-Mehthel, et al. Effect of curing methods on strength and durability of concrete under hot weather conditions[J]. Cement and Concrete Composites, 2013(41):60-69.

[6] 丁建彤，林星平，蔡跃波. 水工混凝土质量控制方法[J]. 混凝土世界，2011(6):28-33.

[7] 翟超，唐新军，胡全，等. 早期养护方式对高性能混凝土塑性开裂的影响[J]. 水利与建筑工程学报，2013(6):90-93.

[8] 全世海. 混凝土塑性收缩开裂影响因素及防治措施研究[J]. 长江大学学报(自然科学版)，2014，(19):74-76.

[9] ACI 308R-01 Guide to Curing Concrete[S].

[10] 刘加平，田倩，缪昌文，等. 二元超双亲自组装成膜材料的制备与应用[J]. 建筑材料学报，2010(3):335-340.

[11] J. P. Liu, L. Li, C. W. Miao, et al. Characterization of the monolayers prepared from emulsions and its effect on retardation of water evaporation on the plastic concrete surface[J]. Colloids Surf. A, 2010, 36 (6):208-212.

[12] W. J. McCartera, A. M. Ben-Saleh. Influence of practical curing methods on evaporation of water from freshly placed concrete in hot climates[J]. Building and Environment, 2001, 36:919-924.

[13] Miao Changwen, Tian Qian, Sun Wei, et al. Water consumption of the early-age paste and the determination of "time-zero" of self-desiccation shrinkage[J]. Cement and Concrete Research, 2007, 37:1496-1501.

[14] H. M. Jennings. A model for the microstructure of calcium hydrate in cement paste[J]. Cement and Concrete Research, 2000, 30(1):101-116.

[15] Volker Slowik, Markus Schmidt, Roberto Fritzsch. Capillary pressure in fresh cement-based materials and identication of the air entry value[J]. Cement and Concrete Composites, 2008, 30:557-565.

[16] 李磊，王伟，田倩，等. JG/T 477—2015《混凝土塑性阶段水分蒸发抑制剂》标准解读[J]. 混凝土与水泥制品，2016(3):75-78.

球墨铸铁和高强灌浆料组合抗冲磨补强加固技术研究与应用

马 军 孟子飞 徐春梅

（新疆头屯河流域管理局，昌吉 831100）

摘 要 我国多泥沙河流众多，泥沙对水工泄水建筑物过流面造成磨损，是水工泄水建筑物常见的病害之一，这些问题的存在严重地影响了工程的安全运行和正常效益的发挥。提高水工泄水建筑物过流面抗冲磨性能，已成为国内学者普遍关注和研究的重大课题。多年来，国内通过对冲磨破坏修复经验的不断总结，修复技术及新型抗冲耐磨材料的研究得到很大进展。尤其是近几年随着技术的快速发展，一些新型材料的应用取得了很好的效果。目前在国内，主要是通过研究开发提高性能混凝土材料本身的抗冲磨性能和抗冲磨护面材料性能两种途径进行的。利用球墨铸铁和 BZK－G 高强灌浆料在水工泄水建筑物抗冲磨的应用上尚不多见。结合新疆头屯河水库涵洞水沙运行特点和以往采用的抗冲磨措施及材料使用经验，研究了材料性能、施工工艺特性、应用经验、经济性等因素，对涵洞底板的大面和局部冲磨部位分别采用球墨铸铁和 BZK－G 高强灌浆料两种材料进行组合抗冲磨补强加固处理。球墨铸铁衬护技术采用 32 cm 厚一级配 C40F200W8 钢筋混凝土作为基底层和 8 cm 厚球墨铸铁块衬护相结合，通过 A、B 两种施工工艺方案实施，经 5 年运行实践检验，B 方案抗冲磨效果优于 A 方案。采用 BZK－G 高强灌浆料对局部冲磨部位进行补强加固厚 10 cm，经 4 年运行实践检验，冲磨部位整体完好无损。实践表明，该技术的应用对涵洞底板的抗冲磨起到了一定的效果。

关键词 球墨铸铁；衬护技术；BZK－G 高强灌浆料；补强加固技术；抗冲磨；涵洞底板

1 工程概况

头屯河发源于新疆天山北麓中段，是一条典型的山溪性多泥沙河流，河道产输沙量大。头屯河水库是一座以灌溉为主，结合城镇生活供水、工业用水、防洪等综合利用的中型拦河水库。水库总库容 2 030 万 m^3，最大坝高 51 m，由大坝、溢洪道、放水涵洞、泄水隧洞及下游分水枢纽五大部分组成，工程等级为Ⅲ等，主要建筑物级别为 3 级。涵洞作为头屯河水库泄流排沙主要通道，最大泄流量 120 m^3/s，运行多年，造成涵洞底板磨损严重。涵洞全长 300.2 m，洞身段长 213.7 m，中间设有工作闸井，闸井上游为有压段，长 93.2 m，包括进口渐变段、6 个压力段管节及出口渐变段，断面为城门洞型（见图 1），净宽 3.4 m，侧墙高 1.7 m，圆拱内半径 1.7 m；闸井段长 22.5 m，安装有潜孔式弧形工作闸门，孔口尺寸 4 m×4 m，设计水头 41.1 m，液压式启闭；闸井下游为明流段，长 98.0 m，断面为城门洞型，净宽 4.5 m，侧墙净高 4.0 m，圆拱内半径 2.25 m。涵洞进、出口底高程分别为 949.50 m、947.30 m，纵向

作者简介：马军（1972—），男，汉族，新疆昌吉市人，高级工程师，主要从事水利水电工程建设与管理工作。E-mail：mjwy.728210@163.com。

坡比1/100。

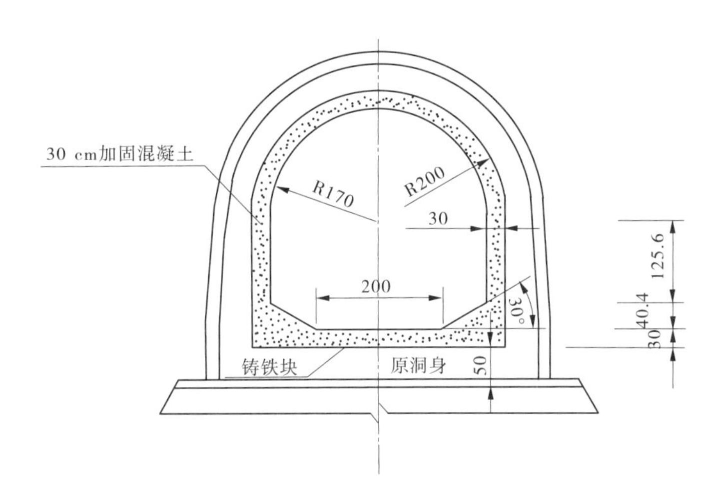

图1　涵洞压力段断面示意图　（单位:cm）

2　头屯河水沙特性及影响

2.1　水沙特性

头屯河年径流量2.34亿m^3,河道产输沙量大,是一条典型的山溪性多泥沙河流。年平均进库沙量为132.9万t,其中悬移质沙量118.66万t,占89.3%,推移质沙量为14.24万t,占10.7%。水沙量主要集中在汛期6~8月,其中汛期水量1.6 m^3,占68.4%,非汛期水量0.74亿m^3,占31.6%。汛期沙量116.96万t,占88%,非汛期沙量15.94万t,占12%。汛期沙量中悬移质平均沙量为104.43万t,推移质沙量为12.53万t,推悬比12%。

2.2　涵洞底板冲磨破坏影响

头屯河水库始建于1965年,历史上涵洞压力段和明流段底板因磨损,相继采用过生铁块护面、钢板护面、聚氨酯涂刷混凝土表面、C60铁矿石硅粉混凝土等材料和措施,用以提高底板抗冲磨能力。该水库于2007年1月被列入第二批全国病险水库除险加固工程专项规划,2009年水库除险加固停水检查发现,有压段边墙混凝土表面全部磨蚀,底板生铁块护面完好,工作闸后明流段20 m长底板及侧壁磨蚀严重,工作闸后4 m处,原C60铁矿石硅粉混凝土底板存在面积约4 m^2、深6~10 cm的冲坑,侧墙粘贴钢板已脱落,明流段20 m后底板混凝土已磨成冲沟,深达2~8 cm,大面积钢筋裸露且局部磨断,整个明流段底板均磨蚀严重。在涵洞除险加固中,对有压段底板采用了30 cm厚二级配C60F200W6硅粉混凝土(掺粉煤灰、矿粉、硅粉)进行加固,对边顶拱采用了30 cm厚的二级配C40F200W8高性能混凝土(掺粉煤灰及矿粉)衬砌加固,对工作闸后明流段底板采用30 cm厚一级配C60F200W8硅粉混凝土进行加固,并在表面采用SK手刮聚脲弹性体材料进行处理。

2010年6月初水库除险加固围堰拆除,涵洞开始过水,2010年10月底停水检查发现,有压段末端、工作闸前底板表面有局部磨蚀,边顶拱完好,工作闸后4 m处形成面积约3 m^2、深达6~12 cm的冲坑并延伸到下游21 m处,钢筋裸露且局部磨断,工作闸后21 m长明流段磨损严重。下游明流段底板呈鱼鳞坑,局部钢筋裸露,SK手刮聚脲弹性体材料均冲失,底板主流方向平均磨损3 cm厚。

3 抗冲磨技术思路及方案

涵洞底板过流面受高速挟沙水流的作用,在推移质和悬移质的磨损、冲击及空蚀影响下,经历一段时间运行后,遭受严重破坏。推移质和悬移质的磨损可以概括为以不同冲角作用于材料表面的流体力学磨粒磨损。含沙水流对涵洞底板的磨损,属于水沙二相流问题,挟沙水流赋予水流中的沙粒足够的动能,当沙粒冲磨涵洞底板表面时,把一部分或全部能量传给表面材料,在材料表层转化为表面变形能,从而造成材料的磨损。

目前国内主要从两个技术路径来解决水工泄水建筑物过流面抗冲磨问题:一是提高混凝土材料本身的抗冲磨性能,如采用高性能混凝土、高强混凝土、硅粉混凝土、纤维混凝土及聚合物混凝土等;二是研发和使用抗冲磨护面材料,如衬砌钢板、涂抹环氧砂浆、环氧涂层、高分子护面材料等。对水工泄水建筑物抗冲磨破坏部位进行修复时,需要考虑水流条件、介质特点和工程实际等情况,以选择合适的材料。

从头屯河水库涵洞历次抗冲磨措施采用的材料和使用经验上看,相继有采用衬护方案的,如生铁块、钢板;无衬护方案的,如 C60 铁矿石硅粉混凝土、C60 硅粉混凝土;二种方案结合的,如 C60F200W6 硅粉混凝土(掺粉煤灰、矿粉、硅粉)及表面采用 SK 手刮聚脲弹性体护面材料。这些材料和措施的应用都起到了一定的抗冲磨效果,但也存在一些缺陷。

结合涵洞水沙运行特点和以往使用抗冲磨措施及材料经验,从材料性能、施工工艺特性、应用经验、经济性等因素综合考虑,采用球墨铸铁衬护和 BZK - G 高强灌浆料相结合的抗冲磨补强加固技术方案。

球墨铸铁衬护技术方案:2011 年 3 月,重点对工作闸闸后 21m 长底板部位进行处理,范围为闸底槛至闸后明流段第二道结构缝,长 21 m,宽 4.5 m,总面积为 94.5 m^2。闸底槛至第一道结构缝长 9 m 段(以下简称 A 段),采用人工铺装球墨铸铁块,球墨铸铁块支腿嵌入混凝土与钢筋网(支腿与钢筋网不焊接)的施工工艺(以下简称 A 方案);第一道结构缝至第二道结构缝长 12 m 段(以下简称 B 段),采用球墨铸铁块支腿与钢筋网整体焊接加固(并与原底板出露钢筋焊接)成一体,预留浇筑孔,混凝土振捣密实后,人工将球墨铸铁块封嵌预留浇筑孔的施工工艺(以下简称 B 方案)。

BZK - G 高强灌浆技术方案:经 2011 年运行一年,停水检查后发现,A 段约有面积 7.5 m^2 的 8 cm 厚球墨铸铁块被冲失,混凝土基底层完好无损,综合考虑采用对混凝土基底层整体结构稳定性影响小的 BZK - G 高强灌浆料补强加固技术。

4 球墨铸铁衬护技术

球墨铸铁衬护技术采用 32 cm 厚一级配 C40F200W8 钢筋混凝土作为基底层,用 8 cm 厚球墨铸铁块在混凝土表面衬护,见图 2。采用 A、B 两种施工工艺方案,实践证明,B 方案优于 A 方案,重点介绍 B 方案。

4.1 球墨铸铁

采用规格尺寸为 50 cm(长)×15 cm(宽)×8 cm(厚)的球墨铸铁块,平均质量 45 kg,铁块下设 2 根长 20 cm 的支腿(Φ20 mm 二级钢筋),支腿间距 30 cm,支腿在球墨铸铁块生产制造时与其连为一体(见图 2)。球墨铸铁块其主要特性指标见表 1。

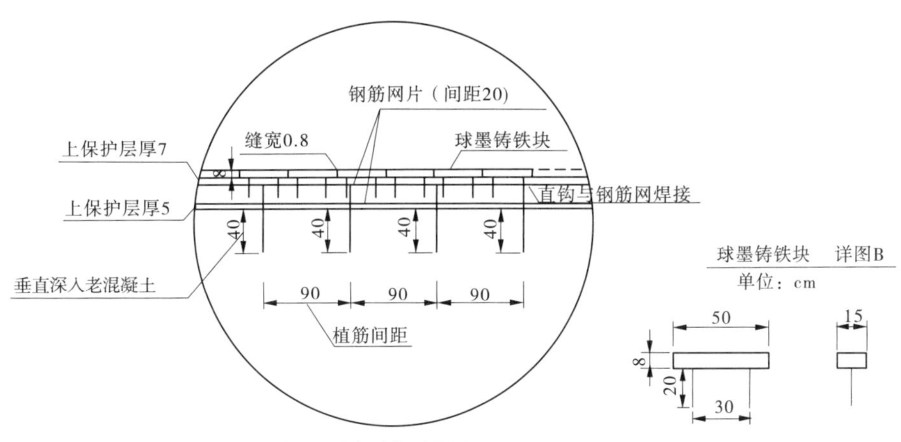

涵洞底板剖面详图A

说明：
1.涵洞底板加固厚40 cm,其中新浇混凝土厚32cm,球磨铸铁块厚8 cm。
2.球墨铸铁块尺寸：50 cm(长)×15 cm(宽)×8 cm（高），支腿间距30 cm。
3.植筋Φ 20二级钢筋，深入混凝土40 cm，间距90 cm×90 cm，上部直钩与钢筋两片焊接，双面焊缝长10 cm。

图 2　底板抗冲磨加固剖面示意图　（单位:cm）

表 1　球墨铸铁理化特性

牌号	抗拉强度(MPa)	屈服强度(MPa)	延伸率(%)	布氏硬度	金相组织	
QT450－10	450	310	10	160～210	铁素体	
化学成分	C(%)	Si(%)	Mn(%)	P(%)	S(%)	Re(%)
	3.74	2.84	0.42	0.06	0.07	0.032

4.2　植筋胶

本次植筋采用型号规格为 GHJ 高强型双组分建筑植筋胶,其主要性能指标见表 2,制样配比:A∶B＝3∶1(质量比)。

表 2　GHJ 植筋胶主要性能指标

项目名称		A 组胶	B 组胶	植筋胶检测结果	单项评定
胶体性能	劈裂抗拉强度(MPa)	≥8.5	≥7.0	≥10.3	A 级
	抗弯强度(MPa)	≥50	≥40	≥51.3	A 级
	抗压强度(MPa)	≥60	≥60	≥61.2	A 级
黏结能力	钢－钢(钢套筒法)拉伸抗剪强度标准值(MPa)	≥16	≥13	≥25.2	A 级
	约束拉拔条件下带肋钢筋与C30 混凝土的黏结强度(MPa)	≥11.0	≥8.5	≥15.8	A 级
	约束拉拔条件下带肋钢筋与C60 混凝土的黏结强度(MPa)	≥17.0	≥14.0	≥22.7	A 级
不挥发物含量(固体含量)(%)		≥99	≥99	99.4	A 级

4.3　混凝土

水泥采用高抗硫酸盐硅酸盐水泥，强度等级为 PHSR42.5，外加剂采用 UNF－5 型高效引气减水剂（掺量 0.75%），混凝土为一级配 C40F200W8 混凝土。混凝土配合比见表 3。

表 3　混凝土配合比

混凝土强度等级	级配	水灰比	砂率（%）	水泥（kg）	水（kg）	砂（kg）	小石（kg）	引气减水剂（kg）
C40F200W8	—	0.41	35	338	138	695	1 292	2.535

4.4　施工工艺及方法

4.4.1　施工流程

施工工序：原混凝土凿除→清基→钻孔→植筋→清面→钢筋安装→球墨铸铁块铺装（并预留浇筑孔）→铺洒水泥净浆→混凝土浇筑→球墨铸铁块封嵌预留浇筑孔→边角原浆灌缝→养护。

4.4.2　钻孔、植筋

先凿除原底板 40 cm 厚混凝土，凿除、清基后，采用电钻钻孔，钻孔直径 28 mm，孔深 40 cm（垂直伸入老混凝土），孔距 90 cm×90 cm，孔位按梅花桩型式布设在钢筋网纵横钢筋的交接处，以利于植筋与周围钢筋网及原底板出露钢筋搭接焊接。钻孔过程中保持钻机平稳，防止混凝土产生裂缝，保护钢筋不受损，成孔后清孔。植筋为“┌”型式，总长 78 cm，上端 90°直钩长 10 cm，下端长 65 cm，直径 20 mm 二级筋。采用型号规格为 GHJ 高强型建筑植筋胶，施工时严格按照建筑结构胶配料说明及配料比进行操作和配料。植筋时按单孔植筋尺寸确定配料量，配料量以植入钢筋后建筑结构胶溢出孔口为准。将孔口抹平，待钢筋与混凝土的黏结强度达到要求时，与钢筋网整体焊接。

4.4.3　钢筋安装

钢筋网采用直径 12 mm 二级钢筋，纵横间距 15 cm×15 cm，双层钢筋间距 20 cm，上层筋保护层厚 7 cm，下层筋保护层厚 5 cm。在每一排球墨铸铁块铺装位置的上层筋面上增焊 2 根直径 12 mm 二级钢筋的水平架筋，并加密竖向架立筋与钢筋网连接一体，保证球墨铸铁块全部铺装完和混凝土浇筑时，钢筋网受压不变形。球墨铸铁块支腿与上下层筋接触部位均焊接牢固；植筋 90°直钩与上层筋双面焊，焊缝长 10 cm，植筋根部与下层筋及原老混凝土出露筋进行搭接焊接牢固；在闸底槛处，钢筋网与原预埋件整体焊接。以上措施保证了球墨铸铁块支腿、植筋、钢筋网、闸底槛原预埋件、老混凝土出露筋连接成整体。

4.4.4　球墨铸铁块铺装

铺装尺寸为 12 m（长）×4.5 m（宽），顺水流方向按四排球墨铸铁块为一控制面，分别在 1 排、4 排、7 排、10 排、13 排、16 排、19 排、22 排处各设三处浇筑预留孔，两侧预留孔距边墙 50 cm，中间预留孔以底板中轴线控制，预留孔尺寸为 50 cm（长）×45 cm（宽）（3 块球墨铸铁块尺寸），预留孔在混凝土初凝前用 3 块球墨铸铁块封嵌压实，边角缝隙用原浆灌缝充填。球墨铸铁块长边按控制面顺水流方向摆放在水平架筋上，支腿与水平架筋及钢筋网焊接牢固，铁块相邻间隙控制在 8 mm 之内，保持大面平整，见图 3。

4.4.5　混凝土浇筑

混凝土从上游至下游入仓，按先两侧预留孔、后中间预留孔的原则，依序从预留孔处进

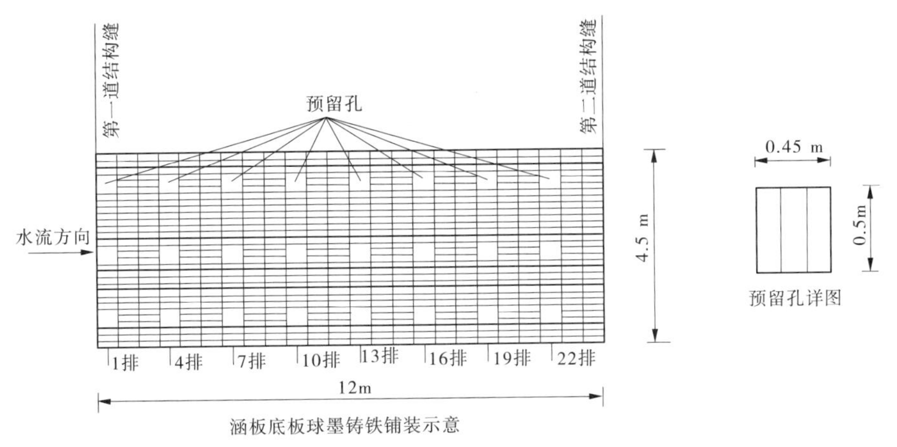

图3 球墨铸铁铺装平面示意图

料入仓,采用ZX-35型插入式振捣棒进行振捣,振捣控制是关键(保证铁块之间缝隙浆液满实),严禁空腹现象,浇筑中通过铁锤敲击和钢丝尺检查每排混凝土填实情况,直至混凝土满仓填实。

4.4.6 养护

考虑到涵洞洞内阴冷,环境气温偏低,采用3个火炉加火提温,在养护期间始终使环境温度保持在20 ℃以上,人工洒水始终使底板保持湿润,直至养护28 d结束。

5 BZK-G高强灌浆料补强加固技术

5.1 BZK-G高强灌浆料

高强灌浆料以高强度材料作为骨料,以水泥作为结合剂,辅以高流态、微膨胀、防离析等物质配制而成,是以无机功能材料为主,再与有机高分子功能材料复合而成的新型材料,加水拌和后有良好的流动性、微膨胀性、早强、高强性和耐久性,具有高效减水、增强、保塑以及降低泌水等多重功效,在施工方面有质量可靠、成本低、缩短工期和使用方便等优点。本次采用新疆科隆建工程技术有限公司提供的BZK-G高强灌浆料,主要技术指标见表4。

表4 主要技术指标

指标项目	指标值
流动度初始值	≥290
流动度30 min保留值	≤260
1 d抗压强度	≥20.0
7 d抗压强度	≥40.0
28 d抗压强度	≥60.0
3 h竖向膨胀率	45%
竖向膨胀率24 h与3 h的膨胀值之差	0.02% ~0.5%

续表 4

指标项目	指标值
钢筋锈蚀	无
泌水率	0
28 d 钢筋握裹强度(圆钢)	≥4.0 MPa

5.2 施工工艺及方法

对冲失面积 7.5 m^2的部位清基后，补强加固厚 10 cm。主要施工工序：清基→钻孔→植筋→清面→刷一层环氧界面结合胶→钢筋安装→BZK－G 高强灌浆料灌注→养护。

5.2.1 钻孔、植筋与钢筋安装

采用电钻钻孔，孔位按梅花桩型式布设在钢筋网纵横钢筋的交接处，以利于植筋与周围钢筋网搭接焊接，孔间排距 40 cm，孔径 35 mm，孔深 20 cm，按设计要求标示钻孔位置，锚筋钻孔的间排距位置偏差控制在 100 mm 以内，孔深偏差不大于 50 mm。植筋为直径 16 mm 二级钢筋，总长 25 cm。采用型号规格为 GHJ 高强型建筑植筋胶，施工方法与 B 方案类同。植筋后待钢筋与混凝土的黏结强度达到要求后，进行钢筋安装，采用直径 12 mm 二级钢筋的单层钢筋网，纵横间距 20 cm×20 cm，钢筋保护层厚 5 cm。植筋与单层钢筋网整体焊接，通过植筋把钢筋网与基底层连接成一个整体。植筋胶在固化过程中 24 h 内不得扰动钢筋。植筋 3 d 后随机抽检，检验用千斤顶、锚具、反力架组成的系统做拉拔试验，每批抽检 3 根为 1 组，每组试验的抗拔拉力值不低于设计锚固力的 90%。

5.2.2 灌注及养护

植筋和钢筋安装完后，在建基面刷一层环氧界面结合胶，微干后开始灌注高强灌浆料。用水量为灌浆材料的 13%～15%，加入 2～4 mm 粒径的石英砂，配合比为：灌浆材料：石英砂：水＝1：0.5：0.15。灌浆料配制好后，从上游侧采用“高位漏斗法灌浆”，利用重力压差原理进行灌浆，确保浆料能充分填充各个角落。每次灌浆层厚度不超过 100 mm，先铺满基面，然后一层一层铺灌。

灌浆料终凝后用棉毡覆盖洒水养护，洒水养护时间不得少于 7 d，浇水次数应保持灌浆材料处于湿润状态。考虑涵洞内阴冷，环境气温偏低，在仓面周围架设 8 个 1 000 W 碘钨灯，保证养护温度在 10 ℃以上。

6 运行情况

涵洞明流段底板于 2011 年 4 月完成抗冲磨加固，运行一年，水库于 2011 年 7 月 2 日经历当年最大洪峰过程，进库洪峰流量 191 m^3/s，涵洞最大泄流 120 m^3/s，停水检查后发现，A 段约有面积 7.5 m^2球墨铸铁块被冲失，混凝土基底层完好，B 段球墨铸铁块及混凝土基底层整体完好无损。2012 年 4 月对 A 段球墨铸铁块冲失面积 7.5 m^2的部位，采用 BZK－G 高强灌浆料进行补强加固，经一年运行，期间涵洞最大泄量 45 m^3/s，停水检查后发现，补强加固部位整体完好无损，B 段球墨铸铁块及混凝土基底层整体完好无损。经 2013 年一年运行，7 月 15 日经历当年最大洪峰过程，进库洪峰流量 121 m^3/s，涵洞最大泄量 62 m^3/s，停水检查后发现，A 段补强加固部位整体完好无损，B 段球墨铸铁块及混凝土基底层整体完好无损。

经2014年一年运行,7月14日经历当年最大洪峰过程,进库洪峰流量71.5 m^3/s,涵洞最大泄量58.2 m^3/s,停水检查后发现,A段补强加固部位整体完好无损,B段球墨铸铁块及混凝土基底层整体完好无损。经2015年一年运行,涵洞最大泄量48.2 m^3/s,停水检查后发现,A段补强加固部位整体完好无损,B段球墨铸铁块及混凝土基底层整体完好无损。

7 结 语

采用球墨铸铁衬护技术通过A、B两种施工工艺方案分别在A段、B段两个部位进行了实施,经2011~2015年5年运行检验,实践表明,B方案抗冲磨效果优于A方案,B段球墨铸铁块及混凝土基底层整体完好无损。对A段球墨铸铁块冲失面积7.5 m^2的部位采用BZK-G高强灌浆料进行补强加固,经2012~2015年4年运行检验表明,补强加固部位整体完好无损。在此基础上结合工程运行情况,总结实践经验,可进一步优化设计和施工工艺,不断完善和发展此技术在多泥沙河流泄水建筑物中的应用。

参 考 文 献

[1] 马军.高寒环境下涵洞边顶拱高性能混凝土衬砌加固技术[J].水利水电科技进展,2013,33(6):91-94.
[2] 马军.球墨铸铁在头屯河水库放水涵洞底板抗冲磨加固中的应用[J].水利水电技术,2012,43(7):77-80.
[3] 马军.BZK-G高强灌浆料抗冲磨补强加固技术[J].长江科学院院报,.2015,32(1):121-124.
[4] 马军.头屯河水库除险加固工程施工导截流设计[J].水科学与工程技术,2012(1):21-22.
[5] 马军.头屯河水库放水涵洞底板抗冲磨加固方案及施工技术[J].水科学与工程技术,2011(6):69-71.
[6] DL/T 5169—2002 水工混凝土钢筋施工规范[S].北京:中国电力出版社,2002.
[7] GB/T 50367—2006 混凝土结构加固设计规范[S].北京:中国建筑工业出版社,2006.
[8] GB/T 50448—2008 水泥基灌浆材料应用技术规范[S].北京:中国计划出版社,2008.

呼图壁石门水电站沥青混凝土心墙防渗结构设计

张合作　罗光其　程瑞林

（中国电建集团贵阳勘测设计研究院有限公司，贵阳　550081）

摘　要　呼图壁石门电站位于新疆呼图壁县南侧的呼图壁河河段，电站沥青混凝土心墙沙砾石坝最大坝高106 m，工程所在地区属于寒冷干燥地区。本文从心墙的结构设计、心墙与岸坡的连接、接缝和止水、应力变形计算、沥青混凝土原材料和配合比的设计等方面对呼图壁石门的沥青混凝土心墙进行了总结。

关键词　沥青混凝土心墙沙砾石坝；沥青混凝土心墙；原材料；配合比；应力变形分析

1　概　述

呼图壁石门水电站是呼图壁河中游河段规划的第三个梯级，位于新疆维吾尔自治区呼图壁县南侧，距乌鲁木齐市公路里程127 km。工程枢纽由沥青混凝土心墙沙砾石坝、泄洪冲沙洞、溢洪洞、引水系统和地面厂房组成。大坝坝顶高程1 243.00 m，河床段心墙基座建基面高程为1 137.00 m，最大坝高106.00 m。坝体上游坝坡1∶2.2，下游坝坡1∶2.0。坝体断面见图1。

坝址河谷断面呈“V”形，宽高比为1∶3，左岸1 180 m高程以下边坡坡面约50°，以上为陡崖峭壁；右岸1 250 m以下边坡坡面约40°，以上为陡崖峭壁。大坝的地基岩体主要为齐古组紫红色泥岩、粉砂质泥岩、粉砂岩及泥质粉砂岩等。地震基本烈度为Ⅷ度。

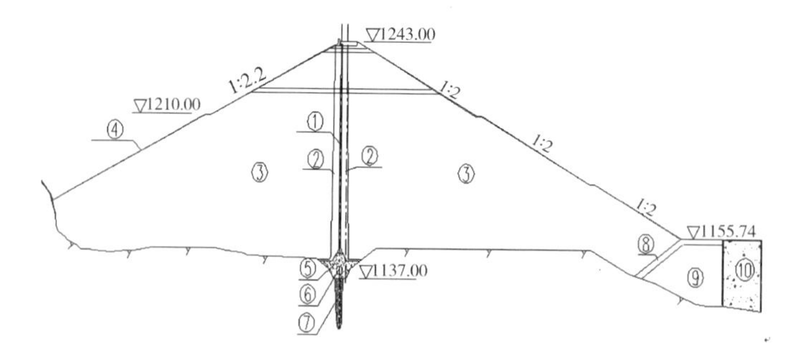

①—沥青混凝土心墙；②—过渡料；③—沙砾石料；④—上游混凝土块护坡；
⑤—混凝土基座；⑥—廊道；⑦—防渗帷幕；⑧—反滤料；⑨—排水棱体；⑩—拱坝

图1　石门沥青混凝土心墙坝大坝横剖面图

工程所在地区属寒冷干燥地区，多年平均气温为6.4 ℃，多年月平均气温最高为20.7 ℃，多年月平均气温最低为－10 ℃。多年平均降水量为408.0 mm，多年平均蒸发量为888.2 mm。

作者简介：张合作（1979—），男，陕西省咸阳市人，学士，高级工程师，主要从事水工建筑物设计。E-mail：83274169@qq.com。

2 沥青混凝土心墙设计

2.1 沥青混凝土心墙结构设计

2.1.1 沥青混凝土心墙布置形式

沥青混凝土心墙的轴线一般选择在坝轴线上游，方便与坝顶防浪墙的连接。心墙形式主要包括垂直、倾斜、下部垂直上部倾斜等布置形式，而国内外心墙的布置形式一般采用垂直布置形式，主要是垂直沥青心墙防渗面积小，施工简单，且运行工作情况良好；而倾斜式沥青心墙虽然能很好地和坝体上部的变形矢量方向一致，增大心墙墙后一侧承压的填筑量，使静水荷载的合力方向处于有利的向下方向，但存在心墙与坝壳料的变形协调问题，且防渗面积有所增加，增加8% ~15%的沥青混凝土[1]，同样增加了施工难度。所以，我国的沥青混凝土心墙均采用垂直形式。

石门沥青混凝土心墙为碾压式，位于坝体中部、坝轴线上游，心墙轴线距坝轴线 3.25 m。心墙顶高程 1 242.50 m，顶部厚 0.60 m，底部厚 1.2 m，心墙底部与混凝土基座连接，底部高程 1 148 m，心墙通过 3 m 的渐变段加厚为 2.50 m，见图 2。

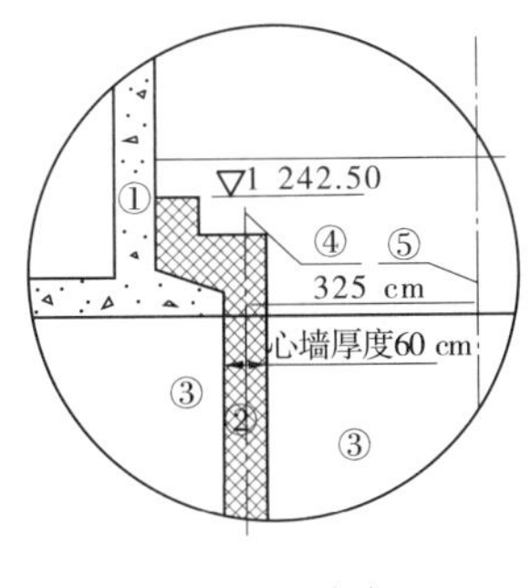

(a)坝顶心墙布置

①—防浪墙；②—沥青混凝土心墙；
③—过渡料；④—心墙轴线；⑤—坝轴线

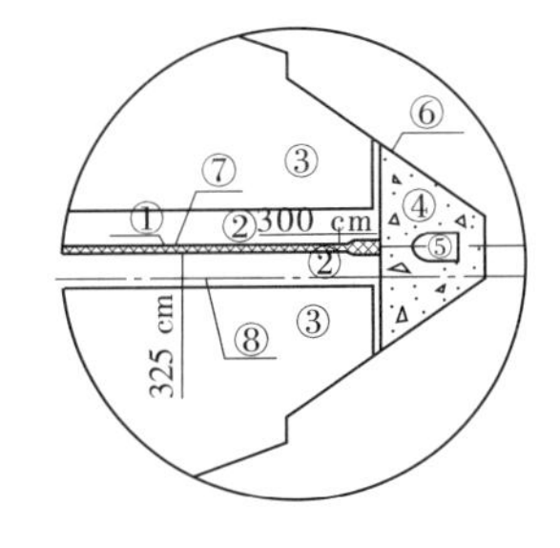

(b)岸坡心墙布置

①—沥青混凝土心墙；②—过渡料；
③—沙砾石堆石料；④—基座混凝土；⑤—坝体廊道；
⑥—开挖线；⑦—心墙轴线；⑧—坝轴线

图 2 石门沥青混凝土心墙布置大样图

2.1.2 沥青混凝土心墙厚度

目前，沥青混凝土心墙的厚度主要还是按照已建工程的成功经验拟定，通过应力应变分析进行选择。在《土石坝沥青混凝土面板和心墙设计规范》(DL/T 5411—2009)中明确规定：“沥青混凝土心墙顶部厚度不宜小于 40 cm，心墙底部的厚度宜为坝高的 1/70 ~1/130。”国内外沥青混凝土心墙坝的心墙厚度统计见表 1。

表 1 国内外 100 m 以上沥青混凝土心墙坝厚度[1]

工程名	国家	坝高(m)	坝顶长(m)	完建年份	心墙厚度(m)
High Island East	中国香港	105	420	1978	1.2/0.8
Finstertal	奥地利	100	652	1980	0.7/0.6/0.5
Stovatn	挪威	100	1 472	1987	0.8 ~0.5
Storglomvatn	挪威	128	830	1997	0.95 ~0.5

续表 1

工程名	国家	坝高(m)	坝顶长(m)	完建年份	心墙厚度(m)
茅坪溪	中国	104	1 840	2003	1.2～0.6
冶勒	中国	124.5	411	2005	1.2～0.6
去学	中国	170	219	在建	0.6/1.3

考虑施工机具及质量控制,石门沥青混凝土心墙顶部厚度 0.6 m,按 13 m 高差一个台阶扩大 0.1 m,底部厚度 1.2 m。具体厚度如表 2 所示。

表 2 石门沥青混凝土心墙设计厚度

分布高程(m)	1 241～1 228	1 228～1 215	1 215～1 202	1 202～1 189	1 189～1 176	1 176～1 163	1 163 以下
心墙厚度(m)	0.6	0.7	0.8	0.9	1.0	1.1	1.2

2.1.3 变形协调

沥青混凝土心墙是一种薄壁柔性结构,本身的变形主要取决于心墙在坝体中所受的约束条件,总体随坝体一起变形,其变形特性受自身变形性能、筑坝材料的变形模量、地形等诸多因素的影响,其中根据已有的工程经验,合理的坝体分区可以有效减小心墙的不协调变形。因此,为保证心墙与坝体的协调变形,石门沥青心墙上下游侧均设置了 3.5 m 厚的过渡料,确保变形模量界于沥青混凝土和坝壳填料之间,作为过渡段,保证变形协调,防止心墙发生应力集中而开裂;并确保坝体过渡料与沥青混凝土心墙紧密结合,作为心墙的承载与传力体,防止沥青混凝土受力压入坝壳内而产生渗透变形。

2.2 沥青混凝土心墙基座连接和止水

2.2.1 沥青混凝土心墙与基座连接

(1)沥青混凝土心墙与河床岩基的连接。

石门沥青混凝土心墙坝沥青混凝土心墙在底部设置混凝土基座与基岩连接,建基面为弱风化岩体。沥青混凝土心墙与基座接触面扩大接触面积,起到延长渗径的作用;同时考虑到心墙与基座接触面复杂的应力变形特性,心墙底部一定范围内扩大,增大接触面积,延长渗径,改善局部应力状态。且接触面和上游混凝土基座表面涂刷 2.0 cm 厚砂质沥青玛琋脂,确保更好的防渗性能,该范围的沥青玛琋脂表面填筑 1.5 m 厚的过渡料进行保护。

(2)沥青混凝土心墙与岸坡基岩连接。

石门沥青心墙坝岸坡段心墙也是通过混凝土基座和心墙连接,要求首先对岸坡段开挖凹槽,槽内浇筑混凝土基座,混凝土基座接触面和处理同河床段处理方式。且岸坡混凝土基座在立面上不得陡于 1∶0.25,以保持心墙与接触面为压性接缝。为此,对左岸 1 196 m 高程以上陡坡段不能削缓的岸坡范围,先回填混凝土修坡,保证混凝土基座的坡面不陡于 1∶0.25,其余较缓部位直接在开挖面上浇筑基座混凝土。

(3)沥青混凝土心墙顶部与防浪墙连接。

堆石坝的防渗体系顶部宜高出正常蓄水位 0.5 m,因此石门沥青心墙坝顶部高程 1 242.50 m高出正常蓄水位 2.5 m,且与防浪墙紧密连接,如图 2 所示。

(4)基础处理。

基座混凝土和基岩之间采用锚杆连接,锚杆参数为⌀25,$L=4.5$ m,外露 0.8 m,间排距 2 m,梅花形布置。基座混凝土和基岩底板进行固结灌浆,其中 1 168.00 m 高程及其以上固结灌浆深 5 m,排距 3 m;1 168.00 m 高程及其以下固结灌浆深 8 m,排距 3 m,以改善地基的不均匀性,增加整体性,提高基础承载能力,减小基础压缩变形等,如图 3 所示。

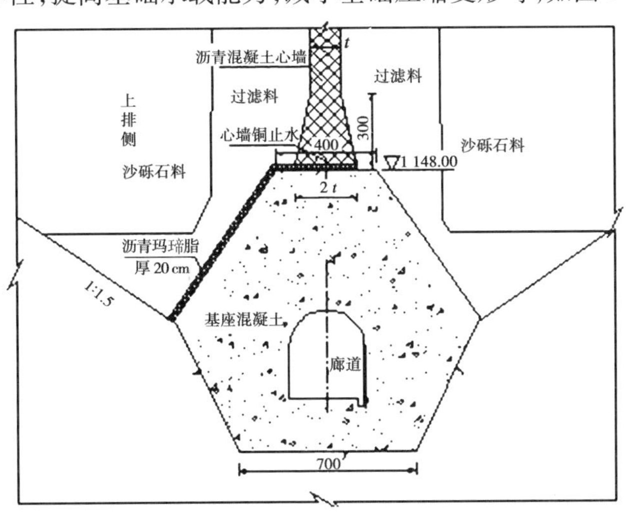

图 3 沥青混凝土心墙与河床基岩连接大样图

2.2.2 止水

沥青混凝土心墙本身不设缝,但心墙与基础混凝土接触带及心墙墙基础的分缝止水结构尤为重要。心墙和混凝土基座面基础部位设置一道铜片止水,左岸 1 200 m 高程以上因为岸坡较陡,所以在该部位心墙上游设置两道铜止水。心墙与基座混凝土接触面接缝止水设计如图 4 所示。

考虑廊道施工和约束影响,坝基廊道每 12 m 设置一结构缝,结构缝上游侧布置 1~2 道铜片止水,其中左岸陡坡段为两道铜片止水,止水嵌入基岩齿槽内,并在周边布置插筋;廊道结构缝周边设一道橡胶止水,并在缝内填充沥青杉木板;同时为提高坝基廊道的抗渗效果,避免因混凝土缺陷出现的渗水情况,在坝基廊道上游侧涂刷一层沥青玛𤧛脂,厚 2 cm。

3 沥青混凝土原材料及配合比设计

影响沥青混凝土性能的因素主要包括沥青、粗骨料、细骨料、填料的性能和矿料的级配。

3.1 沥青混凝土原材料

根据 DL/T 5411—2009 要求:碾压式沥青混凝土心墙的沥青一般选用 SG70 号沥青。石门心墙坝沥青混凝土所使用的沥青为新疆克拉玛依石油化工公司所生产的 90 号道路石油沥青。其主要技术指标见表 3,各项指标均满足规范[1]要求。

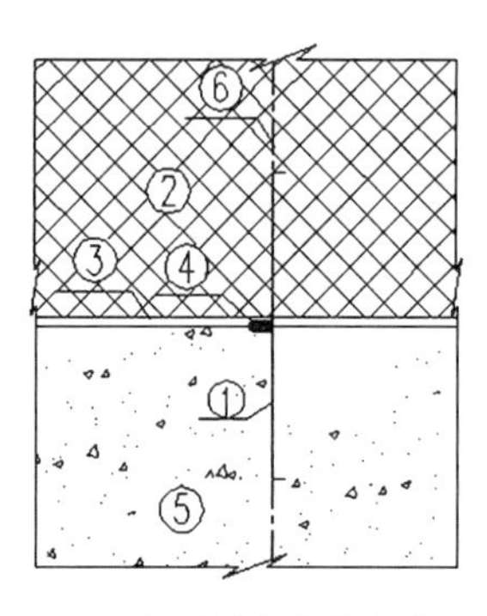

(a) 河床及其余岸坡止水

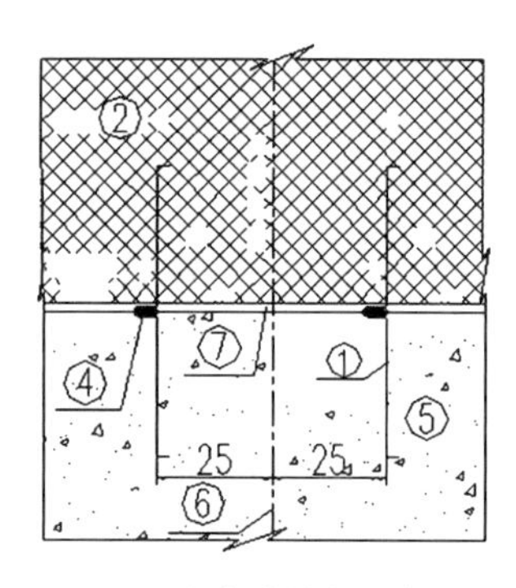

(b) 左岸陡坡段止水

①—铜片止水；②—沥青混凝土心墙；③—沥青玛瑺脂(厚 2 cm)；④—氯丁橡胶棒；

⑤—基座混凝土；⑥—心墙轴线；⑦—沥青玛瑺脂(厚 4 cm)

图 4　沥青混凝土心墙与基座混凝土止水图

表 3　石门心墙坝沥青混凝土所用沥青主要技术指标表

序号	项目		单位	石门质量指标	规范要求指标
1	针入度(25 ℃,100 g,5 s)		1/10 mm	60 ~ 80	60 ~ 80
2	延度(5 cm/min,15 ℃)		cm	≥150	≥100
3	延度(1 cm/min,4 ℃)		cm	≥10	≥10
4	软化点(环球法)		℃	48 ~ 55	48 ~ 55
5	溶解度(三氯乙烯)		%	≥99.0	≥99.0
6	脆点		℃	≤ -10	≤ -10
7	闪点(开口法)		℃	260	260
8	含蜡量(裂解法)		%	≤2	≤2
9	薄膜烘箱后	质量损失	%	≤0.2	≤0.2
		针入度比	%	≥68	≥68
		延度(5 cm/min,15 ℃)	cm	≥80	≥80
		延度(1 cm/min,4 ℃)	cm	≥4	≥4
		软化点升高	℃	≤5	≤5

由于本工程附近的粗骨料沥青的黏结力达不到规范要求，对心墙的耐久性会有影响，所以用于大坝心墙的粗骨料均由来自 100 km 以外的石灰岩加工而成。粗骨料粒径范围为 2.36 ~ 19 mm，各项指标(见表 3)均按照规范[1]要求控制。

本工程河砂经试验分析呈酸性，含泥量大，且其水稳定等级偏低，为 4 级，未能达到新的设计规范的要求(≥6 级)，其余指标均满足规范要求，根据试验结论[2]，本工程细骨料采用河砂与人工砂的混合料。细骨料粒径范围为 2.36 ~ 0.075 mm，各项指标均按照规范[1]要求控制。

规范要求填料应采用碱性石粉，宜采用石灰岩、白云岩、大理岩或其他碳酸岩等易加工的碱性沉积岩石加工,原石料中的泥土、杂质应清除干净。填料应不含泥土、有机质和其他杂质,无团粒结块,粒径小于0.075 mm。实际采用的是昌吉市屯河水泥厂生产的碱性矿粉。其质量检查结果均满足规范要求。

3.2 沥青混凝土配合比

沥青混凝土配合比选择是根据不同材料、不同级配指数、不同填料用量和油石比(沥青混合料中沥青质量与沥青混合料中矿料质量的比值)组成各种不同配合比。经过密度、孔隙率、劈裂强度和劈裂位移等性能试验(密度和孔隙率指标能够反映沥青混凝土的防渗性能,而劈裂试验即间接拉伸试验能够相对反映沥青混凝土的强度和变形性能)选择出满足工程要求的配合比。石门心墙坝选用的原材料不同油石比、填料用料、级配指数对配合比的分析如图5~图10所示。

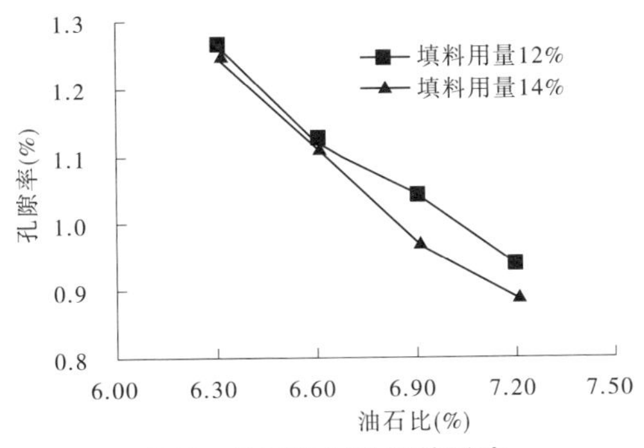

图5 油石比对孔隙的影响

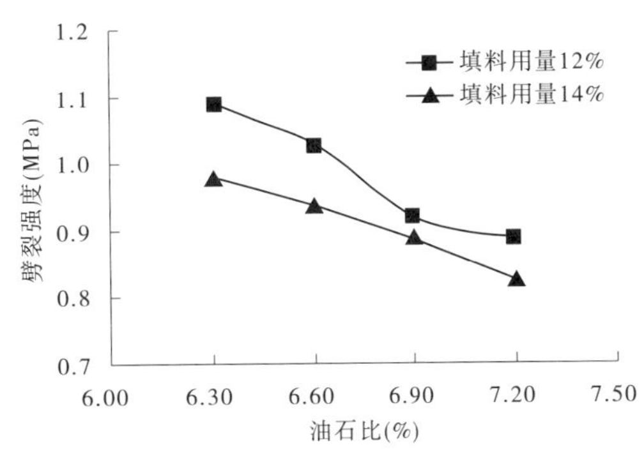

图6 油石比对劈裂强度的影响

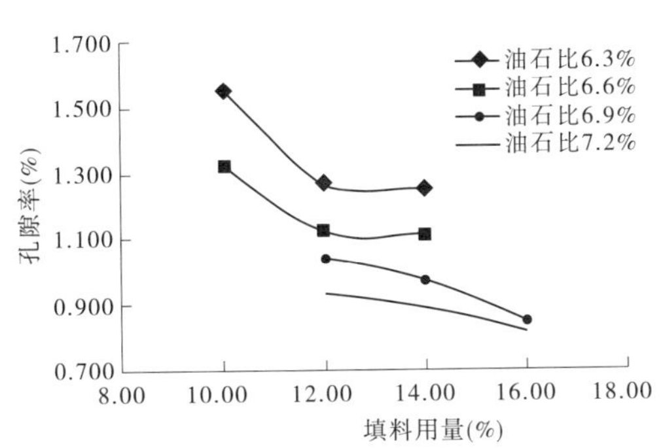

图7 填料用量对孔隙的影响

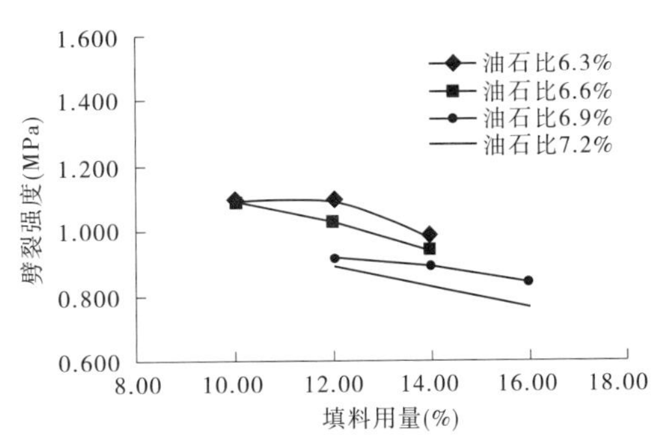

图8 填料用量对劈裂强度的影响

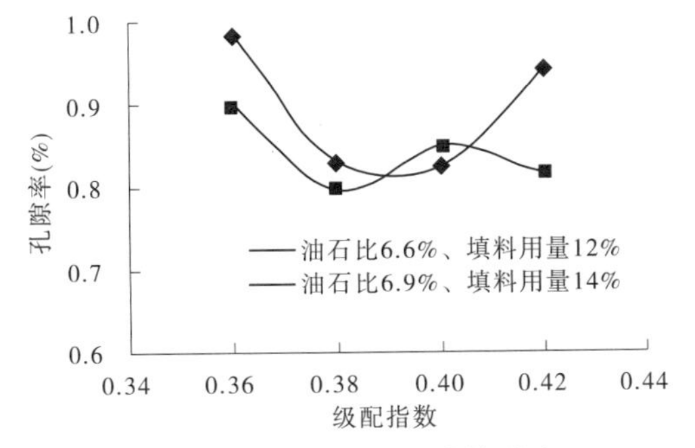

图9 级配指数对孔隙的影响

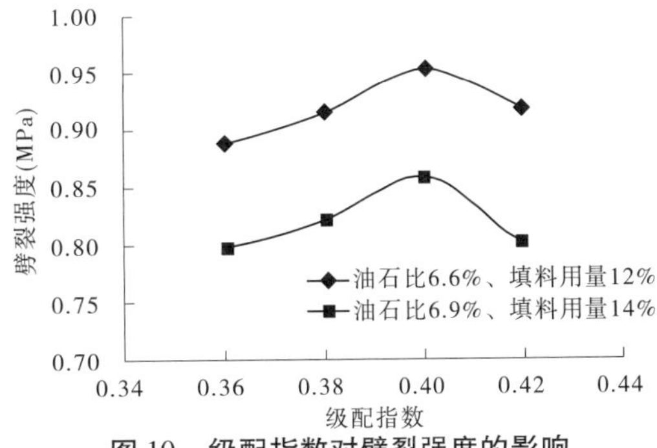

图10 级配指数对劈裂强度的影响

综合以上分析,石门沥青心墙坝沥青混凝土配合比初步选择配合比为油石比6.6%、填料用量12%、级配指数0.40,作为进行沥青混凝土防渗性能及各项力学性能试验的配合比,见表4。沥青混凝土主要技术指标见表5。

表4　石门沥青心墙坝设计沥青混凝土配合比

矿料级配	筛孔(mm)											油石比
	19	16	13.2	9.5	4.75	2.36	1.18	0.6	0.3	0.15	0.075	
通过率(%)	100	93.44	86.61	76.08	57.95	44.1	33.71	26.01	20	15.45	12	6.6

注:级配指数0.4。

表5　石门心墙坝沥青混凝土主要技术指标

序号	项目	指标	说明
1	孔隙率(%)	≤3	芯样
		≤2	马歇尔试件
2	渗透系数(cm/s)	$\leqslant 1\times10^{-8}$	
3	水稳定系数	≥0.90	
4	弯曲强度(kPa)	≥400	
5	弯曲应变(%)	≥1	
6	内摩擦角(°)	≥25	
7	黏结力(kPa)	≥300	

4　沥青混凝土心墙计算分析

为了解坝体各部位的结构合理性和渗流控制效果,科学指导施工过程、蓄水方案和运行管理,石门电站进行了坝体的渗流分析、应力变形等计算。

4.1　渗流计算

由于沥青混凝土心墙渗透系数$\leqslant 1\times10^{-8}$,所以心墙承担大部分的水头损失,心墙后逸出点高程很低,大坝渗流场分布符合一般规律,大坝分区比较合理。

各种工况下坝体总的渗流量不大,最大总渗流量为0.241 m^3/s,由于沥青混凝土心墙渗透系数非常小,坝基和坝肩的渗漏量占总渗流量的大部分,而通过坝体的渗流量较小。坝体和坝基各部位的渗透坡降均在允许范围以内,其中沥青混凝土心墙内最大渗透坡降为63.3。

4.2　应力变形

坝体的应力变形采用邓肯－张E－B模型,计算参数均根据试验参数[2-4]确定,沥青混凝土心墙应力变形三维计算结果见表6和表7。

表6 沥青混凝土心墙位移分析结果最大值

项目		竣工期	满蓄期	发生部位
沉降(cm)	向下	37.6	36.3	2/5 坝高
平行坝轴线方向位移(cm)	向右岸	9.4	9.5	
	向左岸	8.1	6.7	
垂直坝轴线方向位移(cm)	向下游	0.9	9	3/5 坝高

表7 沥青混凝土心墙各种工况应力、位移最大值

项目		竣工期	满蓄期
竖直向正应力(kPa)	压应力	1 800	1 418
坝轴向正应力(kPa)	压应力	453	383
	拉应力	150	200
第三主应力(kPa)	压应力	1 801	1 420
顺河向正应力(kPa)	压应力	355	326
	拉应力	145	207
第一主应力(kPa)	拉应力	334	449

计算结果表明:①沥青混凝土心墙沿坝轴线方向水平正应力大部分为压应力,但左、右岸坝顶附近有局部受拉区;②过渡层和心墙的最大垂直位移差为4.2 cm,最大水平位移差为0.1 cm,数值均不大,表明沥青混凝土心墙与过渡层的变形是比较协调的,其应力也都在材料强度的允许范围之内;③心墙沿高程处的垂直应力均大于该处的水压力强度,发生水力劈裂的可能性不大。

针对左、右岸坝顶附近存在的局部拉应力区,主要采取了如下措施:

(1)加强止水设计,1 200 m 高程以上心墙上游设置两道铜片止水。

(2)调整沥青混凝土油石比,在满足心墙防渗和强度的情况下,增加心墙的柔性,根据试验单位的试验成果,本工程1 200 m 高程及以上的沥青混凝土油石比调整为6.8。

(3)在左岸心墙1 200 m 高程下游设置排水堆石区,并埋设排水钢管至下游坝面,确保左岸心墙发生渗漏后的渗水不冲刷坝体。

经采取以上结构措施后,目前坝体运行观测中所测数据均小于计算值,坝体下游渗压计测值稳定,基本无变化。坝体运行情况表明,坝体运行情况良好,心墙结构设计措施可靠。

5 结 语

工程于2011年4月截流,2012年10月大坝填筑至坝顶高程,2013年10月下闸蓄水。目前坝体运行正常。从大坝监测成果分析,施工期大坝沉降变形已基本完成,蓄水引起的大坝变形较小。该工程沥青混凝土心墙防渗结构设计具有以下特点:

(1)心墙监测成果统计,坝体上游最大沉降累计438.5 mm,下游最大沉降累计473 mm。沥青心墙上下游的最大压缩应变分别为0.011和0.009。心墙与过渡料沿上下游方向均为

压缩状态，最大挤压量为20.3 mm，心墙与过渡料之间沿高程方向相对错动最大值为19.8 mm。心墙与岸坡混凝土基座相对错动最大值为13.2 mm，与河床混凝土基座的错动最大值为11.7 mm。心墙各监测数据和计算值规律一致，且监测数值均小于计算值，说明沥青混凝土心墙结构设计合理、可靠。

（2）目前，电站上游水位控制在1 210 m高程以下运行，布设在心墙下游侧的渗压计测值在蓄水前后基本无变化。下一步随着上游水位的上升，将依据观测数据，对心墙的防渗效果进行客观评价。

（3）由于在坝体分区、材料变形模量上进行了设计指标控制，坝体实测的心墙与过渡料之间沿高程方向相对错动最大值为19.8 mm，小于计算的42 mm，表明坝体各分区之间变形控制效果良好。

（4）由于大坝左岸岸坡较陡，且计算中显示有拉应力分布，所以对该部位的沥青混凝土配合比进行了调整，同时加强止水、下游排水设计，并增加了接触灌浆。

（5）河床部位计算和监测表明该部位均有拉应力存在，所以设计中也对该部位的基座混凝土结构进行了调整，并加强了配筋。在以后的设计中应尽量避免混凝土基座高出地面高程。

参考文献

[1] DL/T 5411—2009 土石坝沥青混凝土面板和心墙设计规范[S]. 北京：中国电力出版社，2009.

[2] 呼图壁河石门水电站沥青混凝土心墙材料试验研究报告[R]. 西安理工大学防渗研究所，2010.4.

[3] 呼图壁石门水电站坝体填筑料静动力特性试验报告[R]. 南京水利科学研究院，2009.11.

[4] 呼图壁河石门水电站可行性研究报告 工程布置及建筑物[R]. 中国水电顾问集团贵阳勘测设计研究院，2008.7.

"全断面、可重复式"灌浆管在溧阳电站高强压力钢管段回填(接触)灌浆中的应用

张　兵

(中国水利水电第三工程局有限公司基础建筑分局,西安　710016)

摘　要　溧阳电站引水系统岔洞压力钢管段回填和接触灌浆设计采用国内先进的"全断面、可重复式"灌浆管(产品名称:JTG300,产品专利号:ZL200420114598.9)代替传统钢性出浆盒布置方式。可重复灌浆管具有良好的柔韧性、可全断面线性出浆、外层设有单向开关等特性,属于新材料、新技术、新工艺范畴,彻底替代了传统的灌浆方法,避免了在高强钢上开孔的弊端,提高了岔洞钢管的整体安全性。通过现场应用,新技术工艺可行,灌浆效果较好,灌后质量满足设计及工程运行安全需求,革新了钢衬回填和接触灌浆工艺,为类似工程提供了借鉴经验。

关键词　"全断面、可重复式"灌浆管;溧阳电站;高强压力钢管;回填接触灌浆

1　工程概述

溧阳抽水蓄能电站主要任务是为江苏电力系统调峰、填谷和紧急事故备用,同时可承担系统的调频、调相等任务。电站装机容量 1 500 MW(6×250 MW),设计年发电量 20.07 亿 kWh,年抽水电量 26.76 亿 kWh,电站发电最大水头 290.00 m,最小水头 227.30 m,额定水头 259.00 m,洞长水头比为 7.9,工程属Ⅰ等大(1)型工程。引水岔洞段压力钢管为 800 MPa 高强钢,回填和接触灌浆设计引进国内先进的"全断面、可重复式"灌浆管(JTG300)代替传统钢性出浆盒的灌浆方法,避免了由于灌浆不密实而在高强钢上开孔的弊端,提高了岔管的整体安全性。

2　岔管主要参数

大岔管安装参数:钢板厚度 56~60 mm,主管直径 7 m,支管直径 5.7 m,分岔角 70°,岔管外形尺寸(长×宽×高):12 170 mm×8 050 mm×13 334 mm(裤衩开口),质量 245 t。

小岔管安装参数:钢板厚度 42~46 mm,主管直径 5.7 m;支管直径 4 m;分岔角 70°,岔管外形尺寸(长×宽×高):12 387 mm×6 554 mm×13 817 mm(裤衩开口),质量 159 t。

3　"全断面、可重复式"灌浆管简介

"全断面、可重复式"灌浆管(JTG300)现已获国家专利,灌浆管主要采用高级塑料为主材,外径 38 mm,内径 22 mm,具有良好的柔韧性。内心骨架设为螺旋体形状。在管体上均

作者简介:张兵(1983—),男,陕西宝鸡人,总工程师,主要从事水电站基础处理施工。E-mail:404638586@qq.com。

匀地设有四排出浆孔(交错布置),外层设有起单向开关作用的发泡材料,全断面出浆,并均匀地注入混凝土与基岩或金属结构之间的缝隙中;浆液不倒流、可重复多次灌注,灌浆密实、饱满、效果好,且工艺操作简便、材料价格低廉、可灌性好、可反复施灌至最优效果。可重复灌浆管如图1、图2所示。

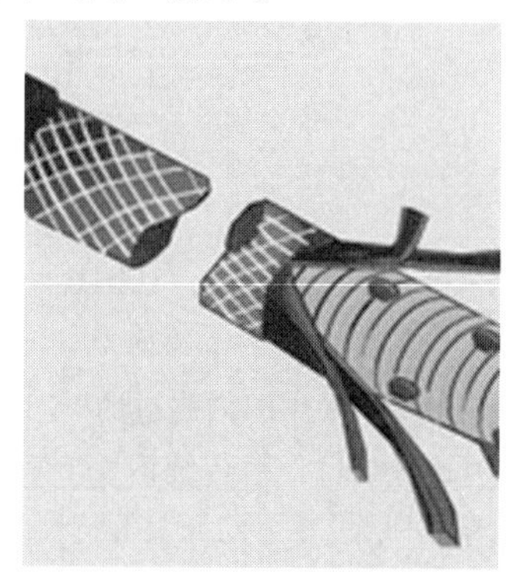

图1　JTG300灌浆管实例图

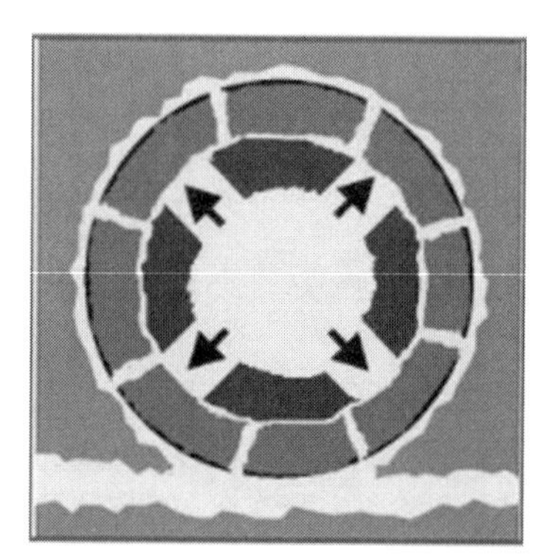

图2　全断面出浆示意图

4　引水岔洞钢管回填、接触灌浆施工主要措施

4.1　施工工艺流程

施工工艺流程如下:施工准备→可重复灌浆管路预埋→衬砌混凝土浇筑及等强→预埋管通水试验→回填、接触灌浆施工→质量检查→重复灌浆及灌浆管封堵。

4.2　灌浆管路埋设与安装

回填灌浆管埋设在压力钢管安装之前进行,接触灌浆管在压力钢管安装之后进行。按照混凝土回填的区段分区将灌浆管路引至混凝土浇筑区外。灌浆单元内采用可重复式灌浆管,引管采用PVC管与灌浆管相连形成灌浆回路。混凝土回填达到70%强度后进行回填灌浆。管路布置方式如图3、图4所示。

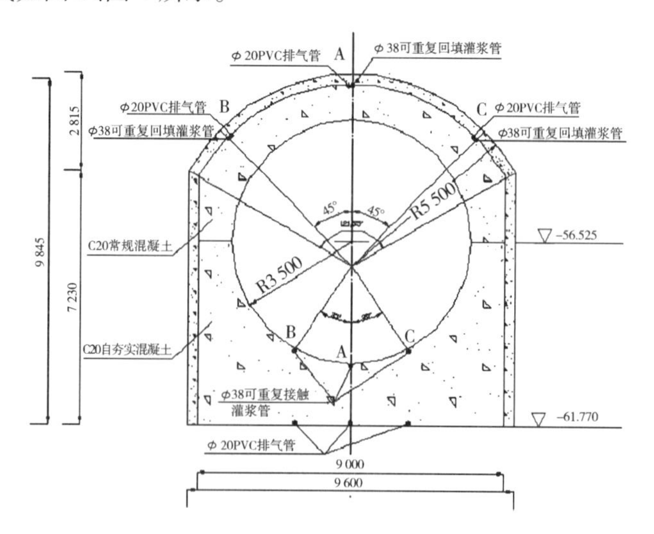

图3　可重复式灌浆管布置断面示意图

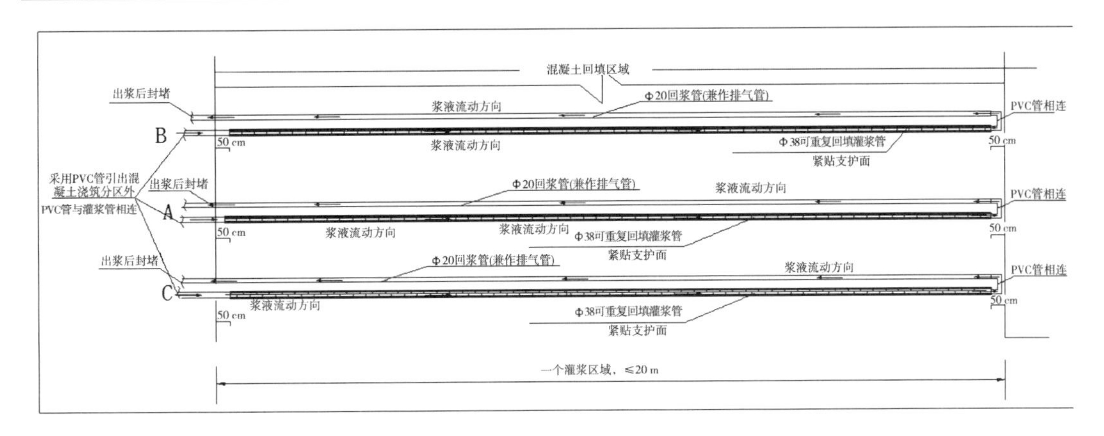

图4　可重复式灌浆管布置平面示意图

回填灌浆管路布设在喷混凝土层表面上，接触灌浆管路布设在钢管底部，利用金属固定夹固定于C25混凝土喷层支护表面或钢管上。每25 cm左右安装一个金属固定夹。灌浆管、回浆管安装完成后在管口做好标示，在混凝土浇筑过程中派专人盯仓保护，确保管路不受损坏。灌浆前后均要采用通水(或压力风)对灌浆管进行检查，确保管路通畅。现场埋设示意图见图5。

4.3　回填、接触灌浆施工

(1)灌浆材料。灌浆用P.O42.5普通硅酸盐水泥，浆液水灰比为0.6:1，在水泥浆液拌制过程中掺入水泥质量0.8%的萘系减水剂，以增强浆液流动性。

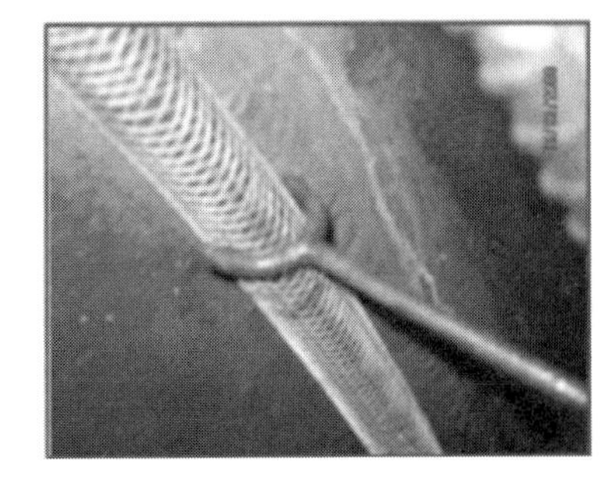

图5　现场安装示意图

(2)灌前试水。开始回填、接触灌浆前，使用与灌浆相同的压力通过灌浆泵向灌浆管路内通水，检查灌浆管、回浆管(排气管)是否畅通。

(3)岔洞顶部回填灌浆。自低处孔向高处孔灌，分两个次序进行，B、C、D为一序管，A、E为二序管，当回浆管返出浓浆与进浆比重基本一致后进行封堵，设计压力下，灌浆孔停止吸浆后延续10 min即可结束。

(4)岔洞底部接触灌浆。灌前对钢管底部全面敲击进行检查，将脱空部位进行标示，灌浆过程中也需要对脱空部位进行敲击，便于浆液扩散。灌浆自低处孔向高处孔灌，分两个次序进行，在设计压力下，灌浆孔停止吸浆后延续5 min即可结束。

(5)管路的冲洗。灌浆结束后应立即对灌浆管路进行压力冲洗(通过现场工艺试验，管路冲洗压力宜为灌浆压力的1.5倍)，以便灌浆重复使用。

5　回填、接触灌浆成果

5.1　质量检测及灌浆成果

设计合格标准：灌后单个最大脱空面积不大于0.5 m^2。

质量检查：引水岔洞钢衬回填、接触灌浆质量检测由业主、设计、监理、第三方检查单位、施工单位五方联合检查。第三方检查单位采用主HX-SY02B声波仪进行脉冲回波法检测。检测结果是存在少量不连续脱空，单个最大脱空面积达0.18 m^2，灌浆质量满足设计要求。

5.2　灌浆质量评价

引水岔洞回填灌浆单位耗灰量平均为 18.6 kg/m²,接触灌浆单位耗灰量平均为 3.8 kg/m²,符合钢衬回填、接触灌浆一般规律。经五方现场联合检查,灌浆质量满足设计要求,证明在溧阳电站高强压力钢管衬砌段回填(接缝)灌浆采用新型的“全断面、可重复式”灌浆管替代传统预埋灌浆盒的设计思路与施工实践均是成功的。

6　新材料、新工艺的优越性

(1)传统出浆盒一般为 1 ~2 m 间排距均匀布置,不能保证管路通过的所有脱空处都有出浆盒,传统灌浆盒灌浆过程中灌浆管路出浆为“点状”出浆。新材料在管体上均匀设有四排出浆孔(交错布置),灌浆过程中灌浆管为“线状”出浆,灌浆区域更为广泛。

(2)传统出浆盒采用钢性材料,由于进浆管、支浆管和出浆盒安装工艺要求,进浆管和支架距基岩面 20 ~30 cm 左右,再加上众多三通接头等,传统灌浆盒为钢管连接,无法全部紧贴基面且在压力钢管混凝土回填时容易被损坏,在岔洞压力钢管狭小空间内安装难度大,费时费力。新工艺所用材料有良好的柔韧性,能够保证灌浆管体和基面能紧密接触,如果遇到障碍物可根据现场实际情况紧贴基岩面而任意绕行。

(3)传统灌浆管路因距基岩面有 20 ~30 cm 左右距离,在衬砌混凝土浇筑时较易遭到损坏,除了要求浇筑入仓、振捣等工艺精化,还要求埋设备用管路。新工艺由于其材料韧性特点,能够紧贴基岩面,减少了损坏概率。

(4)传统灌浆盒灌浆过程灌浆管路出浆为“点状”出浆,易发生堵管现象,“全断面、可重复式”灌浆管具有单向开关功能,防堵性好,浆液不倒流。

(5)虽然传统工艺灌浆管路及配套短管等材料大多数可以提前加工,但随着现场环境的变化,几乎每次安装,都会有个别部位因材料尺寸不合适需要返回加工厂进行调整加工,既耽搁工期又浪费材料。新工艺所用产品为厂家生产的标准化成套产品,较之传统工艺简单、可靠性强。而通常越简单、标准化越高的工艺越可靠,也更体现技术创新和人性化。

7　施工过程注意事项

(1)管路铺设。“全断面、可重复式”灌浆管具有良好的柔韧性,灌浆管体和基面能紧密接触,灌浆过程中灌浆管为“线状”出浆,在管路铺设过程中应平顺、紧固,避免直角弯曲。减少接头数量,减少浆液在流动过程中因管路弯曲、浆液沉淀造成堵管。

(2)灌前通水。灌浆开始前采用大于设计灌浆压力的 1.5 倍压力进行通水冲洗,检查管路的畅通性。

(3)浆液。首次灌浆建议采用 0.6:1浆液,重复灌浆时建议采用变稀一级,并同时在浆液中加入 0.8% 的减水剂,增加浆液的流动性。

(4)灌浆压力。因岔管段为高强钢管,回填灌浆压力建议适当提高,首次灌浆压力不大于 0.4 MPa,复灌压力提高 0.10 ~0.20 MPa。

(5)灌后冲洗。灌浆结束后应立即对管路进行压力水冲洗,冲洗压力采用大于设计灌浆压力的 1.5 倍压力进行冲洗,以便确保下次灌浆。

(6)对钢管回填和接触灌浆而言,首次灌浆效果极为重要。主要原因是首次灌前缝隙联通性好,便于排气、回浆,如果没有有效的排气、回浆通道,则无法保证灌浆效果。因此,需确保首次灌浆的连续性和有效性。

8 结 语

溧阳电站引水岔洞钢管段回填和接触灌浆,引用新产品、新工艺,彻底替代了传统的灌浆方法,避免了在高强钢上开孔的弊端,提供了岔洞钢管的整体安全性,通过现场应用,新技术工艺可行,灌后质量满足设计及工程运行安全需求,革新了钢衬回填和接触灌浆工艺,为类似工程提供了借鉴经验。

参 考 文 献

[1] DL/T 5148—2012 水工建筑物水泥灌浆施工技术规范[S].

弱风化玄武岩骨料在碾压混凝土中应用研究

高居生　康小春　吴小会

（中国水利水电第四工程局勘测设计研究院，西宁　810007）

摘　要　金安桥水电站大坝为碾压混凝土重力坝，针对弱风化玄武岩骨料的特性，结合工程特点，通对对玄武岩碾压混凝土性能的试验研究，以及适宜的水胶比、外掺石粉代砂、低 V_C 值，施工控制工艺，解决了弱风化玄武岩骨料碾压混凝土用水量高、可碾性差等问题，保证了大坝碾压混凝土快速施工。

关键词　弱风化玄武岩；碾压混凝土；用水量；密度

1　引　言

金沙江金安桥水电站工程位于云南省丽江市境内的金沙江中游河段上，是金沙江中游河段规划的“一库八级”梯级水电站中的第五级电站。电站总装机容量 2 400 MW，多年平均年发电量 110.43 亿 kWh，其中大坝碾压混凝土约 241 万 m^3。

2006 年 6 月在金安桥工程现场进行大坝碾压混凝土配合比试验研究过程中发现：由于弱风化玄武岩骨料的特性，其密度大、吸附性强、质地硬脆，对碾压混凝土的用水量、凝结时间、工作性能、极限拉伸和抗冻性能均产生很大的影响。特别是弱风化玄武岩骨料导致碾压混凝土的用水量急剧增加，而且新拌混凝土拌和物性能差，特别是碾压混凝土拌和物性能不能满足可碾性、液化泛浆和层间结合的施工要求。对大坝碾压混凝土快速施工、层间结合、温控防裂带来极大的不利。三级配、二级配的表观密度分别达到 2 630 kg/m^3 和 2 600 kg/m^3，混凝土的密度之大是少有的。

金安桥工程地处云贵高原，具有典型的高原气候特点，昼夜温差大、光照强烈、气候干燥、蒸发量大，近几年来极端最高气温为 40 ℃。

通过弱风化玄武岩骨料在碾压混凝土中应用研究中的技术创新，配合比设计采用适宜水胶比，外掺石灰岩石粉、V_C 值的动态控制以及提高外加剂掺量深化研究，提高了碾压混凝土各项性能，保证了碾压混凝土快速施工。

2　原材料

（1）水泥：为丽江永保 42.5 级中热硅酸盐水泥，其物理和化学指标均符合《中热硅酸盐水泥 低热硅酸盐水泥 低热矿渣硅酸盐水泥》（GB 200—2003）要求。

（2）粉煤灰：大坝混凝土使用攀枝花利源粉煤灰制品有限公司的Ⅱ级粉煤灰，细度平均值为 15.8%，需水量比平均值为 99%。粉煤灰品质符合《水工混凝土掺用粉煤灰技术规

作者简介：高居生（1976—），男，黑龙江齐齐哈尔人，本科，工程师，主要从事水利工程试验检测工作。E-mail：1090288312@qq.com。

范》(DL/T 5055—2007)的技术要求。

(3)骨料:混凝土所用粗、细骨料均为弱风化玄武岩人工骨料。人工砂及粗骨料物理品质检测结果表明:人工砂细度模数为2.78,石粉含量为11.8%,表观密度为2 940 kg/m^3;粗骨料表观密度达到2 970～2 990 kg/m^3;且粗骨料表面较粗糙,吸附性、密度之大在工程上也是少有。

(4)外加剂:碾压混凝土外加剂采用ZB－1RCC15缓凝高效减水剂和ZB－1G引气剂。试验结果表明,减水剂和引气剂性能均满足标准和施工性能要求。

3 弱风化玄武岩微观分析研究

为便于比较,对永保42.5级中热硅酸盐水泥颗粒、粉煤灰、玄武岩粉和石灰岩粉微粉进行SEM(扫描电子显微镜)分析,如图1～图4所示。

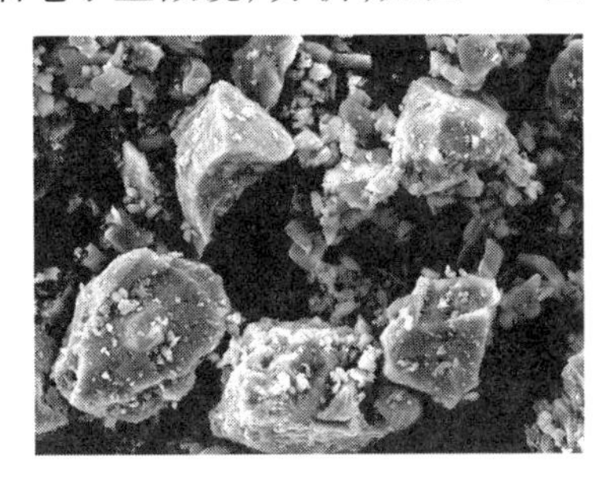

图1 永保42.5级中热硅酸盐水泥

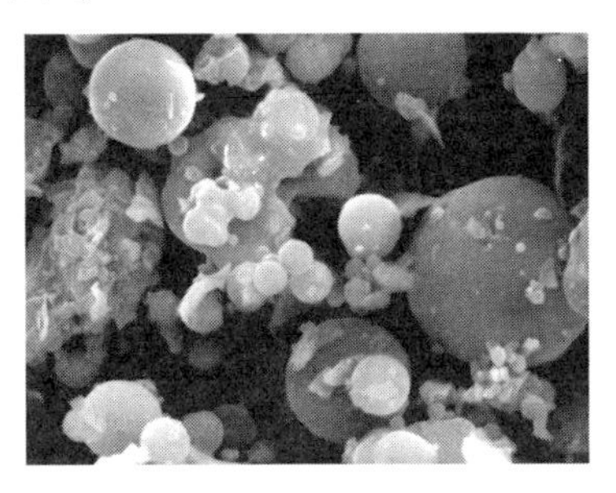

图2 粉煤灰

图3 玄武岩粉

图4 石灰岩粉

通过观察SEM照片可知,42.5级中热水泥颗粒、玄武岩粉和石灰岩粉三种微粉均为多角形粒状,玄武岩粉、石灰岩粉和水泥三种颗粒形态相近,但玄武岩粉多为片状棱角。而攀枝花Ⅱ级粉煤灰颗粒均由玻璃微珠和不规则玻璃体组成,明显有别于水泥和石粉多角形颗粒。通常,粉煤灰玻璃微珠多,比表面积大,需水量比小,参加反应的机会大。攀枝花Ⅱ级粉煤灰颗粒玻璃微珠间夹杂较多不规则玻璃体,对其的需水量比有较大影响。

4 弱风化玄武岩骨料碾压混凝土性能研究

根据弱风化玄武岩骨料碾压混凝土性能试验结果,弱风化玄武岩骨料是造成碾压混凝土单位用水量高、工作性差的主要原因,为此对弱风化玄武岩骨料碾压混凝土的性能进行了针对性的研究,以解决弱风化玄武岩骨料对碾压混凝土造成的难题。

4.1　降低碾压混凝土用水量试验研究

外加剂掺量对碾压混凝土单位用水量的影响试验，是采用相同的配合比试验参数，通过调整外加剂掺量，研究碾压混凝土单位用水量的变化。

外加剂掺量与碾压混凝土(RCC)用水量关系试验参数及结果见表1。结果表明：联掺缓凝高效减水剂ZB-1RCC15分别为0%、0.5%、1.0%和引气剂ZB-1G分别为0.25%～0.30%时，碾压混凝土随外加剂掺量的提高，单位用水量及胶凝材料用量显著降低。由于粉煤灰具有极强的炭吸附作用，碾压混凝土引气比较困难。所以，为了达到碾压混凝土需要的含气量，引气剂掺量很高，这是大量碾压混凝土工程的实践所证明的。

表1　外加剂掺量与碾压混凝土用水量关系试验结果

试验编号	级配	水胶比	试验参数		胶材用量(kg/m)			试验结果					
			粉煤灰(%)	砂率(%)	水(kg/m^3)	ZB-1RCC15(%)	ZB-1G(%)	胶材总量	水泥	粉煤灰	减水率(%)	V_C值(s)	含气量(%)
WR-1	三	0.55	65	35	127	0	0	231	81	150	0	4.6	1.4
WR-2	三	0.55	65	35	106	0.5	0.25	193	68	125	16.5	4.9	3.8
WR-3	三	0.55	65	35	95	1.0	0.25	173	61	112	25.2	4.5	3.5
WR-4	三	0.50	60	34	127	0	0	254	102	152	0	4.3	1.8
WR-5	三	0.50	60	34	106	0.5	0.30	212	85	172	16.5	4.2	3.4
WR-6	三	0.50	60	34	95	1.0	0.30	190	76	114	25.2	4.3	3.9
WR-7	二	0.50	55	38	137	0	0	274	123	151	0	4.6	1.5
WR-8	二	0.50	55	38	116	0.5	0.30	232	104	128	15.3	4.1	4.1
WR-9	二	0.50	55	38	105	1.0	0.30	210	94	116	23.4	5.5	3.8

上述试验结果充分说明：从降低混凝土温升、提高抗裂性能和防止大坝裂缝考虑，提高减水剂掺量是降低胶材用量和温控最有效的技术措施。

4.2　骨料品种对碾压混凝土用水量的影响

玄武岩骨料与石灰岩骨料碾压混凝土用水量的对比试验结果见表2。

表2　玄武岩、石灰岩碾压混凝土用水量对比试验结果

试验编号	岩石种类	级配	水胶比	粉煤灰(%)	砂率(%)	用水量(kg/m^3)	ZB-1RCC15(%)	ZB-1G(%)	V_C值(s)	密度(kg/m^3)
KDB-1	玄武岩	三	0.50	60	34	95	1.0	0.10	3.5	2 625
KDB-3		二	0.47	55	37	105	1.0	0.10	3.5	2 552
KDB-2	石灰岩	三	0.50	60	33	87	1.0	0.10	3.9	2 436
KDB-4		二	0.47	55	36	97	1.0	0.10	3.5	2 393

从表2可以看出：玄武岩骨料碾压混凝土的用水量明显高于石灰岩骨料碾压混凝土；石

灰岩骨料密度相对较小,石灰岩骨料碾压混凝土的表观密度比玄武岩骨料碾压混凝土轻约 200 kg/m^3。

4.3 石粉含量对碾压混凝土性能影响研究

为了研究外掺不同石粉含量对碾压混凝土性能影响,确定弱风化玄武岩骨料碾压混凝土的最佳石粉含量,进行了玄武岩人工砂不同石粉含量(14%、16%、18%、20%、22%)碾压混凝土拌和物性能、力学性能等试验研究。

从表3可以看出:当人工砂石粉含量达到18%时,碾压混凝土拌和物的外观逐渐变好,将 V_C 值测试完成的混凝土从容量筒中倒出,试样表面光滑、密实,继续增加石粉含量,浆体充足,拌和物黏聚性增强;随着人工砂石粉含量的增高,碾压混凝土中材料的总表面积相应增大,用水量呈规律性的增加;V_C 值的大小直接影响着碾压混凝土含气量的变化,碾压混凝土的 V_C 值损失每增加 1 s,含气量平均相应降低约 0.7%;当石粉含量在16%时碾压混凝土抗压强度最高,但和易性较差。当石粉含量在18% ~20%时,碾压混凝土拌和物性能和强度最优。

表3 不同石粉含量碾压混凝土性能的试验结果

试验编号	石粉代砂(%)	石粉含量(%)	用水量(kg/m^3)	V_C 值(s)		含气量(%)		拌和物外观	抗压强度(MPa)			
				出机	30 min	出机	30 min		7 d	28 d	60 d	90 d
KSF-1	1.5	14	86	3.7	5.6	4.3	2.7	骨料包裹较差,试体粗涩	11.1	19.4	27.1	30.9
KSF-2	3.5	16	88	3.7	6.1	4.2	2.4	骨料包裹较差,试体粗涩	12.7	22.4	30.4	33.2
KSF-3	5.5	18	90	3.5	4.9	4.2	3.2	骨料包裹一般,试体表面较密实	12.5	21.7	29.2	32.3
KSF-4	7.5	20	92	3.5	5.2	4.1	2.9	骨料包裹较好,试体表面光滑、密实	12.0	20.7	27.6	31.1
KSF-5	9.5	22	94	3.5	6.3	4.0	2.3	骨料包裹好,试体表面光滑、密实	10.7	19.2	26.4	29.2

5 弱风化玄武岩骨料碾压配合比设计

金安桥水电站大坝弱风化玄武岩骨料碾压混凝土配合比设计采用适宜的水胶比、外掺石粉代砂、提高外加剂掺量、低 V_C 值的技术路线,经过反复的、大量的试验研究,以及现场生产性试验,有效地降低了碾压混凝土的单位用水量,改善了拌和物性能,所确定的碾压混凝土施工配合比见表4。

6 碾压混凝土质量控制与技术措施

在碾压混凝土生产过程中,根据弱风化玄武岩人工砂石粉含量的实际情况,通过采用外掺石灰岩石粉替代部分人工砂的技术措施,来保证碾压混凝土人工砂中的石粉含量和浆砂比值保持在相对稳定的状态。

表4 碾压混凝土施工配合比

设计指标	级配	水胶比	砂率(%)	粉煤灰(%)	用水量(kg/m^3)	ZB-1RCC15(%)	ZB-1G(%)	V_C值(s)	密度(kg/m^3)
C_{90}15W6F100(1 350 m以上)	三	0.53	33	63	90	1.2	0.15	1~3	2 630
C_{90}20W6F100(1 350 m以下)	三	0.47	33	60	90	1.0	0.30	3~5	2 630
C_{90}20W8F100(上游面)	二	0.47	37	55	100	1.0	0.30	3~5	2 600

根据金安桥水电站工程气候特点,对碾压混凝土出机V_C值进行动态控制,使出机V_C值始终处在较小的状态,以保证仓面碾压混凝土V_C值不宜过大,使碾压混凝土具有较好的可碾性。根据季节、时段、气温变化,随时调整出机口V_C值,白天控制出机口V_C值为1~3 s,仓面V_C值按3~5 s控制,夜晚控制出机口V_C值为2~5 s,出机口V_C值按下限控制,在满足现场正常碾压的条件下,出机口V_C值控制以仓面不陷碾为原则。

在较低V_C值情况下,采用较长拌和时间控制;同时含气量按3%~4%控制,出机走上限,确保碾压混凝土拌和物充分熟化,可碾性等施工性能满足浇筑需要,保证混凝土抗冻性能和极限拉伸性能。为确保质量,弱风化玄武岩骨料严格按照监理和施工检测机构的监控要求进行精细化开采,加工的骨料质量均一稳定,符合施工设计要求。

7 碾压混凝土性能检测

金安桥水电站主坝碾压混凝土截至2009年6月底已浇筑碾压混凝土约229万m^3,对碾压混凝土的主要性能检测包括:V_C值检测结果见表5,现场压实度统计结果见表6,主坝碾压混凝土抗压强度检测结果统计见表7,碾压混凝土变形耐久性能检测结果见表8。

表5 主坝碾压混凝土V_C值检测结果统计

设计指标	级配	检测次数(次)	气温(℃)			出机V_C值(s)			仓面V_C值(s)		
			最大值	最小值	平均值	最大值	最小值	平均值	最大值	最小值	平均值
C_{90}20W6F100	三	6 939	35	7	19	5.9	1.0	3.2	7.3	1.5	3.6
C_{90}20W8F100	二	414	34	7	19	5.8	1.3	3.6	5.9	2.4	4.0
C_{90}15W6F100	三	2 517	38	6	20	5.3	1.0	2.7	5.4	2.2	3.5

表6 碾压混凝土现场压实度检测结果统计

设计指标	级配	设计密度(kg/m^3)	压实度要求(%)	测点数	压实密度(kg/m^3)			压实度(%)	
					最小值	最大值	平均值	最小值	平均值
C_{90}20W6F100	三	2 630	≥98	28 838	2 577	2 640	2 607	98.0	99.1
C_{90}20W8F100	二	2 600	≥98	11 940	2 548	2 621	2 581	98.0	99.3
C_{90}15W6F100	三	2 630	≥98	12 715	2 578	2 631	2 609	98.0	99.2

表 7 主坝碾压混凝土抗压强度检测结果统计

设计指标	级配	龄期(d)	检测次数(组)	最大值(MPa)	最小值(MPa)	平均值(MPa)	标准差(MPa)	保证率(%)
C_{90}20W6F100	三	28	2 984	19.6	13.1	15.4	1.54	—
C_{90}20W6F100	三	90	1 906	34.9	20.1	24.9	3.12	94.3
C_{90}20W8F100	二	28	371	20.4	13.4	16.1	1.37	—
C_{90}20W8F100	二	90	261	33.9	22.0	26.8	2.50	99.7
C_{90}15W6F100	三	28	1 159	15.5	9.1	11.8	1.45	—
C_{90}15W6F100	三	90	616	29.1	15.1	21.9	2.62	99.6

表 8 主坝碾压混凝土变形和耐久性检测结果统计

设计指标	级配	龄期(d)	检测次数(组)	轴向抗拉强度(MPa)			极限拉伸值($\times10^{-6}$)			抗冻	抗渗	190 d f'(MPa)	抗剪强度 C'(MPa)
				最大值	最小值	平均值	最大值	最小值	平均值				
C_{90}20W6F100	三	90	17	2.56	2.05	2.18	80	72	75	>F100	>W6	1.32	1.88
C_{90}20W8F100	二	90	10	2.40	2.15	2.25	83	77	79	>F100	>W8	1.32	1.91
C_{90}15W6F100	三	90	8	2.20	1.88	2.06	78	72	74	>F100	>W6	1.26	1.68

8 大坝碾压混凝土钻孔取芯及压水试验、原位抗剪试验

金安桥水电站大坝碾压混凝土按照《钻芯法检测混凝土强度技术规程》(CECS 03:2007)及设计要求钻孔取芯。碾压混凝土二级配区钻孔取芯采用ϕ 171 mm 钻具钻取ϕ 150 mm 芯样,三级配区钻孔取芯用ϕ 219 mm 钻具钻取ϕ 200 mm 芯样。大坝碾压混凝土共进行了三次钻孔取芯,两次压水试验。三次共钻孔取芯共 791.25 m,压水试验 58 段次。

大坝碾压混凝土钻孔取芯获得率高,芯样光滑、层缝面难以辨认,芯样质量优良,取出 10 m 以上长芯样 11 根,其中取出了 15.73 m(见图 5)和 16.46 m 的国内超长芯样;而且芯样结果表明,芯样强度、抗渗、抗冻、极限拉伸值等指标明显优于国内类似碾压混凝土大坝芯样指标;芯样弹性模量为 30 GPa 左右,有利于降低坝体应力,对大坝的抗裂十分有利。

大坝碾压混凝土压水试验结果表明,大坝透水率小,防渗区和内部透水率分别小于 0.5 Lu 和 1.0 Lu 的设计要求。

原位抗剪试验结果表明,抗剪断参数结果匀质性好,指标优良。坝体碾压混凝土现场原位抗剪断强度参数值如下:

(1)C_{90}20W6F100(三级配):f'为 1.24 ~ 1.32,C'为 1.51 ~ 1.73 MPa,抗剪断强度参数综合值:$f'=1.28$,$C'=1.63$ MPa。

(2)C_{90}15W6F100(三级配):f'为 1.20 ~ 1.21,C'为 1.71 ~ 1.87 MPa,抗剪断强度参数综合值:$f'=1.20$,$C'=1.79$ MPa。

图5　金安桥大坝碾压混凝土15.73 m超长芯样

9　结　语

试验研究表明,弱风化玄武岩骨料是导致碾压混凝土用水量高的主要原因,弱风化玄武岩人工砂石粉含量低是造成碾压混凝土工作性差的主要因素,外加剂掺量、石粉代砂、V_C值是影响碾压混凝土施工性能的重要因素。

碾压混凝土配合比试验研究“采用适宜的水胶比、外掺石粉代砂、提高粉煤灰和外加剂掺量、低V_C值”的技术路线,有效降低了碾压混凝土单位用水量和水泥用量,从源头上降低混凝土温升,提高抗裂性能,有效改善了碾压混凝土可碾性、液化泛浆和层间结合质量。弱风化玄武岩骨料碾压混凝土研究成果应用及质量控制结果表明,碾压混凝土强度、极限拉伸值、抗冻、抗渗等性能满足设计要求。

大坝钻孔取芯及压水试验结果表明:芯样获得率高,表面光滑、层缝面难以辨认,芯样质量优良,取出10 m以上长芯样11根,其中取出了15.73 m和16.46 m的国内超长芯样;而且芯样的强度、抗渗、抗冻、极限拉伸值等指标明显优于国内类似碾压混凝土大坝芯样指标;芯样弹性模量为30 GPa左右,降低了坝体应力,对大坝的抗裂十分有利;压水试验结果表明,大坝透水率小,防渗区和内部透水率分别小于0.5 Lu和1.0 Lu的设计要求;原位抗剪试验结果表明,抗剪断参数结果匀质性好,指标优良。

参考文献

[1] 弱风化玄武岩骨料在金安桥水电站碾压混凝土中研究应用[R]. 中国水利水电第四工程局有限公司、汉能控股集团金安桥水电站有限公司,2010.

[2] 金安桥水电站大坝混凝土配合比试验报告[R]. 中国水利水电第四工程局有限公司勘测设计研究院,2007.

[3] 金安桥水电站大坝碾压混凝土钻孔取芯及压水试验[R]. 中国水利水电第四工程局有限公司金安桥项目部,2009.

[4] 金安桥水电站大坝碾压混凝土芯样试验检测成果报告[R]. 中国水电顾问集团贵阳勘测设计研究院,2009.

[5] 金安桥水电站大坝碾压混凝土现场原位抗剪断试验成果报告[R]. 中国水电顾问集团贵阳勘测设计研究院,2009.

面板堆石坝混凝土防渗面板施工关键技术

李平平

（中国水电建设集团十五工程局有限公司，西安 710065）

摘 要 混凝土面板堆石坝是土石坝中主要坝型之一，而混凝土面板是面板堆石坝的防渗结构，由于面板混凝土受坝体沉降变形、施工环境、施工方法、工艺等复杂因素的影响，混凝土面板易于产生裂缝且产生的时间跨度较大。面板混凝土裂缝的产生，将大大降低其防渗效果，对电站的安全运行产生重大隐患。如何降低面板混凝土裂缝且有效控制面板裂缝的宽度是面板堆石坝工程技术发展的课题。本文以积石峡水电站为工程实例，通过采取接触面基础处理、确定合理的施工参数并加强施工控制、改变坝体填筑顺序增加沉降期、进行坝体浸水提前使坝料湿化从而加速河床部分坝体施工期沉降、优化面板混凝土配合比、缩短混凝土运输距离、完善养护措施、加强上游坡面处理等一系列措施方案，同时严格控制混凝土拌制时间及混凝土坍落度、严把混凝土振捣质量关、加强技术交底等施工过程控制手段，取得了良好的效果，对于同类工程具有很好的借鉴和指导意义。

关键词 降低；控制；面板裂缝；技术措施

1 概 况

积石峡水电站为混凝土面板堆石坝工程，坝顶高程为 1 861.0 m，最大坝高 101 m，面板设计分块共计 36 块，其中分缝 6 m 宽 16 块，12 m 宽 17 块，坝右三角块 5.86 m，坝左三角块 5.58 m 和坝左高趾墙一块 4.47 m，最大分缝长度 172.4 m，其中 12 m 宽面板 2 160 m，6 m 宽面板 1 750 m。面板为不等厚结构，顶部厚 30 cm，下部厚 58.8 cm。

积石峡水电站进水口建筑高程 1 815.50 m，引水钢管水平段的建基面高程 1 817.00 m，引水钢管水平段外包混凝土顶高程 1 835.00 m，其上为大坝填筑堆石料，长度约 62 m。然而，河床高程在 1 760 m 左右，与引水钢管水平段外包混凝土顶部高程相差约 75 m，形成台阶状的复式地形。本工程混凝土面板堆石坝坐落在这种复式地形上，导致引水钢管上平段以上的坝体与河床段坝体之间存在体形上的突变，容易引起坝体的不均匀沉降而导致坝体裂缝或者面板裂缝的产生。

面板混凝土受坝体沉降变形、施工环境、施工方法、工艺等因素影响，裂缝产生的原因复杂、时间跨度大，为了降低面板裂缝，积石峡水电站在施工过程中，采取了一系列行之有效的技术措施，达到了预期效果。

作者简介：李平平(1983—)，男，宁夏彭阳人，高级工程师，中国水电建设集团十五工程局有限公司第一工程公司项目总工程师，主要从事土石坝施工现场管理及质量控制。E-mail：41398752@qq.com。

2　降低面板堆石坝面板裂缝技术措施

2.1　面板堆石坝坝体变形控制

2.1.1　接触面基础处理

钢管基础与大坝基础之间的边坡近似于直立边坡，在施工过程中，为了减小大坝填筑料基础突变产生不均匀沉降，将钢管基础与大坝基础之间的直立边坡采用素混凝土浇筑成1∶0.5的斜坡。

2.1.2　确定合理的施工参数并加强施工控制

在施工过程前，根据坝料的特点，有针对性地进行碾压试验，确定各种料的合理施工参数，各类坝体填筑料碾压施工参数见表1。

表1　各类坝体填筑料碾压施工参数

填筑料	碾压机具	铺料厚度（cm）	碾压遍数	加水量（%）	干密度（g/cm^3）
垫层料	18 t 自行碾	40	8	4～5	≥2.33
特殊垫层料	汽油夯及 18 t 自行碾	20	10	4～5	≥2.33
过渡料	18 t 自行碾	40	8	8～10	≥2.31
反滤兼排水料	18 t 自行碾	40	8	8～10	≥2.13
主堆石 3BⅠ料	18 t 拖式振动振	80	8	5	≥2.16
主堆石 3BⅡ料	18 t 拖式振动振	80	8	5	≥2.16
下游堆石料	18 t 拖式振动振	80	8	8～10	≥2.11

施工过程中，采取各种措施进行控制，确保施工参数满足要求，如加强技术交底、将施工参数制作成卡片发放到每个施工人员手中、在坝内外增加加水站对坝料进行加水、采用计分牌的形式记录碾压遍数、严格控制铺料厚度等。

2.1.3　改变坝体填筑顺序，增加沉降期

积石峡水电站大坝2008 年 10 月 29 日开始填筑；2009 年 6 月 13 日大坝坝体全断面已填至 EL1834.5 高程，为了增加河床部分坝体的沉降期，加快沉降，将全断面填筑的施工方案改为先进行河床部分的填筑，然后进行填筑压力管道外包混凝土上部的方案，先填部分在横断面上预留台阶，坡比按 1∶1.5 控制。2009 年 6 月 16 日进行河床部分填筑，2009 年 8 月 10 日填筑至 EL1857；8 月 14 日进行压力管道外包混凝土上部填筑，9 月 27 日填筑至 EL1857 高程，河床部分增加沉降期近 2 个月。

2.1.4　进行坝体浸水，提前使坝料湿化，加速河床部分坝体施工期沉降

2009 年 9 月积石峡水电站大坝对河床部分坝体实施浸水，提前使浸水部分的坝料湿化，在自重的作用下，加速施工期坝体沉降。积石峡水电站浸水水位顶部高程为 EL1785（挤压墙上游水位开始控制在 EL1789，根据坝内水位上升速度，待坝体内水位为 EL1785 时，将

挤压墙上游水位降至EL1785),高度为31 m,占坝高103 m的30%。

根据电磁式沉降仪的监测结果,2009年9月8日起坝体沉降速率开始加快,9月20日以后沉降速率明显变缓,10月31日以后沉降趋于稳定。浸水期间坝体最大沉降发生在坝体中部附近(坝右0+167.36、坝上0+00处),最大沉降量增加11.7 cm,坝体整体沉降达到46.9 cm,远小于有限元计算结果(80 cm);实测坝体最大沉降发生位置在1 810 m高程左右、坝轴线附近,与有限元计算结果基本一致。蓄水后最大沉降增加3.5 cm。

同时,对比蓄水前后ES1电磁式沉降管测值变化过程线及相关测值,浸水期坝体各高程沉降量达到坝体总沉降量的23%~55%,浸水后各高程坝体沉降量达到坝体总沉降量的71%~95%,这说明坝体浸水能够有效加快坝体沉降,使坝体沉降在短期内趋于稳定,其对大坝施工期沉降控制的作用非常巨大。电磁式沉降管时间—沉降量关系曲线见图1。

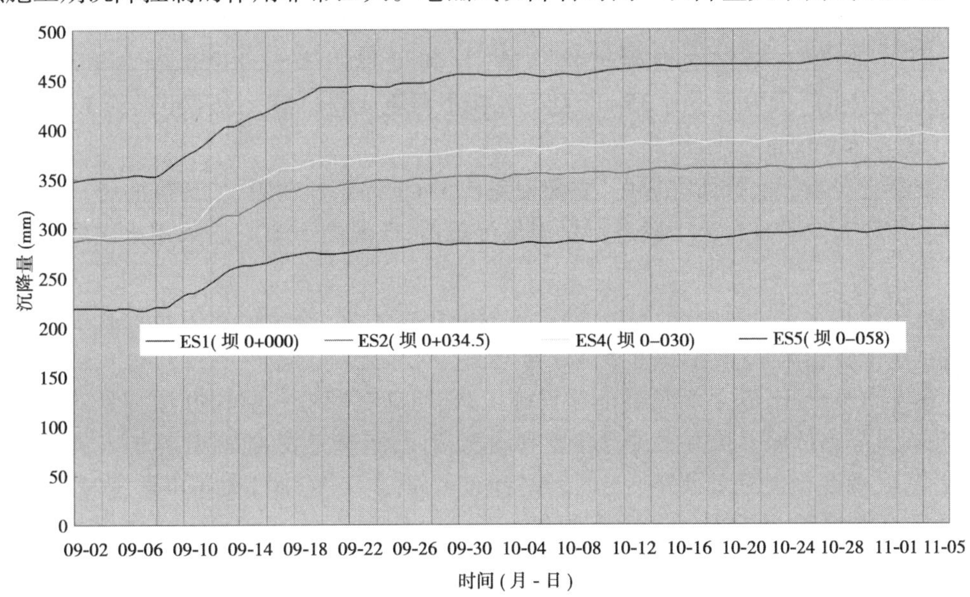

图1 电磁式沉降管时间—沉降量关系曲线

根据钢丝水平位移计的监测结果,浸水期坝轴线以下坝体的水平位移基本稳定,而坝轴线以上坝体的水平位移随着浸水时间的延长持续增大,2009年11月5日后(浸水结束)趋于稳定。浸水期间最大水平位移发生在坝右0+168.36、坝上0-60处,向上游位移42 mm。至2010年10月13日水库蓄水前,该处向下游位移14 mm,说明浸水后坝体向上游的水平变形基本完成。

2.2 优化面板混凝土配合比

积石峡在面板混凝土配合比试验研究阶段通过对混凝土各种掺配材料的优选及掺配比例的拟定,混凝土抗裂能力分析和混凝土配合比的3 d、7 d的不同抗裂指标进行分析,从而确定推荐配合比。

通过对推荐配合比进行多次现场试验,分析原材料、拌合物塌落度、含气量延时损失、抗裂及混凝土力学性能等多项指标,最终确定了施工配合比(见表2),并对施工过程中混凝土施工性能控制指标、内外温差控制给出了指导意见。

表 2　面板混凝土施工配合比

试验编号	水胶比	砂率(%)	每方混凝土用量(kg/m³)						减水剂(%)		引气剂(万)		增密剂(%)
			水	水泥	粉煤灰	砂子	小石	中石	博特	黄河	博特	黄河	
H17	0.40	38	122	229	76	769	627	627	0.6	—	1.2	—	2.0
H35	0.40	39	115	216	72	803	628	628	—	0.6	—	0.5	2.0

施工过程中,使用试验编号 H17(江苏博特外加剂)配合比的面板 23 仓,使用试验编号 H35(山西黄河外加剂)配合比的面板 13 仓。

2.3　优化面板混凝土施工方案

2.3.1　缩短混凝土运距

缩短混凝土运距,减少塌落度损失。为了缩短面板混凝土的运距,经过项目部前期现场勘查讨论,在坝顶右岸建立混凝土拌和站,拌和机采用 2 台 JS750,配料机采用 1 台 PDL1600,理论生产量为每小时 35 m³,拌和站距混凝土入仓口最大水平距离约 300 m。

2.3.2　完善养护措施

在混凝土浇筑一次抹面完成后,立即覆盖 0.5 mm 厚塑料薄膜,二次抹面后,气温低于 5 ℃覆盖采用双布一膜复合土工膜进行保温保湿覆盖,气温高于 5 ℃后采用土工布进行保温覆盖。

洒水系统布置:沿坝顶设 DN100 钢管做纵向供水干管,每仓顶均匀布设有小孔的塑料软管接供水干管长流水(气温高于 5 ℃)养护。

为落实人员责任,成立了混凝土养护施工队,明确其职责和奖罚办法。紧随混凝土浇筑,养护人员严格按照养护方案进行覆盖和洒水;对已浇筑完成的面板,养护人员全天 24 h 进行检查,发现混凝土表面水分不足时及时补充水分,土工布(膜)覆盖不严密时及时覆盖,达到保温、保湿效果,不间断养护至下闸蓄水。

2.3.3　加强上游坡面处理

为减少上游坡面对面板混凝土的约束而产生裂缝的可能性,积石峡水电站对上游坡面进行了处理,具体做法为:在上游坡面按 3 m×3 m 方格网进行平整度测量,根据测量结果,对法线方向误差在 +5 cm 以上的坡面进行打凿处理,对低于 −5 cm 的部位进行砂浆补填,对于每层挤压墙搭接处出现的大于 1 cm 的错台进行削除并用砂浆抹平。然后在挤压墙表面喷涂 1 mm 厚的阳离子乳化沥青,以减少面板接触基面的摩阻和约束,防止应力集中。

2.4　加强施工过程控制

2.4.1　严格控制混凝土拌制时间

为了保证混凝土外加剂在拌制过程中充分搅拌均匀,保证混凝土施工质量,根据混凝土面板配合比试验,混凝土的投料顺序为砂石骨料、外加剂、水泥、粉煤灰、水,混凝土搅拌时间为 150 s。项目部在拌和机操作间安装了时间继电器和指示灯,以便操作人员对拌和时间的控制。

2.4.2　严格控制混凝土坍落度

由于细集料含水量的不稳定,影响混凝土拌合物塌落度的控制难度。为保证细集料含水率的稳定性,积石峡水电站主要采取的措施为:①对细集料在坝后另设存量较大的堆料仓,二次倒运至坝顶拌和站。②拌和站操作人员对每一批细集料根据质检站提供的配料单及时调整加水量(加水时间控制)。

对出现的塌落度超限的混凝土禁止入仓,作为废料进行处理。

2.4.3 严把混凝土振捣质量关

加强现场施工人员的质量意识,特邀局专家对施工人员进行质量控制要点、重点的培训,混凝土振捣严格按规范要求执行。在每一层混凝土入仓后人工平仓,使每车混凝土在仓面上均匀分布,每层布料厚度为25～30 cm,严禁出现骨料集中现象,并及时振捣。振捣间距小于40 cm,深入下层混凝土不小于5 cm。振捣器插入方向在滑模前沿铅垂向下。振捣时间以混凝土表面不再明显下沉,不出现气泡并泛浆时视为振捣密实,一般情况下每一处振捣时间控制在15～20 s。

2.4.4 加强技术交底,使施工人员明确各施工工序

面板混凝土施工前,积石峡水电站邀请专家分别对面板施工前的准备(包括基础面清理,周边趾板与面板相接的侧面混凝土缺陷处理、止水修复,挤压墙脱空检查及坡面处理,挤压墙层面阳离子乳化沥青喷涂,止水安装等)、钢筋安装、模板制安、混凝土浇筑、养护等做了详细的交底,积石峡水电站在面板施工中,共进行施工技术交底4次。

2.4.5 对面板试验块施工中存在的问题,及时总结整改

2010年3月15日10:20,积石峡水电站面板试验块3#面板开仓,2010年3月16日5:00收仓,根据3#面板混凝土试验块中出现的飘模、振捣不规范、混凝土拌和控制不到位等施工问题,项目部采取了相应的整改措施进行整改,并对现场施工人员进行了再次交底说明,以达到面板施工规范化,保证后续面板混凝土浇筑质量。

3 结　论

通过详细统计,积石峡水电站的防渗面板共有36块,浇筑混凝土面积35 516 m^2,产生裂缝共计71条,裂缝率为2.0条/1 000 m^2,其中裂缝宽度>0.1 mm且≤0.2 mm共54条,裂缝长度共计270.25 m;裂缝宽度≤0.1 mm共13条,裂缝长度共计71.30 m;裂缝宽度>0.2 mm共4条,裂缝长度共计21.75 m,且1 790 m高程以下未出现混凝土裂缝。这充分说明了积石峡水电站采取的一系列措施方案对预防面板混凝土裂缝的产生有着明显的控制作用,效果十分明显。这些措施方案对面板堆石坝防渗面板的施工具有很好的指导作用,值得借鉴。

参考文献

[1] 张伟,雷艳,蔡新合,等. 积石峡水电站面板堆石坝湿化变形控制研究[J]. 人民黄河,2014(3):126-128.

[2] DL/T 5128—2001 混凝土面板堆石坝施工规范[S]. 中华人民共和国国家经济贸易委员会发布,2001.

[3] 清华大学. 积石峡面板堆石坝开挖料筑坝的可行性研究最终研究报告[R]. 西宁:青海黄河上游水电开发有限责任公司工程建设分公司,2006.

[4] 西安理工大学. 积石峡水电站面板堆石坝坝体沉降咨询分析报告[R]. 西宁:青海黄河上游水电开发有限责任公司工程建设分公司,2011.

SK 水基喷涂橡胶涂层技术及其在灌区输水工程中的应用

杨伟才　郝巨涛

（中国水利水电科学研究院结构材料所、北京中水科海利工程技术有限公司，北京　100038）

摘　要　SK 水基喷涂橡胶涂层是一种新型无溶剂、无污染的水性混凝土表面防渗涂层材料。该材料是由多种特殊乳液通过互穿网络技术复合而成的橡胶沥青聚合物（A 组分）与特种固化剂（B 组分）经喷涂混合后生成的一种高弹性防渗涂料。通过配比优化和选用专用界面剂，使其适用于水工建筑物混凝土表面的防渗处理，并介绍了该材料在某输水工程中的应用。

关键词　SK 水基喷涂橡胶涂层；防渗；输水工程

1　概　述

水基喷涂橡胶涂层是近年出现的一种新型无溶剂、无污染的水性混凝土表面防渗涂层材料。该材料是由多种特殊乳液通过互穿网络技术复合而成的高分子橡胶聚合物（A 组分）与特种固化剂（B 组分）经喷涂混合后生成的一种高弹性防渗涂料。该材料利用促凝催化原理使产品迅速初凝，成膜速度快，初凝固化时间仅为 3 ~ 5 s。经专用施工设备喷涂将 A、B 组分混合后快速成膜，形成一种致密连续并具有极高伸长率（1 000% 以上）、优异耐久性的防渗涂膜层。该技术属快速反应喷涂体系，原料体系为水性乳液，具有可在潮湿基面施工、快速成膜、施工效率高，可方便地在立面、曲面上喷涂几毫米厚的涂层而不流挂等一系列优点，可用于水利工程的混凝土表面防渗，具有很好的发展应用前景。

2　水基喷涂橡胶涂层材料成膜机制

水基喷涂橡胶涂层采用冷机械高压无气喷涂施工技术，A、B 双组分材料在喷枪口外扇形交叉，雾化并高速混合后，在 B 组分材料的促凝作用下喷射到基面后瞬间破乳凝聚成膜，材料中的微小分子胶团迅速与混凝土水泥基层形成吸盘效应，堵塞基面毛孔并牢固成膜，形成以橡胶为连续相的无缝、致密、高弹性的涂膜防水层。其保持了橡胶类材料的高弹性、低温柔性、耐老化性；并具有良好的防渗性能、抗穿刺力强、不窜水、耐腐蚀性好、机械化喷涂施工、环保无污染等优点。同时，这些高分子聚合物形成的胶膜，分子与分子之间的间隙仅为几纳米，阻止了自然界中水分子的透过，从而达到了防水防渗漏的效果，真正实现了“皮肤式”防渗涂层结构。其固化机制如图 1 和图 2 所示。

作者简介：杨伟才（1979—），男，河南郑州人，硕士，高级工程师，主要从事水工建筑物与修补加固技术和材料的研究工作。E-mail：36472323@ qq. com。

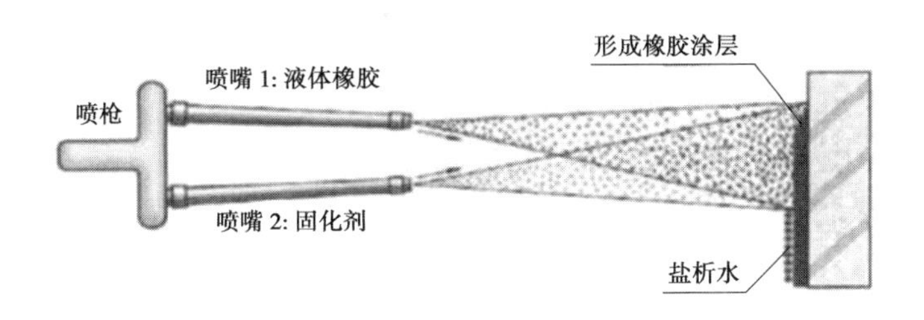

图 1 涂层机械喷涂成膜示意图

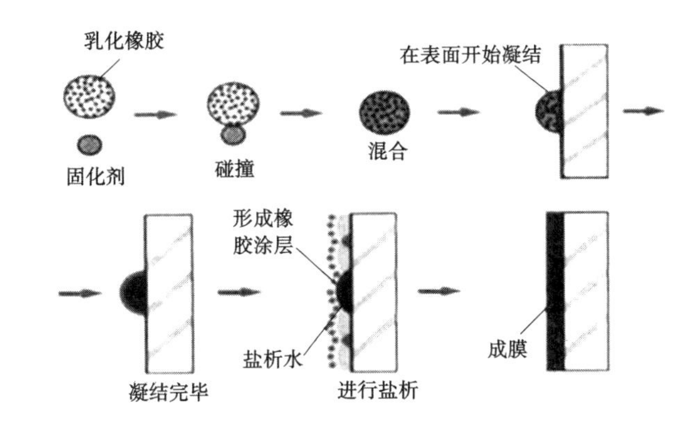

图 2 水基喷涂橡胶涂层材料喷涂成膜机制示意图

3 SK 水基喷涂橡胶涂层材料

与土木建筑防水工程相比,水利工程对防渗涂层材料有更严苛的使用条件。中国水科院结构材料所通过配方设计,考虑水利工程运行的特点,成功研发了 SK 水基喷涂橡胶涂层材料,并配合专用的水性环氧界面剂。与目前水利工程中常用的防渗材料如聚脲弹性体防渗材料、环氧类防渗材料、渗透结晶型防渗材料、聚合物胶乳类材料、沥青基涂料等相比,SK 水基喷涂橡胶涂层材料该材料以其高延展性、优异的防渗能力、耐腐蚀、耐老化等优良性能,能够有效防止混凝土开裂造成的渗漏。该材料在应用中对环境温度、湿度不敏感,在常温 5 ℃以上基面无明水条件下即可施工。SK 水基喷涂橡胶防渗涂层材料主要特点如下:

(1)超高弹性:喷涂橡胶涂层的伸长率超过 1 000%,恢复率达 90%以上,能够有效解决各种构筑物因应力变形、膨胀开裂、穿刺或连接不牢等造成的渗漏、锈蚀等问题。

(2)良好的黏结性能:与混凝土、钢铁、木材、金属等多种材料之间具有良好的黏结性,抗老化和耐腐蚀性强。

(3)优良的耐热稳定性和抗低温性,应用环境温度为 -40 ~80 ℃,可满足不同气候区的低温柔度和耐热性的要求。

(4)施工效率高:喷涂后瞬间成型,一次速凝成膜,厚度可达 4 mm 以上。采用专业喷涂设备机械施工,大大节约施工成本和劳动力,大幅度缩短施工工期。

(5)可在潮湿表面施工:可以在潮湿、无明水的基面施工,便于应用在隧道、水库、渠道等水利工程的防渗防护处理中。

(6)安全环保:材料为水性材料,从原料生产,喷涂施工和使用过程中,无毒无味,无污染。在整个施工过程之中,无须加热,常温施工,无明火,保证了施工的安全性和可靠性。

(7)与常用防渗材料相比,具有较高的性价比优势。

其物理力学性能指标如表1所示。

表1　SK水基喷涂橡胶涂层材料主要性能指标

项目		技术要求
外观	A组分	深褐色液体
	B组分	无色或浅色液体
固含量(%)		≥60
拉伸强度(MPa)		≥1.0
断裂伸长率(%)	标准条件	≥1 000
	紫外线老化720 h	≥800
黏结强度(MPa)		≥0.30
不透水性		0.50 MPa,24 h无渗水
耐热度(℃)		120 ℃无流淌、滑动、滴落
裂缝适应性(缝宽2 mm,50 m水头)		不击穿,不渗漏

4　SK水基喷涂橡胶涂层材料在输水工程中的应用

SK水基喷涂橡胶涂层材料具有优异的防水性能,采用配套施工设备现场喷涂施工简便快捷,可用于水工建筑物的表面防渗防护处理。山西某灌区的五级泵站出水消力池已经建成并运行了50余年,混凝土表面碳化严重,为提高工程的耐久性,需要对混凝土表面进行防渗,经过技术对比,最终采用喷涂2 mm厚SK水基喷涂橡胶涂层材料+0.5 mm聚脲表面防老化的方案进行处理,具体施工处理方案如下:混凝土基面打磨处理→修补表面孔洞→涂刷水性环氧界面剂→大面积喷涂橡胶涂层→表面涂刷聚脲防老化保护层→成品保护。

(1)底材处理:用角磨机对面板混凝土表面进行打磨,用高压水枪冲洗表面的灰尘、浮渣,待水分完全挥发后,对混凝土表面局部孔洞用高强找平腻子填补。

(2)涂刷界面剂:底面处理后,在混凝土表面涂刷专用水性环氧界面剂,涂刷厚度要求薄而均匀,无漏涂现象。

(3)喷涂橡胶涂层:待界面剂基本干燥后,即可进行大面积喷涂施工,喷涂前要试枪,A、B枪喷射角和输出量要复合设计要求。喷涂要横平竖直,交叉喷涂要均匀,连续交叉喷涂至要求厚度2 mm。

(4)养护7 d至橡胶涂层完全干燥后,在橡胶涂层表面涂刷0.5 mm厚的SK天冬聚脲进行表面防老化防渗。涂刷完毕常温养护即可。现场照片见图3~图8。

图3　基面打磨清洗处理

图4　涂刷水性环氧界面剂

图5　机械喷涂橡胶涂层

图6　表面聚脲防老化涂层滚涂

图7　施工完毕情况

图8　工程运行半年后情况

工程总处理面积约为600 m^2，经过半年的运行，工程效果良好，为 SK 水基喷涂橡胶涂层材料在水利工程的推广应用打下了良好的基础。

5　结　语

SK 水基喷涂橡胶涂层材料作为一种新型的混凝土表面防渗涂层材料，采用机械化喷涂施工，施工效率高，防渗效果好，相比传统的防渗涂料，材料综合性价比优势突出，有效降低了工程处理费用。该材料可广泛应用于大坝上游面、蓄水池、隧洞、渠系建筑物表面等混凝土建筑物的防渗防护处理，可预见在水利水电工程中将具有广泛的应用前景。

参考文献

沈春林，褚建军. 喷涂速凝橡胶沥青防水涂料及行业标准[C]//防水堵漏材料及施工技术交流会.

高弹性聚氨酯耐磨漆在小浪底泄洪洞弧形工作闸门上的应用

代永信[1] 张 雷[2] 郭维克[2] 李贵勋[2] 杨 勇[2] 何晓奎[2]

(1. 黄河水利水电开发总公司,郑州 450003;
2. 黄河水利委员会黄河水利科学研究院,郑州 450003)

摘 要 自2002年开始,黄河小浪底水库已连续实施了13次汛前调水调沙,为减少水库泥沙和下游河道的淤积发挥了重大的作用。泄洪洞在泄洪排沙期间,经过弧形工作闸门处的水流流速高达33 m/s,且闸门常处于动水启闭和局部开启工作状态,导致弧门面板迎水面出现了较严重的磨蚀坑,致使闸门面板变薄、使用寿命缩短,甚至危及闸门的运行安全。因此,急需采用新型具有高抗磨性和高防腐性双重功能的涂料,对闸门面板进行修复处理。黄河水利科学研究院现场研发了以聚氨酯为主要基料,通过添加防锈颜料和不锈钢鳞片阻水材料,制备成高弹性聚氨酯耐磨漆。采用转盘试验机在50 kg/m^{3}含沙量、4个不同流速条件下测试了聚氨酯耐磨漆和环氧不锈钢鳞片的磨蚀性能,前者耐磨性是后者的50~80倍;采用拉拔法测试了油漆与基材的剥离强度,两者相当。将研发的聚氨酯耐磨漆在小浪底泄洪洞弧形工作闸门迎水面板上进行了现场试验,并与传统的防护方案进行对比,经过一个汛期后检查,结果表明,该油漆对弧形工作闸门起到了很好的防腐和耐磨保护作用,达到了预期的试验目的,具有很好的实用性和推广应用价值,为其他隧洞闸门的磨蚀防护提供了参考。

关键词 聚氨酯耐磨漆;泄洪洞;闸门;小浪底;磨蚀;防腐

1 引 言

小浪底水利枢纽工程[1]位于黄河中游最后一个峡谷的出口,也是黄河干流三门峡以下唯一能够取得较大库容的控制性工程。坝址以上控制黄河流域面积的92.3%和近100%的输沙量,多年平均输沙量13.5亿t,平均含沙量37.3 kg/m^3,实测瞬时最大含沙量达941 kg/m^3,水库总库容126.5亿m^3,其中防洪库容40.5亿m^3,调水调沙库容10.5亿m^3,拦沙库容75.5亿m^3。黄河小浪底水库既较好地控制黄河洪水,又可利用其淤沙库容拦截泥沙,进行调水调沙运用,减缓下游河床的淤积抬高。自2002年开始,已连续实施了13次汛前调水调沙,为减少下游河道和水库泥沙淤积发挥了重大作用。

小浪底水利枢纽在左岸山体中布置有3条直径为6.5 m、长约1.1 km的排沙洞,担负着调节水库下泄流量、排沙、排污、保护泄洪洞和发电洞的进水口不被泥沙淤堵、进水塔前形

作者简介:代永信(1982—),男,河南洛宁人,本科,工程师,主要从事水利枢纽运行维护管理。E-mail:304045400@qq.com。

通讯作者:张雷(1982—),男,山东青州人,博士,高级工程师,主要从事水利工程(水工结构和水轮机)修复与加固。E-mail:hkyzhanglei@163.com。

成冲刷漏斗的任务,其进水口的底坎高程均为 EL175 m,其出水口挑流鼻坎的高程为 EL148 m。排沙洞的进水口布置在发电洞的正下方,每洞分 6 个进水口,布置 6 个检修门槽,进水口中部设有长中墩使其形成三合一的水流,长中墩后部设两扇事故闸门[2],水流经过长中墩后,两股水流合二为一。在出口闸室段各设一扇偏心铰弧形工作闸门。深孔弧形工作闸门为动水启闭,当局部开启时,经常在高速含沙水流条件下工作,对深孔弧形工作闸门面板迎水面涂覆防护涂料,除按重防腐条件对待以外,还应满足抗磨的要求[3-5]。根据以上要求,弧形闸门出厂时,迎水面面板底漆采用环氧富锌底漆,面漆采用耐磨性是普通防腐漆几十倍的厚层环氧不锈钢鳞片漆,其他部位按一般防腐要求涂装,即以环氧富锌漆打底,环氧云铁漆作中间漆,氯化橡胶漆作面漆。经 10 多年运行考验[6],发现闸门防腐蚀效果较好,但抗磨蚀性能尚不能满足特殊工况条件下闸门的运行要求。截至 2015 年 12 月 31 日,1 号排沙洞偏心铰弧形工作闸门过流时间累计8 666. 34 h,运行次数累计 997 次。在泄洪排沙期间,经过弧形工作闸门的水流流速达 33 m/s,且闸门日常运行常处于动水启闭和局部开启工作状态,导致弧门面板迎水面出现了较严重磨蚀坑(见图 1),致使闸门面板变薄、使用寿命缩短,甚至危及闸门安全运行。因此,急需采用新型具有高抗磨性和高防腐性双重功能的涂料,对闸门面板进行修复处理。

图 1 小浪底弧形工作闸门底部磨蚀严重

2 聚氨酯耐磨漆组成

聚氨酯耐磨漆[7-9]在重防腐蚀涂料中的应用正在逐步扩大,聚氨酯涂料能低温固化,弹性好,湿固化聚氨酯涂料能全天候施工,可用多种树脂改性,发展前景非常好。该涂层主要基料为高抗磨蚀聚氨酯,分底漆和面漆,底漆为防锈涂料,面漆为不锈钢鳞片阻水材料。

2.1 聚氨酯弹性材料基本特性

聚氨酯弹性材料是一种主体上有较多氨基甲酸酯官能团的合成材料,由聚酯、聚醚、烯烃等多元醇与异氰酸及二醇或二胺扩链剂逐步加成聚合,物理性质介于一般橡胶和塑料之间的弹性材料,既具有橡胶的高弹性,也具有塑料的高强度,同时具有较好的柔顺性、耐水性和抗磨性,机械强度范围广,回弹性能好,如表 1 所示[10]。从表中可以看出,聚氨酯弹性体在水机表面防护领域表现出优良的抗磨蚀性能,明显优于目前水机磨蚀防护的其他材料。

表 1 聚氨酯弹性材料与几种非金属材料的性能比较

名称及性能	聚氨酯	尼龙	丁腈橡胶	氯丁橡胶
比重(g/cm^3)	0.9~1.2	1.10	1.00	1.20
硬度(邵氏/洛氏)	60A/80D	103A/118D	40A/95A	40A/95A
抗张强度(MPa)	8~9	7~12	2~5	2~4
延伸率(%)	100~800	25~300	300~700	200~800
回弹率(%)	10~70	—	25	50
撕裂强度(kN/m)	300~1 000	—	100~300	200~300
抗磨蚀程度	优	良	差	差
耐臭氧	优	优	差	差
耐油性	优	优	差	差

聚氨酯材料除具有良好的基本力学特性外,还具有良好的耐水性和耐老化性。表 2 列出了聚氨酯材料在浸水条件下随时间变化其基本性能的变化情况[11],从表中可以看出,聚氨酯材料具有非常好的耐水性和抗老化性,因此优先选用该类型聚氨酯作为弧门面板磨蚀防护材料。

表 2 水机常用聚氨酯弹性材料的老化和水化特性

龄期	硬度(邵氏 A)	100%模量(MPa)	300%模量(MPa)	拉伸强度(MPa)	延伸率(%)	撕裂强度(kN/m)	质量增加(%)
初始值	90	6.90	11.72	27.07	480	16.98	—
1 周	83	6.38	9.79	19.31	450	11.91	1.4
6 个月	92	7.07	10.69	19.31	430	11.73	1.4
12 个月	91	6.07	9.31	19.86	470	13.13	1.5
18 个月	92	7.59	11.38	24.48	460	12.43	1.5
2 年	88	6.21	9.48	18.28	460	17.51	1.5
4 年	90	6.55	10.34	18.62	450	18.91	1.4
10 年	89	7.45	11.38	22.07	440	20.84	1.1
20 年	92	7.24	11.59	22.55	470	21.71	1.3

2.2 不锈钢鳞片

采用美国 Novamet 公司生产的超薄型不锈钢鳞片,密度为 0.8 g/cm^3,片径为 10~30 μm,厚度为 0.6 μm。该鳞片是用含 Cr 为 18%~20%、Ni 为 10%~20%、Mo 为 3%的超低碳不锈钢(316L 不锈钢),经熔化、脱氧、雾化后再研磨、筛分(干法研磨或湿法研磨)而成。由于含铬,形成了一种钝化防锈膜,这种防锈膜机械损伤后能自行恢复,它在涂膜中的多层片状平行排列形成致密的屏蔽膜,可阻挡外来介质的侵蚀。按测算,在 1~2 mm 厚涂层中的不锈钢鳞片层的分布可达到上百层,形成平行叠加的错层厚膜,从而产生特殊的“迷宫”效应,不仅把涂层分割成许多小空间而降低涂层的收缩应力和膨胀系数,而且迫使介质迂回渗入,延缓了腐蚀介质扩散和侵入基体的途径与时间,因而具有极佳的抗渗透性和耐腐蚀性。

同时在涂层中形成无数微小区域,将树脂中的微裂纹、微气泡切割开来,减少了涂层与金属基体之间的热膨胀系数之差,降低了涂层硬化时的收缩率及内应力,抑制了涂层龟裂、剥落,提高了涂层的黏结力和抗冲击性。因此,不锈钢鳞片涂料具有比玻璃鳞片涂料更为优异的耐蚀性、耐光性、耐磨性、耐高温、耐酸碱和耐水性,更具特有的导电性和装饰性。

2.3 防锈颜料

选用锌铬黄作为防锈颜料[13],其主要成分是铬酸锌,组成变化于 $4ZnO \cdot CrO_3 \cdot 3H_2O$ 与 $4ZnO \cdot 4CrO_3 \cdot K_2O \cdot 3H_2O$ 之间,习惯上常以三氧化铬(CrO_3)的含量作为主要指标,一般锌铬黄中 CrO_3 的含量为35% ~45%。其防锈原理为铬酸根的阳极钝化作用使钢铁表面形成氧化铁和氧化铬,阻止了腐蚀的发展。

2.4 配制步骤及方法

配置步骤为:聚氨酯配制(加热由固态变成液态)→固化剂→颜料(不锈钢鳞片粉)配置底漆和面漆,然后采用喷涂或者刷涂的方式进行涂装。

3 聚氨酯耐磨漆磨蚀试验和黏接试验

3.1 试验设备

旋转转盘试验装置(型号 A.CA),如图2所示,其中3 m^3 的搅拌池及相应的输送系统,蓄水池充满一定含沙量的含沙水,可造成试验所需的含沙介质,30 kW 电机驱动的350 mm直径的组合转盘,可满足试验对流速的要求,试验中试件均匀分布镶嵌在圆盘上。泥浆泵运行,同时开启搅拌机和旋转圆盘机,利用循环含沙水流通过快速旋转圆盘,旋转圆盘机在特定转速以及不同试验含沙量下进行运作,模拟高速含沙水流特性下材料的磨蚀性能。

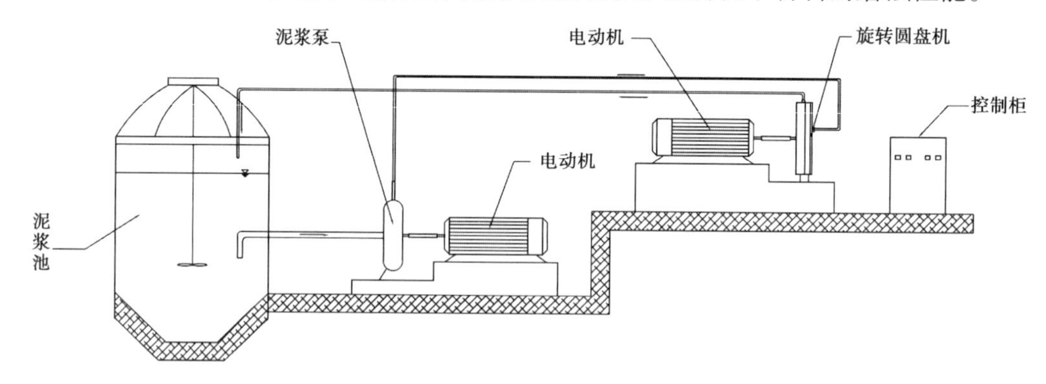

图2　A.CA 旋转转盘试验装置示意图

3.2 试验条件

泥沙条件,试验用泥沙取自库区黄河原型沙,泥沙级配如表3所示,级配曲线如图3所示。

表3　泥沙颗粒级配

粒径(μm)	100	75	50	25	15	10	5	2	D_{50}
含量(%)	100	90	85.7	49.1	21.7	17.8	11	7	23.9

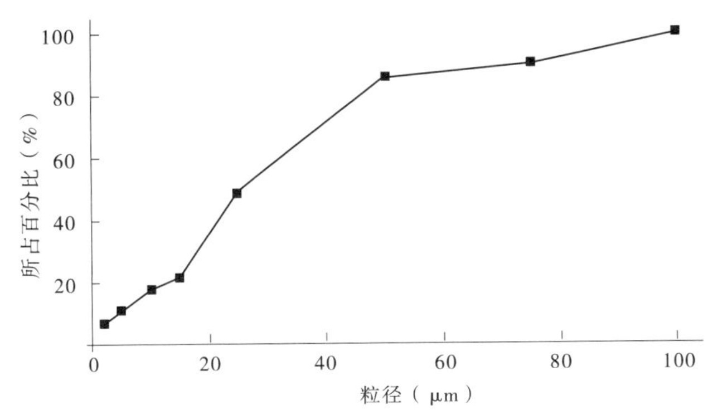

图3 试验用泥沙级配曲线

泥沙含量:50 kg/m^3;

试验流速:v_1 = 35 m/s, v_2 = 33 m/s, v_3 = 31 m/s, v_4 = 29 m/s;

试验时间:120 min(10 min,20 min,30 min,60 min);

介质温度:29 ℃;

转盘试验压力:1.02 MPa;

试件制备:按照环氧不锈钢鳞片涂料和高弹性聚氨酯耐磨漆,每种涂料对应每个流速制备两个试件,每种涂料有8个试件,分别进行4个流速的试验。

3.3 试验研究

安装试件的转盘由A、B两盘组合而成,为消除试件的位置误差,故在同一个盘(A或B)上、同一个流速对应的两个位置,分别安放两种涂料的一个试件。即在同一个转盘上,两种涂料各有4个试件分别处于4个不同流速位置。根据试验要求,在总计120 min的试验中,分4次进行,分4个试验时段:10 min、20 min、30 min、60 min。每个试验时段的时间,均严格按秒控制。每次试验都对试件进行清洗、烘干、称重、显微观测。涂料的抗磨损性能用涂料的质量损失来度量。

3.4 试验结果及分析

目测环氧不锈钢鳞片涂料,漆膜表面光滑平整、结构致密。显微观测,不锈钢鳞片弥散分布较均匀。试验过程中对磨损涂层表面的显微观测表明,环氧不锈钢鳞片涂料在含沙流体中的磨损主要是环氧的磨损,涂层表面出现鱼鳞状磨损,呈孤岛状,在含沙流体的进一步冲击下,不锈钢鳞片呈整体脱落,显微观测中可看到不锈钢鳞片脱落后留下的凹坑。这表明,环氧不锈钢鳞片涂料中的不锈钢鳞片,在含沙流体的水力冲刷磨损中,仅起到了对泥沙颗粒冲刷的阻挡作用,并未发挥其本身的抗磨作用。

目测高弹性聚氨酯耐磨漆试件表面光滑、平整。由于聚氨酯为网状交联结构,故整体性较好。试验过程中对试件磨损表面的观测表明,试件基本上没有磨损。显微观测发现,仅在个别试件的涂层表面见有泥沙磨损的微米级的划痕。这可能是尖角型泥沙对涂层磨损的结果。

本次试验共采集到试件磨损失重数据64个,经过整理,得到两种涂料在50 kg/m^{3}含沙量、4个不同流速条件下的失重量,如图4所示。两种涂料在不同流速下的最终损失量对比如图5所示。

从图4、图5中可以看出,环氧不锈钢鳞片涂料的磨损速度是比较快的,在同样试验条

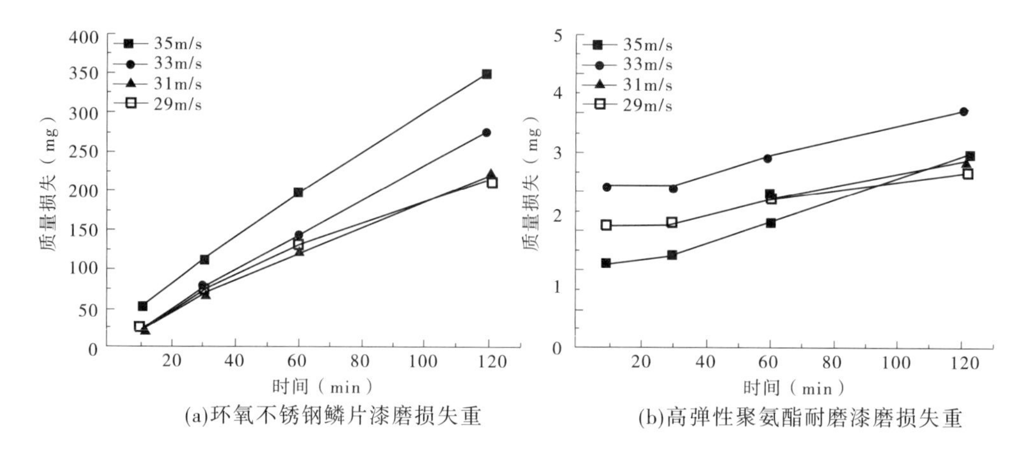

(a)环氧不锈钢鳞片漆磨损失重　(b)高弹性聚氨酯耐磨漆磨损失重

图 4　环氧不锈钢鳞片漆和高弹性聚氨酯耐磨漆磨损失重

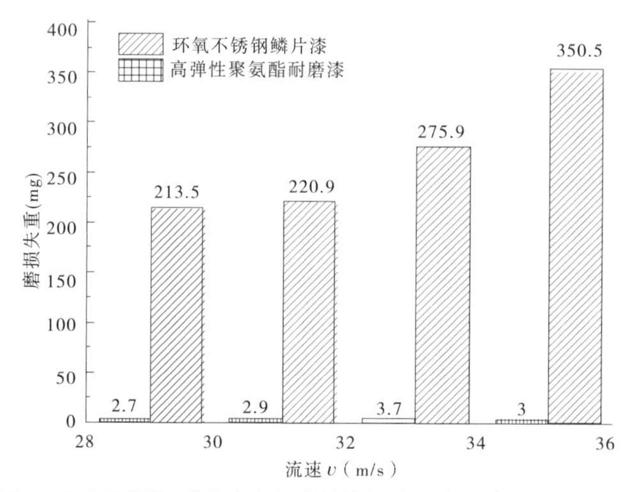

图 5　环氧不锈钢鳞片漆和高弹性聚氨酯耐磨漆磨损失重对比

件下，要比高弹性聚氨酯耐磨漆严重得多，高弹性聚氨酯耐磨漆的耐磨性是环氧不锈钢鳞片漆的 50 ~ 80 倍。

聚氨酯弹性体材料被认为是世界上抗汽蚀性能较好的材料[14]，但是与水力机械过流部件表面的黏接问题一直是困扰其在水力机械上推广应用的关键问题，本次试验在研究其抗磨损试验的基础上，采用拉拔法对聚氨酯耐磨漆与金属黏接的抗撕裂强度、剥离强度与环氧不锈钢鳞片漆黏接的剥离强度等性能进行了试验。试验结果见表 4。

表 4　聚氨酯耐磨漆与环氧不锈钢鳞片漆的黏接性能

黏接	剥离强度(kN/m)	撕裂强度(kN/m)
与环氧不锈钢鳞片漆黏接	16	—
与金属黏接	18	75

从表 4 可以看出，聚氨酯耐磨漆无论与金属材料还是环氧不锈钢鳞片漆均有着较好的黏接性能，与不锈钢鳞片漆黏接时的剥离强度略低于和金属材料的黏接。

4 高弹性聚氨酯耐磨漆工艺过程及应用情况

4.1 试验方案

1 号排沙洞偏心铰弧形工作闸门底部磨蚀和汽蚀都比较严重,2014 年对弧形闸门底部约 10 cm 高度范围内采用环氧砂浆[15]进行了尝试性修复,2015 年 4 月,采用黄河水利科学研究院研发的高弹性聚氨酯耐磨漆,在闸门底部的部分区域进行了现场试验,为了与传统防腐方案进行对比,两侧采用了普通防腐方案(环氧富锌底漆、环氧云铁中间漆、氯化橡胶面漆),如图 6 所示。

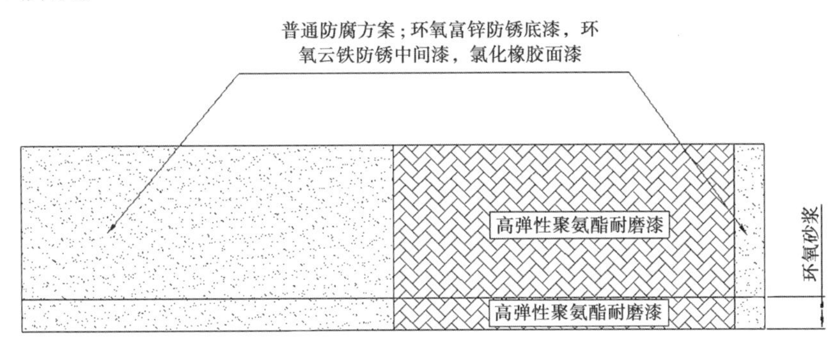

图 6 小浪底弧形闸门底部防腐方案

4.2 工艺过程及质量控制

(1)表面预处理。在除锈之前,采用混有强乳化液和湿润剂的有机溶液配制而成的乳化清洗液清洗,清洗后用洁净淡水冲洗。然后采用喷射除锈的方式进行闸门基面处理,除锈后的表面清洁度等级达到 GB/T 8923 中规定的 Sa2.5 级,表面粗糙度值在 60 ~ 80 范围内,并用干燥、无油的压缩空气清除浮尘和碎屑,避免再次污染,喷射除锈的表面应保持干燥,尽可能缩短表面预处理与涂装之间的间隔时间。

(2)涂装。表面预处理后,采用彩条布将不涂装部位进行遮蔽保护,采用高压空气喷涂方式,将配好的高弹性聚氨酯耐磨漆倒入喷枪内,进行喷涂,油漆厚度为 60 ~ 80 μm。待底漆干燥 24 h 后,进行第二次喷涂,油漆厚度为 140 ~ 160 μm。涂装过程中,应进行湿膜外观检查,不应有漏涂、流挂等缺陷,用湿膜测厚仪估测湿膜厚度,如图 7 所示。

底漆

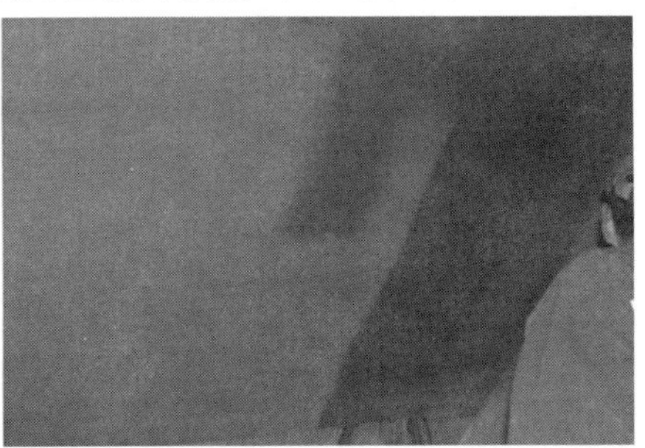

面漆

图 7 高弹性聚氨酯耐磨漆喷涂

4.3 试验效果分析

经历近一年排沙冲刷检验,尤其是 2015 年度调水调沙期间(最大含沙量达 272 kg/m^3,

最大流量达 2 690 m^3/s)，高速高含沙水流对闸门面板的冲蚀破坏作用最大。电站管理部门于 2016 年 1 月对所做试验效果进行查看，如图 8 所示。从图中可以看出，普通防腐油漆已经开始脱落，环氧砂浆脱落比较严重，高弹性聚氨酯耐磨漆效果较好，没有任何脱落情况，证明高弹性聚氨酯耐磨漆是成功的，值得进行大面积推广。

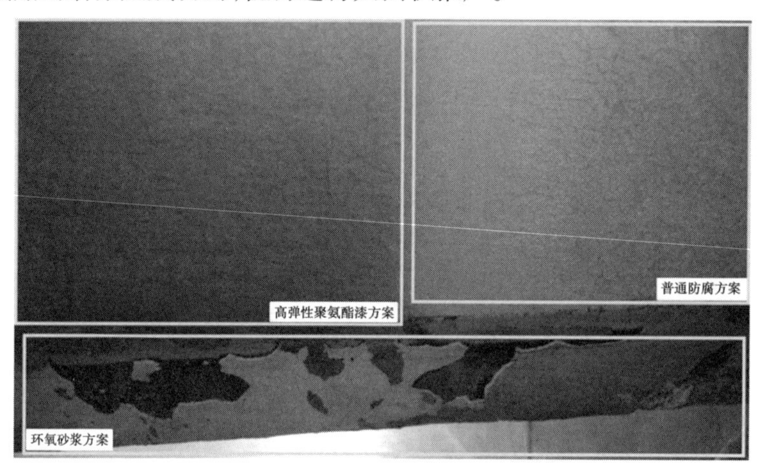

图 8　三种防腐方案效果对比图

注：该图片拍摄位置为闸门右侧靠近侧墙部位，左侧为高弹性聚氨酯耐磨漆方案（未见明显变化），右侧为普通防腐油漆（已经蜕皮脱落），底部为环氧砂浆片。

5　结论及建议

黄河小浪底泄洪洞弧形工作闸门长期在高含沙水流流速磨蚀作用下，迎水面出现了较严重磨蚀坑，致使闸门变薄、使用寿命缩短，已危及闸门安全运行，传统的防腐方案不能解决这个问题。采用黄河水利科学研究院研发的高弹性聚氨酯耐磨漆，通过转盘试验机和拉拔仪测试了其磨蚀性能和油漆与基材的剥离强度，发现其耐磨性是传统环氧不锈钢鳞片漆的 50～80 倍；黏接性能与环氧不锈钢鳞片漆相当。将研发的油漆在弧形工作闸门迎水面板局部进行了现场试验，经过一个汛期检验，结果表明，该油漆对弧形工作闸门起到了很好的防腐和耐磨保护作用，达到了预期的试验目的，具有很好的实用性和推广应用价值，为其他隧洞闸门的磨蚀防护提供了参考。

参 考 文 献

[1] 陈怡勇. 小浪底水利枢纽工程预防泥沙淤堵和磨蚀的工程措施[J]. 水利水电科技进展, 2004(1): 47-48.

[2] 王英人. 小浪底水利枢纽金属结构设计的特点[J]. 水电站设计, 2002(4):74-78.

[3] 耿希明. 三峡船闸钢闸门防腐技术应用[J]. 水运工程, 2015(5):161-164.

[4] 胡涛, 石莹莹, 周云, 等. 重防腐涂料的应用研究[J]. 现代涂料与涂装, 2008(1):1-5.

[5] 朱晓峰, 赵鹏, 贾云飞, 等. 水工钢闸门腐蚀因素分析及防腐措施探讨[J]. 北京水务, 2013(1):54-56.

[6] 唐红海, 魏皓, 邓玉海, 等. 小浪底水电站闸门抗磨防腐蚀技术的研究与应用[J]. 水电能源科学, 2011(10):113-115.

[7] 刘建东. 聚氨酯/聚脲弹性体在钢闸门防腐蚀中的应用[J]. 江苏水利, 2004(9):26-27.

[8] 田小妹, 陈安仁, 诸秋萍. 聚氨酯重防腐玻璃鳞片涂料的研究[J]. 化学建材, 1999(2):15-16.

[9] 金志来, 杨建军, 张建安, 等. 聚氨酯防腐涂料研究进展[J]. 涂料技术与文摘, 2008,29(12):8-11.

[10] 顾四行, 杨天生, 闵京生. 水机磨蚀[M]. 北京: 中国水利水电出版社, 2008.

[11] Caruthers D J. Hydrolytic stability of Adiprene L-100 and alternate materials. Final report[R]. Bendix Corp., Kansas City, Mo. (USA), 1976.

[12] 吴宗汉, 段志新. 鳞片防腐涂料的性能及应用[J]. 现代涂料与涂装, 2010,13(7):21-24.

[13] 刘静, 赵旭辉, 唐聿明, 等. 环氧涂层中锌铬黄颜料对镁合金的防蚀机理[J]. 腐蚀与防护, 2012(3):186-189.

[14] 卢忠智. 非金属化学涂层抗汽蚀性能的探讨[J]. 机械, 1980(12): 8-16.

[15] 侯超普, 魏延昭, 康聪芳. 环氧砂浆在小浪底工程中的应用[J]. 河南水利, 2006(11):28.

基于坍落度时变特性预测混凝土力学性能发展的可行性研究

高志扬[1,2] 周世华[1,2] 吕兴栋[1]

(1. 长江科学院 材料与结构研究所,武汉 430010;
2. 三峡地区地质灾害与生态环境湖北省协同创新中心,武汉 430010)

摘 要 本文分别研究了试验环境温度为5 ℃、10 ℃、15 ℃、20 ℃、25 ℃、30 ℃、35 ℃和环境相对湿度为55%、65%、75%、85%、95%的条件下混凝土拌和物坍落度的时变特性。在试验条件下养护24 h后脱模并继续养护至28 d龄期,然后测试其抗压强度,建立了混凝土拌和物1 h坍落度损失率与28 d龄期抗压强度的回归关系。基于这种关系,探索了混凝土拌和物坍落度时变特性预测混凝土力学性能发展的可行性,以期在工程实践中从控制混凝土拌和物坍落度时变特性出发来更加高效、可靠的预测混凝土力学性能的发展,保证混凝土质量。

关键词 坍落度;时变特性;预测;力学性能

1 引 言

混凝土的保水性、流动性及黏聚性是混凝土工作性能的主要外在表现,实际生产过程中常常以坍落度这一重要指标对混凝土工作性能进行表征[1]。坍落度的控制已是混凝土生产质量的关键因素,但混凝土作为一种多相非均质材料,影响其坍落度的因素多种多样,包括水泥品种及用量、水胶比、外加剂品种及掺量、骨料品种、砂率、混凝土生产环境等[2-5],很显然,对同一理论配合比,影响坍落度时变特性的两个最直接且最主要的因素是混凝土生产所处环境的温度和相对湿度。因此,研究温度和相对湿度这两个因素对坍落度时变特性的影响,对预测混凝土力学性能发展、保证混凝土施工质量具有积极意义。

混凝土设计强度是按照标准方法制作的150 mm×150 mm×150 mm立方体试件,在温度为(20±3) ℃及相对湿度90%以上的条件下,养护28 d后,用标准方法测试,并按照规定的计算方法得到的强度值。工程所用混凝土的设计强度等级也是基于此试验方法确定的,那么存在的问题是,如果实际生产过程中,因环境温湿度不断变化而又不能及时有效地对混凝土进行养护的条件下,如何快速有效地保证工程质量?很显然,在多数情况下,单纯地通过增大安全系数,盲目降低水胶比或者增加胶材用量是不经济的,也是不合理的,合理的做法应该是通过混凝土工作性及力学性能变化来优化混凝土配合比。这样,建立反映温湿度变化的混凝土坍落度时变特性与混凝土力学性能之间的关系就显得尤为重要。统计结果显示,同一理论配合比生产出的混凝土拌和物坍落度时变特性有一定差异,通过力学性能检测

作者简介:高志扬(1987—),男,硕士,工程师,主要研究方向是水工建筑材料以及新型矿物掺合料在水工混凝土中的应用。E-mail:zhiyanggao@126.com。

结果统计分析得出坍落度时变特性与混凝土力学性能具有某种回归关系。本文对达成以混凝土拌和物坍落度时变特性预测混凝土力学性能发展的目标进行了探索性研究,并提出了一种可行的研究思路。

2 坍落度时变特性与混凝土力学性能关系分析

2.1 混凝土拌和物 1 h 坍落度损失率与 28 d 龄期抗压强度统计分析

图 1 是某水电工程 C30 强度等级混凝土拌和物 1 h 坍落度损失率与 28 d 抗压强度的分布情况,从图上可以看出,混凝土拌和物 1 h 坍落度损失率与 28 d 抗压强度值的分布图并非杂乱无章,而是存在某种特定的回归关系。

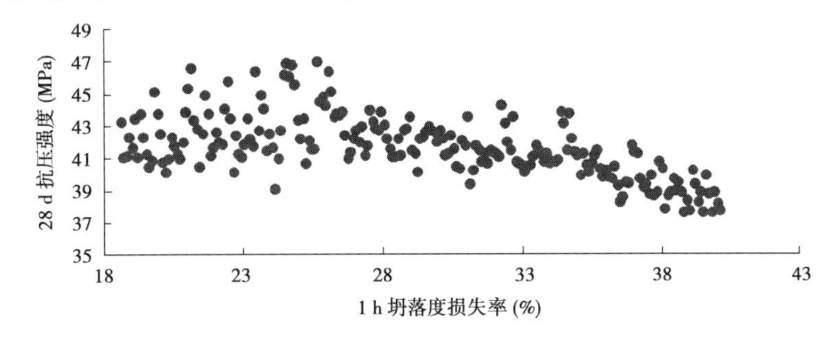

图 1 某水电工程 C30 强度等级混凝土拌和物 1 h 坍落度损失率与 28 d 龄期抗压强度值分布

2.2 温度—抗压强度关系

温度变化尤其是混凝土养护初期对混凝土强度发展影响是很大的,文献研究表明[6],当温度低于某一限值时,水泥水化反应速度极其缓慢,混凝土强度甚至停止发展,这个温度一般认为在 -10 ℃左右。实际上,在温度低于 0 ℃的情况下,混凝土中的水分已经部分结冰,这将导致混凝土的冰冻损伤,所以一般要求避免混凝土早期受冻。

但是,并不是温度越高对混凝土强度越有利,温度过高,尤其是温升速度过快时,混凝土表面的水分必定会大量地蒸发,导致混凝土表层水泥因缺水而水化不良;同时,由于温度很高,内部水泥水化速度明显加快,有可能导致水化产物分布不均匀以及过多过快形成的水化产物阻碍水泥与水的接触,从而影响水泥继续水化,使混凝土后期强度发展缓慢,甚至停止发展。

2.3 湿度—抗压强度关系

T. C. Powers 的试验证明[7],相对湿度小于 80% 时,水泥水化将趋于停止,所以应尽可能保持相对湿度大于 80%。如果混凝土在养护初期环境干燥,混凝土的力学性能发展将受到不利影响。混凝土养护过程中湿度非常重要,若早期的混凝土所处的环境没有保持充分的湿度,混凝土中水分会大量蒸发散失,导致的后果是,一方面因干燥失水而影响水泥的继续水化;另一方面干缩使混凝土在低强度状态下承受收缩引起的拉应力,致使混凝土表面出现裂纹,并最终影响混凝土的强度。所以,对养护期混凝土应保持充分的湿度。

3 试验分析

3.1 原材料

(1)水泥:华新 P. O. 42. 5;

(2)粉煤灰:云南曲靖Ⅰ级粉煤灰;

(3)骨料:灰岩人工骨料,粒径5~20 mm小石,粒径20~40 mm中石;

(4)外加剂:江苏博特JM-PCA聚羧酸高性能减水剂;

(5)自来水。

以上原材料技术指标均满足《水工混凝土施工规范》(DL/T 5144—2015)要求。

3.2 试验配合比

试验选用强度等级为C30的混凝土施工配合比(见表1),设计坍落度为160~180 mm。

表1 试验配合比

水胶比	砂率(%)	粉煤灰掺量(%)	单位用水量(kg/m^3)						
			水	水泥	粉煤灰	砂	小石	中石	减水剂
0.42	40	20	135	257	64	768	522	538	2.25

3.3 试验方法

3.3.1 温度—坍落度时变特性关系

环境湿度为95%条件下,分别进行环境温度为5 ℃、10 ℃、15 ℃、20 ℃、25 ℃、30 ℃、35 ℃、40 ℃条件下混凝土拌和物1 h坍落度损失率试验,建立各试验条件下混凝土拌和物1 h坍落度损失率与28 d龄期抗压强度回归关系曲线。

表2是不同温度条件下混凝土拌和物1 h坍落度损失率与28 d龄期抗压强度的试验结果。试验结果表明,不同温度条件下,混凝土拌和物1 h坍落度损失率与28 d龄期抗压强度有对数曲线回归关系,且相关性较好(见图2)。存在这一关系的主要原因是:保证湿度(95%)的条件下,试验温度相对越高,越有利于水泥颗粒的充分水化,生成更多的水化产物,对混凝土强度的提高是有利的。

表2 不同温度条件下,1 h坍落度损失率与28 d抗压强度的试验结果

温度(℃)	5	10	15	20	25	30	35
1 h坍落度损失率(%)	14	15	18	20	23	27	33
28 d抗压强度(MPa)	36.1	37.2	39.4	40.5	41.8	43.5	46.4

3.3.2 湿度—坍落度时变特性关系

环境温度为20 ℃条件下,分别进行环境相对湿度为55%、65%、75%、85%、95%条件下混凝土拌和物1 h坍落度损失率试验,建立试验条件下混凝土拌和物1 h坍落度损失率与28 d龄期抗压强度回归关系曲线。

表3是不同湿度条件下混凝土拌和物1 h坍落度损失率与28 d龄期抗压强度的试验结果。试验结果表明,不同湿度条件下,混凝土拌和物1 h坍落度损失率与28 d龄期抗压强度有多项式曲线回归关系,且相关性较好(见图3)。出现这一试验结果的主要原因是,相同试验环境温度下,湿度越大越有利于水泥颗粒的持续水化,相对湿度越小,混凝土表面水分挥发越快,加上混凝土体系内水分微通道的毛细作用,会造成混凝土内部水化产物分布不均,同时会产生大量的微裂缝,这对混凝土强度的持续增长是十分不利的。

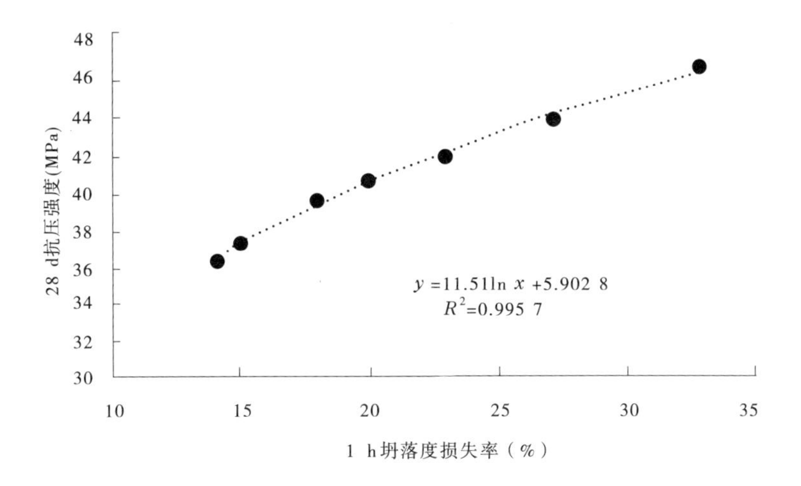

图2 不同温度条件下,1 h 坍落度损失率与28 d抗压强度试验结果回归曲线

表3 不同湿度条件下,1 h 坍落度损失率与28 d抗压强度的试验结果

湿度(%)	55	65	75	85	95
1 h 坍落度损失率(%)	38	30	25	22	20
28 d 抗压强度(MPa)	35.6	36.0	37.4	39.0	40.7

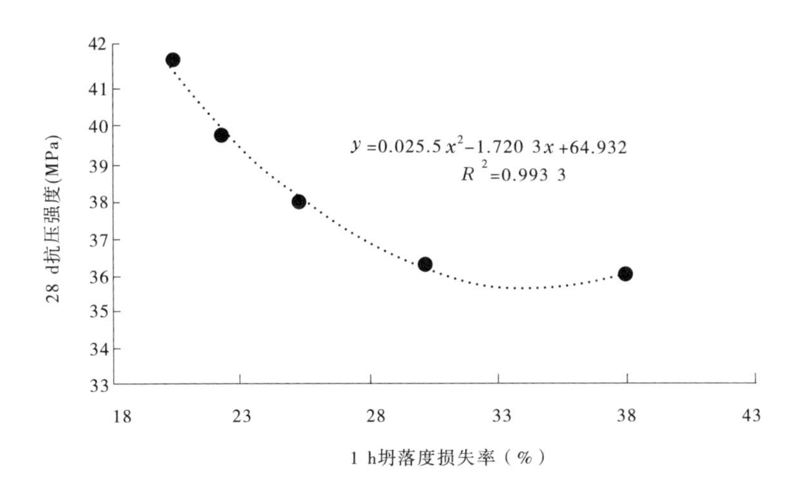

图3 不同湿度条件下,1 h 坍落度损失率与28 d抗压强度试验结果回归曲线

4 坍落度时变特性预测混凝土力学性能发展的计算模型

由以上分析,在只有温度与湿度两个影响因素的理想条件下,环境温湿度变化与混凝土28 d龄期抗压强度具有一定的回归关系,这种回归关系可以通过1 h 坍落度损失率的大小来进行表征。设环境温度为20 ℃、环境相对湿度为95%标准养护条件下混凝土28 d龄期的立方体抗压强度值为P,且设M、N分别是温度、湿度影响因子,则根据试验结果,M、N可通过1 h 坍落度损失率表征为式(1)和式(2):

$$M = \frac{11.511\ln x + 5.902\,8}{P} \tag{1}$$

$$N = \frac{0.025x^2 - 1.720\,3x + 64.932}{P} \tag{2}$$

由以上分析，某一试验环境温度、相对湿度条件下，28 d 龄期抗压强度值 P' 与混凝土拌和物 1 h 坍落度损失率的关系可表征为式(3)：

$$P' = MNP \tag{3}$$

其中：M 为温度影响因子；N 为湿度影响因子；P 为环境温度为 20 ℃、空气相对湿度为95%的标准养护条件下混凝土 28 d 龄期立方体抗压强度值。

应用实例：

某水电站混凝土生产浇筑过程中，某次抽检的混凝土 1 h 坍落度损失率为17%，标准养护条件下混凝土 28 d 龄期立方体抗压强度值为40.5 MPa，据式(3)计算所得混凝土 28 d 龄期抗压强度值为40.8 MPa，实测混凝土抗压强度值为42.1 MPa，相对误差值为3.1%，可靠度比较高。

5 结　语

本文探索研究了温湿度影响条件下混凝土拌和物坍落度时变特性预测混凝土力学性能发展的可行性，计算出了环境温度和空气相对湿度对 28 d 龄期抗压强度的影响因子，进而得出由混凝土拌和物 1 h 坍落度损失率来预测混凝土 28 d 龄期抗压强度的计算式，经过验证，具有较高的可靠度。

本文是在理想条件下仅仅引入了两个影响因素进行了研究，在实际生产中需要考虑的因素相对较多，根据不同的生产条件可以类似地引入其他影响因素，得出相应的影响因子，这对优化预测模型提高预测精度是必要的，同时对以坍落度时变特性来把握混凝土质量具有很好的实际应用价值。

参 考 文 献

[1] 冯乃谦. 控制混凝土坍落度损失的新技术[J]. 施工技术, 1998(2): 30-32.
[2] 程娟, 郭向阳. 预拌混凝土坍落度经时损失与控制的试验研究[J]. 混凝土, 2005(1): 64-68.
[3] 罗永会. 掺高效减水剂混凝土坍落度损失的研究[D]. 西南交通大学学位论文, 1999.
[4] 周梅, 白金婷, 唱志勇. 粉煤灰掺量对预拌混凝土坍落度/扩展度经时损失的影响[J]. 硅酸盐通报. 2012, 31(1): 187-192.
[5] 孙庆巍, 周梅, 陈健. 减水剂的品种和掺量对预拌混凝土坍落度/扩展度经时损失的影响[J]. 硅酸盐通报, 2012, 31(2): 469-474.
[6] 严吾南,等. 建筑材料性能学[M]. 重庆:重庆大学出版社,1996.
[7] 施惠生, 郭晓潞. 土木工程材料[M]. 重庆:重庆大学出版社,2011.

混合砂混凝土在肯尼亚内罗毕外环项目中的应用

刘远理

(中国水利水电第十三工程局有限公司,天津 300384)

摘 要 撒哈拉以南东部非洲地区,虽然雨量充沛但植被覆盖较好,地表径流少,天然砂资源虽然普遍,但是缺乏自然径流的冲洗优质天然砂。肯尼亚内罗毕外环项目位于市区,周围没有固定的天然砂料源,市面上的天然砂普遍较细且含泥量远高于规范要求,利用天然砂拌制的混凝土存在泌水、离析等现象。而且因开采、运输等原因,天然砂价格较高,多是机制砂的数倍。项目为了节约生产成本,改善混凝土工作性能,对机制砂、天然砂、混合砂拌制的混凝土进行了对比试验,发现混合砂混凝土的和易性、强度、外观质量均高于前两者。对天然砂与机制砂的优缺点进行了简单分析,采用了天然砂与混合砂混合的方式作为混凝土细骨料,实现了天然砂与机制砂的优劣互补,并对天然砂与机制砂的掺配比例进行了优化调整,试验表明,5:5掺配比例的混合砂颗粒级配最优,对水泥适应性更强。所拌制的混凝土和易性好,无泌水、离析等现象,能够满足泵送等工作需求,且混凝土抗压强度明显高于天然砂混凝土的抗压强度。利用混合砂拌制混凝土降低了混凝土中有害物质泥的总含量,又改善了机制砂混凝土塑性差、不便于泵送的弊端。降低了混凝土的生产成本,提高了混凝土的质量,取得了一定的经济效益。

关键词 天然砂;机制砂;混凝土

随着中国企业走出去战略的进一步加强,越来越多的中国企业进军肯尼亚市场,市场竞争日趋激烈,许多企业为了自身的发展不惜以低价中标,因此工程成本的控制极其重要。混凝土砂石骨料的成本节约同样也是项目成本控制的一部分。非洲国家注重对天然资源的保护,且空间分布不均,导致天然砂的价格普遍较高,而且天然砂普遍较细,颗粒级配也不尽合理,导致混凝土泌水、离析、和易性较差、硬化收缩较大,引起混凝土开裂,单独使用效果不理想。机制砂颗粒尖锐,多棱角,表面粗糙,导致混凝土流动性较差。机制砂细度模数多在3.0以上,与天然河砂相比,机制砂的颗粒级配稍差,大于2.36 mm和小于0.075 mm的颗粒偏多,导致混凝土的和易性较差,容易引起混凝土的外观质量缺陷。因此,单独使用也不理想。外环项目将天然砂与机制砂混合,弥补了天然砂与机制砂的不足,改善了混凝土的和易性,减少了砂子的成本及水泥用量,节约了生产成本,提高了混凝土的质量及经济性。本文通过对当地天然砂与机制砂的特点进行分析,并对天然砂混凝土与混合砂混凝土进行对比,突显出了混合砂混凝土的优越性。

作者简介:刘远理(1987—),男,中国水利水电第十三工程局有限公司助理工程师,现在肯尼亚内罗毕外环项目试验室从事技术研究工作并兼项目安全质量环保部副部长,主要从事工程材料的试验检测工作。E-mail:2432594941@qq.com。

1　天然砂

1.1　天然砂的特点

1.1.1　天然砂的优点

天然砂颗粒浑圆，表面光滑，增加混凝土的流动性，对混凝土的工作性十分有利。利用天然砂拌制的混凝土可塑性强，便于泵送。与机制砂混凝土相比，天然砂混凝土凝结时间较晚，有利于混凝土的长距离运输。

1.1.2　天然砂的缺点

（1）成分不均一，有害成分较多，含泥量及颗粒级配难以控制，往往高于规范要求。

（2）天然砂为不可再生资源，过度开采会影响生态环境，且开采难度大、开采成本高。而且天然砂是地方性资源，空间分布不均衡，造成运输成本较高，因而天然砂价格普遍较高。

（3）当地天然砂普遍较细，细度模数多在2.1左右，且含泥量偏大。砂子过细总比表面积大，在水泥浆含量不变的情况下，水泥浆不足以包裹砂子，减弱了水泥浆的润滑作用，使混凝土拌和物的流动性减小，影响混凝土的工作性能。另外，因水泥浆不足会导致混凝土的黏聚性较差，混凝土振捣完了以后会出现浆骨分离现象，由于粗骨料的下沉，水泥浆上浮致使混凝土的表面缺少骨架而容易出现裂缝。因此，为了满足混凝土的流动性，就需要更多的水泥来包裹砂子，否则混凝土易离析，饱水性差。但随着胶凝材料的增加、混凝土单位用水量增大，造成混凝土强度降低，收缩率增大，易产生干缩裂纹，就会影响混凝土凝结后的强度。在相同水泥使用量的情况下，天然砂过细会使混凝土降低，同时在达到同样强度条件下会使水泥用量增加，从而使施工材料的成本上升。

1.2　含泥量较高对混凝土的影响

当地天然砂含泥量普遍较高，含泥量过大降低混凝土骨料界面的黏结强度，降低混凝土的抗拉强度，对控制混凝土的裂缝不利，降低水泥浆对粗骨料的握裹力，从而降低混凝土强度。含泥量过大会导致水泥与碎石间内摩擦力减小，内应力增加，产生滑动最终开裂，降低强度。另外，含泥量过大还可能对钢筋产生腐蚀作用，降低钢筋强度，影响混凝土的耐久性。

2　机制砂

2.1　机制砂的特点

2.1.1　机制砂的优点

机制砂一般属于粗砂级配，外形富有棱角，均是新鲜界面，质地坚硬，含泥量小，表面粗糙，有利于水泥等胶凝材料的黏结，从而有利于混凝土强度的提高。机制砂的物理力学性能好，可以有意识地选择硬质岩石生产机制砂，避免采用软质、风化岩石，同时，含泥（块）量可人工筛分控制。化学成分与母材、碎石一致，对混凝土无负面作用，适合做高强混凝土。而且机制砂多是利用生产碎石后的石屑经过简单加工和筛分而成的机制砂，生产成本低，因此价格便宜。

2.1.2　机制砂的缺点

机制砂颗粒尖锐，多棱角，表面粗糙，导致混凝土流动性较差，细度模数较大，粗颗粒较多，而且机制砂中的石粉含量较高。试验表明，与天然砂相比，在水灰比一定的情况下，单独使用机制砂拌制的混凝土坍落度小且不具有流动性,混凝土的和易性差,不具备工作性能,而且机制砂混凝土的表面质量差,很难满足质量要求。同样在水灰比相同的条件下,机制砂混凝土坍落度要小于天然砂混凝土,这是因为机制砂本身具有裂隙、空隙及孔洞,其有一部分颗粒为矿物颗粒集合体,这样就增大了砂子的比表面积,吸附了更多的水,导致混凝土的需水量增加,坍落度减小。机制砂过粗,砂的空隙率就大,在相同水泥使用量的情况下,混凝土的密实性低,就是混凝土的空隙大了。所以,在相同水泥使用量的情况下,机制砂混凝土的强度相对也就低。

2.2 石粉对混凝土的影响

机制砂中的石粉是一种惰性掺和料,细度小,不仅能补充混凝土中缺少的细颗粒,增大固体的表面积对水体积的比例,从而减少泌水和离析,而且石粉能和水泥形成柔软的浆体,即增加了混凝土的浆量,减少了砂石间的摩擦,从而改善了混凝土的和易性,提高了混凝土的强度。但机制砂中的石粉含量也是有一定限度的,超过这个限度,随着石粉含量的增加,混凝土拌和物用水量增加,水灰比随之增大,混凝土强度随之降低,同时混凝土的收缩性加大,使混凝土易于产生干缩裂缝。如果石粉含量过高,颗粒级配不合理使混凝土密实性降低,和易性变差;石粉过多,粗颗粒较少,减弱了骨架作用;石粉不具有水化及胶结作用,在水泥含量不变时,过多的石粉使水泥浆强度较低,因而混凝土的强度降低。

3 混合砂

为了充分发挥天然砂与机制砂各自的优点,实验室将两者按照一定比例进行混合。优化了颗粒级配,取得了良好的效果。天然砂与机制砂混合,弥补了天然砂细颗粒含量偏多引起混凝土收缩性增大的缺点,减少了混凝土表面收缩裂缝的产生,保证了混凝土表面的平整美观。且混合砂中含有适量近似于水泥细度的石粉,能够起到包裹作用,提高了混凝土的黏聚性及保水性,混凝土拌和物和易性明显改善,泌水减小易于振捣密实。这是由于混合砂中适量的石粉在拌和物中起到了非活性填充料的作用,从而增加了浆体的数量,增大了稳定性,进而改善了混凝土的和易性。机制砂颗粒级配相对稳定,弥补了天然砂级配不良的缺点,从而增加了混凝土的密实性,有利于混凝土强度及耐久性的提高。混合砂混凝土易于振捣密实,降低了蜂窝、麻面的产生,提高了混凝土的表观质量。

天然砂与机制砂的掺配比例直接影响着混凝土的技术性能,为了确定混合砂的最佳掺配比例,实验室选择了不同的掺配比例进行了对比(对比结果见表1、表2),最终选择了5:5的掺配比例,取得了良好的级配,使混合砂含泥量在规范要求以内,并且能够控制细骨料中石粉的总含量,从而避免了因石粉含量过高给混凝土带来的不利影响。混合砂不但优化了颗粒级配,而且满足泵送混凝土宜采用中砂且通过0.3 mm颗粒不宜少于15%的要求,并且达到了节约生产成本的效果。

有资料证明,适量的石粉可使混凝土具有很好的黏聚性和保水性,改善了离析、泌水现象,石粉填充了界面的空隙,使水泥石结构和界面更为致密,阻断了可能形成的渗透通路,从而使混凝土抗渗性也可以得到改善。

表 1　不同掺配比例混合砂级配对比

粒径尺寸(mm)		5.00	2.36	1.18	0.6	0.3	0.15
级配要求		89～100	60～100	30～100	15～100	5～70	0～15
掺配比例	纯机制砂	96.7	94.2	88.8	69.6	30.2	5.4
	纯天然砂	92.7	65.6	33.1	19.7	11.3	9.4
	7:3	95.4	85.6	72.1	54.6	24.5	6.6
	6:4	95.0	82.8	66.5	49.6	22.6	7.0
	5:5	94.6	79.9	60.9	44.6	20.8	7.4

表 2　不同掺配比例的混合砂混凝土拌和物性能对比

机制砂与天然砂掺配比例	级配状况	细度模数	细度模数达标情况	同配比下拌和物状况
纯机制砂	粗颗粒太多	3.5	不满足 2.3～3.1 的规范要求	所拌制的混凝土无坍落度,和易性极差,无法满足施工要求
纯天然砂	细颗粒过多	2.0	不满足 2.3～3.1 的规范要求	所拌制的混凝土流动性好,但是泌水、离析、保水性差
7:3	较差	2.4	满足 2.3～3.1 的规范要求	坍落度小,塑性差,不能满足施工要求
6:4	较好	2.6	满足 2.3～3.1 的规范要求	塌落度较小,和易性较差
5:5	良好	2.7	满足 2.3～3.1 的规范要求	混凝土的和易性良好,无泌水、离析现象

4　混合砂混凝土

表 3 为在同一配比下,利用两种不同水泥对天然砂与混合砂的混凝土进行比较。

表 3　同一配比下两种不同水泥对天然砂与混合砂的混凝土比较

水泥种类	细骨料种类	拌合物状况	初始坍落度(mm)	3 h 后坍落度(mm)	7 d 强度(MPa)	28 d 强度(MPa)
Savannah 42.5R	机制砂	干稠无坍落度	30	—	27	36.8
	天然砂	泌水	170	140	32.6	43.1
	混合砂	和易性好	180	150	34.8	45.9
Bamburi 42.5R	机制砂	干稠无坍落度	50	—	30.5	41.3
	天然砂	泌水	190	150	37.1	48.2
	混合砂	和易性好	200	170	41.4	52.6

结论:从表3中可以看出,在材料相同的条件下,混合砂混凝土的和易性及强度均高于天然砂与机制砂拌制的混凝土。单独使用机制砂拌制的混凝土干稠,不具有工作性能且强度较低。在设计强度相同的情况下,混合砂混凝土能够节约水泥,且混凝土的流动性、保水性、黏聚性较好。同时,从施工过程中检测的结果来看,混合砂混凝土的各项性能均能满足泵送等施工需求,见图1~图4。

图1　天然砂拌制的混凝土离析严重

图2　机制砂拌制的混凝土无塑性

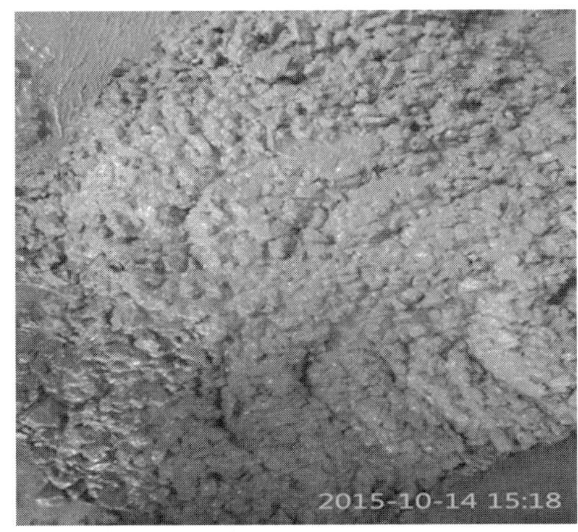

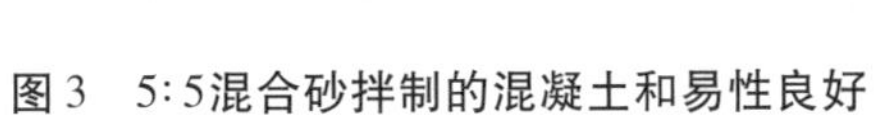

图3　5:5混合砂拌制的混凝土和易性良好

图4　外观质量良好的混合砂混凝土

另外,在做配合比的过程中发现,在无外加剂,且水泥用量、砂率、用水量等一切条件相同的情况下,不论是Simba 42.5N、还是Mombasa42.5N水泥,所拌制的混合砂混凝土无论是7 d强度还是28 d强度,均明显高于天然砂混凝土。以Simba 42.5N水泥所拌制的混凝土为例,其设计塌落度为90 mm,具体对比结果如表4所示。

表 4 同条件下 Simba 42.5N 水泥天然砂、混合砂混凝土试验结果对比

水泥	强度等级	不同水灰比水泥的用量(kg)	天然砂混凝土用水量(kg)	天然砂混凝土 7 d 抗压强度(MPa)	天然砂混凝土 28 d 抗压强度(MPa)	1∶1混合砂混凝土用水量(kg)	1∶1混合砂混凝土 7 d 抗压强度(MPa)	1∶1混合砂混凝土 28 d 抗压强度(MPa)
Simba 42.5N	C15	283	220	14.2	21.9	210	16.1	28.9
		265	220	12.3	19.7	210	15.0	25.0
	C20	336	225	18.4	28.1	210	22.8	37.6
		315	220	17.1	26.7	210	20.1	34.8
	C25	370	220	23.4	34.5	210	25.8	39.9
		345	220	20.7	30.6	210	25.2	40.2
	C30	360	215	21.8	33.0	210	25.4	40.6
		380	215	26.9	36.5	210	27.1	41.0
		400	215	28.4	38.0	210	30.6	46.8
	C35	470	230	36.0	44.2	220	33.3	47.1
		440	230	31.4	40.4	220	32.6	49.9
		410	230	27.0	38.4	220	29.8	45.1

从表 4 中可以看出,在达到相同的设计塌落度的情况下,混合砂混凝土的拌和用水量不但没有增加,反而比天然砂混凝土拌和用水量减少了 10 kg。因此,1∶1混合砂减少了石粉的总含量,减少因石粉量过多而造成的混凝土需水量大的问题。与此同时,混合砂中的石粉改善了混凝土的和易性,增加了混凝土的流动性,因此要达到相同塌落度,混合砂混凝土用水量会少于天然砂用水量。

从表 4 中还可以看出,相同的水泥用量,混合砂混凝土抗压强度明显高于天然砂混凝土抗压强度,这是因为水泥用量虽然一定,但是天然砂混凝土多用了 10 kg 的水,因而相应水灰比将会增大,而强度随水灰比的增大而降低,另外混合砂混凝土的密实性要高于天然砂混凝土,密实性越高抗压强度相应会增高,因此混合砂混凝土抗压强度要高于天然砂混凝土强度。另外有资料表明,石粉在水泥水化过程中起到一定的晶核作用,诱导水泥的水化产物析晶,加速水泥水化并参加水泥的水化反应,生成水化碳酸钙,并且阻止钙矾石向单硫型的水化铝酸钙转化。而粒径在 0.08 mm 以下的石粉可以与水泥熟料生成水化碳铝酸钙,从而使混凝土晶相有不同程度的改变,提高水泥水化产物的结晶化程度,进而提高混凝土的密实性,使混凝土的综合性能得以改进。

从做配比过程中发现,各品牌水泥的混合砂混凝土抗压强度明显高于天然砂混凝土抗压强度。因此,在达到相同的设计强度标准值的情况下,混合砂混凝土可节约水泥用量,降低水泥成本。

5 经济性能比较

内罗毕外环项目混凝土总量约 13 万 m^3,每方混凝土用砂约 0.75 t,按照 5∶5的掺量,则每方混凝土需要的机制砂为 0.375 t。按当地价格,天然砂约 19 美元每吨,机制砂约 3 美元

每吨,仅砂子成本项目可节约约78万美元,后期机制砂主要通过对项目石料厂粗骨料的富余料进行简单加工获得,因此生产成本更低。因此,使用混合砂可大大节约混凝土生产成本。从试验结果来看,在达到相同设计强度的情况下,混合砂混凝土每方可节约水泥约15 kg,可节约水泥近2 000 t,每吨水泥当地价格约200美元,水泥一项可节约40万美元,经济效益显著。

6 结　语

在工程建设中,砂石作为混凝土结构材料的重要组成部分,其质量的优劣对整个工程的质量及耐久性具有举足轻重的影响,在满足砂石性能指标的前提下,混合砂混凝土既能满足施工质量要求,又能有效地控制生产成本;既缓解了因天然砂供应不足对施工进度的影响,又可以减少细骨料的生产成本,还可以节约水泥用量,而且提升了混凝土的工作性能,从而达到了一举多得的效果。因此,在生产过程中混合砂混凝土的应用是一种经济可行的有效方案。在缺少粉煤灰、优质天然砂,且天然砂资源空间分布不均的非洲地区,混合砂混凝土值得进一步推广。因实验室条件有限,混合砂混凝土的其他各项性能指标未能进行试验分析,有待进一步研究。

参 考 文 献

[1] 余良军. 混合砂代替天然中砂在混凝土中的应用研究[J]. 福建建材,2006(4).
[2] 刘宁. 机制砂的优缺点及其在混凝土和工程中的应用[J]. 中华民居,2014(21).
[3] 沈必文. 组合砂应用技术研究[J]. 浙江建筑,2015(3).
[4] 赵金生. 石粉屑在混凝土中的应用[J]. 工业建筑,1983(4).

锦西电厂计算机监控系统 LCU 真双网改造

朱 力 胡保修 何 旺 石 培

(雅砻江流域水电开发有限公司,西昌 615012)

摘 要 锦西电厂计算机监控系统由南瑞集团供货,监控系统实时控制网络采取冗余双网,冗余的两个网络同时工作。南瑞设计的锦西电厂监控系统热备 PLC 系统属于“假双网”方式。而施耐德推荐的热备 PLC 系统双网工作方式是“真双网”方式。本文重点阐述了本电厂监控系统 GIS 第四串 12LCU 真假双网模拟试验,对比“假双网”方式的 LCU 与“真双网”方式,LCU 在发生单个实时控制网络故障时与上位机通信情况、LCU 在上位机故障时 LCU 之间通信情况、LCU 出现与上位机通信故障的概率等几个方面的试验,侧面反映了“真双网”网络结构连接方式的可靠性、稳定性明显高于“假双网”,也说明了锦西电厂 LCU“真双网”改造的必要性。

关键词 真双网;假双网;LCU;稳定性

1 监控系统组成

锦西电厂位于四川省凉山彝族自治州盐源县和木里县境内,电厂总装机容量360 万 kW(6 台 ×60 万 kW),是四川电力系统中骨干电站,也是西电东送的骨干电站之一。

锦西电厂监控系统由上位机、下位机、网络设备等组成。监控系统上位机有 3 台操作员站、1 台工程师站、2 台集控通信网关机(主/备)、2 个调度通信网关机(主/备)、2 套历史库服务器(主/备)、2 个主机服务器(主/备)、2 套应用服务器(主/备)、1 套磁盘整列(含磁盘阵列管理机、磁盘阵列交换机)、一套厂内通信服务器(1 个大屏幕)、1 台语音报警工作站、1 台报表工作站、1 台培训工作站;监控系统下位机即厂房内单个监控系统现地控制单元,简称 LCU,全厂共 13 套,由机组 LCU(6 套)、公用 LCU(3 套)、GIS LCU(3 套)、大坝 LCU(1 套)及相关远程 IO 柜组成。

1.1 机组 LCU

1LCU - 6LCU 本体柜:采集机组各辅助系统参数及数据,送上位机,接收上位机指令,控制辅助设备。

进水口远程 IO 柜:采集进水口辅助设备参数,送 LCU,控制落门。

水机 LCU:机组 LCU 备用设备,在机组 LCU 死机后能停机。

测温 LCU:采集机组各出轴瓦、油槽、空冷器等温度,越限报警。

1.2 公用 LCU

一副公用 7LCU:4# - 6#机组直流、一副直流、1# 400V 公用、1# 400V 照明,与低压空压机控制柜、中压空压机控制柜、盘形阀控制柜、1#筒阀集油控制柜、2#筒阀集油控制柜、主厂房

作者简介:朱力(1987—),男,大学本科,电力助理工程师,监控主专责,从事水电厂二次设备检修维护工作。E-mail:zhuli1@ ylhdc. com. cn。

离心风机、组合空调控制柜、空调技术供水控制柜、渗漏排水控制柜、检修排水控制柜、一副排污控制柜、水厂控制柜 MB + 通信。

安装间公用 8LCU：尾水洞远程 IO 柜、进厂交通洞远程 IO 柜，1# - 2#机组直流、安装间直流、2# 400 V 公用、2# 400 V 照明。

二副公用 9LCU：出线场配电室远程 IO 柜、水垫塘深井泵房远程 IO 柜、尾调远程 IO 柜、水处理厂远程 IO 柜，与主变洞离心风机室风机控制柜、二副厂房排污控制箱、1#出线竖井排污泵控制箱、2#出线竖井排污泵控制箱建立 MB + 通信。

1.3 GIS LCU

GIS 10 - 12LCU ：采集 GIS 三串、西锦 I、II、III 线开关、隔刀、地刀信号，控制开关、隔刀、地刀风机电源分合闸操作。

1.4 大坝 LCU

大坝 LCU：坝区 10 kV 远程 IO 柜、泄洪洞远程 IO 柜、进水口公用远程 IO 柜、中孔及底孔控制远程 IO 柜、大坝深井泵房远程 IO 柜，采集表孔、中孔、底孔、泄洪洞、坝区 10 kV、大坝深井泵房相关辅助系统及配电系统数据，控制闸门起落、开关分合。

2 试验方案简介

在锦西电厂 GIS 第四串 12LCU 上增加 2 个网络模块，将 12LCU 的热备 PLC 系统由“假双网”方式（见图 1）变更为施耐德推荐的“真双网”方式（见图 2），保持 PLC 本身及上位机与之通信的程序和逻辑不变。

在锦西电厂 6#机组 6LCU 上增加 2 个网络模块，将 6LCU 的热备 PLC 系统由“假双网”方式变更为施耐德推荐的“真双网”方式，同时优化 PLC 及上位机与之通信的程序和逻辑，增加可靠性。

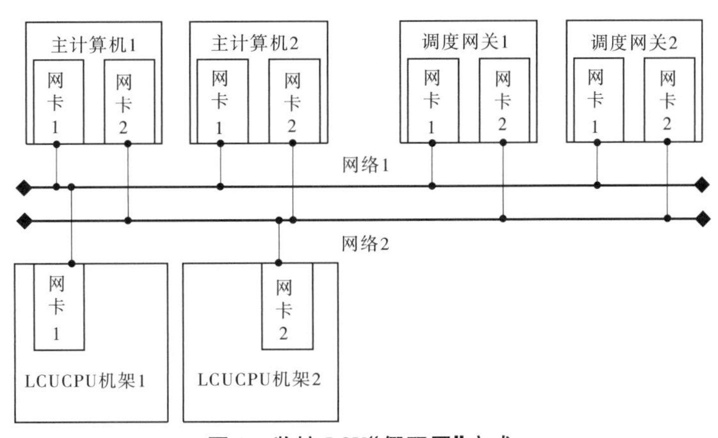

图 1 监控 LCU“假双网”方式

3 单个网络故障时 LCU 与上位机通信对比试验

3.1 试验目的

对比“假双网”方式的 LCU 与“真双网”方式的 LCU 在发生单个实时控制网络故障时与上位机通信的表现，分析原因。

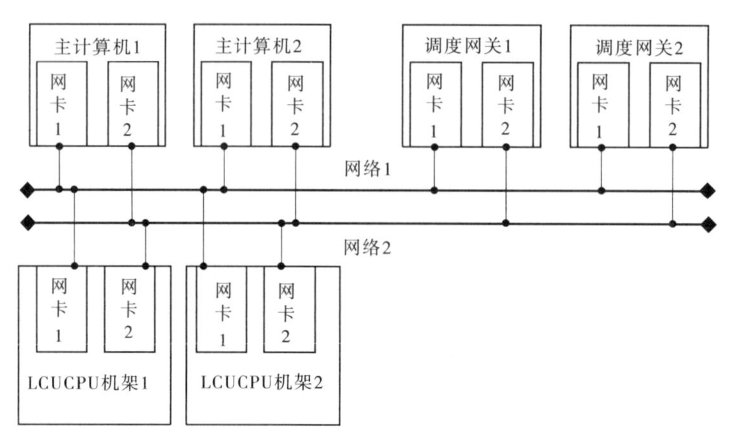

图2　监控 LCU“真双网”方式

3.2　试验过程

拔下处于主用的主计算机网络接口 2 与主交换机 2 之间的网线，模拟实时控制网络 2 故障，记录各 LCU 的反应，包括 LCU 的故障和切换事件及报警、历史数据中丢失数据的情况。恢复处于主用的主计算机网络接口 2 与主交换机 2 之间的网线，5 s 后拔下处于主用的主计算机网络接口 1 与主交换机 1 之间的网线，模拟实时控制网络 1 故障，记录各 LCU 的反应，包括 LCU 的故障和切换事件及报警、历史数据中丢失数据的情况。恢复处于主用的主计算机网络接口 1 与主交换机 1 之间的网线。

3.3　试验结果

真假双网方式的 LCU 在发生单个实时控制网络故障时与上位机通信对比见表 1。

表 1　真假双网方式的 LCU 在发生单个实时控制网络故障时与上位机通信对比

项目	6LCU	12LCU	6#测温 LCU、10LCU	5#测温 LCU、7LCU、8LCU、9LCU、11LCU
LCU 类型	真双网	真双网	假双网	假双网
网络 2 故障前 LCU 的工作机架	机架 1	机架 1	机架 2	机架 1
网络 2 故障后	无报警，历史数据持续	无报警，历史数据持续	5 s 后出现通信中断报警，CPU 机架切换报警，通信恢复报警，历史数据通断约 5 s	无报警，历史数据持续
网络 2 故障恢复后	无报警，历史数据持续	无报警，历史数据持续	无报警，历史数据持续	无报警，历史数据持续
网络 1 故障前 LCU 的工作机架	机架 1	机架 1	机架 1	机架 1
网络 1 故障后	无报警，历史数据持续	无报警，历史数据持续	5 s 后出现通信中断报警，CPU 机架切换报警，通信恢复报警，历史数据通断约 5 s	5 s 后出现通信中断报警，CPU 机架切换报警，通信恢复报警，历史数据通断约 5 s
网络 1 故障恢复后	无报警，历史数据持续	无报警，历史数据持续	无报警，历史数据持续	无报警，历史数据持续

3.4 分析

对于"真双网"方式的LCU,处于工作状态的CPU机架安装有2个网络模块,可以同时在2个实时控制网络上进行通信,单个网络故障后,会在另一网络继续进行通信,不会出现通信中断和数据传输中断,也不会进行CPU机架切换。单个网络故障后恢复,不会有扰动。

对于"假双网"方式的LCU,处于工作状态的CPU机架只安装有1个网络模块,同时只能在1个实时控制网络上进行通信。与工作CPU机架未连接的实时网络故障后以及故障恢复,不会有扰动。与工作CPU机架相连的实时网络故障后,LCU的通信和数据传输立即中断;在中断5 s后PLC进行CPU机架切换,切换完成后通信恢复。CPU机架切换后,原故障网络已经与新的工作CPU机架不连接,原故障网络恢复不会有扰动。

"假双网"方式下,在网络故障后直至CPU机架切换前,LCU处于"失控"状态,上位机无法获取该LCU实时信息,也无法进行该LCU的任何操作,如果在事故时遇到这种情况,可能会延误事故处置,造成严重后果;如果该LCU投入了AGC/AVC控制,可能会导致AGC/AVC因该LCU无反馈而报警退出,造成被电网考核。

因网络故障而切换CPU机架,违背了下位机相对独立的原则,会因厂站层故障而导致多个LCU同时切换CPU机架,极大增加了系统性风险。

3.5 结论

"真双网"方式的LCU在单个网络故障时不会受任何影响。"假双网"方式的LCU在单个网络故障时会存在短时失控,这种短时失控存在较大风险,且网络故障会导致多个LCU同时切换CPU机架,极大增加了系统性风险。

4 上位机故障时LCU之间通信对比试验

4.1 试验目的

对比"假双网"方式的LCU与"真双网"方式的LCU在上位机故障时LCU之间通信的表现,分析原因。

4.2 试验过程

修改6LCU程序,将由上位机转发来的50446隔刀状态、5044617地刀状态改由直接从12LCU获取。将设备状态调整到"试验前设备状态"后,停止主用及备用主计算机上的监控程序NC3.0。将6LCU、12LCU切至现地控制,进行现地操作;操作完成后启动主用主计算机上的监控程序MC3.0。然后进行下一项试验。

4.3 试验结果

真假双网方式的LCU在上位机故障时LCU之间通信表现见表2。

4.4 分析

对于"真双网"方式的LCU,其可以不通过上位机而直接获取另一个"真双网"方式的LCU的信息,在上位机崩溃的情况下依然可以正确工作。

表 2　真假双网方式的 LCU 在上位机故障时 LCU 之间通信表现

试验前设备状态		206、5043、5044 开关断开;2061、50446 隔刀拉开;5044617、20617、9267 地刀拉开
6LCU现地操作2061试验	操作过程	在 12LCU 现地合 5044617 地刀成功; 在 6LCU 现地合 2061 隔刀,提示电气一次回路不正确,流程退出; 在 12LCU 现地分 5044617 地刀成功; 在 6LCU 现地合 2061 隔刀成功
	说明	合 2061 隔刀的五防要求 5044617 地刀在分位。 6LCU 直接从 12LCU 获取 5044617 地刀状态,在主计算机停止后依然能实时且正确获取 5044617 地刀状态,在各种条件下操作都满足了五防的要求
12LCU现地操作5044617试验	操作过程	在 12LCU 现地合 5044617 地刀;流程执行;合闸 DO 开出,因合闸接点一直未返回而报警,合闸失败
	说明	合 5044617 地刀的五防要求 2061 隔刀在分位。 试验前 2061 在分位;在主计算机停止后,2061 已经合闸成功,从分位变为了合位,但 12LCU 无法从主计算机获得最新的 2061 隔刀状态,认为 2061 仍然在分位,故 12LCU 内的 5044617 地刀合闸五防措施失效,在本不具备合闸条件的时候开出了合闸脉冲。只是因硬接线的闭锁使得合闸脉冲未能接通合闸回路
试验前设备状态		206、5043、5044 开关断开;2061 隔刀合闸、50446 隔刀拉开;5044617、20617、9267 地刀拉开
12LCU现地操作5044617试验	操作过程	在 12LCU 现地合 5044617 地刀;提示电气一次回路不正确,流程退出; 在 6LCU 现地分 2061 隔刀成功; 在 12LCU 现地合 5044617 地刀;提示电气一次回路不正确,流程退出
	说明	合 5044617 地刀的五防要求 2061 隔刀在分位。 第一次在 12LCU 合 5044617 地刀时,其内部 2061 隔刀状态与实际一致,五防措施有效。 第二次在 12LCU 合 5044617 地刀时,2061 已经分闸成功,从合位变为了分位,但 12LCU 无法从主计算机获得最新的 2061 隔刀状态,认为 2061 仍然在合位,阻止了本该可以执行的 5044617 地刀合闸操作

对于“假双网”方式的 LCU,其无法直接获取另一个“假双网”方式的 LCU 的信息,因为这 2 个 LCU 的工作 CPU 机架不能保证在同一个网络上,故只能依靠上位机转发相关信息,在上位机崩溃的情况下不能正确工作。

4.5　结论

“真双网”方式的 LCU 在上位机崩溃的情况下依然可以正确工作。“假双网”方式的 LCU 在上位机崩溃的情况不能正确工作,在上位机崩溃情况下这可能造成严重后果。

5 通信中断概率的对比试验

5.1 试验目的

对比“假双网”方式的 LCU 与“真双网”方式 LCU 出现与上位机通信故障的概率。

5.2 试验过程

修改 6LCU 程序,取消与上位机通信中断后切换 CPU 机架的逻辑,然后长时间试验,记录各个 LCU 与上位机通信中断的事件,进行汇总统计。

5.3 试验结果

真假双网方式的 LCU 出现与上位机通信故障几率统计表,见表 3。

表 3 真假双网方式的 LCU 出现与上位机通信故障概率统计表

LCU 名称	类型	通信中断统计情况		
		单个网络通信中断次数	通信全部中断次数	CPU 机架切换次数
5LCU	假双网	1	0	1
6LCU	真双网,取消通信中断切换 CPU 机架逻辑	0	0	0
7LCU	假双网	2	0	2
8LCU	假双网	1	0	1
9LCU	假双网	0	0	0
10LCU	假双网	0	0	0
11LCU	假双网	1	0	1
12LCU	真双网,保留通信中断切换 CPU 机架逻辑	2	0	0
13LCU	假双网	0	0	0

5.4 分析

单个网络中断的故障绝大部分都是非永久的,一般在故障后不久自动恢复。

对于“假双网”方式的 LCU 与“真双网”方式的 LCU,其发生单个网络通信中断的概率基本没有差别。

对于“假双网”方式的 LCU,发生单个网络故障即导致通信全部中断,然后导致 CPU 机架切换。对于“真双网”方式的 LCU,发生单个网络故障不会导致通信全部中断。

对于“真双网”方式的 LCU,如果发生通信全部中断,切换 CPU 机架而导致通信恢复的可能性非常低。因为只有在工作 CPU 机架的 2 个网络模块全部故障而备用 CPU 机架网络模块正常的情况下,切换 CPU 机架才有意义。而实际上工作 CPU 机架出现单个网络模块故障时就会进行人工干预处置(例如人工切换 CPU 机架),一直维持工作 CPU 机架正常网络模块数不小于备用 CPU 机架。故对于“真双网”方式的 LCU,在通信全部中断时,应不进行 CPU 机架切换以避免系统性风险。

5.5 结论

“真双网”方式的 LCU 在应对单个网络故障时有更强的稳定性。“真双网”方式的 LCU 在通信全部中断时,应不进行 CPU 机架切换以避免系统性风险。

6 结 论

水电厂计算机监控系统具有较强的综合性与技术性,其集计算机网络通信技术、智能化控制技术于一体,在水电厂中有着重要的价值与作用,其应用从根本上改变了电厂运行工作人员的工作性质,实现了传统现场操作与巡视向智能化控制与自动化事故报警与处理的转变,即使发生一系列故障或者事故,相关人员只需要对计算机进行简单的操作就可以完成处理,这使得以往频繁的现场操作与调节得以避免,大部分工作都是由计算机监控系统来完成的。

将锦西电厂监控系统所有“假双网”方式的 LCU,通过增加网络模块变为“真双网”方式;更改上位机及 LCU 程序,使 LCU 之间直接通信获取数据,不再通过上位机转发;取消 LCU 与上位机通信全部中断后切换 CPU 机架的逻辑。通过以上试验,“真双网”方式稳定性更强、故障概率低。此次改造使得电厂计算机监控系统的网络结构得到更有效的优化,也更加符合水电厂设计主要遵循“无人值班,少人值守”的原则,同时也值得其他电厂借鉴。

参 考 文 献

[1] 汪军,徐洁. 水电厂计算机监控系统网络安全问题[J]. 水电自动化与大坝监测,2002.
[2] 朱晓娟. 水电厂计算机监控系统网络结构和分析[J]. 西北水电,2010.
[3] 王德宽. 水电厂计算机监控技术三十年回顾与展望[J]. 水电站机电技术,2008.
[4] 罗光涛. 水电厂监控信息系统网络安全防控研究[J]. 信息安全与技术,2015.

双比例阀液压系统在水电厂的应用

陈 磊 张 阳 邓自辉 王鹏飞 廖昕宇 任海洲

(小浪底水利枢纽管理中心,郑州 450000)

摘 要 小浪底水电厂装机容量6×300 MW,工程于1999年开始投产发电,机组调速器是采用电液转换器的液压控制系统,自投产以来调速器运行基本稳定,但在液压系统油质相对较差等情况下,电液转换器可能出现卡涩等情况,进而会造成机组出现功率波动等异常情况。本文分析了这些问题,并阐述了相应的改造方案。实践证明,机组调速系统的可靠性有了极大提高,对其他电厂具有借鉴意义。

关键词 水电厂;机组调速器;调研;改造

小浪底水利枢纽位于河南省洛阳市以北40 km的黄河干流上,是黄河干流三门峡以下唯一能取得较大库容的控制性工程。引水发电系统布置在枢纽左岸,包括6条发电引水洞、地下厂房、主变室、闸门室和3条尾水隧洞。厂房内安装6台30万kW混流式水轮发电机组,总装机容量180万kW。

水轮机调速器作为水轮发电机组重要的组成部分,其作用是通过控制导水叶接力器(桨叶接力器)的操作油量来控制导水叶(桨叶)的开度大小,进而控制水轮机过水流量的大小来调整水轮机的转速。

1 机组现有调速器简介

小浪底水电厂调速器系统采用美国VOITH公司生产的VGCR211型调速器,该调速器符合微机调节器+液压随动系统的传统模式,设有“网络运行”和“孤网运行”两种运行模式,“转速控制”、“开度控制”和“功率控制”三种控制方式,各运行模式和控制方式之间可以实现无扰动切换。

VGCR211型调速器由可编程控制器(PLC)、驱动输出放大卡(VCA1)、电液转换器(动圈阀)、主配压阀以及辅助设备组成。

1.1 可编程控制器(PLC)

VGCR211型调速器的两套可编程控制器(PLC)互为热备用,在正常工作时PLC1为主用,PLC2为备用;当PLC1出现故障时,自动切换到PLC2主用。PLC主要完成机组运行方式的采集和识别,并根据运行方式的需要自动完成控制方式的切换和运行模式的转换。

1.2 驱动输出放大卡(VCA1)

驱动输出放大卡VCA1为常规的电路板,通过对PLC输出控制信号的放大并与导叶反馈的开度信号进行比较,将比较的偏差信号输出到电液转换器,实现对调速系统导叶开度的

作者简介:陈磊(1980—),河南正阳人,工程师,主要从事水电厂运行管理工作。E-mail:zmdchenlei@21cn.com。

控制。VCA1 卡输出信号为 -10 ~ +10 V 电压,该卡是调节器的输出及调节系统反馈的综合比较放大回路,它输出的直流电压直接控制动圈阀,是电气部分的最后环节。

1.3 电液转换器(动圈阀)

VGCR211 型调速器采用的 TSH1 -16 型动圈电液转换器,安装在回油箱顶部。其控制线圈电阻缠绕在一个铝制圆筒形支架上。引导阀阀杆内置在动圈阀活塞内部,与控制线圈紧固在一起,随线圈一起上下运动,通过阀杆位置的改变启闭内置在活塞上的控制油孔,从而改变活塞上下腔的压差,使其产生相应的运动,改变动圈阀的输出油压,进而控制主配的运动,调节导叶的开度。活塞为差压式,其上腔作用面积大于下腔作用的面积。控制线圈支架的上下方各作用着一圆柱形预压弹簧,通过调节上方弹簧的预紧力,使控制线圈和引导阀杆始终受到一个向下的弹簧合力,保持一个关闭趋势,当控制线圈的电信号突然消失时,在弹簧力的作用下,引导阀下移,动圈阀活塞上腔进入压力油,下腔排油,活塞下移,从而使主配下腔排油,主配活塞下移,紧急关闭导叶。在正常运行时,弹簧的预紧力由电气回路补偿,达到电气平衡,不影响动圈阀的正常调节作用。

1.4 主配压阀

主配压阀接受来自电液转换器的液压信号,将该液压信号放大,送至主接力器,经过主接力器的再次放大实现调整导叶开度的目的。主配压阀与动圈阀之间完全取消杠杆传动,仅靠油路连接,主配活塞没有复位弹簧,完全靠其上下腔油压实现阀芯的平衡、复位及完成调节功能。

2 机组运行中调速器出现的主要问题

小浪底电厂机组调速系统,自 1999 年底投运以来,总体运行状况良好,控制精度高,调节品质好,速动性及稳定性极佳,但电液转换器对油质要求较高,由于油质问题常常会导致调速系统灵敏性降低、动作滞后以及使负荷产生波动等现象,为保证调节的可靠性,需要经常清洗电液转换器。在近十几年的运行中也出现了一些问题,具体表现在以下方面:

(1)调速器液压系统所用透平油油质劣化严重;

(2)油质劣化会造成控制油路循环不畅,动圈阀抽动或发卡,造成负荷波动或事故停机;

(3)调速器系统重要备品备件国内已不再生产,造成采购困难或无法采购;

(4)调速器系统 PLC 程序是基于 DOS 系统的汇编语言程序,可视化、参与度差;

(5)曾经出现过导叶接力器或主配反馈信号消失、动圈阀断线等故障。

3 机组调速器调研结果

根据以上机组调速器出现的问题,为进一步提高机组调速系统的可靠性,实地走访调研了三峡、葛洲坝和五强溪等国内相关的水电厂。

经过调研和查找相关资料,目前国内水电厂使用的电液转换装置主要有动圈阀、比例伺服阀和伺服电机等。

动圈阀和比例伺服阀控制精度高,响应速度快,调节品质好。但两者的抗油污性能均不如伺服电机。动圈阀与比例伺服阀相比,抗油污性能稍逊于比例伺服阀,动圈阀要求滤油精度为 10 μm,比例伺服阀要求滤油精度为 20 μm。动圈阀输入功率小,放大倍数大,易受影响。比例伺服阀输入功率大,放大倍数小,不易受影响。动圈阀失电时将切至关机位,比例伺服阀失电后可依靠弹簧复中。

伺服电机的优点是抗油污性能好,但其螺旋运动转换为直线位移的电机转换机构存在较大死区,造成调节精度和品质差,接力器反应慢,响应时间滞后,不能满足一次调频及网调快速响应的要求,小型机组用的较多,大型机组也有使用,基本上是作为备用方式,100 MW以上的机组用的很少。

电液转化装置与油质是一个相互适应、取舍的问题。油质差,比例阀与动圈阀不适应,步进电机就具有更大的优越性,但步进电机调节品质明显不如动圈阀和比例阀;如果加强油品管理,油质能达到要求,动圈阀和比例伺服阀可保证具有安全、可靠、优良的调节性能。

4 最终采取方案

在防卡涩能力上,伺服比例阀较动圈阀有了较大的提高。伺服比例阀先导控制级的电磁操作能力比动圈阀的先导操作能力提高了许多倍,最大值达到5 kg,而动圈阀先导控制级的电磁操作能力通常小于0.5 kg,最大值不超过0.75 kg。根据现场经验,动圈阀的先导控制部位是最容易卡涩的地方,而先导控制级的电磁操作能力小,又是导致发卡的最重要原因之一。因此,比例阀防卡能力的增强对调速器的可靠性十分重要。

同时,由于比例阀的先导控制级采用的是动铁式结构,因此其电磁线圈的连接线不会因电磁铁芯的动作而折断或脱落,从而提高了可靠性。

在调速器控制系统中,在调速器电气柜、主接力器、位移变送器形成的大闭环里,比例阀先与电气柜形成了一个小闭环,在控制过程中,电气柜中的CPU时刻都在监视着比例阀阀芯的运行状态,并做出相应的调整,因而使得比例阀的控制精度进一步提高,同时也减小了功率的波动。

考虑到我厂动圈阀发卡概率不是很大,最终决定机组调速器控制系统改为双比例阀控制的液压系统。双比例阀虽然不能彻底解决抽动或发卡问题,但是双比例阀中的纯手动回路可以减弱抽动或发卡问题的影响。

5 机组调速系统改造

2014年10月,小浪底水电厂4号机组开始A级检修,机组调速器改造也随之展开,经过1个月的紧张施工,4号机组调速器改造完成。

4号机组采用德国VOITH公司生产的Voith HyConTM GC414R数字型微机调速器系统,该装置包括齿盘和残压测频单元、双微机调节器、导叶开度反馈回路、双比例阀和主配液压随动系统五部分。

该套系统中,调速器双比例阀采用德国的Bosch Rexroth比例阀,型号为4WRPEH 6。比例阀工作电压为24 VDC,同时接收来自调速器PLC的0~±10 VDC信号电压。当信号电压为正时,比例阀动作,驱动主配打开导叶,且电压越大导叶开启速度越快;当信号电压为负时,比例阀动作,驱动主配关闭导叶,且电压绝对值越大导叶关闭速度越快。

调速器比例阀1和比例阀2(双比例阀)用引导阀1和引导阀2进行切换,当引导阀1动作时,切换至比例阀1主用,当引导阀2动作时,切换至比例阀2主用。双比例阀的切换条件是:当导叶开度设定值与实际值相差大于10%,延时3 s切换;当导叶开度设定值与实际值相差大于4%,延时200 s切换。

6 结 语

4号机组自2015年1月调速器改造以来,取消了原来的电液转换器控制,改用了目前的双比例阀控制,截至2016年7月,小浪底6台机组调速器已改造5台,目前5台机组的调速器运行稳定。接下来,最后1台机组还将随机组检修的展开改造调速器。虽然比例阀对于油质要求比电液转换器低,但是在实际生产中还是要加强油品管理,增加在线滤油装置,或者定期更换出现问题的油质,使油质满足调速器正常运行要求。

参 考 文 献

[1] 晏政,郑海英.双比例阀在乐昌峡水利枢纽工程液压系统中的应用[J].广东水利水电,2012(1):125,126,141.
[2] 任晖.双比例伺服阀微机调速器在白山抽水蓄能电站的应用[J].水电厂自动化,2011(4):17-21.
[3] 唐旭,颜晓斌.冗余伺服比例阀控制电液随动系统[J].东方电机,2006(6):46-51,58.
[4] 任刚.三峡右岸电站机组调速系统综述[J].水电厂自动化,2010(1):22-24,36.

高比例软岩复合土工膜面板堆石坝施工质量控制关键技术

章天长 杨关锋 王大强

（中国水电建设集团十五工程局有限公司，西安 710065）

摘 要 老挝南欧江六级水电站挡水建筑物为坝高85 m的复合土工膜面板堆石坝，具有两大特点：复合土工膜作为防渗面板为世界最高；其中软岩坝料占比达81%，为世界第一。如何控制坝体填筑质量成为关键。本文从坝料碾压试验、挤压墙配合比设计及施工、各种坝料施工质量控制要点等介绍如何确保这一挑战性坝型的质量控制措施。

关键词 复合土工膜面板；堆石坝；软岩筑坝；碾压试验；主堆石3B；挤压墙混凝土；配合比

1 工程概况

南欧江六级水电站位于老挝丰沙里境内。挡水建筑物为复合土工膜面板堆石坝，坝高85 m，坝顶长362 m，坝顶宽8 m，上游坝坡1∶1.6，下游坝坡1∶1.8；工程等别为二等大(2)型工程。坝体总填筑方量为193万m^3，其中软岩填筑方量为157万m^3，占比81%。坝体分区为上游复合土工膜防渗体系、挤压边墙混凝土、垫层料2A、过渡料3A、主堆石3B、次堆石3C、排水体3D、坝后干砌石、上游盖重等。坝体分区结构见图1。

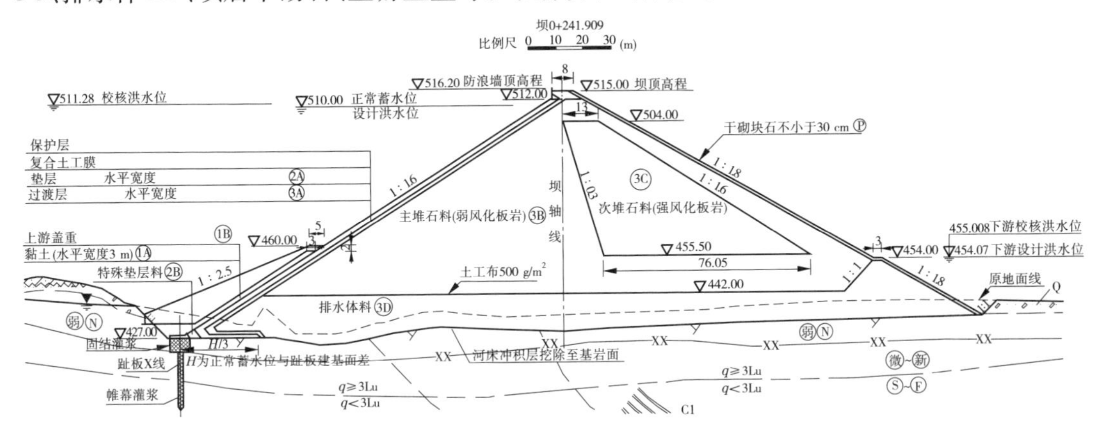

图1 复合土工膜面板堆石坝结构分区图

作者简介：章天长（1976—），男，安徽桐城人，高级工程师，中国水电建设集团十五工程局有限公司科研设计院副院长，主要从事建筑工程试验检测、检测技术研究及质量体系管理工作。E-mail：43165925@qq.com。

2　施工质量控制

本工程采用软岩筑坝技术，坝体全断面采用软岩填筑，坝体总填筑方量为 193 万 m^3，板岩填筑方量为 157 万 m^3，其中软岩填筑比例高达 81%，为确保整个大坝填筑质量满足设计要求，软岩坝料碾压试验确定施工参数和 Carpi 公司挤压边墙混凝土配合比设计成为技术先导的关键和保障。

2.1　软岩碾压试验参数确定

2.1.1　岩石特性试验

本工程由于筑坝材料限制，坝址区板岩广泛分布，砂岩薄层且零星分布。大坝底部排水区、垫层料和过渡料采用砂岩；主堆石区为弱风化以下板岩料，次堆石为强风化及以下板岩料。室内对新鲜开挖板岩研究显示，板岩干抗压强度 53.3 ~ 65.1 MPa，饱和抗压强度 20.6 ~ 29.1 MPa，软化系数在 0.32 ~ 0.55；采用烘干和浸水饱和为一个循环，计算重量损失率，通过 50 d 时间 29 个干湿循环后，质量损失率从 100% 损失到 41.4% 后全部崩解，通过干湿循环试验显示，在较短时间内，随着干湿循环次数的增加，重量损失率依次累计增加，见图 2。试验表明，新鲜板岩通过干湿循环发生快速崩解，粒径变小，级配细化的特性，板岩崩解前后过程见图 3。

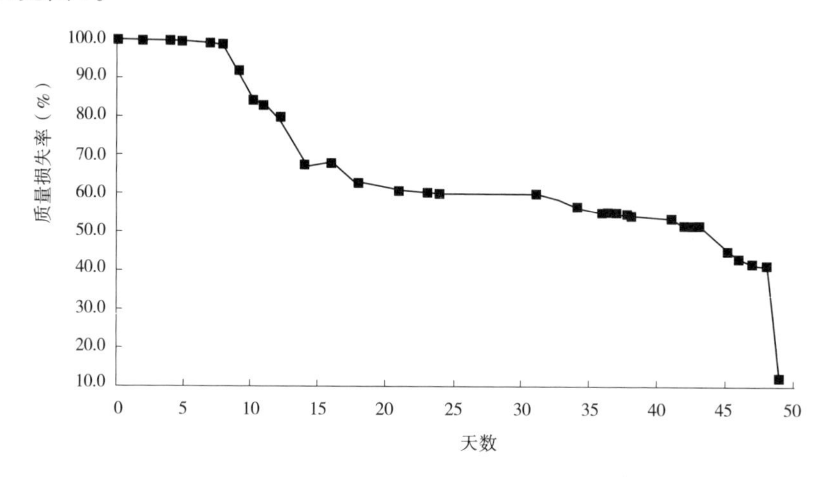

图 2　崩解剩余质量比率

2.1.2　现场板岩碾压试验

经过现场板岩碾压试验对比研究显示：①水对板岩料碾压参数的选取影响较大。试验表明，表面洒水后经碾压面层 5 ~ 10 cm 形成细颗粒集中并板结，加水量 5% 时板结层达到 10 ~ 32 cm，泥化板结更加严重。加水后对渗透系数影响较为明显，形成不透水层，不能满足设计要求。②通过不同加水量试验对比，不加水碾压能满足设计综合指标要求。③新鲜开挖板岩料与经过堆存的新鲜板岩对比，一个雨季和旱季交替，多次干湿循环后，板岩料大块率明显下降，级配明显变细，细颗粒显著增加，碾压后细颗粒比新鲜板岩碾压后细颗粒集结层增加，表面厚达 23 ~ 43 cm，碾压后渗透系数无法满足设计要求。根据板岩填筑料碾压试验成果，设计对坝料分区进行了二次优化，在主堆石 3B 区增设主堆石 3B1 区（开挖的新鲜板岩料），与过渡区 3A 相接，与大坝底部水平排水体 3D 共同形成“L”形排水体系，增强坝

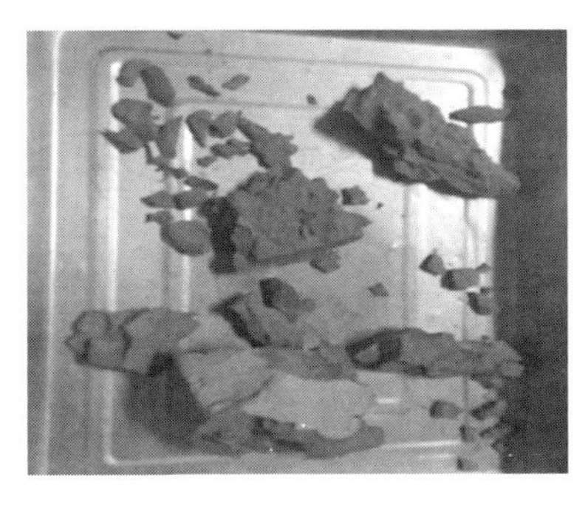

图3 试验前后过程照片

体排水能力。④最终确定软岩填筑区主堆石区 3B1 采用开挖的新鲜板岩料填筑不加水碾压。⑤非雨季施工时段，板岩填筑区对局部表面形成细颗粒集中并板结的部位予以清除；在雨季施工时，板岩填筑区必须对表面饱和细集料予以清除。

2.1.3 坝体填筑软岩堆石区检测成果

坝体填筑软岩堆石区检测成果见表1、表2。

表1 主堆石 3B 检测成果

检测料种		干密度(g/cm^3)	<5 mm 含量(%)	<0.075 mm 含量(%)	孔隙率(%)	渗透系数(cm/s)
3B 主堆石	规范值/设计值	>2.20	<20	≤5	<20	$>5\times10^{-3}$
	检测组数	47	28	11	128	13
	最大值	2.27	12.8	0.9	19.0	7.09×10^{-2}
	最小值	2.20	5.4	0.2	15.9	7.18×10^{-3}
	平均值	2.23	8.4	0.7	17.4	1.26×10^{-2}

表2 次堆石 3C 检测成果

检测料种		干密度(g/cm^3)	<5 mm 含量(%)	孔隙率(%)
3C 次堆石	规范值/设计值	>2.20	<20	<20
	检测组数	63	12	63
	最大值	2.25	17.5	19.6
	最小值	2.17	7.9	16.7
	平均值	2.20	9.3	18.6

2.2 挤压边墙混凝土配合比设计及施工质量控制

目前钢筋混凝土面板堆石坝中挤压边墙主要功能为上游固坡技术，本工程中作为复合土工膜施工的基础面，不仅是固坡技术，而且发挥着承载复合土工膜自身重量的作用，是支撑稳固土工膜的基础。其配合比设计及工艺成型质量至关重要。

2.2.1　挤压边墙结构形式

本工程中挤压边墙设计结构形式与国内挤压边墙不同，挤压边墙底部为三角楔形体（宽30 cm、深10 cm），与下层形成相互咬扣结构，从而使挤压边墙形成复合土工膜的基础锚固整体，防止由于大坝蓄水后变形使得局部挤压边墙突出而破坏土工膜，同时避免层间摩擦力不够导致土工膜整体脱落。结构形式对比如图4所示。

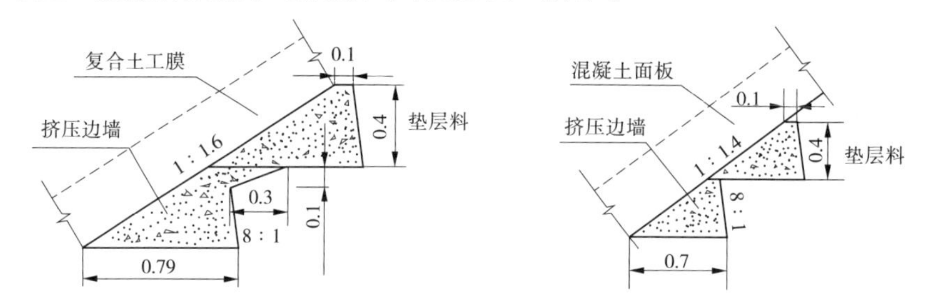

图4　挤压边墙混凝土不同的设计结构

2.2.2　配合比设计及成型工艺

复合土工膜面板、钢筋混凝土面板挤压边墙混凝土设计指标对比见表3。

表3　挤压边墙混凝土性能指标对比表

项目	复合土工膜面板坝	钢筋混凝土面板坝	备注
抗压强度（MPa）	8～10	≤5	28 d 龄期
渗透系数（cm/s）	$>5\times10^{-3}$	$10^{-2}\sim10^{-4}$	28 d 龄期
干密度（g/cm^3）	—	>2.0	28 d 龄期

参照《混凝土面板堆石坝挤压边墙混凝土试验规程》（DL/T 5422—2009）以及《混凝土面板堆石坝挤压边墙技术规范》（DL/T 5297—2013），对砂率、粗骨料粒径、胶材用量、水灰比、速凝剂掺量进行反复试验，直至满足双重指标要求。复核土工膜面板挤压边墙混凝土设计配合比见表4。

表4　挤压边墙混凝土推荐施工配合比

水胶比	砂率（%）	速凝剂掺量（%）	单位材料用量（kg/m^3）					容重（kg/m^3）
			水	水泥	砂	小石（5～10 mm）	速凝剂 KD－5	
0.40	25	2	120	300	420	1 260	6	2 100

通过工艺试验及现场施工生产所取得数据显示，实测容重在2 100 kg/m^3左右，立方体抗压强度为8～10 MPa，渗透系数 $>5\times10^{-3}$，满足复合土工膜面板堆石坝挤压边墙设计指标要求，确保了挤压边墙混凝土施工质量。

2.2.3　挤压边墙混凝土质量控制成果分析

挤压边墙混凝土施工检测结果均合格，见表5。

表 5 挤压边墙混凝土施工检测结果汇总

统计项目	湿密度(g/cm^3)	抗压强度(MPa)	渗透系数(cm/s)
检测组数	50	50	50
最大值	2.16	11.8	6.7×10^{-2}
最小值	2.11	8.9	2.2×10^{-2}
平均值	2.14	9.9	3.7×10^{-2}
设计规定值	—	8 ~ 10	$>5\times10^{-3}$

3 复合土工膜面板与挤压边墙混凝土的工艺

3.1 挤压边墙混凝土成型工艺

挤压边墙施工工艺要点控制:①平整度控制。挤压边墙混凝土挤压前和垫层料填筑后都必须对垫层料平整度进行检查、修补,人工平整平整度控制在 ±5 cm。②测量放线。对垫层料高程进行复核后,精确放线,采用水泥钉固定两端,线绳标示出边墙的下边线和挤压机的行走路线。③挤压机就位。边墙挤压前,将挤压机吊运至现场进行调整,使挤压机在同一水平面上,并保证其出料高度。④边墙挤压。采用混凝土罐车移动供料,液态速凝剂由挤压机设置的外加剂罐边行走边向进料口添料,挤压机的行走速度控制在 40 ~ 50 m/h。边墙混凝土施工成型 2 h 左右后,即可摊铺碾压下一层垫层料。⑤缺陷处理。对于因各种原因引起的各层混凝土挤压墙之间的错台,水平距离大于 2 cm 时,必须进行测量放线、找平或铲除整平;对于边墙局部坍塌、成型混凝土缺陷,及时进行人工修补。挤压边墙混凝土成型工艺流程见图 5。

3.2 复合土工膜的施工工艺

3.2.1 锚固带施工

锚固带采用为 SIBELON – CNT3750,由 PVC 膜和无纺土工布粘贴组成,无纺布为 500 g/m^2,厚度 2.5 mm,施工源于 CARPI 公司施工工艺,前期进行 CARPI 公司人员培训,我部人员已熟练掌握该施工工艺,并在现场施工中得以正常施工。锚固带长度为 1.65 m,宽度为 42 cm,锚固带间距为 6 m,误差要求为 1 mm。锚固带固定于挤压边墙内,采用全站仪进行放样,然后再人工安装,上下层锚固带采用热焊接连接,焊接设备为 CARPI 公司提供的专用焊接枪,焊接作业时设备的温度、挡位及焊接时焊枪行走速度等均按照技术要求进行施工。

3.2.2 复合土工膜面板施工

本工程所采用的土工膜为 SIBELON – CNT5250,由 PVC 膜和无纺土工布粘贴组成,无纺布为 700 g/m^2,厚度为 3.5 mm,自上而下通长铺设,一次铺设最大长度为 85 m;土工膜焊接采用专用热楔、热溶原理,采用全自动风焊机热风粘贴,焊接部位四个方向为闭合热连接,中间设置充气检查通道;连接后的土工膜焊接固定在锚固带,土工膜自身重量通过锚固带传力至挤压边墙混凝土;周边缝处理采用趾板混凝土涂刷环氧树脂粘贴土工膜,再加螺栓钢板压条紧密固定。坝顶土工膜处理:大坝土工膜铺设完成后,将坝顶土工布水平深入大坝 1.0 m,并采用扒钉固定,浇筑 20 cm 混凝土压顶;防浪墙部位土工膜铺设安装至防浪墙设计高程,防浪墙土工膜与大坝土工膜采用相同的焊接方式进行连接;防浪墙混凝土表面铺设土工

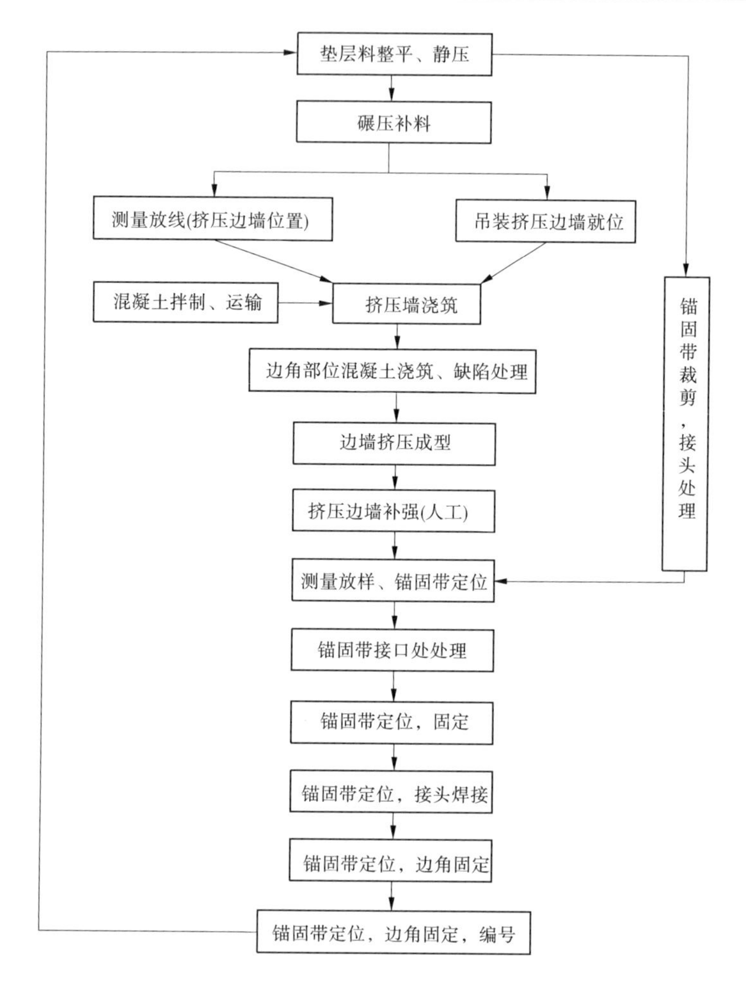

图5　挤压边墙混凝土成型工艺流程

膜安装固定方式与周边趾板混凝土连接方式相同，防浪墙混凝土表面涂刷环氧树脂粘贴土工膜，再加螺栓钢板压条紧密固定。复合土工膜面板施工工艺流程见图6，土工膜与锚固带焊接见图7，土工膜与趾板混凝土连接见图8。

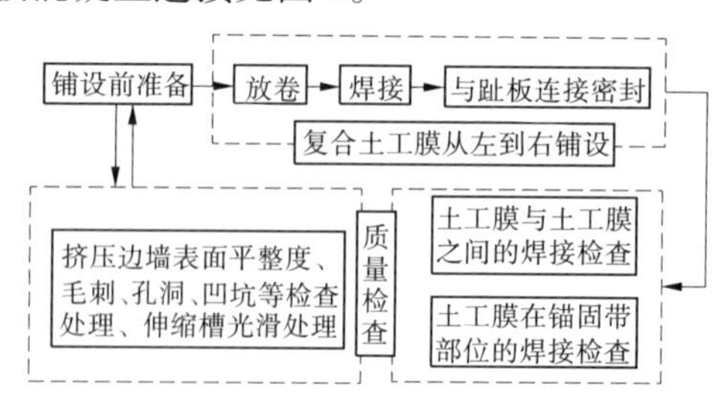

图6　复合土工膜面板施工工艺流程

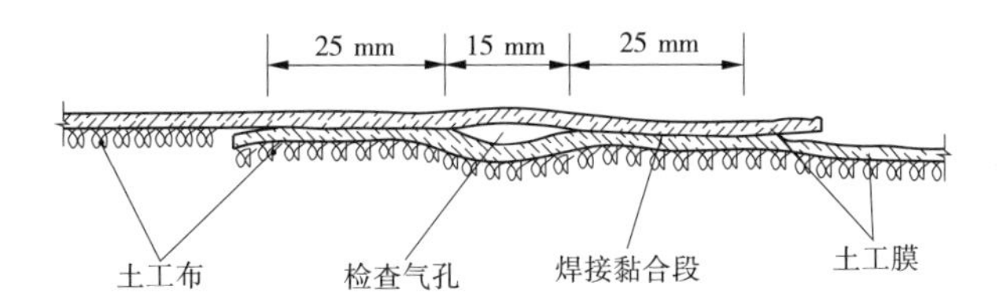

图7　土工膜与锚固带焊接

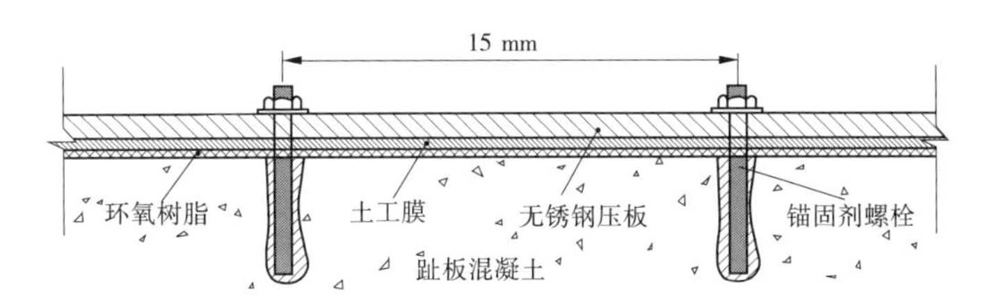

图8　土工膜与趾板混凝土连接

4　坝体填筑质量评价

4.1　大坝变形观测数据分析

本工程大坝填筑开始时间为2014年2月18日,达到大坝设计高程时间为2015年3月29日,开始蓄水时间为2015年10月8日,蓄水至设计高程EL 510 m时间为2016年3月6日。沉降期6个月,沉降观测数据显示,坝体沉降已达到收敛。时间过程曲线见图9～图11。坝体渗压计数据及坝后量水堰渗流观测数据情况反映:主堆石区3B、次堆石3C区无渗水,坝基及上游渗水在坝内能快速通过排水体3D排出坝外,大坝渗流监测数据正常,大坝运行安全。

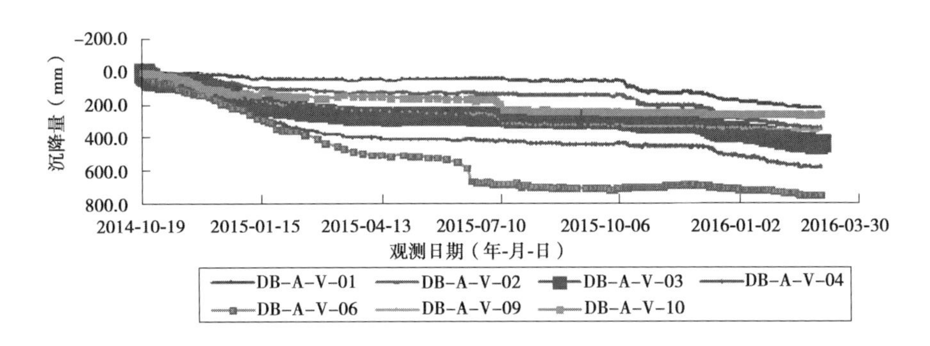

图9　大坝EL 456.20 m高程坝体沉降量—时间过程线

4.2　大坝填筑各项检测数据分析

软岩填筑料压实后干密度、孔隙率、渗透系数以及颗粒级配,挤压边墙混凝土抗压强度、渗透系数以及容重均满足设计指标要求。大坝填筑整体质量可靠。大坝原型观测数据显示,坝内渗流、沉降变形表明大坝运行安全。

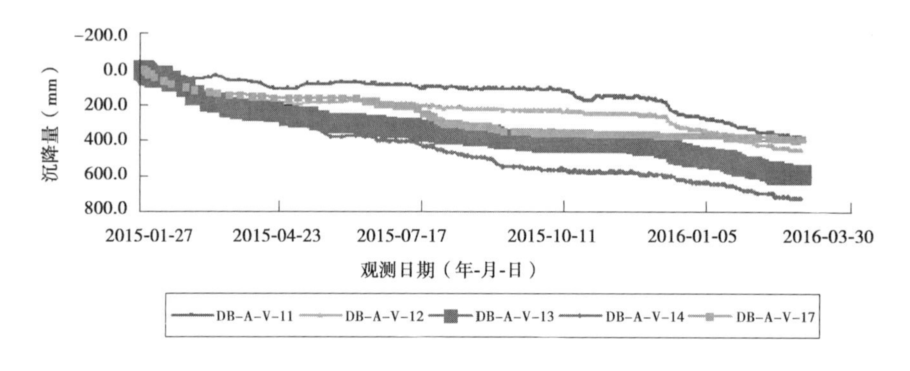

图 10　大坝 EL 476.20 m 高程坝体沉降量—时间过程线

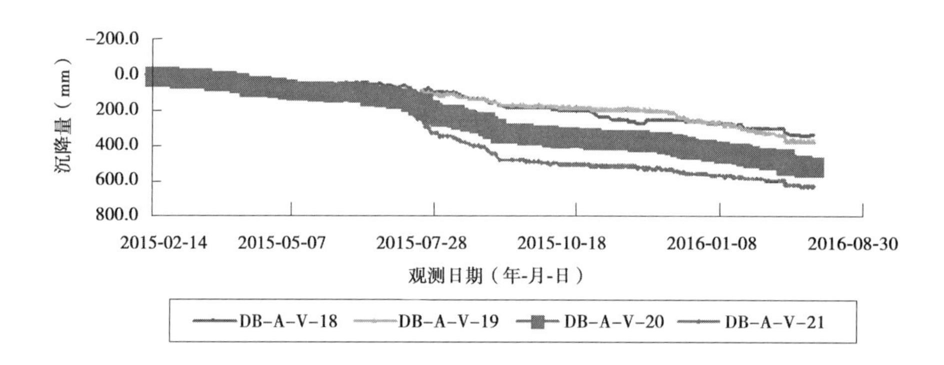

图 11　大坝 EL 496.20 m 高程坝体沉降量—时间过程线

5　总　结

综上所述，本工程高坝采用高比例软岩筑坝质量达标，坝体稳定安全可靠。在填筑过程中，必须严格执行碾压试验所确定的施工参数，进行质量控制。重视板岩遇干湿环境交替容易崩解，饱和状态下在重力作用下容易泥化，故而软岩填筑层间细集料集结层及饱和后细集料泥化物要予以清除，以保证各个填筑层间垂直渗透力。复合土工膜面板堆石坝要求挤压边墙混凝土强度高于钢筋混凝土面板堆石坝挤压边墙混凝土强度标准的 2 倍，室内配合比设计务必与现场成型工艺试验相结合，既能保证设计指标，也能追求良好的成型质量，以此为同类工程施工提供借鉴和探讨。

参 考 文 献

[1] DL/T 5297—2013 混凝土面板堆石坝挤压边墙技术规范[S].
[2] DL/T 5129—2013 碾压式土石坝施工规范[S].
[3] SL 49—2015 混凝土面板堆石坝施工规范[S].

水电站压力钢管埋弧自动横焊施工技术研究与运用

杨联东　邹振忠

（中国水利水电第三工程局有限公司 制造安装分局，安康　725011）

摘　要　埋弧自动横焊技术由于焊接效率高、质量可靠，已在石油化工行业广泛运用。但是埋弧自动横焊技术尚未在水电行业运用。本文针对水电站压力钢管施工特点，开发研制了适合水电用钢的埋弧自动横焊机设备，通过优化焊接工艺，编制了焊接工艺指导书，进行埋弧横焊焊接工艺评定，形成了适合水电站压力钢管材质的Q345D、600 MPa级高强钢焊接工艺规程，经过现场对Q345D、600 MPa级高强钢焊接工艺试验研究，总结出水电站埋弧自动横焊焊接操作工艺方法。

溧阳首次将埋弧自动横焊技术在国内水电站压力钢管施工中运用，创新设计了一种生产性试验装置，具有焊接工艺评定、生产性试验验证、焊工培训多种功能，在今后类似施工中推广，将大大节省施工成本。研究总结出了成熟的埋弧自动横焊施工工法，并在溧阳引水系统9.2 m直径压力钢管施工中运用。该工法具有施工效率高、焊接质量稳定、缩短工期、现场文明施工条件改善等优点，对于在水电站大型压力钢管制作安装，提供了新的先进工艺。

由于水电行业压力钢管制造安装项目呈历年上升趋势，埋弧自动横焊技术具有焊接质量稳定、一次探伤合格率高、现场文明施工得到显著改善等优点，特别是大型压力钢管制造安装，具有极大的运用及参考价值。在行业推广后，对于工程提高功效、缩短工期、降低成本意义重大。

关键词　压力钢管；埋弧自动横焊；埋弧自动焊机；高强钢；焊接；先进工艺

0　引　言

目前，埋弧自动横焊机目前在石油、化工、电力、冶金、核工业、海洋工程等领域已经得到广泛运用，如某大型原油低温储罐焊接、LNG低温储罐焊接、10万m^3储罐倒装液压提升系统内外横缝自动焊接、海洋储油式钻井平台建造装备等，都取得了很好的实践效果，具有焊接效益高、焊缝成形美观、操作简便等优点。

但是，埋弧自动横焊机在水电行业并没有得到有效利用，其巨大潜力并没有被挖掘，而埋弧自动横焊技术在其他领域已经得到广泛运用。埋弧自动横焊机与手工电弧焊相比，最大效率相差30倍，工作效率大大提高，制造安装工期缩短；另外由于自动横焊机操作简单，一道焊缝只需要两三名操作人员，可以在制造安装中大幅度减小焊工数量，仅此一项，就可以有效节约生产成本，经济效益显著。

由于水电行业压力钢管制造安装项目呈历年上升趋势，本课题研究成果可广泛运用在

作者简介：杨联东（1969—），男，陕西安康人，项目总工程师，研究方向为金属结构及机电安装。E-mail：yanglian_dong@163.com。

水电行业压力钢管的制造安装领域,特别是大型压力钢管制造安装,具有极大的运用及参考价值。本课题正是在这样的背景下进行立项,并充分发挥自动横焊机的优势,更好地为水电行业压力钢管制造安装探索出一条新路。

1 工程概况

溧阳抽水蓄能电站地处江苏省溧阳市,电站安装 6 台单机容量 250 MW 的可逆式水泵水轮发电机组,总装机容量 1 500 MW,压力钢管总重约 2.05 万 t,其中压力钢管最大直径为 9 200 mm,工程量占到一半,约 9 000 t,针对溧阳大型钢管制造安装中面临单节重量大、钢管翻身困难,我们进行了仔细论证,走访多家设备生产厂,咨询了多位焊接专家,最后将埋弧自动横焊机运用在制造安装中,可以提高工效、节约成本、缩短工期。

将埋弧自动横焊机运用在施工中,收到了良好效果,从焊接工艺评定入手,研究了针对水电用钢的焊接工艺参数,并通过生产性验证试验,进一步论证了焊接工艺,培训了焊工技能,最后通过溧阳抽水蓄能电站 1#引水系统、2#引水系统部分钢管横焊实践,总结出 Q345D 材质、600 MPa 级高强钢材质的焊接工艺,并总结出一套埋弧自动横焊施工工法。

随着我国抽水蓄能电站的建设高峰期的来临,埋弧自动横焊技术可在今后类似工程实践中得到大力推广,并在缩短工期、降低成本、质量控制等方面取得良好效益。

2 水电站埋弧自动横焊工艺原理以及设备选型

2.1 埋弧自动横焊工艺原理

埋弧焊是以焊丝与焊件之间形成的电弧作为热源,以覆盖在电弧周围的颗粒状焊剂及熔渣作为保护介质,而实现焊接的一种方法。埋弧焊焊剂及熔化后形成的熔渣,起着隔绝空气,使焊缝金属免受大气污染的作用,同时也具有改善焊缝性能的作用。

横缝埋弧焊是普通埋弧自动焊的一种特殊形式,用于焊接横向水平直焊缝和横向水平环焊缝,利用较小的焊接电源、电弧电压和高的焊接速度,获得在横向上的焊缝成型。此机采用平特性焊接电源,等速送丝方式,反接。其焊接原理同普通埋弧焊相同,主要区别在于解决了熔化金属和焊剂下淌的难题。

2.2 埋弧自动横焊工艺优点

(1)生产率高。埋弧焊的焊丝伸出长度(从导电嘴末端到电弧端部的焊丝长度)远较手工电弧焊的焊条短,一般在 50 mm 左右,而且是光焊丝,不会因提高电流而造成焊条药皮发红问题,即可使用较大的电流(比手工焊大 5 ~ 10 倍)。因此,熔深大,生产率较高。对于 20 mm 以下的对接焊可以不开坡口,不留间隙,这就减少了填充金属的数量。

(2)焊缝质量高。对焊接熔池保护较完善,焊缝金属中杂质较少,只要焊接工艺选择恰当,较易获得稳定、高质量的焊缝。

(3)劳动条件好。除了减轻手工操作的劳动强度,电弧弧光埋在焊剂层下,没有弧光辐射,劳动条件较好。埋弧自动焊至今仍然是工业生产中最常用的一种焊接方法。它适用于批量较大,较厚较长的直线及较大直径的环形焊缝的焊接,广泛应用于化工容器、锅炉、造船、桥梁等金属结构的制造。

这种方法也有不足之处,如不及手工焊灵活,一般只适合于水平位置或倾斜度不大的焊缝;工件边缘准备和装配质量要求较高、费工时;由于是埋弧操作,看不到熔池和焊缝的形成过程。因此,必须严格控制焊接规范。

2.3 水电站埋弧自动横焊机选型

Auto SAHW - A 水电压力钢管埋弧横焊机是南京奥特第四代自动焊产品,主要用于圆筒型立式圆筒体的环缝横向埋弧焊接。该设备具有工作环境适应面广、焊接效率高、操作维护简单的突出特点,可实现内外壁的横焊缝焊接。

2.4 焊接设备主要性能参数

埋弧自动横焊设备采用南京奥特电气有限公司生产的水电压力钢管埋弧横焊机,型号为 Auto SAHW - A,主要技术参数如下:

(1)适应直径:8 m 以上立式圆筒型储罐或筒体;

(2)适应材质:低碳钢、合金钢、高强钢;

(3)适用板厚:8 ~70 mm;

(4)坡口形状:V、X 型坡口;

(5)适用位置:平面对接及搭接、内外角焊缝;

(6)适用焊丝:ϕ2.4 mm、ϕ3.2 mm、ϕ4.0 mm 埋弧焊丝,ϕ1.0×1.0 mm 碎丝;

(7)焊接对接焊缝时,V 型坡口经过手工焊或手工气体保护焊打底后,添加碎丝可一次焊接成型。

3 水电站压力钢管埋弧自动横焊焊接工艺评定

前期的焊接工艺评定研究就是主要解决焊接工艺参数,包括焊接坡口形式、焊接材料与焊接设备的配合以及焊丝与焊剂的匹配、焊接温度控制等问题,为正式焊接提供必要的工艺保证。

由于溧阳引水系统 9.2 m 压力钢管主要有 Q345D 和 600 MPa 级钢,因此本项目焊接工艺评定主要涉及 Q345D 和 600 MPa 级高强钢两种钢材,钢材采用湖南华菱湘潭钢铁有限公司生产的 Q345D 钢板、上海宝山钢铁有限公司生产的 B610CF 钢板。

3.1 Q345D 低合金钢材质力学性能和工艺性能

湘钢 Q345D 钢板主要性能及工艺性能见表 1。

表 1 Q345D 钢板力学性能和工艺性能

厚度范围	屈服强度 σ_s(MPa)	抗拉强度 σ_b(MPa)	延伸率 δ_5(%)	冷弯试验(180°) $d=3a$	冲击试验	
					横向 V 型冲击功(温度 -20 ℃) Akv(J)	5% 应变时效(温度 0 ℃) kvs(J)
16 ~40 mm	≥335	470 ~630	≥21	完好	≥34	≥27
40 ~62 mm	≥325	470 ~630	≥20	完好	≥34	≥27

3.2 600 MPa 级高强钢材质力学性能和工艺性能

宝钢 B610CF 钢板主要性能及工艺性能要求见表 2。

表 2　B610CF 钢板力学性能和工艺性能

厚度范围	屈服强度 σ_s(MPa)	抗拉强度 σ_b(MPa)	延伸率 δ_5(%)	冷弯试验(180°) $d=3a$	冲击试验	
					横向 V 型冲击功(温度 -20 ℃) Akv(J)	5% 应变时效(温度 0 ℃) kvs(J)
30 ~ 62 mm	≥490	610 ~ 730	≥17	完好	≥47	≥34

3.3　创新焊接坡口设计

根据传统的“带钝边双单边 Y 形”坡口开展埋弧自动横焊焊接工艺评定，确定初始坡口夹角 $\alpha=30°$，探伤出现未焊透和夹渣缺陷；增大坡口夹角分别为 $\beta=45°$、$\gamma=60°$时仍会出现局部夹渣缺陷。通过大量试验，摒弃传统坡口型式限制，创新坡口型式。重新命名为“带钝边非对称 K 形坡口”，改变原有对接坡口单边直角型式，增加小角度坡口，使焊接熔池表面的熔渣更容易排出，彻底解决了工艺评定试板焊接夹渣缺陷。坡口型式见图 1、图 2。

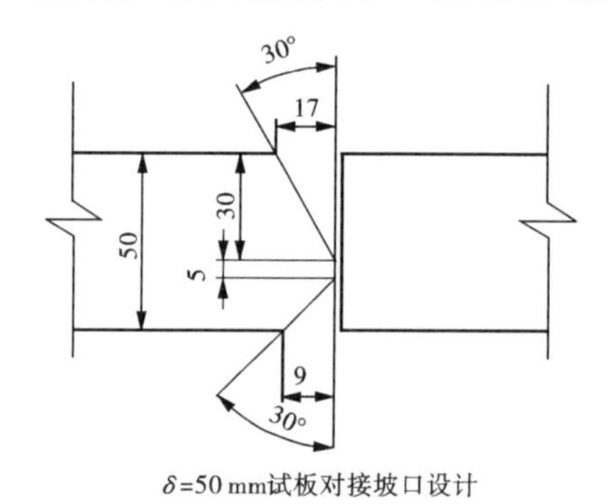

δ=50 mm试板对接坡口设计

图 1　传统坡口型式

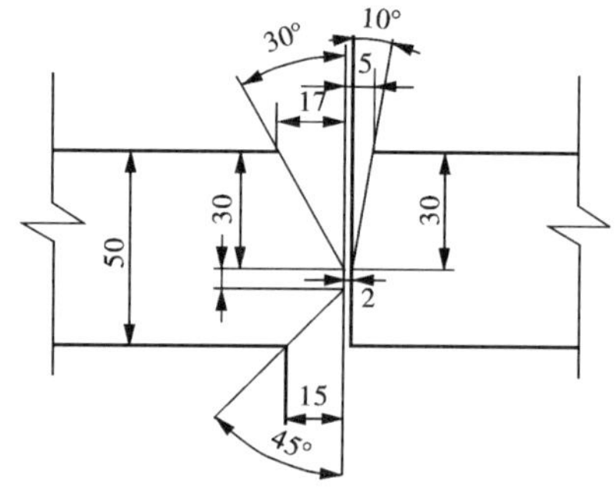

埋弧自动横焊δ=50 mm焊评试板对接坡口设计

图 2　创新坡口型式

4　水电站压力钢管埋弧自动横焊生产性试验

横焊技术要直接在正式生产中运用，风险很大，因此进行生产性验证很有必要，针对埋弧自动横焊技术，要大量在生产中应用，必须培训大批熟练操作工人，如何兼顾焊接工艺评定以及操作人员培训的试验装置，本工程进行了创新研究。

(1)本装置开发具有结构简单、通用性强、制作安装方便、成本低廉的优点，基本实现焊剂的 100% 回收，本试验工装结构见图 3。

(2)曲面试板使用简要说明：

①将两支撑立柱机构 3 安装在轨道 5 上；②曲面模拟轨道 2、曲面试板 4 分别安装在两个立柱 3 上固定；③将横焊机行走机构 1 - 1 悬挂在试验装置轨道 2 上；④调整横焊机支撑滚轮机构沿试板 4 上可以进行滚动；⑤焊剂回收机构分别位于横焊机的左右两侧，11、12、13、14 均为限位装置；⑥依次进行曲面试板的正缝、背缝焊接。

本装置直面试验原理基本与曲面相同，只是立柱间距缩短，在此不再赘述。

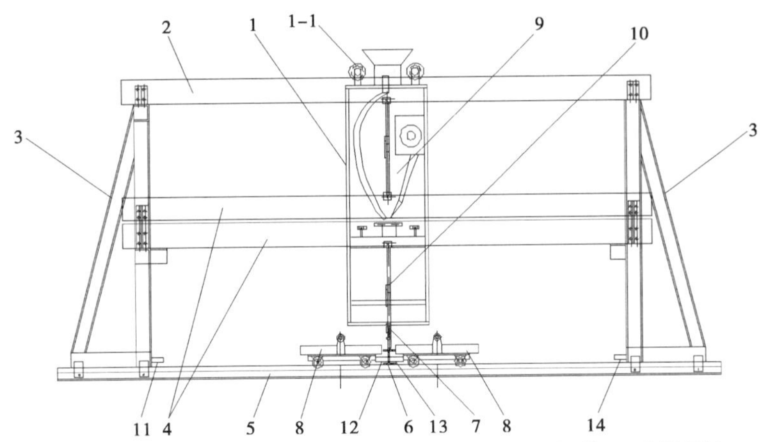

1—横焊机;2—支撑轨道;3—支撑立柱机构;4—试板;5—轨道;6—支撑顶杆;
7—试板支撑机构;8—焊剂回收箱;9—上辅助支撑机构;10—下辅助支撑机构;
11,12,13,14—定位块;1—1—移动机构

图3 多功能生产性试验装置简图(曲面试板)

5 水电站压力钢管埋弧自动横焊生产实践

5.1 埋弧自动横焊施工工艺流程

埋弧自动横焊施工工艺流程见图4。

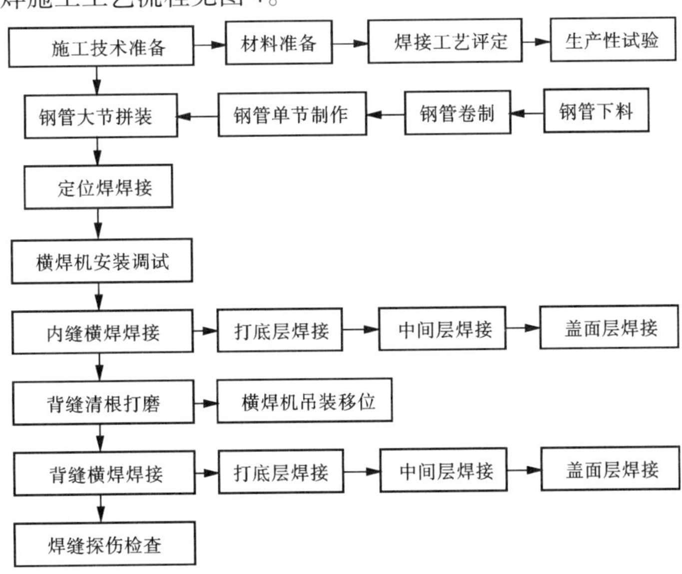

图4 埋弧自动横焊施工工艺流程

5.2 埋弧自动横焊焊接工艺参数

通过大量现场试验,确定压力钢管焊接工艺参数见表3。

5.3 无损探伤TOFD探伤新技术

5.3.1 TOFD探伤新技术介绍

由于TOFD属于新兴无损探伤新技术,与传统UT和RT比较,具有使用方便、检测时间短、现场不需要封闭、检测结果可永久保存等优点,取代RT无损探伤是水电行业的发展趋势,我们在规范要求的探伤比例基础上,加大了探伤比例(100%探伤)见图5、图6。

表3　压力钢管焊接工艺参数

焊道（焊层）	焊接方法	填充材料		焊接电流		电弧电压（V）	焊接速度（cm/min）	线能量（kJ/cm）
		牌号	直径	极性	电流（A）			
1	SAW	CHW－S3焊丝＋CHF101焊剂	ϕ4.0	直流	380～420	29～31	35～45	14.7～22.3
2—6					430～480	29～32	40～50	14.9～13.0
7					400～450	26～28	35～45	13.9～21.6
8—15					460～550	30～32	40～75	11.1～26.4
16—23					470～550	30～32	45～75	11.3～23.4

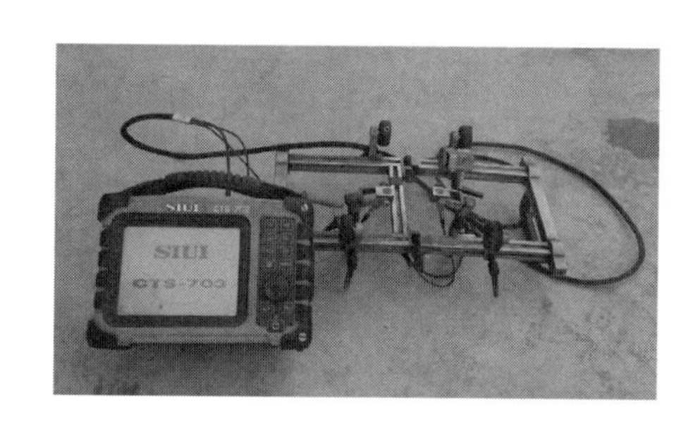

图5　TOFD检测设备简图

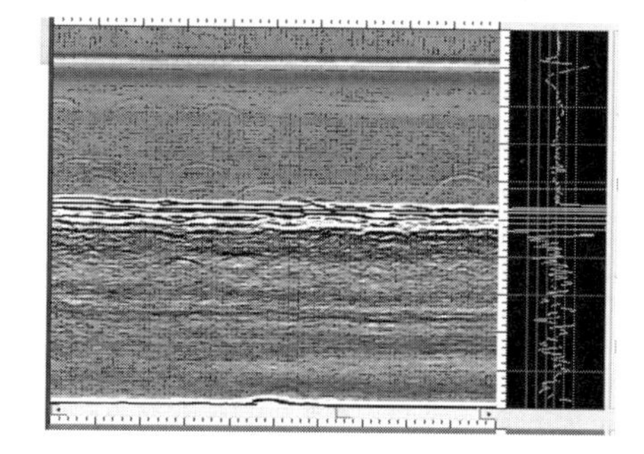

图6　TOFD检测H型焊缝图谱

5.3.2　采用埋弧自动横焊技术与手工焊条焊质量对比

根据对课题管节采用埋弧自动横焊技术试验研究的一次探伤合格率与其他采用手工焊条焊的管节探伤一次合格率比较，可以看出，采用本课题埋弧自动横焊技术，一次合格率高出一个多百分点，焊接质量好、外形美观、生产率高，见表4。

表4　埋弧自动横焊技术与其他焊接方法质量对比

管节号	材质	环缝探伤一次合格率（%）		环缝探伤一次合格率平均值（%）		其他管节环缝手工焊探伤一次合格率平均值（%）	
		UT	TOFD	UT	TOFD	UT	TOFD
1Y105－106	B610CF	100	99.7	100	99.85	99.4	98.2
2Y131－132		100	100				
1Y64－65	Q345D	100	100	100	99.8	99.6	98.35
2Y77－78		100	99.6				

6　实施效果

本项目引水系统共分1#引水系统、2#引水系统两个分部工程，中国水利水电第三工程局有限公司采用埋弧自动横焊技术，于2013年11月至2015年10月在江苏抽水蓄能电站地下厂房工程1#、2#引水系统上平段、竖井段部分压力钢管施工中得到应用。

采用埋弧自动横焊技术施工费用与原手工焊条焊接施工方法费用比较，由于埋弧自动横焊焊接熔覆率高、需要焊工少、电费消耗小,以9.2 m直径单个管节计算,可以节省费用约6 700元;埋弧自动横焊综合单件:平均305 元/ m,埋弧手工焊条焊综合单件:平均537元/m,两个分部工程按约1万m焊缝计算,可以节省资金约232万元。另外,独立设计研制了一种新型试验装置,具有焊接工艺评定、生产性试验、焊工培训三种功能,节省费用约56万元,合计节省资金约288万元,经济效益显著。

采用埋弧焊接的钢管,优良率达到100%,远高于其他压力钢管平均优良率97.5%的水平,TOFD探伤一次合格率平均达到99.6%,高于其他钢管平均98.3%的水平。

7 结 语

溧阳首次将埋弧自动横焊技术在国内水电站压力钢管施工中运用,创新设计了一种生产性试验装置,具有焊接工艺评定、生产性试验验证、焊工培训多种功能,在今后类似施工中推广,将大大节省施工成本。研究总结出了成熟的埋弧自动横焊施工工法,并在溧阳引水系统9.2 m直径压力钢管施工中运用。该工法具有施工效率高、焊接质量稳定、缩短工期、现场文明施工条件改善等优点,对于在水电站大型压力钢管制作安装,提供了新的先进工艺。

埋弧自动横焊技术具有焊接质量稳定、一次探伤合格率高、现场文明施工得到显著改善等优点,在行业推广后,对于工程提高功效、缩短工期、降低成本意义重大。

低热硅酸盐水泥在抗冲磨混凝土中的应用研究

计　涛　纪国晋　陈改新　刘艳霞

（中国水利水电科学研究院，北京　100038）

摘　要　为从源头上解决抗冲磨混凝土易开裂的问题，提出采用低热硅酸盐水泥（简称低热水泥）替代传统的中热硅酸盐水泥（简称中热水泥）。研究和分析了低热水泥和中热水泥抗冲磨混凝土的力学性能、变形性能、抗裂性能、热学性能及其随龄期的发展规律。结果表明，低热水泥的早期强度较低，后期强度及增长率高，各龄期水化热均明显低于中热水泥；低热水泥抗冲磨混凝土的后期强度高，后期极限拉伸值大，绝热温升低且温峰出现的时间延迟，综合抗裂性能好。低热水泥抗冲磨混凝土具有“高强、低热、高抗裂”的特点，可有效减少混凝土裂缝的产生。

关键词　抗冲磨混凝土；低热水泥；水化热；抗裂性

1　研究背景

抗冲磨混凝土是以抵抗含沙高速水流冲刷破坏为目的的特种混凝土，由于其强度等级高，胶凝材料用量大，混凝土的水化放热量高，温控防裂的难度较大，混凝土裂缝控制不当易导致高速水流过流面的破坏。目前和今后兴建的白鹤滩、乌东德、茨哈峡、松塔等一批大型高水头电站，泄洪建筑物的泄水流速可达 40～50 m/s，且泄洪时间长，水流含沙多，因此如何在足够高的强度、抗裂性以及尽可能低的温升之间寻找平衡点是抗冲磨混凝土设计的难点。

低热水泥是以 C_2S 为主导矿物，具有水化热低、温峰时间延迟、良好的工作性、后期强度增长率高、优良的抗裂性能等特性，可从源头上解决混凝土的温升问题，有效防止混凝土的开裂。近年来，低热水泥已在导流洞、泄洪洞、消力池、地下厂房等温控难度大的工程部位实现规模应用，并在大坝部分坝段示范应用，共使用低热水泥近 100 万 t，浇筑混凝土 500 多 m^3，温控防裂效果显著。如向家坝工程消力池部位共浇筑低热水泥抗冲磨混凝土 50 万 m^3，最高温度比中热水泥混凝土低 6.5～7.1 ℃，无明显裂缝，而中热水泥混凝土发现 131 条裂缝。溪洛渡水电站左岸泄洪洞浇筑采用低热水泥混凝土，有效地降低了混凝土的温控成本，取得了较好的经济效益。白鹤滩水电站导流洞施工采用低热水泥混凝土，底板混凝土和顶拱混凝土基本未出现裂缝，左岸导流洞边墙部位仅出现 18 条裂缝，混凝土抗裂性能优良。

2　低热水泥的性能特点

2.1　低热水泥的基本性能

水泥的基本物理性能见表 1。可以看出，两种水泥的矿物成分相差较大，低热水泥的高

基金项目：国家科技支撑计划（2013BAB06B02）。

作者简介：计涛（1978—），男，高级工程师，主要从事水工材料的开发和应用研究。E-mail：jitao@ iwhr.com。

C_2S、低 C_3S 决定了其早期水化活性较低。低热水泥 3 d、7 d 和 28 d 抗压强度分别为中热水泥的 56%、67% 和 84%,3 d 和 7 d 的水化热分别为中热水泥的 79% 和 82%。

表 1 水泥的物理性能

水泥品种	密度 (g/cm³)	比表面积 (m²/kg)	标准稠度 (%)	抗压强度(MPa)			水化热(kJ/kg)		矿物成分(%)			
				3 d	7 d	28 d	3 d	7 d	C_3S	C_2S	C_3A	C_4AF
中热水泥	3.19	317	25.0	27.0	36.3	54.9	246	282	53.0	24.3	0.6	16.3
低热水泥	3.20	351	26.0	15.2	24.4	46.0	194	232	33.0	44.1	1.3	15.4

2.2 低热水泥的长期强度

硅酸盐相是影响水泥强度的主要因素,一般认为 C_3S 不仅控制着水泥的早期强度,而且影响后期强度,而 C_2S 对早期强度影响不大,却是决定后期强度的主要因素。

从水泥强度随龄期变化曲线(见图 1)可知,低热水泥的早期强度偏低,但后期强度增长率较快,90 d 以后强度均高于中热水泥。低热水泥掺 20% Ⅰ级粉煤灰后,早龄期粉煤灰参与水化反应很少,强度基本由水泥本体贡献,后期由于粉煤灰水化活性效应的发挥,其强度增长率迅速增加,270 d 以后强度与低热水泥接近。

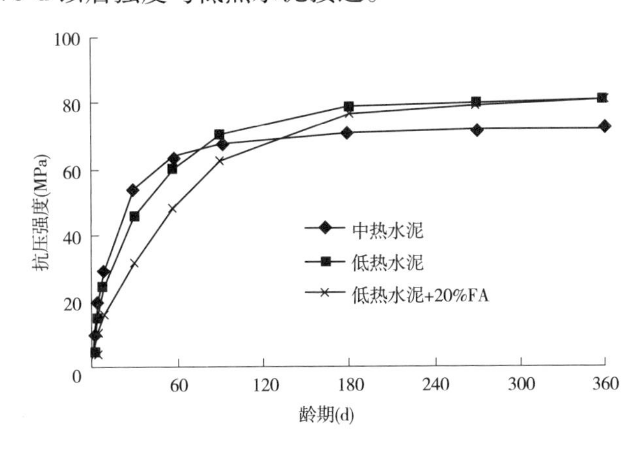

图 1 水泥强度随龄期变化曲线

2.3 低热水泥的长期水化热

C_2S 早期水化速度慢,但水化时间长,水化放热平缓,因此低热水泥的长期水化热及与中热水泥的关系是影响其应用的关键之一。从水泥水化热随龄期变化曲线(见图 2)可知,低热水泥各龄期的水化热均低于中热水泥,尽管后期强度高于中热水泥,但水化热仍较低,28 d 后低热水泥与中热水泥的水化热之比为 85% ~88%。因此,使用低热水泥可以有效降低混凝土的温升。低热水泥掺 20% Ⅰ级粉煤灰后,水化热呈下降趋势,表明粉煤灰的掺入有助于降低胶凝体系的水化放热。

3 低热水泥抗冲磨混凝土的性能特点

高流速抗冲磨混凝土的设计强度等级可达 $C_{90}50$ ~ $C_{90}60$,水胶比低至 0.30 ~0.35,因此水泥用量大幅增加,采用中热水泥混凝土的 28 d 绝热温升普遍在 35 ℃以上,温控防裂难度

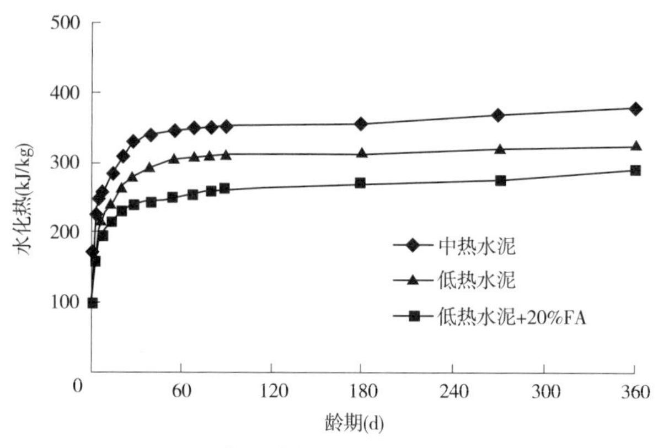

图 2 水泥水化热随龄期变化曲线

增大,采用低热水泥可缓解混凝土高强度与温控防裂之间的矛盾,混凝土的强度等级越高,水泥用量越大,低热水泥的优势越明显。

以导流洞底板 $C_{90}35$ 强度等级抗冲磨混凝土为例,在同配比的条件下,开展中热水泥、低热水泥混凝土的性能研究。试验采用中低热水泥、I 级粉煤灰、灰岩人工骨料、萘系高效减水剂和引气剂,混凝土的水胶比为 0.45,粉煤灰掺量为 35%,砂率为 35%,单方用水量为 110 kg/m^3。

3.1 低热水泥混凝土的力学性能

混凝土的力学性能试验结果见表 2。从试验结果看,低热水泥混凝土的 7 d 强度较低,28 d 强度接近,90 d 以后强度均超过中热水泥。一般抗冲磨混凝土的设计龄期较长,浇筑后投入运行的时间更长,因此采用低热水泥可发挥其后期强度增长率大的优势。

表 2 混凝土力学性能试验结果

水泥品种	抗压强度(MPa)				劈拉强度(MPa)				轴拉强度(MPa)			
	7 d	28 d	90 d	180 d	7 d	28 d	90 d	180 d	7 d	28 d	90 d	180 d
中热水泥	19.1	31.1	45.3	48.2	1.28	2.31	2.98	3.37	1.76	2.95	3.76	4.30
低热水泥	11.7	29.5	51.7	57.8	0.83	2.20	3.06	3.92	1.26	2.70	3.85	4.46
低热/中热(%)	61	95	114	120	65	95	103	116	72	92	102	104

3.2 低热水泥混凝土的变形性能

混凝土极限拉伸值和弹性模量试验结果见表 3。可以看出,低热水泥混凝土 7 d 极限拉伸和弹性模量较低,28 d 后极限拉伸和弹性模量接近或略高于中热水泥混凝土。低热水泥混凝土和中热水泥混凝土的干缩率和自生体积变形相当,见图 3 和图 4。

表 3 混凝土极限拉伸、弹性模量试验结果

水泥品种	极限拉伸值($\times10^{-6}$)				轴拉弹性模量(GPa)				抗压弹模模量(GPa)			
	7 d	28 d	90 d	180 d	7 d	28 d	90 d	180 d	7 d	28 d	90 d	180 d
中热水泥	59	90	103	115	32.7	37.8	40.9	40.2	31.6	37.2	42.8	42.9
低热水泥	53	85	112	118	27.1	35.2	39.0	41.1	25.4	36.2	42.5	42.7
低热/中热(%)	90	94	109	103	83	93	95	102	80	97	99	100

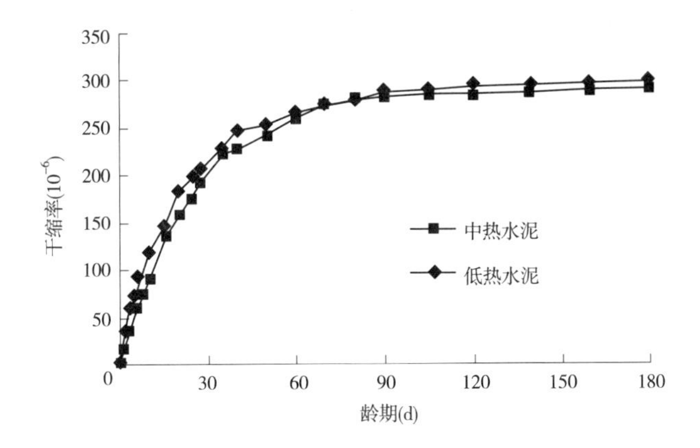

图 3 混凝土干缩率随龄期变化曲线

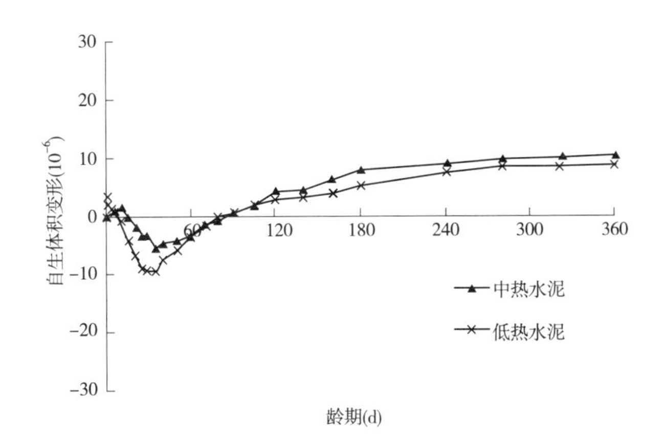

图 4 混凝土自生体积变形曲线

3.3 低热水泥混凝土的早期抗裂性能

采用平板法的混凝土抗裂性能试验结果见表 4。可以看出,低热水泥混凝土的开裂时间延迟,产生的裂纹细微,裂缝数目、裂缝平均开裂面积及单位面积上的总开裂面积均远远小于中热水泥混凝土。因此,采用低热水泥可以提高混凝土早期的抗裂性能。

表 4 混凝土抗裂性能试验结果(平板法)

水泥品种	开裂时间 (h:min)	裂缝数量 (条)	裂缝宽度 (mm)	裂缝平均开裂面积 (mm^2/条)	单位面积的开裂裂缝数量 (条/m^2)	单位面积上的总开裂面积 (mm^2/m^2)	抗裂性等级
中热水泥	09:00	58	0.01~0.12	1.72	161	276	Ⅳ
低热水泥	10:30	34	0.01~0.05	0.93	94	88	Ⅲ

3.4 低热水泥混凝土的热学性能

混凝土绝热温升过程曲线见图 5。从试验结果看,低热水泥混凝土的绝热温升较低,3 d 时温差为 6.6 ℃,5 d 为 7.5 ℃,28 d 为 6.4 ℃,各龄期的平均温差为 7.2 ℃。混凝土浇筑后一般 3~5 d 温升达到最高值,因此采用低热水泥可有效降低混凝土的最大温升且温峰出现

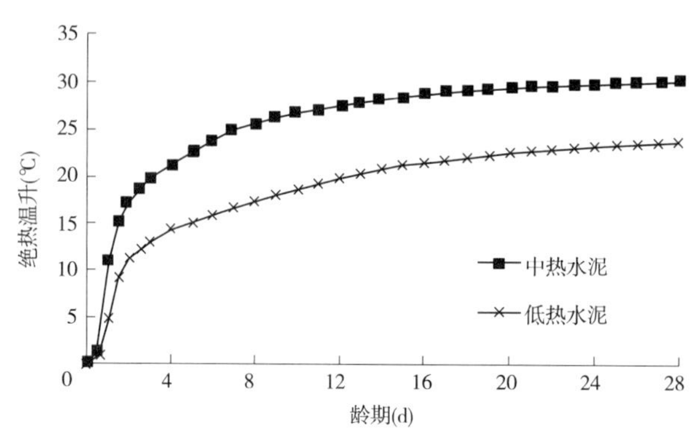

图 5　混凝土的绝热温升实测过程曲线

的时间延迟，有利于混凝土的温控防裂。

4　低热水泥混凝土的综合抗裂性分析

混凝土在温度、湿度变化和基础约束的作用下，会产生很大的约束应力，容易产生裂缝。仅考虑材料的性能，影响混凝土抗裂性的因素可分为两类：一类是对抗裂性有利的因素，如提高极限拉伸和抗拉强度、增加徐变、降低弹性模量、增加自生体积膨胀变形等；另一类是对抗裂性不利的因素，如干缩、温降收缩变形、自生体积收缩变形等。综合考虑各项因素，采用的抗裂系数计算公式如下：

$$K = \frac{\varepsilon_p + R_L \cdot C + G}{\alpha \cdot T_r + \varepsilon_s} \tag{1}$$

式中：ε_p 为极限拉伸值，10^{-6}；ε_s 为干缩率，10^{-6}；R_L 为轴拉强度，MPa；C 为徐变度，10^{-6}/MPa；G 为自生体积变形，10^{-6}；α 为线膨胀系数，10^{-6}/℃；T_r 为绝热温升，℃。

抗冲磨混凝土浇筑后表面都要采取保温保湿措施，因此抗裂性计算不考虑干缩的影响。混凝土抗裂系数计算结果见表 5。从计算结果看，各龄期低热水泥混凝土的抗裂系数均有提高，7 d、28 d、90 d 和 180 d 龄期的抗裂系数比中热水泥混凝土分别提高了 46%、23%、33% 和 25%。

表 5　混凝土抗裂系数计算结果

龄期(d)	水泥品种	极限拉伸值 ε_p (10^{-6})	轴拉强度 R_L (MPa)	徐变度 C (10^{-6}/MPa)	自生体积变形 G(10^{-6})	线膨胀系数 α (10^{-6}/℃)	绝热温升 T_r (℃)	抗裂系数 K	抗裂系数比 (%)
7	中热水泥	59	1.76	35	0.8	5	24.7	0.98	100
	低热水泥	53	1.26	50	0.4	5	16.6	1.40	146
28	中热水泥	90	2.95	18	−3.3	5	30.1	0.93	100
	低热水泥	85	2.7	22	−9.3	5	23.7	1.14	123
90	中热水泥	103	3.76	13	0.7	5	31.9	0.96	100
	低热水泥	112	3.85	13	0.5	5	25.6	1.27	133
180	中热水泥	115	4.3	10	7.8	5	32.3	1.03	100
	低热水泥	118	4.46	10	5.1	5	26.1	1.29	125

5 结　论

通过试验揭示了低热水泥具有高强度和低水化热的特点：①早期强度低，但后期强度增长率较快，90 d 以后强度均高于中热水泥。②各龄期水化热均明显低于中热水泥，28 d 后低热水泥与中热水泥的水化热之比为 85% ~88%。

与中热水泥相比，低热水泥配制的抗冲磨混凝土具有明显的优势，混凝土的后期强度高，后期极限拉伸值大，早期抗裂性好，绝热温升低且温峰出现的时间延迟。

抗裂系数计算表明，低热水泥混凝土的综合抗裂性能好，7 d、28 d、90 d 和 180 d 抗裂性能比中热水泥混凝土分别提高了 46%、23%、33% 和 25%。

以上研究表明，采用低热水泥可以配制出"高强、低热、高抗裂"的抗冲磨混凝土，有效减少混凝土的温度裂缝，解决了抗冲磨混凝土易开裂破坏的问题。因此，低热水泥是制备抗冲磨混凝土较为理想的胶凝材料。

参考文献

[1] 计涛，纪国晋，陈改新. 低热硅酸盐水泥对大坝混凝土性能的影响[J]. 水利发电学报，2012，31(4)：207-210.

[2] 隋同波，范磊，文寨军，等. 低能耗、低排放、高性能、低热硅酸盐水泥及混凝土的应用[J]. 中国材料进展，2009，28(11)：46-52.

[3] 王显斌，文寨军. 低热硅酸盐水泥及其在大型水电工程中的应用[J]. 水泥，2014(11)：22-25.

[4] 虎永辉，姚云德，罗荣海. 低热硅酸盐水泥在向家坝工程抗冲磨混凝土中的应用[J]. 水电与新能源，2014(2)：38-42.

[5] 孙明伦，胡泽清，石研，等. 低热硅酸盐水泥在泄洪洞工程中的应用研究[J]. 人民长江，2011，42(z2)：157-159.

[6] 杨富亮. 低热硅酸盐水泥在溪洛渡水电站左岸泄洪洞工程中的应用[C]//第八届全国混凝土耐久性学术交流会论文集，2012.

[7] 陈荣，娄鑫. 低热硅酸盐水泥在白鹤滩水电站导流洞工程中的应用[J]. 水利水电技术，2015，46(z2)：1-4.

[8] 张华刚. 硅质原料性质对水泥生料易烧性的影响[J]. 水泥，1998(6)：12-15.

[9] 黄国兴. 试论水工混凝土的抗裂性[J]. 水力发电，2007，33(7)：90-93.

水性环氧混凝土在青海共玉高速伸缩缝中的应用

崔　巩[1,2]　尹　浩[1,2]　冉千平[1,2]　周华新[1,2]　孙德文[1,2]

(1. 江苏苏博特新材料股份有限公司,南京　211103;
2. 高性能土木工程材料国家重点实验室,南京　210003)

摘　要　本文通过对水性自乳化固化剂的结构控制,实现较小的水性环氧乳液粒径120 nm,通过正交试验优选了聚灰比,水灰比和早强剂的掺量,实现了青海共玉高速低温早强混凝土配合比设计。结果如下:在最佳配合比下实现混凝土抗压强度1 d达30 MPa以上,28 d为69.5 MPa,28 d抗折强度为8.9 MPa。同时,具有优异的抗渗性、抗氯离子渗透性、抗冻性,以及较低的收缩性能,实现水性环氧混凝土的耐久性和长期性能的进一步提升。

关键词　水性;环氧树脂;混凝土;早强;耐久性

1　前　言

青海省共和—玉树高速公路(以下简称共玉高速)是我国在青藏高原冻土区修筑的第一条高速公路,地理和水文地质条件复杂,具有海拔高、昼夜温差大,常年受冻等地域特性,全线300余座高架桥,桥梁伸缩缝众多。

近年来,在公路桥梁伸缩缝中,为了克服采用高强钢纤维混凝土填充的伸缩缝养护时间较长和容易引起“跳车”的缺点,各地开始尝试使用环氧树脂混凝土作为伸缩缝的填充料。现有环氧树脂混凝土一般采用E44型环氧树脂和乙二胺固化剂,同时使用二丁酯作为稀释剂与水泥、砂石按比例拌和均匀而成,这就造成一方面E44环氧树脂黏度较大,不易施工,乙二胺的饱和蒸汽压高,毒性较大;另一方面,使用丙酮作为稀释剂导致环氧树脂固结体收缩较大,不适用于大体积施工。同时,在潮湿或有水基面施工时不能形成有效的界面黏结,影响浇筑结构的整体性与耐久性。

作为特种建筑材料之一的水性环氧树脂,由于不仅具有上述环氧树脂的优异性能,而且具有在潮湿或有水基面黏结强度较高的特性,有利于提高浇筑结构的整体性与耐久性,已被广泛应用于土木与建筑工程领域。目前水性环氧树脂大致分为两类:一类是水性自乳化固化剂乳化油性环氧树脂体系;另一类是乳化剂预先乳化油性环氧树脂体系。先乳化水性体系使用了一定含量的非活性乳化剂,其在成膜固化后易迁移至表面,导致表面失去光泽、耐水性变差等特性,影响了结构的耐久性。自乳化法在某种程度上可以克服上述缺点,因为亲水基团或乳化剂已经接枝到固化剂分子结构中,随着固化反应永久地保留在环氧固结体内。

本工程中采用具有相对优势性能的自乳化法工艺生产水性环氧乳液。通过红外光谱验

作者简介:崔巩(1983—),硕士,主要从事高性能混凝土和环氧修补加固研究工作。

证水性环氧树脂固化剂的结构,并且验证了其乳化油性环氧树脂 E51 的能力,分别测试了固化剂的分子粒径和乳液粒径。将制备好的水性环氧乳液添加到水泥混凝土体系中,通过正交实验初步优选聚灰比、水灰比和早强剂的掺量。同时,通过评价环氧树脂改性混凝土的干缩性能,进一步优选乳液的最佳掺量。最后,系统评价最佳配比条件下混凝土的拌和物性能、力学性能和包括抗渗、碳化、抗冻和收缩等耐久性相关的性能。

2 试验部分

2.1 试验原材料

双酚 A 型环氧树脂(E51):NPEL128 型,工业级,环氧当量 187 g/Eq,昆山南亚环氧树脂厂;

三乙烯四胺(TETA):工业级,亨斯曼公司;

聚乙二醇(PEG1000),工业级,江苏苏博特新材料股份有限公司;

三氟化硼乙醚,试剂级,国药集团化学试剂有限公司;

水泥 P·Ⅱ52.5,江南 - 小野田水泥有限公司;

复合早强剂:SBTJM - Ⅰ型,江苏苏博特新材料股份有限公司;

减水剂:PCA - Ⅰ型,减水率 40% 以上,江苏苏博特新材料股份有限公司;

砂:河砂,细度模数 2.9;

石子:5 ~ 10 mm 小石子和 10 ~ 20 mm 大石子单级配碎石。

2.2 水性环氧乳液的制备

先将环氧树脂 E51 和自乳化水性环氧固化剂按环氧 - 胺氢等摩尔比搅拌至均匀的乳白色液体,再将计量的水分两批次加入上述乳白色液体中,边搅拌边加入,最后搅拌均匀即得水性环氧乳液。如图 1 所示,该自乳化固化剂的分子粒径为 5.58 nm,其乳化 E51 的乳液粒径为 120 nm。

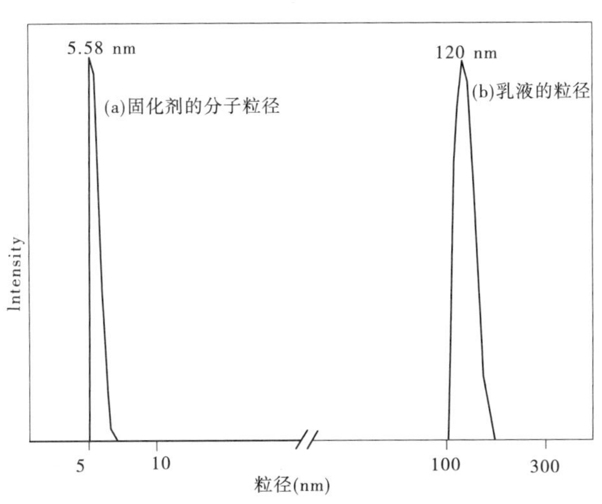

图 1 粒径分布图

2.3 水性环氧树脂混凝土的配置

本文总体开发思路是将水性环氧乳液作为功能性掺合料外掺至水泥混凝土中,基准混凝土的配合比如表 1 所示。

表 1　基准混凝土的配合比　　（单位:kg/m^3）

水泥	砂	石	水	减水剂
400	668	1 239	140	3(0.75%)

2.4　正交试验设计

在众多影响因素中,聚灰比(P/C)、水灰比(W/C)和早强剂掺量(W_{ACC})是影响水性环氧混凝土在低温环境下应用的最关键的三个因素。本文针对每个因素考察三个水平。使用 $A_9(3^3)$ 正交表安排试验(见表 2)。

表 2　正交试验表

水平	聚灰比(P/C)	水灰比(W/C)	早强剂掺量(W_{ACC})
1	0.05	0.3	0.2%
2	0.10	0.35	0.4%
3	0.15	0.4	0.6%

3　试验结果与讨论

3.1　固化剂的结构

水性环氧自乳化固化剂的结构必须具有既能乳化普通液体环氧树脂的亲水 - 亲油链段,而且必须具备能够固化环氧树脂的活泼氢。水性环氧固化剂的合成工艺路线如图 2 所示。

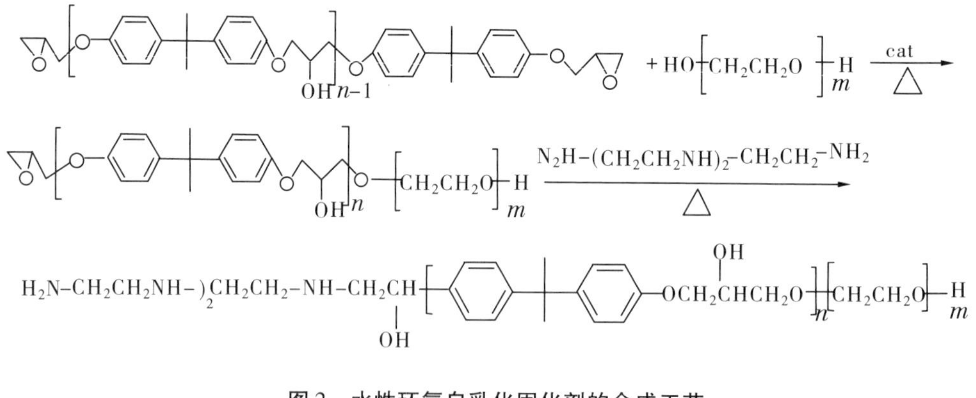

OH　$n-1$　$+HO[CH_2CH_2O]_mH$　cat　△

OH　n　$[CH_2CH_2O]_m$—H　$N_2H-(CH_2CH_2NH)_2-CH_2CH_2-NH_2$　△

$H_2N-CH_2CH_2NH-)_2CH_2CH_2-NH-CH_2CH$—OH　OH　OCH_2CHCH_2O　n　$[CH_2CH_2O]_m$—H

图 2　水性环氧自乳化固化剂的合成工艺

图 3 为合成产物的红外光谱图。聚乙二醇 1 000 和环氧树脂开环加成反应的产物红外光谱图如图 3(a)所示。1 108 cm^{-1}是聚乙二醇结构中醚键的特征伸缩振动峰;916 cm^{-1}为环氧树脂结构中环氧基的特征伸缩振动峰,1 607 cm^{-1}、1 456 cm^{-1}、1 248 cm^{-1}为环氧树脂中芳香环的特征峰,因此可以判断亲水性的聚乙二醇成功与环氧树脂发生开环反应,形成了亲水 - 亲油结构。该反应中间体与 TETA 继续反应的产物即为水性环氧树脂固化剂,其红外光谱如图 3(b)所示。一方面,环氧基的特征峰(916 cm^{-1})消失说明了反应很彻底;另一

方面,由于 TETA 结构中的胺基的特征峰与环氧开环后的羟基特征峰的重叠效应使得该特征峰发生红移现象,即由 3 446 cm^{-1}缩小至波数 3 298 cm^{-1}处,说明了 TETA 成功加成了产物结构上。

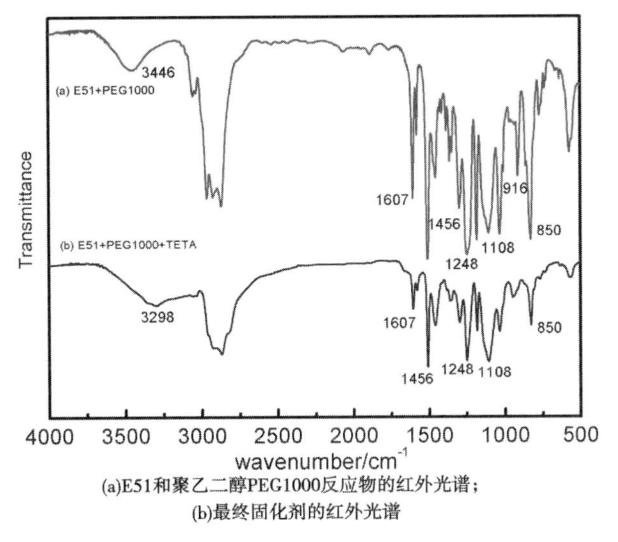

图 3 合成产物的红外光谱图

3.2 极差分析

本文采用极差分析方法分析了聚灰比、水灰比和早强剂掺量对 7 d 抗压强度影响权重。以 7 d 抗压强度为评价指标数据表及其极差分析结果如表 3 所示。均值 1 是第 1 水平下对应评价指标的平均值,以此类推。通过图 4 所示的每个因素的均值与水平的效应曲线可知,随着聚灰比的增加,水性环氧树脂混凝土的抗压强度逐步降低。原因可能是水性环氧树脂交联后形成的三维网络结构中含有的聚乙二醇软段,增加混凝土的柔性,从而降低了混凝土的抗压强度;与对普通混凝土的影响规律一样,水灰比的增加同样会降低水性环氧混凝土抗压强度;早强剂的掺量对 7 d 抗压强度的影响不大。

表 3 以 7 d 抗压强度为评价指标的极差分析表

因数	A(P/C)	B(W/C)	C(W_{ACC})	f_c(1 d)	f_c(7 d)
1	1(0.05)	1(0.3)	1(0.2%)	20.9	69.7
2	1(0.05)	2(0.35)	2(0.4%)	29	61.8
3	(0.05)	3(0.4)	3(0.6%)	30.5	55.5
4	2(0.10)	1(0.3)	2(0.4%)	27.6	62.8
5	2(0.10)	2(0.35)	3(0.6%)	29.5	55.7
6	2(0.10)	3(0.4)	1(0.2%)	14.6	47.3
7	3(0.15)	1(0.3)	3(0.6%)	24.9	51.0
8	3(0.15)	2(0.35)	1(0.2%)	12.9	47.8
9	3(0.15)	3(0.4)	2(0.4%)	16.1	41.5

续表 3

因数	A(P/C)	B(W/C)	C(W_{ACC})	f_c(1 d)	f_c(7 d)
均值 1	62.3	61.2	54.9		
均值 2	55.3	55.1	55.4		
均值 3	46.7	48.1	54.1		
极差	15.6	13.1	1.3		
因数次序	A > B > C				
最优水平	A_1	B_1	C_2		
最佳组合	$A_1B_1C_2$				

每个因素的极差是由相应均值的最大值减去最小值得到,极差越大,说明该因素对评价指标的影响越大,因此也就越重要。通过极差的大小,就可以判断因素的主次,并且确定最优组合 $A_1B_1C_2$,最终形成最优配方为聚灰比 0.05,水灰比 0.3 和早强剂掺量 0.4%。

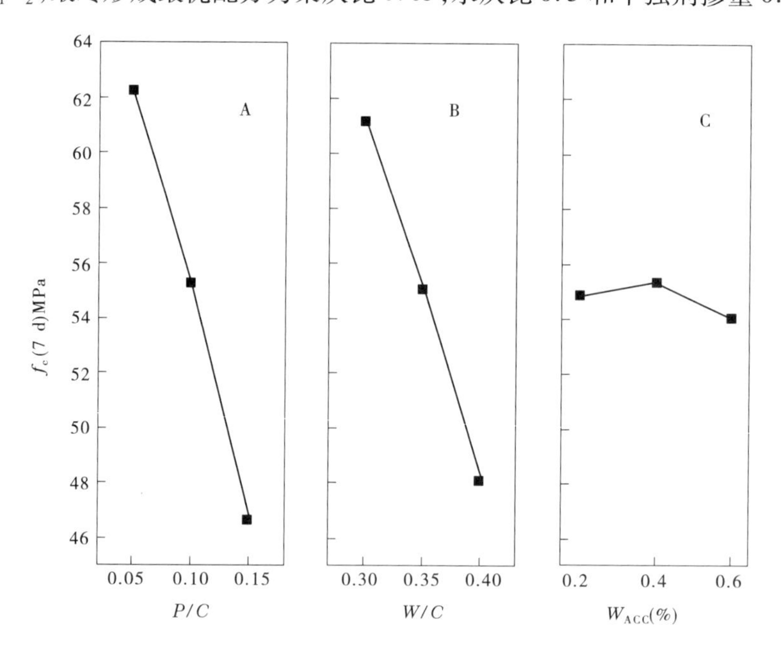

图 4　以 7 d 抗压强度为评价指标的效应曲线图

3.3　收缩性能

基准混凝土和水性环氧树脂混凝土的干缩性能如图 5 所示。干缩值呈现随着环氧树脂乳液掺量的增加先降低后增加的规律,这主要是由于环氧树脂混凝土的干缩性能是水泥水化收缩和环氧树脂交联固化收缩共同作用的结果。当聚灰比为 0.05 时,水性环氧混凝土的干缩值及其发展规律与基准混凝土相近,当掺量提高至 0.1 时,环氧树脂的化学交联与水泥水化的协同效应发挥得较好,不仅在早期能够降低混凝土的收缩,而且在后期能够保持稳定的低收缩性。当掺量提高至 0.15 时,环氧混凝土相对基准混凝土的收缩有较大幅度的提高,可能原因是当环氧树脂超掺后,富余的环氧树脂固结体包裹了水泥水化产物和填料,随着交联密度的逐渐增加,反过来把水泥相颗粒拉紧,宏观上进一步增加了混凝土的体积收缩。所以,从体积安定性的角度,环氧树脂乳液的掺量有一个合适的值,单纯地从强度指标来界定环氧树脂的最佳掺量是不合适的。

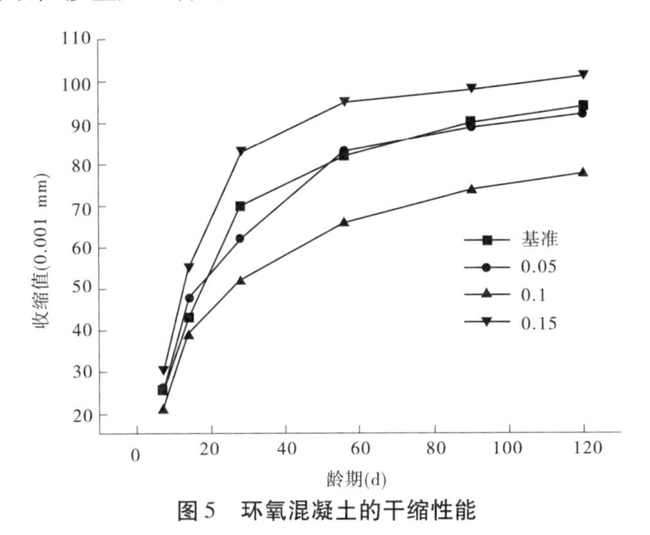

图5 环氧混凝土的干缩性能

4 结 论

通过正交试验和对干缩性能确定水性环氧乳液改性混凝土最佳配合比。在聚灰比0.1、水灰比0.35和掺0.4%的早强剂混凝土拌和物性能、力学性能和耐久性能的评价结果如表4所示。在早强剂的作用下,1 d抗压强度能够达到30 MPa以上,通过对环氧改性混凝土耐久性能的评价,验证了该产品不仅具有良好的抗渗性能和优异的抗氯离子渗透能力,而且具有比普通混凝土有更小的收缩,抗冻性可以达到F300标号。本工程使用的环氧乳液改性混凝土,提高了混凝土的抗开裂风险,具有优异的抗渗性能和抗冻性能,延长结构在长期受冻环境地区的服役寿命。

表4 最佳配合比下环氧改性混凝土的性能

项目		性能
拌和物性能	坍落度(mm)	160~180
	含气量(%)	2.3~2.7
抗压强度	1 d(MPa)	32.3
	3 d(MPa)	45.7
	7 d(MPa)	65.2
	28 d(MPa)	69.5
抗折强度,28 d(MPa)		8.9
耐久性能	28 d抗渗等级	P24
	28 d氯离子扩散系数($10^{-12}m^2/s$)	2.9
	抗冻融循环次数	F300

参考文献

[1] 邹勇. 某地区公路伸缩缝施工中环氧树脂混凝土的应用[J]. 江西建材,2014(17):152.

[2] 刘亚玲. 环氧树脂混凝土在高速公路桥梁伸缩缝中的应用[J]. 公路交通科技(应用技术版),2015(7):270-272.

[3] 张俊娟,曹升. 改性环氧树脂混凝土在桥梁伸缩缝更换中的应用[J]. 山西建筑,2015(27):168-170.

[4] 谢善芳. 环氧树脂混凝土在公路桥梁伸缩缝中的应用[J]. 西部探矿工程,2000(S1):27-28.

[5] 白岩. 环氧树脂混凝土在秦皇岛地区公路伸缩缝施工中的应用[J]. 交通科技,2013(4):112-113.

[6] 朱方,赵宝华,裘兆蓉. 环氧树脂水性化体系研究进展[J]. 高分子通报,2006(1):53-57.

[7] 施雪珍,陈铤,顾国芳. 水性环氧树脂乳液的研制[J]. 功能高分子学报,2002(3):306-310.

[8] 李强,刘其诚,徐协,等. 灌注式路面层用水性环氧树脂改性的砂浆性能[J]. 交通科学与工程,2009(3):6-10.

[9] 杨相玺,程贤甦. 水性环氧树脂改性水泥砂浆性能的研究[J]. 西安工程科技学院学报,2007(6):787-790.

[10] 肖力光,李海军,焦长军,等. 新型环氧树脂乳液改性水泥砂浆性能的研究[J]. 混凝土,2006(11):46-49.

[11] Sun H, Ni W, Yuan B, et al. Synthesis and characterization of emulsion-type curing agent of water-borne epoxy resin[J]. J. App. Polym. Sci. ,2016, 130: 2652-2659.

浅议土石坝心墙沥青混凝土施工质量控制

李　飞

（中国水电建设集团十五工程局有限公司，西安　710065）

摘　要　心墙沥青混凝土施工质量控制关键在于施工配合比质量控制、施工过程质量控制、试验检测数据统计过程控制。施工配合比质量控制包括原材料选择、骨料的加工质量控制、矿料级配合成；施工过程质量控制包括骨料级配离析控制、拌和系统精度控制、冷热料比例供需平衡控制、施工温度控制、压实质量控制；采用数理统计均值—极差质量管理图对施工质量进行控制。而以上三个方面控制过程均体现了以事先控制、过程控制、预防控制为主的思想，转变了以往以事后质量检测为主的做法，使沥青混凝土施工质量在各环节均处于受控状态。

关键词　沥青混凝土；施工配合比；施工过程；试验检测数据统计；质量控制

水工沥青混凝土是一种优良的大坝心墙防渗材料，尤其在抗渗、防裂、适应坝基沉降变形等方面性能表现突出，且机械化程度高，施工工艺简单，受到人们的青睐，日益被广泛地应用于土石坝防渗心墙。而沥青混凝材料与施工工艺有其特殊性，它是一种柔性材料，在不同温度下表现出不同的性能状态，对沥青、骨料质量亦有严格的要求，在施工中制备、压实都需要有适宜的温度。那么，一种好的材料，一种特殊的施工工艺，如何在具体施工过程中去实现？本文从沥青混凝土施工配合比质量控制、施工过程质量控制、试验检测与质量管理三个方面论述。沥青混凝土施工配合比质量控制包括原材料选择、骨料的加工质量控制、矿料级配合成；施工过程质量控制主要包括骨料级配离析控制、拌和系统精度控制、冷热料比例供需平衡控制、施工温度控制、压实质量控制；运用试验检测数据统计过程控制提高质量管理，从以往的事后检验转变为以事先控制、过程控制、预防控制为主，使沥青混凝土质量在施工各环节均处于受控状态之中，从而使其发挥最佳的性能，为大坝蓄水防漏、安全运行提供优质高效的保障。

1　沥青混凝土施工配合比质量控制

一个好的室内目标配合比设计如何在施工过程中实现，关键在于施工配合比，而在实际工程中，影响施工配合比质量的因素很多，主要有原材料的选择，骨料的加工质量控制，矿料的级配合成等。而这些工作又都在施工配合比室内试验之前完成，往往被忽视，原材料选择主要由物资管理部门人员去完成，主要考虑的是材料价格，而质量部门人员很少参与其中，被动接受厂家提供的样品，对材料真实质量状况茫然不知，对骨料加工质量也无控制措施，生产管理人员不重视生产工艺控制和调整，试验人员与质量管理人员之间缺乏沟通，导致骨料生产盲目性，使生产出的骨料不能满足合成矿料级配的要求，进而影响施工配合比质量。

作者简价：李飞（1984—），男，陕西城固人，工程师，主要从事水利水电工程、公路工程工地实验室试验检测工作。E-mail：272082887@ qq. com。

因此,各部门之间工作紧密配合,由职能分工转变为以协调为主,全员参与重视事先控制与改进,确保沥青混凝土施工配合比质量。

1.1 原材料选择

沥青混凝土性能优良首先要有质量好的原材料,沥青混凝土原材料选择至关重要。沥青是一种感温性材料,随温度不同而表现出不同的使用性能,高温易流淌,低温变硬发脆,常温下又呈现出黏弹性状态。因此,选择沥青时首先要考虑工程当地气候因素,在寒冷地区选择针入度大、黏度小的沥青,在高温地区选择针入度小、稠度大的沥青;其次要考虑沥青品种和油源品质,同标号水工沥青技术要求比道路石油沥青高(见表1),主要表现在老化性能方面(15 ℃延度),但据道路石油沥青试验统计资料显示,油源品质好的道路石油沥青是可以满足水工沥青技术要求的,另一方面水工沥青市场需求量低,石油企业主要生产的是道路石油沥青,如果刻意追求使用专用水工沥青势必会增加材料成本,然而也不能随意选择价格相对较低的道路石油沥青,在选择沥青品种时,还应经过市场调查仔细甄别原油品质,结合室内试验确定。

表1 不同品种沥青性能技术要求

引用规范	沥青品种	针入度(0.1 mm)	软化点(℃)	15 ℃延度	薄膜烘箱试验(TFOT)		
					针入度比(%)	质量损失(%)	15 ℃延度
JTG F40—2004	90号A级道路石油沥青	80~100	≥45	≥100	≥57	≤0.8	≥20
DL/T 5363—2006	90号水工沥青	81~100	45~52	≥150	≥60	≤0.6	≥100

选择母材品种时,普遍认为碱性石灰岩是沥青混凝土骨料的首选,但其在自然界中分布范围小,工程当地常见的岩石大多为酸性或中性石料,而这些石料与沥青黏附性差(黏附性等级多为二级或三级),相应的沥青混凝土水稳性差,被认为不适宜作为沥青混凝土骨料。而实际上,只要采取添加沥青抗剥落剂、水泥、消石灰粉等技术措施可以改善黏附性和沥青混凝土水稳定性。在国外即使是酸性石料也是普遍应用的,而沥青与骨料黏附性是我国特有的指标,在国外一般只要求混凝土满足水稳定性指标要求即可。因此,黏附性指标只是作为初选骨材母岩品种参考性指标,不宜看得过重。

掺加消石灰粉、水泥是传统的做法,应用历史长,效果已经被国内外大量的试验研究和实践验证。而抗剥落剂是一种新兴的胺类或非胺类化学产品,它好比是一张双面胶,一面是亲油性的,另一面可与骨料表面紧密黏结,可以明显提高沥青与骨料黏附性等级,但存在使用过程中经过高温加热失效、水溶性等缺点,耐久性备受质疑,且目前市场上产品种类繁杂,质量参差不齐,因此在选用抗剥落剂时,应注意借鉴类似工程经验,并结合室内水煮法(或水浸法)试验,试验时应做原样沥青和经 RTFOT 后残留沥青试样对比试验,检验抗剥离剂的受热稳定性,这也与施工后的沥青混凝土真实情况接近。当然,为了确保质量,在选用质量好的抗剥落剂基础上,同时掺加消石灰粉、水泥。

骨材选择应因地制宜,就地取材,避免刻求使用碱性骨料不远千里运距采购,致使运费比材料价格还高,而对工程当地一些质量很好的石料视而不见,而使用质量好的中性或酸性骨料拌制的沥青混凝土某些力学性能指标优于使用碱性灰岩骨料。

1.2 骨料的加工质量控制

粒径分级对骨料级配控制具有重要意义。骨料加工时,首先要确定骨料级配类型,对骨料粒径进行分级,而粒径分级主要依据骨料级配关键控制粒径进行划分。心墙沥青混合料骨料级配为连续密级配,例如常用 AC-20 级配总共有 11 个级配控制筛孔粒径,其中关键筛孔包括最大公称粒径 19 mm,粗、细骨料分界粒径 4.75 mm(或 2.36 mm)、最小筛孔粒径为 0.075 mm,粗颗粒中粗、细分界粒径 9.5 mm,因此可以将骨料级配至少划分为 19~9.5 mm、9.5~4.75 mm、4.75~2.36 mm、<2.26 mm 四档规格的骨料。

振动筛孔的选择对筛分效益和生产率有至关重要的影响。筛孔的形状一般有圆形和方孔,圆形筛透筛率比较低,占相同名义尺寸方孔筛透筛率的 80%~85%,筛分精度高,产量低,骨料的超逊径颗粒含量能得到严格的控制。方孔筛有效透筛面积大,筛分速度快,产量高,骨料颗粒破碎面粗糙、棱角性好;筛孔孔径选择由骨料级配分级粒径确定,有利于控制关键筛孔通过率。而实际生产中,在保证筛分效益前提下,可适当增加筛孔孔径尺寸来提高骨料生产率。

骨料生产要重视加工特性指标控制。目前大多数石料场主要突出问题表现在:粒径不规格,针片状含量高,粉尘含量多等,达不到规范技术要求,又因大多数工程受地材资源限制,无过多的选择,因此更要注重骨料的加工特性,骨料加工特性指标包括粒径规格、颗粒级配、针片状颗粒含量、粉尘含量、破碎砾石破碎面比例、棱角性、表面粗糙度等。首先,骨料粒径要规格,这是最基本的要求,超巡径含量大,致使混合料在生产过程中级配不稳定,变异性大。其次是颗粒形状,针片状颗粒含量增加对沥青混凝土性能有很大的影响,施工碾压时石子容易折断,沥青混凝土残留空隙率较大,而粒形较好的石子,沥青胶结料裹覆均匀,施工和易性好,易于碾压密实。再次,粉尘含量大,具有较大比表面的细小颗粒对沥青具有很强的吸附性,使沥青混合料失去了光泽,形成胶泥,抗水损害能力显著减弱,在碾压面上易形成难以自愈的细小剪切裂纹,形成渗水通道隐患。然后,石子表面粗糙度、破碎面个数对沥青混凝土性能亦有显著的影响,石子棱角性好,破碎面多比表面大,表面粗糙有微小孔隙,易使沥青渗入形成楔状物,增强沥青黏结力,使沥青水稳性、抗剪强度增强。

骨料生产工艺对加工特性指标有直接的影响,一套完整的骨料破碎加工系统应采取三级破碎系统:喂料机→颚式破碎机→土块脱离→圆锥机整形(干法除尘)→反击式破碎机→振动筛(干法除尘)→成品骨料,通过整形后石子破碎面多、表面粗糙、针片状颗粒含量少、棱角性好,通过土块脱离和除尘可降低泥土含量、粉尘含量。在正式生产前,应对生产系统进行调试和检验,可通过调整反击式破碎机两反击板间隙,生产出符合级配要求的骨料;可通过调整筛面安装倾角和振动方向角、振动频率和振幅来保证筛分效益和生产率,减小超逊径颗粒含量。

1.3 矿料级配合成

矿料级配合成要事先做到骨料级配控制。在目标级配设计时,当矿料最大粒径、级配指数、填料含量一定时,根据丁朴荣公式就可确定一条非常光滑的级配曲线,通常这些工作都是在室内由试验人员完成的,欲使目标级配在工程实践中得以实现,看似简单,其实不然。试验技术人员不仅要在室内做大量的试验工作,而且必须提前深入到生产现场,与现场技术人员密切配合调控生产工艺，使生产出的骨料符合所需求的级配要求，而不是被动地接受生产现状，导致骨料生产的盲目性。同时，要实时进行质量监控，及时进行试验检测，使骨料的生产级配处于可控状态，这样才可避免级配合成时受骨料级配约束，无法调配出理想的级配曲线。除此之外，还必须做到目标配合比设计时所用的骨料应与生产时所用的骨料一致。

矿料级配合成要严格控制级配曲线走势。所谓级配曲线走势，是指合成级配曲线沿着理论目标级配曲线方向，容许有上下微小波动偏差，但不可偏离其走向。不同的级配曲线有不同的走势，每种走势曲线所代表矿料级配具有不同的性能特征，因此在合成级配时，对每一级配类型的矿料级配，关键控制粒径筛孔通过率要严格控制，如对 AC－20 级配，关键控制粒径为 19 mm、9. 5 mm、4. 75 mm、2. 36 mm、0. 075 mm。

矿料级配合成要注意以下几项：首先，级配曲线要顺适，不得出现陡坎状。其次，细骨料中细小粒径（0. 15 ~0. 6 mm）级配曲线不得出现驼峰和凹陷，使矿料间隙率过小，沥青用量偏低，或缺乏细小填充颗粒，导致沥青混凝土残留孔隙率增大，均使沥青混凝土耐久性降低。再次，在优选混合料级配时，至少选择 3 种不同走向的矿料级配进行试验，调整原则是增加或减小关键筛孔（如 4. 75 mm 或 2. 36 mm）通过率。最后，对合成级配进行筛分试验检验。

天然砂和石屑掺配可改善矿料的合成级配。石屑是骨料生产过程中从石子表面脱落的一些软质颗粒，产量不小，对于符合基本要求的石屑，弃之可惜，很多工程用其替代细骨料使用。而石屑级配不良，常缺乏中间细小粒径颗粒（0. 075 ~0. 6 mm），棱角性好，施工可碾性较差，使用时可与级配良好的天然砂掺配使用，颗粒浑圆易于碾压密实，二者之间可互补。因此，在使用石屑时掺入级配良好的天然砂可改善骨料的级配。

2　施工过程质量控制

2. 1　骨料级配离析控制

骨料的离析主要发生于生产和储存堆放、转运过程中。在生产过程中，皮带机下料口高度高，下落点集中堆积成锥体，大颗粒石子滚落至四周或堆坡脚，小石子堆积在中部位置造成离析。细骨料在下落过程中，由于风力作用，粗、细颗粒分离造成离析；在储存堆放、转运过程中，由于机械装运卸料堆放、不同规格的料混合等造成的离析。铲车在往拌和机冷料斗给料时，经常出现冒顶窜仓现象，不同粒径规格的骨料混在一起产生架空导致不均匀喂料并产生离析。除此之外，料源变化、级配变异、生产工艺改变等均可导致骨料离析的发生。

采取有效措施防止骨料级配离析的发生。对于不同规格的料分别存放，设置一定高度的隔离墙防止混杂，堆料时一层一层堆积，逐层加高。自卸车装料时，分三个不同位置向车厢内装料，第一次装料靠近车厢的前部位置，第二次装料靠近车厢的后部位置，第三次装料靠近车厢的中部位置，卸料时将料卸至堆积面上，车厢升至一个大而安全角度快速卸下并推平，堆料高度应控制在 3 m 以内，堆坡度不宜超过 30° ~45°。在皮带机下料口设置导向筒，防止细骨料细颗粒被风吹散。在各冷料斗上方之间设置一定高度的挡板，防止骨料产生离析。

2. 2　拌和系统精度控制

沥青混合料拌和系统复杂，一般包括冷料计量、骨料加热、沥青加热、热料二次筛分、热料计量、拌和等几个主要工序，尤其是冷料计量与热料计量之间，存在着目标配比向生产施工配比过渡，而生产配比质量是目标配比是否在生产过程中实现的关键，目标配比为生产配比提供一个冷料供料比例,二者数值比例虽不同,但实质它们所代表的矿料级配相同,也就是说,目标配比是生产配比质量控制所遵循的依据。

施工配比质量控制主要与拌和系统精度有关。拌和系统精度控制主要包括两个方面:首先是骨料称量精度控制,主要包括两项内容:一是保证骨料级配连续稳定性。从冷料计量到热料计量这个过程,影响级配稳定的主要因素有料仓门开合度、皮带机转速等,因此对拌和系统应进行动态标定,在以往很多单位不重视或不进行此项工作,造成混合料质量不稳定,变异性较大;二是骨料称量误差控制。不仅要定期对拌和系统计量准确性进行标定,而且拌和系统必须配备计算机自动采集和打印装置,对生产过程进行在线监测,逐盘采集数据,若发现有连续偏离控制目标的情况,对生产配合比作适当调整,工地试验室加强对热料仓取样进行室内筛分试验,用于指导生产。其次沥青称量精度控制,沥青用量事关成本控制与混合料质量,应当引起足够重视。拌和系统应配置高精度称量系统:系统分两次称量沥青,第一次称量计量值的80%,与矿料同步进行,在矿料称量完毕之后称量剩余20%的沥青,系统同时会根据矿料实际称量值对沥青用量进行修正。称量时飞料影响沥青称量精度,通过控制沥青称量斗斗门开启度和预设关闭时间来减少飞料,试验室对生产混合料及时进行油石比检验。在每一台班或工作日停止施工时,计算机应自动计算并打印出各项数据统计结果,进行混合料生产配比质量的总量检验。

2.3 冷、热料比例供需平衡控制

沥青混合料在生产过程中存在待料、溢料现象,这是冷、热料供需不平衡所致,究其原因:几种规格料的用量比例相差很大,目标配比与生产配比不相一致,试验技术人员在进行目标配比和生产配比设计时取样不具代表性,在生产级配设计时未对拌和系统进行标定,拌和楼振动筛孔设置、筛分效率差,材料质量波动等。因此,在进行配合比设计时,取样要具有代表性,在料堆的顶部、中部、底部等不同部位,铲除表层后再行取样,混合均匀按四分法缩取至规定数量。在生产配合比设计前,应对拌和系统进行流量标定,按照拌和能力和设计冷料比例,确定落料滚筒皮带转速比和冷料仓门开口高度,标定时准确称量各热料仓的热料质量,选取具有代表性热料样品进行生产配合比试验,生产配合比应与标定时各热料仓的热料质量比例一致。拌和楼筛孔设置应与石料加工振动筛孔保持一致,增加筛面宽度和长度,调整筛面倾角、振幅和频率,定期检查筛网完损堵塞情况,亦可改变工况降低产量,保证热料筛分效益,或是加强热料筛分试验检测,对生产配合比进行微调。骨料含水率变化和级配不稳定对供需平衡也会产生显著影响,尤其对于需求比例较大的细骨料,其含水率大,耗能费时,造成生产不稳定,在多雨地区应对料仓加盖遮雨顶棚,对降低能耗、提高产量、保证质量具有重要意义。

2.4 沥青混合料施工温度控制

施工温度控制对沥青混合料性能产生显著影响。拌和温度过低,拌和物施工和易性差,沥青裹覆不均匀,温度离析严重,碾压温度无法保证,增加机械功耗,压实后混凝土残留孔隙率大,水稳定性差,耐久性降低。拌和物温度过高,浪费能源、降低工效,沥青会发生严重老化,失去油性光泽,其有效成分含量降低,沥青胶浆易流淌,离析严重,矿料表面裹覆沥青膜厚度不足,沥青混凝土耐久性显著降低。因此,施工过程中应严格控制沥青混合料拌和温度、出机口温度、碾压温度。拌和温度要保证出机口温度,由沥青、骨料加热温度来控制,而出机口温度由施工条件、运输距离、气温和风速、碾压温度而定。

骨料、沥青加热温度由沥青混合料拌和温度和材料性质确定。当骨料受加热温度影响时，其品质会发生变化，强度降低、压碎值增大，吸水率增大等，因此对易受加热影响变质的骨料加热时应注意控制加热温度；沥青加热温度通常由黏温曲线确定，适宜拌和的沥青黏度为(0.17 ±0.02) Pa · s，可根据实际情况选择高限或低限值，容许作适当调整，但不得超过175 ℃，否则沥青在加热过程中会发生老化，使其品质降低，不同品种沥青加热控制温度不相同，一般黏度较小的沥青加热温度低些，黏度较大沥青加热温度高些，如90号普通石油沥青加热温度为150 ~160 ℃，70号普通石油沥青155 ~165 ℃。骨料加热温度不宜超出沥青加热温度10 ~30 ℃，这是因为沥青在拌和过程中均匀地裹覆在矿料表面，形成的沥青膜很薄，若两者温度相差较大，会使沥青发生严重老化。

沥青混合料碾压温度控制对压实质量有显著影响。当碾压温度降至某一温度范围以下时，压实质量会显著降低，混合料难以碾压密实，此温度范围为90 ~110 ℃。因此，在温度下降至此敏感区之前完成碾压非常重要，适宜碾压的沥青黏度为(0.28 ±0.03) Pa · s，通常由黏温曲线确定。

沥青混合料在拌和、运输、摊铺碾压过程中会发生热量损失，导致温度降低，引起温度离析，温度离析会使沥青混凝土性能降低、质量不均匀。温度离析发生在拌和、装料、运输、摊铺、碾压过程中。拌和过程中，拌和不连续、拌和时间短、拌和不均匀产生温度离析；运输车装料时，卸料高度、装料方式、骨料级配离析产生温度离析；运输过程中，与空气直接接触的混合料表层或靠近车厢壁位置处产生温度离析；摊铺时，温度较高的混合料优先被卸至摊铺机料斗中间位置，温度较低的沥青混合料被卸至料斗顶部和边侧位置，摊铺温度离析就产生了；碾压过程中，填筑表层温度损失快，底部温度损失慢，也会发生温度离析；此外，骨料含水量也会使混合料产生温度离析。沥青混合料温度离析虽不可避免，但只要采取有效施工措施，就可减轻温度离析，防止其对沥青混凝土性能产生不利的影响。因此，施工过程中须做到以下几点：①合理的施工组织设计，保证生产顺利进行，使骨料在加热滚筒内连续、均匀地受热，确定合理的拌和时间、拌和温度，保证拌和物均匀。②装料时，应控制落料高度，分次放料，并移动车厢位置，使混合料均匀地装入车厢内，防止骨料级配产生离析。③运输过程中，车厢顶部要加盖苫布，车厢侧壁和底部亦要采取保温措施。④卸料时应控制下落速度，缓缓地进入料斗，并人工辅助对边角部位冷料及时清理。⑤摊铺完毕后表面应及时进行苫布覆盖，并控制碾轮洒水量，以不粘壁表面湿润不流淌为宜。⑥严格控制骨料含水量。

2.5　沥青混合料压实质量控制

沥青混合料压实质量与碾压温度、压实功、铺筑厚度等因素有关，碾压温度相对越高，越易密实，但在表面会隆起产生波浪、不平整，碾压温度低不易密实。在铺筑厚度一定时，压实功相对增大，密实度增加，当压实功增加到一定程度时，密实度反而会下降；当压实功一定时，其铺筑厚度相对减小，密实度增加，反之减小。因此，合理选择压实机械、压实参数、碾压温度，直接影响沥青混合料压实质量。压实温度选择已在前文中叙述，当考虑施工条件(运距、温度、风速)时，应适当调整拌和温度、出机口温度，确保碾压温度。沥青心墙厚度很薄，在人工进行摊铺时，使混合料摊铺均匀、平整，避免粗骨料颗粒发生聚集，形成积水通道，摊铺完后应及时用苫布覆盖，防止温度产生离析；在进行机械摊铺时，控制机械行走速度，注意控制摊铺平整度。压实机具选择较小吨位的双钢轮振动碾，对于铺筑层厚度较大的填筑层应选择高振幅、低频率，碾压分三个阶段进行，初碾过程是整平和稳定混合料，采用静碾方式,碾压1~2遍,初碾温度不低于130 ℃,复碾过程是使沥青混合料密实、稳定、成型,采用振动碾压方式,碾压遍数通过试验确定,终碾目的是消除轮迹,提高表面平整度,采用静碾方式,碾压1~2遍,终碾温度不低于110 ℃,碾压时,碾轮应骑缝或贴缝碾压,保证沥青心墙宽度,碾压过程中,应使用无核密度仪随机检测压实密实度,保证沥青混凝土孔隙率,对于不符合要求的沥青混合料应及时清除,重新补填合格的料。

在对钻取芯样试件试验检测时,有的部位试件密度大,有的部位试件密度小,有的甚至超出了理论最大值,这是施工时质量不均匀所致,引起质量不均匀的原因有很多,其中包括混合料施工现场的原因,如摊铺不均匀,使沥青砂浆与粗骨料颗粒分离造成离析,混合料热量损失不均匀、温度不均匀产生温度离析等,质量不均匀也会使沥青混凝土性能严重降低。因此,在施工中应当引起注意,不能简单地仅凭某个指标的合格与否判定质量的好坏。

3 试验检测数据统计过程控制

试验检测是工程质量管理的一种重要手段,但不是唯一的,也不是孤立的。工程质量管理需要试验检测为其提供可靠的试验数据,而试验数据对提升、改进工程质量管理具有重要作用。在沥青混合料施工中,试验检测包括施工过程中检测、施工后续检测,它们相对于施工都具有后滞性,不能及时发现施工中出现的异常情况,不能及时有效地去指导和控制生产质量,或是事后把试验检测结果与标准要求作简单对比来判定合格与否,失去了试验检测数据的真正意义和作用。由此可见,在沥青混合料施工中采用数据统计过程控制方法显得尤为重要,可及时发现生产过程中的质量波动,使生产过程处于受控状态,对提高沥青混合料生产管理水平,加强沥青混合料工程质量管理具有重要的意义和作用。

数据统计过程控制是一种以预防为主的动态质量管理模式,它是一种借助数理统计方法进行过程控制的工具,它对施工过程中收集到的大量检测数据进行分析评价,反馈一些不稳定因素征兆,施工时及时采取措施消除其影响,以达到控制质量的目的。统计控制过程是一项系统的工作,绝不是对控制图的简单应用,要取得实效必须结合生产实际,须经过精心策划和认真的实施,其内容主要包括流程图的设计、抽样计划、数据收集、控制图选择与实施。

在沥青混合料施工中,影响和控制沥青混合料质量指标主要有沥青含量、矿料级配、施工温度、孔隙率,这四个指标也是在施工生产中最受重视、需要严格控制的指标。沥青混合料生产经历了冷料混合、烘干、热料筛分、配料计量、拌和、碾压等过程,这些过程的稳定性决定了沥青混合料的级配、沥青含量、施工温度、孔隙率。在以上过程中,冷料的混合过程与原材料级配、下料速度有关,烘干与骨料含水率有关,热料筛分过程与筛网的设置、筛孔的选择有关,配料计量与计量系统称量精度和控制误差有关,拌和与拌和时间、拌和均匀性有关,碾压与混合料温度有关。综上所述,影响沥青混合料质量的因素很多,而混合料抽提试验和骨料筛分检测则是最能反映沥青含量和矿料级配质量稳定状况的,以拌和温度、出机口温度、碾压温度检测控制施工温度,从而保证压实质量(孔隙率)。

在沥青混合料数据统计过程控制中,以沥青含量、矿料级配、施工温度等作为受控指标建立流程图。采用热料仓的筛分检测数据、抽提试验数据和计算机逐盘打印数据计算沥青混合料的矿料级配和沥青含量,然后与分析评价、信息反馈有机、有序结合起来,组成统计过程控制流程图:生产开始→检验热料筛分→是否异常,是(查找原因,重新调整),否(继续生产)→混合料级配检验→是否异常,是(分析原因,重新调整),否(继续生产)→沥青含量检验,是(调整)否(继续生产)。而对于温度控制流程图:生产开始→骨料、沥青加热温度检测→是否异常,是(控制或废弃),否(继续生产)→拌和温度检测→是否异常,是(重新调整),否(继续生产)→出机口温度检测→是否异常,是(废弃,查找原因重新调整),否(继续生产)→运输、入仓、摊铺温度检测→碾压温度检测→是否异常,是(查找原因,采取保温措施或改进施工工艺),否(正常碾压,控制碾压遍数)。

制订抽样计划,计划内容应包括:取样部位,试验人员,批数,抽样数量、频次,抽样方法,试验规定完成时间。在正常生产情况下,抽提试验、热料筛分检测每个工作台班不少于一次,可以连续生产一定天数或生产阶段的试验检测数据为一个数据组作分析用控制图。当工程质量管理处于"一般"能力状态时,则需要加强试验检测,增加试验频次,减小数据组间距或时间段作统计过程控制图,有利于提升工程质量管理。

数据收集时要做到真实、及时、准确、规范、标准五点最基本的要求,保证检测数据的可靠性。因此,对试验技术人员要做严格的要求:①工作认真,严格按照规程、检测计划及时完成试验任务;②试验资料完整、规范,管理控制图采用统一的标准便于比较分析;③每天定时对拌和站拌和记录数据打印,归档储存。④及时将检测数据反馈给质量和生产管理人员,并协助其完成相应的调整。

沥青混合料中质量数据主要来源于抽提试验、热料筛分、逐盘打印数据,而这些数据都属于计量值数据的范畴,因此选用计量控制图,通常使用平均值与极差控制图。在平均值—极差质量管理图中,以平均值最为中心线 CL,标出质控上限 UCL 和质控下限 LCL,表示允许的施工波动范围,此限值并非是指规范规定的范围,它与一个统计周期试验数据数目 n 有关,计算方法可参考相关规范书籍。因此,UCL 和 LCL 不是一个常数值,试验数据若超出此限值,可能是合格的,但从数理统计角度看,它是异常的,应视为施工异常或试验数据异常。而生产过程质量管理状态分为稳定状态和失控状态,若统计量值或生产质量特性值均在控制界限内,且呈均匀分布,说明质量管理状态稳定,若超出界限值或试验数据排列和分布异常,如连续出现在中心线一侧上升或下降,出现较多的边界点,点位水平突变,离散度大等,上述都是小概率事件,一旦发生就说明生产过程质量状态失控,应及时分析原因,采取措施消除影响,使质量状态恢复到稳定可控状态。

4 结 语

(1)施工配合比质量控制包括原材料的选择、骨料的加工质量控制、矿料的级配合成,着重强调了施工配合比工作不仅仅只是简单的室内试验工作,须各方全员参与,紧密协调配合,进行事先控制与改进。保证了施工配合比质量,为设计目标配合比在施工中得以实现打下了良好基础。

(2)在沥青混合料施工时,须采取措施保证骨料级配稳定、连续,不发生离析;提高拌和系统称量精度,确保拌和物质量;严格控制施工温度,减小温度离析和混合料离析,提高压实质量,降低沥青混凝土质量不均匀性程度,通过施工过程质量控制保证沥青混凝土施工质量。

(3)试验检测在工程质量管理中具有重要的作用,利用具有影响质量的关键控制指标数据统计建立均值—极差质量动态控制图,实现了从"事后质量检测把关"到"预防控制"的转变,使心墙沥青混凝土质量在施工各环节均得到了控制。

参 考 文 献

[1] DL/T 5363—2006 水工碾压式沥青混凝土施工规范[S].
[2] 刘广第. 质量管理学[M]. 北京:清华大学出版社,1997.
[3] JTG F40—2004 公路沥青路面施工技术规范[S].

第三篇　高边坡、长隧洞和跨流域调水工程

南水北调沙河渡槽预应力施工技术应用

牛宏力　王鹏辉

（中国水利水电第四工程局有限公司，西宁　810006）

摘　要　南水北调沙河渡槽U形槽槽身为双向预应力混凝土结构，文章从槽身主要设计参数、施工材料、设备及施工流程方面对渡槽预应力施工技术进行了全面的介绍，并就施工中需要注意的事项做了详尽的说明，可供类似工程参考借鉴。

关键词　沙河；U形渡槽；双向预应力；工艺

1　工程概况

沙河梁式渡槽位于河南省平顶山市鲁山县境内。上部槽身为U形双向预应力混凝土简支结构，槽身全长1 410 m，单跨跨径30 m，共47跨188榀渡槽，槽体布置形式为两联4槽，4槽槽身相互独立，U形槽直径8 m，壁厚35 cm，局部加厚至90 cm，槽高8.3～9.2 m，槽顶每间隔2.5 m设0.5 m×0.5 m的拉杆，每两槽支承于一个下部支承结构上。下部支承采用钢筋混凝土空心墩、钻孔灌注桩。

U形槽槽身为双向预应力C50F200W8混凝土结构。单片槽纵向预应力钢绞线共27孔，其中槽身底部21孔为8Φ^s15.2，采用圆形锚具、圆形波纹管（底部21孔分为两排，上排孔道间距400 mm，下排孔道间距340mm）；槽身上部6孔为5Φ^s15.2，采用扁形锚具、扁形波纹管。环向预应力钢绞线除第一榀渡槽为119孔单孔3根Φ^s15.2钢绞线外，自第2榀渡槽起环向预应力钢绞线均为71孔单孔5根Φ^s15.2钢绞线，采用扁形锚具，扁形波纹管，孔道间距420 mm。纵向预应力钢绞线线型为直线，环向为直线+半圆+直线。槽体钢筋布置见图1、图2。

1.1　主要设计参数

纵向与环向钢绞线均采用两期张拉，其中初张拉在混凝土结构强度不低于设计强度80%时方可进行张拉，终张拉在混凝土结构强度达到设计强度的100%，混凝土弹模达到设计值，龄期不少于10 d时进行张拉。

预应力钢绞线张拉控制应力$\sigma_{con}=0.75\times f_{ptk}=1\ 395$ MPa，f_{ptk}为本工程选用的Φ^s15.2预应力钢绞线的标准强度，1 860 MPa，其中纵向圆锚设计张拉力为156.2 t，纵向扁锚及环向扁锚设计张拉力为100.6 t。

纵向、环向预应力钢绞线张拉均为五级张拉。纵向锚索张拉分级：$0\rightarrow0.1\sigma_{con}\rightarrow0.25\sigma_{con}\rightarrow0.5\sigma_{con}\rightarrow0.75\sigma_{con}\rightarrow1.0\sigma_{con}$；环向锚索张拉分级：$0\rightarrow0.1\sigma_{con}\rightarrow0.25\sigma_{con}\rightarrow0.5\sigma_{con}\rightarrow0.75\sigma_{con}\rightarrow1.03\sigma_{con}$。

作者简介：牛宏力（1972—），男，甘肃榆中人，教授级高工，主要从事水电施工及管理。E-mail：389116469@qq.com。

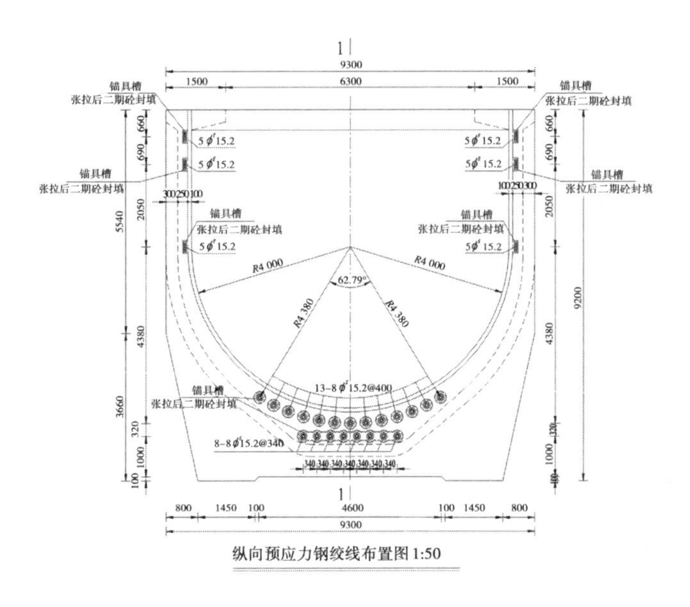

图 1　纵向预应力钢筋布置

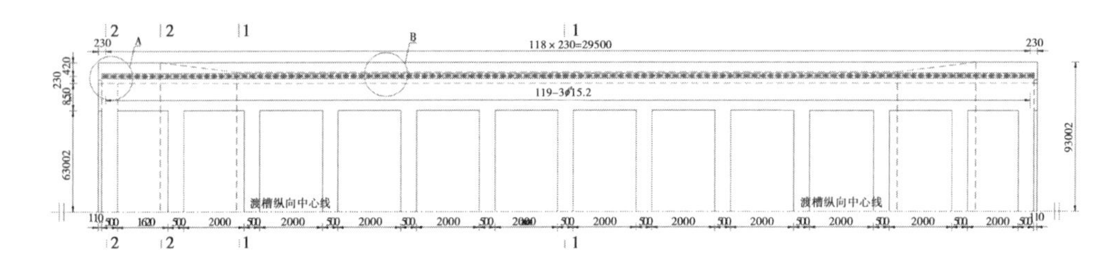

图 2　环向预应力钢筋布置图

预应力钢束张拉时应力增加的速率控制在 100 MPa/min 以下，实际伸长值超出复核后理论伸长量的 ±6% 时，查明原因并采取措施后方可继续张拉。

1.2　预应力施工材料、设备及工器具

(1)预应力锚索施工的材料主要包括低松弛预应力钢绞线、圆形扁形塑料波纹管、圆形扁形工作锚夹具、圆形扁形锚垫板。

钢绞线、工作锚具、锚垫板在使用前由业主、监理、设计、施工单位对备选厂家进行考察，并最终确定钢绞线、锚具、圆形扁形塑料波纹管生产厂家。

钢绞线按照《预应力混凝土用钢绞线》(GB/T 5224—2003)要求，应成批验收，每批钢绞线由同一牌号、同一规格、统一生产工艺捻制的钢绞线组成，每批质量不大于60 t进行检验；锚夹具按照《预应力筋用锚具、夹具和连接器》(GB/T 14370—2000)要求，在同种材料和同一生产工艺条件下，锚具、夹具应以不超过 1 000 套为一个检验批，外观检查每批抽取 10% 但不小于 10 套进行检查，硬度检查每批抽取 5% 进行检查。钢绞线、锚夹具按规范要求抽检频次委托国家金属制品质量监督检验中心进行检验，均检验合格。

(2)预应力锚索施工的设备主要包括油泵、千斤顶、工具锚、限位板。其中油泵型号为 ZB4－800，千斤顶最大张拉力为 3 000 kN，千斤顶、油表率定按照每月且张拉次数不超过

200 次进行率定，其中千斤顶委托国家金属制品质量监督检验中心进行率定，油表委托郑州市质量技术监督检验测试中心进行率定，实际施工时根据率定的相应匹配关系和回归方程进行张拉控制。

1.3 预应力张拉出现异常的预案

预应力张拉施工属特种作业，实际施工中不可避免地会出现滑丝、断丝、伸长值超出设计要求、供油管路泄漏等异常情况，针对不同的情况需采取相应的措施。

1.3.1 滑丝、断丝处理

在张拉过程中如发生断(滑)丝现象，立即停止张拉，将千斤顶与限位板退除后采用特制的退锚处理器，重新缓慢进行张拉，借张拉钢绞线束带出夹片，待取完所有夹片，检查锚板及钢绞线，若出现的滑丝或断丝满足设计规范要求，则重新装上新夹片，重新张拉；否则必须提请设计单位研究处理措施后方可继续进行，并对存在问题的钢绞线在张拉后在锚具口处做上记号，以作为张拉后对钢绞线锚固情况的观察依据并做好相应备案。

1.3.2 伸长值超标

预应力张拉以油表读数为主，对伸长值进行校核。当伸长值超过 ±6% 时，须停止张拉，待查明原因后方可继续张拉。

1.3.3 供油管路泄漏

在张拉或持荷过程中，若发现油压难以上升或下降，应暂停张拉，需立即检查供油管路有无泄漏并处理，认真检查有无滑丝、断丝现象后方可继续张拉。

2 预应力张拉施工

2.1 张拉工艺流程

张拉工艺流程见图 3。

2.2 张拉工艺

2.2.1 钢绞线制作

(1)预应力筋下料长度由槽场技术人员计算，经槽场技术负责人审核后交施工作业班组配料。钢绞线束孔位不同，其长度各异，须编号并事先标出全长，列表交工班据此下料，编号后须在两端挂上铁皮小牌，注明编号，分别存放，以免混杂。

(2)钢绞线的下料长度根据结构体型、张拉工艺及张拉设备等因素确定，纵向钢绞线长度按照 31.2 m 进行控制，环向钢绞线长度按照 21.4 m 进行控制。

(3)下料前将钢绞线包装铁皮拆去，拉出钢绞线头，由 2 ~ 3 名工人牵引在调直台上缓缓顺直拉出钢绞线，按技术部门下达的尺寸画线、下料，每次只能牵引一根钢绞线。

(4)预应力钢绞线采用砂轮切割机切断，钢绞线切断前的端头先用铁丝线绑扎，再行切断。严禁用电弧切断，下料后钢绞线不得散头。

(5)钢绞线下料后，在自由放置的情况下，预应力钢绞线须梳整、编束，确保钢绞线顺直、不扭转。编束用 22# 铁丝绑扎，绑扎时要使一端平齐向另一端进行，每隔 1.5 m 扎一道铁丝，铁丝扣弯向钢绞线束内侧，编束后须顺直不扭转。绑束完毕后，按槽规格挂牌，防止错用。

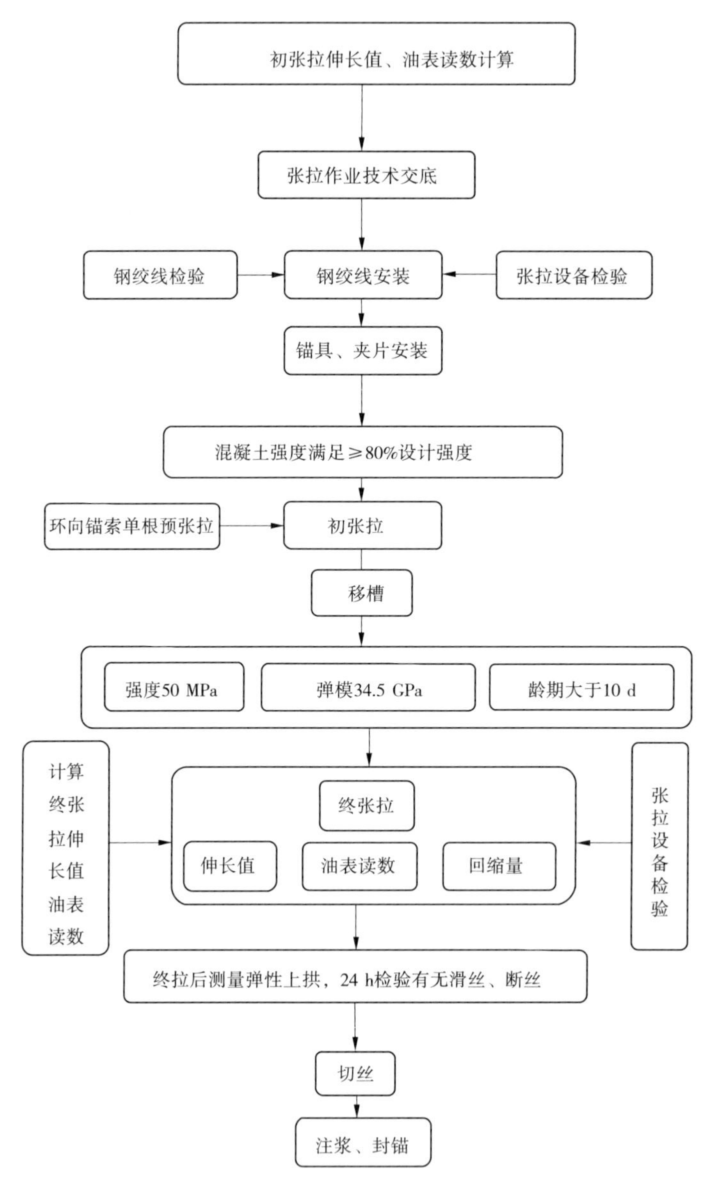

图3 预应力施工工艺流程

(6)钢绞线束质量标准见表1。

表1 钢绞线束质量标准

序号	项目	标准
1	钢绞线外观质量	无氧化铁皮,无严重锈蚀,无机械损伤和油迹;钢绞线内无折断、横裂和相互交叉的钢丝,无散头;钢绞线直径15.20 mm ,直径允许偏差为 +0.4 mm, -0.2 mm
2	束中各根钢绞线长度差	5 mm
3	下料长度	±10 mm

2.2.2 钢绞线穿束

(1)钢绞线束穿束前先将波纹管下料、连接。保证管道畅通,钢绞线束穿束顺利。

(2)钢绞线束在移运过程中,采用多支点支承,支点间距2.5 m,端部悬出长度1.0 m,严禁在地面上拖拉,以免创伤钢绞线。在贮存、运输和安装过程中,采取防止锈蚀、污染及损伤的措施。

(3)人工扶正钢绞线束、波纹管后对穿,即可将钢绞线束拉入管道,两端外露长度要基本一致。

(4)在穿束过程中,如遇到钢绞线束穿不进去,则立即查明原因,若是由波纹管变形引起,则必须开刀修孔或更换,然后再穿入钢绞线束,对有开刀部位的波纹管需黏结牢固。

(5)根据结构特性,纵向圆锚钢绞线采取先安装波纹管后人工穿束,纵向扁锚和环向扁锚采取先人工穿束后整体吊装就位。

2.2.3 预应力张拉

为了加快模板周转和避免槽体混凝土出现裂纹,预应力张拉按初张拉和终张拉两个阶段进行。

(1)混凝土强度达到40 MPa(由实验室出报告单),即可松开内模、拆除端模,按设计要求进行初张拉;初张拉在移出内模后进行。

(2)初张拉在槽体混凝土强度达到设计强度的80%后进行,初张拉后槽体可吊移出制槽台位。

(3)在槽体混凝土强度达到50 MPa及弹性模量达到35.5 GPa,且龄期不少于10 d后方可进行终张拉。

(4)预应力应两端同步、左右对称,同时达到同一荷载值,不同步率控制在5%~10%,最大不平衡束不超过一束,张拉顺序按照图纸要求进行。

(5)限位板槽深与钢绞线直径必须相匹配,防止刮伤钢绞线。

2.2.4 钢绞线张拉

(1)张拉前必须检查千斤顶和油表配套使用的油表读数,将读数通知单粘贴在配套对应的油表油泵的明显位置,便于一目了然,钢绞线初张拉程序为:

纵向圆锚0→初应力10% σ_{con}(作伸长量标记、持荷2 min)→初应力25%(作伸长量标记、持荷2 min)→初应力50% σ_{con}(作伸长量标记、持荷2 min)→初应力75% σ_{con}(作伸长量标记、持荷2 min)→初应力100% σ_{con}(作伸长量标记、持荷10 min)→第一分钟卸荷至75%→第二分钟卸荷至2 MPa(测回缩量)→回油锚固。

纵向扁锚0→初应力10% σ_{con}(作伸长量标记、持荷2 min)→初应力25%(作伸长量标记、持荷2 min)→初应力50% σ_{con}(作伸长量标记、持荷2 min)→初应力75% σ_{con}(作伸长量标记、持荷2 min)→初应力100% σ_{con}(作伸长量标记、持荷10 min)→第一分钟卸荷至75%→第二分钟卸荷至2 MPa(测回缩量)→回油锚固。

环向扁锚0→单根预紧初应力10% σ_{con}(锁定)→初应力25%(作伸长量标记、持荷2 min)→初应力50% σ_{con}(作伸长量标记、持荷2 min)→初应力75% σ_{con}(作伸长量标记、持荷2 min)→初应力103% σ_{con}(作伸长量标记、持荷10 min)→第一分钟卸荷至75%→第二分钟卸荷至2 MPa(测回缩量)→回油锚固。

终张拉与初张拉方法相同。

(2)预应力张拉以油表读数为主,以伸长值进行校核。当伸长值超过±6%时,须停止张拉,待查明原因后方可继续张拉。

(3)在持荷 10 min 状态下,如发现油压下降,立即补至规定油压,认真检查有无滑丝、断丝现象。

在张拉过程中,预施应力以油表读数为主,采用以预应力钢绞线伸长作校核的双控法。如钢绞线伸长值偏差超过规定范围,查明原因后重新张拉。

2.3　张拉过程控制

预应力张拉为渡槽质量控制的特殊工序,预应力张拉施工前首先根据千斤顶、油表检验报告计算出分级张拉油表读数和理论伸长值,经监理工程师确认后张贴在张拉油表上,编制预应力锚索张拉质量检查评定表。根据实验室提供的混凝土强度、弹性模量,给作业班组下发张拉通知单并向张拉操作人员进行交底。整个预应力张拉过程应进行全程监控,张拉前监控人员须仔细核对抗压强度、弹性模量值及龄期是否符合要求,并对张拉设备、工艺参数以及张拉人员进行确认,张拉过程中对张拉应力、实测伸长值及静停时间进行监控并记录,如出现问题,立即停止并认真查明原因,消除后再进行张拉。预应力锚索张拉质量检查评定表的内容包括混凝土强度、弹性模量、龄期、油表读数、设计张拉伸长值、持荷时间、回缩量等。

2.4　渡槽张拉

第 1 ~6 榀渡槽施工张拉时单根预紧,分四级两端同时张拉,每级张拉均测量钢绞线伸长值(0.25σ—0.5σ—0.75σ—$1.0/1.03\sigma$);工作锚采用 OVM 工作锚,快速回油锁定的张拉方式进行施工。张拉依据油表读数张拉力和钢绞线的伸长值进行控制,其中张拉力通过率定合格的油泵油表通过率定回归方程确定各级张拉油表读数,伸长值通过现场测量千斤顶油缸行程,详细记录各级张拉力及相应的钢绞线伸长值,并对实际伸长值与理论伸长值进行比较。根据张拉过程的油表读数、钢绞线的伸长值与理论伸长值的比较,张拉过程、张拉结果满足《建筑工程预应力施工规程》(CECS 180:2005)要求。

根据第 5 榀渡槽上安装的 8 对共 16 台测力计(其中纵向圆锚 5 对 10 台,环向扁锚 3 对 6 台)的读数显示,存在测力计测值与实际张拉力存在较大偏差的现象,通过对整个张拉过程认真分析,认为主要有以下 5 个方面的原因:①油泵、千斤顶与测力计在进行预应力施工前未进行联合率定,存在一定的偏差;②测力计读数虽然在现场进行了采集,但并未对数据进行现场转换,未及时在现场发现两个计量仪器之间存在数据偏差的问题;③在第 1 ~6 榀渡槽实际张拉过程中,采用的限位板与使用的工作锚具厂家不相同,存在两个厂家产品匹配上的问题;④由于首榀渡槽预制时锚穴的结构设计体型与监测标提供的锚索测力计不匹配,未能在首榀渡槽上在测力计监控下进行张拉试验;⑤测力计属于精密型计量仪器,对安装条件要求高,尤其是扁锚测力计与基础锚垫板之间存在安装尺寸偏差不相符合的问题,因此影响了测力计读数的稳定性。

由于在发现第 5 榀渡槽上安装的测力计的读数与千斤顶油表张拉读数存在偏差的问题前,已经完成了第 7 ~12 榀渡槽的初张拉施工且尚未进行封锚处理,要求对第 7 ~12 榀渡槽使用的与工作锚具匹配的工具锚具(即使用 OVM 生产的限位板)进行补偿张拉。

补偿张拉在存槽台座上进行,两端同时一次张拉至设计张拉力并测量钢绞线伸长值;工作锚采用 OVM 工作锚,OVM 生产的限位板;回油锁定时第一分钟回油至 0.75σ,第二分钟回油至 2 MPa 并测量回缩值,然后锁定。

第 13 ~30 榀渡槽的初张拉在制槽台座上进行,终张拉在存槽台座上进行。张拉时采取预紧后两端同时分四级进行张拉(0.25σ—0.5σ—0.75σ—1.0/1.03σ),工作锚采用OVM工作锚,OVM生产的限位板,回油锁定时第一分钟回油至0.75σ,第二分钟回油至2 MPa,然后锁定。

根据张拉过程中油表读数,实际伸长值、回缩值与理论值的比较,结合第26榀、第28榀渡槽在测力计监控下进行的大量的锚索张拉比对试验,认为张拉结果满足规范要求,根据千斤顶油表的读数显示施加在预应力钢绞线上的张拉力达到了设计张拉力,因锚索锁定锚夹片回缩产生的张拉锁定损失相对设计张拉力根据测力计读数反映:纵向圆锚估算张拉损失值在8%~10%,环锚估算张拉损失值在19%~25%。

根据分级张拉油表读数、测得的伸长值偏差、回缩值以及回油锁定的判断,认为张拉工艺过程合理,张拉结果合格;后续施工张拉应按照此工艺继续进行。

3 结论及建议

通过第1~30榀渡槽的张拉及第26榀、第28榀渡槽张拉对比试验,应在以下几个方面加强注意:

(1)在预应力张拉前,必须对千斤顶、油表、测力计进行联合率定,并采取现场读数的方式进行锚索张拉工艺试验。

(2)不同的张拉分级、加载方式、卸载方式,不同的限位板在纵向圆锚、扁锚上对张拉效果的影响不明显,采取两端同时张拉、同时锁定(第1~30榀渡槽)纵向锚索的损失在8%~10%。

(3)不同的张拉分级、加载方式、卸载方式在环向扁锚上对张拉效果的影响不明显,不同的限位板在环向扁锚上对张拉效果有一定的影响,采用匹配的限位板环向锚索的损失在19%~25%(第7~30榀渡槽);不匹配的限位板对张拉效果也有一定的影响,锁定后其应力损失影响在5%左右。

(4)采取两端同时张拉,一端先期锁定,另一端补偿张拉后锁定对纵向圆锚的张拉效果影响明显(鉴于本次张拉试验相对数据较少,应继续增加、补充相关数据),对环向扁锚的张拉效果影响不明显。

(5)纵向圆锚的测力计构造在实践中得到了较多的应用,积累了较多的经验,其测值读数与油表读数比较吻合;环向扁锚测力计在使用中受构造限制,实际现场环境中对测力计读数精度影响较大,使得测力计读数随机性大,不稳定,因此需对测力计底部垫板或测力计宽度、构造进行充分匹配,通过进一步试验后确定其对测力计读数准确性的影响程度。

(6)在锚索张拉前,需针对不同的张拉工艺、张拉工(器)具、张拉环境进行充分的张拉试验,尤其是进行模拟和原位试验,积累张拉经验和应急处理措施,为后续张拉提供指导。

参考文献

[1] DL/T 5083—2010 水电水利工程预应力锚索施工规范[S].

南水北调中线干线工程若干关键技术概述

姚　雄　冯正祥　郭雪峰

（南水北调中线干线工程建设管理局，北京　100038）

摘　要　南水北调中线干线工程输水线路长、建筑物种类多，工程设计施工、技术难度高。本文简要介绍了中线干线工程建设面临的一些主要技术问题，开展的主要研究工作及成果应用情况，可为国内外其他大型渠道调水工程设计、施工和建设管理提供参考。

关键词　南水北调中线；渠道；关键技术；工程建设

1　引　言

南水北调中线干线工程是我国南水北调工程的重要组成部分，是缓解我国黄淮海平原水资源严重短缺、优化配置水资源的重大战略性基础设施。中线工程总干渠从河南省淅川县陶岔渠首枢纽开始，渠线大部位于嵩山、伏牛山、太行山山前、京广铁路以西，线路跨越长江流域、淮河流域、黄河流域、海河流域，沿线经过河南、河北、北京、天津二省二市，线路总长1 432 km，其中陶岔至北拒马河渠段线路长1 197 km，北京段长80 km，天津干线长155 km，沿线布置各类建筑物共计2 385座，一期工程设计年调水量95亿m^3。中线总干渠输水线路长、建筑物种类多，沿线水文地质条件复杂，深挖方、高填方、膨胀土（岩）、高地下水等重点、难点建设渠段多，穿黄工程、大型渡槽、PCCP管道等大型输水建筑物设计和施工技术难度高，工程建设管理面临诸多技术挑战。中线干线工程在渠道设计、施工和建设管理等方面积累了大量技术管理经验和丰富的技术创新成果，通过在工程全线推广应用，保证了中线通水目标，同时，有力促进了国内大型调水工程设计、施工和建设管理技术水平的提高。本文将简要介绍南水北调中线干线工程在复杂地质条件下中线穿黄隧洞工程关键技术、膨胀土地段渠道工程建设关键技术研究、大流量预应力渡槽设计和施工技术、超大口径PCCP结构安全与质量控制、总干渠全线供水调度方案、总干渠穿越煤矿采空区处理技术、高填方碾压施工质量实时监控技术等方面的研究成果及工程应用情况，供国内外其他大型水利工程特别是跨流域引调水工程参考。

2　关键技术问题研究

2.1　复杂地质条件下中线穿黄隧洞工程关键技术研究

中线穿黄工程是中线总干渠穿越黄河的关键性工程，也是中线工程中投资较大、施工难度最高、立交规模最大的控制性建筑物，在国内采用盾构方式穿越大江大河尚属首次，且穿黄河段为典型的游荡性河段，地质条件复杂，位于地震区。穿黄隧洞为大型有压水工隧洞，

作者简介：姚雄（1980—），男，湖北黄陂人，博士，高级工程师，主要从事跨流域调水工程管理及运行控制技术研究。E-mail：yaoxiong@ nsbd. cn。

采用泥水平衡盾构施工,隧洞内径7 m,外径8.7 m,除外部作用水、土荷载外,洞内尚作用大于0.5 MPa的内水压力,并需考虑地震的不利影响。经多方案比较,提出了双层衬砌结构型式,外衬为钢筋混凝土管片拼装结构,内衬为预应力混凝土结构,此种复合结构型式在水工隧洞中属首次应用,结构创新、工艺复杂;此外隧洞埋藏深,还需为盾构机始发与到达修建大型超深竖井。为做好穿黄隧洞的设计和施工,国家"十一五"科技支撑计划课题"复杂地质条件下中线穿黄隧洞工程关键技术研究"开展了一系列研究工作,对4.25 km的穿黄隧洞、大型超深竖井的工作性态,抗震特性进行深入研究,并通过穿黄隧洞衬砌1∶1仿真试验研究,较真实地模拟隧洞水土环境和受力条件,验证设计方案、提出优化措施,为技术创新,整体提升技术理论水平提供了试验依据;为按预定目标优质、高效完成穿黄隧洞工程建设、节省工程投资、提升施工技术水平,确保工程安全顺利实施,提供技术保障。通过穿黄隧洞符合衬砌结构型式的研究,以及1∶1仿真试验研究验证,完成了穿黄隧洞钢筋混凝土外衬管片和预应力混凝土内衬的新型预应力复合衬砌结构型式研究,解决了复杂地质条件下在穿越黄河游荡性河段采用泥水平衡法盾构施工难题,完成了高压舱换刀和古树、大孤石处理和纠偏,完成了软土地层水底水工隧洞抗震理论及应用的研究,研究解决了超深大型竖井设计与施工中遇到的一些技术难题。单洞掘进长达4.25 km的穿黄隧洞全线贯通,贯通误差仅为2.5 cm,开创了我国水利水电工程水底隧洞长距离软土施工新纪录。

2.2 膨胀土地段渠道工程建设关键技术研究

膨胀性土岩主要是由强亲水性黏土矿物组成,是具有膨胀结构、多裂隙性、强胀缩性和强度衰减性的高塑性黏土。相关研究表明,它的重要特征包括由膨胀性黏土矿物组成、膨胀结构性(包括晶格膨胀)、多裂隙性及其各种形态裂隙组合、较强烈的胀缩性且膨胀时产生膨胀压力、强度衰减性、超固结性、对气候和水文因素的敏感性、对工程建筑物的成群破坏性等,膨胀土(岩)的工程问题是岩土工程和工程地质领域中世界级技术难题之一。与其他工程相比,在水利工程中遇到的膨胀土(岩)问题更多、更难对付,南水北调中线总干渠膨胀土渠道运行的地质环境、施工环境、土体状态及其与水相互作用等,对于边坡稳定更为不利。膨胀土(岩)对于渠道工程的影响主要体现在两个方面:其一,影响渠坡稳定,在大气影响深度范围内,极易形成牵引式的浅层滑坡,或者形成由结构面控制的深层滑坡,这种危害具有反复性;其二,膨胀土(岩)胀缩变形对渠道衬砌和其他结构物的破坏,造成渠道漏水,并进一步导致渠坡稳定状态的恶化。南水北调中线一期工程总干渠承担自丹江口向河南、河北、北京、天津等四省市常年输水任务,具有常年高水头运行、沿线膨胀土岩地区工程地质和水文地质条件复杂、过水断面尺寸大及膨胀土岩处理范围广、工程量巨大等特点,这些特点决定了中线膨胀土(岩)边坡稳定和处理问题不同于一般公路、铁路、机场等工程,其膨胀土(岩)渠道边坡的处理更加复杂困难。

南水北调中线工程总干渠明渠渠段涉及膨胀土(岩)地层累计长度360余km。膨胀土(岩)因其具有特殊的工程特性,易造成渠坡失稳,对工程的安全运行影响很大,而且其处理难度、处理的工程量和投资也较大,因此膨胀土(岩)的处理是南水北调中线工程的主要技术问题之一。国家"十一五"科技支撑计划课题"膨胀土地段渠道破坏机制及处理技术研究"结合南水北调中线总干渠工程建设需要,首次对膨胀土地段渠道破坏机制和渠道处理关键技术进行了系统而深入的研究,通过广泛调研、地质勘察、室内基本特性试验、模型试验以及数值分析工作,系统研究了膨胀土(岩)的分层、分带特性以及地下水赋存特性,提出了膨胀土(岩)渠坡破坏模式、机制和稳定分析方法;为了找到经济可行的膨胀土(岩)处理措施,指导和优化膨胀土(岩)渠段设计,南水北调中线干线工程建设管理局组织开展了国内外规模最大的膨胀土(岩)处理现场原型试验研究,以总干渠渠线上南阳膨胀土渠道和新乡膨胀岩渠道为实体工程,各选择2.05 km和1.5 km的渠段,按照初步设计要求进行开挖,优选若干种渠道处理措施进行施工,分区研究不同处理措施在实际渠道运行工况(包括蓄水、排水、降雨等)下的稳定状态和破坏模式,验证和比较了优选的若干膨胀土(岩)渠坡处理方案的合理性和可行性,并提出具体的优选处理方案。

在中线工程膨胀土渠道设计与施工中,处理方案设计及施工技术还有待进一步优化完善,仍有一些问题需在“十一五”课题研究成果基础上作进一步研究。河南南阳膨胀土试验段在试验过程中发生较严重的渠坡变形破坏及膨胀土渠坡施工开挖过程中揭示的问题,表明了中线工程膨胀土渠道处理问题的复杂性,膨胀土边坡需要从坡面保护、工程抗滑、防渗排水等方面进行综合治理才能稳定渠坡。为此,科技部应急启动了“十二五”国家科技支撑计划项目“南水北调中线工程膨胀土和高填方渠道建设关键技术研究与示范”。该项目立足于中线工程施工过程中面临的亟需解决的技术难题,为工程顺利建设提供技术支撑,重点是结合不同地段的地质条件、施工特点以及工程施工进展情况,围绕“十一五”课题未进行深入研究的膨胀土渠坡抗滑处理、防渗排水技术、强膨胀土处理技术、开挖边坡稳定性预测技术,以及水泥改性土处理施工技术、膨胀土渠道安全监测预警技术等问题,开展有针对性的技术攻关,提出解决问题的具体技术措施和方案,保证工程顺利建设,确保按期完成通水目标。

“十一五”国家科技支撑计划项目课题在充分研究并认识膨胀土(岩)边坡失稳机制的基础上,按照膨胀土(岩)边坡失稳的力学机制将膨胀土(岩)渠坡失稳分为两种模式,针对不同的破坏模式提出了相应的处理措施,特别是裂隙强度控制下的渠坡深层滑动处理,提高了膨胀土边坡工程的安全性。通过系统研究了土工格栅加筋、土工袋、纤维土、土工膜封闭覆盖、水泥改性土、粉煤灰改性等处理方法的作用机制和适用性,提出了土工格栅加筋、土工袋、土工膜封闭覆盖、水泥改性土等四种处理方法的优化参数,相关成果应用于工程设计优化,采用了水泥改性土换填等处理方案。“十二五”国家科技支撑计划项目相关课题结合南水北调中线工程施工建设,研究成果直接用于工程设计、方案优化、施工和质量控制,编制完成了《南水北调中线一期工程总干渠膨胀土(岩)渠段施工地质技术规定》和《南水北调中线一期工程总干渠渠道水泥改性土施工技术规定》,并已经在膨胀土大面积施工过程中推广应用;膨胀土快速鉴别技术和开挖边坡稳定性预测技术在渠道建设过程中得到全面推广应用,成为渠道处理方案优化调整的主要依据;强膨胀土渠道及深挖方膨胀土渠道处理技术和防渗排水技术研究成果已经在工程设计方案优化中得到体现。

在课题取得初步研究成果之前,膨胀土(岩)渠段设计一般采用换填非膨胀黏性土的处理措施。根据相关课题研究成果,经多方面技术咨询和评审,膨胀土(岩)渠段最终的工程设计方案和施工技术进行了比较大的优化和调整,保证了膨胀土(岩)渠段处理后的工程安全,同时有效地减少了非膨胀土料的使用、减少了征地与移民,最大限度节约土地资源和降低工程成本,取得了明显的经济效益、社会效益和环境效益。中线膨胀土(岩)渠道处理施工主要采用以下方案:

(1)为了阻断膨胀土(岩)开挖面与自然环境接触,使膨胀土(岩)失水干缩、遇水膨胀,设计主要采用了水泥改性土填筑保护层保证渠坡稳定。对于弱膨胀土(岩)渠段的一级马道以下及中、强膨胀土(岩)渠段的全部开挖面采用水泥改性土保护;对采用弱膨胀土料填筑的渠堤外表面采用水泥改性土保护("金包银");对于有非膨胀黏性土料源的渠段,直接采用自由膨胀率相对较小(小于20%)的黏性土保护膨胀土开挖面。保护层填筑厚度一般为垂直开挖面(或渠堤填筑坡面)1~2.5 m。

(2)为防止渠坡因膨胀土(岩)内部的潜在滑动裂隙而出现深层滑塌,在渠坡一级马道或下部坡面位置依据实际地层揭露情况,设置抗滑桩提高渠坡稳定性。

(3)为了防止一些膨胀土(岩)开挖坡面局部可能产生的浅表面滑动,对部分膨胀土(岩)渠段采用土锚杆+框格梁的加固处理方案。部分设置抗滑桩的渠段,也设有与抗滑桩相连接的框格梁。

总干渠膨胀土试验段工程(南阳段)和膨胀岩试验段工程(潞王坟段)现场试验单位及参建各方开展了大量试验研究工作,在总干渠渠道膨胀土(岩)处理施工技术、施工工法、施工质量控制及施工监理等方面取得了丰富的技术资料和研究成果,为满足总干渠膨胀岩土渠段大面积施工的要求,组织相关单位根据南阳膨胀土和潞王坟膨胀岩试验段现场试验研究成果,结合现行规程、规范和相关技术规定,编制了《南水北调中线一期工程总干渠渠道膨胀土处理施工技术要求》《南水北调中线一期工程总干渠渠道膨胀岩处理施工技术要求》《南水北调中线一期工程总干渠渠道膨胀土处理施工工法》和《南水北调中线一期工程总干渠渠道膨胀土处理施工监理细则》,通过专家评审后,及时印发各有关单位,并组织相关单位认真学习贯彻,指导膨胀土(岩)渠段渠道设计和施工,为顺利完成总干渠膨胀岩土渠道工程建设提供了技术保障。

2.3 大流量预应力渡槽设计和施工技术研究

南水北调中线工程输水流量大、输水保证率要求高,使得输水渡槽具有跨度大、流量大、体型大、自重大、荷载大、结构复杂等特点,是技术最复杂、工程建设管理难度最大的项目之一。南水北调中线总干渠梁式输水渡槽18座、涵洞式渡槽9座,共计27座。按上部结构型式划分,矩形渡槽24座、U形渡槽2座、梯形渡槽1座;按跨度划分,40 m跨渡槽6座、30 m跨渡槽13座、30 m以下渡槽8座 。渡槽是中线工程的重要交叉建筑物之一,其结构与质量直接影响到工程效益。国家"十一五"科技支撑计划课题"大流量预应力渡槽设计和施工技术研究"通过开展高承载大跨度渡槽结构新型式及优化设计、大型渡槽新材料新结构、抗震性能与减震措施、施工技术及施工工艺、耐久性及可靠性、破坏模式与机制及相应的预防及补救措施等内容研究,提出了适用于南水北调大流量渡槽的新型多厢梁式渡槽优化结构及设计方法,给出了温度荷载算方法,揭示了渡槽结构的自振特性和动力结构响应的规律,提出了大型渡槽桩基— 土相互作用计算分析方法和减震措施,制定了渡槽施工期混凝土养护与温控措施和控制要求,提出了混凝土早期裂缝的控制方法,完成了具有较高科技水平的大流量渡槽造槽机和架槽机施工方案,并在建筑材料强度、温控、养护、预应力张拉等方面提出了质量控制指标和控制方法,研制了大型渡槽伸缩缝止水材料和结构形式,提出了渡槽减震支座形式等。课题的研究成果已应用到中线干线工程大型渡槽的设计和施工中,在课题成果的基础上编制了《南水北调中线大型梁式渡槽结构设计和施工指南》,为大型渡槽工程提供了新的结构形式、新的设计理论和新的施工技术、方法,节省了工程投资,并提高了渡槽的设计和施工质量,增加了渡槽结构的可靠性。为全面检验南水北调中线干线输水渡槽槽身结构安全、实体混凝土质量和槽身止水安装质量，验证设计，确保顺利实现南水北调中线工程通水目标，对所有输水渡槽（包括闸室及渐变段）组织开展了充水试验。在充水试验期间主要开展了结构挠度、垂直位移监测、水平位移监测、开合度监测、应力应变监测、人工巡视检查等工作，渡槽安全监测成果分析表明所有输水渡槽槽身结构是安全的。

2.4 超大口径 PCCP 结构安全与质量控制研究

南水北调北京段工程 PCCP 管道工程上接惠南庄泵站，下接大宁调压池，全长 56.4 km（其中穿西甘池隧洞和崇青隧洞），采用双排直径 4 m 的预应力钢筒混凝土管（PCCP）管道，管道单节长度 5 m，总长度 112.8 km，管道共计使用了约 2.2 万节。这是我国首次采用了 4 m 超大口径 PCCP，工程的结构安全和建设质量要求高，超大口径管道的使用对制造、运输、安装、吊装的难度加大，我国没有相关设计、施工规范。为了南水北调工程建设需要，同时为我国 PCCP 的设计、制造和安装标准的制定与完善提供技术支持，开展了国家“十一五”科技支撑计划课题“超大口径 PCCP 结构安全与质量控制研究”研究，通过室内原材料及混凝土、砂浆试验研究、结构计算方法研究与程序开发、大型管道现场试验、安装工艺及质量控制标准研究、管道水力特性研究、管道防护、防腐蚀及安全性研究，提出了 PCCP 考虑预应力钢丝缠丝过程和刚度贡献的数值缠丝模型，建立了 PCCP 预应力损失模拟分析的断丝模型；提出了可模拟 PCCP 承载能力全过程的数值分析方法；研发了预应力钢筒混凝土管设计和仿真分析软件；在国内首次进行了 4 m 超大口径 PCCP 制造工艺试验、管道结构原型试验、现场运输安装试验、管道防腐试验等；首次提出了 PCCP 管道糙率测算的新方法，克服了超大口径 PCCP 管道无法利用水力实验直接获取糙率系数的困难；首次提出了新建 PCCP 工程阴极保护的保护电位和电流密度的范围以及保护电位分布的数值计算方法，提出了能检测断电瞬时保护电位的计算机检测系统，保证了大口径 PCCP 管阴极防护实施的有效性和安全性。通过课题研究攻关，成功解决了超大口径 PCCP 结构安全与质量控制的关键技术问题。自 2007 年起研究成果陆续运用在南水北调 PCCP 工程建设中，对确保工程质量和建设工期起到了支撑作用，PCCP 工程已于 2008 年 4 月建设完成。4 m 超大口径 PCCP 在南水北调工程中的成功运用，标志着我国 PCCP 的研制和应用技术等取得了历史性突破，研究成果对加快行业技术进步、推动我国 PCCP 的应用发展、节约南水北调工程投资、缩短建设周期、提高建设质量和安全保障水平等方面做出了创造性贡献，取得了重大的经济效益和社会效益。

2.5 中线总干渠全线供水调度方案研究

输水工程运行调度直接影响着长距离输水工程的运行安全和运行效率，对输水工程建设目标的实现具有决定性影响，是输水工程的中枢神经。要全面发挥中线工程的效益，达到中线工程的建设目标，保障总干渠的运行安全，首先需要从合理利用水资源角度出发，制订切实可行的水资源调配方案，将水源区有限的水资源进行合理分配，发挥尽可能大的效益。中线总干渠输水距离长达 1 400 余 km，控制节点多，沿线均无调节水库，只能利用有限的渠道调蓄能力，水力条件非常复杂，且运行过程中的水位壅高对工程安全存在潜在的风险，也需要制定切实可行的运行控制策略和规则。中线工程安阳以北渠段，存在冬季渠道结冰的问题，冬季输水时间长达两个月。总干渠冰期输水，如运行控制不当，可能造成冰塞、冰坝事故，威胁总干渠的安全。因此，中线工程必须进行冰期输水运行调度方案及控制策略研究，减小冰期输水对供水计划的影响，并保证总干渠运行安全。由于总干渠输水系统的复杂性，需要应对中线工程输水过程中可能出现的各种事故或紧急情况。此外，在发生事故时，首先防止事故段的扩展,其次保证上游段的正常输水,再次尽量延长事故下游段的供水,尽量将事故影响减到最低,是必须解决的问题。是否能解决好上述问题,直接关系到中线工程运行的成败。考虑到运行调度对南水北调中线工程的重要性,《南水北调中线一期工程可行性研究总报告》将中线工程运行调度列为下阶段要开展的重点研究课题。南水北调中线一期工程总干渠全线供水调度方案研究及编制项目的主要工作内容为针对中线工程运行期间可能出现的各种情况,提出一套实用的水资源分配方法,并在满足总干渠安全运行前提下实现供水计划的总干渠调度运行方案,研究内容总体上分为供水方案、输水调度、应急预案等。目前,经专家委咨询并进行修改的报告有10个,已经完成的计算模型有10个,项目总报告也已编写完成。2008年8月,项目承担单位以《供水调度方案研究》项目初步研究成果为基础,将开发的水力学模拟模型等应用于京石段的实际运行中,直接参与了水量调度、充水、试运行、正常调度、紧急情况调度的全过程控制,并对关键的软件、参数进行了大量的修订与率定。2012年至2013年临时通水期间,项目开发的水力学模型、调度控制模型以及京石段水量调度系统分别参与了京石段临时供水调度,极大提高了京石段临时供水调度期间的渠道运行安全和运行调度的灵活性、准确性。在京石段水量调度系统的基础上,已经初步完成了南水北调中线水量调度系统的设计开发工作,该系统是中线自动控制系统的核心,对中线工程的运行安全和运行效率及中线工程建设目标的实现具有决定性影响。

2.6 总干渠穿越煤矿采空区问题研究

南水北调中线一期总干渠工程涉及河南禹州、焦作及河北邯郸等大型煤矿采空区,仅河南、河北两省就涉及10多座煤矿,这些地段新老采空区交替并存,地质条件复杂,不确定因素较多,类似工程技术研究成果少,缺乏成熟的技术处理手段和相关经验,工程建设具有挑战性。中线干线工程在禹州新峰山段穿煤矿采空区最为典型和复杂,总干渠穿新峰矿务局二矿采空区、禹州市梁北镇郭村煤矿采空区、梁北镇工贸公司煤矿采空区、梁北镇福利煤矿采空区4个采空区,累计长度3.11 km,为保证总干渠安全运行,需对采空区地基进行必要处理。禹州煤矿采空区地质情况极为复杂,采空区处理长度长、范围广,工程难度大,为了准确评价总干渠沿线下伏采空区的稳定性,判断采空区对总干渠渠道及建筑物的影响,在选定的线路通过采空区的渠段布设高精度变形观测网,对穿越采空区渠段进行了连续变形监测。采空区地基处理方案有井下和地面两种充填措施,在禹州采空区设计及处理过程中,进行了现场试验和室内试验等相关方面的研究,结合禹州矿区的实际情况设计选用高性能封闭注浆材料和充填注浆材料采用注浆法对采空区进行加固处理,取得了良好的效果。根据现场灌浆试验结果,帷幕孔间距为2.5 m,充填孔间距为18 m,充填灌浆水固比为0.8∶1,灌浆压力为1.0 MPa;采空区灌浆处理工程累计钻孔75.18万延米,灌浆深度最大达343 m。鉴于国内外也没有水利行业相关规范规程作为确定禹州煤矿采空区注浆处理验收标准的依据,结合禹州采空区变形监测及灌浆处理试验研究成果,并参考其他行业的研究资料,编制了《南水北调中线一期工程总干渠禹州长葛段煤矿采空区注浆处理验收标准》。同时,采空区渠段也采取了加强措施,混凝土衬砌厚度渠坡为12 cm,渠底为10 cm,分缝间距2 m;防渗采用800 g/m^2 的复合土工膜。一级马道以下全断面超挖2 m,采用土工格栅加筋土回填,填方渠道渠堤采用土工格栅加筋土填筑;格栅层距均为50 cm。为确保采空区渠道安全,在SH(3)74+902.2处设置1座事故闸,并可利用颍河退水闸退水。

2.7　高填方碾压施工质量实时监控技术研究

南水北调中线 1 432 km 长的总干渠中填方高度大于 6 m 的渠段超过 137 km,其中全填方渠段长约 70.6 km。中线工程填方渠道土石方填筑工程量巨大,工程的质量一直受到广泛的关注,一旦出现渗水等质量问题,将直接影响沿线居民的生命财产安全,有效地控制高填方碾压施工质量是确保工程安全的关键。如何对高填方碾压施工过程的质量进行精细化、全天候的实时监控,同时,如何把高填方工程建设过程中的质量监测、安全监测与地质、进度等信息,进行动态高效地集成管理和分析,以辅助工程高质量施工、安全运行与管理决策是工程建设管理需要考虑的重要问题。高填方碾压施工质量实时监控技术及工程应用项目结合淅川段工程实际,研制开发了淅川段高填方碾压施工质量实时监控系统。系统通过在碾压机械上安装碾压机械施工信息采集仪器,对渠道填筑碾压施工过程进行实时自动监测,以达到监控渠道填筑碾压施工参数的目的。系统自启动运行以来,淅川段高填方碾压施工质量实时监控系统实现了对渠道填筑碾压施工质量进行实时监测和反馈控制,为保证渠道填筑施工过程始终处于受控状态提供了技术支持,实现了业主和监理对工程建设质量的深度参与,精细管理。通过系统的自动化监控,不仅使业主放心工程质量,而且可实现对工程建设质量控制的快速反应;同时,系统的使用有效地提升了工程建设的管理水平,实现了工程建设的创新化管理,为打造优质精品工程提供强有力的技术保障。

3　结　语

南水北调中线干线工程总干渠输水线路长、建筑物种类多,沿线水文地质条件复杂,工程建设管理面临诸多挑战,经过多年的科技攻关和工程建设,2013 年中线主体工程完工,2014 年汛后正式通水,随着地方配套工程不断完善,工程供水量稳步增长、水质稳定达标,已取得了显著的工程效益和社会效益。中线干线工程在设计、施工和建设管理等方面积累了大量技术管理经验和丰富的技术创新成果,通过在工程全线推广应用,保证了中线通水目标,同时,有力促进了国内大型调水工程设计、施工和建设管理技术水平的提高。

软岩隧洞支护设计方法研究

鹿　宁　邱　敏

（中国电建集团西北勘测设计研究院有限公司，西安　710065）

摘　要　由于软岩力学参数低，开挖后变形明显，塑性区深度大，支护措施的设计具有很大难度，把握不好就会造成支护措施的浪费或者出现支护破坏问题，因此有必要对如何设计合适的支护措施，作进一步的研究。本文通过岩体地质分类系统确定量化的支护时机，通过对软岩隧洞进行稳定计算得到支护方案。该方法只需通过平面有限元计算即可较快地得到支护时机和相应的支护措施。笔者在印尼某水电站引水隧洞中采用本文方法进行了支护计算，说明了该方法在软岩隧洞支护设计中简便、可行。

关键词　软岩；隧洞；支护设计

1　引　言

随着越来越多地下工程的建设，各种复杂地质条件在地下工程中均可能出现。其中在软岩中开挖的长距离隧洞工程，其支护措施和支护时机的确定一直是工程建设中存在的难题。20 世纪 60 年代，拉布采维茨将新奥法应用于地质不良的奥地利的马森贝格道路隧道中，由此开创了新奥法作为隧道设计方法的先河；经过多年的工程实践，新奥法理论已被广泛应用于地下工程的开挖支护设计中。新奥法理论即是尽量利用围岩自承能力支撑洞室稳定，而这个“尽量”即是最大化的发挥围岩自身的承载作用，确定最佳支护时机。

所谓确定支护时机，就是将围岩自承能力确定在一个恰当的数值，这就要求支护应在恰当的时候敷设，过早或过迟均不利。其支护刚度也不能太大或太小，必须是能与围岩密贴的柔性薄层，允许有一定的变形，以使围岩释放应力时起卸载作用，但不会发生弯曲破坏。

2　相关理论

2.1　应力释放

隧洞开挖过程是隧洞围岩应力的释放过程。而开挖后应力释放则是由于临空面产生后，围岩由三轴受压状态改变为双轴受压状态，失去有效压应力后逐渐变为松弛状态的渐进过程。如果围岩材料是弹性材料，其弹模的径向变形可等效为一个拉应力逐渐增加的过程，直到拉应力等于初始地应力时，其径向变形停止。因此，实际开挖过程是一个临空面压应力由初始地应力减小为零的过程，根据此理论，研究者提出采用逐步降低“反转地应力”的方法模拟围岩开挖后应力释放过程。在有限元模型中，“反转地应力”通过在开挖边界上作用与原有支撑力相反的等效结点力来模拟，具体公式为：

作者简介：鹿宁（1982—），男，陕西省西安市人，高级工程师，主要从事水利水电工程设计工作。E-mail：good163.163@163.com。

$$\{F_{ex}\}^j = \sum_{i=n}^{m} \int_{si} [B_i]^{T} a \{\sigma_j\} \mathrm{d}A \tag{1}$$

式中：σ_j 为第 $j-1$ 次开挖引起地应力重分布后的应力场；$[B_i]$ 为开挖掉单元 i 的几何矩阵；a 为地应力释放系数。

另外，如果围岩材料为弹性材料，文献[2]提出，应力释放可以通过逐步降低开挖体的弹性模量来进行模拟，即弹性模量折减法。

2.2　隧洞开挖纵向变形曲线

隧洞开挖的过程是一个三维动态过程，随着掌子面的推进，岩体应力、临空面变形也随之变化。国内外很多学者开展了隧洞开挖的三维数值模拟研究。其中三维效应归纳为以下两个方面：①“空间效应”，即掌子面约束作用所产生的影响。距掌子面越近，影响越大，距掌子面越远，影响越小，到达某种距离后，影响基本消除。②“时间效应”，远离掌子面影响距离，变形仍然随时间而增大的这一现象。以上两种效应对一般岩体来说，前者占主导地位，后者极难见到，一般仅存在高地应力的蠕变岩体中。

隧洞由于其轴向长度相对于其开挖跨度往往相差百倍，开挖支护计算常采用平面应变模型进行分析；而平面模型仅模拟隧洞横断面，其掌子面推进的三维效应很难考虑。三维模型虽然可以考虑掌子面的三维效应，但往往因为三维模型计算量大，时间长，所要求的技术难度高而很难在工程中广泛应用。所以，国内外学者开始探索构造一条能够反映径向位移和掌子面进尺之间关系的函数曲线，并将其运用于平面模型计算中，取代三维模型计算。

2003 年，Unlu and Gercek 通过大量试验提出了能准确反映围岩塑性，而且能考虑塑性区影响的隧道位移随开挖面（掌子面）的变化曲线——LDP（Longitudinal Deformation Profile）曲线的公式如下：

$$\frac{u_0}{u_{max}} = \frac{1}{3} e^{-0.15P_r} \tag{2}$$

其中

$$P_r = R_p / R_t \tag{3}$$

$$d_t = \frac{X}{R_t} \tag{4}$$

$$\frac{u}{u_{max}} = \begin{cases} \dfrac{u_0}{u_{max}} e^{d_t} & (X < 0) \\ 1 - \left(1 - \dfrac{u_0}{u_{max}}\right) e^{\frac{-3d_t}{2P_r}} & (X > 0) \end{cases} \tag{5}$$

式中：R_p 为最大塑性区深度，m；u_0 为掌子面的径向位移，m；R_t 为隧洞半径，m；X 为开挖断面到掌子面的距离（即无支护长度），m；u_{max} 为最大径向位移，m。

通过求解曲线公式，就将平面模型中的计算结果与掌子面推进距离建立了关系。

2.3　地质岩体分类

目前工程地质工作中对于围岩分类的方法众多，其中常用的方法是《工程岩体分级标准》的 BQ 法、地质力学系统的 RMR 法及巴顿等人提出的 Q 法。BQ 法多见于国内工程，国外工程中多采用 RMR 法和 Q 法，这三种方法之间可根据经验公式进行转化。工程岩体质量指标 BQ 值与 Q 系统分类指标 Q 值呈指数关系，其关系为：

$$BQ = 69.44\ln Q + 161 \tag{6}$$

工程岩体质量指标 BQ 值与地质力学分类 RMR 值呈线性关系,其关系式为:

$$BQ = 6.0943RMR + 80.786 \quad (R = 0.81) \tag{7}$$

BQ 值、Q 值、RMR 值关系如表 1 所示。

表 1 国标 BQ 值与 Q 值、RMR 值的关系表

国标级别	BQ 值	Q 值	RMR 值
Ⅰ	>550	>290	>70
Ⅱ	450~550	70~290	60~70
Ⅲ	350~450	16~70	50~60
Ⅳ	250~350	4~16	40~50
Ⅴ	<250	<4	<40

总结多年的工程实践,巴顿于 1974 年提出了掌子面到支护面的最大距离(即无支护长度)公式,如下:

$$s = 2 \times ESR \times Q^{0.4}$$

式中:s 为掌子面到支护面的最大距离;ESR 为开挖支护比。

由此,无论工程采用何种岩体分级方法,均可通过上述公式求出最大无支护长度,这就为支护时机的判断给出了量化依据。

3 分析思路

通过前述分类方法,换算出不同岩体分级下的无支护长度。而 LDP 曲线的计算则可求出该长度对应的径向围岩变形,亦即开挖至掌子面时,未支护岩体与支护岩体相邻处的径向变形。按照从此处开始进行支护考虑(可根据实际情况取安全系数),则可通过此处的变形反推围岩承担的地应力或者应力释放率,从而得出支护时机以及支护措施承受的荷载。

4 工程案例

本文依据上述思路,采用平面有限元对某工程引水隧洞进行了围岩支护计算。

某水电站为长引水式电站,引水隧洞全长约 2 192 m,采用马蹄形开挖断面,最大开挖跨度为 5.9 m。依据 RMR 分级,引水隧洞途经洞段围岩为 3 类新鲜角砾岩和 4 类新鲜黏土岩,单轴抗压强度分别为 15 MPa 和 5 MPa,均为软岩。引水隧洞所处最大平均埋深 130 m。

本文以 4 类新鲜黏土岩洞段为例,对比及时支护和按支护时机进行支护两种情况下,围岩的位移、塑性区分布以及支护结构的受力情况。

4.1 地质岩体分类和力学参数

地质岩体分类和力学参数如表 2 所示。

表 2 岩体力学参数

RMR 围岩分级	岩性	摩擦系数 f	黏聚力(MPa)	弹性模量(GPa)	泊松比
4	新鲜黏土岩	0.40	0.15	0.8	0.35

4.2 地应力模拟

对于软岩,可根据海姆假说[4]确定地应力场,假定岩体是理想的塑性体,地应力随深度按自重增加。所以,围岩初始地应力场如表 3 所示。

表 3　初始地应力

RMR 围岩分级	岩性	密度 (g/cm^3)	埋深 (m)	竖向地应力 σ_v (MPa)	侧压条 $k=\frac{\sigma_h}{\sigma_v}$	水平地应力 σ_h (MPa)
4	新鲜黏土岩	1. 95	130	1. 365	1	1. 4

4. 3　支护时机确定

按照前述进行计算，可得到各类岩石的无支护长度、围岩径向变形和应力释放率。具体见表 4。

表 4　岩体无支护最大跨度、围岩径向变形和应力释放率

RMR 围岩分级	岩性	*Q* 值	无支护长度 *X*(m)	R_p (m)	u_{max} (mm)	释放率 (%)
4	新鲜黏土岩	0. 1	1. 1	8. 179	83. 3	85

4. 4　计算结果对比

根据以上的计算，4 类岩体的无支护长度在 1. 1 m。为对比说明支护时机对支护措施工程量的影响，选择两种支护方案进行对比。支护方案 1 为 15 cm 厚的挂网喷射混凝土，锚杆长 4. 5 m，间排距 1. 5 m × 1. 5 m，钢支撑采用 H203 × 89 × 19. 3，间距 1. 5 m；支护措施方案 2 为 10 cm 厚的挂网喷射混凝土，锚杆长 4. 5 m，间排距 1. 5 m × 1. 5 m，钢支撑采用 H203 × 89 × 19. 3，间距 0. 15 m。

适时和及时支护两种情况下的围岩位移、塑性区深度和支护结构应力对比见表 5。

表 5　计算结果

项目	4 类适时支护（支护方案 1）	4 类及时支护（支护方案 1）	4 类及时支护（支护方案 2）
埋深(m)	130	130	130
释放率(%)	85	0	0
塑性区最大深度(m)	3. 941	3. 925	3. 925
喷射混凝土层位移(m)	0. 05	0. 07	0. 07
锚杆应力(MPa)	258	269	274
喷射混凝土应力(MPa) 允许应力 15 MPa	12. 0	21. 7	5. 3
钢支撑应力(MPa) 允许应力 163 MPa	109. 0	193. 6	160. 5
是否满足安全要求	是	否	是

方案1、方案2适时支护、及时支护围岸塑性区范围、喷射混凝土层位移分布见图1～图6。

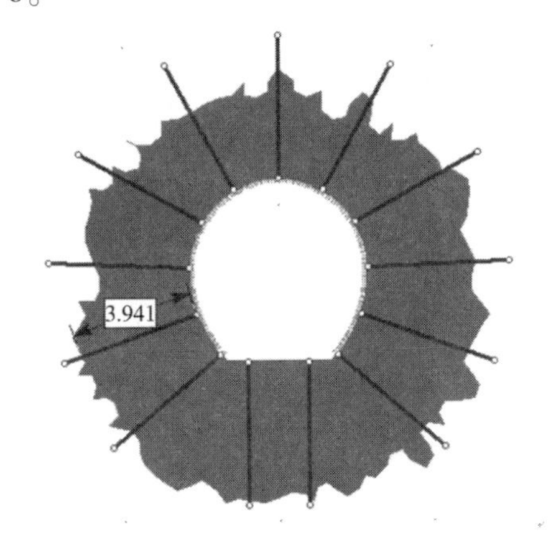

图1　适时支护时(方案1)围岩塑性区范围
(单位:m)

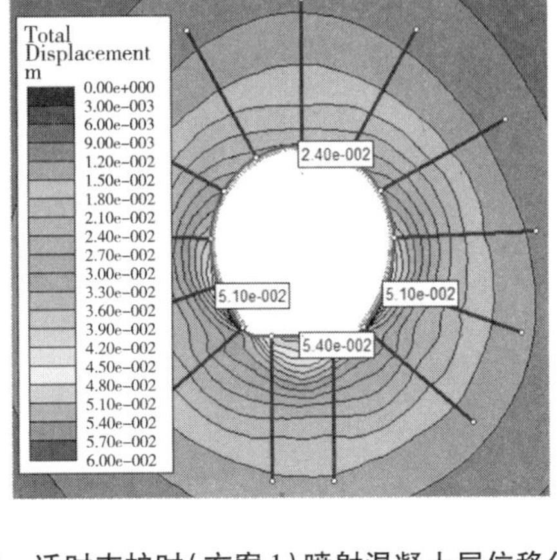

图2　适时支护时(方案1)喷射混凝土层位移分布
(单位:m)

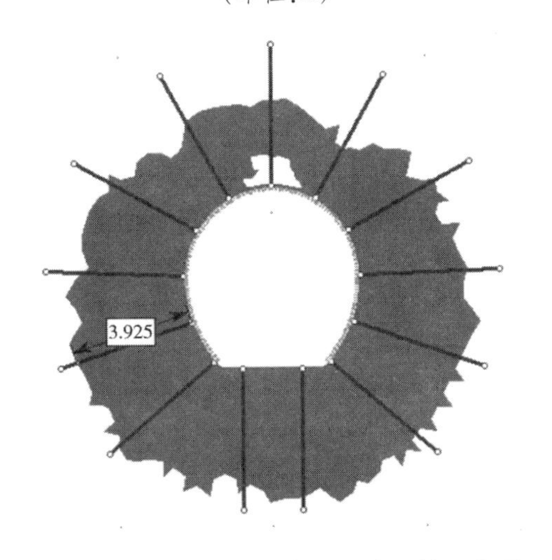

图3　及时支护时(方案1)围岩塑性区范围
(单位:m)

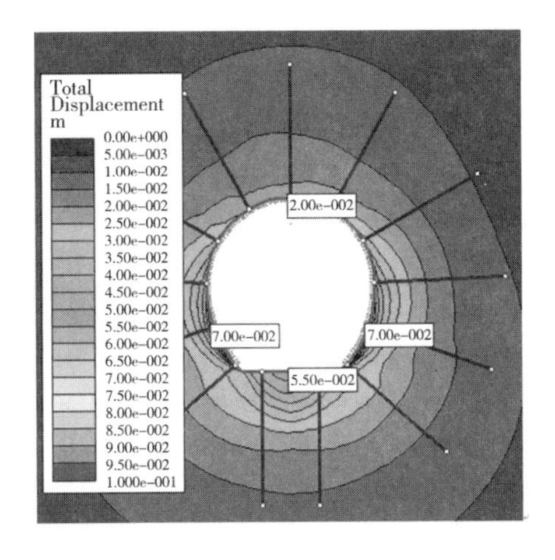

图4　及时支护时(方案1)喷射混凝土层位移分布
(单位:m)

通过以上计算可见,及时支护与适时支护虽然支护时机不同,但在相同支护情况下,其屈服深度都基本相同,但由于及时支护情况下支护结构承担了围岩开挖后的所有荷载,所以其支护结构受力明显大于适时支护,变形大于适时支护,而且喷射混凝土的应力超过了允许应力15 MPa。而适时支护的支护结构满足喷射混凝土允许应力,变形也小,采用适时支护满足支护结构的安全要求。及时支护时,为满足支护结构的安全需要,需要采取刚度更高的大量支护措施,比如方案2中加密钢支撑的间距;从本文的例子中可以看出,钢支撑加密的程度已经达到了不可能实施的距离,当然所付出的建造成本也是非常巨大的。另外,为了满足钢支撑与喷射混凝土层的变形协调已达到两者分配到合适比例的围岩荷载,钢支撑的间距和喷射混凝土层的厚度往往需要进行调整,而这种调整也不是简单的同时增加或者同时减小,需要进行试算决定。

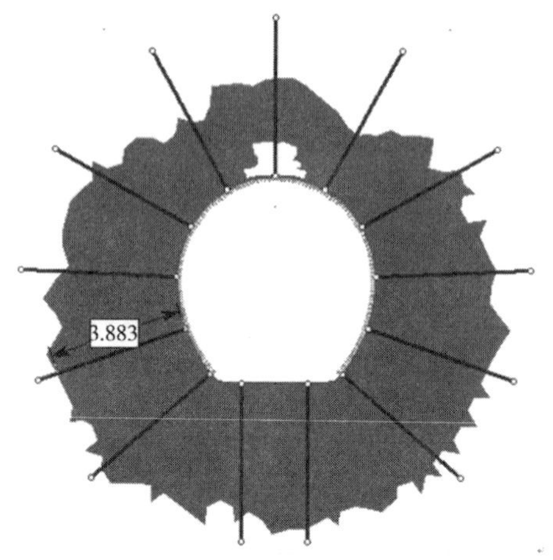

图5 及时支护时(方案2)围岩塑性区范围（单位:m）

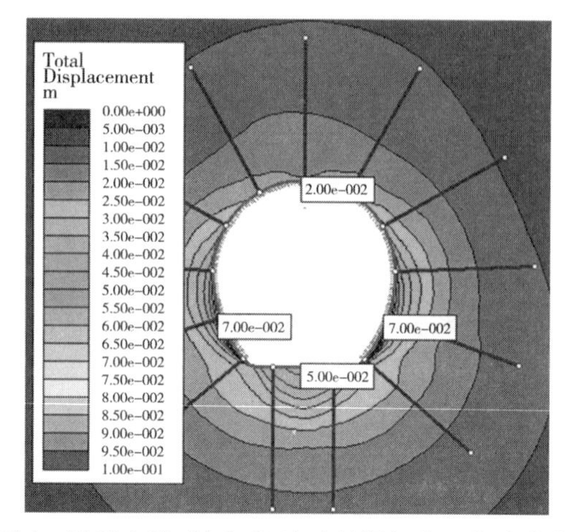

图6 及时支护时(方案2)喷射混凝土层位移分布（单位:m）

5 结 语

本文给出了确定支护时机的量化方法,并用于佳蒂格德软岩隧洞的开挖支护设计中得到了一些有益的成果。从中可见,采用适时支护解决了软岩围岩的支护设计问题,并证明了合理的选择支护时机对于软岩洞室支护结构设计的必要性;不合适的支护时机往往会增大支护结构的安全风险,而合理的支护时机的选择不仅节约工程材料、降低工程造价,并且能够保证支护结构的安全。

参考文献

[1] Hoek E, Carranza－Torres C, Diederichs M S, et al. Integration of geotechnical and structural design in tunneling[C]// Proceedings University of Minnesota 56th Annual Geotechnical Engineering Conference. Minneapoils,2008.

[2] 何欣,曹怀园,刘永智,等. Phase2 软件在隧洞开挖围岩支护时机中的应用[J]. 西北水电,2015(3):49-53.

[3] Goel R K,Bhawani Singh. Rock mass classification[M]. Amsterdam in the Nether lands:Elselier,1999.

[4] OTIS WILLIAMS. EM1110－2－2901 Tunnels and shafts in rock[S]. Washington D1C:University press of pacific 1997.

[5] 蔡斌,喻勇,吴晓铭.《工程岩体分级标准》与 Q 分类法、RMR 分类法的关系及变形参数估算[J]. 岩石力学与工程学报,2001,20(51).

[6] 朱霜华. 隧洞中软质岩石收敛变形与量测分析[J]. 西北水电,2004(1):6-8.

[7] 杨超先. 缅甸电源电站引水隧洞不稳定围岩施工技术[J]. 西北水电,2011(5):40-44.

[8] 苟富民. 乌龙山抽水蓄能电站地下厂房洞室围岩稳定性分析研究[J]. 西北水电,2007(2):13-18.

[9] 张帆,詹振彪,屈洁. 高压引水隧洞衬砌配筋简化算法[J]. 西北水电,2016(2):33-37.

[10] 左建委. 水工隧洞开挖与支护方法分类浅析[J]. 西北水电,2007(2):38-49.

[11] 陈念水,王卫国. 水工隧洞设计中外水压力的探讨[J]. 西北水电,2012(5):28-31.

[12] 俞美华,张文涛,刘顺伟. 温度应力及内水压力耦合作用对隧洞衬砌伸缩缝间距及裂缝宽度的影响[J]. 西北水电,2013(4):45-49.

[13] 苟富民. 压力隧洞不衬砌法的应用[J]. 西北水电,2006(4):23-25.

[14] 杨贤,张晓凤. 巴贡水电站引水隧洞围岩分类研究[J]. 西北水电,2009(1):3-5.

[15] 谢绍泽,何淑芬. 公伯峡水电站导流隧洞支护施工技术[J]. 西北水电,2013(2):30-33.

陕西省江河湖库水系连通方案研究

冯缠利　高旭艳　同海丽

（陕西省水利电力勘测设计研究院，西安　710001）

摘　要　通过对陕西省自然水系、水资源特点和开发利用存在问题的剖析，根据水系天然格局，结合陕西省经济社会布局和水利发展规划，提出了以黄河、汉江等重要江河骨干河道为基础，以东庄、王圪堵、冯家山、黑河、安康等重要控制性水库为中枢，依托黄河引水、引汉济渭、宝鸡峡引渭等长距离引调水工程，以“四横两纵”的天然骨干水系为主，以“六横两纵”的人工水系为补充，构建“十横四纵，黄河、长江两大流域相连，陕北、关中、陕南三大区域贯通，河湖库池渠相联，南北调配，东西互济”的江河湖库水系连通体系方案。通过河湖库池渠连通，可有效缓解陕西省水资源短缺及地区分布不均的矛盾、改善水生态环境。本文对进一步研究陕西省江河湖库水系连通具有一定的参考价值。

关键词　陕西省；河湖库水系；连通；方案

1　研究背景

1.1　陕西省基本情况

1.1.1　自然地理

陕西省位于中国西北内陆腹地，东西宽 200 ~ 500 km，南北长 870 km，总面积 20.56 万 km^2。以秦岭为界，横跨长江、黄河两大水系，秦岭以南长江流域面积 7.23 万 km^2，占总面积的 35.2%，秦岭以北黄河流域面积 13.33 万 km^2，占总面积的 64.8%。

省域南北跨度大，地势南北高、中间低，西部高、东部低。以秦岭、北山为界，北部的陕北黄土高原面积 8.03 万 km^2，占总面积的 39.1%；中部的关中平原面积 5.54 万 km^2，占总面积的 26.9%；南部的陕南秦巴山地面积 6.99 万 km^2，占总面积的 34.0%。

1.1.2　社会经济

2013 年陕西省总人口 3 764 万人，陕北、关中、陕南分别为 558 万、2 365 万、841 万人，分别占总人口的 14.8%、62.8%、22.4%，省内黄河、长江流域分别为 2 923 万、841 万人，分别占总人口的 77.6%、22.4%；陕西省 GDP 16 045 亿元，陕北、关中、陕南分别为 4 200 亿、9 848亿、1 997 亿元，分别占总 GDP 的 26.2%、61.4%、12.4%，省内黄河、长江流域分别为 14 048 亿、1 997 亿元，分别占总 GDP 的 87.6%、12.4%；灌溉总面积 1 996.2 万亩，陕北、关中、陕南分别为 245.5 万、1 483.7 万、267.1 万亩，分别占总灌溉面积的 12.3%、74.3%、13.4%，省内黄河、长江流域分别为 1 729.1 万、267.1 万亩，分别占总灌溉面积的 86.6%、13.4%。

作者简介：冯缠利（1963—），男，陕西蓝田人，教授级高级工程师，主要从事水利规划及设计。E-mail：651499740@qq.com。

1.1.3　河流水系及水资源特点

全省流域面积大于 10 km^2的河流有 4 296 条，其中黄河流域 2 518 条，长江流域 1 778 条。黄河流域主要河流有黄河干流、窟野河、无定河、延河、渭河、泾河、洛河、伊洛河等，长江流域主要河流有汉江、丹江和嘉陵江等。受地质构造及气候等自然因素影响，省内主要河流多呈自西向东以及西北—东南流向。各主要河流河网形态，均具有不对称性特点，对洪水汇流起着良好的缓冲作用。秦岭以南的长江流域因降水量大，河网密度最大，水资源丰富；秦岭以北的黄河流域降水量偏小，河网密度较小，关中平原东部及长城沿线风沙区的部分地区形成低产流区或无流区。

陕西省多年平均水资源总量 423.3 亿 m^3。省内黄河流域 116.6 亿 m^3，长江流域 306.7 亿 m^3，分别占水资源总量的 27.5%、72.5%。关中 82.3 亿 m^3，陕北 40.4 亿 m^3，陕南 300.6 亿 m^3，分别占水资源总量的 19.4%、9.5% 和 71.1%；水资源可利用总量 162.7 亿 m^3，其中黄河流域 71.6 亿 m^3，占可利用总量的 44.0%，长江流域 91.1 亿 m^3，占可利用总量的 56.0%。关中、陕北、陕南水资源可利用量分别为 55.0 亿 m^3、15.0 亿 m^3和 92.7 亿 m^3，分别占可利用总量的 33.8%、9.2% 和 57.0%。

1.2　存在的问题

1.2.1　水资源缺乏，属资源性缺水地区

全省多年平均降水量为 656.2 mm，降水总量为 1 349.16 亿 m^3，多年平均地表水资源量 396.4 亿 m^3，地下水资源量 130.8 亿 m^3，水资源总量 423.3 亿 m^3，人均占有水资源量 1 162 m^3/人，单位耕地面积水资源量 588 m^3/亩，仅为全国人均占有水资源量 2 091 m^3/人的 55%，为全国单位耕地面积水资源量 1 437 m^3/亩的 41%。

1.2.2　空间分布不均，与社会经济布局极不协调

由于受地理位置、气候特征和下垫面条件的影响，陕西省水资源地区分布不均匀，南北差异很大，陕北、关中的大部分地区水资源量严重不足，陕南的汉中、安康等水资源量较丰富。水资源总量的 70% 产生于面积仅为全省 1/3、GDP 不足全省 20% 的陕南地区，关中地表水资源总量为 65.6 亿 m^3，占全省水资源总量的 15.5%，而陕北水资源总量为 40.4 亿 m^3，仅占全省的 9.5%；陕南人均占有水资源总量为 3 282 m^3/人，关中、陕北人均分别为 375 m^3/人、757 m^3/人。

1.2.3　年际变化大、年内分配悬殊

省域降水量较少，陕北地区平均年降水量 454.3 mm，多集中于汛期 6～9 月，占全年降水量的 70% 以上，6～9 月汛期径流量除陕北沙漠区占比例较小外，大部分地区占全年径流量的 55%～66%；关中地区多年平均降水量 647.6 mm，东西地区差异较大，主要集中于汛期 6～9 月，占全年降水量的 57%～65%，6～9 月汛期径流量占全年径流量的 42%～58%；陕南地区多年平均降水量为 894.7 mm，5～10 月汛期降水量占全年降水量的 80% 以上，汛期径流量占全年径流量的 76%～80%。而汛期的降水多集中于几场大暴雨，大部分径流量亦为暴雨所形成，造成局地的雨涝和洪灾。在作物生长 3～5 月的关键季节，干旱少雨，对农业生产不利。

全省降水、径流年际变化也很大，全省最大最小年降水量的极值比在 2.4～11.4 之间，径流的年际变化比降水更大，全省最大最小径流量极值比变化范围在 2.2～22.3 之间，这就形成在丰水年降水径流过多，造成洪涝，而在枯水年降水径流又太少，造成干旱缺水。

1.2.4 江河湖库水系缺乏有机连通,供水保证率、水生态环境脆弱

全省已建成冯家山、石头河、黑河金盆、石门、安康等水库工程,宝鸡峡、泾惠渠、东雷抽黄等引提水工程,马栏引水、引冯济羊等连通工程,以及引乾济石、引湑济黑等省内南水北调工程。仅仅达到局部连通,缺乏有机连通,余缺互补性差,无法保证供水安全和实现水资源的高效利用,同时流域水生态系统严重恶化,一些河流下游河段枯水期常出现断流,少数河流甚至常年断流,河道不断萎缩,基本丧失了供水和生态功能。

2 江河湖库水系连通的目标

陕西省水资源时空分布不均,与经济社会发展布局极不匹配,陕北、关中水资源承载能力和调配能力不足,河湖湿地萎缩严重,水环境恶化。通过河湖水系连通,实现从局域到区域连通,努力构建"格局合理、功能完备,蓄泄兼筹、引排得当,多源互补、丰枯调剂,水流通畅、环境优美"的江河湖库连通体系,进一步完善水资源配置格局,合理有序开发利用水资源,全面提高水资源调控水平和供水保障能力;改善河湖的水力联系,加速水体流动,增强水体自净能力,提高河湖健康保障能力,改善水生态环境,促进水生态文明建设,为实现以水资源可持续利用支撑经济社会可持续发展提供基础保障。

3 江河湖库水系连通方案设想

根据省域水系格局和水资源条件、生态环境特点和经济社会发展与生态文明建设的要求,充分把握河湖水系演变规律,统筹考虑连通的需求与可能性,自然连通与人工连通相结合,恢复历史连通与新建连通相结合,合理有序地开展河湖水系连通。以全省重要水源和水系及供水渠系为基础,建设必要的连通工程,实现局部连通向区域连通、单向连通向双向连通发展,构建江河湖库水系连通的网络体系,形成"互连互通、相互调剂"的水资源调配格局。

根据陕西省水系的天然格局和水利建设现状,结合全省经济社会布局和水中长期规划,以黄河、无定河、渭河、汉江、嘉陵江等重要江河骨干河道为基础,以王圪堵、南沟门、永宁山、亭口、冯家山、桃曲坡、东庄、黑河、石头河、石门、安康等重要控制性水库为中枢,依托榆林、延安、古贤等长距离黄河引水工程和引洛入延、引嘉济清、引汉济渭、引红济石、引嘉济汉、引池入月等重大跨流域调水工程以及宝鸡峡引渭等已成灌溉渠道、引汉济渭配水干线、黑河金盆水库供水干线等。以"四横(无定河、延河、渭河、汉江)两纵(黄河、嘉陵江)"的天然骨干水系为主,以"六横(榆林碛口和大柳树引黄、延安引黄和引洛入延、古贤引黄工程和泾惠渠灌溉供水工程、宝鸡峡引渭和引汉济渭北干线、石头河供水管线和引汉济渭南干线、引嘉入汉)两纵(榆林大泉引黄工程、引汉济渭干线)"的人工水系为补充,连通湿地、洼地、灌区、城市、工业区、开发区等用水区,逐步形成以重点水源、湖泊、湿地、城市、工业区、灌区等为节点,以骨干河流、重要连通工程等为连线的"十横四纵、两大流域相连、三大区域贯通、河湖库池渠相联、南北调配、东西互济"的江河湖库水系连通体系(见图1)。

4 规划重点连通工程

4.1 黄河大泉引水工程

主要供水对象有府谷煤电载能工业区、窟野河河谷区、榆神煤化学工业区和榆阳工业

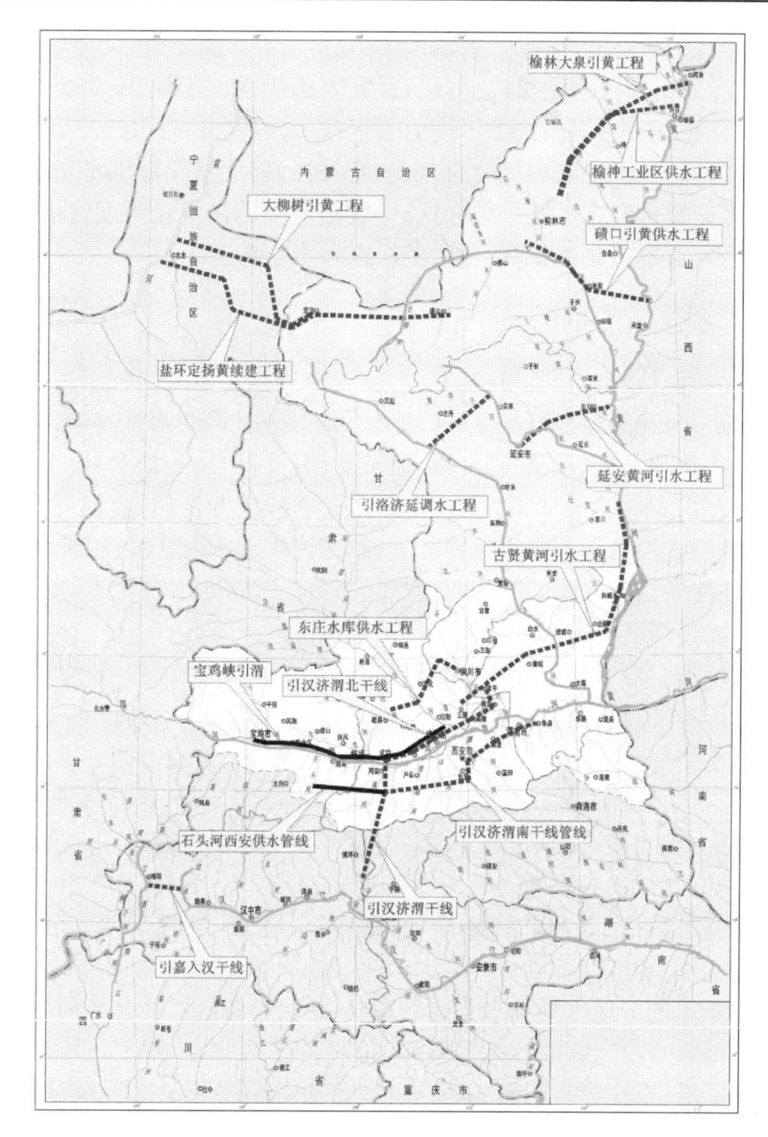

图1　陕西省江河湖库水系连通方案示意图

区。规划从黄河干流皇甫川口以上约 6 km 的大泉村附近取水，总引水量约 9.26 亿 m^3。输水线路从东北向西南走向先后穿越黄河支流黄甫川、清水川、沙梁川、窟野河支流犊牛川和主流乌兰木伦河、秃尾河等河流与山梁，沿途向规划的段寨火电基地、清水川煤电一体化项目、庙沟门煤电一体化项目区、店塔、神木等城镇以及榆神煤化学工业区（清水沟）和大保当等工业布点供水，最后进入榆溪河支流头道河，与榆林经济开发区和榆横等工业区的供水系统联网。引水干线全长 167.315 km。

4.2　黄河碛口引水工程

碛口水利枢纽位于黄河北干流，下距天桥水电站 215.5 km。水库总库容 126 亿 m^3，开发任务为以防洪减淤为主，兼顾发电、供水等综合利用。

规划从库区取水，引水干线全长 122.9 km，引水口抽水流量 15 m^3/s，主要向鱼米绥工业区、榆横煤化学工业区供水。引水线路由东向西，以隧洞、倒虹穿越黄河与无定河之间的山梁和河沟，至无定河左岸，然后沿无定河左岸以压力管道上行，经鱼河堡至榆横工业区。沿途设支线向鱼河堡、米脂、绥德等工业区供水。

4.3 黄河大柳树引水工程

黄河大柳树引水工程规划从黄河干流规划的大柳树水库取水，采用明渠输水至靖边县旧城水库。引水线路属规划的大柳树东干渠供水系统的组成部分，由宁、蒙、陕三省（区）共用干渠、入陕干渠和定、靖干渠三段组成，全程约485 km。其中共用干渠从大柳树水库至宁夏盐池县的樊家庙子，入陕干渠从樊家庙子分水闸起至省界，定靖干渠从省界至旧城水库。

规划向定靖生态农业及天然气化工区供水，设计引水流量45 m^3/s，年引水量5.43亿m^3。

4.4 延安黄河引水工程

延安黄河引水工程的任务为城镇生活及工业供水。

延安黄河引水工程由黄河和清涧河2个取水枢纽，9座泵站，黄延线、子长线、延长线和高清线4条输水管（洞）线，南河水库，康家沟事故应急水库，延水关泥沙处理站，高家湾和东川2个水厂等组成。

2个水源年取水规模8 977万m^3，其中黄河取水规模8 415万m^3，清涧河取水规模562万m^3；引水线路总长度145.78 km，其中黄延线83.35 km、子长线52.49 km、延长线2.59 km、高清线7.35 km。

4.5 东庄水库及供水工程

水库枢纽工程：开发任务是“以防洪减淤为主，兼顾供水、发电及改善生态等综合利用”。水库多年平均供水量5.30亿m^3，其中供给泾惠渠灌区水量3.16亿m^3，使灌溉保证率从30%提高到50%；供给铜川新区、富平县城及工业园区、西咸新区、三原县城城镇生活和工业水量2.14亿m^3，供水保证率达到95%。

受水区供水工程：由南、北、中三条供水线路组成。南线在水库下游河道引水，线路长度63.1 km；北线由库区取水，线路长度99.5 km；中线在利用泾惠渠灌区已成渠系工程引水灌溉的同时，通过西郊水库向三原县城供水，在利用已有渠道输水的情况下，需新修管线长度1.1 km。

4.6 引汉济渭工程及输配水工程

引汉济渭调水工程：将汉江水引入渭河流域以补充关中地区沿渭大中城市的给水，主要解决城市生活、工业生产用水问题。由黄金峡水利枢纽、秦岭输水隧洞和三河口水利枢纽等三大部分组成，规划在汉江干流黄金峡和支流子午河分别修建水源工程黄金峡水利枢纽和三河口水利枢纽蓄水，经总长98.3 km的秦岭隧洞送至关中，总调水规模15亿m^3。

关中受水区输配水工程：输配水干线工程由黄池沟配水枢纽、渭河南干线、渭河北干线三部分组成。输配水干线总长度334.4 km，其中渭河南干线长175.7 km，渭河北干线长158.7 km。

4.7 古贤水库及引水工程

古贤水库：坝址位于黄河壶口瀑布以上10.1 km，开发任务以防洪减淤为主，兼顾供水、灌溉、发电、调控水沙等综合利用。

引水工程：采用自流形式从古贤水库取水，向关中平原的渭北泾东地区补水。输水线路总体框架由一条总干渠和南、北干渠组成，渠道长度分别为123.0 km、68.7 km、131.7 km。

4.8　引嘉入汉工程

引嘉入汉工程是陕西省两江联合调水工程总体规划的组成部分，是将嘉陵江的水自流引入汉江。工程规划由嘉陵江干流石碑子引水经略阳电厂北侧，跨八渡河，再经马桑坪、何家岩，至略阳县的马家湾调入汉江流域褒河支流白河下游，引水线路长约 20 km，规划引水流量 60 m^3/s，年平均引水量 10 亿～12 亿 m^3。

5　结论与建议

5.1　结论

陕西省属资源性缺水地区，加之水资源时空分布不均，与经济社会发展布局极不匹配，制约经济社会持续发展和生态文明建设。随着榆林黄河引水、延安黄河引水、引汉济渭、引嘉入汉、古贤黄河引水等长距离引水、调水工程以及东庄水库、亭口水库等大型水源工程的实施，为水系连通创造了利条件，使陕西省江河湖库水系连通体系的构建成为可能。江河湖库水系连通将进一步完善水资源配置格局，全面提高供水保障能力；增强河湖的水力联系，改善水生态环境，促进水生态文明建设。因此，开展陕西省江河湖库水系连通研究是非常必要的。

5.2　建议

（1）建议尽快开展陕西省河湖库水系连通前期工作。

（2）建议尽快研究水权转换机制和相关政策，为水系连通和水资源合理调配提供制度保障。

（3）进一步加快引汉济渭工程及受水区的建设步伐。

（4）建议加快东庄水库及受水区前期工作进度。

（5）建议尽快开展黄河古贤水利枢纽陕西受水区前期工作。

（6）建议加快榆林黄河引水工程设计工作进度。

参 考 文 献

[1] 水利部. 水利部关于推进江河湖库水系连通工作的指导意见. 2013.
[2] 陕西省水利厅. 陕西省水资源综合规划. 2014.
[3] 陕西省水利厅. 关中水系规划. 2015.
[4] 陕西省水利电力勘测设计研究院. 引汉济渭工程可行性研究报告. 2014.
[5] 陕西省水利电力勘测设计研究院. 榆林能源基地黄河引水工程总体规划报告. 2005.
[6] 陕西省水利电力勘测设计研究院。黄河古贤水利枢纽工程陕西受水区规划报告，2012.
[7] 陕西省水利电力勘测设计研究院。东庄水利枢纽工程供水区规划专题报告. 2015.

基于 HS - SVM 的边坡安全系数预测

马春辉[1,2] 杨 杰[1,2] 程 琳[1,2] 郭 盼[1,2] 侯 恒[1,2]

(1. 西安理工大学 水利水电学院,西安 710048;
2. 西北旱区生态水利工程国家重点实验室培育基地,西安 710048)

摘 要 针对边坡稳定问题,建立了基于和声搜索(HS)与支持向量机(SVM)的边坡安全系数预测模型。在边坡安全系数预测过程中,HS - SVM 充分发挥了 SVM 收敛速度快、准确率高、全局最优、泛化能力强等优势;同时,采用 HS 算法对泛化能力、插值能力均较强的混合核函数参数组合进行全局寻优;利用拉丁超立方抽样(LHS)构建和声记忆库,使和声记忆库更具代表性,加快搜索速度。以预测值平均绝对误差(MAE)最小化为寻优目标,通过编写 Matlab 程序实现 HS - SVM对边坡安全系数的精准、高效预测。实例证明,相比于其他算法,HS - SVM 不仅具有更高效的计算速度,而且计算精度高,可广泛应用于实际工程中。

关键词 边坡稳定分析;支持向量机;和声搜索;安全系数;混合核函数

1 引 言

由于水利工程地形地质条件相对复杂,边坡工程常出现于水利工程建设、运行等过程中。但边坡工程常由于人为或自然因素发生滑坡,轻则对工程建设、生产运行产生影响,重则发生涌浪、坝肩破坏等险情,危及大坝以及水库下游安全。因此,边坡稳定性分析是水利工程研究的重要课题之一。

由于受到众多随机性、模糊性和不确定性因素的综合作用,边坡工程的稳定性与这些因素间存在着高度复杂的非线性关系。在实际工程中,常采用毕肖普法、瑞典条分法等传统确定性方法评估边坡安全状态,虽能在一定程度上反映边坡稳定性,但其计算量大,计算过程冗长,难以准确描述边坡稳定高度复杂的非线性特征[1]。随着智能算法的快速发展,大量学者将其与传统研究方法相结合,为预测边坡安全系数提供了全新的分析方法[2]。徐卫亚、王贵成采用模糊数学理论、灰色数学理论等不确定性分析方法对边坡安全系数进行计算,但无法全面、客观地建立隶属度函数、权重、功效函数[3,4];林鲁生、乔金丽、张豪分别基

基金项目:国家自然科学基金项目(51409205);西北旱区生态水利工程国家重点实验室开放基金项目(106 - 221210);陕西省重点科技创新团队(2013KCT - 15);博士后自然科学基金项目(2015M572656XB);水文水资源与水利工程科学国家重点实验室开放研究基金(2014491011);西安理工大学水利水电学院青年科技创新团队(2016ZZKT - 14)。

作者简介:马春辉(1993—),男,在读硕士,主要从事水工结构数值仿真及安全监控研究。E-mail:shanximachunhui@ foxmail. com。

通讯作者:杨杰(1971—),男,博士,教授、博士生导师,主要从事水工结构、水库大坝安全及除险加固理论方法研究。E-mail:yjie9955@ 126. com。

于神经网络方法、遗传算法、免疫算法构建了边坡安全系数计算方法,取得了良好的预测效果,但算法存在稳定性差、泛化性能不强,且易陷入局部极小值的问题[5-7];赵洪波等将支持向量机(SVM)引入到边坡安全系数中进行估算,取得了良好的应用效果[8];余志雄等采用改进的支持向量机(γ - SVM)预测边坡稳定安全系数,计算结果优于改进的 BP 神经网络算法和传统的 SVM 算法[1];苏国韶提出基于高斯过程的边坡安全系数快速估算法,其精度较 SVM 有所提高[9];近期,相关向量机(RVM)及其改进算法被引入到边坡安全系数进行估算中,取得了良好的应用效果[10,11]。SVM 的计算精度与其核函数类型、核参数密切相关,通过合理选取核函数类型、优化核参数,可进一步挖掘算法的计算能力,提高模型预测精度。

因此,本文采用 SVM 对边坡稳定性进行预测,其中核函数采用高斯 - 多项式混合核函数;核函数的参数组合由和声搜索(HS)算法进行全局寻优确定;由此建立基于混合核函数 HS - SVM 的边坡安全系数预测模型。应用 82 组边坡实例对 HS - SVM 进行训练与测试,验证模型的可行性。

2　HS - SVM 算法原理

2.1　HS 原理

2001 年,韩国学者 Geem Z W 等[12]提出 HS 算法,HS 算法是一种具有全局随机搜索能力的启发式算法。相较于遗传算法、交叉验证法、粒子群优化等算法,HS 算法具有更强的全局寻优能力。该算法通过模拟乐师反复调整乐器的音调,直到生成美妙和声的过程,实现对最优化问题的求解。HS 算法的实现步骤为[13]:

(1)初始化参数。主要参数包括:变量个数 N、最大迭代次数 $T_{\max}$、和声记忆库的大小 HMS、记忆库取值概率 HMCR、音调微调概率 PAR、音调调节带宽 bw。

(2)初始化和声记忆库。随机生成 HMS 个和声 $Z^1, Z^2, \cdots, Z^{HMS}$ 存放至和声记忆库。和声记忆库的和声数量始终保持一定,用于存储适应度 $f(Z^i)$ 最优的 HMS 个和声。和声记忆库 HM 的形式如下:

$$HM = \begin{bmatrix} Z^1 & f(Z^1) \\ Z^2 & f(Z^2) \\ \vdots & \vdots \\ Z^{HMS} & f(Z^{HMS}) \end{bmatrix} = \left[\begin{array}{cccc|c} z_1^1 & z_2^1 & \cdots & z_N^1 & f(Z^1) \\ z_1^2 & z_2^2 & \cdots & z_N^2 & f(Z^2) \\ \vdots & \vdots & & \vdots & \vdots \\ z_1^{HMS} & z_2^{HMS} & \cdots & z_N^{HMS} & f(Z^{HMS}) \end{array}\right] \tag{1}$$

(3)生成新音调并组合成新和声。新和声 Z' 中的每个新音调 z_i' $(i = 1,2,\cdots,N)$ 的生成,均可以通过下式过程实现:

①新音调 z_i' 有 HMCR 的概率来自和声记忆库 $(z_i^1, z_i^2, \cdots, z_i^{HMS})$ 中的某一值,有(1 - HMCR)的概率来自和声记忆库外的任何一个值,如式(2)所示。

$$z_i' = \begin{cases} z' \in (z_i^1, z_i^2, \cdots, z_i^{HMS}), \text{if rand1} < \text{HMCR} \\ z_i' \in Z_i, \text{otherwise} \end{cases} \tag{2}$$

式中:$i = 1,2,\cdots,N$;rand1 表示[0,1]上的均匀分布的随机数;Z_i 为变量取值范围。

②若新音调 z_i' 来自和声记忆库,则存在 PAR 的概率对其进行音调微调,(1 - PAR)的概率保持不变,如式(3)所示。

$$z_i' = \begin{cases} z_i' + \text{rand2} \times \text{bw}, \text{if rand2} < \text{PAR} \\ z_i', \text{otherwise} \end{cases} \tag{3}$$

式中：$i=1,2,\cdots,N$；rand2 表示[0,1]上的均匀分布的随机数。

(4)更新和声记忆库。对步骤(3)生成的新和声进行适应度计算，若优于和声记忆库中适应度最差的和声，则将新和声代替最差和声，完成和声记忆库更新。

(5)检查是否达到最大迭代次数。重复步骤(3)和(4)，直到迭代次数达到 $T_{\max}$，计算停止。

2.2 SVM 原理

SVM 由 Cortes 等[14]于 1995 年提出，其建立在统计学习理论的 Vapnik-chervonenkis (VC)维理论和结构风险最小原理基础上。SVM 可根据有限的样本信息，寻求模型复杂性和学习能力间的最佳折中，具有较强的理论基础，其极值解为全局最优解而非局部最小值，对未知样本有较好的泛化能力。

针对回归问题：若已知一组训练集，$D = \{(x_1,y_1),\cdots,(x_i,y_i),\cdots,(x_l,y_l)\}, x \in R^n, y \in R$，采用基于训练集 D 的函数 f，逼近未知的回归函数：

$$f(x) = \omega^T \varphi(x) + b \tag{4}$$

式中：ω 为权值向量；b 为误差值；$\varphi(\cdot)$为非线性映射函数。

针对非线性问题，通过非线性映射将输入向量映射到高维特征空间中，使非线性问题转化为类似的线性回归问题加以解决。回归估计问题被转化为对损失函数进行风险最小化求解问题，参数 ω、b 由结构风险最小化理论(SRM)确定，则最优回归函数等价于一定约束条件下的目标函数 $\varphi(\cdot)$最小化问题：

$$\varphi(\omega,\xi_i^+,\xi_i^-) = \min_{\omega,\xi} \frac{1}{2} \|\omega\|^2 + c\sum_{i=1}^{l}(\xi_i^+ + \xi_i^-) \tag{5}$$

式中：c 为惩罚参数，是经验误差和模型复杂度之间的一种折中；ξ_i^+、ξ_i^- 为松弛变量。

常采用不敏感损失函数 ε，则最小化约束条件为：

$$\begin{cases} y_i - \omega\varphi(x_i) - b \leqslant \varepsilon + \xi_i^+ & \xi_i^+ \geqslant 0 \\ \omega\varphi(x_i) + b - y_i \leqslant \varepsilon + \xi_i^- & \xi_i^- \geqslant 0 \end{cases} \quad (i = 1,2,\cdots,l) \tag{6}$$

式(5)为二次优化问题，通过引入拉格朗日因子，构造拉格朗日泛函，得到原问题的对偶问题：

$$\max_{a} \omega(\alpha,\alpha^*) = \max \begin{Bmatrix} -\frac{1}{2}\sum_{i=1}^{l}\sum_{j=1}^{l}(\alpha_i - \alpha_i^*)(\alpha_j - \alpha_j^*)(x_i \cdot x_j) + \\ \sum_{i=1}^{l}\alpha_i(y_i - \varepsilon) - \sum_{i=1}^{l}\alpha_i^*(y_i + \varepsilon) \end{Bmatrix} \tag{7}$$

式中：α,α^* 为拉格朗日因子。相应约束条件为：

$$\sum_{i=1}^{l}(\alpha_i - \alpha_i^*) = 0 \qquad c \geqslant \alpha_i,\alpha_i^* \geqslant 0 \quad i = 1,2,\cdots,l \tag{8}$$

针对非线性问题，采用非线性变换将输入向量映射到高维特征空间中，转线性问题中的内积运算可用核函数来代替。核函数是满足 Mercer 条件的任意对称函数，本文引入混合核函数，可兼具多项式核函数与径向基函数的优点。引入核函数 $K(x_i \cdot x_j)$，式(7)可写为：

$$\max_{a}\omega(\alpha,\alpha^{*}) =$$

$$\max\left\{-\frac{1}{2}\sum_{i=1}^{l}\sum_{j=1}^{l}(\alpha_i-\alpha_i^{*})(\alpha_j-\alpha_j^{*})K(x_i\cdot x_j)+\sum_{i=1}^{l}\alpha_i(y_i-\varepsilon)-\sum_{i=1}^{l}\alpha_i^{*}(y_i+\varepsilon)\right\} \tag{9}$$

综上所述,所求回归函数为:

$$f(x) = \sum_{i=1}^{l}(\alpha_i-\alpha_i^{*})K(x,x_i)+b \tag{10}$$

通过上述求解,回归问题转化为线性约束的凸二次规划优化问题,计算结果具有全局最优性和唯一性[15]。支持向量机的计算精度与核函数密切相关,通过调整核函数的类型、参数,计算精度误差十分明显。本文引入混合核函数,并由 HS 算法全局搜索确定核参数,建立了基于 HS－SVM 的边坡安全系数预测模型。

3　构造 HS－SVM 模型

3.1　拉丁超立方抽样初始化和声记忆库

与随机取样法、均匀设计法和正交设计法相比,拉丁超立方体抽样(LHS)通过较少迭代次数的抽样,即可准确地重建输入分布。LHS 适用范围广,对相关变量和非相关变量均能进行抽样;方法实现简单;抽样估值稳定,较少的样本即可反映变量的概率分布情况;试验次数、变量数目不受限制。

为提高样本质量,本文采用 LHS 生成初始和声记忆库,促使和声记忆库内样本分布更加均匀,以加快搜索速度。LHS 作为一种多维分层抽样方法,先按概率将各变量的分布区间等分为若干个子区间,随后利用逆变换法在各子区间内抽取该变量的样本,最后将各变量的抽样值随机组合,形成一个多维矩阵[16]。

3.2　构造混合核函数

核函数的类型决定了样本由低维空间映射到高维空间的方式,对机器学习的性能有重要影响[17]。同时,核函数参数的取值对机器学习的计算结果也有较大影响。核函数类型较多,主要分为:泛化能力较好的全局核函数,如式(11)所示的多项式核函数;局部插值能力较强的局部核函数,如式(12)所示的高斯核函数[1,18]。结合边坡工程的实际情况,考虑到边坡安全系数受众多因素的影响,各因素的微小调整均能够引起安全系数的改变,模型需要较强的局部插值能力;同时,各因素的取值范围较大,模型应具有足够的泛化能力。因此,本文引入混合核函数,使核函数在局部插值能力与泛化能力间达到良好的平衡[18],混合核函数如式(13)所示:

$$K(x,x_i) = (\eta(x,x_i)+r)^{t} \tag{11}$$

$$K(x,x_i) = \exp(-\|x-x_i\|^{2}/2\sigma^{2}) \tag{12}$$

$$K(x,x_i) = m\times\exp(-\|x-x_i\|^{2}/2\sigma^{2})+(1-m)\times(\eta(x,x_i)+r)^{q} \tag{13}$$

式中:m 为组合核函数的比例参数;σ 为高斯核参数(带宽参数);η、r、t 为多项式核参数。

本文选定的高斯－多项式混合核函数共涉及 6 个参数:c、σ、η、r、t、m,难以通过常规方法优化参数组合。因此,本文采用 HS 算法对混合核函数的参数组合进行寻优,使 SVM 达到最佳的预测状态。

3.3 HS - SVM 模型

基于混合核函数 HS - SVM 的边坡稳定性分析模型流程图如图 1 所示。

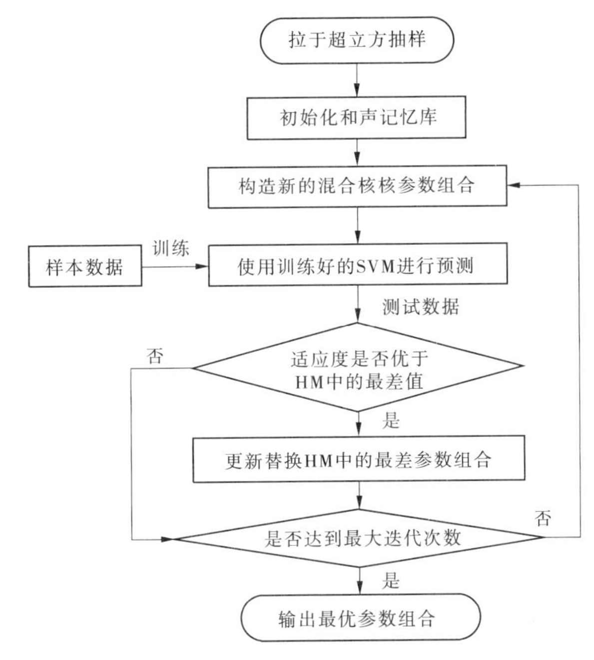

图 1 基于混合核函数 HS - SVM 的边坡稳定性分析模型流程图

针对边坡安全系数预测问题,SVM 输入向量的数目主要受现有统计资料的限制,算法本身无限定要求。可依据实际情况建立多种影响因子作为 SVM 的输入向量,如材料类型、材料参数、破坏形式等。SVM 的输出向量选为边坡安全系数、边坡稳定状态。随后利用混合核 SVM 的泛化能力,对不同核参数组合的边坡安全系数进行预测,将预测值平均误差作为该参数组合在 HS 算法中的适应度。发挥 HS 算法的全局搜索能力,搜索出平均误差最小的参数组合,由此完成基于混合核 HS - SVM 边坡稳定性分析模型的建立。

4 边坡安全系数预测实例

为便于与其他算法相比较,本文对文献[2]中典型的 82 个圆弧破坏型边坡工程实例进行研究。文献[2]统计了最为重要的 6 个影响因素,本文将其作为输入向量:岩石容重 γ 、岩石黏聚力 C 、内摩擦系数 φ 、边坡角 φ_f 、边坡高度 H 和孔隙压力比 r_u 。将安全系数作为输出向量。未知孔隙水压力比的实例取已知实例的平均值 0.31 代替。将前 71 组实例作为训练样本,后 11 组实例作为预测样本。计算预测样本预测值与实际值的平均绝对误差,用于评价相应参数组合下的 SVM 准确率,同时作为 HS 算法的适应度指标。

为保留数据间的联系,并避免因输入向量间数量级不同造成误差,应对样本数据进行归一化处理,本文采用线性函数归一法得 x'_{nz}:

$$x'_{nz} = 0.1 + 0.8(x_{nz} - x_{\min})/(x_{\max} - x_{\min}) \tag{14}$$

式中:$n = 1,2,\cdots,6, z = 1,2,\cdots,71; x_{\max} = \max\limits_{1\leqslant z\leqslant 71}(x_{nz}), x_{\min} = \min\limits_{1\leqslant z\leqslant 71}(x_{nz})$。

混合核 HS - SVM 涉及参数较多,其中 HS 算法本身需设定的参数取值较为常规,无需特别设定;对 SVM 混合核参数组合进行全局寻优时,应首先提供混合核参数的变化范围。HS 算法需设定 5 个参数,SVM 混合核函数存在 6 个待优化参数,其取值及变化范围如表 1 所示。

表 1　混合核 HS - SVM 参数取值及变化范围

HS 参数取值		混合核 RVM 核参数变化范围	
参数	取值	参数	范围
HMS	25	c	[0.1,5]
HMCR	0.9	σ	[0.1,2]
PAR	0.1	η	[0.01,10]
bw	0.01	r	[1,10]
Tmax	10 000	t	[1,3]
		m	[0,1]

使用 Matlab 编写混合核 HS - SVM 程序,搜索得混合核最优参数组合为:c = 0.632 1、σ = 0.135 5、η = 0.739 2、r = 9.920 6、t = 2.983 0、m = 0.314 7 ,相应 11 组预测样本的最小平均绝对误差值为 0.041 1。71 组训练样本的拟合平均绝对误差为 0.050 5,拟合效果良好,为取得良好的预测效果奠定了基础,训练样本拟合效果如图 2 所示。

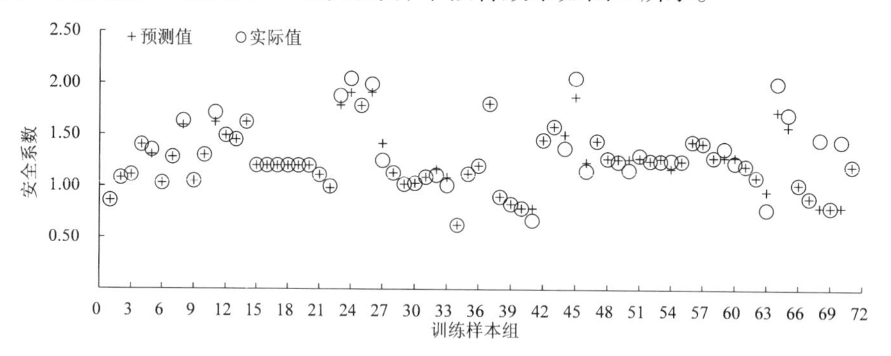

图 2　训练样本拟合效果

预测样本的安全系数计算结果如表 2 所示,其中第 73 组样本的相对误差最大,为 16.757%;第 79 组样本的相对误差最小,为 0.000%;其余样本误差值均较小。

表 2　混合核 HS - SVM 的安全系数预测结果

样本序号	实际值	预测均值	绝对误差	相对误差(%)
72	0.96	0.96	0.000 4	0.038
73	1.15	1.34	0.192 7	16.757
74	1.34	1.37	0.032 1	2.394
75	1.20	1.20	0.000 0	0.001
76	1.55	1.44	0.110 8	7.149

续表 2

样本序号	实际值	预测均值	绝对误差	相对误差(%)
77	1.45	1.42	0.028 9	1.995
78	1.31	1.31	0.001 7	0.133
79	1.49	1.49	0.000 0	0.000
80	1.20	1.19	0.014 7	1.229
81	1.52	1.46	0.059 9	3.942
82	1.20	1.21	0.011 0	0.920
平均误差			0.041 1	3.141 7

HS－SVM 的预测样本总体误差与其他算法[5,7]对比如表 3 所示，HS－SVM 的均方根误差小于改进的 BP、γ－SVR、GP 算法，但大于 E－RVM、GA－BP 算法；HS－SVM 的平均绝对误差和平均相对误差为所有算法的最小值，准确度较其他算法有明显的提高；相较于原表现最好的 E－RVM 算法，平均绝对误差降低 9.87%，平均相对误差降低 12.72%。以上结果证明，基于混合核 HS－SVM 的边坡稳定性预测模型优势明显，预测精度相较于原有算法显著提高。

表 3　不同预测方法的安全系数预测结果精度比较

方法	均方根误差 RMSE	平均相对误差 ARE(%)	平均绝对误差 MAE
改进的 BP	0.085 9	5.642	0.075 0
GA－BP	0.069 2	4.21	0.051 4
γ－SVR	0.074 9	4.38	0.055 3
GP	0.074 4	4.42	0.056 3
E－RVM	0.066 2	3.6	0.045 6
HS－SVM	0.070 8	3.142	0.041 1

HS－SVM 在提高预测值准确度的同时，缩短了计算时间。经过多次试验可得：最大迭代次数为 10 000 次，实际迭代达到 3 000 次左右时，平均绝对误差已收敛为 0.041 1，迭代次数较少。迭代次数为 3 000 次时，程序运行时间为 956.4 s；迭代次数为 10 000 次时，运行时间为 2 452.3 s。相较于 GP 模型，混合核 HS－SVM 运算时间虽有一定增加，但精度提高十分明显；相较于其余算法，混合核 HS－SVM 将运算时间由 6～8 h 降至 1 248.5 s，速度提升十分明显。因此，混合核 HS－SVM 充分发挥了 SVM 在求解此类小样本预测问题具有的高准确率优势，以及 HS 算法在搜索核参数过程中发挥的强大搜索能力，模型在速度与精度上达到了良好的平衡。

多数预测算法的第 73 组样本预测值误差均较大，且存在如下规律：预测样本总体误差表现越好的算法，其第 73 组样本表现越差，且预测值集中在 1.3～1.4，均大于专家评价安全系数 1.15。智能算法的预测能力基于对训练样本的学习、模仿，模型预测准确度基于预测样本与训练样本间的关联度。因此,第73组样本预测值误差较大的原因可能为:①现有训练样本未能包含类似于第73组样本的类型,致使模型未得到充分的训练。②第73组样本专家评价安全系数为1.15,系数本身可能存在一定的偏差。在后续研究中,应对第73组样本进一步研究分析。

为证明混合核函数的优越性,本文对高斯核函数与多项式核函数分别进行编程计算,仍采用HS搜索最优参数,预测样本预测效果对比如图3所示。高斯核函数的平均绝对误差为0.054 9,相应参数为:$c'=0.742\ 5$、$\sigma'=0.279\ 3$;多项式核函数的平均绝对误差为0.080 4,相应参数为:$c'=0.288\ 5$、$\eta'=0.479\ 3$、$r'=1.996\ 6$、$t'=2.295\ 4$;而采用混合核函数的平均绝对误差仅为0.041 1。由图3可知,多项式核函数的误差十分明显;高斯核函数与混合核函数虽在个别样本上预测值相近,但总体误差大于混合核函数SVM。因此,混合核函数在局部插值能力与泛化能力间达到了良好平衡,拥有更精准的预测能力。

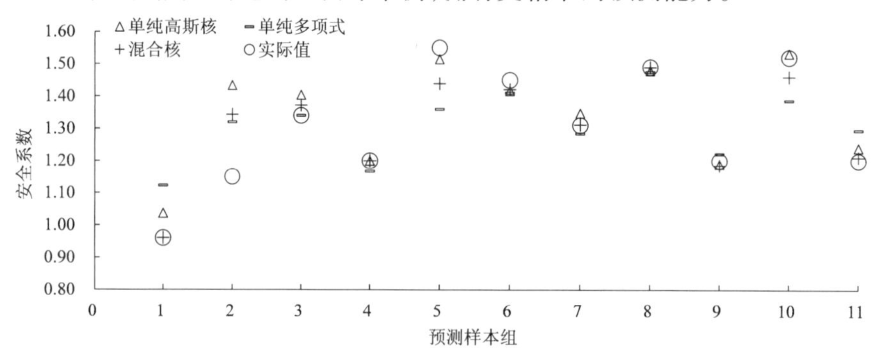

图3　不同核函数预测效果对比图

5　结　论

本文提出基于混合核HS－SVM的边坡安全系数预测方法,采用HS算法优化混合核SVM核参数,提高了边坡安全系数预测的准确性。将混合核函数SVM引入边坡稳定性分析中,使预测模型不仅具有高斯核函数的插值能力,还具有多项式核函数的泛化能力。随后引入搜索能力极强的HS算法优化混合核函数参数,使混合核SVM达到最佳的预测状态。同时,利用LHS初始化和声记忆库,使和声库内和声更加均匀,以加快搜索速度。通过实例证明,HS－SVM充分挖掘了两种算法的计算能力,SVM可准确、高效地计算出边坡安全系数,为后续进行边坡可靠度分析打下基础,在实际工程计算中有良好的应用前景。

参 考 文 献

[1] 余志雄,周创兵,李俊平,等. 基于V－SVR算法的边坡稳定性预测[J]. 岩石力学与工程学报,2005,24(14):2468-2475.

[2] 冯夏庭. 智能岩石力学导论[M]. 北京:科学出版社,2000.

[3] 徐卫亚,蒋中明,石安池. 基于模糊集理论的边坡稳定性分析[J]. 岩土工程学报,2003,25(4):409-413.

[4] 王贵成,曹平,林杭,等. 用灰色理论确定边坡最优监测点及安全系数[J]. 中南大学学报:自然科学版,2007,38(3):574-578.

[5] 林鲁生,冯夏庭,白世伟,等. 人工神经网络在边坡滑移预测中的应用[J]. 岩土力学,2002,23(4):

508-510.
[6] 乔金丽,刘波,李艳艳,等. 基于遗传规划的边坡稳定安全系数预测[J]. 煤炭学报,2010,35(9):1466-1469.
[7] 张豪,罗亦泳. 基于人工免疫算法的边坡稳定性预测模型[J]. 煤炭学报,2012,37(6):911-917.
[8] 赵洪波,冯夏庭. 支持向量机函数拟合在边坡稳定性估计中的应用[J]. 岩石力学与工程学报,2003,22(2):241-245.
[9] 苏国韶. 圆弧破坏型岩质边坡安全系数快速估计的高斯过程模型[J]. 应用基础与工程科学学报,2010,18(6):959-966.
[10] Zhao H B,Yin S D,Ru Z L. Relevance vector machine applied to slop stability analysis. International Journal for Numerical and Analytical Methods in Geomechanics. 2012,36:643-652.
[11] 罗亦泳,张豪,张立亭. 基于进化相关向量机的边坡安全系数估算[J]. 人民黄河,2016,38(2):103-107.
[12] Geem Z W,Kim J H,Loganathan G V. A new heuristic optimization algorithm:harmony search[J]. Simulation,2001,76(2):60-68.
[13] Zou D X,Gao L Q,Li S,et al. An effective global harmony search algorithm for reliability problems[J]. Expert Systems with Applications,2011,38(4):4642-4648.
[14] Corinna C,Vladimir V. Support-Vetor networks[J]. Machnine Learning,1995,20:273-297.
[15] 唐奇,王红瑞,许新宜,等. 基于混合核函数 SVM 水文时序模型及其应用[J]. 系统工程理论与实践,2014,34(2):521-529.
[16] 舒苏荀,龚文惠. 边坡稳定分析的神经网络改进模糊点估计法[J]. 岩土力学,2015,36(7):2111-2116.
[17] Zheng D J, Cheng L, Bao T F, et al. Integrated parameter inversion analysis method of a CFRD based on multi-output support vector machines and the clonal selection algorithm[J]. Computers and Geotechnic,2013,47:68-77.
[18] 郑志成,徐卫亚,徐飞,等. 基于混合核函数 PSO－LSSVM 的边坡变形预测[J]. 岩土力学,2012, 33(5):1421-1426.

合成孔径雷达技术在龙羊峡库区滑坡监测中的应用研究

武志刚　马正龙　杨启帆

(黄河上游水电开发有限责任公司,西宁　810008)

摘　要　龙羊峡水电站近坝库岸分布有许多规模大、滑速高、滑距远的滑坡群,为防止滑坡体失稳,造成涌浪危害,必须对近坝库岸滑坡体的变形进行监测。传统的滑坡体监测方法存在人员劳动强度大、观测效率低、安全风险大等问题。而合成孔径雷达(Synthetic Aperture Radar,简称SAR)具有24 h连续实时监测能力,按照搭载方式分为星载、机载、地基三种,具有数据采集时间短、采集频率高、监测范围广、监测精度高等特点,目前星载雷达的监测精度只能达到厘米级,无法满足滑坡体变形监测精度要求,机载雷达也需要解决与GPS结合的监测精度问题,现有的相关试验表明,地基合成孔径雷达在测距4 km范围内监测精度较高,为0.01~0.3 mm。近些年来国内外广泛应用于露天矿区和滑坡体的沉降变形监测、风力发电机和桥梁的高频振动和位移监测中,发挥了其独特的优势。但由于地基合成孔径雷达获取的数据是视线向的一维变形信息,而不是三维变形信息,直接应用到水电站变形监测还需要解决几项技术难题。本文将结合地基合成孔径雷达技术原理和数据处理流程,研究相关的性能试验,解决地基合成孔径雷达性能存在的不足,充分利用地基合成孔径雷达的独特优势,研究解决获取三维变形信息的方法,应用到龙羊峡库岸滑坡体变形监测中,进一步推动地基合成孔径雷达在水电站变形监测中的应用推广。

关键词　龙羊峡;滑坡;监测;合成孔径雷达

1　前　言

合成孔径雷达(SAR)技术是基于微波探测主动成像方式获取监测区域影像,通过合成孔径和步进频率技术实现雷达影像方位向和距离向的高空间分辨率观测。一般情况下,合成孔径雷达根据载体不同,可分为星载SAR(将SAR传感器搭载至卫星)、机载SAR(将SAR传感器搭载至飞机)和地基SAR等变形监测设备。美国于20世纪70年代后期将合成孔径雷达搭载于“海洋卫星”,取得了革命性发展[1]。近些年随着科学技术的不断民用化,雷达微波技术成功地从星载平台移植于机载和地基雷达中,进而可以获取小范围观测区域的高分辨率图像。地基SAR变形监测设备与星载SAR、机载SAR相比,具有设站与观测姿态灵活的特点,可以实现对观测区域的全方位监测,获取任意视线方向的变形特征,其具有更高的时间分辨率和空间分辨率,能够对目标物的变形量,提供高精度的监测,其整个操作过程和数据后期处理简便,是对局部区域形变进行监测的一种新技术手段。

作者简介:武志刚(1971—),男,甘肃天水人,高级工程师,主要从事水电工程管理及安全监测工作。E-mail:Wzg2279@qq.com。

地基合成孔径雷达技术与GPS、全站仪三维激光扫描仪相比，具有全天候、高分辨率、高精度、空间连续覆盖等优势，不仅能够运用于大坝、滑坡等地表变形进行高精度静态监测，而且可以对建筑、桥梁、风机塔筒等设施进行高精度动态监测。各种变形监测方法的主要特点见表1。

表1 现有边坡变形监测方法及特点对比

监测方法	监测类型	特点
全站仪	点监测	(1)全站仪体积较小，设站灵活； (2)测量距离有限，通常最远测距不超过2 km，而且观测点必须通视； (3)可测量目标的三维坐标，平面监测精度达到毫米量级； (4)需在被测目标布设观测墩，安装棱镜，人工劳动强度大，安全风险高
GPS	点监测	(1)GPS体积较小，设站灵活； (2)GPS不受通视条件限制，利用卫星定位，但在高山峡谷、建筑物密集区GPS卫星接收信号差； (3)可测量目标的三维坐标，平面监测精度可达到毫米量级； (4)需要在被测目标范围布设基站，设备维护及数据处理复杂，人工劳动强度大，安全风险高
三维激光扫描仪	面监测	(1)体积较小，设站灵活； (2)可进行远距离面监测，无需人工布设目标(不与目标物接触)； (3)目前，大多数设备的测量距离不超过1 km，最佳距离0.5 km，可测量目标的三维坐标，观测精度可达毫米级； (4)遇雨、雾、粉尘等恶劣气候条件时，对测量精度影响较大，人工劳动强度低，安全风险小
地基合成孔径雷达	面监测、实时监测	(1)设备体积较小，但滑动轨道体积较大，布设不灵活； (2)可进行远距离面监测、无须布设目标(不与目标物接触)； (3)可测量视线方向的一维坐标，测量距离可达4 km，且监测精度可达到亚毫米量级； (4)不受任何气候条件的限制，可全天候、实时监测预警； (5)三维图形实时更新显示、互联网远程访问数据自动处理、自动生成报表、短信预警平台； (6)可以在相同或不同时间间隔内测量同一表面，实现对比分析。人工劳动强度低，安全风险小

2 地基合成孔径雷达系统的基本原理

地基合成孔径雷达系统通常由雷达传感器、滑动轨道、计算机和供电模块组成。系统通过安装在滑动轨道上的雷达传感器进行雷达信号的发射、接收，再通过雷达传感器在滑动轨道上的滑动产生合成孔径雷达效果，再以固定的视角不断发射和接收回波信号，经过聚焦处理后，形成极坐标形式的二维雷达影像。

地面合成孔径雷达系统的技术原理通常包括三大核心技术[2]：合成孔径雷达技术、步进频率连续波技术和差分雷达干涉技术。

2.1　合成孔径雷达技术

当雷达天线沿着滑动轨道运动时,雷达发射的信号经物体反射获得回波,将不同位置获取的雷达信号的相位与振幅进行叠加,就能获得一个合成孔径雷达信号,合成孔径雷达的方向分辨率为 δ_a,表示为

$$\delta_\alpha = \lambda/2L \tag{1}$$

式中:λ 为雷达信号发射的波长;L 为合成后的天线孔径,即雷达相对于监测目标的相对移动距离。

从式(1)可以看出,距离与雷达信号的波长成反比关系。合成孔径雷达方位向分辨率和距离向分辨率位置示意图如图 1 所示。

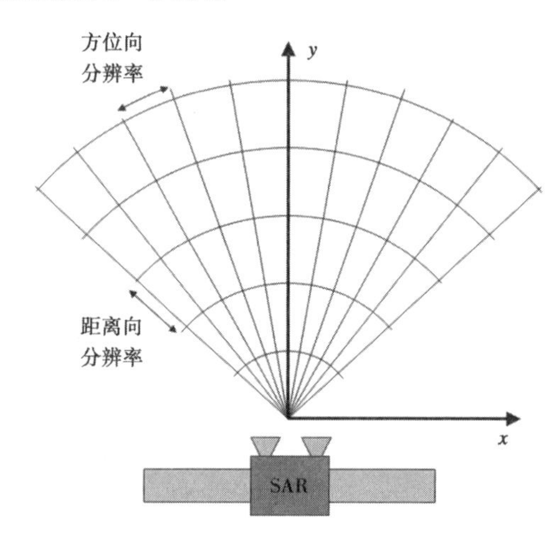

图 1　合成孔径雷达方位向分辨率和距离向分辨率位置

2.2　步进频率连续波技术(SFCW)

为了获取较高的距离分辨率,地基雷达中通常采用步进频率连续波(SFCW)技术合成信号。雷达的距离向分辨率通常表示为:

$$\delta_c = c\tau/2 = c/2B \tag{2}$$

式中:c 为真空中的光速;τ 为脉冲延续时间;B 为脉宽。

从式(2)中可以看出,要提高距离向分辨率,可以缩短脉冲时间或者是提高信号带宽。运行轨迹长度是决定天线角分辨率的重要因素,如图 2 所示。

2.3　差分雷达干涉测量技术(DInSAR)

合成孔径雷达系统的基本原理是基于地基合成孔径雷达差分干涉测量技术。地基合成孔径雷达在同一轨道上反复多次运动,将同一目标区域、不同时间获取的合成孔径雷达复图像结合起来,通过比较目标在不同时刻的相位差,获取目标的形变信息[3]。通过地基合成孔径雷达技术,在距离向利用脉冲压缩实现高分辨率,在方位向通过波束锐化实现高分辨率,从而获取观测区域的二维高分辨率图像;通过差分干涉测量技术,把同一目标区域、不同时间获取的序列二维高分辨率图像结合起来,利用图像中各像素点的相位差反演获得被测区域的高精度形变信息。再利用网络远程控制系统实现自动监测,当边坡变形量和变形速率达到预警级别时,提前发出灾害预警。差分干涉测量原理如图 3 所示。

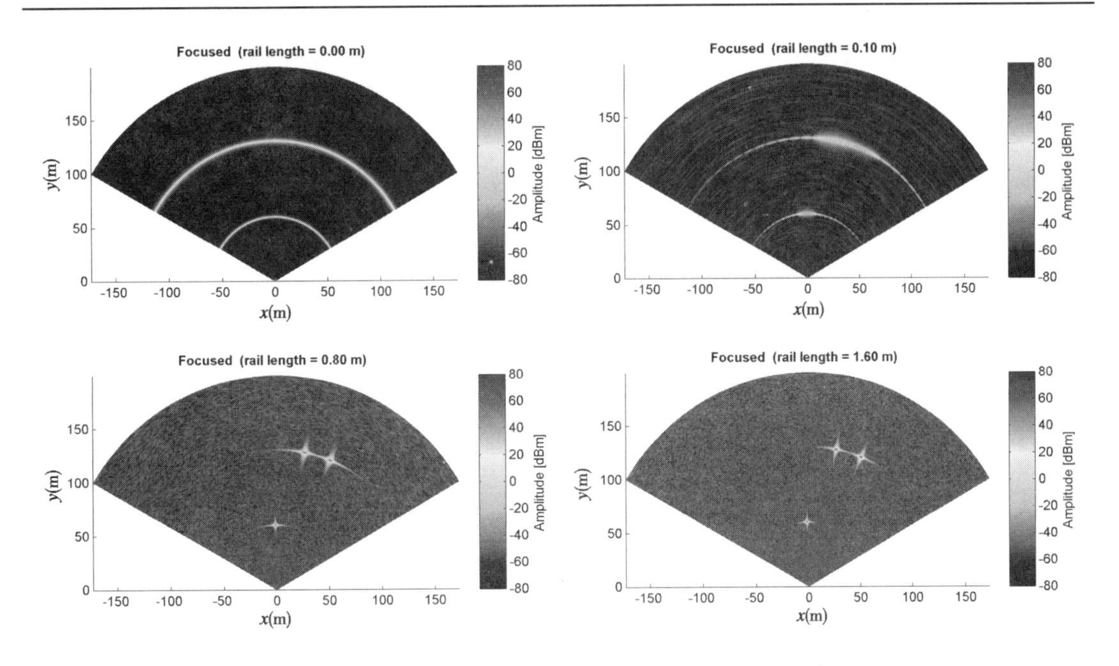

图2 运行轨迹长度是决定天线角分辨率的重要因素

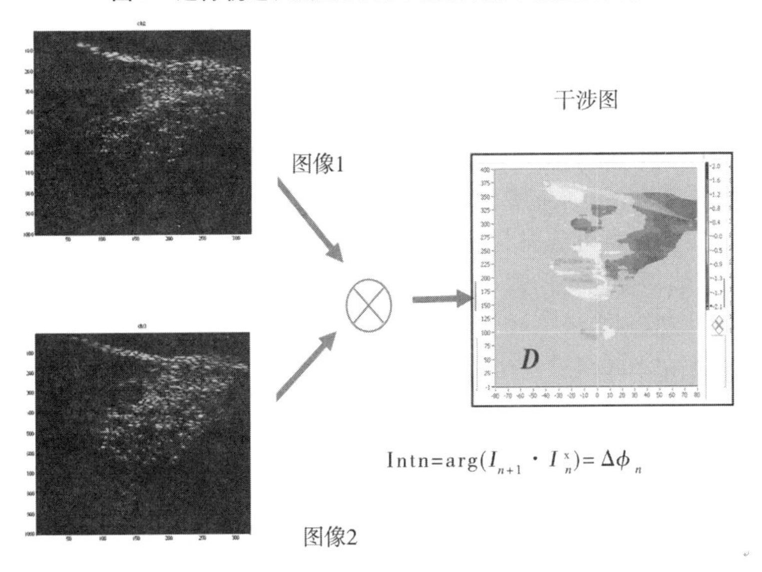

图3 差分干涉测量原理

3 地基合成孔径雷达系统试验应用实例

(1)国外一些机构和学者已经将地基合成孔径雷达技术陆续应用于变形监测等领域,Tarchi 等(2000)利用欧洲委员会联合研究中心研制的地基合成孔径雷达设备 LISA 对奥地利 Schwaz 镇的滑坡体进行了变形监测研究,监测结果表明,位移监测精度可以达到 1 mm;Casagli 等(2002)对 Monte Beni 滑坡体的地基雷达监测数据进行分析,清晰反映了滑坡体在时间和空间的演化规律,为地方政府的滑坡灾害治理提供了技术支持;Pieraccini 等(2003)利用地基雷达对建筑进行动态监测,并根据监测数据分析建筑的振动幅度和振动频率;意大利 MetaSensing 公司在 2012 年利用其生产的 FASTGBSAR 地基合成孔径雷达设备对荷兰某大坝溃堤形成过程进行了研究,为灾害预警研究提供了技术支持。

(2)在国内,我国安科院自主研发的基于地基合成孔径雷达差分干涉测量技术的边坡位移遥感监测系统,能够对露天矿边坡、排土场边坡、尾矿库坝坡、水电库岸和坝体边坡、山体滑坡、大型建(构)筑物的变形、沉降等实施大范围连续监测,可广泛用于重要工程安全保障、健康评估和应急抢险,对各种坍塌灾害进行预警预报。该系统最远监测距离为 5 km,测量精度能够达到亚毫米级,距离向分辨率为 30 cm,方位向分辨率为 3 mrad。

(3)近些年,一些商用的地基合成孔径雷达系统实现了多种极化方式、多种平台、多波段和小型化,已经在实际的应用中取得了一定效果。意大利 IDS 公司生产的 IBIS 系列地面合成孔径雷达系统是基于微波干涉技术的高级远程监控系统。它将步进频率连续波技术(SFCW)和合成孔径雷达技术(SAR)相结合,广泛应用于大坝坝体、地表、建筑和桥梁等微小位移变化的监测。IBIS 系统遥测距离可达 4 km,测量精度达 0.1 mm,距离分辨率为 50 cm,角度分辨率为(0.2 ~4.0) km · 4.5 mrad。意大利 Meta Sensing 公司生产的调频连续波 FASTGBSAR 地面合成孔径雷达系统是基于非侵入性的远程遥感技术,可以实现大面积工程区域(水坝、滑坡体)的持续性变化监测,该系统遥测距离可达 4 km,测量精度达 0.1 mm,数据采样时间为 5 s/次,距离分辨率为 50 cm,方位向采样率为 4.5 mrad。

(4)国内一些机构与学者对地面合成孔径雷达技术应用进行了许多有价值的试验研究,刁建鹏等 2011 年通过微调千分表将地基合成孔径雷达系统和 TCA2003 全站仪进行了精度对比试验。试验结果表明,地基合成孔径雷达系统能够精确地监测出目标在 0.1 mm 的变形信息,而 TCA2003 全站仪则无法观测 0.1 mm 的微小变形。刁建鹏等还在岷江紫平铺大坝上利用 IBIS 地基合成孔径雷达设备与千分表进行了位移监测精度对比测试,结果表明,地基合成孔径雷达设备可观测到变形体微小的变形信息。黄其欢等在 2013 年对隔河岩大坝下游左岸利用地基合成孔径雷达设备进行了监测,监测结果表明,在消除大气影响后,变形监测结果与垂线监测结果一致性较好。2014 年对赤壁市三峡试验坝进行了实时动态监测,准确测出大坝在不同泄洪量时,坝体上点位的微量变化。

4　地基合成孔径雷达系统在龙羊峡库区滑坡监测应用措施

龙羊峡水电站库区近坝岸坡地形复杂,南部边坡滑坡、崩塌体发育严重,北部边坡稳固。滑坡发育以库区方向的突滑及崩塌为主,该地区气候条件恶劣、复杂,滑坡监测在滑坡体微变形阶段需要通过定期巡视、监测,以掌握其稳定状态,在滑坡体进入加速变形的关键时期需要 24 h 不间断持续关注并测报。地基合成孔径雷达可布置在北岸稳定地区,对南岸滑坡体进行监测,测站与监测体最远距离约 3.4 km,最大监测宽度约 800 m,均在目前主流地基合成孔径雷达监测设备的可监测范围内,同时滑坡体表面无植被覆盖,可有效反射雷达波。因此,地基合成孔径雷达可以应用于龙羊峡近坝库岸滑坡体,同时能够提高观测效率,提高观测精度,降低安全风险。地面合成孔径雷达系统作为微小位移变化的监测手段,较之于传统的测量手段的确具有非常大的优势,但是,地面合成孔径雷达系统应用到龙羊峡库区滑坡监测中仍然存在一些局限性[4]。通过借鉴国内外关于地基合成孔径雷达相关试验及应用实例,对于存在的局限性,拟通过以下措施进行解决:

(1)地基合成孔径雷达难以获取视线垂直方向或其他方向上的形变,只能够获取视线方向的形变。目前,需要借助其他手段获取三维形变信息。因此,地基合成孔径雷达如何进一步获取目标的三维形变信息是其研究的一个重点。通过在监测范围内相对稳定的基岩上建立 3 ~5 个角反射器作为控制基点,利用传统全站仪后方交会法的原理即可计算出合成孔径雷达测站的准确三维坐标,进而获取监测范围内监测目标的三维数据;也可以在一个固定的合成孔径雷达测站通过旋转雷达天线角度的方法测取监测范围内监测目标的三维数据。

(2)相比星载 SAR 获取任意区域的数据来说,地基合成孔径雷达监测的范围较小,而且要考虑轨道的选址、仪器的供电等问题,通过建立多个合成孔径雷达监测基站和优化数据合成的方法,扩大地基合成孔径雷达系统的监测范围,且系统能够方便放置在任何位置进行监测。

(3)大气干扰对地面合成孔径雷达影响较大,监测数据必须考虑消除大气的影响因素,因此需要在监测区域布置必要的大气监测设备,通过一定的大气修正参数修正大气干扰造成的影响。

(4)如果监测范围内存在大量的树木、植被等反射率较低的介质,则会降低系统的观测精度,必须在监测范围内的主要检测目标上安装角反射装置等提高监测的可靠性和精度,角反射器的优点是制作简单、安装方便、成本较低。

(5)目前,地基合成孔径雷达系统设备费用较高,滑动轨道体积大、质量大,在野外安装和搬运极为不便,无法灵活布设滑动轨道,必须通过技术改造建立固定测点,将其搭载于其他易于便携、稳定的平台上,同时也可以解决滑动轨道自身存在的系统误差问题。

5 结 语

地基合成孔径雷达在监测数据获取速度、采样频率、作业距离、适应环境、自动化程度和人员劳动强度等方面,均比传统的监测手段更有效率,是一种极具潜力的监测新技术,在变形监测领域具有广泛的应用前景。本文通过对地基合成孔径雷达的系统特性、技术原理进行阐述,以及研究国内外关于地基合成孔径雷达的性能试验,可以看出,地基合成孔径雷达系统完全能够应用于龙羊峡近坝库岸滑坡体变形监测中,以提高观测效率和精度,降低安全风险。虽然地基合成孔径雷达在变形监测领域具有很大优势,但仍存在一定的局限性,还需要进一步开展在龙羊峡水电站库区滑坡体上的现场试验研究工作,不断与其他新技术、新算法进行融合,使得系统更加稳定、应用更加方便。

未来的合成孔径雷达将向着监测距离更远、监测范围更广、抗干扰性能更强、提供信息更快、造价便宜,多种极化方式、多种平台、多波段和小型化的方向发展,可以预见,正在研制的多孔径雷达预计在 2017 年民用化,合成孔径雷达系统将成为边坡变形监测的主力军。

参 考 文 献

[1] Curlander J C, Mc Donough R N. Synthetic aperture radar[M]. New York:Wiley, 1991.
[2] 刁建鹏,梁光胜. 地面雷达的位移监测试验研究[J]. 测绘科学, 2011,36(2):62-64.
[3] 刘国祥. SAR 成像原理与成像特征[J]. 四川测绘,2004(3):141-143.
[4] 张享. 基于地基雷达的滑坡变形监测与分析[D]. 成都:西南交通大学,2015.

压力分散型预应力锚索在溧阳电站滑塌堆渣体中的应用

张　兵　魏建民

（中国水利水电第三工程局有限公司，西安　710016）

摘　要　本文通过750 kN无黏结压力分散型预应力锚索在江苏溧阳电站尾闸室下游边墙滑塌堆渣体加固工程中的成功应用，介绍其滑塌堆渣体围岩条件下设计概况、施工工艺、施工关键技术及差异荷载增量计算方法的应用。通过现场实施后，加固效果明显，有效防止了滑塌堆渣体二次塌滑，大大提高了围岩的稳定性与可靠性，确保了施工安全，为类似工程提供了参考经验。

关键词　滑塌堆积体加固；压力分散型锚索；施工工艺；关键技术；差异荷载计算

1　前　言

压力分散型锚索的特征是：内锚固段的数个承载板从不同位置调动锚索锚固区的承载能力，逐级衰减至自由段，锚固力可调性范围大。对承载力比较差的软弱破碎岩体和难以锚穿的较大堆积体，使用压力分散型锚索进行坡面支护具有良好的加固效果。

2　工程概况

2.1　工程规模及地点

溧阳抽水蓄能电站地处江苏省经济发达的苏南地区溧阳市境内，电站主要任务是为江苏电力系统调峰、填谷和紧急事故备用，同时可承担系统的调频、调相等任务。电站装机容量1 500 MW（6×250 MW），设计年发电量20.07亿kWh，年抽水电量26.76亿kWh，电站发电最大水头290.00 m，最小水头227.30 m，额定水头259.00 m，洞长水头比为7.9。电站枢纽建筑物主要由上游水库、输水系统、发电厂房（含地面开关站及副厂房）及下游水库等4部分组成。工程属Ⅰ等大（1）型工程，主要建筑物按1级建筑物设计、次要建筑物按3级建筑物设计。

2.2　地质情况

2#闸门井位于尾水闸室右侧，断面尺寸为10.3 m×6.3 m，最大井深17.5 m，由于2#闸门井有3#岩脉分布，开挖过程中根据揭露的地质情况发现，该处岩脉已严重蚀变，多成散砂状，受此影响，开挖过程中导井周围岩块自然塌落，导井断面不断扩大，坍塌范围超出闸门井设计边线。其中上游最大滑塌厚度约1.5 m，下游最大滑塌厚度3～4 m，并且塌空区向顶部延伸。

2.3　锚索设计情况

为保证围岩稳定及结构的安全，确保上部门机正常安全运行，设计增设压力分散型预应

作者简介：张兵（1983—），男，陕西宝鸡人，总工程师，主要从事水电站基础处理施工。E-mail：404638586@qq.com。

力锚索34束。预应力锚索为6根Φj15.24 mm、标准抗拉强度为1 860 MPa的高强低松弛无黏结预应力钢绞线，设计吨位750 kN，锁定吨位为600 kN。锚索设计入岩长度为29.5 m，锚固段长度9 m，自由长度20 m，与边墙成90°垂直夹角，钻孔孔径为120 mm。

3 预应力锚索施工工艺及关键技术

3.1 施工工艺

预应力锚索施工工艺流程见图1。

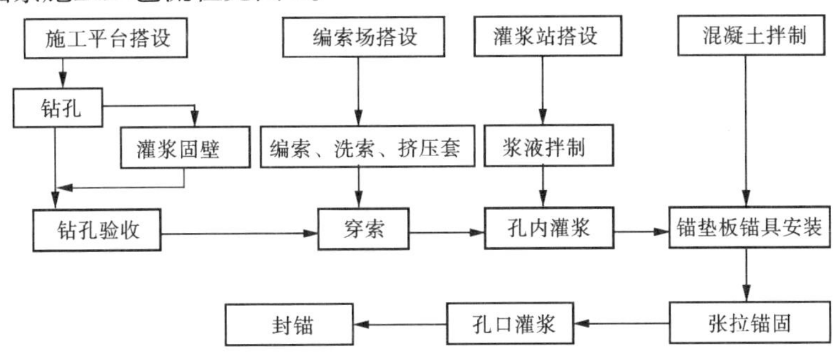

图1 压力分散型锚索施工工艺流程图

3.2 关键技术

预应力锚索施工关键是钻孔成孔（包含固壁灌浆）、锚索制安、孔内注浆和锚索张拉锁定等工序。

3.2.1 锚索孔钻孔

预应力锚索钻孔直径为120 mm。设计入岩孔深29.5 m，钻孔孔深应超出设计孔深0.5 m，以确保锚索正常下入孔内，故钻孔孔深按30.0 m控制。

为了加快钻孔施工进度，尽快完成2#尾水闸门井塌滑体加固抢险处理施工，锚索孔的钻孔将采用XY－2PC型地质钻机对附壁墙钢筋混凝土进行钻孔施工，混凝土层钻通后立即更换为MD－50型锚固工程钻机进行基岩内钻孔。

锚索钻孔在钢管脚手架上搭设的施工平台上进行，钻机下铺设方木和滑轨，以便于钻机固定就位及水平移位。

施工前，采用全站仪按设计要求测定孔位，钻机安装就位并调整倾角及方位角，将钻机固定开钻。锚索孔开孔偏差控制在10 cm以内。

3.2.2 固壁灌浆

根据前期2#尾水闸门井塌滑体部位抢险灌浆处理钻孔施工情况，附壁墙后存在大面积空腔及滑塌堆渣体，锚孔钻进过程中，极易出现不回风、不返渣、塌孔、卡钻、掉块、埋钻等现象，建议根据钻孔情况及时采用0.6∶1纯水泥浆液进行固壁灌浆施工，灌浆压力为0.30～0.50 MPa，灌浆结束，待凝6 h后再进行扫孔钻机，钻孔与固壁灌浆反复进行，直到达到设计孔深。

钻孔过程中的固壁灌浆采用单孔纯压式灌浆法，在灌浆过程中，如果出现锚索孔相邻孔串浆，附壁墙与回填混凝土接触面漏浆等现象，根据具体情况采取嵌缝、低压、浓浆、间歇屏浆及用堵漏剂及时封堵，对于较严重的可经请示现场监理工程师同意后采用浆液加速凝剂进行处理。

扫孔过程中遇到问题及时记录并查明原因加以处理。扫孔结束后，采用高压风冲洗孔道，确保孔内清洁干净。孔道经检查合格后，对孔口作临时封堵保护。

3.2.3　锚索制安

锚索在钻孔的同时在现场进行编制，工序如下：按设计要求进行钢绞线下料→内锚固段与孔口段去皮洗油→钢绞线编号→编制锚索体→安装内隔离支架与灌浆管→安装导向帽。

钢绞线下料在锚索加工场内进行。下料长度按照锚索设计长度加上张拉操作长度进行截取。根据分散型锚索各单元不同长度，整齐准确下料，误差不大于 ±50 mm，预留张拉段钢绞线长度 1.5 m，并在钢绞线不同单元和锚接头标识醒目可靠的标记。压力分散型锚索由三个单元锚索组成，每个单元锚索分别由两根无黏结钢绞线内锚于承载体，钢绞线通过特制的挤压簧和挤压套对称地锚固于承载体上，要求其单根的连接强度大于 125 kN。各单元锚索的固定长度分别为 L_1、L_2、L_3，共同组成复合型锚索的锚固段(见图 2)。挤压头组装时，挤压套、挤压簧安装要准确，挤压顶推进应均匀充分，并严格按钢绞线挤压套挤压工艺操作；组装承载体时应定位准确，挤压套通过螺栓在承载体和限位片之间栓接牢固。束线环间距为 1.0～1.5 m，定位准确，绑扎牢固，每个锚孔口位置必须设置一个束线环。注浆管穿索应深入导向帽 5～10 cm，导向帽点焊固定于最前端承载板上，并留有溢浆孔。新增压力分散型锚索结构如图 2、图 3 所示。

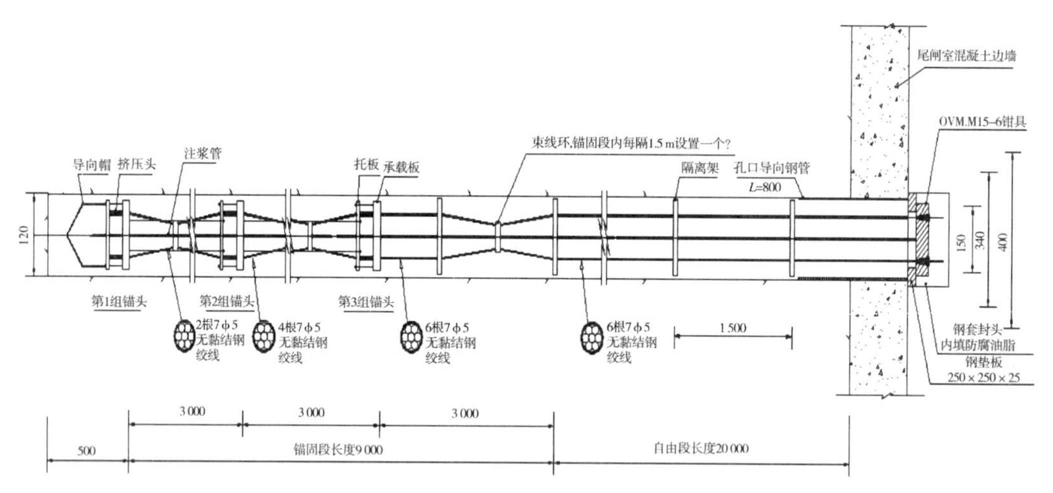

图 2　2#尾水闸门室滑塌体部位新增锚索结构示意图　(单位:mm)

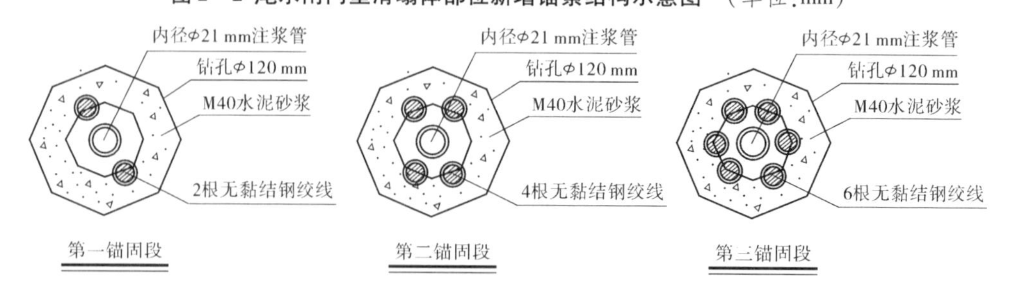

图 3　2#尾水闸门室滑塌体部位新增锚索锚固段断面示意图

3.2.4　锚索孔灌浆

无黏结锚索灌浆采用一次性灌注全孔段灌浆，其工艺流程如下：

(1)锚垫板厚2.5 cm,上部ϕ140孔口管长80 cm,现场增加ϕ25 mm排气管,工作锚板上开孔孔位与锚索张拉时的工作锚具一致。

(2)在定制锚板、钢垫板、外露钢绞线PE护套表面均匀涂抹一层润滑油,以便于灌浆后剥离表面黏结的水泥结石。

(3)按照设计图纸,灌浆管与第一组钢绞线长度相同,灌浆管在锚索编制时与6根钢绞线水平安装,灌浆管为ϕ20 mmPE管,排气(浆)则利用孔口预埋ϕ25 mm排气管进行排气(水、浆)。

(4)灌浆水泥采用P.O42.5普通硅酸盐水泥,制浆设备采用ZJ-400浆液搅拌机和SGB6-10灌浆泵。灌浆采用水泥浓浆灌注,水泥浆水灰比为:内锚段0.33:1~0.41:1施灌,或是按照监理指示进行。

(5)灌浆时用灌浆管进浆,回浆排气管上安装压力表,采用有压循环灌浆法,开始灌浆时敞开排气管,以排出气体、水和稀浆;回浆管排出浓浆且浆液比级与灌浆浆液相近或相同时,逐步关闭排气阀,注浆压力为0.1~0.3 MPa,吸浆率小于1 L/min后,屏浆30 min即可结束。

3.2.5 锚索张拉锁定

采用YDC型千斤顶和2YB2-80型电动油泵配套进行锚索张拉,单根预紧及张拉采用YCN-25型千斤顶。使用前,张拉机具须进行配套率定,将率定成果作为正式施工依据。锚索张拉操作方法为:

(1)安装锚板、夹片、限位板、千斤顶及工具锚。安装前锚板上的锥形孔及夹片表面应保持清洁,为便于卸下工具锚,工具夹片可涂抹少量润滑剂。工具锚板上孔的排列位置需与前端工作锚的孔位一致,不允许在千斤顶的穿心孔中钢绞线发生交叉现象。

(2)压力分散型锚索的张拉,因各单元锚索长度不同,张拉时要注意严格按设计次序分单元采用差异分步张拉,根据设计荷载和锚筋长度计算确定差异荷载,并根据计算的差异荷载进行分单元张拉。张拉采用"双控法"即采用设计张拉力与锚索体伸长值来综合控制锚索应力,以控制油表读数为准,用伸长量校核,实际伸长量与理论值的偏差应在±6%范围内,否则应查明原因,并采取措施后方可进行张拉。

(3)锚索在正式张拉前,取10%~20%的设计张拉荷载,对其预张拉1~2次,使其各部位接触紧密,钢绞线完全平直。张拉时应按一定的张拉速度进行(一般为40 kN/min)。

(4)压力分散型锚索具体的张拉程序如下:安装千斤顶→0→ΔP_1(先张拉L_1单元,补足L_1单元差异荷载,量取L_1单元锚索伸长值S_1)→$2\Delta P_1$(量取伸长值S_2,计算L_1单元锚索$0-\Delta P_1$的伸长值)→ΔP_2(再张拉L_1、L_2单元锚索,补足L_1、L_2单元差异荷载,量取L_1、L_2单元锚索伸长值S_3)→12.5%P(预张拉,量取伸长值S_4)→$2\Delta P_2$(量取伸长值S_5,计算L_1、L_2单元锚索$\Delta P_1-\Delta P_2$的伸长值)→25%P(量取伸长值S_6)→50%P→75%P→100%P→110%P(量取伸长值S_7)。

(5)实际伸长值的计算:

L_1单元锚索:$\Delta L_1=(S_7-S_4)+(S_6-S_4)+(S_5-S_3)+(S_2-S_1)$;

L_2单元锚索:$\Delta L_2=(S_7-S_4)+(S_6-S_4)+(S_5-S_3)$;

L_3单元锚索:$\Delta L_3=(S_7-S_4)+(S_6-S_4)$。

锚索的预应力在补足差异荷载后分5级按前述张拉程序进行施加,即设计荷载的

25%、50%、75%、100%和110%。在张拉最后一级荷载时,应持荷稳定10～15 min后卸荷锁定。锚索锁定48 h内,若发现明显的预应力损失现象,必须及时进行补偿张拉。

(6)为保证压力分散型锚索的张拉质量,锚索张拉时需注意以下事项:①孔口锚头面应平整,并与锚索的轴线方向垂直;②锚具安装应与锚垫板和千斤顶密贴对中,千斤顶轴线与锚孔及锚索轴线在一条直线上,不得弯压或偏折锚头,确保承载均匀同轴,必要时用钢质垫片调整满足要求;③注浆体与孔口锚头面的混凝土强度达到设计强度的80%以上时,方可进行张拉。

4 结 语

溧阳电站尾水闸室2#闸门井因3#岩脉分布,岩脉已严重蚀变,多成散砂状,开挖过程中形成塌滑堆渣体,结合压力锚索可避免锚固段的压应力集中,使锚固段应力分布更趋均匀,在锚索内锚段受力结构不好但又需要提高较高锚固力的部位比较合适。

目前,尾水闸室下游边墙锚索已完成7个多月,通过对锚索测力计和边墙变形观测设备的监测数据的分析,2#闸门井塌滑堆渣体段边墙处于稳定状态,加固效果良好。根据本工程的经验,对于破碎岩体、断层、裂隙发育地段、大型塌滑堆积体、难以锚固入稳固完整岩体(Ⅲ类以上)的围岩,采用压力分散型锚索可大大提高围岩的稳定性与可靠性,在类似地质条件工程施工中加以推广应用。

参考文献

[1] DL/T 5083—2010 水电水利工程预应力锚索施工规范[S].

实时变形监测系统在水利水电工程边坡观测中的应用

李 铮 李宏恩 何勇军

（南京水利科学研究院 大坝安全与管理研究所，南京 210029）

摘 要 近年来，由于地震、暴雨等引起的大面积山体、高边坡滑坡等自然灾害越来越频繁，造成的生命和经济损失也是不可估量的。水利水电工程尤其是大坝工程在施工期间的大量开挖，形成了众多不稳定的大坝坝肩边坡和水库岸坡，近坝岸坡的失稳破坏不仅会危及工程本身安全，也会给下游带来不利影响。变形观测是保障边坡安全运行的有效手段之一，而传统边坡变形观测方式效率较低，受气象及外部条件影响较大，对操作人员的技术水平要求较高，常常因为天气条件影响无法观测，或出现测量引起观测数据误差较大等现象。本文回顾了以往及目前常用的边坡变形监测技术，并对其优缺点进行了比较。结合工程实例，应用 GNSS 技术进行边坡变形监测，建立了高精度全自动实时变形监测系统，可以达到实时、准实时的高精度观测。文中介绍了基于该技术建立的高精度全自动实时变形监测系统在云南龙江水利枢纽的安装和应用，并结合近期的观测数据进行分析，表明观测结果精度较高，系统大幅提高边坡变形观测数据量，补充原有观测可能遗漏的关键信息，能够满足边坡变形观测要求。

关键词 实时变形监测；边坡观测；GNSS 技术；观测精度

1 引 言

由岩土组成的边坡稳定性评价和边坡治理是目前岩土工程界尚需解决的一个难题，尤其是高边坡的稳定性评价，无论从理论还是实践中都还处于探索阶段[1]。水利水电工程施工中存在大量的岩土开挖，形成众多不稳定的大坝坝肩边坡和水库近坝岸坡，在施工期或水库蓄水运行后易发生滑坡，近坝岸坡的失稳破坏不仅会直接危及工程本身安全，也会给下游带来影响。如 1985 年 12 月天生桥二级水电站闸首边坡在施工过程中发生滑坡[2]，1989 年 1 月 7 日，漫湾水电站左坝肩边坡在开挖过程中突发大型滑坡[3]，1991 年 9 月云南昭通头寨沟滑坡，1996 年云南元阳县老金山滑坡，2004 年 7 月四川宣汉滑坡，以及 2005 年 2 月四川丹巴滑坡等[4]。这类灾害往往具有规模大、机制复杂、危害大等特点。这类大规模边坡构成工程的建设环境，边坡修建过程中管理与控制不当会带来边坡失稳灾害。边坡在运行过程中，随着时间的推移也会产生不同程度的老化、病变，导致边坡发生失稳，然而，边坡的变形和发展是有预兆的，常常会表现出异常的地质现象与状态，通过建立合适的大坝变形观测

基金项目：水利部“948”项目（No. 201501），水利部公益性行业专项项目（No. 201301033），中央级公益性科研院所重点基金项目（No. Y714011）资助。

作者简介：李铮（1980—），男，博士，高级工程师，主要从事岩土工程、大坝安全监测与监控方面研究工作。E-mail：lizheng@ nhri. cn。

设施、有效的预警机制以及可行的应急预案，可将由高边坡失稳造成的损失减少到最低程度[5]。

2　边坡变形观测常用方法

边坡变形的表现形式复杂多样，变形机制则有推移式、牵引式等。传统的边坡观测技术发展已较为成熟，但也存在现场工作量大、观测时效性较差等不足。现代的边坡工程观测向高精度、分布式、自动化和远程监测方法发展[6]。下面就主要的边坡变形观测方法进行简要介绍。

2.1　大地测量法

大地测量主要是采用全站仪、经纬仪、水准仪等设备定时对安装有监测标点的观测墩进行观测，以对比前后观测值之间的变化，判断测点的位移情况。施工初期现场条件较为恶劣，不具备长期观测条件情况下，可采用大地测量进行临时变形观测。同时，大地测量法较为便捷，也为广大工程师所熟悉，应用仍较为广泛。全站仪三角高程测量由于受竖直角观测误差、大气折光误差以及仪器高和棱镜高的量取误差等影响，其精度也难有显著提高。光学仪器受环境气候及地形条件影响较大，监测效率低，难以实时监测地表位移的变化。

2.2　测斜仪

采用测斜仪进行深部位移监测，是一种常用的监测手段，为了获取某一深度的侧向变形，较常用的方法是将测斜仪放入套管中，一人提升或降下测斜仪，另一人记录数据，然后将这些监测数据再进行分析、处理，最后才能得到结果。这一方法需要人工定期到现场进行数据采集，工作量大，自动化程度不高，不能进行一天 24 小时的监测，缺乏实时性。而在存在危险性的边坡上进行监测，观测人员的安全也存在问题；测斜仪只能获得某处的转角，需通过计算才能得到位移值，无法直接得到表面位移和垂直位移的大小，测量过程受人为因素影响大。

2.3　时域反射技术

时域反射技术（Time - Domain Reflectormetry，TDR）最早被应用于电力系统，用于确定电缆断裂的位置，后来经过改进之后，被应用于岩土工程深部变形监测领域[7]。TDR 技术在监测边坡变形前需要在钻孔中安装 TDR 电缆，假如电缆由于某处变形而发生弯曲，从而导致本身阻抗发生变化，当脉冲信号遇到这样的位置，就会发生反射，测试仪通过比较发射时间与反射时间，就可以确定反射点的位置。该电缆可以快速采集到数字测量结果，并传送至接收端，从而实现边坡变形的智能化监测。

2.4　合成孔径雷达干涉

合成孔径雷达（SAR）是一种微波传感器，合成孔径干涉雷达（InSAR）是以同一地区的两张 SAR 图像为基本处理数据，通过求取两幅 SAR 图像的相位差，获取干涉图像，然后经相位解算，从干涉条纹中获取地形高程的空间对地观测新技术。但 InSAR 技术本身也存在一定的局限性，其中失相关是限制该技术发展的一个严重问题。由于变形运动过快，基线长度、轨道轻微不平行、植被覆盖及在连续获取数据期间发生的滑坡变形过多等会导致相位的失相关问题。此外，现有的 InSAR 技术还不太适用于小范围突发性的滑坡、泥石流等活动的监测。

2.5 分布式光纤传感技术

光纤光栅是利用光纤中的光敏性，在纤芯内形成空间相位光栅，相当于窄带的滤波器或反射镜。当一束宽光谱光入射时，满足光纤光栅布拉格条件的波长将产生反射，其余的波长将透过光纤光栅继续传输，当光纤光栅所处环境的温度、应力、应变或其他物理量发生变化时，光栅的周期或纤芯折射率将发生变化，从而使反射光的波长发生变化，通过测量物理量变化前后反射光波长的变化，实现对应力和温度的测量。与传统传感元件相比，光纤传感器具有质量轻、体积小、防水、耐腐蚀、抗电磁干扰、灵敏度高，可进行大容量信息的实时测量等优点。光纤传感器也存在一些尚未解决的问题，如传感光纤在边坡中的布设工艺、应变读数的自动温度补偿、全分布式监测数据的空间定位、传感光纤的易折断特性等。

3 高精度全自动实时变形监测系统

边坡稳定性受地形、地层岩性、地质构造、地下水等多种因素影响，不良地质边坡更是如此[1,8]。因此，为了反映边坡真实力学效应、反馈边坡设计的可靠性以及掌握边坡加固处理后的稳定状态，边坡变形监测在边坡工程中具有重要的意义。如何快速、准确掌握工程安全稳定性，为专家判断工程安全性态提供依据，这就需要一种在全天候情况下可连续工作的、可靠有效的监测手段。在边坡监测的信息获取方面，监测信息的不确定性和非精确性是边坡自动监测系统需要解决的问题，只有通过有效信息的获取，才能进一步对边坡变形机制进行研究，掌握边坡变形规律，科学预测预报边坡变形破坏状态，为防灾减灾提供依据[9]。而常规监测受通视条件、气象条件以及施工干扰的影响，在进行长距离监测时精度较差且很难提高；由于高边坡多位于山区峡谷地带，范围大，气候复杂多变，雨季时湿度大、多雾等特点，使得常规的监测方法在这样的监测条件下不具备时效性。然而，GNSS（Global Navigation Satellite System，全球导航卫星系统）的推出使用户可以使用多制式的接收机，获得更多的导航定位卫星的信号，极大地提高导航定位的精度。基于 GNSS 接收机的高精度全自动实时变形监测系统具有可用性高、可靠性较强的特点，尤其是与传统的监测手段相比，这种监测技术的实际操作性较强，而且精度更高，观测时间更短，可以全天候实时监测，监测站之间不需要相互通视，可以实时处理分析数据等，在边坡变形监测领域中具有十分重要的意义和作用。

3.1 系统组成

3.1.1 GNSS 监测单元

GNSS 监测单元由若干个 GNSS 监测点组成，每个监测点由 Trimble NetR9 GNSS 接收机、GNSS 天线、天线馈线和观测墩组成。

GNSS 接收机通过 GNSS 天线接收 GNSS 卫星信号，并将原始观测数据传输给监控中心，通过解算软件 Trimble 4D Control 对数据进行静态差分定位解算，得到每个观测点顶部天线相位中心的高精度三维定位结果。

3.1.2 供电单元

供电单元的功能是向监测预警系统的其他单元提供电源，包括向 GNSS 监测单元、通信单元、监控中心单元供电。为保证系统稳定运行，在具备条件的测点系统供电单元采用市电电源，而边坡位置不便于接入市电情况下采用太阳能 - 风能互补电源，如图 1 所示。

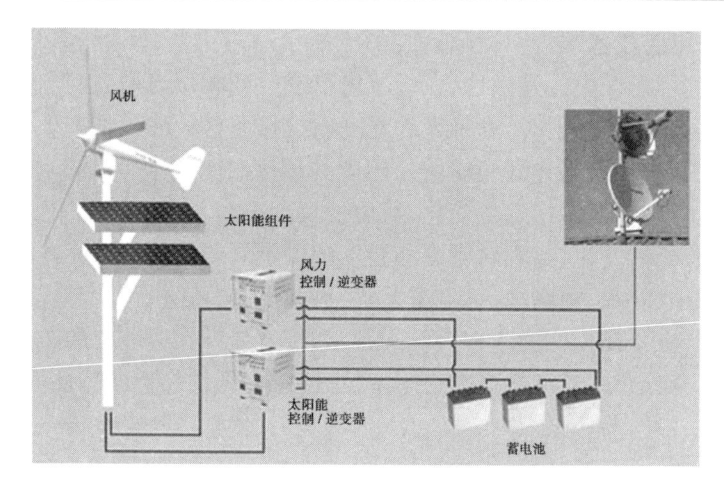

图 1　太阳能－风能互补电源结构

3.1.3　通信单元

通信单元的功能是实现 GNSS 监测单元与监控中心单元的双向数据传输，即 GNSS 观测数据的上传和监控中心服务器指令的下发。通过 5.8G 无线网桥搭建项目地局部无线网络，在 2～3 km 范围内带宽可达 5 Mbps 以上。根据现场实际条件及通信单元传输能力等约束，构建系统无线通信方案，如图 2 所示。

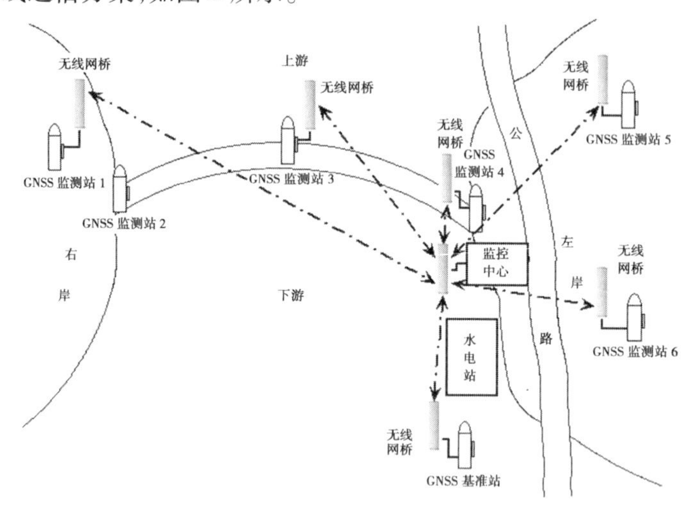

图 2　典型系统无线通信方案

3.1.4　监控中心单元

监控中心单元由一台主服务器、一套 Trimble 4D Control 软件和必要的网络机房设备（交换机、路由器、UPS、防雷接地装置等）组成。监控中心单元与野外通信设备通视，中心网桥通信设备通过网线与监控中心交换机连接。

3.2　工程应用

3.2.1　龙江水电站厂房边坡滑塌情况介绍

云南龙江水电站枢纽工程位于云南省德宏州龙江下游河段，坝址距芒市 70 km。区内构造处于著名的青、藏、滇、缅、印尼巨型“歹”字形构造带，区域内影响最大的主要构造断裂带有大盈江断裂、龙陵—瑞丽断裂等。位于大坝左岸的厂房边坡于 2013 年 8 月受长期降雨影响发生大规模滑坡(见图3、图4),滑坡不仅阻断了交通,并且影响到边坡坡顶220 kV水电站送出线终端塔基安全[10]。根据滑塌区现场勘察结果,地层主要为寒武系变质岩,场地及附近除零星陡崖出露外,地表天然露头少见,上部覆盖有第四系黏土层。其黏土层呈棕红、灰黄色,硬塑状态,局部混粉土团块;土层结构较松散,手按易散开,遇水易软化,主要分布在坡体中部及坡顶,分布厚度6.00~8.00 m。

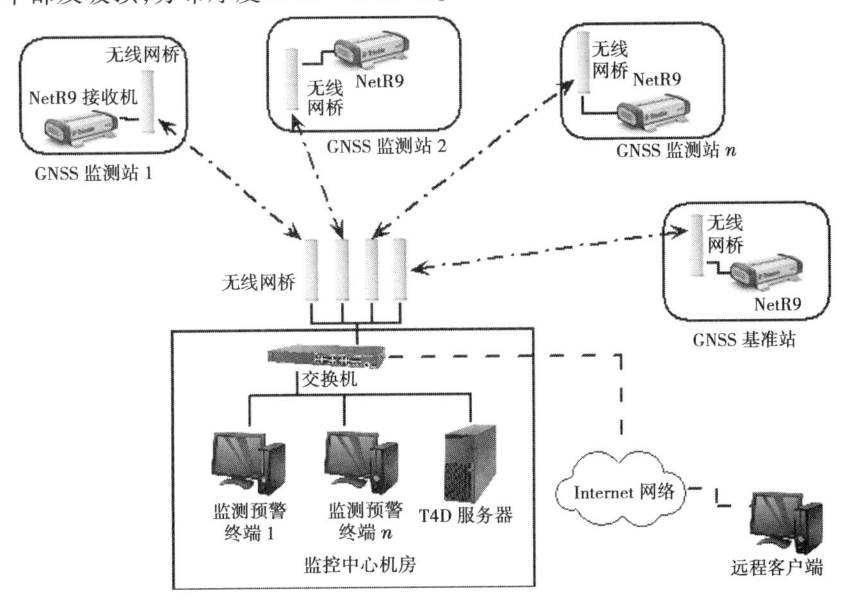

图3 监控系统拓扑图

图4 龙江水电站枢纽工程厂房边坡滑塌区

根据现场调查结果,该边坡是由于长时间强降雨导致雨水无法及时排出,加上边坡马道进行景观绿化建设,一定程度上加大了边坡荷载及饱和程度,随着雨水下渗,继而使土体饱和重度增加,增大边坡破坏下滑力,同时土体软化,抗剪强度降低,边坡抗滑力降低,最终导致该边坡发生失稳破坏。该边坡在施工期设置了表面变形安全监测设施,即表面变形标点TP10~TP15,见图5,在日常运行过程中对边坡各测点进行了正常观测,位于滑塌区域TP10、TP13两个测点观测值见图6和图7。观测数据自2011年9月至2013年8月,其横河方向水平位移在零点附近波动,最大幅值在10 mm左右,而顺河向水平位移在观测期间随旱雨季也有一定的波动,直至边坡滑塌最大位移量在10 mm左右。按照规范要求,在运行期对近坝岸坡观测上限也仅为1月/次,而从发生滑坡前期的观测结果来看,其位移变化并不大,多年位移变化量均在 10 mm 以内。同时,此次滑坡产生的原因主要是短期长历时降雨,在汛期暴雨季节采用全站仪等人工观测方式对库区内受影响边坡进行多次加密观测也不易实现。而基于 GNSS 技术的全自动实时变形监测系统可以较好地解决以上问题,利用其能全天候作业特性,实时获取边坡变形监测数据,并对数据进行同步处理分析,以满足边坡长期变形监测需要,尤其是汛期或天气条件恶劣等特殊情况下,满足边坡滑塌可能性加剧时期进行加密观测的要求。

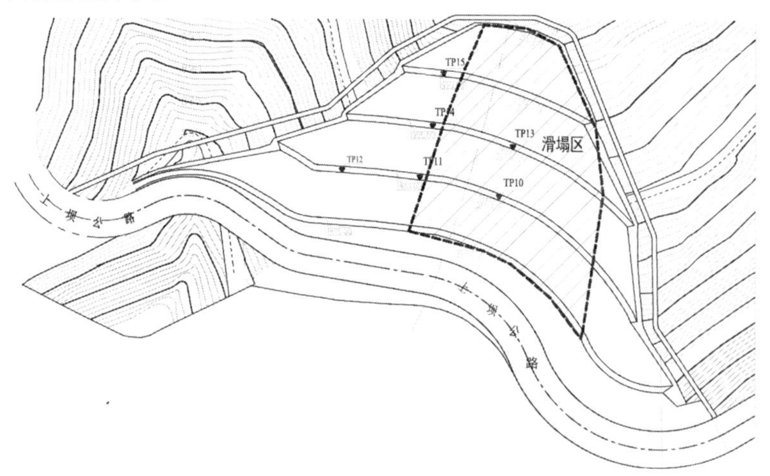

图 5　龙江水利枢纽工程厂房边坡表面变形测点布置图

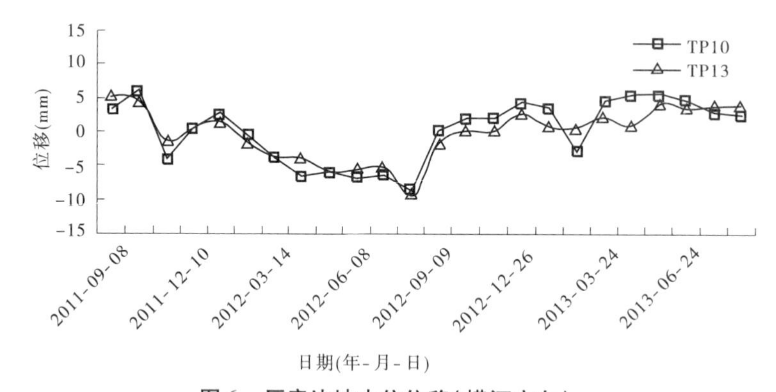

图 6　厂房边坡水位位移(横河方向)

3.2.2　全自动实时变形监测系统的安装

龙江水利枢纽工程包含大坝、发电厂房、近坝岸坡等,为全面掌握大坝及其近岸坡的长期稳定状态,全自动实时变形监测系统安装于整个枢纽重要部位。在枢纽区布置了 8 个 GNSS 监测单元,其中 2 个作为基准点相互校核,其余 6 个分别布置于大坝坝顶(最大坝高处),左、右岸重力墩、缆机平台边坡、厂房边坡和右岸边坡,其中厂房边坡测点如图 8 所示。该系统建成后实现了边坡位移数据的实时采集、存储、发送和分析等功能,为保障近坝岸坡长期稳定运行、边坡变形预测预警提供了基础条件。

GNSS 高精度实时变形监测系统安装完成后即开始进行观测,目前已获取近 2 个月的观测数据,如图 9、图 10 所示,从图中观测周期内可以看出,测点位移的变幅较大,有的变幅甚至达到 4 mm,即使在一周内其位移量的变化也有 1 ~ 2 mm,而且这种变化并不是单调增加

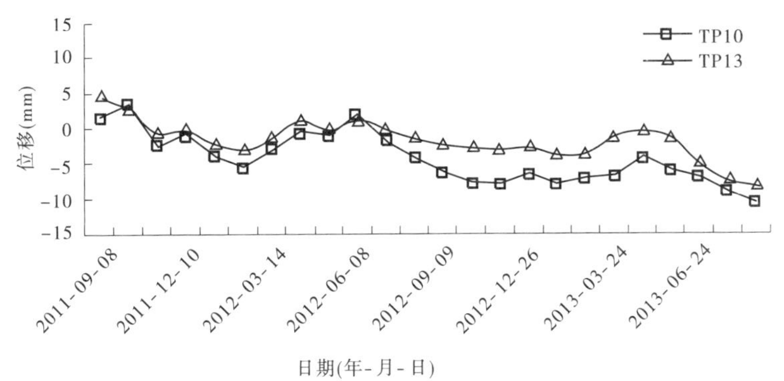

图7 厂房边坡水位位移(顺河方向)

(a) 观测墩

(b) 风力供电单元

图8 全自动实时变形观测站

或降低的。而按传统的全站仪每一个月进行一次观测,如图6和图7所示,其两次测值变化量有时仅在1 mm以内。所以,采用每月进行一次观测来了解边坡变形性态是不足的,无法及时判断边坡位移发生变化的过程。对处于降雨多发区的土质边坡,其坡面非饱和区随着外界环境的变化会产生显著变化,这将会表现为边坡的变形,而每月的测值无法及时对该变化进行反馈。通过GNSS高精度实时变形观测系统可以实现数据实时采集,可根据需要设置数据采集时间,达到每小时观测时间间隔,如果在强降雨时段观测时间还可以加密。通过该系统观测能够实时发布变形监测数据,发生危险前及时对边坡状态进行预警,满足边坡变形监测要求。

4 结 论

随着经济的发展,水利水电工程建设的规模越来越大,施工中可能形成极高极陡的边坡,导致边坡问题变得越来越复杂,这就需要提高国内边坡变形监测技术水平。而基于GNSS技术的实时变形监测系统实现了边坡监测的自动化及实时性,提高了观测精度及效率,为保障边坡安全运行提供了有力的技术支持。

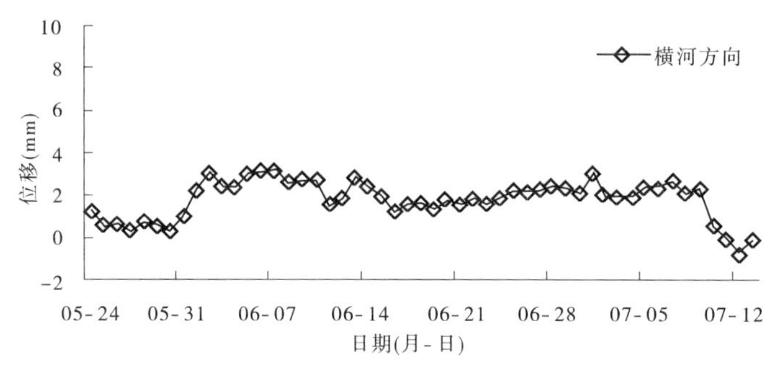

图 9　厂房边坡 GNSS 测点位移(横河方向)

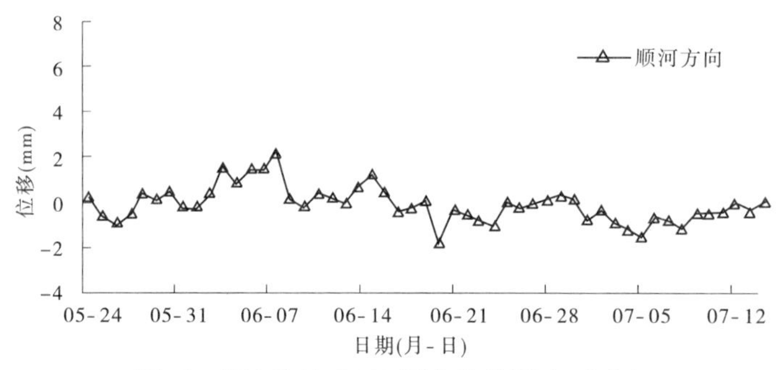

图 10　厂房边坡 GNSS 测点位移(顺河方向)

介绍了边坡变形监测常用方法,以往监测主要是以光学仪器和现场埋入式仪器为主的人工测量方法,存在效率低、工作量大等缺点。随着技术发展,时域反射技术、合成孔径雷达干涉技术等进一步在岩土工程中应用,对边坡变形监测有着较大的补充,但其成熟程度仍需在工程应用中加以检验。

详述了基于 GNSS 技术的实时变形监测系统,其由监测单元、供电单元、通信单元及监测中心组成。初步介绍了云南龙江水利枢纽工程厂房边坡滑塌实例,并将 GNSS 实时变形监测系统在边坡中的安装应用进行了简要介绍。对获取的近期观测数据进行初步分析,指出通过 GNSS 技术开展的实时变形观测,其数据量是采用常规方法观测的数倍,对常规观测方法中可能遗漏的关键信息进行了有益的补充,大大提高了边坡变形观测的效率,为掌握边坡变形整体性态提供了可靠有效的手段,即使在天气条件不良的情况下仍能保证观测频率,满足边坡变形观测需求。

参 考 文 献

[1] 雷用, 江南, 肖强. 高边坡设计中的几个问题探讨[J]. 岩土工程学报, 2010, 32(S2):598-602.

[2] 夏其发, 陆家佑. 天生桥二级水电站工地滑坡成因分析[J]. 水土保持通报, 1986(4):35-40.

[3] 孟晖, 胡海涛. 我国主要人类工程活动引起的滑坡、崩塌和泥石流灾害[J]. 工程地质学报,1996, 4(4): 69-74.

[4] 黄润秋. 岩石高边坡发育的动力过程及其稳定性控制[J]. 岩石力学与工程学报, 2008, 27(8):1525-1544.

[5] 何勇军, 刘成栋, 向衍,等. 大坝安全监测与自动化[M]. 北京:中国水利水电出版社, 2008.

[6] 董文文, 朱鸿鹄, 孙义杰. 边坡变形监测技术现状及新进展[J]. 中国科技论文在线,http://www.paper.edu.cn,北京,2015.

[7] 殷建华, 丁晓利, 杨育文,等. 常规仪器与全球定位仪相结合的全自动化遥控边坡监测系统[J]. 岩石力学与工程学报, 2004, 23(3): 357-364.
[8] 张金龙, 徐卫亚, 金海元,等. 大型复杂岩质高边坡安全监测与分析[J]. 岩石力学与工程学报, 2009,28(9):1819-1827.
[9] 顾冲时, 吴中如. 大坝与坝基安全监控理论和方法及其应用[M]. 南京:河海大学出版社, 2006.
[10] 谢佳能, 杨逢春, 王继华. 龙江水利枢纽工程左岸边坡治理工程初步设计阶段边坡治理专题报告[R]. 中国能建云南省电力设计院, 2013.

浅谈新疆下坂地电站厂房高边坡优化设计

张俊雅　赵雅敏　王　洁

（陕西省水利电力勘测设计研究院，西安　710001）

摘　要　通过对下坂地电站厂房出口部位高边坡地质现状的详细分析，根据不同的地质现状及部位，分六个区域。经过对六个分区进行研究，对不同区域依据实际情况给出了相应的处理措施，最终完成了厂房高边坡设计方案。

关键词　高边坡；边坡形态；破坏方式；破碎岩面；锚筋桩；锚固

1　工程概况

下坂地水利枢纽工程位于新疆喀什地区叶尔羌河主要支流之一的塔什库尔干河中游，是一座以生态补水和春旱供水为主，结合发电的大(2)型水利枢纽工程。水库总库容8.67亿 m^3，调节库容6.93亿 m^3。电站总装机150 MW，保证出力35.9 MW，年发电量4.644亿kWh。距塔什库尔干县县城45 km，距喀什市315 km。

下坂地水利枢纽工程由拦河大坝、右岸导流泄洪洞、左岸引水发电洞、电站厂房等主要建筑物构成。拦河坝、导流泄洪洞为2级建筑物，设计洪水标准为100年一遇，校核洪水标准为5 000年一遇，电站为Ⅲ等工程，引水发电洞、调压井、压力管道及电站厂房为3级建筑物，设计洪水标准为50年一遇，校核洪水标准为200年一遇。

下坂地水利枢纽工程的主要特点及难点为“三高一深”，即高寒、高海拔、高边坡及深厚覆盖层。

由于下坂地电站站址处于高寒、高海拔、高边坡区域，在高寒、高海拔、强震区及恶劣的气候环境条件下，地下厂房有很大的优越性，因此下坂地电站选择地下厂房形式。由于地下厂房各出口均位于高边坡区域，为了运行安全，对于出口高边坡区域进行了专门的设计。

2　边坡概况

站址处山体雄厚，边坡高达500 m以上。岩性为片麻状黑云斜长花岗岩，岩石裸露，坡高170 m以下坡角35°，170 m以上为50°。上部山体较陡部位，强风化层厚度一般2～4 m，坡脚处强风化层厚13.75 m。自然边坡走向15°，倾向SE。电站厂房处山坡主要断层均以压扭型高倾角逆断层为主，断层带宽度除F电16、F电21为1～2.5 m外，其余宽度一般为0.1～1.0 m，发育规模较小，断层大多倾向坡里，倾角高陡，对边坡稳定有利。依据中国科学院地质所“刚体极限平衡法”分析计算，整体边坡在各种工况下均处于稳定状态，从下部坡脚发生剪出破坏的可能性更小。因此，可以认为边坡整体是稳定的，仅在边坡表层可能形成

作者简介：张俊雅(1965—)，女，陕西三原人，高级工程师，主要从事水电站设计。E-mail：463772790@qq.com。

局部不稳定块体。

边坡表层岩体受强风化及侵入岩的流劈理、裂隙影响,表层岩体破碎,破坏形式以崩塌、坠落及风化剥落破坏表现。边坡岩体中存在的断层未形成不利边坡整体稳定的结构面组合,边坡整体是稳定的。

2.1 边坡形态及特征

电站厂房山体雄厚,边坡高达500 m以上,上、下游均有小型冲沟,以冲沟为界,中部边坡岩体宽300余米,正面边坡由下向上逐渐变窄,呈"△"形耸立。岩性为片麻状黑云斜长花岗岩,其间有角闪岩以条带状或团块状侵入。正面坡脚有崩塌块石和风化岩屑形成的碎石流堆积。自然边坡走向20°,坡面倾向SE,正面边坡平均坡度50°,高程2 795 m以下坡度35°,高程2 795 ~2 820 m(基岩前沿陡坡)坡度65° ~70°。厂房高边坡中断裂构造不甚发育,断层规模一般较小,倾向一般与边坡坡向相反,倾角高陡,不会对边坡整体稳定造成影响。

主要建筑物出口位于边坡坡脚,上、下游冲沟处水石流对出口影响不大。

电站厂房区边坡形态见图1。

图1 电站厂房区边坡形态

2.2 边坡变形破坏方式

边坡表层岩体受强风化及侵入岩的流劈理、裂隙影响,表层岩体破碎,破坏形式以崩塌、坠落及风化剥落破坏表现。边坡岩体中存在的断层未形成不利边坡整体稳定的结构面组合,边坡整体是稳定的。

2.2.1 崩塌破坏

边坡岩体由于边坡陡峻及不利结构面组合切割,在重力作用下边坡岩体脱离母体,突然从陡峻的斜坡崩塌下来,堆积在坡脚。此种现象是该区常见的不良地质作用,在电站站址区可见两处:一处位于边坡上部Ⅱ区下游,高程 3 020 m 附近,塌落方量数百方,其大部滚落入下游冲沟,坡脚尚存百余方,塌落宽度 20 余米,高度 10 余米,后缘边坡塌落后坡度 60°左右,坡面光滑平直,目前尚稳定,见图 2;另一处位于 F 电 1 断层下游侧,塌落宽度 20 余米,高度 5 ~7 m,坡脚塌落方量百余方,塌落后上部岩体形成反坡高悬,危象明显,见图 3。

图 2　位于边坡上部的滑塌体

图 3　位于边坡下部的崩塌体

2.2.2　坠落破坏

悬崖陡坡上的岩块突然坠落,或称落石。此种现象在该处时有发生。现坡脚岩石块体大部为此种破坏形式的产物,块度一般为 1 ~2 m,大者 6 ~8 m,现边坡上仍然有危岩块体存在,最为典型的为边坡上部(Ⅰ区范围内)上游侧的危岩块体,其高 10 余米,宽 6 ~8 m,高高耸立在边坡上部,见图 4。

2.2.3　剥落破坏

边坡表面岩体长期经受风化、冲刷的影响,岩体破碎呈岩屑、碎石,经常不断地沿坡面滚落,形成碎石流堆积于坡脚。

图4 位于边坡上部的危岩块体

2.3 影响边坡变形破坏及稳定的主要因素

影响边坡变形破坏及稳定的主要因素有:①边坡地形因素;②构造及岩体结构因素;③风化作用因素。

(1)边坡地形因素:边坡上、下游发育有冲沟,且局部切割较深,外侧边坡部分形成高陡边坡,对边坡的变形及稳定不利。

(2)构造及岩体结构因素:协力波斯断裂从电站下游1.5 km处通过,受该断裂影响,电站边坡断层、构造裂隙较为发育。断层、构造裂隙的切割,使岩体的整体结构严重破坏,为后期的物理地质作用提供了有利条件。

(3)风化作用因素:风化作用直接影响岩石的物理力学性质,风化作用使岩石强度减弱,裂隙增加,沿裂隙风化时可使岩体脱落或沿斜坡滑动。在后期塑造和改变地形形态中起主要作用,在工程区物理风化作用尤为突出。

3 边坡的处理措施

依据对厂房后背边坡的分析,做以下处理:高程3 100 m以上,对局部表层围岩进行清除,并沿3 100 m高程线设置被动防护网,在防护网前设置拦石沟,沟宽1.5 m,沟深1 m,拦截3 100 m高程以上边坡的落石,在暴雨时疏导洪水及泥石流。把山体上部发生的洪水及泥石流疏导至两侧的沟道,确保不进入厂区。拦石沟在每次暴雨或泥石流发生后,应及时清理。对高程3 000 m以下,按照不同的地质区域采用不同的处理措施,既满足运行安全又节约投资。

电站厂房后背高边坡整体稳定,但山体表层岩体受风化、卸荷及结构面的不利组合的影响,表部岩体发育较多不稳定块体,但厚度较薄,规模较小。因此,对边坡不稳定体处理的基本原则是尽量利用岩体本身结构强度,减少开挖清除量,最大限度控制削坡总量,同时增加综合防护工程措施进行处理。对边坡中影响施工和今后运行安全的破碎岩和危岩体必须开挖清除,对现状不同结构类型组合的不稳定岩体则采取综合工程加固处理措施。在电站厂房高边坡地质勘察中,按照不稳定体的分布范围,将高程3 100 m以下集中的、面积较大和特征明显的不稳定体分为6个区。对边坡必须开挖清除处理的危岩体范围按照分区进一步优化,同时对边坡各分区岩体需锚固处理的范围及深度进行优化设计。

3.1　Ⅰ区

Ⅰ区位于电站边坡上部、上游冲沟左岸边坡顶部,高程 2 734 ~3 055 m,平均坡度 47°,坡比 1∶0.93。边坡岩体受风化及结构面组合切割,岩体破碎,边坡表层存在厚度 2 ~8 m 的不稳定体。根据其岩体的破碎程度及破碎岩体的发育厚度,又可分为Ⅰ-1、Ⅰ-2 两个小区。

Ⅰ-1 区不稳定岩体主要受短小密集的裂隙切割,浅层 3 ~5 m 的岩体极其风化破碎,岩体松弛,稳定性极差,并在中、上部有一高 10 m 多、宽 6 ~8 m 的危岩体,将其一并开挖清除。

Ⅰ-2 区岩体表层破碎,清除表层零星危石。

清除开挖完成后对Ⅰ区采用主动防护网防护。

3.2　Ⅱ区

Ⅱ区位于电站边坡上部,高程 2 929 ~3 092 m,平均坡度 47°,坡比 1∶0.93,该区边坡岩体主要受长大结构面及断层控制,结构面组合对边坡岩体稳定性不利,同时局部地段受裂隙组合切割,岩体稳定性极差。根据边坡岩体破碎程度及分布厚度,该区可分为Ⅱ-1、Ⅱ-2、Ⅱ-3、Ⅱ-4 四个小区。

Ⅱ-2、Ⅱ-3 区中部分岩体存在倾向坡外、倾角 45°的结构面,连通性好,且坡角临空,结构面卸荷,同时后期风化作用使原有裂隙进一步扩大,岩体稳定性极差,厚度 5 ~10 m,底部结构面连通性好,且下部剪出口已临空,部分块体已滑塌,因此对Ⅱ-2、Ⅱ-3 区中不稳定块体进行全面开挖清除,清除厚度 8 m。

其余为松散破碎不稳定和岩体松动不稳定区,强风化厚度 3 ~5 m,构造裂隙及重力作用下的卸荷裂隙使岩体松动,松动岩体厚度 8 ~10 m,将松动不稳定岩体全部清除。

清除完成后,采用 9 m 锚筋桩锚固,局部破碎岩面采用柔性防护网防护。

3.3　Ⅲ区

Ⅲ区位于电站边坡中部,高程 2 835 ~2 935 m,自然边坡平均坡度 50°,坡比 1∶0.86。边坡岩体三面临空,风化作用强烈,同时岩体受结构面切割,边坡岩体破碎,存在大量倾向坡外的缓倾角裂隙,不利边坡岩体稳定。不稳定岩体厚度 2 ~6 m,依据不稳定岩体的破碎程度及厚度又可分为Ⅲ-1、Ⅲ-2、Ⅲ-3 三个小区。

调压井道路施工已将Ⅲ区中的Ⅲ-1、Ⅲ-3 区范围内的不稳定岩体基本清除,局部路段部分不稳定体,进行再次清除。Ⅲ-2 区岩体基本未受道路开挖影响,三面临空,岩体风化强烈,边坡表部存在少量松动危岩体,尤其在边坡顶部较多,但分布零散。对危岩体撬挖清除,再对整个Ⅲ-2 区坡面进行锚固处理,采用全长黏结 $\phi22$ 砂浆锚杆进行锚固,锚杆布置,水平方向沿同一高程线 3 m 水平控制,竖直方向按高程控制,排距 2 m。

清除锚固完成后,再对局部破碎岩面采用 GPS2 型柔性防护网防护。

3.4　Ⅳ区

Ⅳ区位于电站边坡下部上游侧,高程 2 785 ~2 895 m,边坡坡度 54°,坡比 1∶0.75。侧边坡高 30 余米,坡度大于 80°。依据不同破坏模式分为Ⅳ-1、Ⅳ-2 两个小区。

Ⅳ-1 区边坡结构面倾向坡外,表层岩体风化强烈,同时受倾向坡外裂隙的组合切割,边坡岩体稳定性差。不稳定岩体厚度 2 ~5 m,Ⅳ-1 区整体坡面较缓。Ⅳ-2 区岩体存在倾向坡外的缓倾角裂隙,延伸长度大,且坡脚临空,对边坡稳定不利。不稳定体长 90 余米,宽 5 ~7 m,厚 8 ~10 m。将Ⅳ区表层不稳定体清除,Ⅳ-1 区 2 800 m 高程以上,采用全长黏结 $\phi22$ 砂浆锚杆进行锚固,单根锚杆长 5 m。锚杆布置,水平方向沿同一高程线 2 m 水平控制,竖直方向按高程控制,排距 2 m。2 800 m 高程以下(共 5 排)及Ⅳ-2 区,采用 ϕ22 砂浆锚筋桩进行锚固,锚筋桩长度为 9 m。锚筋桩布置,水平方向沿同一高程线 3 m 水平控制,竖直方向按高程控制,排距 3 m。

锚固处理完成后,对 2 800 m 高程以下区域,采用 GPS2 型主动防护网防护。

3.5 Ⅴ区

Ⅴ区位于Ⅲ区下部,在电站边坡前沿中部,高程 2 784 ~ 2 852 m,正面前沿边坡坡度 65° ~ 70°,坡比 1∶(0.34 ~ 0.4)。

该区边坡裂隙组合复杂,岩体切割破坏严重,裂隙密集、岩体破碎。边坡岩体主要受高倾角裂隙及倾向坡外的裂隙组合和小断层控制,岩体较破碎,稳定性较差,不稳定体厚度 2 ~ 4 m。清除表面不稳定体后,采用全长黏结 ϕ22 砂浆锚杆锚固,单根锚杆长 5 m。锚杆布置,水平方向沿同一高程线 2 m 水平控制,竖直方向按高程控制,排距 2 m。该区底部存在局部倒坡,在清理出基岩面后,采用 M10 浆砌块石补坡。

最后,对表面岩石破碎区域,采用 GPS2 型主动防护网防护。

3.6 Ⅵ区

Ⅵ区位于电站边坡下游,高程 2 780 ~ 2 845 m,边坡坡度 72° ~ 80°,地处Ⅴ区下游侧的坡脚附近。

该区上游侧沿断层有冲沟发育,岩体三面临空,表层岩体卸荷,同时岩体受断层、裂隙及风化岩脉影响,岩体破碎,稳定性差,不稳定体厚度 2 ~ 6 m。同时Ⅵ区下部不稳定岩体崩塌后,坡脚临空,对上部岩体稳定性不利。先撬挖清除危岩体后,对临空面采用 M10 浆砌块石补坡砌护。然后清除表面不稳定体,再采用全长黏结 ϕ22 砂浆锚杆锚固。单根锚杆长 5 m,锚杆布置,水平方向沿同一高程线 2 m 水平控制,竖直方向按高程控制。

该区底部存在局部倒坡,在清理出基岩面后,采用 M10 浆砌块石补坡。对表面岩石破碎区域,采用 GPS2 型主动防护网防护。

最后对于其余部位坡面进行清除,并对几处倒悬岩体采用 M10 浆砌块石填塞加固。

4 结 论

通过对电站厂房各出口及出线平台处边坡的深入细致的研究,根据不同情况进行区分处理,立足于节约的基础上,保证工程安全的前提下,进行了多次方案比较,给出了以上的处理措施。从 2009 年完工运行至今,边坡稳定,无不安全事故出现。尤其是 2013 年 8 月 24 日,下坂地水利枢纽工程现场突发短时大暴雨,暴雨引发山洪、滑坡和泥石流灾害,造成工程区多处部位受灾,经过处理的厂房边坡完整无损,由此说明我们的边坡设计方案是安全可行的。

引水隧洞就运行期检测技术探讨

陈思宇　彭　望　李长雁

（中国电建集团昆明勘测设计研究院有限公司，昆明　650051）

摘　要　探讨采用三维激光扫描技术以及超声层析成像检测技术联合进行水电站运行期引水隧洞检测的思路及方法。介绍三维激光扫描技术以及超声层析成像检测技术的系统构成、工作原理、作业方法；鉴于三维激光扫描技术可以对探测对象的表观形状变化情况进行全面了解，并且能直观反映出水工结构的表观损伤，但无法了解表观损伤在水工结构内部的空间发育情况，而超声层析成像技术可以探查混凝土衬砌内部缺陷，所以提出三维激光扫描技术以及超声层析成像技术联合进行水电站运行期引水隧洞检查的工作思路，将三维激光扫描技术进行面积性普查与超声层析成像技术进行局部详查相组合，两种方法相互补充，互为基础，逐步深入。将联合检查思路应用于某水电站引水隧洞检查项目中，检查结果表明，某水电站引水隧洞混凝土衬砌局部发育有表层裂缝，未发现影响引水隧洞安全运行的结构损伤，检查成果进一步说明了三维激光扫描技术以及超声层析成像检测技术联合的思路适用于水电站运行期引水隧洞检测。

关键词　三维激光扫描；超声层析成像；引水隧洞混凝土衬砌检测

1　引　言

近年来，三维激光扫描技术和超声层析成像技术飞速发展，应用范围也不断拓展，但将两项技术应用于水电站引水隧洞混凝土表面缺陷探查国内外还属少见。三维激光扫描技术作为一项新方法，具有快速高效、高分辨率的特性，用该方法探查混凝土表面缺陷的同时，还可得到混凝土表面的三维坐标信息，建立混凝土表面缺陷及体型的基准数据库，为后续进一步分析混凝土表面缺陷的变化情况及体型的变形情况提供基础数据[1]。而超声层析成像技术可以探查混凝土衬砌内部缺陷，查明混凝土表面缺陷向内部的延伸展布情况[2]。两种方法结合对混凝土的健康状况由外及里地进行检测。

2　方法技术简介

2.1　三维激光扫描技术基本原理

三维激光扫描技术是利用激光测距原理，水平、垂直地全自动高精度扫描，获取景物与激光仪的距离及角度关系，通过坐标解算，从而得到完整的、连续的全景点三维坐标，能在较短的时间内，高速精确地记录景物的三维空间位置及不同景物的激光反射率，这些扫描数据通过电缆传入电脑，高密度的扫描数据点有序地排列于三维的虚拟空间中，成为带有坐标的影像图，即三维点云[3]。利用三维激光全景测量成果形成三维模型，并在三维模型的基础

作者简介：陈思宇（1989—），男，云南楚雄人，工程师，主要从事水工建筑物水下探测工作。E-mail：gp_chensiyu@163.com。

上进行检测、监测、调查等相关数据分析[4]。

地面三维激光扫描仪的构造原理都是相似的。三维激光扫描仪的主要构造是由一台高速精确的激光测距仪,配上一组可以引导激光并以均匀角速度扫描的反射棱镜。激光测距仪主动发射激光,同时接收由自然物表面反射的信号从而进行测距。针对每一个扫描点可测得测站至扫描点的斜距,再配合扫描的水平和垂直方向角,可以得到每一个扫描点与测站的空间相对坐标。如果测站的空间坐标是已知的,则可以求得每一个扫描点的三维坐标。地面三维激光扫描仪的基本原理见图1。

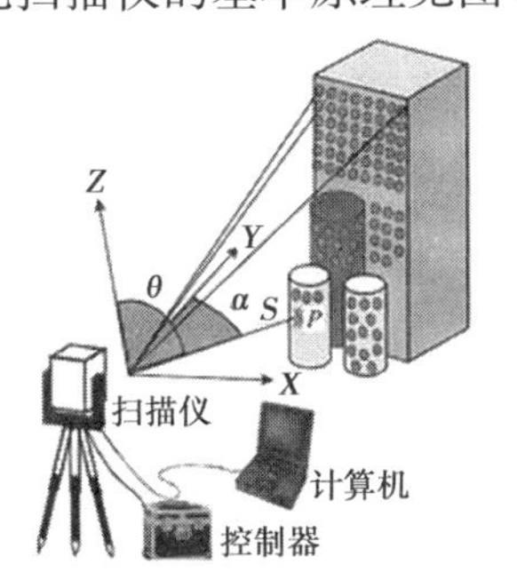

(a)地面三维激光扫描系统

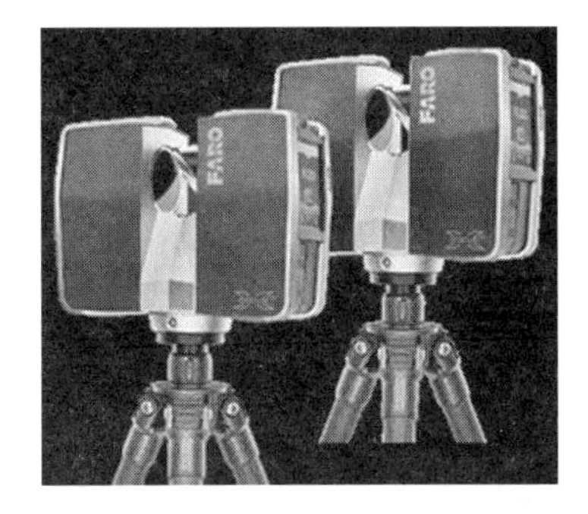

(b)三维激光扫描仪

图1 地面三维激光扫描仪

2.2 超声层析成像技术基本原理

超声层析成像法是基于超声横波脉冲回波技术,通过在物体的一侧面,发射和接收低频超声横波(20~100 kHz)脉冲信号,然后用层叠成像方式进行信号处理,得到物体内部超声横波反射强度、位置、规模等分布图,最后通过解译得出物体内部结构信息。

超声层析成像混凝土内部缺陷测试工作使用A1040 MIRA混凝土断层超声成像仪。工作方法为:在测试范围内以一定的点距和线距绘制测试网格。测试之前设置检测参数,选择采集模式。最后将十字光标对准测点,按设定的采集方向完成所有点的数据采集,工作方法和仪器设备见图2。

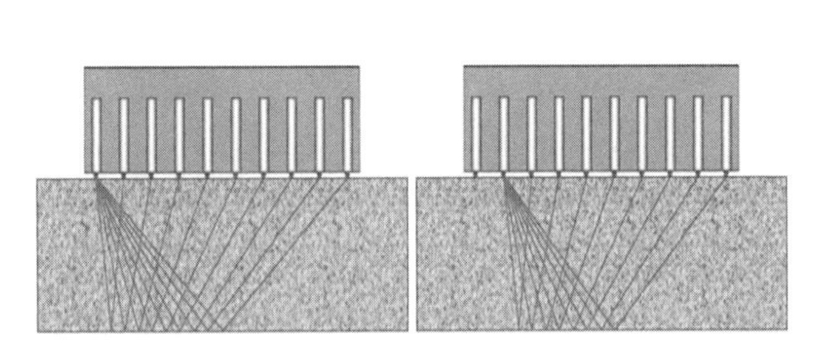

(a)超声层析成像仪数据采集工作方式

(b)超声层析成像仪实体

图2 超声层析成像系统

3 联合检测技术的探讨

三维激光扫描技术以其高效、高精度的特点,可以对混凝土表观缺陷信息进行快速的普查,而超声层析成像技术可以对局部区域混凝土内部缺陷进行详查。结合两种方法,首先用三维激光扫描技术对混凝土表观缺陷进行快速普查,然后采用超声层析成像技术对局部区域混凝土内部缺陷进行详查,从整体到局部,由里及外地对混凝土的健康状况进行检测。

本文以某水电站引水隧洞三维激光扫描数据、超声层析成像数据为基础,对联合检测方法在水电站地下洞室混凝土表面缺陷探查中的应用进行探讨。

3.1　混凝土表观缺陷的普查

根据激光反射率信号强弱和三维坐标进行混凝土表面缺陷检测和定位,并将带有缺陷信息的激光数据以二维和三维的形式进行输出。

图 3 为编辑有裂缝信息的二维激光影像图,该图为三维激光影像图从底拱中心线裁开,然后向两边展布开来形成激光影像图,从拱顶中心线往两边 2 m 范围为拱顶,2 ~ 9 m 范围为拱腰,9 ~ 16 m 范围为边墙。该图展示的洞段长度为 200 m,从图上可宏观地查看该洞段缺陷的整体分布情况及每个缺陷的延伸展布趋势,可以快速地查看每个位置所对应的桩号,便于查阅,且数据采集不受光线的影响。

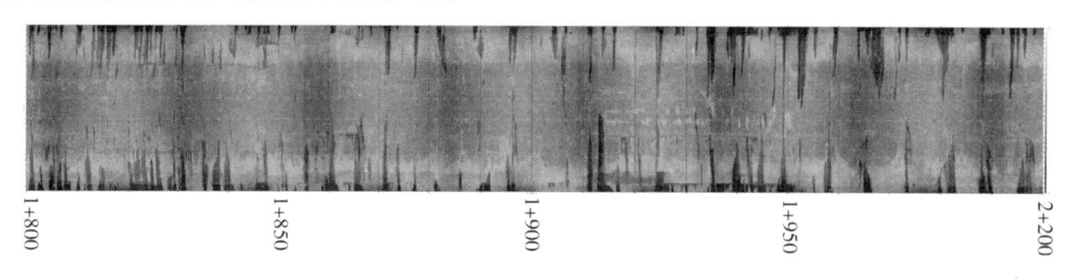

图 3　编辑有裂缝信息的二维激光影像图

将原始的三维激光数据进行拼接建立三维数字模型,每一个点云都有三维坐标和激光反射率信息。图 4 为发布的编辑有裂缝信息的三维数字模型,根据激光反射率信号强弱在三维数字模型上进行缺陷的编辑,以三维的视角查看缺陷,可以进行自主漫游,也可以制作自定义动画,实现对数据的审阅和管理功能。

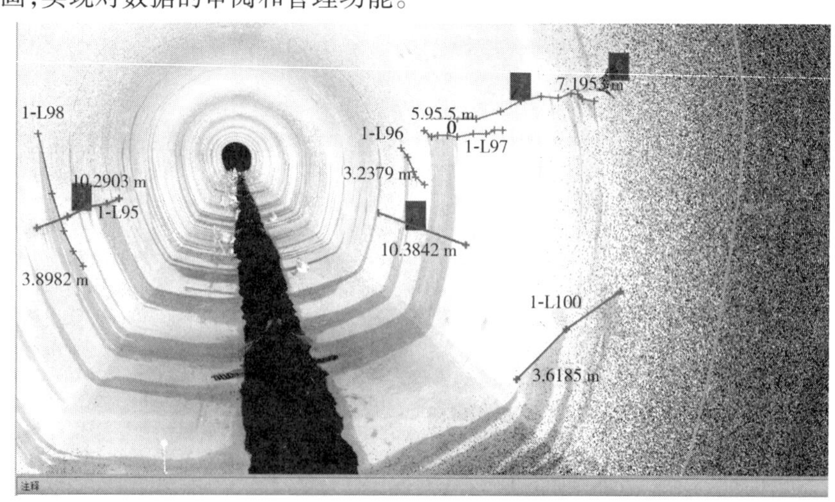

图 4　发布的编辑有裂缝信息的三维数字模型

3.2　混凝土内部缺陷的详查

以三维激光扫描普查成果为基础,如图 5 所示为三维激光扫描检测到的裂缝发育较集中的区域,在图中圆圈范围水平布置三条超声层析成像测线(图中三条虚线)。

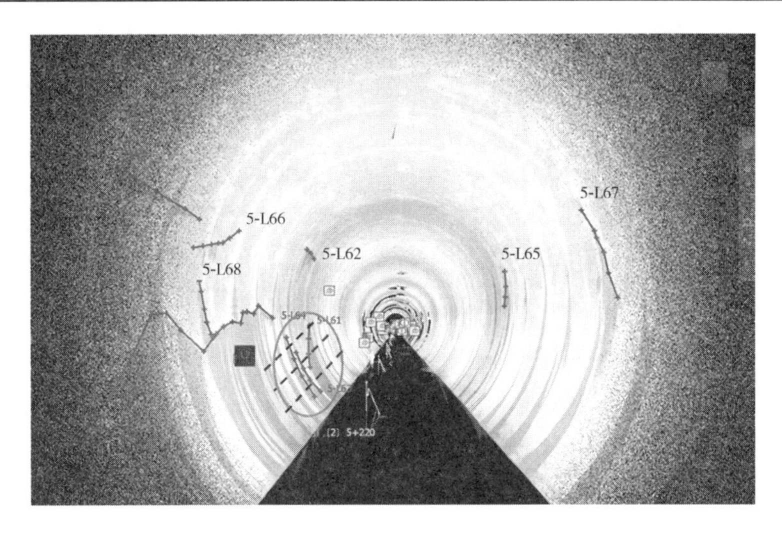

图5 三维激光扫描检测到的裂缝发育较集中的区域

三条测线超声层析成像检测成果由上往下分别见图6、图7、图8(横向为测线方向,纵向为深度方向)。

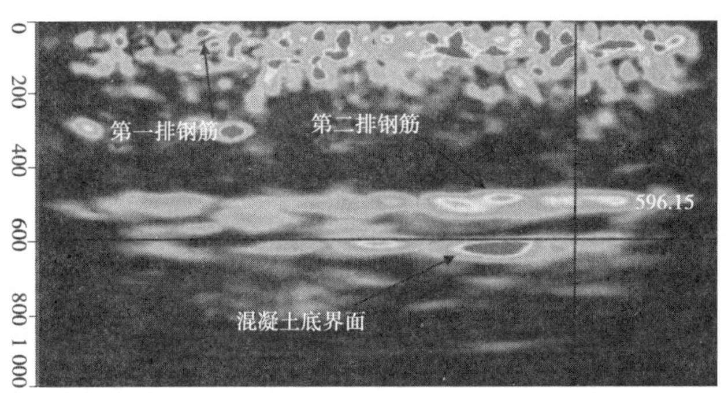

图6 超声层析成像检测成果图①

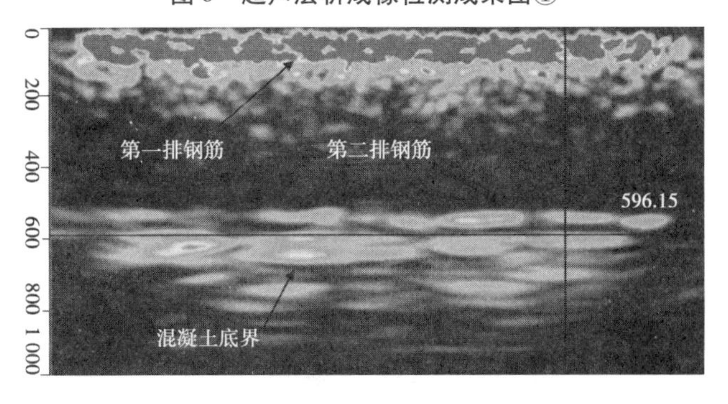

图7 超声层析成像检测成果图②

从三条测线的检测成果图可知,该局部区域表层钢筋和里层钢筋清晰可见,也可明显查看到混凝土底界面。图6(最上部测线)局部位置混凝土内部反射信号较强烈(红色圆圈范围),推断该位置混凝土不密实。其余测线混凝土内部未见异常反射,且未见表面裂缝向内部延伸的迹象,推测该区域表层裂缝较发育,内部局部位置混凝土不密实。

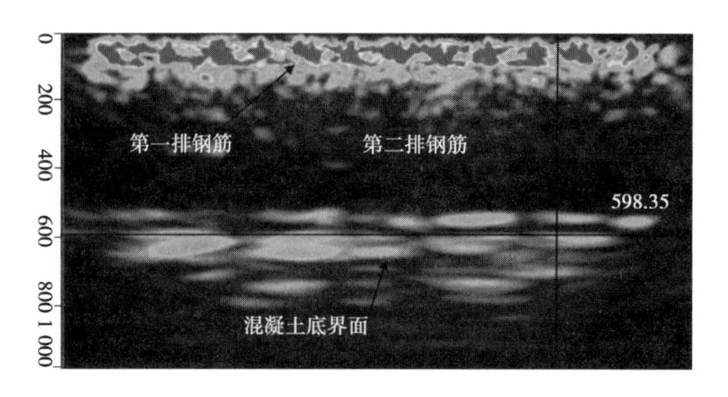

图 8　超声层析成像检测成果图③

4　结　语

4.1　结论

运用三维激光扫描技术以及超声层析成像检测技术联合的思路对运行期水电站引水隧洞混凝土运行健康状况检测是切实可行的。三维激光扫描技术快速获取混凝土表观缺陷信息，超声层析成像技术对局部区域混凝土内部进行详细的探查，两种方法结合对混凝土的健康状况由外及里地进行检测。

4.2　建议

图 9 所示为三维激光扫描数据建立好的三维数字模型，每个点云都有各自的三维坐标，根据三维坐标可知洞身体型信息，将两次实测的体型进行对比，根据两次实测体型差异值绘制等值线图，可以很直观地看出混凝土表面变形情况。所以，建议后续进行三维激光扫描，将两次实测体型对比，绘制体型差异等值线图，直观地查看混凝土体型的变形情况，相比于少量的监测断面数据，三维激光扫描技术可以对所有洞段进行变形分析，全面覆盖无死角。同时结合超声层析成像技术，对混凝土的健康状况由外及里地进行检测。

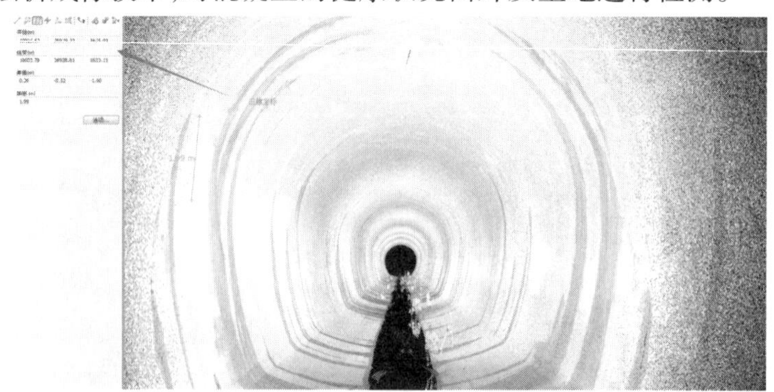

图 9　点云三维坐标信息

参 考 文 献

[1] 董秀军. 三维激光扫描技术及其工程应用研究[D]. 成都理工大学，2007.

[2] 戚秀真. 混凝土超声无损检测层析成像技术研究[D]. 长安大学，2006.

[3] 赵阳，余新晓，信忠保，等. 地面三维激光扫描技术在林业中的应用与展望[J]. 世界林业研究，2010(4)：41-45.

[4] 马利，谢孔振，白文斌，等. 地面三维激光扫描技术在道路工程测绘中的应用[J]. 北京测绘，2011(2)：48-51.

深埋混凝土衬砌隧洞抗外压设计方法研究

张 帆 师广山 冯径军

（国电贵州电力有限公司红枫水力发电厂，贵阳 551417）

摘 要 深埋混凝土衬砌隧洞设计中，施工期和检修期的外水荷载，往往决定着混凝土强度等级、衬砌厚度以及结构配筋。国内引水隧洞外压设计时，一般根据围岩类别和地下水的活动状况，选取一定的折减系数对外水压力进行适当折减。实际上，作用于隧洞衬砌表面的外水压力与地下水深度、围岩渗透系数、内水压力、固结灌浆范围以及衬砌开裂程度等多种因素有关，即使同一围岩类别采用相同的折减系数有时也会遭到质疑。另一方面，在高内水压力作用下，衬砌必将发生开裂，传统的面力设计方法已不能真实反映水荷载的作用，也难以真实模拟混凝土衬砌与围岩介质中稳定的渗流场，体力理论能够更好地描述衬砌开裂，渗透系数加大后的水荷载作用。本文基于渗流分析理论，考虑混凝土开裂，总结出一套适用于深埋隧洞外压设计的数值计算方法；通过敏感性分析寻找影响外压折减系数的主要因素，并提出改进混凝土衬砌抗外压能力的工程措施。

关键词 深埋混凝土衬砌隧洞；外压设计；折减系数；渗流分析理论

1 引 言

深埋有压引水隧洞中，由于天然地下水的存在，衬砌外表面可能承受很大的外水压力，在施工过程中可能导致围岩失稳破坏；正常运行期衬砌开裂，内水外渗会引起地下水位抬高，存在滑坡隐患；放空检修期衬砌裂缝闭合，来不及渗入洞内的部分水压有可能造成洞壁岩体崩落，压坏混凝土衬砌，影响衬砌结构正常使用。国内外隧洞失稳案例并不少见，深埋隧洞的抗外压问题往往成为引水隧洞结构设计的决定因素。

我国现行《水工隧洞设计规范》（DL/T 5195—2004）[1]根据围岩类别和地下水的活动状况，对衬砌外表面水压力按照不同系数进行折减，建议按照表1选取；美国标准《Tunnels and Shafts in Rock》（EM 1110－2－2901）[2]提出：如果采取有效的排水措施，外水压力可取25%的地下水位和三倍洞高水头的小值。实际上，外水压力折减系数是一个考虑地下水渗流过程水头损失以及排水补水条件影响的综合指标[3]，与诸多因素有关，并不仅仅是一个只与围岩状况有关的小于或等于1.0的系数，尤其在深埋隧洞中，在运行期内水压力作用下，衬砌开裂造成内水外渗，当发生紧急事故时闸门突然关闭，衬砌裂缝闭合，此时地下水位可能高于天然地下水位，换言之，外水压力折减系数将是一个大于1.0的系数，因此张有天在文献[4]中建议把外水压力折减系数改为修正系数。

作者简介：张帆（1987—），男，山西运城人，工程师，水工建筑物设计，主要从事水电站设计。E-mail：747308256@qq.com。

表 1 外水压力折减系数表(《水工隧洞设计规范》(DL/T 5195—2004))

级别	地下水活动状态	地下水对围岩稳定的影响	β_e 值
1	洞壁干燥或潮湿	无影响	0 ~ 0.20
2	沿结构面有渗水或滴水	软化结构面的填充物质,降低结构面的抗剪强度,软化软弱岩体	0.1 ~ 0.40
3	沿裂隙或软弱结构面有大量滴水、线状流水或喷水	泥化软弱结构面的充填物质,降低其抗剪强度,对中硬岩体发生软化作用	0.25 ~ 0.60
4	严重滴水,沿软弱结构面有小量涌水	地下水冲刷结构面中的充填物质,加速岩体风化,对断层等软弱带软化泥化,并使其膨胀崩解及产生机械管涌。有渗透压力,能鼓开较薄的软弱层	0.40 ~ 0.80
5	严重股状流水,断层等软弱带有大量涌水	地下水冲刷带出结构面中的充填物质,分离岩体,有渗透压力,能鼓开一定厚度的断层等软弱带,并导致围堰塌方	0.65 ~ 1.0

本文基于渗流理论,考虑混凝土开裂,根据文献[5],[6]所提出的数值分析方法,结合有限元计算软件,总结出一套适合于深埋隧洞外压设计的方法,通过敏感性分析,寻找影响外水压力折减系数(或修正系数)的因素,并提出抗外压措施。

2 深埋隧洞渗流分析数值解法

2.1 基本假定

(1)假定隧洞衬砌断面为竖向轴对称结构。

(2)衬砌和围岩之间不存在初始缝隙,内压作用下,衬砌已发生开裂。

(3)衬砌结构在内水作用或者地下水作用下,形成稳定渗流场。

(4)假定通过完整围岩区、围岩松动圈或者固结灌浆圈及衬砌混凝土的渗透量相等。

(5)假定隧洞周边岩体为各向同性的均质岩体,裂隙和软弱结构面通过对弹性模量和渗透系数等参数的均化反映到岩体中。

2.2 内水作用下渗流场分析

采用文献[5]中介绍的方法,在运行期内水压力作用下,洞内水通过开裂的环向、纵向裂缝及完整混凝土向岩体渗透。

通过衬砌的渗透量为:

$$q = \frac{(p_i - p_a)(2a)^3 \cdot n}{12\nu_w \rho_w (r_a - r_i)} \tag{1}$$

通过围岩的渗透量:

(1)当引水隧洞在地下水位线以下时:

$$q = \frac{(p_a/\rho_w \cdot g - b) \cdot 2\pi \cdot k_r}{\ln[b/r_a \cdot (1 + \sqrt{1 - r_a^2/b^2})]} \tag{2}$$

(2)当引水隧洞高于地下水位时:

$$\frac{p_a}{\rho_w \cdot g} - \left(\frac{3}{4}r_a\right) = \frac{q}{2\pi k_r}\ln\frac{q}{\pi \cdot k_r \cdot r_a} \tag{3}$$

(3)对于竖井结构：

$$q = \frac{(p_a/\rho_w \cdot g - b) \cdot 2\pi \cdot k_r}{\ln(R/r_a)} \tag{4}$$

根据渗透量平衡理论，透过衬砌和围岩的渗透量相等，即式(1) = 式(2)(或式(3)、式(4))，可计算得到分配在衬砌外表面的水压力。

2.3 外水作用下渗流场分析

采用文献[6]中介绍的方法，在施工期外水压力作用下，当洞内水流方向与地下水位线接近平行时，通过每延米隧洞的水量：

$$q_r = \frac{2\pi \cdot k_r \cdot [b - p_g/(\rho_w \cdot g)]}{\ln\{b/r_g \cdot [1 + \sqrt{(1 - r_g^2/b^2)}]\}} = C_1 \cdot [b - p_g/(\rho_w \cdot g)] \tag{5}$$

对于竖井结构，通过每延米隧洞的水量：

$$q_r = \frac{2\pi \cdot k_r \cdot [b - p_g/(\rho_w \cdot g)]}{\ln(R/r_g)} = C_2 \cdot [b - p_g/(\rho_w \cdot g)] \tag{6}$$

通过固结灌浆圈或围岩松动圈的渗透量：

$$q_g = \frac{2\pi \cdot k_g \cdot [(p_g - p_a)/(\rho_w \cdot g)]}{\ln[r_g/r_a]} = C_3 \cdot [(p_g - p_a)/(\rho_w \cdot g)] \tag{7}$$

通过混凝土衬砌的渗透量包括三部分：

(1)开裂混凝土缝隙之间未开裂部分的渗透量：

$$q_{c1} = \frac{2\pi \cdot k_c p_a/(\rho_w \cdot g)}{\ln(r_a/r_i)} = C_{41} \cdot p_a/(\rho_w \cdot g) \tag{8}$$

(2)环向裂缝引起的渗透量：

$$q_{c2} = \frac{2 \cdot \pi \cdot r_i \cdot (2a_1)^3 \cdot g \cdot p_a/(\rho_w \cdot g)}{12 \cdot \nu_w \cdot (r_a - r_i) \cdot d} = C_{42} \cdot p_a/(\rho_w \cdot g) \tag{9}$$

(3)洞轴向裂缝引起的渗透量：

$$q_{c3} = \frac{n \cdot (2a_2)^3 \cdot g \cdot p_a/(\rho_w \cdot g)}{12 \cdot \nu_w \cdot (r_a - r_i)} = C_{43} \cdot p_a/(\rho_w \cdot g) \tag{10}$$

通过混凝土衬砌的渗透总量：

$$q_c = q_{c1} + q_{c2} + q_{c3} = (C_{41} + C_{42} + C_{43}) \cdot p_a/\rho_w = C_4 \cdot p_a/\rho_w \tag{11}$$

根据渗流连续条件，$q_r = q_g = q_c$，作用在衬砌外表面的外水压力

$$p_a/(\rho_w \cdot g) = \frac{C_{1(2)} \cdot b}{[(C_3 + C_4)/C_3] \cdot (C_{1(2)} + C_3) - C_3} \tag{12}$$

式中：$2a_1$ 为环向裂缝平均宽度，m；$2a_2$ 为纵轴向裂缝平均宽度，m；b 为外水压力水头，m；g 为重力加速度，m/s^2；k_c 为未开裂混凝土渗透系数，m/s；k_r 为围岩渗透系数，m/s；n 为纵向裂缝个数；p_i 为衬砌内表面水压力，Pa；p_a 为衬砌外表面水压力，Pa；p_g 为灌浆圈或围岩松动圈外水压力，Pa；r_i 为衬砌内半径，m；r_a 为衬砌外半径，m；r_g 为围岩松动圈和固结灌浆圈半径，围岩松动区半径考虑沿开挖洞壁延伸 1 倍半径范围，固结灌浆圈半径根据固结灌浆孔深确定；R 为渗流影响区半径，对于致密岩体($k_r \leqslant k_c$)，渗流边界选取范围取 $R = 10r_a$，对于较松散，渗透性强的岩体 ($k_r > 100k_c$)，$R = 100r_a$；q 为每延米隧洞的渗透量，m^3；ν 为泊松比；ν_w 为水的黏滞系数，Pa · m；ρ_w 为水的密度，kg/m^3。

2.4 外水压力设计思路

深埋隧洞外压设计可按以下思路进行：首先，应根据洞壁渗水状态、岩体的 RMR 分级对岩体进行分类，在各类岩体中选取若干组典型断面进行压水试验，测得不同孔深岩柱的透水率，对每类岩体同一孔深处渗透系数加权平均（或取最大值），得到完整岩体、围岩松动圈或固结灌浆圈的渗透系数；其次，根据前述计算方法求得检修期和施工期作用于衬砌外表面的水压力；最后，采用有限元软件建立衬砌和围岩模型，计算衬砌结构内力及应力，按照文献[6]中所述的允许安全系数与混凝土抗压强度比较，直至截面厚度和混凝土强度等级满足要求。

3 工程实例

3.1 工程概况

某水电站压力管道竖井段采用钢筋混凝土衬砌，内径为 4.1 m，衬砌厚度为 50 cm。本文选取的计算断面地下水压力水头为 162 m，内水压力水头为 199 m，地表距衬砌外表面高度为 213 m。

3.2 地质资料及材料参数

计算所采用的材料参数见表 2 ~ 表 5。

表 2 围岩力学参数

围岩类别	容重 γ（kN/m^3）	变形模量 E_0（GPa）	泊松比 μ	渗透系数 k_r（10^{-5} cm/s）
Ⅲ类	26.95	9	0.25	4.1

表 3 混凝土力学参数

抗压强度 f_c'（MPa）	弹性模量 E_c（MPa）	泊松比
30	2.57×10^4	0.2

3.3 工况组合及荷载系数

本文采取表 4 所示两种计算工况进行衬砌结构抗外压计算，各工况所对应的荷载系数见表 5。

表 4 各运行工况及相应荷载

计算工况	外水压力	灌浆压力	围岩压力
检修骤然放空工况	√		√
施工完建工况	√	√	√

表 5 各工况荷载系数

计算工况	外水压力	灌浆压力	围岩压力
检修骤然放空工况	1.4		1.4
施工完建工况	1.4	1.4	1.2

3.4 计算模型

选取衬砌断面中轴线建立模型，采用梁单元将衬砌断面剖分为 72 份，并在节点上使用法向和切向弹簧约束,根据表2围岩参数分别计算弹簧单元对应于Ⅲ类围岩的法向、切向刚度,计算模型如图1所示。

3.5 计算结果

不考虑固结灌浆对衬砌周边围岩渗透系数的降低,施工完建期地下水渗透至衬砌外表面压力水头为91.4 m,外压折减系数为0.56,混凝土最大压应力为13.3 MPa,检修期内水外渗与地下水共同作用于衬砌外表面压力水头为182 m,外压修正系数为1.12,混凝土最大压应力为16.9 MPa。

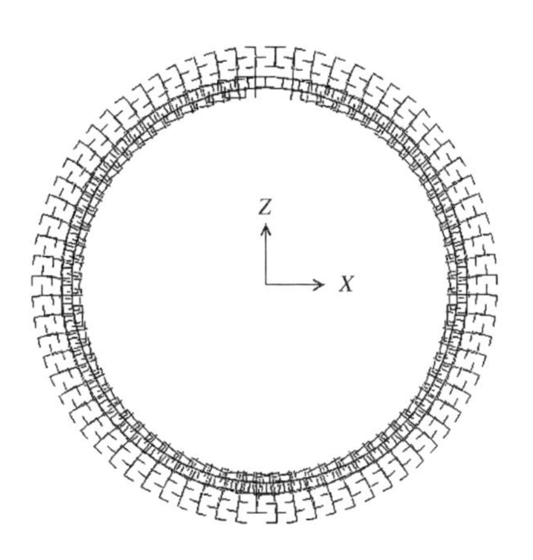

图1 混凝土衬砌计算模型

4 外压折减系数影响因素敏感性分析

根据上述公式可见,外压折减系数受到围岩渗透系数、地下水位深度、围岩松动圈或固结灌浆圈渗透系数、衬砌开裂程度、内水压力大小、检修期放空排水速度等因素影响,本文通过敏感性分析,寻找影响外压折减系数的主要参数。

4.1 围岩渗透系数

围岩的渗透系数是影响外水压力折减系数最重要的因素,不仅决定着渗流速度和渗透量,渗流影响范围也与其相关,岩石越致密,渗透系数越低,渗流影响半径越小,外压折减系数越小。

外压折减系数与围岩渗透系数的关系如图2所示。

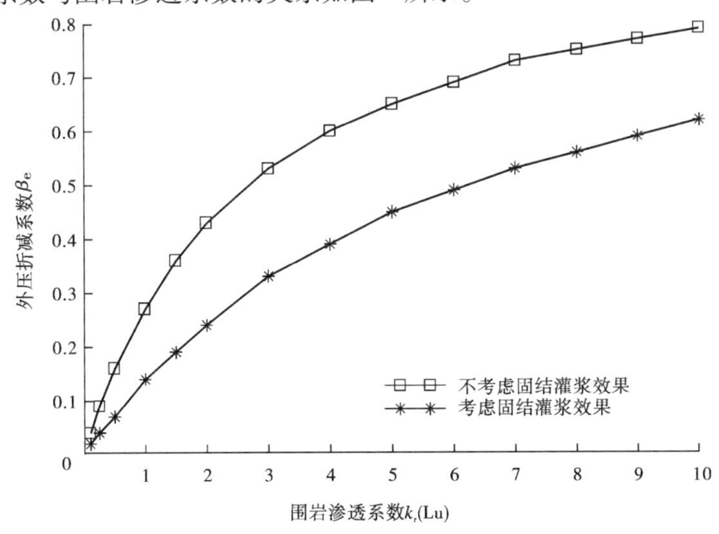

图2 外压折减系数与围岩渗透系数关系

由图2可见,不考虑固结灌浆对围岩整体性的影响,在围岩渗透系数较低时,外压折减系数受围岩渗透系数的影响较为明显,随着渗透系数的加大,折减系数的变化速率逐渐减缓;考虑固结灌浆作用,灌浆圈范围内岩体渗透系数降低50% ~100%后,外压折减系数明显减小。

4.2 地下水深度

由于渗透模式的差异,竖井的外压折减系数略大于平洞,且对于竖井结构,在其他条件相同的前提下,折减系数不随着地下水位线的改变而发生变化。

在其他水文地质条件相同时,地下水位越高,渗流过程的水头损失也就越大,所以,外压折减系数随着地下水水头的增大而逐渐减小,而且在水位较低时,外压折减系数递减较快,水位较高时,已趋于稳定。外压折减系数与地下水水头关系如图 3 所示。

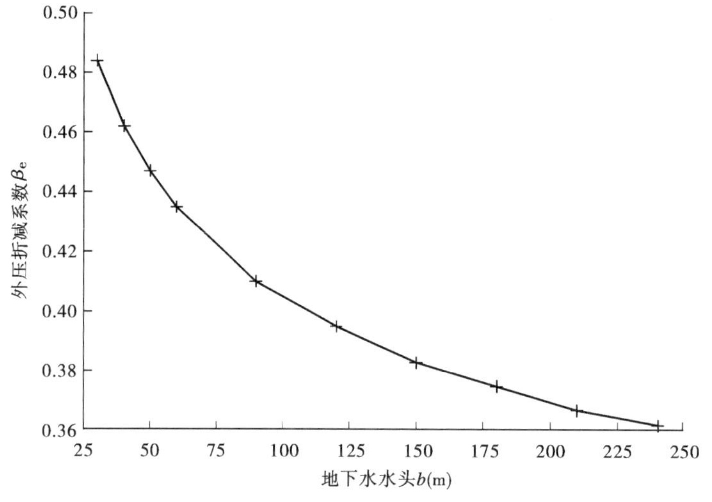

图 3　外压折减系数与地下水水头关系

4.3　松动圈或灌浆圈渗透系数

文献[7]提出,围岩松动圈可保守地假定为隧洞开挖面延伸至 1 倍隧洞半径处,《水工隧洞设计规范》(DL/T 5195—2004)中规定,固结灌浆伸入围岩的深度不小于 1 倍隧洞半径,在实际设计过程中,灌浆区深度最多取 1 倍洞半径,研究表明,在此范围内,固结灌浆圈的深度对作用于衬砌外表面的水荷载影响很小,而灌浆效果却至关重要。

在灌浆圈范围内当渗透系数小于 10 Lu 时,外压折减系数呈指数增长趋势;当渗透系数较大,接近围岩渗透系数或大于围岩渗透系数时,外压折减系数趋于稳定,且地下水位越高,这种趋势越明显。外压折减系数与松动圈或灌浆圈渗透关系见图 4。

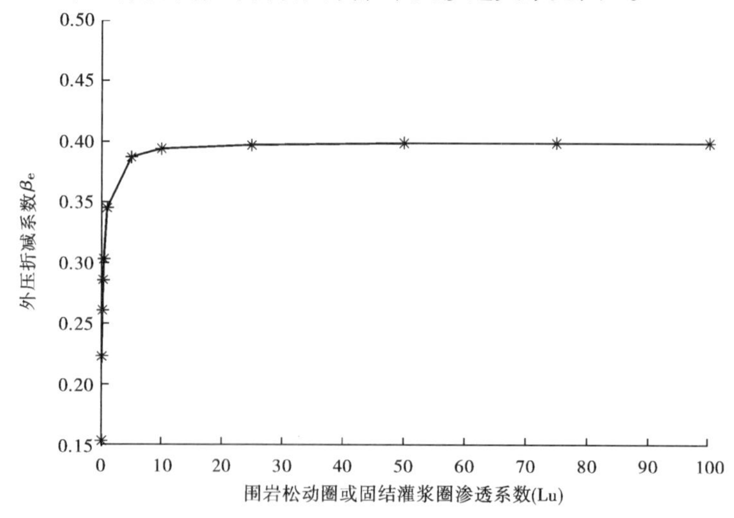

图 4　外压折减系数与松动圈或灌浆圈渗透系数关系

4.4　衬砌开裂程度

隧洞开挖完成后,混凝土衬砌往往无法实现整体浇筑。当分仓浇筑时,如果混凝土初凝时间过短、灌浆浆液内外温差不一致、施工工艺不良,都极易形成施工缝隙[8],这种施工缝隙或混凝土干缩,极易在衬砌表面形成环向裂缝。另外,在隧洞运行期间,洞内水流和围岩之间的温差会导致破碎围岩产生冷缩缝,冷缩缝对衬砌和围岩在内水压力作用下的联合受力有很大影响,尤其对于高水头电站,这种冷缩缝隙也将沿洞轴线方向产生纵向裂缝。在隧洞正常运行期,这种裂缝为洞内水提供了良好的渗透通道,可有效地减小作用于衬砌内表面的水荷载,但在事故检修、骤然放空内水时,裂缝闭合,外水内渗受阻,作用于衬砌外表面的水压力有可能使其发生失稳破坏。文献[6]根据工程经验,给出了引水隧洞衬砌环向和径向裂缝的大小及分布状况,但是裂缝个数统计及开展宽度过于经验化,不具通用性。文献[9]为高水头深埋隧洞抗外压设计提供了一个新思路,通过增大混凝土渗透系数来减小施工期和检修期外水压力,实际上,此两种方法的原理一致,即为聚集在外表面的水荷载提供了一定的渗透通道。

外压折减系数与混凝土渗透系数的关系如图5所示。

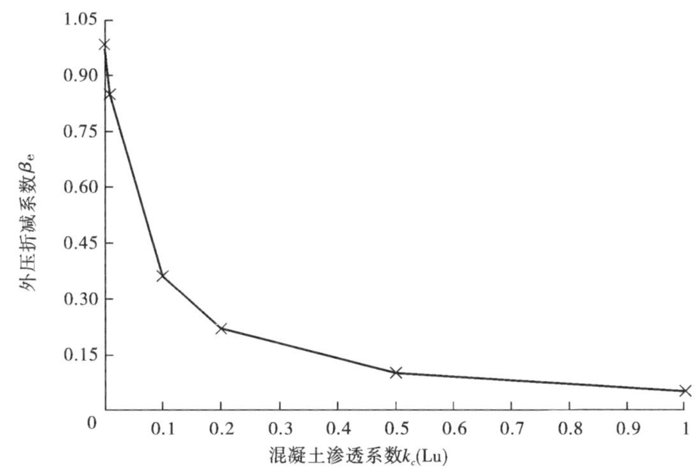

图5 外压折减系数与混凝土渗透系数关系

由本文的敏感性分析可见,影响外压折减系数的高敏感参数主要包括围岩的渗透系数、地下水深度、围岩松动圈或固结灌浆圈渗透系数和衬砌的开裂程度或混凝土的渗透系数等,且这些因子仅会在一定范围内影响分布于衬砌外表面的荷载,单方面改变这些参数,一味地降低外水荷载并不会有很好的效果,反而有可能增大隧洞中内水的渗漏量。固结灌浆的质量,不论对外水压力的折减还是对内水压力的分配都会起到良好的效果。

5 抗外压措施分析

深埋隧洞有多种抗外压措施,应根据实施效果,综合比较实用性和经济性,选择合理的工程措施。

(1)开挖、支护。为保证围岩具有较好的完整性,开挖采用光面爆破技术,可减少由于爆破引起的围岩松动圈的深度[10],通过降低破碎岩体范围,来减小衬砌外表面外水压力。

(2)选择合理的衬砌断面形式。在高外水压力作用下,圆形隧洞由于拱效应可有效地减小衬砌截面的剪力,使衬砌各部位受力均匀,更加趋近于纯压构件,但对工程开挖进尺速度,有较为严格的要求。马蹄形断面受力条件优于城门洞,但劣于圆形,所以在高水头深埋隧洞段尽量选取更加接近圆形的断面,对抗外压有一定作用。

(3)通过加大混凝土衬砌厚度和增大混凝土抗压强度的方法提高抗外压能力。此措施可在一定程度上解决隧洞抗外压问题,但是随着截面尺寸的加大和混凝土抗压强度的提高(伴随着弹性模量的增大),运行期衬砌分配的内水压力会增大,配筋量也会增大,且伴随着高强度等级混凝土水化热的增大,施工期混凝土即可发生贯穿性开裂,进而对灌浆效果造成很大的影响。

(4)排水措施。排水可有效改善地下工程运行环境,可通过在衬砌洞壁设置排水孔,隧洞上方平行布置排水廊道或排水洞,并在内部增设排水带或排水幕的方法实施。

(5)固结灌浆。高水头深埋隧洞固结灌浆一般可分为浅孔低压固结灌浆和深孔高压固结灌浆[10],这样不但可以加强混凝土和围岩联合受力,更有利于地应力调整,增加管道的安全度,同时,通过降低灌浆区渗透系数,可有效减小外水荷载。

(6)提高混凝土渗透系数。在高压隧洞段采用高渗透性混凝土衬砌变向为外水提供一定的渗漏通道,一定程度上可降低外水压力。

(7)控制内水消落速度。放空排水对高水头电站是一项具风险性的操作,其核心问题是外水压力危害衬砌和外水回渗恶化围岩水文地质条件。应严格控制内水消落速度,切忌闸门突然关闭,引起内水骤降的情况出现。

6 结　论

本文采用透水衬砌理论,总结了深埋混凝土衬砌隧洞的抗外压设计方法,通过敏感性分析,寻找到了影响外压折减系数的主要因素,提出了高水头大埋深隧洞的抗外压措施,并着重强调了高压固结灌浆和控制内水消落速度对外压设计的重要性。

参 考 文 献

[1] 中华人民共和国国家发展和改革委员会. DL/T 5195—2004 水工隧洞设计规范[S]. 北京:中国电力出版社,2004.

[2] USACO Engineers. EM1110 - 2 - 2901 Tunnels and Shafts in Rock[J]. Washington DC:University press of the pacfic,1997(9):.

[3] 张有天. 地下结构的地下水荷载[J]. 工程力学,1996(增刊):38-50.

[4] 张有天. 隧洞及压力管道设计的外水压力修正系数[J]. 水力发电,1996(12):30-34.

[5] Prof. Dr. A J Schleiss. Design of reinforced concrete linings of pressure tunnels and shafts[J]. Hydropower & Dams,1997,4(3).

[6] Prof. Dr A J Schleiss. Design of concrete linings of pressure tunnel and shafts for external water pressure[J]. Tunnelling Asia,1997:291-300.

[7] 美国土木工程学会. 水电工程规划设计土木工程导则第二卷——水道[M]. 北京:水利水电设计院,1989.

[8] 苏凯,伍鹤皋. 水工隧洞钢筋混凝土衬砌非线性有限元分析[J]. 岩土力学,2005,26(9):1485-1490.

[9] 李雪华,陈重华,陈平,等. 山西引黄工程干线7#隧洞衬砌外水压力研究[J]. 中国水利水电科学研究院学报,2003(3):200-205.

[10] 邱彬如,刘连希. 抽水蓄能电站工程技术[M]. 北京:中国电力出版社,2008.

龙滩水电站左岸倒倾蠕变岩体边坡稳定与治理研究

刘要来　赵一航　赵红敏

(1. 中国电建集团中南勘测设计研究院有限公司,长沙　410014;
2. 水能资源利用关键技术湖南省重点实验室,长沙　410014)

摘　要　龙滩水电站左岸地下厂房进水口高边坡是典型的倒倾蠕变岩体边坡。倒倾蠕变岩体的坡体体积约 1 288 万 m^3,进水口开挖后,形成最大组合坡高达 420 m 的倒倾蠕变岩体边坡,该边坡是否会发生弯曲倾倒变形、稳定性如何,成为龙滩水电站工程必须解决的重大工程技术问题之一。本文依托龙滩水电站边坡工程技术难题,对倒倾蠕变岩体边坡破坏机理进行了比较深入系统的研究,形成了一套针对倒倾蠕变岩体边坡的综合分析和治理方法,具有重要的工程实践指导意义,理论上亦有较高的学术价值。

关键词　龙滩水电站;倾倒蠕变岩体;边坡稳定分析;边坡防治措施

1　引　言

我国正在进行的大规模重大工程建设中的边坡稳定问题突出。与交通、矿山、民用建筑边坡相比,水电工程边坡有其特殊性、复杂性。因地处深山峡谷,地形地质条件复杂,加上枢纽建筑物布置要求,水利水电工程边坡开挖深、高度高、处理难度大。因此,解决边坡稳定性问题是水电工程建设的一个重大研究课题。

倒倾蠕变岩体边坡是工程中常见的一种典型边坡。自 20 世纪 60 年代末以来,不少研究者对边坡倾倒变形破坏机制、稳定性评价方法做了探讨。20 世纪 70 年代后期和进入 90 年代,国内学者结合金川露天矿、碧口、五强溪、天生桥等水电站的建设中反倾向层状结构岩质边坡倾倒变形破坏问题,开展了物理模型和数值模型分析研究,但多局限于单个边坡事例。倒倾蠕变岩体边坡在自然应力作用下,极易产生弯曲倾倒变形,俗称“点头哈腰”。但因倒倾蠕变岩体边坡产生变形破坏的机制复杂,目前国内外对这类边坡的理论研究与实践仍然不成熟。

龙滩水电站坝高 216.5 m,发电装机容量 5 400 MW(第一期建设坝高 192 m、装机容量 4 200 MW),左岸地下厂房进水口布置区,紧靠一已发生弯曲倾倒变形的自然边坡,倾倒蠕变的坡体体积约 1 288 万 m^3,进水口开挖后,形成长约 400 m、最大组合坡高达 420 m、坡面面积达 18 万 m^2 的倒倾蠕变岩体高边坡。

本文通过对龙滩水电站左岸地下厂房进水口倒倾蠕变岩体边坡工程研究及治理的回顾,对倒倾蠕变岩体边坡破坏机制进行了比较深入系统的研究,并形成了一套针对倒倾蠕变

作者简介:刘要来(1984—),高级工程师,主要从事水电站枢纽总体布置、坝工及岩土工程设计研究。

岩体边坡的综合分析和治理方法，具有重要的工程实践指导意义，理论上亦有较高的学术价值。

2　边坡工程地质条件

2.1　基本地质条件

龙滩水电站左岸倒倾蠕变岩体分布于坝址上游左岸，该区天然岸坡坡度 15° ~ 44°，下缓上陡，岩层走向与河谷岸坡近于平行，倾向山里，正常倾角 60°。构成变形岩体中上部边坡的地层，是由薄至巨厚层砂岩、粉砂岩，薄至中厚层泥板岩组成的三叠系中统板纳组 1 ~ 41 层（T_{2b}^{1-41}），下部边坡则是三叠系下统罗楼组（T_{1L}^{1-9}），为薄至中厚层泥板岩夹薄至厚层不纯灰岩及少量粉砂岩组成。

倒倾蠕变岩体顺河展布长约 750 m，发育高程 230 ~ 640 m，铅直发育深度 30 ~ 76 m。大致以③号冲沟和 F_{69} 为界，依其变形程度，平面上划分为 A 区（包括 A_1、A_2、A_3 小区）和 B 区（包括 B_1、B_2、B_3 小区）。

A 区边坡主要由板纳组地层构成，岩层倾角由表及里逐步过渡至正常倾角，不存在连续的贯穿性弯曲折断面，体积约 316 万 m^3。B 区边坡坡脚由抗风化能力相对较弱的罗楼组地层组成，岩体蠕变程度较 A 区严重，分布高程 245 ~ 650 m，体积约 847 万 m^3，蠕变岩体与正常岩体基本上呈突变接触，已形成贯穿性、连续性较好、粗糙不平、锯齿状的顺坡向折断错滑面和折断面。

进水口边坡开挖过程中，蠕变岩体 A 区大部分变形体已被挖除，而 B 区仅挖除 460 ~ 480 m 以上靠下游侧部分变形岩体。B 区的非开挖区分布于左岸边坡上游，紧靠进水口开挖边坡，沿河展布长约 380 m。左岸边坡及蠕变体分区见图 1。

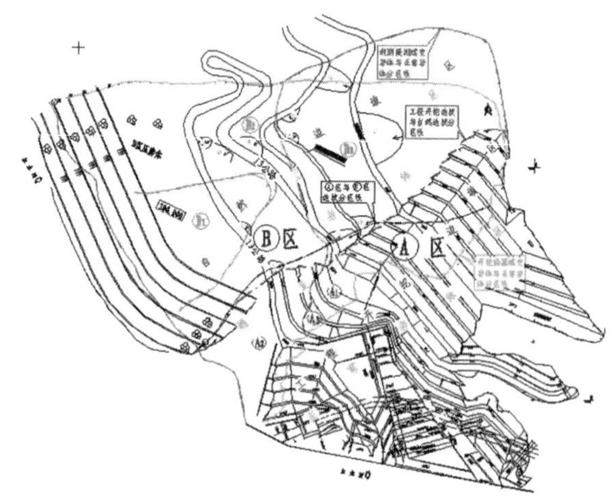

图 1　左岸边坡及蠕变体分区图

2.2　边坡岩体结构特征

边坡岩体结构是控制边坡岩体稳定性、可利用性的重要因素。根据钻孔资料、地震波速、岩体完整性、边坡与岩层不同走向关系以及不同结构面组合对龙滩左岸边坡蠕变岩体结构类型进行了划分。边坡的主要岩体结构类型由表及里分为散体结构岩体、碎裂结构岩体和倒倾蠕变岩体。

2.2.1 散体结构岩体

散体结构岩体主要分布于蠕变岩体上部全、强风化倾倒松动带内，岩体由于倾倒变位，重力折断、张裂架空、旋转错位呈散体状，节理裂隙充填次生泥，地震波波速 V_P 仅 500 ~ 1 500 m/s。

2.2.2 碎裂结构岩体

碎裂结构岩体主要分区于蠕变体边坡中、下部强、弱风化岩体内，节理裂隙发育，充填次生泥，砂岩中有张裂、架空和重力错位，泥板岩中可见重力挤压现象。地震波波速 1 500 ~ 2 500 m/s，岩体完整性差。

2.2.3 倒倾蠕变岩体

在左岸蠕变体边坡区，层状反向结构岩体主要分布于边坡深部弱、微风化岩体内。岩层变形无明显的张裂面，为轻微、连续的挠曲变形，地震波波速接近于正常岩体。岩体走向近于平行边坡走向，倾向相反，构成了典型的层状反向结构岩体。

2.3 边坡水文地质条件

进水口边坡岩层主要为砂岩、泥板岩互层体，构成不均匀的裂隙潜水含水层，受断层切割，各层间有密切的水力联系。风化卸荷作用加剧了介质非均质各向异性程度和复杂性。地下水接受大气降水补给，一般呈无压状态，以向红水河顺层排泄为主。

边坡中断层、节理裂隙是地下水的主要运移通道。由于断层多为压扭性，因而断层破碎带内透水性较弱，断层两侧节理发育，地下水活动强烈。此外，蠕变体边坡中顺节理的岩体透水性受岩体风化、卸荷作用的影响较大。在强、弱风化带内岩体卸荷松弛，节理张开，连通性好，因此边坡岩体透水性强；微风化或新鲜基岩内节理多闭合干净，结合紧密，或为方解石、石英脉充填，透水性差。

2.4 边坡变性破坏机制

一般而言，岩层倾角大于 30°的倒倾蠕变岩体边坡，在不存在贯穿性顺坡向软弱结构面及其组合构成潜在滑移楔体条件下，弯曲倾倒变形是边坡变形破坏的主要型式。岩性及其边坡岩体结构差异，控制弯曲倾倒变形破坏的类型。龙滩左岸蠕变体由软硬相间互层状结构构成的岩质边坡，岩体变形表现为弯曲（倾倒）或倾倒（弯曲）—拉裂—折断—滑移（崩坍）等复合型破坏。

倒倾蠕变岩体岩质自然边坡，在具备发生弯曲倾倒变形的物质基础时，其变形的发生与发展，亦是在漫长的成坡地史过程中逐步累积的结果。

（1）风化成因，其变形范围一般多局限于弱风化带以内。

（2）坡脚侵蚀下切作用，一般河流侵蚀下切成坡是一个相当缓慢的过程，由此引起边坡的应力重新调整和静力重新平衡也不是一个剧烈的过程，这类弯曲倾倒变形现象多局限于边坡下部、河流强烈侵蚀下切处。

（3）风化和坡脚侵蚀下切联合作用类型，这是自然边坡岩体弯曲倾倒变形破坏最常见的类型。

3 边坡稳定性研究

3.1 边坡开挖体型研究

赋存于岩体的地质结构面控制着边坡的稳定和开挖边坡的坡角，边坡的总体坡高主要由临界坡角计算确定。通过临界坡角和极限坡高的可靠度分析，提出了典型的人工高边坡开挖剖面坡高、坡角与可靠度之间的关系，如表 1 和图 2 所示。由此确定边坡的总体倾角，由不同的子坡高、坡角构成阶梯状开挖边坡。

表 1　典型剖面开挖坡角与可靠度关系

最大坡高(m)	岩体	坡角		可靠度
$H_1=15$	强风化带以上岩(土)体	α_1	46.9°	0.5
			40°	0.734
$H_1+H_2=30$	强风化及其以上岩体	α_2	90°	0.5
			45°	0.998
$H_1+H_2+H_3=70$	弱风化及其以上岩体	α_3	81°	0.5
			63°	0.871
$H_1+H_2+H_3$	微风化至新鲜及其以上岩体	α_4	85°	0.5
$H_4=150$			76°	0.648
$H_1+H_2+H_3$			70°	0.5
$H_4=200$			76°	0.41
说明	设计坡角值			

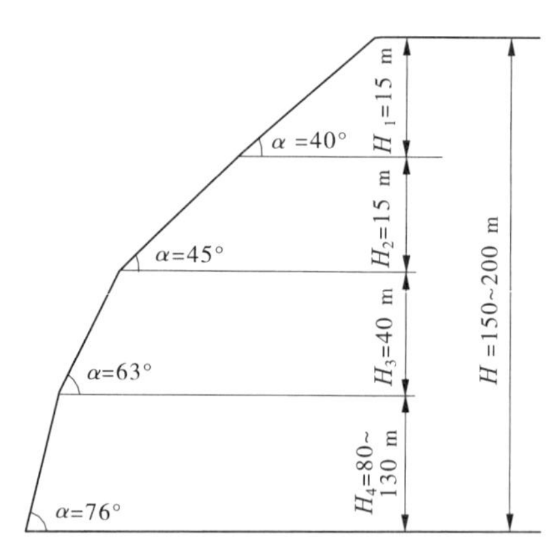

图 2　设计坡角与坡高关系

根据上述研究，拟定的基本坡型为：①微风化－新鲜岩体：垂直坡高 20 m，设置 5 m 宽平台，多级综合坡为 1∶0.25，坡高 15 m 时可靠度为 0.53。倾向 80°的边坡应顺层开挖。②弱风化岩体：斜坡坡高 15 m，设 5 m 宽一平台，多级综合坡 1∶0.5，当坡高 70 m 时，可靠度为0.63。倾向 80°的边坡应顺层开挖。③强风化岩体：斜坡坡高 10 m，设 5 m 宽一平台，多级综合坡 1∶1，当坡高 30 m 时，可靠度为 0.92。④松散－全风化岩体：坡高 10 m，设置 5 m 宽平台，多级综合坡为 1∶(1.2～1.5)，当坡高 15 m 时可靠度为 0.73～0.88。

上述边坡开挖型式，有效地避免了节理楔体在边坡上的出露频度，减少了危险楔体的数量，大幅度地降低了边坡楔体失稳的概率，做到了以较小的开挖工程量，取得边坡整体稳定性的可靠度，从而减少坡面不稳定楔体的加固处理工程量。

3.2 边坡稳定分析方法

结合边坡具体的变形破坏模式，采用了多种方法进行稳定性分析论证，见表2。研究方法各有侧重，又相互验证，形成了一整套针对倒倾蠕变岩体高边坡的综合分析方法。

表2 进水口边坡稳定分析方法

研究方法	重点解决的问题
二维石膏模型试验	揭示倾倒破坏机制，验证数学模型
二维人工石模型试验	评价边坡抗倾倒变形稳定性，进一步验证数学模型
三维人工石模型试验	评价边坡稳定性
极限平衡分析 SARMA	评价边坡抗滑稳定性
多块体抗倾稳定分析	评价边坡抗倾稳定性
二维有限元分析	按照平面应变问题分析边坡在各种荷载条件下的变形和应力响应
三维有限元分析	分析边坡在各种荷载条件下的三维变形和应力响应
离散元静力分析	采用超载安全系数评价边坡静荷载稳定性、岩体变形和应力特征
离散元动力分析	评价边坡动荷载稳定性
三维离散元分析	边坡整体支护加固效果分析
开挖仿真分析	边坡开挖及支护施工过程分析

3.3 边坡稳定性分析评价

通过对龙滩水电站左岸进水口倒倾蠕变岩体高边坡的重要部位进行二维和三维离心机模型试验研究，采用极限平衡法进行边坡整体稳定、局部稳定分析；在此基础上，进行二维和三维有限元分析以及动静力离散元、三维离散元分析，应用多种力学模型进行开挖仿真分析，模拟施工程序，并与监测成果进行对比分析，成果互为印证、互为补充。结合边坡岩体的工程地质条件，龙滩水电站左岸倒倾蠕变岩体高边坡的稳定性分析结论如下：

（1）进水口开挖高边坡整体稳定性较好，其稳定性主要由高程382 m以上较缓边坡和以下较陡边坡两部分控制，边坡的稳定主要由施工期控制，只要坚持逐层开挖、逐层加固支护的施工程序，进水口高边坡不具备大规模整体破坏的条件；开挖边坡破坏模式主要由倒倾蠕变岩体的客观条件控制，其主要变形破坏模式是倾倒、开裂及反倾向节理面连通、组合，另外，受结构面的切割构成的块体失稳也是其主要破坏模式，但其数量少，规模也不大。

（2）边坡位移和应力量级及其分布形态，主要取决于边坡岩体的初始状态和坡面几何形态。拉应力区分布，在高程382 m以上主要分布在坡顶、马道平台外侧及断层和层间错动出露处，最大分布深度一般在20 m以内；以下主要分布在382 m平台及382～360 m之间的坡面上，深度一般在15 m以内。在高程382 m以下高陡边坡的坡脚（高程300～325 m）和引水洞间岩柱处有显著的应力集中，应力集中系数一般在2～3。

(3)塑性(压剪)区主要出现在高程382 m以下陡坡段,高程325～300 m之间的坡脚部位和引水洞间岩柱处,沿边坡走向呈带状分布,对边坡坡脚稳定和引水洞洞口岩柱稳定极为不利,这些部位是加固处理应予重视的部位。

(4)对拟定的加固支护措施模拟计算表明,预应力锚索改善了边坡岩体的应力条件,使岩体中塑性区和拉应力区均减少;提高坡脚相对软弱的岩层强度后,坡脚应力分布有明显改善。

(5)为满足稳定要求,控制边坡变形和防止倾倒破坏,综合数值分析研究成果,对高程382 m以上边坡需要施加8 000～10 000 kN/m的锚固力;高程382 m以下坝后陡坡段需施加20 000 kN/m的锚固力;高程382 m以下坝头坡,需施加10 000～15 000 kN/m的锚固力。

4 边坡综合治理

4.1 变形控制措施研究

进水口边坡的治理,除前述优选开挖坡型,改善稳定条件外,首先是针对倒倾蠕变岩体边坡的变形特点,控制倾倒变形;其次,是控制软弱带(包括断层、层间错动、泥化夹层及节理密集带)的压缩变形和开裂,保持上、下盘岩体的整体性;最后,是稳固坡脚,改善坡脚应力条件,避免坡脚应力过于集中。

4.1.1 边坡锚固

采用预应力锚索、超前锚杆、超前钢筋桩、系统锚杆等加固措施对倒倾蠕变岩体边坡形成主动变形控制。

4.1.2 重视对软弱层带的处理

采用沿软弱层带刻槽回填混凝土,与软弱结构面出露临空侧布设的长锚杆相结合,锚固上、下盘岩体,以提高其强度,增强软弱层带抵抗压缩变形能力,避免断层开裂,保证坡面岩体受力和传力的连续性,也可避免坡面水的冲刷和下渗,避免结构面软化,起到"塞缝石"的作用。

4.1.3 坡脚T_{18}^{2b}固结灌浆

针对坡脚相对软弱的T_{18}^{2b}岩层,结合坝基固结灌浆,与坝体接触坡面的T_{18}^{2b}泥板岩层也同时进行中压固结灌浆,灌浆深度10～15 m,以提高坡脚岩体的完整性,改善坡脚岩体的应力条件。

4.1.4 坡面及时防护

开挖坡面采用喷混凝土,马道、平台采用现浇混凝土及时封闭。这样,可以防止表层岩体风化和地表径流冲刷,控制地表水下渗,避免岩体及软弱结构面力学指标的恶化。

根据上述研究成果,进水口边坡治理典型断面如图3所示。

4.2 排水措施

龙滩左岸进水口高边坡防渗、排水的主要原则是:以地下排水为主,地表截、防、排水为辅的地表与地下相结合的综合排水措施,减小渗水压力,改善高边坡稳定条件,提高边坡稳定性。

4.2.1 地表截、防、排水系统

在距高边坡开口线以外5～10 m处设置周边截水沟,其设计标准为实测小时最大降雨量时,控制截水沟不漫流。周边截水沟以内的开挖坡面全部喷混凝土防护。坡面排水孔的

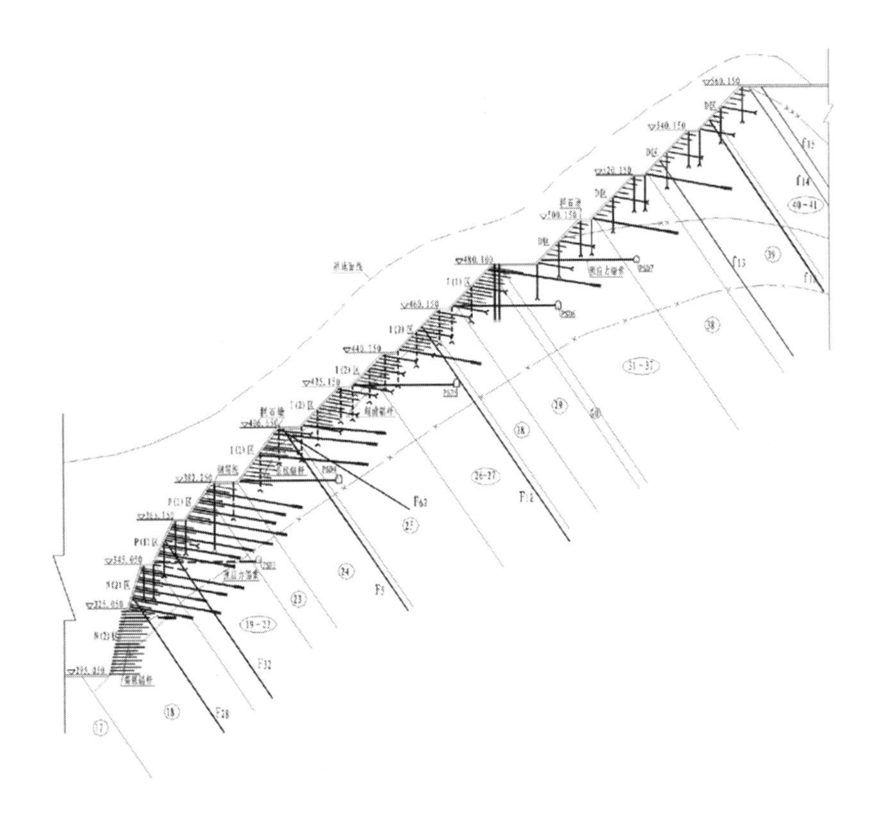

图 3　进水口边坡加固支护图

布置型式为水平上倾仰孔，设置坡面系统排水孔和单级坡脚处深排水孔两种，坡面系统排水孔，孔径 ϕ76 mm，间距 3 m×3 m，孔深 5 m，仰倾角 10°；单级坡脚处深排水孔，孔径 ϕ93 mm，每级坡坡脚处布置 1 排，间距 2 m，孔深 10～15 m，仰倾角 10°。

4.2.2　山体地下排水系统

山体地下排水系统由排水洞和排水幕孔组成。在高边坡区山体内共布置 8 层排水洞，排水洞距开挖坡面的水平距离为 40～60 m，各排水洞高程自上至下分别是 520 m、480 m、440 m、425 m、382 m、345 m、300 m、260 m。在排水洞的一侧布置排水沟，通过排水沟使洞内集水迅速排往坡体外排水沟或截水沟。排水洞内一般布置 1 排排水幕孔，孔径 130 mm，间距 10～15 m。

4.3　施工程序控制

左岸高边坡明挖采用自上而下逐层开挖的施工程序，为增加边坡的稳定性，除了应采取必要的工程加固措施之外，在边坡形成之前，应完成边坡顶部的截、排、防水工程及坡顶的整修，然后逐层下挖。

根据左岸倒倾蠕变岩体边坡变形及稳定特点，要求每梯段边坡主要加固支护措施实施后，方能继续往下开挖。在实际施工过程中，受工期、进度的制约，很难完全达到逐层开挖、逐层处理的要求。边坡开挖、加固施工控制性程序图如图 4 所示。

4.4　动态设计

根据龙滩水电站左岸进水口高边坡的特点、问题，以及前期勘探揭露的地质条件、前期

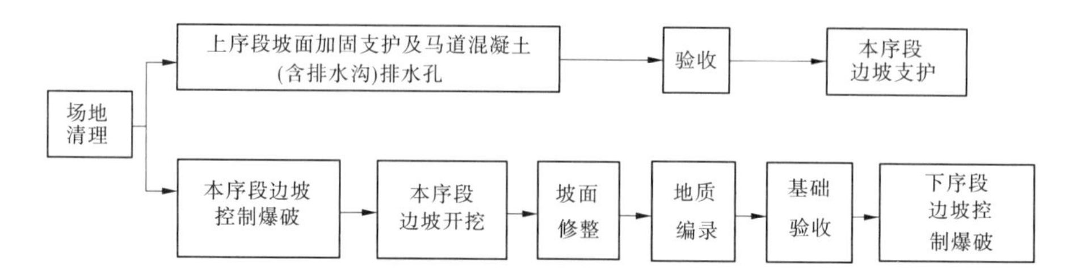

图 4　边坡开挖、加固施工控制性程序

稳定分析成果,在实际现场施工过程中,遵循动态设计方法,程序如图 5 所示。

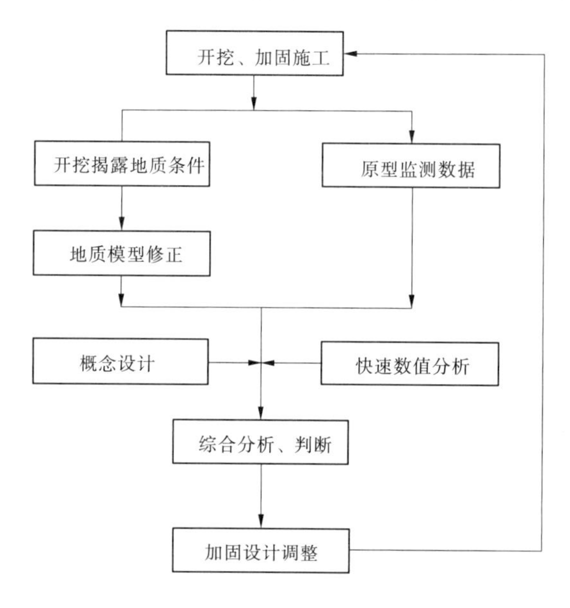

图 5　动态设计程序图

5　边坡治理效果评价

边坡安全监测是通过原位量测边坡岩体变形、支护结构应力以及环境量的变化,从而分析边坡的变形趋势和稳定状态。左岸进水口倒倾蠕变岩体边坡安全监测系统由地表位移(变形)监测、内部岩体位移监测、渗流监测、锚固结构荷载监测、环境量监测等组成。根据边坡分区特征,布置监测断面 17 个、地表位移监测网点 130 个,共安装监测仪器设备 570 多台套,监测点约 1 700 个。

监测结果表明,在施工期,边坡岩体变形状态较复杂,主要变形是由于开挖卸荷引起的;随着锚杆、锚索施加后,岩体变形得以控制,其后期变形均较小。边坡岩体变形监测成果与支护结构应力(荷载)监测成果对应关系较好,总体变化规律一致。

水库蓄水过程,水位变化对边坡岩体变形有一定影响,但岩体位移变化不大。边坡岩体位移增幅较小,加之地下水位变化不大,降雨影响不明显,边坡整体处于稳定状态。

工程运行期,持续的监测资料表明,进水口工程边坡变形、渗流、应力等监测数据已基本稳定,边坡已处于稳定运行状态。

6 结 语

依托龙滩水电站左岸倒倾蠕变岩体边坡工程,从边坡工程地质条件、倒倾蠕变岩体弯曲倾倒变形破坏机制、倒倾蠕变岩体边坡失稳模式、倒倾蠕变岩体边坡稳定性分析方法、倒倾蠕变岩体边坡加固措施综合优选、加固效果评价以及边坡监控等方面进行了深入系统的研究,形成了一整套针对倒倾变形体结构岩质高边坡的综合分析方法和综合治理体系。

参考文献

[1] 黄润秋. 20 世纪以来中国的大型滑坡及其发生机制[J]. 岩石力学与工程学报, 2007, 26(32): 433-454.
[2] 韩贝传,王思敬. 边坡倾倒变形的形成机制与影响因素分析[J]. 工程地质学报,1999,7(3):213-217.
[3] 程东幸,刘大安,赵红敏,等. 层状反倾岩质边坡影响因素及反倾条件分析[J]. 岩土工程学报,2005,27(11):1362-1365.
[4] 蔡跃,三谷泰浩,江琦哲郎. 反倾层状岩体边坡稳定性的数值分析[J]. 岩石力学与工程学报,2008,27(12):2517-2522.
[5] 邹丽芳,徐卫亚,宁宇,等. 反倾层状岩质边坡倾倒变形破坏机理综述[J]. 长江科学院院报,2009,26(5):25-29.
[6] 伍法权. 云母石英片岩斜坡弯曲倾倒变形的理论分析[J]. 工程地质学报, 1997, 5(4): 306-311.
[7] 李天扶. 论层状岩石边坡的倾倒破坏[J] . 西北水电,2006(4): 4-6.
[8] 陆兆臻. 工程地质原理[M] . 北京: 中国水利水电出版社, 2001.

李家河水库枢纽工程布置及设计特点

张民仙　毛拥政　王碧琦

（陕西省水利电力勘测设计研究院，西安　710001）

摘　要　针对辋川河李家河水库枢纽坝址段河道弯曲、河谷狭窄的特点，经技术比较选择了工程的总体布置方案，即碾压混凝土拱坝挡水，坝身表孔和泄洪底孔联合泄洪、引水洞布置于坝体左岸岸边引水、坝后李家河村布置电站的枢纽布置格局。

关键词　李家河水库；辋川河；枢纽布置；优化

1　工程概况

西安市辋川河引水李家河水库工程位于西安市蓝田县，是解决西安市东部用水紧张的骨干供水工程之一，工程由水库枢纽和输水渠道两大部分组成。工程的开发目标以浐河以东城镇供水为主，兼有发电。水库枢纽距西安市约 68 km，距蓝田县县城 23 km。

李家河水库总库容为 5 260 万 m^3，调节库容为 4 400 万 m^3，供水设计流量为 3.15 m^3/s，多年平均供水量 7 230 万 m^3，电站装机容量 4 800 kW。

2　工程特性对枢纽布置的要求

在水利工程设计中需要根据不同工程的特点选择合理的枢纽及建筑物布置形式，达到满足使用效能情况下，便于施工、节省投资、运行安全、美化环境等要求。根据李家河水库的工程特性，对枢纽布置的要求如下：

（1）本工程主要任务是为西安市东部地区供水，重力输水是首选，根据供水地区的高程和输水线路的情况，坝址宜选择在河底高程 800 m 左右。

（2）所选坝段处辋川河呈“S”形河段，可选坝址基本地形为一侧梁顶地面向上游倾斜，另一侧则向下游倾斜，因此对坝线的调整需照顾到左右岸的地形地质条件，可调范围有限。

（3）河谷狭窄、岸坡陡峻，河床宽度小，泄流规模相对较小，水库下游“向阳公司”有最大安全泄量要求，河堤防洪标准为 100 年一遇，最大安全泄量为 1 200 m^3/s。

（4）辋川河水流清澈，含沙量小，排沙要求较小，无专设排沙建筑物的要求。

（5）与岱峪水库联合供水，引水建筑物宜布置于左岸，且运行可靠。

（6）电站为附属建筑物，应与供水工程连接顺畅，避免相互干扰。

3　几个主要的工程布置方案选择

3.1　坝址比较

在辋川河东、西采峪汇合处下游 1.2 ~ 2.5 km 坝段，选择了上、下两个坝址进行了技术

作者简介：张民仙（1963—），女，陕西韩城人，高级工程师，主要从事水利水电工程设计。E-mail：398591435@qq.com。

经济比较。两坝址相距约1.3 km,处于同一个工程地质单元。上坝址位于“S”形河曲的直线段,该段河道长度约800 m,岸坡较为顺直,两岸基岩裸露,自然岸坡稳定,河谷宽高比为2.7∶1,岩石抗压强度高,透水性弱。下坝址直线段河道长约300 m,两岸不对称,左岸山梁单薄,河谷宽高比为3.1∶1,岩石强度高,透水性弱。两坝址之间的河道比降为14.3‰,河床高差18.7 m,在两坝址修建同等库容水库的前提下,下坝址要比上坝址坝高7.5 m;根据下坝址地形,导流泄洪洞与引水洞分别布置于坝体两端,布置较分散,其规模也大于上坝址。另外,两坝址施工条件基本相当,虽河谷狭窄,但均无制约性。淹没人口相差不大,但上坝址水库淹没末端地区林地和道路较多,淹没损失偏大。上坝址建筑工程直接投资较下坝址少0.82亿元。因此,在施工条件、水库淹没范围基本相当的情况下,推荐地形地质条件较好、总体布置比较紧凑、投资少的上坝址。

3.2 坝型选择

针对碾压混凝土拱坝、碾压混凝土重力坝、混凝土面板堆石坝三种坝型进行了综合比选。

(1)坝址地形地质条件具备修建拱坝、重力坝、面板堆石坝的条件,但由于岩石风化及断层发育的影响,不同坝型的地质条件存在差异。重力坝地质条件较好,无严重的地质问题,坝线比选范围相对较大;拱坝右坝肩地质条件较差,须进行适当的工程处理;面板堆石坝左岸山体单薄,岩体风化强烈,趾板穿越的断层较多,渗漏及渗透稳定问题较为严重,趾板线比选余地小。

(2)重力坝与拱坝方案,枢纽布置相对集中紧凑,泄洪、引水建筑物布于坝内或坝肩岸坡,管理方便。面板堆石坝枢纽布置分散,在两岸布置3条隧洞,左岸集中布置泄洪洞、引水洞及坝后电站,右岸布置溢洪洞。

(3)重力坝和拱坝需要的料源主要为混凝土骨料,可在当地开采人工骨料或天然沙砾石料。面板堆石坝除混凝土骨料外,尚需大量的堆石料。

(4)面板坝工程量最大,重力坝次之,拱坝最小,较重力坝少约23.8万m^3,减少了40%。

(5)拱坝与重力坝利用了碾压混凝土筑坝新技术,施工不设纵缝,不以模板形成横缝,施工工艺简单,同时具有节约水泥、降低水化热的优点,加快了施工进度。

(6)拱坝投资较面板坝和重力坝投资分别减小3%和13%。

综上分析,本工程选择碾压混凝土拱坝是合理的。

3.3 坝线优化

坝区位于灞河一级支流辋川河中游李家河村,河谷深切呈“V”字形,两岸山体雄伟,基岩裸露,出露地层主要为花岗岩体,岩性单一,地形地质条件相对较好。坝址河流发育呈“蛇曲”型展布,河道顺直段一般较短。上坝址则处于“蛇曲”河道的相对顺直段。坝区左岸梁顶地面向上游倾斜,右岸梁顶地面向下游倾斜,受地形、地质条件的限制,上坝址轴线选择范围有限。依据地质查勘的初步成果,对可行性研究阶段拟定的坝轴线作适当调整,即左坝肩不动,将右坝肩向上游移动约40 m,以尽量增大右坝肩山体的厚度,并使坝轴线与右岸地形等高线成较大交角,调整后的坝线较原坝线有如下改观:

(1)两坝线地形、地质条件虽无本质差别,但坝线调整后能较大程度避开断层(软弱结构面)发育区对坝基的影响,减小工程处理难度,同时右坝肩风化程度减轻。

(2)经计算,坝体拉应力一定程度减小,抗滑稳定安全系数也略有提高。

(3)工程量略有下降,可比投资相对减小。

3.4 电站引水建筑物的布置

电站引水建筑物布置进行了坝身引水方案和岸边引水洞方案的比较。

坝身引水方案为过坝身引水孔接坝后电站,坝身引水孔布置在泄洪表孔左侧,径向布置,进口设拦污栅和事故检修闸门各一道。引水压力钢管管径 $D=2$ m,钢管出口设弧形工作闸门一扇,闸后接消力池。弧形工作门前的压力钢管段布置岔管连接电站进水压力钢管。坝后电站主要是利用水库向城市供水水量(含下游生态基流水量)以及部分河道余水进行发电。当电站正常工作时,水流通过水轮机组经尾水池进入下游输水总干渠;当发电受阻时,水流直接通过弧形工作闸门,经闸后消力池消能后进入下游输水总干渠。

岸边引水洞布置在大坝左岸,进口位于坝址上游约0.5 km处,出口位于坝址下游约1 km的李家河村。由进口段、压力洞身段、压力管道段、出口闸房、连接暗涵等组成。进口段设置放水塔,塔内设拦污栅和事故检修闸门各一道,洞身断面为圆形,直径2.5 m,设计流量7.5 m^3/s。所引水流通过岔管进入电站进水管或输水干渠。主洞出口设有流量调节阀门,其前设有1台事故蝶阀,当发电受阻时,所引水流经过调节阀门消能后进入下游输水总干渠。

综合考虑电站厂房位置、地形地质条件、工程投资及与下游的衔接等因素,最终选择了岸边引水洞方案。

3.5 泄水建筑物形式比较

泄水建筑物进行了泄洪表孔+泄洪底孔和泄洪表孔+导流洞改泄洪洞联合泄洪两种组合方案进行了比选。

泄洪表孔布设在坝顶中部的河床段,径向布置,基本顺河道主流方向。表孔溢流采用单孔,孔宽12 m,堰顶高程872.00 m,堰顶设弧形工作闸门和叠梁检修闸门各一扇。溢流面采用WES实用堰型,下游采用挑流消能,坝脚河床设防冲护坦。

泄洪底孔在平面上紧邻泄洪表孔的左侧径向布置,主要任务是泄洪、放空兼排沙。进口高程828.00 m,孔口尺寸4.0 m×4.5 m,出口采用挑流消能,坝脚河床设防冲护坦。

泄洪洞系由左岸导流洞改建而成,主要任务是泄洪、放空兼排沙。泄洪洞进口形式为压力孔口,底板高程830.0 m,洞长256 m。进口设2.5 m×3.5 m平板检修闸门和2.5 m×2.5 m弧形工作闸门各一道,后以"龙抬头"形式接导流洞利用段,洞底比降1/100,断面为圆拱直墙型,最大断面尺寸为4.8 m×6.2 m,泄洪洞采用明流泄流、挑流消能。

根据两种泄洪组合方案的不同,从工程运行管理、消能方式、排沙效果、坝体结构、工程施工、工程量及工程投资等方面进行综合比较分析:表孔+底孔的布置形式集中紧凑,运行管理方便。两方案均采用挑流消能,但泄洪洞方案的出口距坝址较远,对坝的影响较小。从排沙效果分析,两方案基本相当,但本工程泥沙量较小,不是主要问题。虽坝体开孔,对碾压混凝土拱坝施工的连续性产生较大影响,但其工程投资较少,因此推荐泄洪表孔+底孔联合泄洪方案。

3.6 工程总体布置

综上比较后,选择上坝址的优化坝线布置拦河建筑物,同时选择了碾压混凝土拱坝坝线,泄洪表孔和泄洪底孔结合的泄水建筑物布置形式,最终确定的总体布置如下:

拦河坝为碾压混凝土抛物线双曲拱坝,最大坝高98.5 m,坝顶宽8 m,坝底宽31.0 m,坝顶弧长351.71 m,弦长309.43 m,坝体厚高比0.315。泄洪表孔布设在坝顶中部,单孔布置,堰顶高程872.0 m,溢流宽度12 m;泄洪底孔紧临泄洪表孔的左侧布置,进口高程828.00 m,孔口尺寸4 m×4.5 m。引水洞布置在大坝左岸,进口位于坝址上游约0.5 km处,塔式进水口,出口位于坝址下游约1 km的李家河村,洞线长946.35 m。引水洞出口接电站厂房,正常情况经发电尾水供水,当发电受阻时,水流经连接箱涵进入电站尾水与引水洞交汇段,流入输水干渠。电站位于李家河村,厂房采用单层地面厂房,厂房纵轴线平行于河道布置;开关室位于主厂房左侧;主变压器露天布置。

4 主要建筑物设计特点

4.1 拱坝设计

经过优化选择采用双曲拱坝,拱坝轴线为抛物线 $y=x^2/(2R)$,拱坝中心线走向NW63.14°,顶拱中心角83.11°,拱冠处曲率半径为左岸177 m、右岸169 m,坝顶弧长351.71 m,弦长309.43m,坝体厚高比0.315。

根据坝基地形和拱坝应力分布的特点,结合坝身泄洪设施的布置及初步分缝计算成果,共设7条缝,其中2条横缝,5条诱导缝,2条横缝布置在拱坝左右坝头的高拉应力区,5条诱导缝间距为50 m左右。大坝蓄水前,首先对2条横缝进行灌浆;如诱导缝拉开,即适时对其进行灌浆,否则不灌浆。

拱坝采用碾压混凝土自身防渗。即上游坝面用C20二级配碾压混凝土作为防渗体,坝顶防渗体厚度为3.0 m,向下逐步加宽,底部厚度为6.8 m,另外,根据已建工程经验,为确保防渗效果,在靠近上游坝面0.5 m范围内采用C25变态混凝土;二级配混凝土下游坝体为C20三级配碾压混凝土,靠近下游坝坡0.5 m范围内采用C25变态混凝土。两种级配的碾压混凝土同仓碾压,同时上升,以使两种混凝土结合成整体。碾压混凝土层间结合面的质量直接影响到坝体抗渗性能,为提高坝基渗透稳定,保证坝的安全,在拱坝基础进行帷幕灌浆,并在灌浆帷幕后设置排水孔,排水孔孔距2.5 m,排水孔最大孔深18 m。为了保证大坝基础的整体完整性和承载能力,对坝基岩体进行固结灌浆处理,灌浆孔深8.0 m,孔距3.0 m,梅花形布置。

4.2 泄水建筑物设计

泄洪表孔布设在坝顶中部的河床段,表孔轴线为顺河道主流方向与坝轴线采用非径向布置。泄洪表孔采用单孔,孔宽12 m,堰顶高程872.00 m,溢流面采用WES实用堰型,堰上游面铅直,堰顶上游面采用椭圆曲线,其方程式为 $x^2/8.42+(1.64-y)^2/2.69=1$,溢流面曲线采用 $y=x^{1.85}/19.34^{0.85}$,曲线下游为与之相切的1:1斜坡段,斜坡段下部与反弧段相切,反弧半径8 m,挑射角为28°,反弧底部高程854.35 m,末端鼻坎高程855.20 m。坝脚河床设C25钢筋混凝土防冲护坦,护坦厚度2.5 m,顺河向长度35.00 m。设计洪水位时最大泄流量为482.0 m^3/s,校核洪水位时最大泄流量为637.0 m^3/s。泄洪表孔堰顶前端设12 m×8.0 m(宽×高)叠梁检修闸门一扇,选用台车式起重机门机2×125 kN-16 m(采用自动抓梁)启闭。检修闸门后设有12 m×9.1m(宽×高)弧形工作闸门,选用液压机QHLY2×800 kN-5.2 m液压启闭机启闭。

泄洪底孔紧临溢洪表孔的左侧布置,主要任务是泄洪兼排沙。进口高程828.00 m,孔底水平,进口为尺寸8.0 m×6.5 m的三向收缩喇叭口,进口段顶部及两侧均采用椭圆曲线,出口孔顶按1:6压坡至高度4.5 m,压坡长度为3 m,出口在孔身末端变为4.0 m×4.5 m,底部与反弧段相切,反弧半径7.5 m,挑射角为21°,反弧底部高程828.00 m,末端鼻坎高程

828.51 m。孔身为有压流，断面为4.0 m×5.0 m的矩形。坝脚河床设C25钢筋混凝土防冲护坦，护坦厚度2.5 m，顺河向长度35.0 m。设计洪水位时最大泄流量为508.0 m^3/s，校核洪水位时最大泄流量为515.0 m^3/s。泄洪底孔进口设4.0 m×5.0 m(宽×高)事故检修闸门，出口设4.0 m×4.5 m(宽×高)弧形工作闸门，选用深孔弧门液压机QHSY1600 kN/800 kN-6.1 m启闭。

4.3　引水洞设计

引水洞布置在大坝左岸，进口位于坝址上游约0.5 km处，出口位于坝址下游约1 km的李家河村，洞线在平面上为三折线，洞线平面投影长946.35 m。引水洞由进口段、压力洞身段、压力管道段、出口闸房、连接暗涵等组成。引水洞进口段设置放水塔，塔高55 m，塔内设拦污栅和事故检修闸门各一道，塔顶设有工作桥与岸边永久道路相接。引水洞断面为圆形，直径2.5 m，设计流量7.5 m^3/s，设计坡比为1∶100和1∶2。引水洞出口段为直径1.6 m的钢管，钢管末段设有调节流量的针阀及其闸房，引水洞出口水流经连接箱涵进入电站尾水与引水洞交汇段，流入输水干渠。

4.4　电站厂房设计

电站采用地面厂房布置形式，站址位于河道左岸，设计发电流量7.5 m^3/s，厂内安装3台卧式混流水轮发电机组，总装机容量4 800 kW。最小水头48.51 m，最大水头89.56 m，加权平均水头83.53 m。厂区主要由主厂房、副厂房、安装间、尾水渠、尾水渠与引水洞交汇段等组成。

地面厂房的布置主要从厂房进出水顺畅、引水洞与压力管道衔接平顺、尾水渠与引水洞衔接平顺、厂房后背边坡的稳定、厂内外交通等各方面考虑。主厂房布置在790～795 m缓坡上，机组纵轴线平行于山坡等高线布置。主、副厂房及主变室基础大部分置于岩基上。

根据机组安装高程确定厂区地坪高程为791.15 m。在主厂房内布置3台机组，右端布置安装间，在主厂房下游侧布置电气副厂房及尾水渠，在主厂房左面布置主变室。

厂房对外交通采用公路运输，从蓝葛公路通过跨河工作桥，从厂区右侧进入电站厂区。

4.5　坝区美化

水利工程往往在工程美化方面缺少应有的关注。李家河水库结合地形特点，重点关注了坝区和管理站及电站厂区美化。

(1)坝区除常规的坝顶设置考虑与下游厂区及周边环境协调设计外，左坝肩坝前开挖时有一小山包，清理为896景观平台，沿884坝顶平台可拾级到达，平台上设置工程标志等美化工程。

(2)在管理站及电站厂区下游布置了景观水闸。景观水闸采用钢坝闸非洪水期下闸正常挡水，洪水期把闸门放平敞开泄洪。

5　结　语

为经济合理地开发利用辋川河水利资源，我院从1982年就开始了对该工程的选点工作，由于多种原因工程进行了多次的方案论证，最终在我院历次工作的基础上考虑地形地质条件、工程投资等因素选择了坝址、坝型和主要建筑物的形式，确定了工程的总体布置。目前该工程已经开始初期蓄水，发挥效益。工程实际建设表明，该工程布置方案安全合理，施工和建设管理方便，也将成为陕西关中地区一个水利景观典型工程。

700 m级高陡边坡及堆积体开挖与锚固施工技术

王 顺 王小升

(中国水利水电第四工程局有限公司,昆明 650024)

摘 要 文章结合小湾水电站近700 m复杂地质高陡边坡开挖支护工程,对开挖爆破施工方法、爆破多项测试、爆破规模及安全控制标准进行研究;对复杂地质条件下钻孔设备及机具的配套选型、研制、改进及钻孔施工方法及工艺进行研究,有效地解决高边坡堆积体、破碎岩体深孔钻孔难题;针对高陡边坡堆积体,对锚索结构形式进行了试验研究,提出适应破碎岩体、堆积体边坡采用新型的结构形式,达到有效地改善锚索应力分布,减少了锚索长度,降低施工难度;对堆积体、破碎岩体锚索非常规注浆的方法、堵漏及防腐施工技术进行了专项试验研究,有效地解决锚索注浆堵漏施工难题及永久有效防腐难题。总结了一套较为完整的适合类似高陡边坡工程开挖与支护施工技术及施工工艺,可在其他类似高边坡工程中推广应用。

关键词 高陡边坡及堆积体;开挖与锚固;技术

1 概 述

1.1 工程概况

小湾水电站位于云南省大理州南涧县与临沧市凤庆县交界澜沧江和黑惠江交汇点下游1.5 km处,是澜沧江水电基地的“龙头水库”和“龙头电站”,是国家实施“西电东送”战略和云南西部大开发的标志性工程。小湾水电站是云南省澜沧江中下游河段规划八个梯级中的第二级,永久性主要水电建筑物为一级建筑物。

1.2 工程特点

小湾水电站混凝土双曲拱坝高294.5 m,是目前世界在建的最高混凝土双曲拱坝。自拱坝基础最低950.5 m高程至边坡顶部开口线间的最大开挖坡高:左岸为694.5 m,右岸为579.5 m,电站大坝坝址河水面以上主体建筑物边坡开挖与清理的土石方为2 000余万 m^3。

小湾电站两岸边坡山高谷深,地势陡峻,地质条件复杂,枢纽区岩质边坡风化、卸荷等地质物理现象发育,岩体陡倾卸荷张拉裂隙和顺坡中缓倾角剪切裂隙发育且分布范围广。两岸分布有较大规模的崩塌坡积体、堆积体,分布宽度为80~200 m,铅直厚度在30~60 m(见图1)。岩质边坡设计开挖坡比在直立坡与1:0.75之间;堆积体边坡开挖设计比在1:0.5~1:1,工程边坡普遍偏陡,加之地质条件复杂,边坡稳定问题较为突出。

如何实现高陡边坡安全快速施工,是一个非常关键和现实的问题。一方面,开挖边坡要在开挖方式及方法、爆破规模、爆破安全控制标准等加以严格控制;另一方面,为减小对边坡

作者简介:王顺(1970—),男,青海湟源人,高级工程师,主要从事水电工程施工技术管理。E-mail:609864240@qq.com。

的扰动，两岸永久支护结合了初期浅层防护支护手段，均以预应力锚索加固为主。锚索施工由于受地质条件件的制约，施工难度较大，特别是对崩塌坡积体、堆积体边坡进行锚固，从设备选型、机具研制、锚固体系选择、施工方法及工艺确定均需要做大量的技术研究工作。

图1　小湾水电站坝肩高陡边坡开挖

2　关键技术

2.1　高边坡开挖施工方法及爆破安全控制标准

2.1.1　开挖施工方法

堆积体边坡开挖，根据开挖层水平厚度的不同，分为机械开挖和人工开挖。一般当开挖层厚度大于5 m时，用反铲开挖，人工用工具进行修坡，遇1 m以上大孤石用手风钻、小药量解爆；当开挖层厚度小于5 m时，采取人工开挖。岩石边坡开挖，除局部开挖层较薄、大型设备难以到达的边坡部位采用手风钻光面爆破外，其余均采用深孔梯段爆破，梯段高度与上下相邻两马道之间高度相同。当相邻两马道间高度为20 m时，采用一次预裂、两次深孔爆破完成该层钻爆，即预裂孔从上马道至下马道一次钻爆到位，爆破孔按10 m一层分两次钻爆；当相邻两马道之间高度不大于15 m时，深孔梯段爆破段高度按马道高度进行控制。采用一次预裂、一次深孔爆破完成该层开挖，即预裂孔与爆破孔开孔与终孔高程相同。主要采用深孔预裂梯段爆破、非电毫秒微差起爆网络技术，开挖坡面采用预裂爆破一次成型。

2.1.1.1　爆破网路设计原则

采用孔间微差顺序起爆网路。爆破网路首先保证孔、排间顺序起爆，不致引起爆破震动叠加及爆破效果恶化。

2.1.1.2　排间时差

合理的孔间微差间隔时间须保证先爆孔不破坏后爆孔的起爆网路，同时为后爆孔形成新的自由面。排间时差一般采用ms_5段雷管延时(约110 ms)。

2.1.1.3　孔间时差

孔间时差一般采用25～50 ms，即ms_2及ms_3段以下雷管延时。

2.1.1.4　孔内雷管段别及安设位置

孔内雷管段别的选用应保证其延时误差不致大于排间雷管延时时间，导致后排先响。当排间延时雷管采用ms_5段时，孔内应采用ms_{15}段以下雷管。

2.1.1.5　预裂孔起爆时间

根据小湾水电站边坡开挖施工技术要求，预裂孔应提前主爆孔75～100 ms爆破完毕，以充分形成预裂缝并起到减震效果。

根据预裂减震要求，预裂爆破时保留岩体一侧的最小厚度应大于预裂孔深的1.5倍，否则宜减少预裂的孔深。

爆破分区原则为：当预裂孔深为10～15 m时，预裂面前沿最后一次爆破的宽度为15～22.5 m，主爆孔为7～11排；当孔内采用ms_{15}段雷管时，为使预裂爆破提前100 ms以上起爆，爆区前后宽度以15～20 m、7～9排主爆孔为宜。爆区长度一般按10 t左右的总装药量、2万m^3左右的爆破方量来控制。同时，兼顾钻爆及推装运设备能满负荷循环运转、出渣道路少受影响等因素，一般为60～70 m。

2.1.2 高边坡爆破安全控制标准

根据工程岩石特性及爆破试验结果表明：岩体质点振动速度达到20 cm/s时，爆破对保留岩体的进一步破坏比较明显。从而确定了小湾工程高边坡开挖爆破震动控制标准为：微风化岩体：15～20 cm/s；弱风化岩体：10～15 cm/s；强风化岩体：10 cm/s。

2.2 堆积体边坡开挖中边坡安全及防护措施

根据堆积体边坡的特性，加强了边坡开口锁口锚杆（桩）施工、边坡坡面自进式锚杆施工、边坡预应力锚杆施工，并重点做好边坡引排水措施、坡面封闭措施及边坡安全监测等方面工作。

2.3 大吨位、深长度预应力锚索施工技术

（1）对30～75 m，1 000～3 000 kN级堆积体锚索造孔工艺及配套机具进行研究。包括：国内外堆积体钻机机具选型（见图2～图5）；堆积体跟管钻进施工技术研究（见图6）；国产轻型钻机选型与改装；跟管钻具的研制与改进。对小湾堆积体锚索钻孔造孔工艺及配套机具进行了专题研究。

图2 偏心钻具实物图

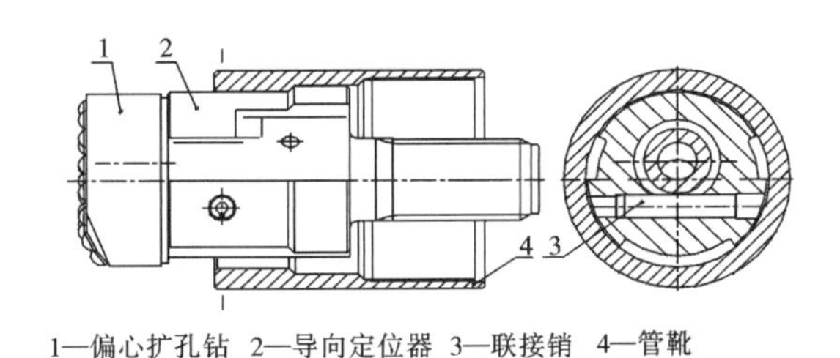

图3 偏心钻具结构图

（2）对堆积体、破碎岩体灌浆堵漏技术（见图7），堆积体锚索灌浆土工布包裹堵漏防腐施工技术（见图8），堆积体及破碎岩体锚索选型进行了研究。重点对小湾堆积体及破碎岩体边坡锚索防腐技术进行了专题研究。

（3）对普通拉力型结构形式、拉力分散型结构形式、压力分散型结构形式、拉压复合型结构形式四种不同的结构形式锚索施工工艺技术及受力情况进行了分析，以分析锚索锚固段应力分布及解决应力集中问题（见图9～图12）。

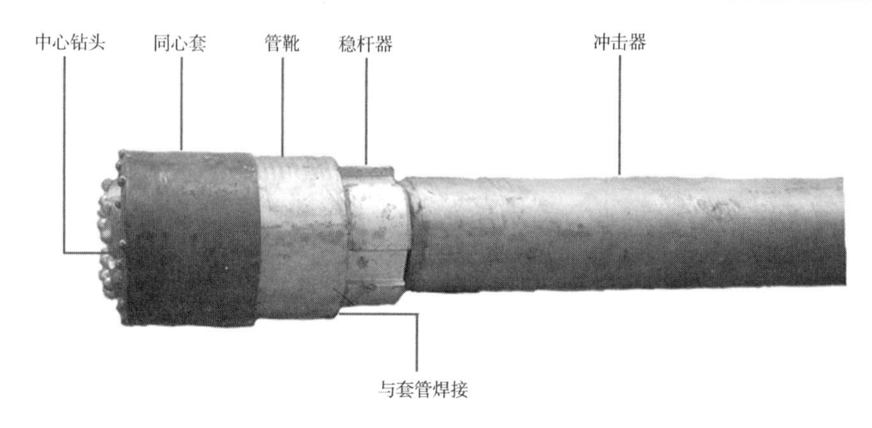

图4　同心钻具实物图

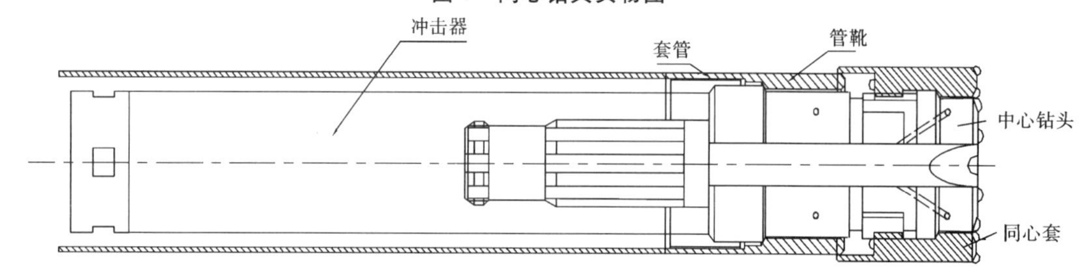

图5　同心钻具结构图

图6　现场跟管组合钻孔技术施工

图7　土工布包裹锚索注浆堵漏及防腐

图8　土工布包裹锚索注浆堵漏及防腐现场施工

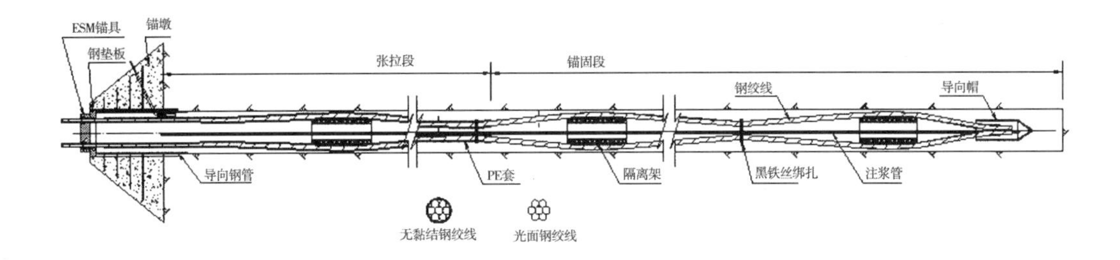

图9　普通拉力型结构示意图

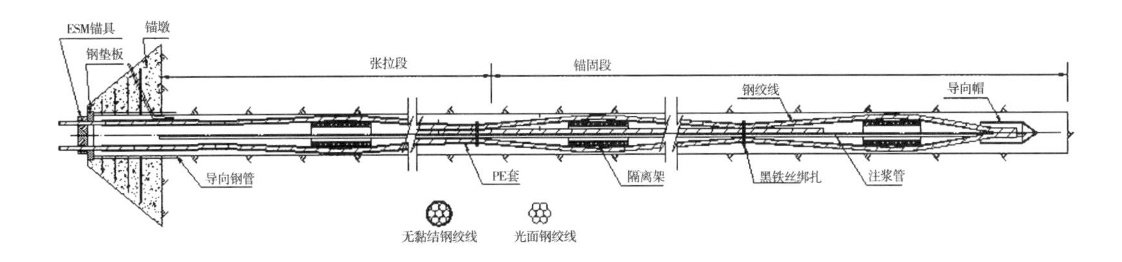

图10　拉力分散型结构示意图

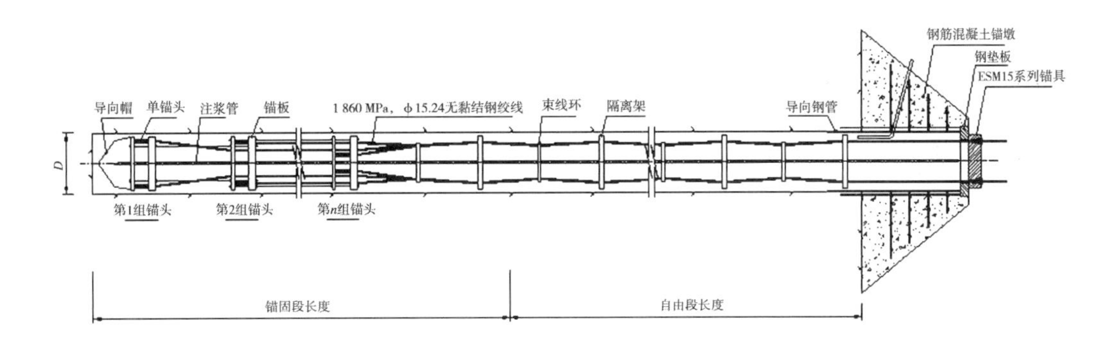

图11　压力分散型结构示意图

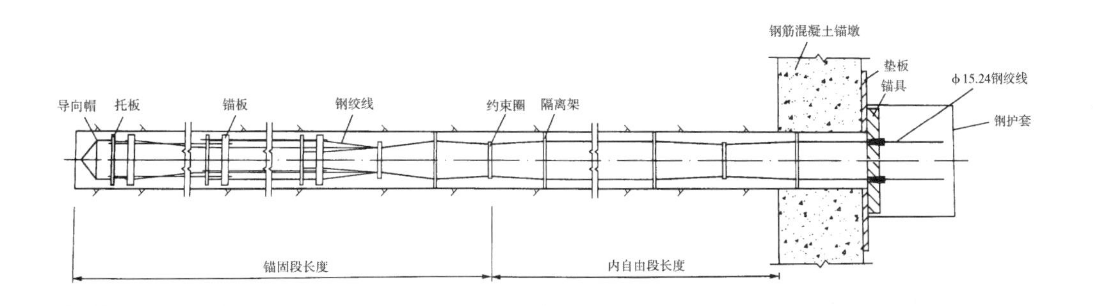

图12　拉压复合型结构示意图

2.4　主要技术成果及创新点

2.4.1　主要技术成果

（1）高边坡开挖爆破中，广泛采用了预裂爆破、深孔梯段接力延时微差顺序起爆等技术，进行了岩体质点振动速度、岩体声波、锚杆及锚索应力等多项测试，提出了相应控制标准，有效地控制了爆破影响。

（2）对国内外多种锚固钻机进行了深入比选，采用并改进了适应复杂地质条件下国产MD、DYD、YG等系列高边坡锚索施工钻机，研制并改进了组合螺旋钻具、跟管钻具及其配套机具，有效地解决了高边坡堆积体深孔钻孔难题。

（3）针对小湾高陡边坡堆积体，对普通拉力型、拉立分散型、压力分散型、拉压复合型等四种锚索结构形式进行了试验研究，提出了在岩体破碎的部位采用新型的荷载分散型锚索结构形式，有效地改善了锚索应力分布，减少了锚索长度，降低了施工难度。

（4）针对堆积体、破碎岩体锚索注浆无法采用常规注浆的施工方法，经专项试验研究，采用土工布包裹注浆堵漏防腐技术，有效地解决了锚索注浆及防腐施工难题。

2.4.2　技术创新点

（1）采用组合螺旋钻钻孔技术，解决了强风化、日卸荷破碎岩体边坡钻孔成孔难题。

（2）采用改进后的国产轻型钻机，使用常规配套或螺旋钻杆配备偏心钻具的跟管组合钻孔技术，解决了深厚堆积体的钻孔成孔难题，并大大提高了跟管施工效率和使用寿命，平均跟管钻孔深度31.5 m，最大跟管钻孔深度63 m。

（3）偏心跟管钻具采用新的定位传动块和定位传动槽结构取代了传统的传动销连接和传力、受力结构，改善了偏心跟管钻具受力状况，有效地提高了偏心跟管钻具的使用寿命。将跟管纯钻效率从0.65 m/h提高到3.65 m/h；使用寿命从17 m/套提高到120 m/套。

（4）成功地将土工布加细帆布包裹锚索体注浆施工技术应用到堆积体锚索施工中，解决了堆积体锚索因地质因素注不满的灌浆施工难题，并有效地解决了堆积体锚索永久防腐问题。

（5）最终形成了一整套针对复杂地质结构，堆积体分布广泛、岩体破碎严重、裂隙发育的高陡边坡开挖及锚固施工较为完整的一项研究成果。

如图13所示为被国内知名专家誉为开挖“艺术品”的坝肩槽。

图13　被国内知名专家誉为开挖“艺术品”的坝肩槽

3　结　语

小湾水电站两岸高边坡开挖成型后，左岸经历了两个雨季，右岸高边坡经历了三个雨季的考验，边坡变形速率由2004年前变形速率1～2 mm/d，已减慢为0.05 mm/d；监测资料表明：两岸边坡已趋于稳定。

研制改进的新型偏心跟管钻具，平均工效3.7 d/孔。大大提高了跟管施工效率和使用寿命，加快了锚索孔成孔进度，满足了小湾堆积体锚索孔成孔需要，月高峰强度达到300根。

推广使用了锚索体张拉段土工布包裹和注浆工艺，堆积体锚索张拉段注浆量得到有效控制,降低了工程成本、提高了工效。锚索长期荷载损失9.6%,满足设计要求。

现场查勘表明,开挖壁面平整,残留炮孔率高,开挖质量优良。月高峰强度达到51万m^3,出渣66 m^3。

小湾两岸坝肩边坡土石方开挖总量约2 000万m^3,开挖月高峰强度达到了51万m^3,出渣达到了66万m^3;两岸边坡各类锚索施工完成近7 000根。其中堆积体锚索完成约2 400根;合同总工期53个月,实际开挖施工工期37个月。

通过700 m级高陡边坡及堆积体开挖与锚固施工技术应用,确保了小湾工程高边坡的安全,为小湾工程大坝提前一年浇筑混凝土创造了条件,为提前一年发电打下了坚实的基础。

参考文献

[1] GB 6722—2014 爆破安全规程[S].
[2] DL/T 5135—2013 水利水电工程爆破施工技术规范[S].
[3] DL/T 5083—2010 水电水利工程预应力锚索施工规范[S].
[4] GB/T 14370—2015 预应力筋用锚具、夹具和连接器[S].

预应力混凝土连续刚构渡槽技术在调水工程中的研究与应用

徐 江[1,2] 向国兴[1,3] 罗代明[1,2] 程明伟[1]

（1. 贵州省水利水电勘测设计研究院，贵阳 550002；
2. 贵州省喀斯特地区水资源开发利用工程技术研究中心，贵阳 550002；
3. 武汉大学水利水电学院，武汉 430070）

摘 要 为适应新时期特大跨径渡槽的建设，在消化吸收连续刚构桥建设经验的基础上，采用“桥槽合一”的技术路线，创新性地提出了连续刚构渡槽独特的“变箱变截面箱梁”的主梁构造。在对新型渡槽的结构型式、结构力学与变形性能、施工技术进行充分研究后，在贵州省黔中水利枢纽一期工程总干渠的工程背景下，预应力混凝土连续刚构渡槽技术在草地坡、徐家湾、河沟头、焦家4座渡槽的建设中得到应用，并于2015年初实现了合龙，监测数据表明结构性能符合设计预期。不仅如此，徐家湾连续刚构渡槽还于2015年12月至2016年1月开展了充水试验，首考以优异成绩顺利过关。

关键词 连续刚构渡槽；变箱变截面箱梁；调水工程；槽跨布置；悬臂浇筑；充水试验

1 概 述

调水工程特别是跨区域调水工程输水线路较长，调水流量大，工程区域内的自然条件较复杂，必然涉及类型众多的渠系建筑物，当受水头限制时通常会选用渡槽作为跨越建筑物。由于调水流量大，其对应的水重远远超过公路行业汽车荷载，因此槽型宜优先选择梁式、拱式等刚性渡槽结构。我国幅员辽阔，地区间的地形地质条件千差万别。对于西部山区而言，渡槽需要跨越深切宽缓峡谷、水库；对于南方水网密集区而言，渡槽则需要跨越宽河道；不仅如此，渡槽有时还需要跨越宽阔的公路、铁路，甚至村寨、房屋密集区。新时期现代渡槽的建设面临着一些新的问题：需要建设单跨150 m以上、支撑高度100 m级的特大跨径高支撑渡槽；需要布置多跨连续长槽结构；施工要适应高支撑、大跨、长槽的结构特点，同时对周边环境特别是人群的影响要最小化；结构要具有较好的耐久性。

贵州省水利水电勘测设计研究院在对公路行业连续刚构桥技术调研的基础上，结合输水渡槽的功能特点，基于“桥槽合一”的技术路线，通过在连续刚构桥箱梁内设置一道过水中隔板使得水体能顺利从箱体内通过，将承载结构与过水槽身有效结合，创新性地提出了变箱变截面渡槽箱梁结构形式，有效降低结构自重，使得特大跨径的渡槽建设变得可能，将桥槽有机结合，形成了预应力混凝土连续刚构渡槽新结构，并应用于贵州省黔中水利枢纽一期工程总干渠草地坡、徐家湾、河沟头、焦家4座渡槽的建设中。徐家湾连续刚构渡槽于2015年12月至2016年1月开展了近50天的充水试验，在复杂的冬季环境条件下，结构力学性

作者简介：徐江，高级工程师，主要从事水利水电工程相关设计研究工作。E-mail：75092269@qq.com。

能优于预期,首考过关。其余3渡槽也将于2016年8~11月陆续开展充水试验,预计2017年初进入试运行阶段。

2 预应力混凝土连续刚构渡槽结构型式研究

2.1 连续刚构桥与连续刚构渡槽的相同点与差异性

2.1.1 相同点

(1)结构总体构成。

两者的结构总体构成一致,均由箱梁、槽墩(或桥墩)、承台桩基、支座、梁端伸缩缝等组成;箱梁构造特点相近均采用变高度截面箱梁形式,下部结构的构造特点相同;墩梁固结有利于悬臂施工,但均要求墩身具有一定的柔度以形成摆动体支撑体系;三向预应力体系的构造特点一致,纵向预应力、竖向预应力的布置相近。

(2)结构受力规律。

两者纵向受力规律相近,梁体均具有连续梁的受力特点,墩梁固结处仍表现为刚架特性,应力复杂,墩底由于梁体的收缩徐变和温度的变化均产生较大的弯矩;梁端伸缩缝均需要适应连续长梁的纵向变形;结构的整性能好,具有较强的抗扭能力;下部墩身因纵向抗推刚度小能有效减小温度、徐变收缩与地震的的影响。

(3)结构材料。

在结构跨度、支撑高度、连续长度等大致相同的情况下,结构材料选择上大体相近,槽身混凝土强度等级通常采用C50~C60,墩身混凝土强度等级通常采用C40~C50,承台桩基的混凝土强度等级通常采用C30~C40,混凝土材料性能与耐久性能要求接近;普通钢筋、预应力钢材、锚具、预埋管道等的选择原则相同。

(4)施工方法。

下部结构的施工一致,上部梁体均采用挂篮悬臂施工法,即首先由墩顶开始向两边采用平衡悬臂施工法逐段施工结构的上部梁体,形成一个“T”字形的双悬臂结构,接着一般合龙边跨,最后合龙中跨,最终形成连续刚构体系。

(5)功能。

功能上桥梁主要承载着车辆与人群的通行,而渡槽则承载着水体(也称为水桥)的通行,承担着不同类型资源的输送,都是各自线性工程体系的关键建筑物。

2.1.2 差异性

(1)箱梁构造与受力规律。

连续刚构渡槽基于“桥槽合一”的技术路线,主梁采用变箱箱梁是二者最大的结构构造差异(见图1),其通过在连续刚构桥箱梁内设置一道过水隔板将传统的单箱箱梁创新为上下两箱箱梁,水体从箱梁的上箱通过;同时,在中跨与边跨合龙段、合龙段两侧一定区域范围依然保持连续刚构桥的单箱箱梁,利用过渡箱梁与上下两箱箱梁自然连接(见图2)。正是基于这一创新,形成了连续刚构渡槽独特的“变箱变截面箱梁” 的主梁构造,其在纵向由单箱箱梁、过渡箱梁及两箱箱梁依次连续排列组合而成,既是承载结构,也是过水结构,极好地利用了预应力箱梁的强大承载力,对建设特大跨径的梁式渡槽提供了一种新型主梁结构。

由于水体位于箱梁内,主要活载作用位置发生改变,因此槽身梁体的横向受力发生变化,横向预应力筋的布置也发生了较大变化,其主要布置于两箱梁段的中板以及单箱梁段的底板。不仅如此,还使得箱梁的温度作用发生了较大改变,导致温度应力的差异;为加强结

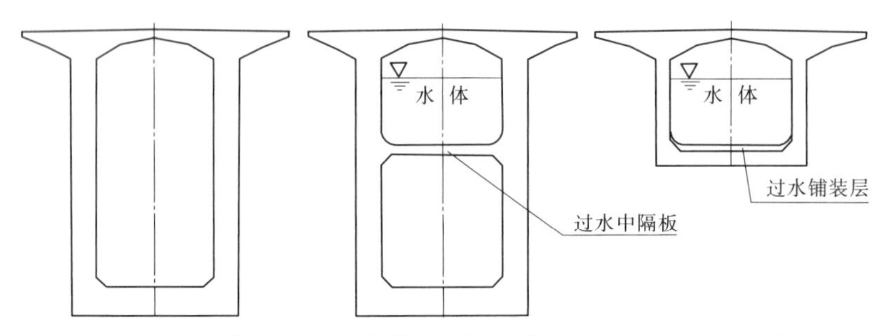

(a)边疆刚构桥箱梁断面　(b)连续刚构渡槽上下两箱　(c)连续刚构渡槽单箱箱梁

图1　主梁断面构造差异示意

构的防渗能力和耐久性,渡槽在箱体内设置专门的防渗层;为保持过水断面不发生变化,腹板的厚度变化均通过外缘的变化来实现;渡槽梁顶只需设置轻质的保温层即可。渡槽结构始终处于均匀水荷载条件,不会出现桥梁上的横向偏载工况,但是水荷载的长期效应强于汽车荷载。梁端伸缩缝除具有良好的伸缩性能外,更重要的是具备长期良好的止水性能与耐久性能。

(2)结构材料。

两者材料性能的差异着重于混凝土的抗渗性能、抗裂性能;鉴于温度作用的复杂性与危害性,混凝土需要通过优化配合比试验实现低线膨胀系数以及更小的收缩。

(3)施工方法。

施工上的主要差异表现为:在箱梁竖直方向上需要增加1套上箱内模板;需要通过调整外模来适应腹板厚度的变化方式;挂篮系统需要新增中板、底板横向预应力张拉平台;混凝土浇筑时增加了1道过水中隔板的浇筑工序;为确保底板纵向预应力的顺利张拉,少量梁段的过水中隔板采取后浇的方式;箱体内需要增加防渗层施工;箱梁顶板需要增加保温层施工。

(4)运行条件。

二者运行条件差异表现为:车辆或人都是在梁顶通行,而水体则是梁体内通行;连续刚构桥的运行环境主要是大气环境条件,而连续刚构渡槽则长期处于水环境与大气环境共同作用的条件,更为复杂,使得后者对耐久性的要求更高。

2.2　连续刚构渡槽结构型式

连续刚构渡槽适用于跨越深山峡谷、水库、河流、村寨等情况。在消化吸收连续刚构桥技术和经验的基础上,根据渡槽的特点,对于过流能力在30 m^3/s以内的渡槽,其结构型式如下,更大流量的情况可采用双幅甚至多幅进行布置,也可进行专门的研究。

2.2.1　槽跨布置

连续刚构渡槽宜采用直线对称布置,纵坡控制在1/1 500 ~ 1/3 000,水流速度控制在1.5 ~2.1 m/s;主跨跨径可以达到200 m以上,支撑高度可以达到100 m以上,墩梁固结长度可达到400 m以上,连续长度在600 m以上;槽身箱梁采用变箱变高度截面,槽墩优先选用柔度更好的双肢薄壁空心墩。徐家湾连续刚构渡槽布置如图3所示。

2.2.2　边主跨比

由于渡槽构造的特殊性,在边跨支座仍然有足够正压力的条件下,其边主跨比通常可取

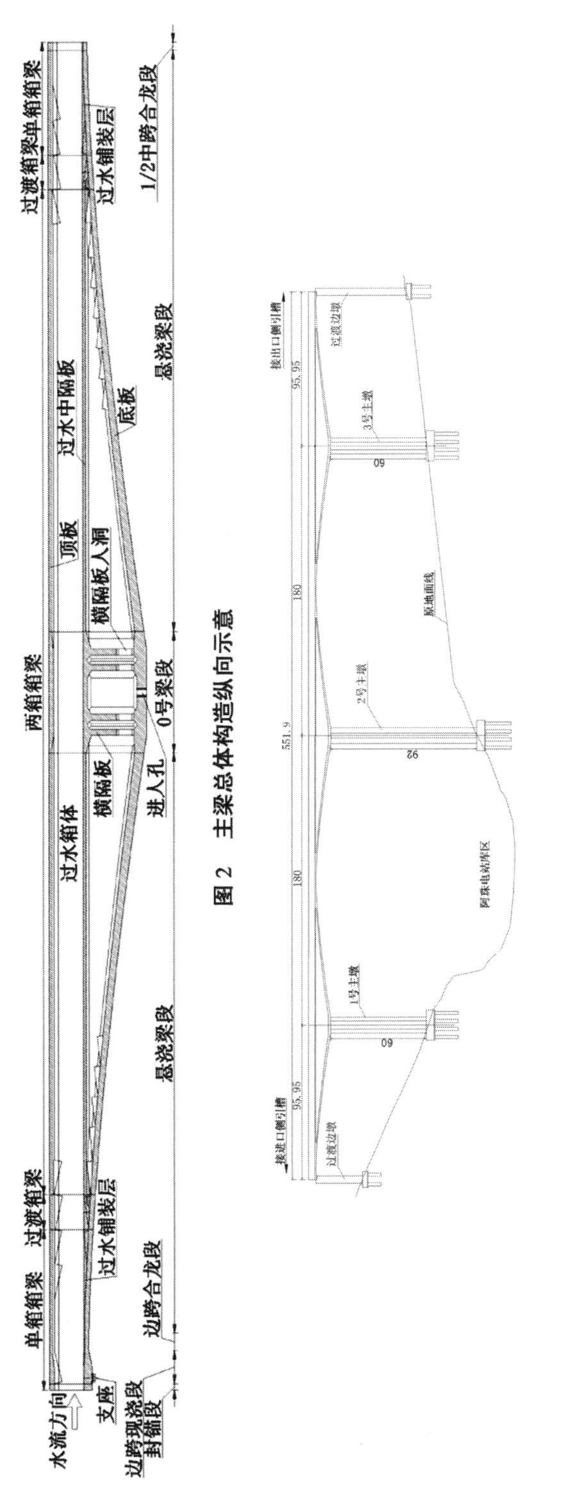

图 2 主梁总体构造纵向示意

图 3 徐家湾连续刚构渡槽跨布置示意

0.52～0.56。在此条件下，边跨现浇段的施工方式主要为托架施工，使得施工更为安全可靠经济，取消落地支架对于山区连续刚构渡槽建设意义重大。

2.2.3 主梁断面尺寸(见图4)

槽身箱梁高度与宽度：箱梁的高度与宽度主要取决于过水断面的选择，过水断面的宽度一般可取4～8 m，水深一般可取1.5～3 m。对预应力混凝土连续刚构渡槽而言，即使是在同一设计流量下，由于水力设计的差异，将导致其跨中梁高的差异，同时为保证结构的受力变形合理安全，则主要通过调整墩顶梁高来实现，特别是目前研究与实践较少，很难全面总结其规律。从目前的研究与实践来看，当承受的水重在80～120 kN/m、水面宽度在4～8 m时，跨中梁高可以控制在主跨径的1/30～1/40，墩顶(支点)处梁高则控制在主跨径的1/13～1/16，较公路行业的要高，这主要由于承受的水重较重所致。徐家湾连续刚构渡槽设计流量20.94 m^3/s，设计水深2.423 m，加大流量24.70，加大水深2.751 m，过水箱净高3.7 m，对应跨中梁高4.6 m，是主跨径的1/39.13，墩顶梁高13.8 m，是主跨径的1/13.04。

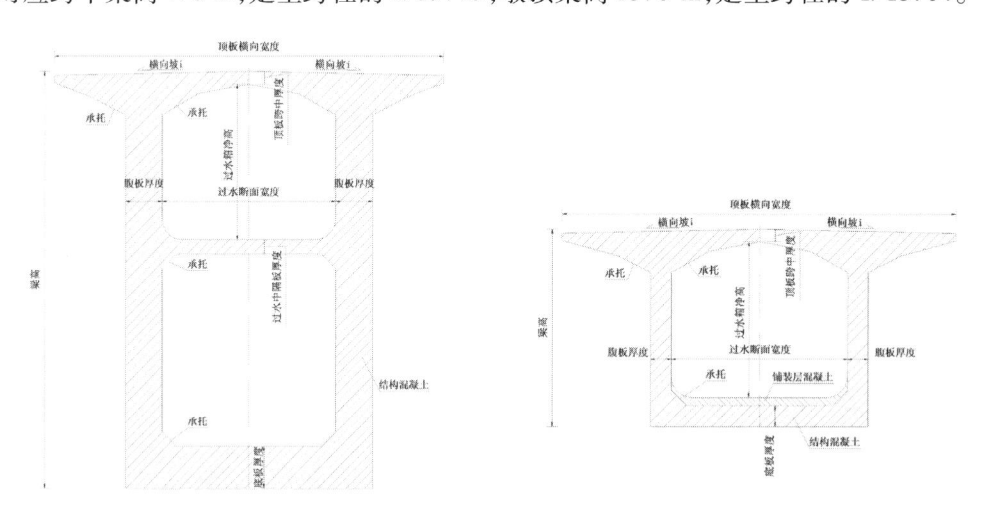

图4 主梁断面尺寸示意

梁底曲线：主梁沿纵向应采用统一的变化曲线实现梁高的连续变化，梁底曲线宜选择1.5～2次方的抛物线以适应连续梁弯矩的变化规律。已建的4座连续刚构渡槽选择了1.5次方抛物线，结构受力更优，且能提前3～5 m将单箱箱梁过渡至两箱箱梁，但应作好纵向预应力筋防崩裂的的措施。

主梁断面细部尺寸：主梁顶板厚度要满足纵、横向预应力筋的布置需要，顶板跨中厚度不宜小于30 cm，悬臂末端不宜小于18 cm，顺槽向采用等厚布置，在0号梁段及边跨现浇段加厚，同时顶板与腹板相交处应设置承托；单箱箱梁底板厚度应满足结构横向受力以及纵、横向预应力筋布置的需要，通常跨中单箱箱梁底板的厚度不宜小于50 cm；过水中隔板需要配置横向预应力筋，厚度不宜小于35 cm，顺槽向为等厚，在0号梁段加厚；上下两箱箱梁过水中隔板与腹板的上相交处通常设置圆弧倒角，圆弧半径一般取500 mm；腹板厚度应满足结构的抗剪要求和预应力筋布置需要，跨中腹板厚度不宜小于50 cm，0号梁段厚度不宜小于100 cm，并选择多个梁段进行线性变厚。

3 结构的力学与变形性能研究

3.1 荷载作用与组合

在综合分析渡槽、桥梁的荷载特点后,结合水利、公路行业技术标准的有关规定,划分为永久荷载、可变荷载、偶然荷载、施工荷载4类。鉴于连续刚构渡槽的具体特点,着重分析了箱梁的温度梯度作用,结合理论计算、类似工程的实测数据、相关行业的有关规定,综合确定了温度荷载设计值。荷载效应组合则重点围绕水重、温度荷载、施工荷载等开展,结合渡槽结构承载能力极限状态、正常使用极限状态、施工期风险等控制要求,进行了多种不利工况的组合研究。

3.2 结构力学特点

通过对连续刚构渡槽的结构特性、荷载特性、施工特性、材料特性的分析,利用专用桥梁软件 GQJS、Midas civil,基于梁单元建立了相应的纵向、横向杆系有限元模型,分析了不同施工阶段的受力特点与变形特点,严格按照水利与交通行业的规范要求进行了运行期各工况组合的分析,包括持久状况结构的承载能力极限状态及正常使用极限状态的分析计算,持久状况和短暂状况下结构的构件应力分析计算,获得了令人满意的结构方案。同时,还利用大型通用三维有限元软件与建立的相应精细化三维有限元模型,进行了计算与分析。通过对比分析表明,二者在关键部位的应力、变形规律一致,数值上三维有限元计算的结果与常规的计算方法存在差异,综合评定后采用杆系有限元模型计算成果进行设计控制。

事实上,徐家湾连续刚构渡槽充水试验所表现出来的性能也能说明这一点,水荷载引起的竖向变形与杆系有限元模型的理论计算结果近乎一致,关键截面的纵向应力实测值与理论值相差不大,基本上在0.8~1.2倍理论值之间;在经历大幅寒潮条件下,通过对主梁中板、底板、腹板钢筋应力的转化,获取的混凝土正应力均为压应力,基本上在2~4 MPa,高于理论计算结果。就目前的实践来看,连续刚构桥结构所涉及的薄壁箱梁理论、超静定结构施工内力与成桥状态分析方法、混凝土桥梁徐变与收缩分析理论、大跨连续刚构桥稳定分析理论适用于连续刚构渡槽结构分析。

大跨连续刚构渡槽柔度相对较低,对于高墩,在最大悬臂状态下其稳定性必须得到重视,同时还需要重视由于不对称风荷载引起的扭矩对槽墩的影响。在此基础上,合理选择槽墩的结构形式和柔度,一般选择双肢薄壁空心墩,徐家湾渡槽 GG2 墩高92 m,是已建渡槽的最高支撑,其采用了双肢薄壁空心墩的结构型式。

3.3 结构变形与抗裂控制

从预应力损失、加载龄期、箱梁超方、跨中区域梁体开裂等因素综合开展了变形影响因素研究。值得注意的是,当跨中出现裂缝后,会增大下挠,而下挠又会加剧裂缝的增长,二者强烈耦合。对于特大跨径连续刚构渡槽而言,变形与抗裂控制将决定结构的安全性与耐久性。为此,提出了结构变形与抗裂的综合控制措施:

通过优化水力学过水断面,将水重降低了约10 kN/m,相当于1道公路—Ⅰ级车道荷载均布荷载标准值。在优化过水断面的过程中,在断面面积不变的情况下梁体合理增高,由于水荷载极大,其需要的纵向预应力较多,使得结构整体的预应力较为充沛,腹板钢束全部采用下弯布置,较好地控制了结构的主拉应力,同时也很好地控制了由自重产生的下挠,巧妙将"零弯矩配筋"理论应用到了设计中,对于结构的变形与抗裂控制起到了关键作用。事实上,4座渡槽自合龙至今已经1年半,观测结果表明渡槽近乎没有下挠,略有上拱,符合设计预期。这说明现有的结构断面尺寸、预应力体系非常合适，使得如此重的槽身没有产生长期变形。

严格控制设计流量、加大流量引起的弹性下挠，均控制在主跨的1/4 000以内；严格控制主拉应力指标，在不考虑竖向预应力的情况下主梁的主拉应力控制在 -1 MPa以内。箱梁下缘的正应力留有充足的储备，极端不利工况下跨中下缘不低于2 MPa，确保底板不开裂；在永久荷载与水荷载的作用下，跨中上下缘的正压应力持平，断面受压基本均匀。

材料上通过优化配合比，选用高性能机制砂槽身混凝土，其收缩较理论计算值小10%，线膨胀系数较规范理论值小20%，这对于降低主梁温度应力与收缩变形是非常有利的。

施工上则重点严控临时堆载，加强梁段间接缝处的处理以降低剪切变形；通过设置预拱度来控制长期变形；箱梁的自重偏差则控制在3%以内。

4 施工研究

4.1 槽身主梁施工

在连续刚构桥挂篮构造基础上，研究了上下双箱的内模板系统，通过采用外模逐步松动再安装的方法，实现了腹板外缘的变化，顺利实现了连续刚构渡槽挂篮悬臂浇筑施工。在挂篮后部增加了工作平台，实现了中板、底板横向预应力筋的张拉。通过优化泵送机制砂的工作性能以适应混凝土的浇筑工序与工艺；根据混凝土槽身缺陷的共性，结合过水断面防渗层、箱梁顶板保温层施工，制定了相应的处理细则。通过上述研究，确保了槽身主梁施工的安全、顺利、可靠与经济。

4.2 预应力施工

高质量预应力体系的建立是连续刚构渡槽施工的关键，通过采用智能张拉方式与专用灌浆料施工的方式严格控制了纵向预应力施工质量，还埋设了一定数量的锚索监测计进行辅助监测及质量控制指导。监测结果表明，预应力筋的实际损失与设计理论损失相比，基本控制在 -5% ~5%。不仅如此，还严格控制预应力的加载时机，有效控制了早期的徐变效应累计。

槽身环向预应力筋大量采用了精轧螺纹钢筋，除严格控制施工工艺外，还利用振动测试法对预应力精轧螺纹钢筋逐根进行检测，检测钢筋的有效应力均达到了设计应力的85%以上，极好地控制了预应力粗钢筋的质量。徐家湾渡槽充水试验时，在大幅寒潮情况下，结构的环向处于良好受压状态，抗裂水平较高。

4.3 施工期与运行期变形监测

通过对箱梁结构温差、几何非线性效应、挂篮非弹性变形、预应力张拉、临时荷载以及混凝土的收缩徐变等参数对结构挠度的影响研究，在进行参数敏感性分析后，逐步修正各参数，确保了仿真模型能反映实际施工情况，更好地进行了结构的分析和预测，对调整好立模标高起到了关键作用。

以三阶段观测法（挂篮前移阶段、浇筑混凝土阶段和张拉预应力阶段）的数据为基本，通过详细分析以确定下一阶段的立模标高。严格控制挠度测量时间，消除了结构温差效应对挠度的影响。根据理论计算和加载试验结果，精确确定各节段梁段混凝土浇筑时的挂篮下挠度。

通过对施工期变形特点的研究，制订了相应的监控方案，4座连续刚构渡槽主梁标高误差、主梁中线水平偏差、合龙时悬臂端的相对偏差符合设计预期，结构成槽线形良好。

运行期变形监测则着重于关键部位(跨中、墩顶等截面)的应力、变形监测,4座渡槽自合龙至今已经1年半,结构的竖向变形得到了良好的控制。徐家湾渡槽的充水试验表明,水荷载引起的变形均在弹性范围内,且低于理论值。综合分析,渡槽今后的长期变形应该能得到良好控制,但仍需进一步的观测研究。

5 应用情况

贵州省水利水电勘测设计研究院联合水利、公路行业科研单位对高墩大跨连续刚构渡槽技术进行攻关,并与参建各方共同努力将该技术应用于贵州省黔中水利枢纽一期工程总干渠草地坡、徐家湾、河沟头、焦家4座高墩大跨连续刚构渡槽的建设中。4座渡槽于2012年3月开工建设,其中草地坡、徐家湾、焦家3座渡槽在2015年1月中旬顺利合龙,河沟头渡槽在2015年4月中旬顺利合龙。目前结构的应力、变形等各项指标符合设计预期。4座渡槽的技术指标见表1。

表1 连续刚构渡槽主要技术参数

渡槽	设计流量 m^3/s	加大流量 m^3/s	总长(m)	主槽跨径组合(m)	墩高(m)			最大桩深(m)	最大桩径(m)
					GG1主墩	GG2主墩	GG3主墩		
草地坡	21.076	24.860	892.5	95.95+180+95.95	45	52		28.7	2.0
徐家湾	20.942	24.701	987.0	95.95+2×180+95.95	60	92	60	16.7	2.0
河沟头	19.849	23.459	939.7	80.55+2×150+80.55	60	81	58	48.5	2.2
焦家	17.783	21.002	836.0	95.95+2×180+95.95	50	57.5	52	40.0	2.0

6 结 语

预应力混凝土连续刚构渡槽是一种新型渡槽结构,从开始建设至今仅4年半时间,其间一直开展了相应观测研究。目前,结构尚未投入运行,为进一步掌握结构的力学规律、温度作用规律与长期变形规律,将进一步进行观测研究分析,为渡槽设计理论提供更为丰富的实测资料。

预应力混凝土连续刚构渡槽的研究与应用总体上基于贵州峡谷山区,结构过水断面控制因素不够明显,箱梁均采用窄深式过水断面,整体梁高较高,结构的受力变形条件好。目前,广西某待建连续刚构渡槽主跨150 m,槽墩高16.5 m,受通航条件与水面线的双重限制,水力学设计采用了宽浅式过水断面导致箱梁扁平化,在矮墩条件下其结构特点则明显有别于现有的经验,其研究与应用对于今后预应力连续刚构渡槽的发展同样重要。

目前,关于箱梁渡槽结构的剪力滞效应的研究偏少,总体参考了桥梁结构计算的理论,其研究同样具有重要意义。

参 考 文 献

[1] 吴玮. 黔中水利枢纽高大跨渡槽的关键技术问题及对策[J]. 水利水电技术,2013,44(9):52-56.
[2] 向国兴. 高墩大跨连续刚构渡槽初步研究[D]. 武汉:武汉大学,2010.

[3] 贵州省水利水电勘测设计研究院. 黔中水利枢纽一期工程总干渠高墩大跨连续刚构渡槽设计专题报告[R]. 贵阳:贵州省水利水电勘测设计研究院,2011.
[4] 向国兴,徐江. 徐家湾高墩大跨连续刚构渡槽初步研究[J]. 中国农村水利水电,2011(7):91-95.
[5] 徐江,向国兴,等. 高墩大跨连续刚构渡槽技术在贵州峡谷山区的应用[J]. 人民珠江,2016(2):8-15.
[6] 贵州省水利水电勘测设计研究院. 峡谷山区高墩大跨连续刚构渡槽技术研究报告[R]. 贵阳:贵州省水利水电勘测设计研究院,2016.
[7] JTG D60—2004 公路桥涵设计通用规范[S].
[8] SL 482—2011 灌溉与排水渠系建筑物设计规范[S].
[9] SL191—2008 水工混凝土结构设计规范[S].
[10] JTG D62—2004 公路钢筋混凝土及预应力混凝土桥涵设计规范[S].
[11] 文明贡,徐江,等. 连续刚构渡槽高墩施工期抗风稳定分析[J]. 水利规划与设计,2015(7):75-80.

复杂环境下的坝肩开挖控制爆破技术

王　刚　郭　坤　刘紫朝

（中国水利水电第三工程局有限公司，西安　710016）

摘　要　本文介绍了丰满大坝新坝右岸坝肩开挖时，在复杂的周边环境下实施控制爆破的技术措施和成功经验。通过爆破参数的合理选取、地表覆盖和爆破振动监测等方法，确保了对爆破飞散物、空气冲击波及爆破振动的有效控制，进而实现了对爆破区周边建筑物、老坝坝体保护的目的。

关键词　复杂环境；坝肩开挖；控制爆破

1　工程概况

丰满水电站全面治理（重建）工程位于吉林省境内第二松花江干流上的丰满峡谷口，是按恢复电站原任务和功能要求，在原丰满大坝下游120 m处新建的一座大坝。

新建大坝右岸坝肩石方开挖主要有：观测房开挖、56#坝段开挖和55#坝段开挖。该部位长度约为50 m，宽度约为20 m，平均开挖高度为6.5 m，最大开挖高度为10 m，总计石方开挖约6 500 m^3。

2　周边环境情况

爆破开挖区域周边需保护的对象有：老上坝公路、高压线塔、老坝坝体、老坝灌浆帷幕、武警营房等，爆破区域周边环境较为复杂。各保护对象与爆破开挖区的水平距离见表1，爆破区域周边环境平面图见图1。

表1　保护对象与施工部位距离表

施工部位	主要保护对象	爆破开挖区与保护体水平距离（m）
55#、56#坝段	老上坝公路	7
	高压线塔	120
	丰满大坝老坝	140
	老坝灌浆帷幕	140
	武警营房	50

3　爆破方案

3.1　工程地质情况

爆破区域位于右岸山坡，地面高程为267～276 m，地形坡度为20°～40°；基岩主要为二

作者简介：王刚（1969—），男，陕西人，高级工程师，从事水利水电工程施工工作。E-mail：wg690525730@163.com。

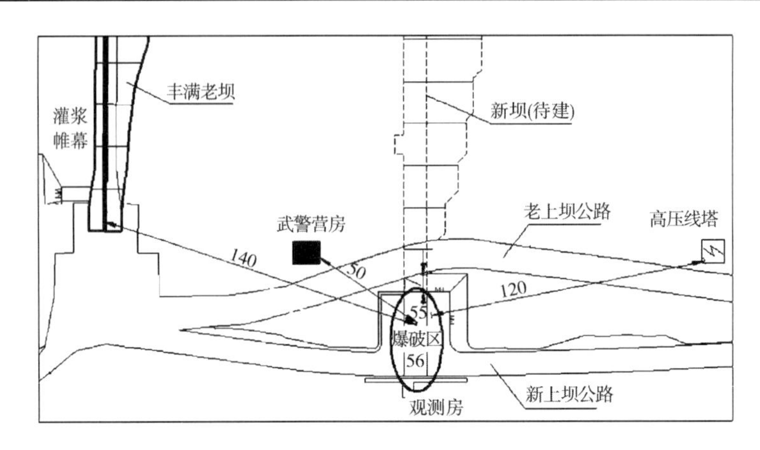

图1　爆破区域周边环境平面图

叠系下统拉溪组变质砾岩，基岩岩质较为坚硬，坚固性系数 $f=5$ 左右，岩体较完整，局部为完整性差—破碎岩体，岩体弱风化带厚度约 30 m。岩体中主要发育 4 组节理，节理间距一般为 30～100 cm，密集处为 5～10 cm，多呈闭合状态，张开节理为钙质及硅质充填。

3.2　爆破分区

爆破区域石方开挖共设置 3 个开挖区，分别为观测房开挖区、56#坝段开挖区和 55#坝段开挖区。每爆区分为 2～3 层开挖，梯段高为 3～5 m，底部预留 1.5 m 水平保护层；施工时按照自上而下、自高而低的顺序施工。右岸坝肩开挖断面见图 2。

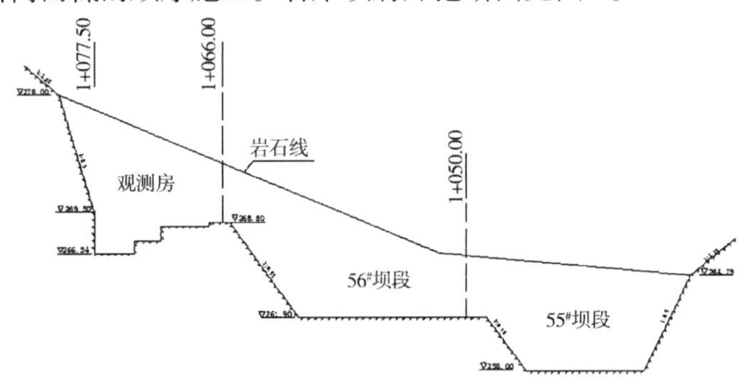

图2　右岸坝肩开挖断面图

3.3　爆破设计

3.3.1　设计原则

鉴于爆区环境的复杂性，55#、56#坝基及观测房基础开挖采取控制爆破措施，重点从爆破振动、爆破飞散物、爆破空气冲击波等三方面进行控制。遵循“碎而不抛”或“碎而不散”甚至“宁裂勿飞”的原则；将爆破振动、爆破飞散物和空气冲击波的危害控制在允许范围。

3.3.2　设计参数

（1）单位耗药量：爆破岩性为变质砾岩，其岩石坚固性系数 $f=5$，查表可知单耗取值为 0.5 kg/m^3，结合类似工程相关资料，实际施工时按标准抛掷爆破的 60% 计算，取 $K=0.3$ kg/m^3。

（2）孔径：采取 YT－26 型手持式风钻钻孔，孔径为Φ42 mm。

（3）炸药：采用Φ32 mm 乳化炸药，连续装药。不耦合系数 $K=D/d=42/32=1.3$。

(4)孔深：采取变斜孔钻孔，孔深按 $L=3/\sin\alpha$ 计算，其中 α 为钻孔角度。

(5)堵塞长度：$L_1=(20\sim30)D=30\times42=1.26(\mathrm{m})$，取堵塞长度为 $L_1=1.2$ m。

(6)延米装药量：

$$Q_1=\pi d^2/4\times\rho$$

式中：Q_1 为延米装药量，kg/m；d 为药卷直径，mm，$d=32$；ρ 为炸药密度。

乳化炸药密度取 $\rho=1.15$ g/cm^3。

则 $Q_1=\pi d^2/4\times\rho=3.14\times32^2/4\times1.1=924(\mathrm{g})$，取 $Q_1=0.9$ kg

(7)间排距选取：在单位装药量和炸药单耗一定的前提下，单孔炸药承担的爆破面积可以用下面公式计算：

$$S=Q_1/q=0.9/0.3=3(\mathrm{m}^2)$$

钻孔按矩形布置，钻孔密集系数取 $n=a/b=1.3$，$S=a\times b=1.3\times b^2=3$，经计算 $b=1.52$ m。取 $a=1.3b=1.98$ m，实际施工中，取 $a=2.0$ m，$b=1.5$ m。

(8)周边孔：周边采取预裂爆破，孔径Φ42；孔深按 $L=3/\sin\alpha$ 计算，其中 α 为坡面角；孔距取 $a=0.5$ m。

3.3.3 爆破设计图

3.3.3.1 炮孔布置图

本爆破设计以56#坝段第一层为例，其他部位爆破设计与之类似。爆破炮孔布置图见图3。

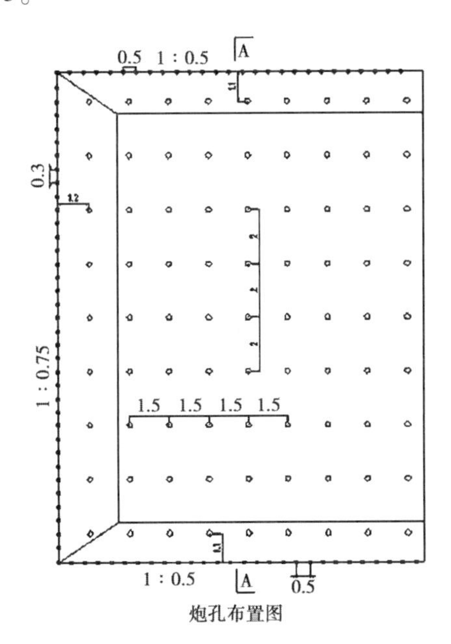

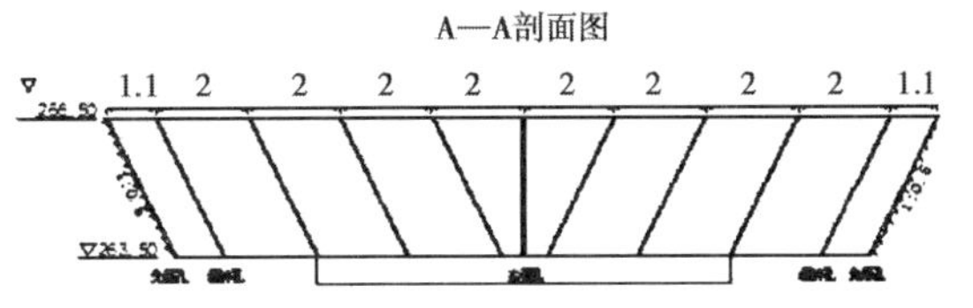

钻孔参数表

名称	单位	主爆孔	缓冲孔	光爆孔
钻孔机械		手风钻		
钻孔直径	mm	42	42	42
孔数	个	56	25	60
孔距	m	2.0	1.5	0.5
排距	m	1.5	1.1	
孔深	m	3.15	3.15	3.15

图3 炮孔布置图

3.3.3.2 爆破网路图

采取孔内放置高段位导爆管雷管延时，地表采用双发低段位导爆管雷管接力的微差起爆网络，周边孔采取预裂爆破，爆破网路设计见图4。

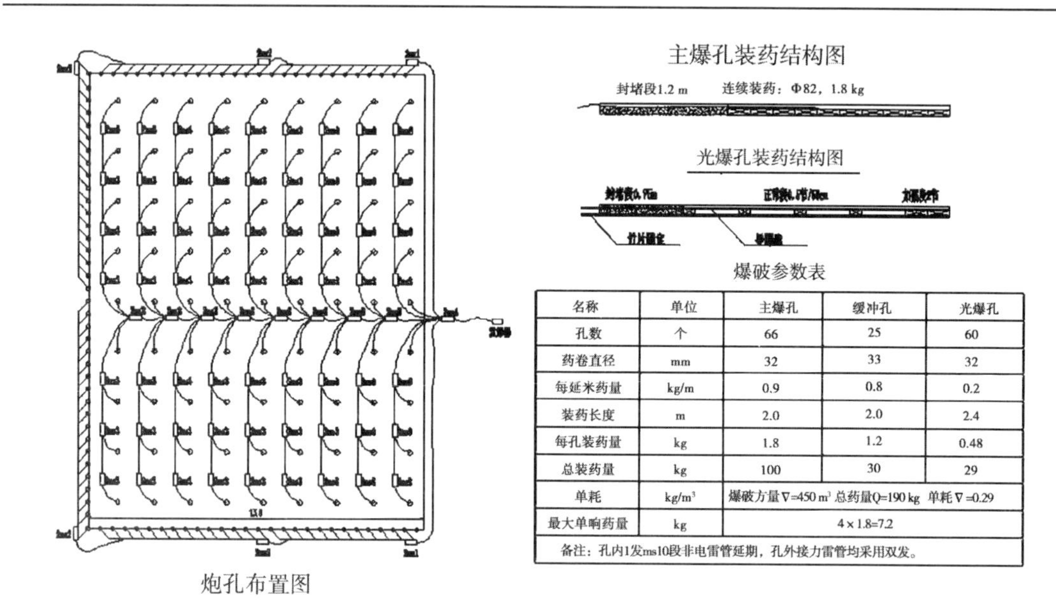

名称	单位	主爆孔	缓冲孔	光爆孔
孔数	个	66	25	60
药卷直径	mm	32	33	32
每延米药量	kg/m	0.9	0.8	0.2
装药长度	m	2.0	2.0	2.4
每孔装药量	kg	1.8	1.2	0.48
总装药量	kg	100	30	29
单耗	kg/m³	爆破方量∇=450 m³ 总药量Q=190 kg 单耗∇=0.29		
最大单响药量	kg	4×1.8=7.2		
备注：孔内1发ms10段非电雷管延期，孔外接力雷管均采用双发。				

图 4　爆破网路图

4　控制爆破措施

4.1　爆破飞散物

（1）个别飞石安全距离计算。

台阶爆破飞石计算公式：

$$S = 100K_1K_2r^3/W^3$$

式中，K_1 为炮孔密集（邻近）程度系数，查表取 $K_1 = 1.1$；K_2 为炸药爆破能量与抵抗线相关系数，查表取 $K_2 = 0.4$；r 为孔径，取 $r = 4.2$ cm；W 为第一排炮孔的最小抵抗线，取 $W = 2.5$ m。

代入公式计算可得，$S = 190$ m，即爆破个别飞散物的最大距离为 190 m。

（2）由于侧向自由面容易产生朝向保护对象的飞散物，爆破时尽量不利用此自由面，只利用地表方向的自由面。

（3）对爆区地表采用炮被全面覆盖，覆盖范围超出爆破区 2 m。限制飞石沿自由面射出，实现对飞散物的约束。

（4）清理地表的浮石和松动岩块，尤其将炮孔孔口附近的石块清理干净。

（5）采取松动爆破，降低单耗，做到“碎而不抛”或“碎而不散”。

（6）采取毫秒微差逐孔逐爆的导爆管接力网路，使爆破能量充分分散，在设计开挖线上的爆破孔采取预裂爆破。

（7）对飞石可能抛掷到的武警营房、高压线塔、老坝坝体等部位进行预先防护。

4.2　爆破振动

（1）爆破保护对象振动安全允许标准见表 2。

（2）根据萨道夫斯基公式 $Q = R^3(v/k)^{3/\alpha}$，最大允许起爆药量计算见表 3。从表 3 中可以看出，最大允许起爆药量最小的部位为武警营房，允许起爆药量为 29 kg。爆破设计中最大起爆药量为 7.3 kg，远小于最大允许起爆药量。

表 2　保护对象爆破振动安全允许标准

防护对象名称	允许质点振速(cm/s)	备注
丰满大坝坝基	3.0(老坝)	对爆破振动起控制作用的是帷幕灌浆区
丰满大坝坝顶	6.0(老坝)	
老坝灌浆帷幕	1.5	
武警营房	4.0	
发电厂中控室	0.5	

表 3　最大允许起爆药量计算表

部位	离爆点距 R (m)	地质条件系数 α	地形条件系数 k	允许振动速度 v(cm/s)	起爆药量 Q(kg)
大坝坝基	140	1.3	150	3	329
大坝坝顶	140	1.3	150	6	1 630
老坝灌浆帷幕	140	1.3	150	1.5	66
武警营房	50	1.3	150	4	29
发电厂中控室	450	1.3	150	0.5	175

4.3　爆破空气冲击波

(1)爆破冲击波安全距离计算。

爆破空气冲击波可根据经验公式 $R_k = 25Q^{1/3}$ 计算。

式中:R_k 为空气冲击波对掩体内人员的安全距离,m;Q 为一次爆破的炸药量,毫秒延期爆破时;Q 按一次爆破的总炸药量计算。

本次爆破总炸药量为 159 kg。

代入公式计算:$R_k = 25 \times 159^{1/3} = 135$(m)。

(2)从计算结果可以看出,武警营房位于爆破冲击波安全距离之内,因此爆破时武警营房内人员需全部撤出,为防止武警营房门窗受空气冲击波破坏,爆破前应打开门窗,并对其表面进行保护。

(3)对预裂孔裸露导爆索进行覆盖,可减少空气冲击波的危害。

(4)保证堵塞长度和堵塞质量,避免出现冲炮。

(5)必要时堆砌成阻波墙或阻波堤,以削弱空气冲击波的强度。

5　爆破振动监测

5.1　监测内容

右岸坝肩边坡开挖爆破振动监测在每次爆破时进行,直至爆破结束。根据开挖爆破施工情况,结合需要重点保护的对象,分析爆破振动监测的工作内容包括:

(1)测定丰满老坝 44# 坝段灌浆廊道内灌浆帷幕的爆破振动参数,监测坝段开挖爆破对丰满老坝坝顶的振动影响。

(2)测定丰满老坝56#坝段坝顶的爆破振动参数,监测坝段开挖爆破对丰满老坝坝顶的振动影响。

(3)测定武警营房的爆破振动参数,监测坝段开挖爆破对武警营房的振动影响。

5.2　监测点布置

每次爆破时根据保护的对象分布情况进行爆破振动监测点布设,监测点主要布置于老坝56#坝段坝顶、老坝44#坝段坝基灌浆廊道内、老坝56#坝段坝基及武警营房。爆破振动监测点位置见图5。

图5　爆破振动监测点位置

5.3　检测成果

监测地点距爆心距离见表4,爆破监测成果见表5。

表4　监测地点距爆心距离表

监测位置	爆心距离(m)	振动方向	主频率(Hz)
编号C1 老坝56#坝段坝顶	110	水平径向	3.662
		水平切向	0
		铅直向	972.9
编号C2 老坝44#坝基帷幕灌浆	300	水平径向	50.049
		水平切向	4.883
		铅直向	50.049
编号C3 武警营房	60	水平径向	51.27
		水平切向	0
		铅直向	20.752

5.4　成果分析

(1)老坝56#坝段坝顶监测:最大质点振动速度为0.198 cm/s,丰满大坝坝顶的允许质点振动速度为6.0 cm/s,实测的最大质点振动速度0.198 cm/s远小于允许的质点振动速度6.0 cm/s。

表5 爆破监测成果表

通道名	最大振速(cm/s)	主振频率(Hz)	振动持续时间(s)
C1 通道 1 * 段	0. 198	3. 662	0. 974
C1 通道 2 * 段	0	0	0
C1 通道 3 * 段	0. 154	972. 9	0. 974
C2 通道 1 * 段	0. 06	50. 049	0. 974
C2 通道 2 * 段	0. 237	4. 883	0. 949
C2 通道 3 * 段	0. 054	50. 049	0. 973
C3 通道 1 * 段	0. 194	51. 27	0. 957
C3 通道 2 * 段	0	0	0
C3 通道 3 * 段	0. 053	20. 752	0. 973

(2)老坝44#坝段帷幕灌浆监测:监测的最大振动速度为0. 237 cm/s,丰满老坝坝基帷幕灌浆区的允许质点振动速度为1. 5 cm/s,实测的最大质点振动速度0. 237 cm/s,小于允许的质点振动速度1. 5 cm/s。

(3)武警营房监测:最大振动速度为0. 194 cm/s,武警营房的允许质点振动速度为4. 0 cm/s,实测的最大质点振动速度0. 194 cm/s,远小于允许的质点振动速度4. 0 cm/s。

爆破监测成果表明,采取本爆破设计参数进行控制爆破,爆破引起的振动速度远小于保护对象允许振动速度,爆破施工能够满足设计要求。

6 结 语

通过成功实施丰满大坝新坝右岸坝肩石方控制爆破,表明在复杂的周边环境下采取控制爆破措施,通过爆破参数的合理选取、爆破网路的精心设计、地表覆盖和爆破振动监测等方法,对爆破飞散物、空气冲击波及爆破振动能够有效控制,进而实现对爆区周边建筑物、老坝坝体的保护。

参 考 文 献

[1] 张正宇,等. 水利水电工程精细爆破概论[M]. 北京:中国水利水电出版社,2009.
[2] 于亚伦. 工程爆破理论与技术[M]. 北京:冶金工业出版社,2004.
[3] 汪旭光. 爆破设计与施工[M]. 北京:冶金工业出版社,2011.
[4] 汪旭光. 中国爆破新进展[M]. 北京:冶金工业出版社,2014.

隧洞进口边坡处理设计应用浅谈

王　健　房　刚

（陕西省水利电力勘测设计研究院，西安　710001）

摘　要　本文通过下坂地水利枢纽工程导流泄洪底洞进口边坡和侧槽溢洪洞进口高边坡处理设计，阐述了边坡常规处理和特殊处理措施。采用锚索加固边坡，可以充分利用边坡岩体的自稳能力，与锚索相互作用，确保边坡安全、稳定。

关键词　下坂地；高边坡；加固处理；锚索

1　工程概况

1.1　工程简况

下坂地水利枢纽工程位于新疆塔里木河源流叶尔羌河主要支流之一的塔什库尔干河中下游，工程是以生态补水及春旱供水为主，结合发电的Ⅱ等大(2)型工程。水库正常挡水位2 960 m，总库容8.67亿m^3，电站总装机150 MW。枢纽建筑物由拦河坝、导流泄洪洞、引水发电洞和电站厂房四部分组成。侧槽表孔、泄洪洞采用“一洞两首”的布置形式，兼有导流、泄洪和水库放空三大功能，由泄洪底洞和表孔侧槽溢洪洞两大部分构成。因此，泄洪底洞和表孔溢洪洞进口边坡加固处理尤为重要。

1.2　工程地质概况

泄洪底洞进口位于坝址上游约900 m，高程2 902 m。进口段主要位于元古界第三、二岩性段，岩性为角闪片岩及角闪片麻岩，围岩以Ⅳ类为主，部分卸荷岩体为Ⅴ类，坡面堆积有坡积物。

侧槽溢洪洞布置在坝前右岸约550 m处，进口高程2 960 m，受地形条件影响，侧堰进洞正向边坡在高程3 010～3 060 m间发育一面积约950 m^2的破碎架空岩体，边坡形态为一条带状的突出小山梁，岩面极为破碎，表面呈块状到碎块状，块体间有架空现象，局部充填碎石土，岩块基本脱离母岩，深度为5～8 m，稳定性差。此外，侧向边坡在3 000～3 050 m间，沿f_5断层的西侧，为一面积约1 800 m^2的破碎岩体。岩体倾倒变形，片理面已混乱不清，岩体结构松散，岩石块体间充填大量的碎石土，岩块间无咬合力，稳定性极差。

2　设计处理方案

泄洪底洞进口边坡整体上是稳定的，局部存在不稳定块体。按常规加固措施进行处理，

通讯作者：房刚（1979－），男，陕西彬县人，学士，工程师。主要从事水利水电工程设计等方面的工作。E-mail：50110640@qq.com。

设计对进口 2 966 m 高程以下边坡，自上而下清除表层强风化卸荷岩体及坡积物，之后对开挖边坡按 1∶0.6 进行开挖整平，在洞脸开挖范围内采用喷 C20 混凝土进行喷护，并设置系统锚杆进行边坡锚固。坡面锚杆采用 3 m 长 Φ22 钢筋，按 3 m×3 m 梅花形布置，垂直于坡面深入基岩 3 m 深。对于隧洞右侧的坡积物，采用开挖和挡护的措施进行工程处理。隧洞进口外延的坡积物按照 1∶1的临时施工边坡进行全部清除。同时在进口上游 30 m 范围内，对 2 901 ~2 966 m 高程自然边坡(1∶1.5 ~1∶1.7)结合道路施工进行整修，采用 0.6 m 厚的干砌石护坡进行砌护。

侧槽溢洪洞进口在边坡开挖过程中，发现边坡的工程地质条件发生较大变化，对边坡稳定不利。因此，对侧槽进口边坡开挖进行了修改设计，整体开挖边坡变缓，即 2 966 ~2 996 m 开挖坡比由 1∶0.3 调整为 1∶0.5，2 996 ~3 026 m 开挖坡比由 1∶0.5 调整为 1∶0.75，3 026 m 以上边坡开挖坡比由 1∶0.75 调整为 1∶1。边坡放缓后，最高削坡高度为 119 m，坡顶高程为 3 085 m。由于开挖边坡较高，结合地形条件和进口布置，在 3 040 m 高程布设一缓冲平台，平台宽度 3 ~25 m，将整个侧槽边坡形成两大台阶，以利于侧槽和进口竖井边坡的安全。侧槽边坡由于地质构造的影响，岩体变形风化较深，边坡表层整体性较差。按照不同高程的地层参数，并结合块体平衡理论对边坡进行了稳定分析，在正常工况下，边坡的整体安全系数均在 1.25 以上，满足规范稳定要求，但地震工况下不足 1.05，不满足规范要求，因此需要对边坡进行锚喷加固处理。

3 锚索应用

按照块体滑动理论，计算确定采用锚索的加固形式对侧槽溢洪洞进口高边坡进行处理。

3.1 传统有黏结无保护预应力锚索与分散压缩型锚索特点比较

(1)传统的有黏结无保护预应力锚索受力特征：内锚固段受拉时将在锚固段前端(靠孔口段)1 ~2 m 范围内产生应力集中，应力分布不均匀，呈倒三角形分布。同时内锚段在抵抗拔出时产生的剪胀力易导致内锚固段砂浆连锁开裂，不能充分利用岩体的力学传递特性。

(2)分散压缩型锚索受力特征：预应力平均分散在若干个并联的承载体上，改善了内锚头的应力分布状态，将预应力集中地通过唯一一个锚固段砂浆传递给岩土体，从而提高了锚固体的可靠性。

分散压缩型无黏结预应力锚索体系克服了传统的有黏结锚索体系的各种缺陷，与其相比，分散压缩型锚索的结构形式更为合理。

3.2 侧槽高边坡锚索选择

根据稳定分析计算结果，并参考国内已成工程经验，确定下坂地侧槽边坡预应力锚索单根锚固吨位为 100 t。根据边坡内部岩体情况，若采用传统拉伸型锚索，在假定锚固应力沿锚固段全长均匀分布的情况下(现行规范确定方法)，锚固段计算长度取 9.3 m。而内锚固段真实的受力将按近似三角形分布在靠近孔口段的 2.0 ~3.0 m 的范围内，也就意味着受力部分内锚段最大实际受力在 50 ~60 t，而此时内锚段所在的Ⅳ类岩体难以承受锚索所产生的剪切应力，将发生破坏，进而导致边坡失稳，故采用传统锚索加固该边坡存在很大的安全隐患。

考虑上述因素，同时按照块体平衡理论，经计算确定采用中国水科院目前开发的分散压缩型无黏结预应力锚索 SYM1200 型加固形式。该体系将传统锚索内锚段所承受的集中拉应力改为分散的压应力,充分利用了水泥浆体及周围岩体的高抗压性能,使在侧槽边坡复杂的围岩状态下,锚索体能承受较高的拉拔能力,满足边坡稳定的需要。预应力锚固采用 4 m×4 m 混凝土框格梁系统,锚索采用 1 000 kN 压力分散型内锚头,该锚索内锚头外径 140 mm,要求锚孔孔径不小于 165 mm。共计选用 53 根预应力锚索,分布在 2 996 ~3 026 m 两级马道的坡面之间,加固后的边坡在地震工况下最小安全系数为 1.16,满足规范要求。

3.3　锚索施工

侧槽边坡锚索施工与开挖工作面交叉进行,施工程序为:搭造孔穿索施工平台→造孔→编索→穿索→内锚固段灌浆→外锚墩浇混凝土→装外锚头和测力器→张拉→自由段灌浆→外锚头保护。

4　体　会

(1)下坂地侧槽进口高边坡地质情况复杂,施工项目多、工程量大、工期紧、施工难度极大。根据施工过程中反映出来的问题,边坡施工一定要按照施工程序进行,开挖后及时进行支护。开挖一层,支护一层。不能图方便,全部开挖完成后再进行支护。

(2)根据边坡分区不同的地质条件,应分别采取不同处理方案。泄洪底洞进口边坡整体上是稳定的,局部存在不稳定块体。按常规加固措施进行处理,既能满足工程需要,也能保证安全运行。侧槽溢洪洞进口边坡地质较复杂,尤其在开挖过程中地质条件发生较大变化,3 026 m 以上开挖坡面风化及卸荷严重,岩体接散体结构,采用开挖放缓坡比的方案。2 966 ~2 996 m 之间边坡岩体完整程度较好,仍采用原设计坡面喷锚系统进行加固。2 996 ~3 026 m 之间边坡,表层岩体完整程度差,具有一定块度和层理结构,与母岩连接较好,采用混凝土框格梁进行加固,预应力锚固外的其余框格梁结点均布置 8 m 深砂浆锚杆,格梁中根据坡面开挖情况,辅以 3 m 的砂浆锚杆,并进行混凝土喷护。

(3)根据边坡内部岩体情况,若采用传统拉伸型锚索,在假定锚固应力沿锚固段全长均匀分布的情况下,锚固段计算长度将取 9.3 m。而此时内锚段所在的Ⅳ类岩体难以承受锚索所产生的剪切应力,将发生破坏,进而导致边坡失稳。因此,采用传统锚索加固该边坡存在很大的安全隐患。考虑上述因素,下坂地侧槽边坡选用了由中国水科院提供的分散压缩型锚索体系。该体系将传统锚索内锚段所承受的集中拉应力改为分散的压应力,充分利用了水泥浆体及周围岩体的高抗压性能,使在侧槽边坡复杂的围岩状态下,锚索体能承受较高的拉拔能力,满足边坡稳定的需要。针对破碎岩体边坡的加固进行了有效的实践。

(4)在高边坡施工过程中,为保证开挖与锚固同步施工,必须缩短锚索施工时间,及早对岩体施加预应力,以达到加快工程进度、确保边坡稳定的目的。因此,本工程在施工过程中摸索总结出了一系列行之有效的施工技术:跟管钻进、变径跟管钻进的工艺有效解决了堆积体造孔难的问题;实施索体(自由段)包裹土工布、细帆布的工艺及优化索体结构,克服了堆积体下索困难,有效避免了堆积体中注浆量大、注不满的情况;施工中提出的内锚段预注浆,即成孔后对锚索内锚固段围岩进行固壁注浆,保证了锚索内锚固段的完整性;施工中实施的锚孔一次注浆,即在内锚固段注浆结束后,在孔口增设一止浆包,立即进行张拉段注浆,避免了长时间搁置塌孔造成张拉段注浆不饱满的问题。

实践证明,下坂地侧槽进口高边坡堆积体锚索施工满足了要求,成功地起到了前期抑制边坡变形和后期加固山体的作用。鉴于侧槽进口高边坡堆积体地质情况的极端复杂和极具代表性,在锚索施工中摸索出的一系列工艺、技术、方法值得其他工程借鉴。

参考文献

[1] 王健.下坂地水利枢纽侧槽溢洪洞工程进口高边坡加固设计[J].陕西水利,2008.
[2] 房刚.分散压缩型锚索在水利工程实践中的应用[J].陕西水利,2009.
[3] 新疆下坂地水利枢纽工程初步设计报告[R].水利部陕西水利电力勘测设计研究院,2004.

小湾水电站700 m级高边坡开挖支护施工管理

张有斌 魏素香

(华能小湾水电工程建设管理局,小湾 675702)

摘 要 小湾700 m级高边坡“高清坡低开口、陡开挖强支护、先锁口排水超前”的施工方法创造了良好的效益。科学管理文明施工,大胆探索新工艺新技术,专题研究复杂地质条件下的巨型高陡边坡开挖支护、饮水沟堆积体蠕滑治理、坝肩稳定及加固、坝基卸荷松弛处理、施工质量进度效益的关系优化设计,施工期和永久运行期边坡安全稳定,工程质量优良,施工期间没有发生任何质量安全事故。提前1年实现大江截流,提前2年全部机组投产发电,为我国乃至世界高拱坝建设提供了宝贵的经验。

关键词 小湾水电站;700 m级高边坡;施工;管理

1 工程概况

1.1 工程概述

小湾水电站是“西电东送”战略标志性工程,位于云南大理白族自治州南涧县与临沧地区凤庆县交界的澜沧江中游河段黑惠江汇入口下游1.5 km处,系澜沧江中下游河段的龙头电站规划八级电站的第二级,多年调节性能调节库容100亿m^3,工程以发电为主,兼有防洪、灌溉、拦沙及库区航运等综合利用效益。小湾为高坝大库巨型电站一等大(1)型工程,永久建筑物由混凝土双曲拱坝、坝后水垫塘及二道坝、左岸泄洪洞及右岸地下引水发电系统等组成,均为1级建筑物。坝顶高程1 245 m,正常蓄水位1 240 m,年利用4 520 h,保证出力177.8万kW。多年平均发电量190亿kWh,每年可依法完税9.16亿元。

1.2 工程特点

小湾工程主要特点见表1。

1.3 建设概况

小湾水电站2002年1月开工,2004年10月大江截流,2005年12月大坝首仓混凝土浇筑,2009年9月首台机组投产发电,2010年4月25日4号机组投产发电,作为中国水电装机容量突破2亿kW标志性机组,2010年8月6台机组全部投产发电。2011年10月全部工程完工,2012年8月通过达标投产验收,2013年6月完成竣工安全鉴定,2014年1月评价为高质量等级优良工程(93.2分)。2012年、2013年、2014年三次成功蓄水至正常水位1 240 m。目前专项验收已通过6项,移民、工程决算专项验收工作正在按计划推进。

作者简介:张有斌(1970—),男,甘肃古浪人,大学文化,高级经济师,建设部注册监理工程师,首批华能集团招投标专家库成员。参与黄河万家寨、长江三峡、澜沧江小湾建设项目。E-mail:1009447428@qq.com。

表1　小湾工程主要特点

序号	特点		内容
1	四大	库容大	总库容150亿 m^3
		装机容量大	单机70万kW,总装机420万kW
		工程投资大	静态投资223.31亿元,决算总投资约371.73亿元(截至2015年12月)
		建设难度大	工程规模巨大,地形地质条件复杂,河谷沟梁相间,总水平推力达1 700万t,下游坝趾区最大压应力达10 MPa,控制难度大。高边坡开挖坝基处理施工问题突出。拱坝混凝土具有“高强度、中等弹模、低热、不收缩、高极拉值”等特点,温控困难。拱坝区地震烈度Ⅷ度,挡水建筑物的设防烈度P600超10%、加速度0.308g,为世界同类坝型之最。“大泄量高水头窄河谷”泄洪消能问题突出,最大下泄流量对应功率4 600万kW,居世界同类坝型前列。地下厂房(开挖尺寸298.4 m×30.6 m×79.38 m)有上百条大小洞室,洞室群规模巨大
2	三高	大坝高	坝高294.5 m,高地震烈度区建设的世界首座300 m级高拱坝
		水头高	最大水头251m
		开挖边坡高	开挖边坡高700m,堪称世界之最
3	二好	调节性能好	建成后使云南具有多年调节能力的水电装机容量由15%上升到70%
		补偿效益好	建成后使下游漫湾等6个梯级电站枯水期保证出力增加约110万kW,发电量增加27亿kWh
4	一少	征地移民少	水库淹没194 km^2,耕地62 530亩,移民安置41 243人,国内同比单位千瓦征地移民较少

2　工程建设管理

2.1　基建管理

小湾累计签订咨询、建安、设备、物资等11大类共3 600余份合同全部通过MIS(管理信息系统)管理。主要工程项目全部采用公开(邀请)招标,个别抢险和防洪度汛等项目择优直接委托,所有项目全部履行了相应审批程序。边坡主要原材料统一招标采购供应,施工、监理和实验室分别抽检控制质量,建设期间未因统供材料质量问题引起任何纠纷和索赔。小湾与地方安监部门联合成立安全生产指导委员会,推行预知危险活动、安全管理问责制、安全质量标准化三大举措形成闭环系统。制定了《安全生产责任规定》《重大突发事件总体应急预案》等49个安全管理文件。建设期间共开展10次安全生产执法大检查,实现了“安全零责任事故”目标。小湾按照“建设绿色电站构建和谐水电”的根本要求,将水保环保工作要求写入合同明确责任,涵盖各参建单位的水保环保管理体系完整。同库区2个省级、1个州级、1个县级自然保护区管理部门签订协议,对保护区淹没影响给予补偿资助,使野生动物栖息环境得到进一步改善。小湾环保设施齐全运转有效,各类污染物排放达标,施工区土壤侵蚀程度低于原生土14%,拦渣率99.97%,达到国家Ⅰ级标准。

《小湾水电工程项目文件材料编制、归档及档案整理办法》等文件规范管理使项目档案“对号入座一步到位”。小湾归档文字档案共 56 031 卷(1 正 2 副),竣工图 28 071 张,照片档案 5 321 张,光盘 613 张,岩芯 1 624 箱,实物档案 77 件,音频文件 41 盒,数字化存储数据 641.7 GB。小湾打破土建工程监理按施工标段分标的常规做法,把监理工作分为地面、地下工程、机电安装、缆机运行维护、临建工程五个标段,优选监理确立“小业主大监理”的管理模式。依据《小湾水电工程监理考核管理办法》,围绕“三控(投资、进度、质量控制)三管(安全、合同、信息管理)一协调”的监理职能,从合同商务、现场、档案资料管理等各个方面全面评价服务质量并与季度费用挂钩督促监理工作。

2.2　质量管理

小湾建立了以华能集团公司、澜沧江股份公司、小湾建管局、设计、监理、施工、驻厂监造、流域质量专家组和电力建设工程质量监督总站构成的质量管理框架,即“业主负责、施工保证、监理控制、专家把关、政府监督”的质量管理体系。实施“检查发现问题、整改反馈问题、复查消除问题”的闭合式精细化管理,坚持贯彻“百年大计、质量第一、追求卓越、争创一流、建设精品工程”的质量方针,以“不留隐患是质量工作的最高原则”为出发点,以“完美无缺无疵可求”明确了“实现达标投产争创鲁班奖和国家优质工程奖”的目标。按照“谁建设、谁管理,谁施工、谁负责”的原则,做到了制度建设无缺陷、管理过程无漏洞、监督措施无缺位。实行由业主统一领导、监理现场监管、第三方独立监测、设计、施工和供应商等承包单位按国家有关规定和合同约定各负其责的管理体制。

2.3　质量监督开展情况

建设期间按照《水电建设工程质量监督规定(试行)》和《水电建设工程质量监督大纲(试行)》要求开展了 12 次质量监督巡视工作,并形成巡视意见(见表 2)。

表 2　质量监督巡视意见汇总表

序号	时间	巡视意见
1	2002 年 2 月	工程质量处于受控状态
2	2004 年 7 月	建设单位非常重视首次检查意见建议并组织参建方认真整改落实,质量管理初见成效,工程质量基本受控
3	2004 年 9 月	业主负责制、招投标制、监理制符合国家法规。质量管理规章制度完善,质量管理体系健全,运行有效,工程质量受控状态良好,落实各项准备工作、完成截流前阶段验收后,可依水情情况适时进行截流
4	2005 年 11 月	第二次巡视以来工程面貌发生可喜变化,安全生产和文明施工整体水平明显提高。地下主厂房开挖顺利,进水口混凝土外观质量良好,两岸坝肩槽开挖质量优良,工程质量总体受控状态良好
5	2006 年 11 月	规章制度不断完善,运行有效,尤其大坝混凝土施工质量、各项力学指标、极限拉伸值及温度控制均符合设计要求。巡视组相当满意仓面设计,无论是模板、钢筋、止水、冷却水管安装,还是仓内平仓、振捣设备摆放、入仓手段和规则,均做到规范作业,仓面清洁有序,已属国内先进水平。小湾工程质量受控状态良好

续表2

序号	时间	巡视意见
6	2007年10月	质量管理机构健全,规章制度完善,体系运行正常,监督网络运行有效,质量处于良好的受控状态
7	2008年11月	相关工程面貌满足设计要求,各项规章制度贯彻落实较好。下闸蓄水方案及施工措施已经审定,准备工作就绪并已通过蓄水安全鉴定,已具备下闸蓄水条件
8	2009年6月	导流底孔下闸蓄水后不影响后续工程施工。工程设计符合强制性标准及现行规程规范,监理"三控三管一协调"、施工"三检制"执行良好。第二阶段下闸蓄水(1125m水位)方案及施工措施已经审定,准备工作基本就绪并已通过枢纽工程蓄水(第二阶段)安全鉴定,具备下闸蓄水条件
	2009年8月	第二阶段蓄水方案已实现,第三阶段(1 166 m)蓄水工程满足要求,2#导流底孔下闸蓄水后不影响后续工程施工。蓄水方案及措施已审定,准备工作完成并通过蓄水安全鉴定,具备第三阶段下闸蓄水条件
9	2009年9月	工程形象面貌已满足首台机组启动要求,相关工程的施工质量满足设计要求,具备首台(1#机)机组启动、500 kV受电和试运行的条件
10	2010年4月	导流中孔下闸封堵相关工程完全满足设计要求,下闸后不影响后续工程施工。业主充分发挥了主导核心作用,下闸蓄水方案及施工措施已经审定,准备工作基本就绪并将进行枢纽工程本阶段蓄水安全鉴定,2010年安全度汛措施正在实施中,已具备导流中孔下闸蓄水条件
11	2010年8月	工程设计符合国家有关强制性标准及现行规程规范、设计优化及新技术应用要求。工程形象面貌已满足6#机(最后一台机组)启动调试要求,启动调试项目完成并验收合格后,6#机具备进入72 h试运行条件。实现了机组"一年六投"的优异成绩,取得了良好的经济社会效益
12	2013年9月	2010年8月22日六台机组全部安装调试完成并投入商业运行,2013年9月16日已累计发电612.1亿kWh,创造了巨大的经济社会效益。工程已经历4个汛期,2012年10月31日水位达设计正常蓄水位1 240 m,枢纽建筑物全部完工运行正常,金结机电设备各系统运行和各项性能指标均满足设计要求。具备竣工验收条件

3 边坡工程

3.1 边坡概述

小湾工程枢纽位于深山峡谷的高地震烈度区,多条冲沟切割河谷,岸坡呈沟梁相间的地貌形态,岸坡陡峻,泥石流多发。山坡表层顺坡剪切裂隙发育,卸荷作用强烈,部分冲沟地段分布深厚的第四系堆积层。枢纽区建筑物密集,交通布置错落多样,边坡悬崖峭壁多衔接变异巨大,左岸700 m级、右岸600 m级的巨型高陡边坡开挖支护,饮水沟堆积体蠕滑治理,坝基开挖卸荷松弛处理,坝肩抗力体处理等均为中国水电工程建设之独有。多年平均施工人数达15 000人,立体交叉作业频繁,施工干扰大,地形地质条件复杂,是国内水电系统施工难度最大、安全风险最大、安全管理难度最大的工程项目之一,也是世界水电史上的难题。

边坡上部的强风化强卸荷变形岩体是边坡开挖支护难点。边坡出露岩层主要是黑云花岗片麻岩、角闪斜长片麻岩,岩层产状为近横河的EW陡倾上游。边坡内Ⅲ、Ⅳ级结构面发育,3组产状为近SN向陡倾角组、近EW向顺片麻理组、顺坡的中缓倾角组,构成后缘拉裂面、侧向切割面及顺坡向中缓倾角节理裂隙组成的结构体,易向河谷方向呈—陡—缓状滑动破坏,进而向周边扩展形成平面型坍滑,是边坡稳定处理的重点。

左岸2#、4#、6#山梁、龙潭干沟堆积体和右岸3#山梁、大椿树沟堆积体边坡覆盖深厚,岩质边坡失稳模式多样,开挖坡比从直立陡坡逐级过渡至原天然地貌平行缓坡,体型凹凸错落。堆积体物质组成复杂,天然状态下处于稳定或基本稳定状态,两岸坝肩槽、缆机基础平台、左岸混凝土拌和系统、场内公路等工程开挖均有触及。在满足建筑物布置要求的前提下,确保边坡在施工期和永久运行期的安全稳定,并力求经济和加快施工进度是关键技术问题之一。

3.2　边坡基本特征

边坡开挖支护工程涉及12个合同标段,2002年3月18日至2009年1月10日施工,边坡高峰年开挖强度630万m^3,1 000 m高程以上平均每月下挖20 m。边坡开挖土石方120.07万m^3,贴坡混凝土415.42万m^3,喷混凝土43.03万m^3,排水孔62.03万m,锚索17 824根,锚杆950 905根,锚筋桩71 191根。

边坡主要项目基本特征见表3。

表3　边坡主要项目基本特征

序号	边坡简称	边坡范围及主要性质	边坡特征参数	
			坡高(m)	宽(m)
1	饮水沟堆积体边坡	1 245 m以上永久边坡大型复杂堆积体,施工过程蠕滑变形综合治理	695	200
2	右岸坝肩边坡	1 245 m以上大椿树沟堆积体,缆机、进水口后边坡上下游侧岩质永久边坡	590	550
3	坝基边坡(长900 m)	1 245 m以下,建基面基坑开挖形成的上、下游侧临时边坡,建基面主要为微风化岩体,其余岩坡以弱风化为主,存在部分堆积体与强风化岩体	295	200
4	进水口边坡	1 245 m以下,电站进水口正面、侧面及转角部位的开挖边坡,转角部位为断层带边坡,其余为岩质边坡;典型大型楔体构造	106	300
5	水垫塘边坡	1 245 m以下,二道坝坝顶以下(上)为临时(永久)岩质边坡,卸荷强烈蚀变发育,部分冲沟部位为堆积体边坡;受大坝泄洪雾化影响较大	285	500

续表 3

序号	边坡简称	边坡范围及主要性质	边坡特征参数	
			坡高(m)	宽(m)
6	泄洪洞进出口边坡	进口永久性边坡以弱风化岩体为主,出口永久性边坡主要为强弱风化岩体	160	70
7	6#山梁边坡	永久边坡,坝顶公路以上弱风化岩体卸荷作用强烈,开挖崩塌综合治理	290	400

3.3 边坡重大设计优化

(1)在审定首台机组2010年12月发电及2004年10月截流基础上,2005年3月专题报告经审查确定,按2009年10月首台机组发电方案调整边坡开挖支护、总进度枢纽布置及建筑物施工。

(2)调整坝基高程975 m部位卸荷界限,坝基二次扩挖,拱坝部位嵌深增加5~13.35 m,建基面由953 m降低至950.5 m,宽度由55 m增加至75 m。坝趾附近断层蚀变带槽挖回填,坝基低高程卸荷岩体置换混凝土。

(3)坝基根据作用水头大小设置1~3排帷幕灌浆,两岸按40~50 m设置灌浆洞、排水洞,坝基设置两道排水廊道,内设排水孔,坝基全面布置6个区域盖重固结灌浆。

4 边坡施工

4.1 开挖支护

4.1.1 边坡开挖

开挖施工工序见图1。

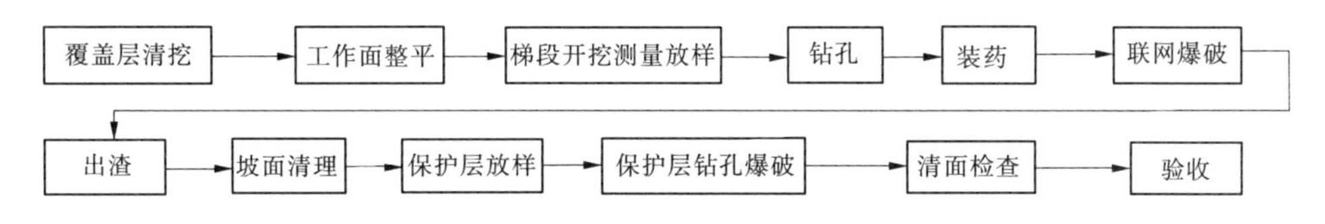

图1 开挖施工工序

左右岸边坡开挖统计表见表4。

表4 左右岸边坡开挖成果统计表

部位	超欠挖					平整度		
	超挖(cm)		欠挖(cm)		检测点/合格率(%)	最大值(cm)	平均值(cm)	检测点/合格率(%)
	最大值	平均值	最大值	平均值				
1 245 m以上2#山梁(未统计检测点数)	82	44	43	27	91.2	21	14.1	88.5
1 245 m以上4#山梁(未统计检测点数)	77	47	36	21	87.4	23	12.9	84.1
左岸坝前边坡(未统计检测点数)	77	36	39	24	93.3	24	13.3	93.6
左岸坝后边坡(未统计检测点数)	58	42	33	19	91.1	18	12.7	93.2
设计标准	≤50且≥-30							

续表 4

部位		超欠挖					平整度		
		超挖(cm)		欠挖(cm)		检测点/合格率(%)	最大值(cm)	平均值(cm)	检测点/合格率(%)
		最大值	平均值	最大值	平均值				
坝基上游 10 m 边坡(未统计检测点数)		69	13.9	10	0.01	89.7	53	7.5	94.1
坝基下游 10 m 边坡(未统计检测点数)		64	18.1	17	0.1	69.9	30	9.2	89.9
坝基上游 10 m 边坡 1 050 ~1 040 m 缺陷槽		162	121	—	—	—	—	—	—
右岸 1 245 m 以上大椿树沟上下游边坡		123	25	30	11.2	7 386/91.7	36.2	18	2 315/86.3
右岸坝前坝后水垫塘边坡	坝前(岩石破碎)	176	37	14	8.5	3 429/93.3	28	12.5	1 269/82.4
	坝后(岩石破碎)	164	44	16	5.5	2 876/86	24	12.6	1 023/81.4
	坝基上下 10 m 范围内	19	16	0	-3.4	1 439/86.6	32	15	358/89.7
右岸修山大沟拦渣墙新增开挖区		46	16	22	11	363/84.6	35	18	47/84.8
设计标准		≤20 且≥0				±15 以内			

4.1.2 坝肩(基)开挖

坝基开挖采用上欠 20 cm、下超 30 cm、形成 0.5 m 宽错台摆放钻机的超欠平衡法,深孔梯段、三面预裂、一次爆破施工,建基面开挖均采用预裂爆破。采用逐孔坐标控制孔位、制作 100B 钻机样架控制预裂孔造孔、三次校钻的方法控制开孔,制作大尺寸高精度量角器,增加浮震器控制爆破孔的倾角和方位角。坝基马道或水平平台按“小孔径、密布孔、少药量、孔底设柔性垫层”爆破原则进行爆破。

建基面开挖质量检测成果见表 5。

表 5 建基面开挖质量检测成果

坝段编号	超欠挖					平整度			预裂半孔率(%)	1.0 m 处爆前爆后声波衰减率(%)	爆破振动峰值(cm/s)
	超挖(cm)		欠挖(cm)		检测点/合格率(%)	最大值(cm)	最小值(cm)	检测点/合格率(%)			
	最大值	最小值	最大值	最小值							
1	30.8	5.1	9.0	0.4	28/85.7	24.0	0.0	15/80.0	85	7.3	5 440
2	36.1	15.0	14.7	5.1	38/89.5	36.1	0.1	36/83.3	94	2.3	5 080
3	32.5	0.0	26.3	0.0	24/87.8	32.2	0.1	36/63.9	93.8	6.8	5 270
4	94.5	0.4	18.9	0.5	38/81.6	102.5	0.2	36/77.8	93.2	3.2	5 030
5	43.3	0.8	18.1	9.0	25/88.0	42.5	1.5	24/75.0	94	7.8	4 960
6	47.4	2.1	16.7	3.1	27/77.8	37.0	0.0	26/73.1	95.6	9.7	5 470
7	32.9	2.7	0	0	31/51.6	27.3	0.0	30/83.3	95.2	9.4	5 590
8	32.8	3.1	0	0	31/58.1	28.3	0.1	30/90.0	93.2	8.9	5 450
9	73.0	2.1	11.9	2.8	60/33.3	63	0.1	58/75.9	95.2	8.8	5 440
10	82.4	7.8	0	0	23/43.5	67.4	1.0	22/72.7	96.2	6.7	5 590
11	55.5	3.0	5.1	5.1	47/53.2	30.1	0.3	46/84.4	96.6	7.5	5 150
12	12.8	0.5	10.7	1.0	24/100.0	16.2	0.6	23/100.0	92.5	9.7	5 160
13	35.6	0.5	4.0	4.0	37/43.2	30.8	0.3	36/88.9	94.5	9.19	5 190

续表5

坝段编号	超欠挖					平整度			预裂半孔率(%)	1.0 m处爆前爆后声波衰减率(%)	爆破振动峰值(cm/s)
	超挖(cm)		欠挖(cm)		检测点/合格率(%)	最大值(cm)	最小值(cm)	检测点/合格率(%)			
	最大值	最小值	最大值	最小值							
14	35.5	0.7	32.8	0.7	20/55.0	16.1	0.0	18/88.9	90.5	9.8	5 220
15	30.8	1.8	11.8	5.2	17/71.0	23	1.7	16/68.8	94.5	9.1	5 070
16	46.7	0.5	0	0	20/35.0	33.5	0.4	19/89.5	94.5	9.38	5 290
17	1.5	0.1	0	0	20/100.0	0.24	0.02	19/89.5	95.5	9.71	5 410
18	37.7	7.1	0	0	20/40.0	17.7	0.2	19/89.5	90.2	9.59	5 470
19	59.9	12.0	0	0	18/61.1	47.9	0.9	17/47.1	80	9.9	5 330
20	39.8	0	4.1	0	20/85.0	25.2	1.1	19/63.2	78.3	33.4	5 390
21	58.5	1.0	18.1	1.3	20/80.0	23	3	25/84.0	82.5	9.28	5 080
22	46.0	5.7	0	0	14/21.4	23	3	28/82.1	80.5	6.91	5 160
23	37.5	2.1	7.3	2.6	20/90.0	26	3	19/89.5	95.2	33.4	5 200
24	39.5	1.8	4.2	3.6	13/92.3	50	3	26/84.6	97.0	31.0	5 200
25	51.1	1.0	0.0	0.0	28/70.4	14.7	0.1	27/100.0	90.1	—	—
26	45.1	2.3	7.5	2.0	36/72.2	18.3	0.5	35/94.3	90.3	8.82	—
27	25.1	1.2	11.1	1.3	68/91.2	22.5	0.3	66/95.5	96.4	—	5 240
28	38.5	1.7	18	3.9	25/92.0	44	1.3	24/87.5	96.0	9.8	5 490
29	23.7	3.6	19	2.3	26/92.3	24.1	0.2	24/87.5	94.5	9.0	5 290
30	23.7	3.6	19.1	2.3	26/92.3	24.1	0.2	24/87.5	95.0	8.5	5 080
31	53	1	20	8	23/60.9	24	0.2	21/85.7	92.5	25.4	5 130
32	11.6	0.7	20	1.1	32/100.0	17.9	0.2	30/86.7	92.3	16.2	5 080
33	32	0.3	19.8	2	45/93.0	44.3	0.1	44/70.5	91.0	7.0	4 980
34	25.5	1.3	19.7	9	23/87.0	31.3	0.2	22/81.8	95.2	5.8	4 910
35	53.6	0.8	19.5	0.1	45/88.9	38.1	0.0	44/91.0	94.8	8.0	5 260
36	19.9	3.4	18.1	0.2	21/100.0	28.5	0.2	20/95.0	95.0	9.5	5 020
37	16	0.2	10.3	0.3	40/100.0	13.9	0.2	38/100.0	94.7	6.7	5 340
38	13.5	0.5	13	3.6	16/100.0	16.1	0.1	15/93.3	93.5	4.8	4 950
39	31.3	2	17.3	2.5	25/84.0	17.9	0.3	24/95.8	94.0	5.9	5 310
40	24.6	1.4	20	1.4	29/96.6	30.7	0.9	27/77.8	94	7.0	5 220
41	35.3	2	0	0	18/72.2	29.1	1.1	17/70.6	94.5	9.1	5 580
42	43	0.6	16.3	1.6	31/96.8	31	0.4	30/86.7	95.0	9.3	5 440
43	54.9	12.6	19.4	19.4	15/73.3	54.9	0.0	14/85.7	92	8.3	5 230
设计标准	≤20		0或≥-20		—	±15以内		—	≤10	—	

建基面岩体及地质缺陷处理成型效果良好,爆破后声波衰减率均处于优良水平,坝基开

挖轮廓、半孔率、超欠挖、平整度等指标均满足建坝条件,符合设计要求。

4.1.3　支护

小湾边坡支护类型有喷混凝土、锚杆、锚筋桩、锚索、贴坡混凝土、排水孔等。锚索型式有1 000 kN、1 800 kN、3 000 kN、6 000 kN 4 级,全黏结式(主要型式)、普通拉力型无黏结式(监测)、拉力分散及拉压复合型无黏结式(研究试验)4 种。

锚杆(锚筋)桩施工工艺流程见图2。

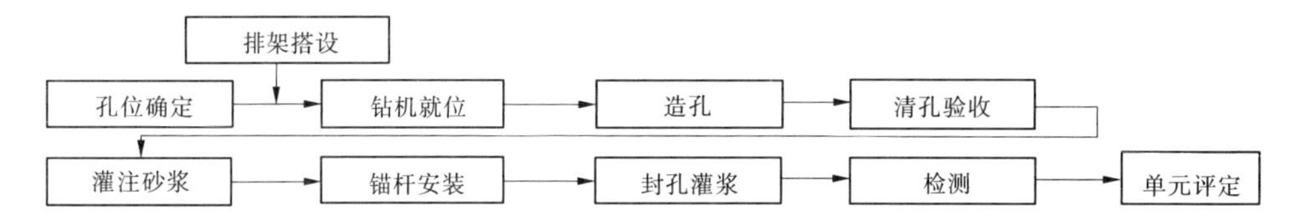

图2　锚杆(锚筋)桩施工工艺流程

锚索施工工艺流程见图3。

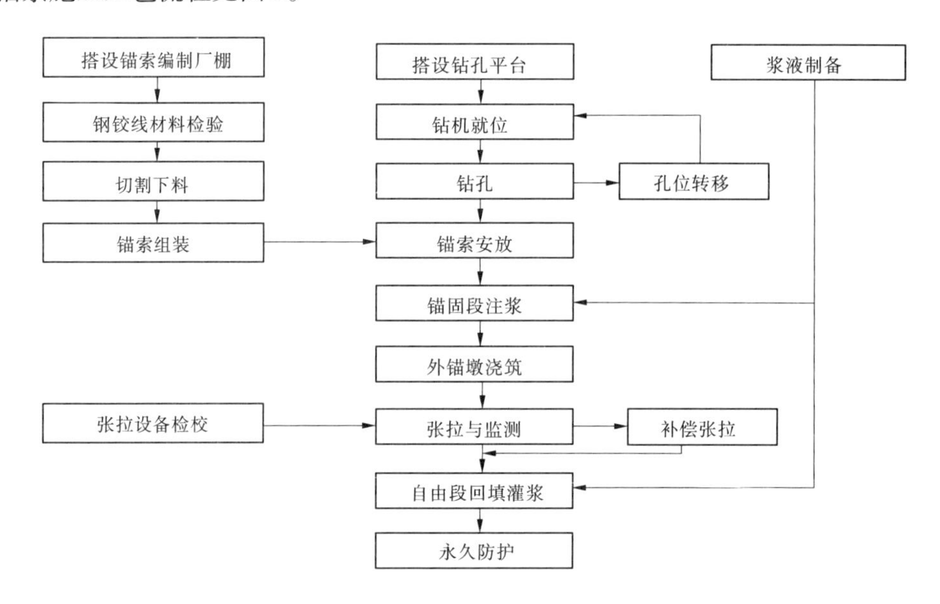

图3　锚索施工工艺流程

4.2　饮水沟堆积体蠕滑变形治理

左岸饮水沟堆积体由沿 F_7 断层形成的山沟两侧岩体崩坍堆积而成,后(前)缘高程1 650 m(1 180 m),总量540 万 m^3(其中40 万 m^3在库水位以下)。堆积体主要由块石、特大孤石夹碎石质土、碎石层、砂质粉土组成。特大孤石直径2 ~9 m。堆积体底部与下伏基岩之间有一层颗粒相对较细的接触带土,具有相对隔水层特征。下伏基岩面似一倒置的葫芦上大下小,纵向平均坡度25° ~30°。地下水类型主要为基岩裂隙潜水和上层滞水。在堆积体开挖到1 245 m 高程后,因连续降雨,1 300 m 高程出现拉裂缝,后逐步扩展至1 600 m 高程,最大蠕滑变形速率达2 mm/d。

堆积体上游侧坡的中上高程部位削坡减载。抢险阶段坡面主要采用预应力锚索(60 ~70 m)加固,采用组合螺旋钻跟管钻机造孔、固壁灌浆、锚索张拉段采用外裹土工布和细帆布止浆。1 310 m 和1 460 m 变形影响较大地区布置了断面为3 m×5 m 的两排抗滑桩,最深70 m,桩顶用联系梁联结。在1 245 m高程设置了15根抗滑桩和1道基础衡重挡墙,以钢筋混凝土板墙结构联成整体,桩、墙后回填石渣至1 274 m高程对坡面反压。在360 m高的坡体内部,设9层排水洞,洞内向接触带打排水孔,孔内安装反滤透水管。边坡表面采用挂网喷混凝土、网格梁、自进式锚杆、土锚杆等支护措施。

采取"削锚排挡"综合加固措施后的监测成果表明:表面变形从低高程向高高程逐步收敛,各测点移位变化整体趋于平稳,各测斜孔沿孔深累计位移变化趋缓,抗滑桩内各测缝计开合度已趋于平稳。锚索荷载过程线已趋于平稳,绝大部分锚索荷载较锁定时有所降低。抗滑桩内钢筋计、压应力计性能正常。坡面封闭、地表排水和各排水洞实施有效。饮水沟堆积体处理前的稳定性评价和蠕滑变形后的争论启示:类似复杂边坡仅依靠数学模型分析远远不够,必须根据地质条件结合变形监测资料综合分析评价,才能确定有针对性的处理措施。

4.3 坝肩抗力体地质缺陷处理

坝肩抗力体地质缺陷主要有左岸断层F_{11}、F_{20}、f_{34}、f_{12},蚀变岩带E_8、4#山梁卸荷岩体及底部高程坝趾处的龙潭干沟处理,右岸断层F_{11}、F_{10}、f_{10}、f_9,蚀变岩带E_1、E_4+E_5、E_9及卸荷岩体。处理措施:①左岸4#山梁山脊部位表层强卸荷岩体削坡15m。②左岸坝肩高程1 160~1 220 m设置4层置换洞,右岸坝肩按高差20 m设置10层置换洞。置换洞混凝土分两期施工,一期衬砌留3.5 m×3.5 m灌浆洞,固结灌浆完成后再采用低热微膨胀混凝土进行二期回填。置换洞均设置固结灌浆兼混凝土和基岩之间的接触灌浆。洞口部位和左岸4#山梁卸荷岩体外侧采用2 MPa低压灌浆,其余部位采用6 MPa高压灌浆。固结灌浆完成后将部分固结灌浆孔扫孔并加深作为排水孔。高程1 245 m以下从坝基排水洞至二道坝护坦出口,左(右)岸布设7层(5层)顺河向地下排水洞,平均间距40 m。排水洞内均设置上仰排水孔,以降低地下水位。③两岸抗力体关键部位布置预应力锚索1 400根(以3 000 kN级为主),近坝部位1 050 m以下设置6 000 kN级锚索,远坝部位设置1 800 kN级锚索。

4.4 拱座地质缺陷处理

拱座加固处理以坝基上游角点切向延伸,下游角点外延10 m后再按30°扩散延伸至2倍拱端基宽深度,形成下游侧分别以左岸F_{11}、右岸F_{10}位置为界限的核心处理区域。高程左岸1 235~1 145 m、右岸1 225~1 010 m。左岸拱座加固处理区域有Ⅲ级断层F_{11},Ⅳ级断层f_{12}、f_{34}及蚀变岩带E_8,高程1 160 m以上卸荷底界较深裂隙发育,部分裂隙张开宽度较大且夹泥。右岸拱座加固处理区域有Ⅲ级断层F_{11}、F_{10},Ⅳ级断层f_9、f_{10}及蚀变带E_1、E_4、E_5、E_9等。拱座地质缺陷处理以洞井塞对软弱岩带进行混凝土置换为主,并辅以高压固结灌浆对拱座岩体进行加强。

4.5 坝基开挖

4.5.1 坝基岩体卸荷松弛治理

低高程坝基开挖岩体强烈卸荷松弛现象:两岸坝肩部位沿已有裂隙错动张开和扩展,上中高程坝基完整岩体呈"葱皮"现象,低高程部位岩体"板裂",特别是在缺陷槽二次开挖和灌浆洞排水洞与坝基交界处"板裂"强烈;河床坝基浅部岩体沿新生或原有水平卸荷裂隙发生差异回弹和蠕滑,局部岩体岩爆。坝基开挖爆破前后的声波检测成果表明,大多数坝段开挖爆破声波衰减≤10%的影响深度小于1 m,201个长期监测孔声波检测表明,卸荷松弛程度(分松弛带、过渡带和基本正常带)随时间而增加,爆后60~90 d增幅最大,90~180 d增幅减缓,180 d 后趋于平稳。为抑制卸荷松弛变形,在坝基中心线上游 2/3、下游 1/3 区域重点锚固。高程 975.0 ~ 1 070 m 布置 450 kN 预应力锚杆,采用 3 m × 3 m 梅花型布置。高程 1 070 ~ 1 110 m采用“1 排预应力锚杆 + 4 排普通砂浆锚杆 + 1 排预应力锚杆”间隔布设。1 110 m以上采用普通砂浆锚杆加固。小湾拱坝严格清除了坝基浅层开挖卸荷强松弛岩体,并对岩体进行了必要的锚固和铺设钢筋网。对坝基进行了高质量固结灌浆处理,坝踵设置了诱导缝改善应力状况。上游面高拉应力区采用了坝面喷涂聚脲和坝前回填粉煤灰等防渗淤堵措施,两岸坝肩及抗力体布设了完善的渗控系统,坝趾重点区域和两岸拱座设置了预应力锚索。整体抗滑稳定和坝基浅层抗滑稳定安全性有了明显的恢复和提高。

4.5.2　坝基 975 m 高程以下地质缺陷处理

二次开挖处理程序:①将砂浆锚筋桩预锚到开挖面以下,采用 $3 \times \phi32$, $L = 9$ m, 2 m × 2 m;②采用小梯段薄层光面爆破开挖建基面;③建基面预应力锚杆采用 $\phi32$, $L = 4.5$ m, 2 m × 2 m;④用冲击锤对建基面进行彻底清基;⑤立即浇筑大坝混凝土覆盖建基面;⑥坝基进行细致和高质量的固结灌浆。对 975.0 m 高程以下 18# ~ 27# 建基面开挖体型进行调整。卸荷松弛较强烈的 22#、23# 坝段二次下挖 2.5 m 至 950.5 m 高程,并沿该高程面两侧伸入 21# 和 24# 坝段 10 m 后,顺势向上放坡,左岸按原 975.0 m 高程顺坡下挖约 6 m 后连接。地质缺陷处理挖除了原贯通性较好、施工污染较明显的平缓倾角裂隙带,超前锚固和预应力锚杆达到预计效果,符合技术要求,质量满足建坝条件。

4.6　质量评定

小湾主体土建 9 个单位工程,优良率达 100%,146 个分部工程(5 个安全监测设施分部工程不做优良评定)达到优良的有 141 个,优良率达 91.5%。各参建单位组成的验收委员会验收移交运行管理,建管合署后运行单位参与验收,减省了移交工作量,为工程早日发挥效益奠定了基础。边坡验收 29 个分部工程,15 641 个单元工程,合格率达 100%,达到优良的有 12 764 个,优良率达 83.38%(其中 96 个洞室开挖、24 个洞室回填灌浆、119 个清坡区开挖、50 个锚索、43 个临时支护单元工程不做质量优良评定)。左右岸边坡工程总体质量好,两岸边坡、抗力体、水垫塘二道坝三个安全监测分部工程安装埋设表面变形监测点、滑动测微计、锚索(杆)各类测力计等 26 个项目共计 3 041 支监测仪器,合格率达 100%,仪器完好率达 95%。正常观测截至 2016 年 6 月的数据显示,各监测点的运行工况正常,边坡无异常变形渗透,应力应变未见异常。

5　高边坡施工采用的新技术和成功经验

5.1　导流洞成功通过 F_7 断层

F_7 断层出露在 1#、2# 导流洞的断层带,由密实的断层泥糜棱岩组成,宽约 30 m,断层影响带由碎裂(块)岩组成,宽约 60 m。导流洞(宽 20.5 m、高 23.35 m)采用“短进尺、弱爆破、少扰动、紧封闭、勤测量”的施工措施,成功通过 F_7 断层。抗力体置换洞的开挖支护充分体现了新奥法的精髓,采用了断层岩体、蚀变岩体洞室开挖、及时支护、快速循环的先进施工工艺。

5.2　700 m 高边坡处理主要技术创新

(1)参建各方联合成立爆破试验攻关小组进行爆破试验,根据试验情况调整技术参数、优化爆破设计,采用预裂爆破、深孔梯段接力延时顺序起爆等技术,进行了岩体质点振速、岩体声波、锚杆锚索应力等多项测试，提出了相应控制标准，有效地控制了爆破影响。

(2)调整开挖梯段，提高爆破质量：前期边坡开挖采用一次预裂、两次梯段方式，马道高差20 m，一次预裂孔造孔30~35 m，底部飘钻造孔精度控制困难。后期马道高差改为15 m，边坡坡度变陡，预裂孔20~25 m，造孔精度好，大大提高了钻爆施工质量。

(3)锚索跟管技术应用：用ϕ168 mm薄壁钢管在堆积体中钻孔时跟进是防止塌孔的一种施工手段。对国内外多种锚固钻机进行了深入比选，采用并改进了适应复杂地质条件下高边坡锚索施工钻机，研制了组合螺旋钻具、跟管钻具及其配套机具，有效地解决了高边坡堆积体深孔钻孔难题。

(4)针对高陡边坡堆积体，对普通拉力型、拉力分散型、压力分散型、拉压复合型等4种锚索结构形式进行了试验研究，在岩体破碎的部位采用新型的荷载分散型锚索形式，有效地改善了锚索应力分布，减小了锚索长度，降低了施工难度。

(5)由于堆积体、破碎岩体锚索注浆无法采用常规注浆的方法，经专项试验研究，采用土工布包裹注浆堵漏防腐技术，有效地解决了锚索注浆施工难题。

5.3 复杂地质条件下的坝基处理

小湾大坝地质条件复杂，坝基固结灌浆全部盖重施工，灌浆工艺复杂、参数多样、抬动变形控制标准严格，且对岸坡坝段上升影响大；帷幕灌浆孔(最深130 m)、孔位及孔斜控制要求高，施工难度很大。通过制定科学的施工工艺，选用合理的灌浆参数，组织专业测量，严格控制混凝土盖重和冷却水管预埋工艺，采用“四步法”施工等措施，保证了坝基处理质量和冷却水管畅通，解决了固灌对岸坡坝段上升的制约问题。高应力区开挖坝基应遵循边挖边锚或先锚后挖的方法，建基面上的地质缺陷应一次开挖到位，对小地质缺陷可在混凝土浇筑前采用冲击锤、风镐等清挖处理平顺，建基面上出露的灌浆洞、排水洞、置换洞等应遵循先洞后坡的原则，并在交界面10 m范围内对已形成的洞井先做好支护。

5.4 坝肩抗力岩体地质缺陷加固处理

5.4.1 置换洞开挖爆破

不良地质地段置换洞开挖是一个不断跟踪构造带断层蚀变岩体的过程。施工中每进尺5~7 m，应根据缺陷地质情况确定下一开挖段轴线方位和断面尺寸，控制置换岩体开挖范围，最大限度地减少坝肩岩体扰动，减少工程投资。坝肩抗力岩体置换洞开挖爆破面临相邻洞室间岩层厚度薄、爆破频次密、距左拌系统仅20 m，爆破振动控制要求严、开挖区周围环境复杂等诸多技术难点，经大量爆破试验研究和振动测试分析，采用钻密孔浅孔、最大单段药量≤25 kg、高精度分段、微差顺序起爆进行爆破，达到了设计要求的松弛圈和影响深度，确保了置换开挖效果和周围建筑物安全。通过研究提出了爆破对本洞相邻洞影响沿三个方向振动传播规律的经验公式，对后续类似拟建工程具有较强的指导和借鉴意义。

5.4.2 高压固结灌浆

抗力体断层带节理密集带、蚀变带透水率大、可造孔性及可灌性差，固结灌浆异常艰难。施工中结合地质条件、物探成果及F_{11}断层旁测构造发育特点，开展个性化设计、精细化施工，侧重处理薄弱部位，参数通过现场试验结果确定。对于复杂地质不良缺陷岩体采用超常规高压灌浆技术。通过开展灌前灌后5 MPa及6~6.5 MPa高压固结灌浆专题研究，采用合理施工工序工艺，确保了抗力岩体灌后整体性和变形模量的显著提高。针对右岸抗力岩体加固处理原生构造、加强抗力岩体整体性并处理开挖松弛裂隙，采用具有流动性、扩散性的水泥浆液进行 2 ~5 MPa 高压固结灌浆。针对左岸抗力岩体裂隙发育、扩散范围广、透水量大的地质特点,采用了可控制性封闭、低压和高压灌浆技术。

5.4.3　温控及施工支洞布置

首次采用混凝土一期江水冷却至 35 ℃、二期制冷水冷却至 19 ~20 ℃的温控方法,缩短混凝土冷却时间 40 d,解决了小断面高质量快速温控难题,在洞室衬砌混凝土温控技术方面较常规方法取得突破。施工支洞(井)科学设计布置在地下立面多层洞室施工中是加快施工进度、减少投资的关键。

5.5　聚能爆破的应用

水垫塘底板右侧保护层和二道坝右岸坝肩槽均采用了聚能爆破,完成爆破后经检查,相邻两预裂孔间的岩面不平整度均小于 15 cm,爆破残孔孔壁无明显的爆破裂隙;预裂孔的残孔率对节理不发育的新鲜完整岩体(弱风化岩体)达 93%(80%)以上。对于水垫塘、二道坝工程开挖项目的顺利完成起到决定性的作用。

6　结　语

10 年小湾水电工程建设成功解决了 300 m 级高拱坝的设计和施工、复杂地质条件下的坝肩稳定及加固、700 m 级高边坡的稳定等七大技术难题,创下了多项国内或世界纪录。边坡施工取得的技术成果及创新先后多次获得国家级及省部级 15 项奖励。建设期间科学管理文明施工、大胆探索高边坡施工的新工艺、新技术,专题研究施工质量进度效益的关系优化设计,施工期和永久运行期边坡安全稳定,工程质量优良,施工期间没有发生任何质量安全事故。小湾水电站提前 1 年实现大江截流,提前 2 年实现全部机组投产发电,为我国乃至世界高拱坝建设提供了宝贵的经验。

参 考 文 献

[1] 喻建清,王继伟,等. 小湾水电站工程设计报告[R]. 中国水电顾问集团昆明勘测设计研究院,2015.
[2] 吕亚楠,方伟,等. 小湾水电站枢纽工程西北监理自检报告[R]. 中国水利水电建设工程咨询公司西北公司,2015.
[3] 徐天毅,陈卫宁. 小湾水电站枢纽工程华咨监理自检报告[R]. 浙江华东工程咨询公司,2015.

沙河特大型预制渡槽施工关键技术研究与应用

李长春　路明旭

（中国水利水电第四工程局有限公司，西宁　810007）

摘　要　南水北调沙河梁式渡槽是中线规模最大、技术难度最复杂的控制性工程之一，按照规模、流量、施工难度综合指标排名世界第一。针对沙河梁式渡槽设计结构、功能使用要求、工期要求等特点，结合现场的施工环境，通过现场生产性试验的验证、分析总结特大U形预制梁式渡槽的关键技术，对特大U形渡槽的预制与架设施工工艺进行合理调整和优化，确定U形渡槽成熟的预制、张拉等施工工艺，同时充分论证渡槽架设方案，明确整体梁式渡槽流水化、机械化、工厂化施工优化方案。

关键词　U形渡槽；预制；架设；施工工艺

1　工程概况

沙河梁式渡槽工程位于河南省鲁山县城东（见图1）。该标段是南水北调中线干线一期工程的重要组成部分，设计标段总长5 004 m，其主体工程为梁式预制渡槽混凝土浇筑和架设，综合流量、跨度、重量、总长度等指标，排名世界第一。预制梁式渡槽混凝土浇筑方量约为10.5万m^3，共由228榀预制渡槽组成。上部槽身为U形双向预应力C50F200W8混凝土简支结构，单跨跨径30 m，槽体布置形式为两联4槽，4槽槽身相互独立。单榀渡槽长29.96 m，高9.2 m，宽9.3 m；混凝土方量为461 m^3；钢筋安装为65 t，预应力钢绞线为15.8 t；U形槽直径8 m，壁厚35 cm，局部加厚至90 cm，槽顶每间隔2.5 m设0.5 m×0.5 m的拉杆，单榀自重约1 200 t。

图1　南水北调沙河渡槽

作者简介：李长春（1979—），男，黑龙江大庆人，本科，高级工程师，主要从事工程管理方面的工作。E-mail：937949633@qq.com。

通讯作者：路明旭（1979—），男，青海乐都人，本科，工程师，主要从事水电施工方面的工作。E-mail：1244652400@qq.com。

2　特大型 U 形梁式预制渡槽施工关键技术研究

2.1　高性能混凝土配合比关键技术研究

为提高混凝土性能，满足强度及耐久性要求，确保泵送及现场施工时混凝土具有良好的流动性，不分离和泌水，不开裂。并针对在室内及现场试验发现的问题，通过多次分析总结，针对混凝土配合比采取如下措施进行优化：

（1）优选适用于现场材料的外加剂，提高混凝土和易性、耐久性、流动性、工作度（黏聚性、保水性、凝结时间、坍落度经时损失）。

（2）选择最优砂率，提高混凝土性能。

（3）增大混凝土级配，减少用水量及水泥用量，增加混凝土密实性。

（4）采用天然纤维素纤维提高混凝土抗裂性、密实性、耐久性。

2.2　钢筋绑扎胎具、吊具研究

针对渡槽的特殊体形、特殊重量、特殊布置结构，以及沙河梁式渡槽工期紧、任务重、标准高等特点，对此进行了专门立项研究，独立设计研究出在满足南水北调梁式渡槽设计要求的同时，能够高效满足施工进度要求的钢筋绑扎胎具与吊具。

2.2.1　钢筋绑扎胎具制作工艺

在充分考虑胎具的稳定与安全前提下，根据槽体钢筋的直径和间排距设计胎具卡槽的位置，卡槽刻在$70^{\#}$等边角钢上面。$70^{\#}$角钢使用$10^{\#}$槽钢做背楞，两侧固定在钢管架上、槽体钢筋绑扎在胎具上进行，钢筋绑扎胎具布置在制槽区的一端，单个钢筋绑扎胎具长 30 m、宽 14.5 m，共布置两个，钢筋绑扎胎具如图 2 所示。

2.2.2　钢筋笼吊具

钢筋笼起吊采用特制的钢筋笼吊具，吊具材料采用 28b 型工字钢，吊具设计重量为 8 t，大钩吊点设置 8 个，单个大钩受力为 11 t，钢筋笼吊点布置 84 个，纵向间距为 1.5 m，横向间距为 2 m（钢筋笼起吊时吊点根据实际情况适当增加），单钩质量为 0.953 t。钢筋笼在钢筋绑扎胎具上绑扎成型并经验收合格后，使用 2 台 80 t 龙门吊联合吊装到制槽台座。吊装前检查各吊点吊链紧固程度，使其受力基本一致，减小钢筋笼变形。钢筋笼吊具如图 3 所示。

图 2　绑扎胎具

图 3　钢筋笼吊具

2.3 特大型U形渡槽预制混凝土施工技术研究

渡槽混凝土的浇筑质量是整个渡槽预制的核心部分，是整个渡槽预制的终端产品，预制质量的优劣直接关系到整套预制工艺的合理性，在施工过程中问题相对比较集中。项目部予以高度重视，通过方案论证、现场试验、浇筑总结、专家咨询等多种途径优化渡槽浇筑工艺，形成的关键技术具体如下：

(1)分区分部位细化混凝土配合比。

针对底板混凝土，相对入仓、振捣方便的部位，采用塌落度相对小(180 mm)、级配大(一级半)的混凝土入仓，两端端肋部位由于钢筋、钢绞线密集，适当调整混凝土塌落度至200 mm；针对圆弧段混凝土，相对入仓困难、体型复杂的部位，采用塌落度相对大(220 mm)、级配大(一级半)的混凝土入仓；针对直墙段混凝土相对入仓落差大、混凝土厚度薄的部位，采用塌落度相对大(220 mm)、级配小(一级配)的混凝土入仓。

在进行顶部人行道板混凝土浇筑时，为了避免过厚的浮浆出现，出现表面裂缝等现象，在距离顶部1.5 m范围内采用塌落度相对小(180 mm)、级配大(一级半)的混凝土入仓。

(2)增设反弧段及端肋段振捣窗口。

针对反弧段体型及模板条件的限制，尤其圆弧下半部分相对平缓，受渡槽端肋部位钢筋、钢绞线密集以及锚垫板、加强网片的影响，为了加强混凝土的振捣质量，在内模圆弧下半部分及端肋部分增加振捣窗口，窗口尺寸为150 mm×150 mm，布置上选择在原内模已开设窗口之间。

(3)采用模板布提高反弧段混凝土外观质量。

渡槽内表面下半部分为圆弧组成，圆弧半径4 m，弧长13 m，整个圆弧段面积390 m^2，由于反弧段排气客观上的困难，槽体过水面的混凝土表面出现较多的气泡、水泡，严重时影响混凝土外观质量，增大过水断面糙率，通过试验，在模板表面粘贴具有吸水吸气、增强表面混凝土强度的新型材料模板布。模板布的粘贴幅宽为1 m，相邻两块模板布之间的搭接宽度为5 cm，搭接部位采用专用胶粘接；同时对于模板布顶部、底部采取加固措施，在顶部设置钢板压条压紧模板布，避免模板布在混凝土布料过程中整体下滑，甚至卷入混凝土内部，底部在内模背部焊接加固钢筋，将模板布与钢筋直接绑扎牢靠，解决底部凹槽的问题。

(4)细化翻模工艺。

内模底部中间为通长布料振捣区，宽80 cm，内模下角模两侧各80 cm在浇筑过程中采用翻模的施工工艺，采用人工抹面。由于渡槽选用混凝土的塌落度相对较大，在进行圆弧段浇筑过程中，自渡槽底板内模两侧出现不同程度的翻浆。为了彻底解决翻浆问题，在通长布料区增设压模，压模两侧通过内模模板进行固定。采取翻模结合压模施工工艺，有效地解决了圆弧段浇筑过程中底板的翻浆问题，保障了渡槽的混凝土浇筑质量，同时加快了单榀渡槽的预制时间。

(5)附着式振捣器的布置及研究。

附着式振捣器采用高频振捣器，分别布置在内、外模的背部肋板上，外模单侧布置4排，内模单侧布置5排，振捣器间距1.5 m，单榀渡槽浇筑过程中共布置380个附着式振捣器。在进行底板、直墙段混凝土浇筑过程中，内外模附着式振捣器要求相对较宽松，随着混凝土的上升，每3~4个附着式振捣器同步开启，开启时间不超过10 s，开启次数不超过2次；对于圆弧段外模附着式振捣器，参照底板及直墙段开启方式，内模圆弧段附着式的开启要严格控制，开启时机选择在对应部位布料窗口关闭后进行开启，随着布料窗口的逐步关闭，每3～4个同步开启，开启次数为1次。渡槽混凝土表面质量得到了有效改善，切实发挥了附着式振捣器的有利作用。

2.4 U形渡槽预应力施工工艺研究

预制渡槽设计为全预应力结构，单榀渡槽预应力总吨位1.08万t，纵向预应力钢绞线共27孔，槽身底部布置21孔为8Φs15.2，采用圆形锚具、圆形波纹管（底部21孔分为两排）；槽身上部布置6孔为5Φs15.2，采用扁形锚具、扁形波纹管。环向预应力钢绞线为71孔，单孔5根Φs15.2钢绞线，采用扁形锚具、扁形波纹管，孔道间距420 mm。纵向预应力钢绞线线型为直线，环向为直线+半圆+直线。

2.4.1 环形试验台预应力试验

为进行沙河梁式渡槽预应力进场材料的控制检验，为施工工艺控制和设计提供可靠的依据，项目部在施工现场浇筑了1∶1横截面的环形试验台座，通过在环形试验台座进行预应力锚索的锚圈口摩阻损失、锚固回缩损失、锚固回缩量、预应力锚索孔道摩阻损失等，计算预应力孔道偏差系数及孔道摩阻，积累预应力施工所需的基础参数，为现场生产提供有力的依据和保障。

2.4.2 渡槽预制现场预应力有关对比试验

通过对比试验，分析在不同的张拉分级、张拉方式（两端同时张拉或一端张拉）、限位板（OVM限位板、开封亚光限位板）、卸载方式（两端同时卸载、分期卸载、快速卸载、慢速卸载）、测力计受力条件（设置不同厚度的垫板或不设置垫板）等情况下对张拉效果的影响，找出测力计读数与油表读数存在差距的具体原因，判定已张拉或正在进行张拉施工的渡槽的预应力施工情况对设计要求的符合程度，找出提高张拉效果的方法。

通过制槽过程对不同渡槽的张拉对比试验，项目部得出结论如下：

（1）在预应力张拉前，必须对千斤顶、油表、测力计进行联合率定，并采取现场读数的方式进行锚索张拉工艺试验。

（2）不同的张拉分级、加载方式、卸载方式，不同的限位板在纵向圆锚、扁锚上对张拉效果的影响不明显，采取两端同时张拉、同时锁定纵向锚索的损失在8%～10%。

（3）不同的张拉分级、加载方式、卸载方式在环向扁锚上对张拉效果的影响不明显，不同的限位板在环向扁锚上对张拉效果有一定的影响，采用匹配的限位板环向锚索的损失在19%～22%；不匹配的限位板对张拉效果的影响在5%左右。

（4）采取两端同时张拉，一端先期锁定，另一端补偿张拉后锁定对纵向圆锚的张拉效果影响明显，对环向扁锚的张拉效果影响不明显。

3 特大型U形预制渡槽架设关键技术研究及创新点

3.1 优化提槽机跨度技术研究

提槽机的主要作用是将预制成型的渡槽提运至存槽区以及将成品渡槽提运至运槽车上，是整个渡槽预制架设的核心设备，也是提运架设备中安装难度最大、运行风险较高的设备。

通过结合制槽场的布置、建筑物的结构布置等客观条件，将渡槽提槽机由原跨双线改为跨单线方案。提槽机的跨度主要取决于制槽场的布置形式，与制槽台座宽度（14.5 m）、台座之间通道(3 m)、设备安全距离(4 m)直接相关,最终将提槽机跨度确定为 36 m,大大减小了提槽机大梁的重量,在具体施工过程中采用一台 500 t、一台 300 t 汽车吊一次吊装就位。

此方案降低了机身高度,大大减少了主梁的重量,解决了主梁及机身机构的稳定性,提高了提槽机运行的安全稳定性,降低了吊装难度和安装成本,加快了提槽机的安装进度;同时减小了提槽机的动力驱动,降低了设备运行成本;从根本上降低了安全风险,保障了工程的顺利进展。提槽机提槽状态如图 4 所示。

图 4 提槽机提槽状态

3.2 重载转向技术研究

在确定了制槽场布置及提槽机的跨度后,提槽机的转向便成为连接制槽区与存槽区的关键环节。考虑到预制渡槽体积大、重量大的特点,在最初方案考虑时,计划采取空载转向,即在转向区设置两个临时存放台座,当提槽机提槽至转向部位后,首先将槽体放置在临时存放台座上,待完成转向后再提槽至下一个转向部位,再次落槽至另一个临时存放台座,两次转向完成后提运至存放台座存放。

但经过多次方案论证和专家咨询,大胆尝试采用了重载转向方案(见图 5),即在纵向和横向轨道交叉处,设置转向基础,提槽机在提槽状态下,通过四条门腿下设置的千斤顶将提槽机和槽体同时顶升,完成行走机构 90°转向后落下千斤顶,提槽机继续沿横向轨道行驶,大约每次重载转向约 20 min,通过重载转向减少了两次起落槽体,加快了提槽的速度,对渡槽的质量是有利的。该技术的应用在减少空间的占用与转运区相关设施的建设的同时,大大提高了大型设备的安全系数和灵活性,对降低渡槽吊运的周期起到非常大的促进作用,至少较设转运区节约时间 12 h,而且对整个梁式渡槽施工进度有较大的推动性。

3.3 运架设备安装技术研究

架槽机和运槽车原计划在已经形成的渡槽下部结构墩帽上进行安装,由于架槽机和运槽车安装周期长,约 40 d,直接占用渡槽架设的直线工期,对工程进度极其不利;同时在墩帽上安装将增加安装高度,势必提高对安装设备、辅助设施的要求,加大了安装成本,同时提高了安装的安全风险。

通过对架槽机和运槽车安装方案的反复分析研究,最终确定利用提槽机辅助进行安装,即在存槽区利用提槽机或汽车吊完成架槽机及运槽车的拼装,然后采用提槽机整体吊装至下部结构墩帽上进行施工,有效缩短了设备安装占用渡槽架设的时间,降低了安装成本,吊装过程如图 6 所示。

图5　重载转向

图6　提槽机整体提吊架槽机

3.4　槽上运槽技术研究

渡槽架设采用提槽机提槽、喂槽,运槽车运槽,架槽机架槽的施工方案,其中运槽车运槽时采取在架设完成了单联两榀渡槽上安装四条轨道,四条轨道布置在槽壁顶部,槽壁最小厚度35 cm,运槽车驮运槽体行驶在四条轨道上,即槽上运槽(见图7),整个运槽车及槽体总重约1 450 t。该项技术施工难度大,对渡槽的预制质量是个关键的考验,也是沙河渡槽架设的一大创新。

图7　槽上运槽

3.5　运架设备转线关键技术研究

渡槽下部支撑结构由于受分期导流的影响,根据总进度计划安排,当渡槽架设至一期围堰范围内的34#跨时,二期围堰内的下部结构仍未形成,为了充分利用汛期的有效时间,保障渡槽架设的顺利进行，从而达到确定渡槽预制进度的目的，在渡槽右线架设完成34#跨后，考虑将运架设备转线至左线进行架设。

根据总进度计划的调整安排，在整个渡槽架设过程中将出现多达6次的转线施工，鉴于提运架设备体型巨大，设备重量大，采用架槽机过孔移位方式消耗的时间长，过孔移位方式将占用大量的关键线路工期。通过多次分析研究，确定在完成34#跨渡槽架设后，将运槽车前后车分离解体，利用运槽车驮运架槽机返回槽场，再利用提槽机提吊架槽机和运槽车转线至左线施工，整个转线大约需要10 d，有效地减少了转线的时间，充分利用了汛期的施工时段，从而达到了加快施工进度和降低施工成本的目的。

转线作业如图8所示。

图8 提槽机提架槽机转线

4 特大型梁式渡槽施工应用情况

截至2012年12月底，我局承建的沙河渡槽工程已经完成了188榀渡槽的预制，5个制槽台座3套内模全部投入循环使用，月高峰预制强度最高达到了14榀/月，单榀渡槽制槽周期循环约12 d，单个制槽台座最多的预制成型槽45榀，工厂化流水线预制作业流程顺畅，各个工序衔接紧密，相互间的干扰在可控范围之内，制槽台座、存槽台座、钢筋绑扎胎具达到了良好的能力匹配。

渡槽架设共完成了188榀渡槽的架设，完成成型渡槽提运近400次，完成重载转向200多次，提运架三套设备的各种工况均投入运行，提槽机在40 d内完成了首次安装调试，提槽机提槽、重载转向、喂槽工况之间衔接紧凑，运转正常，渡槽架设达到了1.5 d/榀的架设强度，月高峰架设渡槽17榀/月。

5 结 语

沙河梁式渡槽是南水北调中线规模最大、技术难度最复杂的控制性工程之一。沙河梁式渡槽槽身采用U形双向预应力结构，现场预制、架槽机架设施工方法。大型沙河预制梁式渡槽是国际上首屈一指的大型引水工程关键部件，其施工难度之大、技术含量之高、工艺要求之严均超过同领域、同行业、同规模以往引水工程。面对复杂特殊的薄壁U状体型和施工技术要求高标准的繁密钢筋、纵环形预应力结构，工程人员进行了上百次的创新性试验,改变传统的混凝土浇筑、养护方式,有效保证了渡槽抗裂、抗渗、抗冻关键目标的实现。1 300 t沙河预制梁式渡槽的提、运、架机械一体化施工在国际同领域内尚属空前,其大吨位提槽机、运槽车、架槽机配套、流水线作业的施工工艺研究对国际、国内高速铁路、客运铁路及大规模桥梁机械一体化施工具有较高参考价值。

参考文献

[1] DL/T 5144—2015 水工混凝土施工规范[S].

[2] DL/T 5192—2004 水电水利工程施工总布置设计导则[S].

[3] QBY J9—2003 厂区道路工程施工规范[S].

[4] SL 487—2010 水利水电工程施工总布置设计规范[S].

[5] GB/T 24817.1—2009 起重机械 控制装置布置形式和特性 第1部分:总则[S].

[6] GB 6067.1—2010 起重机械安全规程 第1部分:总则[S].

[7] JB 8716—1998 汽车超重机和轮胎起重机 安全规程[S].

[8] GB 50278—2010 起重设备安装工程施工及验收规范[S].

泾河东庄水库供水对象及水量配置远期调整设想

高建辉　刘　哲　吴宽良

（陕西省水利电力勘测设计研究院，西安　710001）

摘　要　根据水利部审查的可研成果，东庄水库多年平均供水量5.31亿m^3，其中保证泾惠渠灌区145.3万亩农灌水量3.18亿m^3，保证率50%；城镇生活和工业供水量2.13亿m^3。城镇和工业供水对象为西咸新区三个新城（空港、秦汉、泾河新城）、铜川新区、三原县城、富平县城及工业区。礼泉、乾县、永寿、淳化等四县地处渭北旱腰带地区，未纳入东庄水库供水之列。根据国内类似工程经验，大型引调水工程建成后达产期一般较长，受天然来水、用户实际需水量、水价等因素影响，供水量持续不能达到设计值，造成工程部分闲置、供水成本进一步升高。

本文参考国内引调水的经验，从关中地区配水格局出发，通过纳入礼泉等四个县城为新用户、适当开辟泾西灌区等途径，尽量扩大工程建成后实际供水量，缩短达产期，发挥工程效益；并对供水工程总体布局的规划，以及建成后工程功能的充分发挥具有一定的参考意义。

关键词　东庄；供水工程；水量配置；达产期；泾西；关中供水网络

2016年5月17日，东庄水利枢纽工程可行性研究报告通过水利部部长办公会议，标志着东庄水库工程前期工作历经5年多的不懈努力，全部完成了水利部审查工作，将进入国家发改委审批的最后冲刺阶段。东庄水库的主要建设任务是防洪、减淤，其供水功能也是陕西省人民关切的另一个重要任务。东庄水库供水对象及水量配置方案也经历过多次规划、论证，供水工程总体布局方案及工程建成后的效益发挥都与当前及今后的配水方案有着密切的关系。根据国内引调水工程建设及运行管理经验，应当在东庄供水工程规划时，提前考虑扩大用户范围、调整配水方案这一可能，将东庄供水工程总体布局、反调节水库的选取、工程规模的确定与远期配水方案的调整进行结合。

1　泾河东庄水库供水对象及水量配置

东庄水库总供水量5.31亿m^3，其中用于保障泾惠渠灌区农灌的供水量为3.18亿m^3（保证率50%），用于工业和城镇生活的供水量为2.13亿m^3（保证率95%）。东庄水库可研阶段水量配置如表1所示。

2　东庄水库配水方案调整的必要性

目前上报的东庄水库配水方案，主要依据关中渭北区域社会经济的发展规划情况，也考虑了与引汉济渭工程的协调衔接。在关中地区水资源紧缺的情况下，供水对象主要选取了

作者简介：高建辉（1973—），男，硕士，高级工程师，从事水工建筑、水利规划工作。E-mail：350131648@qq.com。

社会发展速度较快、承受高水价能力相对较好、供水成本相对较低、缺水形势更为紧迫的地区和城市，供水对象主要选取在泾河下游及石川河流域的平原区，是目前较为科学、应当坚定推进的配水方案。在确定东庄水库配水方案的过程中，还应看到以下问题的存在。

表1　东庄水库可研阶段水量配置　（单位：万 m^3）

用途	对象	配水量	保证率
农灌	泾惠渠灌区	31 807	50%
城镇和工业	铜川新区	4 644	95%
	西咸新区（泾河、秦汉、空港新城）	4 933	
	富平县城及工业园区	8 944	
	三原县城	2 756	
	小计	21 277	
合计		53 084	

2.1　泾西地区水资源紧缺问题尚未解决

咸阳市的礼泉、乾县、淳化、永寿四个县城，地处东庄水库库区周边，因其地势较高、供水成本较大，加之相对下游地区其经济社会发展较缓，未纳入东庄水库供水对象之列；泾西地区的农田普遍在 800 ~ 1 000 m 高程，土质和光照条件较好，但长期以来由于缺乏水源工程而难以灌溉。根据初步估算，礼泉、乾县、淳化、永寿四个县城水量缺口约为 3 000 万 m^3，四个县较为集中成片的 25.14 万亩农田灌溉需水 3 300 万 m^3。

从关中地区配水的大格局来看，泾河水源几乎是泾西地区未来一段时期唯一可依赖的水源，东庄水库目前的配水方案没有很好地解决这一区域的用水紧缺局面。

2.2　东庄水库建成后达产期较长，供水功能难以尽快完全发挥

根据水利工程的特点及国内类似工程的经验，引调水工程建成后的一段时期内，往往难以快速达到设计的供水规模，主要是由于河道天然来水限制、供水价格较高、配套工程不完善、需水量未达到预期值等因素所导致。达产期较长甚至工程部分闲置的发生，经常引起工程效益问题、社会舆论问题，也不利于水资源的有效利用。比如山西省的引黄入晋工程，设计引水能力 3.2 亿 m^3/a，工程建成 2 年后，每年向太原市实际供水 8 000 万 m^3，招致社会舆论口诛笔伐。

东庄水库选取的供水对象中，西咸新区渭北三个新城、三原县城和富平县为东庄和引汉济渭联合供水，且就目前工程推进来看，引汉济渭应先于东庄实现供水，在各对象最紧要的水量缺口得到一定缓解后，东庄水库建成后供水达产期将更为延长；考虑到泾河水质略差于引汉济渭引调的汉江水质，东庄水库的供水压力将更大；还要考虑到目前确定的供水对象将来的社会经济发展不能达到现在的预测值，水量缺口大幅减小。

以上因素都会导致达产期东庄水库的可供水量发生相对节余，甚至到工程 50 年运行期，也达不到设计的供水规模，需要寻求可能的新用户来接纳。

2.3　东庄水库拦沙期还可以增加供水量

东庄水库的设计总库容 32.76 亿 m^3，设计拦沙库容 20.53 亿 m^3。工程设计运行年限

50年,其中拦沙期22年,正常运行期28年。在工程运行前22年的拦沙期,水库不具备完全的设计调水调沙能力,在此期间水库库容并未充分发挥作用,可以利用拦沙期增加供水量。根据初步计算,拦沙期东庄水库可增加供水量9 495万 m^3,其中用于城镇和工业水量6 184万 m^3(保证率95%),用于农灌水量3 311万 m^3(保证率50%)。东庄水库供水对象的选取及水量配置是按照最终的正常运行期来确定,因此在拦沙期,东庄水库还有一定的供水潜力,可以增加供水量和开辟新的用户。

2.4 从供水工程布局上提前考虑的需要

以上存在的问题可能会在工程刚刚建成后,以及建成后一段时期内长期存在。目前在确定东庄供水工程总体布局时,应考虑东庄水库供水对象预期的变化和配水方案可能的调整,为将来扩大东庄水库供水范围、增加供水量和更大的发挥工程功能,提前做好筹划,防止将来出现水库有水无处可供、有用户无工程可实现、建成的供水工程大动干戈的局面。

3 东庄水库配水方案调整的设想

水资源分布特点和社会经济发展趋势决定了关中地区的配水格局,而东庄水库目前的配水方案并未完全满足这一大格局提出的要求。应该坚定不移地推进既定的关中配水格局,近期保障发达地区用水,工程运行期及远期应适时对东庄水库的配水方案进行调整,在工程建设、管理体制、水价政策等方面做好准备。

东庄水库供水范围远期调整元素图如图1所示。

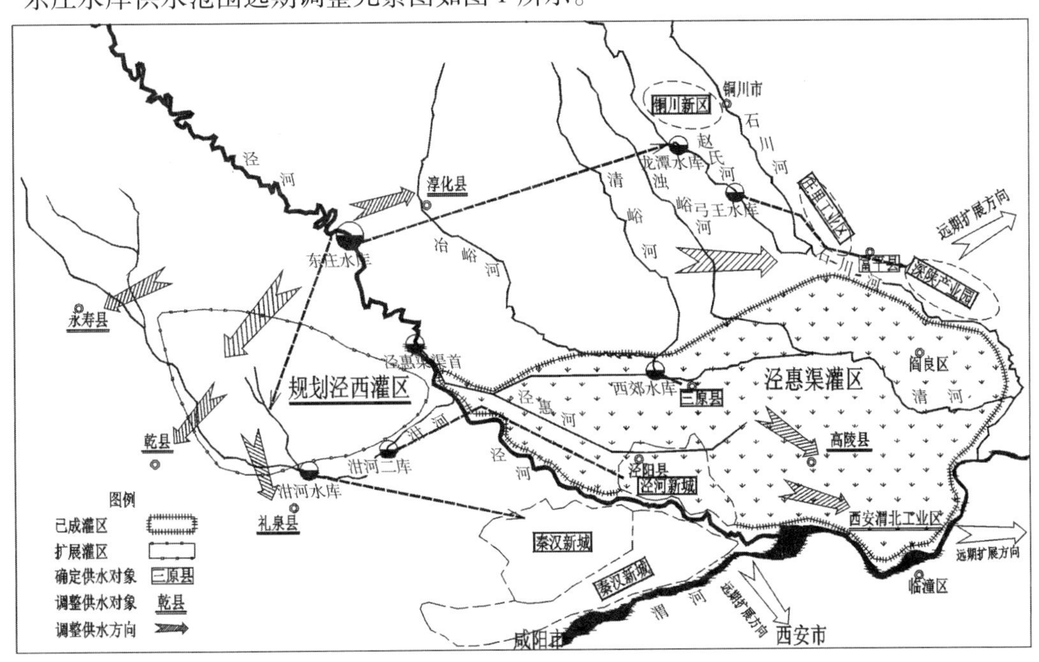

图1 东庄水库供水范围远期调整示意图

3.1 配水调整方案

第一,如果西咸新区、富平一带需水量不能达到预期值,可利用节余水量向东庄库区周边四个县城供水。从水量来看,东庄水库向西咸新区及富平一带配水量合计13 877万 m^3,节余3 000万 m^3 来满足四个县城的城镇生活和工业生产用水,其可能性是较大的,也是可行的。

第二，根据目前富平及工业园区的相关规划，东庄水库和引汉济渭联合供水后，富平一带还有 4 858 万 m^3 的水量缺口。可将东庄水库拦沙期增加的水量增供给富平，拦沙期结束，增供水量退出后，该缺口可考虑由黄河古贤水库填补。

第三，如果东庄供水对象需水量长期不能达到预测值，可将节余水量及水库拦沙期增供水量利用中线输水线路向三原县临近的高陵县、西安渭北工业园区供水。

第四，适当开辟泾西灌区。泾西灌区一直是陕西省和当地人民的梦想，开辟泾西灌区将会对当地经济发展产生重要的影响。可利用东庄水库拦沙期 3 311 万 m^3 农灌增供水量，开辟 25 万 ~40 万亩以苹果为主的经济果林灌区，拦沙期结束后缺口由古贤水库替代的泾惠渠灌区来置换。

第五，放远眼光，将目前供水区外围的阎良、卤阳湖经济区、渭南市渭北部分等地纳入备选供水对象；甚至可考虑东庄供水过渭，将供水网络向西安北部、渭南市南部延伸；一旦供水区内整体需水量不能达到预期值，可在外围寻求扩大供水范围。

3.2　供水工程规划前瞻性考虑

考虑到东庄供水配水方案可能的调整，供水工程规划在完成目前确定的供水任务的同时，还应当具有一定的前瞻性，运用动态的思维方式规划供水工程方案。东庄水库供水的特点是间断性供水，在每年汛期可能的排沙期，将停止从库区直接供水，供水对象必须具备反调节工程，才有能力接纳东庄供水；因此反调节工程的选取是整个供水工程布局的核心。

（1）泾西反调节水库的选取。礼泉、乾县目前并不是东庄供水对象，但仍然考虑在泾西设置反调节工程，既可用于秦汉、空港两个新城，也照顾到将来向礼泉、乾县供水。泾西反调节水库可选择地势较低的泔河水库、泔河二库两个已成工程，也可选择地势更高、从东庄坝前取水的碾子沟水库，牺牲部分东庄坝后发电效益，更好地向两县城自流供水。

（2）供水区中部反调节水库的选取。三原县和泾河新城处于供水区中部，如果只考虑完成当前的供水任务，三原县依靠西郊水库、泾河新城依靠泔河二库即可完成供水任务。考虑到三原县城一带直至渭河边的西安渭北工业园区可能都将纳入东庄供水区，中部片区应当考虑选取地势较高的清峪河、浊峪河作为反调节库址。

（3）供水区北部、东部反调节水库的选取。北部的龙潭水库可作为铜川新区的反调节水库，东部贺兰水库可作为富平的反调节水库。考虑到远期东庄供水可能继续向东延伸，可将龙潭作为北部和东部的龙头反调节库，赵氏河下游的几个水库及贺兰水库可作为向东延伸供水的支撑。

（4）输水工程设计能力要考虑外围潜在的用户，按照较大的流量规模将东庄供水输送到供水区周边，便于将来继续向外围辐射。

3.3　建议提前开展水价、政策方面的相关研究

成本水价高、引调水水价高于当地水水价是国内类似工程的普遍现象，由此造成引调水工程长期不能达产、工程闲置，供水量小又进一步拉高水价，形成恶性循环。通过适时调整配水方案、增加供水量的同时，还应该做好水价干预和财政补贴等准备工作，尽快推进水价统一和两部制水价、阶梯水价，开展水价和政策等各方面的研究，同时做好社会宣导等工作，力争在东庄水库建成后，扩大供水范围和供水量，增加供水效益。

4 结 论

(1)按照当前确定的配水方案,尽快推进工程上马,缓解渭北经济发达地区用水的紧张局面。

(2)未雨绸缪,研究各种条件下东庄供水工程配水方案的调整。采用“西上(向西部抽水)、东下(向东部扩展)、南跨(向渭河以南延伸)、农灌(开辟泾西灌区)”的思路扩展供水范围。照顾泾西地区,扩大供水范围、增加供水对象,在现在确定的供水对象基础上,工程建成后将礼泉、乾县、淳化、永寿等县纳入东庄水库供水范围,增加四个县城的城市和工业供水;适当开辟泾西灌区,促进区域以果林为中心的经济发展。远期供水范围可考虑向西安北部,阎良、渭南、蒲城一带延伸。

(3)眼光放长远,东庄供水工程总体布局应结合未来配水方案的调整来综合考虑。反调节库、工程线路的规划要照顾到将来配水对象的调整和延伸。

(4)提前考虑东庄供水的配水调整,有利于更快、更好地发挥东庄水库供水功能,通过与引汉济渭工程、黄河古贤水库供水工程的近远期交叉衔接,形成关中地区配水的大格局,构建关中供水网络。

参 考 文 献

[1] 泾河流域补充规划报告[R].陕西省水利电力勘测设计研究院,1992.
[2] 陕西省泾河东庄水利枢纽工程可行性研究报告[R].黄河勘测规划设计有限公司,2015.6.
[3] 陕西省泾河东庄水利枢纽工程可行性研究专题之二—— 供水区规划专题报告[R].陕西省水利电力勘测设计研究院,2016.8.
[4] 关于东庄水库、引汉济渭工程水量分配给咸阳予以倾斜的建议[Z].陕西省人大建议第596号,2016.2.

高陡边坡免脚手架快速开挖支护技术研究及实施

李哲朋

（中国葛洲坝集团三峡建设工程有限公司，宜昌　443002）

摘　要　乌东德水电站为大型水电站枢纽区工程，其具有边坡高陡、开挖支护范围广、工程量大、工期紧、任务重、干扰因素多、安全风险大等特点，且下层边坡开挖需待上层边坡支护完成后进行，工程高陡边坡施工通常速度慢、难度大，严重制约着下部和相邻工程项目的施工进度，尤其是处于关键线路上的工程边坡（如大坝坝肩、基坑施工）的施工进度，将会对工程整体进度目标产生重大影响，如何实现高陡边坡高效快速开挖支护一直是工程施工领域的一项重大技术难题。中国葛洲坝集团三峡建设工程有限公司针对水电工程高陡边坡开挖支护施工特点，依托乌东德水电站缆机平台及大坝坝肩等工程高陡边坡开挖支护施工，研究出了一套成熟的高陡边坡“一次预裂、二次爆破、分层出渣、锁口支护、速喷封闭、随层支护、系统跟进”的高效安全快速开挖支护技术。

关键词　乌东德水电站；高陡边坡；开挖支护；研究与实施

1　概　述

乌东德水电站为Ⅰ等大(1)型工程，枢纽工程主体建筑物由挡水建筑物、泄水建筑物、引水发电建筑物等组成。大坝为混凝土双曲拱坝，坝顶高程 988 m，最大坝高 265 m。大坝边坡主要工程岩体为一套走向与河流大角度相交的前震旦系浅变质碳酸盐岩，岩质多坚硬，岩溶总体不发育，以顺层溶蚀为主。大坝左、右岸坝肩 1 050 m 以下河谷狭窄，岸坡陡立，坡角一般为 60° ~75°，局部近直立。

乌东德水电站拱坝人工边坡高陡、开挖工程量大，工期紧，施工强度高，干扰因素多。边坡最大开挖高度约为 450 m，左岸上游侧横向坡每 15 m 设一级宽 3 m 的马道，正面坡及下游侧逆向坡每 30 m 设一级宽 3 m 的马道，每级边坡中间设一道宽 0.5 m 的台坎。右岸正面坡及下游侧逆向坡每 15 m 设一级宽 3 m 的马道。

为加快工程边坡开挖施工进度，结合乌东德水电站的地形地质情况，通过合理调整工序、持续改进设备、优化设计参数，形成了免脚手架快速开挖支护技术。

2　施工道路

（1）边坡高程 1 162 ~945 m 利用修筑临时明线道路出渣。

（2）边坡高程 945 ~910 m 利用左坝 7#支洞、右坝 7#支洞出渣。

（3）边坡高程 910 ~825 m 直接推渣下江后，在基坑内出渣。

作者简介：李哲朋，高级工程师，主要从事水利水电工程建设工作。

(4)基坑高程 825 ~ 750 m 开挖主要利用布置在上游围堰背水侧的上游下基坑道路和布置在下游围堰背水侧的下游围堰下基坑道路出渣。

(5)基坑高程 765 ~ 735 m 开挖主要利用基坑左侧 2# 支洞出渣;基坑高程 735 ~ 718 m 开挖主要利用基坑左侧 1# 支洞出渣。

3 开挖分区分层

乌东德水电站边坡开挖具有开挖层厚小、施工区域大等特点,施工分区按基坑平面位置进行划分,分层按照设计结构及开挖方法进行划分。

3.1 分区

(1)边坡从上游至下游分为 11 个区域(见图 1),具体如下:

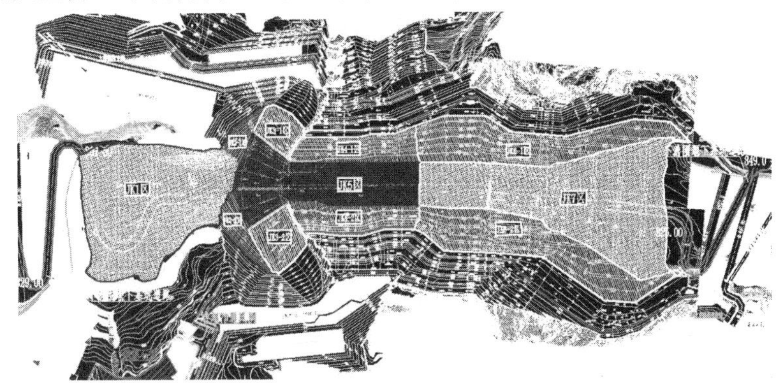

图 1 开挖分区

JK1 区:位于大坝基坑与上游围堰之间,电站进水口边坡下部,最大区域面积约 2.86 万 m^2。该区域全部是覆盖层开挖,最大开挖深度 90 m,覆盖层开挖量约 73.61 万 m^3。

JK2 - 1 区:位于左岸坝肩槽上游侧,左岸电站进水口下游侧,最大面积约 1 753 m^2。该区土石方开挖量约 8.32 万 m^3。

JK2 - 2 区:位于右岸坝肩槽上游侧,右岸电站进水口下游侧,最大面积约 2 588 m^2。该区土石方开挖量约 11.81 万 m^3。

JK3 - 1 区:位于左岸坝肩槽区域,最大面积约 2 801 m^2。该区土石方开挖量约 24.94 万 m^3。

JK3 - 2 区:位于右岸坝肩槽区域,最大面积约 4 115 m^2。该区土石方开挖量约 23.61 万 m^3。

JK4 - 1 区:位于左岸坝肩槽下游侧与左岸水垫塘 0 + 220 m 桩号之间,最大区域面积约 6 082 m^2。该区土石方开挖量约 15.90 万 m^3。

JK4 - 2 区:位于右岸坝肩槽下游侧与右岸水垫塘 0 + 220 m 桩号之间,最大区域面积约 6 545 m^2。该区土石方开挖量约 12.91 万 m^3。

JK5 区:位于大坝及水垫塘基坑中部,最大面积约 1.60 万 m^2。该区土石方开挖量约 174.17 万 m^3。

JK6 - 1 区:位于左岸水垫塘 0 + 220 m 桩号下游侧,包括二道坝左岸及下游护岸,最大面积约 1.44 万 m^2。该区土石方开挖量约 20.4 万 m^3。

JK6 －2 区：位于右岸水垫塘 0 ＋220 m 桩号下游侧，包括二道坝右岸及下游护岸，最大面积约 1.54 万 m^2。该区土石方开挖量约 19.5 万 m^3。

JK7 区：位于水垫塘基坑 0 ＋220 m 桩号下游侧，包括二道坝及下游护岸基坑，最大面积约 3.32 万 m^2。该区土石方开挖量约 146.4 万 m^3。

（2）区域内施工情况如下：

每个区域内一般沿着马道（或台坎）按每 60 ~70 m 范围分 1 小区。

左右岸坝肩槽上游侧边坡根据马道长度各分 2 ~3 个小区，左右岸坝肩槽边坡各分 1 个小区。左右岸水垫塘、二道坝及下游护岸各分 9 ~10 个小区。

开挖厚度较大的部位，分前区和后区，距离工程边坡坡面 15 m 范围内的开挖区域，称为后区；距离工程边坡 15 m 至自然边坡坡面范围内的开挖区域称为前区，见图 2。开挖厚度较窄（不足 15 m）的部位，不分前后区。

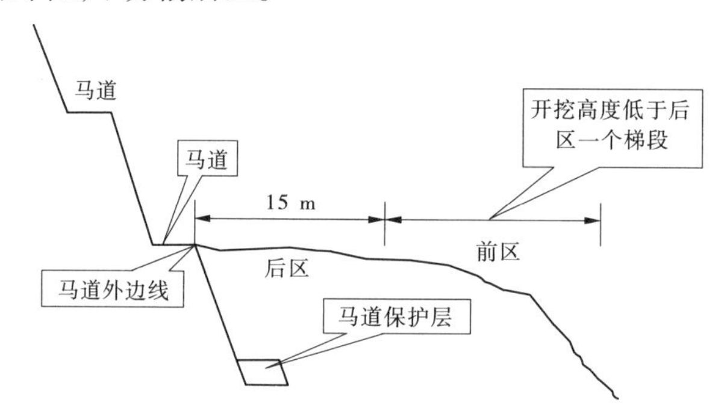

图 2　开挖分区立面示意图

3.2　分层

JK1 区：坝前基坑区域，主要为覆盖层开挖，按照 5 m 一层进行开挖，上部开挖无特殊结构要求，两侧岸坡清挖到基岩即可，下部按照设计坡度施工。

JK2 －1 区、JK2 －2 区：坝肩槽上游侧区域，主要为石方开挖，按照 15 m 一层进行开挖。

JK3 －1 区、JK3 －2 区：坝肩槽区域，主要为石方开挖，后区一般按照 7.5 m 一层进行开挖，前区按照 15 m 一层进行开挖。

JK4 －1 区、JK4 －2 区、JK6 －1 区、JK6 －2 区：坝肩槽下游侧边坡区域，主要为石方开挖，高程 765 m 以上按照 15 m 一层进行开挖，高程 765 m 以下坡度缓于 1∶0.5 的边坡分两层进行开挖。

JK5 区、JK7 区：大坝、水垫塘及二道坝基坑中部区域，主要为覆盖层及石方开挖，覆盖层按照 5 m 一层进行开挖，下部石方按照 3 ~7.5 m 一层进行开挖。

大坝建基面底板预留 3 m 保护层。

开挖分层示意图如图 3 所示。

4　施工程序

（1）总体施工程序：坝肩槽上游边坡、水垫塘、二道坝及下游护岸边坡（开挖厚度≥15 m 部位）采用快速开挖支护，按照“一次预裂，分层出渣，随层支护，系统跟进”的原则自上而下进行。施工总程序见图 4。

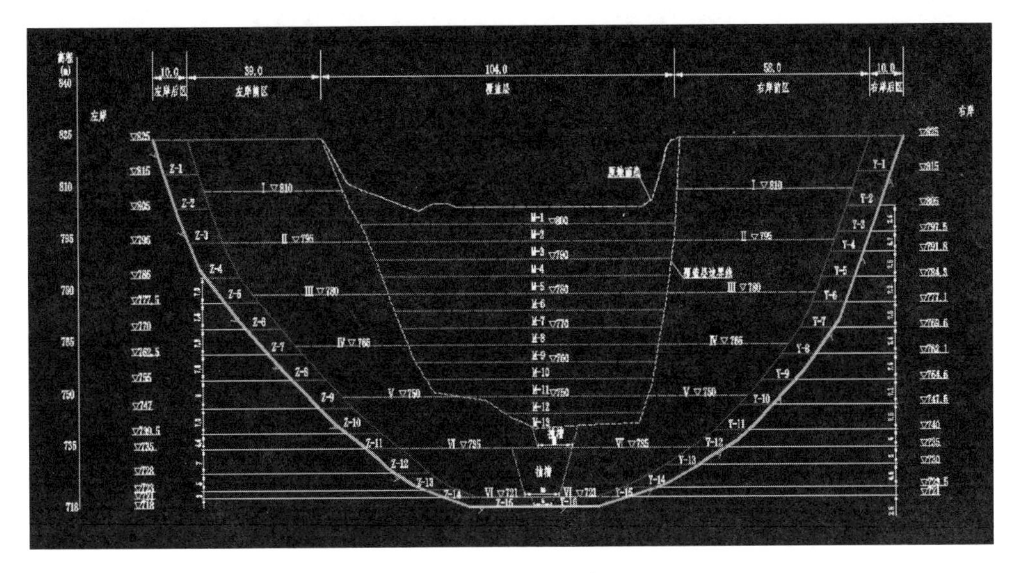

图3 开挖分层示意图

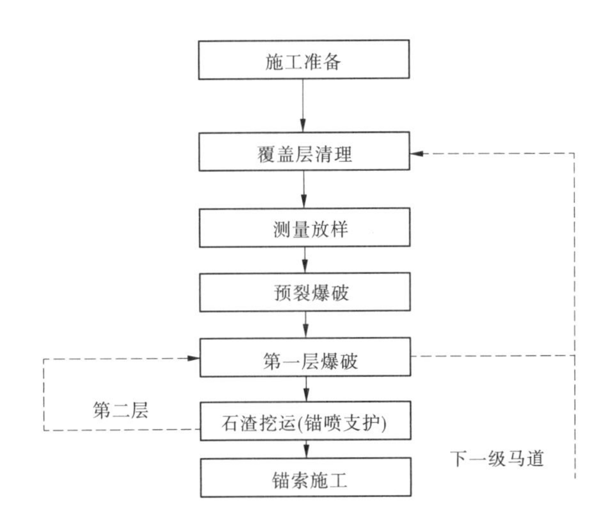

图4 土石方开挖支护总体施工程序框图

说明:图4中“施工准备”包括资源、材料准备、原始地形测量及开挖范围放线等。

各部位施工顺序:边坡自上而下依次开挖。大坝基坑与水垫塘(桩号0+110 m)基坑同时开挖、水垫塘基坑(桩号0+110~220 m)滞后15 m、水垫塘基坑(桩号0+220~330 m)滞后30 m、水垫塘基坑(桩号0+330~440 m)滞后45 m、水垫塘基坑(桩号0+440 m至下游)滞后60 m。同一层开挖时右岸先爆破、左岸后爆破;先开挖拱肩槽上游边坡,解除对拱肩槽制约后,再爆破拱肩槽。

(2)开挖高15 m边坡施工程序:边坡开挖和支护流水作业。根据设计图纸,大坝左、右岸坝肩高程987.65~825 m边坡既设有挂网、喷射混凝土、锚杆等浅层支护方式,又设有锚索深层支护方式。锚杆钻孔采用T35、JBY150-A钻机在爆破堆渣上作业,锚索在排架上进行作业。开挖采用QZJ-100B快速钻造预裂孔,CM358钻机造主爆孔及缓冲孔。施工程序见图5。

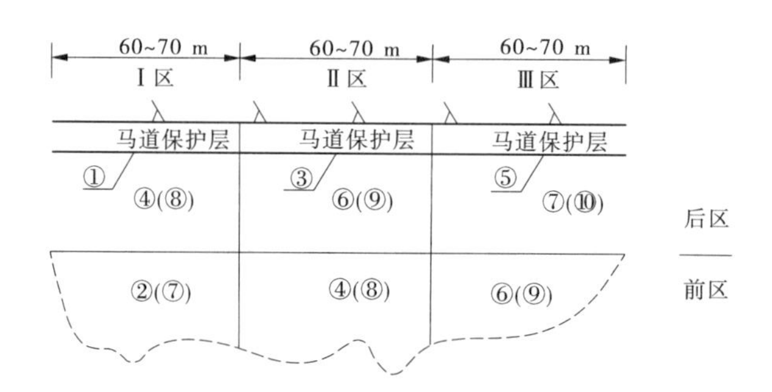

图5　开挖高15 m边坡施工程序平面示意图

说明：图5中①、②、…、⑩代表施工顺序，括号内序号代表第二层。①是Ⅰ区边坡预裂，③是Ⅱ区边坡预裂，⑤是Ⅲ区边坡预裂，马道保护层开挖分别与④、⑥、⑦同时施工。

（3）开挖厚度较窄（不足15 m）部位：对于左右岸水垫塘、二道坝开挖厚度较窄（不足15 m），不具备采取快速开挖支护施工条件的部位，不分前后区，预裂一次到位，一次爆破，15 m梯段一次出渣。马道形成后，30 m高台阶一次性搭设排架进行系统支护。

（4）开挖施工作业流程：见图6。

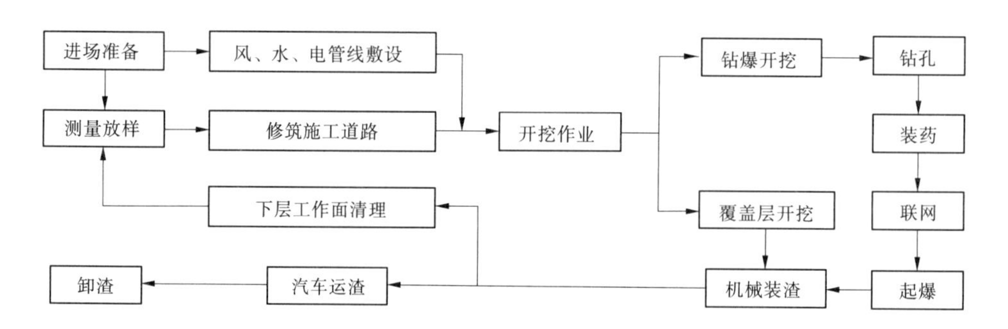

图6　开挖施工作业流程图

5　施工方法

石方开挖自上而下分层进行，岩石采用梯段钻爆开挖，工程边坡坡面采用预裂爆破成型，预裂深度一般为15 m，与马道分级高度一致，用100B钻机钻孔；梯段开挖采用CM358钻机钻主爆孔及缓冲孔。马道预留2.5 m厚保护层，采用CM358钻机造孔，水平光面爆破。

拱肩槽一般采用超欠平衡方式开挖，在陡坡变缓坡部位需技术超挖，左岸分别在高程777.5 m、747 m、728 m、723 m，最大超挖3 m；右岸分别在高程791.8 m、777.1 m、747.5 m、723.5 m，最大超挖1.93 m。右岸超挖312 m^3，左岸超挖461 m^3。

左右岸拱肩槽高程825 m以下技术超挖详见图7。

大坝建基面预留3 m保护层，用手风钻钻孔，水平光爆方式开挖。

出渣采用反铲与自卸车配合运至渣场，开挖过程中遇到0.7 m^3以上孤石，集中后，用手风钻打孔，装药爆破将其解小后，运至渣场。

坝肩槽上游边坡浅层支护采用快速支护。水垫塘855 m以上支护以排架为主，855 m以下以快速支护为主，不具备快速支护条件的个别部位搭设排架作业平台完成支护。

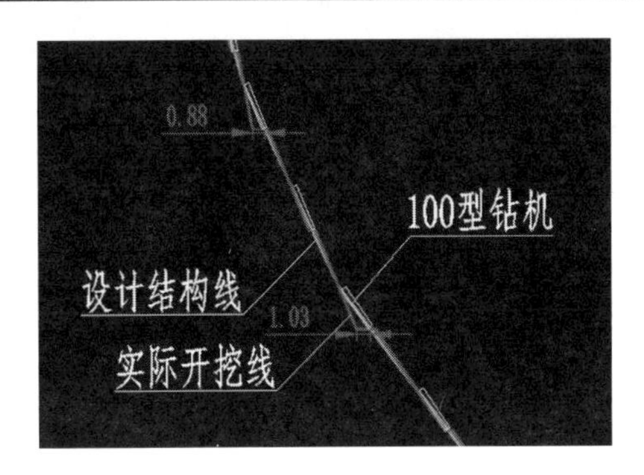

图7 技术超挖图

6 结 语

乌东德水电站缆机平台及大坝等工程高陡边坡开挖支护施工过程中,通过系统规划施工布置、选用经改进的高效施工设备、创新施工程序及方法,并经研究论证将锚索优化至马道上方2 m处,采用小作业平台施工锚索,避免了搭设覆盖全坡面的支护排架等优化及改进,研究出了一套成熟的高陡边坡“一次预裂、二次爆破、分层出渣、锁口支护、速喷封闭、随层支护、系统跟进”的高效安全快速开挖支护技术。

该技术成功应用于乌东德水电站左右岸缆机平台及大坝等工程边坡开挖支护施工中,显著提升了边坡开挖支护施工效率,达到了2个月开挖3个梯段(45 m)的工期目标,施工质量满足设计要求,取得了良好的社会效益和经济效益,并成功获得3项实用新型专利授权。

坝后厂房高边坡强度参数反演分析研究

武　锐[1,2]　李　铮[2]　李　卓[2]

(1. 河海大学水利水电学院 南京,210098;2. 南京水利科学研究院,南京　210029)

摘　要　坝后厂房高边坡的稳定性直接关系到电站厂房和上坝公路的安全,其强度参数的取值是稳定性分析的关键,然而参数反演还存在诸多问题有待解决,故有必要深入探讨这个问题。本文结合某工程实例,对比分析了瑞典法、摩根斯坦 - 普赖斯法和简化的毕肖普法这三种常见的稳定性分析方法,最后建议对含土质和呈碎裂、散体结构的岩质边坡,当其滑动面呈圆弧形时,优先考虑采用简化的毕肖普法,并可将其与试验手段相结合,能得到较符合实际的参数。计算结果表明,治理边坡采取"放坡、加固、排水"相结合的措施,效果是显著的,可明显提高边坡的稳定性。

关键词　高边坡;参数反演;毕肖普法;黏聚力;内摩擦角;边坡加固

1　引　言

水电站坝后厂房高边坡失稳是影响电站厂房安全的主要因素之一。对其稳定性进行分析是防止一系列工程及社会经济等问题出现的重要手段,而土体强度参数是进行边坡稳定性分析的前提,其准确性直接关系到计算结果的可靠性。然而,由于边坡结构、环境因素的复杂性和节理裂隙等不连续面分布的随机性,坝后厂房高边坡进行变形稳定性分析和加固设计时,在土体强度参数取值方面还存在诸多困难,需要进一步研究解决。

边坡的土体强度参数常用获取方法有三种:①试验法,即在边坡现场进行原位试验或在室内进行模型试验,是获得参数最直接的方法;②经验类比法,即通过统计分析大量的试验资料,使用回归估算等手段求出参数的经验公式;③反演分析法,即利用边坡实测的应力、位移、破坏变形特征等资料,采用数值模拟的方法对参数进行反演分析,从而获得土体强度参数。第一种方法会耗费大量的人力、物力、财力,且由于试验技术的局限性、采集的土样大多被扰动及多种不可控因素的影响,很难保证得到参数的合理性;第二种方法虽然可以初步得到参数,但由于坡体性质、边界条件的复杂性和差异性,导致各经验公式计算同一边坡存在较大的离散性,不可能得出该参数的准确值;第三种方法可弥补上述两种方法的缺陷,是获得土体强度参数的一种有效手段,在工程中广泛应用。

本文针对某水电站大坝后厂房高边坡,在详细绘制滑坡平面图的基础上,采用反演分析法中瑞典法、摩根斯坦 - 普赖斯法和简化的毕肖普法这三种方法获取该边坡的强度参数,并对黏聚力、内摩擦角进行了敏感性分析,结合现场直剪试验和室内土工试验结果,得到了边

基金项目:国家自然科学基金项目(51309164,51579154)、江苏省自然科学基金(BK20130072)、南京水利科学研究院基金项目(Y715015)。

作者简介:武锐(1991—),男,硕士,主要从事岩土方面的研究。E-mail:1366345608@qq.com。

坡的强度参数，为滑坡的加固设计提供了一定的科学依据。利用得到的强度参数，分析边坡的稳定性，充分结合边坡所在区域的地形地理条件，提出了“放坡、加固、排水”的方案，提升了边坡稳定性。

2 工程概况

2.1 边坡工程概述

该边坡位于坝址区左岸，整体高度约 100 m，其中人工开挖约 60 m，由北向南倾，东西长约 100 m，共分为 5 级，每级高约 15 m，第一级边坡坡率约为 1∶2，第二至四级约为 1∶1，而第五级为 1∶3，其间以宽约 2 m 的马道相隔。2013 年 9 月 1 日，受强降雨影响，该边坡的人工开挖部分发生大规模滑坡，图 1 为滑坡平面图。滑体长约 80 m，宽约 60 m，平均厚度约 7 m，总方量约 26 000 m^3，前缘位于第二级边坡中部，后缘位于原人工边坡开挖坡顶与原设计排水沟之间，形成高 7 ~ 9 m 的坎，滑动面近似为圆弧形。该滑坡不仅阻断了交通，并威胁着坡顶 220 kV 电站送出线终端塔基的安全。

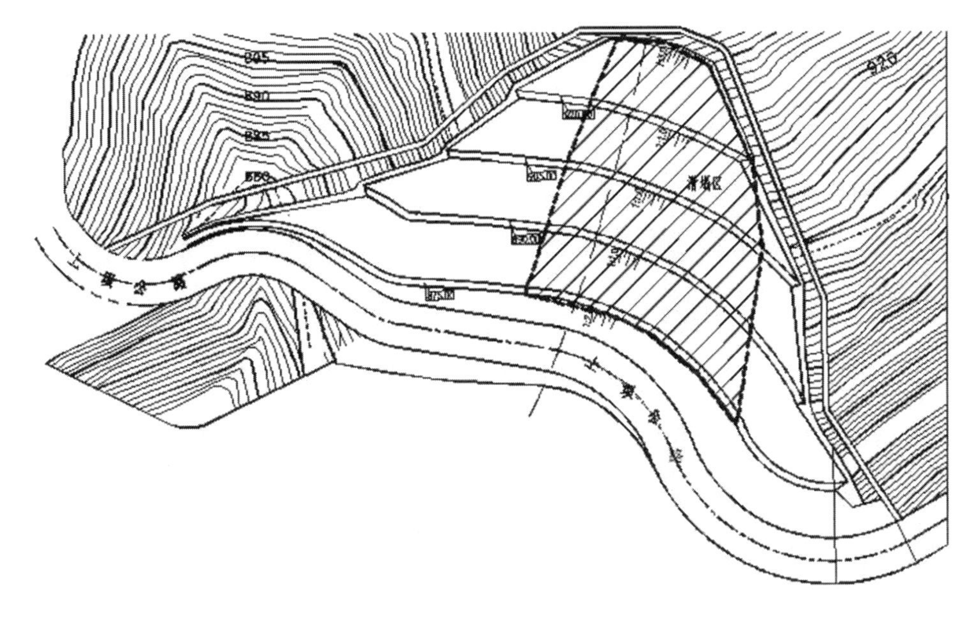

图 1 滑坡平面图

2.2 工程地质

滑塌区绝对高程 850 ~ 935 m，地形坡度 30° ~ 50°，基岩为寒武系变质岩，上部为第四系黏土层，场地及附近除零星陡崖出露外，地表天然露头少见。其地层岩性和断裂构造如下。

2.2.1 地层岩性

（1）填土层：灰、灰黄色，主要成分为黏性土、碎石等，沿坡脚公路分布，厚度 1.00 m 左右，顶部 60 cm 为沥青路面。

（2）黏土层：棕红、灰黄色，硬塑状，局部为混粉土团块，主要分布于坡体中部及坡顶，厚度 6 ~ 8 m，顶部 50 cm 为耕土。该层切面粗糙，土层结构较松散，手按易散开，遇水易软化。

（3）片麻岩 - 1 层：灰白、深灰、灰黄色，斑状变晶结构、糜棱结构，片麻构造，多为土状、砂状，主要矿物成分为长石、石英、黑云母，全风化，厚度 15 ~ 20 m。

(4)片麻岩 -2 层:灰、深灰、灰黄色,斑状变晶结构、糜棱结构,片麻构造,多为碎石及角砾状,少部呈砂状、土状,主要矿物成分为长石、石英、黑云母,强风化,干钻不易钻进,用镐可挖动。

2.2.2 断裂构造

该边坡周边断裂构造较发育,存在 50 多条断层,其中 F_1 对边坡的影响最大,它穿过边坡,走向 N45° ~55°E,倾向 NW,倾角 55° ~70°,延伸长度达 600 m,宽度 55 ~120 m,主要由多条小断层、破碎带组成,在边坡的片麻岩中发育有四组节理。

3 边坡参数反演

3.1 滑坡机制分析

该滑坡发生的原因可分为 3 个,根本原因在于坡体存在较厚的松散岩土层,即黏土层和全风化片麻岩层,其中黏土本身强度较低,全风化片麻岩风化后多为黏性土、砂土、碎石,存在破碎带,力学性质差,且节理和断层发育较好,使得岩体的完整性差,另一个重要的原因是边坡的坡度较陡,提供了一定的临空面,有利于滑坡的发生发展。

降雨则是滑坡的直接诱发因素。滑坡发生前一周降雨量大且集中,这些下渗的雨水不但降低土体的抗剪强度,而且增加坡体的下滑力,使得边坡的孔隙水压力迅速增大,地下水位上升,导致滑坡的位移变形增大。从图 2 的位移监测数据可看出这一点:该边坡一共布置了 6 个表面变形监测点,点名为 TP10 ~TP15,其中 TP10 ~TP12 分布在 890 m 高程的马道上,TP13 ~TP14 分布在 905 m 高程的马道上,TP15 分布在 920 m 高程的马道上,只有 TP10 和 TP13 位于滑塌区。

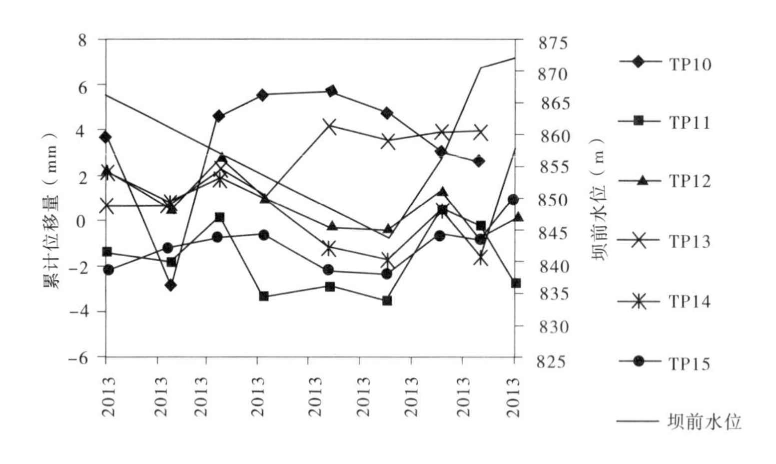

图 2 累计位移量和坝前水位随时间变化过程线

从图 2 中可看出,随着雨季的到来,坝前水位明显上涨,坡体的位移量也随之增大,尤其是 8 月中下旬至 9 月初,滑塌区的测点 TP10、TP13 测出的坡体累计位移量比其他测点的明显高出许多,需要说明的是,9 月 1 日滑坡发生,致使测点 TP10 和 TP13 被掩埋,再无位移监测数据。

3.2 65 参数反演及敏感性分析

该边坡的黏土层埋深较浅,通过现场试验与室内试验的综合对比,可取强度参数:$c=45.8$ kPa,$\varphi=17°$;片麻岩 -2 层埋深较大,滑坡对其没影响,故对该层可取现场直剪参数:

$c=45.0$ kPa，$\varphi=28°$；而片麻岩－1层是组成滑坡的主体部分，它的强度参数对边坡的稳定性分析至关重要，故对该层进行参数反演。

目前，边坡稳定性分析方法很多，但大体上有两种即极限平衡法和数值法，其中极限平衡法是边坡稳定性主要分析方法，常见的极限平衡法有瑞典法、简化的毕肖普法、摩根斯坦－普赖斯法，其中后两者考虑了土条间的相互作用力，更接近实际，而摩根斯坦－普赖斯法的力学平衡条件最严格，因此选用这三种方法分析该边坡的稳定性，计算结果见表1。

表1　三种方法得到的不同强度参数下的安全系数

黏聚力 c(kPa)	内摩擦角 φ(°)														
	21			22			23			24			25		
	方法一	方法二	方法三	方法一	方法二	方法三	方法一	方法二	方法三	方法一	方法二	方法三	方法一	方法二	方法三
30	0.861	0.907	0.906	0.892	0.942	0.940	0.924	0.976	0.974	0.956	1.011	1.009	0.988	1.046	1.041
32	0.877	0.924	0.922	0.908	0.958	0.956	0.940	0.992	0.990	0.972	1.027	1.025	1.005	1.063	1.060
34	0.892	0.940	0.938	0.924	0.974	0.972	0.956	1.008	1.006	0.988	1.043	1.041	1.021	1.080	1.076
36	0.908	0.956	0.954	0.940	0.990	0.988	0.972	1.025	1.023	1.004	1.061	1.059	1.037	1.096	1.093
38	0.924	0.972	0.970	0.956	1.006	1.004	0.987	1.042	1.040	1.020	1.077	1.075	1.052	1.112	1.110
40	0.940	0.988	0.986	0.971	1.022	1.020	1.003	1.058	1.056	1.036	1.093	1.091	1.068	1.128	1.125
42	0.956	1.005	1.003	0.987	1.040	1.037	1.019	1.074	1.072	1.051	1.109	1.107	1.084	1.144	1.142
44	0.972	1.022	1.020	1.003	1.056	1.053	1.035	1.090	1.088	1.067	1.125	1.123	1.100	1.160	1.158

比较三种方法计算出的安全系数，可知存在如下关系：瑞典法 < 摩根斯坦－普赖斯法 < 简化的毕肖普法，但求出的安全系数都随着 c、φ 值的增大而增大，由此可见，提高边坡的黏聚力和内摩擦角对于提高其稳定性具有重要的作用。同简化的毕肖普法相比，瑞典法与其相差6%左右，虽然其求解简单快捷，但存在较大的误差，而摩根斯坦－普赖斯法与其仅相差0.2%左右，可近似认为两者相等，虽然其收敛性很好，但求解过程相当复杂且费时费力，故对于含土质和呈碎裂、散体结构的岩质边坡，当其滑动面呈圆弧形时，首先考虑采用简化的毕肖普法。

为深入探讨内摩擦角、黏聚力与安全系数的关系，取简化的毕肖普法的计算结果对其进行敏感性分析，得到如下结果：安全系数与内摩擦角的关系见图3，与黏聚力的关系见图4。

从计算成果可以看出，安全系数与黏聚力和内摩擦角均是正相关关系，且内摩擦角比黏聚力对边坡的稳定性影响大，具体分析如下：内摩擦角 φ 提高1%，安全系数 F_s 提高0.007左右，而黏聚力提高1%，安全系数 F_s 仅提高0.002左右。

在图3中作一条直线 $F_s=1$，其与安全系数的交点，即是参数反演的结果，将这些 c、φ 值组合绘成曲线，即得 $F_s=1$ 时的 c—φ 关系曲线。

图5中，c—φ 曲线中任一点都是边坡处于临界的稳定状态时的 c、φ 的组合。通常，要得到确定的强度参数有以下2种方法：①另取该边坡的其他岩土为研究对象，按照上述方法得其 c—φ 曲线，再将这两条曲线绘制在同一个图中，它们的交点即为反演参数值；②同试验相结合，由试验得到内摩擦角、黏聚力两者中敏感性较低的一个，代入到 c—φ 关系曲线，即可得到对应的另一个参数值。

在本工程实例中选用第二种方法，即结合现场直接剪切试验和室内土工试验的结果，取

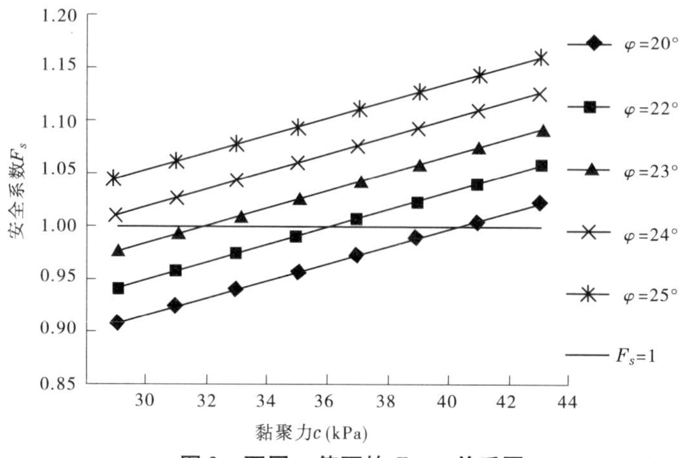

图3　不同φ值下的F_s—c关系图

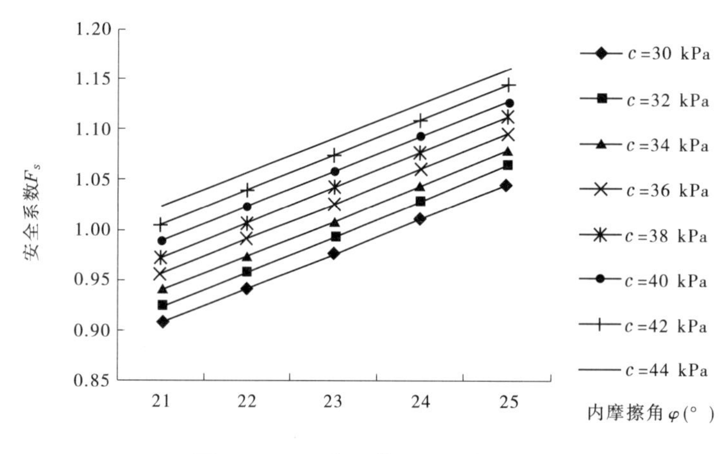

图4　不同c值下的F_s—φ关系图

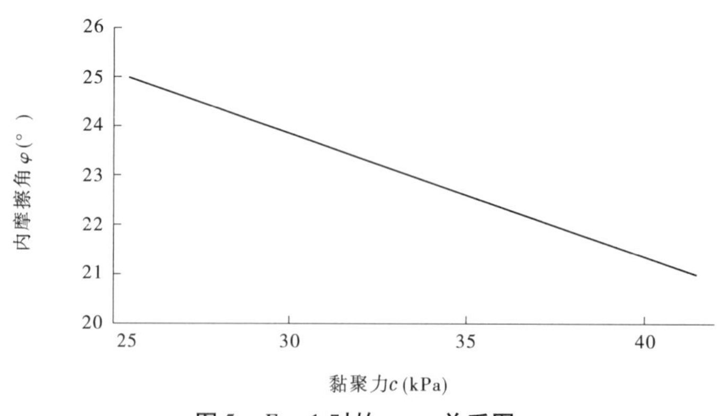

图5　$F_s=1$时的c—φ关系图

敏感性较低的参数即黏聚力$c=38$ kPa，代入到如图4所示的曲线中，可得出对应的内摩擦角φ为21.8°。

4 边坡加固方案

根据现场地质勘察报告,边坡的处理范围包括滑体的已滑动部分和可能滑动部分,在清除下滑坡体的基础上,采取“放坡、加固、排水”等措施,具体如下:

(1)放坡:将第二至四级边坡的坡率由原1:1调整为1:2,进行放坡处理,减轻边坡上部荷载,减小上部覆盖层厚度。

(2)加固:对边坡坡面采用预应力锚杆和网格梁进行浅表层支护,使坡体应力立即稳定。锚杆长度8 m,间距2.5 m×2.5 m,网格梁尺寸300 mm×300 mm,并在网格梁间用喷砂浆和挂网进行护面处理,防止雨水对表层的冲刷破坏,而在坡顶设置8根抗滑桩和预应力锚索进行护坡支护。

(3)排水:及时修好坡顶已经发生破坏的排水沟,并按5 m×5 m的间距设置排水孔,对于坡顶其他范围土体则用混凝土封闭,而在山腰的塔位以上部分修筑新的排水沟,防止上部山体的水汇入滑坡的影响范围,通过完善排水的这些措施,减少坡面水的入渗和防止地下水的聚集。

5 结 论

(1)对于含土质和呈碎裂结构的岩质边坡,当其滑动面呈圆弧形时,优先考虑采用简化的毕肖普法选择强度参数。

(2)采用试验手段和反演分析相结合的方法,克服了传统的单一取值方法的局限性,所得结果较符合实际参数。

(3)对边坡采取“放坡、加固、排水”相结合的措施,可明显提高边坡的稳定性,计算结果表明,处理后安全系数大于规范规定的最小系数,该措施是合理有效的。

参考文献

[1] 李宏恩,李铮,范光亚,等. 龙江水电站坝后厂房高边坡锚杆应力分析[J]. 水利水电科技进展,2012(4):59-62,94.
[2] 周火明,孔祥辉. 水利水电工程岩石力学参数取值问题与对策[J]. 长江科学院院报,2006(4):36-40.
[3] 陈龙,吴秋平,马磊,等. 边坡岩体力学参数计算值的确定方法[J]. 岩土工程界,2008(3):55-58.
[4] 李映霞,李剑武. 某水电站库岸滑坡参数反演及稳定分析[J]. 灾害与防治工程,2009(1):7-11.
[5] 邓东平,李亮. 极限平衡理论下边坡强度参数反演及加固稳定性分析[J]. 工程地质学报,2016(1):10-18.
[6] 罗萍. 利用安全系数的边坡工程参数反演方法研究[J]. 公路工程,2012(6):125-126,213.

基于陕西省引汉济渭工程佛坪县石墩河集镇迁建安置点投资分摊方案的研究

胡永超　郭　琰　辛向文

（陕西省水利电力勘测设计研究院，西安　710001）

摘　要　以陕西省引汉济渭工程移民安置规划为基础，对于水利水电工程移民安置规划实施过程中，遇到的移民意愿发生变化以及地方人民政府安排计划发生变化的具体情况，结合水利部对陕西省引汉济渭工程移民安置规划的审批意见，站在解决实际问题促进规划实施的角度，从资金分摊原则、资金分摊项目筛选、资金分摊具体方案、资金分摊效果等方面，论述了移民安置规划在具体实施过程中如何结合现实情况实现落地，描述了资金分摊方案的关键点，强调了以技术方案协调各利益方关系的重要性，为水利水电工程移民安置规划实施提供了解决具体问题的思路。

关键词　移民安置；集镇；迁建；分摊；方案

0　引　言

陕西省引汉济渭工程是从陕南汉江流域调水至渭河流域关中地区的大型跨流域调水工程；工程建设任务是向关中地区渭河沿岸重要城市、县城、工业园区供水，逐步退还挤占的农业与生态用水，促进区域经济社会可持续发展和生态环境改善；工程采取“一次立项，分期配水”的建设方案，逐步实现2030年配水15亿 m^3 的目标；工程等别为Ⅰ等，由黄金峡水利枢纽、三河口水利枢纽和秦岭输水隧洞三部分组成；水利部批复的初步设计阶段工程概算总投资为1 912 549万元。

1　移民安置概况

1.1　建设征地范围

工程建设征地范围涉及西安市、汉中市、安康市三市，周至县、洋县、佛坪县、宁陕县四县；工程建设征地项目包括水库淹没区和影响区（含防护工程）、枢纽工程建设区、农村移民集中安置点建设区、集镇迁建安置点建设区、库周交通恢复建设区、秦岭输水隧洞建设区、其他工程（大黄路等）建设区等。

1.2　主要实物量

引汉济渭工程建设征地总面积78 297亩，其中：耕地面积16 131亩，林地面积25 205亩，草地6亩，住宅用地1 231亩，交通用地1 824亩，仓储用地43亩，其他土地7 722亩，水

作者简介：胡永超（1973—），高级工程师，陕西省水利电力勘测设计研究院征地移民专业总工程师，长期从事建设征地移民安置规划设计、咨询、技术评审工作。E-mail：yongchaohu@ qq. com。

域26 056亩,公共用地79亩。

基准年征地影响总人口9 756人。其中:黄金峡水库4 926人,三河口水库4 236人,秦岭输水隧洞444人,其他工程150人。各类房屋总面积694 579 m^2。淹没集镇4处,等级公路98.04 km,10 kV等级以上输电线路115.32 km,各类通信线路546.37 km,中小型工业企业6个,文物古迹11处,淹没及蓄水影响中小型水电站8座等。

1.3 移民安置规划方案

引汉济渭工程设计水平年生产安置人口9 401人,搬迁安置人口10 375人。移民安置方式为在当地(本县)境内集中安置和分散安置,在洋县、佛坪县、宁陕县共设置20个集中安置点搬迁安置移民,其中包括4个集镇迁建安置点和16个农村集中安置点。

石墩河集镇为上述4个集镇迁建安置点中的一个,位于汉中市佛坪县境内。

1.4 规划恢复或改建的各类基础设施专业项目

二级公路1段,16.80 km;三级公路4段,26.27 km;四级公路1段,26.37 km;村道10段,40.61 km;渡口26座。

修建库尾防护工程1处,18.45 km;塌岸防护工程1处。

改建各等级输电线路156.65 km,改建各类型通信线路507.94 km。

1.5 投资概算

水利部批复的引汉济渭工程初步设计阶段建设征地移民安置概算投资为431 189万元。

2 石墩河集镇迁建安置点投资分摊方案

2.1 分摊缘由

陕西省库区移民工作领导小组办公室于2012年8月以陕移发〔2012〕57号文件批复了《佛坪县石墩河集镇迁建安置点初步设计》,佛坪县政府于2013年1月开工建设该安置点。批复主要结论:基础设施建设规模按535人设计,安置农村移民140户489人,投资概算为2 198.17万元。

2011年陕西省人民政府制定了《陕南地区移民搬迁安置总体规划》,根据规划,2011~2020年内,陕南3市28县共移民约60万户240万人,总投资超过1 100亿元。搬迁对象为:①受地质灾害、洪涝灾害或其他自然灾害影响严重的;②距离行政村中心较远,基础设施落后,发展条件较差的;③位于已规划或即将建设的水库库区范围内的。

陕西省引汉济渭工程移民安置与陕南地区移民搬迁安置同时实施,佛坪县石墩河集镇属于两者交集范围之内。佛坪县政府在石墩河集镇迁建安置点实施过程中,按照《陕南地区移民搬迁安置工作实施办法(暂行)》,对集镇安置点总平面布置、竖向及配套设施进行了重新规划设计,在安置点原规划建设范围周边增加170户陕南移民安置楼。实施中的各项安置标准均高于已批准的《引汉济渭工程建设征地移民安置规划大纲》标准,形成水库移民和陕南移民你中有我、我中有你的局面。

在2014年12月水利部对《陕西省引汉济渭工程初步设计报告》的审查会上,佛坪县政府指出,随着石墩河集镇基础设施建设的进一步开展,库区移民意愿发生变化,当初未选择进入石墩河集镇集中安置的移民要求进入集镇集中安置,原批复的人口规模不能满足移民意愿的要求,原批复的安置标准和配套设施与陕南移民安置的相关标准不一致,提出了扩大石墩河集镇建设人口规模并对已经实施的各类基础设施建设项目予以认可的诉求。

鉴于此，水利部在《水利部关于陕西省引汉济渭工程初步设计的批复》（水总〔2015〕198号）中明确：基本同意根据移民意愿、农村移民安置规划和城镇化发展方向，调整集镇迁建人口规模。实施阶段应根据调整后的人口规模，完善集镇迁建规划设计文件。不属于引汉济渭库区移民的搬迁居民，应按照搬迁人数合理分摊投资。

受业主单位陕西省引汉济渭工程建设有限公司委托，陕西省水利电力勘测设计研究院于2015年11月编制完成《佛坪县石墩河集镇迁建安置实施方案》，明确了投资分摊方案。之后，业主单位委托西北水电勘测设计院进行了技术咨询，最终上报陕西省库区移民工作办公室审批，于2016年3月得到正式批复。

2.2　分摊原则

（1）据实设计原则。

①集镇已经实施完成的场平工程按照现状进行实施方案设计；

②扩大规模后新增区域的实施方案设计严格执行《移民安置规划大纲》标准，并与已经实施完成部分衔接。

（2）严格控制用地标准原则。

人均建设用地标准严格执行《陕西省引汉济渭工程移民安置规划大纲》审定的100 m^2标准，用地分摊后超出人均100 m^2部分不计入征地费，对于配套设施提高标准和扩大规模部分不计入投资概算。

（3）区分人口分摊比例原则。

根据《水利水电工程建设征地移民安置规划设计规范》集镇迁建规定的建设用地人口和基础设施建设人口，不同的项目对应不同的人口组成和分摊比例，在投资分摊中区别对待，分别核算。

2.3　分摊项目

石墩河集镇安置区内基础设施建设项目主要包括场平工程、防洪工程、道路工程、绿化工程、给排水工程、强弱电工程等。

陕南移民安置区内基础设施建设项目主要包括楼体场平工程，楼体配套的排水工程、电气工程、室外配套工程、挡护工程等。

外围配套基础设施专业项目包括对外交通工程、陈家坝集中供水工程、污水处理工程、强弱电工程等。

以上项目均为需要考虑的资金分摊项目。

2.4　分摊方案

2.4.1　征地费分摊方案

（1）水库移民在陕南移民安置区内搬迁安置的情况。

石墩河集镇安置区的陕南移民安置区共安置170户590人，其中安置水库移民9户31人。

（2）其他居民在水库移民安置区内搬迁安置的情况。

水库移民安置区共规划安置807人，其中水库移民608人，单位职工67人，新址留居29人，公租房人口45人，工程移民2人，陕南移民56人。水库移民迁建任务应考虑的人口规模为749人。

2.4.2 点内基础设施建设费分摊方案

(1)水库移民在陕南移民安置区内搬迁安置的情况。

按照水库移民人口所占陕南移民安置区人口规模的比例,分摊陕南移民安置区场平工程、楼体配套设施、室外配套设施、室外挡护工程等投资及其他费用。

(2)陕南移民在水库移民安置区内搬迁安置的情况。

按照其他居民人口所占水库移民安置区人口规模的比例,分摊水库移民安置区场平工程、室外配套设施、室外挡护工程等投资及其他费用。

2.4.3 点外基础设施建设费分摊方案

主要包括供水、供电、对外交通、污水处理等项目,供电、对外交通、污水处理较单纯,按照陕南移民所占人口比例向外分摊,供水较工程复杂。

陈家坝集中供水工程供水范围包括陈家坝镇陈家坝村、孔家湾村、郭家坝村及石墩河镇,工程包括取水工程、输水工程、净水工程及配水工程,设计供水人口 5 914 人。水库移民迁建任务应考虑的人口规模为 749 人。

2.5 分摊结论

陕南移民安置区及陈家坝集中供水工程总体基础设施投资概算为 2 217.39 万元(基础设施投资 976.37 万元,陈家坝集中供水 1 241.02 万元),水库移民需按照 31/570 的比例分摊陕南移民安置区基础设施费,按照 749/5 914 比例分摊陈家坝集中供水水源工程,并计列石墩河集镇供水专线投资,合计为 777.82 万元。

水库移民安置区总体投资概算为 5 148.51 万元,水库移民需按照 749/807 的比例承担场平工程、防护工程、室外管网工程、室外道路工程、室外电气工程和绿化工程投资,需按照 1 039/1 656的比例承担室外弱电工程和污水处理工程投资,总计水库移民需承担水库移民安置区投资为 4 728.24 万元,其他居民需承担 420.27 万元。

2.6 各方对资金分摊结论的意见

陕西省库区移民工作领导小组办公室:基本同意投资分摊原则及方案,原则上不再考虑实施方案批复之后新增项目或投资。

陕西省引汉济渭工程建设有限公司:尊重实事求是的投资分摊方案技术成果,在实施过程中提供资金保障。

佛坪县政府:分摊成果客观,应酌情考虑让利于民,以提高地方工作积极性,促进移民早日搬迁。

3 结 语

《大中型水利水电工程建设征地补偿和移民安置条例》规定移民安置工作实行政府领导、分级负责、县为基础、项目法人参与的管理体制,明确县级以上政府负责本行政区域内水库移民安置工作的组织和领导,是移民安置的实施主体、工作主体、责任主体。省、市、县三级政府以及建设项目业主的移民安置工作方向一致,但所代表的利益角度有别,往往对同一件事情持不同的意见,主要体现在基础设施的建设标准、规模、功能等方面。设计单位能依据中省政策和技术规范拿出妥善的技术方案尤为重要,能从中协调,维护移民的合法权益,进而减少社会矛盾,保障移民安置工作的顺利推进。

大中型水利水电移民安置规划的理论基础是“潜在帕累托最优状态”,这种状态指出

“在既定的资源环境下，一个经济社会的福利是否增加的标准是，如果生产交换的改变，使得社会中一部分人情况变得好些，而其他人并未变坏些，就可说社会福利是增进了；而如果一些人情况变好了，但另一些人情况变坏了，就不能说社会福利增加了”，可以理解为是社会资源一种最优的再分配、再平衡的概念。而移民安置规划在实施过程中往往会因为利益团体的不同而产生种种纷争。设计方从技术角度对这种纷争予以评判，也可以算作对国家移民安置政策、法规、规范的延伸。石墩河集镇迁建安置点投资分摊方案的技术难度并不高，只是这种解决问题的思路或许有借鉴价值。

参考文献

[1] 霍布斯，庇古. 福利经济学[M]. 北京：华夏出版社，2007.
[2] 陕西省引汉济渭工程建设征地移民安置规划报告[R]. 陕西省水利电力勘测设计研究院，2015. 2.

钻爆法快速成井技术研究

李玉凡

(中国水利水电第三工程局有限公司,西安 710024)

摘 要 依托东湖电站电缆竖井,研究采用自上而下一次性钻孔,再自下而上反向分层爆破,爆破石渣自落至下部交通廊道,炮烟经爆破孔迅速排走,可实现一天内连续多循环作业的爆破成井技术。该技术能大幅提高成井速度,保证成井质量,施工成本低;改善工作环境,提高施工安全性,值得类似工程借鉴。

关键词 爆破;快速;成井;技术;研究

0 引 言

在水利水电地下工程中,引水井、调压井、闸门井、出线井、通风井及交通井等水工建筑物常采用竖井机构形式设计,竖井上部通常是露天的(或已有施工通道),下部有通往竖井工作面的施工通道。小断面竖井可以一次开挖成型,大断面竖井需先开挖一个小断面竖井作为溜渣导井,再扩挖到位。小断面竖井通常采用吊罐法、爬罐法和反井钻法施工,吊罐法和爬罐法安全风险高,作业环境差,劳动强度高,施工速度慢;反井钻法掘进速度快,效率高,施工安全,作业环境好,但准备期长,延米造价高。

1 工程概况

东湖水电站位于辽宁省本溪市桓仁县境内,利用浑江中游已建桓仁水库蓄水发电,水库正常水位高程290.00 m,库容36.40亿m^3,电站装机容量2×13 MW,由取水首部和输水隧洞组成。取水首部包括取水口建筑物、压力引水隧洞、地下厂房系统、升压站、交通洞、机电设备和金属结构安装等工程。

升压电缆竖井设计断面为矩形,长×宽=9.08 m×8.65 m,开挖深度为21.09 m,高程为304~283.01 m,开挖方量为1 656 m^3,竖井井口通向地面,下部施工通道已完成,电缆竖井设计图见图1、图2。

2 问题提出

电缆竖井是地下厂房系统施工期通风排烟的通道,如能提前贯通,则厂房系统通风将会得到很大的改善。竖井原施工方案先用反井钻机钻直径1.2 m导井,再将导井扩挖为2.5 m溜渣井,然后再次扩挖到设计轮廓线。

工程开工后,施工道路崎岖,反井钻机运输困难,且需要铺设专用电缆,和一个月准备

作者简介:李玉凡(1971—),男,河南登封人,高级工程师,主要从事水利水电工程施工。E-mail:94588981@qq.com。

期。21 m 井深,反井钻施工延米造价达 3 000 ~ 3 500 元/m,造价昂贵。因此,需要优化施工方案,降低导井造价,保证施工安全,改善作业环境,降低劳动强度,提高作业效率。

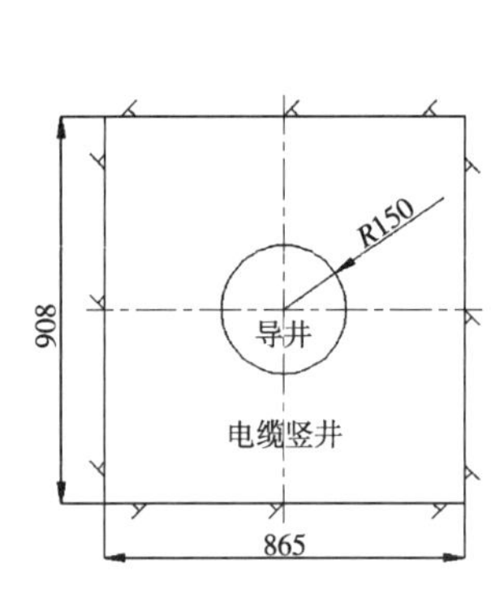

图 1　电缆竖井平面图　(单位:cm)

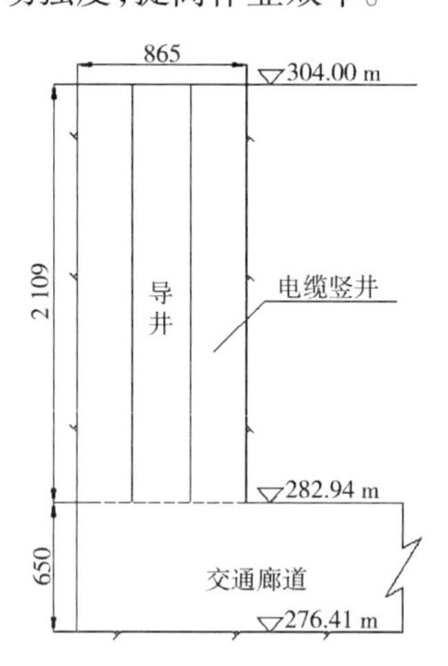

图 2　电缆竖井剖面图

3　施工方案

3.1　方案选择

经技术人员多方调研,参阅相关竖井技术资料,研究设备性能,考虑本项目工程条件,决定对钻爆法快速成井技术进行研究。

3.2　分层高度

分层高度主要与岩石性质、竖井断面面积、岩石爆破后碎胀补偿空间大小等因素有关。增大分层高度可以节约爆破材料和辅助作业时间,提高效率,但分层高度过大会造成掏槽失败,引发爆破故障,导井故障处理难度较大。为确保成井效果,需谨慎选择分层高度,根据同类工程数据及相关经验,当导井断面大于 4 m^2,补偿系数 <0. 5 时,则分段高度取 2 ~ 4 m,综合考虑后,将导井分为 7 层,层高 3 m 进行钻爆施工。

3.3　掏槽选择

螺旋型孔掏槽虽然孔数少,但钻孔精度要求高,如有一个掏槽孔拒爆,会导致该循环拒爆,因此掏槽选用直眼桶形孔掏槽,空孔直径为 102 mm,自上而下全部贯穿,空孔孔深 21. 09 m;装药孔直径为 90 mm,装药孔孔深 21. 09 m。掏槽平面布孔见图 3。

3.4　爆破钻孔

掏槽孔及辅助爆破孔,孔深均为 21. 09 m,全部从井口穿透至交通廊道顶部,以方便测量孔位偏差。钻孔采用阿特拉斯 ROC D7 液压钻机,21. 09 m 孔深,深度较大,为保证爆破效果,需按高精度钻孔控制。开钻前先将导井井口范围外扩 1. 5 m,浇筑强度等级为 C20 素混凝土,厚度 20 cm,浇筑前先用全站仪测量放线,精确放出空位后,预留 30 cm 长孔口钢套管。待有 3 d 龄期后,开始钻孔,钻孔前检查钻杆垂直度,合格后方能开钻,开钻后应采用低转速、低压力进行钻孔。钻孔初期,每隔 1 m 检查一次钻孔偏斜度;超过 5 m 后,每次换钻杆时,均测量检查钻孔垂直度,偏差角度不超过 1°;当检测钻孔垂直度偏差较大,且无法纠偏时,终止钻孔,并用水泥浆回填,重新钻孔。钻孔完成后检查钻孔直径、孔间距、孔斜和孔深,直径和孔间距用钢卷尺测量，孔斜及孔深用测绳进行测量，并逐孔编号记录。

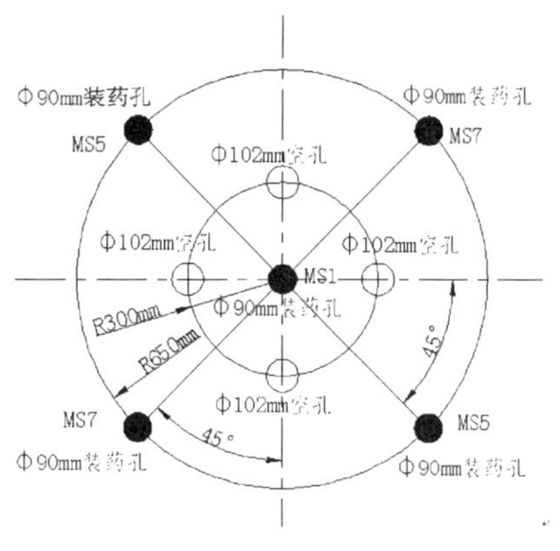

图3　掏槽平面布孔图

3.5　装药结构

由于分层高度相等，为方便施工，利于现场操作，掏槽装药孔和爆破装药孔装药结构相同，孔底填塞30 cm，中部连续装药，上部封堵70 cm。

(1)孔底封堵：由于炮孔上下穿透，装药前孔底需先封堵。当导井下部第一层爆破时，通过下部平硐对孔底进行封堵，封堵材料为特制圆木木塞，木塞长度为30 cm，直径大于炮孔直径1 cm，从下部交通廊道进入工作面，用大锤将木塞打入孔内楔紧；其他层空底封堵，用柔性编织袋卷成略大于孔径的圆柱状，并在编织袋上绑扎尼龙绳，自孔口用软质炮杆缓慢送入孔中，通过观察炮杆上的刻度，测量堵塞物下降位置；当编制袋送到位置后，将尼龙绳在孔口固定，再把锚固剂捆成略小于孔径的圆柱形，从孔口放入，自由落至孔底；如下落受阻，用炮杆辅助送置于孔底封堵位置，后自孔口向孔内灌入适量水，使锚固剂遇水膨胀，形成孔底封堵，通常应在锚固剂浸泡10 min之后，方可进行装药。

(2)装药：提前测量孔深，按爆破设计计算装药位置，将ϕ32乳化炸药4节与导爆索绑扎在竹片上，在竹片上标记长度，自孔口装入爆破孔内，根据竹片长度确定炸药安装到位。当药卷入孔受阻时，可用炮杆将药卷辅助送置于孔底，装药时严格按测量的孔深和爆破设计控制装药高度，确保药柱顶面处于同一高度。孔口的导爆索需预留足够的长度，并临时固定，以防落入孔内。

(3)孔口堵塞：在装药完成后，将黏状土与细砂混合物搓成条状，从孔口装入，并用炮杆捣实，堵塞长度以70 cm为宜。用炮杆捣实炮泥时应防止导爆索损坏。

装药结构见图4。

3.6　爆破网络

爆破网络采用电雷管点火起爆，非电毫秒雷管引爆孔内导爆索，导爆索引爆炸药。每层单独起爆一次，利用非电毫秒延时雷管，组成延期爆破起爆网路，雷管用双发，复式交叉网路；具体爆破网路见图5。

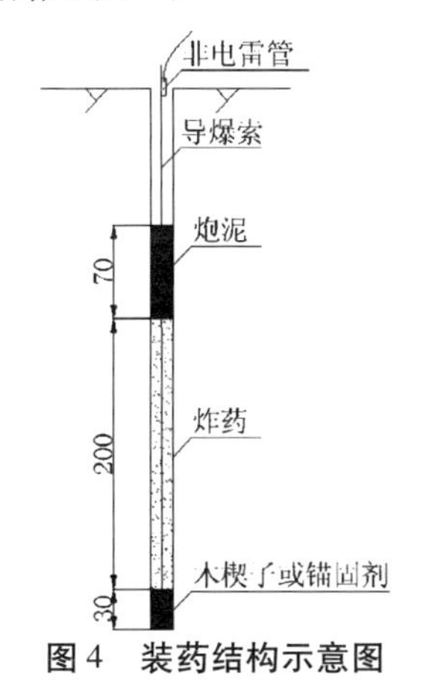

图4　装药结构示意图

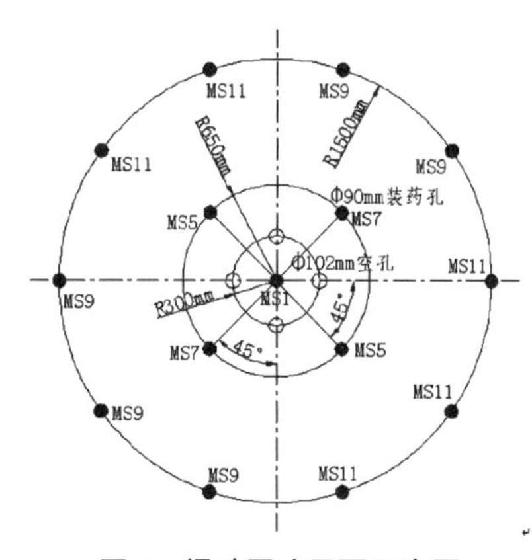

图5　爆破网路平面示意图

3.7 爆破参数

具体爆破参数具体见表 1。

表 1 导井爆破参数表

<table>
<tr><th>孔名</th><th>孔径
(mm)</th><th>孔数
(个)</th><th>孔深
(m)</th><th>钻机
型号</th><th>孔底封堵
(cm)</th><th>装药长度
(cm)</th><th>孔口封堵
(cm)</th><th>雷管
段位</th></tr>
<tr><td>掏槽空孔</td><td>102</td><td>4</td><td>21.09</td><td>ROC
D7</td><td></td><td></td><td></td><td></td></tr>
<tr><td rowspan="3">掏槽装药孔</td><td rowspan="3">90</td><td>1</td><td rowspan="3">21.09</td><td rowspan="3">ROC
D7</td><td rowspan="3">30</td><td rowspan="3">200</td><td rowspan="3">70</td><td>MS1</td></tr>
<tr><td rowspan="2">2</td><td>MS5</td></tr>
<tr><td>MS7</td></tr>
<tr><td rowspan="2">辅助孔</td><td rowspan="2">90</td><td rowspan="2">5</td><td rowspan="2">21.09</td><td rowspan="2">ROC
D7</td><td rowspan="2">30</td><td rowspan="2">200</td><td rowspan="2">70</td><td>MS9</td></tr>
<tr><td>MS11</td></tr>
</table>

3.8 爆破效果

电缆竖井导井自 2013 年 7 月 23 日开始施工,于 2013 年 8 月 10 日贯通,工期仅用了 18 d,导井开挖轮廓规整,溜渣顺畅,在整个施工过程中未出现任何安全事故,工作人员作业环境得到了大幅度改善。导井成井效果见图 6。

4 注意事项

该方法由于钻孔一次完成,孔深大,容易发生偏斜,如孔位偏差过大,掏槽很难形成,会严重影响爆破效果,故钻孔过程中应严格控制精度。

施工过程中井口与井底工作人员应严格遵守安全管理和信号管理规定,以防因上、下工作面信息传递不当,引发安全问题。

导井一旦开始施工,人员无法到达爆破工作面,因此每个孔内应用双发雷管、复式起爆网路起爆,确保爆破网络安全可靠。

图 6 导井成井

5 结 语

东湖电站电缆竖井导井,通过技术研究,找到了爆破法快速成井的方法,该方法不仅施工速度快,而且安全可靠,作业环境好,施工成本低,该导井提前工期 32 d,节约费用约 50 万元。该技术值得类似工程借鉴。

参 考 文 献

[1] 汪旭光. 爆破设计与施工[M]. 北京:冶金工业出版社,2011.

[2] 吕淑然,崔鹏瑜. 电子雷管在一次成井 32 m 爆破技术处理采空区中的应用[J]. 工程爆破,2013,(1-2):63-65.

[3] 赵华,刘建永. 溜井一次成井爆破工艺[J]. 矿业快报,2006(12):39-41.
[4] 薛辉,周科平,王文锋,等. 梅山铁矿溜井一次爆破成井技术研究[J]. 矿业工程,2011,9(3):50-52.
[5] 周传波,谷任国,罗学东. 坚硬岩石一次爆破成井掏槽方式的数值模拟研究[J]. 岩石力学与工程学报,2005,24(13):2298-2303.
[6] 魏礼刚. 深孔一次爆破成井技术[J]. 山东煤炭科技,2012(3):82-83.

漕河特大型现浇渡槽关键施工技术研究与应用

李长春　路明旭

（中国水利水电第四工程局有限公司，西宁　810007）

摘　要　漕河大型渡槽是南水北调中线工程总干渠上的一座大型交叉建筑物，渡槽长度、跨度、规模、引水流量及荷载均为目前国内和亚洲最大的。漕河渡槽体型结构复杂，抗裂性能要求高，施工工期紧张，所以三槽一联薄壁结构大型渡槽预应力高性能混凝土施工技术面临着许多技术难题和挑战。针对渡槽设计结构、功能使用要求、工期要求等特点，结合现场的施工环境，通过现场生产性试验的验证、分析总结渡槽的关键技术，对渡槽的施工艺进行合理调整和优化。

关键词　漕河渡槽；薄壁；预应力；施工工艺

1　工程概况

南水北调中线总干渠漕河渡槽段是南水北调中线京石段应急供水工程的重要组成部分，是南水北调中线工程总干渠上的一座大型交叉建筑物。工程位于河北省满城县城西约 9 km 的神星镇与荆山村之间，距保定市约 30 km（见图 1）。

图 1　漕河渡槽

漕河渡槽第Ⅱ标段施工由中国水利水电第四工程局有限公司承担，本段工程起点为渡槽进口渐变段，终点为渡槽 20 m 跨槽身段，全长 1 013.4 m，由进口段、进口连接段、槽身段

作者简介：李长春（1979—），男，黑龙江省大庆市人，高级工程师，主要从事水电施工。E-mail：937949633@qq.com。

组成。漕河渡槽最大单跨长度30 m,底宽20.6 m,底板厚50 cm。槽身为大体积薄壁结构,多侧墙段为三槽一联预应力混凝土简支结构,具有跨度大、结构薄、级配小、等级高的特点。

2 大型渡槽温控防裂施工

2.1 温控防裂措施

2.1.1 粗细骨料降温

粗细骨料采取适当增大堆料高度,堆料高度不低于5 m。在低温时间上料,适当延长换料间隔时间。料堆、料仓上均搭设避雨、遮阳棚和绝热保温棚。料堆上覆盖保温被或土工布,并洒冷水保持湿润,防止太阳照射引起的骨料温度升高和对料堆内部产生的影响。

2.1.2 冷水拌和混凝土

用冰将17~18 ℃的水降低到3~5 ℃,用3~5 ℃的冷水拌和混凝土,可以有效降低混凝土出机口温度约3 ℃。

2.1.3 仓面喷雾营造小气候

在混凝土浇筑前用冰水对混凝土仓号进行喷淋冷却,使仓内的模板、钢筋及其他的材料的温度降低;仓号周边用喷雾降低周围环境的温度,提高外界环境湿度、减少混凝土表面蒸发量,有效改善了仓面小气候。

2.1.4 槽身两端封堵防止过堂风

混凝土浇筑前,在槽身的左右侧用彩条布将两端封闭,防止槽身过堂风,保证槽身底部环境处在湿润环境状态。封闭待槽身混凝土温度接近环境温度后去除。

2.1.5 模板贴保温板

主梁和次梁钢模板表面、底层墙体侧面粘贴0.5 cm厚的塑料保温板进行保温,边墙肋板表面不保温。上层墙体钢模板表面粘贴1.0 cm厚保温板,保温范围至墙体高度的3.3 m处,高出顶层水管位置30 cm。

2.1.6 缩短第一、二层混凝土间歇时间

基础温差过大也会造成混凝土产生表面裂缝,在浇筑完第一层后,要求第二层混凝土浇筑时段为10 d以内,严格控制上下层温差。

2.2 槽身小间距冷却水管新技术

2.2.1 槽身冷却水管布置

针对大型渡槽薄壁结构高性能混凝土温控防裂要求,通过新技术创新,采用渡槽槽身内预埋冷却水管新技术,对渡槽高性能混凝土进行冷却。

1)主梁小间距冷却水管布置

在20 m跨长渡槽主梁内,竖向布置4层小间距冷却水管,第1层水管距梁底面0.5 m,层距为0.4 m,第4层水管距底板表面0.1 m。

2)次梁小间距冷却水管布置

在每道次梁中布置两层小间距冷却水管,第1层水管距次梁底面0.4 m,第2层水管距离第1层水管为0.55 m,距离底板表面0.45 m。水管控制在200 m左右。两根水管以槽段跨中为分界线,每根串联4道次梁中的水管,两套冷却管路由布置在底板面上的一根主管提供冷却水,并通过独立安装在每根水管上的流量控制阀来随时控制每根水管所需的流向和流量。

3）上层边墙和中隔墙小间距冷却水管布置形式

在上层施工的边墙和中隔墙中布置一道竖向6层分布的小间距冷却水管，在高度方向这些墙体结构中的水管的层距均为0.5 m，第一层水管距离上下层混凝土施工界面为0.5 m，各层水管交替地布置在墙体预应力波纹管的左右两侧，紧贴波纹管。

2.2.2　冷却方法

1）主梁冷却水管通水冷却方法

开仓浇筑期间通8 ℃低温水进行降温冷却，流速和流量分别取1.20 m/s和5.43 m^3/h，冷却水管低位端口先为进水口。

收仓后将池水温度控制在12 ℃，流速和流量保持不变。

开仓浇筑30 h后，适当减少池中冰块投放量，将池水温度维持在18 ℃，以确保水管内外温差不宜过大，同时改变通水方向，高位水管端口为进水口，控制后浇筑的高位混凝土的温升幅度。

当梁中内部测点的温度达到最大值后，控制池中冷却水温在22 ℃，再次改变通水方向，以低位水管端口为进水口。同时降低流量至初始的1/2～1/3，流速和流量分别为0.60 m/s和2.72 m^3/h以及0.40 m/s和1.81 m^3/h，控制早期降温期混凝土温度的降低速度。

再连续通水1.0 d后，控制池中水温在28 ℃，此时再次降低流量和流速至0.30 m/s和1.36 m^3/h，再经过0.5 d的通水冷却后，再次降低流速和流量至0.20 m/s和0.90 m^3/h。

在浇筑层混凝土的早期降温过程中，要通过控制水管流量和流速的方法来控制测点T_2的温降速度不超过1℃/6h。

当测点T_2的温度被降低到38 ℃后，终止主梁水管的通水冷却。

2）次梁冷却水管通水冷却方法

早期温升阶段，次梁水管可采用比主梁水管更大的流量，流速和流量分别取1.50 m/s和6.79 m^3/h，并密切注意次梁内部温度测点和底板温度测点的温度大小，控制它们之间的温差在10 ℃以内。若底板内部温度小于次梁内部温度，次梁水管流量还应立即加大。此外，在早期温升阶段，若次梁温度明显低于主梁温度，对主次梁的防裂有利，因此应适当加大次梁水管的冷却力度。

当次梁内部温度达到峰值后，即可减小次梁水管流量，流速和流量分别降为原来的1/3，并改变通水方向，且其后每天改变通水方向一次。待这样再通水2 d后，将流速和流量再减为0.20 m/s和0.91 m^3/h。通过对水管流速的有效控制，限制次梁早期降温速度在1℃/6h以内。

因受到主梁和次梁的变形约束，底板温度降幅过大易导致底板开裂，需通过加盖土工膜进行表面保温的方法，防止底板混凝土温降过快，而将它的温降速度与主梁和次梁的温降速度控制在同步。

当次梁水管流速为0.10 m/s且次梁温降速度大于1.25℃/6h时，停止次梁水管的通水，其后自然降温。此外，当次梁内部温度降到36 ℃时，次梁水管通水立即停止。

3）边墙和中隔墙冷却水管冷却方法

渡槽边墙和中隔墙水管的冷却方法相同，通水冷却前，在水池中投放冰块，将水池水温降至8 ℃，并随时检测水池水温，调整加冰数量，控制冷却水温。

开仓至收仓期间，控制冷却水温为8 ℃。水管开始通水原则仍为“边浇混凝土边通水冷却”以及在正式浇筑前要进行水管施工质量的检测。开始时水管的进水口为低位端口,用流速 1.20 m/s 和流量 5.43 m^3/h 的满荷进行通水冷却。

收仓后至开仓浇筑后的 30 h 内,控制冷却水温为 12 ℃,流量保持不变。

当距离上下层施工界面 75 cm 处的边墙内部温度测点的温度达到峰值后,水管流量减半。与此同时,立即改变水管通水方向,进水口改为水管的高位端口,并控制池中水温为 20 ℃。

这样再持续通水 0.5 d 后,再将池中水温控制在 28 ℃,流速减半至 0.30 m/s,流量减至 1.36 m^3/h。此后持续通水至当天晚上 8 时左右即可停止,避免夜间墙体混凝土温度降幅过大。此外,在墙体内混凝土温度达到峰值后,要用控制水管流量和水温的方法限制墙体降温过速的现象。

3 渡槽沉降支撑排架技术研究

3.1 支撑排架基础处理

槽身底部排架将支撑整个槽身混凝土施工中的所有荷载并保证施工全过程中槽身整体结构的稳定性,控制其沉降及挠曲变形。因此,碗扣架地基处理的好坏对槽身混凝土浇筑质量有着非常重要的关系。

基础面要求开挖到原状土,由于基础的黄土状壤土具湿陷性,且各部位及同一部位不同点的地基承载力相差较大,为防止施工过程中的降雨及施工用水对基础的破坏和影响,减少可能的不均匀沉降,采用石渣进行部分基础换填,表层浇筑垫层混凝土的方法进行基础处理(见图2)。一方面,换填石渣可提高基础的承载能力并最大程度消除产生不均匀沉降的可能,并且能减少开挖的工程量;另一方面,顶面的垫层混凝土能够有效地防止水流进入基础面。

图2 支撑排架基础处

3.2 支撑排架布置技术研究

支撑排架布置考虑了多种方案,从施工技术的可行性和经济性进行了综合比较,同时考虑了施工材料的及时周转和拆卸运输方便以及施工中部分模板需提前拆除以便预应力筋张拉、后期回收利用等因素,排除了全钢桁架梁支撑、钢桁架立柱和型钢横梁结合等方案,采用碗口式钢脚手架管和[10 槽钢及 10#工字钢相结合的方案作为模板支撑方案。

用碗扣式钢管脚手架作为槽身底部支撑排架,纵梁、横梁和板的支撑架管的步高保持一致,以保证施工方便和整个排架的整体性,间排距由各自的荷载值进行确定。根据施工经验，参考相关资料和类似支撑结构，经计算比较，选定支撑结构的步高确定为1.2 m，纵梁的间排距均为0.3 m ×0.6 m，横梁的间排距均为1.2 m ×0.6m，板的间排距均为1.2 m ×1.2 m。

在纵梁底部顺水流方向铺设[10工字钢，用顶托支撑，排距30 cm，工字钢上面水平、垂直铺设10#槽钢，凹槽向下。每个纵梁下面铺设6道工字钢，一跨槽身下面共计24道工字钢（见图3）。支撑设计的基本原则是纵梁、横梁和板的荷载分别由各自的支撑单独受力，并以纵、横梁支撑为主。

图3　支撑排架布置

4　渡槽槽身高性能混凝土施工关键技术研究与应用

4.1　预应力钢绞线预留孔道

预应力钢绞线预留孔道的施工过程与钢筋工程同步进行。

4.1.1　波纹管安装

波纹管安装待底网钢筋及侧向钢筋绑扎好后进行。安装时应按图纸上每个孔道坐标在模板上标出断面及矢高控制，坐标尺寸量测允许误差±5 mm，用架立钢筋将波纹管固定在箍筋上，并控制好波纹管的左右位置，架立钢筋与箍筋焊接，防止波纹管位置偏移或上浮；安装中波纹管接长应采用专用波纹管接头，在搭接波纹管外缘用密封胶布缠紧。

4.1.2　张拉端锚垫板安装

波纹管安装就位后，将锚垫板颈部套在波纹管上，波纹管与锚垫板的搭接长度不得小于30 mm，搭接处外缘用胶布缠紧，并用软钢丝绑扎在固定锚垫板上。在安装前应将螺旋筋套入，安装锚具后，螺旋筋紧贴锚垫板固定在钢筋上，锚垫板的孔道出口端必须与波纹管中心线垂直，其端面的倾角必须符合设计要求。对于下卧式张拉端，应在结构物表层下按设计图纸预留锥形凹槽。在端面模板立好后，用螺栓将锚垫板固定在模板上。

4.1.3　固定端圆P型锚具安装

固定端圆P型锚具安装应在钢绞线穿束前装配完毕。圆P型锚具装配是将固定端的钢绞线穿过锚垫板及锚板的小孔做挤压套、封压板。当张拉端穿钢绞线束时，将固定端圆P

型锚垫板的小孔端套在波纹管上，并将螺旋筋套入 P 型锚具的颈部。装配好的圆 P 型锚具安装到位，用钢筋架固定在附近的钢筋上（见图 4）。

图 4 预应力施工

4.1.4 预留孔道保护

当波纹管绑扎就位之后，其他作业应十分谨慎，在钢筋绑孔过程中应小心操作，精心保护好预留孔道位置、形状及外观，在电气焊操作时，严禁电气火花触及波纹管及胶带，焊渣不得堆落在波纹管表面。

4.2 混凝土入仓浇筑

根据仓号特征，槽身混凝土浇筑水平运输配置 3 辆 6 m^3 搅拌车，采用 3 台 60 泵相互配合入仓。3 台混凝土泵放置槽身左右侧，每台混凝土泵负责浇筑一槽，并且相互作为补充，在混凝土出料口接软管，以便控制混凝土下料均匀。

混凝土浇筑方向为从槽身下游向上游侧进行，3 台混凝土泵同时进行浇筑，混凝土下料先从纵梁开始，浇筑按照由低到高，先主、次梁，后板的顺序进行。混凝土浇筑时，施工人员由队长统一指挥，每槽每班有一个负责人指挥施工，每槽至少有 10 ~ 12 人，施工人员分工明确，入仓后先平仓后振捣，混凝土振捣主要选用 6 个 $\phi40$ 振捣棒和 6 个 $\phi50$ 振捣棒，振捣棒插入点距离波纹管及模板不少于 20 cm，以防止波纹管及模板发生变形移位。作业时要求振捣器插入点整齐排列，依序进行，振捣棒尽可能垂直插入混凝土中，快插慢拔，方向角度保持一致，同时注意防止过振、漏振。为保证混凝土振捣充分，减少气泡的产生，对已振捣完的混凝土在 40 ~ 60 min 内要求再复振一次。混凝土浇筑完后 12 ~ 18 h 进行混凝土养护。表面覆盖塑料薄膜和麻袋片并蓄水，其他不便于洒水或覆盖麻袋片的部位在拆模后及时涂刷养护剂。

4.3 槽身模板

上部结构侧墙侧模板分两部分。三孔槽内侧模分别以 3 套钢模运输台车及配套钢模形成；两侧外模用大块定型钢模，保证外观效果。模板采用 86 钢模板，保证刚度（见图 5）。

钢模台车主要是解决槽身内无法用吊车吊运的模板，为穿行式钢模运输台车，台车与侧面模板相分离，只是在立面钢模板定位、拆模及运输时使用。台车主梁骨架由桁架拼接而成。主梁之上设置上下两排可伸缩机械挑梁以悬挂两面的侧模。内模分节每节长 5 m,与外模分节相对应。主梁底部设置行走轮。下设枕木及准轨(10#槽钢)。台车必须在该跨槽身底部混凝土达到规定强度之后方可投入运行。台车由手动机械系统进行模板定位及脱模,人工推动行走。

严格模板质量控制与检查,对变形及不适用的模板及时撤换。采用定型组合模板,尽可能少用散模,节约施工时间。混凝土收面一定要精细,使过流面的平整度得到更有效的控制。

图 5　槽身外侧模板

4.4　三向预应力混凝土新工艺技术研究

渡槽槽身结构为三向预应力混凝土,当 C50 混凝土的强度达到设计强度的 80% 时,对槽身混凝土进行三向预应力张拉。由张拉千斤顶和压力表进行配套率定,压力表的精度在 ±2% 的范围之内,列表每孔的张拉油压、理论伸长值指导和监督检查实际的张拉施工。三向预应力张拉顺序按照纵、横、竖分步总循环的顺序进行。张拉时要同步、同时、对称(见图 6)。首先纵向张拉,由两边梁至两中间纵梁,由顶至地板到“马蹄”。其次横向张拉,每个横肋及底板的 3 个孔道为一组同时张拉,由两端向中间推进。最后竖向张拉,以侧肋为单元分组同时张拉,由两端向中间推进。

图 6　预应力孔道锚索张拉

张拉完成之后,将多余钢绞线切除后留 30 mm,在工作锚与锚垫板之间涂抹水泥浆,将锚具密封密实准备灌浆。灌浆前用高压风清孔。灌浆采用真空辅助灌浆工艺。灌浆时,每个班留取不少于 3 组试样,作为评定水泥质量的依据。灌浆后将锚头、施工缝的连接钢板及周边冲洗干净。张拉端槽身截面的混凝土凿毛后,即可进入后浇带施工阶段。

5 结　语

漕河大型薄壁结构渡槽是具有国际级水平等级的引水工程，其施工难度大、技术含量高、工艺要求严均超过以往引水工程。漕河大型渡槽施工始终坚持把“精品工程、雕塑工程”的理念贯彻在混凝土施工全过程中，对渡槽槽身模板支撑进行了科学慎密的计算，控制其沉降及挠曲变形，有效防止渡槽混凝土浇筑中产生的错台、漏浆、麻面等常见的质量缺陷，极大地提高了渡槽槽身的防裂抗渗效果，渡槽内实外光、体型美观。

多侧墙段为三槽一联预应力混凝土简支结构，采用三向预应力技术，灌浆采用真空辅助灌浆工艺，高压空气输入到预应力孔道，排除潮气和杂物，进一步提高了锚索的抗腐蚀能力和渡槽的稳定性，实现了主动防裂与被动防裂于一体的完美结合。工程人员进行了上百次的创新性试验，改变传统的混凝土保温养护方式，进行全年严格的混凝土温度控制和保温养护措施，有效防止了渡槽裂缝的产生。

参考文献

[1] 水工混凝土建筑物检测与修补[C]//第七届全国水工混凝土建筑物修补加固技术交流会论文集. 2003.8.

四川鸭嘴河烟岗电站厂区高边坡加固处理措施优化设计研究

赵　玮　谭迪平　王　平

(陕西省水利电力勘测设计研究院,西安　710001)

摘　要　本文论述了通过研究相关的地质资料,确定适用于边坡稳定性量化分析的岩性与结构面力学指标、边坡失稳的主要机制与模式,对边坡稳定性进行工程地质评价;综合考虑边坡的岩性、岩层走向、断层构造的相互关系以及边坡开挖高度等因素,确定边坡的代表性剖面,以较为明确的地质结构面作为边界条件,确定出影响边坡稳定的几组潜在的浅层与深层不稳定滑动面的具体位置;计算分析了边坡运行期在遭遇强降雨、地震等特殊工况下边坡的安全稳定性。仿真模拟边坡的实际开挖方式,对边坡在施工过程中的稳定性进行有限元分析研究,并对边坡的支护措施进行设计和优化。对以后同类的水利水电工程边坡的加固处理优化设计和研究有实际的借鉴作用。

关键词　高边坡;仿真反演;加固处理;优化;研究

1　工程概况

烟岗水电站位于四川凉山州木里县境内雅砻江一级支流鸭嘴河下游,厂房位于鸭嘴河河口上游的雅砻江的右岸山坡2 515 m高程处,为Ⅲ等中型工程,主要建筑物为3级,地震设防烈度为Ⅶ度,地震动峰值加速度为0.148g,地震反应谱特征周期为0.45 s。电站厂房区边坡的稳定性直接影响3级建筑物主厂房的安全,根据规范该边坡属于Ⅱ级A类边坡。

烟岗水电站系Ⅲ等中型工程,地面式电站厂房后背边坡开挖后,形成高边坡高101 m,属于Ⅱ级A类边坡,站场址地震动峰值加速度为0.148g,地震设计本烈度为Ⅶ度。电站厂房后背边坡自然坡面较缓,坡角为35°~40°,表面有1~3 m厚的坡积土,下伏基岩为二云片岩及石英岩,二云片岩为软岩,石英岩为硬质岩。岩层产状与坡向相反,边坡处于地下水位以上,对边坡稳定有利。但二云片岩强度低,风化强烈,存在卸荷裂隙,深度较大,强风化卸荷带岩体稳定性较差。裂隙相互组合切割整体是稳定的,但少数裂隙组合切割,存在不稳定块体。因此,有必要分析复核边坡的初始力学参数范围,分析研究边坡在施工过程中的稳定性态;分析边坡在开挖完成后运行条件下的稳定性,并对边坡的支护措施进行设计优化。

2　边坡地质条件

2.1　地形、地质条件

烟岗水电站厂区属于四川省西部青藏高原东南缘,属侵蚀、剥蚀强烈切割的高山区,为

作者简介:赵玮(1974—),男,陕西周至人,高级工程师,研究方向为水利水电工程枢纽、高边坡处理和工程安全监测,主要从事水利水电工程设计研究工作。E-mail:sxyzhaowei@sina.com。

强烈下切典型的高山峡谷地貌景观。烟岗电站厂房为地面式，呈“折”线形布置，厂房后背坡高 101 m，自然坡面较缓，坡角约 38°，边坡形态较完整，表层有 1 ~ 3 m 厚坡积层，下伏二云片岩及石英岩产状与坡向相反，为反向坡，对边坡稳定有利。厂址处出露的地层为志留系通化组第二岩性段（St_2 - ②）和第四系松散堆积层，岩性以石英岩为主，夹变质石英砂岩及二云片岩；其中二云片岩分布于厂房后背坡高程 2 528 m 以上，石英岩分布于厂房基础及后背边坡高程 2 528 m 以下，边坡处于地下水位以上，二云片岩强度低，风化卸荷强烈，发育深度大，强风化卸荷带岩体稳定性差，裂隙相互切割易组成不稳定块体。

2.2 坡体与潜在滑动面的力学参数

岩体力学参数的确定是建立有限元数值分析的力学模型的重要内容，也是决定计算结果是否符合工程实际的关键因素，合理确定边坡潜在滑面的力学参数是进行边坡稳定分析的基础。根据工程地质勘察提供的结构面参数，边坡的初始安全系数为 1.01，基本处于边坡的临界状态，根据现场实地调查，厂区边坡目前处于稳定状态，考虑到边坡在降雨等许多不利因素的影响下都未发生滑动，说明边坡的安全储备较高，研究以此作为依据，对岩层结构面参数进行反演分析，给出岩层结构面力学参数的下限为 $c'=0.15$ MPa、$f'=0.55$，具体见表 1。

表 1 烟岗水电站厂区岩层结构面力学参数表

岩性	风化程度	工程岩体级别	密度（g/cm³）		抗压强度（MPa）		变形特征指标		抗剪断强度	
			天然 ρ_d	饱和 ρ_b	干 R_d	饱 R_b	变形模量 E（GPa）	泊松比 μ	摩擦系数 f'	黏聚力 c'（MPa）
石英岩	强	Ⅳ - Ⅴ							0.55	0.3
	弱	Ⅲ - Ⅳ	2.65	2.66	95	90	7.0	0.28	0.8	0.6
	微	Ⅲ	2.65	2.66	103	99	8.0	0.27	1.0	0.8
二云片岩	强	Ⅴ							0.4	0.05
	弱	Ⅳ - Ⅴ	2.53	2.64	31.58	15	1.0	0.36	0.5	0.1
断层带									0.4 ~ 0.5	0.08
裂隙面									0.5 ~ 0.6	0
软弱夹层									0.35	0.05
石英岩结构面									0.55	0.10

3 边坡稳定性分析

3.1 边坡潜在滑动面的确定

根据地质条件，烟岗电站厂房后背边坡无明显的结构面，但岩体较为破碎，强风化带厚度比较大，水平厚 40.5 m，垂直厚 24.5 ~ 27.5 m，潜在滑体的后缘面由断层 f_9（265°∠70°）构成，厂房前缘边坡潜在滑体的底滑面确定岩体弱风化线的下限，潜在滑体的后缘面由 f_{10}（265°∠80°）构成潜在滑体的底滑面确定岩体强风化线的下限。

厂房前缘边坡为滑坡堆积体,天然状态下边坡处于稳定状态。根据地质资料,厂房前缘边坡没有明显的软弱结构面,但修建电站厂房后,在厂房自重荷载、施工扰动、降雨或地震等外界因素的影响下,原来未相互连通的节理、层面等有可能追踪次一级或不同产状的结构面,使其连通,或由岩桥延伸连通而构成的潜在可能滑动面沿着堆积体的软弱结构面剪出,由以上的分析确定了厂房前缘边坡最有可能的滑动面,见图1。

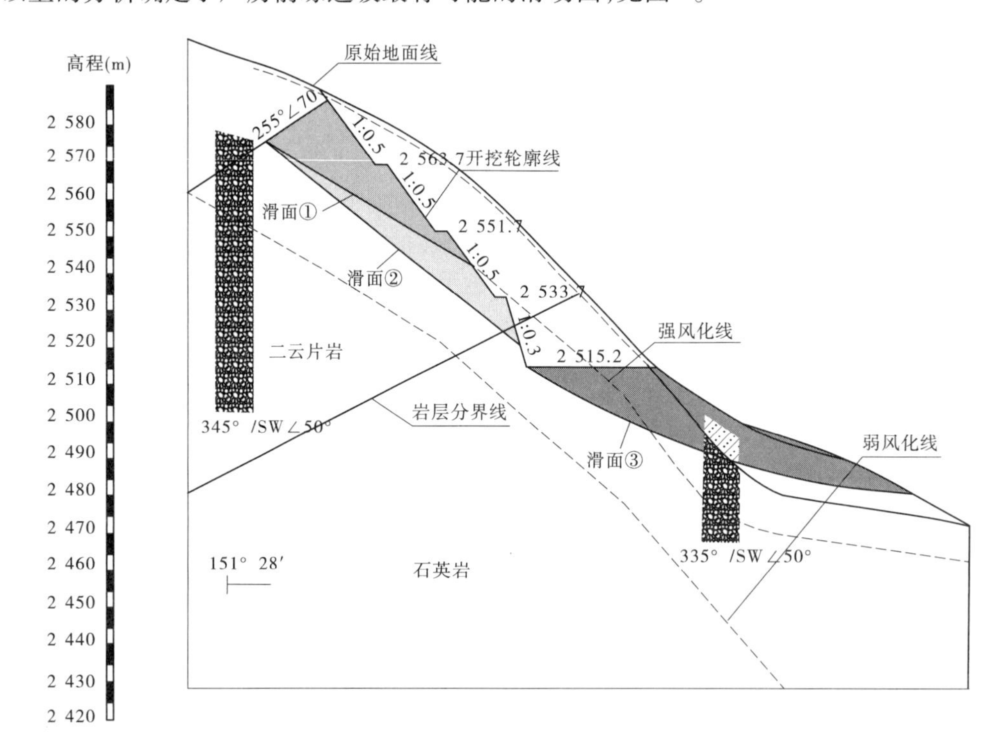

图1　烟岗电站厂区后背边坡潜在滑动面示意剖面图

3.2　工况及荷载组合

厂房后边坡岩体诱发变形的条件主要为岩体的工程卸荷、地下水活动产生动静水压力、地震效应产生水平惯性力对岩体的循环加载影响,因此工况组合时主要考虑以上因素。首先计算边坡在开挖不支护情况下的安全稳定性,然后对计算中出现不稳定情况提出具体的加固方案。

采用二维平面有限元仿真计算方法,计算模拟边坡的实际开挖方式,对边坡在施工过程中和完建后的稳定性进行有限元分析研究,并对边坡支护措施进行模拟计算分析。

按照《水利水电工程边坡设计规范》中的规定,边坡工程设计应按三种工况(持久、短暂、偶然)进行设计,结合本工程的具体实际情况,设计的工况组合如下。

3.2.1　边坡施工期

工况Ⅰ-1:自坡顶开挖至高程2 551.7 m(短暂状况,1.15~1.05);

荷载组合:岩土体初始地应力场+第一次开挖卸荷。

工况Ⅰ-2:开挖至高程2 515.2 m +第一步锚固(短暂状况,1.15~1.05);

荷载组合:岩土体初始地应力场+第二次开挖卸荷+第一步预应力荷载。

3.2.2 边坡运行期

工况Ⅱ -1:施工完 + 预应力锚固 + 厂房自重(持久状况,1.25 ~ 1.15);

荷载组合:岩土体初始地应力场 + 第二次开挖卸荷 + 预应力锚固荷载 + 厂房自重。

工况Ⅱ -2:施工完 + 预应力锚固 + 厂房自重 + 降雨荷载(短暂状况,1.15 ~ 1.05);

荷载组合:岩土体初始地应力场 + 第二次开挖卸荷 + 预应力锚固荷载 + 厂房自重 + 降雨荷载。

工况Ⅱ -3:施工完 + 预应力锚固 + 厂房自重 + 地震力(偶然状况,1.05);

荷载组合:岩体初始地应力场 + 第二次开挖卸荷 + 预应力锚固荷载 + 厂房自重 + 地震荷载。

注:括号中的是对应水利水电边坡设计规范中的相应的状况和安全系数。

4 边坡支护方案优化设计

由表 2 看出,未加固条件下,厂房前缘边坡的整体安全稳定系数在 1.25 以上,满足边坡的稳定性要求。厂房后边坡在施工过程中整体安全稳定系数为 0.86(<1.15);运行期在降雨工况下,边坡的整体安全系数为 0.53(<1.15);在地震工况下边坡整体安全稳定性系数为 0.62(<1.05);边坡不能满足规范的稳定性要求,因此需要对厂房后边坡进行加固处理。

4.1 未加固情况稳定分析

表 2 边坡典型剖面滑动体各工况下边坡整体安全系数

边坡无锚索加固	滑面①	滑面②	滑面③
初始边坡	1.24	1.19	1.20
第二步开挖	1.12	0.86	2.01
(施工完 + 厂房自重)	0.94	0.75	1.81
(施工完 + 降雨)	0.53	0.57	1.25
(施工完 + 地震)	0.69	0.62	1.35

增加边坡稳定性的工程措施很多,而其中最经济合理和有效的措施为预应力加固。因此,本边坡布置 60 t、100 t,长度 30 m、35 m 的预应力锚索加固方案(见图 2),以及 100 t、200 t,长度 35 m、45 m 的预应力锚索加固方案(见图 3),锚索设计锚固角 φ 均为 15°。

4.2 有锚索加固稳定分析

4.2.1 方案一:60 t + 100 t 锚索加固

(1)60 t + 100 t 锚索布置图见图 2。

边坡锚索布置:

在高程 2 569.7 m 以上布置两排 60 t,间距 6 m,L = 30 m 预应力锚索;

在高程 2 551.7 ~ 2 569.7 m 布置一排 60 t,间距 6 m,L = 30 m 预应力锚索;

在高程 2 551.7 ~ 2 569.7 m 布置一排 100 t,间距 9 m,L = 35 m 预应力锚索;

在高程 2 533.7 ~ 2 551.7 m 布置两排 100 t,间距 9 m,L = 35 m 预应力锚索;

在高程 2 515.2 ~ 2 533.7 m 布置一排 100 t,间距 9 m,L = 35 m 预应力锚索;

锚固角:φ = 15°。

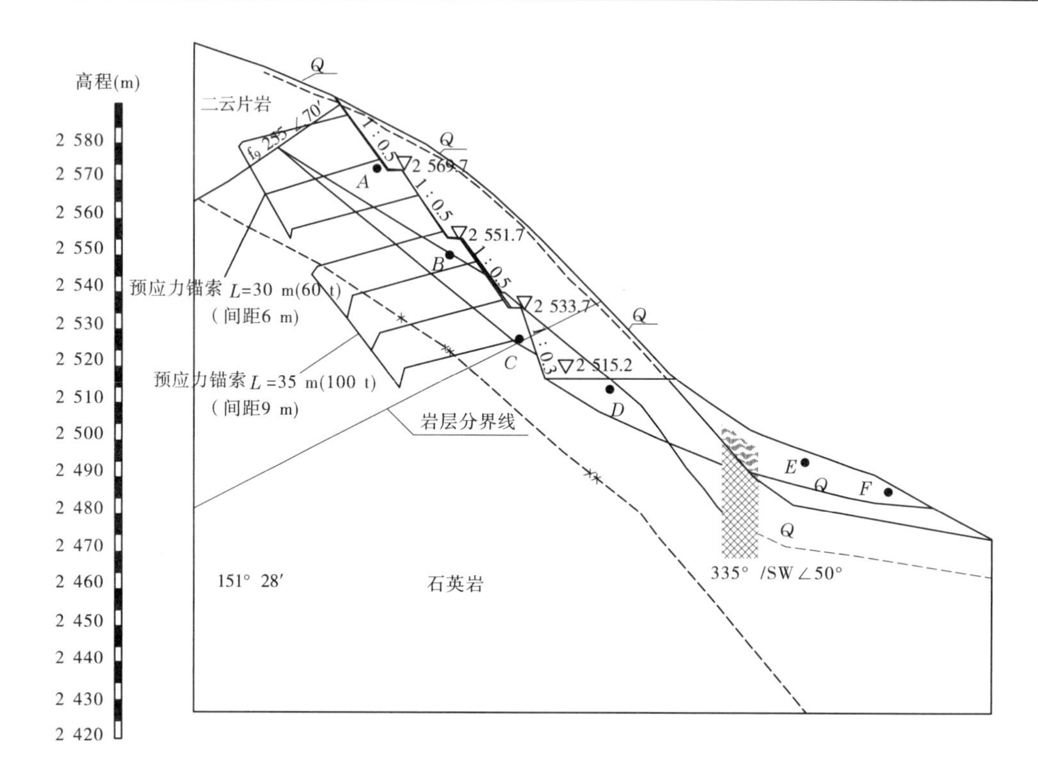

图 2 方案一锚索及关键点布置剖面图

(2)安全系数(60 t + 100 t 锚索加固后)见表 3。

表 3 边坡典型剖面滑动体各工况下边坡整体安全系数

60 t + 100 t 锚索加固	滑面①	滑面②	滑面③
工况Ⅰ-2(规范:短暂状况) (第二步开挖 + 第一步锚固)	1.20	1.10	2.02
工况Ⅱ -1(规范:持久状况) (施工完 + 第二步锚固 + 厂房荷载)	1.26	1.35	1.80
工况Ⅱ -2(规范:短暂状况) (施工完 + 第二步锚固 + 厂房荷载 + 降雨)	1.11	1.07	1.21
工况Ⅱ -3(规范:偶然状况) (施工完 + 第二步锚固 + 厂房荷载 + 地震)	1.17	1.12	1.32

开挖完成后,经方案一(60 t + 100 t 锚索布置方式)加固边坡后,锚索通过钻孔将不稳定的滑坡体锚固在深部稳定的岩体中,从而提高边坡不稳定部分岩体的整体性和稳定性。特别是锚索构件受预应力时,潜在滑动面上的有效应力增加很多,因而使抗滑力增大,边坡的稳定性得到了加强。由表 3 可以看出,加固后边坡的最小安全系数达到 1.2 以上;运行期地震工况下,边坡的整体安全系数为 1.12(>1.05(Ⅱ级 A 类边坡偶然状况安全系数)),降雨情况下的安全系数为 1.07(>1.05),虽然能满足边坡在短暂状况下的稳定性要求,但边坡的安全富裕度低,必须注意边坡防渗,加强边坡排水和安全监测。

4.2.2 方案二:100 t+200 t 锚索加固

(1)100 t+200 t 锚索布置图见图3。

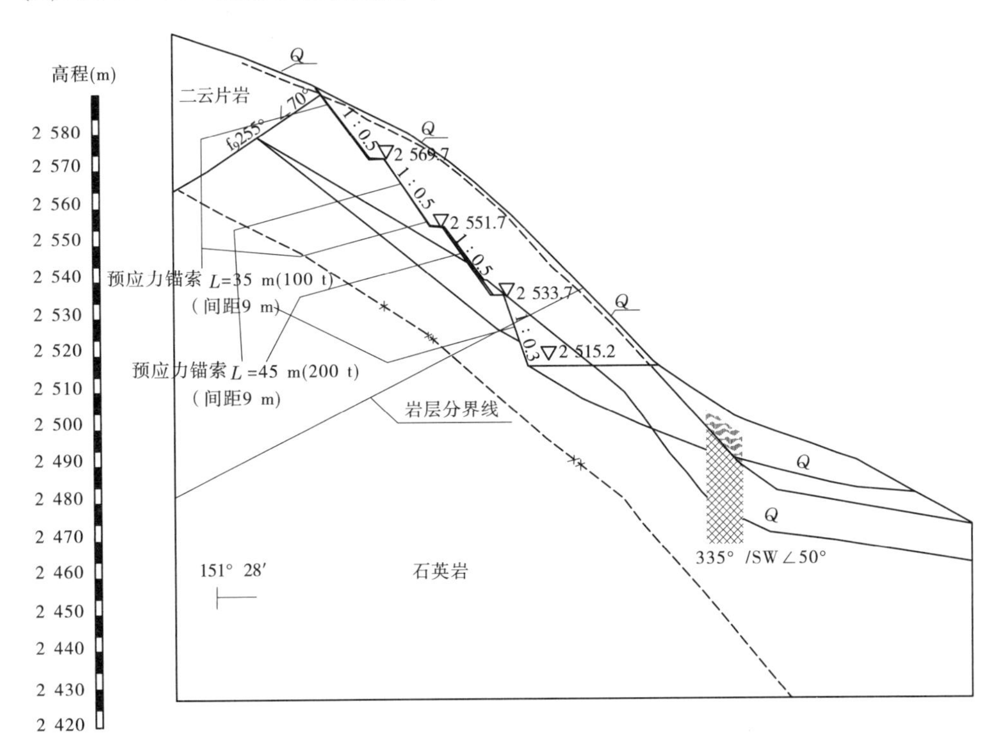

图3 方案二锚索布置图

边坡锚索布置:

在高程2 569.7 m以上布置一排100 t,间距9 m,$L=35$ m预应力锚索;

在高程2 551.7~2 569.7 m布置一排200 t,间距9 m,$L=45$ m预应力锚索;

在高程2 551.7~2 569.7 m布置一排100 t,间距9 m,$L=35$ m预应力锚索;

在高程2 533.7~2 551.7 m布置一排200 t,间距9 m,$L=45$ m预应力锚索;

在高程2 515.2~2 533.7 m布置一排100 t,间距9 m,$L=35$ m预应力锚索;

锚固角:$\varphi=15°$。

(2)安全系数(100 t+200 t锚索加固后)见表4。

表4 烟岗边坡3—3剖面滑动体各工况下边坡整体安全系数

100 t+200 t锚索加固	滑面①	滑面②	滑面③
工况Ⅰ-2(规范:短暂状况)(第二步开挖+第一步锚固)	1.24	1.16	2.02
工况Ⅱ-1(规范:持久状况)(施工完+第二步锚固+厂房荷载)	1.30	1.38	1.80
工况Ⅱ-2(规范:短暂状况)(施工完+第二步锚固+厂房荷载+降雨)	1.15	1.09	1.21
工况Ⅱ-3(规范:偶然状况)(施工完+第二步锚固+厂房荷载+地震)	1.20	1.13	1.32

开挖完成后，经方案二（100 t + 200 t 锚索布置方式）加固边坡后，锚索改善了坡体的应力状态，使潜在滑动面上的有效应力增加，因而使抗滑力增大，边坡的稳定性得到了加强。从而提高边坡不稳定部分岩体的整体性和稳定性。由表 4 可以看出，加固后边坡的最小安全系数达到 1.2 以上；运行期地震工况下，边坡的整体安全系数为 1.13（ >1.05（Ⅱ级 A 类边坡偶然状况安全系数））；降雨情况下的安全系数为 1.09（ >1.05），虽然能满足边坡在短暂状况下的稳定性要求，但边坡的安全富裕度低，必须注意边坡防渗，加强边坡排水和安全监测。

5　结　语

烟岗电站厂房后边坡岩体比较破碎，最大开挖坡高达 101 m，边坡处理工程量相对较大，采取合理的施工顺序对边坡稳定是至关重要的，应按“从上至下、边开挖、边支护”的顺序进行。厂房前缘边坡在天然状态下是稳定的，修建厂房后，由外水头作用到厂房上的外荷载及厂房自身的重力作用下，厂房前缘边坡拟定的滑动面满足边坡的稳定性要求，但在地震和降雨的工况下，前缘边坡基础是由二云片岩组成，由于二云片岩破碎、软弱，遇水易软化，承载力低，故需对该处的滑动面采取预应力加固措施。二云片岩有压缩变形量较大及抗风化能力弱等特点，在边坡开挖过程中，若暴露时间长，往往可能形成局部危岩。因此，建议开挖完成后，及时对坡体表面进行喷混凝土，这样既可提高抗风化能力，又能避免因雨水浸泡冲刷造成坡面表层局部失稳。强降雨是影响厂房后高边坡稳定的最主要因素，地震对边坡的稳定影响相对强降雨较小。因此，要注意边坡防渗，加强边坡的表面和深层排水，可有效地提高厂房后边坡的整体抗滑稳定性，对保证边坡长期运行的稳定性十分重要，同时加强对边坡的变形观测，及时掌握边坡的变形情况。

烟岗水电站经过 6 年多的运行，厂房边坡稳定，也验证了本边坡加固方案的可靠性、合理性。本边坡属高山区典型岩质高边坡，其分析研究方法和加固处理方案均可为类似工程提供实际参考。

参 考 文 献

[1] DL/T 5353—2006　水利水电工程边坡设计规范[S]. 北京：中国电力出版社，2006.
[2] 柴波，殷坤龙. 顺向坡岩层倾向与坡向夹角对斜坡稳定性的影响[J]. 岩石力学与工程学报，2009（3）：628-634.
[3] 谭力良. 浅议边坡岩体力学参数的确定方法[J]. 民营科技，2010（1）：5-6.
[4] 崔政权，李宁. 边坡工程——理论与实践最新发展[M]. 北京：中国水利水电出版社，1999.
[5] 师刚，苏立海，马云峰，等. 岩质边坡评价方法对比研究[J]. 水利与建筑工程学报，2009（1）：109-111.
[6] 赵长海. 预应力锚固技术[M]. 北京：中国水利水电出版社，2001.
[7] DL 5176—2003 水电工程预应力锚索设计规范[S]. 北京：中国电力出版社，2006.

深圳恒泰裕工业园弃渣滑坡成因分析

李茂华 房艳国 吴世泽

（长江三峡勘测研究院有限公司，武汉 430040）

摘 要 广东深圳市光明新区凤凰社区恒泰裕工业园人工堆弃物2015年12月20日发生滑坡，破坏性极强，远远超过自然滑坡的滑移距离。本文根据收集到的相关资料对此次弃渣堆积体滑坡的成因做了详细分析，认为堆积体内的水是滑坡的内因，大量的水使堆积物以泥石流的形式向工业园区运移，无序堆积弃渣体积巨大，是滑坡的外力。指出了在恢复山体（如采石场）、修建各类工程开挖的弃渣堆积、尾矿堆积坝等，应采取措施，加强管理，杜绝人为堆积物滑坡给人类带来的灾难。

关键词 弃渣；无序堆积；滑坡；成因；深圳

1 滑坡简述

2015年12月20日11时40分，广东深圳市光明新区凤凰社区恒泰裕工业园，大地坐标东经113°56′04.90″，北纬22°42′44.42″发生山体滑坡，附近西气东输管道发生爆炸。滑坡后形成的泥石流覆盖范围大，造成了巨大灾害。经核查，此次滑坡事件造成33栋建筑物被掩埋或不同程度损害，其中厂房14栋，办公室2栋，食堂1间，低矮建筑物13间，宿舍3栋，损失惨重。此次灾害滑坡覆盖面积约38万 m^2，淤泥渣土厚度达数米至十数米不等。

大量的渣土从山坡冲下来，在靠近建筑物的地方受到阻挡后，冲起几十米高（见图1）。滑坡的泥土所过之处几乎一切都被淹没，仅留下一片泥土，边缘能看到被推倒的厂房墙体破碎并扭曲在地上（见图2）。

图1 泥土冲起几十米高（镜向北东）

图2 滑坡边缘房屋倾斜（镜向东）

作者简介：李茂华，高级工程师，主要从事工程勘测设计。E-mail：494713862@qq.com。

2　自然环境

2.1　地形地貌

弃渣场位于一近东西向的山梁北侧，此山梁总体形态如鸡爪状，山梁四周低，地形较平缓（见图3）。弃渣场原地貌为倾向北的宽缓冲沟（见图4），冲沟纵向坡角南缓北陡，倾角10°~25°，局部30°，两侧山坡坡角15°~20°，地表植被茂盛。后来采矿开挖成撮箕状（见图4），撮箕口向北，正对着工业园区。撮箕尾南侧开挖边坡坡角大于50°，冲沟两侧边坡坡角都在30°以上；因深挖采掘，最终形成底部低、四周高的深坑，坑的中部为近东西向的长条形土垠，2014年坑内积满水（见图5），估算方量3万~5万m^3。新建房屋逐渐往山脚下靠拢，附近的建筑物越来越多。

图3　采石场附近地貌特征（镜向北）

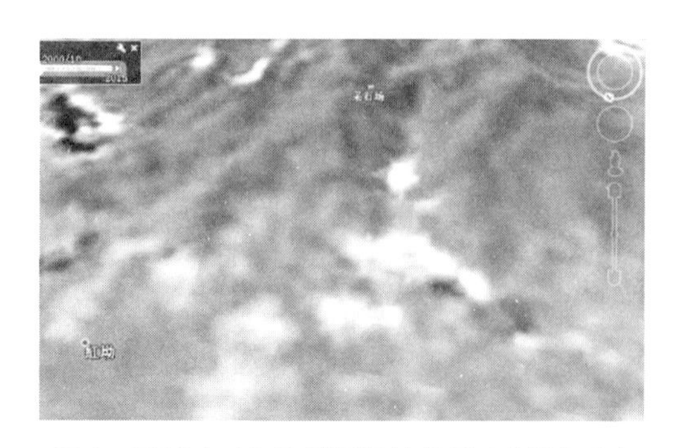

图4　2000年10月采石场地貌形态（镜向南）

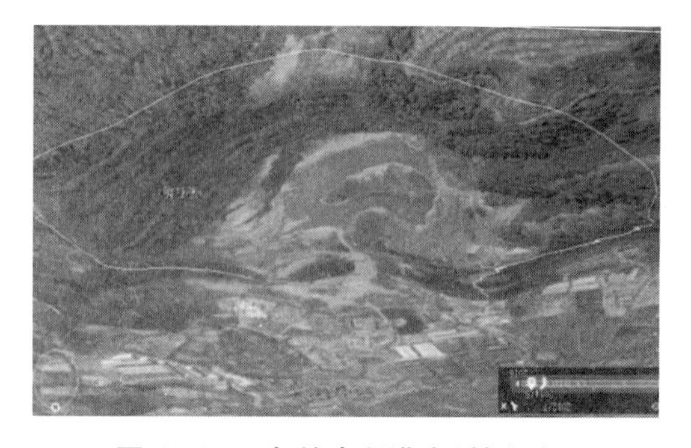

图5　2014年坑内积满水（镜向南）

2.2　地层岩性

弃渣场及周围主要出露基岩为侏罗系紫红色砂岩泥岩，下古生界石英岩，片麻石英岩，斜长片麻岩、混合片麻岩、片岩及燕山期花岗岩等（见图6）。

滑坡堆积物主要来自周边建筑工地开挖的紫红色、杂色粉质黏土和建筑垃圾等，成分较杂，结构松散，其中，建筑垃圾透水性相对较好，粉质黏土具有良好的隔水性。

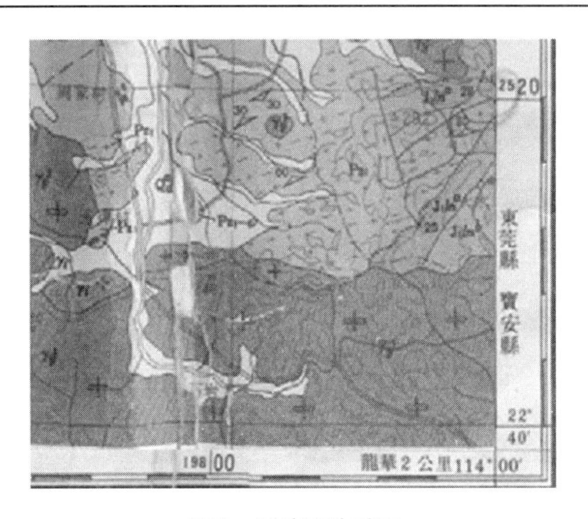

图6 滑坡区地质图

2.3 水文地质

采石场周边地表水塘较多，水资源丰富，地下水埋深较浅，分水岭自南向北汇水面积约 2 万 m^2；从 Google Earth（谷歌地图）上可以清晰地看到 2013～2014 年深坑因积水变成了堰塘，积水体积为 3 万～5 万 m^3。

据当地天气记录，滑坡前 6 天的天气以阴间多云为主，没有下中到大雨，只是 14 日天气为小雨转阴，滑坡当天下小雨（见表 1）。

表 1 2015 年 12 月 14～20 日天气

<table>
<tr><th colspan="2">时间</th><th>天气状况</th><th>气温(℃)</th><th>说明</th></tr>
<tr><td>14 日</td><td>星期一</td><td>小雨转阴</td><td>9～6</td><td rowspan="7">资料来自
当地天气记录</td></tr>
<tr><td>15 日</td><td>星期二</td><td>阴转多云</td><td>9～6</td></tr>
<tr><td>16 日</td><td>星期三</td><td>多云</td><td>8～2</td></tr>
<tr><td>17 日</td><td>星期四</td><td>多云转阴</td><td>8～2</td></tr>
<tr><td>18 日</td><td>星期五</td><td>阴</td><td>8～3</td></tr>
<tr><td>19 日</td><td>星期六</td><td>多云</td><td>18～13</td></tr>
<tr><td>20 日</td><td>星期天</td><td>白天多云，夜间小雨</td><td>21～15</td></tr>
</table>

2.4 构造与地震

从图 6 可知，采石场周边无区域性断层穿过，也无活动断层，只是北东方向有两条规模小的断层，距采石场 23 km 左右。地震资料显示，在 2015 年 12 月 20 日，无大于 2 级的地震发生，100 km 以内也无中强地震发生。

3 堆积体滑动成因分析

3.1 堆积过程

从谷歌地图上看，2003～2013 年采石设备清晰可见，采矿面积逐渐扩大，2009 年 9 月矿坑低处积水，2013 年水坑向北西迁移（见图 7～图 12）；2014 年 1 月采石设备全部清除，矿坑积水面积增大，长 210 m 左右，宽分别为 30 m、60 m（见图 13），面积达 18 000 m^2，按平均 2 m

深计算，方量有 36 000 m^3。

图 7　2003 年 3 月采矿形态（镜向南）

图 8　2006 年 2 月采矿形态（镜向南）

图 9　2009 年 9 月采矿形态低处积水（镜向南）

图 10　2010 年 11 月矿坑积水向南西迁移（镜向南）

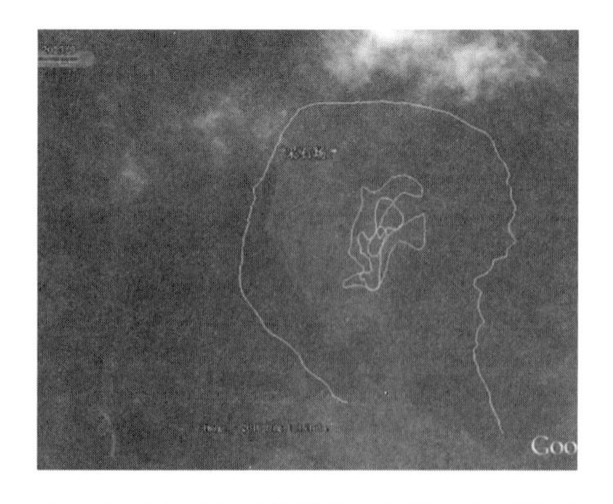

图 11　2013 年 8 月矿坑积水向北西迁移（镜向南）

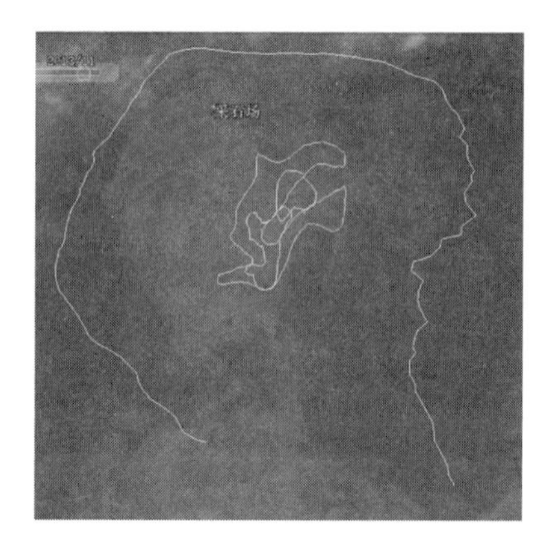

图 12　2013 年 11 月采矿坑形态（镜向南）

从谷歌地图上可见，弃渣是 2014 年 10 月以后开始堆积的，2014 年 12 月坑内积水被覆盖（见图 14），没有见到水冲刷下面的斜坡，3 万多 m^3 水全包在渣土内；高程 75 ~ 110 m，4 级斜坡堆成台阶状，并有修整的迹象，高峰时，2014 年 10 月，坑内有 20 余辆渣土车分不同的高程弃渣(见图 15)。斜坡渣土自然休止坡角为 25°~35°,坡顶开始有 5 ~7 m 宽的马道,随着堆土的增高,马道变为 3 m 左右;2015 年 9 月以前,由底部 2 级斜坡上长满了草到 4 级马道长草,这 4 级斜坡最低处为 45 m,高差为 30~36 m,即堆土高大于 32 m。斜坡和马道上设有排水沟(见图 16),这个阶段正是南方雨季,底部 4 级斜坡基本上是有序弃渣堆积,但各斜坡中部未见排水设施。

图 13　2014 年 1 月采矿设备清除(镜向南)

图 14　2014 年 12 月水塘消失底部修整形态(镜向南)

图 15　2014 年 12 月倒渣土的车达 20 余辆(镜向南)

图 16　2015 年 10 月底部 4 级斜坡都长草(镜向南)

从斜坡上的水流痕迹和斜坡局部崩塌及水沟弯曲的情况看,排水系统变形大且不畅通,地表水和原坑内积水大部分留在堆土内(见图 17),加之堆渣土处四周高,开挖后的片麻石英岩透水性很差,雨季水沿弧形山岭顺斜坡全部汇积到低处,使本来就含水量很高的堆积体始终处在饱水状态。

2015 年 10 月至滑前阶段,是无序堆弃高峰,这个阶段弃渣场地由低处向高处堆渣,是后来滑体的主要物质。水被逐渐向山体南边推挤,直到覆盖,水体覆盖后,堆弃渣土分不同的高程倾倒,其中,中部分 4 层堆弃,高程为 77~110 m,高差 33 m;顶部一层弃渣,最高弃渣高程为 184 m,与底部高差为 139 m。

3.2　滑动成因分析

矿坑为南高北低的撮箕状,堆积体最高处为 184 m,最低处 45 m,南宽北窄,宽处 340 m,窄处为 130 m,地形坡度南陡北缓,北边 5°~16°,南边 35°~45°,局部 60°左右;基岩为石英岩、片麻石英岩，片理倾向北西，倾角 60°，为斜向坡，无区域性活动断层穿过，不存在断层的活动引起基岩滑动的地质背景。

堆积体在形成过程中，坑中积水由低向高，自北向南推挤直至覆盖，靠近原山坡附近基本上是在水中弃渣土，弃渣各个阶段见图 18。其中，图 18(a)是在下部 4 级斜坡形成后填平原积水坑的过程和下雨积水形成临时积水坑，弃渣逐渐推挤使水体向南面山体高处迁移；图 18(b)是在分不同高程弃渣时，把水埋在渣土内，局部高低不平的坑内，下雨时也积有大量的水体；图 18(c)为弃渣把水包在高

图 17　下部 4 级斜坡排水沟变形和局部崩塌

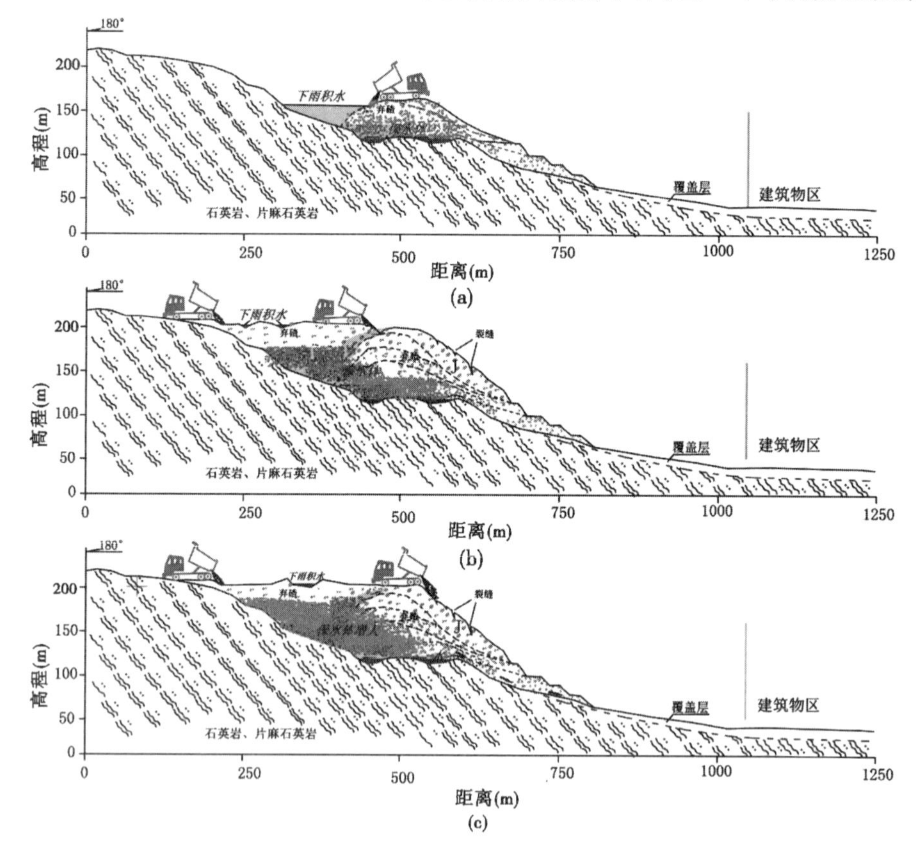

图 18　弃渣各个阶段

度为 139 m 的人工堆体内，随着弃渣从高处向中部推进，堆积体增高，底部 1 ~ 4 级斜坡厚度较薄，排水不畅，最终支撑不了中上部巨大的压力，加之水的作用，沿着堆积体和开挖基岩接触的软硬面产生滑动，而堆积体内大量的水，则是使堆积物向远距离迁移的主要原因。

从滑动的范围看，第 2、3 级斜坡东侧和第 4 级斜坡西侧，高程相对高，排水较好，中上部滑动物质未被带动，仍保留在原地，滑动物质在沟中呈瓶颈状（见图 19），具典型的泥石流特征；由向北滑动时物质滑移的距离 400 余 m、滑移物质平面呈参差不齐的扇形形态判断，人

工堆积体先为沟中滑坡,滑动后,中部包裹的水体和下渗的水使人工堆积体以泥石流的形式移动(见图19),因为堆积体以北地面较平缓,加上建筑物多,如果堆积物是干的,滑动后是冲不了那么远的,表明滑动的物质是以泥石流的形式冲向光明工业园区的,因此导致受灾面积大,并且远大于一般的滑坡灾害。

图19 滑坡形态和特征(据《新华网》)

4 结 论

从构造上分析,滑坡区无大的区性活动断层穿过,12月20日当地无大于2级的地震发生,100 km以内也无中强地震记录,堆积体的滑动,可排除地震导致滑移的外力作用;石英岩及片麻石英岩片理倾角陡,不具备产生顺层滑动的地质条件;从堆积体移动的距离和范围及平面展布特征分析,水是本次堆积体滑动的内因;无序堆积,方量巨大,堆积斜坡内无排水措施,自卸渣土堆积坡度陡,原开挖的斜坡上部植被腐烂形成滑面,中、下部渣土内含水量高,自稳能力极差,导致堆积的渣土失稳,产生滑移和流动,造成非常严重的灾难。

这个教训是惨重的,无论是兴建工程弃渣,还是尾矿堆积,拦渣坝、挡墙一定要处理妥当,杜绝类似灾害。

南水北调双洎河渡槽移动模架施工技术

张永宏　曾永年

（中国水利水电第四工程局有限公司,昆明　650024）

摘　要　南水北调中线一期工程总干渠双洎河渡槽段工程位于河南省新郑市境内,总长度1.849 4 km,双洎河渡槽一联单跨重约2 500 t,是采用移动模架施工技术一次现浇成型的世界第一大渡槽。移动模架施工技术在国际水利工程——特大型混凝土渡槽建设中,南水北调双洎河渡槽工程为首次应用。移动模架施工技术在桥梁工程中虽已有应用,但桥梁工程无论其梁体规模还是移动模架规模,相较于双洎河2 500 t特大型渡槽,技术水平具有巨大差别。双洎河渡槽跨越河床、漫滩、鱼塘,基础条件复杂。文章对双洎河特大型渡槽移动模架施工技术的研究、应用进行了总结,该技术的应用不仅可以解决双洎河渡槽工程施工中的难题,而且也是对工程设计理论的验证,对渡槽安全运行非常关键和重要。同时,形成的成果可为后续国内外修建的其他特大型渡槽设计和施工提供大量有价值的参考意见,更好地推动我国水利事业的发展,尤其是特大型渡槽建设水平。

关键词　双洎河渡槽;移动模架现浇施工技术

1　前　言

南水北调中线一期工程总干渠双洎河渡槽段工程位于河南省新郑市境内,本渠段主体为双洎河渡槽,双洎河渡槽主要建筑物由进口至出口依次为进口渐变段、进口连接段、进口节制闸、槽身段、出口检修闸、出口渐变段,总长810 m,设计流量305 m^3/s,加大流量365 m^3/s。槽身段长655 m,其中闸渡连接段长55 m,跨河梁式渡槽长600 m,为两联四槽,跨径30 m,共20跨。梁式渡槽槽身为三向预应力混凝土简支结构矩形槽,单槽净宽7.0 m,净高7.45 m,为现浇混凝土结构,一联单跨重约2 500 t,槽身比降为1/5 800。

双洎河渡槽跨越河床、漫滩、鱼塘,基础条件复杂,按招标文件,渡槽采用支架法施工存在基础处理工程量大、费用高、材料和设备投入量大、场地狭窄施工干扰大、安全隐患多、社会环境复杂等诸多问题,经现场调研、分析,选用移动模架法施工方法,还能解决复杂水文和工程地质条件下渡槽支架法难以施工的问题。

双洎河渡槽DZ30/2500型移动模架主要由外梁系统、外模系统、内梁系统、内模系统、电控系统、液压系统、附属结构等组成。施工跨度为30 m,整机总重为1 660 t,整机尺寸为63.21 m×25 m×15.39 m(长×宽×高)。移动模架的行走过孔和模板的开合均为液压式自动化操作。通过对施工方案的改进,有利于提高槽身施工质量,加快槽身施工进度,有效地改善双洎河渡槽工程工期紧、任务重的局面,对南水北调中线工程顺利实现通水目标具有重要的意义。

作者简介:张永宏(1974—),男,高级工程师,主要从事土木工程施工。E-mail:774665254@qq.com。

2 精细化管理

双洎河渡槽从支架法改为移动模架现浇法的提出到方案最终的确定,从移动模架开始制作到安装过程,从首跨渡槽开始浇筑到目前的19跨顺利完成,均得到了快速的推进,这其中与项目部的精细化管理是息息相关的,主要体现在如下几个方面。

2.1 渡槽施工责任分工

为了加快首跨渡槽的施工进度,保证渡槽施工正常有序开展,项目部紧紧围绕首跨渡槽浇筑,前后累计开会20余次,从施工方案编制、施工原材料进场检验、设备检修到现场施工等各方面准备,整理出70项施工工序及需要落实解决的问题,对每一问题制定责任人及完成时间,每3天组织召开一次碰头会议落实相关工序完成情况,及时解决施工中存在的问题,首跨渡槽浇筑前所有工作全部完成,保证了首跨渡槽顺利浇筑。

2.2 移动模架安装及堆载预压

(1)移动模架安装过程中,严格按照移动模架安装作业指导书进行安装,现场对每一构件起吊前均进行检查验收,办理高危作业审批单后进行起吊,每一阶段工序完成后由各职能办公室联合验收后再进行下一阶段安装,保证各部件安装位置准确及质量满足要求,安装完成后由监理单位对模架各构件的安装质量进行了整体验收,安装质量满足移动模架验收大纲要求。

(2)通过对移动模架堆载预压,检验移动模架的安全性能,以及通过模拟移动模架在混凝土梁施工时的加载过程来分析、验证移动模架主梁及其附属结构的弹性变形,并消除其非弹性变形。堆载预压的荷载=(梁体自重+施工荷载+振动产生荷载)×110%。堆载过程分段分级进行:0→40%(静停1 h)→80%(静停1 h)→100%(静停24 h)→110%(静停2 h),卸载时采用分级卸载方式:110%→100%(静停1 h)→80%(静停1 h)→40%(静停1 h)→0。堆载中在主梁上布置6个测点,在底模上布置9个测点,进行挠度测量。每完成一级堆载立即进行观测,在堆载到100%时静停24 h、堆载到110%时静停1 h后即可卸载,卸载后再测量一次,以确定模架弹性变形与非弹性变形。根据弹性变形和非弹性变形从而确定移动模架底模的预拱度值,底模预拱度调整直接关系到施工完毕后的混凝土渡槽线性是否满足设计要求,因此是关键控制点。根据实际预压的弹性变形值和设计底标高进行底模预拱度值的调节。

2.3 混凝土配合比选定

双洎河渡槽具有单槽重量大和混凝土强度高、级配小、结构薄等特点,为了做好渡槽混凝土温控及保证混凝土浇筑质量,项目部自2011年7月就依据《南水北调中线一期工程总干渠双洎河渡槽段混凝土配合比试验技术要求》开展配合比试验工作。

试验初期,首先对混凝土原材料进行选择及检验,优先选用南水北调项目使用过的原材料,通过检测结果选用最优砂石骨料、水泥、外加剂等进行渡槽混凝土配合比设计:本次混凝土配合比参数选择试验,首先按照混凝土配合比设计规程及配合比试验技术要求计算选定水胶比和粉煤灰掺量,然后通过不断调整砂率、单位用水量,对混凝土拌和物的塌落度及和易性进行判别,最终选择最优配合比参数。

2011年11月5日项目部组织召开渡槽混凝土施工配合比专家评审会,通过评审确定,选取的渡槽混凝土最优配合比能够满足设计及施工要求。为了保证混凝土浇筑质量及外观,改善混凝土性能,项目部专门从骨料场定制低石粉含量细砂进行渡槽混凝土浇筑。

2.4　施工技术交底

为了保证移动模架安装、渡槽浇筑的顺利进行，我项目部曾组织多次技术交底，如：移动模架设计、制造、安装、运行、维护保养技术交底，移动模架安装技术交底，移动模架堆载方案技术交底，移动模架现浇施工技术交底，首跨渡槽浇筑技术交底，预应力张拉技术交底，移动模架过孔技术交底等。

2.5　槽身钢筋制作安装

2.5.1　钢筋加工和运输

由于单跨渡槽钢筋量较大，钢筋型式较多，制作难度较大。施工单位技术人员根据施工蓝图钢筋表编制了一套详细的钢筋下料单，计算出每根钢筋下料的长度，并对钢筋加工人员进行详细的技术交底。

槽身钢筋利用系统布置的钢筋加工厂加工，钢筋加工严格按照下料单进行加工，并且进行归类码放整齐。钢筋采用拖车运至现场，然后用主梁上安装的 5 t 和 10 t 的电动葫芦抬吊，或者直接采用汽车吊直接吊入仓号内。

2.5.2　钢筋安装

钢筋出厂时，依据下料单，逐项清点，确认无误后，以施工仓位安排分批提取，由具备相应技能资质的操作人员现场安装。钢筋安装前，由质检人员和监理对每批次加工钢筋尺寸进行复核，确保钢筋加工尺寸无误后，由相应责任班组进行安装。

槽身钢筋分两次绑扎完成。第一次为底板和墙体钢筋的绑扎，绑扎时按先底板再墙体的顺序进行。施工时，首先在模板上标记每种钢筋的安装位置，然后开始安装钢筋。底板和墙体钢筋安装完成后，经过质检人员和监理的验收后，将移动模架的内模开进合模，测量验收合格后，进行第二次钢筋的绑扎，即顶部拉杆和人行道部位的钢筋绑扎。

2.6　预应力孔道及钢绞线施工

(1)技术人员和操作班组长预先熟悉施工图纸，准确了解钢绞线的位置和定位要求，在安装前对所有操作工人进行技术交底。

(2)定位网片的制作。

预应力孔道安装位置是否正确、线型是否流畅是保证预应力钢束施工质量的重要环节，必须严格控制，为此，根据施工图纸孔道的位置，事先将波纹管定位网片加工好，待底板底层钢筋和侧墙钢筋绑扎完成后按照设计位置进行摆放和加固，这样既保证了预应力波纹管孔道的安装准确，又可以加快施工进度。

(3)预应力波纹管检查。

预应力筋采用预埋塑料波纹管的方法预留孔道，波纹管采用单壁螺旋式 HDPE 高密度聚乙烯塑料波纹圆管，公称内径分别为 55 mm、70 mm 和 80 mm。塑料波纹管在使用前进行外观检查和冲水试验，其内外表面应清洁，不应有孔洞或破损。

(4)预应力穿束。

预应力穿束主要为纵向和横向的预应力钢绞线，采用人工把已制好的钢绞线从一端穿入波纹管孔道内。在穿束前，需对钢绞线进行编号，并将钢绞线的前端用胶带包扎，防止将波纹管损坏。

(5)钢绞线浇筑过程检查。

在浇筑过程中，为了防止波纹管的破裂，混凝土将预应力孔道堵死，钢绞线无法张拉和预应力孔道无法灌浆,派专人对钢绞线进行时时抽拔检查,发现堵管时进行多次来回抽拔,保证孔道畅通。

2.7 槽身混凝土浇筑

2.7.1 混凝土浇筑

渡槽一期混凝土浇筑采用标号为C50W8F200的Ⅰ级配泵送混凝土,混凝土的坍落度为18~22 mm。水泥采用P.O42.5普硅低碱水泥,粉煤灰为Ⅰ级粉煤灰,减水剂材料为聚羧酸高性能复合型减水剂,粗骨料粒径为5~20 mm、,纤维素纤维掺加量为0.9 kg/m^3。通过配合比试验,混凝土水胶比为1:0.3,混凝土中水泥用量439 kg/m^3、粉煤灰用量为78 kg/m^3、纤维素纤维掺加量为0.9 kg/m^3,混凝土密度为2 350 kg/m^3。

综合考虑槽身钢筋和预应力孔道的密集程度和槽身结构形式,混凝土浇筑顺序为"先底板、再边墙和中墙、最后顶板及拉杆,从两端向中间,纵向分段、水平分层、三道墙混凝土对称下料,连续浇筑一次成型;按照设计及相关规范要求,混凝土浇筑分层按30~50 cm每层进行控制。

2.7.2 混凝土振捣

混凝土振捣顺序同混凝土浇筑顺序,通过内外模的振捣观测窗口进行振捣。混凝土振捣以插入式振动器为主,附着式振动棒为辅。其中,外模共安装附着式振捣器30台、内模安装附着式振捣器105台。

在浇筑边墙和中墙位置,尤其是倒角处的混凝土时,在混凝土振捣过程中,安排专人采用敲击法时时检查混凝土的密实度,发现问题及时进行补料和复振。

2.8 混凝土温控

按照招标技术要求和相关规程规范,在槽身混凝土浇筑中积极采取措施来保证混凝土温度满足设计、规范要求。

2.8.1 高温时段混凝土降温

为保证槽身混凝土入仓温度满足设计规范要求(出机口温度不高于26 ℃),配置了一台冷水机组对拌和用水进行制冷,由试验人员在开仓前对原材料进行测温,综合考虑混凝土拌制过程温度的回升进行理论计算,确定制冷水的制冷温度。同时,还对原材料和拌和站水泥罐进行提前的遮阳洒水降温。

为保证槽身混凝土内外温差不超过20 ℃,在混凝土芯部安装冷却水管进行通水冷却,冷却水管采用外径32 mm、壁厚2 mm的PE管,间距按1 m控制;混凝土浇筑完成后开始通水冷却,在水管内灌满水后封闭水管端部,等待20 min后排出冷却水进行测温,根据水温变化情况逐渐改变冷却水等待时间;通水冷却至混凝土内外温差不再变化后,采用与预应力孔道相同的灌浆材料对冷却水管及时进行灌浆。

2.8.2 低温时段混凝土保温

为保证槽身混凝土入仓温度满足设计规范要求(不低于5 ℃),搅拌混凝土前,须先经过热工计算,并经试拌确定水和骨料需要预热的最高温度,以满足混凝土最低入模温度(大于5 ℃)要求。冬季生产时尽量选择在白天气温较高时段进行;当昼夜平均气温低于+5 ℃或最低气温低于-3 ℃时,浇筑后须立即采用帆布覆盖,在槽室内加保温加热措施。另外在移动模架的模板外侧喷涂聚氨酯进行保温。当有极端低温时,不安排混凝土浇筑作业。

2.9　预应力张拉工艺

双洎河渡槽槽身为三向预应力 C50 混凝土结构，单跨纵向预应力钢绞线共 63 孔，采用圆形锚具、圆形波纹管，两端张拉，其中 53 孔为直线筋（25 孔为 $7\Phi^{s}15.2$；28 孔为 $9\Phi^{s}15.2$），10 孔为曲线筋（均为 $9\Phi^{s}15.2$），横向预应力钢绞线共 128 孔，采用圆形锚具、圆形波纹管，直线为一端张拉，曲线为两端张拉，其中 64 孔为直线筋（48 孔为 $7\Phi^{s}15.2$；16 孔为 $9\Phi^{s}15.2$），64 孔为曲线筋（48 孔为 $7\Phi^{s}15.2$；16 孔为 $9\Phi^{s}15.2$），竖向预应力钢绞线共 378 孔，采用圆形锚具、圆形波纹管；竖向钢绞线均为直线筋（均为 $5\Phi^{s}15.2$），单端张拉。

预应力张拉为渡槽质量控制的特殊工序，由实验室提供混凝土的强度、弹性模量，由工程技术办提供油表读数、设计张拉伸长值，由张拉质量负责人编制张拉通知单，其内容包括强度、弹性模量、龄期、油表读数、设计张拉伸长值、持荷时间等，并派专人进行全程监控。张拉前监控人员须仔细核对试块抗压强度、弹性模量值及龄期是否符合要求，并对张拉设备、工艺参数以及张拉人员进行确认，张拉过程中对张拉应力、实测伸长值及静停时间进行监控，如出现问题，立即停止并认真查明原因，消除后再进行张拉。

双洎河渡槽预应力张拉严格按照设计图纸、双洎河渡槽预应力钢绞线施工技术要求和南水北调中线干线工程预应力设计、施工和管理技术指南进行控制，在施工过程中严格控制油压表的读数，并对钢绞线的伸长量进行测量，确保钢绞线实际伸长量控制在理论伸长量 ±6% 范围内，两端不对称张拉不得超过 ±10%。发现断丝和滑丝严重的，更换钢绞线重新张拉。

3　渡槽施工工艺优化和改进

3.1　混凝土入仓方式的优化

刚开始槽身使用的混凝土入仓方式为：三台混凝土泵车 + 一台混凝土托泵，通过内外模的卸料窗口进行下料浇筑。经过前几跨的浇筑来看，浇筑难度比较大，主要是泵车下料位置移位时，泵管对位时间过长，托泵泵管来回安拆投入的人力比较多，而且不易操作。经过研究和试验决定，在三个墙体中和槽室内安装受料导管，顶部安装受料斗，采用混凝土泵车在模架的顶部直接给受料斗受料（见图 1 ~ 图 4）。这样大大减少了混凝土泵车移位的对位困难，提高了浇筑强度，大大节省了浇筑时间。但是，由于渡槽墩身和槽身下料点位置比较高，在使用混凝土泵车浇筑过程中，经常发生堵管和爆管的现象，经研究，采用 1 台布料机和两台泵车配合浇筑的方法，从浇筑情况来看，布料机的使用比较成功，布料机和泵车很少发生堵管等现象，大大提高了浇筑强度，能够满足工程施工要求。

图 1　混凝土泵车卸料窗口直接下料

图 2　托泵管路安装

图3 墙体安装的下料管

图4 布料机浇筑

3.2 槽身张拉工艺优化

双洎河渡槽预应力总共569孔,要是全部张拉完成后再进行移动模架过孔,占用的时间较长,为了加快移动模架施工进度,同时确保移动模架过孔时槽身的安全性,我项目部委托了第三方中南大学土木工程检测中心对移动模架过孔时渡槽的张拉情况进行检算,并经设计复核,确定只要张拉的预应力孔数达到设计的50%即可过孔(不考虑灌浆)。另外,按照初步设计要求,预应力钢绞线要求两端对称张拉,但由于渡槽横向底部直线预应力孔道受移动模架影响较大,按照相关规范要求,经过与监理、设计单位沟通,改为单端张拉法进行张拉。

3.3 使用模板隔离剂取得的效果

渡槽槽身外观质量的好坏关键取决于槽身模板处理、混凝土控制等工序。因此,进场验收合格的钢模板在混凝土浇筑前必须经过处理,钢模板处理必须经过清洗、打磨抛光、干燥、涂刷隔离剂、保养等工序;根据以往施工情况,因涂刷隔离剂、保养等工序需要时间较长。综合考虑施工情况,我项目部经过反复试验自配出一种长效模板隔离剂。该隔离剂成本较贵,但是性能优越,为新一代环保型产品;本隔离剂为单组分聚氨脂产品,经涂装后,涂层不仅有良好的脱模性,而且还具有良好的耐碱性、耐热性、耐磨性及优良的附着力,该产品可重复脱模3~4次,使用方便,自然养护时间长,非常适合本项目施工。现场使用效果见图5。

3.4 渡槽二期混凝土施工方案的改进

渡槽两端各预留的55 cm二期混凝土,待连续的两跨渡槽张拉压浆结束后进行施工,两跨之间的伸缩缝为4 cm。根据设计要求,一跨渡槽两端的二期混凝土要进行同时浇筑施

图 5　隔离剂现场使用效果

工，项目部根据实际和以往的施工经验，提出两跨渡槽之间的二期混凝土同时进行施工，一次浇筑完成，这样可以解决因施工空间狭小，模板、钢筋、预埋件和浇筑困难的问题。

4　结　语

双洎河渡槽是南水北调中线工程采用移动模架法施工的工程之一，是目前国内外同类水利枢纽工程中采用移动模架施工的重量最重的渡槽工程。由于渡槽重量较重，结构复杂，施工工期较紧，在施工前项目部结合施工现场地质及环境条件对施工方案进行了详细的研究和论证，并提出了由支架法改为移动模架现浇的施工方法，在施工中也不断地摸索及总结经验，加强施工工作的精细化管理，对施工工艺不断地改进和完善，从而加快了渡槽的施工进度。

随着国内高速铁路的快速发展，移动模架在研制和施工上得到了不断地改进和广泛的应用，并取得了很大的成果，移动模架施工工艺从经济效益、施工周期、施工速率等各方面来看，皆成为上上之选，是目前国内桥梁工程的主力，如今在南水北调中线渡槽工程上更是得到了推广，而在未来可以预见的是移动模架造桥机仍会被工程界大量使用。

参 考 文 献

[1] 马锋玲，边秋璞，贾志英. 漕河渡槽槽身混凝土配合比优化及性能试验[J]. 水利水电科学研究院学报，2007，5(2)：110-114.

[2] 王伟导，东深供水工程 U 型渡槽施工移动模架[J]. 广东水利水电，2005(5).

[3] 贾志英，张志华，牛桂林，南水北调中线京石段漕河渡槽采用移动模架技术[J]. 水利水电技术，2006，37(5).

[4] DL/T 5144—2001 水工混凝土施工规范[S].

[5] SL 352—2006 水工混凝土试验规程[S].

李家河碾压混凝土拱坝排水系统设计

王碧琦　张　恺

（陕西省水利电力勘测设计研究院，西安　710001）

摘　要　坝体排水系统对降低坝基扬压力和坝体渗透压力非常重要，本文介绍了李家河碾压混凝土拱坝排水系统设计，并提出了可供类似工程设计借鉴的一些经验。

关键词　李家河水库；排水；塑料盲管

1　工程概况

李家河水库位于西安市蓝田县境内，水库枢纽位于灞河的一级支流辋川河中游河段。坝址距西安市65 km，该工程是解决西安市东部用水紧张的骨干供水工程之一。

李家河水库工程由水库枢纽和输水渠道两大部分组成。水库正常蓄水位884.00 m，校核洪水位881.29 m，死水位830.00 m，最大坝高98.5 m，总库容5 260万m^3，调节库容4 400万m^3，供水设计流量为3.15 m^3/s，多年平均供水量7 230万m^3，电站装机容量4 800 kW。本工程水库枢纽和供水渠道属Ⅲ等中型工程。

李家河坝址流域面积362 km^2，据蓝田县气象站47年气象观测资料统计，多年平均气温13.1 ℃，1月最低，平均－1.23 ℃，7月最高，平均27 ℃；平均风速1.4 m/s，最大风速24 m/s；多年平均径流量为1.33亿m^3。

李家河坝址悬移质输沙量为21.3万t，多年平均含沙量为1.6 kg/m^3，推移质为3.68万t，李家河坝址多年平均输沙总量为25.0万t。

2　坝址区工程地质条件

水库区位于秦岭北部的中低山区，为“V”字形峡谷地貌，植被丰茂。坝区基岩裸露，出露地层为燕山期牧护关花岗侵入岩体，岩性较单一。河床段坝基岩体以Ⅲ级为主，Ⅱ级次之，变形模量E_0为10～15 GPa，总体抗变形能力较强，弱风化带中粗粒或中细粒花岗岩饱和抗压强度均大于60 MPa，属坚硬岩。

左坝肩向下游山体变厚，基岩裸露，岸坡坡角一般为35°～42°，自然边坡稳定。f7、f8、f9、f21断层斜穿坝肩，末端尖灭于河床坝基。其破碎带宽度较窄，为厚0.2～1.5 m的碎裂岩；右坝肩向下游山体变薄，840m高程以下坡度50°～60°以上约为40°。f1、f2、f4、f6断层斜穿坝肩，与拱坝轴线交角约70°，由于缓倾角裂隙不发育，因此对坝肩抗滑稳定影响不大，但由于f1断层破碎宽度较大，具有较大的压缩变形空间，对拱座岩体应进行加固处理。

工程区地震动峰值加速度为a＝0.15g，相应的地震基本烈度为Ⅶ度。

作者简介：王碧琦（1976—），男，陕西眉县人，高级工程师，主要从事水利水电工程设计。E-mail：467057991@qq.com。

3 拱坝体型设计

本工程水库枢纽属Ⅲ等中型工程，永久性主要建筑物拦河大坝、泄水建筑物、引水建筑物按3级设计，次要建筑物按4级设计，电站及临时建筑物按5级设计。大坝枢纽的防洪标准为50年一遇洪水设计，相应洪峰流量为990 m^3/s，500年一遇洪水校核，相应洪峰流量为1 152 m^3/s。

拦河坝为混凝土双曲拱坝，拱坝中心线走向NW63.14°，顶拱中心角79.42°，拱冠处曲率半径为左岸176.82 m、右岸168.12 m，坝顶上游面弧长324.93 m、弦长293.58 m，坝体厚高比0.315。坝顶高程884.00 m，最大坝高98.50 m，坝顶宽8 m，坝底宽31.0 m。

4 排水系统设计

为及时降低坝体渗透压力，排除渗透水流，在坝基及坝体内设排水系统。坝基排水系统设在帷幕灌浆后，采用钻孔排水；坝体排水管设在二级配防渗碾压混凝土后，采用预埋排水管排水。坝基及坝体排水经汇流进入到基础灌浆廊道或交通廊道内，再自流排到坝体外。

4.1 坝基排水

为了便于进行坝基帷幕灌浆，结合观测要求，坝体共设帷幕灌浆廊道3排，分别布置在802.5 m、843.5 m和884.0 m高程处。坝基排水布设在帷幕灌浆的下游，排水孔采用单排，根据水头的不同，坝基及坝肩排水孔间距在843 m高程以上为3 m，843 m高程以下孔距为2.5 m。按照规范要求，排水孔孔深应根据基础的工程地质、水文地质条件，结合帷幕和固结灌浆的深度研究确定，李家河水库坝底高程帷幕灌浆深度入岩45 m，固结灌浆深度入岩8 m，按照排水孔深度大于固结灌浆深度、小于0.6倍帷幕灌浆深度的标准，确定李家河排水孔最大深度为27 m。

基岩廊道顶部排水孔孔向竖直布设，孔径为150 mm，见图1。为避免向上排水管钻穿坝肩槽，破坏埋设在大坝混凝土与拱肩槽基岩面上的监测设备，排水孔末端控制距拱肩槽开挖面2.0 m；基岩完整段直接钻孔即可，若遇孔壁有塌落危险或排水孔穿过软弱结构面、加泥裂隙时，向上的孔应在孔内填充软式排水管，管口采用200 mm×200 mm、厚2 mm有孔钢板封口。

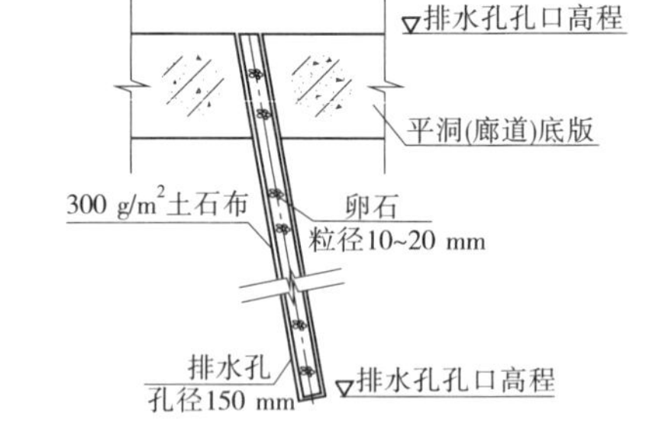

图1 坝基排水

802. 5m高程廊道内坝基排水孔在拱冠部位按向下游倾斜5°控制，孔径为150 mm，间距2.5 m；802.5 m高程基岩廊道底部排水孔孔向按向下游倾斜10°控制，拱冠至两拱肩按5°~10°设渐变段，排水孔孔径及间距与廊道内相同，该设计既有效地避免了由于拱坝曲率的变化，引起排水孔钻穿坝体二级配防渗层的情况，又能有效排出帷幕渗水。基岩完整段直接钻孔即可，若遇孔壁有塌落危险或排水孔穿过软弱结构面、加泥裂隙，应在孔内填充土工布包裹的反滤料。

4.2 坝体排水

802.5~841.0 m高程排水管间距为3.0 m；843.0~880.0 m高程排水管间距为6.0 m。

坝体排水管布置在二级配碾压混凝土与三级配碾压混凝土结合面，竖向排水管采用

MY150 塑料排水盲管(外径 ϕ150 mm,内径 ϕ80 mm)与各层廊道直接相连,拱肩槽斜坡段竖向排水管采用 MY200 横向塑料排水盲管(外径 ϕ200 mm,内径 ϕ120 mm)相连,将斜坡段坝体渗水由竖向排水管汇集至横向排水管,再引至相应廊道后,排至坝外。

排水管末端与上层廊道底板之间的距离为 2 m,为防止碾压过程中混凝土堵塞管道,排水管末端设 200 mm×200 mm×6 mm 的钢盖板。

4.3 排水出口

李家河坝体排水系统按照各层汇集、分层自排的理念进行设计,坝体不设汇水井。884.0 m 高程廊道内渗水经排水沟引至坝外,并与坝顶上坝道路排水沟相连,排至坝体下游;843.0 m 高程与 802.5 m 高程廊道内渗水经各层汇集后分别排至坝后贴脚混凝土内预埋的管道内,引至坝后护坦,见图 2。

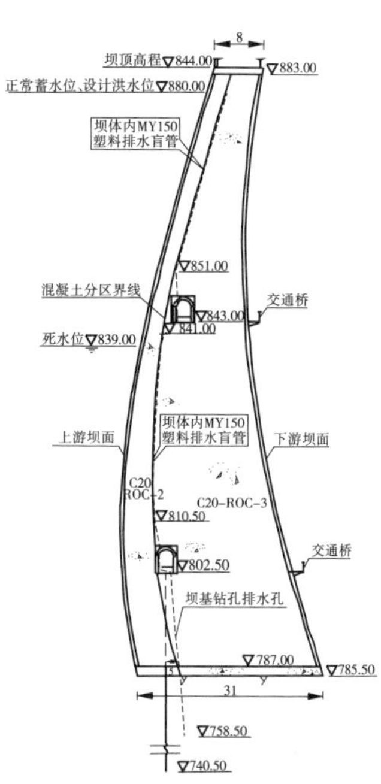

图 2 坝体排水系统

5 设计思考和体会

李家河水库大坝于 2013 年 3 月开工,2014 年 11 月底下闸试蓄水,截至目前,坝前水位 850 m,水深 47 m。根据排水孔施工及蓄水后运行情况,作为设计者,有以下几点体会:

(1)坝体采用薄层碾压混凝土施工,每层 0.3 m,计入施工缝的混凝土施工层面达 300 多条,尽管碾压混凝土浇筑施工工艺十分完善,但难免因局部层面或缝面处理不好形成渗漏水通道,因此坝体布置竖向排水管是非常必要的。

(2)李家河碾压混凝土拱坝采用预埋 MY150 排水盲管,该管具有极好的抗压能力及适应变形能力,属于三维立体多孔材料,外包裹土工滤布,表面开孔率达 90% ~95%,具有较强的渗透水能力。

(3)通常排水管高出碾压层 2 m 左右,在碾压过程中,沿排水管布置方向两侧各 20 cm 范围大型碾压设备碾压困难,应采用小型振动碾进行辅助碾压,并在两排水孔之间增设变态混凝土,形成隔水幕,避免渗透水沿两排水孔之间渗入下游。

(4)施工过程中,混凝土入仓、平仓及碾压设备都要从排水管之间穿梭,为了设备能顺利通过,每隔几十米,可采用拔管法或后期钻排水管替代排水盲管。

6 结 语

本工程坝基排水采用帷幕后钻孔,坝体排水采用柔性强、开孔率高的塑料盲管,加快了碾压混凝土施工速度,同时也提高了坝体排水孔的成孔率,有效降低了坝基扬压力及坝体渗透压力。

库区弯曲河段滑坡灾害数值模拟研究

张　通　李国栋　杨飞鹏

（西安理工大学 西北旱区生态水利工程国家重点实验室培育基地，西安　710048）

摘　要　本文从 N－S 方程和连续性方程出发，建立了三维滑坡涌浪控制方程，使用 GMRES 算法求解方程，结合 RNG$k-\varepsilon$ 湍流模型采用 VOF 方法追踪自由表面，基于流体计算软件 FLOW－3D 模拟库区弯曲河段滑体下滑所引起的滑坡涌浪特性，对涌浪产生后水体的流场结构以及自由液面的变化过程进行分析，并对初始涌浪高度、对岸爬高、传播和衰减规律与直道进行对比研究。结果表明：该数学模型具有较好的适应性，能较好地模拟滑坡崩落所导致的涌浪现象，对水库大坝设计及灾害预防具有一定的参考价值。

关键词　Flow－3d；滑坡涌浪；数值模拟；涌浪高度；传播规律

1　引　言

我国是世界上地质灾害最严重的国家之一，其中分布最广的是滑坡灾害，意大利的庞特塞拱坝水库库区（1958 年）发生了体积约 $3\times10^6 m^3$ 的滑坡，掀起超过 20 m 的涌浪，并且越过大坝造成巨大危害[1]。2013 年，云南省永善县黄华镇黄坪村突发山体滑坡，滑坡体的宽约 200 m、高 250 m，大约 12 万 m^3 砂石堆积体滑入金沙江中，激起了大约 20 m 高的巨浪，岸边的施工人员、路上的行人被卷走，造成 12 人失踪，对沿岸的居民和过往船只造成了巨大的损失。

滑坡涌浪的研究方法主要有物理模型、解析求解、数值模拟。陶孝铨（1994）[2]、余仁福（1995）[3]基于有关试验研究了滑坡体不同体积入水时的滑块速度与浪高关系。潘家铮（1980）[4]在 E. Noda 研究的基础上，在一矩形水池中考虑了滑坡的水平和垂直运动，并且研究了涌浪的反射和叠加特点，基于一定的简化条件，提出了计算初始涌浪及传播浪的方法，随之开启了国内滑坡涌浪计算方法研究的先河[5-8]；张小峰、袁晶等（2008）[9]通过二维非恒定流数学模型的基本方程，基于动网格的技术方法，建立了平面二维可变网格的滑坡涌浪数值模型。

针对滑坡涌浪的问题国内外进行了大量的研究，建立了多种分析和计算方法。但是滑坡产生的涌浪高度不仅受滑速、失稳体积、水深等因素影响，而且波浪的形成还受水库地形、库面宽度、滑坡过程持续时间以及滑坡体等因素的影响，使得滑坡涌浪预测问题变得十分复杂。本文基于 FLOW－3D 软件，拟对库区弯曲河段滑坡涌浪的产生及其传播过程进行数值模拟，通过数值分析，对涌浪的产生和传播过程做量化分析，并对流场及其自由液面的变化与直道进行对比研究，分析弯道的存在对涌浪特性的影响。

作者简介：张通（1992—），女，新疆奇台人，硕士研究生，主要从事滑坡灾害研究。E-mail：yiwangzt@163.com。

2 数值模型

2.1 控制方程

本文将水流运动看作是不可压缩的黏性流体运动,基于连续方程和不可压缩黏性流体运动的 Navier - Stokes 方程。

连续性方程为:

$$\frac{\partial}{\partial x}(uA_x) + \frac{\partial}{\partial y}(uA_y) + \frac{\partial}{\partial z}(uA_z) = 0 \tag{1}$$

式中:A_x 、A_y 、A_z 为 x 、y、z 的面积分数;u 、v 、w 为对应 x、y、z 的速度分量。

动量方程(N - S 方程)为:

$$\frac{\partial u}{\partial t} + \frac{1}{V_F}\left\{uA_x\frac{\partial u}{\partial x} + vA_y\frac{\partial u}{\partial y} + wA_z\frac{\partial u}{\partial z}\right\} = -\frac{1}{\rho}\frac{\partial p}{\partial x} + G_x + f_x \tag{2}$$

$$\frac{\partial v}{\partial t} + \frac{1}{V_F}\left\{uA_x\frac{\partial u}{\partial x} + vA_y\frac{\partial u}{\partial y} + wA_z\frac{\partial u}{\partial z}\right\} = -\frac{1}{\rho}\frac{\partial p}{\partial y} + G_y + f_y \tag{3}$$

$$\frac{\partial w}{\partial t} + \frac{1}{V_F}\left\{uA_x\frac{\partial u}{\partial x} + vA_y\frac{\partial u}{\partial y} + wA_z\frac{\partial u}{\partial z}\right\} = -\frac{1}{\rho}\frac{\partial p}{\partial z} + G_z + f_z \tag{4}$$

式中:ρ 为液体的密度,在本文里表示水的密度;V_F 为体积分数,在本文中体积分数为 0.5;G_x , G_y , G_z 为物体分别在 x 、y、z 方向上的重力加速度;f_x 、f_y 、f_z 为三个方向的黏滞加速度。

2.2 数值方法

在 Flow - 3D 中,一般采用有限差分法进行数值离散,划分求解域为一系列平行于坐标轴的网格交点的集合,并用有限个网格节点替代连续的求解域,建立代数方程组。采用广义的极小的残差算法 GMRES[10] 进行求解,一方面能很好地提高求解方程的速度,另一方面也能减少所需的存储空间。为了准确地模拟自由表面运动,通过 VOF[11] 方法进行自由表面的追踪,针对本文模拟的算例,所建立的数值模型需要模拟复杂的滑坡涌浪的产生以及传播规律,滑块下滑时导致局部水体出现的巨大的变形,因此适合采用 RNGk - ε 模型进行三维数值模拟计算。同时,通过 FLOW - 3D 的 GMO 碰撞计算模型,能够提供使用者预测移动对象在流体内运动的状况。模拟刚体运动,可以指定运动方式或与流动耦合计算。指定运动方式时流动受物体运动影响,而物体运动不受流体影响,与流动耦合时物体运动和流动是动态耦合的(两者互相影响),本文模型在某水槽试验中已验证计算值与实验值,吻合较好[12]。

2.3 边界条件

x 方向上,均选为固壁无滑移边界条件(wall)。

y 方向上,侧壁选取为对称边界条件(symmetry),在此边界上法线方向速度为 0,法向梯度为 0。即 $\frac{\partial u}{\partial z}| = 0$, $\frac{\partial v}{\partial z}| = 0$ 。

z 方向上,底部为固壁无滑移边界条件(wall),上部为液体自由面的边界条件(水压力为 0,空气界面)。

3　算例分析

3.1　物理模型

在山区河道中会出现很多弯道，弯道河流和顺直河流对涌浪的传播有着很大的区别，本文以弯道角度特定在45°的弯道分析。弯道布置如图1所示。弯道的拐弯角度是45°，水面宽度700 m，水深为280 m，在滑坡体入水的过程中，一般滑坡体都会发生破碎，破碎的滑体与水体会相互掺混，而确切估计掺混到水体内部的滑坡体体积是十分困难的。但是考虑到库岸滑坡主要由岩体构成，而且岩体滑坡入水后变形也较小，滑块选择 r =43 m的球体，密度为2 600 kg/m^3，滑块在重力作用下自由下滑，落入水中激起涌浪。滑体位置位于弯道转弯外凹处，滑块体积大约是33.75万 m^3。

3.2　网格划分和计算参数的设置

流体设置为牛顿流体，紊流模型采用RNG $k-\varepsilon$ 模型，并运用FAVOR技术，模拟复杂的边界情况。网格为0.01×0.1×0.01网格划分为150万，库区河道中轴线长约2 400 m，计算时间为90 s。试验中模拟在斜面上滑块下滑运动依旧是初速为零的匀加速运动，则入水速度 v 与在滑坡面上距初始点的距离为 $l=\dfrac{v^2}{2a}$ 的关系（见图2），入水速度 v =22.3 m/s。

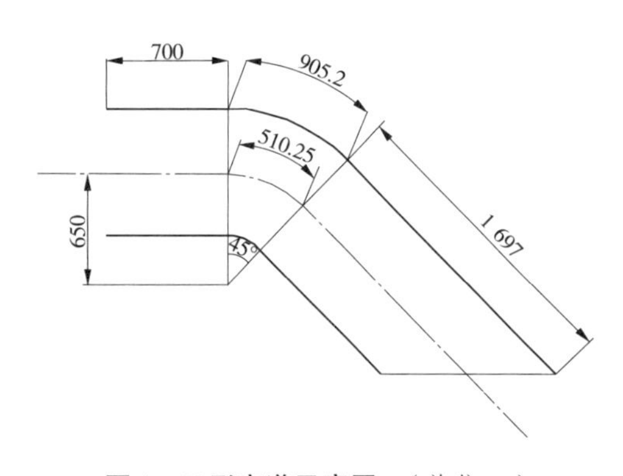

图1　V形弯道示意图　（单位：m）

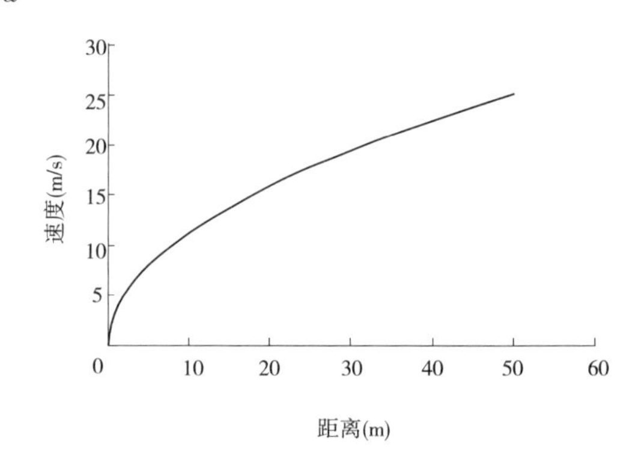

图2　滑块距初始点距离与速度关系

3.3　计算结果分析

滑坡体下滑后，涌浪的产生及传播过程中，水面波动变化如图3所示。滑坡体进入水面，涌浪开始形成，并迅速向四周扩散，随着滑坡体继续下滑，滑坡体上方形成小的凹陷，随后水面抬升，凹陷逐渐扩大，向着远离滑坡体的方向传播，并伴随波浪飞溅及其破碎的现象，之后水面回落，形成首个次浪。随着时间的推移，涌浪以椭圆周的形式向四周传播，次浪越来越多，但其波高慢慢变小，水面波动变化逐渐减小。

滑块从 t =3.6 s时入水，在6.2 s时激起的最大初始涌浪高32.9 m（见图4），然后初始涌浪迅速衰减并扩散，同时水体内部出现空腔，次浪高34.6 m（见图5）。因为滑坡区域岸坡具有一定的倾斜角度，因此有向对岸的 x 方向速度，涌浪的传播呈半椭圆形传播，并向上下游扩散。涌浪传播时到对岸方向（x 方向）的速度大于沿着库区水流方向（y 方向）的速度。浪的传播符合传播规律，并且由于存在弯道，浪的传播受到拐弯段影响。在拐弯段时，涌浪的传播浪高较高，速度较慢些。

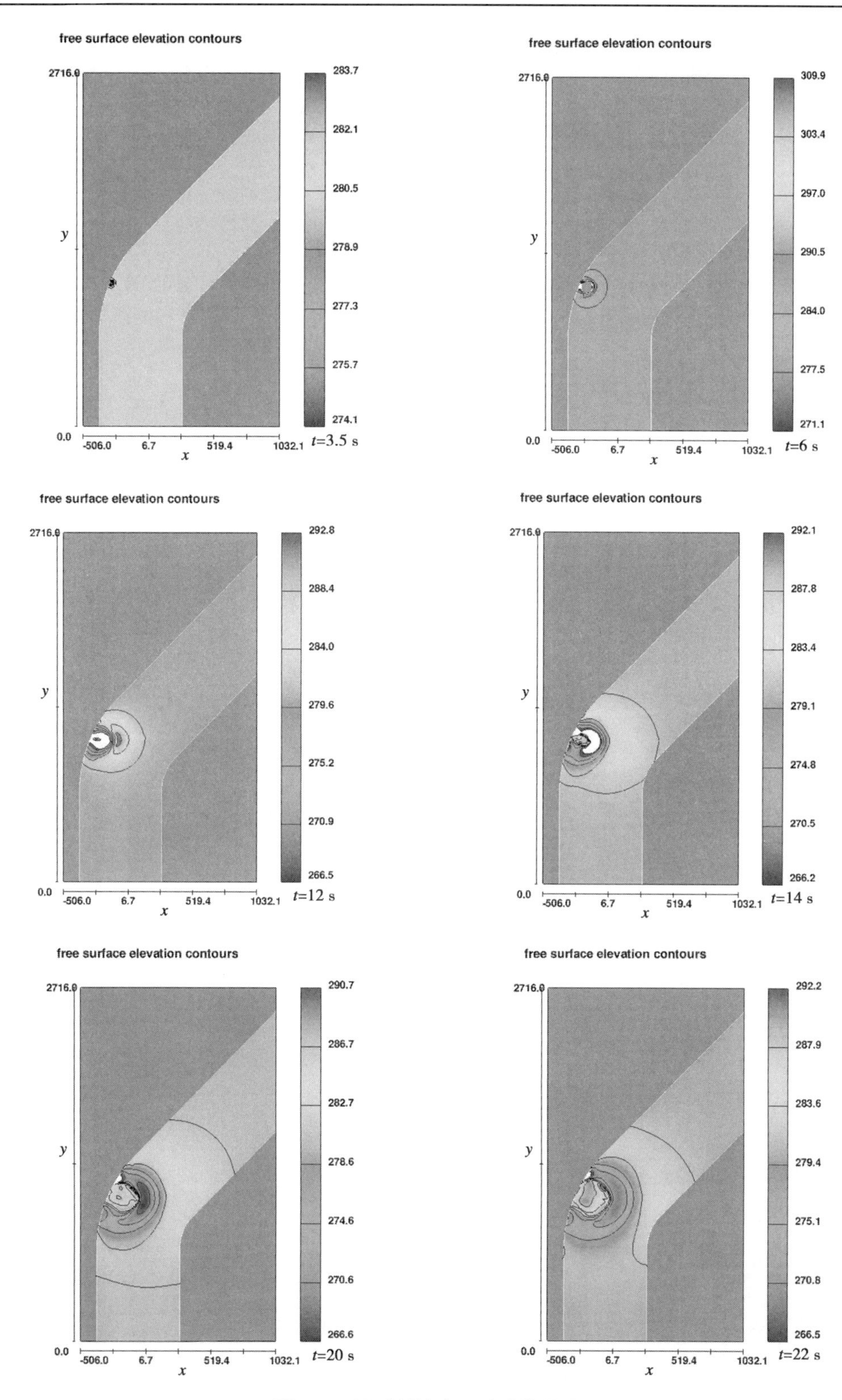

图 3　不同时刻的水面波动等值线图

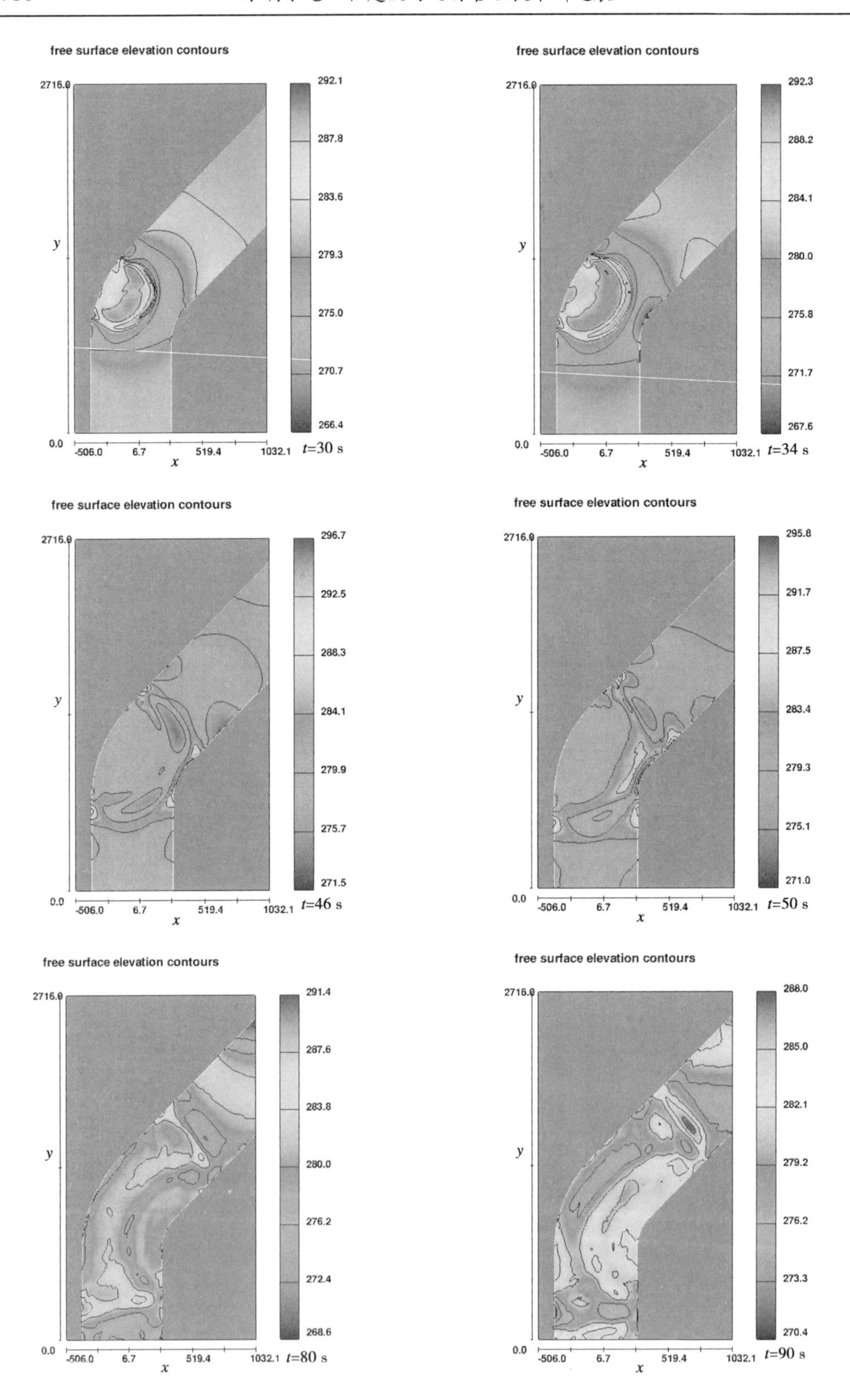

续图 3

注:图中 x 表示库区宽度,y 表示库区长度,右边表示浪高值,单位均为 m。

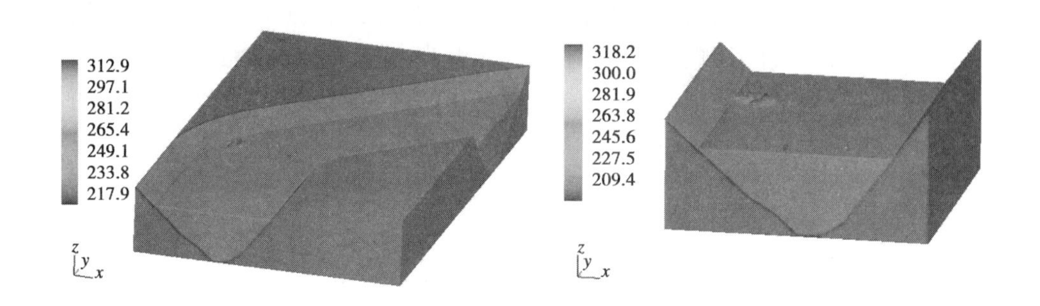

图4 初始涌浪高度示意图

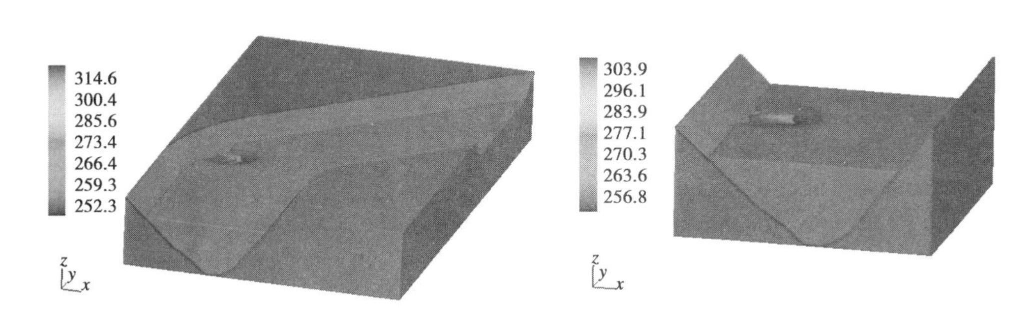

图5 涌浪次浪高度示意图

波浪传播在 t =12.2 s时浪高12.1 m,到达对岸时 t =35 s时浪高衰减到7.1 m,在 t =44 s时,对岸爬高23.2 m。对岸最大浪高向上下游传播浪衰减到15.7 m,见图6。

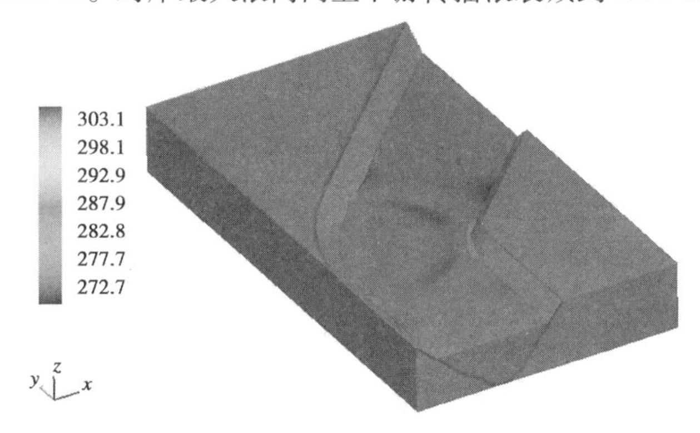

图6 涌浪到达对岸爬高示意图

传播速度上,向上下游两侧传播速度大约 v =19.6 m/s,向对岸的传播速度大约是 v =21.5 m/s。尤其是在拐弯处的沿上下游速度较慢,相较于直道的速度更慢,比到对岸的速度慢。在传播到后期时,向对岸传播速度是1~2 m/s,因为到达对岸后会有发射浪的存在,沿着上下游传播速度为3~4 m/s。

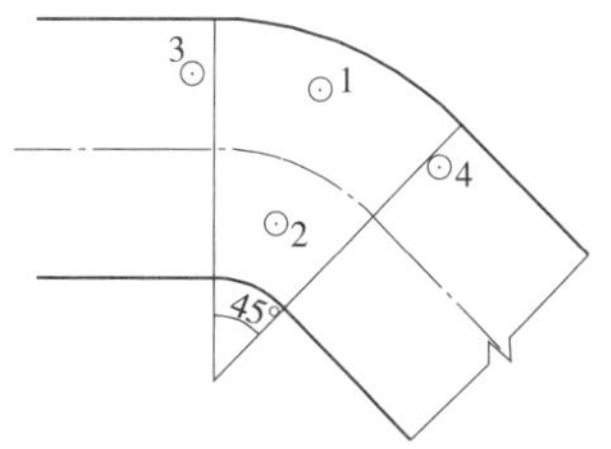

图7 取点波动位置图

波动规律,在库区弯曲段选取如图7所示4个点的波动情况分析。

4个不同测点位置的涌浪波高变化如图8所示,可以看出 1 号测点出现的波高最大,时间最早,随着涌浪传播,2、3、4 号测点出现波峰的时间接近,2 号点相对较大,3、4 号测点波高大小相近。由此可知,涌浪传播过程中,向对岸传播的浪高均高于向上下游传播的浪高,一旦发生滑坡,巨大的涌浪将会沿岸传播,对两岸居民和船只造成严重影响。

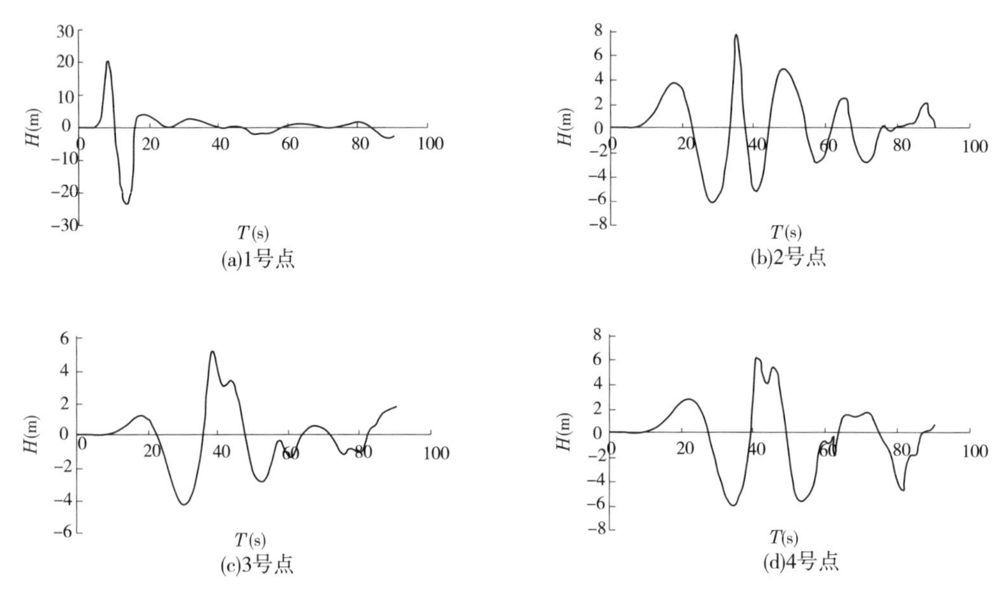

图 8　不同位置点浪随时间变化图

4　结　论

(1)基于流体计算软件 FLOW - 3D 模拟了库区弯曲河段滑体下滑造成的涌浪灾害,得出了涌浪发生及其传播过程,流场及自由液面随着时间的变化过程,计算结果表明,该模型在实际工程问题中具有参考价值。

(2)在涌浪传播过程中,向对岸的传播速度大于沿着库区水流的传播速度;由于存在弯道的情况下,弯道段时常会壅水,且有反射波的影响,涌浪的浪高较大,传播速度较小。在对岸爬高的比较中,直道和弯道的爬高的高度基本上都相似,但是在爬高沿上下游衰减时,由于弯道的存在,具有弯道的库区在对岸凸岸衰减的比较缓慢,并且程度小。

(3)由于滑坡涌浪过程较为复杂,对于滑体的变形、滑体体积,以及多块体的连续下滑对水体自由面变形、涡流、速度场等的影响有待进一步研究。

参 考 文 献

[1] 陈学德. 水库滑坡涌浪研究的综合评述[J]. 水电科研与实践,1984,1(1):78-96.

[2] 陶孝铨. 李家峡水库正常运行时期的滑坡涌浪模拟试验研究[J]. 西北水电,1994,47(1):42-45.

[3] 余仁福. 黄河龙羊峡工程近坝库岸滑坡涌浪及滑坡预警研究[J]. 水利发电,1995(3):14-16.

[4] 潘家铮. 建筑物的抗滑稳定和滑坡分析[M]. 北京:水利出版社,1980.

[5] 廖元庆. 黄河李家峡水电站 2 号滑坡稳定性分析研究[D]. 西安:西安理工大学,2002.

[6] 胡杰,王道熊,胡斌.库岸滑坡灾害及其涌浪分析[J].华东交通大学学报,2003,20(5):26-29.
[7] 朱继良.金沙江溪洛渡水电站马家河坝断层上盘孤立岩体稳定性研究[D].成都:成都理工大学,2001.
[8] 刘惠军,李树武.某水电站库区的滑坡滑速涌浪预测[J].地质灾害与环境保护,2006,17(1):74-77.
[9] 袁晶,张小峰,张为.可变网格下的水库滑坡涌浪数值模拟研究[J].水科学进展,2008,19(4):546-551.
[10] Saad Y,Schultz M H. GMRES. A generalized minimal residual algorithm for solving nonsymmetric liner systems[J]. SIAM Journal on Scientific and Statistical Computing,1986(7):856-869.
[11] Hirt C W,Nichols B D. Volume of fluid(VOF) method for the dynamics of free boundry[J]. Journal of Computational Physics,1981,39(1):201-223.
[12] 杨飞鹏.不同断面库区滑坡涌浪的产生及传播规律的数值模拟研究[D].西安:西安理工大学,2016.

第四篇　水利水电工程运行管理与除险加固技术及其他

黄河上游梯级水电优势推动区域多能互补清洁能源基地开发模式探索与实践

谢小平　张　伟

（黄河上游水电开发有限责任公司，西宁　810008）

摘　要　随着风能、太阳能、水能发电等清洁能源的快速发展，其并网消纳将面临愈来愈难的局面。通过研究表明，多种类型电源之间互补运行是促进风能、太阳能、水能等发展消纳的重要途径。目前，黄河公司已依托龙羊峡水电站建成了世界上单体规模最大的水光互补电站，其中光伏电站容量达到85万kW。下一步，将结合黄河茨哈至羊曲河段416万kW，在共和塔拉滩建设400万kW光伏和200kW风电，在拉西瓦电站附近规划建设抽水蓄能电站，规划建设黄河上游千万千瓦级清洁能源调节控制中心，利用多能互补优势，提出“虚拟水电”的研究，向电网输送提供安全、可靠、优质的清洁电能。

关键词　黄河上游；多能互补；虚拟水电；开发模式；探索与实践

0　引　言

进入21世纪以来，随着全球煤炭、石油等化石能源的日益枯竭，以及人类生存环境的日益恶化，可持续发展理念逐渐得到公众的普遍承认和接受。世界各国均积极制定了新的能源发展战略、法规和政策，能源多元化和发展新能源逐步成为世界潮流。目前，我国经济仍处于高速增长发展阶段，对能源特别是电能的需求仍然很旺盛。同时，为了应对全球气候变化，我国“十三五”规划已明确要构建清洁低碳、安全高效的现代能源体系，明确了2030年非化石能源占一次能源消费比重达到20%左右的战略目标，结合关于水电开发全面放缓、核电开发高度谨慎的总体态势，不难预见，大力开发以风能、太阳能等新能源势在必行。

然而，风能、太阳能等新能源的开发也存在一些天然缺陷，不同地区、不同季节甚至昼夜的资源量存在较大差异，导致新能源发电电能的波动性、间歇性与不可预测性等，严重制约了新能源电站的大规模开发。为了有效解决新能源发电“电能质量差”的问题，同时解决新能源电站大规模建成后电网无法消纳而导致的弃风弃光问题，研究应用以水电为基础的多能互补发电技术已成为大规模发展新能源的一个方向。作为黄河上游水电和新能源资源开发的中央企业，黄河上游水电开发有限责任公司（以下简称“黄河公司”）以高度的历史使命感和责任感，积极探索以水电为核心的多种清洁能源互补技术，努力为我国新能源技术发展和西北地区经济社会发展做出贡献。

作者简介：谢小平（1959—），男，甘肃临夏人，教授级高级工程师，主要从事水电与新能源工程管理工作。E-mail：xxp1130@126.com。

通讯作者：张伟（1982—），男，高级工程师，主要从事水电与新能源工程管理工作。E-mail：wei123504@163.com。

1 多能互补开发新思路

简而言之,“多能互补”就是多种电能资源的互相补充,这一概念是基于电力系统连续性、同时性的特点,以及各种电能的技术特点而提出的。首先,电力系统具有连续性和同时性的特点,发电—输电—用电同时完成,连续运行,电源根据用电负荷变化对发电出力进行调节,保持电网电压和频率稳定。其次,各种发电站具有不同的供电特点,如,水力发电出力相对稳定,但受上游来水及电站调节性能的影响,一般有较明显的丰水期和枯水期差别;太阳能光伏发电受地域维度、季节、气候、云层遮挡等影响,只在白天发电,发电出力具有明显日、季变化特性;而风电受地域、季节、气候、昼夜温差等影响,发电出力也存在较为明显季节、昼夜变化特性。因此,为了合理利用特定地理区域内的发电资源,势必需对多种电能资源进行优化组合配置。

鉴于不同地区的水能、太阳能、风能等资源分布差异较大,同时常规多能互补技术路线主要是电能在时间上的搬移(需要建设配套的抽水蓄能电站或配置超大容量的蓄电池)、技术不成熟且性价比较差,多能互补技术在2010年之前尚未获得业界的重视和认可。常规多能互补开发模式及其特点见表1。

表1 常规多能互补开发模式及其特点[1]

序号	互补方式	技术路线	优点	缺点
1	风光互补	风力发电机组、光伏电池将风能、太阳能转化为电能,再将电能转化为化学能储存于蓄电池中,通过蓄电池放电输出电能	充分利用了风能和太阳能时间上的互补性	蓄电池储电能力有限,使用寿命短
2	风水互补	利用风力发电机组将风能转化为电能,再利用抽水蓄能电站将电能储存为水的势能,再根据供电需要放水发电	供电可靠性更高、电能质量更好	一是不能克服风能在时间分布上的不均衡性(如季节差异),二是抽水蓄能电站建设厂址要求高、投资大
3	光水互补	利用光伏电池将太阳能转化为电能,再利用抽水蓄能电站将电能储存为水的势能,再根据供电需要放水发电	供电可靠性更高、电能质量更好	一是不能克服太阳能在时间分布上的不均衡性(如昼夜差异),二是抽水蓄能电站建设厂址要求高、投资大
4	风光水互补	利用风力发电机组和光伏电池将太阳能转化为电能,再利用抽水蓄能电站将电能储存为水的势能,再根据供电需要放水发电	充分利用了风能和太阳能时间上的互补性,供电可靠性更高、电能质量更好	抽水蓄能电站建设厂址要求高、投资大

2010年,随着国家大力开发太阳能、风能等新能源刺激政策的落地,西北地区太阳能资源开发进入井喷阶段。然而,光伏发电、风电存在的波动性、间歇性与不可预测性等天然缺陷,严重制约了新能源电站的大规模开发。为了有效解决新能源发电“电能质量差”的问题,同时存储电网用电低峰时无法消纳的新能源发电电量,2012年黄河公司联合水电水利规划设计总院、西北勘测设计研究院有限公司等单位,提出了“以水电为核心、光伏电站为虚拟水电”的水光互补开发新思路。即将光伏电站视为水电站的虚拟机组与水电站进行联合调度,并通过水电站的送出线路向电网统一输电,通过水电站优越的调蓄、调峰及调频能力,确保水光组合电站的电能质量和输电可靠性。2015年6月,基于上述思路开展的“大规

模水光互补关键技术研究及示范”课题结题，经水电水利规划设计总院和青海省科技厅验收，课题成果达到国际领先水平。

2 黄河上游梯级水电优势推动区域多能互补清洁能源开发的实践

黄河青铜峡以上河段称之为黄河上游，流经青海、四川、甘肃、宁夏四省区，蕴藏着大量的水能资源，是我国有名的水电富矿之一。其中，龙羊峡至青铜峡河段长 918 km，天然落差 1 324 m，规划建设 25 座水电站，总装机容量约 1 700 万 kW，目前除黑山峡河段外基本已开发完毕；龙羊峡以上黄河干流长 1 695 km，规划建设 15 座大中型水电站，总装机容量约 798 万 kW，在保护生态的基础上已开始个别项目开发，见图 1。

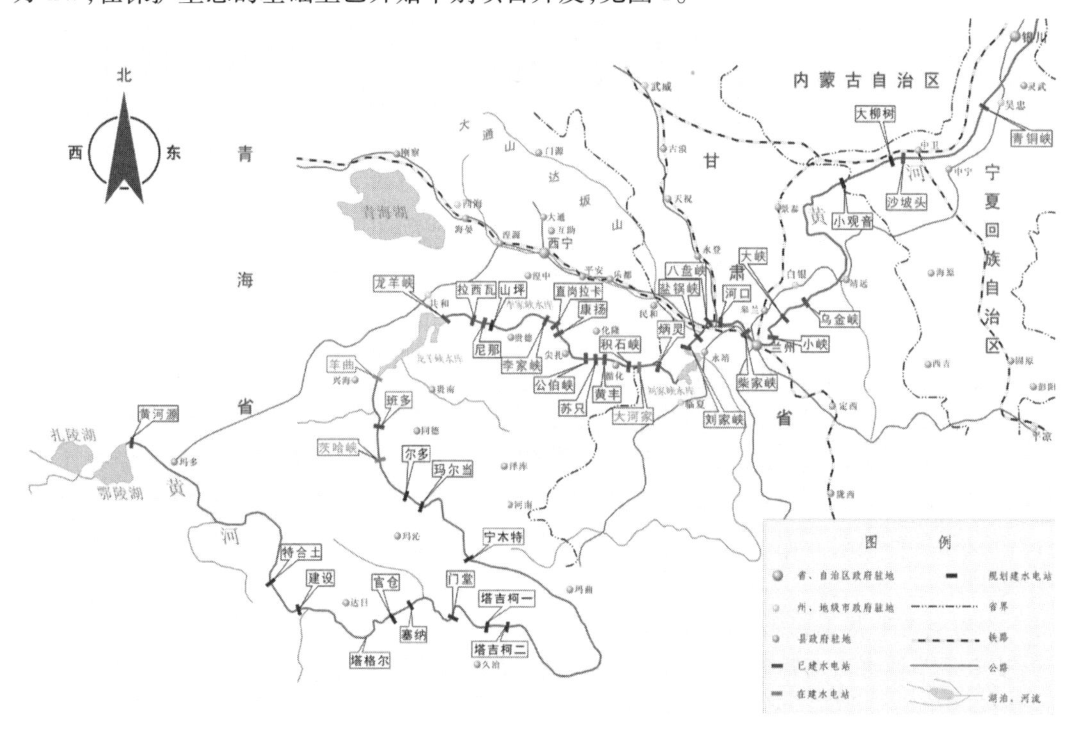

图 1 黄河上游梯级水电站布置图(更新至 2015 年 3 月)

根据多能互补研究成果，为了充分发电水电站调蓄、调峰及调频能力，在综合考虑黄河上游梯级水电站周边光资源、风资源及土地资源的基础上，黄河公司规划了以具有多年调节能力(调节库容达 194 亿 m^3)的龙羊峡水电站及上下游电站为依托、以青海省海南州境内新能源场站为实施重点的多能互补开发基地。目前，已建成世界上单体容量最大的龙羊峡水光互补光伏电站，已启动黄河上游千万千瓦级多能互补清洁能源基地的建设工作。

2.1 龙羊峡水光互补发电项目

龙羊峡水光互补并网光伏电站总容量 85 万 kW，位于青海省海南州共和县恰卜恰镇西南的塔拉滩上，占地面积约为 23.96 km^2，东边紧邻已建龙羊峡水电站。光伏电站作为龙羊峡水电站的“虚拟水电机组”，通过长约 48 km 的 330 kV 送出线路，以一回 330 kV 线路送入龙羊峡水电站开关站预留的 330 kV GIS 备用间隔。两个电源通过黄河公司主持研发的水光互补协调控制 AGC(Automatic Generation Control，自动发电控制)和 AVC(Automatic Voltage Control，自动电压控制)装置组合为一个电源，之后通过龙羊峡水电站已建的 5 回送出线路接入电网，如图 2 所示。

图 2　龙羊峡水光互补示意图

龙羊峡水光互补光伏电站分两期开发建设，一期 32 万 kW、二期 53 万 kW 并网光伏电站分别于 2013 年 12 月、2015 年 8 月建成投产，先后两次刷新世界上单体光伏电站开发容量的纪录。

龙羊峡水光互补发电项目运营效益显著，示范作用明显。首先，光伏电站年发电量 13.23亿 kWh，相应节约龙羊峡水库水量 44 亿 m^3，此水量可抬高龙羊峡水库水位 14 m，使龙羊峡水库具备了抽水蓄能电站功能，为枯水期稳定发电提供了保证。其次，水光互补后的电能通过龙羊峡电站已有的送出线路送出，使龙羊峡水电站 GIS 设备及送出线路年利用小时由原来设计的 4 621 h 提高到 5 656 h，增幅达到 22.4%，提高了线路送出效率和经济性，既节省光伏电站送出工程投资，也增加了电网的经济效益。再次，龙羊峡水光互补发电项目的建设规模和运行模式开创了我国水光互补的先河，关键应用技术填补了国际大规模水光互补关键技术应用的空白，为我国清洁能源提供了互补的新型发展模式。

2.2　黄河上游千万千瓦级多能互补清洁能源基地

基于龙羊峡水光互补发电项目的良好实践，为了落实国家能源多元化发展战略、促进更多类型清洁能源的联合开发、促进青海藏区经济发展，2015 年黄河公司提出了建设黄河上游千万千瓦级多能互补清洁能源基地的构想。即结合黄河茨哈峡、班多、羊曲共 416 万 kW 水电规划建设，在青海省海南州塔拉滩建设 400 万 kW 光伏和 200 万 kW 风电，在拉西瓦电站附近规划建设抽水蓄能电站，规划建设黄河上游 750 kV 千万千瓦级清洁能源调节控制中心，利用多能互补优势，解决区域化电网弃风、弃光难题，提高组合电源的综合供电能力，向电网提供安全、稳定的优质电能，如图 3 所示。目前，上述规划已获批进入青海省“十三五”发展规划，黄河公司已启动黄河上游 750 kV 千万千瓦级清洁能源调节控制中心等相关项目的建设工作。

2016 年 7 月，国家发展改革委、国家能源局联合下发了《关于推进多能互补集成优化示范工程建设的实施意见》（发改能源〔2016〕1430 号），明确多能互补集成优化示范工程主要有两种模式：一种是面向终端用户的一体化电、热、冷、气等多种能源的集成供能方式，另一种就是利用风能、太阳能、水能、煤炭、天然气等资源组合优势，充分发挥流域梯级水电站、具有灵活调节性能火电机组的调峰能力，建设风光水火储多能互补大型综合能源基地。这反映国家层面已认可了黄河上游千万千瓦级多能互补清洁能源基地这种开发模式。

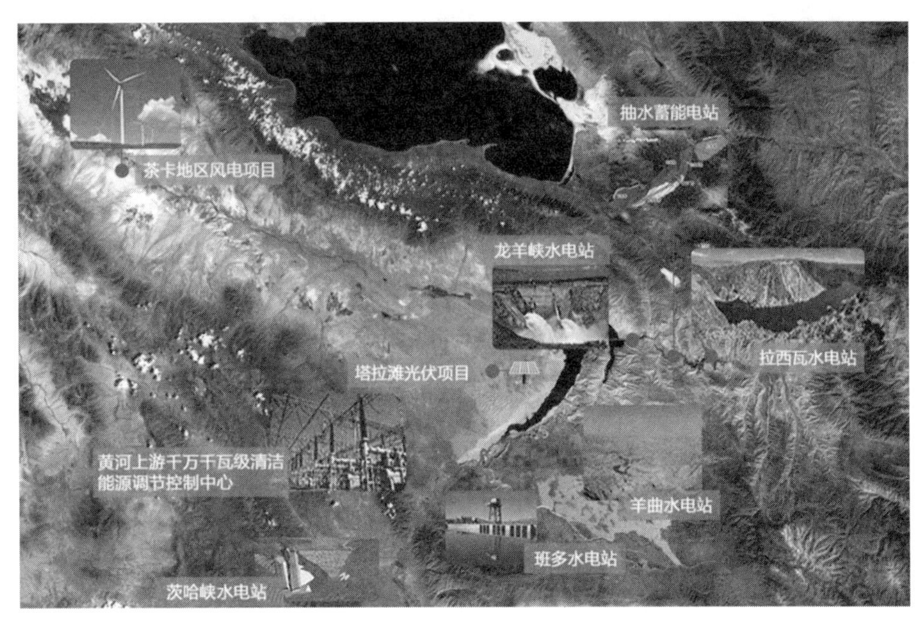

图3 黄河上游千万千瓦级多能互补清洁能源基地规划图

3 结 语

中国目前的电网内电源结构以煤电、水电为主,随着新能源尤其是风能、太阳能发电的快速发展,电网内将形成煤电、水电、风电、抽水蓄能以及光电等多种电源共存的局面。多能互补技术作为能源可持续发展的有效途径,近年来一直是能源行业关注的焦点。黄河公司紧紧抓住国家大力发展新能源的历史机遇,认真分析水电电源优势,提出水电为核心、新能源电站为“虚拟水电”的多能互补开发新思路,研究建成了世界上单体规模最大的龙羊峡水光互补光伏电站,提出了黄河上游千万千瓦级多能互补清洁能源基地的建设规划,引领了能源行业多能互补开发的新方向,为我国新能源技术发展和西北地区经济社会发展做出了应有的贡献。

参 考 文 献

[1] 万久春.阿里地区能源利用方案及多能互补系统研究[D].成都:四川大学,2003.

某水电站表孔溢洪道混凝土底板缺陷修补及防护

孙志恒[1]　李　季[2]　张秀梅[3]

(1. 中国水利水电科学研究院,北京　100038;
2. 黄河上游水电开发有限责任公司,西宁　810008;
3. 国网新源公司十三陵抽水蓄能电厂,北京　102200)

摘　要　某水电站表孔溢洪道混凝土存在表面裂缝、钢筋外露、底板接缝处混凝土脱空、底板混凝土龟裂,以及表层抗冲磨砂浆与混凝土黏结强度较低等缺陷。针对这些缺陷进行了现场修补试验,在试验的基础上制订了全面修补及防护方案。本文介绍了SK单组分聚脲特性及修补和防护方案,并于2009年和2011年分别对该水电站左、右表孔溢洪道底板缺陷进行了修补及表面防护处理,经过2012年连续40 d泄洪的考验,至今表孔溢洪道运行正常,取得了满意的效果。

关键词　溢洪道底板;缺陷修补;SK单组分聚脲

1　前　言

某水电站地处青藏高原,属典型的高原大陆性气候,冬季漫长寒冷,夏季凉爽,日温差较大,太阳辐射强。该水电站枢纽由主坝(混凝土重力拱坝)、左右重力墩、左右岸副坝(混凝土重力坝)、泄水建筑物、引水建筑物与发电厂房组成。最大坝高178 m,坝顶高程2 610 m。水库正常高水位2 600 m,水库总库容247亿m^3。泄水建筑物为Ⅰ级水工建筑物,根据运行要求按表、中、深、底分四层布置。大坝右岸紧邻右重力墩设两孔表面溢洪道,首部为由2个溢流坝段组成的两孔溢流坝,堰顶高程2 585.5 m,单孔净宽12 m,中墩厚度6 m,边墩厚度5 m,设两道闸门。运行20年后对该水电站表孔溢洪道进行了全面检查,发现溢洪道混凝土表面上裂缝较多,大部分底板混凝土龟裂严重;溢流面存在冲蚀坑,并有钢筋外露;底板伸缩缝发生挤压破坏,伸缩缝两侧混凝土脱空现象较多;未脱空部位的表层抗冲磨混凝土与其下部混凝土黏结强度仅有0.17~0.39 MPa,是薄弱部位。为了保证泄洪建筑物的安全运行及耐久性,需要对该水电站表孔溢洪道缺陷进行修补及防护处理。

2　混凝土底板缺陷修补及防护材料现场试验

2.1　材料性能与现场试验

2007年在左表孔溢洪道底板进行了现场缺陷修补试验,试验选择了四种修补及防护材料,通过对以下这四种材料的定期跟踪检查,以确定最优的修补及防护材料。

作者简介:孙志恒(1962—),山东淄博人,教授级高级工程师,主要从事水利水电工程建筑物的检测、评估及补强加固工作。

2.1.1 SK 单组分聚脲

SK 单组分聚脲(或称 SK 手刮聚脲)是一种单组分涂料,分“防渗型”和“抗冲磨型”两种,该材料具有抗冻和防渗能力强、抗冲磨效果好、伸长率大等优点,并且施工方便,特别适用于处理混凝土伸缩缝、裂缝及混凝土大面积防护。SK 单组分聚脲(抗冲磨型)的主要技术指标见表 1。

表 1 SK 单组分聚脲(抗冲磨型)主要技术指标

项目	技术指标
拉伸强度(MPa)	≥20
扯断伸长率(%)	≥150
撕裂强度(kN/m)	≥60
硬度,邵 A	≥80
附着力(潮湿面)(MPa)	≥2.5
抗冲磨强度(h/(kg · m^2))	≥20
吸水率(%)	<5
颜色	浅灰色,可调

试验步骤:选取基面→基面处理→专用腻子修补孔洞→涂刷界面剂→分层涂刷 SK 单组分聚脲→养护。

2.1.2 弹性环氧涂料

弹性环氧涂膜具有强度高、与混凝土黏结好的特点,其主要技术指标如表 2 所示。

表 2 弹性环氧涂膜主要技术指标

检测项目	拉伸强度(MPa)	伸长率(%)	直角撕裂强度(MPa)	黏结强度(MPa)
指标	≥ 8	≥70	≥50	≥2.5

试验步骤:选取基面→基面处理→涂刷底涂→分层涂刷弹性环氧涂料→养护。

2.1.3 弹性环氧涂料 + PCS 混凝土防护

PCS 是由丙烯酸酯乳液、水泥及各种填料和助剂组合而成的,PCS 抗拉强度大于 0.8 MPa,抗紫外线效果很好,而弹性环氧抗冲磨涂料与黏结性能好,但易老化。将两者结合组成复合涂层,可以充分发挥各自的优点。

试验步骤:选取基面→基面处理→涂刷底涂→涂刷弹性环氧涂料→涂刷 PCS→养护。

2.1.4 SK 优龙防护涂料

SK 优龙防护涂料是一种广泛应用在水工、港工、公路桥梁等混凝土表面防护的组合涂料,分底涂、中涂和表涂三层,对水工混凝土表面的防护效果较好,耐老化能力和抗冲刷能力均较强。

试验步骤:选取基面→基面处理→涂刷底涂→涂刷中涂→涂刷表涂→养护。

2.2 一年后涂层外观检查结果

(1)SK 单组分聚脲(抗冲磨型):表面光泽与颜色无变化,试验部位的所有裂缝、龟裂缝封闭良好,涂层表面没有开裂现象,尤其在伸缩缝处表面也无开裂现象,能够适应伸缩缝及混凝土裂缝的变形。

(2)弹性环氧涂料:表面颜色无变化,试验部位的所有裂缝、龟裂缝封闭良好,但涂层表面有微小的龟裂现象。

(3)弹性环氧涂料 + PCS 防护:表面光泽与颜色无变化,试验部位的所有裂缝、龟裂缝封闭良好,涂层表面没有开裂现象,但长时间泡水部分的 PCS 涂层脱落。

(4)SK 优龙防护涂料:表面光泽与颜色无变化,试验部位的大部分龟裂缝封闭良好,局部混凝土裂缝表面涂层有拉开现象,不能封闭底板混凝土裂缝。

2.3 材料黏结强度检测结果

现场采用拉拔法检测这四种材料与混凝土之间的黏结强度,从表 3 所示检测结果可以看出,SK 优龙、SK 单组分聚脲和弹性环氧三种涂层材料与混凝土之间 8 个月时的黏结强度均大于 2 MPa。8 个月与 7 d 龄期黏结强度相比,SK 优龙防护涂料与老混凝土之间的黏结强度基本没有变化,而 SK 单组分聚脲和弹性环氧涂层与老混凝土之间的黏结强度均有所提高。PCS 与弹性环氧之间的黏结强度较低。

表 3 四种材料黏结强度检测结果

序号	修补材料	黏结强度(MPa)		备注
		7 d	8 个月	
1	SK 优龙	2.76	2.62 ~ 2.89	部分从拉拔头黏结剂与涂层面间断开,部分从涂层与混凝土面间断开
2	SK 单组分聚脲	2.08 ~ 2.52	2.83 ~ 2.90	部分从拉拔头黏结剂与涂层面间断开,部分从涂层与混凝土面间断开
3	弹性环氧	1.99 ~ 2.36	2.26 ~ 2.47	部分从拉拔头黏结剂与涂层面间断开,部分从涂层与混凝土面间断开
4	PCS + 弹性环氧	—	0.59	从 PCS 与弹性环氧面断开

弹性环氧长期在阳光照射下会发生老化现象,组合 PCS 涂层后会有一定的改善,但两种涂层界面黏结强度较低,PCS 涂层长时间泡水会起皮。SK 优龙的黏结强度高,但柔性差,不能适应底板混凝土裂缝的变形。相比较而言,SK 单组分聚脲的力学性能、耐老化性、柔性及黏结强度均较好。因此,选用 SK 单组分聚脲作为表孔溢洪道底板混凝土表面修补及防护的主要材料。

3 表孔底板混凝土缺陷修补及防护

3.1 底板混凝土裂缝的处理

对宽度大于 0.2 mm 的底板混凝土裂缝,采用内部进行高压化学灌浆及表面涂刷 SK 单组分聚脲封闭的综合处理方案。该方案可以在裂缝内部的钢筋周围形成保护层,防止外水沿裂缝渗入,对裂缝处的混凝土进行补强加固,恢复底板混凝土的整体性。高压化学灌浆施工工艺如下：

(1)灌浆孔造孔及清洗：沿混凝土裂缝两侧打斜孔与缝面相交，孔距为 30 ~ 40 cm。

(2)埋灌浆嘴：将已洗好的灌浆孔装上专用的灌浆嘴。

(3)配制化学灌浆材料：化学灌浆材料采用高强水溶性聚氨酯，化学灌浆材料的主要技术指标见表 4。

表 4　聚氨酯化学灌浆材料主要技术指标

试验项目	技术要求	实测值
黏度(25 ℃, MPa · s)	40 ~ 70	45
凝胶时间(min)　浆液: 水 = 100: 3	≤20	7.7
黏结强度(MPa)(干燥)	≥2.0	2.6

(4)灌浆：采用高压灌浆工艺，灌浆压力要分级施加，以 0.2 MPa 为一级，直至达到最高灌压，最高压力根据现场工艺性试验确定，当所灌孔附近的裂缝出浆且出浆浓度与进浆浓度相当时，结束灌浆。

(5)表面封闭：化学灌浆结束后，表面打磨、清洗，涂刷界面剂，采用 SK 单组分聚脲对表面进行封闭。

3.2　底板混凝土局部脱空处理

混凝土底板局部脱空处采用聚合物水泥混凝土进行回填。聚合物水泥混凝土是通过向混凝土掺聚合物乳胶改性而制成的一类有机无机复合材料。由于聚合物的掺入引起了混凝土微观及亚微观结构的改变，从而对混凝土各方面的性能起到改善作用。通过现场试验表明，聚合物水泥混凝土力学性能能够满足该水电站表孔泄洪的要求。

施工工艺为：凿除脱空混凝土，清洗基面浮尘，按梅花形布置插筋，以进一步提高新老混凝土之间的黏结强度和抗剪强度，插筋采用直径 16 mm 的螺纹钢筋，用专用的高强植筋胶锚固，锚固深度大于 20 cm，插筋之间绑扎直径 8 mm 的光圆钢筋(联系筋)，形成钢筋网，涂刷界面剂后浇筑抗冲磨聚合物水泥混凝土，混凝土保护层厚度大于 5 cm，覆盖保湿养护 14 d 以上。

现场取样成型试件，按《水工混凝土试验规程》(DL/T 5150—2001)进行了混凝土的抗压强度、抗冻、抗渗性检测。检测结果表明，混凝土抗压强度大于 40 MPa、抗冻等级大于 F300、抗渗等级大于 W8。

3.3　底板混凝土伸缩缝破损处理

通过检查发现该表孔溢洪道底板伸缩缝两侧大部分出现挤压破坏或脱空现象，需要对伸缩缝进行处理。

伸缩缝处理方案见图 1，施工工艺为：凿除伸缩缝两侧脱空的混凝土，两侧插筋，回填聚合物水泥混凝土，清除伸缩缝内杂物，深度为 15 cm 左右，填充三元乙丙复合 GB 柔性止水材料，表面采用 SK 单组分聚脲进行封闭，宽度为 20 cm，厚度为 4 mm；对没有混凝土脱空的伸缩缝，清除缝内杂物，深度大于 5 cm，清洗后填充 GB 柔性材料，表面涂刷 4 mm 厚的 SK 单组分聚脲。从底板向上 1 m 高边墙伸缩缝，也采用同样方法进行处理。

3.4　抗冲层混凝土与基础混凝土之间的加固

从现场取芯检查情况来看，表层抗冲磨层与其下部混凝土之间虽然未脱空，但黏结强度

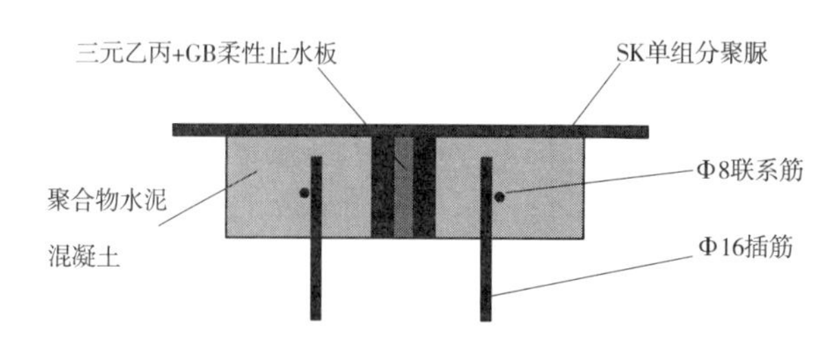

图 1　底板伸缩缝处理方案

小于抗冲磨砂浆和下部混凝土自身的抗拉强度,相对而言是薄弱部位。因此,在斜坡段部位表面抗冲层混凝土与基础混凝土之间进行植筋补强加固,以提高抗冲磨层和下部混凝土之间的抗剪强度。

植筋采用梅花形布置,插筋间距根据现场龟裂的实际情况进行优化,插筋为直径 18 mm 的螺纹钢筋,植筋采用专用高强植筋胶,锚固深度大于 30 cm,钢筋顶部距离表面大于 2 cm,采用高强砂浆封孔。

3.5　表孔底板龟裂缝的表面防护

由于表孔底板混凝土龟裂现象非常严重,如果不及时对底板混凝土龟裂进行处理,必将影响到表孔底板混凝土的耐久性。通过现场的试验结果对比,混凝土龟裂缝表面采用 SK 单组分聚脲(抗冲磨型)进行封闭效果最好,可以防止龟裂缝的进一步恶化,并能显著提高混凝土表面的抗冲磨能力。

施工工艺为:混凝土面打磨、清洗,用高强腻子修补局部缺陷、涂刷潮湿型界面剂(见图 2)、界面剂表干后涂刷 2 mm 厚的 SK 单组分聚脲(见图 3)。施工完成一年后对底板表面的 SK 单组分聚脲进行了现场拉拔检测。检测结果表明,SK 单组分聚脲与底板混凝土之间的黏结强度大于 2.5 MPa,大部分情况下是混凝土拉坏。2012 年该水电站表孔溢洪道经历连续泄洪 40 d 的考验,经过处理后的表孔溢洪道混凝土表面涂刷的 SK 单组分聚脲基本完好(见图 4),保证了大坝安全运行。

图 2　混凝土表面涂刷潮湿型界面剂

图 3　界面剂表面涂刷 SK 单组分聚脲

4　结　语

水工混凝土泄水建筑物的质量直接影响到整个建筑物的安全运行,发现隐患要及时处理。该水电站表孔溢洪道的缺陷处理经历了检测、评估、修补材料的现场试验、专家评审、现场实施及运行一年后的验收,修复方案的制订采用了治标与治本相结合、维修与保护相结合的原则。处理后的表孔溢洪道经历了 2012 年 8 月连续 40 d 泄洪的考验。目前 SK 单组分聚脲抗冲磨防护涂层已经历了 6 ~8 年的运行,涂层表面无异常变化。证明该电站表孔溢洪道缺陷处理及表面采用 SK 单组分聚脲防护效果良好,达到了预期的目的。

图 4 泄洪 40 d 后聚脲表面基本完好

参 考 文 献

[1] DL/T 5317—2014 水电水利工程聚脲涂层施工技术规程[S].
[2] 孙志恒,张会文. 聚脲材料的特性、分类及其应用范围[J]. 水利规划与设计,2013(10).
[3] 余建平,路易·杜朗. 高铁桥梁用暴露型防水弹性涂膜[J]. 中国建筑防水,2009(5).
[4] 孙志恒,夏世法,等. 单组分聚脲在水利工程中的应用[J]. 水利水电技术, 2009(1).
[5] 孙志恒,鲁一晖,岳跃真. 水工混凝土建筑物的检测、评估与缺陷修补工程应用[M]. 北京:中国水利水电出版社,2004.

非溢流坝段缺口度汛方式在狭窄河谷区混凝土重力坝上的应用

张锦堂　黄天润　康文军　杨静安

（中国电建集团西北勘测设计研究院有限公司，西安　710065）

摘　要　为了解决碾压混凝土重力坝溢流坝段预留度汛缺口在度汛期间造成不能连续施工、占压关键工期的问题，提出了在非溢流坝段预留度汛缺口的思路。通过模型试验及有限元仿真计算分析，揭示了不同缺口布置下的水力学变化规律并研究了下游消能防冲措施，分析了缺口过水面温度应力情况和封堵体快速升高的温控特点。结合工程实例，对窄河谷区重力坝度汛缺口优化调整方案提出了相应的消能措施、下游岸坡防护措施及混凝土温控措施。计算分析和工程实例表明：采用非溢流坝段作为度汛缺口，设计理念先进，通过必要的加强支护措施可保证工程实施效果并获得良好的工期效益。

关键词　缺口；度汛；混凝土重力坝；非溢流坝段；温控

大流量河流上的高坝施工导流问题比较突出，合理规划好初期、中期、后期导流，是高坝建设中的一个重点。对碾压混凝土重力坝来说，由于碾压混凝土施工速度快，全年施工条件下，大坝往往不在关键线路上，因此常采用枯水期隧洞导流、汛期大坝坝身预留缺口[1,2]和导流洞联合泄流的方式，以降低导流洞规模，节约工程投资。这种导流方式下，由于河道较狭窄，大坝度汛缺口往往布置在中间河床坝段的溢流坝段上，而溢流坝段由于体型较复杂、闸墩钢筋多、溢流面面层需二期拉模浇筑等，月上升速度要明显低于大体积碾压混凝土坝段上升速度，且我国南方河流汛期时间长达5个月以上，使得枯水期导流下的大坝重新变为关键线路或次关键线路，成为工程按期发电的制约因素之一，碾压混凝土筑坝速度快的特点也就不能充分发挥。鉴于此，本文以澜沧江中下游的功果桥水电站、金沙江中游的鲁地拉水电站为依托，通过在非溢流坝段上布置度汛缺口[3]对工程的影响进行全方面的分析、研究，总结了该度汛布置方式的优缺点，提出了工程导流布置优化方案，从而为该导流方式的推广应用提供了实践基础。

1　工程概况

功果桥水电站位于云南省大理州的澜沧江干流上，为大(2)型工程，枢纽布置为碾压混凝土重力坝＋坝身泄洪＋右岸地下厂房，碾压混凝土重力坝最大坝高105.0 m。工程采用导流隧洞枯水期导流方式，截流后的第二个汛期由导流洞、坝体缺口联合泄流。导流流量7 710 m^3/s，导流洞承担泄量约3 192 m^3/s，缺口及上下游土石过水围堰承担泄量约4 500

作者简介：张锦堂(1970—)，男，山东莱州人，教授级高级工程师，研究方向为水电工程施工组织设计。E-mail：283965640@qq.com。

m^3/s。坝基岩性为变质砂岩、砂质板岩夹变质石英砂岩，结构面以层面为主，坝基岩石以Ⅲ类为主，左右岸副坝端头有少量Ⅳ类岩石。其中左岸下游护岸岸坡以强风化岩石为主，局部残留开挖后的覆盖层。

鲁地拉水电站工程位于云南省大理州宾川县与丽江地区永胜县交界的金沙江中游河段上，枢纽建筑物由碾压混凝土重力坝、地下厂房、泄洪表孔等建筑物组成，为一等大(1)型工程。拦河坝为碾压混凝土重力坝，最大坝高140.0 m。工程采用枯水期隧洞导流、汛期坝体缺口(或基坑)过水的导流方式。设计导流流量12 200 m^3/s，导流洞及底孔承担泄量约4 700 m^3/s，缺口及上下游土石过水围堰承担泄量约7 500 m^3/s。坝址区岩性为变质砂岩夹正长岩，右岸岸坡陡峻，左岸较缓。坝下为钢筋笼海漫。

2 原缺口布置方案及优化调整思路

功果桥水电站和鲁地拉水电站导流度汛缺口原布置方案均采用常规的中间河床坝段布置，缺口宽度分别为与溢流坝段基本相同，见图1。

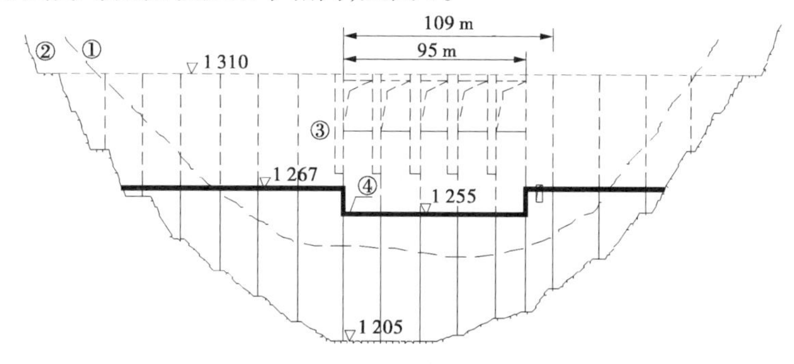

①—原地面线；②—坝基开挖线；③—大坝；④—缺口

图1 中间河床溢流坝段缺口布置方案(以功果桥水电站为例)

两个工程在实施中，均存在坝体上升到一定高度后的某个汛期在度汛期间溢流坝段无法继续施工的问题，占压了直线工期。优化调整的思路是：

(1)度汛缺口调整至非溢流坝段，并且尽量调整至地质条件较好的坝肩一侧，以利于下游防护措施的实施；

(2)通过调整缺口高程，尽量压缩缺口宽度，建立缺口单宽流量与下游流速、下游防护措施的关系，寻找平衡点；

(3)建立缺口高程—缺口封堵加高的平衡关系，结合温控分析，确定缺口最终高程和相应宽度。

3 度汛缺口水力特性分析和消能防护措施研究

3.1 缺口位置选择

首先结合枢纽大坝总体布置，从宏观上对缺口调整位置进行判断。缺口位置的选择应从左、右岸非溢流坝段的布置情况，左、右岸水流总体条件，缺口下游岸坡地质情况，下游消能建筑物工程量大小等几方面综合考虑。

功果桥水电站泄洪坝段由5孔溢流表孔坝段和1孔底孔坝段组成，总宽度109 m。平水期江面平均宽度约120 m。受左右岸坝基不对称影响，左岸非溢流坝段相对较宽，同高程下左岸可布置的缺口最大宽度为 90 m,右岸则为 62 m。初步试验成果表明:由于右岸坝肩槽较深,水流主流靠近右岸,受下游坝肩岸坡顶托,在下游右岸形成较大的折冲水流,水流流速较大,同时基坑水流有向右岸的大回流,水流波动大并直接冲向下游围堰,使围堰堰面水流很不均匀,冲刷强烈,对右岸的冲刷和堰体的保护不利,故将缺口布置在左岸为宜。

鲁地拉水电站泄洪坝段由 5 孔溢流表孔坝段和 2 孔底孔坝段组成,总宽度 123 m。平水期江面平均宽度约 135 m。左右岸可布置的缺口宽度接近,分别为 45 m、40 m。左岸地形较缓,缺口进流条件好,基本不动已完工的岸坡;右岸岸坡较陡,缺口下游侧边坡需二次开挖,影响范围和开挖量较大,且右岸下游岸坡为覆盖层边坡,消能防冲问题突出。故将缺口布置在左岸为宜。

3.2　缺口宽度及高程对水力特性的影响分析

以功果桥左岸非溢流坝段缺口为例作如下方案的比较。水力模型几何比例尺为 1∶60,即 $\lambda_L = 60$。模型范围:上游围堰轴线以上 200 m 至下游围堰轴线以下 500 m,模型模拟总长 1 634.4 m。缺口末端以上为定床,以下为动床。

3.2.1　不同缺口宽度水力特性

方案 1:缺口宽度 90 m,布置在左岸 3# ~ 7# 坝段,左端至坝肩。

方案 2:缺口宽度 67 m,布置在 5# ~ 7# 坝段,左端预留 3#、4# 坝段作为侧向导墙。两个方案布置底高程均为 1 256 m。布置详见图 2、图 3。不同缺口宽度水力特性汇总如表 1 所示。

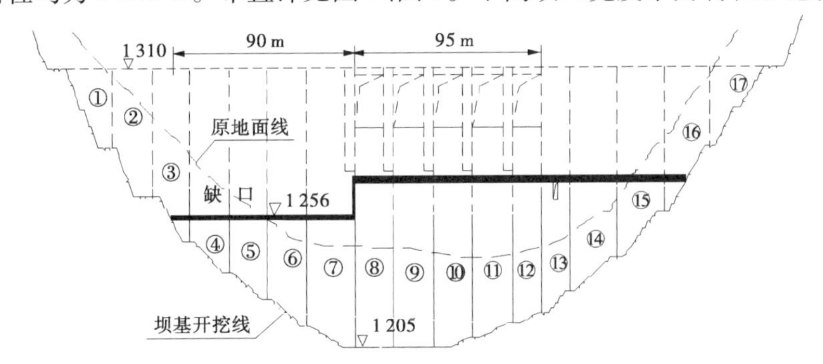

①~⑦、⑭~⑰—非溢流坝段;⑧~⑫—溢流坝段;⑬—底孔坝段

图 2　方案 1:左岸非溢流坝段缺口布置(90 m)方案

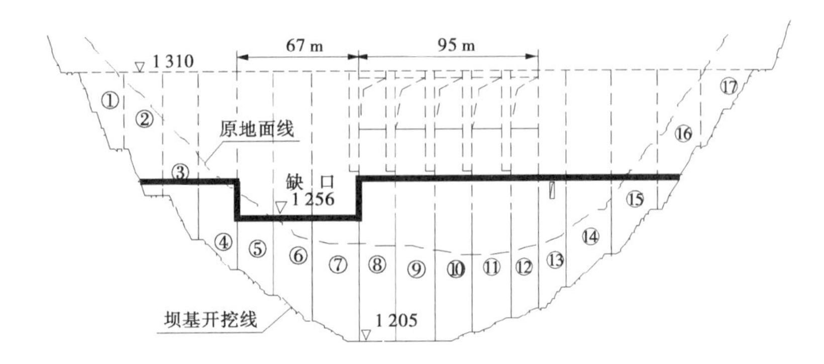

①~⑦、⑭~⑰—非溢流坝段;⑧~⑫—溢流坝段;⑬—底孔坝段

图 3　方案 2:左岸非溢流坝段缺口布置(67 m)方案

表1 不同缺口宽度水力特性汇总

项目	67 m 方案	90 m 方案
缺口宽度(m)	67	90 m
缺口高程(m)	1 256	1 256
上游水位(m)	1 268.59	1 266.92
缺口单宽流量($m^3/(s \cdot m)$)	70	50
水流流态	缺口主流靠近左岸,过流较为平顺,缺口首部的流速在2.79~6.66 m/s。左岸下游岸坡(桩号+073~桩号+117)段的最大测试流速11.39 m/s,主流最大流速11.85 m/s	缺口过流较为平顺,缺口首部的流速在0.23~8.21 m/s,左岸岸坡(桩号+073~桩号+117)段的最大测试流速是11.23 m/s。受左岸坝肩槽束窄作用,左岸出现较大的折冲水流
水流流态照片		
下游岸坡情况	水流出流基本平顺,设计度汛流量下,下游跌流消能区水流较紊乱	水流伸入坝肩槽内,在坝面上的流速较小,但下游受坝肩槽束窄的影响,在下游面左侧形成较强的集中水流,水流对2#~4#坝段坝基的冲刷较大
对大坝施工影响	缺口宽度较小,跨缺口难度较小;后期缺口加高工程量较小,工期保证率高	缺口宽度较大,跨缺口难度较大;后期缺口加高工程量较大,工期保证率低

通过试验表明:90 m缺口方案虽然堰前水位较低,缺口单宽流量较小,但缺口加宽后,由于缺口左侧凹进岸内,形成折冲水流,对左侧岸坡及坝基冲刷严重,同时给大坝施工带来一定难度,而67 m缺口方案,堰前水位对水库移民无影响,缺口宽度较小,对大坝汛期施工及后期加高影响较小,缺口水流出流基本平顺,对于下游消能区水流紊乱问题可以通过调整缺口底板高程来改善水流流态。综合来看,67 m缺口方案总体占优。

3.2.2 不同缺口布置高程对水流流态影响分析

对功果桥左岸非溢流坝段缺口67 m宽布置方案,进一步进行不同布置高程的水力特性比较。分别拟定了1 250 m、1 253 m、1 256 m三个布置高程方案,单宽流量70 $m^3/(s \cdot m)$下各方案主要水力特性比较汇总见表2。

表 2　不同缺口高程水力特性比较汇总

方案		1 250 m 方案	1 253 m 方案	1 256 m 方案	说明
缺口高程		1 250	1 253	1 256	
上游水位		1 266.66	1 267.23	1 268.59	
最大流速	缺口进口（坝轴 0 +0.0 m）	7.44	8.75	8.68	
	缺口出口（坝下 0 +43.2 m）	8.68	11.39	10.92	
	河床基坑（坝下 0 +43.2 m ~0 +225.0 m）	8.44 ~5.81	13.63 ~5.96	15.10 ~5.73	随沿程增加，流速逐步减小
缺口下游岸坡（坝下 0 +073.0 m）脉动压力		<2 m	<2 m	<2 m	

试验结果表明：当缺口宽度一定时，随着缺口高程降低，最大流速下降相对较快。其主要原因是在一定流量下，下游基坑水位基本不变，而缺口高程降低后，相当于下游水深增加，淹没出流明显，缺口上下游水位差减小，水流流速相应减小，消能率增加。因此，在缺口后期加高强度满足要求时，宜尽量降低缺口高程，降低度汛风险，减小下游冲刷。

3.2.3　推荐方案水力特性

推荐的缺口布置方案为左岸缺口方案，布置高程 1 250 m，宽度 67 m。流速沿程分布如图 4 所示。由于单宽流量不大，脱离重点防护区后，下游流速迅速降低至可允许范围内，对下游围堰及岸坡的冲刷影响不大，下游消能问题不是太突出。各工况下的水流有一定的波动，但在下游对冲坝肩岸坡附近的脉动压力均小于 2 m。因此，下游岸坡的防护主要是抗冲刷。

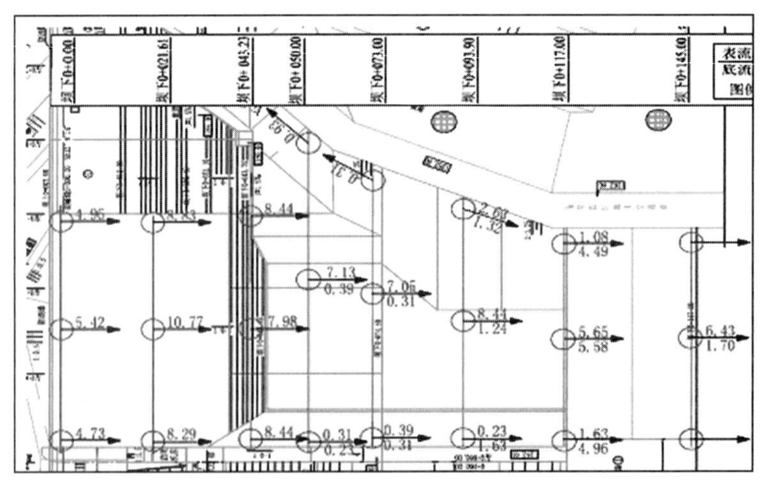

图 4　功果桥推荐缺口方案流速分布

3.3　缺口下游消能防冲研究分析

与功果桥水电站缺口度汛不同，鲁地拉水电站汛期度汛流量达 12 200 m^3/s，缺口单宽流量 160 $m^3/(s \cdot m)$，其下游消能防冲不容忽视。鲁地拉水电站缺口高程 1 250.6 m，受坝体体型布置影响,缺口宽度确定为 45 m,下游围堰顶高程 1 141.00 m,低于缺口高程约 10 m。水流在坝前壅高,水流在缺口进口形成较为明显的跌落,水流为急流,流速较大,而下游水位较低,水流与基坑水流衔接时发生跌流,水流跌入基坑下潜,流态紊乱,底部流速较大,在预留区域内无法实现水流的有效消能作用,将对河床和下游海漫造成严重冲刷破坏。

消能试验重点比较了:①侧向导墙直接导向下游的跌流消能方案;②侧向导墙 + 尾坎的强制水跃和强制导向主消力池方案;③侧向导墙 + 尾坎封堵不过流的全侧向导流一次消能和下游河床部分防护方案。

方案①直接导向下游,以面流消能为主,下游大范围内水流流速偏大;方案②由于鼻坎水流 *Fr* 数比较小,水舌流态并非挑流入水,而是以跌流形式进入河道,对河床冲刷也比较严重;方案③利用导墙疏导及末端尾坎封堵的布置形式,在缺口下游侧面形成消力池,水流一次消能,可大幅减小河床基坑及下游围堰的消能压力。经比较,方案③比较适合较大单宽流量缺口的下游消能方式。

方案③在设计工况下的水流流态分布情况:50 年一遇洪水泄洪时,过流单宽流量超过 160 $m^3/(s \cdot m)$,经过消能区壅高后,水流扩散跌落进入深尾水河道,实现了水流初期消能,但仍有大量余能进入下游河道,主流明显偏向左岸,实测下游围堰的消能段最大流速超过 8 m/s,经过淹没水跃底流消能后,流速又快速下降至 3 m/s 以下,并与下游河道水流顺利衔接。下游围堰前、后河道基本无多少冲淤现象发生;随着泄洪流量的减小,20 年一遇洪水泄洪时,缺口过流单宽流量不足 150 $m^3/(s \cdot m)$,尾坎后水流扩散跌落比较均匀,相对于 50 年一遇洪水,消能区初期消能率比较高,水流经过下游围堰时,已完全均匀扩散。从流速分布看,水流经过下游围堰时,主流基本在河床中间,虽然最大流速超过 7 m/s,但经过围堰消能段后,流速均下降至 3 m/s 以下,围堰前、后河道也基本无冲淤。

3.4 缺口布置方案和实际效果评价

功果桥和鲁地拉水电站缺口布置方案如表 3 所示。

表 3 缺口实际布置方案

工程	度汛标准(年)	度汛流量(m^3/s)	缺口宽度(m)	缺口高程(m)	缺口过流量(m^3/s)	缺口单宽流量[$m^3/(s \cdot m)$]	下游围堰高程(m)	缺口高程与下游围堰高程差(m)
功果桥	20	7 710	67	1 250	4 500	67	1 152	-2
鲁地拉	50	12 200	45	1 150.6	7 500	167	1 141	9.6

功果桥水电站缺口下游消能防冲措施结合下游永久护岸工程进行了适当的锚固加强,新增加约 15 根锚索;鲁地拉水电站缺口下游消能防护措施增加了侧向导墙,在主消力池下游侧延长了 2 m 厚混凝土板约 40 m。

功果桥水电站非溢流坝段缺口导流成功度过了 2010 年汛期,鲁地拉水电站非溢流坝段缺口导流成功度过了 2011 年汛期。由鲁地拉现场水力学监测成果来看,总泄量 4 480 m^3/s 时,缺口断面平均流速为 6.1 m/s,总泄量 7 600 m^3/s 时,缺口断面平均流速约 11.6 m/s,流态和流速等与模型试验具有很好的一致性。

3.5 小结

(1)在缺口布置方面,缺口不宜伸入到坝肩范围内,宜设置一定的侧向坝段进行水流顺导;在布置高程上,宜尽量降低缺口高程,以形成一定的淹没,减小对下游冲刷影响。

(2)随着缺口单宽流量的增加,下游消能防护措施需不断加强;在单宽流量70 $m^3/(s \cdot m)$以下时,功果桥水电站缺口下游岸坡采用简单的锚拉板进行防护即可,水流对河道基础冲刷影响较小;鲁地拉水电站缺口单宽流量约160 $m^3/(s \cdot m)$,下游水位较低,需设置侧向导墙将主流导向侧面的永久消力池作为缺口水流消能主要措施,并在河道基础一定长度内增加混凝土底板防护和岸坡锚固防护。统筹考虑工程安全和费用投入,缺口单宽流量宜限制在160 $m^3/(s \cdot m)$以内。

4　缺口温度变化分析

4.1　不同温控措施对过水面温度及应力影响分析

缺口过流最大的温控难点是过流冷击问题。通常采取的措施包括表面保温、过流面提前通冷却水管冷却或表面流水降温、延长过水前龄期等。拟定了五个工况进行有限元分析比较,比较结果如表4所示。提前表面流水降温工况在过水期间的温度分布和应力分布见图5、图6。

表4　不同工况下的过流面表面应力计算结果

工况	措施	表面应力控制标准(MPa)(开始/结束)	过流表面最大应力(MPa)(开始/结束)	安全系数
1	不保温,不流水降温,龄期1个月过水	0.75/1.2	0.72/1.15	1.05/1.03
2	保温但不埋设水管降温;$\beta = 10$ $kJ/(m^2 \cdot h \cdot ℃)$	0.75/1.2	0.4/1.0	1.85/1.20
3	表面提前流水降温	0.75/1.2	0.2/0.8	3.5/1.50
4	通水冷却,15 d龄期后过水	0.48	0.50	0.98
5	通水冷却,30 d龄期后过水	0.75	0.72	1.01

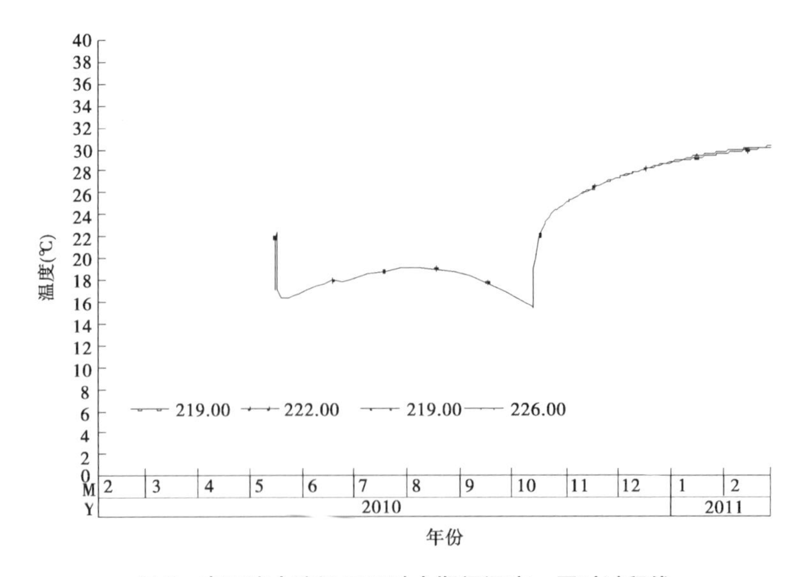

图5　表面流水降温工况过水期间温度—历时过程线

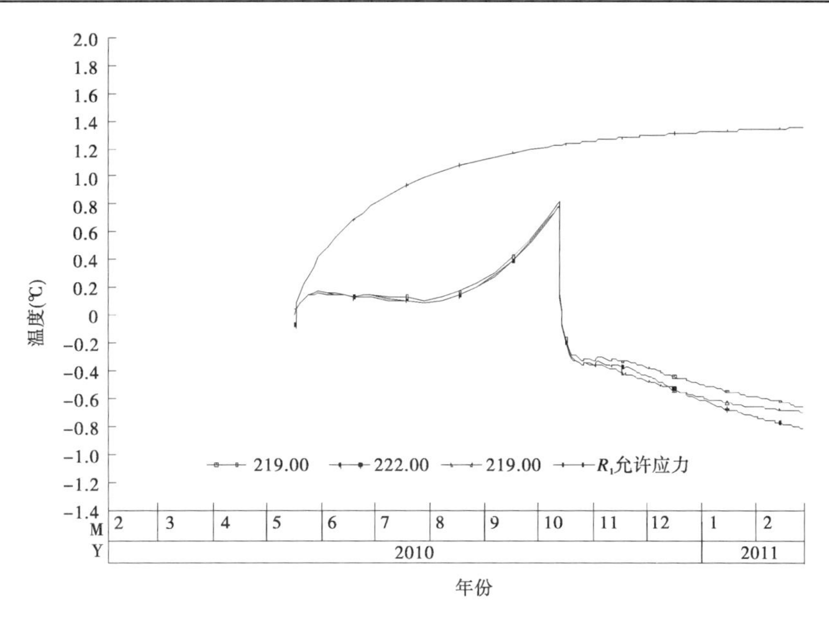

图 6　表面流水降温工况过水期间温度—应力历时分布图

保温措施虽然产生的温度应力可控,但措施难以实现。采用提前表面流水降温措施可有效改善过水前后的温度应力,安全系数基本上大于 1.5,可满足规范要求值。其他措施均不能满足安全系数要求。

4.2　缺口快速加高温度变化分析

非溢流坝段缺口的优势是便于后期快速封堵加高。对应于不同的浇筑速度,计算坝体内温度变化如下:浇筑层厚度从 3.0 m 加厚至 9.0 m,缺口封堵体混凝土最高温度提高 1.0 ~ 1.5 ℃。浇筑温度每提高 1 ℃,最高温度约上升 0.7 ℃。若控制最高温度一致,快速封堵要比正常进度降低浇筑温度 1.5 ~ 2 ℃,但由于缺口封堵一般安排在枯水期气温较低的季节进行,故对温控措施的影响不大。

5　结语和建议

(1)功果桥、鲁地拉水电站将原布置的溢流坝段度汛缺口移至非溢流坝段,通过适当降低缺口高程、增加下游消能防冲措施,水力条件可以得到很好的改善,满足稳定、安全要求,可以很好地解决工程实际问题。

(2)在满足工程布置和缺口总体进度安排的前提下,非溢流坝段的缺口高程宜尽量降低,以利于下游消能,且不宜将缺口一侧紧接坝肩,以免产生较大的折冲水流;在采取较为经济的消能和防护措施下,缺口最大单宽流量宜控制在 160 $m^3/(s \cdot m)$ 以内。

(3)非溢流坝段缺口布置方案可大大减轻关键线路上的工期压力,增加关键项目施工工期 5 ~ 6 个月,极大地提高了工程工期保证性和提前发电的可能性。

(4)采取缺口过水面提前流水降温的温控措施,简单有效,可以很好地解决过水冷击问题,降低裂缝发生风险。

(5)非溢流坝段缺口可以在温控措施增加不多的情况下,快速加高。与常规的 3 m 升程对比,在相同浇筑温度下,最高温度提高 1.0 ~ 1.5 ℃;若控制最高温度基本相同,需降低浇筑温度 1.5 ~ 2 ℃。

(6)非溢流坝段度汛缺口布置改变了传统的导流设计理念,在狭窄河谷区单独布置的重力坝等特定的枢纽布置条件下,具有较好的推广应用前景。

参 考 文 献

[1] 李润伟,王晓丽,杨成祝,等.江口水电站大坝安全度汛预留缺口限制高程的选择[J].东北水利水电,2001(7):20-21.

[2] 张磊,李小群,张宏,等.观音岩碾压混凝土重力坝施工期预留缺口过流温控措施研究[J].水利水电技术,2013(1):56-58.

[3] 杨尚文.向家坝水电站施工导流规划与设计[J].水利水电技术,2006,37(10):43-47.

[4] 黄天润,张锦堂,张鹏飞,等. 功果桥水电站度汛缺口优化论证报告[R].西北勘测设计研究院有限公司,2010.

不良地质洞段涌水塌方处理

屈高见　王　刚　王洪涛　张荣娟

（中国水利水电第三工程局有限公司，西安　710024）

摘　要　辽宁某供水工程21 km输水隧洞地质情况复杂，其中2#施工支洞控制段主洞下游8+776.4出现突水塌方。塌方涌水情况发生后，依次采取了管棚支护、排水管导水、塌方空腔回填混凝土、浇筑混凝土止水墙、水泥阻水灌浆等措施，共历时一年多，由于涌水压力高、流量大，以上方法和措施均未起到明显效果。最终采用油溶性聚氨酯化学灌浆材料逆水灌浆方法处理，历时一月有余，涌水得到有效彻底的封堵。

关键词　不良地质；塌方涌水；隧洞；水泥灌浆；化学灌浆

在地下隧洞开挖施工中，不可避免地会遇到大量岩溶地下水的富水构造区或富水破碎带、断层带等不良地质条件，高压涌水、塌方涌水等问题时有发生，若不及时有效处理，将给开挖施工安全、工期带来严重影响。中国水利水电第三工程有限公司2012年12月在辽西北供水工程（二段）施工一标工程输水隧洞开挖施工过程中，突遇重大塌方涌水，在长达一年多的处理过程中，运用了包括特种水泥灌浆在内的多种方法，均难以奏效。最终采用用逆水化学灌浆阻水技术于2014年5月成功地解决了这一问题。

1　工程主体及其地质概况

辽西北供水工程位于辽宁省桓仁县境内，主体工程为取水首部工程和输水隧洞工程。其中输水隧洞长21 166.22 m，纵坡 $i=0.311\ 5‰$，断面为马蹄形，成洞洞径为7.28 m，洞室埋深一般为100~350 m，最大埋深442 m。因隧洞穿越区地质情况复杂，主要采用钻爆法施工。洞室围岩主要岩性为花岗岩、混合花岗岩、大理岩、凝灰岩等，其中桩号8+731~12+425段3 694 m长洞段为连续断层破碎带，分布有数条富水断层及溶蚀富水地层，岩性以蚀变大理岩、石墨变粒岩及透闪变粒岩为主。整个输水隧洞共设6条施工支洞进行开挖施工。

2　塌方涌水概况

2012年12月16日，桩号8+776位置爆破后掌子面发生突水、塌方，涌水从主洞涌入2#支洞，5 h累计涌水5 000 m^3，稳定涌水流量约200 m^3/h（根据抽排水情况估算），见图1。随即强抽排降水，直至2013年1月22日，累计排水量13.6万 m^3，塌方掌子面出露。经察看掌子面涌水情况，初步制订了“施做管棚伸入断层下盘稳定岩体，外侧立钢拱架支护，浇筑混凝土止浆墙，导水、钻孔进行水泥阻水灌浆”的处理方案。2013年3月22日，管棚施工完成后，进行钢拱架接长部位开挖时，断层上部再次坍塌，管棚全部垮落，见图2。后清理出塌

作者简介：屈高见（1967—），男，陕西商洛人，教授级高级工程师，专职从事水电工程缺陷处理工作。E-mail：462925121@qq.com。

方体及淤泥约 2 000 m^3。随后停止实施“管棚”方案，开始导管排水并浇筑塌方体下部混凝土及空腔混凝土形成灌浆止浆墙。混凝土止浆墙混凝土等强，进行接触灌浆。

图 1　塌方涌水后 2# 支洞淹没照片

图 2　管棚及断层上部二次坍塌照片

3　混凝土止浆墙

在突涌水塌方段上游围岩稳定洞段（桩号 8 + 769 ~ 8 + 773）设置止浆墙（见图 3 ~ 图 5），止浆墙厚度为 4.0 m，长、宽方向充满整个隧洞断面。止浆墙采用 C30 自密实混凝土浇筑。墙体底部混凝土掺加矢量微硅粉以调节混凝土的和易性，墙体上部混凝土掺加早强剂以提高混凝土早期强度。

为确保止浆墙与围岩接合部位的防渗，在止浆墙混凝土浇筑前，在洞壁预埋接触灌浆系统。在距止浆墙两端 50 cm 处设环向止浆片各一道，出浆盒沿洞壁均匀布设，间排距 2 m × 2 m，与灌浆管路连接，并连接洞外灌浆泵，待止浆墙混凝土达到设计强度的 70% 后进行接触灌浆。

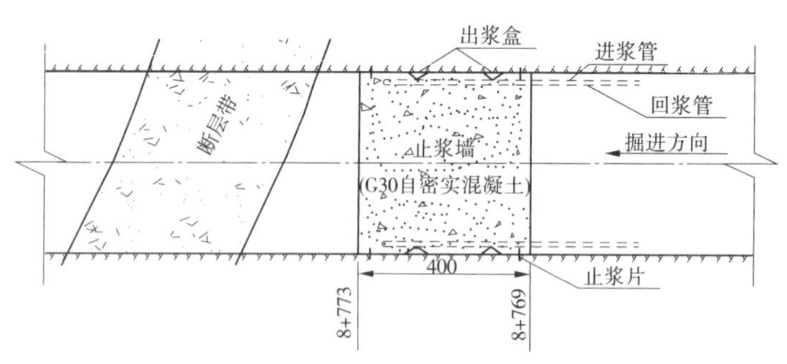

图 3　止浆墙平面图

4　水泥灌浆

止浆墙周边接触灌浆完成，即开始针对不良地质塌方段进行水泥加固防渗水泥灌浆，水泥灌浆分阶段进行。第一阶段灌浆灌注 16 孔，灌浆水泥 500 t，并对预埋排水管反灌浆堵水，将止浆墙外侧导水通道全部封闭。

第二阶段进行加密孔水泥灌浆，共灌浆 26 孔，灌浆水泥约 200 t（其中含 100 t HSE 快固化超细水泥）。由于出水通道全部被灌浆封闭，第二阶段灌浆孔钻孔至塌方与回填混凝土

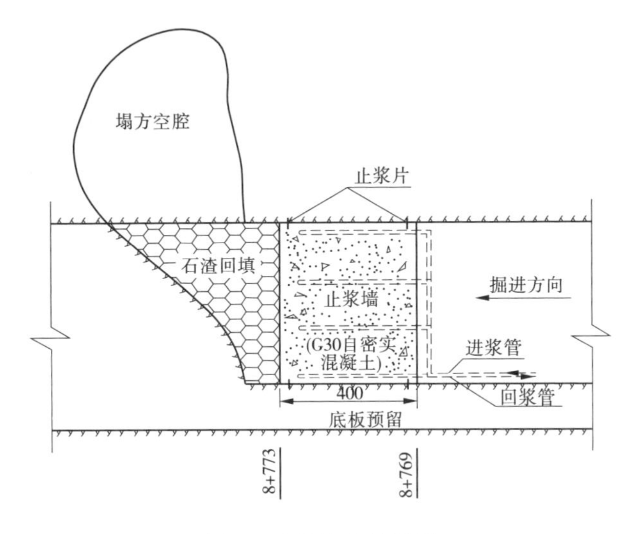

图4 止浆墙纵断面图

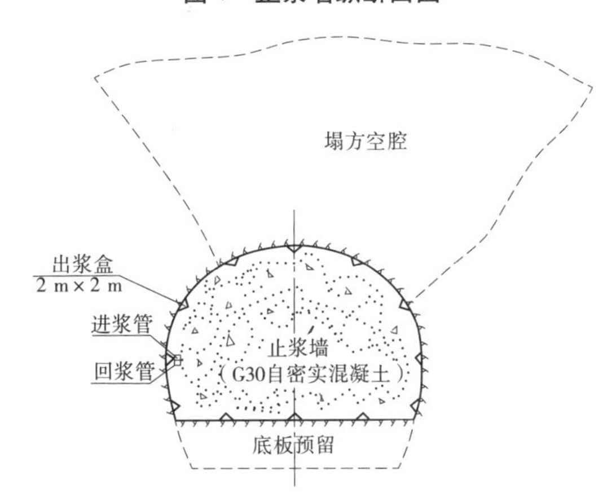

图5 止浆墙横断面图

结合部时,钻孔无法进入前方岩体,并伴随钻孔出水出沙现象(每孔涌砂2~3 m^3)。这一情况导致钻孔速度较慢,需不断重复扫空和灌浆,致使水泥灌浆时间较长。

第二阶段水泥灌浆结束后,通过检查孔检查灌浆效果,每个检测孔一旦穿过止浆墙,均有大量水砂涌出(见图6),证明水泥灌浆没有达到预期效果。

图6 水泥灌浆后检测孔涌水照片

5 化学灌浆

5.1 化学灌浆方案

化学灌浆总体方案是通过浇筑混凝土止水墙钻孔,钻孔穿透混凝土止水墙并深入围岩透水层,依次形成灌浆通道,孔内灌注遇水快速固化材料,该材料在岩体裂隙内分散、膨胀、固化后堵塞涌水并固结破碎围岩。灌浆材料选用油溶性聚氨酯材料,该材料是一种单组分亲油性聚氨酯化学灌浆材料,由多异氰酸酯和多羟基聚醚在一定条件下反应而成,是一种能快速防渗堵漏、补强加固的产品。由于其遇水后固化快(一般可控制在数十秒至数分钟内固化),膨胀倍数大(自由发泡时,一般可达20倍以上),可在动水环境逆水灌浆施工,因此可用于大流量涌水的封堵,所灌浆液在压力作用下扩散,对断层带破碎岩体和裂隙具有充填和加固功能。化学灌浆材料性能指标见表1,方案施工原理示意见图7。

表1　油溶性聚氨酯性能指标

项目		指标
外观		棕色透明液体
比重(g/cm³, 25 ℃ ±0.5 ℃)		1.15 ±0.05
黏度(mPa · s, 25 ℃ ±0.5 ℃)		250 ~ 350
遇水发泡起止时间(25 ℃ ±1 ℃)		8 ~ 30
遇水发泡倍数(s,25 ℃ ±1 ℃)		>20
浆液对砂浆的黏结强度(MPa)龄期:1 d		>3
固结体抗压强度(MPa)	龄期 4 h	17 ~ 20
	龄期 24 h	25 ~ 30

注:固结体抗压强度试验在密闭条件下成型。

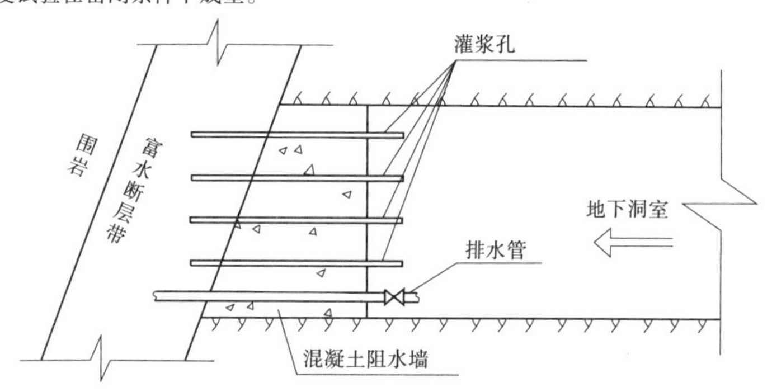

图7　隧洞阻水化学灌浆施工示意图

5.2　化学灌浆实施情况及灌浆效果

5.2.1　化学灌浆工艺流程

工艺流程为:钻孔→埋设孔口管→加深钻孔至涌水→安装灌浆管→测涌水压力→连接灌浆泵→配浆→灌浆→结束。

5.2.2　施工技术要点

(1)钻孔:在混凝土止浆墙区域布孔(灌浆钻孔示意见图8),孔排距2.0 m左右,钻孔方向平行于洞轴线。

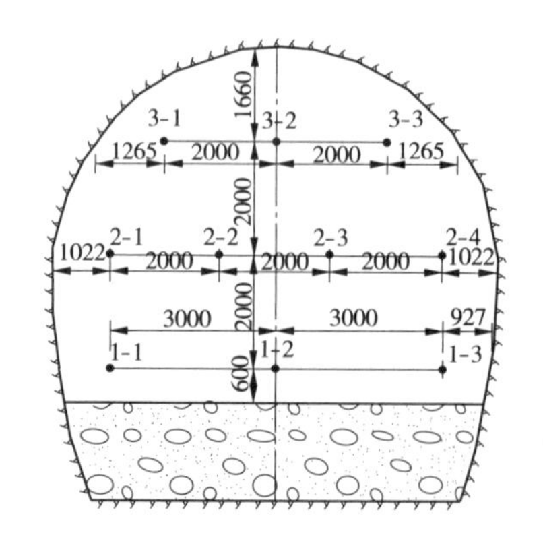

图8　灌浆钻孔示意

(2)埋设孔口管:为避免大流量涌水给安设灌浆管带来困难,应在钻孔深度未达富水区之前埋设孔口管,孔口管采用ϕ110 mm钢管,总长度3.0 m,锚固部分长度不低于2.5 m,外露约0.5 m,端头焊接法兰盘,方便和灌浆装置连接。孔口管埋设采用快硬性水泥砂浆，其强度应保证压力灌浆时孔口管不松动漏浆。

(3)安装灌浆管：灌浆管系统由射浆管、法兰盘、压力表、阀门等组合而成。射浆管采用 ϕ 30mm 钢管，长度保证插入孔内射浆端距孔底不大于 50 cm。要求法兰连接后紧固不漏浆。孔口管及灌浆管安装连接见图 9。

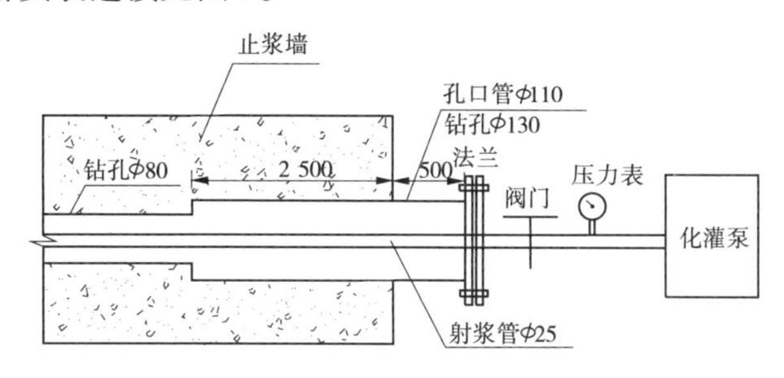

图 9 孔口管、灌浆管连接示意图

(4)测涌水压力：埋管完成后，利用安装在孔口管上的压力表读取涌水压力，为后续确定灌浆压力提供依据。

(5)配浆：双组分油溶性聚氨酯在灌浆前需要按比例在吸浆桶中混合。B 组分引发剂按 A 组分的 5% ~10% 添加，具体比例要根据现场情况试验决定。

(6)灌浆：采用孔口封闭纯压式灌注，灌浆压力大于涌水压力 0.5 MPa。灌注时采用大流量，直至灌浆压力陡增，管路固化堵塞即结束。第一阶段化学灌浆结束后，在全面分析灌浆过程及各孔灌浆数据的基础上，在止水墙布设检查孔，检查孔沿洞轴线方向钻进，穿透止水墙后注意观察化学浆材固结物情况，记录再次涌水时的孔深及涌水量等参数。对再次涌水的检查孔进行第二阶段化学灌浆。

第二阶段化学灌浆在对第一次化学灌浆效果评估后的基础上进行，布孔参数有针对性地确定，重点扩大顶拱区域的灌浆深度和范围，确保后续开挖作业围岩无涌水且安全稳定。

5.2.3 化学灌浆实施效果

2#主洞下游 8 +776.4 处突水塌方处理分两阶段共完成 13 个孔的化学灌浆施工，累计灌注聚氨酯类材料 34.78 t，钻孔灌浆过程表明，止水墙与回填混凝土后的涌水逐渐被控制，化学灌浆整体施工过程较顺利，无大的异常情况。过程中需关注的情况汇总如下：

(1)钻孔过程已知 1 -1#、1 -2#、1 -3#三孔出水相互串通，1 - 2#孔灌完后，1 -1#孔干，1 -2#孔左上方一出水点消失，而 1 -3#孔出水量无变化，显示浆液向左侧扩散。

(2)2 -4#号孔为原水泥灌浆孔，重新扫开，出水量达 60 L/min，采用 3.5 t 油溶性聚氨酯灌注后，右侧洞壁设置的两个排水孔水量和压力有增大迹象。

(3)2 -3#孔钻至 14.0 m 左右时穿过回填混凝土与围岩接触面，孔内无涌水，继续向右侧围岩深处钻进，孔深至 21.0 m 时，孔内突然出现较大流量涌水，约 40.0 L/min，分析该处结合面已有浆填充，但更深层围岩中存在通水裂隙。

(4)3 -1#孔属于原水泥灌浆孔位，重新扫开至 8.5 m 时出现涌水涌砂现象，涌水量达 150 L/min，为最大涌水孔，该孔灌浆量也最大，达 6.9 t，但结束灌浆压力却是所有灌浆孔中最低的(1.4 MPa)，分析回填混凝土后面围岩中存在较大空腔。

(5)几乎所有较低位置的钻孔穿过结合面即塌孔，出水出砂。分析结合面下部有大量粉细砂堆积。

第一阶段化学灌浆结束后，从后序钻孔灌浆过程分析，已经取得了一定的效果。第二阶段化学灌浆结束后，右侧岩壁布设的两个排水管已经彻底断流，沿止浆墙周边布设了检查孔，检查孔间距1.0 m左右，孔向均向洞室外侧偏斜，检查孔深大于20 m并穿过结合面进入围岩，经检查，所有检查孔基本呈现干孔状态。随后，该塌方段恢复开挖施工，开挖过程顺利。

6　结　语

在地下洞室开挖过程中，若遇易塌方涌水的不良地质段，洞室主体开挖施工进度会受到严重影响。在这种动水环境下逆水止水灌浆，采取传统的水泥基灌浆材料会导致灌浆材料大量流失，止水效果不明显。本工程利用油溶性聚氨酯灌浆遇水快速固化且迅速膨胀的特性，进行隧洞逆水化学灌浆阻水施工，迅速有效地处理了不良地质段涌水，有利于保证洞室工程施工进度，降低洞室施工安全隐患，经济效益和社会效益显著。

参 考 文 献

[1] 屈高见，马东辉. 无衬砌地下洞室围岩涌水化学灌浆封堵[C]//西部劣质地基与基础化学灌浆技术. 北京：中国水利水电出版社，2010.

雅砻江流域大坝安全管理模式探索

聂 强

（雅砻江流域水电开发有限公司，成都 610051）

摘 要 雅砻江是全国大江大河中唯一由单一主体开发的河流，2016年雅砻江流域下游水能资源开发圆满收官，总装机规模达1 470万kW，下游“两库五级”流域梯级大坝群已初步形成。大坝安全，责任重于泰山，雅砻江公司作为大型国有企业，不但要建好大坝，为我国水电建设事业和西部经济发展做出贡献，更要管好大坝，充分认识水电站大坝安全管理工作的重要性，切实履行大坝安全管理责任。通过分析国内大坝安全管理的各种模式，雅砻江公司按照“流域化、集团化、科学化”发展与管理理念，探索实践了流域集中管理与现场管理相结合的大坝安全管理机制，优化资源配置、提高工作效率、促进管理规范性和标准化，提升了流域大坝安全管理水平。

关键词 雅砻江；大坝安全管理；流域化；集团化；科学化

1 概 况

雅砻江是金沙江第一大支流，干流全长1 571 kW，流域面积约13.6万km^2，天然落差3 830 m，干流共规划了22级水电站，总装机容量约3 000万kW，年发电量约1 500亿kWh，具有水能资源富集、调节性能好、淹没损失少、经济指标优越等突出特点。雅砻江两河口、锦屏一级、二滩为控制性水库工程，总调节库容148.4亿m^3，两河口水库具有多年调节性能。在全国规划的十三大水电基地中，雅砻江排名第三。

2003年10月，国家发改委正式授权雅砻江公司全面负责实施雅砻江水能资源开发和水电站建设与管理。为了科学实现一条江的全面开发，雅砻江公司确立了“四阶段”战略，科学布局了雅砻江干流梯级水电站的开发时序，绘就了雅砻江“一条江”的科学、有序、和谐开发的“路线图”，并初步制订了在25年内全面完成雅砻江流域水电开发的时间表。

目前，雅砻江第二阶段开发战略已全面完成，雅砻江下游梯级水电站锦屏一级、锦屏二级、官地、二滩、桐子林已全部投产，流域下游水能资源开发圆满收官，总装机容量1 470万kW。雅砻江中游龙头水库两河口水电站经国家核准已开工建设，主体工程建设正全力推进，中游杨房沟水电站已经四川省核准开工建设，中游牙根一级、牙根二级、楞古、孟底沟、卡拉5座电站的前期勘测设计工作有序推进。

2 大坝安全管理的重要性

近年来，按照国务院机构改革和职能转变方案，政府能源监管部门进一步简政放权，重点加强和改善能源领域宏观管理，减少和下放部分审批事项，减轻企业负担。在此背景下，

作者简介：聂强（1967—），男，湖北云梦县人，教授级高级工程师，雅砻江流域水电开发有限公司副总工程师兼大坝中心主任，长期从事水电站建设和大坝安全管理工作。E-mail：nieqiang@ ylhdc. com. cn。

国家能源局将大坝安全注册管理纳入政府行政许可管理范围,并陆续制定了加强大坝安全监管的政策,发布了相关制度、办法,进一步强化了大坝安全监管力度,充分体现了国家对大坝安全监管工作的重视。

雅砻江干流规划的22个梯级电站中,坝高超过100 m的有10座,其中包括世界第一高坝——锦屏一级拱坝及二滩、两河口等世界级工程。随着雅砻江下游"两库五级"流域梯级大坝群的逐步形成,大坝安全管理的风险和压力也上升到了新的高度。高坝大库的安全不仅是水能资源利用的基础,更关系到上下游人民群众的生命财产安全,梯级坝群的失事将对影响区域造成毁灭性打击,后果是无法承受的。大坝安全,责任重于泰山,雅砻江公司作为大型国有企业,不但要建好大坝,为我国水电建设事业和西部经济发展做出贡献,更要管好大坝,充分认识水电站大坝安全管理工作的重要性,始终坚持"安全第一、预防为主、综合治理"的方针,认真做好大坝安全管理的各项基础性工作,为国民经济的持续发展和广大人民生命财产安全承担起社会责任。

3 国内大坝安全管理的几种模式

电力体制改革以来,目前国内企业水电站大坝安全管理主要有传统管理、总厂管理和流域化(或区域化,下同)管理三种形式。传统管理是对单座电站进行的大坝安全管理形式,是一个企业管辖一座水电站的主要形式;总厂管理即一厂多站管理,是对邻近的一两座电站进行大坝安全集中管理的一种形式,是一个企业管辖少量邻近水电站的主要形式;流域化管理是对企业所辖流域梯级或较大区域范围电站群进行的大坝安全集中、统一化管理的一种形式,是一个企业管理流域或区域数座水电站的主要形式。

各种管理形式的区别主要体现在机构设置、人员配置、职责划分、委托形式、管理理念等方面,其管理形式的确定都是企业根据自身的具体情况和发展历程综合选择的结果。单电站或一厂多站管理中,单位、部门和个人的安全责任较为清晰,主管单位和运行单位(电厂)间主要沿用改制前传统的关系。流域化管理中,基本思路是水电企业将多个水电站的运行人员按专业化进行管理。由于大坝安全的专业特点,水电企业大多将大坝安全管理人员集中或部分集中在一个部门,或者成立公司,由该部门、公司对所有的大坝进行运行安全管理、技术管理或监督管理。

对于负责流域或区域数座水电站运行的企业,采用流域化管理可以集中人力、物力和信息资源以及其他便利条件提升工作效率、降低生产成本,借助计算机网络技术,提供远程诊断分析和决策支持,对大坝安全状况做出准确、及时的评价,有助于对可能出现的险情及时做出决策,并采取补救措施,有利于实现大坝安全管理的层次化、制度化和规范化。

根据监督、管理、技术、生产四项主要大坝安全管理工作内容的分工等情况,流域化大坝安全管理模式又可归纳为生产集中型、管理技术集中型、完全集中型三种基本类型。

生产集中型模式下,企业成立专门机构,承担多个运行单位的生产任务,大坝安全责任主体仍为电站运行单位,监督与管理职能主要由主管单位承担,本质上是将生产人员和部分技术力量集中起来,完成水工维护、安全监测等日常工作。管理技术集中型模式下,企业将多个电站大坝安全管理的大部分管理和技术工作集中到一个内设流域机构,对流域多电站进行统筹管理;电站的现场生产工作保留在运行单位,运行单位各专业技术的职能仍基本齐全,部分职能进行了弱化;监督职能主要由主管单位承担。完全集中型模式下,企业所有大坝安全管理工作集中到一个流域专业机构,由流域机构内部来划分监督、管理、技术和生产工作,大坝安全管理人员集中程度较高,一般由于下辖的水电站区域跨度大,会将相对集中的几个水电站划分为一个片区管理,同一个片区员工相对固定,总体具有典型的专业管理加片区集中的管理特点。

4 雅砻江流域大坝安全管理模式

“流域化、集团化、科学化”既是雅砻江公司发展观念的集中体现,又是公司管理理念的高度概括。“流域化、集团化、科学化”发展与管理理念植根于二滩水电站成功建设经验的基础之上,符合雅砻江流域又好又快开发的客观实际,切合公司可持续发展的需要,体现了千里雅砻江复杂的地域环境和大跨度、多专业、高强度的工作特征对公司管理提出的更高要求。流域化发展是雅砻江公司实施集团化管理和科学化理念的物质载体,集团化管理是公司实施流域化发展和科学化理念的管理手段,科学化理念是公司实施流域化发展和集团化管理的保障,是一个有机的整体。

按照“流域化、集团化、科学化”的发展与管理理念,为进一步强化大坝安全管理工作,雅砻江公司于 2011 年成立了大坝中心,定位为公司本部化管理的二级单位,主要职责是归口流域梯级电站大坝的安全管理,对管理和技术进行集中,为公司有关决策提供技术支持,建立了流域集中管理与现场管理相结合的大坝安全管理机制。

4.1 大坝安全管理界面

雅砻江公司水电站大坝安全管理工作,由公司总经理全面领导,分管生产的副总经理(总工程师)负责分管大坝安全管理,主持、协调、解决大坝安全管理工作中的重大问题;公司设置了总部职能部门、流域中心和现场派驻的电厂、管理局等机构。

公司总部职能部门中,生产管理部负责审批公司已投运大坝安全管理工作计划并监督执行;工程管理部负责工程建设期间的管理、协调,组织水电站大坝蓄水、竣工的安全鉴定及验收工作;安全监察部负责公司流域水电站防洪度汛和安全监督管理。公司下设两个本部化二级单位,即集控中心和大坝中心,两个中心是公司设在成都本部,分别负责流域电站集中控制和大坝安全集中管理的生产单位。公司集控中心负责水情测报预报、水库调度及公司日常防汛工作,负责电站集控运行、进水口工作闸门及泄洪建筑物工作闸门的远程操作。

公司大坝中心作为大坝安全归口管理部门,具体职责主要包括通过制定和监督执行公司有关规章制度,进一步规范公司流域各电站大坝安全管理工作;通过流域投运电站大坝安全信息化建设和进行监测资料跟踪分析,及时掌握大坝运行状态和安全状况,有效控制重大安全风险;通过组织定期检查、安全注册等管理手段,发现并消除重大工程隐患;通过对重要水工设施维护项目的技术管理,提升大坝安全健康水平;通过定期开展施工期电站现场技术服务和信息化建设,规范大坝安全有关的监测设备安装埋设和数据测读分析工作。

各电厂和管理局作为公司派驻现场的运行单位和建设管理单位,是电站和在建工程的安全责任主体,在大坝安全方面,电厂主要负责所辖电站水工维护、巡视检查和观测设施的运行维护等现场日常工作,管理局主要负责工程建设管理、监测系统建设和施工期大坝安全监测现场工作。

4.2　流域化管理

“流域化”强调的是发展,落实的是由“单一主体”在“一个流域”开发水能资源的战略,既是雅砻江流域水能资源开发、运营的模式,也是公司在未来实现可持续发展的必由之路。雅砻江公司流域集中管理与现场管理相结合的大坝安全管理机制是“流域化”管理的具体体现。

传统模式下,大坝安全管理的监督、管理、技术、生产四部分内容之中,监督工作主要由主管部门承担,内容主要是对各责任主体的大坝安全管理工作实施情况进行监督和考核;管理工作主要是指制订管理制度,审批和审查生产计划、长期规划、防洪调度方案、应急预案、项目实施方案、专题报告等,组织安全鉴定和定期检查;技术工作主要是指编制计划和规划、防洪调度方案、应急预案、项目实施方案、专题报告等,组织和管理项目实施,完成大坝安全信息化、培训、监测资料整编、分析异常现象和险情等工作;生产工作主要是日常巡查、监测,维护监测系统、维护水工建筑物和金属结构等。

目前,雅砻江公司电站的现场生产工作保留在电厂(运行单位),电厂各专业技术的职能仍基本齐全,但对部分职能进行了弱化。公司大坝中心以流域大坝信息系统为工作平台,承担了流域各电站的主要管理和技术工作,充分发挥公司的优质专业技术力量,服务各梯级电站安全运行,打破了传统管理、技术工作分工。大坝安全流域化管理模式下,公司对各电站大坝安全生产信息的获取更及时,进一步强化了流域集中管理与现场管理相结合的大坝安全管理机制的管控能力,有利于大坝安全管理资源优化配置、提高运行效率、促进标准化作业。

4.3　集团化管理

“集团化”强调的是管理,是公司为了实现“四阶段”发展战略,强化资源有机整合,提升公司整体实力,提高内部工作效率而采用的管理手段。公司采用“理顺关系,明确界面,规范制度,优化流程,共享资源”的多项目管理手段,全面整合公司人、财、物、信息等各项资源。统筹流域大坝安全定期检查和注册管理是“集团化”管理的具体体现。

大坝安全注册、安全定期检查是国家依法实施大坝安全监管的重要手段,也是雅砻江公司大坝安全集团化管理的重要内容。其中,注册重点关注大坝运行的管理水平,即大坝安全的“软件”;定期检查重点关注大坝的安全性态,即大坝安全的“硬件”。公司大坝中心作为公司流域大坝安全管理的专业单位,负责认真研究落实国家相关法律法规要求,牵头组织开展公司大坝安全注册和定期检查工作,与公司总部各部门、集控中心、电厂、管理局在大坝安全管理上既有分工,又有协同,实现了依法依规管坝的全覆盖。

为做好公司流域大坝注册、定期检查工作,需要公司提前筹划,精心准备,新建电站首台机组投产发电前两个月制订备案登记工作计划及工作大纲,投运电站换证注册提前6个月、定期检查工作提前1年制订计划,设定阶段目标,确保工作进度满足发电和法规要求;同时,需要按照计划提前召开协调会,及时分解任务,加强沟通,积极跟踪,密切配合,充分做好材料和检查准备;并应适时与国家监管部门做好沟通协调工作。

近年来,公司完成了二滩大坝初始注册和两次换证注册,完成了二滩大坝两次定期检查,完成了官地、锦屏一级、锦屏二级、桐子林大坝备案登记,完成了官地大坝初始注册工作,正在积极准备锦屏一级、锦屏二级大坝初始注册工作,在流域统筹注册与定期检查工作方面积累了丰富的经验。

4.4 科学化管理

"科学化"强调的是理念,植根于党中央提出的"科学发展观"和"以人为本"理念,贯穿于公司所有工作的始终。在日常管理实践中,雅砻江公司全方位落实科学化理念,实现管理工作的规范、精细和高效。雅砻江流域大坝安全信息化建设是"科学化"管理的具体体现。

水电站大坝安全信息化建设是大坝安全管理的重要手段,国家发改委 2015 年《水电站大坝运行安全监督管理规定》对电力企业大坝安全信息化工作做出了明确规定,并首次在法规层面提出了高坝大库在线监控的监管要求,反映了新时期大坝安全管理工作的发展方向。

雅砻江公司大坝安全信息化工作主要包括水电站大坝安全监测自动化系统、流域大坝安全信息管理系统两方面。公司于 2009 年完成了二滩水电站监测自动化系统改造,2015 年完成二滩地下厂房监测自动化系统改造,自动化率超过 90%。后续投产的官地、锦屏二级、锦屏一级、桐子林等电站均按监测自动化的要求设计和建设,投产即实现监测自动化,严格执行了各电站大坝安全信息子系统的建设要求。公司于 2011 年启动了雅砻江流域大坝安全信息管理系统(简称"流域大坝系统")的建设工作,2013 年系统投入试运行,目前已接入二滩、桐子林、官地、两河口、锦屏一级、锦屏二级、杨房沟 7 座电站监测数据,管理安全监测点共约 3.85 万个,监测数据 4 000 多万条,同时接入了水情信息、泄洪震动、大坝强震等数据。

流域大坝系统定位为雅砻江公司流域大坝安全管理和技术管理的统一平台,主要功能是对各投运水电站安全监测及巡检维护、定期检查注册等大坝安全信息进行全面管理,并为施工期大坝永久安全监测项目的管理提供信息化手段,最终实现全流域 22 级梯级电站大坝安全信息的接入和管理。通过信息化建设,进一步理顺关系、明确界面、优化流程、共享资源、提升效率,实践"互联网 +"在大坝安全管理工作中的应用,信息化建设对大坝安全管理创新起到了推动作用。

4.5 管理成效

大坝运行安全管理,是通过安全监测、现场检查和资料分析等技术手段,以及安全注册、定期检查评级等管理手段,详细掌握大坝的运行性态,并针对存在的问题,及时维护、补强加固,达到确保大坝安全稳定运行、充分发挥工程的综合效益的目的。

"流域化、集团化、科学化"的大坝安全管理,起到了优化资源配置、提高工作效率、促进管理规范性和标准化等作用,主要为公司解决以下问题:统筹谋划各电站年度大坝安全管理工作,有效管控大坝安全风险;统一管理制度和标准,通过各电站横向对比提高大坝管理业务水平;大坝安全信息集中管理,规范化作业并及时传递,及时分析和发现问题;紧盯国际国内先进技术,推广应用前沿的、成熟的新技术;积极参与国家及行业大坝安全管理相关技术标准的制定,走在技术和管理前列;优化人力资源配置,专业化团队服务于多个电站;研究同类项目流域委托和采购方式,形成规模效应;符合远程集中监控要求,利用信息化手段优化电厂水工人员的配置,体现以人为本。

5 结 语

实施雅砻江流域水电开发是国家赋予公司的神圣使命,梯级电站群的统筹建设与管理能增强上下游水库补偿作用,提升水能利用率和经济效益。大坝安全是关系社会公共安全和社会稳定的大事,大坝安全责任重于泰山。通过多年的流域大坝安全管理工作实践,雅砻江公司水电站大坝安全管理取得了一定实效,但工作任重道远。我们将在行业主管部门的指导下,贯彻执行大坝安全管理相关法规,按照“流域化、集团化、科学化”发展与管理理念,进一步规范和细化水电站大坝安全管理工作,夯实基础,提高管理水平,在全力推进雅砻江流域水能资源开发,“贡献清洁能源,服务国家发展”的同时,切实履行企业大坝安全管理职责,为构建和谐社会、实现伟大中国梦做出积极贡献。

参考文献

[1] 张晓松, 李啸啸. 流域化水电站大坝安全管理模式浅析[J]. 大坝与安全,2014,(5):6-9.
[2] 贡建兵. 清江流域梯级水电站大坝运行安全管理的实践与探索[J]. 大坝与安全,2012,(1):52-56.
[3] 张泽彬, 黄会宝, 沈定斌. 谈谈梯级水电站库坝管理中的科技创新——以大渡河梯级水电站为例[J]. 水电与新能源,2012,(6):5-8.

面板堆石坝面板接缝止水破损修复技术及实践

徐　耀[1,2]　孙志恒[1,2]　张福成[2]

（1. 中国水利水电科学研究院，北京　100038；
2. 北京中水科海利工程技术有限公司，北京　100038）

摘　要　截至2015年底，我国坝高30 m以上的面板堆石坝有51座运行超过20年，有159座运行超过10年。面板接缝的表层止水是面板坝防渗体系中的重要部分，随着工程运行年限的增长，常常出现盖板老化与破损、压条锈蚀与螺栓脱落、填料不密实等缺陷。针对上述情况，开发了以表层止水一体化施工与SK单组分聚脲涂层为核心的面板接缝止水破损修复技术，并在布西、蒲石河、杨庄等面板堆石坝工程中得到了成功应用。

关键词　面板堆石坝；面板接缝；止水修复；止水一体化施工；SK单组分聚脲

1　前　言

混凝土面板堆石坝具有投资省、工期短、安全性好、施工方便、适应性强、对环境影响小等优点，在国内外得到了广泛的推广和应用。2000年以后建设的面板堆石坝中，大部分工程取消了中部止水带，保留表层止水与底部的铜止水，由此可见，面板接缝的表层止水是面板坝防渗体系中的重要部分。

面板接缝的表层止水通常采用塑性填料加表面防护盖板的方式。目前普遍采用柔性防水卷材作为防护盖板，常用的有三元乙丙板、橡胶板等，通过锚固的方式与面板连接。但是由于设计缺陷、施工质量问题、老化失修等原因，会造成表层止水出现盖板老化与破损、压条锈蚀与螺栓脱落、填料不密实等病害。这些病害的存在对面板坝的防渗安全构成重大隐患，有时会造成大坝严重渗漏，影响工程的正常运行。针对面板坝表层止水的常见病害，开发了以表层止水一体化施工与SK单组分聚脲涂层为核心的面板接缝止水修复技术，保障了面板坝的防渗安全以及工程的正常运行，取得了良好的效果。

2　面板接缝表层止水一体化施工技术

目前面板坝表层止水广泛采用人工嵌填塑性填料（见图1）。由于塑性填料产品多为断面矩形的板或柱，且填料本身黏软并具有一定弹塑性，所以在大坝坡面上用人工密实地嵌入V形槽有很大难度，当外界温度偏低导致填料硬度增大时，嵌填难的问题尤为突出。从布西等已建面板坝工程来看，人工嵌填方式导致填料不密实、与混凝土基面黏不牢固等质量问题，造成表层止水防渗可靠性降低，甚至失效。

针对表层止水采用人工嵌填质量难以保证的问题，开发研制了塑性填料专用挤出机，可以实现接缝填料的现场一次挤出成型。挤出机采用螺旋挤压成型，填料从满足设计断面要

作者简介：徐耀，男，高级工程师，主要从事大坝等水工建筑物设计工作。

求的模口挤出，成型填料直接落入板间缝（见图 2）。挤出成型的填料外形美观、内部密实（见图 3），且通过螺旋挤压加热后，可以更好地与混凝土面和盖板黏结（见图 4）。此外，表面防护盖板的施工和填料挤出嵌填施工可以同时进行（见图 5），盖板安装也在挤出机台车上进行，挤出机挤出填料后立即在其表面进行盖板的安装与粘贴，防止填料表面被污染，提高了防护盖板和填料的粘贴质量。结合工程实践，经过不断改进和完善，目前已形成了一套成熟的面板接缝表层止水一体化施工技术（见图 6），有效保证了表层止水的施工质量与施工进度，大幅提高了表层止水防渗的安全性与可靠性。

图 1　人工嵌填的塑性填料

图 2　挤出成型的塑性填料

图 3　填料密实

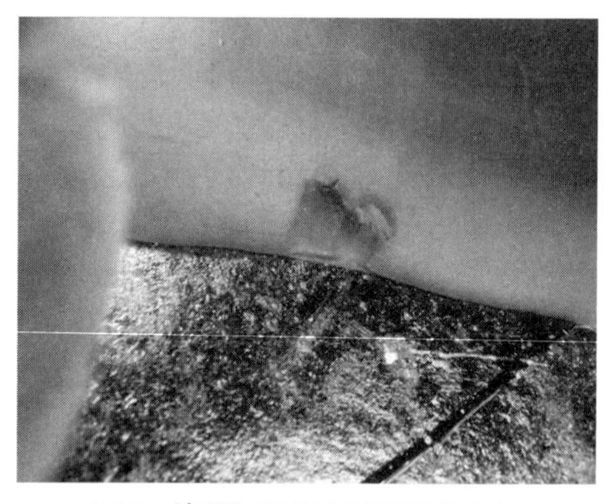

图 4　填料与混凝土基面黏结良好

图 5　盖板安装（与填料挤出同步）

图 6　止水一体化施工全景图

3 SK 单组分聚脲涂层修补技术

修补面板接缝表层防护盖板破损的材料既要求强度高、耐老化、柔性好，又要求能与盖板以及混凝土基面良好黏结。为了在不影响或少影响工程正常运行的条件下对已破损的盖板（见图7）进行有效、快速的修补，采用SK单组分聚脲涂层技术对面板接缝盖板破损部位进行修补。SK单组分聚脲涂层修补技术（见图8）是将SK单组分聚脲刮涂在塑性填料和混凝土面板表面，固化后形成全封闭的柔性防渗涂层，与混凝土基面以及已有的盖板黏结成一体，能够实现对面板接缝盖板破损部位的有效全封闭。

图7 破损的表层止水防护盖板

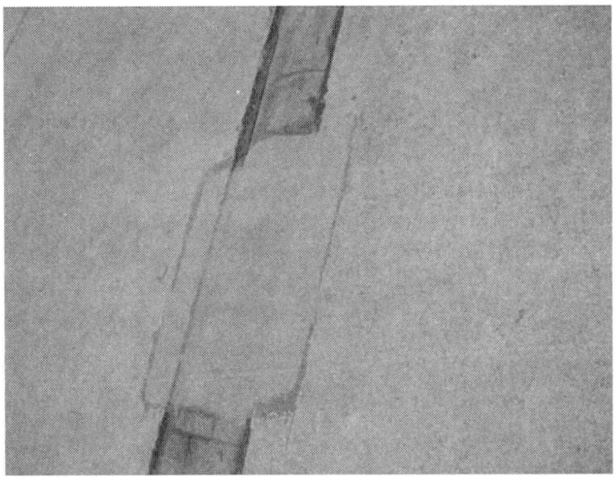

图8 SK 单组分聚脲涂层修补后

SK单组分聚脲主要特点包括：①脂肪族、耐老化性能好、不变色；②环保、无毒；③防渗、抗冲磨性能好；④强度高、延伸率大，与基础混凝土黏结好；⑤耐化学腐蚀；⑥抗冻性能好，在－45 ℃条件下，材料仍为柔性；⑦可以复合胎基布增强力学性能；⑧局部缺陷修补可以采用同一种材料，且新老聚脲涂层黏结牢靠，施工简便。其主要技术指标见表1。为了保证SK单组分聚脲与盖板以及与混凝土之间的黏结强度，分别开发了专用的BU界面剂与潮湿混凝土界面剂。界面剂具有渗透性，可渗入各类材料基面从而提高了SK单组分聚脲与基面之间的黏结强度，与盖板之间的黏结强度大于盖板本体强度，与混凝土之间的黏结强度可达2.5 MPa以上。

表1 SK 单组分聚脲主要技术指标

项目	技术指标	项目	技术指标
拉伸强度（MPa）	≥15	硬度，邵A	≥40
扯断伸长率（%）	≥300	附着力（混凝土）（MPa）	≥2.5
低温弯折性（℃）	≤－45	吸水率（%）	< 5
撕裂强度（kN/m）	≥40	颜色	浅灰色，可调

4 面板堆石坝表层止水修复实例

4.1 布西水电站面板坝表层止水修复

布西水电站位于四川省凉山州木里县境东南侧的鸭嘴河中游。大坝为钢筋混凝土面板堆石坝,最大坝高 135.8 m,正常蓄水位 3 300.00 m,坝顶高程 3 305.80 m。钢筋混凝土面板分为两期施工,施工缝所在高程 3 259.00 m。2008 年 11 月大坝开始建设,2011 年 2 月大坝填筑至设计坝顶高程。大坝 2010 年 9 月开始一期蓄水,2011 年 6 月开始二期蓄水,至 2012 年 5 月,水库最高水位 3 281.95 m,工程运行良好。2012 年汛期 6 月、7 月库区水位持续上涨速度较快,大坝首次高水位运行,面板出现裂缝与挤压破坏(见图 9、图 10)以及止水损坏,大坝渗漏量快速增长,最大值接近 2 m^3/s。此外,通过现场检查,发现面板接缝表层止水可见明显的安装缺陷,表层盖板与面板混凝土之间没有粘紧密闭,局部塑性填料不饱满(见图 11)、三元乙丙盖板破损开裂(见图 12)。

图 9 垂直缝挤压破坏

图 10 一、二期面板水平施工缝挤压破坏

图 11 塑性填料嵌填不饱满

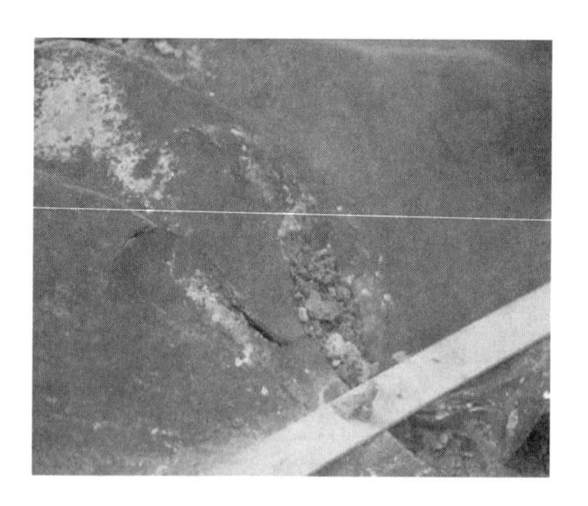

图 12 三元乙丙盖板破损开裂

基于大坝缺陷分析成果,采用 GB 塑性填料的挤出机嵌填技术以及 SK 单组分聚脲涂层修补技术,提出了大坝表层止水缺陷处理方案,包括面板垂直缝处理、面板水平施工缝处理、面板周边缝处理(见图 13 ~ 图 16)。大坝缺陷修复后最大渗漏量约 0.4 m^3/s,相比修复前降低达到 80%,修复效果明显,大坝整体运行状况良好。

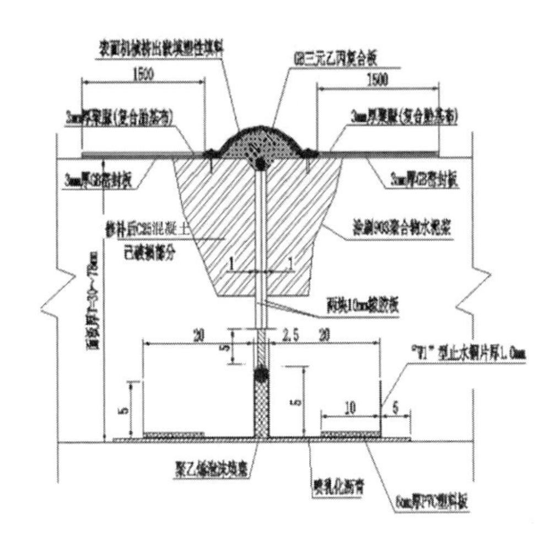

图13　面板垂直缝处理示意图

图14　修复后的面板垂直缝

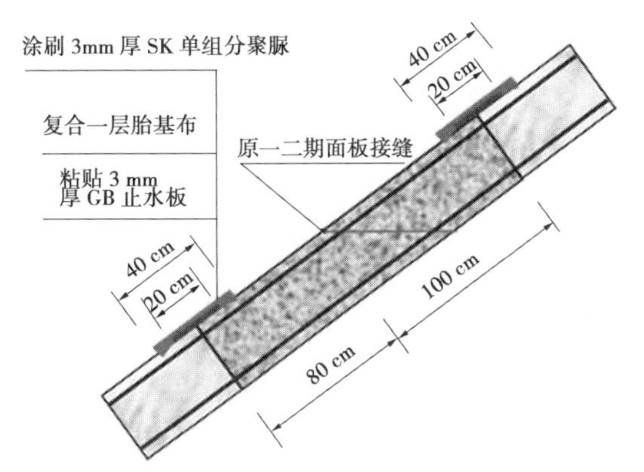

图15　面板水平施工缝处理示意图

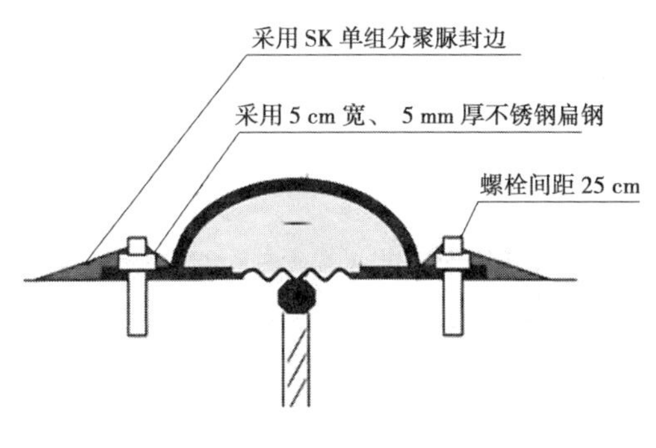

图16　面板周边缝处理示意图

4.2　蒲石河抽水蓄能电站上库面板坝表层止水修复

蒲石河抽水蓄能电站位于辽宁省丹东市宽甸满族自治县长甸镇境内，上库挡水建筑物为钢筋混凝土面板堆石坝，最大坝高78.5 m，年最高气温达35 ℃，最低气温-38 ℃。蒲石河抽水蓄能电站每天水库水位陡降、陡升，最大落差达32 m，面板堆石坝冬季运行与检修受冰冻影响较常规电站更为严重。面板接缝止水表面用槽内嵌填橡胶棒及GB塑性填料，填料表面用三元乙丙板覆盖，三元乙丙板两侧用不锈钢板及锚栓固定。经过近3年的运行，发现三元乙丙板两侧不锈钢板锈蚀、三元乙丙板接头全部翘起、撕裂（见图17）。

面板接缝表面三元乙丙板接头破损修复采用SK单组分聚脲涂层修补技术，具体方案见图18。聚氨酯密封胶充填于压板与混凝土面板之间，SK单组分聚脲内部复合胎基布。施工工艺具体为：①切割翘起的三元乙丙板，将三元乙丙板搭接改为对接，并将压板两侧的三元乙丙板切除；②沿面板接缝两侧打磨混凝土表面及压板表面，同时打磨三元乙丙板表面；③在三元乙丙板与混凝土相接的部位、钢板压条两侧涂刷聚氨酯密封胶找平；④混凝土表面和压板表面以及三元乙丙板表面分别涂刷潮湿混凝土界面剂和BU界面剂（见图19），之后涂刷 SK 单组分聚脲(见图 20),并在接头部位粘贴胎基布。运行两年后的情况见图 8,SK 单组分聚脲与原三元乙丙板和混凝土基面黏结良好,止水效果良好。

图 17　盖板搭接头发生翘起破坏

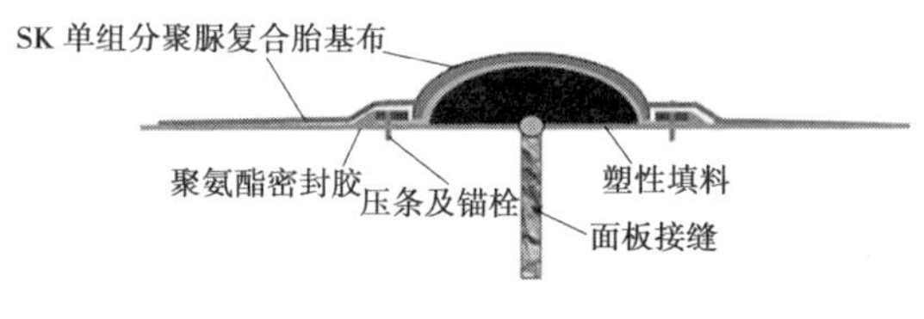

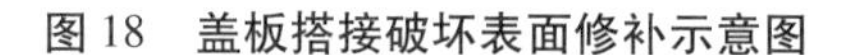

图 18　盖板搭接破坏表面修补示意图

图 19　涂刷专用界面剂

图 20　涂刷 SK 单组分聚脲

4.3　杨庄水库面板坝表层止水修复

杨庄水库位于天津蓟县,挡水建筑物为混凝土面板堆石坝,由于冬天结冰,在冰拔的作用下造成了水位变化区内面板接缝表层止水的破坏(见图 7)。采用 SK 单组分聚脲涂层修补技术对破损的止水部位进行了处理。施工工艺为:剔除面板接缝破损区的盖板及钢板压条、接缝两侧混凝土面及盖板接头打磨、接缝中间嵌填 GB 塑性填料成凸型、接缝两侧混凝土表面涂刷潮湿混凝土界面剂、搭接部分盖板接头表面涂刷 BU 界面剂、涂刷 SK 单组分聚脲并在接头部位粘贴胎基布。处理后的情况见图 21,运行两年后的情况见图 22。经过两个冬天的运行考验,SK 单组分聚脲与原盖板和混凝土基面黏结良好,水位变化区无老化及破损情况,止水效果良好。

图21 面板接缝采用SK单组分聚脲修复

图22 修复运行两年后的情况

5 结 论

面板接缝表层止水一体化施工技术可以实现面板接缝填料的现场一次挤出成型,嵌填密实度高,与混凝土基面黏结好,有效保障了表层止水的施工质量与施工效率。SK单组分聚脲涂层技术可以实现与混凝土基面以及已有盖板黏结成一体,对面板接缝盖板破损部位进行有效全封闭的修复,具有施工简单、速度快、质量有保证等优点。布西、蒲石河、杨庄等面板坝采用了上述以表层止水一体化施工与SK单组分聚脲涂层为核心的面板接缝止水修复技术,保障了大坝的防渗安全以及工程的正常运行,取得了良好的效果。

参考文献

[1] 贾金生,郦能惠,徐泽平,等. 高混凝土面板坝安全关键技术研究[M]. 北京:中国水利水电出版社,2014.

[2] 熊海华,徐耀,贾金生,等. 高混凝土面板堆石坝面板挤压破坏分析[J]. 水力发电,2015,41(1):27-30.

[3] 何旭升,鲁一晖,等. 混凝土面板堆石坝面板表层止水机械化施工技术[J]. 水力发电,2012,38(8):55-57.

[4] 孙志恒,邱祥兴,张军. 面板坝接缝新型防护盖板止水结构试验[J]. 水力发电,2013,39(10):93-96.

[5] Sun Zhiheng, Xu Yao, Xiong Haihua. Development of a new flexible waterstop structure for CFRD joints [J]. Hydropower & Dams, 2016(2):90-93.

粘钢、碳纤维布等材料在混凝土修复加固中的应用

杨宗仁　许晓会　杨西林　王碧琦

（陕西省水利电力勘测设计研究院，西安　710001）

摘　要　本文结合陕西省宝鸡峡灌区塬上总干渠韦水倒虹除险加固工程、宝鸡峡王家崖水库溢流堰磨蚀破坏及过坝干渠渡槽修复加固工程的具体实例，介绍了粘钢、碳纤维布、UP－2110等新技术、新材料在混凝土修复加固工程中的施工工艺和要求，对类似工程加固方案的确定、施工工艺及专业队伍的选择，具有一定的借鉴意义。

关键词　粘钢；碳纤维布；混凝土修复

1　引　言

自1998年以来，陕西省水利电力勘测设计研究院完成的水利工程除险加固项目近30个。在这些项目中，除采用传统方法外，也有采用新技术、新材料方法进行加固的，都取得了较好的效果。本文主要介绍粘钢、碳纤维布等材料在宝鸡峡灌区韦水倒虹除险改建工程、宝鸡峡王家崖水库溢流堰磨蚀破坏及过坝干渠渡槽修复加固工程中的应用。

2　韦水倒虹补强加固处理

2.1　工程概况及存在问题

2.1.1　工程概况

韦水倒虹是陕西省宝鸡峡灌区塬上总干渠跨越韦水河谷的一座大型输水建筑物，于1971年建成通水（其中管桥部分是1962年建成的），控制灌溉面积159万亩。韦水倒虹采用双管桥式倒虹，全长880 m，由现浇混凝土管和钢管组成，其中混凝土管长623 m，直径3.25 m；钢管长257 m，直径2.9 m。设计流量52 m^3/s，校核流量55 m^3/s，最大水头70 m，管内最大流速为3.3～4.2 m/s。韦水倒虹设计剖面见图1。

2.1.2　存在问题

韦水倒虹运行二三十年后，各部位都出现了不同程度的病害现象。

（1）混凝土管：根据实测统计，管底部位磨损比较严重，磨损严重部位的表面积约占管内壁面积的10.2%，磨损最大宽度1.7 m，最大深度6 cm；最严重的一节管子露筋数量（主筋）达52%，外露钢筋最长80 cm，磨损严重的钢筋损失率已超过钢筋截面积的50%左右。

病害成因：主要是长期受水流冲刷及水中推移质（砖头、石块等）的撞击造成的磨损。

作者简介：杨宗仁（1969—），大学本科，高级工程师，主要从事大坝等水工建筑物的设计工作。E-mail：664226935@qq.com。

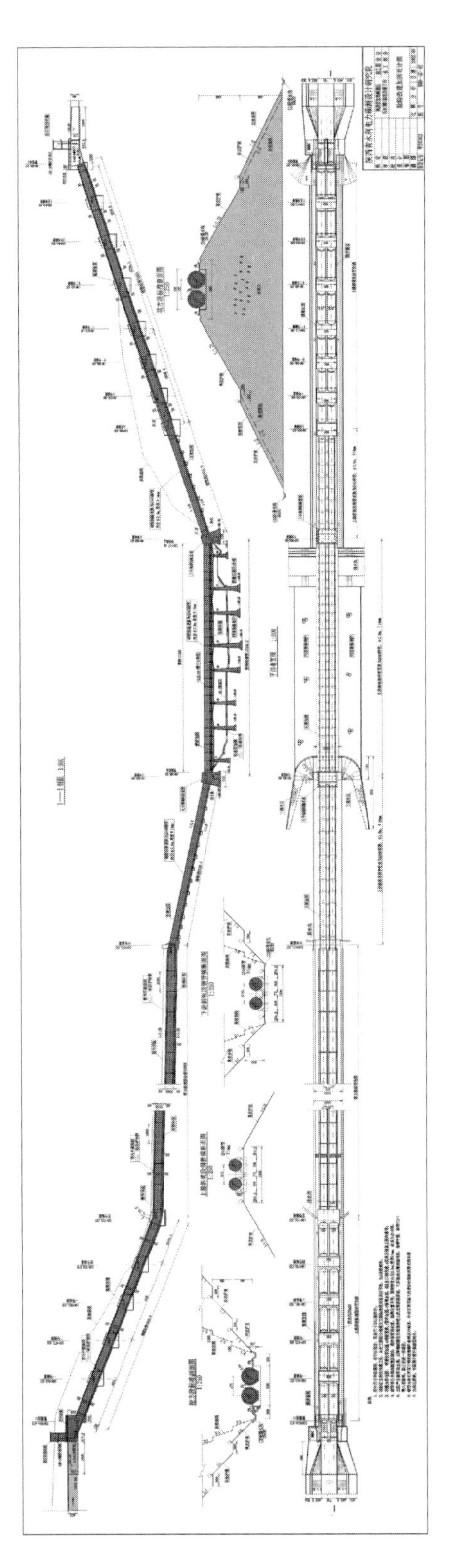

图1　韦水倒虹设计剖面图

(2)管桥混凝土大梁:根据检测,混凝土碳化深度达到42~56 mm,已超过了钢筋保护层厚度,局部混凝土出现裂缝、钢筋外漏、锈蚀等现象。

病害成因:主要是桥面板排水不畅,表面混凝土冻融、碳化,引起的钢筋胀裂、锈蚀。

2.2 补强加固方案

2.2.1 混凝土管补强加固

2.2.1.1 加固方案

经对采用环氧细石混凝土、铁钢砂混凝土、硅粉混凝土、新型粘钢技术等方案进行比较,从使用寿命和投资综合比较,设计采用新型粘钢技术补强加固。

根据混凝土管磨损部位,在不影响或少影响下游灌区灌溉的前提下,采用粘钢技术对磨损严重的管底90°范围内进行补强加固,即使用锚杆固定钢板于加固的原混凝土结构表面,用黏结料充填于钢板与混凝土构件之间,补充构件内部的钢筋损失和配筋量不足,同时可提高混凝土构件的抗冲耐磨能力。

根据管底的钢筋磨损程度,选用Q235、厚度10 mm钢板;采用自锁锚杆嵌固钢板,锚杆直径20 mm、植入深度300 mm、孔距500 mm×500 mm;黏结料采用无机黏结料。

2.2.1.2 加固工艺

钢板备料—混凝土表面处理—锚杆定位及钻孔—固定锚杆—嵌固钢板—配制黏结料—压力灌浆—养护、固化—钢板表面防护。

2.2.1.3 加固特点

新型粘钢技术应用到倒虹曲面混凝土结构上,通过自锁锚杆固定钢板、无机黏结料黏结,使钢板与原混凝土结构形成一种复合结构,起到补强加固和抗冲耐磨的作用。其特点是:①采用自锁锚杆取代常规锚杆,固定牢靠、抗拉拔能力强、锚固速度快;②采用无机黏结料取代常规的建筑结构有机胶,避免锚杆与钢板焊接时,高温破坏连接锚杆的填充材料,无机黏结料具有性好、早强、高强、耐高温、不收缩、黏结力强的特点;③采用环氧富锌漆防护,黏结牢、强度高、韧性好,能有效防止推移质磨损,起到了"以柔克刚"的作用;④施工方便、周期短、费用低。

2.2.2 管桥混凝土大梁补强加固

2.2.2.1 加固方法

对管桥中混凝土大梁的加固,经过比较选用了粘贴碳纤维布的加固方法。即在大梁受拉区底部粘碳纤维,梁周粘碳纤维形成"U"形箍,表面涂抹水泥砂浆保护层。管桥加固方案见图2。

2.2.2.2 加固工艺

在大梁受拉区粘贴300 g/m^2碳纤维布两层,梁周采用3排宽20 cm、间距35 cm的碳纤维"U"形箍进行补强。另外,为了防止碳纤维布老化,表层喷涂一层厚度10~15 mm水泥砂浆进行保护。加固工艺如图3所示。

2.2.2.3 加固特点

粘贴碳纤维布的加固方法,具有补强效果好、重量轻、耐久性强、施工方便、综合造价低、轻巧美观等独特的优势。

2.2.3 补强加固效果

(1)混凝土管道采用新型粘钢技术加固后,既补强了混凝土管的强度,也提高了抗冲耐

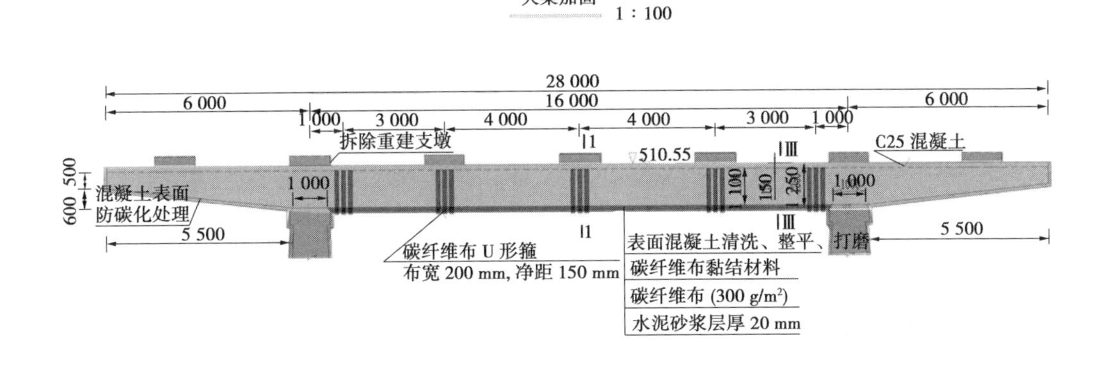

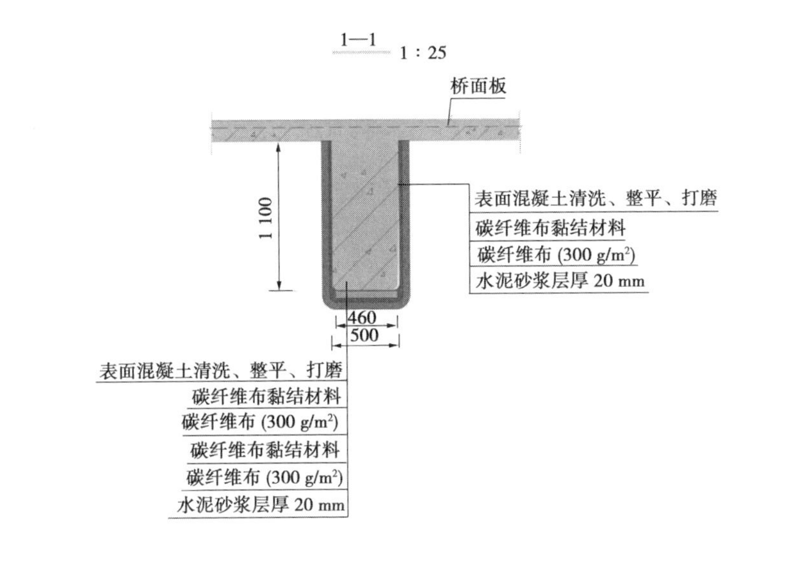

图 2 管桥加固方案

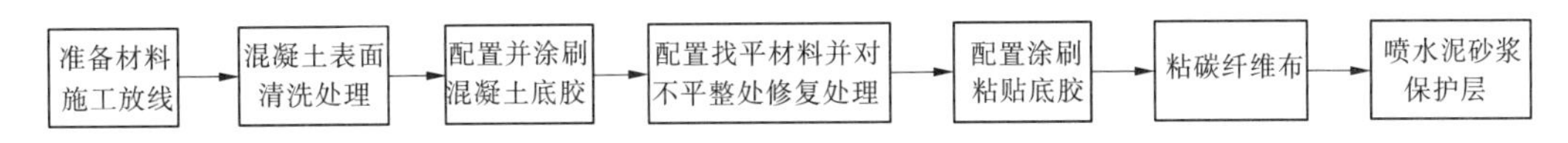

图 3 粘碳纤维布工艺

磨能力、延长了使用寿命。加固后两条管道分别于 2003 年 4 月和 2004 年 3 月投入运行至今，效果良好。

(2)管桥采用粘碳纤维法加固后，既弥补了钢筋锈蚀后的损失，也按新规范补强了混凝土构件的强度，同时又阻止了钢筋混凝土保护层的碳化。管桥混凝土大梁加固后效果见图 4。

3 王家崖水库溢流堰磨蚀破坏及过坝干渠渡槽修复加固工程处理

3.1 工程概况

王家崖水库是陕西省宝鸡峡灌区的 4 座渠库结合工程之一，位于宝鸡市陈仓区石羊乡王家崖村北，属 3 等中型水库，1971 年建成。水库枢纽由土坝、溢洪道、放水洞、坝后电站、

图 4　管桥混凝土大梁加固后效果图

进水道及过坝干渠等建筑物组成。

王家崖水库的除险加固包含多项任务，本文仅对溢流堰及渡槽混凝土修复加固处理做简要介绍。

3.2　存在的问题

3.2.1　溢流堰面及陡坡段磨蚀破坏

经过多年运行，溢洪道堰面裂缝严重，局部混凝土破损、剥落；溢洪道导流墙钢筋保护层开裂、脱落，钢筋暴露、锈蚀，混凝土表层疏松、剥落、破损；陡坡段出现多处冲坑，裂缝等。

3.2.2　渡槽工程

渡槽工程运行 40 多年来，混凝土结构出现碳化、冻融破坏、钢筋锈蚀，具体表现为渡槽外壁混凝土疏松，保护层开裂、脱落，渡槽伸缩缝部位在冬季出现渗水现象等。

3.3　溢流堰加固处理方案

3.3.1　溢流堰面及陡坡段磨蚀破坏处理

3.3.1.1　加固处理方案

对溢流面采用布设钢丝网及高性能砂浆的办法进行处理，即在溢流面布设长 50 cm、直径 25 mm 的插筋，插筋间距为 2 m×2 m，然后布设钢丝网片，最后浇筑高性能砂浆。

3.3.1.2　施工工艺

（1）采用电动角磨机，将基层混凝土破损部位切割成直角，深度至少保证 2 cm。

（2）将切割的破损部位打磨干净，彻底清除表层浮尘、松散混凝土、破坏混凝土等，打磨到清洁、坚硬的基层混凝土。

（3）将暴露钢筋表面的锈迹打磨干净，涂刷 UGD－3110 水泥基钢筋阻锈剂 2 遍。

（4）采用凿毛机，轻微凿毛基层混凝土。

（5）按照每平方米 5 个点的密度，在溢流面原基层混凝土上植入钢筋，对所有暴露的钢筋头涂刷 UGD－3110 水泥基钢筋阻锈剂 2 遍。

（6）将铁丝网绑扎于暴露的钢筋上，铁丝网距混凝土面有一定的距离，钢丝网距混凝土的高度随坡度的变化而变化。

（7）用清水彻底冲洗基层混凝土，确保基层混凝土清洁、湿润。

（8）将搅拌好的高性能砂浆均匀地摊铺于清洁、坚固、湿润的基层混凝土上，用磨刀用力磨平、压光,使高性能砂浆压入铁丝网网格内,使其与基层混凝土面紧密接触,严格避免空鼓现象。

(9)高性能砂浆施工结束后,安排专人检查,一旦发现空鼓现象,立即切开空鼓部位,重新填入高性能砂浆。

(10)高性能砂浆的抹面厚度,从溢流面顶端的 2 cm 开始,到溢流面尾部 5 cm 为止,根据坡度的变化,厚度不断变化。

3.3.2 溢洪道导墙局部缺陷部位处理

导墙部位的缺陷处理与溢流堰表面处理基本相同,不同之处是在恢复结构轮廓的同时,在结构混凝土表面涂抹 2 cm 厚的抗冲刷保护层;以及在高性能保护砂浆上涂刷 UGD - 3510 憎水型混凝土保护剂 2 遍。

3.4 渡槽工程加固处理施工工艺

3.4.1 渡槽内部缺陷处理

将内壁基层混凝土打磨干净,清除表层的浮灰、松散混凝土、破坏混凝土等,打磨到清洁、坚硬的基层混凝土。

钢筋锈蚀处理:将暴露钢筋表面的锈迹打磨干净,涂刷 UGD - 3110 水泥基钢筋阻锈剂 2 遍。

破损修复:采用 UP - 2110 顶立面修补砂浆恢复结构轮廓。

在清洁坚固、饱和面干的基层混凝土上,涂刷 US - 1130 水泥基渗透结晶型防水砂浆 2 遍。

在防水层表面,施工 2 cm 厚的高性能砂浆,以保护防水层并抵抗水流冲刷;适当预留施工缝,并增加钢丝网,以提供其抗裂性能。

3.4.2 渡槽外壁混凝土缺陷处理

外壁基层混凝土处理、锈蚀钢筋处理与渡槽内壁处理基本相同。

破损修复处理:采用 UP - 2110 修补砂浆恢复结构轮廓,确保基层平整坚固。

在清洁坚固、饱和面干的 UP - 2110 修补砂浆上,涂刷 UA - 4410 抗泛碱封闭底漆 2 遍。

在 UA - 4410 抗泛碱封闭底漆表面,按照 1.5 kg/m^2 的用量,涂刷 US - 1111 通用型水泥基防水浆料 2 遍。

在 US - 1111 通用型水泥基防水浆料表面,涂刷 UGD - 3710LOG 混凝土防中性化高弹保护涂料 2 遍。

3.5 加固效果

王家崖水库溢流坝面及过坝干渠渡槽采用新技术、新材料、新工艺加固后,保证了结构的安全性,延长了使用寿命。加固后效果良好。溢洪道导墙处理后的效果见图 5;渡槽加固后效果见图 6。

4 结 语

(1)混凝土结构设计中要重视保护层取值。尤其是气候变化无常、温差大、外漏的钢筋混凝土构件,保护层取值时应结合分布筋的布设综合选取。

(2)施工中要重视施工质量。要严格控制配合比,混凝土要搅拌均匀、振捣要密实,满足设计和相关规程规范要求。

图 5　溢洪道导墙处理后的效果图

图 6　渡槽加固后效果图

(3)加固工程要根据病害的具体情况合理选用加固材料,最好选用在类似工程中用过的、比较可靠的材料。对耐温性差的有机材料不宜用于构件露天部位或有高温焊接的部位。

(4)加固前应对原结构中灰尘、油污、已松动、损坏部位彻底清除,确保在新鲜面上加固。为了保证质量,最少涂刷 2 遍,保证涂刷均匀,涂刷方向必须相互垂直。

(5)必须选择与环境友好型的材料进行加固,加固后的工程除满足原构件功能外,同时还要具有轻巧美观、焕然一新的效果。

(6)必须选择有经验的专业队伍施工,确保治理的效果和加固工程的质量。

基于 CFD 的水电站厂房水力振源研究

耿 聃 宋志强 王 建

（西安理工大学水利水电学院，西安 710048）

摘 要 水力振源是三种振源中最主要的振源，过去对于水力振源特性的研究主要依赖于模型试验，运用于计算也过于简化。本文建立了水轮机全流道模型，基于 CFD 计算软件，对厂房进行了正常工况下的流体计算。重点关注了蜗壳壁面压力脉动的变化规律，根据 CFD 计算结果拟订了两种水力振源施加方案，利用谐响应算法计算厂房楼板、机礅、风罩等薄弱部位振动的响应情况，认为可根据流体计算结果在蜗壳内壁不同部位施加相应简谐荷载，探讨水电站厂房水力振源精确、合理模拟与施加方式。

关键词 CFD；水力振源；蜗壳；厂房振动

0 引 言

水力振源在某些工况下可能对机组的正常运行造成影响，同时引起厂房结构不同程度的振动，且水力振源频域分布广，作用范围大，是三种振源中最主要的振源。研究厂房振动问题时，水力振源常被简化为附加质量，或利用试验数据通过谐响应算法和时间历程法施加。过去对于水力振源特性的研究主要依赖于模型试验，存在测点布置受限、模型尺寸比例与流场相似性有误差等问题。目前对于水力振源精确的模拟施加方法仍在探索阶段，孙万泉等[1]对蜗壳中的水压脉动作用区域作了几种假设方案，进行了有限元谐响应分析，结果认为几种方案的不同作用域对结构整体振动形式影响区别不大；刘建等[2]研究了谐响应分析与时程分析的差异性，结果表明谐响应分析均方根结果普遍大于时程分析结果，而部分特征点峰值时程分析结果大于谐响应分析，从厂房薄弱部位的振动情况来看，时程分析法应为首选方法。

近几年对于计算流体动力学（CFD）的广泛研究发展，为存在水体的结构提供了新的研究方法。CFD 方法适用性强，可以求解各种边界条件和复杂几何形状下的黏性流体动力学问题，可直接观察水体湍流状态和压力分布情况，目前已广泛应用于指导水力机械的设计、优化。且 CFD 方法不必受限于模型试验和现场实测，省时省钱，能快速得到完整的资料，便于作多方案比较[3]，适合机组与厂房在设计阶段的结构响应及振动稳定性等方面的预测。目前对于 CFD 计算，多见于分析流道内部水体情况及流体机械效率问题，对于壁面处的压力脉动规律和结构稳定性研究较少。

1 流体计算模型与方法

1.1 计算对象

本文以某电站混流式水轮机为研究对象，其转轮直径 2.165 m，转轮高度 4.17 m，额定

基金项目： 国家自然科学基金（51479165）。

作者简介： 耿聃（1991—），女，河北沧州人，主要从事水电站振动研究。E-mail：785055338@ qq. com。

转速 136.4 r/min,转频 2.273 Hz,转轮叶片 13 个,固定导叶 12 个,活动导叶 24 个,导叶开度 23°,额定水头 61 m,最大水头 77 m,使用 UG 软件建模,其几何模型如图 1 所示,计算区域为包括蜗壳、导叶、转轮、尾水管在内的整个水轮机全流道。使用 ICEM 软件进行网格划分,全流道采用高质量的六面体网格,整体单元数量约为 700 万。

1.2　计算方法及边界条件

本文利用 ANSYS CFX 商业软件计算三维非定常湍流计算,采用不可压缩流体的连续方程和 Reynolds 平均的 Navier - Stokes 方程模拟水轮机流道中水体流动,使用 SST(Shear Stress Transport)双方程湍流模型对方程组进行封闭。基于 SST 模型的 $k \sim \omega$ 方程考虑了湍流剪切应力的传输,可以精确地预测流动的开始和负压力梯度条件下流体的分离量;SST 模型的最大优点在于考虑了湍流剪切应力,不会对涡流黏度造成过度预测。

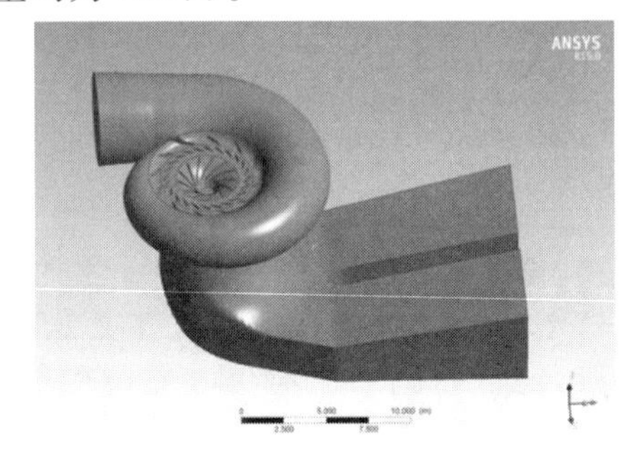

图 1　水轮机全流道模型

蜗壳进口边界为质量流量速率,尾水管自由出流,蜗壳、导叶、转轮与尾水管间设置流体—流体交界面,其中活动导叶与转轮、转轮与尾水管间交界面设置为动静干涉模式(Transient Rotor Stator),进行水轮机非定常流动模拟,转轮随着时间步的变化与其余静止部件产生相对位置变化,壁面采用无滑移边界条件。计算时定常计算结果作为非定常计算初始值,非定常计算应用 SIMPLIC 方法求解离散方程,使用高阶求解模式,扩散项和对流项采用二阶中心差分格式,时间项采用二阶隐式 Euler 算法。时间步长取转轮周期的 1/120,约为 0.003 67 s,以 3°/步进行了 1 200 步模拟计算。

2　蜗壳壁面压力脉动规律分析

由于水流是通过蜗壳和尾水管作用于周围大体积混凝结构,进而威胁厂房薄弱部位振动,尾水管中以低频压力脉动为主,与楼板等结构自振频率错开度较大,因此研究蜗壳壁面的压力脉动规律,对厂房水力振源的分析和厂房结构振动影响研究尤其重要。

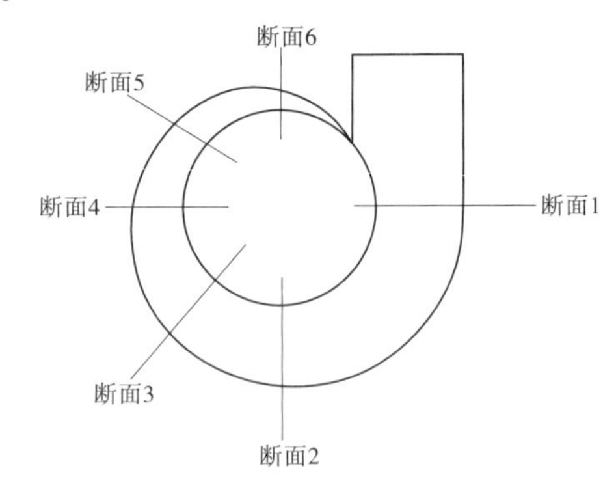

图 2　蜗壳断面

(1)如图 2 所示,在蜗壳处切取 6 个断面,提取各断面外侧点压力脉动计算时程曲线并进行 fft 变换,对比分析可得,断面 1 ~ 6,外侧 6 个点压力脉动时程曲线幅值经历大—小—大的变化,幅值最大出现在断面 6,约为 2 600 Pa。蜗壳壁面压力脉动主频主要包括 29.5 Hz 的高频和 0.2 Hz 的低频,其中高频来自于蜗壳和转轮处不均匀水流撞击叶片引起的振动,频率 $f = nZ_r/60 = 29.549$ Hz 。低频为尾水管传来的低频压力脉动,约为 0.5 Hz。结合 6 个点的频域曲线(见图 3)可看出,曲线并未产生新的频率数值,而是高频 29.5 Hz 处幅值先变小后变大,即脉动的频率高频所占成分先减小后增大,频率沿蜗壳壁面呈高—低—高变化。

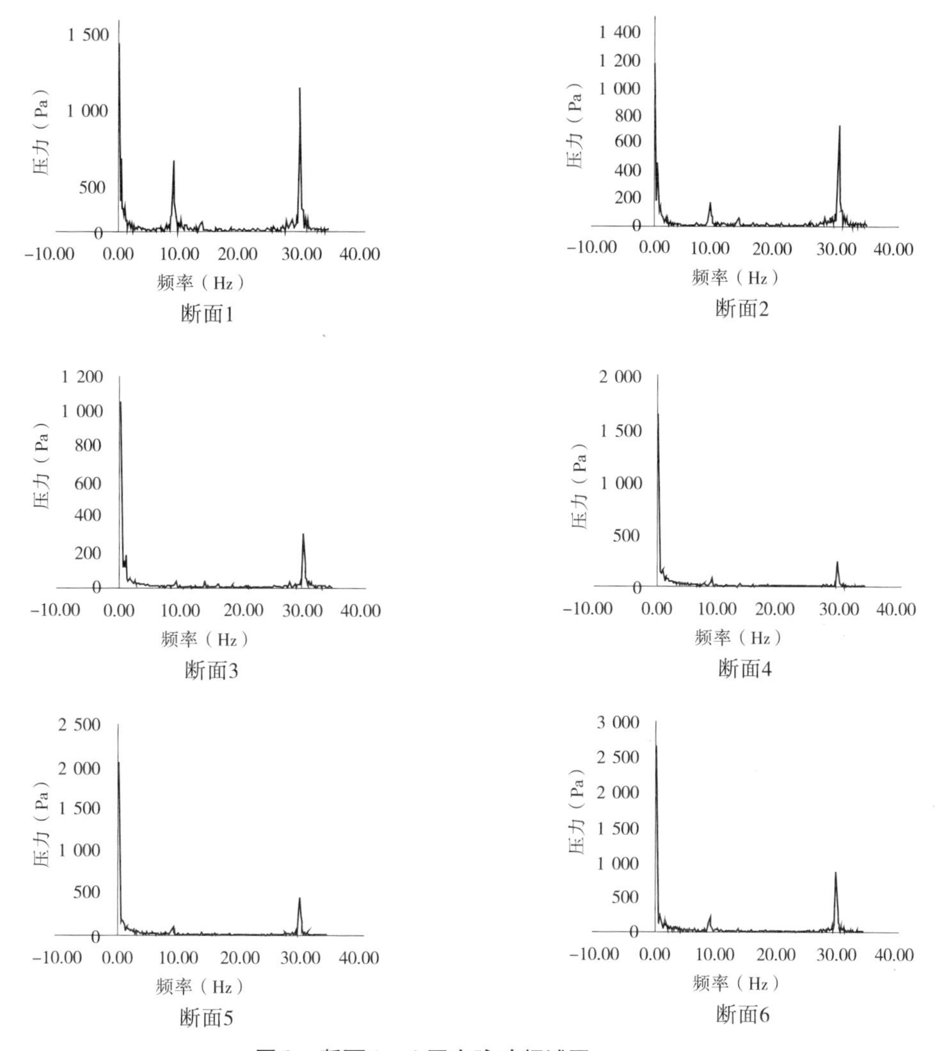

图 3 断面 1 ~6 压力脉动频域图

（2）对于同一断面，断面 1 至断面 2 之间，同一竖直断面各点时程曲线幅值、频率均相同；断面 2 后的竖直断面，外侧点压力脉动幅值明显大于上、下两侧点，且这种现象越靠近尾部越明显；外侧点高频分量少于上、下两侧点，说明蜗壳尾部外侧点频率低于同断面其余点，见图 4。

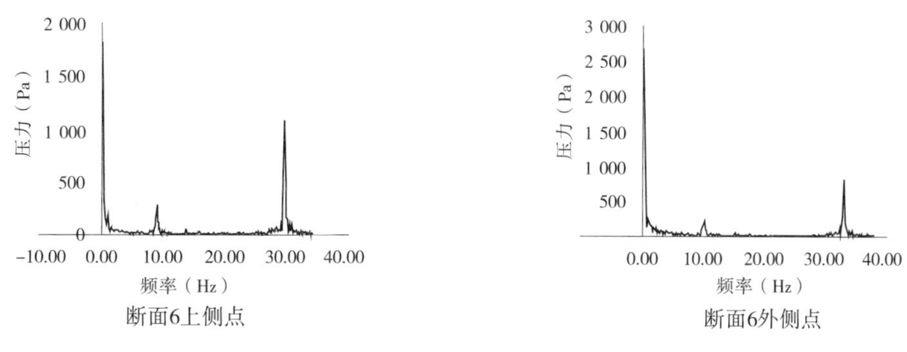

图 4 断面 6 上、外、下侧点压力脉动频域图

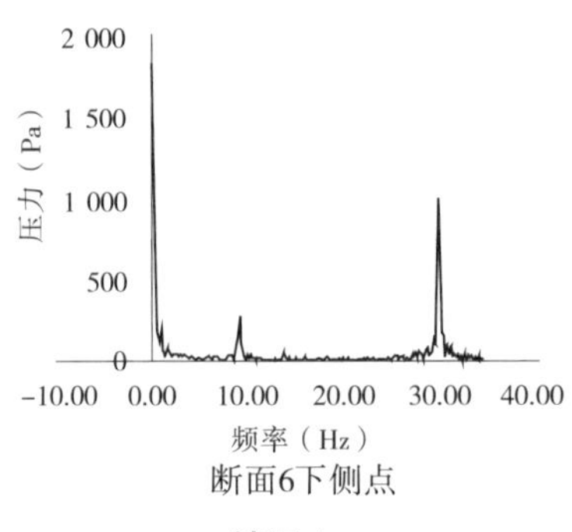

续图 4

(3)蜗壳壁面某一时刻的压力分布如图 5 所示，蜗壳整体压力入口段大于其余部位，外侧压力大于内侧，且不同时刻压力分布未出现明显变化。

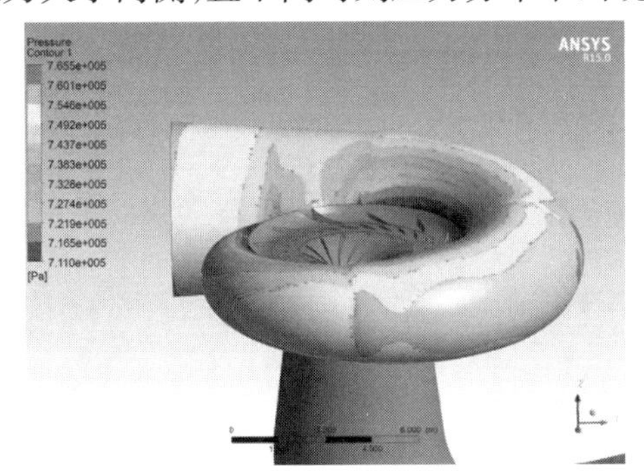

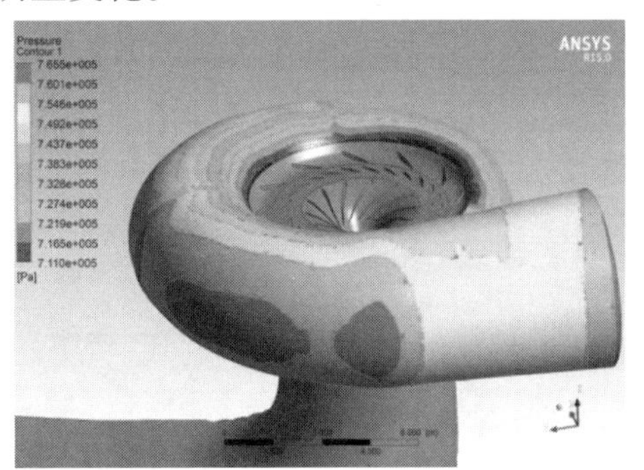

图 5　蜗壳壁面压力云图

3　厂房结构振动研究

3.1　计算模型

基于该水电站厂房，利用 ANSYS 软件进行数值模拟，模型主要包括各层楼板、风罩、机礅、蜗壳、尾水管及外包混凝土，混凝土弹性模量 37.05 GPa，泊松比为 0.167，下部大体积混凝土，上部边墙、立柱采用块体单元模拟，楼板、风罩等处采用壳单元，楼板处梁柱采用梁单元，屋架采用杆单元，立柱与屋架交接处设置质量点。蜗壳入口处及尾水管肘管段由四面体网格划分，其余部位均由六面体网格划分，整体模型网格单元数 230 812 个，节点 242 203 个，见图 6。

3.2　谐响应分析

假设水轮机流道内受均匀变化且同相位的简谐荷载，结合模型计算结果与楼板自振特性，在蜗壳内壁施加振幅为 1.4 kPa，频率 20 ~ 60 Hz 的正弦荷载，以便找出厂房楼板结构的强振频率和振动幅度包络值。发电机层楼板四个象限点的振动幅值如图 7 所示。楼板的一、二象限点最大振动发生在 35 Hz 处，振幅为 9 μm。

结合 CFD 计算结果，现拟订两种方案对厂房进行谐响应分析。方案一：由于共振频率为高频，选取蜗壳中频率与楼板共振频率最接近的断面 1 处点进行振源施加，以 29.5 Hz、1 400 Pa 的周期性脉动压力作为激励振源，作用在蜗壳内壁，观察厂房薄弱部位的振动响应。方案二：虽然蜗壳中部和尾部压力脉动主频与楼板自振频率错开度较大，但尾部幅值大于其余部位,故根据不同位置幅值和频率的不同,分三段分别对蜗壳脉动压力进行施加计算,断面1~2处施加1 400 Pa、29.5 Hz的简谐荷载,断面2~4处施加1 600 Pa、0.5 Hz的简谐荷载,断面4后施加1 800 Pa、29.5 Hz的简谐荷载,将三种计算结果进行叠加,比较观察厂房结构薄弱部位振动响应。两种方案结果对比如表1所示。

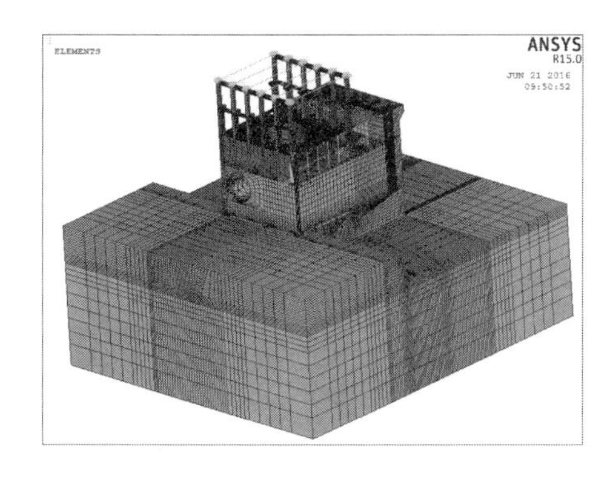

图6 厂房结构模型

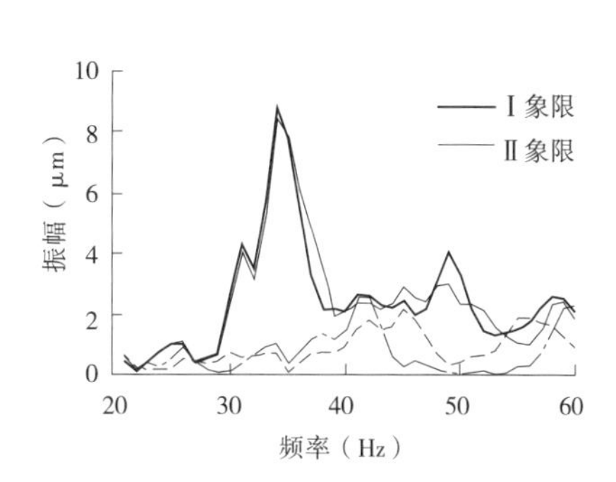

图7 楼板四象限点振动幅值

表1 厂房薄弱部位振动响应

项目	楼板		机墩		风罩	
	方案一	方案二	方案一	方案二	方案一	方案二
位移(μm)	2.58	3.17	0.96	1.31	2.45	2.94
速度(mm/s)	0.48	0.59	0.18	0.24	0.45	0.54

两种方案振动位移、速度均小于振动控制标准建议值。方案二不同部位振动最大位移大于方案一,主要原因系蜗壳不同部位施加了不同频率和振幅的激励,加大了力的不平衡作用,同时蜗壳尾部荷载幅值增大,导致位移增大,蜗壳分部位施加水力振源激励应更为准确。由于方案二中存在两种不同频率的荷载,其中高频荷载作用于蜗壳内壁的面积更广,故以29.5 Hz频率为准,所得速度、加速度值方案二均大于方案一,且小于允许值。

4 结 论

(1)流体作用下蜗壳壁面压力值由入口断面向尾部逐渐减小,外侧向内侧逐渐减小;而脉动压力幅值由入口断面向尾部呈现大—小—大的变化,尾部外侧脉动压力幅值最大,且幅值与频率成反比,压力脉动幅值大处频率低。

(2)越靠近尾部,同一竖直断面上的点所受压力脉动差异越大,外侧点幅值大频率低,内侧点幅值小频率高,而蜗壳入口段不同位置点所受压力脉动幅值、频率差别不大。

(3)蜗壳壁面作用着不同幅值和频率的压力脉动,分部位加载后厂房楼板、机墩、风罩等部位振动位移、速度、加速度大于单一水力荷载施加结果,认为分别施加水力振源结果有利于厂房振动的精确预测及计算。本文利用谐响应算法将蜗壳内水压力分三部分施加,预计可将 CFD 计算结果利用时间历程法施加于蜗壳及尾水管内壁,进一步精确探讨水力振源对厂房结构振动的作用。

参考文献

[1] 孙万泉,马震岳,赵凤遥.抽水蓄能电站振源特性分析研究[J].水电能源科学,2003,21(4):78-80.
[2] 刘建,伍鹤皋.脉动压力谱响应和时程分析的差异性研究[J].长江科学院院报,2014,31(8):93-97.
[3] 王福军,黎耀军,王文娥.水泵CFD应用中的若干问题与思考[J].排灌机械,2005,23(5):1-10.

水光互补协调运行的理论与方法研究

庞秀岚　孙玉泰

(黄河上游水电开发有限责任公司,西宁　810008)

摘　要　针对光伏发电间隙性、随机性、波动性的特点,对电网的安全稳定带来一定的影响,基于龙羊峡水光互补项目进行水光互补特性分析,提出协调运行研究的理论方法。研究结果表明,水光互补电源拥有比单独运行水电更强的调峰能力,该研究方法在应用中具有很强的指导性。水光互补技术将太阳能光伏资源和现有的水电资源整合为一个电源,不仅优化了太阳能光伏电站的电能质量,还为探索清洁能源的发展模式起到了重大示范作用。

关键词　水光互补;补偿;虚拟水电;调峰

0　引　言

太阳能发电受季节变化、昼夜交替、云层厚度等因素影响,发电出力日内变化较大,光伏电站等效利用小时数低,负荷的消纳与送出、电站的运行与控制、电网的调峰、电能质量、抗扰动能力等因素对电网的安全稳定运行带来一定的影响。水力发电具有开停机操作灵活方便、负荷调节快、调节范围大等优点,且在电力系统中承担调峰调频、事故备用任务,尤其是大型水电站装机容量大、水库调节能力强,保证了电网的安全稳定运行。水电与光电联合运行,利用水电资源丰富、调节性能好的特点对光电进行补偿,可达到平滑、稳定的出力曲线,提高电能品质。

1　水电与光电的互补性分析

1.1　水电出力补偿光电出力

1.1.1　水电一次补偿光电锯齿波动

对典型天气下光伏日出力过程的分析表明,晴天时,出力曲线呈光滑的开口朝下的抛物线形;多云、阴天、阵雨、小雨、小雪、沙尘等其他天气时,出力曲线均呈波动频繁且波动幅度比较大的锯齿形。水电一次补偿光电,是利用水电机组的快速调节能力,消除光电的锯齿形出力过程,得到平滑的光伏出力曲线。补偿过程如图 1 所示。

1.1.2　水电对光电的间歇性、波动性和随机性二次补偿

水电二次补偿光电是在一次补偿的基础上(平滑的光伏出力曲线基础上),利用水库调蓄水能和水电机组快速改变出力的能力,进一步消除光伏出力的间歇性、波动性和随机性,

作者简介:庞秀岚(1966—),女,甘肃天水人,教授级高级工程师,主要从事水电与新能源工程管理工作。E-mail:pang_pxl@126.com。

通讯作者:孙玉泰(1978—),男,高级工程师,主要从事水电与新能源工程管理工作。E-mail:sunyutai@163.com。

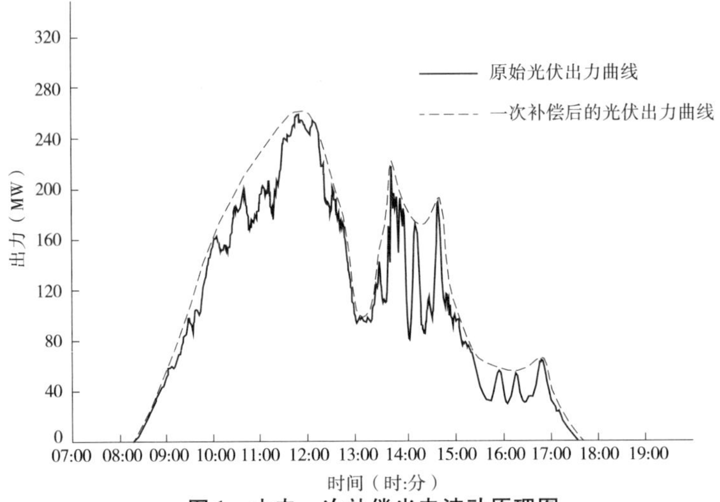

图1　水电一次补偿光电波动原理图

使光电的出力在日内保持为某一恒定值。二次补偿的具体过程如下：

(1)水电平抑光电的波动、随机性出力。

将光电送入水电站，利用水电机组启停方便、调节迅速的特点，对光电出力的进行实时补偿，平抑光电的波动、随机性出力，保证外送光电的功率特性满足受端电网的要求，将“劣质”能源转换为电网欢迎的优质电能。

图2(a)为晴天和多云天气下，水电平抑光伏出力波动性和随机性的原理图。如图所示，在光伏出力大于零的 H 个小时内，经过水电的实时补偿，光电的出力趋于恒定(图中虚线所示)。

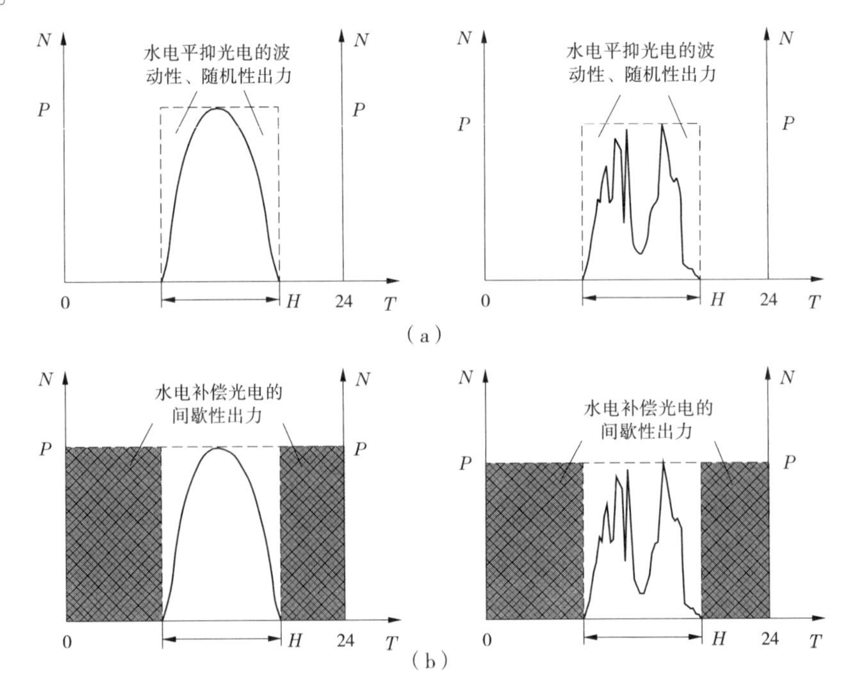

图2　水电二次补偿光电原理图

(2)水电补偿光伏的间歇性出力。

光伏电站与水电站作为一个电源点接受电网的调度,在白天光伏电站出力大于零且担负电网负荷时,水电可以在相应的时段内减少出力,水库就储备了更多的水能;在夜间,水电站就可以利用水库储存的水能加大出力,弥补由于光伏夜晚不发电给电网造成的功率缺额,这是水电对光电间歇性出力的补偿。

图2(b)是水电在平抑光电出力补偿其间歇性出力的原理图,图中阴影部分表示的是夜间光伏出力为零时水电对光电的补偿出力。可以看出,经过水电的补偿,消除了光伏出力的波动性、随机性和间歇性,使光电的出力在全天成为一个相对恒定的值,提高了光电的电能质量,为光电全额上网创造了条件。

1.2 光电电量补偿水电电量

1.2.1 中长期调度中光电对水电电量的补偿

水电站的发电情况取决于降水所形成的河川径流,而降水受大气循环的控制,也受到异常气候现象的影响,使得降水量在年际间可能相差悬殊,有丰水年和枯水年之分;此外,降水在年内变化不均匀所形成的丰、枯水期,也使我国水电普遍具有冬春季电量少、夏秋季电量多的特点。

由于太阳能资源的年际波动小,光电的年发电量平稳,将能补偿水电在枯水年发电量的下降,形成年际的互补性;光伏发电具有冬春季发电量大、夏秋季发电量小的季节性特点,可以与水电冬春季发电量小、夏秋季发电量大的特点形成季节上的互补性。

1.2.2 调峰运行中光电对水电电量的补偿

白天,当光伏电站承担电网负荷时,水电可以在相应的时段减少出力,或者缩短在低负荷时的运行时间,使水库储备更多的水能。待到电网负荷高峰时段,如果水电站能够利用水库额外存蓄的这部分水量进行调峰发电,将会增加水电站的调峰电量,增量与光伏的发电量相等。调峰电量的增加会提高水电站的调峰出力、延长高峰期运行时间,有助于提高水电的调峰效益。

水电与光电之间的互补性不仅体现在短期(日)调度中光电可以得到水电的容量支持,也表现在中长期调度和调峰运行中光电能够以电量支持水电。

2 水光互补机制分析及“虚拟水电”

2.1 水光互补机制分析

光电与水电的互补特性是双向的。利用水电机组的快速调节能力对光电进行实时补偿,即在光电发电功率增加时降低水电的出力,将原来用于发电的一部分水留在水库,当光电发电功率降低时增加水电的出力,最终使原本随机、波动和间歇的光电出力在叠加水电补偿出力后成为一个相对恒定的值,这样就获得了稳定、可靠的光伏电能,为电网最大程度地吸纳光电创造条件。

水光互补运行需要将光电接入水电站,与水电捆绑起来作为一个组合电源接受电网的调度。从能量转换的角度来看,相当于把对应光电出力的光电电量转化为发电水量补入了水库。光能转变为水能后,借助水库的调蓄作用具备了可控性的特点,将能够在时间尺度上灵活地分配。如果把水库额外储存的这部分水能分配到电网负荷高峰时段,将会直接增加水电站的调峰电量,提高调峰效益。

2.2　虚拟水电

一般情况下，把能够接入水电站的新能源电站作为水电站的额外机组，且把与水电形成互补运行、打包上网的新能源称为“虚拟水电”，可理解为：第一，水电对新能源的补偿，会平滑新能源的出力曲线，消除新能源电站出力的不可控性，将“劣质”能源转换为电网欢迎的优质电能，新能源的电能质量得到了提高。第二，形成互补运行关系后，新能源电站和水电站将作为一个组合电源整体接受电网的调度，从发电量的角度来看，新能源电站可被视为水电站新增的装机；从系统运行的角度看，新能源电站还可以和水电站的其他机组共同参与电网调峰，并且与水电机组一样不再需要电网为其设置备用容量，具备了水电机组的一些特性。

以龙羊峡水光互补项目为例，320 MW 光伏电站生产的电能通过 330 kV 线路送入龙羊峡水电站，利用龙羊峡水电站的 5 回 330 kV 出线接入电网。水光互补后，龙羊峡水电站与光伏电站将作为一个整体接受电力系统的调度，从电量的角度看，光伏电站可视为龙羊峡水电站新增的机组，与其他 4 台水轮发电机组共同完成系统下达的发电任务。因此，可把 320 MW 光伏机组看作龙羊峡水电站的第 5 台“虚拟机组”。

3　水电对光电的补偿能力分析

在日调度中，水光互补运行需要完成三个任务：第一，水电站的日泄放水量必须达到流域水资源综合利用的最低要求；第二，水电应该具备补偿光电的能力，即光电出力与水电的补偿出力之和在日内要成为一个相对恒定的值，确保光电全额上网；第三，水光电需要共同完成电网下达的发电任务，实现电力和电量的平衡。

几种典型天气下，光电的日出力过程如图 3 所示。

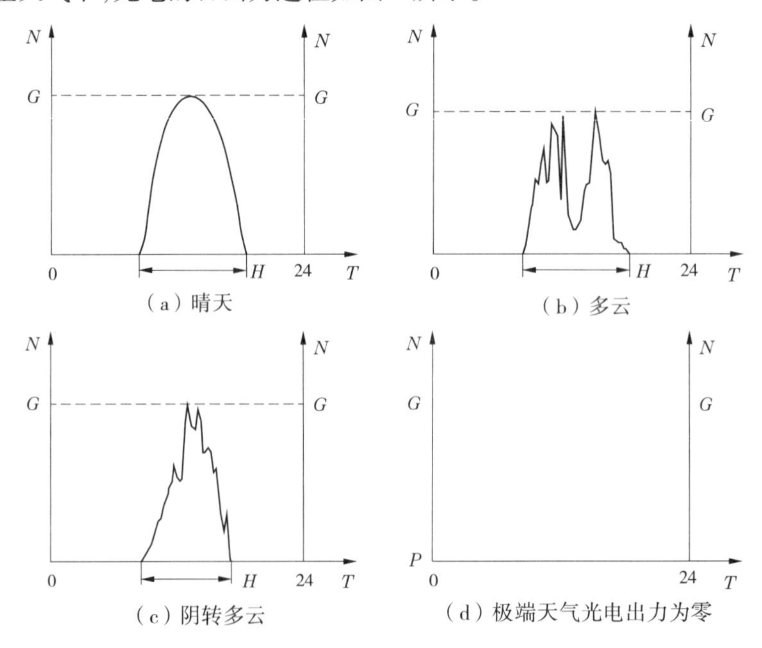

（a）晴天　（b）多云　（c）阴转多云　（d）极端天气光电出力为零

图 3　光电日出力曲线

从水电站的运行角度出发，在“以水定电”的前提下，其日可调电量有两个用途：一是用来补偿光电,消除光伏出力的波动性、随机性和间歇性,所需电量称为水电补偿光伏电量;二是水电站还要承担电力系统的调峰任务,所需电量称为水电调峰电量。

光电的出力始终小于系统负荷要求或光电出力在某些时段大于电网的负荷要求,且没有其他电源对光电进行补偿,光伏电站就要弃光,在这两种运行方式下分三种情况:①水电可以完全补偿光电,并完成调峰任务;②水电可以完全补偿光电,但不能完成调峰任务;③水电无法完全补偿光电,需要其他电源参与采用迭代算法,进行补偿能力分析计算。在水电站水量平衡的前提下,研究和解决电力系统在短期(日、周)内的电力电量平衡、水电站与光伏电站间负荷的合理分配、水电对光电的补偿能力、水光互补电源的调峰能力等。

4 水光互补电源的调峰能力分析

电源的调峰能力,即电源对系统负荷变化的跟踪能力,是组成电源的发电机组启停时间、出力变化幅值和出力调整速率等因素的综合体现。

4.1 理论调峰容量

白天,水电与光电均能参与电网调峰,而且当光电与水电形成互补关系时,光电还被视为水电新增的装机,所以此时水光互补电源的理论调峰容量为水电站与光伏电站装机容量的总和。在黑夜和凌晨,光电出力为零,此时只有水电能够承担电网的晚高峰负荷,水光互补电源的理论调峰容量仅等于水电站的装机容量。

以龙羊峡水光互补项目为例,其白天的理论调峰容量为 1 600 MW,黑夜和凌晨的理论调峰容量需要扣除光电的装机,为 1 280 MW。

4.2 实际调峰容量

实际运行中,光电出力是不可控的,在电网负荷高峰时段只能以实时出力参与调峰。所以,在白天,光电的实际调峰容量等于电网负荷高峰时段光电的实时出力,小于光伏电站的装机容量。在黑夜和凌晨,太阳辐照强度为零,光电出力为零,实际调峰容量也为零。

水电机组出力调整范围大、调节速度快,调峰深度接近 100%,因而水电所能提供的实际调峰容量在全天都等于其装机容量。

水光互补电源的实际调峰容量为水电和光电实际调峰容量之和。

以龙羊峡水光互补项目为例,冬季电网负荷的早、晚高峰分别在 11:00 和 19:00,那么白天水光互补电源的实际调峰容量为:

$$N_{dp} = N_{H,in} + N_{G,t}$$

式中:$N_{H,in}$ 为水电的装机容量;$N_{G,t}$ 为系统负荷高峰时段光电的出力,这里 $t = 11$,表示早高峰所在的 11:00。

黑夜和凌晨,水光互补电源的实际调峰容量为(晚高峰 19:00 时光电的出力几乎为零,可以忽略不计):

$$N_{np} = N_{H,in}$$

4.3 与水电单独运行时调峰能力的比较

单独运行水电的理论和实际调峰容量都为水电站的装机容量。

4.3.1 理论调峰容量的增加量

水光互补电源与单独运行的水电相比,黑夜和凌晨的理论调峰容量没有增加;在白天,理论调峰容量增加量

$$\Delta N_{dp1} = N_{G,in}$$

式中：$N_{G,in}$ 为光伏电站的装机容量。

对龙羊峡水光互补项目而言，白天的理论调峰容量增加了 320 MW，黑夜和凌晨的理论调峰容量没有增加。

4.3.2 实际调峰容量的增加量

与单独运行的水电相比，水光互补电源在黑夜和凌晨的实际调峰容量没有增加；白天的实际调峰容量增加量

$$\Delta N_{dp2} = N_{G,t}$$

式中：$N_{G,t}$ 为电网负荷高峰时段光电的出力。

对于龙羊峡水光互补项目，$N_{G,t}$ 为 11:00 光伏电站的出力。统计推测的 1998～2007 年 320 MW 光伏电站日出力过程可知，光伏电站在晴天 11:00 的出力

$$N_{G,11} = 150 \sim 225 \text{ MW}$$

因此，在白天，实际调峰容量增加量为 150～225 MW，龙羊峡水光互补电源的实际调峰容量达到 1 430～1 505 MW。

通过以上对水光互补电源调峰能力的分析可知，光电不仅没有削弱水电的调峰能力，反而作为“虚拟水电”成为水电新增的装机，通过电量和一定发电容量的支持，使水光互补电源获得了比单独运行水电更大的调峰能力，有利于提高水电的调峰效益。

5 水光互补的模型与方法研究

5.1 光伏电站输出功率的预测方法

水光电的互补运行，首先需要对光伏电站的输出功率进行预测，预先获得光电在调度期内的出力曲线，然后才能确定水电对光电的补偿过程，最终达到平滑光电出力曲线、促进光电全额上网的目的。

（1）基于太阳辐射强度的间接预测方法。通过对太阳辐射历史数据的合理建模预测出太阳辐射强度值；然后，根据太阳能电池物理原理和光电转换效率的定义建立起光伏发电系统输出功率与太阳辐射强度、光电转换效率、MPPT 转换效率等因素之间关系的经验表达式；最后，利用该表达式直接计算出光伏发电系统的短期输出功率值。

（2）基于光伏发电系统输出功率历史数据的直接预测方法。对输出功率历史数据进行合理建模（常用的模型有人工神经网络、马尔可夫链、支持向量机、灰度模型等）；然后，利用气象天气预报的信息直接预测光伏发电系统的短期输出功率值。

5.2 水光互补协调运行模型

5.2.1 按调度时长划分

中长期调度模型所研究的时段较长，由于受水库调节库容、太阳辐射以及入库径流等因素的影响，水光互补后可能会对整个系统产生不利影响。因此，该模型适用于研究水光互补协调运行在较长时段内的可行性和可靠性问题；短期调度模型所研究的时段较短，当水库具备较大的调节库容时，水光互补的可行性和可靠性一般均能得到满足。因此，该模型适用于研究短期内水光互补协调运行对系统电网调峰能力的影响。

5.2.2 按优化目标划分

调峰能力最大模型，指经过水光互补协调运行之后，水电和光电的总出力能够尽量多地

承担电网峰荷;弃光电量最小模型,指经过水电补偿后,光电上网电量最大,未上网的光电电量最小;经济效益最大模型,是考虑不同时段的上网电价,获得的总收益最大。

5.2.3 按求解方法划分

系统最优模型是指根据优化目标和优化准则,采用系统优化方法(如 GA 算法、PSO 算法、ACO 算法等)进行求解并得到一组理论最优解的数学模型;而模拟优化模型通常难以采用系统最优化方法进行求解,此类模型的求解主要采用模拟的手段并同时嵌入优化的思想,经过不断迭代反演并取得多组较优解。

6 结 语

本文基于光伏发电、水力发电的特点,以龙羊峡水光互补项目为基础,进行水电对光伏发电补偿能力分析,揭示水光互补机制,提出虚拟水电内涵、水光互补协调运行的理论与方法,建立水光互补协调运行数学模型,通过理论研究在龙羊峡水光互补项目的实践,达到了水光互补协调控制运行的目的,使光伏发电成为优质电能,大大减弱了光伏发电对电网运行的不利影响,也为后续开展更大规模的风、水、光多能互补协调控制研究奠定了坚实的基础。

参 考 文 献

[1] 王晓忠,孙韵琳,刘静,等.水—光互补发电站推广应用的可行性分析[J].工程技术,2013,425(5):231-234.

[2] 侯水才,胡天舒.水电站[M].北京:中国水利水电出版社,2005.

[3] 陈启卷,南海鹏.水电厂自动运行[M].北京:中国水利水电出版社,2009.

[4] 黄强,王义民.水能利用[M].北京:中国水利水电出版社,2009.

[5] 谢建.太阳能光伏发电工程实用技术[M].北京:化学工业出版社,2010.

[6] 黄汉云.太阳能光伏发电应用原理[M].北京:化学工业出版社,2009.

[7] 何道清,何涛,丁宏林.太阳能光伏发电系统原理与应用技术[M].北京:化学工业出版社,2012.

[8] 王长贵.新能源发电技术[M].北京:中国电力出版社,2003.

[9] 刘军伟.考虑风电场容量可信度的电力系统调峰能力研究[D].华北电力大学,2013.

[10] 龙羊峡水光互补协调运行研究课题组.龙羊峡水光互补协调运行研究与应用研究成果报告[R].西宁:黄河上游水电开发有限责任公司,2015.

[11] 王磊.光伏发电系统输出功率短期预测技术研究[D].合肥工业大学,2012.

[12] 丁明,王磊,毕锐.基于改进 BP 神经网络的光伏发电系统输出功率短期预测模型[J].电力系统保护与控制,2012,40(11):93-99.

基于 AHP 和 GIS 的帕隆藏布地质灾害易发性评价

王有林[1,2] 许晓霞[1] 赵志祥[1,2] 李常虎[1,2] 王 群[1]

(1. 中国电建集团西北勘测设计研究院有限公司,西安 710065;
2. 国家能源水电工程技术研发中心高边坡与地质灾害研究治理分中心,西安 710065)

摘 要 地质灾害的分布和易发特性极大地制约着水电工程梯级电站规划和枢纽建筑物布置,为此本文在遥感解译和实地调查的基础上,开展了基于 AHP 和 GIS 技术的帕隆藏布地质灾害易发性评价方法研究。通过分析区域地质环境和地质灾害的发育、分布特征,选取灾害点发育密度、地层岩性、断裂构造、坡度、植被、降雨和地震等 7 个评价指标建立递阶评价指标体系,同时采用层次分析法构建判断矩阵,并求出各指标综合权重值,在 GIS 平台中进行运算,得到帕隆藏布流域地质灾害易发性分区。通过地质灾害易发性分区,可为地质灾害区域预警、预防提供依据,并为梯级电站规划、枢纽建筑物布置提供技术支撑,评价方法可为同类工程提供参考。

关键词 水利水电工程;地质灾害;易发性评价;层次分析法;GIS

0 引 言

帕隆藏布干流总长 267 km,各类地质灾害点总计 280 个,平均不到 1 km 就发育一处灾害点,在某些流域段地质灾害发育更为密集,地质灾害数量之大、类型之多在我国实属罕见。大量发育的地质灾害,严重制约着水利水电工程梯级电站规划和建筑物布置,如何正确地评价河段地质灾害的易发特性,从而为规划设计提供依据,显得格外重要。

地质灾害易发性评价的主要工作方法是在大量收集、分析处理基础地质资料的基础上,利用恰当的数学统计模型,划分出相应的易发性分区[1]。各种地质因素在各个局部区域存在差异性和复杂性,基础数据工作量十分巨大。由于遥感和 GIS 技术具有宏观性、周期性、信息丰富和信息处理快捷等诸多优点[2,3],较之常规手段,可以节省大量人力、物力和财力,提高工作效率,并能直观显示和获得评价预测结果,从而可为地质灾害预警和工程勘测设计提供依据。

近年来,基于 GIS 平台,采用不同评价方法和数学模型进行地质灾害区划和评价的研究成果颇丰[4-6]。层次分析法(AHP)具有系统性和简洁实用的特点[7],且较为成熟。本文在分析研究帕隆藏布地质环境和灾害发育、分布特征的基础上,采用层次分析法确定各因子的影响权重,利用 GIS 平台进行叠加分析,得到了该流域地质灾害的易发性分区。

作者简介:王有林(1983—),男,青海互助人,工程师,主要从事水利水电工程地质勘察及地质灾害防治等方面的生产科研工作。E-mail:252504825@ qq. com。

1　区域地质背景

帕隆藏布位于西藏自治区东南部，是雅鲁藏布江左岸一级支流，于林芝县觉东附近注入雅鲁藏布江。河流海拔在 1 540 ~ 4 900 m，天然落差 3 360 m，干流全长 267 km，流域面积 28 642 km^2。流域内山峦起伏，山脉纵横交织，形成了许多沟壑谷川，沟谷源头古冰川地貌及现代冰川发育。

区内地层出露不全，连续性较差，主要出露的地层有下元古界、上元古界、上古生界变质岩类和第四系松散堆积物，并大面积出露燕山晚期—喜山早期的花岗岩类侵入岩，岩性极其复杂。

帕隆藏布大地构造上位于冈底斯—念青唐古拉地槽、念青唐古拉—高黎贡山地背斜内，为大地构造相对不稳定地段。区内断裂构造发育，以向东凸出的近东西—北西—近南北向弧形断裂为主，其次是北东向和北西向断裂，断裂规模、活动时间、活动强度具有明显的不均一性。

2　研究方法

层次分析法是美国运筹学家萨蒂于 20 世纪 70 年代初提出的。在对复杂的决策问题的本质、影响因素及其内在关系等进行深入分析的基础上，利用较少的定量信息使决策的思维过程数学化，从而为多目标、多准则或无结构特性的复杂决策问题提供决策方法[7]。它将复杂的决策问题分解归并为有序的层次结构，对同一层次的不同要素两两进行比较，权衡它们对上一层次的重要性，从而建立判断矩阵，然后计算判断矩阵的最大特征值及特征向量，并检验其一致性，通过一致性检验后计算该要素对于该准则的权重，进一步计算出各层次要素对于总体目标的综合权重值[5]。

本次研究依据帕隆藏布地质环境特征和灾害发育规律，并参考同类项目的分析研究方法，选取灾害发育密度、地层岩性、距断层距离、坡度、植被（*NDVI*）、地震、降雨量等 7 个评价因子，进行量化处理，并重分类为 1 ~4 级，消除不同因子的量纲影响，使各评价因子具有相同的可比分类体系。利用层次分析法，对各评价因子赋权重值进行叠加分析，并再次重分类，得到地质灾害易发性分区。层次分析法的具体计算过程如下：

（1）建立递阶层次关系。

应用层次分析法的首要问题就是把复杂的目标进行分解、层次化，构造解决问题的层次结构。本次研究选取评判因子时依据帕隆藏布地质灾害发育的特点，评价以地质灾害易发性作为目标层，选择了发育因子、基础因子和诱发因子构成准则层，即二级评判因子，并选取了对地质灾害易发性影响较为明显的 7 个因子构成措施层，即三级评判因子，建立了帕隆藏布地质灾害易发性评价递阶层次结构（见图 1）。

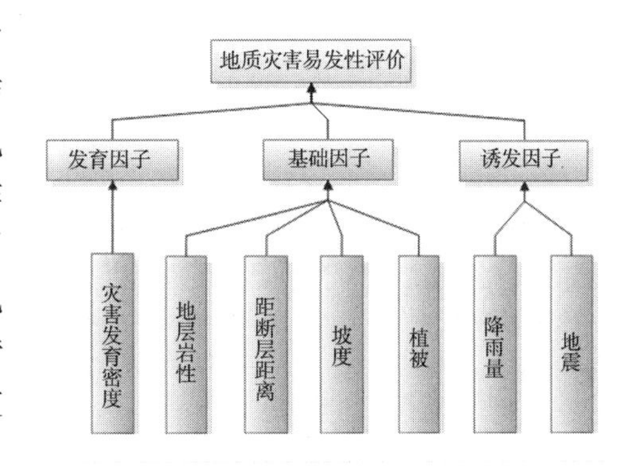

图 1　易发性评价递价层次结构体系

（2）构造判断矩阵。

在确立层次结构之后，决策者需要对隶属

于上一层次的所有下层元素进行两两比较，并进行标度赋值（见表1），形成判断矩阵 $A=(a_{ij})_{n\times n}$。判断矩阵 A 有以下性质①$a_{ij}>0$；②$a_{ij}=1/a_{ji}$；③$a_{ii}=1$。

表1　判断矩阵标准及其含义

标度	含义
1	表示两个评价指标相比，二者有相同的重要性
3	表示两个评价指标相比，前一指标比后一指标稍重要
5	表示两个评价指标相比，前一指标比后一指标明显重要
7	表示两个评价指标相比，前一指标比后一指标强烈重要
9	表示两个因子相比较，其中一个相对另一个来说极其重要
2,4,6,8	介于上面两个相邻判断值的中间
倒数	若因素 i 与 j 的重要性之比为 b_{ij}，那么因素 j 与因素 i 重要性之比为 $b_{ji}=1/b_{ij}$

（3）一致性检验。

判断矩阵建立后需要进行一致性检验，以一致性比率 CR 的值来检验，$CR=\dfrac{CI}{RI}$，其中 RI 为平均随机一致性指标，2～9 阶数的判断矩阵所对应的 RI 值见表2。

表2　RI 的取值

阶数 n	2	3	4	5	6	7	8	9
RI	0	0.58	0.90	1.12	1.24	1.32	1.41	1.45

其中：$CI=\dfrac{\lambda_{\max}-n}{n-1}$；　$\lambda_{\max}=\dfrac{1}{n}\sum\limits_{i=1}^{n}\dfrac{(AW)_i}{W_i}$；　$W_i=\dfrac{\overline{W_i}}{\sum\limits_{j=1}^{n}\overline{W_j}}$，$(j=1,2,\cdots,n)$；

$$\overline{W_i}=\sqrt[n]{\prod_{j=1}^{n}a_{ij}},(i=1,2,\cdots,n)$$

式中：i 为矩阵阶数；W_i 是单准则条件下因子的权重值。

当 $CR\leqslant 0.1$ 时，认为该判断矩阵通过了一致性检验，否则对该矩阵因子赋值进行调整，直至通过一致性检验。

根据上述原理，构建本次地质灾害危险性评价的判断矩阵并进行一次性检验如表3所示。

表3　2～3层次基础因子判断矩阵

因子	地层岩性	距断裂距离（m）	坡度	植被覆盖率（%）	W_i
地层岩性	1	1/3	1/5	5	0.138 3
距断裂距离	3	1	1/3	6	0.262 3
坡度	5	3	1	8	0.553 3
植被覆盖率	1/5	1/6	1/8	1	0.046 0

根据以上公式,求得上述矩阵特征向量 $W=(0.1383,0.2623,0.5533,0.0460)^T$,最大特征值 $\lambda_{max}=4.2063$,一致性比率 $CR=0.0773<0.1$,判断矩阵通过了一致性检验。

(4)计算因子的综合权重值。

评价因子的综合权重是因子对总目标的权重值。假设上一层次 A 包含 m 个元素 A_1,A_2,…,A_m,其层次总排序权重值分别为 a_1,a_2,…,a_m,下一层次 B 包含 n 个元素 B_1,B_2,…,B_n,他们对于因素 A_j 的层次单排序的权重值是 b_{1j},b_{2j},…,b_{nj},此时 B 层次的层次总排序权重值为:

$$B_n = \sum_{j=1}^{m} a_j b_{nj}$$

根据上式求得各因子的综合权重值如表4所示。

表4 评价因子综合权重列表

评价因子	发育因子(0.353 8)	基础因素(0.313 3)	诱发因素(0.332 9)	综合权重
发育密度	1			0.353 8
距断裂距离		0.262 3		0.082 2
坡度		0.553 3		0.173 4
地层岩性		0.138 3		0.043 3
植被覆盖率		0.046 0		0.014 4
降雨量			0.666 7	0.221 9
地震			0.333 3	0.111 0

3 评价指标量化

3.1 发育因子

发育因子主要体现的内容是研究区内已有地质环境及人类活动共同作用下地质灾害的发育程度。对于河流而言,地质灾害多沿河道两岸发育,呈线状分布,为此采用地质灾害线密度表达其发育程度,即每千米地质灾害发育数。因下载的ETM影像数据分辨率为30 m,为进行栅格叠加分析,对灾害发育密度进行归一化处理,像元大小统一为30。根据国土资源部《县市地质灾害调查与区划基本要求实施细则》,将地质灾害易发性分为不易发、低易发、中易发、高易发四个级别,叠加分析时为消除不同因子量纲影响,便于栅格叠加,将灾害发育密度重分类为四级,分别赋值为1、2、3、4,如图2所示。

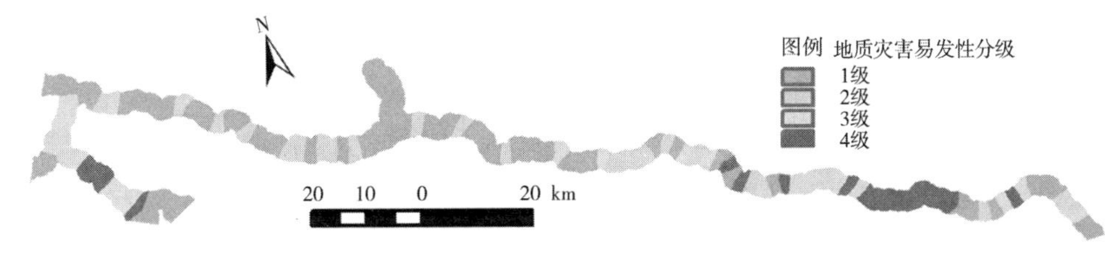

图2 地质灾害发育密度分级

3.2 基础因子

基础因子的选取充分考虑研究区对地质灾害发育有主要影响的因子,共选取了地层岩性、断裂构造、坡度和植被覆盖率四个因子进行评价。

(1)地层岩性。

地层岩性以1∶25万区域地质图为基础,以岩土体的坚硬程度进行分类分级,由硬到软分为四级。坚硬的侵入岩岩组,以花岗岩、花岗闪长岩为主,属坚硬岩,对灾害的贡献最小,赋值1;浅变质岩岩组,以灰岩、变质砂岩、石英岩、大理岩等为主,属较坚硬岩,赋值2;变质岩岩组,以板岩、石英片岩、辉绿岩片为主,属较软岩,赋值3;软岩组,以松散堆积物和泥岩、千枚岩为主,属软岩,赋值4。地层岩性坚硬程度分级见图3。

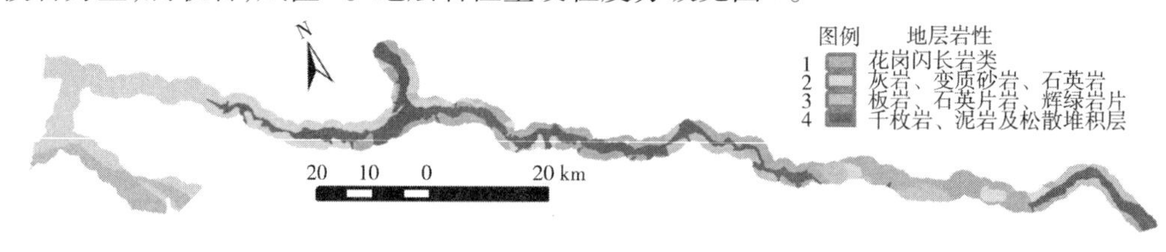

图3　地层岩性坚硬程度分级

(2)断裂构造。

断裂构造对地质灾害的影响主要表现在两个方面:一方面,断裂及其影响带范围内岩体较为破碎,岩体完整性差;另一方面,断裂常常成为滑坡、崩塌、不稳定斜坡的控制性结构面,沿断裂延伸方向灾害点呈串珠状发育。本次研究以距断裂构造的距离为缓冲,并分类为4级。其中距断裂距离大于500 m赋值1,301~500 m赋值2,100~300 m赋值3,小于100 m赋值为4。断裂构造影响分级见图4。

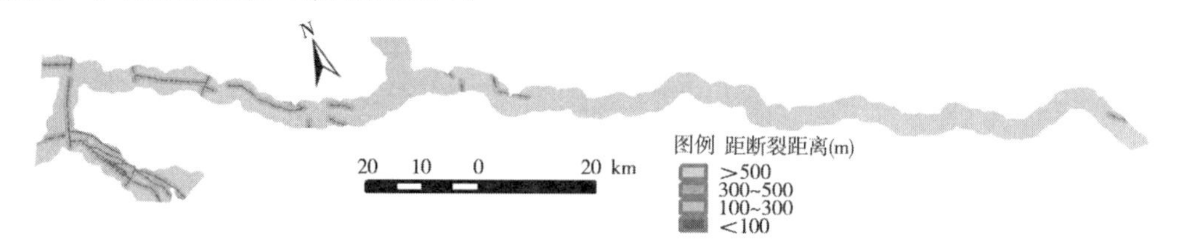

图4　断裂构造影响分级

(3)坡度。

帕隆藏布干流地形地貌变化大,河谷类型自上而下有冰川"U"型谷、基岩"V"型谷、基岩宽谷、"U"型谷、深切宽谷、高山峡谷等。地质灾害的发育与地貌类型息息相关,尤其与坡度关系密切,峡谷陡坡段地质灾害密集发育。利用已有1∶1万地形图,生成数字高程模型(DEM),从中提取出河段坡度数据,并手动重分类为四级。其中坡度小于15°为缓坡,赋值1;16°~30°为较陡坡,赋值2;31°~50°为陡坡,赋值3;大于50°为极陡坡,赋值4。坡度分级见图5。

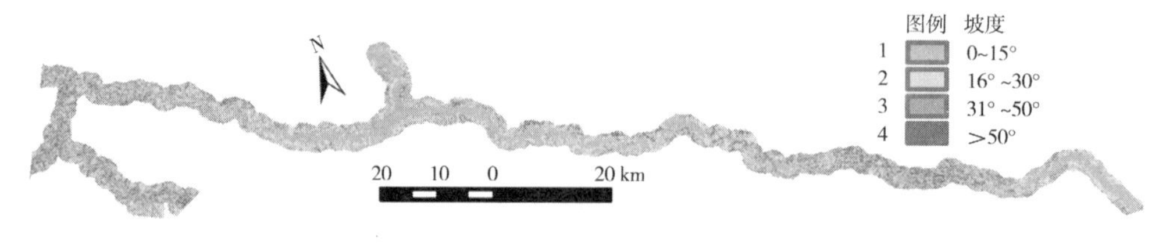

图5　坡度分级图

(4)植被覆盖率(*NDVI*)。

归一化植被指数*NDVI*是表征植被覆盖状况较为理想的指标,*NDVI*的数值范围是

(−1,1),数值越大代表植被覆盖程度越好。本次研究下载了全河段 2013 年 10 月 Landsat8ETM 数据,利用 GIS 软件对 ETM 数据进行波段合成和镶嵌处理,再提取 *NDVI* 值,采用自然断点法重分类为 4 级,按照数值大小分别赋值 1、2、3、4,如图 6 所示。该河段上游属冰川地貌,现代冰川发育,河谷两岸高被积雪覆盖,提取的 *NDVI* 值整体偏低。

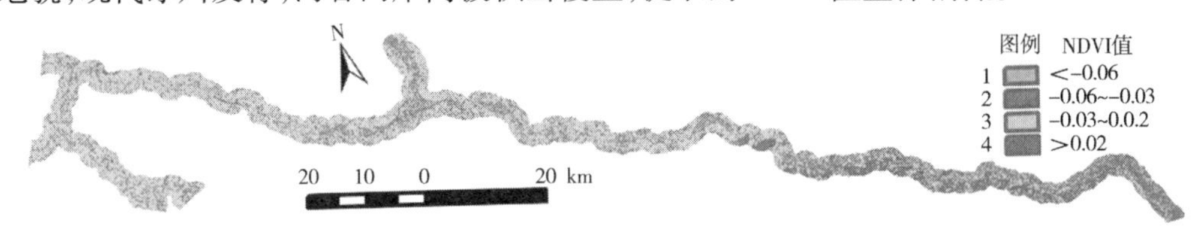

图 6 植被覆盖分级

3.3 诱发因子

(1)降雨量。

降雨是诱发因子中对地质灾害影响最大的一个因素,考虑到降水对不同类型地质灾害的影响程度不同,研究采用多年平均降水量这一指标。利用帕隆藏布周围 13 个观测站点 1971 ~2015 年共 35 年的年均降水量数据进行克里金插值,得到帕隆藏布多年平均降水量分布图,采用自然断点法重分类为四级,并分别赋值,分级结果见图 7。

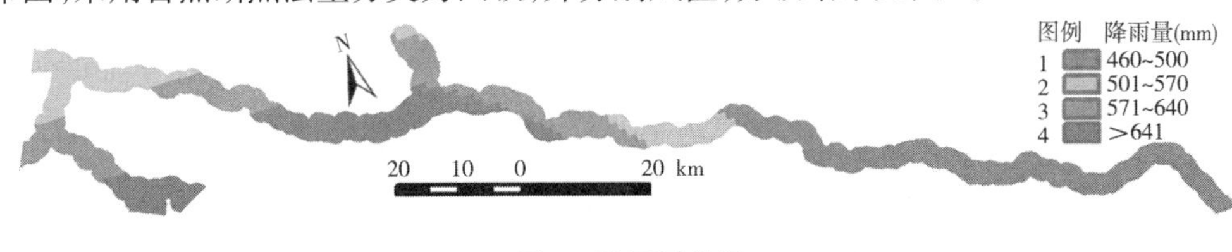

图 7 降雨量分级

(2)地震。

研究区内新构造运动活跃,地震较为频繁,地震引发的滑坡等灾害也不在少数,因此将地震活动也作为一项评价因子进行考虑。采用地震加速度为分级依据,参考《中国地震动参数区划图》(GB 18306—2015),依次进行分级并赋值 1、2、3、4,分级结果见图 8。

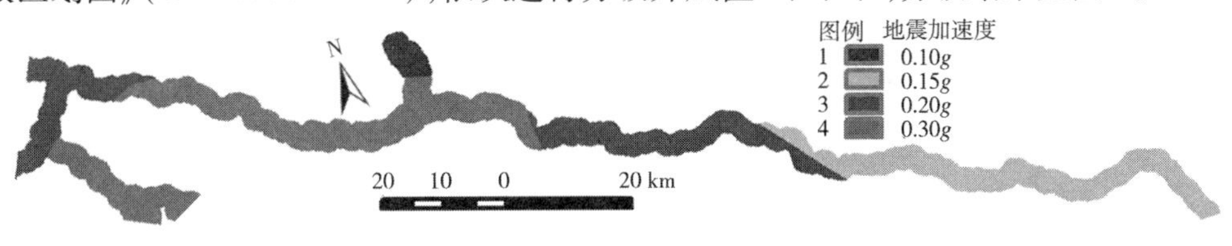

图 8 地震加速度分级

4 易发性等级划分

基于上述指标因子的分析、评价及归一化处理的基础上,确定各因子对地质灾害易发性评价贡献的大小,利用 GIS 空间分析功能在处理多因子、多图层叠加处理评价方面的优势,最终建立了帕隆藏布地质灾害易发性分区模型:

$$S = \sum W_i \times B_{ij} = 0.3538 \times B_{1j} + 0.0433 \times B_{2j} + 0.0822 \times B_{3j} + 0.1734 \times B_{4j} + 0.0144 \times B_{5j} + 0.2049 \times B_{6j} + 0.1280 \times B_{7j}$$

式中:S 为评价单元的综合易发性评价值;W_i 为第 i 个指标的敏感度权重;B_{ij} 为第 i 个指标

属性 j 的赋值大小，其中 i 为 1 ~ 7，j 为 1 ~ 4。

按照评价模型，应用空间分析模块下的叠加分析进行计算，并对计算结果作分级处理，这里将评价结果分为 4 级，分别为高易发区、中易发区、低易发区和不易发区，最终得到帕隆藏布地质灾害易发性分区（见图 9）。

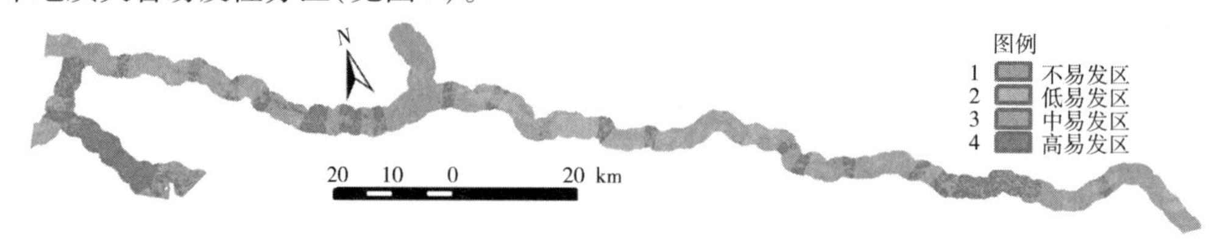

图 9　帕隆藏布地质灾害易发性分区

从分区图上可以看出，高易发区主要为上游的基岩“V”型河谷段和易贡河口以下高山峡谷段，地质灾害密集发育。其中上游基岩“V”型河谷段两岸岸坡陡峻、河流下切速度快，卸荷、松动岩体发育；下游易贡河口以下高山峡谷段断裂构造发育，高易发区占全河段面积的 25.4%；中易发区主要为波堆藏布至易贡河口河段的深切宽谷段，占全河段的 35.9%；低易发区主要为松宗至波密的基岩宽谷段，占全河段的 20.2%；不易发区主要为然乌湖及上游的冰川宽谷段，占全河段的 18.5%。

5　结论与建议

（1）本文采用层次分析法和 GIS 平台，选取灾害点发育密度、地层岩性、断裂构造、坡度、植被、降雨量和地震作为评价因子，建立了地质灾害易发性评价因子层次模型。

（2）通过对各因子归一化处理，将考虑综合权重值的各因子进行叠加计算，得到了帕隆藏布地质灾害易发性分区，计算结果与现场实际调查结果基本吻合。评价方法基本合理，结果可靠，与传统方法相比是一种半定量的评价方法，节省了大量的资料处理时间。

（3）层次分析法中各评价因子的选取和权重赋值，很大程度上依赖于决策人对地质情况的认识和地质条件的分析判断，过分追求数学模型的复杂程度和强调 GIS 的应用，而不加以地质分析，可能得出完全错误的结论。因此，应重视对灾害机制及其区域性规律的认识，重视评价指标体系建立的科学性和合理性，从而更好地为工程设计服务。

参考文献

[1] 黄润秋，许强，沈芳，等．基于 GIS 的地质灾害区域评价与危险性区划系统研究[C]//第三届海峡两岸三地环境灾害研讨会论文集．台北：2011：177-182.

[2] 卓宝熙．工程地质遥感判释与应用[M]．2 版．北京：中国铁道出版社，2011.

[3] 卓宝熙．中国科学技术前沿·遥感技术与工程勘测[M]．北京：高等教育出版社，2006.

[4] 黄润秋，向喜琼，巨能攀．我国区域地质灾害评价的现状及问题[J]．地质通报，2004，23(11)：1078-1082.

[5] 许晓霞，张福平，王有林，等．基于 GIS 和 RS 的舟曲县地质灾害易发性评价[J]．甘肃科学学报，2015，27(6)：27-31.

[6] 许晓霞．基于 GIS 的陇南市地质灾害风险性评价[D]．陕西：陕西师范大学，2015.

[7] 许树柏．层次分析法原理[M]．天津：天津大学出版社，1988.

基于河流健康的环境流量水文综合法比较分析

禹雪中 Todd Hatfield

（Ecofish 研究有限公司，Vancouver，Canada T3A 5T4）

摘 要 本文基于河流健康的视角，同时考虑河流的社会价值和生态完整性两个方面的属性，分别采用引/蓄水量和河流生态系统健康指标两类共17个指标，对国内外4种常用的河流环境流量水文综合方法进行了计算和比较，分析了不同方法在维持河流健康和保障工程效益两个方面的表现。计算结果表明，4种方法计算得到的引/蓄水量差异明显，表明这些方法在社会价值方面的表现存在较大差异。除了5%多年平均流量方法之外，其他三种方法在水质、鱼类栖息地流量和枯水期流量方面表现基本相同，并且与天然状况接近。这些方法对平水期和丰水期流量、河道地形和泥沙输移流量、鱼类自然产卵和洄游流量都会产生一定程度的影响。5%多年平均流量方法对河流生态系统健康各项指标的影响最显著，在基本流量和生态过程维持方面存在一定的风险。本文的研究结果有助于从工程效益和河流生态系统健康两个方面，深入了解主要环境流量水文综合方法的表现，从而为引水工程和水电工程在环境流量方面的规划设计提供支持。

关键词 环境流量；水文综合法；河流健康；比较分析

关于河流环境流量的评估，已经发展了200多种具体方法，这些方法被划分为水文学方法、水力学方法、栖息地模拟和整体模拟法等4类。环境流量的水文综合方法根据河流流量与生态环境状况之间的经验关系，基于长时间系列水文资料，确定满足生态综合需求的环境流量，是引水和水电工程规划设计中确定下泄流量的常用方法，常用的方法包括Tennant法、流量历时曲线法（Flow Duration Curves）、水文变化指标/变异范围法（IHA/RVA）等。在实际的工程应用中，采用不同计算方法和阈值将得到不同的环境流量结果，相应的工程效益和生态影响也会不同。目前，对于这两个方面的影响还缺乏深入的认识，使得工程规划和设计难以确定适合的方法，或者由于环境流量考虑的不充分而影响河流生态状况。

河流健康的内涵既包括生态系统结构与功能的维持，也包括人类服务功能与社会价值。本文从河流健康的视角，同时考虑维持河流生态系统结构与功能、提供人类服务功能两个方面的需要，建立相应的指标体系，进行了常用环境流量水文综合法的比较和分析，以求深化对环境流量水文综合方法理论和应用的认识。

1 环境流量的水文综合法

本文主要对水文综合法中的Tennant法及两种阈值、流量历时曲线法和瞬时流量比例

基金项目：International Water Management Institute 资助项目（450－0025375）。

作者简介：禹雪中，男，河南开封人，博士，高级环境专家，主要从事水工程环境影响评估及研究。E-mail：xzyu@ ecofishresearch. com。

法 4 种方法进行了比较分析，其中前两种方法也是 2014 年水利部发布的《河湖生态环境需水计算规范》（SL/Z 712—2014）推荐的方法，瞬时流量比例法是加拿大渔业与海洋部（Departmentof Fisheries and Oceans Canada, DFO）的技术建议《加拿大渔业保护的环境流量评估框架》（Framework for Assessing the Ecological Flow Requirements to Support Fisheries in Canada）中推荐的方法。

1.1 Tennant 法

根据 1964 ~ 1974 年对美国蒙大拿、内布拉斯加和怀俄明三个州 11 条河流的现场调查数据，Tennant 建立了河流多年平均流量一定百分比与河流生态状况的对应关系，并且采用美国 21 个州的资料进行了验证。该方法将河流生态状况划分为 8 个级别，对应于两个时段（10 月至次年 3 月，4 ~ 9 月）分别划定了多年平均流量百分比，其中有两个级别比较关键：多年平均流量 10% 及以下为极差（Severe Degradation），多年平均流量 20%、40%（分别对应于两个时段）为好（Good）。该方法在应用于引水和蓄水工程下泄流量评估的时候，一般会设置一个限定条件：如果引水/蓄水流量大于或等于河道流量，引/蓄水量为 0，下泄水量为天然流量。

2006 年原国家环保总局颁布了《水电水利建设项目河道生态用水、低温水和过鱼设施环境影响评价技术指南（试行）》，以 Tennant 法计算的环境流量作为环评审查的约束指标，即最小环境流量不应小于河道控制断面多年平均流量的 10%（当多年平均流量大于 80 m^3/s时按 5%），该标准目前被广泛执行。本文选取生态状态为好的 20%、40%，以及最小环境流量 5% 作为两种评估方法进行比较分析，分别简称为 Tennant（Good）法和 5% 多年平均流量法。

1.2 流量历时曲线法

流量历时曲线法基于流量频率分布的概念，将相应于一定时间比例、河流流量大于或等于的流量值作为环境流量，例如 90% 时间内河流流量大于或等于的流量值。该方法要求采用至少 20 年的逐日流量数据，构建每个月的流量历时曲线，一般以 90% 或 95% 保证率对应的流量作为河道基本环境流量。在应用于引水和蓄水工程下泄流量评估的时候，也将引/蓄水流量不大于河道天然流量作为限定条件。本文采用 95% 保证率对应的河道流量作为基本环境流量，简称为历时曲线法（95%）。

1.3 瞬时流量比例法

瞬时流量比例法按照瞬时流量的一定比例定义环境流量，Richter 等认为相对于天然流量过程、瞬时流量 ±10% 以内的变化对河流生态系统产生不利影响的可能性是比较低的，±（10% ~20%）的变化可能产生中等程度的风险，超过 ±20% 的变化就有可能导致较高的生态风险。加拿大 DFO 认为，如果引/蓄水之后的河道流量小于多年平均流量的 30%，就有可能产生较高的生态风险。因此，将 ±10% 作为引蓄水工程的引/蓄水量，并且如果引/蓄水之后的河道流量小于多年平均流量的 30%，引/蓄水量为 0。

2 基于河流健康的比较指标和方法

基于河流健康的概念，从河流的社会价值、生态系统结构与功能两个方面，提出了定量化指标,对上述4种环境流量水文综合方法的计算结果进行比较分析。由于引水和水电工程的效益与引/蓄水量直接相关,因此采用引/蓄水流量表示河流的社会价值,包括了6个指标。河流生态系统结构和功能通过水文、地形和泥沙输移、生态以及水质4类指标进行比较分析,共计有11个指标。其中,河流社会价值的分析是基于引/蓄水流量数据的计算,对河流生态系统结构和功能的分析是基于引/蓄水后河道内流量数据的计算。

2.1 比较分析指标

2.1.1 引/蓄水量指标

引水量的统计比较包括6个指标,反映了基于各种方法可以获得的引/蓄水量以及引/蓄水状况,每个指标的含义如下:①年平均引水量(DM1),为逐日引水量的平均值,总体反映引水量的大小;②2月引水量(DM2),为2月逐日引水量的平均值,反映枯水期的引水量;③7月引水量(DM3),为7月逐日引水量的平均值,反映丰水期的引水量;④10月引水量(DM4),为10月逐日引水量的平均值,反映平水期的引水量;⑤无法取水的平均天数(DM4),逐年取水量为0天数的平均值;⑥无法取水的最长天数(DM5),历年中无法取水天数的最大值。

2.1.2 水文指标

水文指标通过代表水期以及低流量时河道内流量大小,反映引/蓄水后河流的基本水文状况,包括5个指标:① 年平均流量(HM1),为逐日平均流量的平均值,反映引/蓄水之后河道流量的多年平均状况;②2月流量(HM1),为2月流量均值序列10%频率(小于或等于)对应的流量值,反映枯水期河道流量状况;③7月流量(HM2),为7月流量均值序列90%频率(小于或等于)对应的流量值,反映丰水期河道流量状况;④10月流量(HM3),为10月流量均值序列50%频率(小于或等于)对应的流量值,反映平水期河道流量状况;⑤ 极低流量(HM5),3天最小流量序列10%频率(小于或等于)对应的流量值。

2.1.3 地形和泥沙输移指标

选择对河流地形塑造和泥沙输移具有重要影响的指标,反映引/蓄水后河流完成自然地形塑造和泥沙输移的状况,包括2个指标:①流量超过平滩流量的年份数(GM1),一般认为平滩流量(Bankfull Discharge)对于河道地形塑造具有重要作用,平滩流量取重现期为2年的年流量峰值。② 超过2倍多年平均流量的天数(GM2),在Tennant方法中,2倍多年平均流量被作为河道产生冲刷的流量,该指标反映了河床冲刷流量持续的时间。

2.1.4 生态指标

生态指标通过对河流中鱼类自然繁殖生长产生直接影响的水文指标,反映引/蓄水后河道鱼类栖息和完成重要生命过程的水文条件,包括3个指标:① 河道流量不低于20%多年平均流量的天数(BM1),反映了保证鱼类自然栖息需要的河道内流量。研究结果表明,20%多年平均流量是鱼类自然栖息的关键流量阈值,长江上游地区的研究结果也得到了相近的结论;②高流量脉冲数目(BM2),为历年高流量脉冲次数序列的中位值,反映了刺激鱼类产卵需要的高流量脉冲数目;③ 小洪水流量(BM3),为年内7天最大流量序列的中位值,反映鱼类自然洄游、产卵需要的小洪水刺激。

2.1.5　水质指标

7Q10 为具有 10 年重现期的连续 7 天最小流量,在河流环境规划中一般以 7Q10 作为确定水环境容量的设计水文条件。本文选择 7Q10 作为水质指标,反映保证河道符合水环境管理目标需要的流量。

需要指出的是,尽管以上指标被划分为一定的类别,但是某些指标具有多种生态意义,例如高流量脉冲数目除了是鱼类自然产卵的水文要素,还对河道地形塑造和泥沙输移具有重要影响;流量峰值除了对河道形态具有重要影响之外,还是维持水生和陆生生物平衡的指示水文指标。

2.2　比较分析方法

为了进行不同环境流量水文综合方法的比较,分别采用 Tennant(Good)、5% 多年平均流量、历时曲线法(95%)和瞬时流量比例法(10%)4 种方法,基于超过 20 年的天然流量数据,计算引/蓄水流量与河道内剩余流量(下泄流量),然后对计算结果进行以上 17 个指标的计算。17 个指标中,5 个水文指标、1 个地形和泥沙输移指标(GM1)、2 个生态指标(BM2,BM3)采用 IHA 计算软件进行计算。

3　实证研究

本文采用岷江下游高场水文站 1956 ~ 1985 年 30 年的逐日流量数据,进行了 4 种环境流量综合水文方法的引/蓄水及河道流量计算,并且进行了 17 个指标的计算分析。

3.1　研究区域

岷江是长江上游左岸一级支流,由西北向东南流经四川盆地西部,于宜宾市合江门汇入长江,干流全长 1 279 km。岷江也是中国水利水电工程开发最早的河流之一,水电站分布广泛,引水式水电站产生的河道减脱水问题比较突出。

高场水文站为岷江干流控制站,距离下游河口 29 km,控制流域面积 13.54 万 km^2,多年平均流量 2 820 m^3/s(49 年),实测历年高场站最大和最小流量分别为 34 100 m^3/s(1961 年)和 364 m^3/s(1980 年)。由于 1985 年之前岷江流域尚未开发大型水利水电工程,河流水文数据基本反映了天然状态下的水文状况,因此本文采用高场水文站 1956 ~ 1985 年逐日流量数据进行计算和分析。

3.2　引/蓄水量及比较指标计算

分别采用 4 种方法,根据 30 年逐日天然流量序列,计算逐日引水量和河道内流量,取 30 年中逐日流量数据的中位值绘制图 1,图中分别显示了逐日天然流量、引/蓄水流量和河道内流量的中位值。

对 4 种方法计算得到的引水量和河道内流量序列,分别计算了 17 个指标的值,同时对天然流量数据计算了除 6 个引水量指标之外的指标,作为比较分析的对照值,计算结果见表 1。对于各项比较指标,最有利的情况用黑体表示,最不利的情况用下划线表示。例如,从利用河流的角度,引水流量越大就越有利,无法取水天数越长就越不利。从河流生态系统健康的角度,河道内流量越大越有利。

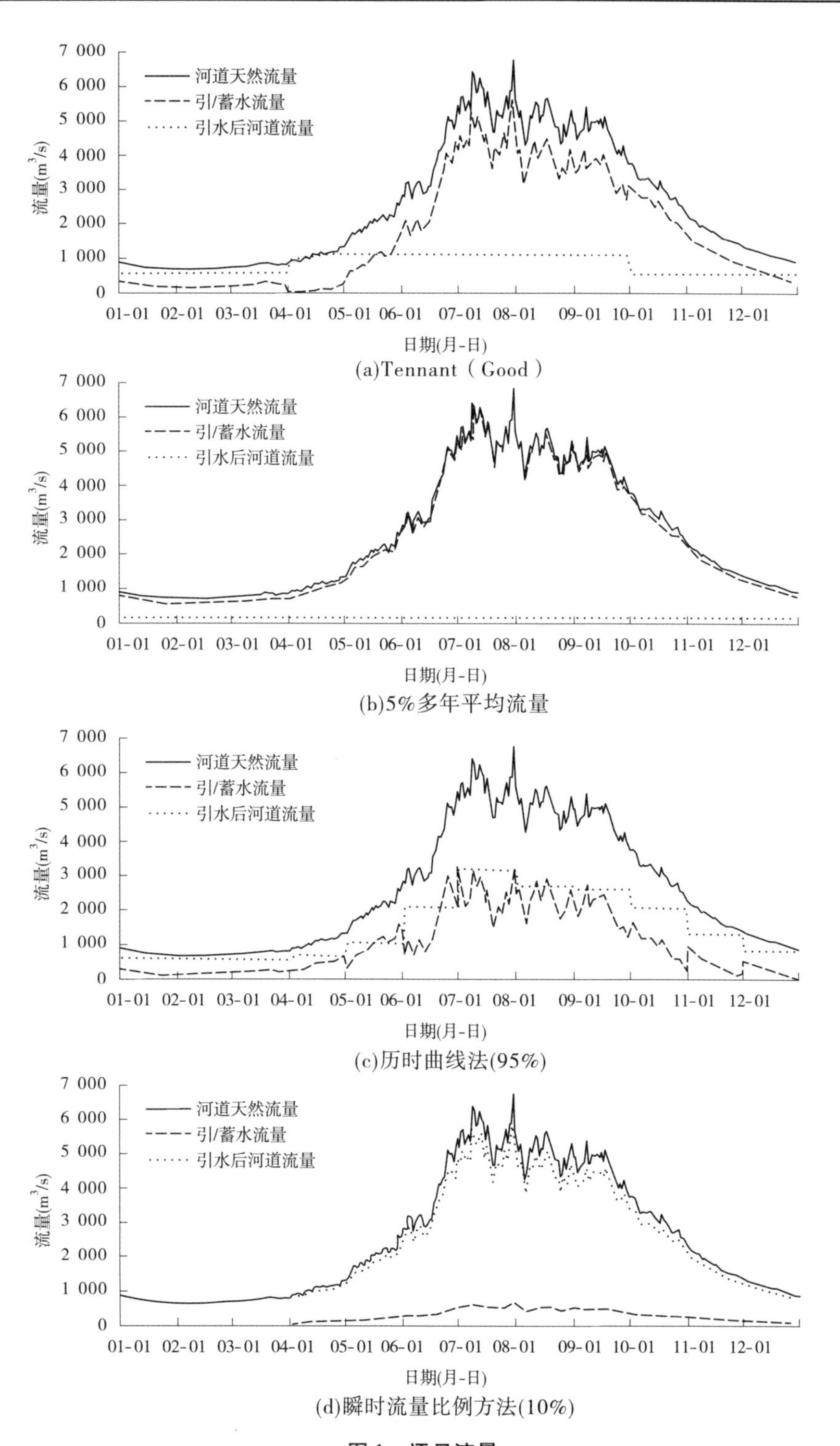

(a)Tennant(Good)

(b)5%多年平均流量

(c)历时曲线法(95%)

(d)瞬时流量比例方法(10%)

图1　逐日流量

表 1 环境流量水文综合法计算结果的比较

指标	天然流量	Tennant (Good)	5% 多年平均流量	历时曲线 (95%)	瞬时流量比例 (10%)
年平均引水量 (DM1)	0	1940	**2 620**	1 224	257
2 月引水量 (DM2)	0	150	**563**	135	0.8
7 月引水量 (DM3)	0	5 155	**6 120**	3 051	626
10 月引水量 (DM4)	0	2 684	**3 098**	1 144	324
无法取水的平均天数(DM5)	365	19	**0**	19	94
无法取水的最长天数(DM6)	365	52	**1**	77	140
年平均流量 (PM1)	2 758	817	138	1 533	**2 501**
2 月流量 (HM2)	596	551.5	138	567	**596**
7 月流量 (HM3)	7 367	1 103	138	3 220	**6 630**
10 月流量 (HM4)	3 040	551.5	138	2 100	**2 736**
极低流量 (HM5)	530.5	**530.5**	138	**530.5**	**530.5**
流量超过平滩流量的年份数(GM1)	15	0	0	0	**9**
超过 2 倍多年平均流量的天数(GM2)	43	0	0	0	**32**
不低于 20% 多年平均流量的天数(BM1)	363	**363**	0	**363**	**363**
高流量脉冲数目(BM2)	8	0	0	1	**8**
小洪水(BM3)	9 877	1 103	138	3 220	**8 889**
7Q10(QM1)	538.9	535.5	138	537.3	**538.9**

3.3 河流利用及生态保护指标比较分析

3.3.1 引/蓄水量

对于 4 个引/蓄水量指标(DM1 ~ DM4),5% 多年平均流量法均得到最大值,瞬时流量比例法(10%)都得到了最小值,Tennant(Good)方法和历时曲线(95%)两个方法得到的结果分居第 2、3 位。对于年平均引水量、7 月和 10 月平均引水量 3 个指标,5% 多年平均流量法得到的引水量基本是瞬时流量比例法(10%)计算结果的10倍。反映枯水期引水量的DM2,瞬时流量比例法(10%)得到的引水量仅为0.8 m^3/s,远小于其他方法的计算结果。对于两个统计无法取水天数的指标(DM5、DM6),瞬时流量比例法(10%)均得到最大值,而5%多年平均流量法均得到最小值,并且值非常小,表明采用这种方法基本每天均可以引水或蓄水。Tennant(Good)和历时曲线(95%)两种方法得到的无法取水的平均天数相等,对于无法取水的最长天数,历时曲线(95%)方法略大于Tennant(Good)方法。

3.3.2 水文

对于5个河道内流量指标(HM1~HM5),瞬时流量比例法(10%)得到的结果均为最大,历时曲线(95%)和Tennant(Good)方法得到的结果分列第2、3位,5%多年平均流量法得到的河道内流量最小。对于两个枯水期流量指标(HM2、HM5),除了5%多年平均流量法之外,其他3种方法得到2月流量比较接近,极低流量结果完全相同,表明采用这3种方法计算河道内流量,对枯水期流量的改变比较小、对极低流量没有改变。5%多年平均流量法在各个月份均采用相同的河道内流量,并且该方法得到的极低流量也明显低于其他3种方法的结果。

3.3.3 地形和泥沙输移

对于河道地形和泥沙输移的2个指标(GM1、GM2),瞬时流量比例法(10%)的计算结果均为最优,其中超过大洪水流量中位值的年份数为9,超过2倍多年平均流量的天数为天然状况的74%。其他3种方法均对河道地形和泥沙输移指标产生了显著影响,两个指标均为0,说明对于塑造河道地形和冲刷河床泥沙的流量完全消失,对于河道地形和泥沙输移的影响明显。需要说明的是,水库蓄水使得下泄水流含沙量显著降低,下游河道有可能产生冲刷,在实际工程中需要综合考虑流量减小和含沙量降低对河道地形的综合作用。

3.3.4 生态

在3个与鱼类栖息和完成重要生命过程相关的生态指标中,4种方法的计算结果具有明显差异。对于反映鱼类栖息地特征的指标(BM1),5%多年平均流量法由于河道内流量设定为多年平均流量的5%,因此满足栖息地流量需要的天数为0,而其他3种方法得到的结果均与天然条件下相同,表明根据这3种方法得到的河道内流量在鱼类栖息地方面的表现一致。对于高流量脉冲数目(BM2),瞬时流量比例法(10%)对应的结果为8,与天然状况基本相同,历时曲线法(95%)对应的结果为1,两种Tennant方法对应的结果均为0。对于小洪水指标BM3,瞬时流量比例方法(10%)对应值相对于天然情况降低了10%,历时曲线(95%)和Tennant(Good)对应值分别为天然情况的32.6%和11.2%,而5%多年平均流量法的对应值仅为天然情况的1.4%,以上计算结果表明这3种方法显著降低了高流量脉冲数目和小洪水流量,对于鱼类自然产卵和洄游有可能产生明显的不利影响。

3.3.5 水质

除了5%多年平均流量法之外,其他3种方法对应的7Q10值(QM1)基本相同,并且接近天然流量的7Q10值,表明这3种方法在河道自净流量方面的表现相同,并且能够维持天然的自净流量。而5%多年平均流量法对应的7Q10值为天然情况的25.6%,说明根据这种方法计算得到的河道内流量明显低于河道自净流量的要求,在保持水质方面存在较大风险。

3.4 水文综合方法的比较分析

综合分析表1中的数据可以获得以下认识:

(1)除了5%多年平均流量法之外,其他3种方法在水质(QM1)、鱼类栖息地流量(BM1)和枯水期流量(HM2、HM5)方面表现基本相同,并且与天然状况接近,说明采用这3种方法得到的河道内流量不会改变这4个指标。但是,这些方法对于平水期和丰水期流量、河道地形和泥沙输移、鱼类自然产卵和洄游都会产生一定程度的影响,主要体现为洪水规模以及高流量脉冲数目。因此,采用这些方法进行引/蓄水工程下游的环境流分析时,尽管一些方法可以满足水质和鱼类栖息地对流量的需求,但是在特定时期(例如河道地形塑造、鱼类产卵和洄游),仍需要对相应的生态水文需求进行评估。

(2)5%多年平均流量法对河流生态系统健康各项指标的影响最显著,对于水质、鱼类栖息地流量和枯水期流量的4个指标也有较大程度的改变,表明采用这种方法得到的河道内流量在水质、鱼类栖息地和枯水期流量维持方面存在一定的风险,在实际应用中需要特别关注。

(3)瞬时流量比例法(10%)和5%多年平均流量对应的计算结果基本是各个指标的最优值或最差值。对于体现河流对人类服务功能的引/蓄水量指标,5%多年平均流量法对应的计算值都是最优值,即引/蓄水流量最大;而瞬时流量比例法(10%)对应的计算值都是最差值,即引/蓄水流量最小。对于体现河流生态系统健康的各项指标,瞬时流量比例法(10%)对应的计算值基本是最优值,即最有利于维持河流生态系统健康;5%多年平均流量对应的结果基本是最差值,即最不利于维持河流生态系统健康。在满足人类需求方面,Tennant(Good)方法总体上优于历时曲线法(95%),而在维持河流生态系统健康方面,历时曲线法(95%)优于Tennant(Good)法。在人类服务功能方面,Tennant(Good)对应的多年平均引水量是历时曲线法(95%)的1.6倍,但是对于大部分河流生态系统健康指标(枯水期几个指标除外),历时曲线法(95%)是Tennant(Good)的1.8~3.8倍。这种数值上的差异并不一定表示河流生态系统健康状态的显著差别,但是在进行具体河流的环境流量计算时,有必要对这些差异的生态意义进行进一步考虑,从而为环境流量在满足人类需求和维持生态系统健康两个方面的权衡提供支持。

4 结　论

本文同时考虑河流社会价值和生态系统完整性两个方面的属性,建立了定量化指标体系,对4种环境流量水文综合方法的计算结果进行了比较分析。结果表明,4种方法计算得到的引/蓄水量差异明显,表明这些方法在社会价值方面的表现存在较大差异。Tennant(Good)、历时曲线(95%)和瞬时流量比例(10%)3种方法在水质、鱼类栖息地流量和枯水期流量三个方面的表现基本相同,并且与天然状况接近,但是在其他方面存在一定程度的差异。5%多年平均流量法得到的引/蓄水流量最大,但是在水质、鱼类栖息地和枯水期流量维持方面存在一定的风险。

本文采用的指标是基于河流生态系统过程对应水文要素的一般性特征,因此研究结果也是对这些环境流量方法的一般性认识。对于特定河流或者生态过程,对于指标和影响趋势还需要进行具体分析。另外,受到水文资料的限制,本文仅对中国南方的一条规模较大的河流进行了实例研究,如果能增加不同水文特征的河流进行实例分析,将进一步深化对这一科学问题的理解和认识。

参考文献

[1] Tharme R E. A global perspective on environmental flow assessment: Emerging trends in the development and application of environmental flow methodologies for rivers[J]. River Research and applications, 2003, 19(5-6): 397-441.

[2] Tennant D L. Instream flow regimes for fish, wildlife, recreation and related environmental resources[J]. Fisheries, 1976, 1(4): 6-10.

[3] D. Caissie, N. El-Jabi. Comparison and regionalization of hydrologically based instream flow techniques in Atlantic Canada[J]. Canadian Journal of Civil Engineering, 1995, 22(2): 235-246.

[4] Richter B D, Baumgartner J V, Wigington R ,et al. How Much Water Does a River Need? [J]. Freshwater Biology, 1997, 37: 231-49.

[5] Hatfield T, Paul A J. A comparison of desktop hydrologic methods for determining environmental flows[J]. Canadian Water Resources Journal, 2015, 40(3): 303-318.

[6] Meyer J L. Stream health: incorporating the human dimension to advance stream ecology[J]. Journal of the North American Benthological Society, 1997, 16: 439-447.

[7] Richter B D, Davis M M, Apse C, et al. A presumptive standard for environmental flow protection[J]. River Research and Applications, 2011, 28(8): 1312-1321.

[8] Department of Fisheries and Oceans Canada (DFO). Framework for Assessing the Ecological Flow Requirements to Support Fisheries in Canada [R]. Science Advisory Report, 2013.

[9] Mathews R, Richter B D. Application of the indicators of hydrologic alteration software in environmental flow setting[J]. Journal of the American Water Resources Association, 2007, 43: 1400-1413.

[10] Leopold L B. A view of the river [M]. Cambridge, MA: Harvard University Press, 1994.

[11] 欧阳丽, 诸葛亦斯, 温世亿, 等. 基于鱼类生物量法的河道生态需水过程研究及应用[J]. 南水北调与水利科技, 2014, 12(4): 62-67.

[12] The Nature of Conservancy. Indicators of Hydrologic Alteration Version 7.1 User's Manual[R]. 2009.

云南省大中型水库移民后期扶持“十三五”规划相关问题分析

韩　款

（北京勘测设计研究院有限公司，北京　100024）

摘　要　2015年4月，云南省移民局发布了《云南省大中型水库移民后期扶持“十三五”规划编制工作纲要》，16个州（市）及滇中新区随后开展了紧张的规划编制和汇总工作，目前，各州（市）正陆续将规划成果上报省局预审。在预审过程中，笔者发现各州（市）、县（市、区）编制的规划在不同程度上存在规划目标引领性不强、资金盘子过大、移民参与度不够、基础设施比重大而产业创新不足、效益分析空泛等问题，究其原因，一方面是移民管理机构未能及时从“十一五”、“十二五”定额规划的思路中调整过来，另一方面也是存在资金整合、产业风险等畏难情绪。为破解云南省大中型水库移民后期扶持“十三五”规划的困境，使移民后期扶持基金充分发挥作用，本文在总结“十二五”实施情况、调研移民产业现状、分析“十三五”水库移民工作面临形势的基础上，从资金使用合理性、移民意愿、项目实施难易程度、地方资金整合力度、效益显著性等方面对问题进行了分析，提出云南省大中型水库移民后期扶持“十三五”规划要紧密结合“扶贫攻坚”和“全面小康”两个重要目标，通过SWOT分析法合理确定规划思路和具体项目，充分调动地方政府和移民积极性，积极整合资金，使移民和库区、安置区居民同步实现小康。

关键词　云南；移民；后期扶持；“十三五”；问题

截至2015年底，云南省已核定大中型水库移民后扶人口数量为68万余人，是名副其实的移民大省。云南省水库移民大多位于生活条件较为贫困的山区，能否做好《云南省大中型水库移民后期扶持“十三五”规划》并妥善解决移民生产生活问题，对于云南省在“十三五”期间实现脱贫攻坚和全面小康的伟大目标具有极其重要的意义。

1　面临的问题和困境

通过调研跟踪并对云南省16个地州市的大中型水库移民后期扶持“十三五”规划进行预审发现，目前，云南省大中型水库移民后期扶持“十三五”规划主要存在以下几方面问题和困境：

第一，规划目标引领性不强。《云南省大中型水库移民后期扶持“十三五”规划编制工作纲要》中明确提出了2020年前“使库区和移民安置区同步实现全面建成小康社会目标”（《云南省移民开发局关于印发〈云南省大中型水库移民后期扶持“十三五”规划编制工作纲要〉的通知》（云移发〔2015〕50号）），但一方面由于大部分地州市全面小康的量化指标制定滞后于后期扶持规划编制，另一方面规划编制单位受限于各类条件未能进行充分的调研和分析，致使规划任务不清晰，规划目标形式化、概念化，大部分规划文本通篇为项目罗列，而

作者简介：韩款，高级工程师，主要从事水电工程相关工作。E-mail：hank@bhidi.com。

对于引出项目的移民生产生活问题、发展需求、规划意愿以及社会发展目标差距等分析不够,项目出现突兀,缺乏合理性支撑。

第二,资金盘子规划不合理。"十三五"规划纲要中打破了"十一五"、"十二五"的定额规划思路,不再对各地州市规划资金总额进行限制,其初衷是为了加强有限的移民专项资金在各地州市、各县市区之间的自我调控能力,既能集中力量解决部分地区由于资金缺乏迟迟不能摆脱困境的问题,又能避免生产生活条件已达到或超过当地社会发展目标却由于切块资金下达而不得不为花钱而规划项目的情况,这一规定同时也是鼓励各地州市根据实际需求规划项目,提高规划的实施率,但调研结果却显示,打破规划总额限制后,只有少数地州市保持了理性规划,其他大部分规划则远远超出了实际需求及"十二五"期间实际实施资金规模,呈现资金盘子失控的情况。

以各地州市提交的预审稿统计数据为例,"十三五"期间,大中型水库移民后期扶持规划规模为"十二五"实际扶持规模在1.03~17.64倍不等,但"十三五"规划移民专项资金则达到了"十二五"实际实施资金的1.91~10.54倍不等,资金增长比例超出扶持规模增加比例100%以上的地州市有8个,占全部地州市的50%,规划资金远远超出扶持规模及社会正常发展增长率,而根据相关调研结果,大部分地州市在"十二五"期间实际下达的移民后期扶持专项资金要高于实际实施资金,这在某种程度上反映了资金盘子盲目扩大与实施能力实际不足的矛盾。此外,预审数据中全省规划资金总量约为"十二五"期间的3.5倍以上,但根据"十三五"期间新增上网大中型水电站及脱贫攻坚被政府整合的专项资金(全部资金20%)预测情况推算,"十三五"期间可用于大中型水库移民后期扶持的专项资金总量与"十二五"期间基本持平或略有增长,远不能满足各地州市上报规划需求。

综上分析,云南省州市级大中型水库移民后期扶持"十三五"规划资金盘子存在三处不合理:①规划资金远远超出扶持规模,与扶持任务和规划目标不匹配;②规划资金与实际实施能力不匹配,存在规划实施率低的风险;③规划资金总量与可预见的资金筹措能力不匹配,部分项目难以落地。

各地州市"十二五"、"十三五"指标对比情况见表1、图1。

表1 云南省各州市"十二五"、"十三五"指标对比表(预审稿数据)

项目	A:扶持规模比例	B:资金比例	B/A-1
	"十三五"规划扶持规模(人·年)/"十二五"实际扶持规模(人·年)	"十三五"规划资金/"十二五"实际完成资金	
A市	1.03	1.91	85%
B市	1.71	3.27	91%
C市	1.09	2.26	107%
D州	1.03	3.60	249%
E市	1.96	4.19	114%
F州	1.04	5.04	387%
G州	1.28	10.54	723%
H市	2.36	2.02	-15%

续表 1

项目	A:扶持规模比例	B:资金比例	B/A - 1
	"十三五"规划扶持规模(人·年)/ "十二五"实际扶持规模(人·年)	"十三五"规划资金/ "十二五"实际完成资金	
I 州	1.08	1.90	76%
J 州	1.49	7.70	418%
K 市	1.88	3.01	60%
L 州	1.17	2.51	115%
M 市	3.47	7.25	109%
N 州	17.64	7.28	-59%
O 州	7.64	6.39	-16%
P 市	1.96	3.31	69%

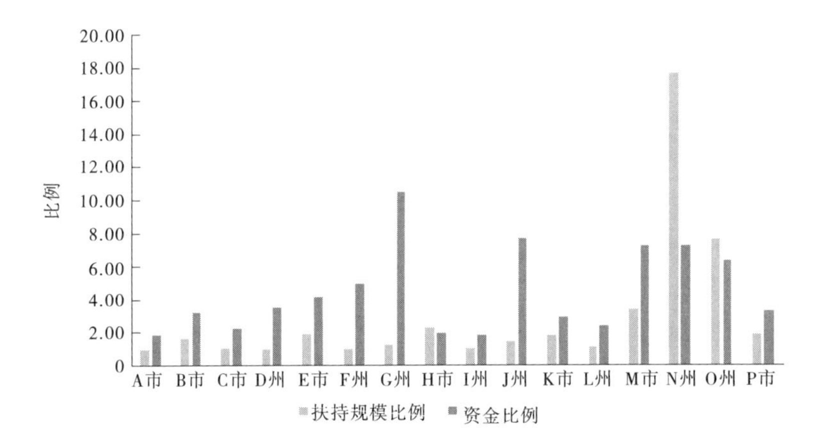

图 1 16 个地州市"十二五"、"十三五"指标对比图

第三,移民参与度不够。16 个地州市中仅有一个州市通过随机抽样、发放问卷形式进行了规划的公众参与调查,其他州市大部分通过座谈、走访等形式完成调查,公众参与可追溯性较差;此外公众参与多集中在规划编制前期,在规划思路、项目布局等重要因素确定并未进行规划简本公示,可以说,全省大中型水库移民后期扶持"十三五"规划的公众参与只涉及规划意愿方面,缺少规划效果满意度反馈环节,移民参与过程不完整、不充分。

第四,基础设施比重过大而产业创新不足。云南省"十三五"规划纲要中明确对基础设施和产业投资提出了"新水库 3∶7、老水库 4∶6"的限制,但大部分州市汇总报告中对这一问题采取了回避态度,部分县级规划中也突破了该比例限制,将大部分投资用于基础设施建设,而没有突破这一限制的县(市、区),在产业投入上也更偏重于灌溉、生产道路等产业基础设施类项目,对于产业结构调整、产业技术培训、经营模式创新、先进的龙头企业引入等规划不足。

第五,效益分析空泛。效益分析多为定性分析,而对于规划实施后所带来的生产生活条件改善、发展前景、产业连带效应等则缺乏市场预测,相应项目库所对应的阶段性人均纯收入增长、住房条件改善等定量指标也体现不足,这也在某种程度上体现了过大的资金盘子与模糊的效益之间的矛盾。

2 问题原因分析

综合分析,目前云南省大中型水库移民后期扶持“十三五”规划中存在的问题和困境成因主要包括认识、政策、技术、历史四个层面的原因。

2.1 认识层面的原因

(1)从地方政府角度看,移民后期扶持资金作为一项优质的专项资金,项目审批快、资金到位快,如果能多多引入,对地方扶贫及经济发展都会起到明显的作用,因此在规划资金额度不限的政策下,部分地方政府会给当地移民管理机构施加压力,甚至口头下达资金目标,要求移民管理机构做大资金盘子,多为地方争取资金,导致规划合理性差,资金盘子失控;而另一方面,移民后期扶持资金与其它政府性资金的使用存在共性,包括追求项目规模、特色、进度,要求资金安全经得起审计等,相较于基础设施项目效果直观、风险小的特点,产业开发项目普遍存在周期长、见效慢,受市场、经济、责任等风险影响较大,容易出现审计问题,畏难情绪导致地方在规划过程中重基础设施而回避产业创新。

(2)从移民角度看,后期扶持工作长期以来定位于“帮扶”,无形中给移民传递了弱势群体的暗示,导致移民自身缺乏发展动力和积极主动性,部分移民甚至产生“越穷越光荣,越穷越能得到帮扶”的错误想法,“等”“靠”“要”思想较重;此外,后期扶持项目长期以来存在资金分散、产业帮扶缺乏连续性的问题,移民受益不明显,也使得移民对后期扶持项目的带动效益期待不高,甚至将其视为“政府想做的项目”或“政府必须完成的任务”,被动配合,参与规划的积极性不强。

2.2 政策层面原因

(1)大中型水库移民后期扶持“十三五”规划与“十一五”“十二五”规划的一项重要区别就在于规划目标为全面小康,与全国发展目标一致,而在这一目标之前,大部分县(市、区)还努力在脱贫摘帽的路上,扶持任务异常艰巨;但根据目前预测情况,全省“十三五”期间可以筹措的移民专项资金并没有明显增加,还有20%要被省政府整合用于全省脱贫攻坚工作,至此,在政策层面形成了规划的第一个矛盾:规划任务的增加和总资金量减少的矛盾。

(2)鉴于目标的一致性,部分县(市、区)在规划过程中也曾尝试项目整合,但在探索过程中发现,项目整合的客观需求与资金用途限制存在难以解决的矛盾。以移民部门的避险解困项目和扶贫部门的易地搬迁项目为例,两者均按特定帮扶对象规模拨付专项资金,其中前者以符合避险解困条件的老水库移民为帮扶对象,后者以当地建档立卡贫困户为帮扶对象,两者经常存在帮扶对象交叉,且资金使用方向均集中于帮扶对象住房条件改善,在产业扶持和教育培训上投入较少,无法保证帮扶对象后续发展,若两项资金集中起来使用,则足以解决重叠部分帮扶对象的生产生活条件改善和产业发展问题,但由于资金整合渠道不同,资金用途限制明确,若统筹使用,难以通过审计部门的审计,导致一方面各行业部门在基础设施上重复投入,另一方面产业发展问题迟迟得不到有效解决。

2.3 技术层面原因

后期扶持规划中产业规划不足和产业创新缺失包含其内在的技术原因。首先从规划组织者——地方政府来讲,落后的生产环境导致农业科学技术支撑平台的缺乏,各地在移民农业生产项目开发上,多以主观臆断或凭借经验主义、局部调研学习成果指导生产开发,缺乏科学、系统和完整的技术指导,缺乏为当地产业量身定做的“产、学、研”合作的技术支撑平台;其次从经营环境来讲,生产开发服务体系不健全,库区和移民安置区没有较完善的生产开发规划、市场、金融、信息等服务平台,缺乏“懂技术、能组织、会营销”的产业发展带头人和技术能人,发展现代农业及农业产业化的经营力量不足;最后,规划的编制者多为水利水电行业技术服务单位或当地移民管理部门,对农林牧副渔等农村产业以及“互联网 + ”等新型产业模式知识储备较少,规划过程中思路开拓不够。

2.4　历史层面原因

县级移民管理机构长期以来存在人员编制不足、技术力量薄弱的问题,在规划过程中对当地自然、社会、经济和移民意愿等基本情况调查了解得不够深、不够细和不够实,尤其对在农业生产开发项目上,对最基本的自然、经济和社会等资源缺乏详细的了解和掌握,家底不清,致使规划思路狭窄模糊,部分脱离实际。

此外,尽管后期扶持政策实施以来,全国库区危旧房改造和水、电、路、通信、教育、医疗等基础设施投入有效缓解了水库移民群众的行路难、吃水难、就医难等问题,有些村组也已成为当地社会主义新农村建设的示范村,但对于云南省,尤其是分散安置的库区和安置区来讲,“十一五”、“十二五”期间部分县(市、区)项目分散,产业扶持缺乏连贯性,也造成了“十三五”期间仍存在较大的基础设施缺口,难以按照限定的基础设施、产业发展投资比例来规划。

最后,“新条例”出台之前,尤其是计划经济时代产生的老水库移民,长期以来存在生产资源匮乏、生活条件恶劣、发展基础薄弱的问题,要实现全面小康的目标,其工作难度也不亚于二次安置。

3　对策与建议

3.1　后期扶持规划形势的 SWOT 分析

后期扶持规划的资金来源主要是大中型水库移民后期扶持基金,这是国家为扶持大中型水库农村移民解决生产生活问题而设立的政府性基金,由各省级电网企业在向电力用户收取电费时一并代征,按月上缴中央国库,再由财政部会同国务院移民管理机构,按照发展改革委、财政部、水利部等部门核定的各省、自治区、直辖市移民人数和规定的标准据实拨付给各省、自治区、直辖市,对地方脱贫攻坚来讲,这是一项及时、稳定的优质资金;此外,由于后期扶持项目有特定的帮扶对象,项目目标明确,审批周期短,实施快。这是后期扶持规划的两大优势。“十三五”期间,随着国家对农村政策的不断支持与放宽,土地活力与农村发展产业的积极性不断增强,后期扶持规划的实施也有了一个相对好的政策环境,对于云南省来讲,“十三五”前期脱贫攻坚力度空前,各类农村基础设施项目集中建设,也为移民后期扶持奠定了良好的发展基础。

但同时,由于后期扶持资金使用用途限制严格,且资金下达量与帮扶规模关系密切,移民集中的区域资金量大、集中,移民分散的区域资金分散、项目规划难、资金量小,以上两个特点导致后期扶持项目整合其他项目或被其他项目整合难度都比较大,项目规划过程中涉及的连带人口、随迁人口等问题难以解决,这是后期扶持规划中的一大劣势;在资金调配上,云南省大中型水库移民要在“十三五”期间实现全面小康,其所需资金量远高于“十二五”资金总量,且呈现前期大后期小的特点,但由于后期扶持资金根据发电量征收,而“十三五”期间云南省内新增上网水电发电量不多,可支配资金与“十二五”相比变化不大,且在年度之间分配基本均匀,资金情况与规划目标之间存在的矛盾是后期扶持规划面临的主要挑战。

云南省后期扶持规划形势的SWOT分析如图2所示。

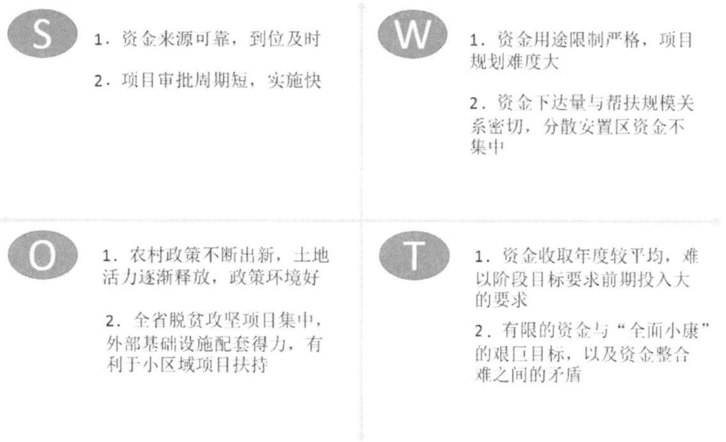

图2 云南省后期扶持规划SWOT分析示意图

3.2 解除规划困境的建议

(1)细化量化规划目标。

对于大部分水库移民来讲,“全面小康”不是一蹴而就的,它包含着“脱贫解困—移民增收—美丽家园”三步走的具体含义,每一步都有其需要解决的具体问题。考虑移民后期扶持以村组为单位,建议地方政府及规划编制单位认真分析区域内移民村组所处的阶段,合理界定扶持方向,对处于建档立卡贫困线以下的村组实行全阶段大力扶持,对贫困线以上小康线以下的重点扶持,对已经达到或超过小康水平的实行巩固性扶贫,在项目安排上,通过分类制定各阶段的单项量化目标进行引导,以目标定任务,以任务定项目,以项目定资金和筹措方案,如图3所示。

(2)充分调动两个“积极性”。

云南省大中型水库移民问题量大面广,且扶持过程中往往涉及连带人口和随迁人口,方案复杂,项目协调及资金需求量均较大,而大部分移民部门都是在《大中型水利水电工程建设征地补偿和移民安置条例》(中华人民共和国国务院令第471号)出台后才陆续组建的,人员数量和技术实力均存在不足,因此要做好大中型水库移民后期扶持“十三五”规划工作,必须依靠政府和移民的力量。在地方政府层面,建议充分重视移民后期扶持规划工作,积极整合扶贫、农业、旅游等各行业部门资金,解决后期扶持项目难以解决的基础设施问题,统筹协调各行业支农惠农项目,排除畏难情绪发展移民产业,使后期扶持规划的项目合理性和资金有效利用率都达到最优状态;在移民层面,建议提高增收致富奔小康的能动性,主动参与后期扶持规划,积极反馈规划需求和意见,投工投劳发展产业。

(3)突出重点,分级安排。

“十三五”期间,云南省大中型水库移民的规划目标与当地脱贫攻坚、全面小康基本一

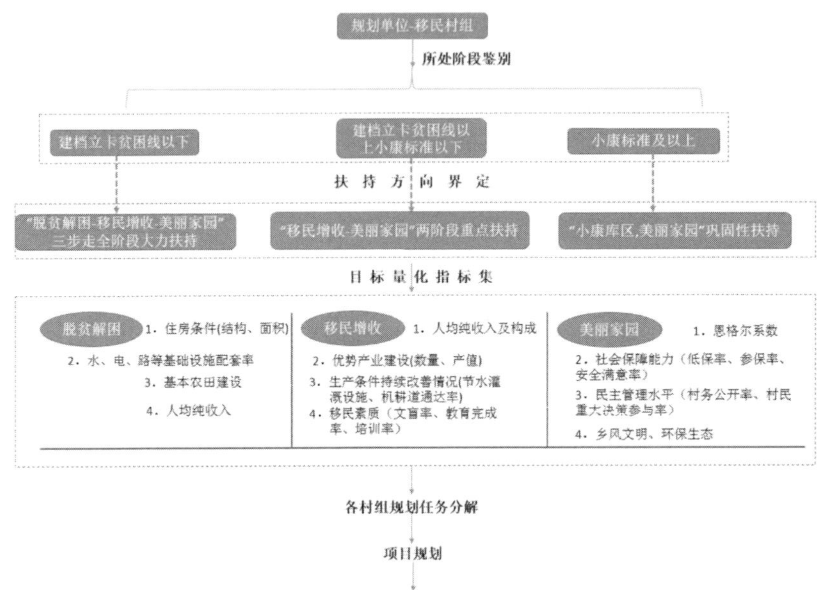

图3　云南省后期扶持规划目标引导示意图

致,但普遍存在底子薄、任务重的问题,要全面扶持、平行推进,存在很大的资源困难,因此建议从省局层面,合理确定重点区域,优先在问题集中、具有辐射带动效应的区域安排扶持项目,再对受辐射区域进行扶持,一方面减轻资金压力,另一方面可以通过辐射效益带动周边区域建设“小康库区、美丽家园”的积极性,使项目发挥事半功倍的效果。

参 考 文 献

[1] 金自荣. 浅谈移民搬迁安置与后期产业发展存在的问题及对策研究[EB/OL]. 云南移民网,2016-03-23

[2] 范敏. 新时期坚持和完善大中型水库移民后期扶持政策的思考[J]. 中国水利,2016(5):62.

基于集对分析的大坝溃决社会影响评价

李宗坤　李　奇　杨朝霞　葛　巍

（郑州大学 水利与环境学院，郑州　450001）

摘　要　根据溃坝社会影响的基本特点，建立以工程等级、风险人口、经济总量、城镇等级、重要设施、文化遗产为指标的溃坝社会影响评价指标体系，并在现有研究基础上拟定溃坝社会影响程度的5级评价标准。针对溃坝社会影响的复杂性和不确定性，引入集对分析理论，建立基于集对分析的大坝溃决社会影响评价模型，从同、异、反三方面全面刻画溃坝社会影响与各评价等级的联系度，并根据最大集对势原理确定溃坝社会影响程度评价等级。将该评价模型应用于刘家台水库大坝溃决事件中，并与基于模糊灰色理论评价模型的评价结果进行对比。结果表明：集对分析评价模型过程简明、运算量少，且评价结果合理、客观、全面、清晰，为大坝溃决社会影响评价提供了一种新思路。

关键字　大坝溃决；社会影响；风险后果；集对分析

1　引　言

随着社会、经济的快速发展，以及我国执政理念和治水思路的不断转变，风险分析和风险管理已逐渐成为水库大坝安全管理的重要内容，其中，大坝风险后果分析是风险管理极其重要但相对落后的一环[1,2]。风险后果主要有生命损失、经济损失、社会影响、环境影响4个方面，相比于溃坝生命损失和经济损失的研究成果，社会与环境影响的研究则明显不足。因此，研究大坝溃决社会影响不仅有利于决策者进行风险管理和风险决策，而且对完善大坝风险后果评价体系有重要意义。

目前，国外针对溃坝社会影响的研究成果不多[3]。国内学者对该方面研究还处于初步探讨阶段，其中，王仁钟等[4]通过综合社会环境影响指数对溃坝社会环境影响程度进行评价；何晓燕等[5]采用层次分析法和模糊数学方法实现了对溃坝社会及环境影响程度的评定；冯迪江等[6]根据溃坝社会影响的特点，建立了基于模糊灰色理论的溃坝社会影响评价模型。以上方法均各有优缺点。本文在前人研究基础上，结合溃坝社会影响的复杂性和不确定性，引入集对分析理论，建立基于集对分析的大坝溃决社会影响评价模型，并以刘家台水库大坝溃决事件为例进行应用研究。

2　集对分析基本理论

集对分析（Set Pair Analysis，SPA）是由我国学者赵克勤[7]于1989年首次提出的处理不

基金项目：国家自然科学基金项目（51379192）。

作者简介：李宗坤（1961—），男，河南邓州人，博士，教授，博士生导师，主要从事水利水电工程健康诊断与安全性评价研究。E-mail：lizongkun@zzu.edu.cn。

确定性问题的系统理论方法，其核心思想是用“同一”和“对立”来描述系统的确定性，用“差异”来描述系统的不确定性。针对要研究的问题，建立具有一定联系的两个集合 Q 和 P 的集对 $H=(Q,P)$，并通过联系度 μ 对集对中两集合的特性从同、异、反 3 方面进行定量刻画，其中联系度 μ 的表达式如式(1)所示：

$$\mu = \frac{S}{N} + \frac{F}{N}i + \frac{P}{N}j = a + bi + cj \tag{1}$$

式中：μ 表示同、异、反联系度；a,b,c 分别表示集合 Q 和 P 的同一度、差异度和对立度，$a,b,c \in [0,1]$，且 $a+b+c=1$；N 表示集合的总特性数，S,K 分别为两集合的共有特性数和对立特性数，$F=N-S-K$；i 为差异度系数，在 $[-1,1]$ 区间视不同情况取值；j 为对立度系数，规定取值为 -1。

集对分析作为处理不确定性问题的系统理论方法，明确了评价指标在各个评价级别都具有同、异、反联系的客观事实，且在联系度 μ 的计算过程中，将确定性和不确定性信息分开考虑，不仅使得事物的特征被更全面地刻画，也提高了信息的利用率。目前，集对分析理论已在风险分析、水资源预测、信息系统等诸多领域得到了广泛应用[8-12]。由于大坝溃决社会影响评价包含内容多，且同时具有确定和不确定性特征，其评价过程就是对评价标准与评价指标间同一对立关系的分析过程。因此，将集对分析应用于大坝溃决社会影响评价是合理可行的。

3　大坝溃决社会影响评价的集对分析模型

3.1　大坝溃决社会影响评价指标体系

针对社会影响的定义有很多种[13-15]。何晓燕等[5]研究认为，大坝溃决社会影响是指由于水库溃坝事故而产生的高速水流、高含沙水流、泥石流等给人们的生活、工作、游憩活动中相互关系和组织协作方式等带来的改变，对基础设施、军用设施、文物古迹等的破坏，以及在政治层面的影响。

进行大坝溃决社会影响评价首先要选取合适的评价指标，但大坝溃决社会影响涉及范围广、评价内容多，想要全面考虑各方面影响是非常困难的。因此，根据大坝溃决失事特点，结合科学性、典型性、综合性、实用性及定性与定量相结合的指标选取原则，在现有研究基础上[4]，选取工程等级、城镇等级、风险人口、经济总量、重要设施、文化遗产等 6 个主要因素作为评价指标，并建立大坝溃决社会影响评价指标体系，如图 1 所示。

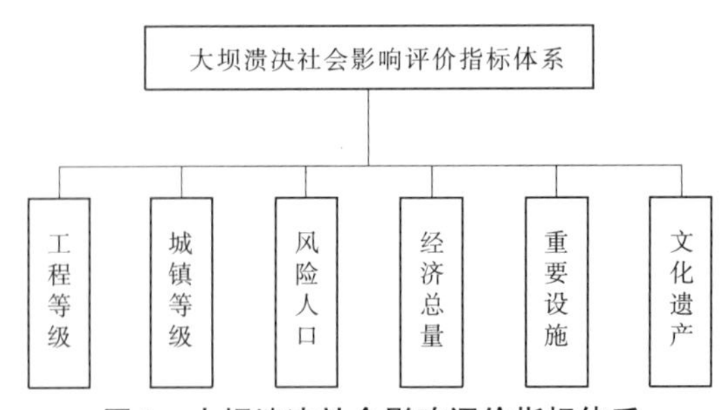

图 1　大坝溃决社会影响评价指标体系

为实现溃坝社会影响综合评价，需确定以上各评价指标重要性程度，即权重。本文采用层次分析法确定各评价指标权重，即通过专家打分、判断矩阵构造、一致性检验等步骤确定各评价指标的权重。具体计算过程不再赘述,计算结果如表 1 所示。

表 1　大坝溃决社会影响评价指标权重

评价指标	工程等级	城镇等级	风险人口	经济总量	重要设施	文化遗产
权重值	0. 130	0. 196	0. 271	0. 174	0. 109	0. 174

3. 2　大坝溃决社会影响评价等级标准

根据文献[4-6]的研究,将大坝溃决社会影响严重程度分为 5 个等级,分别为“轻微”“一般”“较严重”“严重”“特别严重”,并在此基础上拟定大坝溃决社会影响评价指标等级标准。由于 2. 1 节评价指标体系中既有定性指标又有定量指标,为便于专家评判,定性指标采用将 0 ~ 100 按等级划分区间的方法进行专家赋值。另外,指标“风险人口”采用人口密度进行计算。各评价指标对应各等级的取值范围如表 2 所示。

表 2　溃坝社会影响评价指标各等级取值标准建议表

<table>
<tr><td colspan="2">影响程度等级</td><td>轻微</td><td>一般</td><td>中等</td><td>严重</td><td>极其严重</td></tr>
<tr><td colspan="2">定性指标</td><td>[0,25)</td><td>[25,45)</td><td>[45,65)</td><td>[65,85)</td><td>[85,100]</td></tr>
<tr><td rowspan="2">定量指标</td><td>风险人口（人口密度）</td><td>[0,50)</td><td>[50,200)</td><td>[200,400)</td><td>[400,600)</td><td>[600,1200]</td></tr>
<tr><td>经济总量</td><td>$[10,10^2)$</td><td>$[10^2,10^3)$</td><td>$[10^3,10^4)$</td><td>$[10^4,10^6)$</td><td>$[10^6,10^8]$</td></tr>
</table>

其中,为使得表 2 中定性指标取值依据更清晰,结合王仁钟等[4]的研究,针对“工程等级”“城镇等级”“重要设施”“文化遗产”这 4 个定性指标的自身重要性程度进行等级划分,相应的等级对应关系如表 3 所示。

表 3　溃坝社会影响定性评价指标赋值参考表

溃坝社会影响定性指标	影响程度等级				
	轻微	一般	中等	严重	极其严重
工程等级	五	四	三	二	一
城镇等级	散户	乡村	乡政府所在地	县(地)级市府或城区	省辖市或省会或首都
重要设施	一般设施	一般重要设施	市级重要交通、输电、油气干线及厂矿企业	省级重要交通、输电、油气干线及厂矿企业	国家级重要交通、输电、油气干线及厂矿企业和军事设施
文化遗产	一般文物古迹、艺术品及动植物	县级文物古迹、艺术品及动植物	省市级重点保护文物古迹、艺术珍品及稀有动植物	国家级重点保护文物古迹、艺术珍品及稀有动植物	世界级文化遗产、艺术珍品及稀有动植物

3. 3　基于集对分析的大坝溃决社会影响评价模型

基于集对分析的大坝溃决社会影响评价模型是根据集对分析基本理论,通过计算大坝溃决社会影响与各评价等级的联系度,并采用最大集对势原理确定大坝溃决社会影响严重程度的评价方法。其基本思路是：首先，将各指标评价集与社会影响严重程度等级标准集构成集对 H，并确定联系度矩阵μ；其次，根据各评价指标的权重系数，确定综合联系度矩阵A；最后，确定集对势向量N_0，并根据最大集对势原理，即集对势向量N_0中对应于哪个评价等级的集对势最大，表明大坝溃决社会影响严重程度与该评价等级的联系度最强，则大坝溃决社会影响严重程度属于该评价等级。具体计算步骤如下：

(1)集对模型的构建。

设集合$Q=\{q_1,q_2,q_3,q_4,q_5,q_6\}$与集合$P$分别表示各指标评价值集合与评价等级标准集合，根据集对分析基本理论，建立两集合的集对 H(Q,P)，其中：

$$P=\begin{bmatrix} X_{10} & X_{11} & \cdots & X_{1j} \\ X_{20} & X_{21} & \cdots & X_{2j} \\ \vdots & \vdots & & \vdots \\ X_{k0} & X_{k1} & \cdots & X_{kj} \end{bmatrix} \tag{2}$$

式中：q_k为各指标评价值$(k=1,2,3,4,5,6)$；X_{kj}为第k个评价指标对应第j项评价标准的临界值$(j=1,2,3,4,5)$，各评价标准的具体临界值见表 2。

(2)联系度的确定。

根据集对分析理论，可确定 5 个评价等级的联系度μ_1、μ_2、μ_3、μ_4、μ_5计算方法如式(3)~式(7)所示：

$$\mu_1=\begin{cases} 1,q_k\in[X_0,X_1) \\ \dfrac{X_1}{q_k}+\dfrac{q_k-X_1}{q_k}i,q_k\in[X_1,X_2) \\ \dfrac{X_1}{q_k}+\dfrac{X_2-X_1}{q_k}i+\dfrac{q_k-X_2}{q_k}j,q_k\in[X_2,X_5) \end{cases} \tag{3}$$

$$\mu_2=\begin{cases} \dfrac{X_2-X_1}{X_2-q_k}+\dfrac{X_1-q_k}{X_2-q_k}i,q_k\in[X_0,X_1) \\ 1,q_k\in[X_1,X_2) \\ \dfrac{X_2-X_1}{q_k-X_1}+\dfrac{q_k-X_2}{q_k-X_1}i,q_k\in[X_2,X_3) \\ \dfrac{X_2-X_1}{q_k-X_1}+\dfrac{X_3-X_2}{q_k-X_1}i+\dfrac{q_k-X_3}{q_k-X_1}j,q_k\in[X_3,X_5) \end{cases} \tag{4}$$

$$\mu_3=\begin{cases} \dfrac{X_3-X_2}{X_3-q_k}+\dfrac{X_2-X_1}{X_3-q_k}i+\dfrac{X_1-q_k}{X_3-q_k}j,q_k\in[X_0,X_1) \\ \dfrac{X_3-X_2}{X_3-q_k}+\dfrac{X_2-q_k}{X_3-q_k}i,q_k\in[X_1,X_2) \\ 1,q_k\in[X_2,X_3) \\ \dfrac{X_3-X_2}{q_k-X_2}+\dfrac{q_k-X_3}{q_k-X_2}i,q_k\in[X_3,X_4) \\ \dfrac{X_3-X_2}{q_k-X_2}+\dfrac{X_4-X_3}{q_k-X_2}i+\dfrac{q_k-X_4}{q_k-X_2}j,q_k\in[X_4,X_5) \end{cases} \tag{5}$$

$$\mu_4 = \begin{cases} \dfrac{X_4 - X_3}{X_4 - q_k} + \dfrac{X_3 - X_2}{X_4 - q_k}i + \dfrac{X_2 - q_k}{X_4 - q_k}j, q_k \in [X_0, X_2) \\ \dfrac{X_4 - X_3}{X_4 - q_k} + \dfrac{X_3 - q_k}{X_4 - q_k}i, q_k \in [X_2, X_3) \\ 1, q_k \in [X_3, X_4) \\ \dfrac{X_4 - X_3}{q_k - X_3} + \dfrac{q_k - X_4}{q_k - X_3}i, q_k \in [X_4, X_5) \end{cases} \tag{6}$$

$$\mu_5 = \begin{cases} \dfrac{X_5 - X_4}{X_5 - q_k} + \dfrac{X_4 - X_3}{X_5 - q_k}i + \dfrac{X_3 - q_k}{X_5 - q_k}j, q_k \in [X_0, X_3) \\ \dfrac{X_5 - X_4}{X_5 - q_k} + \dfrac{X_4 - q_k}{X_5 - q_k}i, q_k \in [X_3, X_4) \\ 1, q_k \in [X_4, X_5) \end{cases} \tag{7}$$

式中：q_k 为第 k 项评价指标的评价值；$X_0 \sim X_5$ 为某评价指标各评价等级标准的临界值，不同评价指标对应同一评价等级标准的临界值不同，如风险人口的各评价等级标准的临界值分别为 $X_0 = 0, X_1 = 50, X_2 = 200, X_3 = 400, X_4 = 600, X_5 = 1\ 200$。

（3）评价等级的确定。

首先，确定大坝溃决社会影响严重程度的联系度矩阵 $\mu = (a + bi + cj)_{j \times k}$，并根据评价指标权重向量 $W = [\omega_1, \omega_2, \cdots, \omega_k]$，确定大坝溃决社会影响严重程度的综合联系度矩阵 $A = W \cdot \mu$；其次，根据综合联系度矩阵 A 求得大坝溃决社会影响严重程度的集对势向量 N_0，并根据最大集对势原理确定大坝溃决社会影响严重程度评价等级。

4 实例应用

本文以刘家台水库溃坝事件为例[6]，运用上述基于集对分析的大坝溃决社会影响评价模型进行分析。其中，定性指标根据表 2、表 3 进行专家评分，定量指标采用统计数据进行计算。各项评价指标的评价值如表 4 所示。

表 4 刘家台水库大坝溃决社会影响指标评分表

评价指标	工程等级	城镇等级	风险人口（人口密度）	经济总量	重要设施	文化遗产
量值	中型	地级市府或城区	64 941 人(373)	1 500 万	国家级重要交通、输电、油气干线及厂矿企业	世界级文化遗产、艺术珍品和稀有动植物
专家评分（或统计数据）	41.5	84	373	1 500	91.5	97.5

由式(3) ~ 式(7)计算联系度矩阵：

$$\mu = (a + bi + cj)_{k \times j} =$$

$$\begin{bmatrix} \mu_1 & \mu_2 & \mu_3 & \mu_4 & \mu_5 \\ 0.6024+0.3976i+0j & 1 & 0.8511+0.1489i+0j & 0.4598+0.4598i+0.0804j & 0.2564+0.3419i+0.4017j \\ 0.2976+0.2381i+0.4643j & 0.3390+0.3390i+0.3220j & 0.5128+0.4872i+0j & 1 & 0.9375+0.0625i+0j \\ 0.1341+0.4021i+0.4638j & 0.4644+0.5356i+0j & 1 & 0.8811+0.1189i+0j & 0.7255+0.2418i+0.0327j \\ 0.0667+0.6000i+0.3333j & 0.6429+0.3571i+0j & 1 & 0.9915+0.0085i+0j & 0.9900+0.0100i+0j \\ 0.2732+0.2186i+0.5082j & 0.3008+0.3008i+0.3984j & 0.4301+0.4301i+0.1398j & 0.7547+0.2453i+0j & 1 \\ 0.2564+0.2051i+0.5385j & 0.2759+0.2759i+0.4482j & 0.3809+0.3809i+0.2382j & 0.6154+0.3846i+0j & 1 \end{bmatrix}$$

上述联系度矩阵中，数据μ_{kj}表示第 k 个评价指标对应第 j 项评价等级的联系度。

由评价指标权重向量 $W=[\omega_1,\omega_2,\cdots,\omega_k]=[0.13,0.196,0.271,0.174,0.109,0.174]$ 可得大坝溃决社会影响评价综合联系度矩阵 A：

$$A=W\cdot\mu=\begin{bmatrix} 0.2517+0.3495i+0.3987j \\ 0.4899+0.3256i+0.1845j \\ 0.7153+0.2280i+0.0567j \\ 0.8088+0.1807i+0.0105j \\ 0.8298+0.1109i+0.0593j \end{bmatrix}$$

由综合联系度矩阵 A 得集对势向量 $N_0=[0.6313,2.6553,12.6155,77.0286,13.9930]$，集对势向量中最大集对势为 77.0286，根据最大集对势原理，表明刘家台水库大坝溃决社会影响与评价等级中的“严重”等级联系度最强，所以刘家台水库大坝溃决社会影响评价等级为“严重”，且倾向于“极其严重”等级。

将上述计算结果与文献[6]中基于模糊灰色理论的溃坝社会影响评价模型的计算结果进行对比，如表 5 所示。

表 5　集对分析与模糊灰色理论的溃坝社会影响评价结果对比

方法(评价依据)	轻微	一般	中等	严重	极其严重
模糊灰色理论评价法(综合灰色评价系数)	0	0.293	0.663	0.769	0.734
集对分析法(集对势)	0.631 3	2.655 3	12.615 5	77.028 6	13.993 0

由表 5 可以看出：

(1)两种方法对刘家台水库大坝溃决社会影响评价结果一致，表明集对分析方法应用于大坝溃决社会影响评价中合理可行，且具有良好的实用性。

(2)从表 5 中的两组评价值来看，基于集对分析的 5 个评价值之间具有更清晰的区分度，不仅可以使决策者更容易确定评价结果等级，而且可根据集对势向量中各评价等级的集对势大小来判断溃坝社会影响严重程度对不同评价等级的倾向性，从而更加全面地反映大坝溃决社会影响的严重程度，便于管理者进行风险决策。

5　结　论

大坝溃决社会影响评价是大坝风险后果分析中的重要组成部分。集对分析作为处理不确定性问题的系统理论方法适用于大坝溃决社会影响评价。本研究在大坝溃决社会影响评价指标体系及评价等级标准基础上，建立了大坝溃决社会影响评价的集对分析模型，并将该模型应用于刘家台水库大坝溃决社会影响评价中，评价结果与基于模糊灰色理论评价模型的评价结果一致且更为清晰。同时,该模型具有逻辑思路简明、运算工作量少、易于实施等特点,为大坝溃决社会影响评价提供了一种新方法。

参考文献

[1] 李宗坤,葛巍,王娟,等. 中国大坝安全管理与风险管理的战略思考[J]. 水科学进展,2015,26(4):589-595.

[2] 李雷,蔡跃波,盛金保. 中国大坝安全与风险管理的现状及其战略思考[J]. 岩土工程学报,2008,30(11):1581-1587.

[3] ANCOLD (Australian National Committee on Large Dams). Guideline on Risk Assessment [R]. Canberra: ANCOLD, 2003.

[4] 王仁钟,李雷,盛金保. 水库大坝的社会与环境风险标准研究[J]. 安全与环境学报,2006,6(1):8-11.

[5] 何晓燕,孙丹丹,黄金池. 大坝溃决社会及环境影响评价[J]. 岩土工程学报. 2008,30(11):1752-1757.

[6] 冯迪江,王志军,石元辉. 基于模糊灰色理论的溃坝社会影响评价[J]. 黑龙江水专学报,2009,36(2):1-4.

[7] 赵克勤. 集对分析及其初步应用[M]. 杭州:浙江科学技术出版社,2000.

[8] 郑小武,陈立. 基于集对分析的土石坝安全风险评价[J]. 人民黄河,2013,35(11):93-95.

[9] Wu F F, Wang X. Eutrophication Evaluation Based on Set Pair Analysis of Baiyangdian Lake, North China [J]. Procedia Environmental Sciences, 2012, 13(3): 1030-1036.

[10] Yang Liu. Study on Environment Evaluation and Protection Based on Set Pair Analysis—A Case Study of Chongqing[J]. Energy Procedia, 2012(14):14-19.

[11] 钟登华,杨士瑞,张琴娅,等. 基于改进集对分析方法的高心墙堆石坝填筑工期仿真及风险评价[J]. 水力发电学报,2015,34(3):137-144.

[12] 李文君,邱林,陈晓楠,等. 基于集对分析与可变模糊集的河流生态健康评价模型[J]. 水利学报,2011,42(7):775-782.

[13] Michael K L, Carla S. Assessing community impacts of nature disasters[J]. Natural Hazards Review, 2003(11):176-186.

[14] Becker H A. Social impact assessment[J]. European Journal of Operational Research, 2001, 128(2): 311-321.

[15] 魏玖长,赵定涛. 危机事件社会影响的评估与分析[J]. 中国软科学,2006(6):31-38.

巨型水电厂水工运维信息化管理创新与实践

张　鹏　廖贵能

（华能澜沧江水电股份有限公司小湾水电厂，大理　675702）

摘　要　小湾水电站装机总容量4 200 MW，混凝土双曲拱坝最大坝高294.5 m，总库容150亿m^3。工程坝高库大，运行期水工运维巡检范围广，还需重点监控大坝建筑物、汛期边坡及松散堆积体、库区大型变形失稳体的安全运行工况，工作难度大。针对上述水工运维工作难点和关注重点，小湾水电厂开展了水工运维信息化建设工作，具体内容包括推行水工运维工作工单管理，利用智能化设备开展巡检消缺，监测自动化重点全面覆盖，开发、建立小湾工程安全监测综合数据汇集平台、大坝监测三维可视化和预警系统、水库地理信息和变形体监测系统、工区排水设施监测和边坡防护网报警系统等各类信息化监控系统、数据分析管理平台。通过上述举措达到对水工运维工作的高效管理、科学指导，实现了对各类水工建筑物进行实时监控分析、越界报警并及时开展检修消缺和应急处置，满足了对高坝大库的安全有效管控，通过不断推进水工管理、巡检和安全监测工作向信息化、可视化和智能化迈进，提升了水工运维管理能力，创新了巨型水电厂的水工运维管理模式，为高坝大库的运行和管理提供了经验与借鉴。

关键词　小湾水电站；高坝大库；水工运维信息化建设；监测预警；安全管理

1　工程概况

小湾水电站位于云南省西部南涧县与凤庆县交界的澜沧江中游河段与支流黑惠江交汇处下游1.5 km处，系澜沧江中下游河段规划八个梯级中的第二级，是澜沧江中下游河段的龙头水库。主体工程由混凝土双曲拱坝、坝后水垫塘及二道坝、左岸泄洪洞及右岸地下引水发电系统等组成。电站装机总容量4 200 MW，最大坝高294.5 m，正常蓄水位1 240 m，总库容150亿m^3。工程以发电为主，兼有防洪、灌溉等综合利用效益，水库具有多年调节能力。

2　小湾电厂水工运维信息化建设的实施背景

小湾工程坝高库大，水工运维工作内容涉及巡检维护、库区管理、工区防汛等多个方面，工作范围广，工作难度大，运行期需重点关注以下几个方面：

（1）小湾拱坝最大坝高294.5 m，坝体承受的水推力达1 800万t，枢纽区地震烈度高，抗震安全问题突出，对大坝运行工况的巡视检查及安全监控提出了很高的要求。

（2）小湾工程枢纽位于深山峡谷的高地震烈度区，地形狭窄、岸坡陡峻、山脊部位基岩裸露、风化与卸荷发育较深，冲沟内分布有大型和零散的崩塌堆积体。为避免对大坝、机电设备造成影响，需要对上述边坡及堆积体的运行情况进行实时监控，发现问题及时组织应急

作者简介：张鹏（1984—），男，山西朔州人，工程师，主要从事水电站水工运行维护工作。E-mail：348770450@qq.com。

处置。

(3)小湾库区存在小水井和八字耳朵变形体两处较大变形失稳体,极端情况下可能发生整体滑塌,将在大坝上游造成较大浪涌,虽然对工程整体安全影响不大,但会危及临边作业人员安全,对电厂的水面设施、岸坡码头也会产生影响。为确保库岸附近人身与设施安全,要求电厂加强库岸稳定的监视,对失稳体进行变形量趋势分析,在重大危情发生前做出预警。

针对上述水工运维关注重点,小湾电厂开展了水工运维信息化建设工作,通过开发、建设、完善各类信息化监控系统和数据分析管理平台对水工运维工作进行高效管理、科学指导,对各类水工建筑物进行实时监控、分析及越界报警,实现对高坝大库的安全有效管控。

3 小湾电厂水工运维信息化管理创新与实践

3.1 推行水工运维工作工单管理

为提前做好水工建筑物运维工作安排,在每年年底制订下一年度的水工运维工作计划,上报主管单位澜沧江公司审批同意后,在电厂 SAP 管理系统下达定期工作任务清单(见图 1),通过待办和短信提醒功能推进定期工作的开展,短信会发送到各负责人手机上,由负责人组织人员按时执行,完成后在 SAP 系统中填写工作完成情况并经领导验收后结束流程形成闭环管理。

SAP

电站名称	状态	专业	设备名称	工作项目内容
小湾电厂	已下达	水工	大坝	水工建筑物安全检查，水工建筑物维护消缺，安全监测，防洪度汛。
小湾电厂	已下达	水工	电站进水口	水工建筑物安全检查，水工建筑物维护消缺，安全监测，防洪度汛。
小湾电厂	已下达	水工	尾水调压室系统	水工建筑物安全检查，水工建筑物维护消缺，安全监测，防洪度汛
小湾电厂	已下达	水工	尾水管及尾水支洞	水工建筑物安全检查，水工建筑物维护消缺，安全监测，防洪度汛。
小湾电厂	已下达	水工	主厂房系统	水工建筑物安全检查，水工建筑物维护消缺，安全监测，防洪度汛。
小湾电厂	已下达	水工	尾水调压室系统	水工建筑物安全检查，水工建筑物维护消缺，安全监测，防洪度汛。
小湾电厂	已下达	水工	500KV地面开关楼及边坡	水工建筑物安全检查，水工建筑物维护消缺，安全监测，防洪度汛。
小湾电厂	已制定	水工	大坝	开展大坝渗漏、廊道表观变形、环境、混凝土裂缝、沉陷等的巡视检查，视情况进行消缺。
小湾电厂	已下达	水工	右岸边坡	开展右岸边坡落石、排水系统、变形的日常检查。
小湾电厂	已下达	水工	电站进水口	开展电站进水口混凝土渗漏、表观变形、裂缝、沉陷等的巡视检查，视情况进行消缺。
小湾电厂	已下达	水工	尾水调压室系统	开展尾水调压室混凝土渗漏、表观变形、裂缝、沉陷等的巡视检查，视情况进行消缺。
小湾电厂	已下达	水工	主厂房系统	开展主厂房系统混凝土渗漏、表观变形、裂缝、沉陷等的巡视检查，视情况进行消缺。
小湾电厂	已下达	水工	尾水管及尾水支洞	结合机组检修开展尾水管、尾水支洞混凝土渗漏、表观变形、裂缝、沉陷等的巡视检查，视情况
小湾电厂	已下达	水工	大坝	开展日常监测数据的采集，资料整编、分析，上报工作。
小湾电厂	已下达	水工	大坝右岸	开展排水系统是否畅通、渗漏量是否存在异常等情况的检查。
小湾电厂	已下达	水工	右岸边坡	开展日常监测数据的采集，资料整编、分析，上报工作。
小湾电厂	已下达	水工	电站进水口	开展排水系统是否畅通、渗漏量是否存在异常等情况的检查。
小湾电厂	已下达	水工	电站进水口	开展日常监测数据的采集，资料整编、分析，上报工作。
小湾电厂	已下达	水工	尾水调压室系统	开展排水系统是否畅通、渗漏量是否存在异常等情况的检查。
小湾电厂	已下达	水工	尾水调压室系统	开展日常监测数据的采集，资料整编、分析，上报工作。
小湾电厂	已下达	水工	主厂房系统	开展排水系统是否畅通、渗漏量是否存在异常等情况的检查。
小湾电厂	已下达	水工	主厂房系统	开展日常监测数据的采集，资料整编、分析，上报工作。
小湾电厂	已下达	水工	尾水管及尾水支洞	开展日常监测数据的采集，资料整编、分析，上报工作。
小湾电厂	已下达	水工	大坝左岸边坡	开展左岸边坡落石、排水系统、变形的日常检查。
小湾电厂	已下达	水工	大坝左岸边坡	开展排水系统是否畅通、渗漏量是否存在异常等情况的检查。
小湾电厂	已下达	水工	大坝左岸边坡	开展日常监测数据的采集，资料整编、分析，上报工作。
小湾电厂	已下达	水工	泄洪洞	开展泄洪洞人工观测数据采集，资料上报工作。
小湾电厂	已下达	水工	防汛物资	开展防汛沙袋、排水泵等防汛物资的检查，资料报送工作
小湾电厂	已下达	水工	澜沧江库区至漭街渡大桥附近	开展该段库区地质变形、缺陷点变化及库区人员活动等的检查工作。
小湾电厂	已下达	水工	黑惠江库区至南涧县新民、龙街办事处争议地段	开展该段库区地质变形、缺陷点变化及库区人员活动等的检查工作。
小湾电厂	已下达	水工	小水井变形体	两点交汇观测法，GNSS监测、人工简易观测桩监测
小湾电厂	已下达	水工	八字耳朵变形体	两点交汇观测法，GNSS监测、人工简易观测桩监测

图 1　小湾电厂水工巡检维护定期工单图

3.2 利用智能化设备开展巡检消缺,规范化管理提升工作效率

根据枢纽工程布置,将水工建筑物划分为八个巡检责任区域,针对每个巡检区域制定了符合现场实际情况的巡检记录表格。根据"八大块"纸质版巡检记录表格内容,小湾电厂开发了基于移动终端的水工可视化智能巡检系统(见图 2),运行人员手持水工巡检可视化移动终端开展日常巡检工作,可对巡检项目和发现的缺陷进行记录、拍照和录像,巡检结束后完成平板巡检仪和 PC 端数据库的传输和同步。在平板和 PC 客户端均可查看、编辑、对比历次的巡检记录,便于实时对比分析缺陷变化情况,在 PC 端还可以查看、统计水工缺陷条目和缺陷消除情况,通过定制的模板可以直接生成所需要的巡视检查报告,水工巡检系统的

投入运用大幅降低了水工巡检工作人员的工作强度，提高了巡检工作的高效性和规范性，使巡检和缺陷管理数据及时处理，同步更新，利于后期数据分析，为水电工程安全监测与预警工作提供数据基础。该支持多终端平台的水电站水工巡检系统可推广应用于其他大型水电站水工巡检中。

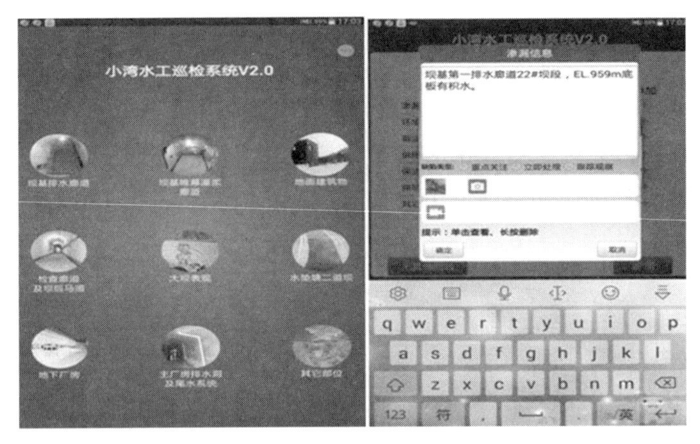

图 2 小湾水工巡检系统移动端界面

3.3 监测自动化重点全覆盖，提升水工建筑物安全监控能力

小湾枢纽水工建筑物共计布设监测仪器 12 000 余支，在建设期接入自动化系统约6 500 支，尚有大量内观仪器和外观点需要运行人员每月去人工测读（测量），测点数目多、分布广，需要大量投入人力的同时，不利于水电站运行单位对重点水工建筑物的实时监控。为此，电厂在原有自动化系统的基础上对上述人工监测项目进一步实施了自动化改造，陆续将重点枢纽部位的人工内观电测仪器改造后接入自动化系统，通过建设测量机器人系统和 GNSS 系统，实现对大坝、边坡和大型弃渣场的 200 余个重要表观点进行全天候和高精度的自动观测。通过自动化监测范围的大面积覆盖，满足对枢纽区重点水工建筑物运行工况的实时监控，同时大幅提高工作效率。

3.4 开发小湾工程安全监测综合数据汇集平台，提高监测大数据利用率

小湾枢纽水工安全监测系统包括大坝监测自动化系统、GNSS 系统、激光测量系统、强震系统等多个自成体系的独立监测系统。各系统在建设时没有遵循统一的技术标准，只考虑了各自的功能需求，没有规划各个系统间协同的需求，导致各套系统相互独立，数据共享和相互校验困难，信息资源达不到通用、共享与互补的目的。

为了对上述多套系统的海量监测信息进行高效管理利用，开发了多监测系统数据集成平台，对上述各不同数据格式、功能独立的监测系统通过整合各类异构监测数据和实时汇集、系统集成调用两种方法构建完成数据集成平台（见图 3），在集成平台下，对安全监测数据进行实时汇集、统一发布和上报，实现了对监测成果数据的规范管理和使用。

3.5 建立大坝监测三维可视化和预警系统

小湾监测数据海量，监测系统复杂，鉴于监测工作的专业性，为进一步消除不同管理层级、专业、水平人员对监测认知的差异，实现对异常测点的快速甄别和快速评判大坝安全工况，开发了大坝安全监测三维可视化及预警系统（见图 4），通过搭建小湾拱坝和监测设施的 BIM 三维模型实现面向实体建筑物和监测设施的“所见即所得”。在此基础上结合安全评

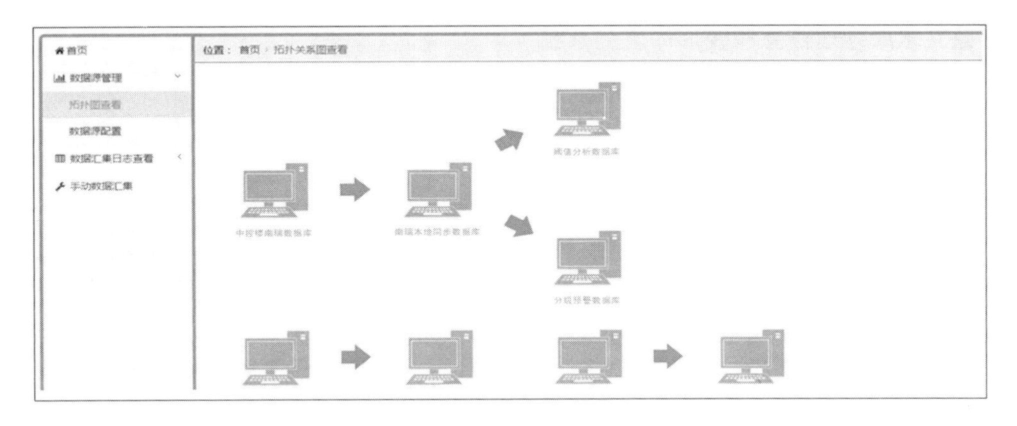

图3　监测数据汇集系统拓扑关系图

价信息库的多源异构数据仓库的监测进行综合分析评判，进一步采用监测体系按部位和项目实现不同权重结合结构反演计算的安全评价，建立大坝安全预警指标评判体系（见图5），实现对大坝工作性态健康的快速诊断和分级预警，并提出相应的应急预案与防范措施。

图4　坝体变形三维可视化云图

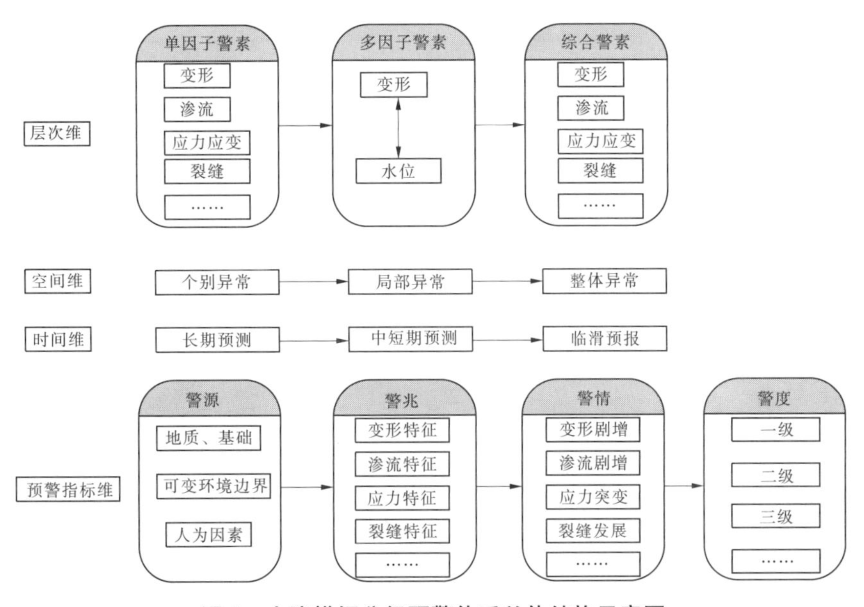

图5　小湾拱坝分级预警体系总体结构示意图

3.6　建立水库地理信息和变形体监测系统

小湾水库淹没面积大，库周长超过 100 km，库岸边坡存在多处失稳体，安全隐患和管理难度大。结合库区物理地形状况，采用无人机航测遥感技术进行彩色航空摄影，获取整个库区高分辨率彩色影像，加工制作成正射影像（DOM）等数字产品，建立了水库三维可视化管理系统，实现水库库岸的可视化在线巡查，该系统还具备库区三维可视化查询、空间分析、地质灾害信息查询、野外巡查辅助等功能（见图 6、图 7）。可从不同高度、不同速度和方位对电站（包括枢纽区、库区、水下等）进行浏览，系统可根据预设的层次显示地名、村名、建筑物名称、标注等信息；可在三维场景中勾绘范围线，并配以文字或图片标注；可开展距离查询、面积量算等空间分析工作；能开展地质信息、地质灾害点分布和监测等数据的查询，并对滑坡体涌浪预测进行模拟显示。通过该水库信息集成应用平台的建立，可不断推进小湾水库的精确管理、事件管理和主动管理水平。

图 6　小湾水库地理信息系统滑坡体范围线三维可视化标注和水下三维场景浏览功能

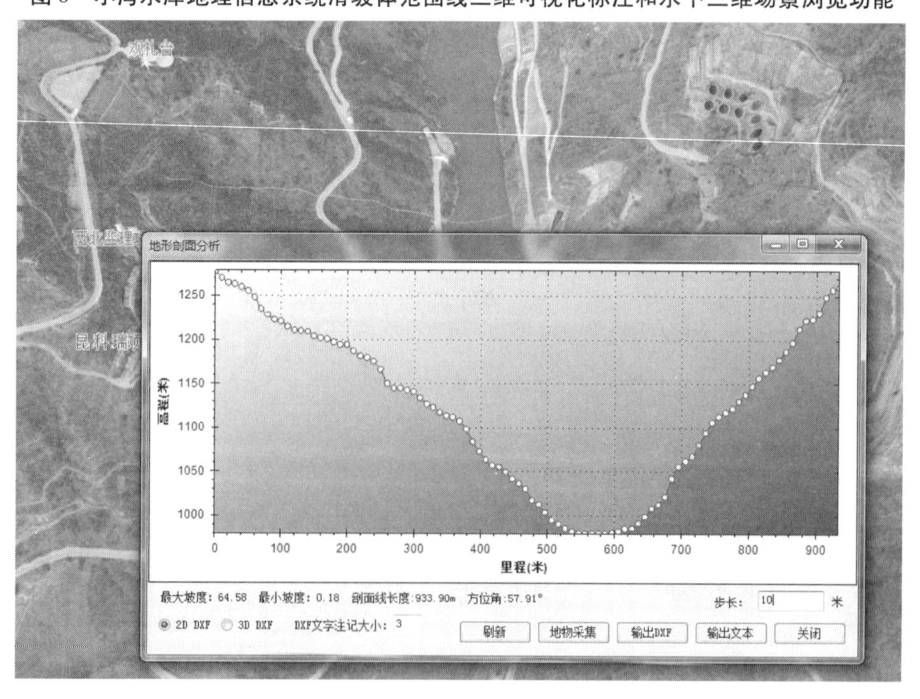

图 7　小湾水库地理信息系统剖面分析功能

在库区两处离大坝较近、方量较大的滑坡体上加装了GNSS监测设施(见图8),实现对滑坡体变形数据的全天候自动观测和预警功能,加强对库岸变形体等地质缺陷点成因和变化趋势的分析研究,提出合理的监控预警措施,实现库岸动态预警,提升水库安全管控水平。

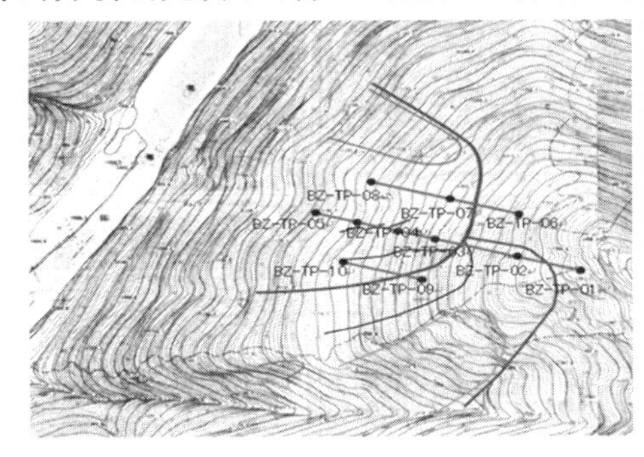

图8 小湾库区滑坡体GNSS监测设备图

3.7 建立工区排水设施监测和边坡防护网报警系统

小湾工区地质条件复杂,汛期持续性暴雨频发,易发生边坡滚石和滑坡等地质灾害,给工区边坡安全稳定和建筑物造成较大威胁。为提升防汛预警能力,在枢纽区重点防汛区域建立了工区排水设施监测系统。在相关防汛沟渠加装水位探测器、雨量计量器和摄像头,监测数据经系统自动采集、预处理后,在测值超出预定阈值时会发出预警信息,提醒运行人员做好抢险救灾工作准备,见图9、图10。

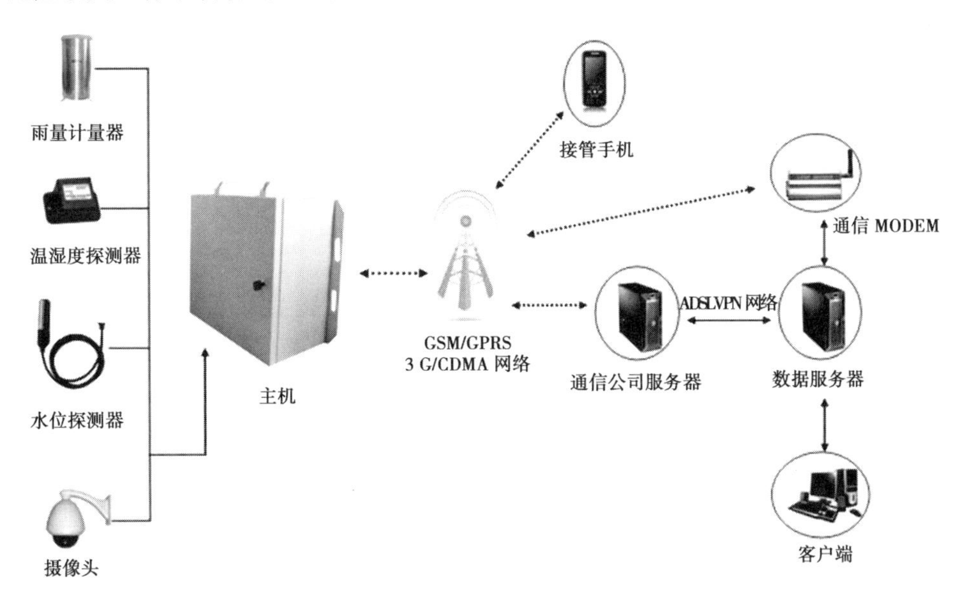

图9 小湾工区雨情及防排水设施监测系统平台布置图

在工区高边坡被动防护网部位,分区域加装了报警系统,可连续性地对被动防护网系统进行监控,当崩塌落石撞击产生的能量大于设定的临界值时,落石边坡处发出声音警报,起到预警作用,监测信息通过GSM手机网络以短信的方式发送到防汛责任人处,便于运行人员及时到现场查看处理,见图11。

图 10　小湾工区雨情及防排水设施监测系统移动客户端示意图

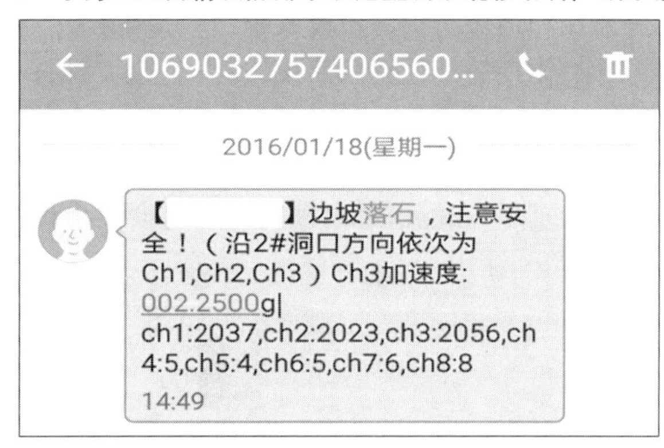

图 11　小湾边坡被动防护网报警短信截图

4　结　语

（1）通过开展水工运维信息化建设工作，充分利用各类信息化手段实时监控建筑物运行工况、深入分析监测指标并及时开展检修消缺和应急处置，确保了小湾高坝大库的安全稳定运行，三次成功蓄至正常蓄水位并顺利通过安全鉴定和枢纽验收。通过各类信息化手段的应用和设施投入，大幅降低水工运维工作的人力投入，极大地提高了工作效率。

（2）通过不断推进水工管理、巡检和安全监测工作向信息化、可视化和智能化迈进，提升了管理能力，创新了巨型水电厂的水工运维管理模式，为高坝大库的运行和管理提供了经验与借鉴。

参 考 文 献

[1] 陈维东，尹云坤，朱庭兴．小湾水电站水库库岸管理探讨[J]．云南水利发电，2015，41（10）：16-18.

拱坝建基岩体质量定量验收的研究

——以李家河水库拱坝为例

康 铭 宋文博 杨西林

(陕西省水利电力勘测设计研究院,西安 710001)

摘 要 根据前期地勘工作的原位变形与弹性波速测试工作,初步确定拱坝岩体质量分级。施工开挖揭露坝基岩体采用详细地质编录及地震弹性波速测试,基本确定拱坝建基岩体质量波速定量验收标准,同时为建基岩体的固结灌浆优化提供了基础资料。固结注浆处理后,通过弹性波速等综合检测验证及分析研究,认为质量验收定量标准是可行、合理的。本文以李家河水库拱坝岩体质量初判定到最终的确定过程为例,探讨拱坝建基岩体质量验收标准的方法。

关键词 拱坝;岩体质量;定量验收

1 工程概况

西安市辋川河引水李家河水库拦河大坝为碾压混凝土抛物线双曲拱坝,坝基河床建基面 785.5 m,坝顶高程 884 m,最大坝高 98.5 m,坝体原高比 0.315,是一座薄碾压混凝土高拱坝。设计建基要求 865 m 高程以上弱风化Ⅲ类岩体,弹性波速 $V_p>3\ 600$ m/s,865 m 高程以下微风化Ⅱ类岩体,弹性波速 $V_p>4\ 000$ m/s。坝址地形为中低山峡谷区,河谷“V”字形,较窄。坝基岩性为燕山期侵入花岗岩,构造不发育,岩体坚硬,完整性好,坝基岩体受风化、构造影响,局部存在不良地质问题和地质缺陷,不满足设计建基要求,通过对建基面分析论证,对不满足建基要求部位提出挖除、换填、锚固、固结等工程等处理措施,处理后进行综合测试达到建基岩体质量要求。

2 前期地勘岩体质量指标

李家河前期地勘工作岩体质量代表性指标见表 1。

3 施工阶段地勘工作

施工开挖后对建基面先进行详细的地质编录,对前期地勘的质量分级指标进行初步的校正,并进行弹性波速测试。

根据测试成果,结合地质编录,并依据 GB 50487—2008 规范进行岩体质量复核评价。

作者简介:康铭(1973—),男,工程师,从事水利水电工程地质勘察工作。E-mail:kjq1973@163.com。

表 1　岩体风化、波速、动弹模及完整系数统计表

地勘阶段	风化带	声波测试(m/s)	动弹模 E_d(GPa)	完整系数 K_1
可研阶段	强风化	2 937 ~ 4 395	6.72	0.12
	弱风化	2 937 ~ 4 395	44.2	0.4
	微风化	3 076 ~ 5 454	52	0.61
初设阶段	强风化	1 300 ~ 2 420	8.15	0.14
	弱风化	2 420 ~ 3 890	41.7	0.27 ~ 0.54
	微风化	3 890 ~ 4 390	53.5	0.43 ~ 0.63

3.1　地质编录

坝基(肩)建基面地质编录采用大比例尺仪器测绘,重点是岩性分界线、风化、卸荷岩体范围、断层裂隙空间分布及性状特征、破碎岩体分布、不稳定块体分布、爆破松动体分布范围,编录总面积约 11 090 m^2。

3.2　岩体表面波速测试

坝基建基岩体表面布置网状地震弹性波剖面线,纵测线间距 8 m,横测线间距 6 ~ 9 m,共布置地震弹性波速测试剖面 78 条,合计 1.934 km,见图 1。

根据各测线所测纵波速值对岩体进行质量分区,分区标准为:

Ⅰ区:纵波速度 V_p < 3 000 m/s;

Ⅱ区:3 000 m/s ≤ V_p < 3 600 m/s;

Ⅲ区:3 600 m/s ≤ V_p < 4 000 m/s;

Ⅳ区:4 000 m/s ≤ V_p < 4 500 m/s;

Ⅴ区:V_p ≥ 4 500 m/s。

岩面波速测试分区见图 2,成果见表 2。通过对成果表分析,说明开挖坝基整体 865 m 高程以上以Ⅲ、Ⅳ区为主,合格比例为 63%,865 m 高程以下以Ⅳ、Ⅴ区为主,合格比例为 56%。李家河坝基(肩)岩体表面波速分区成果见表 2。

表 2　坝基(肩)岩体表面波速分区成果

工程部位	高程(m)	面积(m^2)	波速分区 Ⅰ (%)	Ⅱ	Ⅲ	Ⅳ	Ⅴ	说明
左坝肩	884 ~ 860	260	28	12	22	36	2	Ⅰ、Ⅱ区为爆破松动及裂隙、断层破碎带区
	860 ~ 830	560	20	16	14	45	5	
	830 ~ 785.5	2 268	25	10	8.5	4	4.5	
河床坝基	785.5	1 936	13	9	5	21	52	
右坝肩	785.5 ~ 815	1 194	26	13	7.5	23.5	30	
	815 ~ 860	1 294	27	15	2	42	14	
	860 ~ 884	170	26	11	16	44	3	

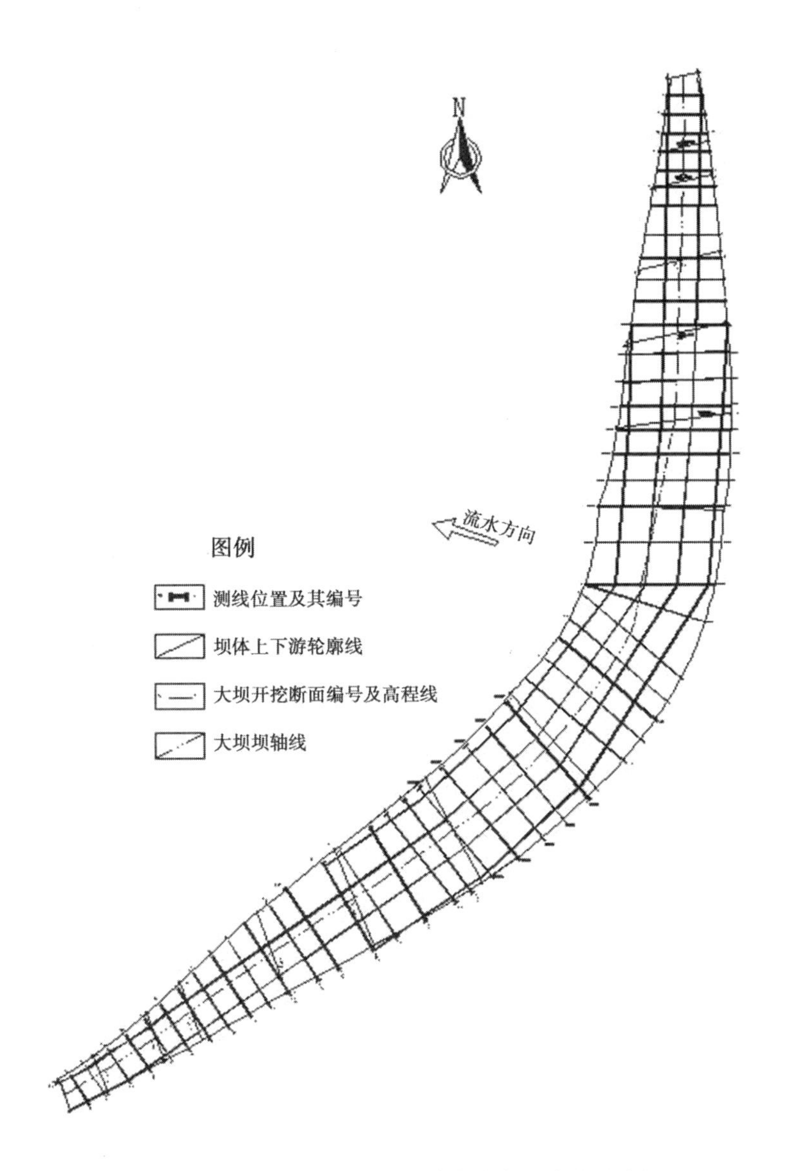

图1 李家河水库大坝坝基(肩)建基岩体表面波速测试剖面图

拱坝建在基岩上,大坝本身为超静定结构,在库水外荷载作用下,由大坝将荷载传送到坝基岩体上,岩体则承受大坝荷载和外加荷载的力学介质,岩体作为传力和受力的介质,须有效地将受力传向岩体深部,因此除对岩体表面质量进行测试外,更应详细地对建基面以下荷载深度的岩体进行测试。

3.3 岩体跨孔波速测试

李家河水库大坝坝基岩体跨孔测试点布置在岩面波速测试分区的基础上,结合地质编录资料,进行声波测试,每个测试点由4个孔组成,孔距1 m,单孔深均为12 m。测试点布孔原则为:

(1)对坝基岩体中岩面纵波速度 $V_p > 4\ 500$ m/s,跨孔测试点按16 m×16 m间距布设。

(2)对坝基岩体中岩面波速 $V_p < 4\ 500$ m/s 的建基面,按8 m×8 m间距布置跨孔测试

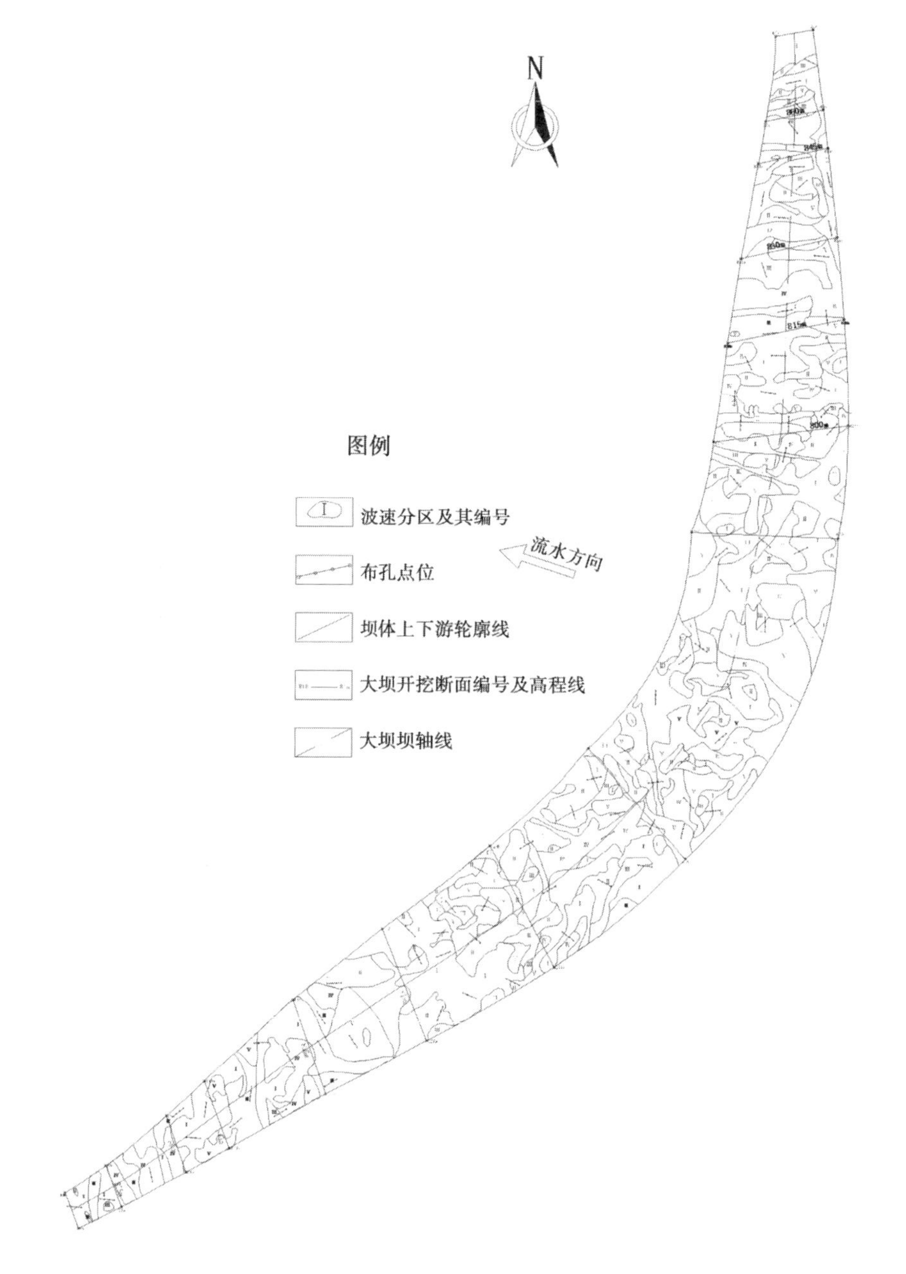

图2 李家河水库大坝坝基(肩)建基岩体表面波速分区及跨孔布置图

点,局部构造及断层破碎带可视情况适当增加测试点。

在坝基(肩)建基面总面积约11 090 m^2范围内进行了98个点跨孔测试,通过对测点资料分析统计,李家河水库大坝建基岩体风化、波速、动弹模、完整系数统计表见表3。

表3 建基岩体风化、波速、动弹模、完整系数测试成果统计表

风化带	声波测试(m/s)	动弹模 E_d(GPa)	完整系数 K_v
强风化	V_p = 2 037 ~ 2 926	10.51 ~ 19.37	0.17 ~ 0.24
弱风化	V_p = 3 750 ~ 3 529	42 ~ 51.8	0.36 ~ 0.45
微风化	V_p = 3 950 ~ 4 825	52 ~ 70	0.67 ~ 0.82

3.4 岩体处理及质量检测结果

固结灌浆布孔原则：坝基岩体固结灌浆为系统和随机。坝基(肩)布置系统固结灌浆，孔间排距3 m×3 m，按梅花形布置，河床部分入岩8 m，两坝肩孔深入岩12 m。随机指不满足设计建基要求部位(断层带、破碎带挖除后)，原系统布孔基础上加密1倍或根据实际情况加密孔数，孔深8～12 m。

灌后综合检测：灌浆后压水试验值不小于3 Lu，灌浆后14 d，声波测试865 m高程以上 V_p >3 600 m/s，865 m以下大于 V_p >4 000 m/s，坝基断层带及影响带大于3 600 m/s。

李家河大坝坝基(肩)岩体875 m高程以下微风化为主，岩体强度高，完整性好，岩体质量为较好的 A_{II} 类，可满足100 m高拱坝的建基要求，局部不满足要求的建基岩体采用开挖换填、锚固、灌浆等处理，后经综合检测，岩体质量完全满足高坝建基要求。

4 结 语

通过李家河水库大坝建基岩体的质量判定，根据所投入的大量声波测试手段，以及大量资料分析研究，认为岩体质量评价验收是合理的，可作为同类工程参考和借鉴。在国内拱坝工程地质勘察实践中，现场大型岩体强度、变形试验总是有限的，只能取得点上的资料，而岩体声波测试可以控制大范围的岩体风化程度、岩体结构、岩体应力状态、岩体质量，可作为拱坝建基岩体质量定量验收指标，希望能成为今后工程地质勘察中广泛大量使用的方法。

参 考 文 献

[1] 陕西省水利电力勘测设计研究院勘察分院. 西安市辋川河引水李家河水库工程地质勘察报告[R]. 2009.

[2] 陕西省水利电力勘测设计研究院. 西安市辋川河引水李家河水库工程初步设计报告[R]. 2009.

[3] 中华人民共和国城乡和住房建设部. GB 50487—2008 水利水电工程地质勘察规范[S]. 北京：中国计划出版社, 2008.

[4] 陕西省水利电力勘测设计研究院勘察分院. 西安市辋川河引水李家河水库大坝弹性波测试成果报告[R]. 2013.

[5] 万宗礼，聂德新，杨天俊. 高拱坝建基岩体研究与实践[M]. 北京：中国水利水电出版社，1980.

公伯峡面板堆石坝水下检查及渗漏点水下封闭处理技术

李得英[1]　王念仁[1]　张　毅[2]　何振中[1]

（1. 黄河上游水电开发有限责任公司公伯峡发电分公司，化隆　810902；
2. 黄河上游水电开发有限责任公司，西宁　810008）

摘　要　根据2015年公伯峡大坝渗漏量比往年增大的实际现象，进行了面板堆石坝水下检查工作。主要介绍了水下检查的内容、工艺及结论。根据水下检查结果，对大坝右岸高趾墙周边缝附近面板不同高程的三处混凝土面板破损、止水材料破坏、漏水等缺陷严重部位进行了修补。漏水点水下封闭处理后，堆石坝渗漏量从14 L/s降至9.2 L/s，达到了预期效果。

关键词　面板；检查；封闭

1　工程概况

公伯峡水电站位于青海省循化撒拉族自治县和化隆回族自治县交界处的黄河干流上，距西宁市153 km，是黄河上游龙羊峡至青铜峡河段中第四个大型梯级水电站。工程属一等大（Ⅰ）型工程，以发电为主，兼顾灌溉及供水。水库正常蓄水位2 005.00 m，校核洪水位2 008.00 m，总库容6.2亿m^3，调节库容0.75亿m^3，具有日调节性能。电站装机容量1 500 MW，保证出力492 MW，年发电量51.4亿kWh，是西北电网中重要调峰骨干电站之一。

工程枢纽主要由大坝、引水发电系统和泄水建筑物三大部分组成。大坝为钢筋混凝土堆石坝，坝顶高程2 010.00 m，最大坝高132.20 m，坝顶长度429.0 m，顶宽10.0 m，混凝土面板上游坝坡1∶1.4；下游坝坡1∶1.5～1∶1.3。引水发电系统布置于右岸，由引水渠、坝式进水口、压力钢管、电站厂房及尾水渠等建筑物组成。泄洪建筑物由左岸溢洪道、左右岸泄洪洞组成。公伯峡面板堆石坝平面布置图见图1。

根据2015年公伯峡大坝渗漏量比往年增大的实际现象，进行了面板堆石坝水下检查工作，并根据水下检查结果，对大坝右岸高趾墙周边缝附近面板不同高程的三处混凝土面板破损、止水材料破坏、漏水等缺陷严重部位进行了修补。

2　水下检查技术

2.1　检查内容

潜水员对堆石坝右岸高趾墙与5#机组交接缝、右岸高趾墙周边缝、4#与5#机组伸缩缝、面板裂缝、面板压性缝等进行了水下录像检查。此次面板堆石坝水下检查作业最大潜水深

作者简介：李得英（1972—），男，本科，青海贵德人，工程师，主要从事水电站大坝安全管理工作。E-mail：381548590@qq.com。

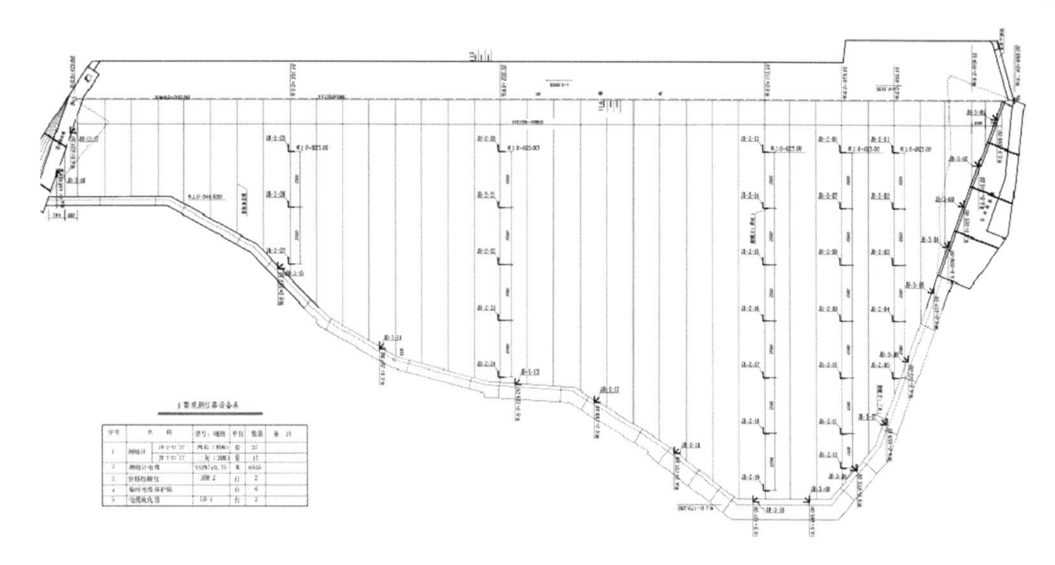

图1　公伯峡面板堆石坝平面布置图

度为47 m。

2.2　水下检查手段

2.2.1　水下监控、录像、通信系统检测

潜水员利用水下摄像头、录像监控等系统,按照一定的顺序,采用近观目视、探摸等方式,进行水下检测工作。在整个施工过程中,现场负责人可以通过水下监控和水下通信系统,在工作船内直接观看水下作业情况,指挥水下操作过程。

2.2.2　针束检测系统检测

在水下检查的施工过程中,需要检测面板有无错动、翘起现象,要求定量测量面板平整度、面板夹角和面板错动沉陷量值。本工程采用水下针束检测系统进行检测。针束设计图见图2。针束测量示意图见图3。

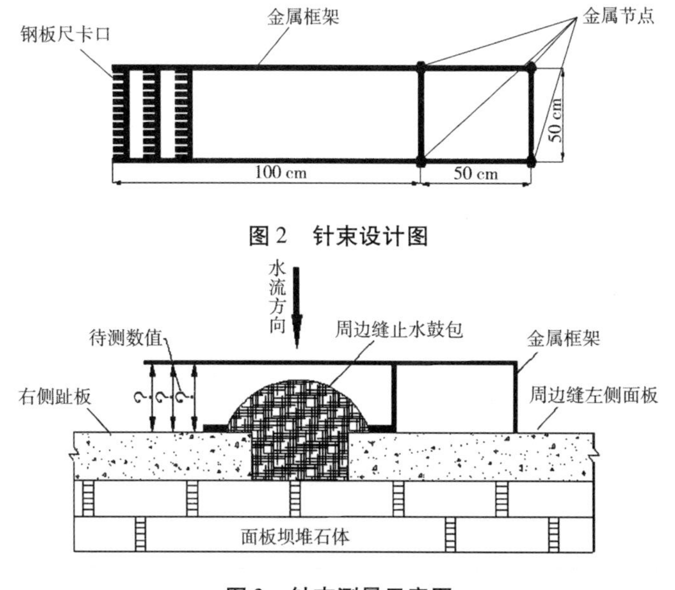

图2　针束设计图

图3　针束测量示意图

2.2.3　渗漏显影剂法检测

潜水员在水下用显影剂法找到渗漏部位，通过潜水表、钢板尺精确确定渗漏部位位置。显影剂法及墨汁法，原理在于渗漏处对水流存在吸力，而墨汁为易于受水流流动影响并可明确判断的材料，因此随着渗漏处附近喷出的墨汁被吸入渗漏处，吸入过程和渗漏位置会被清晰明确地显现出来。这种方法的优点在于方便操作、效果明显、结果直观。显影剂法检测裂缝是否渗漏，照片见图4。

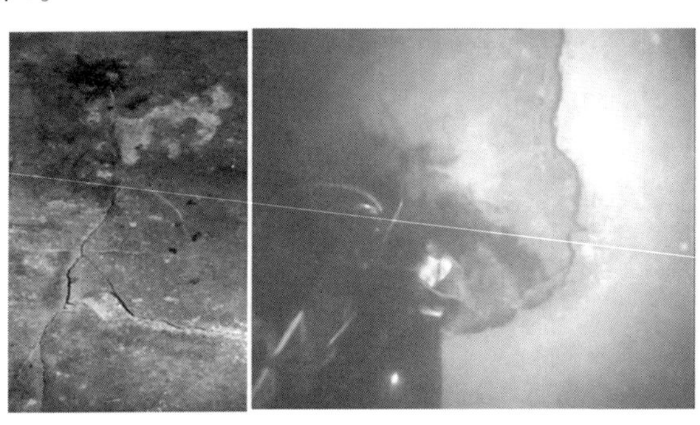

图4　显影剂法检测裂缝

2.3　检查方案

潜水员沿周边缝左侧压条自水面开始至水深47 m处对周边缝鼓包、膨胀螺栓及压条、面板等进行检查，查看周边缝鼓包是否密实、膨胀螺栓及压条有无松动、面板有无裂缝、淘坑等破坏现象。到底后缓慢上升，减压出水。再安排另外一名潜水员自周边缝右侧开始重复上述的步骤，其余部位的检查类似。

2.4　检查结果

2.4.1　面板裂缝

经过水下检查发现，大坝面板存在轻微裂缝，经水下检测漏水不严重。面板裂缝分布示意图见图5。

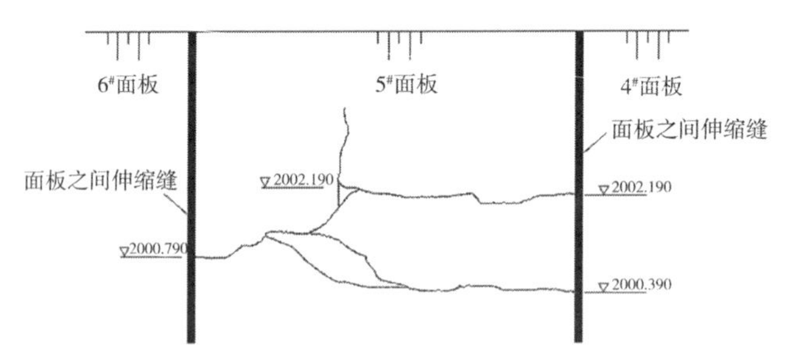

图5　面板裂缝分布示意图　（单位：m）

2.4.2　周边缝破坏

在右岸高趾墙周边缝左侧面板处发现面板存在漏水、混凝土面开裂等现象。使用显影剂法对其进行检查，发现渗漏比较严重。周边缝破坏示意图见图6。

3　渗漏点水下处理技术方案的选择

对渗漏缺陷处理，一般是以防渗为主要处理原则，可以概括为“上堵中截下排，以堵为

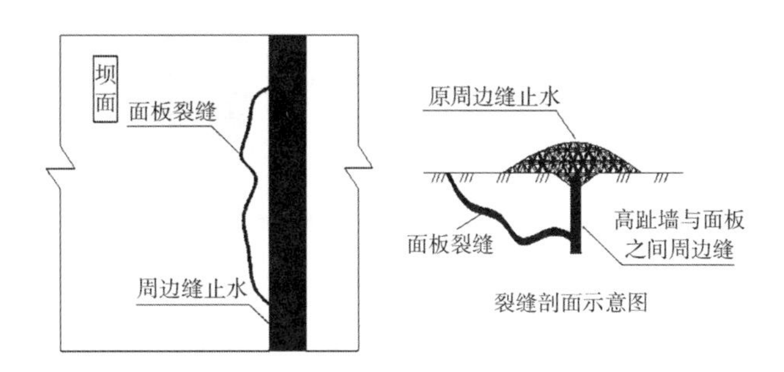

图6 周边缝破坏示意图

主,截排为辅”。由于本工程裂缝并未危及大坝安全,本次处理的重点是防渗。渗漏点水下封闭处理技术主要分为以下几种。

3.1 柔性处理技术

柔性处理技术的处理材料是柔性的。适宜处理的裂缝有温度和变形的张合变化。主要是针对水库大坝的分段坝缝,原止水结构或设施遭到破坏,造成渗漏。柔性修补具有3道防水屏障,即SR等柔性防水材料、黏接剂、柔性防水盖片,其中SR等柔性防水材料和柔性防水盖片具有很好的延展性,可以适应缝宽的变化。

3.2 刚性处理技术

刚性处理技术用于处理应力损伤造成的渗漏。这种处理技术应能起到补强加固的作用,同时还可以保持原结构的抗渗功能。刚性修补适用于稳定缝,能够起到防渗止漏和补强加固的双重作用。

3.3 混凝土保护层技术

混凝土表面整体防渗加固处理技术是在大坝缺陷上游面水下浇筑一定厚度的钢筋混凝土防渗层,既起到防渗阻漏的作用,又取得补强加固的效果。

经过召开专家会讨论,且根据本工程这一位置还需要有适应伸缩的变形的特点。本工程周边缝混凝土破损部位采用柔性修补技术处理方案,在破损部位处理前采用填料先填堵、再封闭处理的方案。

4 水下封闭处理主要施工工艺及要点

(1)清理裂缝周围面板表面以及裂缝内部的淤积物。

(2)设置第一道止水:①向清理干净的裂缝内灌注细河砂(平均粒径0.25~0.35 mm),灌注量根据现场情况确定;②将陆上制作好的SR止水条(与裂缝的宽度相同)嵌填到裂缝内,直至无渗漏现象;③使用水下封边胶将裂缝周边的面板抹平,使抹胶后的平面与混凝土原面板齐平;④待涂刷的封边胶达到强度后,在裂缝中心两侧各延伸15 cm及裂缝两端各延伸60 cm区域内,涂刷底胶,铺设SR止水材料,形成中间高、周边低的鼓包,鼓包高度15~20 cm;⑤SR止水材料铺设形成鼓包后,在其表面铺设一层止水盖片;⑥止水盖片铺设完毕,在盖片边缘位置铺设不锈钢压条并使用M14不锈钢膨胀螺栓进行固定,螺栓间距为30 cm,为了防止破损处混凝土进一步破坏,在靠近原止水一侧的不锈钢压条只在两端用不锈钢螺栓固定,中间部位采用水下封边胶进行密封处理,见图7、图8;⑦待压条固定完毕后,将止水盖片周边使用密封胶进行密封(涂刷两遍),使止水盖片内部处于完全封闭空间。

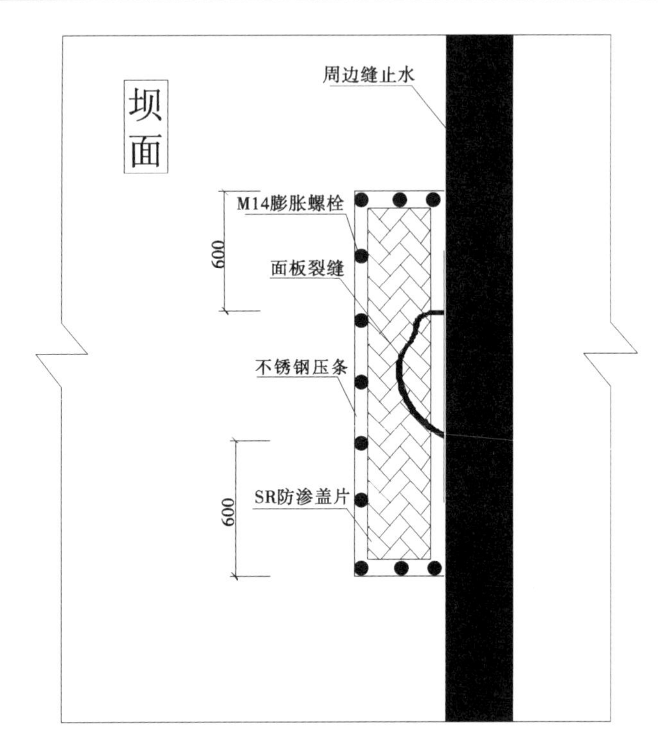

图7　第一道止水平面施工图　（单位:mm）

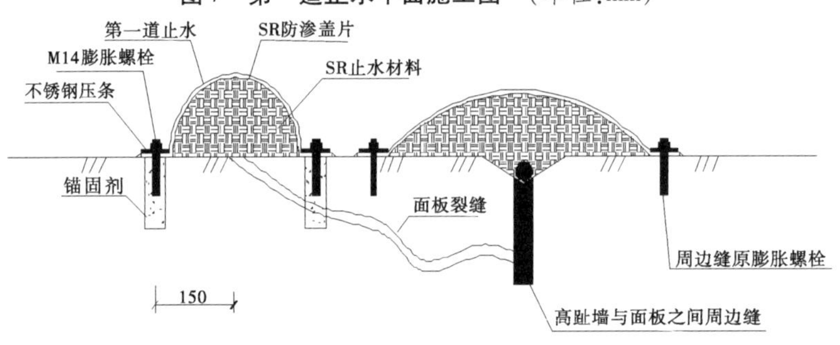

图8　第一道止水剖面施工图　（单位:mm）

(3)设置第二道止水:第二道止水的施工步骤同第一道止水,其中第二道止水铺设SR止水材料的区域为第一道止水向左侧延伸15 cm,原止水向右侧延伸15 cm,向裂缝两端各延伸100 cm,鼓包高度为22～28 cm,见图9、图10。

5　工程技术难点

(1)高海拔、深水潜水作业，水温低。

本工程在高海拔(2 010 m)作业,施工时间在4月,水温非常低(0 ℃),且水深较大。按照《产业潜水最大安全深度》(GB 12552—90)的相关规定"平原地区空气潜水的最大安全深度为60 m",换算为高海拔地区借助减压舱设备的条件下,最大下潜深度为47 m。特别是潜水员在使用空气潜水作业装备下潜到超过30 m水深后,由于压力剧增,会出现身体不适,到60 m水深后状态加剧,甚至难以作业。在海拔大于240 m的高地湖泊或河中潜水,不能直接使用一般的空气潜水减压表,应采用专门的高地潜水减压表的相应方案。本次工程在现

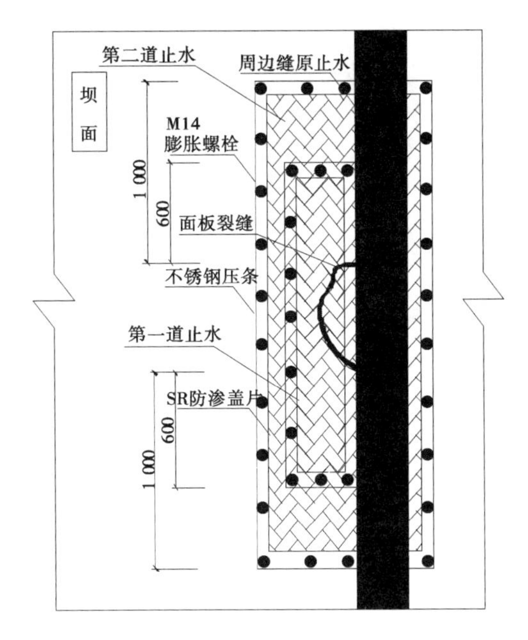

图9 第二道止水平面施工图 (单位:mm)

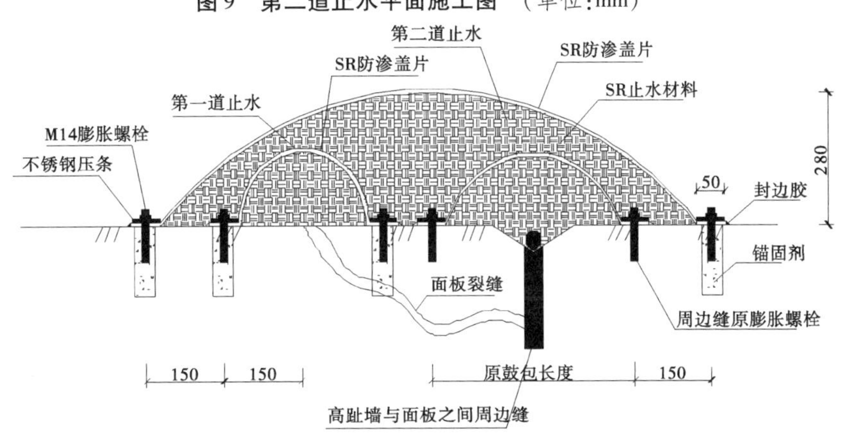

图10 第二道止水剖面施工图 (单位:mm)

场配备减压舱等各种潜水安全配套设施,并由潜水医生制订合适的减压方案,保证潜水作业安全正常进行。

(2)水下泥沙清理量大,难于清理。

大坝水工混凝土建筑物长年在水下,混凝土表面淤积了厚30~40 cm的淤泥。这些淤泥严重地影响了水下能见度和施工作业。为了保证混凝土表面的清洁和平整,必须高效快速地清理面板表面的泥沙。如果采用人工手动清理,将是一个非常漫长的过程。本次工程采用水下高压水清理作业吹泥,高效、安全,效果显著。

高压水清理吹泥如图11所示。

(3)水质差,能见度低。

由于大坝右岸高趾墙周边缝缺陷处理部位靠近机组进水口,受发电水流和水质影响,给水下定位及摄像带来一定的困难。对此本工程运用布设网格法将缺陷部位准确定位,以便水下修补时快速准确地找到缺陷处。

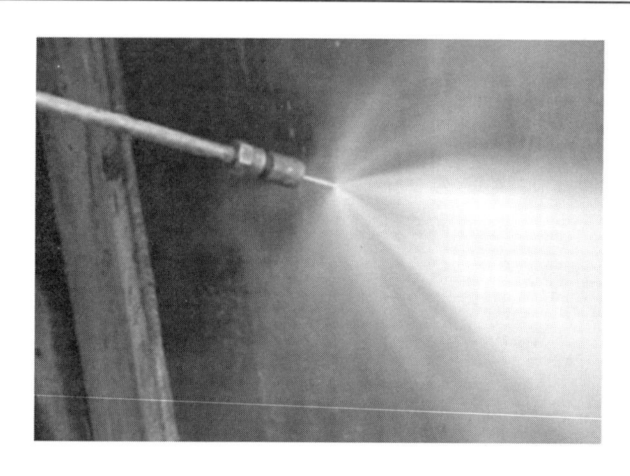

图 11　高压水清理吹泥

(4)向裂缝内填堵细沙难。

对混凝土面板周边缝混凝土破损部位进行第一道止水进行填堵时,先尝试注入粉煤灰未能成功,又经过更换几种填堵材料后,选择 0.25 ~ 0.35 mm 颗粒的细沙。填充物将面板后的脱空和裂缝填堵密实,保证止水效果。在水下作业过程中,细小填充颗粒在水中迅速发散,难于填入裂缝内。对于潜水员的操作技术要求较高,必须具有丰富的施工经验才能往狭长细小的裂缝内注入大量的细沙。为此,本工程采用局部开口、其他部位封闭的辅助方式增加吸入细沙的压力。

(5)水下处理潜水作业技术复杂,操作工序复杂,对潜水作业的综合技术要求高。

本次涉及混凝土水下切割、水下凿除、水下钻孔、水下定位安装,潜水作业技术复杂。

6　施工结束后结果分析

此次工程面板缺陷处理完成后,大坝渗漏水量从原来的 14 L/s 下降至 9.2 L/s,缺陷处理达到显著效果。

7　结　语

本次工程在高海拔、大水深和低温状态下进行多项潜水高难作业,开创了国内先例。水下检查和水下封闭处理技术为水工结构物水下部分的防渗止漏和处理提供了一条新的途径。采取这种工艺既不需水库特意为工程而降低水位,也不需采用土石围堰进行旱地施工,造价经济、工程量小、工期短、无污染,为大坝的安全运行找到一个新的经济有效的方法。随着科学技术的不断发展,在未来的水库大坝除险加固工程中,该项技术将会变得尤为切实可行。

参考文献

[1] 公伯峡水电站面板堆石坝右岸周边缝渗漏点水下封闭处理工程施工方案[R]. 黄河上游水电开发有限责任公司公伯峡发电分公司,2016.

[2] 单宇翥,陈洋,葛磊,等. 公伯峡水电站面板堆石坝水下检查工程竣工报告[R]. 青岛太平洋海洋工程有限公司,2015.

[3] 单宇翥,陈洋,葛磊,等. 公伯峡水电站面板堆石坝右岸周边缝渗漏点水下封闭处理工程竣工报告[R]. 青岛太平洋海洋工程有限公司,2016.

黄河上游梯级水库群水温原型观测方案

王　倩　牛　乐　牛天祥　孙　莹

（中国电建集团西北勘测设计研究院有限公司，西安　710065）

摘　要　黄河上游龙羊峡—刘家峡河段梯级开发的格局已基本形成，根据龙羊峡水库监测资料，存在水温分层、下泄低温水的问题。由于目前仅在龙羊峡间断性监测过水温，缺乏梯级水库水温系统观测，因此提出梯级水库群水温系统原型观测方案，以期开展黄河上游梯级水库群联合运行的水温累积影响研究，为后续水电开发水温影响预测及减缓措施研究提供基础数据与科学支撑。

关键词　水温；原型观测；黄河上游；梯级水库；累积影响

梯级水电站建设在带来巨大社会效益和经济效益的同时，对生态环境也产生了深远的影响。水温是环境影响中重要的水质要素和生态因子，近年来一直是水电规划和单项工程环评中的重点内容之一。黄河上游龙羊峡—刘家峡河段（以下简称龙刘河段）的水电梯级开发已历经半个世纪，格局已基本形成。黄河上游梯级开发在改变河道径流的年内分配和年际分配的同时，也相应地改变了水体的年内热量分配，引起水温在流域沿程和纵向深度上的梯度变化。在河段梯级开发过程中，水库内水体温度不再均匀分布，而且水库下泄的水流温度也较建库前发生较大改变，这些都可能给库区及下游的水质及生态系统带来一系列影响。

梯级水库对下游河道及库区水温影响因流域地理位置、水电开发模式、水库建设时序和规模的不同，其水温影响存在时空的波动性和累积性，比单独水电工程项目更为复杂，但大多数水库水温研究都基于数学模型。虽然数学模型是研究水库、河道水温分布规律的重要工具，但原型观测仍是了解水温变化最直接、最有效的方法与途径。目前，国内原型观测多为短历时、单一水库，缺乏对梯级水库群水温的长期系统性原型观测研究，缺少水库水温与电站运行调度的响应关系及与河流水温的同步观测研究。本文通过对黄河上游已建梯级水库水温观测情况的调查，提出梯级水库群水温系统原型观测方案，以期开展黄河上游梯级水库群联合运行的水温累积影响研究，为后续水电开发水温影响预测及减缓措施研究提供基础数据与科学支撑。

1　黄河上游已建梯级水库水温影响回顾分析

1.1　已建梯级水电站概况

黄河上游龙刘干流河段长约 502 km。该河段已建成龙羊峡、拉西瓦、尼那、李家峡、直岗拉卡、康扬、公伯峡、苏只、积石峡、炳灵、黄丰、刘家峡 12 座水电站，在建大河家水电站，是

作者简介：王倩（1987—），女，工程师，硕士，主要研究方向为环境影响评价。E-mail：wangqian104@126.com。

中国最大梯级水电站群之一。其中龙羊峡、拉西瓦、李家峡、公伯峡和刘家峡水电站均为高坝大库，龙羊峡水库为具有多年调节能力的龙头水库，刘家峡水库属年调节型水库，其余为日调节型水库。龙刘河段梯级布置图如图 1 所示，大型水库特性表如表 1 所示。

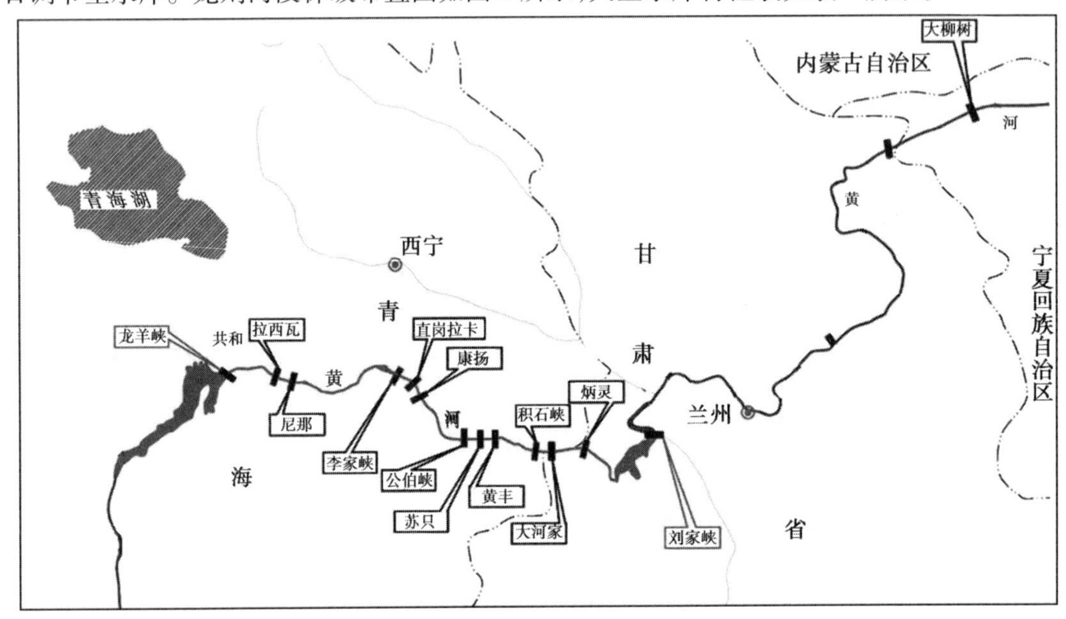

图 1　黄河上游龙羊峡—刘家峡干流河段梯级布置图

表 1　龙刘河段梯级水库特性表

水电站名称	正常蓄水位（m）	坝高（m）	库容（亿 m^3）	水库面积（km^2）	调节库容（亿 m^3）	回水长度（km）	调节性能	装机容量（MW）	建成时间（年）
龙羊峡	2 600	178	247	283	193.5	108	多年	1 280	1986
拉西瓦	2 452	250	10.5		1.5		日	420	2011
李家峡	2 180	165	16.48	31.58	0.6	41.5	日	2 000	1997
公伯峡	2 005	139	5.5	22	0.75	48	日	1 500	2004
刘家峡	1 735	147	57	131	41.5	65	年	1 350	1969

1.2　已建梯级水库水温观测背景

黄河上游已建梯级水库群均为高寒区水库，这些水库除春夏季水温分层外，还存在冬季冰封期水库水温结构呈逆温分布、年内会发生春秋两次大翻转等特征。目前，人们对热带和温带地区的水库水温开展了大量的研究工作，基本掌握了这些水库的水温演变规律及机制，但在高寒地区的水库水温研究成果较少，主要是由于高寒地区涉及特殊的气候条件（气压低、空气稀薄、昼夜温差大等），以及还可能存在复杂的冰情问题。目前，我国的水利建设逐渐向高海拔、高纬度的寒带地区推进，开展高寒地区的水库水温相关研究迫在眉睫。因此，本方案拟选择我国黄河上游已建的典型高寒地区大型水库进行水温原型观测，以此研究分析高寒地区大型水库水温结构及演变规律与机制。研究成果对高寒地区生态环境保护具有重要意义，并为高寒地区水资源开发提供重要的技术支撑。

根据现场调查情况，黄河上游龙刘河段只有龙羊峡水库在坝前和库中开展过水温原型观测，李家峡、拉西瓦、公伯峡等水库均未开展过水温观测。龙羊峡水库水温观测从 1986 年开始，采用人工观测，每月观测一日，一日监测一次。而龙刘河段尚未开展过系统的水库群水温观测工作。

1.3 已建梯级水库水温影响分析

由于水库运行方式如出入库流量、运行水位及取水口位置变化会对库体内部水温分布及下游河道水温产生一定的影响。本方案收集到龙羊峡水库 2009 年 10 月至 2010 年 9 月的水温观测资料(2010 年 3 月仪器故障，未监测)及同期龙羊峡水库调度运行资料，对龙羊峡水库坝前水温进行统计分析，如图 2 所示。

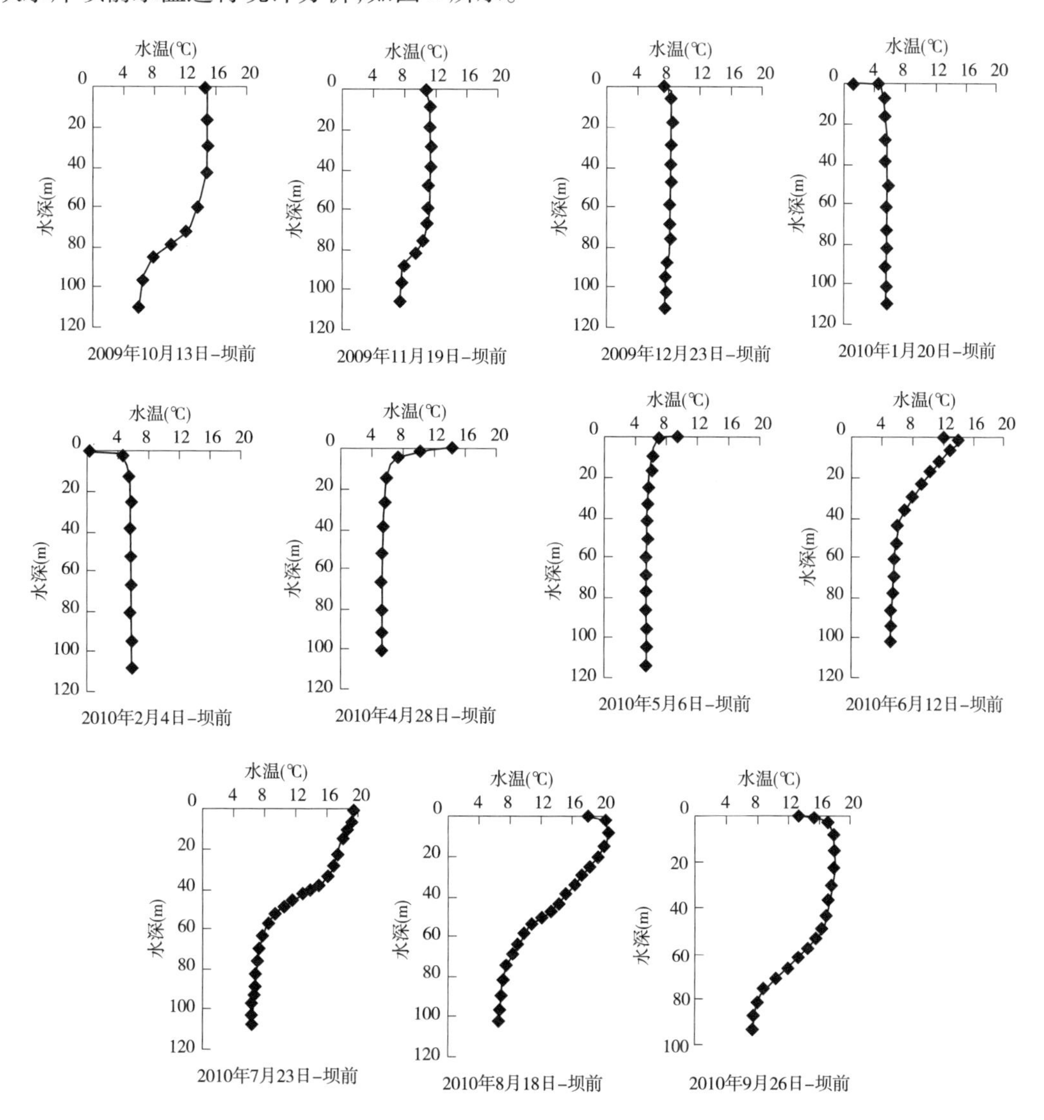

图 2 龙羊峡水库典型日实测水温曲线

从图 2 中可以看出，龙羊峡水库 2009 年 12 月至 2010 年 3 月水库水温为逆分层分布，2010 年 5 ~ 10 月为典型性正分层分布，春季 4 月和秋季 11 月是转换过渡期。水库在春季下泄水温较天然水温有不同程度的降低。另外,11 月至次年 4 月为表层低温的弱分层或等温分布,5 ~ 10 月为分层分布。6 月和 12 月是水温结构变化的转折点,6 月水库为蓄水过程,水库水量增大,水温升温较快。

2 黄河上游梯级水库群水温原型观测方案

2.1 观测水库的选择

根据黄河上游梯级电站建设格局,选取不同调节性能水库进行水温观测。主要选取具有多年调节性能的龙头水库龙羊峡和具有日调节性能的拉西瓦、李家峡、公伯峡高坝大库进行观测。考虑到贵德湿地对下泄低温水的调节作用,同时选择库容较小、最大坝高仅为 45.5 m 的康扬水电站进行水温监测,以研究高坝大库下泄低温水经贵德湿地调节后的变化情况。

2.2 观测点位的选择

根据大型水库的水温结构特征,初步拟定在各水库库中、坝前、坝后设置观测点位。观测点位沿水深方向每隔 5 m 设置一个水温探测器,表层水加密布置。具体监测方案如表 2 所示。

表 2 龙刘河段水温原型监测方案表

水电站名称	监测点位	监测仪器	数量	配件	数量	数据读取频率	点位数量	必要性
龙羊峡	坝前	实时传输水温测试仪(缆线 + 水温探头)	2 套	卷扬机及滑轮	1 套	2 h 一次	垂线布点(5 m 一个)	重点监测
	尾水	实时传输水温测试仪(缆线 + 水温探头)	2 套	卷扬机及滑轮	1 套	2 h 一次	水下一个测试点	
	库中	美国 U22 - 001 便携水温传感器系统	1 套	—	—	1 月 1 次	水下一个监测点	
拉西瓦	坝前	实时传输水温测试仪(缆线 + 水温探头)	2 套	卷扬机及滑轮	1 套	2 h 一次	垂线布点(5 m 一个)	重点监测
	尾水	实时传输水温测试仪(缆线 + 水温探头)	2 套	卷扬机及滑轮	1 套	2 h 一次	水下一个测试点	

续表 2

水电站名称	监测点位	监测仪器	数量	配件	数量	数据读取频率	点位数量	必要性
李家峡	坝前	实时传输水温测试仪(缆线+水温探头)	2 套	卷扬机及滑轮	1 套	2 h 一次	垂线布点(5 m 一个)	重点监测
	尾水	实时传输水温测试仪(缆线+水温探头)	2 套	卷扬机及滑轮	1 套	2 h 一次	水下一个测试点	
康扬	坝前	实时传输水温测试仪(缆线+水温探头)	2 套	卷扬机及滑轮	1 套	2 h 一次	水下一个测试点	兼顾
公伯峡	坝前	实时传输水温测试仪(缆线+水温探头)	2 套	卷扬机及滑轮	1 套	2 h 一次	垂线布点(5 m 一个)	兼顾
	尾水	实时传输水温测试仪(缆线+水温探头)	2 套	卷扬机及滑轮	1 套	2 h 一次	水下一个测试点	
刘家峡	以收集资料为主							

2.3 仪器设备的选择

2.3.1 远程实时传输水温测试仪

对于水库坝前、坝后水温观测,采用远程实时传输水温测试仪进行自动监测。该仪器可根据不同坝高、不同坝前坝后水深、以及现场监测条件定制,数据可靠性高,适合固定点位长期水温原型观测研究。

2.3.2 便携式水温传感器

对于水库水况条件差,远程水温测试装置安装困难,但有条件通过渔船进入库区内部进行监测的点位,采用便携水温传感器系统开展人工定期监测。

2.4 观测时段与频次

根据黄河上游水温发生分层的时段和特点以及水库运行方式,初步拟定开展为期两年的原型观测。坝前和坝后水温观测:每年 5~10 月为重点监测时段,该时段水温测试仪 2h 读取一次数据;其他月份每天读取 4 次数据。库中点位,由于无法固定远程水温测试仪,采用每月人工观测 1~3 次。

2.5 定期资料收集

为研究水库水温与电站运行调度的响应关系,以及河流水温的沿程恢复情况,定期收集各水温观测水库的逐日运行调度资料和龙刘河段水文站逐日水温观测资料。

3　总结与建议

本方案已建电站库区、坝前与尾水的水温长期原型观测影响因素复杂,需选择在水流稳定、交通条件便利、易于维护的区域进行。目前,实际观测过程中遇到一些问题和难点,给观测的顺利进行造成了一定的困难。

3.1　水温观测点布置

黄河上游高寒区水电站地形条件复杂,坝前监测需远离泄水洞及引水洞主流,尾水观测点需选择在水流稳定、维护便利的区域。经现场查勘,龙羊峡坝前观测点靠近进水口,给观测点的布设造成了一点的困难。

3.2　监测仪器的耐受性

本次原型观测对水深要求较高,一般要求为 100 m 以上。监测垂向温度链的水深耐受性、水下稳定性有待进一步试验确定。

3.3　监测过程质量控制

中国电建集团西北勘测设计研究院拟委托黄河水电开发有限公司大坝管理中心对各站点监测仪器进行后期的维护和数据采集工作,但由于测试条件复杂,观测点仪器受水流影响被冲走而数据丢失等可能性极大,有一定的测试风险。

针对观测中实际遇到的问题,建议优化观测方案,同期收集坝体同期预埋水温监测数据,与所设坝前观测点水温数据进行对比分析,若具有相似性,今后可直接利用坝体预埋水温监测数据。另外,建议增加库尾和坝下沿程观测点,以对照入库水温和沿程水温变化趋势。最后,建议对库中等不便于人工定期采集数据的观测点,采用线数据传输方式进行观测数据采集,可很大程度减少原型观测的工作量。

参考文献

[1] 刘兰芬, 陈凯麒, 张士杰, 等. 河流水电梯级开发水温累积影响研究[J]. 中国水利水电科学研究院学报, 2007, 5(3): 173-180.

[2] 蒋立哲, 牛天祥, 马俊杰, 等. 黄河上游调节性水库对河段水温的影响及其环境效应分析[J]. 西北水电, 2010(3): 6-10.

[3] 周孝德, 宋策, 唐旺. 黄河上游龙羊峡—刘家峡河段梯级水库群水温累积影响研究[J]. 西安理工大学学报, 2012, 28(1): 1-6.

[4] Russell Preece. Cold water pollution below dams in New South Wales[J]. Water Management Division Department of Infrastructure, 2004(3): 1-31.

[5] 李兰, 李亚农, 袁旦红, 等. 梯级水电工程水温累积影响预测方法探讨[J]. 中国农村水利水电, 2008(6): 86-90.

[6] 姚维科, 崔保山, 董世奎, 等. 水电工程干扰下澜沧江典型段的水温时空特征[J]. 环境科学学报, 2006, 26(6): 1031-1037.

[7] 梁瑞峰, 邓云, 脱友才, 等. 流域水电梯级开发水温累积影响特征分析[J]. 四川大学学报(工程科学版), 2012 (S2): 221-227.

[8] 邓云, 李嘉, 李克锋, 等. 梯级电站水温累积影响研究[J]. 水科学进展, 2008, 19(2): 273-279.

[9] 寇晓梅, 牛天祥, 黄玉胜, 等. 黄河上游已建梯级电站的水环境累积效应[J]. 西北水电, 2009(6): 11-14.

［10］ 蒲灵，李克锋，庄春义，等. 天然河流水温变化规律的原型观测方案研究［J］. 四川大学学报（自然科学版，）2006，43（3）：614-617.
［11］ 脱友才，刘志国，邓云，等. 丰满水库水温的原型观测及分析［J］. 水科学进展，2014，25（5）：731-736.

天荒坪抽水蓄能电站上库沥青混凝土面板老化现状研究

汪正兴[1]　郝巨涛[1,2]　刘增宏[1]

（1. 中国水利水电科学研究院，北京　100038；
2. 流域水循环模拟与调控国家重点实验室，北京　100038）

摘　要　天荒坪抽水蓄能电站是我国首个采用沥青混凝土进行全库防渗的大型抽水蓄能电站，于1998年建成并投入使用，截至2015年已运行17年。本文通过对上水库沥青混凝土面板进行现场检测和取样检测，研究了面板的老化状况，并通过室内紫外光加速老化试验，研究了封闭层的老化规律。检测结果表明，面板常年裸露区大部分区域的封闭层已经老化脱落，未脱落的封闭层也老化严重。防渗层芯样试验表明，防渗层的防渗性能依然良好，防渗层沥青混凝土的老化主要集中在表层10 mm。最后还对如何延缓面板进一步老化提出了建议。

关键词　抽水蓄能电站；沥青混凝土；老化；封闭层

1　前　言

沥青混凝土具有优异的防渗性能和适应基础变形的能力，被广泛应用于各种水利水电防渗工程，是目前抽水蓄能电站的主流防渗型式之一。沥青混凝土中的石油沥青在温度、光照等外界因素的作用下，会逐渐老化，变硬变脆。沥青的老化会导致沥青混凝土变形能力的降低，严重时甚至会导致沥青混凝土面板开裂、渗漏。因此，了解沥青混凝土面板的老化状况对水库的运行管理安全具有重要的意义。

国内外的研究结果表明，沥青混凝土面板的老化一般只发生在表层1 cm，面板封闭层的老化可加速面板沥青混凝土的老化。法国Trapan坝运行11年后对防渗层取芯样，从芯样回收沥青检测表明，防渗层表层0～5 mm沥青针入度由66下降到29，5～10 mm层针入度下降到46，而防渗层中部针入度下降到45。若考虑沥青在施工过程中的老化，法国Trapan坝运行11年后，防渗层5～10 mm深度和中部的沥青性质几乎没有变化，只是在表层部位（0～5 mm）有微小的变化。日本沼原水库运行31年后，沥青面板的弯曲性能、回收沥青的针入度、软化点、DSR以及红外光谱试验结果都表明，沥青面板老化程度沿厚度方向为上部＞中部≥下部，上部老化严重。同时，表面封闭层脱落和未脱落部位回收沥青的针入度和红外光谱试验结果表明，封闭层脱落部位的老化程度较大，封闭层可以减缓面板防渗层上部的老化。

基金项目：沥青防渗面板老化识别、寿命评估方法及修复技术研究（SM0145B44201600000）。

作者简介：汪正兴（1984—），男，硕士，工程师，主要从事沥青混凝土防渗技术研究。E-mail：johnnywzx@163.com。

天荒坪抽水蓄能电站是我国首个采用沥青混凝土进行全库防渗的大型抽水蓄能电站，于1998年建成并投入使用，截至2015年已运行17年。本文对上水库沥青混凝土面板运行17年后的老化状况进行了现场检测和取样检测。检测了封闭层的破损情况并对部分区域的封闭层沥青玛琋脂进行了取样检测，对常年裸露区的防渗层进行了取芯，检测其物理性能和回收沥青的性能指标。同时，进行了封闭层室内紫外光加速老化试验，研究了其老化规律。

2 现场检测及取样

2.1 封闭层破损情况

经对封闭层现场检查发现，整个库盆封闭层均发生了不同程度的破坏。破坏以主坝区域最为严重，其次为北库岸和东库岸，西库岸相对最轻。

根据封闭层破损情况，现场发现可将封闭层按高程分为两个区，高程898 m以上为A区，以下为B区，A区为封闭层破损区，B区为封闭层外观完整区。根据破损情况可将A区进一步分层A_1区（常年裸露区）和A_2区（水位变幅区），见图1。

图1 典型封闭层分区破坏图

A区整体封闭层破损，A_1区封闭层呈竖向条带型破损，未受水流作用的部位破损相对较小，受汇流水（包括喷淋水、雨水、温泉排放水等）冲刷部位相对严重，见图2。

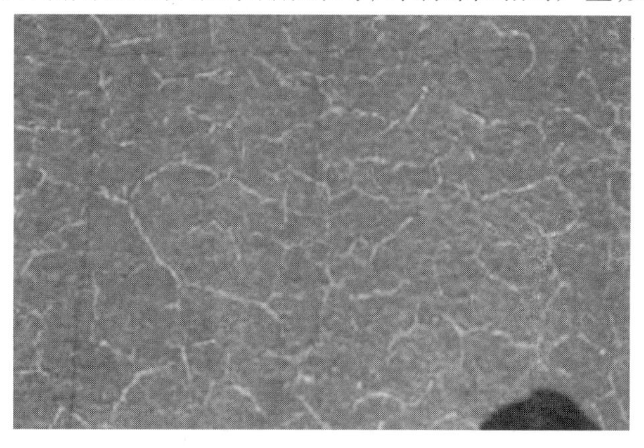

图2 典型常年裸露区（A_1区）封闭层外观

A_2 区为水位变动区，封闭层破损情况比 A_1 区更为严重，该区除经受 A_1 区所受的阳光照射和汇流水冲刷外，还承受库水位变动冲刷作用，见图 3。

图 3　典型水位变动区（A_2 区）封闭层外观

B 区封闭层受库水及水库淤泥保护，封闭层外观较完整，具体老化情况不详，见图 4。

图 4　典型 B 区封闭层外观

上述情况表明，天荒坪上库封闭层已出现较大范围破坏。以高程划分，A_2 区破坏最严重，有相当区域封闭层已不存在；A_1 区（常年裸露区）破坏程度轻于 A_2 区，主体呈竖向条带状破损。下部（B 区以下）外观完整，破损情况不详。

2.2　现场取样

为了了解天荒坪上库沥青混凝土面板的老化状态，对面板的封闭层和防渗层进行了取样，见图 5、图 6。封闭层取样采用小型铣刨机进行，取样位置为高程 905 m，桩号 K1 +260、K0 +701、K0 +420 三个部位，如图 7 所示。防渗层取样位置为高程 905 m，桩号 K1 +260，共取 ϕ30 cm 芯样两个、ϕ10 cm 芯样三个。防渗层取样的部位表面封闭层已基本完全脱落。

3　室内试验内容

3.1　防渗层芯样试验

对 2 个 ϕ30 cm 芯样，由表及里沿厚度切割 3 层，见图 8。0 ~ 10 mm 为表层，14 ~ 54 mm 为上层，60 ~ 100 mm 为下层。

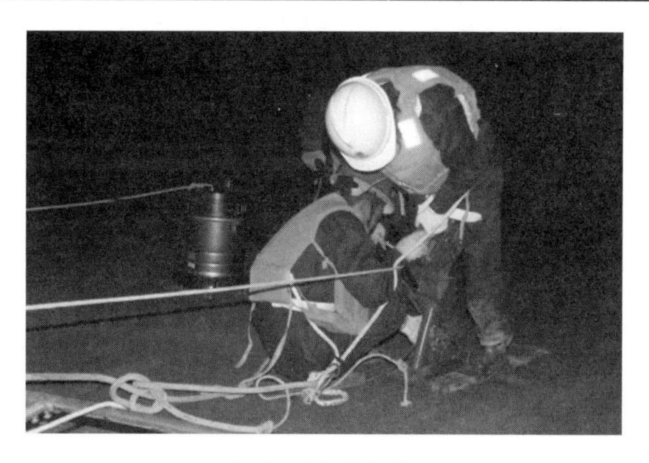

图5 封闭层取样

图6 防渗层取芯

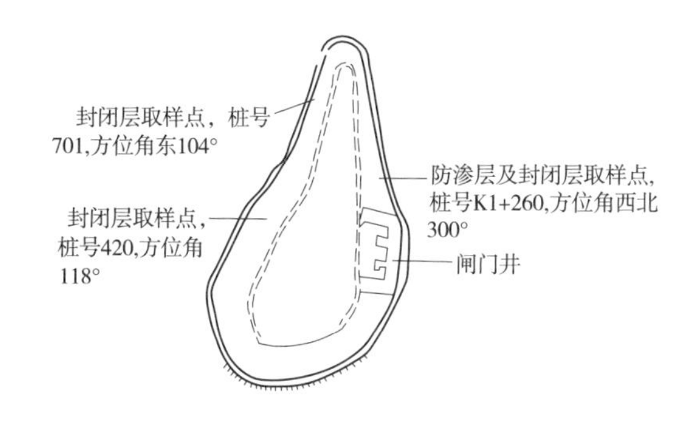

图7 防渗层及封闭层取样部位

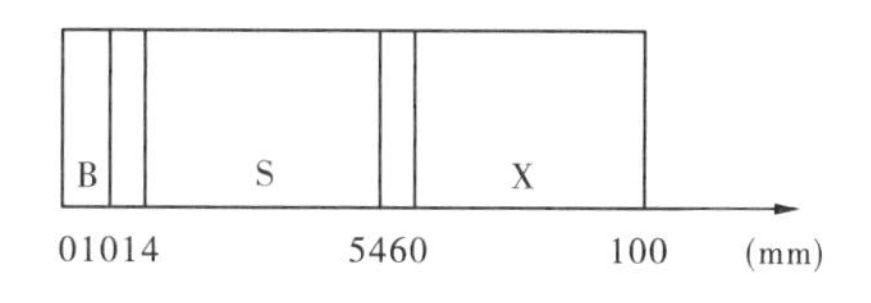

图8 芯样沿厚度方向切割示意图

B—表层;S—上层;X—下层

对上层和下层都切割小梁弯曲和冻断试件,小梁弯曲试件的尺寸为250 mm×40 mm×35 mm,冻断试件的尺寸为200 mm×40 mm×40 mm。根据试件尺寸及切割机刀片厚度,每层芯样可切割成3个弯曲试件和3个冻断试件,2个芯样共切割出12个弯曲试件和12个冻断试件,见图9。

对3个ϕ10 cm芯样,只切割保留防渗层部分,将防渗层部分切割成高度6.5 cm的圆柱体试件进行渗透试验。

对防渗层芯样上层和下层的试件进行小梁弯曲和冻断试验（TSRST），表层由于受试件尺寸限制未进行试验。小梁弯曲试验条件为 5 ℃，加载速率为跨中弯曲应变速率 4.4×10^{-5}/s；冻断试验条件为在 10 ℃下恒温 30 min，然后按 30 ℃/h 的速率降温。

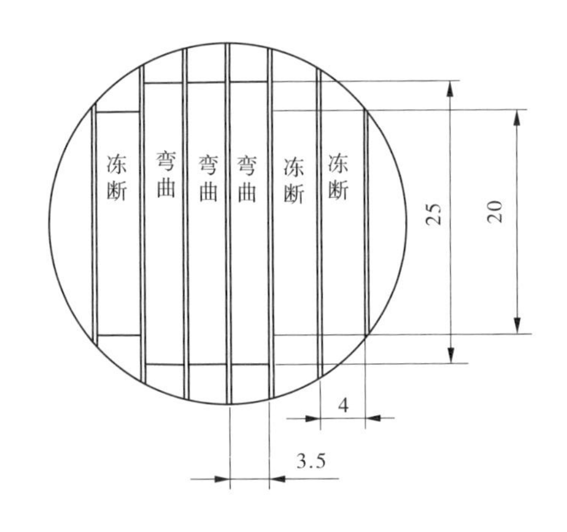

图 9　芯样切割示意图

为了研究防渗层沥青的老化程度，对防渗层各层芯样采用三氯乙烯进行溶解，再用高速离心分离将其中的矿料过滤掉，然后采用旋转蒸发仪法回收沥青溶液中的沥青，对回收的沥青测试针入度、软化点、黏度等指标。

3.2　封闭层取样试验

为了研究天荒坪上库封闭层沥青的老化程度，对取回的封闭层样品首先采用三氯乙烯进行溶解，再用高速离心分离将其中的矿粉过滤掉，然后采用旋转蒸发仪法回收沥青溶液中的沥青，对回收的沥青测试针入度、软化点、黏度等指标。

3.3　封闭层室内加速老化试验研究

为了研究封闭层沥青玛琋脂的老化规律，在室内进行了加速老化试验。天荒坪上库的封闭层沥青玛琋脂配比为：沥青∶矿粉 = 3∶7，库坡部位的封闭层沥青采用的是沙特 B45 沥青。由于天荒坪上库并未留存当年施工时封闭层使用的沥青玛琋脂，也未留存封闭层使用的沙特 B45 沥青。因此，采用与沙特 B45 性能指标接近的中海油道路 50 号沥青进行替代试验，按照相同的配比配制封闭层样品。沙特 B45 沥青与中海油道路 50 号沥青的检测结果见表 1。

由于现场封闭层暴露在外面，老化主要受紫外线影响，因此室内采用紫外光加速老化试验。试验样品规格为在金属片上涂刷 2 mm 厚的薄膜。为了研究不同紫外光强度和温度对老化速度的影响，试验采用 1.55 W/m^2（340 nm，约为 2 倍太阳辐射）、0.68 W/m^2（340 nm，夏季正午）、0.35 W/m^2（340 nm，相当于 3 月或 9 月的日光）等三种不同光强和 45 ℃、50 ℃、55 ℃三种不同温度条件共组合 9 组试验。在老化进行到 100 h、200 h、300 h、400 h、500 h 时，分别按照 3.2 节中的方法取样进行各项试验。由于道路 50 号沥青的 25 ℃针入度较小，为了更好地比较老化前后的差异，因此对老化前后样品统一测试 35 ℃针入度。

4　试验结果及分析

4.1　防渗层芯样试验结果

防渗层芯样试验结果见表 2，表中老化前的弯曲应变试验数据为天荒坪上库施工时检测的数据，但施工时并未进行冻断试验。为进行比较，采用现场留存的防渗层用 B80 沥青重新拌制沥青混凝土进行了冻断试验。防渗层回收沥青的试验结果见表 3。

表 1　沙特 B45 沥青与中海油 50 号沥青指标对比

指标		沙特 B45	中海油 50 号
老化前	针入度	35 ~ 50	37
	软化点	54 ~ 59	53
	脆点	≤ -6	-10
	延度(25 ℃)	≥40	53
	含蜡量	≤2	1.2
	溶解度	>99	99.8
	闪点	>230	>230
薄膜烘箱后	质量损失	≤1.0	0.2
	软化点升高	≤5	3.2
	针入度比	≥70	74.3
	脆点	≤ -5	-7
	延度	≥15	18

表 2　防渗层芯样试验结果

位置	密度 (g/cm³)	平均值 (g/cm³)	孔隙率 (%)	平均值 (%)	弯曲应变 (5 ℃)(%)	平均值 (%)	冻断温度 (℃)	平均值 (℃)
上层	2.414	2.416	1.46	1.39	3.14	3.13	-32.8	-32.9
	2.419		1.26		3.00		-33.6	
	2.411		1.59		2.80		-34.0	
	2.415		1.42		2.72		-32.9	
	2.426		0.99		3.14		-31.3	
	2.410		1.61		4.00		—	
下层	2.418	2.421	1.30	1.18	4.00	3.68	-32.4	-33.4
	2.424		1.04		3.60		-32.5	
	2.417		1.35		3.96		-31.8	
	2.419		1.25		3.81		-35.7	
	2.418		1.29		2.91		-34.8	
	2.430		0.82		3.78		-	
老化前	—	—	—	—	3.74	3.74	-35.5	-35.5

表 3　防渗层芯样不同深度回收沥青指标

试件所处部位	针入度(25 ℃)	软化点(℃)	黏度(135 ℃)(MPa·s)
B80 原样沥青	78	45.5	450
表层 0 ~ 10 mm	45	55.3	740
上部 14 ~ 54 mm	62	50.0	570
下部 60 ~ 100 mm	63	50.1	530

从表 2 的试验结果可以看出，经过 18 年的老化后，防渗层沥青混凝土芯样的孔隙率仍能满足 <3% 的核心要求。芯样上层和下层的弯曲应变分别从老化前的 3.74% 下降为 3.13% 和 3.68%，分别下降了 16% 和 1.6%；芯样上层和下层的冻断温度分别从老化前的 -35.5 ℃上升至 -32.9 ℃和 -33.4 ℃。说明防渗层面板上层和下层都有一定程度的老化，但上层老化程度较大。

3 个 ϕ10 cm 芯样渗透试验的结果都为不渗水，说明经过 17 年的老化，防渗层的防渗性能依然良好。这与芯样的孔隙率测试结果也是一致的。当沥青混凝土的孔隙率 <3% 时，防渗层能保证不透水。

从表 3 的试验结果可以看出，防渗层表层 10 mm 沥青针入度由 78 降为 45，上部 14 ~ 54 mm 沥青针入度由 78 降为 62，下部 60 ~ 100 mm 沥青针入度由 78 降为 63，软化点和黏度测试结果也存在相似的结果。防渗层表层 10 mm 老化较为严重，上层和下层老化程度较轻，如果考虑到沥青在施工过程中的老化，则防渗层上层和下层几乎没有老化。芯样回收沥青的试验结果与弯曲及冻断试验结果基本一致。

4.2　封闭层取样试验结果

从封闭层中回收的沥青各项指标试验结果见表 4。

表 4　封闭层取样试验结果

位置	针入度(25 ℃)	软化点(℃)	延度(15 ℃，5 cm/min)	黏度(135 ℃，MPa·s)
K1 +260	4	95	0	40 000
K0 +701	6	90	0	35 000
K0 +420	6	91	0	36 000

试验中发现，从现场取回的沥青玛瑺脂中回收的沥青在常温下已相当硬、脆。回收沥青的指标测试也证实了这一点，沥青延度为 0，针入度也几乎为 0，而黏度相当于普通沥青的 60 倍左右。天荒坪上水库封闭层采用的是沙特 B45 沥青，由于没有施工时的检测数据，现场也没有留存 B45 沥青，只能根据 B45 沥青的指标标准进行比较。B45 沥青的三大指标范围为其针入度为 35 ~ 50，软化点为 54 ~ 59 ℃，延度(25 ℃，5 cm/min) ≥40。可以看出，这些部位封闭层中的沥青相比当年施工时已经严重老化。

沥青混凝土面板表面的封闭层，主要用于保护防渗层，延缓其老化。封闭层的破损必然会加速防渗层的老化。因此，国外的沥青混凝土防渗工程中，一般每隔 10 ~ 15 年会对封闭层进行一次修复。

4.3 封闭层加速老化试验结果

9 种试验条件下的封闭层加速老化试验结果见表 5，不同光强、温度下的性能指标—老化时间关系曲线见图 10 ~ 图 15。

表 5 封闭层加速老化试验结果

试验温度	辐照度	指标	老化时间(h)					
			0	100	200	300	400	500
45 ℃	1.55 W/m^2	针入度(35 ℃)	102	78	66	56	50	47
		软化点(℃)	53.0	56	58	60	61.5	62.5
		黏度(Pa·s)	660	1 200	1 600	2 000	2 300	2 800
	0.68 W/m^2	针入度(35 ℃)	102	89	79	71	65	63
		软化点(℃)	53	55	57	58	58.5	59
		黏度(Pa·s)	660	1 000	1 200	1 500	1 800	2 200
	0.35 W/m^2	针入度(35 ℃)	102	94	87	81	77	76
		软化点(℃)	53	54	54.5	55	55.5	55.5
		黏度(Pa·s)	660	800	1 000	1 200	1 400	1 700
50 ℃	1.55 W/m^2	针入度(35 ℃)	102	77	66	55	49	46
		软化点(℃)	53	56.5	58.5	60	61.5	63
		黏度(Pa·s)	660	1 200	1 700	2 100	2 400	2 900
	0.68 W/m^2	针入度(35 ℃)	102	88	78	70	64	63
		软化点(℃)	53	55.5	57.5	58	59	59.5
		黏度(Pa·s)	660	1 000	1 300	1 600	1 900	2 300
	0.35 W/m^2	针入度(35 ℃)	102	93	87	80	76	75
		软化点(℃)	53	54	54.5	55.5	56	56
		黏度(Pa·s)	660	800	1 000	1 300	1 500	1 800
55 ℃	1.55 W/m^2	针入度(35 ℃)	102	76	66	55	48	46
		软化点(℃)	53	56.5	58.5	60.5	62	63
		黏度(Pa·s)	660	1 300	1 700	2 200	2 500	3 000
	0.68 W/m^2	针入度(35 ℃)	102	87	78	70	63	62
		软化点(℃)	53	55.5	57	58.5	59	59.5
		黏度(Pa·s)	660	1 000	1 300	1 600	2 000	2 300
	0.35 W/m^2	针入度(35 ℃)	102	92	86	80	76	74
		软化点(℃)	53	54	55	55.5	55.5	56
		黏度(Pa·s)	660	850	1 100	1 200	1 500	1 800

从试验结果可以看出，在 45 ~ 55 ℃范围内，温度对老化的影响很小。这和以往的研究

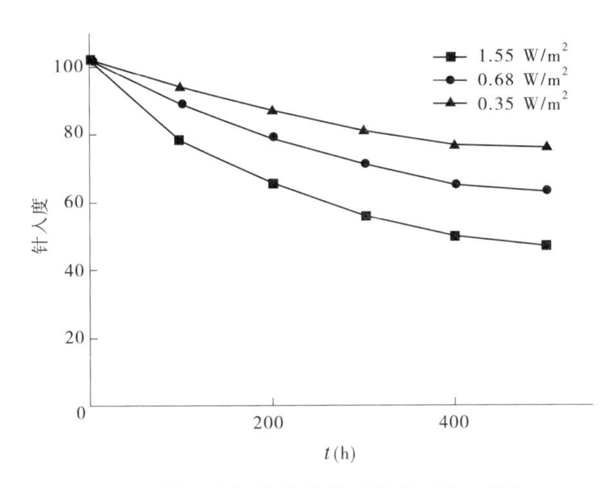

图 10　针入度与紫外老化时间关系(55 ℃)

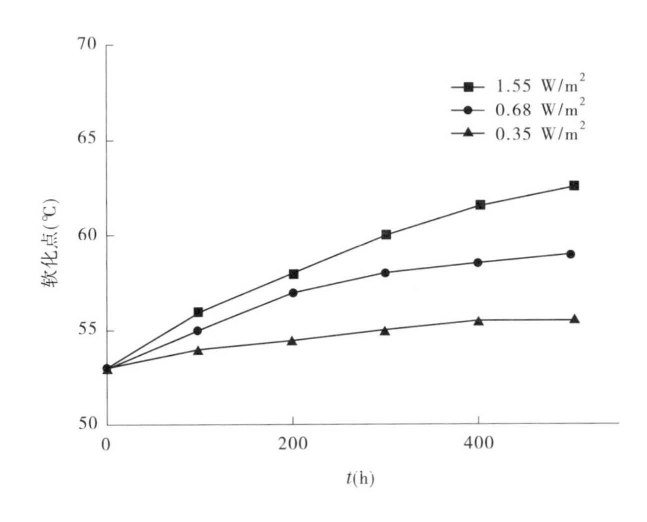

图 11　软化点与紫外老化时间关系(55 ℃)

结论较为符合。诺特尼尔斯用沥青的甲苯溶液进行的氧化研究表明,在较低的温度(20 ~ 80 ℃)时,温度变化对沥青的光氧化速度基本没有影响。因为在较低的温度时,光量子的能量远大于热能,紫外光辐射的作用很明显,而热氧化的影响可以忽略不计。一般在夏季阳光直射的情况下,沥青混凝土面板的表面温度也不会超过 80 ℃。

在同一温度条件下,针入度随着老化时间逐渐降低(见图 16),软化点和黏度随着老化时间逐渐升高。老化速度随着紫外辐射强度的升高而升高。

一般老化过程中,材料的物性与老化速率之间存在如下关系:

$$f(P) = kt \tag{1}$$

式中:$f(P)$ 为物性函数;k 为反应速率;t 为老化时间。

对于不同的材料性能指标,可能有不同的物性函数 $f(P)$。反应速率 k,对于热老化通常采用阿雷尼乌斯经验公式:$k = A\exp(\frac{-Ea}{RT})$,或采用修正的阿雷尼乌斯公式:

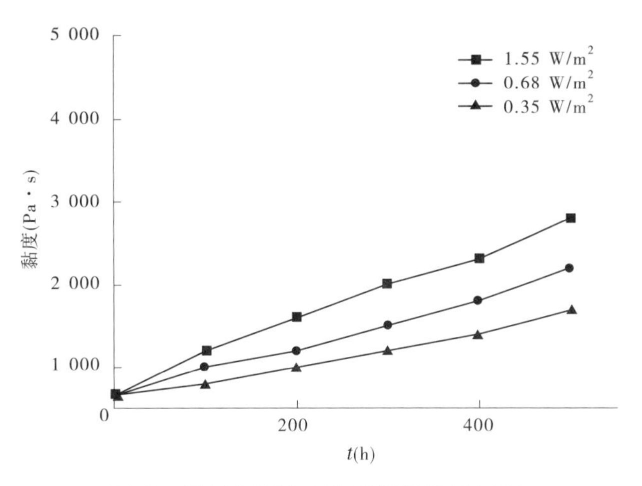

图12 黏度与紫外老化时间关系(55 ℃)

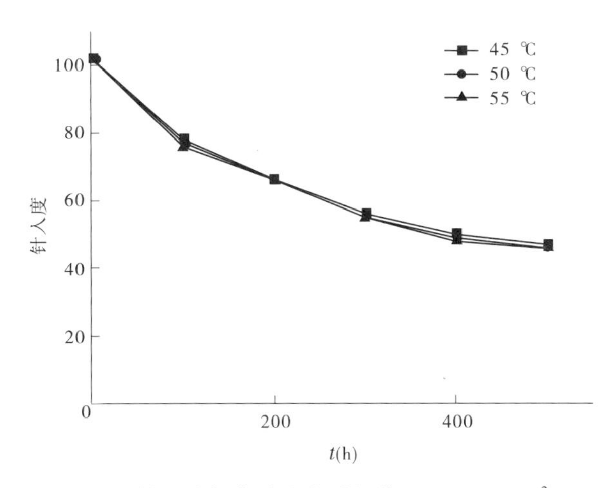

图13 针入度与紫外老化时间关系(1.55 W/m²)

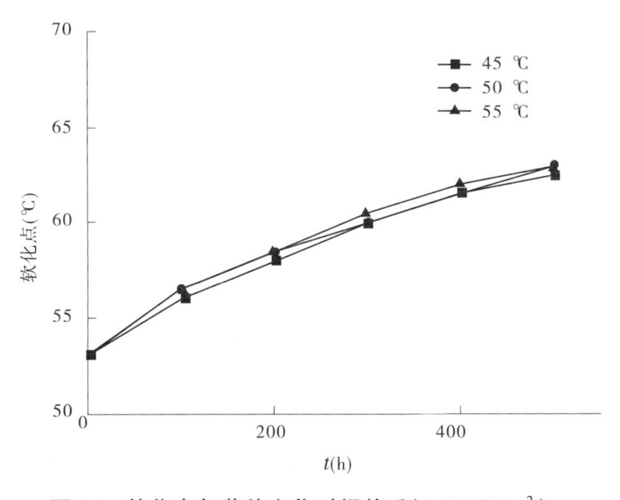

图14 软化点与紫外老化时间关系(1.55 W/m²)

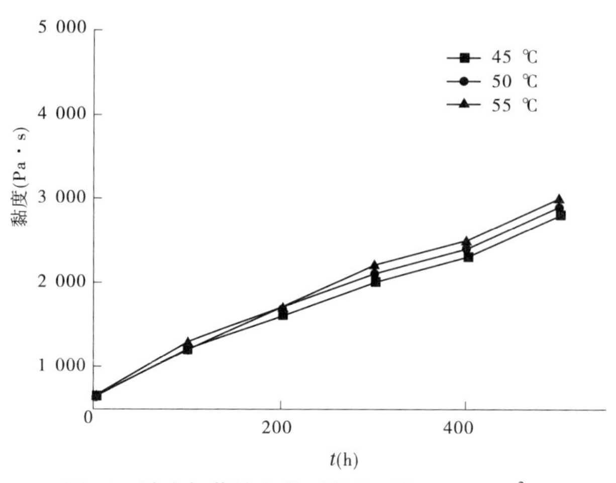

图 15　黏度与紫外老化时间关系(1.55 W/m²)

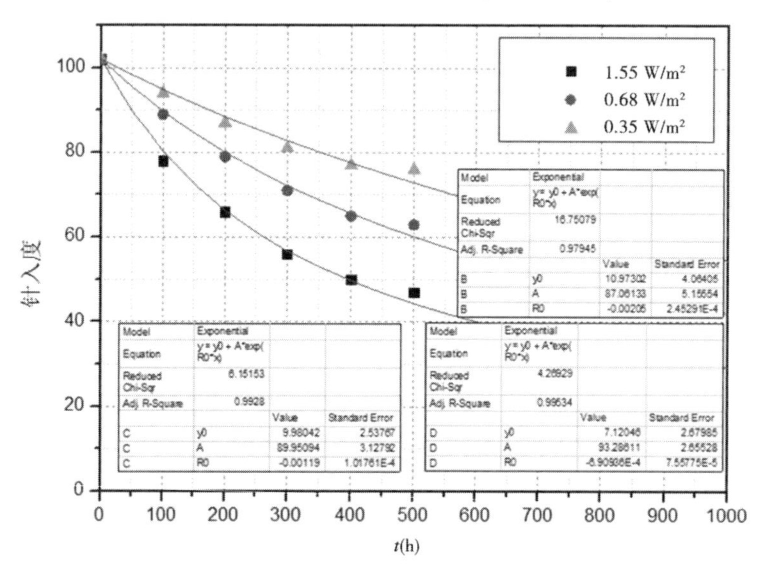

图 16　针入度与紫外老化时间关系拟合曲线

$$k = AT^{m}\exp\left(\frac{-Ea}{RT}\right) \tag{2}$$

式中:A 为速率常数;T 为绝对温度;m 为指数;Ea 为活化能;R 为普适气体常数。

对于紫外老化,反应速率可以采用如下公式:

$$k = CU^{\alpha}\exp\left(\frac{-Eu}{RT}\right) \tag{3}$$

式中:C 为速率常数;U 为紫外辐射强度;α 为指数;Eu 为紫外活化能;R 为普适气体常数;T 为绝对温度。

由于在温度小于 80 ℃时,温度对老化速率的影响很小,因此在温度小于 80 ℃时,$Eu/R \approx 0$。$k \approx CU^{\alpha}$,即紫外老化速率与紫外辐射强度之间为指数关系。

材料的物性函数 $f(P)$ 一般采用指数或对数形式的经验公式。

对于紫外老化,根据上述关系曲线,若取:

$$f(P)=\ln(aP+b) \tag{4}$$

式中:a,b 为系数;P 为性能指标。

则:

$$\ln(aP+b)=CU^{\alpha}t \tag{5}$$

即:

$$P=A\exp(CU^{\alpha}t)+B \tag{6}$$

对不同紫外辐射强度条件下的老化数据按上式拟合,可以得到不同紫外辐射条件下的老化速率 k:

$$k=CU^{\alpha} \tag{7}$$

$$\ln k=\alpha\ln U+\ln C \tag{8}$$

将不同紫外辐射强度下的 $\ln k$ 与紫外辐射强度 U 按直线拟合(见图 17),即可得到指数 α 和常数 C,从而可得到紫外老化方程。

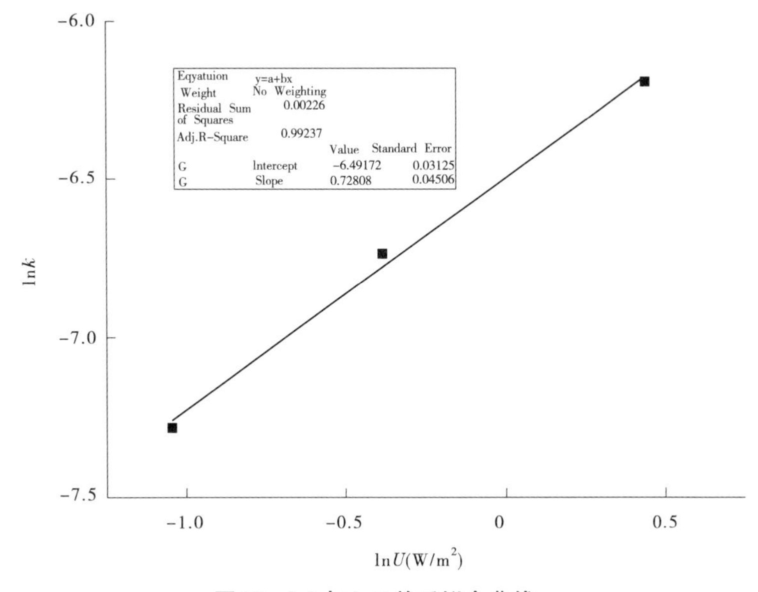

图 17 $\ln k$ 与 $\ln U$ 关系拟合曲线

以针入度为例,根据不同紫外辐射强度下的针入度—老化时间关系拟合得到的老化参数见表 6。

表 6 不同紫外辐射强度下的老化参数

紫外辐射强度	1.55	0.68	0.35
老化速率 k	0.002 05	0.001 19	6.909 03E-4
A	87.061 33	89.950 94	93.286 11
B	10.973 02	9.980 42	7.120 46

根据表 6 中的数据,可以计算出 $C=-0.001\ 516$,$\alpha=0.728\ 08$。对于参数 A,B 可取三个紫外辐射强度下的平均值,得到 $A=90.099$,$B=9.358$。于是得到以针入度(35 ℃)为参数的封闭层紫外老化方程为:

$$P = 90.099\exp(-0.001\,516U^{0.728\,08}t) + 9.358 \tag{9}$$

如果有现场的紫外辐射强度数据，根据式(9)就可以计算任意老化时间后的封闭层沥青针入度(35 ℃)。但是目前国内的已建工程都没有安装太阳辐射观测设备，因此笔者建议相关工程安装观测设备以研究封闭层的老化进程。

5　结论及建议

(1)经过17年的老化，沥青混凝土防渗层的防渗性能依然良好。防渗层芯样上层和下层的弯曲应变分别从老化前的3.74%下降为3.13%和3.68%；芯样上层和下层的冻断温度分别从老化前的－35.5 ℃上升至－32.9 ℃和－33.4 ℃。说明防渗层面板上层和下层都有一定程度的老化。回收沥青试验结果表明，防渗层老化主要集中在表层10 mm，上层和下层的老化程度较轻。

(2)天荒坪抽水蓄能电站上水库沥青混凝土面板封闭层老化较为严重，已经出现大面积的破损，同时未破损区域的封闭层也老化严重。建议对上水库的封闭层进行修复处理，以延缓防渗层的老化。

(3)封闭层室内紫外光加速老化试验表明，在45～55 ℃范围内，温度对老化的影响很小。在同一温度条件下，针入度随着老化时间逐渐降低，软化点和黏度随着老化时间逐渐升高。老化速度随着紫外辐射强度的升高而升高，老化速度与辐射强度间呈指数关系。

参考文献

[1] 岳跃真，郝巨涛，孙志恒. 水工沥青混凝土防渗技术[M]. 北京：化学工业出版社，2005.

[2] 郝巨涛，夏世发，刘增宏. 寒冷地区抽水蓄能电站蓄水库沥青混凝土衬砌防渗的关键问题[C]//水库大坝建设与管理中的技术进展. 郑州：黄河水利出版社，2012.

[3] Erich Schoenian. 沥青混凝土在水工防渗工程中的应用[J]. 孙振天，译. 水工沥青与防渗技术，1998.

[4] 向井升幸，和田重久，日下部胜久. 沼原大坝沥青混凝土表面防渗层的老化[J]. 电力土木，2004(313).

[5] 兰晓. 天荒坪沥青混凝土面板防渗层物理老化性能研究[D]. 西安：西安理工大学，2011.

[6] 柳永行，范耀华，张昌祥. 石油沥青[M]. 北京：石油工业出版社，1984.

基于实测资料的多次灌浆作用下含可溶盐基础演化过程分析

李天华[1,2] 李宏恩[1] 武 锐[1,2] 何勇军[1] 赵兰浩[2]

(1. 南京水利科学研究院,南京 210029;2. 河海大学,南京 210029)

摘 要 某河床式电站修建于黄河干流,下闸蓄水后,其含可溶盐基础泄洪闸坝段出现扬压力与排水量偏大、存在白色析出物等问题,在2004~2015年间,先后在该坝段不同范围,采用不同灌浆材料实施了4次帷幕补强处理,并积累了丰富的灌浆处理作用下该坝段原位实测运行性态监测信息。为全面掌握灌浆效果与可溶盐基础的实际演化过程,以补强处理为节点,分时段深入分析了该坝段灌浆处理后沉降量、扬压力、排水中矿物质含量以及排水量等重要监测信息的时变特性与相关性,全面评估了历次灌浆处理对该坝段可溶盐基础产生的影响。

关键词 可溶盐;软岩;帷幕灌浆;溶蚀;实测资料

1 引 言

在大江大河上修建重大水利工程将不可避免地遭遇沙砾石覆盖层、软岩、可溶盐与软弱夹层等复杂地基,而复杂地基条件的处理与适应性将成为制约工程顺利实施的关键因素。在众多复杂地质条件问题中,可溶岩质基础的处理问题最为棘手,因其含有的可溶盐大多具有易脱水、易氧化、易崩解、易溶解等特性,都将会对坝基产生不利影响,极易造成坝基渗漏、稳定隐患,且可溶盐溶蚀后形成的渗漏通道大幅增大了基础骨架岩体与水的接触面积,为某些具有膨胀特性岩体(如河床基础中常见的泥岩、炭质页岩等)遇水进一步膨胀破坏创造了条件。

围绕枢纽基岩遇水易软化、力学强度低、流变性显著等特点,大量已有的研究工作主要集中在:可溶盐的成因与分布,物理化学特性,溶蚀、溶解作用以及对工程产生的影响;软岩基础物理化学特性,其具有亲水性强、遇水软化、具有膨胀性、力学强度低等特点,且在施工过程中易受扰动;基岩与水作用引起岩石体积膨胀和力学性质变化,从软岩物理化学性质、矿物与化学成分、微观结构等角度研究软岩试样遇水软化的特性与机制,研究基础软岩长期变形规律及其影响;针对可溶盐坝基渗透量大、易形成管涌和接触冲刷等隐患的情况,提出

基金项目:国家自然科学基金项目(51309164,51579154),水利部公益性行业科研专项项目(201301033),南京水利科学研究院基金项目(Y715015),江苏省自然科学基金(NO. BK20130072)。

作者简介:李天华(1991—),女,在读硕士研究生,主要从事水工结构方面研究。E-mail:litianhua_hhu@163. com。

通讯作者:李宏恩(1982—),男,高级工程师,博士,主要从事岩土工程安全方面研究。E-mail:heli@ nhri. cn。

特殊工程处理措施,探讨新灌浆工艺和灌浆方法,强调枢纽建设期与运行期软岩基础保护、加固措施。

但到目前为止,对可溶盐岩石力学特性和化学特性集中在实验室机制研究,而现场分析不够,结合有特殊处理措施工程的研究较少;现场监测不足,监测内容主要集中在扬压力、沉降量、渗流等传统指标上,而对存在可溶盐工程渗流水中化学离子的监测记录不足;对于含有可溶岩夹层的软岩此类复杂基础研究较少。除此之外,人为因素如帷幕灌浆如何影响可溶盐地基以及渗流水中各矿化物与坝体变形之间的关系研究较少。

本文以某水利枢纽6#泄洪闸及其临近坝段可溶盐质基础的劣化过程为例,在全面收集该坝段坝体坝基变形、扬压力、排水量、溶蚀离子量等多因素实测监测资料的基础上,针对坝段已暴露的变形抬升等异常现象,综合运用定性和定量分析手段对该坝段可溶岩质基础的溶蚀特征与劣化过程进行了深入分析,揭示了该坝段可溶盐质基础劣化导致基础泥岩与炭质页岩膨胀加剧的作用机制,为该枢纽采取进一步处理措施及类似可溶岩基础工程控制措施设计提供依据。

2　工程背景

2.1　6#泄洪闸坝段工程地质条件

某水利枢纽位主要建筑物包括南干渠首电站、泄洪闸、隔墩坝段、河床电站、北干渠首电站和土石副坝。该工程地质条件复杂,发育有石炭系、第三系和第四系地层,岩性以灰质泥岩、杂色泥岩、砂质泥岩和炭质页岩为主,坝址区岩体裂隙发育、完整性差,如图1所示。该枢纽6#泄洪闸及与其紧邻的南干电站坝段位于枢纽右岸,岩性主要为砂质泥岩和炭质页岩,属典型膨胀性岩石,同时局部夹砂岩、煤线,局部夹石膏和铁明矾集中带,坝段地质条件极为复杂,其长期安全性一直倍受关注。

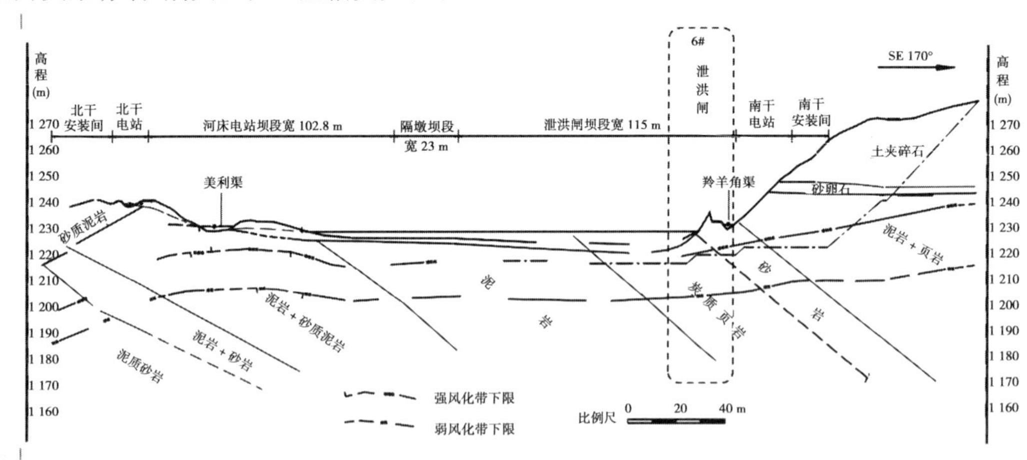

图1　枢纽地层岩性分布图

2.2　可溶盐质基础处理

如何解决好该枢纽6#泄洪闸等坝段暴露的基础复杂地质条件问题,一直是贯穿工程设计、施工及运行管理全过程的技术难题。

2003年11月,枢纽大坝挡水建筑物建成过水后,大部分坝段基础运行性态正常,随着过闸水位的升高，发现6#泄洪闸及南干电站坝段的部分排水孔的出水量迅速增加，且出水中挟带大量析出物。由于该坝段基础中可溶盐含量较大，自2004年蓄水完成后，随着该坝段坝基溶蚀情况加剧，导致坝基扬压力升高，排水孔流量持续增大，且对该坝段基础排水孔的水质进行取样检测后发现，排水中SO_4^{2-}含量较高，地下水属于硫酸盐型的腐蚀水。针对该坝段可溶盐坝基问题，工程于2004～2015年先后对6#泄洪闸与南干电站坝段实施了4次帷幕补强，如表1所示。

表1 6#泄洪闸与南干电站坝段历次灌浆对比表

帷幕补强时间		范围(m)	方式	扬压力(MPa)设计值:0.146	排水量(L/min)	水质		
						SO_4^{2-}(mg/L)	pH值	总矿化度(mg/L)
一	2004-02～2004-04	6#泄洪闸与南干电站缝两侧12.0	复灌副帷幕 加密主帷幕 重造排水孔		补强前:95.37 2004-03:69.0 水位上升后:137.0	6#泄洪闸:3 192.2 南干电站:3 630.1	小于5	大于5 000
二	2004-09～2005-02	6#泄洪闸与南干电站缝两侧28.0	加密副帷幕 重造补强排水孔	6#泄洪闸:0.16～0.128	2005-03:60～70	766～2 660	上升呈碱性	小于5 000
三	2009-03～2009-06	6#泄洪闸与南干电站缝两侧51.0	主副帷幕2.0 m重灌 重造4.0 m深排水孔	6#泄洪闸:0.218	2009-06:16	1 160～2 650	4.4～6	2 170～5 050
四	2014-06～2015-01	6#泄洪闸与南干电站缝两侧48.25	双排帷幕 上游高抗硫水泥 下游排丙烯酸盐 排水孔恢复至8.0 m	设计值以下	补强前:6 补强后:74	1 343～1 704	4.83～6.36	2 191～2 634

6#泄洪闸与南干电站坝段属岸坡坝段，透水性较大且存在含石膏岩层，因此为确保防渗效果，主帷幕深度为建基面以下深入基岩15.0～20.0 m，副帷幕深度10.0～15.0 m，满足设计要求。灌浆前压水试验透水率为3.2～53.0 Lu，平均为15.0 Lu，透水率均大于3.0 Lu，灌浆后的平均透水率为0.94 Lu，可见基岩灌浆效果明显。但2009年第三次帷幕补强后研究坝段出现因可溶岩溶蚀导致的廊道排水量迅速增加、扬压力增大、排水孔出水中挟带大量析出物等现象，后虽经多次处理但仍未能根治该坝段渗流量过大、上浮明显等问题。

3 可溶盐基础劣化特征监测信息表征与分析

3.1 监测系统布置

6#泄洪闸与南干电站坝段布置了相对完整的监测系统，积累了丰富的监测资料，为系统分析资料、揭示问题提供了便利。基础劣化在监测信息上有完整的体现。

枢纽坝顶沉降采用真空管道激光准直系统和精密电子水准仪进行观测，在6#泄洪闸和南干电站坝段布置LA-01、LA-02、LA-03、LA-04、LA-05五个激光准直测点用于变形监测。在主坝灌浆廊道内沿坝轴线方向布置有一排扬压力人工观测孔，坝段布置了UW2-6、UW2-7、UW2-8三个扬压力测点。6#泄洪闸和南干电站坝段布置PS191、PS200、PS204三个排水孔。各测点分布如图2所示。

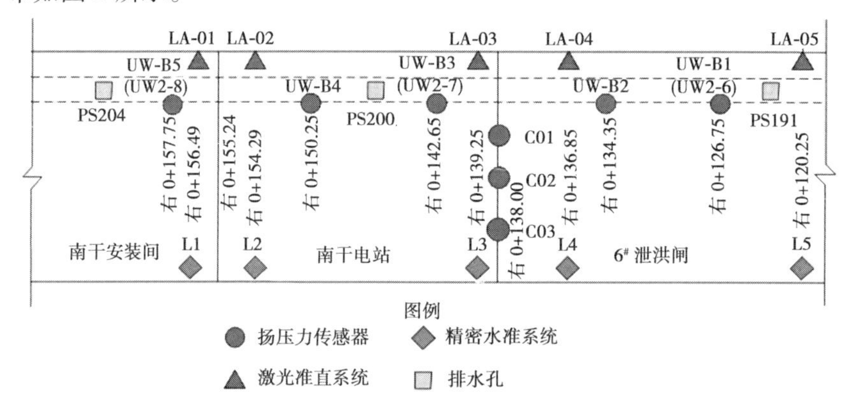

图2　泄洪闸灌浆廊道内仪器平面布置图

3.2　基础劣化特征监测信息表征

3.2.1　变形量

2004年大坝蓄水完成后，主坝整体上浮，大部分测点出现向上位移，进入稳定运行期后，大坝沉降逐渐增大，沉降变化已逐渐趋于稳定，沉降与温度的变化呈现一定相关性。但南干电站及6#泄洪闸坝段相对其他坝段上浮明显，2009年3月第三次灌浆处理期间，6#坝段相对5#泄洪闸有较大抬升，其中南干电站处测点LA-02上浮达23.35 mm。此后，6#泄洪闸和南干电站坝段一直处于抬升状态，截至2015年11月，坝段上浮量达28.15 mm。

值得注意的是，2009年3月至2015年底，除2009年6月第三次灌浆完成后短时间内坝段随扬压力陡然增大而上浮明显，之后的时间内扬压力变幅较小且趋于稳定，但坝段仍缓慢上浮，且上浮速度存在加快趋势（见图3）。

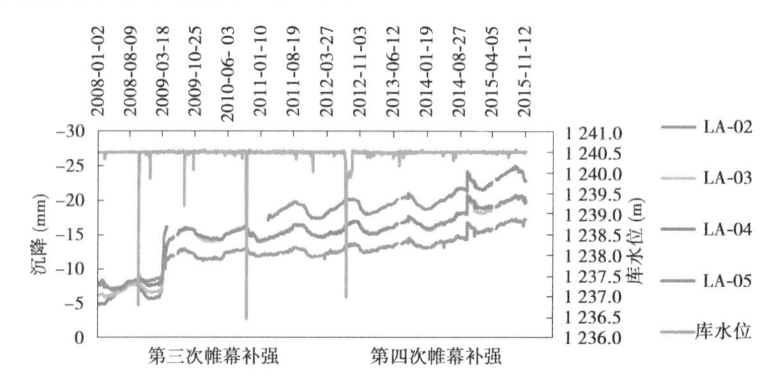

图3　6#泄洪闸及南干电站坝段上游库水位与坝顶沉降变化过程线

3.2.2　扬压力

6#泄洪闸及南干电站坝段扬压力过程线如图4所示，第一次和第二次帷幕灌浆后，南干电站测点 UW2-7 和南干安装间测点 UW2-8 扬压力值一直处于较低水平,为 30 kPa 左右,6[#]泄洪闸测点 UW2-6 扬压力处于 150 kPa 的高水平,且三个坝段的变化量较小。但第三次帷幕补强后该坝段扬压力陡然上升至 192 kPa,且之后一直处于 212 ~214 kPa。第四次灌浆前该坝段扬压力已超过设计控制值 146 kPa,在冲沙过程中扬压力几乎与库水位同步变化,说明该坝段坝基存在渗漏通道。第四次灌浆采用了高抗硫酸盐水泥和丙烯酸盐化学材料,丙烯酸盐材料的低黏度可以确保灌浆深入渗透接缝和接缝周围的土壤中,其固结体具有极高的抗渗性。

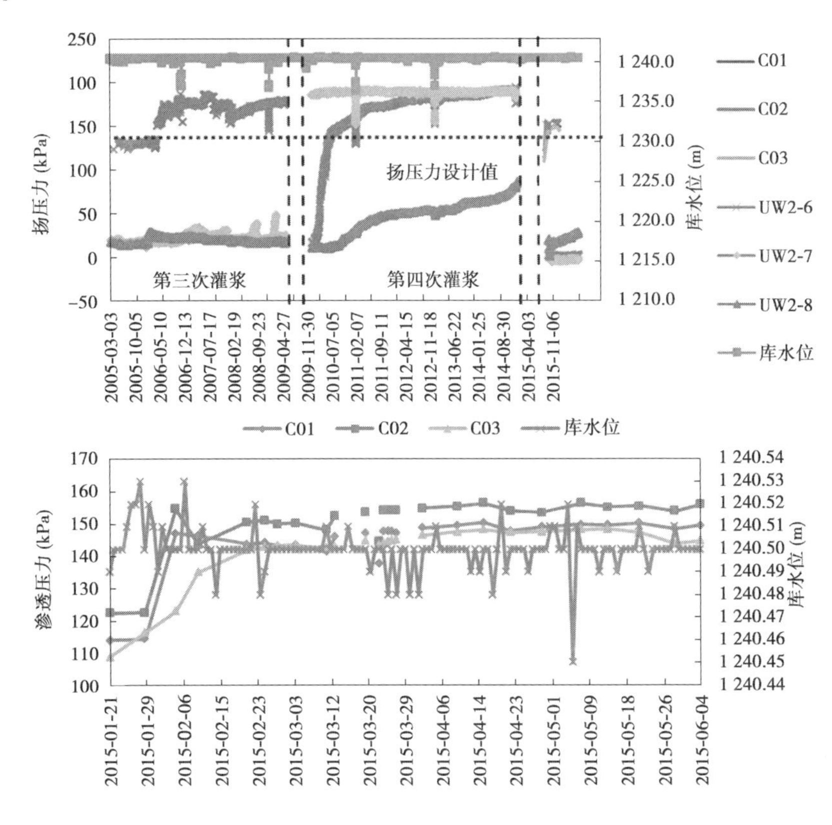

图 4 6[#]泄洪闸及南干电站坝段灌浆廊道扬压力过程线

3.2.3 排水量

2009 年 6 月第三次帷幕灌浆补强后,重造排水孔孔深由原来的 8 ~10 m 变为 4 m。6[#]泄洪闸以南坝段的总排水量由之前的 50 L/min 突变至 16 L/min,此后排水量逐渐下降。至 2014 年 5 月第四次帷幕补强灌浆前,已降至 6 L/min。第四次帷幕灌浆补强处理后,重造排水孔孔深恢复至 8 m,总排水量上升至 74 L/min。两次突变主要是受到排水孔深度变化的影响。

3.2.4 矿化度、化学离子、pH 值的变化

从水质指标来看,集水井中检测到的矿物质含量一直处于较高水平,矿化度、pH 值及 SO_4^{2-} 较建坝前钻孔水有明显升高(见图 5、图 6)。总矿化度随季节变化在 2 000 ~5 000 mg/L 波动,钠、钙、镁、铁等化学离子含量处于震荡变动。随着地下水排出,坝基岩体中石膏和铁明矾在渗流水作用下一直处于溶蚀状态,岩体矿物中硫酸根离子游离分解并溶于地下

水,硅酸盐类混凝土造成腐蚀,导致坝基岩体产生溶陷变形、渗透破坏。针对硫酸型腐蚀水问题,枢纽第三次帷幕补强时采用高抗硫酸盐水泥,第四次补强时加设下游丙烯酸盐化学材料。

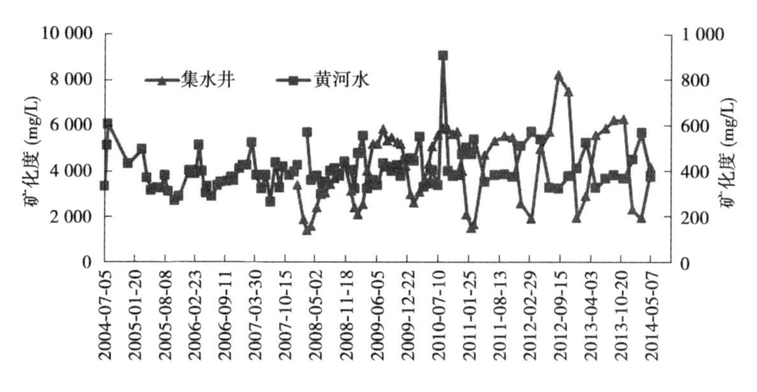

图5　总矿化度时间变化过程线

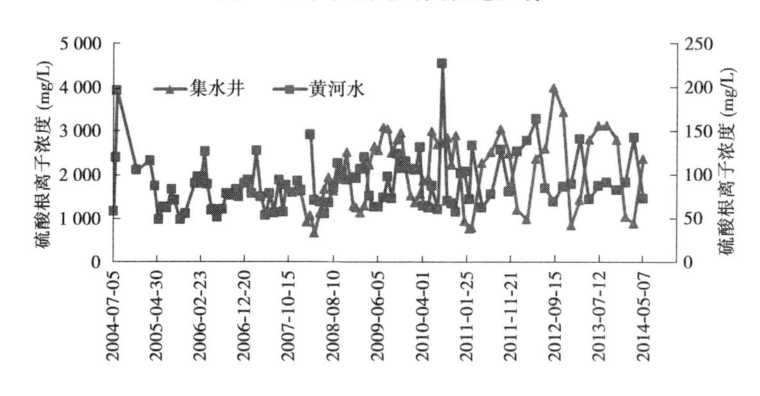

图6　硫酸根离子时间变化曲线

3.3　相关性分析

3.3.1　排水量与扬压力的相关性

为进一步分析各监测量间的相关关系,以2009年3月第三次帷幕灌浆为节点,对2008~2014年间的排水量与扬压力数据分时间段作相关性分析,见图7。

从图7可看出,第三次灌浆以前,排水量和扬压力的相关性较小,到第四次灌浆前,排水量与扬压力呈强负相关关系,即扬压力随排水量降低而上升。南干安装间和6#泄洪闸扬压力与排水相关性系数分别为-0.948和-0.906,南干电站坝段相关性较弱,为-0.434。本次灌浆重造排水孔,孔深由原来的入岩8~10 m变为4 m,更多坝基渗流水未能通过排水孔排走,而在坝基形成渗流通道,导致扬压力上升。

3.3.2　排水量与变形的相关性

以2009年3月第三次帷幕灌浆为节点,对2008~2014年间的排水量与变形量分两个时间段作相关性分析,见图8。

由历年监测数据可知,在第三次灌浆后6#泄洪闸到南干电站坝段突然出现大幅度上浮,从排水量与变形量的相关系数得知两者呈正相关,6#泄洪闸坝段相关性较强,南干安装间和南干电站坝段次之。在第三次灌浆后短时间内局内部坝段上浮明显受到了渗流水产生

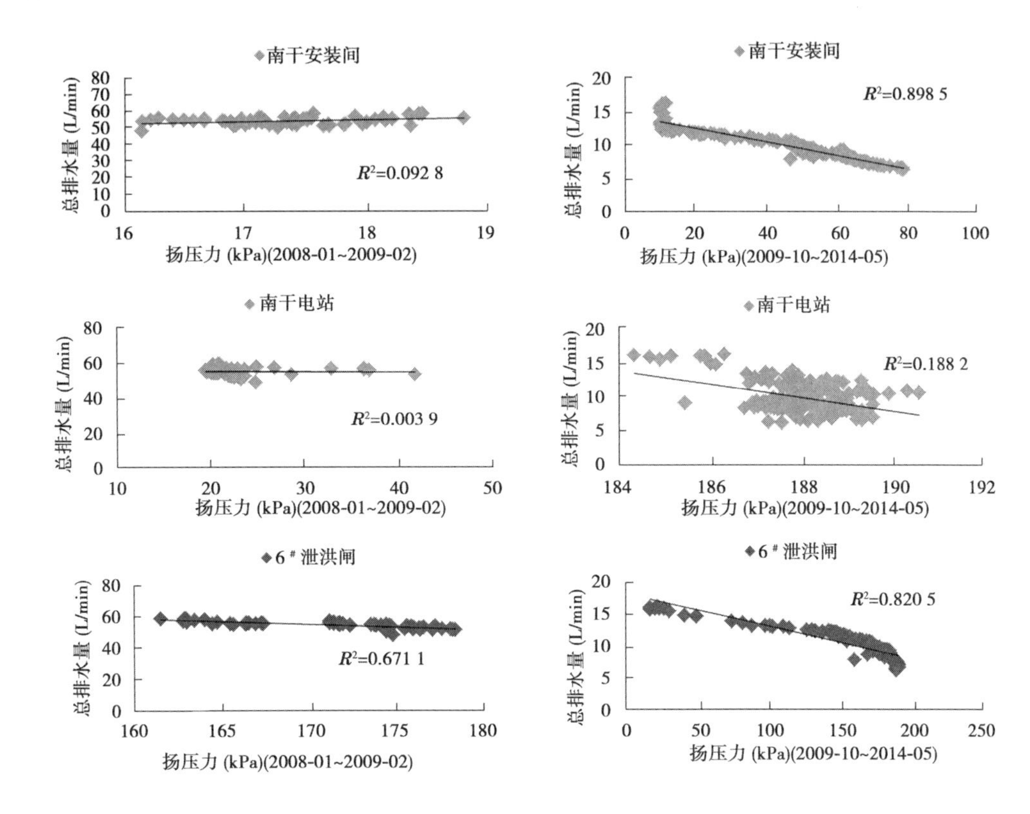

图7 各坝段排水量与扬压力的相关性

的扬压力影响，而长期变形原因在于帷幕灌浆时坝基泥、页岩受到扰动，石膏和铁明矾在渗流水作用下产生了强烈的溶蚀和淋失，导致岩体裂隙空隙增大，扩大渗流通道，使岩体透水性增强，加大了渗流水与基岩中页、泥页的接触面，其中含有较多强亲水性矿物如蒙脱石、伊利石和高岭石等。可溶盐溶蚀形成通道，加速渗流水贯入基岩孔隙中，细小岩粒的吸附水便会增厚，引起岩体逐渐体积膨胀。

另外，根据泥岩遇水膨胀的时间效应试验[4]，岩石膨胀未稳定前，膨胀变形和时间成指数增长关系，在充分吸水的条件下，岩石会在某个确定时间点膨胀应变达到最终变值，此后岩石将不再产生膨胀变形。研究坝段页、泥岩含量较大，高达10%～25%，当前坝段仍处于上浮趋势，泥、页岩持续膨胀，且可溶盐溶蚀加速膨胀速度，局部坝段随之持续上浮。

3.3.3 化学离子与变形量、扬压力的相关性分析

枢纽地质情况复杂，地基变形量和扬压力受众多因素影响，从检测报告来看，析出水水质、不溶颗粒物和排水槽内沉淀物的主要化学成分与基础石膏、铁明矾和硫酸亚铁的化学成分基本一致。通过检测排水孔排水的化学离子浓度，分析可溶盐溶蚀情况，并分别将化学离子与变形量、扬压力做相关性分析（见图9、图10）。

从图9可知，大部分离子与扬压力呈负相关。对南干电站坝基扬压力的影响最大，其中镁离子、铁离子和氯化物的相关系数较高，分别为0.81、0.81和0.84。南干安装间坝段各离子相关性相对较弱，均在0.6左右。

从图10可知，离子与变形基本呈正相关（与沉降量呈正相关，与上浮量呈负相关），对南干安装间坝基变形的影响最大，从南干安装间到6#泄洪闸坝段其影响逐渐减小，其中对

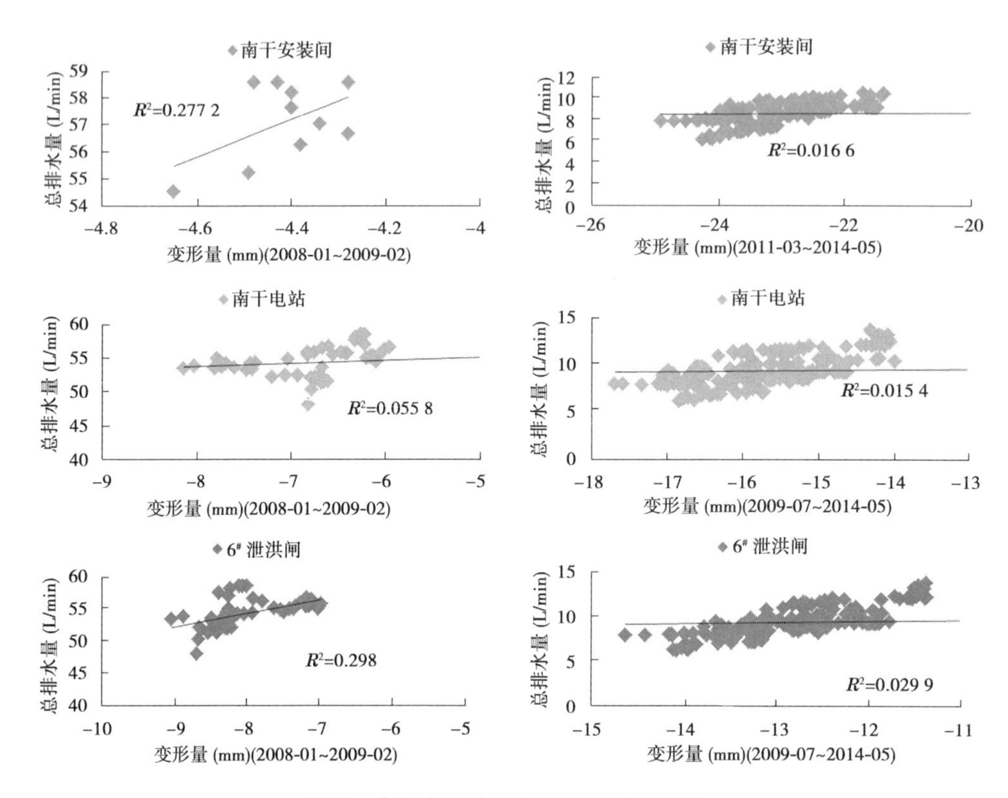

图8　各坝段排水量与沉降量的相关性

变形量影响从大到小依次为铁离子、氯化物、镁离子、硫酸根离子、钙离子。

南干电站铁离子的相关性最强，高达0.89，表明位于南干电站南侧边坡页岩中的铁明矾（$Fe^{2+}Al_2(SO_4)_4 \cdot 22H_2O$）溶蚀后地下水中铁离子浓度增加，且与坝体沉降关系较大。硫酸根离子的相关性也较大，系数为0.76。从石膏（$CaSO_4 \cdot 2H_2O$）和铁明矾的化学式可以看出，坝基所含可溶盐皆为硫酸盐型，所以可溶盐溶蚀排水中硫酸根离子浓度长期处于5 000 mg/L的高水平。可溶盐的强溶蚀性溶蚀使岩体裂隙增大，结构破坏，坝体不均匀沉降。

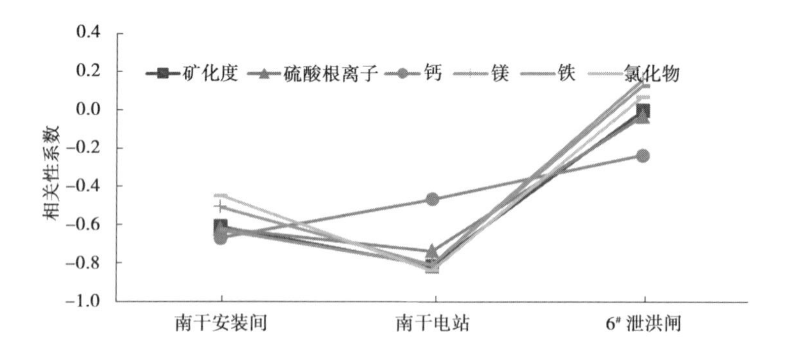

图9　化学离子与扬压力的相关性系数

4　结　论

（1）可溶岩基础溶蚀劣化具有阶段性且是一个长期过程。岩体中可溶盐在环境水中溶解速度随温度变化，由于坝基可溶盐含量较大，其溶蚀、溶滤反应是一个长期而复杂的演变

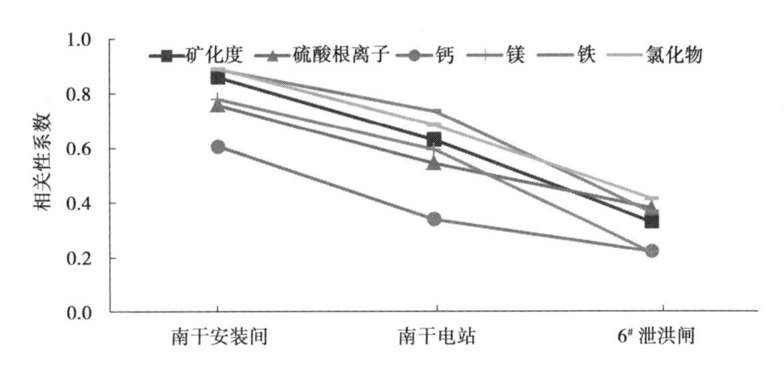

图10　化学离子与变形量的相关性系数

过程,在工程后期运行中,应持续重点关注可溶盐溶蚀状况。

(2)不合理的补强措施可加速劣化过程。6#泄洪闸及南干电站坝段内坝基先后采取了四次帷幕补强处理,均未取得预期效果,反而由于排水孔设置不合理导致第三次灌浆后扬压力突然上升。另外,由于排水孔变浅,深层渗流水增多,导致坝基内易溶岩溶蚀加剧,增加渗流通道,加大渗流水与泥、页岩接触面,使得岩体持续膨胀,坝段上浮。

(3)可溶岩基础全寿命周期内全要素监测系统布置与信息收集重要,对重点监测量地下水化学物质含量等进行重点分析。除进行扬压力、沉降量、渗流等常规监测外,对坝基存在特殊岩体如可溶盐的坝段,还应加强监测化学物质,分析各化学离子的含量、来源以及对坝基的影响。

(4)根据监测信息分析,采取动态手段治理。在初期以阻水为主,运行期发现异常应根据岩体类型和坝基问题采取专门的灌浆补强方式。处理可溶盐坝基时可设上游防渗铺盖并采用特殊灌浆材料作为防渗帷幕,如高抗硫酸盐水泥、丙烯酸盐化学材料,以减少渗流坡降和渗流量,防止坝基岩体由于渗透加剧石膏和铁明矾溶蚀。

参 考 文 献

[1] 王廷学, 姜冰川. 黄河沙坡头水利枢纽坝基可溶岩特性及工程处理措施[J]. 海河水利, 2006(6):59-61.

[2] 高玉生, 洪海涛, 杨玉春,等. 沙坡头水利枢纽坝基软岩工程地质特性研究[J]. 水利水电工程设计, 2012, 31(2):30-33.

[3] 车平, 宋翔东, 虞翔,等. 巢湖地区坟头组泥岩遇水软化特性与机理试验[J]. 同济大学学报(自然科学版), 2012, 40(3):396-401.

[4] 张保平, 单文文, 田国荣,等. 泥页岩水化膨胀的实验研究[J]. 岩石力学与工程学报, 2000, 19(S1):910-912.

[5] 李春红, 赵忠桥, 茹官湖. 黄河沙坡头水利枢纽帷幕补强灌浆异常情况分析及处理 [J]. 西北水电, 2012 (1):42-44.

衢江姚家航电枢纽船闸下游引航道布置方案试验研究

黄建成 闫 霞 严 伟

（长江水利委员会 长江科学院河流所，武汉 430010）

摘 要 根据钱塘江中游衢江段航道总体规划要求，衢江航道通航等级规划为Ⅳ级，通航标准为500 t级船舶（队）。因此，在衢江姚家航电枢纽设计中船闸引航道的水流条件应满足上述船舶（队）航行要求。本文基于水流模型试验与船模试验相结合，对船闸下游引航道口门区的流速、流态和船舶航行控制参数进行了研究，结果表明，原设计方案船闸下游引航道口门区的水流条件较差，不能完全满足船闸年通航保证率的要求。为此，在模型上对原船闸设计方案下游引航道隔流堤的布置进行了调整优化，使其口门区水流条件得到明显改善，年通航保证率由90%提高到96%，较好地解决了船闸下游引航道船舶（队）通航问题，为工程设计提供了科学依据。

关键词 衢江姚家航电枢纽工程；船闸下游引航道；水流条件；船舶航行参数；模型试验

1 基本情况

根据《钱塘江中游“三江”梯级开发规划》要求，姚家航电枢纽工程是钱塘江南源衢江干流梯级开发中的第六级也是最下游一级。坝址位于衢江下游段，距兰溪市城区约8 km，上游距离游埠梯级枢纽约9 km，坝址以上集水面积11 427 km^2，多年平均流量389.92 m^3/s，年径流总量123.35亿m^3。该处河道平面形态呈藕节状，滩多，水浅，航道较为弯曲，河床比降较大，河床质以砂卵石为主，局部河段有基岩出露。该工程属低水头径流式电站，主体建筑物由泄水闸、电站和船闸组成，工程正常蓄水位28.5 m，电站装机16.4 MW，多年平均发电量约6 533万kWh，船闸设计标准为500 t级。工程以航运和发电为主，兼顾改善水环境及灌溉。为此，在枢纽工程可行性研究阶段开展船闸引航道布置方案的模型试验研究，通过方案优化，使船闸引航道口门区的水流条件能满足通航要求，对保证航道畅通，充分发挥枢纽工程的航运效益，具有重要的意义。

2 模型试验概况

2.1 物理模型

本次模型试验主要是研究船闸引航道的通航水流条件和船舶航行要素，以论证枢纽船闸引航道布置方案的合理性。为此，模型模拟河段范围长约5 km，枢纽工程位于河段中部，模型设计按几何相似和水流运动相似准则进行，模型平面比尺80，垂直比尺80，流速比尺

作者简介：黄建成（1962—），男，湖南长沙人，高级工程师，主要从事水利工程试验研究。E-mail：1060912752@qq.com。

8.94,流量比尺 57 243。模型采用2010年6月该河段实测地形制模,进行了洪、中、枯三级流量水面线,断面流速分布的验证。结果表明,各项验证指标均符合《水工模型试验规程》(SL 99—2012)要求。

2.2 试验条件

根据《内河通航标准》规范要求,Ⅳ级航道年通航保证率为95% ~98%,因此模型试验流量共选取三级特征流量,分别是1 505 m^3/s(年通航保证率为96%)、930 m^3/s(年通航保证率为90%)和588 m^3/s(年通航保证率为85%);按枢纽调度原则,上述流量条件下,枢纽均控泄,坝前水位保持为正常蓄水位28.5 m,模型出口控制水位由该处水位流量关系确定。船模试验采用的船型为最大过坝船型500 t级自航驳和一拖三船队。根据以往试验结果,在上述流量条件下,上游引航道口门区和连接段的通航水流条件均能满足通航要求,而当流量等于或大于930 m^3/s时,下游引航道口门区和连接段的通航水流条件较差,影响船舶正常通行。因此,本次模型试验主要研究船闸下游引航道的优化布置问题。

3 通航水流标准和船队进出口门航行标准

根据船闸设计规范和内河通航标准,Ⅳ级船闸引航道口门区通航水流条件为:平行航线的纵向流速≤2.0 m/s,垂直航线的横向流速≤0.3 m/s,回流流速≤0.4 m/s。船队进出口门的航行标准为:船队在引航道口门区的最大舵角应≤25°,最大漂角应≤10°,上水航行时的对岸航速应≥1.0 m/s,船队与河岸之间必须有一定的安全距离$\triangle b$,$\triangle b = 0.5 \times B_c = 5.40$ m(其中B_c为船队最大船宽,姚家电航枢纽船队$B_c = 10.80$ m)。

4 设计方案

4.1 下游引航道工程布置

姚家航电枢纽工程船闸布置于河床左岸,由上下闸首、闸室和上下引航道组成。根据衢江航道总体规划,工程处的衢江航道通航等级为Ⅳ级,通航标准为500 t级船舶(队)。因此,船闸设计有效尺度为280 m×23 m×4 m(长×宽×门槛水深),下游引航道右侧隔流堤长450m,左侧设置长度为125 m的翼墙,下接长度为330 m的导航墙,下游引航道口门宽60 m,底高程19.5 m(见图1)。

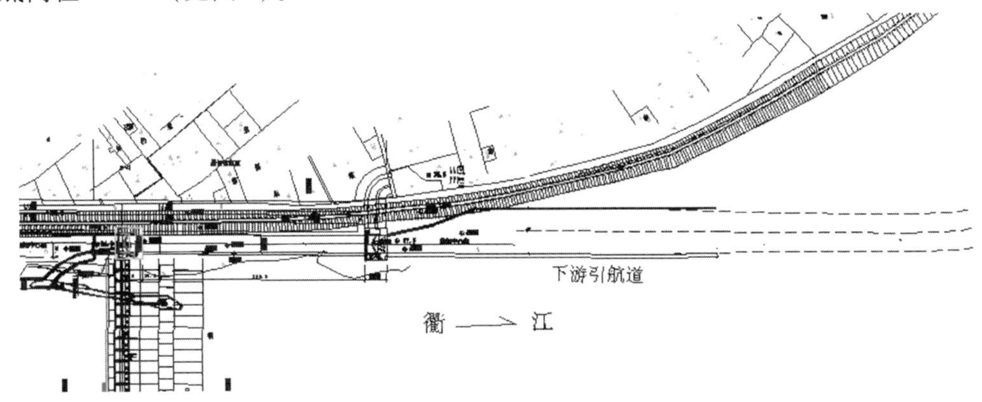

图1 船闸下游引航道设计方案平面布置图

4.2　设计方案试验成果分析

4.2.1　下游引航道水流条件

水流条件试验结果（见表1、图2）表明，在枢纽下泄流量588 m^3/s时，下游引航道口门区和连接段的水流条件较好，纵向流速均未超标，横向流速虽有部分超标，但超标率较低（15%～20%），可以满足通航要求。当下泄流量938 m^3/s时，口门区和连接段的纵向流速均未超标，但横向流速增大，超标值增多，其中口门区最大横向流速0.58 m/s，横向流速超过0.3 m/s的测点占测点总数的58%，连接段最大横向流速0.61 m/s，横向流速超过0.3 m/s的测点占测点总数的50%，下游引航道口门区的水流条件能否满足通航要求，需结合船模试验做进一步论证。当下泄流量为1 505 m^3/s时，口门区和连接段的纵向流速均未超标，但口门区和连接段的横向流速进一步增大，分别为0.64 m/s和0.69 m/s，横向流速超过0.3 m/s的测点分别占测点总数的65%和55%，下游引航道口门区的水流条件不能满足通航要求。

表1　下游引航道口门区和连接段最大表面流速值及超标数统计（设计方案）

流量（m^3/s）	通航保证率（%）	口门区（0～240 m）				连接段（240～640 m）			
		V_x（m/s）	P_x（%）	V_y（m/s）	P_y（%）	V_x（m/s）	P_x（%）	V_y（m/s）	P_y（%）
588	85	1.16	0	0.42	20	1.26	0	0.41	15
930	90	1.53	0	0.58	58	1.68	0	0.61	50
1 505	96	1.75	0	0.64	65	1.90	0	0.69	55

注：V_x为纵向流速；P_x为纵向流速超过2.0 m/s的百分数；V_y为横向流速；P_y为横向流速超过0.3 m/s的百分数。

4.2.2　下游引航道船模航行参数

船模试验结果（见表2、图3）表明，流量588 m^3/s时，口门区和连接段的水流条件较好，口门区及连接段船队的航行指标能满足船队进、出口门的通航要求。流量930 m^3/s时，口门区的斜向水流强度有所减弱，船队能沿左、中航线上行进入口门，沿右航线上行的航行指标部分不满足船队进入口门的航行标准，船队下行的航行指标满足船队出口门的航行标准。流量1 505 m^3/s时，下游引航道口门区受斜向水流作用，漂角较大，航态较差，船舶上行时操纵难度较大，口门区沿左、中、右航线上水流的航行指标均不能满足船队进入口门的通航标准，但能满足船队出口门的通航标准。

表2　下游引航道口门区和连接段船模航行参数（设计方案）

流量（m^3/s）	通航保证率（%）	航向	口门区（0～240 m）			连接段（240～640 m）		
			δ_{max}（°）	β_{max}（°）	V_L（m/s）	δ_{max}（°）	β_{max}（°）	V_L（m/s）
588	85	上行	18	7.9	1.65	18	9.7	1.73
		下行	17	5.8	2.80	16	8.2	2.90
930	90	上行	22	12.4	1.45	19	11.2	1.76
		下行	15	6.0	2.76	18	9.4	2.92
1 505	96	上行	21	14.2	1.15	20	17.3	1.33
		下行	15	7.6	2.64	15	13.6	3.01

注：δ_{max}为最大舵角；β_{max}为最大漂角；V_L为对岸流速。

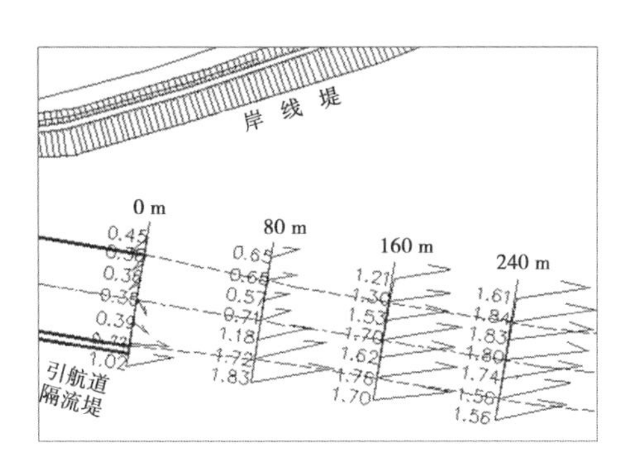

图2 引航道口门区流速分布
(设计方案,Q =1 505 m^3/s)

图3 下引航道口门区船模上行
(设计方案,Q =1 505 m^3/s)

5 优化方案

5.1 方案概述

为满足96%的通航保证率要求,在模型上对下游引航道原布置方案进行了优化(见图4),新方案将下游引航道隔流堤向上游缩短80 m,以增加口门区顺直段的长度,口门宽由原来的60 m增至80 m,将原方案口门区航道中心线适当左移,以半径约1 400 m的圆弧与下游连接段的原设计航线相切,增大口门区及连接段航道弯曲半径,以减小口门区的斜向水流强度,改善口门区通航水流条件。

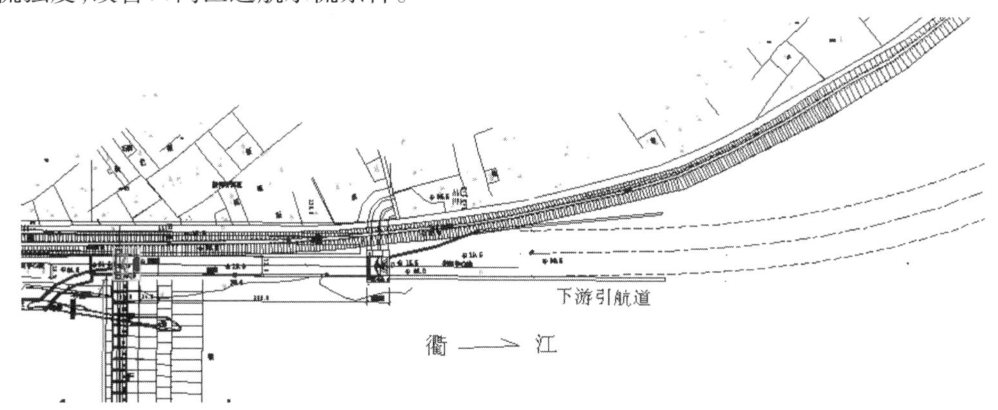

图4 船闸下游引航道优化方案平面布置图

5.2 优化方案试验成果分析

5.2.1 下游引航道水流条件

水流条件模型试验结果(见表3、图5)表明,下游引航道布置优化后,在流量588 ~1 505 m^3/s 的情况下,船闸引航道口门区和连接段的通航水流条件得到较大改善,纵向流速均未超标,横向流速及超标率均较原设计方案有所减小。流量938 m^3/s 时,口门区最大横向流速0.38 m/s,横向流速超过0.3 m/s 的测点占测点总数的35%,连接段最大横向流速0.40 m/s,横向流速超过0.3 m/s 的测点占测点总数的32%,下游引航道口门区的水流条件基本能满足通航要求。流量为1 505 m^3/s 时,口门区最大横向流速0.57 m/s,横向流速超过0.3 m/s 的测点占测点总数的50%,外连接段最大横向流速0.46 m/s,横向流速超过0.3 m/s 的测点占测点总数的45%,下游引航道口门区的通航水流条件明显好于原设计方案,但能否满足通航要求，仍需结合船模试验做进一步论证。

表3　下游引航道口门区和连接段最大表面流速值及超标数统计(优化方案)

流量(m^3/s)	通航保证率(%)	口门区(0～240 m)				连接段(240～640 m)			
		V_x(m/s)	P_x(%)	V_y(m/s)	P_y(%)	V_x(m/s)	P_x(%)	V_y(m/s)	P_y(%)
588	85	0.95	0	0.34	10	1.11	0	0.39	11
930	90	1.23	0	0.38	35	1.35	0	0.40	32
1 505	96	1.67	0	0.57	50	1.81	0	0.46	45

注：V_x 为纵向流速；P_x 为纵向流速超过 2.0 m/s 的百分数；V_y 为横向流速；P_y 为横向流速超过 0.3 m/s 的百分数。

5.2.2　下游引航道船模航行参数

船模试验结果(见表4、图6)表明，下游引航道布置优化后，口门区通航水流条件有明显的改善，船队上行船位与航线夹角明显减小，规划航线与水流方向基本一致。流量 930 m^3/s 以下时，口门区和连接段的水流条件较原方案进一步好转，其航行指标均能满足船队进出口门的通航标准，船队可沿左、中、右航线顺利进出口门。流量 1 505 m^3/s 时，口门区的斜向水流强度较原方案有所减弱，沿中、右航线船队上行航行指标满足船队进入口门的航行标准，沿左航线上行的部分航行指标不满足船队进入口门的航行标准，船队下行的航行指标满足船队出口门的航行标准。

表4　下游引航道口门区和连接段船模航行参数(优化方案)

流量(m^3/s)	通航保证率(%)	航向	口门区(0～240 m)			连接段(240～640 m)		
			δ_{max}(°)	β_{max}(°)	V_L(m/s)	δ_{max}(°)	β_{max}(°)	V_L(m/s)
588	85	上行	18	7.6	1.62	18	7.9	1.75
		下行	16	5.6	2.76	15	6.0	2.82
930	90	上行	20	8.7	1.40	18	5.5	1.67
		下行	16	4.0	2.78	16	6.8	2.91
1 505	96	上行	18	10.4	1.10	19	11.9	1.31
		下行	14	8.7	2.81	17	8.5	3.04

注：δ_{max} 为最大舵角；β_{max} 为最大漂角；V_L 为对岸流速。

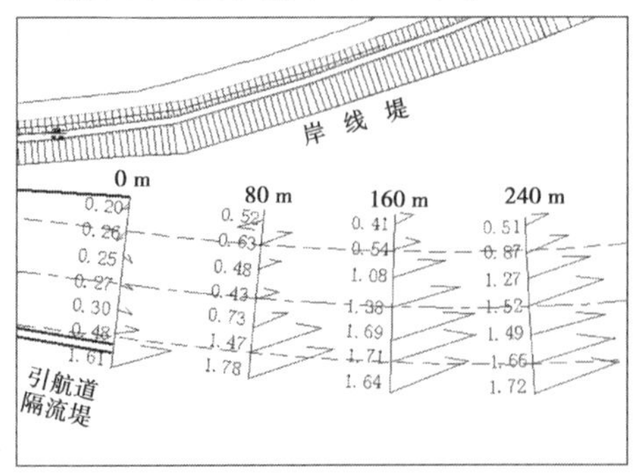

图5　下引航道口门区流速分布
(优化方案，Q=1 505 m^3/s)

图6　下引航道口门区船模上行
(优化方案，Q=1 505 m^3/s)

6 结论与建议

(1)姚家航电枢纽工程船闸下游引航道原设计方案,当流量大于930 m^3/s时,下游引航道口门区的水流条件和船队航行指标难以满足船队进出口门的通航要求,船闸的年通航保证率为90%,难以满足年通航保证率的规范要求。

(2)通过对船闸下游引航道隔流堤的优化布置,口门区的通航水流条件和船队航行指标得到明显改善,当流量1 505 m^3/s时,下游引航道口门区的水流条件和船队航行指标基本能满足船队进出口门的通航要求,年通航保证率达到96%。

(3)船闸下游引航道布置优化后,在流量1 505 m^3/s条件下,下引航道口门区左航线的横向流速仍对船舶安全进入口门有一定程度的不利影响。因此,建议船队在进入口门区时,以走右、中航线较为安全,同时推荐采用性能好、马力大的推轮,提高船队克服水流阻力和比降阻力的能力。

参考文献

[1] 钱塘江中上游(金华段)航运开发工程姚家枢纽工程可行性研究报告(修定本)[R]. 浙江省水利水电勘测设计院,2008.12.

[2] 黄建成,刘同宦,严伟. 钱塘江中上游衢江(金华段)姚家枢纽整体河工模型试验报告[R]. 长江水利委员会长江科学院,2009.4.

[3] 河流泥沙工程学(下册)[M]. 北京:水利电力出版社,1983.

[4] JTJ 305—2001. 船闸设计规范[S]. 北京:人民交通出版社,2002.

[5] GB 50139—2004. 内河通航标准[S]. 北京:人民交通出版社,2004.

参量阵水下地层浅剖技术在水库淤积探测中的应用

潘绍财　崔双利　黄　为

（辽宁省水利水电科学研究院，沈阳　110003）

摘　要　水库淤积是一个普遍存在的问题，由于泥沙大量淤积，降低了水库的防洪能力，同时水库淤积引起回水上延，会吞蚀既有农田耕地，影响农业生产及社会和谐稳定。传统的水库、河道淤积测量方法受水流、水深、水位波动等因素影响，存在效率低、精度差等弊端。辽宁省水利水电科学研究院2014年通过水利部“948”计划项目资助，引进了德国先进的水库淤积探测设备(SES－2000 light Plus)，该设备是一种轻便灵活、高分辨率、高精度探测水深及水底浅地层剖面的新型仪器。它通过GPS导航定位测船位置，采用设在船下换能器发射不同频率声呐波产生参量阵差频，穿透水底地层层面发生反射来测定水下地层界面的深度。

本文介绍了参量阵水下地层浅剖技术及对柴河水库进行淤积探测的应用过程。依据对采集数据的处理和分析，提出了柴河水库淤积集中分布区域、淤积厚度和淤积量的探测结果。通过与该库使用传统方法淤积测量结果比较，初步验证探测结果是可靠的。

关键词　参量阵；浅剖；水库淤积；探测

1　参量阵水下地层浅剖技术原理

参量阵声呐在高压下同时向水底发射两个频率接近的高频声波信号(f1，f2)作为主频，当声波作用于水体时，会产生一系列二次频率如f1，f2，(f1＋f2)，(f1－f2)，2f1，2f2等。其中的f1高频用于探测水深，而f1与f2的频率非常接近，因此(f1－f2)即差频频率很低，具有很强的穿透性，可以用来探测水底浅地层剖面[1]。

在浅地层剖面勘察测量中，SES－2000 light Plus换能器固定在测船水下，按一定时间间隔垂直向下发射两个(100 kHz)频率声呐波作为主频，测量水底层深度。利用两个主频声呐产生的差频穿透力强特性，测量水底淤积层深度。该浅剖仪的可选差频频率有5 kHz、6 kHz、8 kHz、10 kHz、12 kHz、15 kHz，测量时可以根据测区的具体情况，通过软件来选择所需的频率。在高精度全球定位系统和姿态传感器的配合下，可实时获得各条测线水底、浅剖淤积层的位置和淤积厚度信息。具有测量精度高、地层穿透能力强等特点，能探测不大于20 m厚淤积地层剖面。另外通过扩展集成测扫声呐系统，可同步识别库区水底淤积沉积物的分布区域、障碍物的形状和位置等详细构造信息。

基金项目：水利部“948”计划项目资助，项目编号201423。

作者简介：潘绍财(1964—)，男，本科，教授级高级工程师，主要从事水利科研工作。E-mail：Sy20041017@sina.com。

2 柴河水库概况及测淤的必要性

2.1 水库概况

柴河系辽河中游左侧一条较大支流，全长143 km，流域面积1 501 km^2。柴河水库是以防洪、灌溉为主，结合发电和养鱼等综合利用的大(Ⅱ)型水利枢纽。水库控制流域面积1 355 km^2，占柴河流域总面积的90%。最大坝高42.3 m，最大库容为6.36亿 m^3。

水库自1974年竣工并投入使用已运行了40余年，其间经历了1975年、1985年、1994年、1995年和2005年较大的洪水，特别是1995年和2005年两次洪水，其洪峰流量和洪水总量均是历史罕见，将大量的泥沙带入水库库区，使库区的地形发生了改变，库容与水库设计时发生了较大变化，改变了水库的蓄水能力，给水库的调度工作带来了不利影响。

2.2 测淤必要性

根据《水库水文泥沙观测规范》，水库淤积测验是水库管理运行基本观测项目之一。水库淤积测验包括库容变化测验和冲淤变化测验两类，目的是通过淤积测验资料的分析，了解水库库容的损失及泥沙淤积分布规律和在不同水、沙条件下的变化规律，以制订水库合理地调水、调沙及库区整治方案，充分发挥水库效益[2]。

柴河水库自1974年建库以来，除2009年水库自行组织了一次淤积测量外，再未进行过水库淤积测量。水库一直沿用建库时的水位—库容曲线，由于欠缺对水库库容的损失及泥沙淤积分布规律的了解，导致在水库调度运用、自身运行安全方面存在着隐患。因此，柴河水库的淤积测量工作势在必行。

3 数据采集及处理

3.1 数据采集

2015年5月6日至6月3日，辽宁省水科院“948”项目课题组利用该项设备技术，对柴河水库水下淤积状况进行全面探测。该项工作是以柴河水库2009年采用凿冰眼下探尺的测淤断面为基准，对原测量断面采用该项引进技术进行复测。测船首先定位在原测量断面坐标起点上，而后在GPS导航定位指引下沿断面测线行进，在此过程中实时对断面水下深度、水底淤积厚度进行探测。水上探测工作历时近一个月，共完成库区15 km范围内80条测线的水下剖面数据采集。

换能器固定在船舷上，如图1所示，探测时将其下入水中一定深度便可采集声呐数据。

3.2 数据处理

随后对采集数据进行解释分析工作。针对采集获得的80条测线数据，通过后处理软件进行增益滤波处理和自动捕捉分层，生成各条测线水底剖面图像。以45#测线图像为例(见图2)作说明。图像中，红颜色线代表探测到水底层，水底层是仪器高频声波形成反射面，即处理图像时显示第一层；黑色线则表示浅剖得到淤积层，淤积层是仪器低频(非线性差频)声波获得的反射面，为较软土质分层，分析可能由库底多年淤积和建库前地表含水量大的软土层构成。该条测线淤积层厚度在0.5 m左右。

经过数据处理后，除生成测线浅剖分层图像外，同时获得各条测线的水面、水底层、浅剖

图 1　固定在船舷上的声呐发射(接收)装置换能器

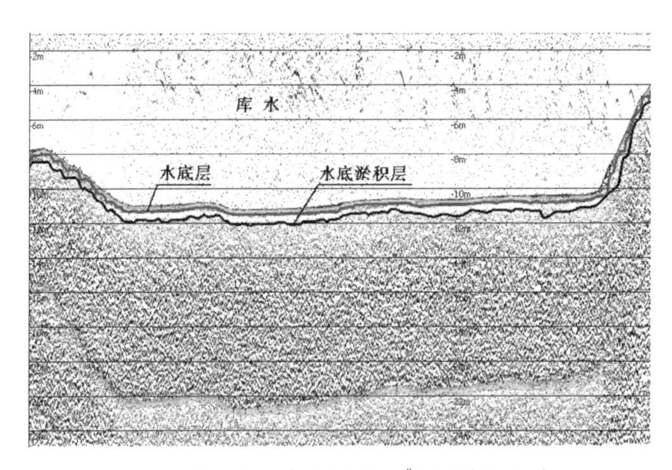

图 2　柴河水库声呐探测 45#测线浅剖图像

淤积层的大地坐标、高程值及厚度等数据。这些数据为进一步计算软土淤积层体积,即库区测量范围内淤积量提供数据支持。以 45#测线剖面为例列出处理后得到的数据(部分),如表 1 所示。

4　淤积量计算与探测结果分析

4.1　淤积量计算

淤积量计算方法是将测区按测线分成若干块,利用已测到的淤积层剖面位置坐标及淤积层厚度数据,运用相关软件计算每块淤积量,而后将各块淤积量累加,得出柴河水库测区范围内淤积总量为 704 万 m^3,约占水库最大库容的 1.1%。同时将测区内单块淤积量及每块平均面积淤积量进行排序,得到水库淤积量较大和集中区域。位置在 4# ~15#测线区间,淤积厚度在 0.6 ~0.9 m,淤积量约占测区范围内统计淤积总量的 39%。水库淤积集中分布情况如图 3 所示。图中网格线代表淤积集中且较严重区域。

表 1 柴河水库声呐探测 45#测线水底浅剖数据(部分)

X	Y	库水位(m)	水底层高程(m)	淤积层高程(m)	层厚(m)
588254.72	4678533.53	100.24	92.14	91.49	0.65
588255.69	4678533.54	100.26	92.21	91.81	0.40
588255.71	4678533.45	100.26	92.21	91.81	0.40
588255.57	4678533.21	100.25	92.25	91.80	0.45
588255.36	4678532.82	100.25	92.25	91.80	0.45
588255.02	4678532.33	100.24	92.24	91.64	0.60
588254.62	4678531.73	100.24	91.84	91.34	0.50
588254.09	4678531.08	100.23	91.83	91.28	0.55
588253.48	4678530.39	100.23	91.88	91.33	0.55
588252.76	4678529.66	100.24	91.49	90.99	0.50
588251.95	4678528.96	100.25	91.30	90.90	0.40
588251.04	4678528.30	100.23	91.33	90.88	0.45
588250.03	4678527.75	100.23	91.33	90.88	0.45
588248.95	4678527.31	100.23	91.23	90.78	0.45
588247.77	4678526.96	100.24	90.79	90.34	0.45
588246.52	4678526.67	100.22	90.72	90.27	0.45
588245.17	4678526.43	100.24	90.79	90.14	0.65
588243.79	4678526.21	100.23	90.58	90.08	0.50

4.2 水底高程变化比较

通过对柴河水库 2009 年采用凿冰眼下探尺的测量断面数据进行提取整理,得到每个断面各测点坐标值和水底高程值。在本次采用声呐探测得到的数据中,对应原测量断面的各个测点坐标位置,提取相应的水底高程值进行比较,得到水底高程值变化情况,以 2#测线(如图 4 所示)为例进行说明。图中“●”代表 2009 年所测 2#测线水底高程 6 个测点值,“▲”代表本次声呐探测在同条测线上提取的对应坐标的 6 个测点水底高程值。从中看出两者高程差值范围在 0.01 ~0.25 m,基本上是相互吻合的。差值偏离较大者经分析,除测量方法产生误差外,可能原因是 2015 年声呐探测时,测船沿 2009 年测线航行受风浪、导航等因素影响航迹有偏离,导致与 2009 年测点坐标的偏离,由此造成水底高程值不同程度偏差。

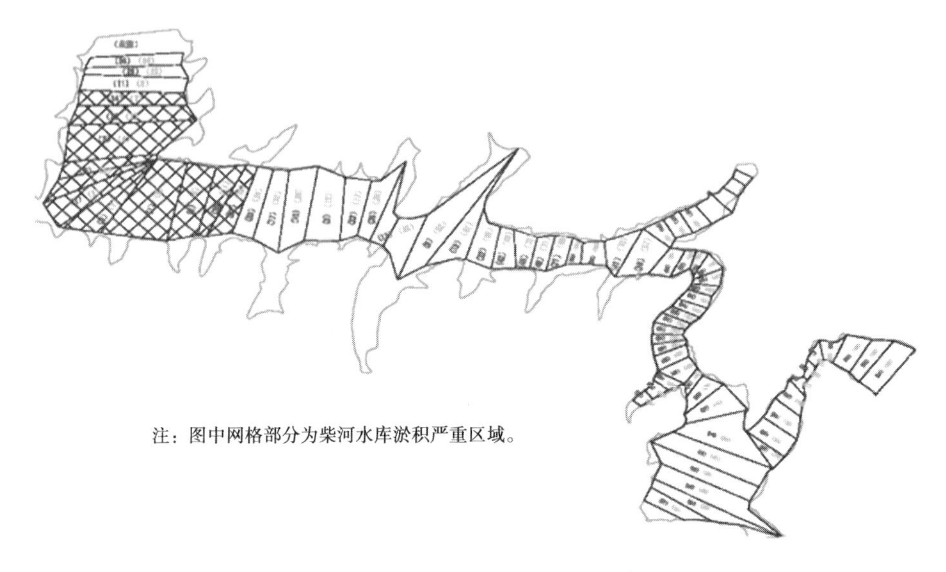

图 3 柴河水库淤积探测测线分布图

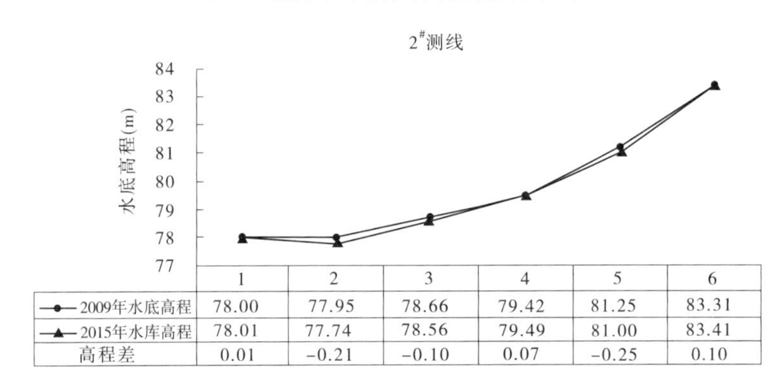

	1	2	3	4	5	6
2009年水底高程	78.00	77.95	78.66	79.42	81.25	83.31
2015年水库高程	78.01	77.74	78.56	79.49	81.00	83.41
高程差	0.01	−0.21	−0.10	0.07	−0.25	0.10

图 4 2#测线 2009 年与 2015 年水底高程值对比 （单位：m）

5 结 语

（1）通过对处理数据及计算得到的分块淤积量进行分析，获得柴河水库淤积集中分布区域。位置在 4# ~ 15# 测线区间，淤积厚度在 0.6 ~ 0.9 m，淤积量约占统计淤积总量的 39%。其他位置也均存在不同程度淤积，淤积厚度一般在 0.5 m 以下。

（2）将本次探测到水底高程结果与 2009 年同一断面同一测点水底高程测量结果进行比较，得到相互印证的高程差值平均在 0.01 ~ 0.25 m。因此，通过 2009 年水深测量结果验证，证明声呐探测水深结果是可靠的。而探测到浅剖淤积厚度结果的可靠性，还需经过水底钻孔取样验证。此项工作下一步通过引进国外水上声波钻机钻取芯样分析完成。

参 考 文 献

[1] 祝鸿浩，王锦柏．参量阵浅剖仪及其信号预处理方法研究[J]．上海：现代电子技术，2015(9)：47.
[2] 中华人民共和国水利行业标准．SL 339—2006 水库水文泥沙观测规范[S].

向家坝电站泄洪消能建筑物运行管理创新与实践

杨 鹏 钱 军 王 波

（中国长江电力股份有限公司，宜宾 644612）

摘 要 向家坝电站采用高低跌坎低流消能，有别于传统的消能方式，在我国水利水电行业中属于首创。自2012年10月下闸蓄水以来，泄洪消能建筑物已安全运行4年。经组织多次专家咨询会，一致认为自泄洪消能建筑物投运以来，向家坝电站运行管理单位通过优化泄洪调度、汛中检查、汛后检修等多种运行管理手段的创新与实践，有效地保障了泄洪消能建筑物安全稳定运行，通过对各在线监测数据进行分析，消力池内水流流态稳定，消能效果良好，未监测到立轴漩涡；各项监测数据，如底板脉动压力、临底流速等均在设计预期范围内，泄洪对电站自身及周边场地无影响。运行实践证明向家坝泄洪消能方案是合理的，结构是安全的。运行管理单位的创新管理措施具有广泛的推广应用前景。

关键词 高低跌坎低流消能；运行管理；调度；监测；检修

1 概 述

向家坝水电站是金沙江下游河段规划的最末一个梯级，坝址位于四川省宜宾县和云南省水富县之间。电站距宜宾市33 km，离水富县城1.5 km。电站的开发任务以发电为主，同时改善通航条件，结合防洪和拦沙，兼顾灌溉，并且具有为上游梯级进行反调节的作用。

向家坝水电站坝址控制流域面积45.88万km^2。正常蓄水位380.00 m，总库容51.63亿m^3，调节库容9.03亿m^3，电站装机容量6 400 MW，保证出力2 009 MW，多年平均发电量307.79亿kWh，灌溉面积375.48万亩。

向家坝水电站工程因受周边环境因素（下游消能建筑物紧邻水富县城和大型企业云南天然气化工厂）的制约，消能工只能采用雾化程度最小的底流消能工。向家坝水电站设计洪水（$P=0.2\%$）入库流量41 200 m^3/s，校核洪水（$P=0.02\%$）入库流量49 800 m^3/s。消力池内最大单宽流量为225 $m^3/(s\cdot m)$，消力池入池流速达38 m/s左右，泄洪总功率约40 000 MW，是我国采用底流消能的水利枢纽中水头最高、消能功率最大的高坝，具有高水头、大单宽的特点，再加上大坝基础软弱带的存在，使消力池的安全问题尤为重要。

近20年来，结合宽尾墩等新型消能工的研究，底流消能得以在高水头和大单宽流量的工程中发挥了良好的消能作用，但在已投入运行的工程中，多数底流消能工造成泄洪建筑物破坏的案例也时有发生，如苏联的萨扬舒申斯克水电站，国内五强溪、安康水电站的消力池底板的破坏程度几乎危及整个水利枢纽的安全稳定运行，泄洪消能建筑物的安全运行，尤其

作者简介：杨鹏（1986—），男，吉林舒兰人，工程师，主要从事水电站水工建筑及闸坝金结设施运行与维护。E-mail：yang_peng4@cypc.com.cn。

是高水头、大单宽底流泄洪建筑物的安全稳定运行已经成为水利水电工程运行期的重点关注问题。

向家坝水电站于 2012 年 10 月首台机组投产发电，同年泄洪消能建筑物开始投入运行，截至 2015 年汛后，已安全稳定运行 4 年，本文通过总结向家坝水电站泄洪消能建筑物投运以来安全运行管理的技术措施、泄洪消能建筑物的运行规律、科学合理的泄洪调度方案、检修方式及修补材料有效的经验，提高向家坝水电站泄洪消能建筑物安全稳定运行管理水平，同时对新建的高坝工程也有重要的推广应用价值。

2　泄洪消能建筑物运行现状

依照预定计划，向家坝工程已于 2012 年 10 月 10 日下闸蓄水，2012 年 10 月 16 日水库蓄水至初期发电水位 354 m。2012 年向家坝工程泄洪时段为 2012 年 10 月 11 日至 12 月 19 日，由中孔单独泄洪，泄洪建筑物运行 39 d，孔口最大下泄流量为 6 750 m^3/s（见图 1）。

2013 年 6 月 26 日，向家坝水库水位自 354 m 开始抬升，2013 年 7 月 5 日蓄水至汛限水位 370 m；2013 年 9 月 7 日，水库水位自 370 m 开始抬升，2013 年 9 月 12 日蓄水至正常蓄水位 380 m。2013 年向家坝工程泄洪时段为 2013 年 7 月 5 日至 10 月 27 日，泄洪建筑物运行 115 d，孔口最大下泄流量为 11 080 m^3/s（见图 2、图 3）。

2014 年汛期，向家坝水库在汛限水位 370 m 运行，9 月 12 日蓄水至正常蓄水位 380 m，泄洪时段为 2014 年 7 月 5 日至 10 月 9 日，表孔、中孔正常泄洪运行 90 d，孔口最大下泄流量为 8 883 m^3/s（见图 4、图 5）。

2015 年汛期，向家坝水库在汛限水位 370 m 运行，9 月 20 日蓄水至正常蓄水位 380 m，泄洪时段为 2015 年 7 月 13 日至 10 月 14 日，表孔、中孔正常泄洪运行 51 d，孔口最大泄洪流量为 6 460 m^3/s（见图 6、图 7）。

向家坝电站泄洪设施运行具有“开度小、历时长、启闭多”的特点，加之调洪库容较小，且关乎大坝安全，因此对泄洪设施安全稳定运行要求极高，设备管理责任重大。

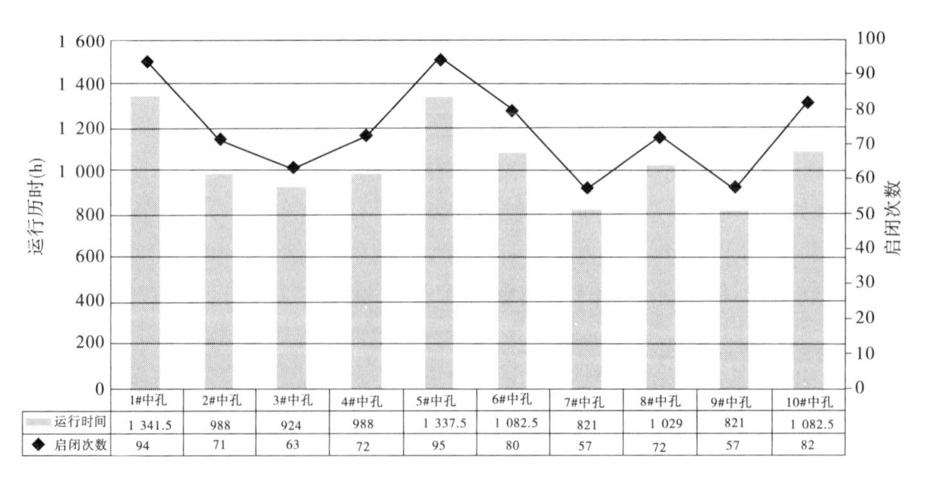

图 1　2012 年度中孔运行历时及启闭次数

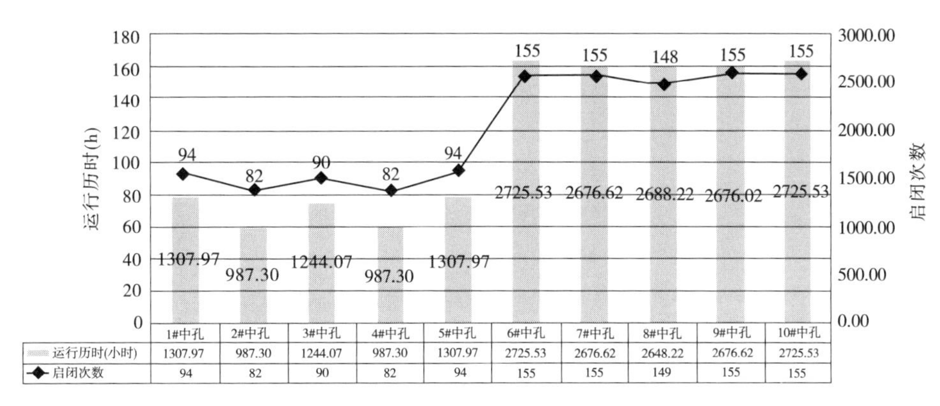

	1#中孔	2#中孔	3#中孔	4#中孔	5#中孔	6#中孔	7#中孔	8#中孔	9#中孔	10#中孔
运行历时(小时)	1307.97	987.30	1244.07	987.30	1307.97	2725.53	2676.62	2648.22	2676.62	2725.53
启闭次数	94	82	90	82	94	155	155	149	155	155

图 2　2013 年度中孔运行历时及启闭次数

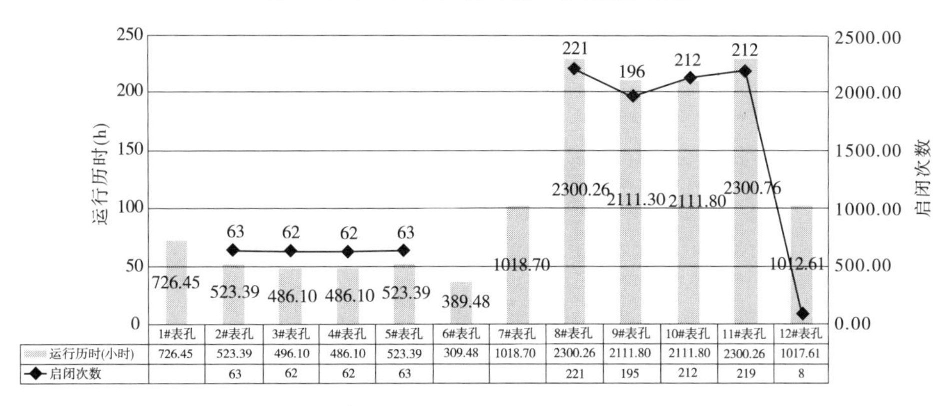

	1#表孔	2#表孔	3#表孔	4#表孔	5#表孔	6#表孔	7#表孔	8#表孔	9#表孔	10#表孔	11#表孔	12#表孔
运行历时(小时)	726.45	523.39	496.10	486.10	523.39	309.48	1018.70	2300.26	2111.80	2111.80	2300.26	1017.61
启闭次数		63	62	62	63			221	195	212	219	8

图 3　2013 年度表孔运行历时及启闭次数

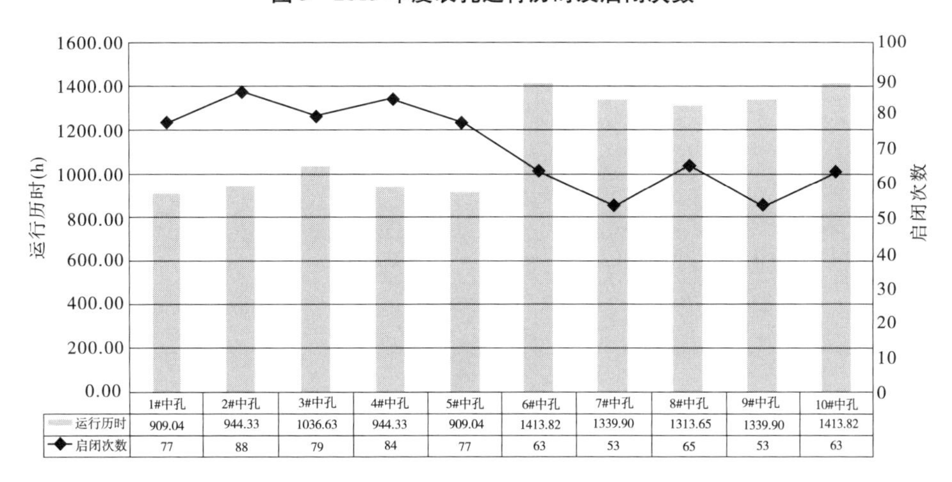

	1#中孔	2#中孔	3#中孔	4#中孔	5#中孔	6#中孔	7#中孔	8#中孔	9#中孔	10#中孔
运行历时	909.04	944.33	1036.63	944.33	909.04	1413.82	1339.90	1313.65	1339.90	1413.82
启闭次数	77	88	79	84	77	63	53	65	53	63

图 4　2014 年度中孔运行历时及启闭次数

3　泄洪消能建筑物运行管理措施研究

向家坝水电站采用表、中孔高低坎间隔布置，各股水流分散入池，形成了双层、多股淹没射流的消能方案，有别于传统的消能方式，是泄洪消能技术的重大科技创新。为确保泄洪消能设施安全稳定运行，向家坝电厂在运行管理方面进行了一系列的创新实践。

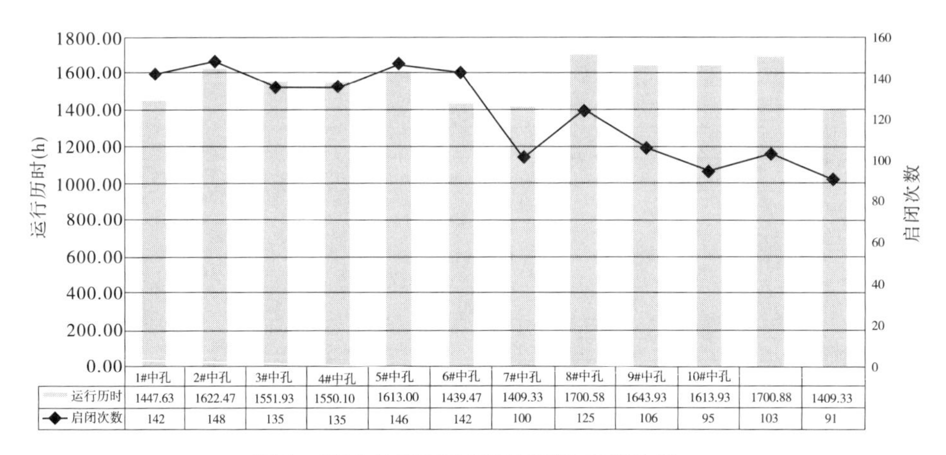

图5　2014年度表孔运行历时及启闭次数

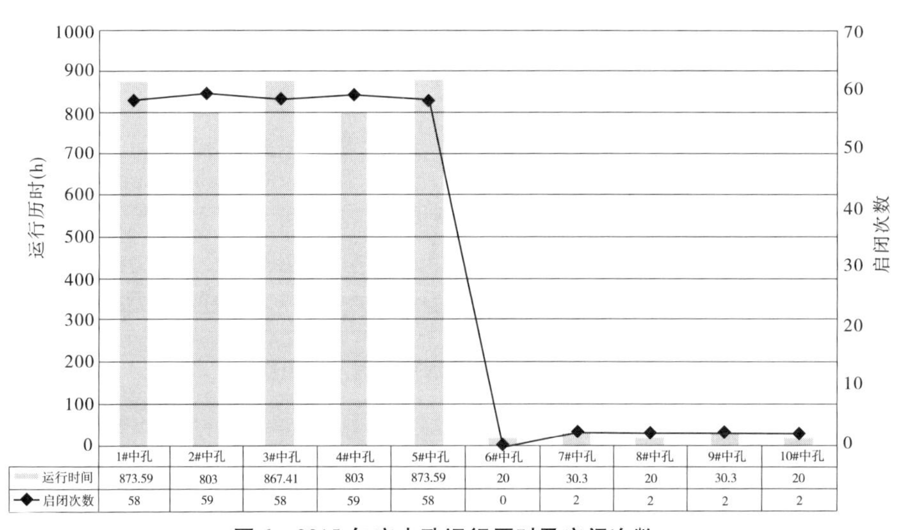

图6　2015年度中孔运行历时及启闭次数

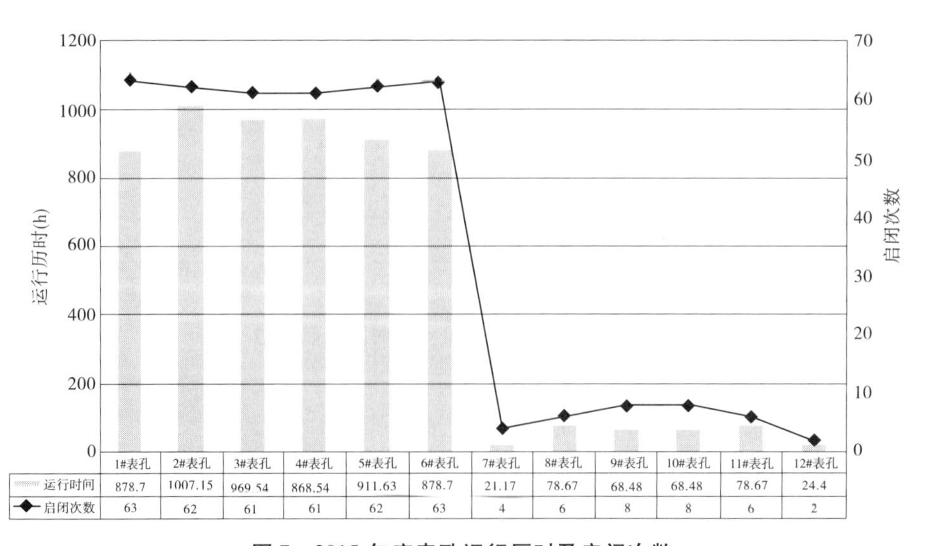

图7　2015年度表孔运行历时及启闭次数

3.1 统筹兼顾、优化调度

3.1.1 闸门调度基本原则

(1)确保枢纽建筑物结构安全。

闸门调度应在确保枢纽建筑物安全的基础上进行,消力池内应避免出现影响建筑物安全的不良流态,如避免出现消力池一侧或中间形成大范围、高强度的平面回流或出现主流直接冲击尾坎和导墙等现象。

(2)满足下游非恒定流的控制要求。

向家坝枢纽下游为通航河道,为满足下游航运安全要求,泄水建筑物闸门调度过程中应对下游流量的变幅和变率进行控制,使枢纽下游河道水位小时变幅控制在1.0 m以内,日变幅在4.5 m以下。

(3)控制基础振动。

向家坝水电站初期泄洪引起紧邻的水富县城局部区域出现了房屋门窗振动现象,监测资料表明,门窗振动来源于泄洪引发的大坝和消力池基础振动,要通过优化闸门调度最大限度地控制基础振动量,有效减小水富县城门窗振动。

(4)简化闸门操作程序。

简化闸门操作程序,减少闸门的启闭次数。

3.1.2 闸门调度方案

根据以上原则及相关试验结果,向家坝电站运行管理单位制定了2015年汛期泄洪闸门调度方案:

(1)$Q_{孔} \leq 1\ 500\ m^3/s$时,采用左池表孔单独运行。闸门应对称均匀开启,单孔流量不大于$300\ m^3/s$。

(2)$1\ 500\ m^3/s < Q_{孔} \leq 4\ 500\ m^3/s$时,采用左池表孔、中孔联合运行,单个中孔或表孔流量不大于$500\ m^3/s$。

(3)$Q_{孔} > 4\ 500\ m^3/s$时,采用12个表孔与10个中孔全部均匀开启联合运行。

3.1.3 泄洪闸门调度操作要求

(1)度汛应按调度方案进行调度,闸门开度可根据实际来流适当调整。在度汛调度过程中,可根据实际运行情况对调度方案进行修订。

(2)当实际可调度的闸门发生改变,单池内不能满足6个表孔均匀开启时,应根据实际情况重新拟定闸门调度方式,并满足表1的要求。

(3)闸门应避免在强振区停留。

(4)单池内闸门启闭应遵循对称、均匀、分序、分级的要求。

对称是指中孔或表孔闸门启闭时,应以单个消力池中心线为轴线对称启闭。

均匀有两层意思:一是指对称启闭闸门时应均匀(流量差不大于20%),二是指单池内中孔或表孔闸门开启最终达到开度均匀。在满足下游非恒定流水位变幅控制要求,且启闭供电容量许可时,宜所有计划启闭的表孔、中孔闸门同时均匀启闭。

分序是指按照下游非恒定流水位变幅控制要求,或受启闭供电容量限制,需分序、分批次启闭闸门,要求按照调度方案规定的顺序启闭闸门,见表1。

分级是指闸门启闭过程中为满足下游非恒定流的水位变幅控制要求,进行分级启闭。闸门的关闭顺序与开启顺序相反。

(5)当单池内的闸门对称开启(对称的中孔或表孔闸门均匀开启)时,单池内边中孔的下泄流量应尽量大于或等于相邻中孔的下泄流量;单池内表孔对称开启应满足表1的要求。

表1　单池表孔、中孔运行闸门分批次启闭顺序

开孔数	闸门开启方式	调度要求
2孔开	①⑥或⑦⑫均匀开启	单孔下泄流量不大于1 000 m^3/s
	②⑤/⑧⑪表孔均匀开启	任意开度均可(根据2013年原型的运行情况,建议单孔泄量小于1 500 m^3/s)
4孔开	②⑤/⑧⑪表孔均匀开启,开度较大;③④/⑨⑩表孔均匀开启,开度较小	③④/⑨⑩表孔泄量不可大于②⑤/⑧⑪表孔泄量的40%(建议越小越好)
	②③④⑤/⑧⑨⑩⑪表孔均匀开启	单孔下泄流量不大于500 m^3/s为宜
6孔开	①⑥或⑦⑫均匀开启,开度较小;②③④⑤或⑧⑨⑩⑪均匀开启,开度较大	边表孔单孔的下泄流量应不小于中间表孔单孔下泄流量的50%~60%,建议取高值
	①⑥/⑦⑫均匀开启,开度较大;②③④⑤/⑧⑨⑩⑪均匀开启,开度较小	当①⑥/⑦⑫单个边表孔下泄流量小于1 000 m^3/s时,对中间4个表孔的单孔,下泄流量无要求(单孔泄量0~1 000 m^3/s)
		当①⑥/⑦⑫单个边表孔下泄流量不小于1 000 m^3/s时,中间4个表孔单孔下泄流量,应介于单个边表孔下泄流量的72%~100%,建议取高值
	①③④⑥或⑦⑨⑩⑫均匀开启,开度较大;②⑤或⑧⑪均匀开启,开度较小	当①③④⑥/⑦⑨⑩⑫的单孔下泄流量小于1 000 m^3/s时,对其他表孔的下泄流量无要求
		当①③④⑥/⑦⑨⑩⑫的单孔下泄流量不小于1 000 m^3/s时,②⑤/⑧⑪单个表孔的下泄流量应不小于其他单个表孔下泄流量的44%
2表孔	同时开启⑧⑪/②⑤	同时关闭⑧⑪/②⑤
	同时开启⑨⑩/③④	同时关闭⑨⑩/③④
	同时开启⑦⑫/①⑥	同时关闭⑦⑫/①⑥
4表孔	⑧⑪/②⑤→⑨⑩/③④	⑨⑩/③④→⑧⑪/②⑤
	⑦⑫/①⑥→⑨⑩/③④	⑨⑩/③④→⑦⑫/①⑥
6表孔	⑦⑫/①⑥→⑨⑩/③④→⑧⑪/②⑤	⑧⑪/②⑤→⑨⑩/③④→⑦⑫/①⑥
3中孔	同时开启⑥⑧⑩/①③⑤	同时关闭⑥⑧⑩/①③⑤
4中孔	⑦⑨/②④→⑥⑩/①⑤	⑥⑩/①⑤→⑦⑨/②④
5中孔	⑥⑧⑩/①③⑤→⑦⑨/②④	⑦⑨/②④→⑥⑧⑩/①③⑤

(6)在泄洪过程中应密切观察消力池内水流流态的变化,避免消力池内存在大范围回流、高速折冲水流冲击导墙和主流直接冲击尾坎等不利流态的发生,确保消力池内水流流态对称、稳定。

(7)泄洪运行过程中,除水力学原型观测外,要求进行现场巡视,检查是否出现异常情况,如进口旋涡、异常声响(类似鞭炮或炒豆爆响的空化泡溃灭声、闸门振动声、旋涡挟气声

等)、异常的消力池流态、闸门振动等,发现异常情况及时通报和处理。

3.2 度汛监测、检查措施

3.2.1 原型监测

向家坝水电站泄洪消能具有高水头、大单宽流量的特点。泄槽末端流速达到40 m/s以上,坝身存在掺气减蚀等高速水流问题。泄洪水流和消力池水流衔接流态复杂,泄槽末端处主流水舌和水跃旋滚的剪切区,出口淹没射流与消力池水体形成水流强剪切流动,将在泄槽末端、跌坎附件和淹没射流下形成强烈的立轴旋涡和横轴旋涡,可能在附近固壁上产生空蚀破坏。另外,由于泄水坝段存在构成坝基深层滑动的地址背景,而消力池底板正好位于坝基深层滑动抗力体顶部,消力池底板板块的稳定问题直接关系到大坝的安全。

基于以上分析,向家坝运行管理单位主要将坝身孔口流道高速水流空化空蚀、消力池侧壁射流冲击区下缘空蚀空化和底板冲击区板块稳定等区域作为水力学原型监测重点。主要监测项目包括水流流态、水面线、动水压力、水流流速、水流空化噪声、通气孔风速、水流掺气浓度和过流面磨蚀等,主要分布在4号表孔及闸墩、3号中孔、消力池底板、尾坎、导墙等部位(见表2)。

表2 原型监测仪器测点安装布置

序号	部位	磨蚀计	压力	风速	掺气	水听器	流速	水尺	小计
1	泄水坝段								
1.1	4号表孔	14	14	1	12	7	—	—	46
1.2	3号中孔	21	10	1	8	6	—	—	46
1.3	4号表孔闸墩	—	9	—	—	—	—	—	35
2	消力池								
2.1	消力池左导墙	17	30	—	—	3	—	7	58
2.2	左消力池底板	140	60	—	—	—	—	—	337
2.3	左消力池尾坎护坦	6	6	—	—	—	—	—	12
2.4	消力池中导墙	17	40	—	—	3	—	—	70
2.5	右消力池底板	140	60	—	—	—	—	—	332
2.6	右消力池尾坎护坦	6	6	—	—	—	—	—	12
2.7	消力池右导墙	17	—	—	—	3	—	7	28
合计		378	235	2	20	22	5	14	976

(1)利用摄像机和照相机对上、下游水库、流道进出口、水流掺气、水跃跃首形态、消力池消能形态、消力池水面线、下游河道水面波动、雾化等水力学现象进行摄录,并辅以文字记录。

(2)在表孔、中孔、闸墩、跌坎后壁、左导墙、中隔墙、消力池底板均布设了动水压力测点,利用压力传感器进行脉动压力和时均压力的测量。

(3)在消力池底板及尾坎布设了总压式流速仪。

(4)在中表孔流道隔墙、消力池导墙布设了水下噪声仪,进行水流空化监测。

(5)在通气孔入口布设了风速仪,并在表孔、中孔底板和隔墙布设了掺气浓度仪。

（6）在中表孔流道及消力池底板、导墙、尾坎布设了磨蚀计。

3.2.2 汛中检查

在汛期泄洪运行过程中，除要进行水力学原型观测外，向家坝电厂规定现场巡视检查，每周巡视检查 2 次，特殊时期，每天巡视检查 1 次。利用泄洪设施调度孔口倒换或停运期间，申请停运孔口短时间退出，安排人员对中孔流道、表孔流道进行近距离汛中检查。

泄洪运行过程中主要检查内容包括：中表孔进口是否出现较大旋涡，空化泡溃灭等异常声响，旋涡挟气声，启闭机及闸门振动，异常的泄槽流态、消力池流态；汛中孔口停运期间，近距离检查中孔、表孔泄槽底板及隔墙冲磨破坏、空蚀空化等缺陷。发现任何异常情况，及时通报处理。

3.2.3 在线监控

为更好地监控泄洪设施运行工况，分析运行状态，向家坝电厂利用数字化和智能化技术，建立了一套泄洪设施运行过程在线监控系统。该系统可以实时监控并记录中、表孔及消力池水流流态，闸门启闭机运行时系统压力、闸门开度、油缸同步超差等参数，后期也将逐步完善对闸门应力、应变、风速、挠度等数据的监控，为设备健康状态提供在线诊断支持。

3.3 汛后检查、检修措施

2012 年、2013 年、2014 年汛后，均对消力池及中表孔进行了抽干检修。2015 年泄洪消能建筑物运行历时及最大泄洪流量较前两年汛期均有所减小，运行期间，水流流态良好，消力池临底流速、底板脉动压力、导墙振动等各项监测指标均处于设计预值范围内，指标均优于前 3 年。因此，2015 年汛后仅对泄洪消能建筑物进行了水上、水下检查。

总结 4 年的运行检修经验，结合水文条件，向家坝电厂对泄洪消能建筑物的检修周期、工期以及检修质量标准进行了总结。

3.3.1 汛后抽干检修

（1）汛后抽干检修周期规划见表 3。

表 3 泄洪消能建筑物检修周期规划

检修部位	常规消缺		整体检修	
	检修周期	检修工期	检修周期	检修工期
表孔流道	2 年	20 d/孔	12 年	100 d/孔
中孔流道	2 年	20 d/孔	10 年	100 d/孔
消力池（单池）	1 年	60 d/单池	2 年	90 d/单池

（2）消力池排水方案。为确保消力池结构安全稳定，在消力池抽排水、检修期间，要保持底板廊道内的抽排系统正常运行，且监测基底扬压力在许可的范围内后，才允许开始消力池抽排水作业。汛后抽干检修期间要注意控制电站发电流量，保证检修期间下游最高水位低于 269 m（尾坎设置 1 m 高的防浪超高），当发电或非正常泄水导致尾水流量超过 269 m 时，考虑尾坎围堰加高或停止检修，人员退场。每次只能进行单池抽水检修，“一池检修、一池备用”，排水方案采取浮筒式排水泵站，见图 8。在消力池检修期间，要及时将降水、检修弃水、闸门渗漏水及时抽排至池外。

（3）过流面检修方案。抽干检修内容包括缺陷普查、缺陷修补、过流混凝土表面进行补

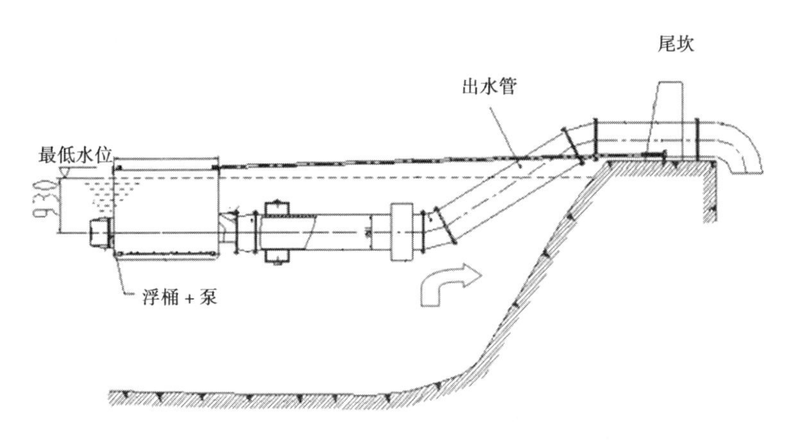

图8 检修排水示意图

强等预防性主动防护,新材料试验等内容。

缺陷普查主要是对消力池及中表孔流道混凝土剥蚀程度、冲蚀程度、裂缝宽度及深度、蜂窝麻面、混凝土底板止水情况、混凝土底板是否脱空、底板观测设备的完好率、空蚀空化等水毁缺陷的分布情况和破坏情况,做好详细记录和拍照。

消力池及中表孔泄洪消能过流面修补宜采用抗冲耐磨性能较好的材料,2012~2014年向家坝电站泄洪消能建筑物过流面依照缺陷大小及深度、修补厚度等不同,主要采用了HK型环氧类修补材料,包括环氧胶泥、环氧砂浆、环氧细石混凝土,对消力池前池底板、导墙与底板阴角和中表孔流道发现的缺陷进行了修补,修补后的材料与原混凝土面以及表面平整度要满足设计要求。在2014年抽干检修期间,依据冲刷破坏分布规律,对消力池存在冲蚀迹象但尚未引起大面积冲蚀破坏的区域进行了3 cm环氧砂浆主动防护,提高消力池底板抗冲磨强度,保护母体混凝土不被破坏。另外,在2014年检修过程中,向家坝电厂筛选了一些国内外新材料并在现场做了修补试验(见表4),后期跟踪过流效果。每年度汛后抽干检查(或水下检查)结果表明,向家坝泄洪消能建筑物检修使用的修补材料与过流面黏接良好,对底板及隔墙等部位混凝土过流面基面起到了保护作用。

表4 新材料试验种类

序号	型号	序号	型号
1	NE-Ⅰ粗骨料环氧砂浆,NE-Ⅱ型环氧砂浆	5	高分子砂浆
2	SPG101砂浆	6	HK-KB环氧砂浆
3	YEM环氧砂浆、YEC环氧涂层	7	低温固化无机涂料
4	SK手刮聚脲		

3.3.2 水下检查措施

在度汛期间发现消力池等泄洪消能建筑物流态等存在异常情况时,或如受自然来水偏枯影响,汛期泄洪消能设施过流时间较短,相关监测数据均未发现异常情况(如2015年汛期情况)时,为快速掌握泄洪消能设施冲磨破坏等情况,可以采取水下检查,依照检查结果,指导后续检修工作。

2015年度汛后,向家坝电厂对向家坝电站左右消力池、中表孔流道淹没区以及中表孔流道入口检修门槽区域进行了潜水员或水下电视检查，检查结果得到了专家的认可，并一致决定，2015 年度可以不对消力池进行抽干检修工作。

3.3.3 度汛抢修措施研究

如汛期检查发现消力池底板存在水下冲坑，且不允许长期退出运行，需要对水下冲坑进行快速抢修。抢修方案主要有水下不分散混凝土法、铰链混凝土沉排法、抛石法、模袋混凝土法等。结合其他电站的抢险经验及本工程的实际情况，如果时间允许，首选水下不分散混凝土和水下聚合物混凝土相结合的施工方案，主要采用水下不分散混凝土冲填消力池底板出现的冲坑；在水下破损面积不大的部位采取水下聚合物混凝土进行修补。

向家坝电站的度汛抢修是汛期抢修的应急处置措施，只有在存在破坏大坝稳定和泄洪消能建筑物运行安全的情况下才能采用，一般性缺陷均可在汛后进行修补。

3.4 安全评价

向家坝工程蓄水后，从 2012 年中孔单独运行，到 2013 年表孔限制参与泄洪，再到 2014 年、2015 年中表孔自由组合运行，泄洪条件逐步正常，水流流态趋于平稳；水库水位从初期发电水位 354 m 到 370 m、380 m 正常运行水位，泄洪水头逐步加大；泄洪消能建筑物经受了 4 年汛期、不同水位、不同工况甚至排漂特殊工况个别孔口大开度开启的运行检验，其中正常运行水位经历 3 个汛期。经过 4 年汛期的初步检验，向家坝工程泄洪消能建筑物运行正常，各项水力指标与理论分析、模型试验、数值计算结果基本相符，部分指标优于前期研究成果。经过多次组织专家论证，一致认为向家坝水电站采用表中孔高低坎间隔布置、各股水流分散入池，形成了双层、多股淹没射流的消能方式，方案合理。该方案消能效率高、消力池临底流速低、底板脉动压力小、泄洪雾化和下游水位波动小。运行实践证明，向家坝泄洪消能方案是合理的，结构是安全的，是泄洪消能技术的重大科技创新。

4 结　论

向家坝电站泄洪消能规模居世界前列，消能方式较为新颖，可借鉴的国内外工程运行管理经验不多，向家坝电厂作为电站的运行管理单位，在继续做好运行调度优化研究、原型监测及资料分析、汛后检查等工作的同时，将开展以下几方面工作，多方面、多手段确保向家坝工程泄洪消能设施的安全稳定运行。

（1）从近几年运行情况看，闸门启闭年均约 200 次以上，频繁启闭对闸门的长久安全运行影响较大。后续将进一步优化梯级水库联合调度和向家坝泄水口调度方式，关注闸门的自身安全，尽量减少闸门的启闭次数，防止疲劳损坏。

（2）从近 4 年泄洪设施情况来看，中表孔弧门小开度运行将是常态，后期将利用数字化和智能化技术，逐步完善对闸门应力、应变、风速、挠度等数据的实时监控，为设备健康状态提供在线诊断技术支持。

（3）目前小流量时的闸门调度方案已经比较成熟，但尚缺乏大洪水时的原型观测数据及调度方案。后续结合现有原型监测数据，根据模型试验、数值计算成果进行反馈分析，评价大流量时（5 年一遇、20 年一遇洪水）泄洪消能建筑物的响应情况，并拟定、优化相应的泄洪调度方案及应急预案。

（4）结合现有的泄洪消能建筑物过流情况、抽干检修资料，总结分析泄洪消能建筑物冲磨破坏分布、时效规律，结合原型监测数据、水下检查成果，对泄洪消能建筑物健康状态做到精准掌控,优化检修周期,实现诊断性或状态检修目标。

(5)优先对泄洪消能建筑物过流面进行主动防护远远好于破坏后再进行修补,事前预防优于事后补救,因此树立主动防护理念,是确保泄洪消能建筑物安全运行的重要手段。

参考文献

[1] 张永涛.向家坝水电站泄洪消能建筑物设计[R]. 宜昌:中国三峡建设,2008.

[2] 向家坝水力发电厂,中国水利水电科学研究院结构材料所.向家坝水电站消力池抢修及检修技术研究报告[R].2012.

黄河李家峡拱坝左岸坝肩超载加固分析评价

张 毅 李 季

(黄河上游水电开发有限责任公司,西宁 810008)

摘 要 结合李家峡拱坝左岸坝肩锚索加固的现状,采用大坝原型加密观测试验成果,并运用间接评价方法和有限元仿真模拟计算,对坝肩预锚超载加固效果进行评价。分析认为,在左岸坝肩超载加固后,左重力墩表部群锚加固区的径、切向拉应力值减小或拉应力转变为压应力或压应力变大,应力分布有趋于均匀化趋势。结论是超载加固提高了左岸坝肩的整体稳定性。

关键词 大坝;超载加固;工作性态;评价

1 工程概况

李家峡水电站是一座以发电为主的日、周调节性能水电站,距上游龙羊峡、拉西瓦水电站河道里程分别为108.6 km和73 km。工程以发电为主,兼有灌溉等综合利用效益。水库总库容17.5亿m^3,设计洪水位2 181.3 m,相应库容16.5亿m^3,正常蓄水位2 180.0 m,死水位2 178.0 m,调节库容0.6亿m^3。大坝为混凝土三圆心双曲拱坝,坝顶高程2 185 m,最大坝高155 m。工程于1988年4月开工,1996年12月下闸蓄水,1999年一期工程4台机组全部投产发电。

2 左岸坝肩超载加固

2.1 坝址地质条件

李家峡双曲拱坝坝址位于李家峡峡谷中段,距峡谷出口约2 km。坝址处河道平直,河流流向自西向东,河谷断面呈对称“V”形,右岸谷坡50°,左岸谷坡46°。平水期河面宽40~50 m,坝顶处河谷高宽比为2∶1。坝址左岸因小冲沟沿层间挤压带发育,坡面形成沟梁相间的锯齿状地形,坝肩上游为沿f_{36}断层发育的小冲沟,下游为深切的左坝沟,加上河岸,左岸上部形成一个三面临空的单薄山梁,原地面最高点高程仅约为2 200 m。坝址右岸山势高峻,山体雄厚。

李家峡坝址区岩石主要由前震旦系混合岩与片岩组成,其间有华力西期的花岗伟晶岩脉、岩株穿插。坝基三种岩体均属坚硬岩体,力学强度较高,透水性差。根据施工期间揭露的地质条件,李家峡坝址区主要的工程地质问题有:左坝肩f_{20}断层上盘岩体的抗滑稳定问题,以及岩体模量降低后,对坝体和坝基的应力、变形、稳定的影响问题;河床F_{50}~F_{20-1}~F_{20}之间软弱破碎区的变形及对大坝应力、变形的影响问题,以及该区的集中渗漏和可能发生的渗透破坏问题;左岸F_{26}断层、右岸F_{27}断层对坝肩稳定的影响问题;左岸F_{32}断层、右岸

作者简介:张毅(1966—),男,江苏省常州市人,高级工程师,研究方向为大坝安全管理。E-mail:zhyygx@163.com。

F_{43}断层局部集中渗漏问题；坝前Ⅰ#、Ⅱ#滑坡体的稳定问题。工程建设时对坝基进行了高压固结灌浆和帷幕灌浆，设置了混凝土塞。河床坝基各种裂隙十分发育，在断层、裂隙的交会切割下，岩体较为破碎，坝基开挖形成了一个横跨11# ~13#坝段、水平面积约500 m^2、深6 m的槽。

2.2 左岸坝肩超载加固

在李家峡水电站层状岩体坝肩及坝下两岸高边坡加固治理中，共使用了600 kN级预应力锚杆、1 000 kN级和3 000 kN级QM型预应力锚索3 695根，其中左岸重力墩布设深100 m、10 000 kN预应力锚索，右岸1#坝段下游坝肩布设了87 000 kN预应力锚索、左坝肩下游贴角边坡使用了90 000 kN预应力锚索以及在左岸重力墩增加224 000 kN锚固力的预应力锚索。这些锚索对改善断层变形趋势、坝肩应力和稳定状态，提高安全储备能力起到重要作用。其中提高左岸坝肩超载储备的措施包括以下几方面：

(1)加大左坝肩下游贴角混凝土体积，增加混凝土约1 210 m^3，增加15根6 000 kN预应力锚索，以提高结构面f_{20}断层上的压应力，并改善剪应力的方向，提高安全度。

(2)左岸重力墩重1#坝段，上游坝基岩体受F_{26}、F_{32}、f_{20}、f_{24}等断层和裂隙的交会切割。运行期，这一区域岩体受拉剪作用，位于这一区域的坝基帷幕体距临空面较近，对该部位的帷幕体在原水泥灌浆的基础上，增加中化-798化学灌浆，加强这一区域幕体的防渗能力。

(3)在重力墩顶部进行预应力锚索加固，布置了31根6 000 kN级预应力锚索，锚索孔深100 m、85 m、60 m，穿过f_{24}、f_{20}断层面，使其挤压紧密，以减少左坝肩向临空面的变形。在重力墩顶面浇筑2.5 m厚的混凝土，一方面可保护锚索锚头，另一方面可增加重力墩重量，有利于提高重力墩和左坝肩的变形稳定性。

3 左岸坝肩超载加固安全监测

李家峡左岸坝肩超载加固监测项目有：①变形监测(包括水平位移监测、垂直位移监测、倾斜监测、接缝与裂缝监测)；②渗流监测(包括地下水位监测)；③应力监测(包括边坡岩体内部应力监测、锚索(杆)应力监测)。目前，左岸坝肩超载加固监测仅有重力墩部位的0#、1#垂线监测。

4 左岸坝肩超载加固研究目的

由于锚索对岩体的作用方法、作用范围及作用机制的复杂性，通过从试验研究、理论研究、数值计算角度来评价锚索加固边坡效应难以兼顾到实际边坡工程的各种复杂因素，一般情况下，坝肩超载加固措施主要用于安全储备，因此有必要结合李家峡拱坝原型观测试验，采用合适的方法，实现对李家峡锚索超载加固效果的评价，评价其对李家峡拱坝坝肩稳定的作用，为提高水库运行水位提供技术支撑。

5 大坝原型加密观测试验

李家峡水库于1996年12月26日下闸蓄水，初期蓄水水位为2 145 m，先后经历了6次水位抬升过程，到2001年11月，水位到达正常蓄水位，此后为电网运行安全留有一定余地而使水库水位基本维持在2 178 ~2 180 m运行。由于李家峡坝址区地质条件复杂，水库水位抬升至正常蓄水位后水位波动幅度不大。为研究掌握大坝加载、卸载过程中的运行特性，分析论证提高非汛期水库运行水位，提高水库平均运行水位和水能利用效率，建立水库水位在设计洪水位短期内小幅度波动条件下大坝安全快速评价方法和左岸坝肩超载加固效果评价方法，2009 年开展了李家峡大坝原型观测试验研究，获取了宝贵的原型加密观测试验资料。李家峡大坝原型观测试验因有上游龙羊峡水库调节，具备人为控制水库水位的独特条件，获取人为控制水位试验下的高拱坝原型加密观测资料在国内尚属首次。

李家峡水库于 2009 年进行了两次原型加密观测试验，第一次为 2 月 25 日至 3 月 12 日，第二次为 10 月 16 日至 11 月 19 日，分别进行了水位先上升至超载，后下降到原运行水位的试验。2009 年上游水位变化过程线详见图 1。所取得的原型观测资料，对分析评价左岸坝肩超载加固效果提供了依据。

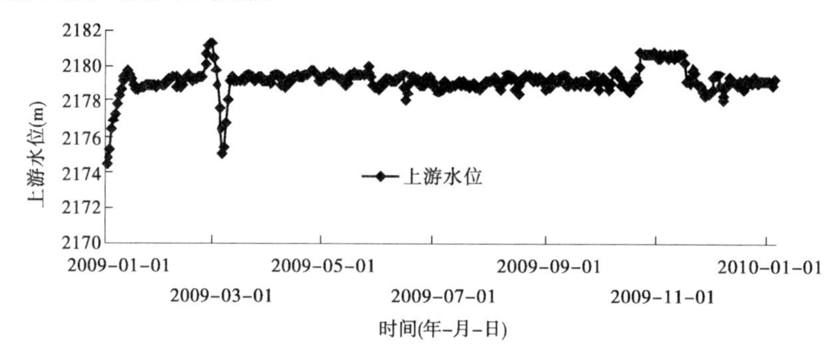

图 1　李家峡水库 2009 年上游水位变化过程线

6　左岸坝肩超载加固评价方法

采用大坝原型加密观测试验法。即通过李家峡水库水位升降试验，取得超载工况下的原型观测资料，运用相对应的间接评价方法和有限元仿真模拟计算对坝肩预锚超载加固效果进行评价。

7　评价研究主要结论

通过对水位大幅波动运行工况和高水位下水位小幅波动工况下左岸坝肩重力墩位移场、应力场及锚索应力变化规律研究分析，得到以下主要结论：

(1)在左岸坝肩超载加固后、上游无水时，温升工况下重力墩表部超载加固区径向位移向上游变形、切向位移向左岸变形均有所减小，温降工况下重力墩表部超载加固区径向位移向下游变形、切向位移向河床变形均有所减小；各种蓄水位时，温升或者温降工况下，左岸坝肩重力墩表部超载加固区径向位移向下游变形、切向位移向左岸变形均有所减小。总体来说，超载加固提高了左岸坝肩的整体性。

(2)在左岸坝肩超载加固后，左重力墩表部群锚加固区的径、切向拉应力值减小或拉应力转变为压应力或压应力变大，应力分布有趋于均匀化趋势。库水位及温度变化对左岸坝肩重力墩锚索应力有一定影响，温升工况的锚索拉应力大于温降工况；另外，不同锚索在各种荷载作用下的敏感性程度不同。

(3)通过对孔深 60 m、85 m 及 100 m 锚索预应力损失以及左重 1#、左重 2#及左重 3#区域锚索预应力损失分析，评价了超载加固不同锚索预应力损失对大坝位移和应力的影响，得到了左重力墩超载加固锚索预应力的损失对坝体坝基位移场、应力场的影响较小的结论。

(4)通过对左岸坝肩1#、0#垂线的监测资料分析和有限仿真分析,研究了李家峡大坝左坝肩的位移变化规律,研究表明:1#垂线不同高程测点测值所反映的左岸坝肩在库水位上升过程中向上游和河床的变形规律与拱坝一般变形规律(左岸坝肩向下游和左岸的变形)不同,最有可能是监测因素所致。

8 结 语

对于坝肩超载加固效果的评价方法,目前还缺乏系统性,国内外通过大量的模型试验、原型试验、数值仿真分析以及各种理论分析方法,研究了锚索的力学传递机制和加固效应,但其侧重点在于直接对锚索的作用机制的研究上,并以此来探讨加固效应,对于锚索加固效果的评价方法比较单一。本文结合李家峡拱坝原型观测试验,研究了李家峡左岸坝肩锚索加固的效果评价方法,从坝肩监测体系及有限元数值仿真模拟两方面,建立了基于监测成果的坝肩超载加固效果评价方法,并根据所建立的评价方法,对李家峡拱坝左岸坝肩超载加固效应作了评价。评价结论是超载加固提高了左岸坝肩的整体性。

参 考 文 献

[1] 李家峡大坝左岸坝肩超载加固效果评价方法研究[R]. 南京河海光华科技公司,黄河上游水电开发有限责任公司,2011.

[2] 张毅,李季,等. 黄河李家峡大坝原型观测试验研究[J]. 大坝与安全,2014(6):60-64.

[3] 张毅,李季. 龙羊峡水电站坝基断层 F120 + A2 渗流性态分析及预测研究[J]. 西北水电,2015(2):75-78.

池河流域水电站梯级开发对鱼类资源的影响研究

张　刚　张新寿　王海山

（陕西省水利电力勘测设计研究院，西安　710001）

摘　要　流域水电站梯级开发对水资源的充分利用起到了积极作用，但对水生生态特别是鱼类资源的破坏影响将是累积的、不可逆、长期的。本文以池河流域宁陕段水电站梯级开发规划前后鱼类资源的变化情况，分析流域水电站梯级开发对鱼类资源的影响，有针对性地提出鱼类保护措施，为同类水电站梯级开发规划鱼类资源保护提出一些借鉴。

关键词　水电站梯级开发；鱼类资源；保护措施

1　流域开发概况

池河流域为汉江北岸的一级支流，发源于秦岭南麓，流域总长度60.3 km，流域面积590 km²，河道比降7.22‰，多年平均径流总量5.47亿m³，水能理论蕴藏量8.17万kW，可开发量2.42万kW。依据《池河流域宁陕段水电站梯级开发规划》，本流域自上而下按八级电站规划，分别是郭家坪水电站、腰磨沟水电站、落钱岩水电站、土地梁水电站、太山水电站、渔洞子水电站、铁炉坝水电站和梨子园水电站。由于历史原因，自20世纪70～80年代陆续有乡镇企业对部分水电站进行开发，由于当时环保意识的薄弱，大部分水电站未设置专门的鱼类保护措施，该流域水电开发时序见表1，流域水电站梯级开发示意图见图1。

表1　池河流域宁陕段水电站开发相关信息表

水电站	郭家坪	腰磨沟	落钱岩	土地梁	太山	渔洞子	铁炉坝	梨子园
形式	引水式	引水式	引水式	引水式	混合式	引水式	引水式	引水式
运行现状	竣工已验收	竣工已验收	竣工已验收	竣工已验收	建成（试运行）	竣工已验收	建成（试运行）	建成（试运行）
装机规模（kW）	600	500	250	1 260	6 000	6 600	4 800	4 200
建设时段（年－月）	2000-01～2001-12	2000-01～2001-10	2000-01～2000-06	1976-08～1983-12	2006-10～2010-11	1992-07～1994-10	2010-11～2013-11	2011-11～2014-06
生态流量	无	无	无	无	有	无	有	有
过鱼通道	无	无	无	无	无	无	无	无

作者简介：张刚（1982—），男，陕西潼关人，工程师，主要从事水利水电工程水保环评工作。E-mail：abham@163.com。

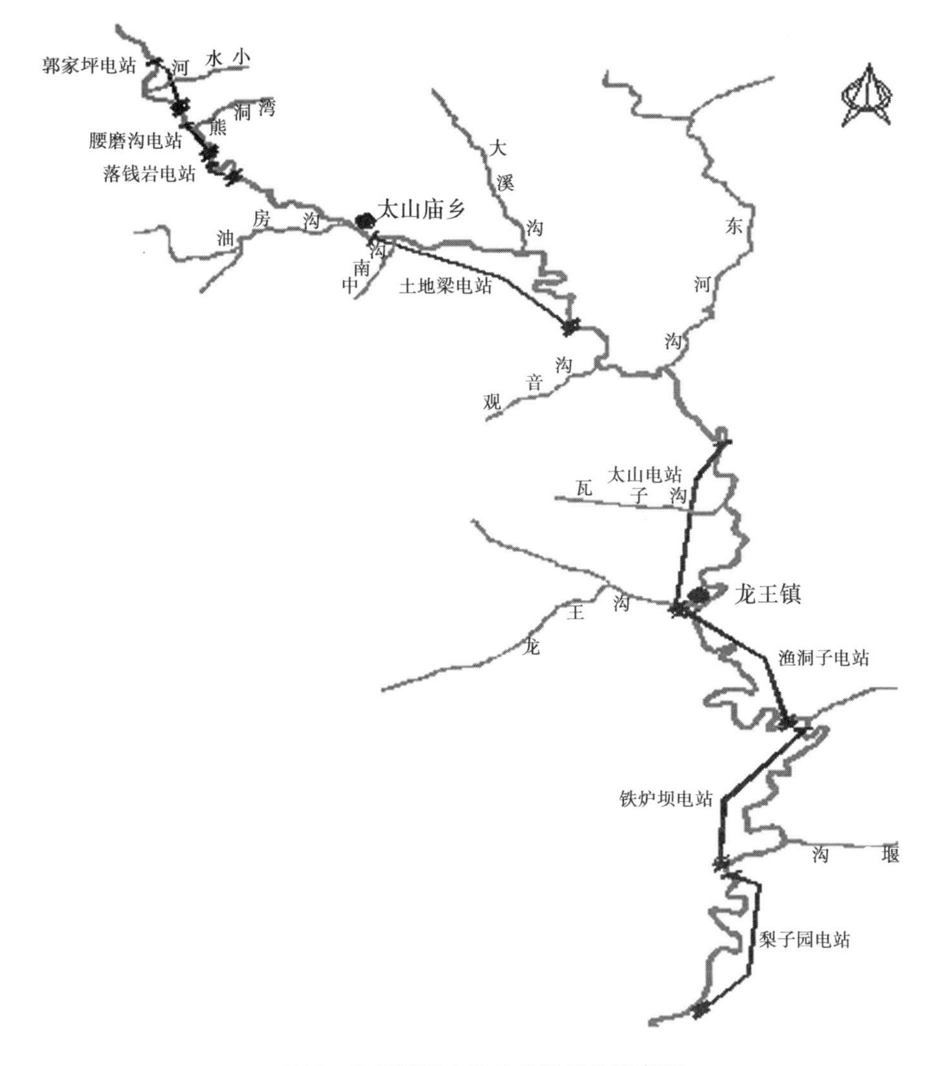

图 1　池河流域水电站梯级开发示意图

2　鱼类资源调查

宁陕县渔业主管部门 20 世纪 60 年代对池河流域进行过一次鱼类资源调查，可作为池河流域原始鱼类资源资料。为调查研究该流域规划的八级水电站全部建成后鱼类资源实际情况，2015 年 5 月本文作者协同省级鱼类专家对该流域的鱼类资源进行了现场调查。

2.1　流域鱼类资源种类

（1）鳅科 *Cobitidae*

红尾副鳅 *Nemachilus berezowskii*

峨嵋后平鳅 *Metahomaloptera omeiensis*

四川华吸鳅 *Sinogastromyzon szechuanensis*

泥鳅 *Misgurnus anguillican datus*

（2）鲤科 *Cyprinidae*

鲤鱼 *Cyprinus carpio carpio*

餐条 *Hemicculter Leuciscului*
宽鳍鱲 *Zacco platypus*
唇䱻 *Hemibarbus labeo*
短须颌须鮈 *Gnathopogon herzensteini*
蛇鮈 *Saurogobio dabryi*
多鳞铲颌鱼 *Scaphesthes macrolepis*
鲫鱼 *Carassius auratus*
鲢鱼 *Hypophthalmichthys molitrix*
草鱼 *Ctenopharyngodon idellus*
(3)鲶科 *Siluridae*
鲶鱼 *Silurus asotus*
(4)鲿科 *Pelteobagrus fulvidraco*
黄颡 *Pelteobagrus fulvidraco*
(5)鮡科 *Amblycipitidac*
切尾鮠 *Leiocassis truncatus Regan*
(6)鮨科 *Serranidae*
大眼鳜 *Siniperca kneri Garman*
(7)合鳃鱼科 *Synbranchidae*
黄鳝 *Peleeobagrus fulvidraco*

根据历史调查资料显示，池河流域原始鱼类资源共 7 科 19 种，规划的八级水电站建成后鱼类资源已锐减至 4 科 11 种。

2.2　鱼类资源渔获物

为保持现状调查资料与原始收集的历史资料具有可对比性，本次调查时间、取样断面和调查方式尽量与原来调查情况保证一致，两次详细的鱼类调查方式见表 2。

表 2　两次鱼类调查方式对照表

	时间	取样断面	调查方式
历史调查	1968 年 6 月 2～5 日	8 处	网捕
现状调查	2015 年 5 月 25～28 日	11 处	网捕

载录两次渔获物调查的部分内容罗列至表 3 中，主要对鱼类资源种类、调查尾数、平均体重等特征进行比较。

表 3　池河流域渔获物调查表

序号	名称	拉丁文	历史调查体征		现状调查体征	
			尾数	体重(g)	尾数	体重(g)
1	多鳞铲颌鱼	*Scaphesthes macrolepis*	15	30.2	无样本	
2	短须颌须鮈	*Gnathopogon herzensteini*	85	25.0	31	8.5
3	红尾副鳅	*Nemachilus berezowskii*	15	15.0	2	8.0

续表 3

序号	名称	拉丁文	历史调查体征		现状调查体征	
			尾数	体重(g)	尾数	体重(g)
4	唇䱻	*Hemibarbus labeo*	5	20	2	20
5	宽鳍鱲	*Zacco platypus*	15	50	3	45
6	黄颡	*Pelteobagrus fulvidraco*	13	13.5	2	8.5
7	餐条	*Hemicculter Leucisculus*	210	20.5	76	10.2
8	四川华吸鳅	*Sinogastromyzon szechuanensis*	10	8.0	1	5.0
9	峨嵋后平鳅	*Metahomaloptera omeiensis*	7	4.0	2	4.0
10	鲤鱼	*Cyprinus carpio carpio*	8	8.6	1	2
11	蛇鮈	*Saurogobio dabryi*	20	8.5	3	5.5
12	鲶鱼	*Silurus asotus*	10	120	6	100
13	鲫鱼	*Carassius auratus*	15	8.5	无样本	
14	泥鳅	*Misgurnus anguillican datus*	35	6.5	无样本	
15	黄鳝	*Peleeobagrus fulvidraco*	15	25	无样本	
16	鲢鱼	*Hypophthalmichthys molitrix*	35	21.3	无样本	
17	草鱼	*Ctenopharyngodon idellus*	45	10.5	无样本	
18	切尾鮠	*Leiocassis truncatus Regan*	8	6.5	无样本	
19	大眼鳜	*Siniperca kneri Garman*	12	12.3	无样本	

3 水电站开发前后鱼类资源变化情况分析

3.1 鱼类资源变化情况分析

历史资料显示,池河流域原始鱼类资源7科19种,八级水电站建成后鱼类资源已锐减至4科11种,种类减少率42.10%;从调查鱼类尾数分析,历史调查尾数578尾,现状调查尾数129尾,尾数减少率77.68%;从调查重量分析,历史调查渔获物总重量11.83 kg,现状调查渔获物总重量1.88 kg,渔获物总重量减少率84.11%。

从以上几点分析,规划的八级水电站建成后对池河流域鱼类资源破坏相对较严重,鱼类种类、网捕尾数、总重量等均有大幅度减少。从对比数据可以分析,目前池河流域鱼类资源呈现出鱼类种类少,鱼类分布群体的数量少,鱼类体型变小,基本无成年大鱼分布。

3.2 鱼类资源多样性分析

鱼类资源多样性分析采用香农－威纳指数(Shannon－Wiener Index)进行评价,具体公式如下:

$$H = -\sum_{i=1}^{S} P_i \ln(P_i)$$

式中:H 为样品的信息含量(彼得/个体)= 群落的多样性指数;S 为种数;P_i 为样品中属于第 i 种的个体比例,如样品总个数为 N,第 i 种个体数为 n_i,则 $P_i = n_i/N$。

水生生态系统的多样性指数按照表 4 进行辨别。

表 4　水生生态系统的 Shannon – Wiener Index 多样性指数

指数范围	级别	生物多样性状态	水体污染程度
$H>3$	丰富	物种种类丰富,个体分布均匀	清洁
$2<H\leq3$	较丰富	物种丰富度较高,个体分布比较均匀	轻污染
$1<H\leq2$	一般	物种丰富度较低,个体分布比较均匀	中污染
$0<H\leq1$	贫乏	物种丰富度低,个体分布不均匀	重污染
$H=0$	极贫乏	物种单一,多样性基本丧失	严重污染

经计算,池河流域原始鱼类资源多样性指数为 2.30,鱼类多样性属于较丰富,物种丰富较高,个体分布比较均匀;八级水电站建成后鱼类资源多样性指数为 0.98,鱼类多样性属于贫乏,物种丰富度低,个体分布不均匀。

3.3　省级保护鱼类分布分析

历史鱼类资源调查显示,池河流域曾分布有陕西省重点保护鱼类多鳞铲颌鱼,但本次鱼类调查未获得该鱼样本,分析其原因,其一,网捕调查时间、地点与该鱼生活习性可能不一致;其二,八级电站建设过程中以及建成后的累积影响破坏了多鳞铲颌鱼的"三场"条件,导致其种类数量减少,甚至在该流域灭绝。

4　水电站梯级开发造成池河流域鱼类资源变化的原因分析

第一,池河流域开发年代较早,20 世纪 70 年代建设的部分水电站无生态流量下泄设施、无过鱼通道设施等相关工程措施;第二,近些年随着池河流域两岸人类活动频繁,破坏鱼类资源日益严重,随意捕鱼、炸鱼现象时有发生;第三,当地渔业主管部门监督力度不足等。上述三点的综合作用,加之各级水电站的累积影响是造成池河流域鱼类资源破坏严重的主因。

5　鱼类资源保护措施建议

5.1　工程措施

针对池河流域规划的八级电站已全部建成运行的情况,工程措施建议应本着"结合实际、因地制宜"的原则设置。首先,未设置生态流量的水电站应尽快对拦河建筑物进行改造增设生态泄水孔;第二,拦河坝坝高较低、坝址处地形宽阔,地质条件适宜的水电站应设置过鱼通道;第三,县渔业主管部门应针对陕西省重点保护鱼类多鳞铲颌鱼建设鱼类增殖站,定期向池河流域进行投放;最后,选择合适的未开发的干流或支流划定鱼类栖息地保护区,做好保护区规划建设。

5.2　管理措施

当地县政府应尽快成立池河流域综合管理部门,协调各级电站管理方落实鱼类保护措施;县渔政管理部门应加强对池河流域鱼类保护的执法力度,大力做好鱼类保护宣传工作,彻底杜绝破坏鱼类资源的非法行为。

5.3 监测措施

各级电站应建设生态流量下放水情在线监测系统,并与当地主管部门联网,接受其日常监督检查;池河流域综合管理部门应尽快筹集资金委托相关水生生态专业机构开展对池河水生生物(特别是多鳞铲颌鱼)长效调查监测机制,确保做到每2~3年对池河流域水生生态进行一次全面调查,发现问题及时更正。

6 结 语

经过本文的调查研究分析,说明流域水电站梯级开发对鱼类资源破坏较严重,在今后的水电站梯级开发规划中,规划审批部门、环境保护主管部门和水行政主管部门在审批该类规划时除考虑水能资源充分利用外,还应考虑鱼类资源的保护,做到预防为先、合理规划、保护生态的目的,争取做到社会效益、经济效益和生态效益相一致。

参 考 文 献

[1] 徐涛清,曹永汉,等.陕西省脊椎动物名录[M].西安:陕西科学技术出版社,1996.

[2] 陕西省动物研究所,中国科学院水生生物研究所,兰州大学生物系.秦岭鱼类志[M].北京:科学出版社,1987.

东南亚高温高湿强降雨条件下水电站运行管理

乐建华

（中国华电额勒赛下游水电项目（柬埔寨）有限公司
北京西城区宣武门内大街2号华电大厦7层香港公司转 100031）

摘　要　柬埔寨额勒赛工程地处柬埔寨西南濒临泰国边境处，距金边约350 km，工程区年均降雨约4 830 mm。额勒赛流域年平均气温为27.3 ℃，雨季日均相对湿度极值95%。高温高湿强降雨条件给水电站运行管理带来一系列挑战，分析客观条件，采取针对性措施，保证水电站安全运行。

关键词　柬埔寨额勒赛；高温；高湿；强降雨；水电站；运行管理

1　概述

额勒赛下游水电站位于柬埔寨王国西南部沿海毗邻泰国的戈公（Koh Kong）省北部的额勒赛河上，距金边公路里程约350 km，见图1。额勒赛下游水电站分上、下两级，主要任务是发电。电站总装机容量338 MW（上电站206 MW，下电站102 MW），是中国华电集团公司在柬埔寨投资兴建的第一个电源项目，也是柬埔寨王国已投产规模最大的水电项目。项目多年平均发电量11.98亿kWh，采用BOT（建设－运营－移交）方式投资开发，施工准备期1年，建设期4年，运营期30年。

上电站枢纽布置为“面板堆石坝＋右岸溢洪道＋右岸泄洪放空洞＋左岸引水发电系统＋左岸地面厂房”。额勒赛下游水电站上电站大坝为面板堆石坝，坝顶高程266.00 m，坝顶长428.8 m，最大坝高125.00 m。下电站枢纽布置为“碾压混凝土坝＋左岸引水发电系统＋左岸地面厂房”。额勒赛下游水电站下电站大坝为碾压混凝土坝，坝顶高程110.50 m，坝顶长322 m，最大坝高58.5 m。上、下电站各装两台混流式机组。

额勒赛下游水电站于2010年4月2日导流工程开工，2010年12月工程截流，2013年9月首台机发电，2013年12月最后一台机发电。

2　流域气候基本情况

额勒赛河发源于柬埔寨西南部戈公省东北部海拔600～1 200 m的豆蔻山脉南坡，流域面积约1 558 km^2，其中上电站坝址控制集雨面积1 481 km^2。工程区属热带季风气候，降水充沛，坝厂址区年均降雨量4 820 mm；干、湿季节分明，旱季从11月至翌年4月，雨季从5月到10月，超过80%的降雨量发生在雨季。雨季来水量约占全年来水量的93.9%，11月以后，降水量也随之减少，流域内进入枯水期，枯水期来水量约占全年来水量的6.1%，年内分

作者简介：乐建华（1973—），福建沙县人，高级工程师，主要从事水电及风电前期、基建、生产运营管理。E-mail：1219755879@qq.com。

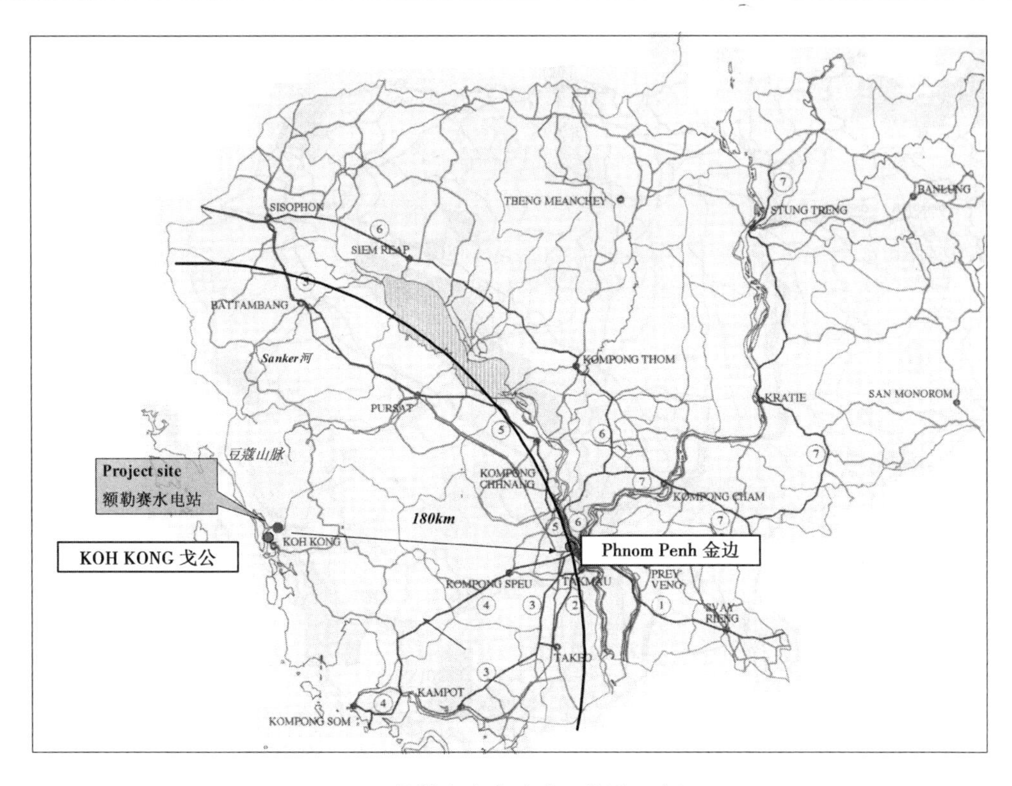

图1 额勒赛水电站地理位置示意图

配极不均匀。额勒赛流域年平均气温为27.3 ℃,最高气温极值43.2 ℃,发生在4月,极端最低气温为14.3 ℃,发生在1月。多年平均相对湿度为80.5%,雨季日均相对湿度极值95%,日实测极值98%。

额勒赛项目工程区降雨强度大,年均降雨接近中国东南沿海降雨丰沛区域的3倍,对水电站运行管理来说是明显考验,额勒赛工程区建设期各季度雨量见表1。

表1 额勒赛工程区建设期各季度雨量一览表 (单位:mm)

年份	季度				合计
	1	2	3	4	
2011	331	1 257	3 190	482	5 260
2012	181	1 783	1 796	267	4 027
2013	130	1 055	2 788	585	4 558
2014	72	1 519	3 071	662	5 324
2015	92	155	2 662	663	5 012

3 高温高湿条件下水电站运行管理

3.1 水工管理

额勒赛水电项目的水工建筑物管理主要是通过定期监测与巡视检查,掌握水工建筑物工作性态;通过维护,及时消除缺陷。针对前述客观条件,仅在每年旱季有机会进行水工建筑物检修维护，故在每年汛期后，即安排对厂房、大坝、调压井及周边边坡进行全面检查，重点检查有无影响安全的缺陷，以及防水、排水系统工作状态。发现问题及时维护，确保在次年雨季前完成，如及时清除排水系统淤积、堵塞缺陷；全面清查面板状况，及时处理发现的裂缝，维护表层止水结构等。定期监测面板堆石坝坝后量水堰渗漏情况，额勒赛项目面板堆石坝坝后量水堰呈现明显随降雨变化的情况，表明量水堰渗漏量变化部分主要受雨季的坝址区丰富的地下水影响。由于当地雨季降雨持续时间长、强度大，对建筑物防水影响较大。2014 年，项目附近曾有一座水电站，由于屋顶漏水导致电抗器损坏，造成不小损失。

由于当地无成熟的水文气象预报，额勒赛水库水文管理主要通过项目建设的水情测报系统，结合接收国内卫星云图进行雨水情预报调度。当地政府对水文管理基本无具体要求，项目日常水文管理按照国内技术标准开展。

3.2　金属结构运行管理

额勒赛水电项目的金属结构主要是两座大坝泄水工作门、检修门，进水口事故检修门，坝顶门机，尾水闸门及门机。运行过程中主要存在两大问题，其一是金属结构耐腐蚀问题，其二是电气、机械设备受潮问题。前者主要通过加强每年汛前检查维护，发现锈蚀及时打磨防腐。后者，经分析主要由高温高湿引起，白天高温高湿空气通过设备外部缝隙进入设备内部，到晚上气温降到露点以下时，则直接在设备内部结露，导致相关电机内部出现积水现象。日常运行中主要采取封闭加吸潮剂联合使用措施，防止带潮气体进入设备内部，并及时吸附进入设备内部的水分。

由于投产时间短，强日照条件下的风化作用对金属结构、室外机电设备的影响目前尚未完全体现出来，需待进一步检查验证。

3.3　机电设备运行管理

额勒赛项目生产设备主要包括发电主设备、水工启闭设备、其他辅助设备。主要管理方式相近，仅根据设备所处地点（坝区、厂区）不同，其环境管理有所差异。

招标阶段采用“国内先进、经济适用”原则开展相关设备招评标工作，并在招标文件中明确现场高温高湿的客观条件，要求厂家做好相关预防设计，经公开竞标，额勒赛主要机电设备总体状态较好。日常运行管理主要采用国内通用管理方式，落实安全生产责任制，严格执行“两票三制”，规范设备管理，强化缺陷管理。实施设备主人制，将设备维护保养责任落实到具体人员身上，加强监督考核，保证设备健康水平。结合现场特点，相关设备环境管理主要围绕防潮除湿开展，在两个厂房布设了 38 台移动式工业除湿机，使雨季厂房内相对湿度由约 95% 降至约 70%，显著改善了设备工作环境。对于坝上溢洪道（表孔）及底孔弧门启闭机房、进水口建筑、配电房等零星建筑则采用空调加盘柜内加热器除湿方式，保证设备不结露、不受潮。

项目周边植被良好、森林茂密，野生小动物较多，如蛇、鼠、蛙、蜥蜴等，为预防小动物造成设备短路损坏，主要采取外部封闭相关建筑物孔洞、内部安放捕鼠器具等方式，有效预防小动物对设备安全运行造成的伤害。

3.4　场内道路及独立营区运行管理

项目营地距最近的居民点 35 km，场内道路（大坝与厂房间道路）共 25 km。项目营地与场内道路均由业主直接管理，无社会力量参与。场内道路由于按中国四级道路标准设计，防御标准相对较低，每年雨季均存在道路边坡塌方、滑坡、倒树等现象。近三年每年雨季均出现滑坡、倒树损坏场内厂坝间22 kV电源联络线现象,给现场防汛工作带来不便。在目前条件下,采用业主配置轮式挖掘机及聘用专业线路维护力量常驻现场的方式,保证雨季道路、输电线路出现故障时,短期内可以临时恢复。同时,每到雨季,各人员驻守点均配足一周的食物和饮用水,以满足强降雨导致的道路阻塞期间驻守人员基本生活需求。

柬埔寨当地社会服务匮乏,独立营区所有事务均由业主实施。简单来说,衣、食、住、行全部由业主提供,保障压力相当大。

3.5 外部社会环境管理

据不完全统计,柬埔寨有3 000多个非政府组织(NGO),其中约1/3处于相对活跃状态,它们对民生、环境保护均极为关注。项目开工至今近7年,自2013年起,每年均至少有3次以上非政府组织来访,其中不乏不怀好意者。如何恰如其分地处理与非政府组织人员的关系,成为项目的一项重要任务。

同时,柬埔寨法律不够健全,其政府部门人治色彩浓厚,如何维持斗而不破的局面,一方面体现中国央企形象,另一方面保持与地方政府部门的友好合作,对项目管理也是一大挑战。

额勒赛项目雇用了约五十名当地员工,加上常驻现场提供辅助服务的人员,在现场常驻的柬籍员工有近百人,这部分员工均制订专门的管理制度进行管理。同时,聘用当地宪兵负责现场治安与关键建筑物保卫。

4 柬埔寨电力生产运营环境特点

柬埔寨电力生产采用结果管理,即电网公司根据其与各项目公司签订的购售电协议管理。具体措施包括安全、防汛、技术监督等,均由企业自主决定;仅有部分水电站由于泄洪时可能影响居民点,当地政府才投入必要的精力予以相当关注。这种特点决定了相关水电项目的安全生产基本由各企业自行负责,与国内相比客观上较为宽松,但实际也给各项目管理方带来不小的压力——所有工作均由管理方负责,对企业的长远发展来说可能存在隐患。

4.1 电力生产管理基本无“他律”,只能靠项目“自律”

中国国内成熟的电力生产管理是由系统的自律与他律有机结合,其中他律来自上级单位、电网公司、地方政府部门、行业协会等。而在柬埔寨,“他律”基本上只有远在中国(在柬中型以上规模电力企业基本上由中资企业投资)的上级单位。由此需将国内成熟的电力生产管理引入柬埔寨,额勒赛项目业主将中国华电集团相关安全性评价与技术监督管理制度引入指导项目电力生产管理,努力夯实现场安全生产基础。

4.2 当地社会资源匮乏,保障能力极弱

受经济社会发展水平限制,柬埔寨当地社会资源匮乏,保障能力极弱,相关设备备品备件几乎都须从国内采购,采购周期冗长。如果未能建立高效有前瞻性的备品备件管理体系,可能对设备维护造成较大影响,进而影响设备健康水平。

由于多年战乱,当地缺乏高水平技术工人,当地人员仅能从事普通工种工作,绝大部分技术工人需从中国调遣,未来计划实现本土化用工,现场培训任务较繁重。

4.3 缺乏电力技术标准

目前柬埔寨国内基本上无电力技术标准,处于一种“哪个国家投资就用哪个国家标准”的一种状态。由于目前中资企业投资电源占据超过80%的份额,故目前中国技术标准占据

优势。但是,其国家电力公司对此尚未完全放弃,还有部分技术人员试图推动欧美标准的实施,这点也是在柬各电力企业需要面对的课题。

电力生产运营中的技术监督在当地亦属空白,额勒赛项目根据此种情况,采用借助国内华电集团内专业单位力量的方式开展系统安全性评价和技术监督工作,取得了较好成效。

5　效果评价

额勒赛项目严格按照中国华电集团公司国内电力生产制度、标准管理企业,认真分析项目面临的客观环境,采取针对性措施,投产以来,额勒赛项目保持安全生产平稳态势,于2016 年上半年实现连续安全生产 1 000 天,投产以来累计发电量达 20 亿 kWh。

6　结　语

东南亚各国气候条件相似,几个待开发水电的国家的社会经济条件与柬埔寨情况相近,水电站运行管理均面临差不多的问题。其较好的解决方案就是引入中国已经比较成熟的严谨的电力生产管理体系与制度,并严格执行;同时借助国内较强的技术力量提供定期技术支持服务,解决生产运行中出现的疑难问题,提高设备健康水平,夯实安全生产基础。境外工程面对社会环境复杂,存在较多不确定因素,宜谨慎处理涉及当地民众与非政府组织的相关问题,保持健康良好的合作关系。

去学水电站坝址区倒悬边坡加固处理研究

孔彩粉

(中国电建集团北京勘测设计研究院有限公司,北京 100024)

摘 要 去学水电站属深切割的高山峡谷地形,断面呈"V"字形,坝址区出露基岩为大理岩化细晶灰岩,为斜向谷。旅游环北线公路施工便道的开挖,扰动了坝址区右岸边坡,便道沿线边坡多处形成了倒坡,对边坡的稳定造成了不同程度的影响。对枢纽工程边坡影响较大的有溢洪道边坡和导流洞进口上部边坡。文章通过对倒悬边坡的稳定分析,结合现场实际情况,提出相应加固处理措施,对其他工程具有参考价值。

关键词 倒悬边坡;稳定分析;加固处理;监测;去学水电站

1 前 言

去学水电站位于四川省得荣县境内的硕曲河干流上,采用混合式开发,正常蓄水位2 330.0 m,水库总库容1.326亿 m^3,电站装机容量246 MW,为二等大(2)型工程;枢纽永久建筑物由沥青混凝土心墙堆石坝、右岸洞式溢洪道和泄洪洞、左岸引水发电系统等组成,一条导流洞布置在右岸。沥青混凝土心墙堆石坝坝顶高程2 334.2 m,最大坝高165.2 m。具有坝高、河谷狭窄陡峻的特点。

地方修建的旅游环北线公路贯穿去学水电站库区,在电站坝址区右岸以隧洞的形式通过,为便于隧洞施工,在坝址区右岸2 334 m高程附近修建了一条施工便道。便道的开挖扰动了自然边坡,便道沿线大多路段形成了倒悬边坡,局部出现了不稳定块体,对边坡的稳定造成了不同程度的影响。对枢纽工程边坡影响较大的有溢洪道进口边坡和导流洞进口上部边坡。

2 工程地质概况

坝址区属深切割的高山峡谷地形,河流比较顺直,总体流向为SW255°,与岩层走向斜交,属斜向谷。河谷狭窄,断面呈"V"字形。坝址附近右岸地形为两壁夹一坡的折坡地形,岸边为20~30 m高的低陡壁,上部为高约300 m的峻坡陡崖,上下陡壁之间为相对较缓的斜坡;左岸为高约300 m的峻坡陡崖,岸坡总体坡度大于65°。此段河谷横断面因之成为对称性较差的"V"字形,向上游随着斜坡变窄,两岸对称性较好。河床高程为2 202~2 206 m,枯水期河水面宽度为24~73 m,正常蓄水位处河谷宽度为140~270 m。

坝址区出露基岩为大理岩化细晶灰岩,属于区域变质岩体,灰岩呈透镜状或夹层状不规则分布。坝址区地处背斜的一翼,总体以单斜岩层为主,岩层总体倾向下游。坝轴线附近岩

作者简介:孔彩粉(1966—),女,河南平顶山人,教授级高级工程师,主要从事水工方面的设计工作。E-mail:f6612@hotmail.com。

层产状 NW330 ~ 355°SW∠50 ~ 65°。坝址区无区域性断裂通过,无Ⅰ级、Ⅱ级结构面分布,Ⅲ1 级结构面只有 F8,其他均为Ⅳ级、Ⅴ级到Ⅲ2 级结构面,边坡岩体整体完整性较好。右岸边坡岩体,在旅游公路施工便道开挖之前,天然边坡整体稳定性较好,不存在整体滑动破坏的模式。

溢洪道进口边坡位于坝轴线上游 60 ~ 110 m,该区域整体坡面走向约 SW255°, 产状 NE80°NW∠32°。f6 断层是该区唯一经过的较大结构面,与边坡走向小角度相交,其倾向与边坡倾向相反,对边坡的整体稳定性有利。导流洞进口上部边坡位于坝轴线上游 440 ~ 470 m,发育 f5、f109、f103、f105 、f101 等断层,断层与边坡呈大角度相交,倾角均较大,对边坡稳定性有利。由于该区域发育 L109、L3、L4、L5(L6)、L105 等长大裂隙,边坡岩体受断层和裂隙构造影响较破碎,稳定性较差。

坝址区地下水以喀斯特裂隙水为主,主要接受大气降水和高山融雪及层间越流补给,硕曲河为地下水的最低排泄面,根据钻孔地下水长期观测,孔内地下水位与河水位高程基本相同,而且随河水位的变化略有变化。

3 稳定分析

3.1 便道开挖对坝址区高边坡稳定性影响分析

坝址区右岸天然地形陡缓相间,旅游公路施工便道在陡峻地形中穿行,高程为 2 315 ~ 2 355 m,宽约 5 m,开挖深度 7 ~ 10 m。便道开挖形成的边坡,其失稳形式以崩塌、掉块为主,局部不稳定块体需要处理。

溢洪道进口底板高程 2 312.0 m,进口边坡位于倒悬边坡范围内。便道开挖前边坡较完整,以弱风化弱卸荷为主,整体处于稳定状态。便道开挖以后形成了倒坡,边坡局部岩体有沿卸荷裂隙张开的迹象,可能滑动的块体由与边坡近乎平行的卸荷裂隙和与边坡大角度相交的侧向切割裂隙组成。

导流洞进口上部边坡,受结构面切割形成的块体在便道修建过程中发生过垮塌,现场留下高十余米的岩体光面。塌滑体顶部高程为 2 403 m,沿便道长约 50 m,塌滑部位边坡残留有少量松动块体,局部岩体沿裂隙面张开,有进一步发展塌滑的迹象,需要清理或加固。

3.2 边坡稳定分析

3.2.1 溢洪道进口边坡

溢洪道进口边坡为 A 类Ⅰ级边坡,为防止再次开挖爆破可能引起的边坡塌滑,边坡采用少开挖强支护的设计原则,即清除边坡表层松动岩体后,根据边坡稳定计算情况采取相应的加固处理措施,尽量减少边坡开挖。Ⅰ级边坡稳定计算分别采用刚体极限平衡法和有限元强度折减法。

刚体极限平衡法计算时,选取 3 个典型的计算断面,对持久、短暂和偶然工况分别进行计算。通过计算,正常运行工况为边坡稳定控制工况,加固前最小安全系数为 1.25,加固后最小安全系数为 1.32,满足大于 1.3 的设计要求。

有限元分析采用 FLAC3D,根据溢洪道进口体型、地形图、倒悬边坡分布及地质情况建立进口部位三维地质模型,按非线性有限元计算。强度折减法计算时,临界滑动面的安全系数以折减边坡强度参数使有限元分析不收敛为判据,不收敛说明边坡达到了临界极限状态,边坡发生剪切破坏,此时可得到临界滑动面的安全系数。为研究边坡的稳定性及洞室开挖对进口边坡的影响，分别对边坡未支护洞室未开挖（工况1）、边坡支护前洞室开挖（工况2）、边坡支护后洞室开挖（工况3）三种情况进行边坡稳定计算。通过计算，工况1边坡安全系数为1.21，工况2边坡安全系数为1.18，工况3边坡安全系数为1.52，。由此可知，边坡未支护前安全系数小于设计要求，支护后满足设计要求，且边坡支护应在洞室开挖施工前完成。

3.2.2 导流洞进口上部边坡

导流洞进口上部边坡，为A类Ⅱ级边坡，边坡稳定计算采用刚体极限平衡法，选取有代表性的三个剖面进行计算，分别计算边坡在持久、短暂和偶然工况下的稳定性。通过计算，短暂降雨工况为边坡稳定的控制工况，加固前最小安全系数为1.08，加固后最小安全系数为1.17，满足大于1.15的设计要求。

4 加固处理措施

结合边坡的实际情况，考虑施工和运行期的安全需要，根据边坡稳定计算，分区分部位进行加固处理。溢洪道进口边坡和导流洞进口上部边坡加固措施如下：①旅游路临时便道部位回填C20混凝土，作为倒悬边坡底部的支撑，混凝土与边坡岩体之间用采用Φ28、$L=6$ m和4.5 m的锚杆连接。②边坡锚喷支护：喷混凝土15 cm，挂钢筋网Φ6.5@0.20 m×0.20 m，锚杆Φ28，$L=6$ m和9 m，@2.5 m×2.5 m、3.0 m×3.0 m。边坡锚索支护：$P=1\ 500$ kN和2 000 kN，$L=30\sim60$ m，@6 m×8 m、6 m×6 m、5 m×5 m。③边坡排水孔：Φ50，孔深3 m，@3 m×3 m，仰角15°。④溢洪道洞口周围布置2排锁口锚筋桩：3Φ28、$L=15$ m，@1.2 m。加固布置见图1～图3。

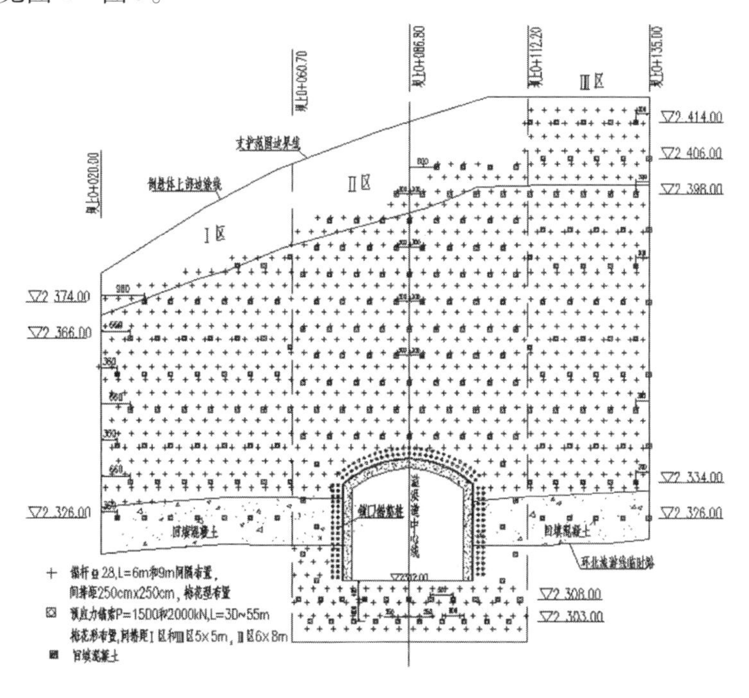

图1 溢洪道进口边坡加固立视图

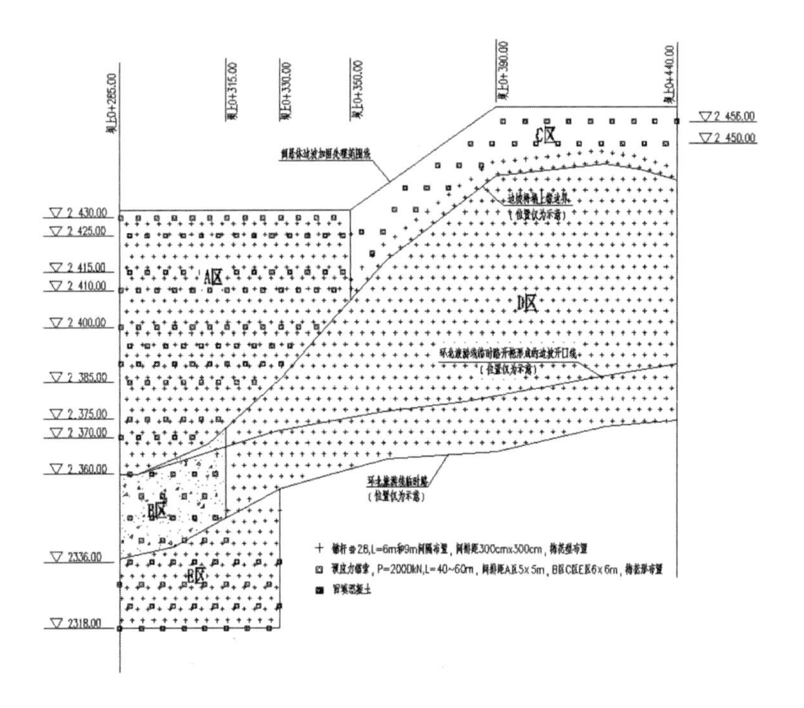

图2　导流洞进口上部边坡加固立视图

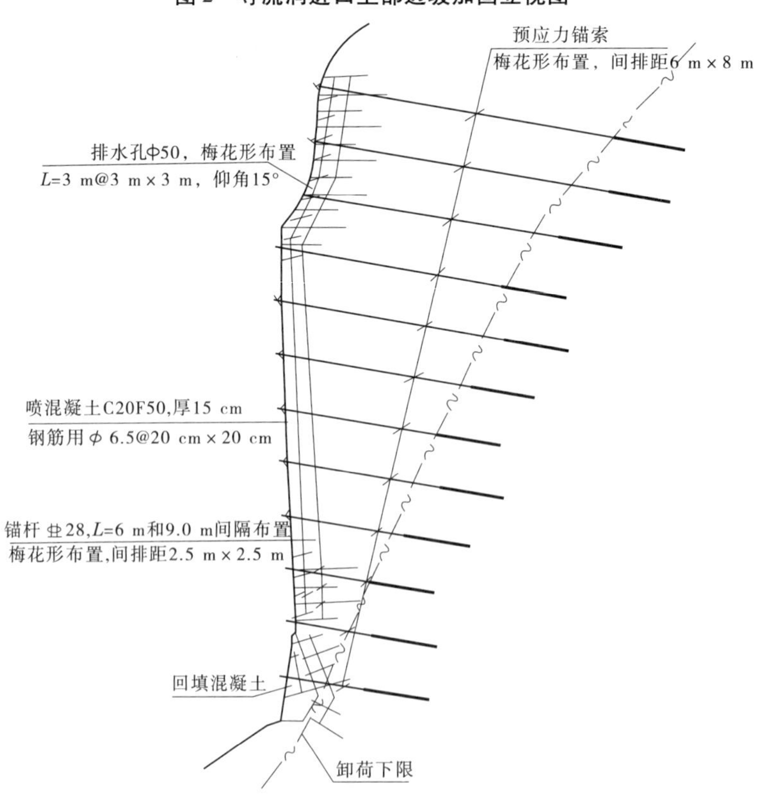

图3　边坡加固剖面图

5 边坡监测情况

为了解边坡施工期和运行期的稳定状况,在溢洪道进口边坡及导流洞进口上部边坡分别布置了3条和5条监测剖面,每个监测剖面上分别布置3~4个监测点,对边坡的变形和锚索的受力情况进行监测。溢洪道进口边坡多点位移计位移累计变形量-3.32~3.95 mm,近期一周内变形量-0.028~0.042 mm;导流洞进口上部边坡多点位移计位移累计变形量-0.53~1.81 mm,近期一周内变形量0.028~0.020 mm。边坡变形量较小,边坡稳定。

6 结 论

去学水电站坝址区出露基岩为大理岩化细晶灰岩,边坡整体稳定。旅游环北线公路施工便道的开挖,扰动了坝址区右岸边坡,便道沿线的大多路段形成了倒坡,对边坡的稳定造成了不同程度的影响。对枢纽工程边坡影响较大的有溢洪道进口边坡和导流洞进口上部边坡。结合边坡现状和施工期及运行期对边坡稳定要求,边坡设计本着少开挖强支护的设计理念,对倒悬边坡采用坡脚回填混凝土支撑以及锚索、系统锚杆和挂网喷混凝土加固处理措施,对防止边坡开挖形成卸荷裂隙和原存裂隙张开,以及防止开挖导致岩体松动后的塌滑起到有效的作用。边坡监测数据表明,边坡位移变化量较小,变化速率不大,无异常突变,目前边坡处于稳定状态。

参 考 文 献

[1] 北京勘测设计研究院有限公司.去学水电站可行性研究报告[R].2010.
[2] 杨建,陈祖煜.洪家渡水电站左坝肩高边坡稳定及加固措施研究[J].岩土力学,2003(10).

高海拔大型水库分层取水方案模拟研究

武志刚[1] 张昱峰[1] 王 炎[2]

(1. 黄河上游水电开发有限责任公司,西宁 810008;
2. 西安理工大学,西安 710048)

摘 要 龙羊峡水电站是黄河上游第一座大型梯级水电站,作为具有防洪、发电、防凌、灌溉、养殖等综合效益的高坝大库,地处青藏高原,年温差大,日温差大,尤其在6~10月水库的水温垂向分布和下泄低温水异于河流水温的现象尤为突出,对库区生态和下游水温有一定影响。本文通过建立三维数学水环境模型对龙羊峡水库水温展开研究,并模拟水库采用分层取水通过表层取水及底层取水不同方案下的水库水温结构和下泄水温。预测模拟结果表明,采用科学合理的分层取水方案能有效地改善水库泄水温度,并能够最大程度减缓对水生态的影响,实现生态环境保护和经济效益的较好协调,同时也能为国内高原地区生态友好型大型水库工程建设提供参考。

关键词 龙羊峡;高坝;水温结构;分层取水

1 研究背景

水温是水环境中重要的影响因子之一,水的物理、化学性质及水生生物、农作物对水温都很敏感,水温的变化会对其产生较大的影响[1~3]。水温的变化会受到大气温度、水利工程、人类活动因素等影响。根据龙羊峡水库上游流域的地面气象资料和唐乃亥水文资料等分析研究,近50年来黄河上游地区气温持续升高,气候特点开始从干冷向干暖型转化[4]。黄河上游龙羊峡—刘家峡干流河段共规划了14座水电站,随着近年来水电站相继建成运行,水库的联合运行对河道水温发生多次干扰作用[5],特别是龙羊峡水电站是黄河上游第一座大型梯级水电站。气温的升高以及水库运行水位、流量的变化都会影响河道的水温变化幅度,水温是影响河流生态系统中生物栖息的一个关键性物理限定因素,尤其对水生生物的生长、迁移和繁殖起着控制作用,河道内水温升高或降低都可能会造成鱼类产卵推迟甚至不产卵[6]。水库水温的不利生态环境影响已经得到全世界的普遍关注和研究,如何调控减轻类似于龙羊峡这类的高坝大库的水温垂向分层和下泄水温异于河流水温带来的不利影响,是当今水库水温研究当中亟待解决的问题。

面对龙羊峡水库水温带来的问题,采用分层取水是目前最有效的办法,本文以龙羊峡水库为研究对象,通过建立三维数学水环境模型分析水库水温结构和下泄水温变化,并且对比分析不同分层取水方案对下泄水温的调节作用和下游生态环境的影响,提出改进、优化建议,减轻水利工程对水生态的水温影响。

作者简介:武志刚(1971—),男,甘肃天水人,高级工程师,主要从事水电工程管理及安全监测工作。E-mail:wzg2279@qq.com。

2 龙羊峡水库水温结构分析

2.1 工程概况

龙羊峡水库位于青海省境内黄河干流上游，是龙羊峡—青铜峡河段已建梯级水电站的龙头水库，工程以发电为主，兼顾防洪、灌溉等综合利用。坝址处天然年平均径流量208亿m^3，坝高178 m，水库正常蓄水位为2 600 m，对应库容247亿m^3，回水长度108 km，死水位2 530 m，发电引水口高程2 512 m，坝前正常蓄水位对应水深154 m[7]。龙羊峡水库位于青海省境内黄河干流，水域面积383 km^2，泄水建筑物为表、中、深、底四层设计，属于多年调节型水库[8]。根据蔡为武提出的水库水温类型的划分标准[9]，龙羊峡水库属于稳定分层型水温结构，具有明显的表温层、温跃层和滞温层。

2.2 水温分析

对龙羊峡水库区域水温分析以建库前后时间段来分析。根据已有的相关资料，龙羊峡建库前选取1973～1988年库区上下游唐乃亥、贵德水文站实测水温年平均值，见图1。

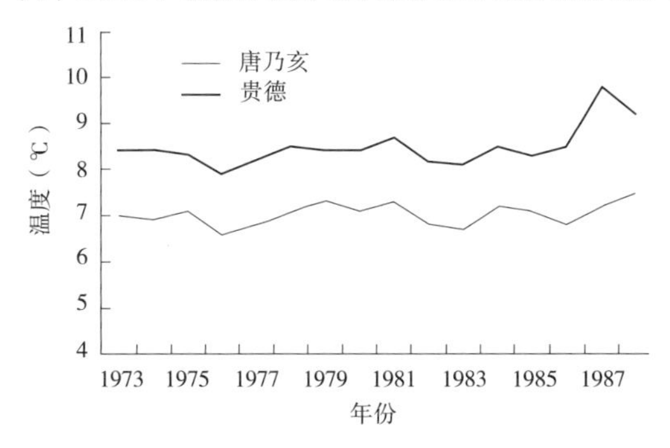

图1 1973～1988年龙羊峡上下游年平均水温

由图1可以看到，唐乃亥站1973～1988年水温年平均值并无太大波动，平均水温在6.7～7.5 ℃，1986年龙羊峡下闸蓄水，贵德站1973～1988年水温年平均值在1986年后有一个明显的波动，1986年之前的水温年平均值在7.9～8.7 ℃，在1987～1988年水温呈现先增加后减少的趋势，主要原因是龙羊峡建库后，由于水库的分层现象，在春、夏升温季节，水库下泄水温比河流天然水温低。在降温季节，水库下泄水温比河流天然水温高，与水库的气温效应一致。

从1988年之后，根据已有的资料[7]，选取了水库运行较大差异的1992年和2006年（缺测4个月）以及正常运行的2014～2015年的坝前垂向水温观测数据，如图2、图3所示。

由图2可以看出，由于1992年入流水文条件为平均年，水库在较低水位运行。水库在非汛期的时候水温结构呈现混合分布，其中5～10月是表温层和温跃层两层分布，2006年在较高水位运行，水位变幅小，在3～5月库区垂向水温处于混合向分层过渡阶段，在6～10月形成稳定的三分层。

由图3中跨越两个年份的水温分布，完整地呈现龙羊峡水库正常运行的情况下水温的季节性分布，在5～10月水库坝前水温分层明显，其中0～60 m水深水温是相对较高的表层，在60～90 m水深水温出现了明显的温跃层，水温梯度达到最大值，在90 m以下坝前水温随水深变化很小，为滞温层。

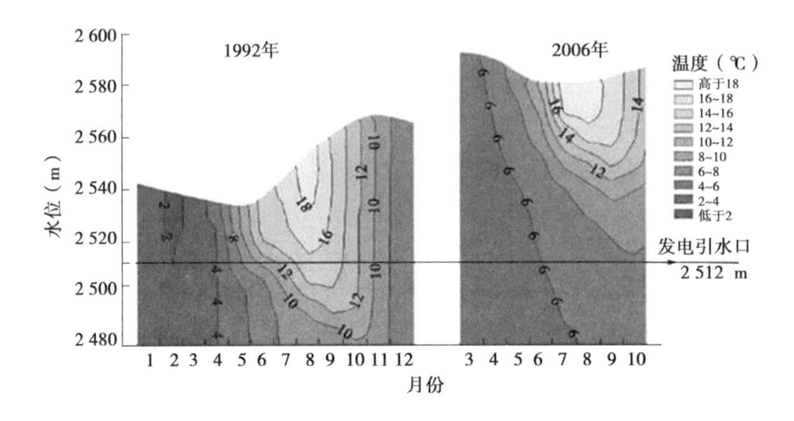

图 2　1992 年和 2006 年龙羊峡坝前垂向水温分布

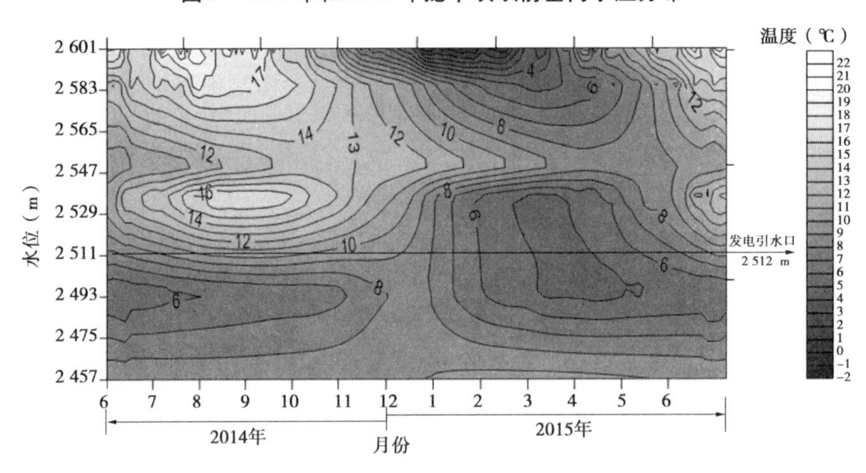

图 3　2014 ~ 2015 年龙羊峡坝前垂向水温分布

从图 2、图 3 可以看出，龙羊峡水库建成后，坝前水温结构属于典型分层型，具有明显的季节性。在汛期的时候来水温度较高，水温分层为上层温度高、下层温度低的状态；在非汛期的时候库区上游来水温度逐渐降低，水体水温呈现混合状态，表层水温随着气温的降低而降低。而水库坝前的发电引水口所在位置处于水温较低的时候正好是在下游河流鱼类产卵时期，而原有水库取水方案下泄水温一般都达不到鱼类产卵的水温要求，低温水会造成鱼类产卵推迟甚至不产卵。因此，需要采取合理科学的水库分层取水方案有效提高水库下泄水温，最大程度减缓低温水下泄的生态影响。

3　研究方法

3.1　概述

本文采用 MIKE3[10] 构建龙羊峡水库三维数学水温模型。MIKE3 是应用于海洋、水资源和城市等领域的水环境管理系列软件中的一个子系统，可模拟具有自由表面的三维流动系统，包括对流弥散、水质、重金属、富营养化和沉积作用过程模块；主要解决包括潮汐交换及水流、分层流、海洋流循环、热与盐的再循环、富营养化、重金属、黏性沉积物的腐蚀、传输和沉降、预报、海洋冰山模拟等与水力学相关的现象。

3.2 水库水温模型

模拟水库水温需采用 MIKE3 中的水动力模块（HD）和对流扩散模块（AD）来进行模拟计算，该模型水动力学控制方程为三维时均雷诺方程，温度控制方程为热量平衡方程。基本方程组如下：

盐度及温度平衡方程

$$\frac{1}{\rho {c_s}^2}\frac{\partial p}{\partial t}+\frac{\partial u_j}{\partial x_j}=SS \tag{1}$$

水流动量方程

$$\frac{\partial u_i}{\partial t}+\frac{\partial(u_iu_j)}{\partial x_j}+2\Omega_{ij}u_j=-\frac{1}{\rho}\frac{2\partial p}{\partial x_j}+g_i+\frac{\partial}{\partial x_j}\left[v_T\left(\frac{\partial u_i}{\partial x_j}+\frac{\partial u_j}{\partial x_i}\right)-\frac{2}{3}\delta_{ij}k\right]+u_iSS \tag{2}$$

浓度对流扩散方程

$$\frac{\partial c}{\partial t}+\frac{\partial}{\partial x_j}(Cu_j)=\frac{\partial}{\partial x_j}(D_c\frac{\partial c}{\partial x_j})+SS \tag{3}$$

式中：t 为时间；ρ 为水的密度；C_s 为水的状态系数；u_i 为 x_i 方向的速度分量；Ω_{ij}为柯氏张量；p 为压力；g_i 为重力矢量；v_T 为湍动黏性系数；δ 为克罗奈克函数（当 $i=j$ 时 $\delta_{ij}=1$，当 $i\neq j$ 时 $\delta_3=0$）；k 为湍动能；T 为温度；D_T 为温度扩散系数；C_p 为等压比热；SS 为源汇项。

热交换过程主要包括太阳的短波辐射、大气和水面的长波辐射、水体蒸发散热等，热交换过程基本反应方程式为：

$$Q_H=q_{io}+q_{ss}+q_p-q_c+q_s-q_{sr}-q_{su}+q_l-q_{lr}-q_{lu}+q_g+q_{sed}-q_v \tag{4}$$

式中：q_{io}为入、出流带入、带出的热量；q_{ss}为源、汇项带入、带出的热量；q_p为降雨带入的热量；q_c为水面传导散热；q_s为太阳短波辐射；q_{sr}为水面反射的太阳短波辐射；q_{su}为水体散发的短波辐射；q_l为水面吸收的大气长波辐射；q_{lr}为水面反射的长波辐射；q_{lu}为水体散发的长波辐射；q_g为水体与岸壁交换热量；q_{sed}为水体与泥沙交换热量；q_v为蒸发散热。MIKE3 软件系统中忽略了水体与河床、泥沙的热量交换，即 $q_g=q_{sed}=0$。

MIKE3 软件采用有限差分法对控制方程各项进行离散，全场求解采用 ADI 方法（交替方向隐式迭代法），即先逐行（或逐列）进行一次扫描，再逐列（或逐行）进行一次扫描，2 次全场扫描组成一轮迭代。对于每一行（或列）代数方程组的求解采用一维问题的直接解法——TDMA 方法（三对角矩阵计算程式，或称 Thomas 计算程式）[10]。

3.3 工况条件

利用 MIKE3 计算之前需要先对库区内河段进行地形概化。龙羊峡库区计算范围是龙羊峡坝址处至库区回水末端（坝址以上约 108 km 处），坝前最大水深 154 m。为满足计算要求，纵向取 108 km，垂向取 7 m，共分 22 层。网格步长 1 000 m×800 m×7 m，计算网格数为 109×21×22，时间步长 60 s。水温模型中水平和垂直方向分别采用不同的紊流模型，水平方向为 Smagorinsky 模型、垂向为 $k\sim\varepsilon$ 模型。

模型模拟需设置的初始条件包括盐度、温度、空气湿度、降雨情况、气温。设置的边界条件包括地形、底部阻力、水库出入库流量、出入库水温、风速及方向。根据已有的资料[11]，模型计算主要参数如表 1 所示。

表 1　模型计算主要参数

垂向扩散系数比例		1.0	糙率	0.035
横向扩散系数比例		1.0	Smagorinsky	0.5
热交换系数	道尔顿系数	0.1	C_{μ}	0.09
	道尔顿风力系数	0.1	C_{1g}	1.44
	埃斯特朗太阳系数 a	0.295	C_{2g}	1.92
	埃斯特朗太阳系数 b	0.375	σ_k	1.0
	比尔定律系数 β	0.6	σ_{ε}	1.3
	清晰度系数	0.5	初始温度	4 ℃

4　分层取水方案比较分析

针对龙羊峡 5～10 月水库坝前出现的典型分层现象，现通过建立三维数学水温模型对其进行模拟，其中选取两个代表性的 1 月和 8 月模拟的坝前垂向水温分布图，如图 4、图 5 所示。

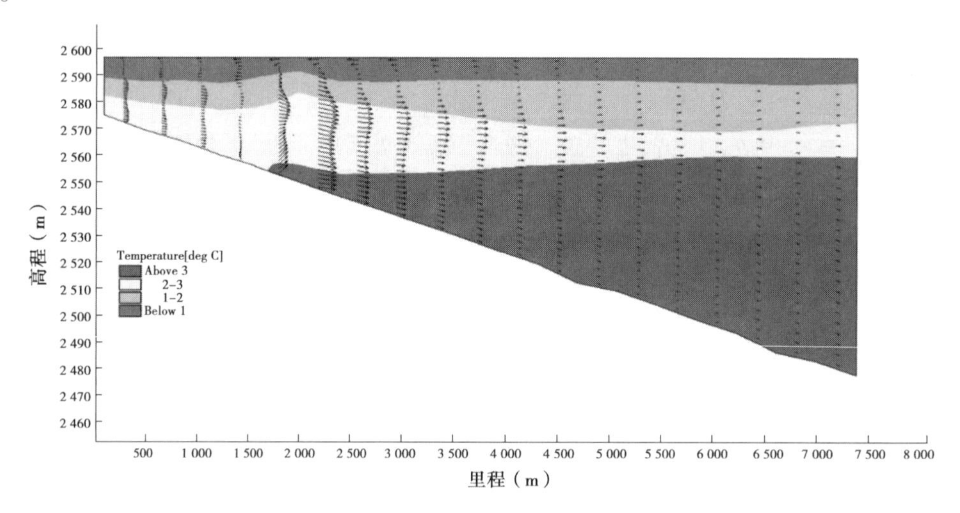

图 4　龙羊峡 1 月坝前垂向水温分布

由图 4、图 5 可以明显看出 8 月模型的水温分布是稳定分层型，在表层温度竖向梯度大，在温跃层下温度梯度较小，而到冬季的时候出现温度梯度逆转的现象，表层温度近于 0 ℃，底层趋近于 4 ℃。

1 月来流量小于出流量，水库垂向温度变化范围不大，水库处于上层水温低下层水温高的状态，出水平均水温在 3.5 ℃左右；在 8 月的时候，来流量小于出流量，表层水温达到全年最大值 17.57 ℃，水面以下 20 m 的水体都是 15 ℃以上的水体。

针对龙羊峡坝前水温垂向分层现象，拟采用表孔取水和底孔取水两只方案进行模拟研究，方案的示意图如图 6 所示。

如图 6 所示，表孔闸门距离坝前正常蓄水位高度差为 10 m，通过取表层水经过内部竖井排至下游河道中，底孔闸门距离坝底固壁高度差为 5 m。根据 mike 模拟得到水温图（见

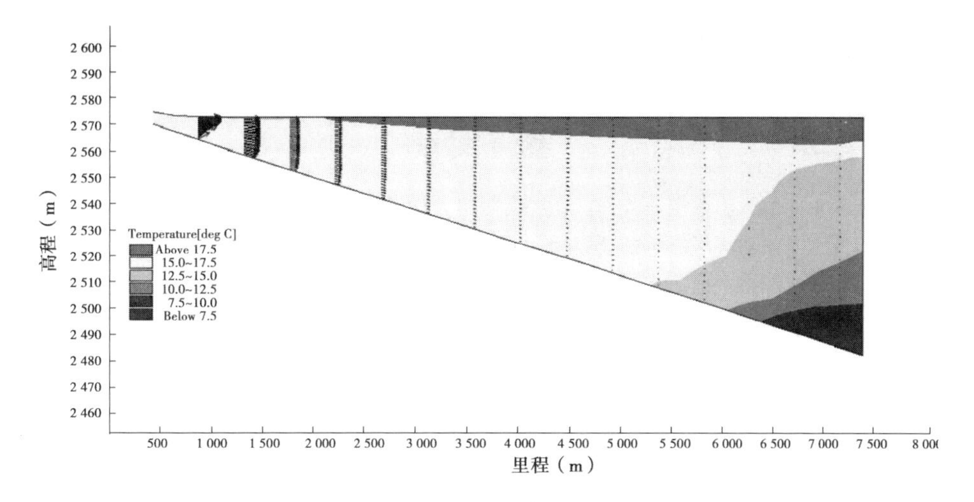

图5　龙羊峡8月坝前垂向水温分布

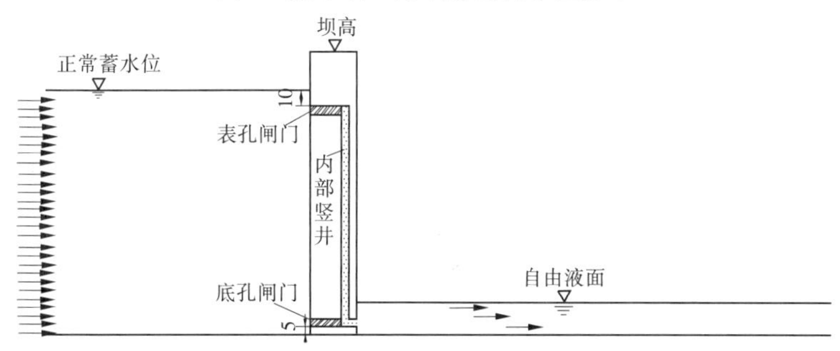

图6　分层取水方案示意图

图5)，可知，相比于底孔取水方案，通过表孔取水方案能够从坝前水温层中温度较高的部分取水，特别是在春夏季节改变原有的下泄低温水方案，有效提高了下泄水温温度，坝下游河流的多数鱼类产卵在4～8月期间，产卵的水温一般要求在15～28 ℃，因此改变表层取水方案，设置表层闸门取水口离水面20 m的高度差位置，这样在鱼类产卵期表层取水能够提高下泄水温，使鱼类以及其他生态生物能够正常生存；采取底孔取水方案，下泄水温在8 ℃以下肯定不能满足鱼类产卵要求，而且采取表孔取水方案，实现表层取水且下泄水温与河流天然水温差别相对最小，改善低温水下泄效果要强于底孔取水方案，从改善水温和保护下游生态环境的角度出发，推荐采用表孔取水方案。

5　结　论

本文建立了龙羊峡水库三维水温数值模拟模型，通过对研究地区气象、水文现状分析，以实测资料为依据，研究模拟了不同分层取水方案下下泄水温对周边环境的影响，通过分析比对最终选出一套科学合理的方案。具体结论如下：

（1）文中利用数学模型技术模拟大型水库分层取水措施对水温调控效果，表明表层取水结构能够有效提高水库泄水温度，最大程度减缓水库低温水下泄对生态系统的不利影响，实现生态环境保护和经济效益的较好协调。

（2）对于高海拔地区的高坝大库，在获得准确的水库长系列水温资料较难的情况下，采取以部分实测资料和建立数学模型相结合的方法,理论可行,易于操作,对于国内的其余大型水库工程建设具有实际参考价值。

参考文献

[1] 邓云. 大型深水库的水温预测研究[D]. 成都:四川大学,2003.

[2] 薛联芳. 东江水电站对环境影响的研究[J]. 水电站设计,1997(3):79-83.

[3] 戴松晨. 宝珠寺水库蓄水前后水温、水质变化回顾分析[J]. 水电站设计,2001(4):58-60.

[4] 易湘生,尹衍雨,李国胜,等. 青海三江源地区近50年来的气温变化[J]. 地理学报,2011,66(11):1451-1465.

[5] 周孝德,宋策,唐旺. 黄河上游龙羊峡—刘家峡河段梯级水库群水温累积影响研究[J]. 西安理工大学学报,2012,28(1):1-7.

[6] 张士杰,刘昌明,谭红武,等. 水库低温水的生态影响及工程对策研究[J]. 中国生态农业学报,2011,19(6):1412-1416.

[7] 宋策,周孝德,辛向文. 龙羊峡水库水温结构演变及其对下游河道水温影响[J]. 水科学进展,2011,22(3):421-428.

[8] 隋欣,杨志峰. 龙羊峡水库蓄水对水温的净影响[J]. 水土保持学报,2004,18(4):154-157.

[9] 蔡为武. 水库及下游河道的水温分析[J]. 水利水电科技进展,2001,21(5):20-23.

[10] Danish Hydraulic Institute. MIKE 3 esturrline and coastal hydraulics and oceanography hydraulic module reference manual[M]. DHI,2002.

[11] 曹永中. 龙羊峡水库水温模拟及其对下游河道水温影响研究[D]. 西安:西安理工大学,2008.

基于二维模型的饮用水水源保护区划分及保护措施研究

——以陕西省亭口水库为例

杨亚珠 张新寿 王海山 罗文刚

（陕西省水利电力勘测设计研究院，西安 710001）

摘 要 随着城市化、工业化进程的加快，城市饮用水安全问题显得尤为重要和紧迫，而我们的水环境问题却越来越突出，水资源短缺、水源受到污染等一系列问题已成为制约和影响城市发展的瓶颈。如何保护好有限的水资源，维持生态环境良性循环，保护水源地水质不受污染已成为我国水环境保护领域内研究的一个热点。本文以陕西省亭口水库水源地为例，结合库区周边环境污染特征、污染状况及相关影响因素，采用科学方法对亭口水库水源地进行技术划分，并提出切实可行的保护措施。

关键词 水源地；保护区划分；保护措施

1 亭口水库水源地概况

亭口水库主要任务是为彬长矿区工业供水和彬县、长武两县县城生活供水，同时兼有减淤、发电等功能，属综合利用的大(2)型Ⅱ等水利工程，枢纽工程由大坝、溢洪道、泄洪排沙洞、输水洞、坝后电站等建筑物组成。水库正常蓄水位893.0 m，最大坝高49 m，总库容2.47亿 m^3，属于大型水库型水源地，水库流域控制面积4 235 km^2，亭口水库回水长度黑河21.69 km，黑河一级支流达溪河回水末端至达溪河入黑河河口12.86 km，达溪河入河口至坝址11.95 km。

2 亭口水库水源地污染源调查分析

2.1 保护区内村镇分布概况

亭口水库水源地主要分布着长武县亭口、昭仁、丁家、巨家、枣园五个乡镇，共有居民18 038户，人口69 391人。其中一级保护区内无村镇，村镇主要位于二级保护区和准保护区内。

2.2 点源污染源调查

亭口水库水源地污染源主要来自灵台县、长武县排放的工矿企业废水和城镇生活污水，排污去向主要是达溪河、黑河。其中，达溪河污染源主要来自于灵台县的工业企业；根据现场调查，黑河流域主要以农业为主，工业基础薄弱，点源污染主要来自于甘肃省灵台县的工矿企业废水和长武县城镇生活污水，排污去向主要是达溪河。根据现场调查，亭口水库坝址

作者简介：杨亚珠(1974—)，女，陕西渭南人，硕士，工程师，主要从事水土保持设计和环境影响评价工作。E-mail：631977641@qq.com。

以上陕西段发现巨家镇、枣园镇两处排污口。

巨家镇、枣园镇居民共570户，人口2 183人，居民生活用水量按60 L/(人·d)计，总用水量为47 807.7 t/a，耗水量按30%计，则居民污水量为33 465.39 t/a，按照《全国水资源综合规划》面源污染排放系数及估算方法，污染物排放系数采用化学需氧量45 g/(人·d)、氨氮3.0 g/(人·d)、总氮6.0 g/(人·d)、总磷1.2 g/(人·d)计算，两村镇生活污染物排放量COD为35.86 t/a，氨氮排放量为2.39 t/a，总氮排放量为4.78 t/a，总磷排放量为0.96 t/a。污染物入河系数根据地形及河流远近取平均值7.5%，则每年COD入库量为2.69 t，氨氮入库量为0.18 t，总氮入库量为0.36 t，总磷入库量为0.07 t。

2.3 面源污染源调查

2.3.1 农村居民生活污水

黑河亭口水库坝址以上汇水面积共有居民17 468户，人口67 208人，除丁家镇、昭仁镇两镇生活污水进长武县城生活污水管网外，水源地保护区内农村生活污染物排放量COD为1 104.13 t/a，氨氮排放量为73.59 t/a，总氮排放量为147.18 t/a，总磷排放量为29.56 t/a。污染物入河系数根据地形及河流远近取平均值7.5%，则每年COD入库量为82.81 t，氨氮入库量为5.52 t，总氮入库量为11.04 t，总磷入库量为2.22 t。

2.3.2 生活垃圾和生产垃圾

(1)农村生活垃圾。

根据现场调查，除丁家镇、昭仁镇两镇生活垃圾集中收集并运往长武县生活垃圾填埋场外，其余村镇没有固定的垃圾堆放场和处理处置系统，村民环境保护意识差，导致垃圾在沟道乱弃问题严重。这些废弃物降解时间长，堆积量越来越多，在堆放过程中渗滤液会污染水体。农村生活垃圾产生量按人均2 kg/d计，共产生生活垃圾129.55 t/d，年产生量为47 285.75 t/a。

(2)农村人粪便污染。

日常生活产生的人粪尿按人均1.5 kg/d计，水库坝址上游人粪尿产生量为104.09 t/a。污染物排放系数分别取化学需氧量(COD)2.4 g/(人·d)，氨氮0.014 g/(人·d)，总氮0.35 g/(人·d)，总磷0.04 g/(人·d)计算，主要污染物COD为60.79 t/a、氨氮为0.35 t/a、总氮为8.86 t/a、总磷为1.01 t/a。污染物入河系数根据地形及河流远近取平均值7.5%，则每年COD入库量为4.56 t，氨氮入库量为0.03 t，总氮入库量为0.66 t，总磷入库量为0.08 t。

(3)生产垃圾。

生产垃圾主要是蔬菜大棚垃圾，根据现场调查，丁家镇河滩村共有大棚400棚，占地500亩，估算垃圾为10 000 t。

2.3.3 农村畜禽养殖污染

根据调查，亭口水库坝址以上共有畜禽养殖场4处，养羊场1处，养鸡场1处，养猪场1处，养驴场1处。其中羊200只、鸡3 000只、猪200头、驴160头。畜禽养殖场排放的废渣是畜禽养殖过程中产生的固体废物，这些废物是畜禽养殖污染的主要来源。对环境造成的危害和破坏主要包括清洗畜禽体和饲养场地、器具产生的污水及恶臭等，根据《畜禽养殖业污染物排放标准》(GB 18596—2001)计算该地区畜禽的粪尿排泄量，畜禽养殖产生的污水量为3 773.25 t/a(其中：冲洗废水1 638 t/a，尿液2 135.25 t/a)，畜禽粪便产生量为854.1 t/a。

2.3.4 农业面源污染

根据走访调查,长武县化肥施用量为:磷肥 25 ~35 kg/亩,复合肥 30 ~35 kg/亩,氮肥20 ~30 kg/亩;农药施用量 0.15 ~0.30 kg/亩,有机氯按农药施用量的 2.5%、有机磷按农药施用量的 2.8% 估算。流失估算:TP 流失量 = 磷肥有效成分 ×15%;TN 流失量 = 氮肥有效成分 ×20%。TN 入河量按流失量的 15% ~25%,TP 入河量按流失量的 9% ~15%。农药流失量以农药有效成分的 20% 左右估算,入河量以流失量的 15% ~25% 计算。化肥有效成分以 N、P 计,根据土地利用现状调查结果,亭口水库坝址以上陕西省共有耕地 6 411.56 hm^2,每年的农业面源产生量总氮 123 294.3 t/a、总磷 93 408.41 t/a;入库量总氮 30 823.57 t/a、氨氮 3 082.36 t/a、总磷 14 011.26 t/a。

3 亭口水库水源地保护区划分技术方法及二维模型建立

3.1 保护区划分技术方法

以《饮用水水源保护区划分技术规范》(HJ/T 338—2007)、《陕西省城市饮用水水源区保护环境条例》为基础,采用类比经验法与二维水质模型法对亭口水库饮用水水源地进行技术划分,根据划分结果推荐合理的划分方法。

3.2 二维模型建立

《饮用水水源保护区划分技术规范》(HJ/T 338—2007)中要求大中型湖泊、水库采用模型分析计算方法确定一级保护区范围,具体计算方法参见《饮用水水源保护区划分技术规范》(HJ/T 338—2007)附录 B。

附录 B 中二维水质模型的基本方程为:

$$\frac{\partial C}{\partial t} = D_x \frac{\partial^2 C}{\partial x^2} + D_y \frac{\partial^2 C}{\partial y^2} - u_x \frac{\partial C}{\partial y} - u_y \frac{\partial C}{\partial y} - KC \tag{B.1}$$

在稳态条件下,$\frac{\partial C}{\partial t}=0$,上式可变形为:

对于应用于水质模拟的二维模型,会涉及有无边界影响两类情况。

无边界水域边界点源的稳态排放,在均匀流场中,当强度为 M 的点源排放到无限宽的水域中,在边界条件为:

$$\left.\frac{\partial C}{\partial y}\right|_{y=0} = 0 \tag{B.2}$$

式(B.2)的解析解为:

$$C(x,y) = \frac{M}{4\pi h(x/u_x)^2\sqrt{D_xD_y}}\exp\left(-\frac{y-u_yx/u_x}{4D_yx/u_x}\right)\exp\left(-K\frac{x}{u_x}\right) \tag{B.3}$$

有边界水域连续点源的稳态排放,在有边界的情况下,污染物的扩散会因受到边界的阻碍而产生反射,这种反射可以通过设立虚源来模拟,即设想边界为一面镜子,镜子后面有一个与实际源强度相同、距离相同的虚拟反射源。当有两个边界时,反射会成为连锁式的。

对于宽度为 B 的环境有:

$$C(x,y) = \frac{2M}{u_xh\sqrt{4\pi D_yx/u_x}}\left\{\sum_{n=-\infty}^{+\infty}\exp\left[-\frac{u_x(2nB-y)}{4D_yx}\right]\right\}\exp\left(-K\frac{x}{u_x}\right) \tag{B.7}$$

本报告采用附录 B 中“对于宽度为 B 的环境,采用有边界水体连续点源的二维稳态排

放模式计算",具体模式如下:

$$C(x,y) = \frac{2M}{u_x h \sqrt{4\pi D_y x / u_x}} \left\{ \sum_{n=-\infty}^{+\infty} \exp\left[-\frac{u_x (2nB - y)}{4 D_y x} \right] \right\} \exp\left(-K \frac{x}{u_x} \right)$$

其中:M 为污染源强,g/s;B 为平均河宽,m;u_x为 x 方向的流速分量,m/s;D_y为 y 方向扩散系数,m^2/s,$D_y = \alpha h u^*$;h 为平均水深,m;K 为污染物降解速率,1/d;α 为横向混合无量纲常数($0.6 \pm 50\%$);u^* 为摩阻流速,通常约为平均流速的 1% 数量级;$u^* = (ghi)^{1/2}$;g 为重力加速度,9.8 m/s^2;i 为河流比降。

模式计算参数赋值见表 1。

表 1　模式计算参数赋值

序号	参数	单位	赋值	备注
1	M	g/s	97.74 ~ 97.92	
2	B	m	500	
3	u_x	m/s	1×10^{-3}	
4	h	m	22	
5	K	1/d	0.05 ~ 0.1	
6	g	m/s^2	9.8	
7	i		0.29%	无量纲

亭口水库水源地保护区划分方案比较见表 2。

表 2　亭口水库水源地保护区划分方案比较

<table>
<tr><th colspan="2">保护区名称</th><th>水质模型法</th><th>类比经验法</th><th>综合分析比较</th></tr>
<tr><td rowspan="2">一级保护区</td><td>水域</td><td>亭口水库取水口半径 1 000 m 范围的区域。面积 0.7 km²</td><td>亭口水库正常蓄水位的全部水域。面积 11.25 km²</td><td rowspan="6">类比经验法结合水库实际情况,简单科学,强化了一级保护区水域范围,使水域范围边界清晰,管理较为方便,也更好地保护了水库水质。
水质模型法虽然比较科学,但一级保护区水域范围小,边界不清晰,管理较困难,水库水质更容易受到污染,该方法强化的二级保护区的。
综上,本论文推荐类比法来确定亭口水库水源地保护区划分比较合理</td></tr>
<tr><td>陆域</td><td>亭口水库最高水位线外延 200 m 范围内的区域。面积 0.7 km²</td><td>亭口水库正常水位线为基准,库区外延 100 m 范围。面积6.95 km²</td></tr>
<tr><td rowspan="2">二级保护区</td><td>水域</td><td>一级保护区边界上溯 7.4 km 的水域。面积 3.44 km²</td><td>黑河从回水末端上溯 2 km 的水域;达溪河从回水末端上溯 2 km 的水域。面积 0.26 km²</td></tr>
<tr><td>陆域</td><td>亭口水库一级保护区外延 200 m 的陆域。面积 5.88 km²</td><td>亭口水库一级保护区外延 200 m 的陆域,及其河岸两侧外延 200 m 的陆域。面积 15.67 km²</td></tr>
<tr><td rowspan="2">准保护区</td><td>水域</td><td>黑河:一级保护区边界上溯 13.2 km 的水域。面积 3.63 km²。
达溪河:入黑河河口上溯 12.86 km 的水域。面积 3.48 km²。
总面积 7.11 km²</td><td>流入亭口水库的河流(黑河)的二级保护区上界起上溯至长武县车家河水源地取水点下游 100 m 处,再从长武县车家河水源地准保护区水域上游上溯至甘陕省边界;流入亭口水库的河流(达溪河)的二级保护区上界起上溯至甘陕省边界。面积 0.69 km²</td></tr>
<tr><td>陆域</td><td>亭口水库二级保护区两侧再外延至分水岭的陆域。面积 124.55 km²</td><td>亭口水库二级保护区两侧再外延至分水岭的陆域。面积 156.54 km²</td></tr>
</table>

4 亭口水库各级保护区水源保护措施

4.1 亭口水库水源地一级保护区保护措施

4.1.1 隔离防护工程

在水源地一级保护区边界设立隔离防护工程,尤其是在芋家山村、公佛寺等村庄附近的一级保护区边界设立铁丝围网,目的是防止人畜进入保护区、拦截污染物,设计采用混凝土立柱,铁丝围网。高 1.8 m,每隔 3 m 安装一个混凝土立柱,起到加固围网的作用。

4.1.2 生物隔离及生态修复防护工程

在一级保护区边界铁丝围网的内侧和部分植被稀疏地段,根据地形、植被条件,结合水源地一级保护区生态修复工程,进行生物隔离防护。对一级保护区内耕地全部实施退耕还林政策,种植灌木。

4.1.3 跨河公路桥防护工程

对跨越库区的桥梁,应加固桥梁建设安全等级;限制通过桥梁的车速,并设警示标志和监控设施;设置桥面径流引导设施,防止污水排入库区,并在安全地带设事故池;将泄漏的危险化学品引排至事故池,防止排入库区;桥面设置防撞装置。

4.1.4 设计界桩、界标等措施

界桩是在水源地保护区边界上设立的地理界线标志的桩子,是指示保护区边界的标志,亭口水库设计选用钢筋混凝土界桩,界桩的正面和背面刻着“亭口水库水源地一级保护区”字样,每隔 500 m 设立一处。界标是在饮用水水源保护区的地理边界上设立的标志,标志水源地保护区范围,并警示人们需要的谨慎行为。设计在保护区陆域界线的顶点处,人群密集、交通路口等处设立。

4.1.5 交通警示、宣传牌设立

在公路进入水源保护区处设立交通警示牌,提醒车辆、行人进入水源地保护区,需要谨慎驾驶或者谨慎行为。

为了保护水质在饮用水水源边界的村庄附近、人群、交通道路等明显易见的地方设立水源保护宣传牌。

4.1.6 加强蓄水前库区清理

为防止水质污染,保障亭口水库水源地水质安全,蓄水前对水库进行库底清理,主要针对库区内民房及附属建筑物、牲畜圈、沼气池、粪池、坟墓、生活垃圾处置点、废弃物等污染源进行清理。清理范围应是正常蓄水位 893.0 m 以下,水库蓄水前 6 个月完成全部清理工作,需经环保相关部门组织验收。

4.1.7 管理措施

(1)为防止人为活动对水源的破坏,应加强对一级保护区的管理,长武县饮用水水源地(车家河)和亭口水库水源地一级保护区内的排污口应全部关闭,对一级保护区内的废弃物、垃圾等开展清除打捞工作。

(2)加强对沿河道路运输车辆的管理,限制运输有毒有害、油类等物质的车辆通行,运输危险化学品的车辆,必须事先向公安部门申报运输物品种类、数量、时间、路线和其他相关情况,办理过境手续。同时管辖区人民政府要制定发生危险化学品运输事故的处理应急预案。

(3)在建的亭口水库枢纽工程施工过程中,严禁乱弃建筑垃圾,以免对水库水质造成污染。施工结束后,及时拆除临时建筑物,并清理建筑垃圾,多余土石应及时清运,开挖的裸露面应及时进行植被恢复。

(4)根据《陕西省咸阳市亭口水库工程压覆矿产资源/储量评估说明书》,亭口水库工程压覆范围目前涉及2个探矿权设置区块和1个采矿权设置区块,即孟村井田和亭南预留区勘探(精查)探矿权设置和亭南井田采矿权设置。严格禁止对亭口水库工程压覆范围内的矿产资源进行开采。

4.2　亭口水库水源地二级保护区保护措施

4.2.1　生活污水的治理方案

对饮用水源二级保护区内的居民,必须配套建设污水处理设施并进行严格防渗处理,定期进行清运,不得向水体排放。禁止进行任何可能污染饮用水水体的活动。

4.2.2　生活垃圾治理措施

在二级保护区村庄,建立生活垃圾收集处理系统,每个村庄配备一台垃圾清运车,由专人收集产生的垃圾。确保库区周边村庄垃圾不污染水质。

4.2.3　人畜粪便的治理措施

对二级保护区村民,每户建设环保厕所一座,对禽畜圈舍进行卫生防护,紧邻禽畜圈舍建一座储粪池,用于收集、储存人禽畜粪便,每户一座。圈舍底部采用土工膜加混凝土素土防渗,并考虑防止雨水灌入。储粪池地下深1.5 m,地上0.3 m,采用砖夹土工布膜防渗,内表面采用防水水泥砂浆抹面,储粪池顶扣活动盖板,发酵后作为农田肥料。

4.2.4　农业面源治理措施

禁止使用有毒、有害及已取缔的农药,提倡使用低毒、低残留、高效农药。控制农药使用量(每亩限值1.9 kg),并从进货渠道及销售点控制,取缔非法经营点。为减少农田径流等面源对水体污染,根据地形情况,在保护区陆域范围内的大面积坡耕地边缘设5~10 m的植被隔离带,植树种草护坡,减少周边水土流失,降低外界污染物直接流入水体。制定使用有机肥料补贴政策,积极发展生态种植项目。

4.3　亭口水库水源地准保护区保护措施

4.3.1　污水处理措施

加强污染治理设施建设。对准保护区内村民生活基础设施进行必要改造。对巨家镇、枣园镇两处污水进行收集,建立污水处理厂,污水经处理达到有关标准后应用于林木灌溉。

4.3.2　垃圾处理措施

对巨家镇、枣园镇建立垃圾收集台,并配备一台垃圾清运车,由专人收集清运产生的垃圾,对生活和建筑垃圾及时收集、转运、处置。

4.3.3　农业面源治理措施

实施农田养分管理,推广生态有机农业技术。调整农业种植结构,在水库周边提倡种植玉米、小麦、大豆等农作物,不宜大量种植蔬菜,农作物对肥料要求相对较低,大豆能进行生物固氮,因此化肥使用量较少。推行测土配方施肥和平衡肥,施用复合肥和专用肥,采用科学的施肥技术和合理有效地施用植物源农药及矿物农药。

4.3.4　人畜粪便的治理措施

对准保护区内村民,每户建设环保厕所一座,对禽畜圈舍进行卫生防护,紧邻禽畜圈舍建一座储粪池,用于收集、储存人禽畜粪便,每户一座。圈舍底部采用土工膜加混凝土素土防渗,并考虑防止雨水灌入。储粪池地下深1.5 m,地上0.3 m,采用砖夹土工布膜防渗,内表面采用防水水泥砂浆抹面,储粪池顶扣活动盖板,发酵后作为农田肥料。

4.3.5 管理措施

(1)对准保护区内所有排污单位应加强管理,实行污染物总量控制,污水排放必须满足GB 8978—1996一级标准,同时必须确保准保护区内水质满足规定水质标准。

(2)对运输危险化学品的车辆,应限制车速,并设警示标志和监控设施;设立检查站,对进入准保护区的车辆进行常规安全检查,严禁运载有毒、有害货物的车辆通过库区,以防止突发污染事故对水源水质的污染。

(3)建立准保护区黑河、达溪河甘陕省界水质实时监测设施。

(4)黑河、达溪河均流经甘肃省后进入陕西省,河流在甘肃省内有一定的污染源汇入,导致省界断面水质目标不满足两省水功能区划要求,直接影响水库来水水质。建议甘陕两省政府部门尽快协商并达成协议,严格按照两省水功能区划目标,要求黑河、达溪河甘陕省界水质达到Ⅲ类水要求。

(5)亭口水库上游工业污染源主要来自于甘肃的灵台县,建议加强对甘陕省界断面的监测和管理,并制定相应的应急预案或措施,可以有效减少污染事故对水库水体的影响。在甘陕省交界处建立水质监测站,对黑河、达溪河流入陕西省境内的河水水质进行长年定时定点监测,严密监视上游甘肃省对河流水质的污染。

5 结 语

本文结合亭口水库库区周边环境污染特征、污染状况及相关影响因素,采用科学方法对亭口水库水源地进行技术划分,并提出切实可行的保护措施。亭口水库属大型水库型水源地,同时作为陕西省省委、省政府充实提升的“十大工程”之一,做好亭口水库水源地保护工作对陕西省其他水库型水源地的保护可以起到借鉴作用。

参 考 文 献

[1] 杨亚珠,刁新兵. 谈汉中市石门水库饮用水水源保护区划分及保护措施研究[J]. 陕西水利,2015(3).
[2] GB 3838—2002 地表水环境标准[S].
[3] HJ/T 338—2007 饮用水水源保护区划分技术规范[S].
[4] 陕西省城市饮用水水源保护区环境保护条例[S].
[5] 陕西省亭口水库水源地划分技术报告[R]. 陕西省水利电力勘测设计研究院,2016.8.
[6] 岳治杰. 磨盘山饮用水水源地保护区划分与综合整治规划研究[D]. 哈尔滨工业大学,2012.

伞式固定支架装置在水下有限空间应用的研究

顾红鹰[1]　刘力真[1]　董延朋[1]　顾霄鹭[2]　陶泽文[3]

（1. 山东省水利科学研究院，济南　250014；
2. 南水北调东线山东干线公司，济南　250014；
3. 山东省未来机器人有限公司，威海　264200）

摘　要　水利工程中水下的狭小空间基本无法进行检测，目前基本是空白。经过多次的水下检测研究，设计伞式固定支架装置，该装置的研发解决了狭小空间人无法进入、设备进入碰壁等难题，扩大了水下检测的范围及精度。

关键词　水利工程；水下检测；狭小空间；伞式固定支架 ；研发设计

1　水下检测的由来及应用

水下探测技术最早用于海洋观测，是海洋观测技术的重要内容，也是海洋立体监测网的组成部分，主要应用于海面以下的监测。水下探测技术在我国民用领域开展的有以下几个方面：测量河流和海洋的地形、边界、淤泥层的分布；水下潜标打捞、水母监测珊瑚礁调查、海上应急保障、石油平台溢油检查和海底工程观察等及海上求助打捞、安保等。

2　现有水下检测技术在水利工程中水下建筑物中应用的局限性

水下工程的水域与海洋水域从环境和建设差距甚大，海洋面广，深水区域巨大，人为水下工程即为水利工程，多经过人类的改造或建设，工程多样且复杂，检测技术在形式上、方法上有类似之处，但存在很大差异。

2.1　传统检测在水下检测中的局限性

水利工程水下检测技术在我国近几年刚刚兴起，由于工程复杂，检测技术研究与应用处于起步阶段，多引进进口仪器和设备用于水库坝前等开敞式水域的观测。水利工程是复杂多样的，大坝、堤防、渠道是开敞式的水域，设备受空间限制不太大，水利工程中同时存在大量的水下隐蔽工程：放水洞、涵洞、隧洞、倒虹吸等，由于其工程结构的复杂性、线路的多样性、位置的隐蔽性等原因，且运行环境恶劣，潜水人员不能进入，如需检测只能采用在排空存水这种极端工况下进行检测，该方法的缺点一是时间长，二是难度大，三是破坏性强，四是工作环境及工况发生骤变不能真实反映存水时的状况及现象。而在现实中，又因技术、资金的限制，多数类似隐蔽工程放弃检测：建成后从未进行过任何的检测、维修，直接拆除重建，造成了浪费，且对相似工程的设计无任何的指导价值和意义，对于管理单位对此类工程的管理维护也没有任何的指导价值。周而复始地进行同样拆除重建方式形成的不仅是资源的巨大浪费，也无益于管理水平的提高。

作者简介：顾红鹰（1965—），女，本科，高级工程师。

2.2 传统水下搭载平台在水利工程中应用的局限性

水下搭载平台分为自主式和拖曳式。拖曳式无动力,牵引前行,为被动式;自主式又称为水下机器人,采用螺旋桨驱动。观测用装置为前置摄像头,在行进中对物体进行观测。

为方便操控及入水等水下检测及充水管道检测,大都采用自主式小型水下机器人。拖曳式多在半充水管道、两出入口距离短的应用为广泛,水利工程中此类管道甚少。

传统水下搭载平台利于行进中对物体进行观察,但对于埋藏于地下的各种管道、结构物等建筑物的检测等均依赖陆地的遥控指令,设备在行进中如发现问题不能对目标进行认真的观察,主要存在以下问题:①由于空间相对封闭,且存在一定的淤积物,对问题目标只能依靠前置摄像头进行反复观测操作即水下机器人要不断地旋转,左右上下移动,螺旋桨驱动行进搭载平台极易将沉积物搅起,从而导致摄像头不能进行观察;②由于是相对封闭空间,地面的导航、GPS 定位系统均无法运用,水中的运行距离只能依靠电缆的长度进行大致定位,如果反复查找问题部位,根据电缆控制距离在检测设备反复移动后存在较大偏移且数据不易修正,从而失去了详查的意义;③由于设备在隐蔽工程中操控性差,设备不能在水下建筑物的轴线上行进,对于提取的资料不易进行直观的判定,搭载的其他检测设备取得的资料会造成数据偏差。

3 一种管道水下机器人检测装置——伞式固定支架

为解决现有水下隐蔽工程检测技术中存在的上述缺陷,“水下工程检测技术研究”课题组经反复试验、论证,设计了“一种管道水下机器人检测装置”的装置。该装置搭载在水下搭载平台上,通过装置的收放实现对隐蔽工程的详细观察,从而解决了自主式水下搭载平台在水下工程应用的局限性,也解决对目标物体进行细致观测的技术难题。

3.1 一种管道水下机器人检测装置——伞式固定支架的构成

一种管道水下机器人检测装置(以下简称伞式固定支架),包括自主设计水下机器人,在水下机器人设有前置摄像头,其压力舱上固定有伞式固定支架。伞式固定支架包括摄像机、固定铰结、支杆、推杆和光纤,在支杆的中部固定有摄像机,摄像机的供电及数据传输通过光纤传输,支杆的顶端设有滑轮(见图1)。

3.2 伞式固定支架的工作机理

利用支架的开合角度、摄像头位置的变动、支架顶部滑轮的转动及支架数量的增减,对管道进行近距离全方面的拍照,既解决了水下及不同管径充水管道无法详细观测问题,也解决了水下设备在水下隐蔽区域不易操控导致位置偏移等难题,具有结构简单、使用方便、观察清晰的优点。另外,也解决了底部沉积物被扰动的难题。

3.3 环形支架的适用范围

通过支架的变形、支架数量的多少和摄像头的移动安装,可适用在不同形状和尺寸的水下结构中。它既可在圆形洞中工作(见图2),也可在其他形状的廊中应用。

4 结 论

综上所述,伞式固定支架设置可应用水下狭小空间的建筑物中,如泵站的进出水口、输水隧洞、涵洞等水工建筑物(见图3)。

根据建筑物的具体情况进行组合:

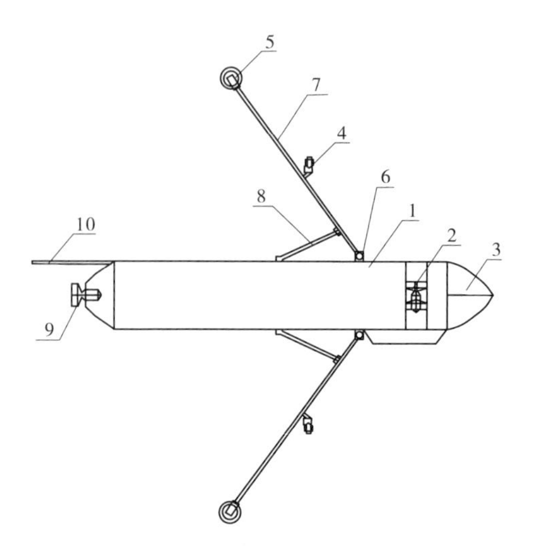

1—水下机器人主体;2—上升螺旋桨;3—前视摄像机;
4—伞式固定支架可移动摄像机;5—支架顶部滑轮;
6—连接铰链;7—支架主体;8—支杆;9—水平螺旋桨;10—光纤

图1　伞式固定支架的构成示意图

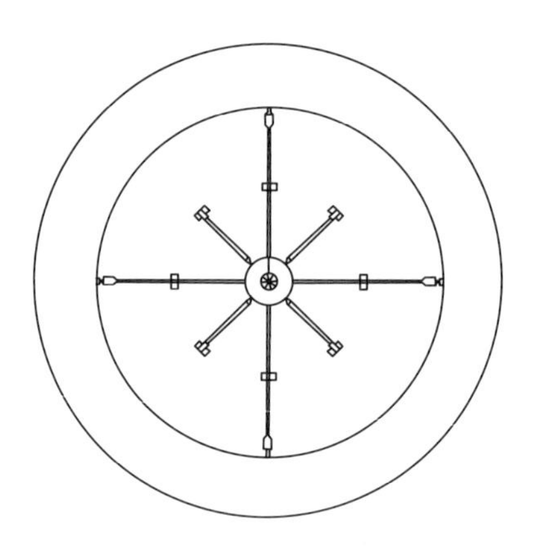

图2　设备在圆形洞中工作示意图

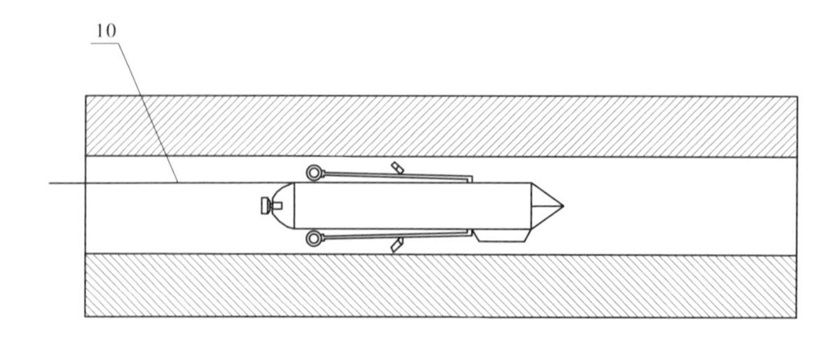

图3　设备在小尺寸洞中工作示意图

(1)在小口径输水管道可利用支架的数量进行组装。

(2)直边形涵洞可利用十字架或井字结构,即减少支架数量进行组装。

(3)大管径(输水建筑物管径 >2 m)可利用支架及支杆角度的调整适应。

(4)变径输水管道则是利用支杆的角度变化调解。

(5)超大管径(输水建筑物管径 >6 m)其支架采用多节铰接方式或伸缩方式组装。

通过不同的组装、组合,可保证设备等距离对结构进行详细地同步观察,保证设备在相同环境、相同光照、同一时间进行检测,提高了观察数据的精度及判读水平,同时也提高了工作效率。

"一种管道水下机器人检测装置"已通过国家专利局的审核,获得发明专利。

水利工程中水下检测技术正处在发展阶段,而针对窄狭、有限的水下隐蔽空间进行观察、检测的设备不多,如何在对水下进行细致的检测是检测工作的方向和重点,伞式固定支架的设计很好地解决了这一难题。伞式固定支架这一装置会在实际工程的应用中不断改进,将成为水下工程检测的支撑技术之一。

参考文献

[1] 顾红鹰,刘力真,陆经纬.水下检测技术在水工隧洞中的应用初探[J].山东水利,2014(12):19-20.

[2] 山东省水利科学研究院.一种管道水下机器人检测装置[P].中国,2016031100713280.

基于突变评价法的水库调度多目标风险评价

葛　巍　李宗坤　李　巍　张贺祥

（郑州大学 水利与环境学院，郑州　450001）

摘　要　针对水库运行期防洪、发电、供水和航运等目标相互影响，调度目标和影响因子相对重要性难以准确判断造成多目标风险综合评价难度较大的问题，在构建风险评价指标体系的基础上，建立了基于突变评价法的水库调度多目标风险分析模型，并明确了对于不同功能水库可采用的两种主要评价方法。将该方法应用于工程实例，评价结果与已有优化调度方案较为一致，说明该方法具有较好的可靠性与实用性，可为水库调度多目标风险综合控制提供参考和依据。

关键词　水库；调度目标；突变评价；风险

1　前　言

水库调度需充分考虑其各种功能需求，如防洪、发电、供水和航运等。防洪和发电等各调度目标之间相互影响，也相互制约[1]。水库防洪关系国计民生，在社会安危与水库本身发电等效益相互冲突时，需首先服从国家和社会利益[2]。如何实现防洪、发电、供水和航运等目标之间的平衡，是水库调度过程中需面临的一个关键问题。

马斯(Mass)等于1946年最早提出了水库优化调度的概念，国外从20世纪50年代兴起了水库优化调度研究[3]。Little[4]以美国大古力水电站为例，构建了应用于水电系统的随机动态规划调度模型。随着我国水利事业的快速发展，国内的研究人员在水库调度风险评价方面也开展了较多的研究。田峰巍等[5]结合黄河干流水库调度，探讨了水文预报、误差修正和调度决策等问题；冯平等[6]基于提高汛限水位目标应是所带来的效益增值至少能补偿所引起的额外洪灾损失的理念，判断提高水库防洪汛限水位的可能性，然而水库调度过程中的多种因素导致收益与损失均具有不确定性；王本德等[7]令满足约束的各预蓄水位方案为可行方案，效益最大且风险率最小的方案为理想的优等方案，效益最小且风险率最大的方案为理想的劣等方案，然而事实上更多时候面临的效益越大，风险也越大；付湘等[8]从水电站发电和下游生态需水的可靠性、可恢复性、脆弱性和防洪调度权转移风险出发，建立了基于综合利用水库调度模型的调度性能风险评价指标体系。

基金项目：国家自然科学基金(51379192)。

作者简介：葛巍(1990—)，男，江苏沭阳人，博士，讲师，主要从事水利工程风险评价与管理研究。E-mail：gewei@ zzu. edu. cn。

通讯作者：李宗坤(1961—)，男，河南邓州人，博士，教授，博士生导师，主要从事水利水电工程健康诊断与安全性评价研究。E-mail：lizongkun@ zzu. edu. cn。

源于突变理论的突变评价法根据各目标在归一公式中的内在矛盾和机制来量化其相对重要性[9]，有效减少了评价中的主观因素，在灾害、农业、水利、岩土等领域得到了广泛的应用[10,11]。因而引入突变评价法来评价水库调度综合风险水平，具有重要的理论与现实意义。

2 突变评价法

2.1 突变理论

突变是突然的变化，是系统对外部条件的光滑变化而做出的突然响应。突变理论起源于光滑映射的 Whitney 奇异性理论和动力学系统的平衡态（Poincare - Andronov）分岔理论。

法国数学家 Rene Thom 于 1972 年在《The stability of structure and morphogenesis》（结构稳定性和形态发生学）中系统阐述了突变理论，标志着突变理论的正式诞生。突变理论用来考察控制变量改变时，系统从一个状态向另一个状态的跃迁。通过研究状态函数（势函数）$F(x)$ 的极小值变化问题，确定分类临界点附近非连续变化状态的特征[12]。

2.2 突变评价法

突变理论的基础涉及拓扑学和奇点理论等深奥的数学知识，但其应用模型较为简单，以其为基础的突变评价法可有效应用于多目标评价和多目标决策。

突变模型中，势函数 $F(x)$ 的所有临界点集合成一平衡曲面 M。通过对势函数求一阶导数并令 $F'(x) = 0$，即可得到该平衡曲面方程[13]。在此基础上，令 $F''(x) = 0$，即可得到反映状态变量和控制变量间分解形式的分岔集 B。通过对分岔集的归一化处理得到一种突变模糊隶属度函数[14]，根据各目标在归一公式中的内在矛盾和机制来量化其相对重要性，利用归一公式对状态变量(X,Y)进行量化，再通过势函数进行递归计算即可求出系统突变评价值。突变评价法有效弥补了模糊综合评价法的不足，也避免了专家个人偏好对评价结果客观性造成的不利影响。

Rene 指出，当控制变量不超过 4 个时（人们所处的时空共有四维：三维空间加上一维时间，因而描述系统状态的势函数的控制变量一般不超过 4 个），势函数不超过 7 种形式[9]。这 7 种势函数所对应的突变类型被称为初等突变，包括折叠突变、尖点突变、燕尾突变、蝴蝶突变、椭圆脐点突变、双曲脐点突变和抛物脐点突变。常用的 3 种突变模型如表 1 所示。

表 1 常用的 3 种突变模型

类型	势函数	归一公式	样式
尖点突变	$x^4/4 + ax^2/2 + bx$	$x_a = a^{1/2}, x_b = b^{1/3}$	┌┴┐
燕尾突变	$x^5/5 + ax^3/3 + bx^2/2 + cx$	$x_a = a^{1/2}, x_b = b^{1/3}, x_c = c^{1/4}$	┌┼┐
蝴蝶突变	$x^6/6 + ax^4/4 + bx^3/3 + cx^2/2 + dx$	$x_a = a^{1/2}, x_b = b^{1/3}, x_c = c^{1/4}, x_d = d^{1/5}$	┌┬┴┬┐

3 水库调度多目标风险评价

3.1 评价指标体系

通常情况下，水库调度除应实现防洪、发电目标外，还需实现供水、航运等目标。结合文献[15],可构建水库调度多目标风险评价指标体系,如图1所示。

水库调度多目标风险评价指标体系

防洪风险　发电风险　供水风险　通航风险

水库本身风险　对下游造成风险　发电量不足风险　出力不足风险　供水量不足风险　通航能力不足风险

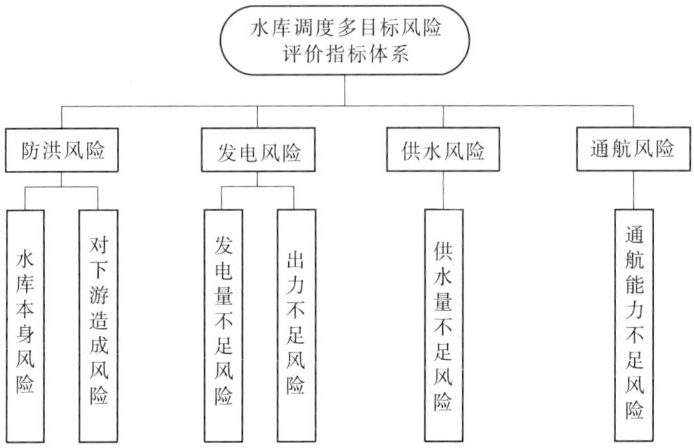

图1　水库调度多目标风险评价指标体系

3.2　计算模型

采用突变评价法进行风险分析,需根据自下而上的“递归原则”进行计算,计算模型和具体流程如下:

(1)在分析水库调度目标影响因素的基础上,根据其相对重要性从左至右依次排列,构建风险评价指标体系,如图1所示。

(2)对指标进行标准化处理。为便于风险值的计算,可根据“越大越好”原则采用以下方法对指标进行处理。

越大越优型指标,采用式(1)进行标准化处理:

$$R_i = \frac{r_i - r_{\min}}{r_{\max} - r_{\min}} \tag{1}$$

越小越优型指标,采用式(2)进行标准化处理:

$$R_i = \frac{r_{\max} - r_i}{r_{\max} - r_{\min}} \tag{2}$$

(3)根据评价指标体系所对应的突变模型,选用表1中相应的归一公式对底层指标隶属度值进行归一处理。

(4)采用递归原则,自下而上分层计算突变评价值:同一对象的各控制变量之间若存在明显的相互关联作用,取其平均数作为上层突变评价值,称为“互补”原则;各控制变量之间若无明显的相互关联作用,则取其中较小值作为上层突变评价值,称为“大中取小”原则,最顶层的突变评价值即为综合风险值。

3.3　评价方法

(1)对于在防洪方面不起关键作用,或者防洪重要性与发电、灌溉等功能较为一致(或重要性处于同一数量级)的中小型水库,可将防洪风险控制作为评价模型中与其他功能相一致的调度目标,根据突变评价法进行调度方案风险评价,综合风险值越低的调度方案越优。

(2)对于在防洪方面起关键作用,需发挥重大防洪效益的大中型水库(如三峡水库、丹江口水库等),则不能将防洪风险控制作为与其他功能相一致的调度目标列入评价模型中,而是将其作为约束条件(当防洪风险大于某值,则无须考虑综合风险,调度方案的风险不可接受,可定义此值为防洪风险极值)来进行多目标风险评价。在控制防洪风险至可接受的前提下,采用突变评价法计算发电、供水和航运等目标的综合风险,风险值越低的调度方案越优。该评价方法的示意如图2所示。

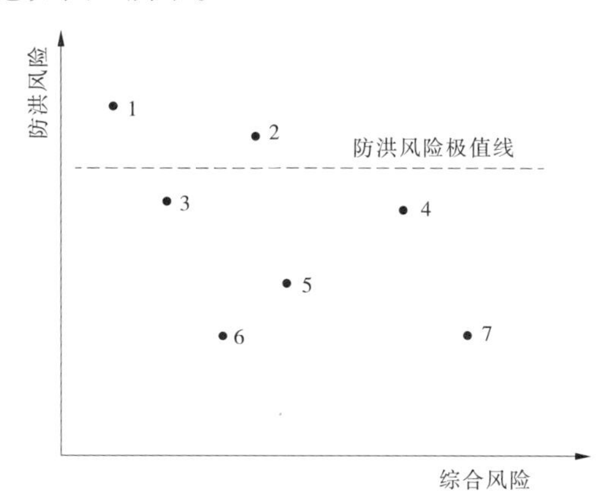

图2 防洪风险作为约束条件的多目标风险评价示意图

根据评价方法(2),虽然调度方案1的综合风险值最低,但是其防洪风险值超过极值线,因而该方案不可行。其余调度方案中,在满足防洪风险要求的条件下,方案3的综合风险值最低,则其为最优调度方案。

4 实例分析

4.1 工程概况

为便于对比分析,验证上述突变评价模型是否合理,本文采用张验科等[16]文中的实例进行分析。

丹江口水库多年平均入库水量为394.8亿m^3,水库来水大部分源于汉江和汉江的支流丹江。汉江中上游洪水峰高量大,来势迅猛,径流分配很不均匀。下游河槽愈往下游愈窄,宣泄能力不断递减,又常受长江水位的顶托,每遇洪水,湖北省极易成灾。自水库建成几十年来,有效拦蓄、削滞了汉江上游发生的洪水,缓解了湖北武汉、襄阳等23个县(市)1亿多人口及1 860多万亩耕地的洪水威胁。丹江口大坝加高以后,水库正常蓄水位从157 m提高至170 m,库容从174.5亿m^3增加到290.5亿m^3,水域面积达1 022.75 km^2。南水北调中线工程向河南、河北、北京、天津等四个省(市)的20多座大中城市供水,一期工程年均调水95亿m^3,中远期规划每年调水量将达130亿m^3,可有效缓解中国北方水资源严重短缺的局面。

丹江口水库具有防洪、发电、供水、航运、养殖、旅游等综合效益。考虑到丹江口水库在防洪方面极其重要,因而本实例中将采用3.3中第(2)类评价方法,即将防洪风险作为限制条件,在此基础上分析两大调度目标:发电和供水的综合风险。

4.2 风险分析

文献[16]采用逼近于理想解法计算了6个非劣调度方案的综合风险。为便于对比分析,本文取该文献的发电量风险、发电出力风险、供水风险为基础参数,采用3中的突变评价模型计算相关调度方案的风险值,计算结果如表2所示。

表2　6种调度方案风险值

方案	逼近于理想解法				突变评价法			
	电量风险	出力风险	供水风险	综合风险	电量风险	出力风险	供水风险	综合风险
方案1	0.205 3	0.289 5	0.289 5	0.264 8	1.000 0	0.000 0	0.000 0	0.250 0
方案2	0.152 6	0.315 8	0.315 8	0.268 0	0.577 0	0.793 7	0.707 1	0.696 2
方案3	0.126 3	0.342 1	0.342 1	0.278 9	0.000 0	1.000 0	1.000 0	0.750 0
方案4	0.152 6	0.342 1	0.342 1	0.286 6	0.577 0	1.000 0	1.000 0	0.894 2
方案5	0.126 3	0.315 8	0.315 8	0.260 3	0.000 0	0.793 7	0.707 1	0.552 0
方案6	0.152 6	0.315 8	0.315 8	0.268 0	0.577 0	0.793 7	0.707 1	0.696 2

从表3可以看出：

(1)突变评价法可在只需定性确定风险因子相对重要性而无准确权重赋值的情况下，有效计算出发电量、发电出力和供水等单目标风险值及综合风险值，避免人为主观进行权重赋值对计算结果客观性造成的不利影响。且与逼近于理想解方法相比，计算结果在[0,1]范围内的分布也较为清晰，易于对比分析。

(2)突变评价法所计算综合风险显示调度方案优劣排序为：方案1 > 方案5 > 方案2 = 方案6 > 方案3 > 方案4，逼近于理想解方法计算出的方案优劣排序为：方案5 > 方案1 > 方案2 = 方案6 > 方案3 > 方案4，二者主体排序较为一致，说明本方法具有较好的合理性。

(3)两种方法分析结果的主要区别在于方案1与方案5的优劣，原因主要是突变评价法本身对指标相对重要性的衡量与逼近于理想解方法中人为对指标相对重要性赋值存在差异。若需进一步比较方案1和方案5的优劣，可引入其他方法对评价结果进行校核。

5　结　语

水库调度的防洪、发电、供水和航运等目标之间相互影响且相互制约，各调度目标及影响因子之间的权重难以客观确定。本研究引入突变评价理论，在构建多目标风险评价指标体系的基础上，建立水库调度风险综合评价模型，并明确了对于不同功能水库可采用的两种主要评价方法。将该方法应用于丹江口水库调度多目标风险评价，评价结果与逼近于理想解方法分析结果较为一致，说明该方法具有良好的准确性与实用性，为水库调度多目标风险管理提供了一种新的思路。

参 考 文 献

[1] 陆佑楣，胡岱松．三峡工程的防洪与发电[J]．电网与清洁能源，2011，27(3)：1-2.

[2] 胡海，刘领．防洪型水力发电企业的经营困境及对策——以江垭水电站为例[J]．水利经济，2005，23(1)：55-57.

[3] 王佳佳．龙滩水电站防洪发电优化调度研究[D]．广西大学，2015.

[4] Little J D C. The Use of Storage Water in a Hydroelectric System[J]. Journal of the Operations Research Society of America，1955，3(2)：187-197.

[5] 田峰巍，解建仓．水库实施调度及风险决策[J]．水利学报，1998(3)：57-62.

[6] 冯平，陈根福. 超汛限水位蓄水的风险效益分析[J]. 水利学报，1996(6):29-33.

[7] 王本德，王永峰. 水库预蓄效益与风险控制模型简介[J]. 大连理工大学学报，2000，20(1):14-18.

[8] 付湘，刘庆红，吴世东. 水库调度性能风险评价方法研究[J]. 水利学报，2012，43(8):987-990.

[9] 李宗坤，葛巍，王娟，等. 改进的突变评价法在土石坝施工期风险评价中的应用[J]. 水利学报，2014，45(10):1256-1260.

[10] Zhao Z, Ling W, Zillante G. An evaluation of Chinese wind turbine manufacturers using the enterprise niche theory [J]. Renewable and Sustainable Energy Reviews, 2012, 16(1):725-734.

[11] Su S, Zhang Z, Xiao R, et al. Geospatial assessment of agroecosystem health: development of an integrated index based on catastrophe theory [J]. Stochastic Environmental Research and Risk Assessment, 2012, 26(3):321-334.

[12] Poston T. Catastrophe theory and its applications [M]. New York City: Courier Dover Publications, 1996.

[13] 李绍飞，孙书洪，王向余. 突变理论在海河流域地下水环境风险评价中的应用[J]. 水利学报，2007，38(11):1312-1317.

[14] [苏联]阿尔诺德（V. I. Arnold）. 突变理论[M]. 周燕华译. 北京：高等教育出版社，1990.

[15] 王丽萍，黄海涛，张验科，等. 水库多目标调度风险决策技术研究[J]. 水力发电，2014，40(3):63-66.

[16] 张验科，王丽萍，裴哲义，等. 综合利用水库调度风险评价决策技术研究[J]. 水电能源科学，2011，29(11):51-54.

拱坝坝基岩体结构特征及岩体质量规律性研究

——以引汉济渭工程三河口水利枢纽为例

李　鹏　宋文博　张兴安

（陕西省水利电力勘测设计研究院，西安　710001）

摘　要　本次研究利用模糊聚类法产状分组将走向、倾向、倾角结合在一起进行坝基岩体的结构面产状分析，探讨了坝址区各部位结构面的立体分布情况，工程实践时对拱坝坝基结构面抗滑稳定性分析具有更加实用的价值；同时对比各勘探平硐内波速分布规律及岩体质量分布规律，结合波速与岩体质量数值相关性，探讨了岩体质量与波速分布的关系，认为在高波速及低波速区，可根据波速进行岩体质量定性分级，而中波速段应结合饱和抗压强度、岩体完整程度等多个指标综合分析。实践中可利用波速与岩体质量的对应关系对岩体质量进行初步判别，选择性地进行室内试验，从而大大提高勘察效率。

关键词　模糊聚类；结构面产状；波速；岩体质量

0　引　言

在坝基岩体稳定性分析中，岩体结构面产状分布及岩体质量是极为重要的两个方面[1]。其中，传统的岩体结构面分析主要采用玫瑰花图、极点分布图和等密度图等方法，本次研究拟采用模糊聚类的方法进行结构面产状分析，以期将走向、倾向、倾角结合在一起进行结构面立体分布规律的探讨[2,3]；传统的岩体质量评价方法主要有Q系统法、RMR体系、SMR体系及CSMR体系，并在工程实践中得到了不同程度的应用[4-6]。目前的岩体质量分析方法多以RQD野外统计分析及原位试验指标为主。RQD野外分析受统计人员人为影响较大，而原位试验难度大、周期长、费用高，统计精度受试验数量限制[7-9]。相比而言，波速作为指示岩体质量的重要参数之一，试验较为简单、快捷，且费用相对较低，可以进行大量的试验，从而满足统计需求[10]。本次研究拟通过对比各勘探平硐内波速分布规律及岩体质量分布规律，结合波速与岩体质量数值相关性，探讨岩体质量与波速分布的关系，利用波速与岩体质量的对应关系对岩体质量进行初步判别，选择性的进行室内试验，从而大大提高勘察效率。

1　研究区概况[11,12]

三河口水利枢纽坝址区位于佛坪县大河坝乡以北约3.8 km的子午河峡谷段，属秦岭中段南麓中低山区，子午河在坝址区流向为SW51°，拟建坝型为拱坝，坝肩岩体受力方向与河

作者简介：李鹏（1985—），男，山西昔阳人，工程师，主要从事水利水电工程地质勘察。E-mail：275835767@qq.com。

流走向大致平行。

研究区属于秦岭纬向构造体系中留坝—山阳构造带略阳—宁陕断裂亚带，大致以大河坝、两河一带分为西段的略阳—洋县断裂带和东段的宁陕—南宽坪断裂带。由多条平行断裂组成，近东西向波状展布。断面多向北陡倾，挤压破碎带、透镜体发育，炭化片理化普遍。主干断裂旁侧派生构造发育，并指示主干断裂具顺时针扭动特征。主要是燕山早期和中期归并改造早期生成的断裂而强烈活动的压扭性断裂带，表明区域主要应力方向为南北向。坝址区构造分布可见图1，坝址区主要为西北—东南走向逆断层及褶皱，说明区域主要以东北—西南方向压扭性地应力为主。

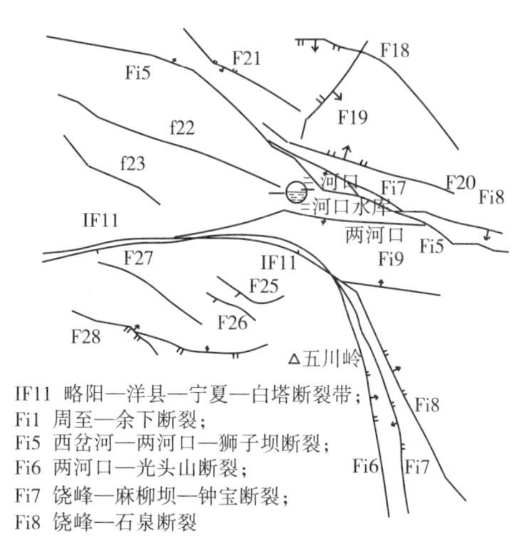

图1 区域主要断裂分布略图

2 岩体结构面分布分析

2.1 模糊聚类法的基本原理[13,14]

传统的玫瑰花图法以结构面的走向、倾向、倾角单独分析岩体结构面的产状，而本研究采用的模糊聚类法是将岩体结构面倾向和倾角分别作为岩体结构面的两个特征值，并将其组合形成的岩体结构特点相似的产状进行归类。已有研究表明，结构面产状模糊聚类方法对结构面的分类合理，结果可靠[2,3]。

2.2 模糊聚类法对工程岩体分类结果

在SPSS软件中，使用k－mean算法对两个特征值相似的产状进行归类，从而对结构面产状进行模糊聚类分析，将模糊聚类分析得到的聚类中心作为各分类的中心产状（见表1）对最优势的2组结构面进行统计分析。结果说明，坝址区优势结构面倾角在50°～70°，为陡倾角结构面。走向分布上两岸差异较大，左岸以与河流夹角较大（30°～50°）的结构面为主，对坝肩抗滑影响不大，与河流流向近平行的可能侧向切割面仅在局部高程段（PD24，540 m左右；PD23，600 m左右）有所出现；右岸各高程段均分布有大量与河流走向近平行的结构面，易构成可能的侧向切割面，其中PD21（580 m左右）两组优势结构面均可能构成侧向切割面。

表1 模糊聚类法结构面产状分组结果

硐号	位置	高程（m）	第一组优势结构面产状	与河流夹角（°）	第二组优势结构面产状	与河流夹角（°）
PD24	左岸	538.57	138°∠62°	3	277°∠59°	44
PD20		564.76	96°∠54°	45	270°∠63°	51
PD02		588.98	109°∠58°	32	285°∠63°	36
PD23		601.01	283°∠62°	38	134°∠59°	7
PD22		619.12	274°∠63°	47	100°∠60°	41

续表 1

硐号	位置	高程(m)	第一组优势结构面产状	与河流夹角(°)	第二组优势结构面产状	与河流夹角(°)
PD25	右岸	541.63	137°∠58°	4	269°∠67°	38
PD26		563.24	148°∠60°	7	286°∠65°	25
PD21		585.06	145°∠61°	4	297°∠67°	24
PD27		602.7	147°∠57°	6	275°∠66°	46
PD28		622.35	124°∠61°	17	275°∠65°	46

3　岩体质量分析

3.1　波速特征

为研究坝址区岩体波速与岩体质量的关系，本次研究对三河口坝址区平硐进行了详细的波速测量，并依据《水利水电工程地质勘察规范》(GB 50487—2008)[15]中对岩体工程质量划分的相关规定将波速分为<2 500 m/s、2 500～3 000 m/s、3 000～3 500 m/s、3 500～4 000 m/s、4 000～4 500 m/s、4 500～5 000 m/s、>5 000 m/s数据段对其特征和分布规律进行研究。

研究结果表明(见表2)：三河口坝址区岩体波速分布于各个波段，坝址左岸3 000 m/s以下波速段占26%，3 000 m/s以上波速段占74%；右岸3 000 m/s以下波速段占30%，3 000 m/s以上波速段占70%；坝址区整体上3 000 m/s以下波速段占28%，3 000 m/s以上波速段占72%。整体上坝址区岩体大范围为高波速所组成。

表2　三河口坝址区中坝线平硐洞壁波速测试结果

位置	高程(m)	硐号	测段范围(m)	各波速段长度(m)及所占百分比(%)						
				<2 500	2 500～3 000	3 000～3 500	3 500～4 000	4 000～4 500	4 500～5 000	>5 000
左岸	538.57	PD24	14.40～78.20	0.70	0.00	3.00	4.85	6.80	14.20	34.25
				0.01	0.00	0.05	0.08	0.11	0.22	0.54
	564.76	PD20	4.30～73.20	22.97	7.80	6.13	10.05	8.90	5.35	7.70
				0.33	0.11	0.09	0.15	0.13	0.08	0.11
	588.98	PD2	2.50～100.60	36.50	3.90	9.90	11.00	14.95	16.80	5.05
				0.37	0.04	0.10	0.11	0.15	0.17	0.05
	601.01	PD23	9.00～84.70	11.15	3.95	6.90	8.30	8.35	16.00	21.05
				0.15	0.05	0.09	0.11	0.11	0.21	0.28
	619.12	PD22	2.40～92.30	13.55	3.95	5.85	8.18	8.00	16.30	34.07
				0.15	0.04	0.07	0.09	0.09	0.18	0.38
	总体			84.87	19.60	31.78	42.38	47.00	68.65	102.12
				0.21	0.05	0.08	0.11	0.12	0.17	0.26

续表 2

位置	高程(m)	硐号	测段范围(m)	各波速段长度(m)及所占百分比(%)						
				<2 500	2 500 ~ 3 000	3 000 ~ 3 500	3 500 ~ 4 000	4 000 ~ 4 500	4 500 ~ 5 000	>5 000
右岸	541.63	PD25	7.80 ~ 68.75	3.35	1.00	6.30	5.80	3.95	8.95	31.60
				0.05	0.02	0.10	0.10	0.06	0.15	0.52
	563.24	PD26	1.60 ~ 88.80	18.65	5.80	2.95	2.70	3.80	17.85	35.45
				0.21	0.07	0.03	0.03	0.04	0.20	0.41
	585.06	PD21	5.00 ~ 108.63	6.98	11.27	4.16	12.40	3.83	16.53	48.46
				0.07	0.11	0.04	0.12	0.04	0.16	0.47
	602.70	PD27	3.20 ~ 68.30	20.20	2.90	3.40	4.00	4.55	9.05	21.00
				0.31	0.04	0.05	0.06	0.07	0.14	0.32
	622.35	PD28	3.30 ~ 115.30	45.55	11.80	8.00	12.50	7.55	11.10	15.50
				0.41	0.11	0.07	0.11	0.07	0.10	0.14
	总体			94.73	32.77	24.81	37.40	23.68	63.48	152.01
				0.22	0.08	0.06	0.09	0.06	0.15	0.35
两岸总体				179.60	52.37	56.59	79.78	70.68	132.13	254.13
				0.22	0.06	0.07	0.10	0.09	0.16	0.31

3.2 波速随高程分布特点

波速在高程段上呈间断分布，左岸除中间高程段 PD20、PD2 外，其余高程平硐低波速(<3 000 m/s)段长度均小于 20 m，各高程洞段低波速段长度均随高程增加而增加；右岸除高高程段 PD28 外，其余高程平硐低波速(<3 000 m/s)段长度均小于 20 m，各高程洞段低波速段长度随高程增加而增加。

3.3 波速随硐深变化特点

通过对波速随硐深变化统计分析(见图 2)发现，整体变化上，洞壁波速整体随硐深增加而增大，进而趋于一个较稳定的值。具体到各个平硐，波速随硐深变化多次呈大幅度高低起伏，呈隔档状分布，且隔档状分布在左岸中高程及右岸高高程段特征尤为明显。

3.4 波速与岩体基本质量的关系

根据《工程岩体分级标准》(GB 50218—94)[16] 对坝址区平硐岩体进行基本质量分级统计，并分别对左右岸及坝址区整体波速与岩体基本质量 BQ 值及修正后的 BQ 值进行相关性分析(见图 3)，由图可知，左右岸及坝址区整体岩体质量与波速相关性较好(相关系数均大于0.9)。相比之下，与修正前的 BQ 值相关性更好，经地下水、地应力、结构面等参数修正后的[BQ]值与波速的相关性虽然较修正前略差，但相关系数仍大于 0.9，说明波速可以近似的表征岩体基本质量情况。在该研究区 BQ 和[BQ]与波速的近似关系如下：

$$BQ = V_p \times (0.9 \sim 1.1) + (90 \sim 150)$$

$$[BQ] = V_p \times (0.9 \sim 1.1) + (20 \sim 80)$$

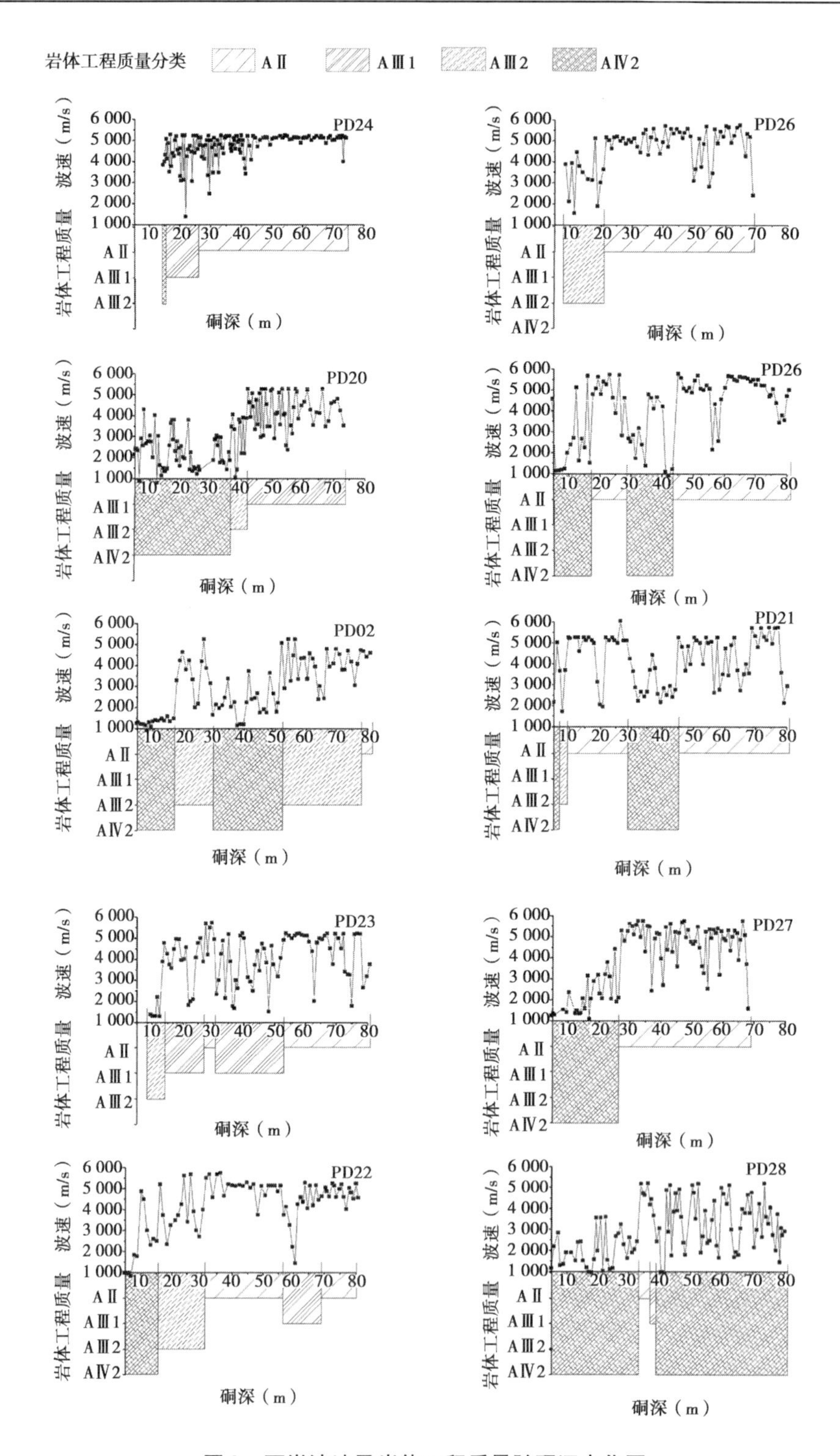

图2　两岸波速及岩体工程质量随硐深变化图

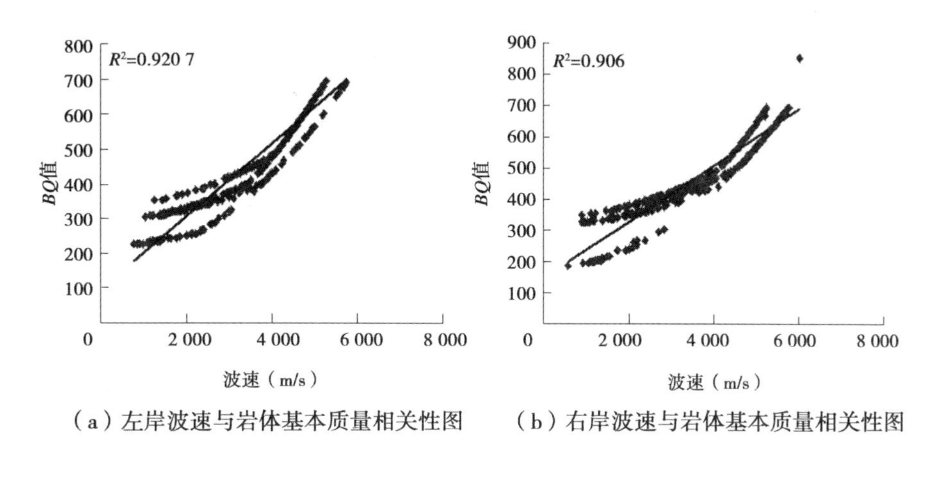

（a）左岸波速与岩体基本质量相关性图　（b）右岸波速与岩体基本质量相关性图

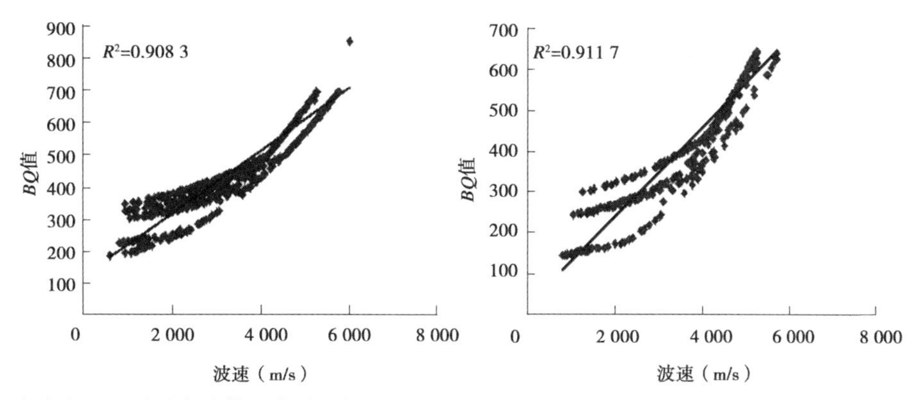

（c）坝址区波速与岩体基本质量相关性图　（d）左岸波速与修正后岩体基本质量相关性图

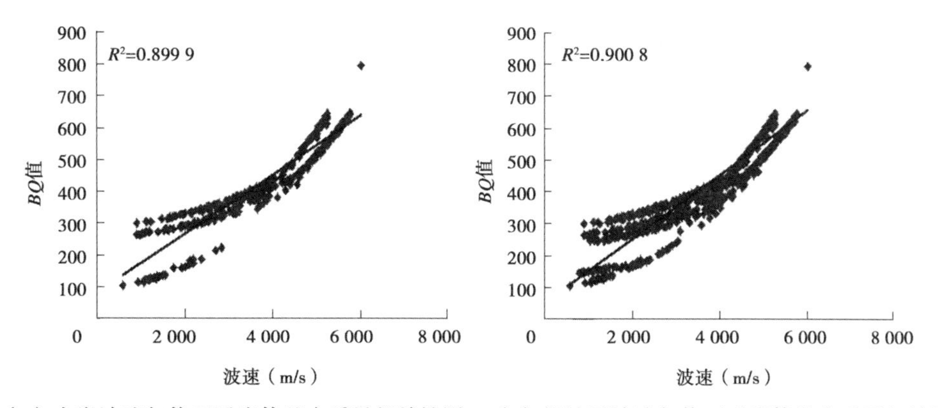

（e）右岸波速与修正后岩体基本质量相关性图　（f）坝址区波速与修正后岩体基本质量相关性图

图 3　岩体基本质量与波速相关性分析

3.5　波速与岩体工程质量的关系

根据《水利水电工程地质勘察规范》(GB 50487—2008)对坝址区平硐岩体进行工程质量分级统计(见图 2)，并分别对各平硐波速与岩体工程质量分级进行对比分析，由图易见，坝址区各平硐波速与岩体质量对应较好，相比之下，高波速(>4 000 m/s)段对应性更强，而中低波速段相比下对应程度略差。高波速段可直接根据波速值定性进行分级，而中低波速段要结合饱和抗压强度、岩体完整性程度等多个指标综合分析。

4 结 语

(1)与传统的玫瑰花图法对结构面产状分组相比,利用模糊聚类法产状分组将走向、倾向、倾角结合在一起进行分析,更多地表征了岩体的产状综合分布特征,对结构面抗滑稳定分析具有重要作用,可以用来分析工程中岩体的抗滑稳定情况。

(2)坝址区整体以高波速岩体为主,在高程及平硐水平方向上均间断分布;波速与岩体基本质量及修正后的岩体质量参数相关性均大于0.9,可以用波速值来对岩体基本质量进行较好的指示;波速与岩体工程质量分级对应关系较好,可以根据波速值对高波速段岩体工程质量进行分级,对中低波速段要综合其他指标进行综合定量。

参考文献

[1] 张倬元.工程地质分析原理[M].北京:地质出版社,1981.

[2] 周玉新,周志芳,孙其国.岩体结构面产状的综合模糊聚类分析[J].岩石力学与工程学报,2005,24(13):2283-2287.

[3] 李鹏,宋文博.模糊聚类法在岩体结构研究中的应用——以三河口水利枢纽工程为例[J].水利规划与设计,2012(6):63-66.

[4] 潘别桐.工程岩体强度的估算方法[J].地球科学-中国地质大学学报,1985,10(11):63-67.

[5] 李鹏.三河口水利枢纽工程平硐波速特征及其岩体质量指示意义[J].工程地质学报,2013,21(2):199-204.

[6] 王玉英,阎长虹,许宝田,等.某抽水蓄能电站地下硐室围岩岩体质量特征分析[J].工程地质学报,2009,17(1):76-80.

[7] 杜时贵,许四法,杨树峰,等.岩石质量指标RQD与工程岩体分类[J].工程地质学报,2000,8(3):351-356.

[8] 陈伊清.岩石质量指标RQD的应用问题[J].水利科技,2002(1):48-49.

[9] 董学晟.水工岩石力学[M].北京:中国水利水电出版社,2004.

[10] 赵明阶,徐蓉.岩石声学特性研究现状及展望[J].重庆交通学院学报,2000,19(2):79-85.

[11] 陕西省水利电力勘测设计研究院.陕西省引汉济渭工程三河口水里枢纽初步设计报告(工程地质部分)[R].西安,2012.

[12] 陕西省地质矿产局.陕西省区域地质志[M].北京:地质出版社,1989.

[13] 张春月,李晓奇.基于SPSS的模糊聚类分析[C]//第七届中国不确定系统年会论文集.重庆,2009:99-103.

[14] Jr.科克 G S,林克 R F.地质数据统计分析[M].王仁铎,刘绂堂译.北京:科学出版社,1978.

[15] GB 50487—2008 水利水电工程地质勘察规范[S].北京:中国计划出版社,2008.

[16] GB 50218—94 工程岩体分级标准[S].北京:中国计划出版社,1995.

浙江省牛头山水库防洪复核分析

施 征[2] 陈焕宝[1,2]

（1. 浙江省水利河口研究院，杭州 310020；
2. 浙江省水利防灾减灾重点实验室，杭州 310020）

摘 要 防洪复核是大坝安全鉴定工作的重点，也是水库工程除险加固与设计的重要依据。本文以浙江省牛头山水库为例，进行设计暴雨计算、设计洪水推求、泄洪能力复核、调洪演算等分析计算工作。通过复核分析，评价牛头山水库防洪安全性为“A”级。

关键词 防洪复核；设计暴雨；设计洪水；调洪演算

1 引 言

为保障水库的安全运行，对水库进行安全鉴定是防洪工作的重点。在水库安全鉴定工作中，防洪标准复核是首先要解决的技术问题，对工程安全评价具有“一票否决”的直接影响，是水库安全鉴定中最重要的环节。

牛头山水库位于浙江省临海市境内灵江支流大田港中游的逆溪上，总库容为2.988亿m^3，是一座以防洪、灌溉为主，结合供水、发电等综合利用的大（2）型水库。水库控制集水面积为254 km^2，主流长28 km，河道平均比降4‰。

水库大坝于1980年10月开工，1985年11月1日开始堵口，1989年5月开始关闸蓄水试运行，1991年12月竣工。限于当时的物质条件，大坝防渗体沥青混凝土面板采用茂名60#甲，热稳定性差，运行期间产生众多贯穿性裂缝，屡铺屡裂，防渗性能严重衰减，渗漏量明显增加；坝基混凝土防渗墙上部有孔洞和水平裂缝。2002年浙江省水利厅组织了牛头山水库大坝安全鉴定，2003年水利部大坝安全管理中心对大坝安全鉴定结果进行核定，核准为“三类坝”。2004年通过除险加固设计审查，列入水利部水库除险加固国债补助项目，2005年6月完成大坝加固工程。

水库经除险加固后枢纽布置不变，原有规模不变，正常水位、梅汛期限制水位、台汛期限制水位仍分别为46.5 m、46.5 m、45 m。随着经济社会的发展，水库主要任务和功能未发生变化，仍以灌溉、防洪为主，结合发电、养殖和供水等综合利用。

水库流域属亚热带季风气候区，气候特征是冬夏季风交替明显，年温适中，四季分明，雨量充沛。流域多年平均降水量1 750 mm，多年平均水面蒸发量1 050 mm，多年平均陆面蒸发量700 mm，多年平均年降水量1 602.7 mm，多年平均最大风速16.28 m/s。

根据《防洪标准》（GB 50201—2014）和《水利水电工程等级划分及洪水标准》（SL 252—

作者简介：施征（1984—），男，浙江省安吉县人，硕士，主要从事水文水资源方面的研究。E-mail：13858051984@126.com。

2000)，牛头山水库为大(2)型水库，属Ⅱ等工程，主要水工建筑物的级别为2级，其防洪标准(重现期)：设计为100年，校核为5 000～2 000年。本工程除险加固初设阶段采用设计标准为100年，同时考虑到水库下游为临海市城区和甬台温高速公路，保护对象特别重要，校核标准采用10 000年。

2　洪水分析

2.1　设计暴雨

暴雨是形成洪水的主要因素，由暴雨推求设计洪水通常假定暴雨与洪水具有相同的频率。根据水库流域内的雨量站分布情况，选用小芝、岭根、广营、逆溪、牛头山、外蔡、兰田、小岭等8个雨量站。面雨量统计选样按年最大、梅汛期、台汛期最大1 d、3 d、7 d进行统计，采用同场雨选样，按泰森多边形法计算面雨量。

综合分析各雨量站资料的起讫时间，选用暴雨系列1957～2013年共57年，利用PⅢ理论频率曲线进行目估适线，并协调各分期、各历时的频率曲线适线参数，使得曲线与经验点据的拟合达到最优，从而最终确定适线参数。牛头山水库年最大1 d、3 d、7 d降雨频率曲线见图1。

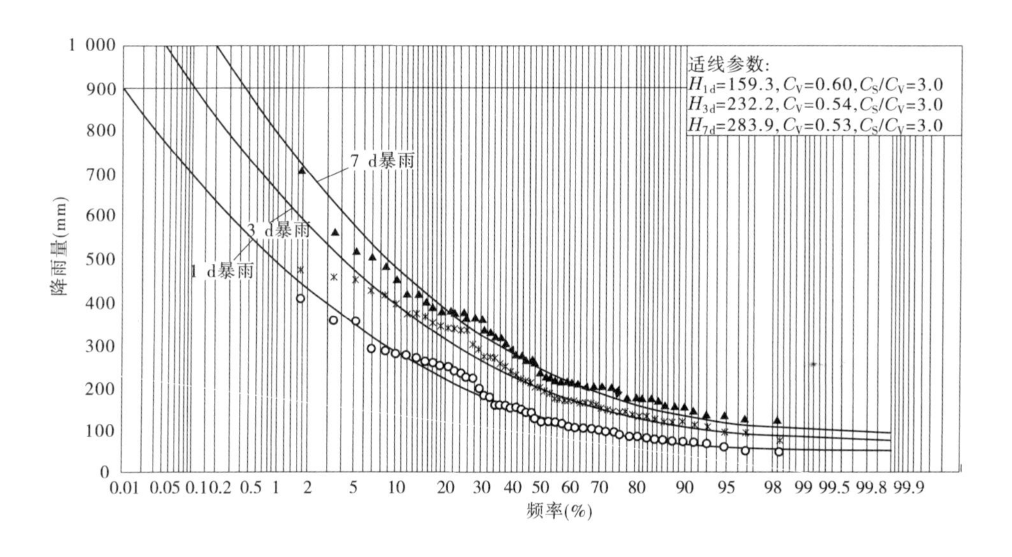

图1　牛头山水库年最大1 d、3 d、7 d暴雨频率适线图

2.2　设计雨型

设计暴雨的日程分配参照《浙江省短历时暴雨》，分配百分数如表1所示。

设计暴雨的时程分配根据暴雨衰减指数确定。流域内已累积有较长系列的短历时暴雨资料，选用系列较长的牛头山站和小芝站作为代表站，统计两站历年最大1 h、6 h、24 h暴雨系列，分别将其点绘在同一张PⅢ频率坐标纸上，可得两站的各特征历时的设计暴雨，再按暴雨公式求得各频率的衰减指数Np。

表1 设计暴雨日程分配表

分期	项目	日程分配百分数						
		1	2	3	4	5	6	7
台汛期	占 H_{24h}(%)						100	
	占($H_{3d}-H_{24h}$)(%)					55		45
	占($H_{7d}-H_{3d}$)(%)	58	23	19	0			
梅汛期	占 H_{24h}(%)						100	
	占($H_{3d}-H_{24h}$)(%)					70		30
	占($H_{7d}-H_{3d}$)(%)	20	20	20	40			

2.3 产流计算

浙江省属南方湿润地区，主要产流方式是蓄满产流，即在土壤满足田间持水量以前不产流，所有的降水都被土壤吸收；而在土壤满足田间持水量后，所有的降水（减去同期的蒸散发）都产流。在设计情况下，浙江省的经验做法为：产流计算采用简易扣损法，假定土壤最大含水量为100 mm，土壤前期含水量为75 mm，则初损为25 mm。最大24 h雨量后损为1 mm/h，其余几日后损为0.5 mm/h。

2.4 汇流计算

根据《浙江省中小流域设计暴雨洪水图集》使用说明，集水面积大于100 km^{2}的流域可采用浙江省瞬时单位线或新综合单位线法进行汇流计算。本次复核分析采用浙江省瞬时单位线法计算。

由牛头山水库流域特征值，根据 $n—F$、$M_1(10)—L/J^{1/3}$、$b—J^{1/3}F^{-1/4}$ 关系式，分别查得汇流参数 $n=2$，$a=18.97$，$b=0.46$。按上述求得的瞬时单位线汇流参数，代入瞬时单位线一般式即可推得设计洪水。计算时段采用1 h，临界雨强为30 mm/h。

由此求得的年最大设计洪水成果见表2。

表2 牛头山水库设计洪水成果表（年最大）

项目	单位	各频率(%)设计值											
		PMF	0.01	0.02	0.05	0.1	0.2	0.5	1	2	5	10	20
洪峰流量	m^3/s	6 850	6 205	5 813	5 290	4 897	4 561	4 027	3 591	3 187	2 560	2 102	1 534
洪峰模数	m^3/(s·km)^2	27.0	24.4	22.9	20.8	19.3	18.0	15.9	14.1	12.5	10.1	8.3	6.0
7 d洪量	亿m^3	3.21	3.21	2.99	2.71	2.50	2.28	1.99	1.77	1.55	1.24	1.01	0.76

注：*PMF* 洪水总量为三日暴雨形成，其余为7 d暴雨形成。

3 调洪演算

水库调洪采用静库容调洪计算方法，即认为某个水位水库水面是水平的，采用静库容曲线，利用水量平衡原理，假定在计算时段 dt 内水库库容和库水位呈线性变化，将圣维南偏微分方程组中的连续方程用有限差分来代替，得：

$$(I_{初} + I_{末})/2 - (q_{初} + q_{末})/2 = (V_{末} - V_{初})/dt$$

式中，$I_{初}$、$I_{末}$分别为时段 dt 初、末的入库流量，m^3/s；$q_{初}$、$q_{末}$分别为时段 dt 初、末的出库流量，m^3/s；$V_{初}$、$V_{末}$分别为时段 dt 初、末的水库蓄水量，m^3。

水库泄水量 Q 与坝前库水位 Z 有如下关系：

$$Q = f(Z)$$

式中 Q 与 Z 的关系随防洪调度中所采用的不同泄水建筑物而定。水库蓄水量 V 与库水位 Z 的关系由库容曲线给出，即：

$$V = f(Z)$$

联解以上方程式，即可求得各时段的坝前水位、水库泄量及蓄水量。

根据以上原理，采用试算法迭代求解，逐时段连续演算，完成整个调洪过程。计算时，由于水库流域植被较好，水土流失较少，库区淤积量不大，库容曲线仍采用 1978 年初步设计时所用成果，同时泄流能力采用水工模型试验成果。根据浙水管〔2013〕36 号文件《关于牛头山水库 2013 年度控制运用计划的核定意见》，所得年最大洪水调度成果如表 3 所示。

表 3　牛头山水库调洪计算成果表（年最大）

项目	各频率（%）计算值									
	PMF	0.01	0.02	0.05	0.1	1	2	5	10	20
入库洪峰流量（m^3/s）	6 850	6 205	5 813	5 290	4 897	3 591	3 187	2 560	2 102	1 534
最高洪水位（m）	58.00	57.35	56.83	56.13	55.61	54.51	54.06	53.56	52.08	50.50
相应库容（万 m^3）	30 902	29 962	29 209	28 185	27 436	25 834	25 192	24 484	22 455	20 370
最大泄量（m^3/s）	3 890	3 666	3 487	3 250	3 077	1 503	434	24.8	24.8	24.8

本次调洪演算 100 年一遇设计洪水位 54.51 m，较除险加固初设 54.60 m 低 0.09 m；10 000年一遇校核洪水位 57.35 m，较除险加固初设 57.30 m 高 0.05 m。

4　防洪安全复核

大坝为砂砾石坝，按 100 年一遇洪水设计，10 000年一遇洪水校核，经本次复核计算，大坝设计洪水位 54.51 m，校核洪水位 57.35 m。防浪墙墙顶高程等于水库静水位与超高之和，分别按以下运行情况计算，取其最大值：①设计洪水位 + 正常运用情况的超高；②校核洪水位 + 非常运用情况的超高。坝顶高程按防浪墙墙顶高程减去防浪墙高度（高度为 1.20 m）计算，并且在正常运用条件下坝顶应高出静水位 0.5 m，在非常运用条件下，坝顶应不低于静水位。

经计算分析，牛头山水库大坝现有坝顶高程 59.30 m，高于校核洪水位（$P = 0.01\%$）57.35 m；防浪墙顶高程 60.4 m，高于计算防浪墙顶高程 59.905 m。

5　结　论

（1）本次洪水复核，选用小芝、岭根、广营、逆溪、牛头山、外蔡、兰田、小岭等雨量站的暴雨资料求流域面雨量，求得水库设计暴雨，然后用简易扣损法进行产流计算后，再用浙江省瞬时单位线法进行汇流计算，并通过综合分析确定设计洪水。

(2)经调洪计算,本次复核100年一遇设计洪水位54.51 m,较除险加固初设54.60 m低0.09 m;10 000年一遇校核洪水位57.35 m,较除险加固初设57.30 m高0.05 m。大坝现有坝顶高程59.30 m,高于校核洪水位($P=0.01\%$)57.35 m;防浪墙顶高程60.4 m,高于计算防浪墙顶高程59.905 m。因此,牛头山水库现有防洪标准满足100年一遇设计,10 000年一遇校核要求。从洪水复核来看,水库大坝坝顶高程已能满足安全要求。

(3)根据《水库大坝安全评价导则》(SL 258—2000),牛头山水库防洪安全性评价为"A"级。

参考文献

[1] 黄根玉. 设计洪水复核几个重点问题的探讨[J]. 中国水运,2008,6(1):92-93.
[2] 屠林初. 长潭水库洪水复核研究[J]. 浙江水利水电专科学校学报,2012,24(1):31-34.
[3] 叶萍,蔡红娟. 杭州市青山水库防洪标准复核分析[J]. 浙江水利水电专科学校学报,2015,27(3):57-58.
[4] 余诗汉,林成东,胡琳琳. 河村水库大坝防洪能力复核[J]. 浙江水利科技,2010(5):43-44.
[5] 刘光文. 水文分析与计算[M]. 北京:水利电力出版社,1989.

多波束声呐在水电站消力塘水下检测中的应用研究

高志良[1] 沈定斌[1] 陈思宇[2] 周梦樊[2]

(1. 国电大渡河流域水电开发有限公司库坝管理中心,成都 614900;
2. 中国电建集团昆明勘测设计研究院有限公司,昆明 650051)

摘 要 水电站水工建筑物水下部分常年浸没在水面以下,长期运行会有淤积、表观完整性缺陷等现象,而传统的检测方法(潜水员下潜探查)受作业深度限制、作业时间短、效率低、安全风险较大,对作业环境要求高(如水流、需停机等)。多波束声呐探测技术能够有效获取水下检测区域的高密度三维点云图,准确定位缺陷的位置、尺寸及方量,为后续修补施工提供准确的量化数据。本文首先介绍了多波束声呐系统的工作原理及作业方法,结合龚嘴水电站消力塘水下检测的工作实践,并将水工建筑物表观缺陷、底板淤积形态等信息融入水工三维模型,为大坝安全运行管理提供了可溯源的三维数字档案。

关键词 多波束声呐系统;水下检测;水工三维模型

1 引 言

随着投运水电站数量成倍级的增加,水电站水工建筑物缺陷检测,尤其是水下(深水)水工建筑物的缺陷检测逐步凸显成为业界的技术难题。如何依靠先进的检测技术手段准确掌握水工建筑物的运行性态,为运行管理和水下修补提供准确的依据,成为当下亟待突破的难题。

多波束声呐探测技术是一项新技术,广泛应用于航行水域、库区、湖泊的水下探查工作,而将多波束声呐技术应用于水工建筑物水下异常的检测目前还不多见,所以对此类应用的探讨研究具有深远的现实意义。多波束声呐技术能够获取足够多数据反映水下地形地貌情况,直观显示水下目标的大小、形状以及目标物周围水下地形的变化,一般不需要进行水下潜水探摸。本文以水工建筑物水下部分为研究对象,介绍了多波束声呐的基本原理、检测思路,以应用实例说明该技术探查水下异常、检测水工建筑物缺陷、淤积等情况是切实可行的。

2 多波束声呐系统的原理

多波束声呐系统也称声呐阵列测深系统。近年来多波束声呐技术日益成熟,波束数已从 1997 年首台 Sea Beam 系统的 16 个增加到目前 100 多个,波束宽度从原来的 2.67°减到目前的 1°~2°,总扫描宽度从 40°增大至目前的 150°~180°。目前多波束声呐系统不仅实

作者简介:高志良(1986—),男,硕士,工程师,技术专责,主要从事大坝安全监测与管理工作。E-mail:294292823@qq.com。

现了测深数据自动化和在外业实时自动绘制出测区水下彩色等深图,而且还可利用多波束声信号进行侧扫成像,提供测时水下地貌特征,又形象地叫它为“水下 CT”。

多波束声呐系统是以一定的频率发射多个波束,波束具有沿航迹方向开角窄而垂直航迹方向开角宽的特点,多个波束形成扇形声波束探测区。单个发射波束与接收波束的交叉区域称为脚印,发射与接受循环称为声脉冲[1]。根据各个角度的声波到达时间或相位即可测量出每个波束对应点的水深值,若干个测量周期组合就形成了带状水深图,如图 1 所示。

多波束声呐系统工作原理和单波束声呐一样,是利用超声波原理进行工作的,不同的是多波束声呐系统信号接收部分由 n 个成一定角度分布的相互独立的换能器完成,每次能采集到 n 个水深点信息,多波束声呐系统组成见图 2。

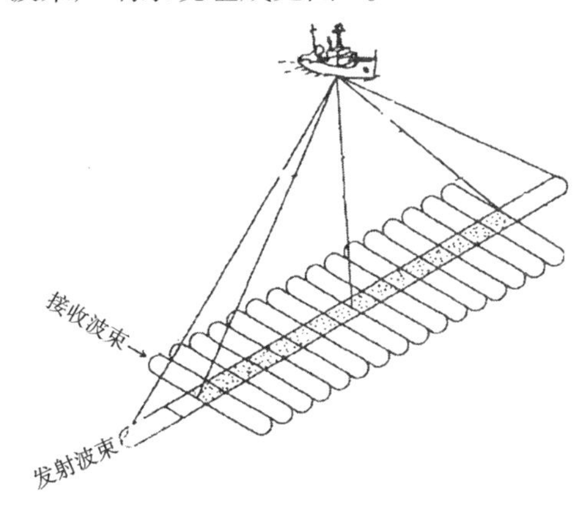

图 1 多波束声呐系统工作原理示意图

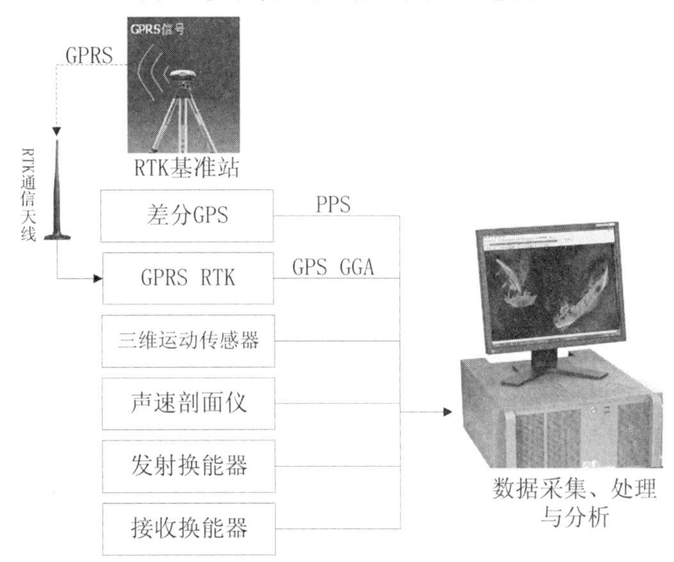

图 2 多波束声呐系统组成

3 应用实例

3.1 工程概况

龚嘴水电站位于中国四川省大渡河上,大坝为混凝土重力坝,最大坝高 85.6 m,电站设计水头 48 m,最大水头 53.08 m,最小水头 34.7 m。总库容 3.1 亿 m^3,水电站装机容量 77 万 kW。工程以发电为主,兼顾漂木。枢纽布置自右至左为:右岸挡水坝段,地面厂房,溢流坝段,间隔分布的冲沙底孔坝段,漂木道,左岸挡水坝段(3~1 坝段),地下厂房。

采用多波束探测技术对龚嘴水电站消力塘及 7#、8#、9#溢洪道水下部分过流面的完整性进行检查和验证,检查范围包括消力塘底板及消力塘周边部位,其中,消力塘周边部位包含 7#~9#溢洪道过流面水下部分、两侧导墙及护坦、6#底孔右导墙、10#底孔左导墙、漂木道右侧墙、厂房左端墙、混凝土潜堰等,具体探测范围见图 3(阴影部位)。

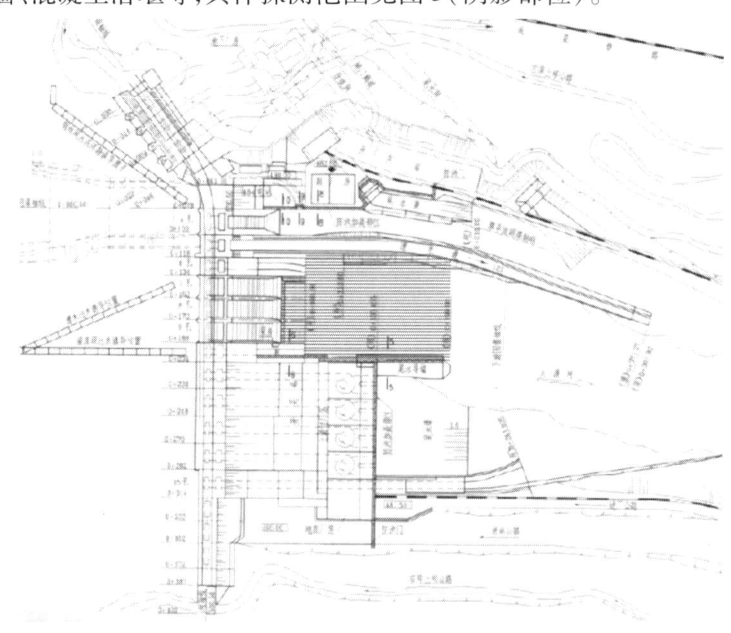

图 3　龚嘴水电站消力塘检测工作布置图

3.2　异常位置的圈定

通过对龚嘴水电站消力塘进行多波束声呐测试,成果显示,龚嘴水电站消力塘范围内,漂木道右边墙、厂房左端墙、7#溢洪道~9#溢洪道、护坦(450 m 高程护坦、456 m 高程护坦及其渐变范围)、6#冲砂底孔右导墙、10#冲砂底孔左导墙未发现大规模开裂及压裂现象;7#溢洪道~9#溢洪道、6#冲砂底孔右导墙、10#冲砂底孔左导墙与护坦之间接缝良好。

图 4(a)为龚嘴水电站消力塘多波束声呐水下检查成果图,(b)为龚嘴水电站消力塘多波束探测成果与水工三维设计模型的联动成果图,将多波束探测数据与水工三维模型融合,对比消力塘水工建筑物表观形态变化情况,进行表观完整性及淤积情况分析。

图 5(a)为龚嘴水电站 2006 年消力塘水下地形等值线图,(b)为现阶段龚嘴水电站消力塘水下地形等值线图,对比现阶段与 2006 年消力塘水下地形形态资料,可直观分析水下混凝土表观形态变化及淤积情况。

多波束声呐检测成果与水工三维模型对比,此次检测共发现 7 处具一定规模的混凝土表观异常区,分别编号为异常①至异常⑦,其中,异常①位于 6#冲砂底孔右导墙,该异常范围为混凝土淘蚀损伤;异常②位于漂木道右边墙,该异常范围为混凝土表面局部淘蚀损伤;异常③至异常⑤位于厂房左端墙,异常③疑似为混凝土表面局部淘蚀损伤,淘蚀深度普遍较浅,异常④为混凝土表观呈明显淘蚀现象,异常⑤为混凝土淘蚀损伤;异常⑥位于设计高程

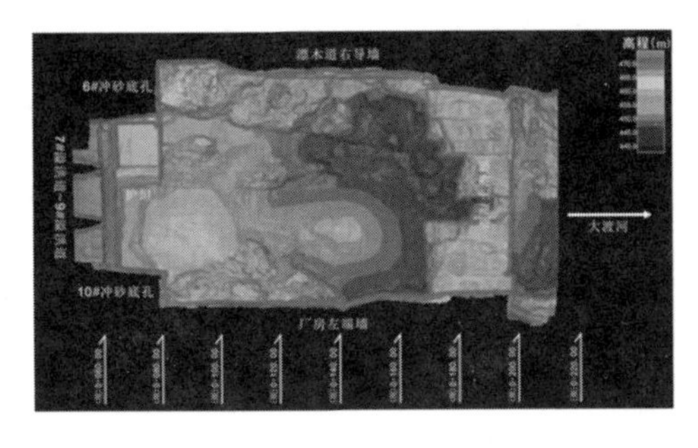

(a) 多波束声呐水下检查成果

(b) 多波束探测成果与水工三维设计模型的融合成果

图 4　龚嘴水电站消力塘多波束声呐水下检查成果图

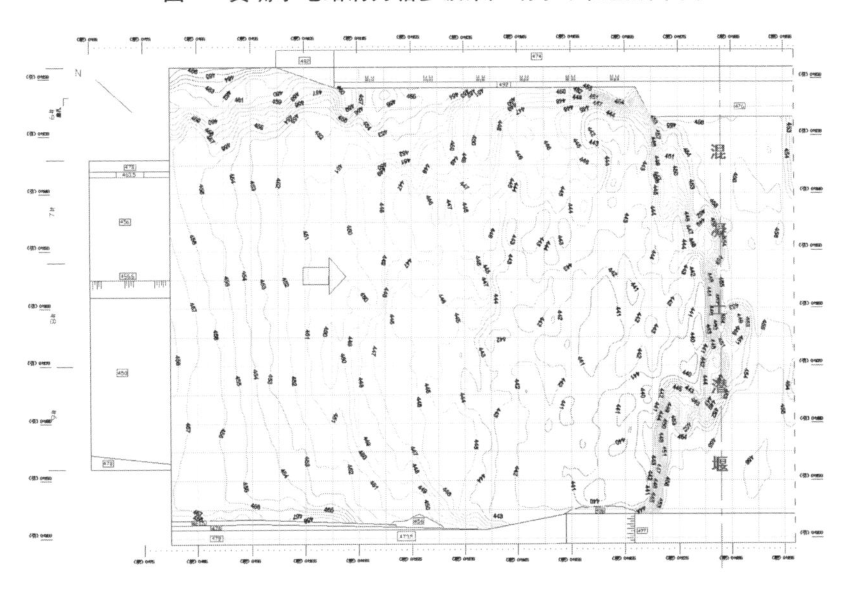

(a)2006 年消力塘水下地形等值线图

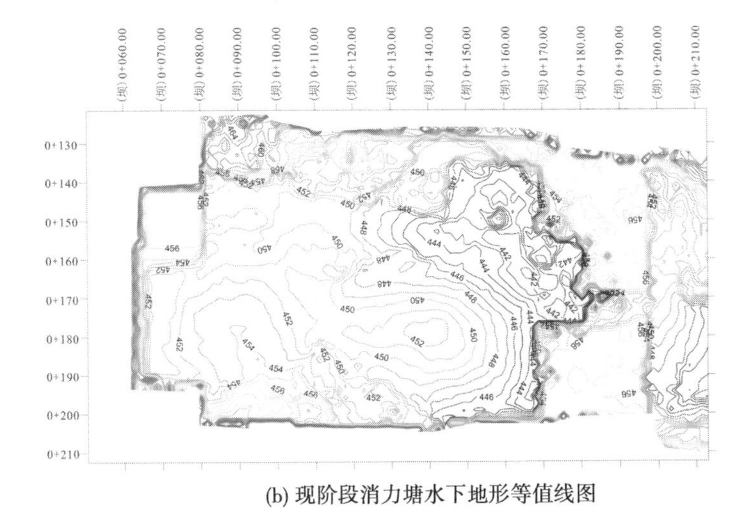

(b) 现阶段消力塘水下地形等值线图

图 5　龚嘴水电站消力塘水下地形等值线图

450 m 护坦，该异常为护坦表面大量卵石、泥沙淤积；异常⑦位于混凝土潜堰，该异常为混凝土潜堰存在较大规模的淘蚀现象，淘蚀范围主要分布在混凝土潜堰迎水面中部。图 6 为异常区示意图，图 6(a)为在多波束数据上对异常区的圈定，(b)为在多波束和水工三维模型融合的数据上对异常区的圈定。图 7 为异常③、④、⑤多波束测扫成果位置示意图。

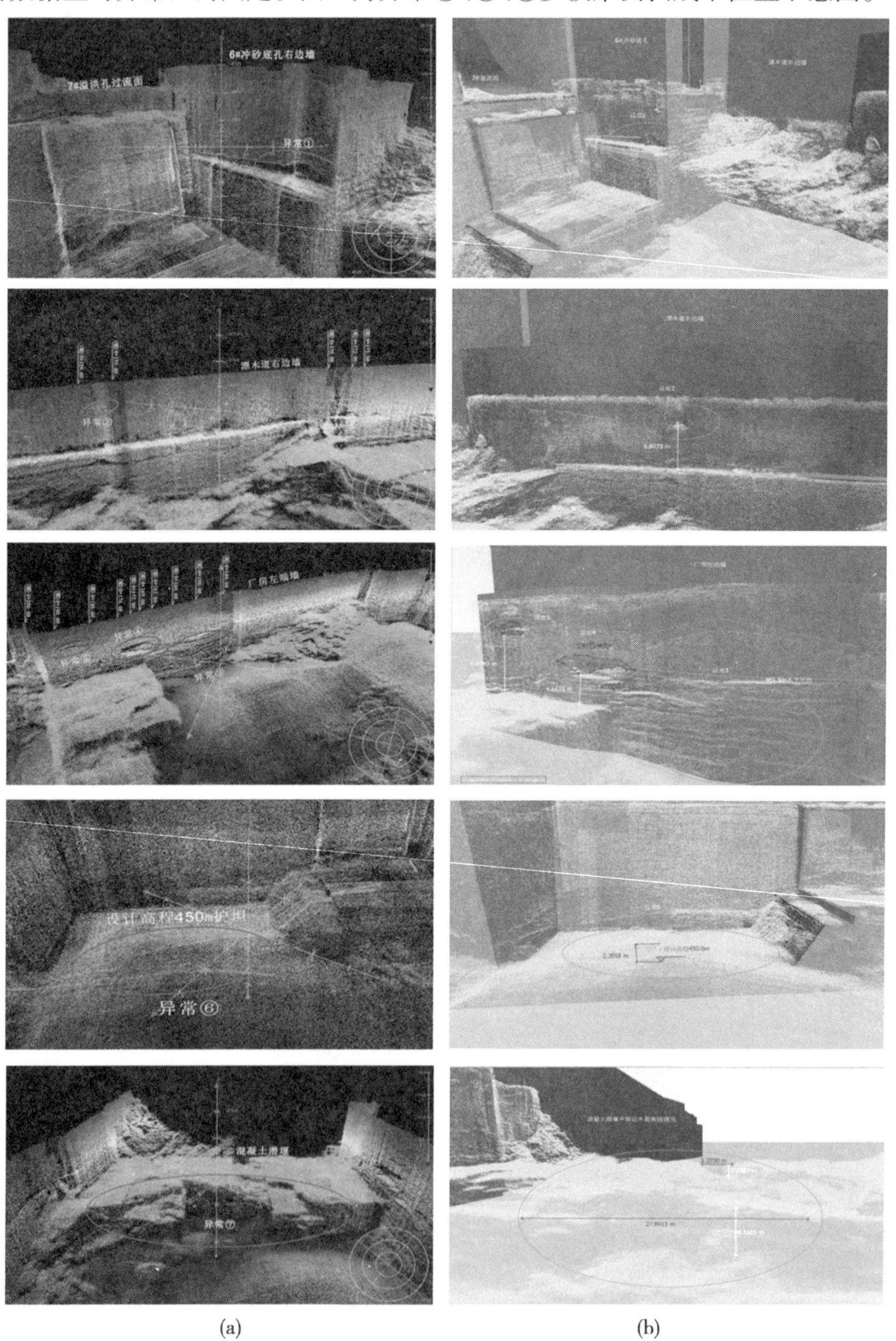

图 6　异常①至异常⑦位置示意图

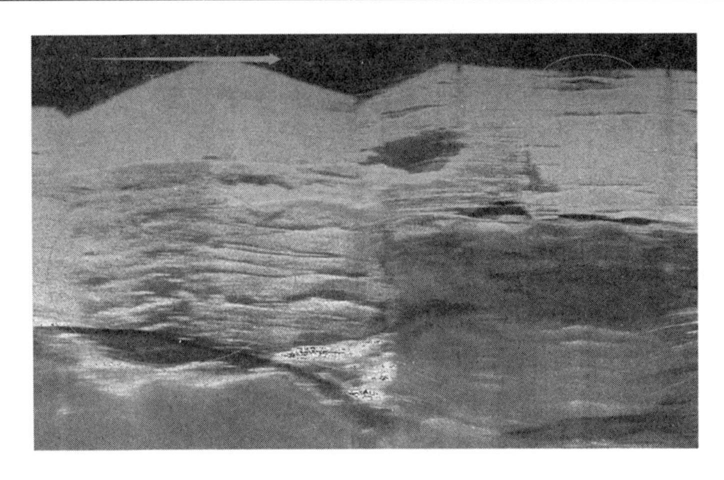

图 7 异常③、④、⑤多波束侧扫成果位置示意图

3.3 异常特征的判定

多波束声呐圈定水下异常的空间位置,同时也可判定异常的形态、大小等特征,本文以异常④和异常⑥为例进行探讨。

(1)异常④位于厂房左端墙,该异常区域混凝土表观呈明显淘蚀现象,多波束声呐探测成果显示该异常为陡立混凝土墙面上分布较大的凹陷,见图 8(a)、(b),凹陷范围(长×宽×深)约为 8 m×3.1 m×1.3 m,见图 8(c),凹陷体积约为 32.24 m^3,见图 8(d)。

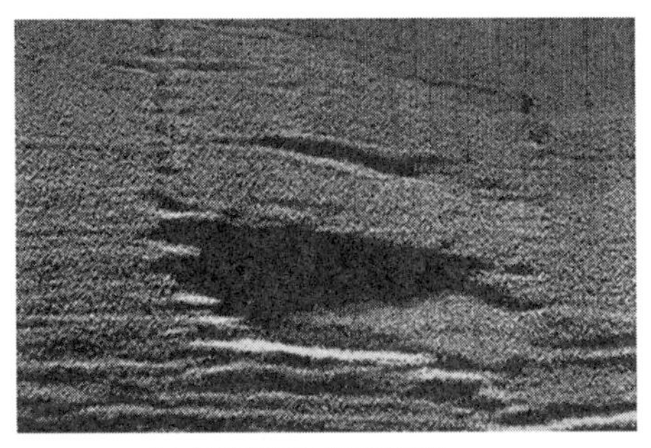

(a) 异常④形态示意图

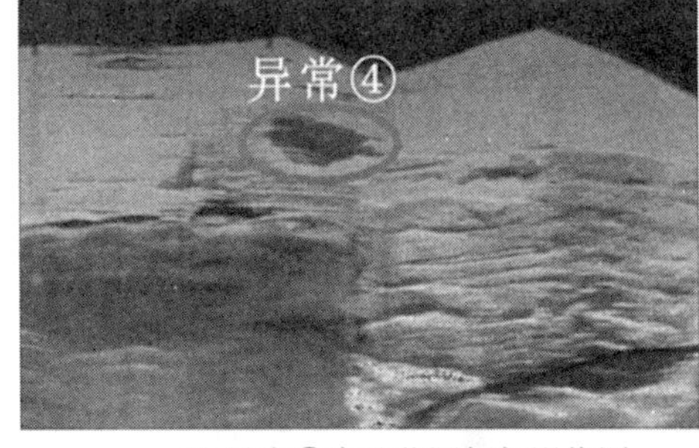

(b) 异常④淘蚀范围侧扫影像图

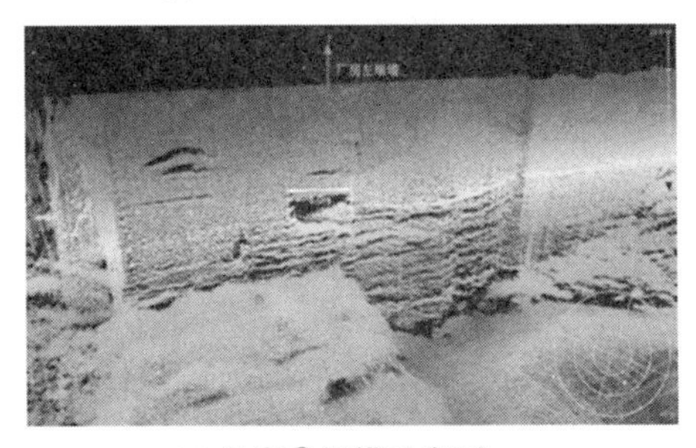

(c) 异常④规模示意图

(d) 异常④凹陷垂直深度与体积(背面视面)

图 8 异常④特征示意图

为描述异常区域混凝土表面变化,横跨异常区域绘制了混凝土表面高程随桩号变化的典型断面,见图 9,由断面曲线图可见,该断面呈局部凹陷特征,凹陷的距离介于 0.9 ~ 2.1 m。

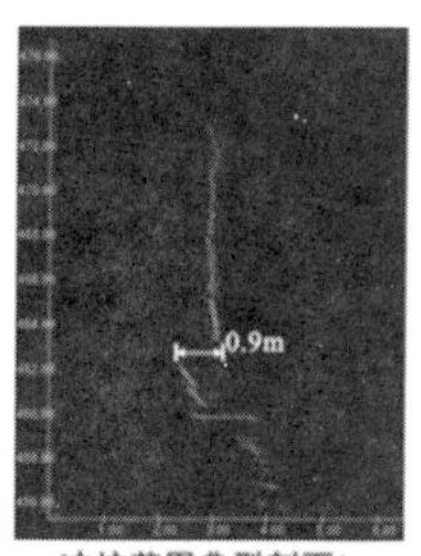

冲坑范围典型剖面1
坝横里程：（坝）0+169.00

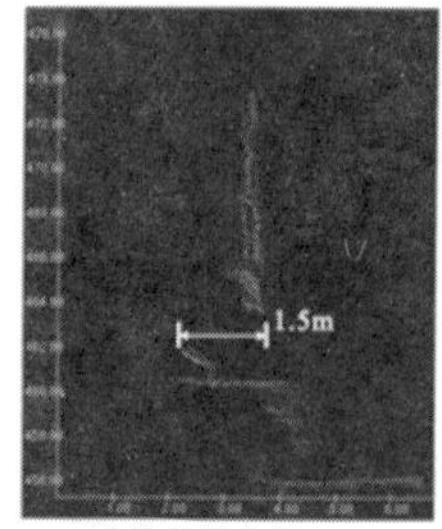

冲坑范围典型剖面2
坝横里程：（坝）0+171.00

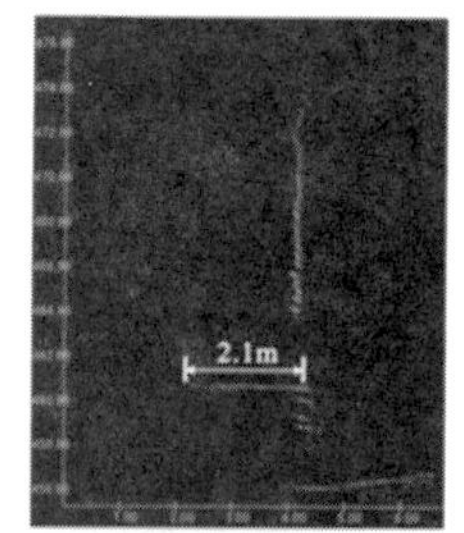

冲坑范围典型剖面3
坝横里程：（坝）0+174.00

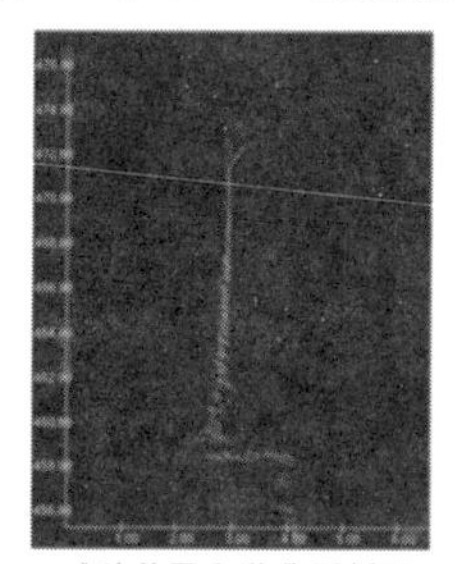

冲坑范围上游典型剖面
坝横里程：（坝）0+164.00

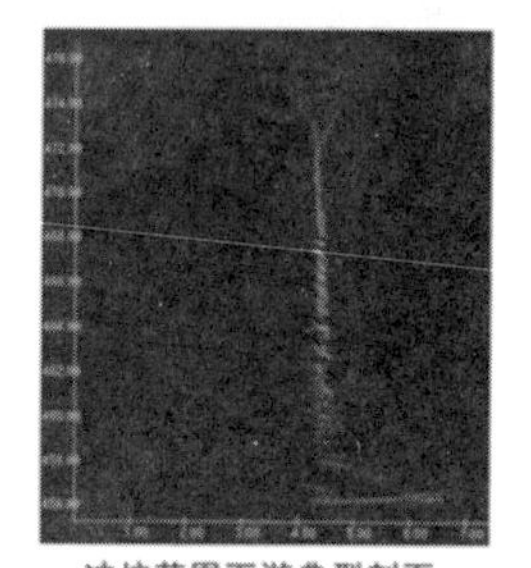

冲坑范围下游典型剖面
坝横里程：（坝）0+178.00

图9　异常④淘蚀范围典型断面示意图

（2）异常⑥主要分布在护坦范围，护坦设计高程为450 m，多波束声呐探测成果显示该异常为混凝土护坦表面存在较大规模的突起，见图10下图。图10上图为异常⑥水下电视成果图，从图中可知该突起异常为护坦表面大量卵石、泥沙淤积导致。

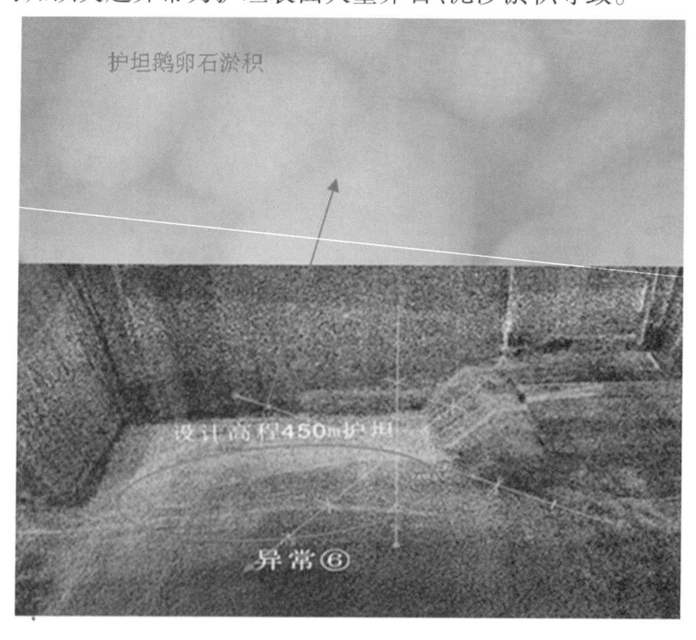

图10　护坦范围异常⑥位置示意图

将异常⑥多波束声呐实测成果与设计图纸对比，见图11，可发现，设计高程450 m护坦表面存在一定程度淤积，淤积平均厚度为1.2 m，设计高程450 m护坦下游边缘实测高程介于452～453 m，较2006年资料的实测值458 m高程降低约6 m。

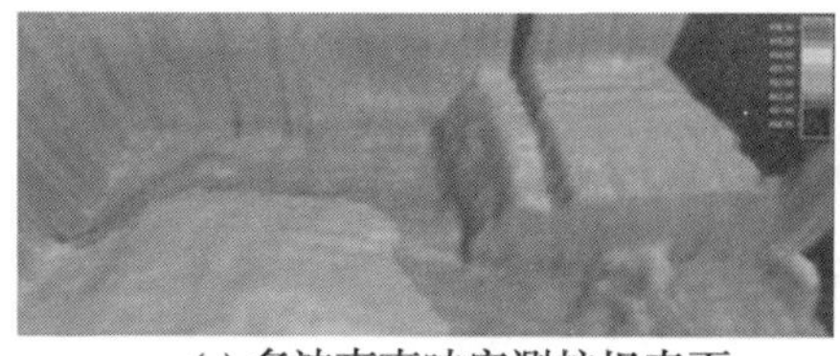

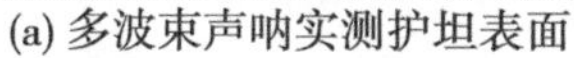
(a) 多波束声呐实测护坦表面

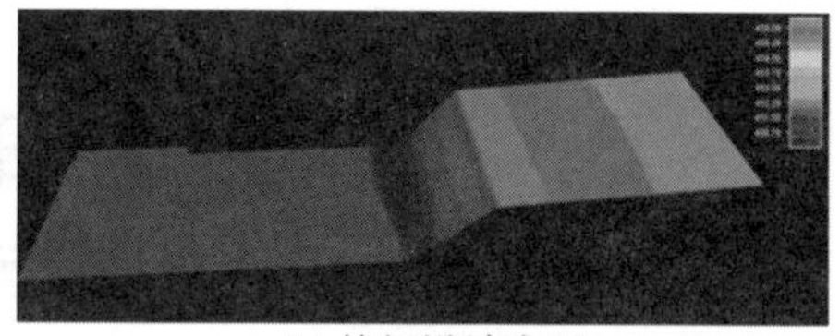
(b) 护坦设计表面

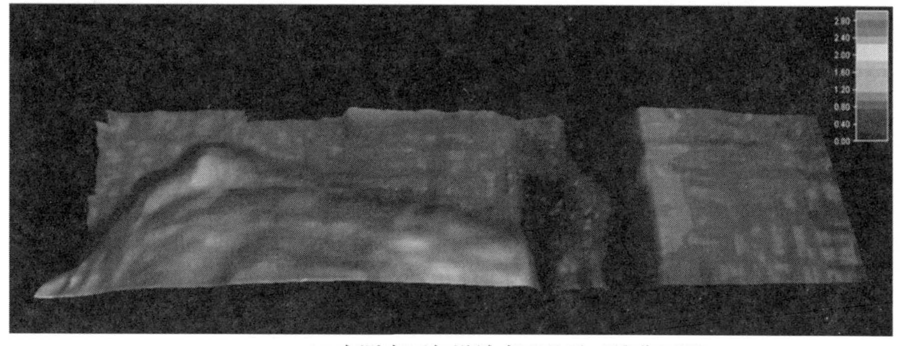

(c) 实测表面与设计表面差异三维曲面图

图 11　异常⑥护坦表面淤积厚度三维曲面图

4　结　语

4.1　结论

（1）多波束声呐探测技术突破了传统检测方法的制约，成功应用于水电站水下建筑物缺陷检测，且能够达到预期的效果。

（2）多波束声呐探测技术在龚嘴水电站消力塘实践应用表明，该技术能够准确定位水下异常区域，精确获取异常区域尺寸及方量，同时以水工三维模型为基础数据，能够将多波束声呐成果同水工三维设计模型有效融合，实现水工建筑物三维动态查看异常区域分布及空间形态。

（3）通过后续定期检测，对比分析，可动态掌握消力塘水下建筑物的运行状态，同时对检测发现的问题及时作出诊断，并对较大缺陷处理提供了准确的量化数据。

4.2　建议

（1）水电站水下水工建筑物缺陷检测采用多波束声呐探测技术，能够对水下异常进行圈定和诊断，并形成三维数字化模型，全面掌握水电站水下水工建筑物运行状态，及时发现、处理缺陷。

（2）该技术能够用于库区淤积测量，能够准确获取库容淤积成果，并建立水库三维实测模型，通过定期测量对比分析，为水库运行调度提供可靠依据。

参 考 文 献

[1] 周天. 超宽覆盖海底地形地貌高分辨率探测技术研究[D]. 哈尔滨工程大学,2005.

[2] 徐玉如，庞永杰，甘永，等．智能水下机器人技术展望[J]．智能系统学报，2006，1(1)：9-16.

[3] 关宇，汪良生．ROV 检测技术[J]．船舶工业技术经济信息，2002(2)：22-25.

[4] 王胜年，潘德强．港口水工建筑物检测评估与耐久性寿命预测技术[J]．水运工程，2011(1)：116-123.

大中型水库老旧底孔工作闸门改造方案探讨

李宗阳

(贵州省国电贵州电力有限公司红枫水力发电厂,贵阳 551417)

摘　要　水电站放空底孔工作闸门因长期处于水下,承受巨大的水压力、淤砂压力,经受侵蚀、腐蚀等化学作用,影响工作闸门的正常使用,甚至无法使用,对大坝安全造成一系列安全隐患。进入21世纪以来,建于20世纪五六十年代的水电站,因运行时间久远,维护工作艰难,其底孔闸门的现状更是堪忧,加强此类底孔工作闸门定期检查、维护,对存在问题的老旧闸门及时改造、更换,保持闸门系统的良好运行,对确保大坝安全有十分重要的意义。但这些闸门的维护、更新改造工作尚无先例借鉴,本文通过对百花水电站放空底孔工作闸门改造工程进行研究,制订出一套切实可行的改造施工方案。

建于1966年的百花水电站,其放空底孔工作闸门自投入运行,从未开启,门体锈蚀严重,钢丝绳断股,启闭机无法使用,为保证安全,经多方论证,只能进行改造更换。通过对该闸门改造过程中存在的问题进行分析探讨,研究施工方案,认真细致地分析存在问题,最终制订出一套切实可行的改造施工方案,成功将旧工作闸门吊出、拆除,为顺利完成闸门改造工程迈出了关键的一步。

在解决工程实际困难的同时,亦为今后同类工作闸门改造提供了一定参考意义。

关键词　事故闸门;工作闸门;启闭机;止水;浇筑;拆解;吊装

1　工程概况

百花电站位于贵阳市观山湖区朱昌镇,距贵阳市城区26 km。是长江流域乌江支流猫跳河上的第二个梯级电站,控制流域面积1 895 km^2,多年平均流量39 m^3/s。该电站以发电为主,兼顾防洪、灌溉、供水、养殖、旅游等综合效益。枢纽包括大坝、溢洪道、放空底孔、发电引水系统及厂房等主要建筑物。设计正常蓄水位1 195 m,水库库容2.18亿m^3,为年调节水库;增容改造后总装机容量27 MW,保证出力5.58 MW,多年平均发电量0.804亿kWh。拦河坝由钢筋混凝土斜墙堆石坝和钢筋混凝土碎石坝组成,最大坝高50.22 m,坝顶长320 m,坝顶宽8 m,最大坝底宽111.1 m。水库放空底孔由导流洞改建而成,进口位于右岸发电引水隧洞左侧,进口底板高程1 153.5 m。大坝始建于1960年,1966年6月建成投产。

百花电站放空底孔建成至今未曾使用,2015年5月水下摄像检查中发现底孔事故闸门锁定于检修平台,闸门钢丝绳已锈断,门槽轨道存在锈蚀;工作闸门处于挡水状态,闸门门体、门槽轨道以及钢丝绳均锈蚀严重,主轮、定轮与轨道卡塞严重,水封严重老化变形,反滑块紧贴上游门框;事故闸门及工作闸门共用一台固定式卷扬启闭机,启闭机已不能正常使

作者简介:李宗阳(1990—),男,四川资阳人,助理工程师,主要从事电厂水工维护工作。E-mail:550704363@qq.com。

用。由于放空底孔工作闸门和事故闸门已经不满足安全运行条件,同时按照《水利水电工程金属结构报废标准》(SL 226—98)(金属结构折旧年限附录 A)规定,该闸门已达到报废年限。为保证电站安全运行,确定对放空底孔工作闸门及事故闸门进行改造。

2 主要工作内容

(1)拆除原固定式卷扬式启闭机、事故闸门;
(2)浇筑新固定卷扬式启闭机排架;
(3)新固定式卷扬启闭机安装调试;
(4)原事故闸门门槽及门槽周边混凝土水下清理;
(5)人工下潜辅助入槽落入事故闸门;
(6)拆除工作闸门配重块,排干工作闸门与事故闸门之间积水,提出工作闸门;
(7)凿除工作闸门门槽周边混凝土, 拆除工作闸门门槽埋件;
(8)安装工作闸门门槽埋件, 闸门门槽二期混凝土浇筑;
(9)工作闸门安装配重块,闸门放入闸门孔止水;
(10)升起事故闸门锁定于检修平台。

3 工程特点及难点

(1)百花湖作为贵阳市饮用水源,改造期间必须以保证饮用水源为前提,整个改造过程都在限制水位以上进行,不得进行放库创造干地施工条件,增加了施工难度。

(2)施工期间蓄水位通常在 1 191 ~1 193 m,放空底孔底板高程为 1 153.5 m,底板水深约为 42 m,事故闸门部分工作需使用重潜装备水下进行。

(3)事故闸门门槽轨道、止水钢片本次改造不作更换,但水下摄影检查时发现止水钢片存在锈蚀,改造后事故闸门水封紧贴止水钢片后仍可能存在缝隙,止水不彻底,对后期放空事故闸门与工作闸门之间积水以及工作闸门门槽底板施工带来一定不利影响。

(4)事故闸门下闸时需人工下潜辅助入槽,下闸到位后亦不能立即达到止水效果,需排出事故闸门与工作闸门之间积水,利用事故闸门上下游压差来使事故闸门止水,但要使工作闸门排水后形成的压差足以使事故门贴紧止水,所需的出水量较难掌握,并且工作闸门卡塞严重,提起难度大,使得两门之间积水排出较为困难。

(5)工作闸门处于有压挡水状态,并且工作闸门卡塞严重,放弃使用启闭机提升闸门,采用液压千斤顶顶起闸门 2 cm,放空工作闸门与事故闸门之间积水,使工作门前后平压,然后再对工作闸门进行拆解、吊出。顶起闸门放空积水这一过程以及事故闸门能否成功止水不确定性因素较多,难度较大。整个工程工作闸门拆除工作难度最大,耗时最长,风险最高。

(6)原事故闸门及工作闸门共用一台固定式卷扬启闭机,启闭机已不能正常使用。原启闭机拆除工作量大,新排架上安装启闭机安装要求高。

4 主要工作施工方法

4.1 原底孔事故闸门及工作闸门启闭机(卷扬式)的拆除

4.1.1 拆除顺序

切断电源→拆除卷筒与动滑轮连接钢丝绳→拆除底座地脚螺栓→检查是否全部松开→

卷筒拆除→起吊至地面→底座拆除→起吊至地面→收尾结束。

4.1.2　拆除方法

(1)准备好所需使用的各类工器具、起吊用具、安全用品等;

(2)拆除启闭机动力电源;

(3)拆除启闭机卷筒与动滑轮连接处钢丝绳;

(4)拆除启闭机底座上的固定螺栓,并检查确认全部拆除,无任何与基础连接,无影响起吊的因素;

(5)由于事故闸门启闭机与工作闸门启闭机是整体结构,为确保拆除吊离安全,将启闭机卷筒与底座固定螺栓拆除;

(6)启闭机两个卷筒拆除吊至装车点后,再将启闭机两个齿轮箱与底座固定螺栓拆除;

(7)启闭机两个齿轮箱拆除吊至装车点;

(8)启闭机底座吊至装车点;

(9)启闭机机架与平衡轮拆除吊至装车点;

(10)退出动滑轮与闸门连接销,将动滑轮吊至装车点。

4.2　事故闸门拆除

4.2.1　拆除顺序

切断电源线→水下探摸检查→障碍物清除→整体将拉杆与闸门吊起→起吊锁定第二节拉杆→拆除第一节拉杆→起吊锁定第三节拉杆→拆除第二节拉杆→起吊锁定第四节拉杆→拆除第三节拉杆→起吊锁定第五节拉杆→拆除第四节拉杆→起吊锁定事故闸门→拆除第五节拉杆→吊出事故闸门→收尾结束。

4.2.2　拆除方法

(1)原事故闸门现是通过拉杆锁定在孔口检修平台处,将水位降至孔口检修平台以下后,对拉杆和事故闸门进行水下探摸。

(2)委托潜水员事先检查锁定梁稳固性是安全的,检查拉杆、拉杆连接销等各方面,确认可以安全地正常运行。

(3)采用130 t汽车吊,当拉杆吊起距锁定梁约100 mm后,检查各方面安全情况,确认无任何异常情况,再指挥吊车缓慢起吊。

(4)当第二节拉杆锁板吊至启闭机平台,用锁定梁锁住闸门,拆除第一节拉杆,第一节拉杆拆除后,130 t吊车再缓慢吊起拉杆与事故闸门,直至第三节拉杆锁板吊至启闭机平台,用锁定梁锁住事故闸门,拆除第二节拉杆。

(5)按此程序反复施工,直至拉杆拆完事故闸门吊至地面,进行闸门解体装车。

4.3　事故闸门下闸

4.3.1　事故闸门下闸流程

闸门现场组装滑轮、水封→闸门防腐处理→尺寸复核→使用启闭机将闸门吊至相应孔顶→闸门静平衡试验→人工潜水辅助入槽→闸门落入底部止水→水封水密性试验→待工作闸门安装完毕→提起事故闸门至检修平台锁定。

4.3.2　事故闸门焊接

(1)闸门焊接。

闸门焊接全过程要悬挂焊接变形监控用的垂线,专职检验员在焊接全过程中记录变形量,随时通过焊接工程师适当调整焊接顺序和工艺参数。焊接工艺参数应在焊接工艺评定范围内。

(2)门叶焊后的检查。

检查门叶焊后的几何尺寸,整扇门叶几何尺寸须符合设计要求。门叶焊接完成后所有焊缝外观检查、无损探伤检查、焊缝无损探伤的抽查率均应按 DL/T 5018—2004 的规定进行。

4.3.3 事故闸门门叶安装焊缝涂装

门叶结构焊接完成,门体几何尺寸符合设计图样及 DL/T 5018 规定,提交闸门检查记录,方可对闸门门叶分节拼装焊缝区,闸门与吊耳结构组焊接头区进行除锈与涂装。涂装时应严格遵守设计文件的有关规定,涂层质量按 SL 105—2007 规范进行检查,合格后才能进入附件安装工序。

4.3.4 事故闸门附件及水封安装

(1)闸门附件(包括反、侧向滑块,支承定轮、顶、底、侧止水装置),闸门滚轮组装,应以止水座面为准进行调整,所有滚轮应在同一平面内,其工作面的最高点和最低点的差值不应超过 2 mm,同一横断面上,滚轮的工作面与止水座面的距离偏差不应大于 1.5 mm。调整前,应先将定轮踏面调至与定轮轴平行。

(2)止水装置安装时,水封接头要用金属模热压黏合工艺。橡胶止水上的孔位应根据闸门上的水封压板配钻螺栓孔,钻孔直径应比螺栓直径小 1 mm。止水橡皮安装时可按照顶止水、侧止水、底止水的顺序逐项安装,最后将侧止水长度多余的部分切除。

4.3.5 事故闸门下闸操作

(1)下闸前采用人工下潜,用高压水枪清洗底板浮泥、碎石,沿途清理掉止水钢片、门槽两侧的浮垢,为下闸提供干净环境。

(2)事故闸门门槽顶部入口高程为 1 188.5 m,在水下 5 m 左右,下闸时为确保闸门能准确落入门槽内,采取人工下潜辅助闸门入槽。

(3)下闸前计算好闸门行程及启闭机钢丝绳所需长度,确保闸门到位后充水阀亦能关闭到位。

(4)事故闸门下闸完成后因原工作闸门仍处于工作状态,事故闸门前后无压差,此时门体与门框贴合不严,还不能有效止水,需待工作闸门排水后,利用压差将事故闸门紧贴于门框,方可达到止水目的。

4.4 工作闸门拆除

事故闸门下闸后,事故闸门还未起到止水的作用,两闸门之间仍有积水,工作闸门仍处于正常挡水状态。此时需将积水排除,利用压差将事故闸门紧贴门框,让事故闸门起到止水作用。然后将两门之间积水全部排出,工作闸门前后平压,再进行拆除。

4.4.1 拆除顺序

拆除工作闸门配重块→闸门配重块吊至地面→液压千斤顶顶起工作闸门→排出两扇门之间积水→检查事故闸门止水情况→切割工作闸门滑轮→闸门整体吊至地面→解体转运→门槽埋件混凝土凿除→拆除主反轨→起吊至地面转运→收尾结束。

4.4.2 拆除方法

(1)事故闸门下闸后,检查工作闸门工作情况。

(2)将工作闸门配重块拆除,用吊篮运输至检修平台。

(3)由于工作闸门已长时间未运行,主轮与滑块等构件锈蚀严重,与门槽轨道卡塞严重,无法正常运行,启闭机不能满足起吊工作要求。为确保闸门顺利地拆除起吊至地面,先采用2台200 t液压千斤顶将闸门顶起2 cm,排出两门之间积水,事故闸门上下游形成压差,待事故闸门紧贴门框,达到正常止水效果。然后将两门之间积水全部排出,此时工作闸门前后已均无水压,便于后面拆解工作。

(4)本次采用的2台200 t液压千斤顶,为防止门体在顶门过程中损坏,需对千斤顶与闸门连接处焊接钢板进行加固。

(5)积水排空后,将主轮、定轮等构件切割、拆除卡塞部位,使闸门处于松动状态,检查确认闸门不会再与门槽产生刮擦。

(6)利用启闭机将工作闸门起吊至地面,当闸门吊起接近检修平台时停止起吊,认真仔细观察各方面安全情况,特别是起重设备的安全情况,确认无任何异常情况,方将闸门缓慢起吊至地面,进行解体装车。

4.5　原工作闸门门槽二期混凝土及埋件的拆除

(1)准备好门槽埋件混凝土凿除所需使用的各类工器具,起吊用具、安全用品等。

(2)凿混凝土前先进行现场查看,制订脚手架搭设方案,组织技术交底,明确凿除混凝土质量要求,使凿除混凝土有关人员心中有数,按要求操作。

(3)采用在门槽内搭建满堂脚手架,每隔1.5 m建立工作面,脚手架四周设1.2 m高的防护栏杆,上下架设斜道或扶梯,严禁攀登脚手架杆上下。

(4)定位放线,按照图纸的要求,用墨线弹出应凿除混凝土的外连线。用风镐凿除门槽埋件周围混凝土,直至漏出门槽加固筋。

(5)施工时由边线凿出一带沟,从周边向内凿除,先凿除表层的混凝土,凿至一定程度后,再从侧面继续凿除,直至凿完,然后清理插筋上残留的混凝土。

(6)凿除过程中,碰到钢筋应避开,切不可将钢筋割断、凿断。

(7)门槽主轨露出后,用氧气、乙炔切割机割开后调运至地面后转运。

4.6　启闭机排架钢筋混凝土的施工

4.6.1　脚手架搭设

(1)由于启闭排架框架联系梁和顶部次梁较多,结合施工工艺,计划采用搭设满堂脚手架的方式进行模板支撑。脚手架采用 ϕ50 mm钢架管和扣件连接而成,左右方向间距1 m、竖向步距1.2 m,上下游排架柱均7排。脚手架搭设随排架柱施工逐渐上升。

(2)脚手架搭设时严格控制其四周位置,严禁超出1 196.90 m平台边界线。由于在启闭排架及平台施工时,对检修闸门及工作闸门门槽孔用9合板进行覆盖,防止钢管扣件等器件落入门槽。

4.6.2　施工爬梯搭设

为便于启闭排架及平台施工时上下通行,随着脚手架的上升,在启闭排架与交通桥侧搭设施工爬梯作为通道。施工爬梯采用钢架管搭设而成,每层踏步下兜设安全网,并在侧边设扶手栏杆。

4.6.3　模板工程施工

(1)根据启闭排架及平台结构体形,结合施工工艺,计划采用普通木制模板进行施工。

模板由人工拼装就位，利用钢管作为横竖围檩形成骨架，采用内拉外撑的方法进行加固，部分柱子及梁结合对拉方式进行加固。

（2）整个排架浇筑分为1 196.90～1 200.4 m、1 200.4～1 204.4 m，1 204.4～1 209.4 m三段浇筑，先进行排架4个Z柱的混凝土施工，然后进行圈梁、牛腿、平衡梁施工，施工4个Z柱时，在下游侧靠交通桥的柱子内预埋PVC塑料管用作电缆铺设管，为防止浇筑时浆液逸出，在其上下游侧各填充20 cm长的2 cm厚木板。模板在每次使用前需进行清理，梁的起拱高度严格按照《水电水利工程模板施工规范》（DL/T 5110—2013）相关要求执行，留足混凝土保护层厚度。

4.6.4 钢筋工程施工工序

（1）钢筋加工。

根据施工图纸及分层等因素进行钢筋配料，随后用载重汽车运输至施工现场，根据钢筋料表在钢筋加工现场进行加工成型、编号，按其类别与型号摆放整齐，根据设计施工图和测量点线进行搭架、分距、摆放、绑扎和焊接。

（2）钢筋焊接。

柱子竖向钢筋采用绑扎及双面焊焊接方式，绑扎长度和焊接长度各不低于50d和10d。焊接施工时要求焊工持证上岗，按相关规范要求施焊。

4.6.5 混凝土工程的拌制、浇筑、养护

（1）混凝土由拌和站集中拌制，由自卸汽车运输至现场，通过混凝土泵车输送入仓浇筑。先进行每层联系梁底部柱子的混凝土施工；后进行上下游方向和左右方向联系梁的施工。柱子按3.5 m一层进行分层浇筑，顶部大梁、牛腿，以及整个启闭机平台一次浇筑完成。

（2）排架柱及联系梁混凝土浇筑前，用架管和普通钢模搭设操作平台，操作平台须设有相应的安全防护设施。排架柱及大梁振捣时主要采用插入式ϕ100 mm和ϕ80 mm型振捣器；模板周围、金结、埋件等附近地方和小体积的板、梁、柱结构采用ϕ50 mm电动软轴插入式振捣器振捣。

4.7 底孔工作闸门埋件安装

4.7.1 门槽二期埋件安装工艺流程

其施工工艺流程图如下：审图、编制工艺→埋件清点检查→底槛测量控制点设置→底槛吊装、调整固定、焊接→检查验收→底槛二期混凝土浇筑→主轨、副轨、反轨、门楣及锁定梁埋件测量控制点设置→脚手架搭设→主轨、副轨、反轨、门楣、锁定梁埋件吊装、调整固定→检查验收→二期混凝土浇筑→主轨、副轨、反轨、门楣接头焊接、磨平→门槽清理、防腐、复查测量→脚手架拆除。

4.7.2 埋件的安装方法

（1）底槛吊装前按测量控制点在锚板上焊支撑托架，底槛吊装就位后，调整底槛中心里程、高程，并进行初调。当各控制点安装精度在规范要求范围内时，初步加固，重新进行精调，达到设计图纸要求后，进行仔细加固、焊接，报监理验收，浇筑二期混凝土。

（2）主轨、反轨、门楣吊装就位前需搭设脚手架及安全防护设施。施工脚手架的搭设应遵循安全可靠又不影响埋件的吊装和调整焊接操作。

（3）主轨、反轨根据底槛部位的放样进行调整、定位，控制好跨度、垂直度。门楣的调整以其止水面与主轨的止水面控制在一个平面上进行定位。各主要尺寸按规范要求进行控

制。

(4)安装过程中应保证结构的稳定性和不产生永久性变形。

(5)埋件就位调整完毕,应与一期混凝土中的预留锚栓焊牢。严禁将加固材料直接焊在主轨、反轨、副轨、门楣等工作面上或水封座板等主要构件上。

(6)埋件组装完毕经检查合格,验收合格后,进行二期混凝土浇筑。

(7)埋件施焊前应将坡口及其两侧 10 ~ 20 mm 范围内的铁锈、熔渣、油垢、水迹等清除干净。埋件工作面上的连接焊缝焊接完后,必须进行打磨平整。对接接头的错位应进行缓坡处理,过流面及工作面的焊疤和焊缝铲平磨光,凹坑应补焊平并磨光。

(8)埋件所有不锈钢材料的焊接接头,必须使用相应的不锈钢焊条进行焊接,并将不锈钢焊接接头磨至与止水座板表面平齐。

(9)混凝土浇筑过程中应对埋件的工作面进行必要的保护,避免碰伤及污物黏附。

(10)混凝土浇筑拆模后,应对埋件进行复测,同时清除遗留的钢筋头及污染物,并对混凝土超差部分进行处理。

(11)埋件安装完毕后,对所有的工作表面进行清理,门槽范围内影响闸门安全运行的外露物必须清除干净,特别应注意清除水封座板表面的水泥浆,对接部位应进行除锈、涂装处理,并对埋件的最终安装精度进行复测,做好记录。

4.8　工作闸门门槽二期混凝土浇筑

4.8.1　门槽二期混凝土工艺流程

按如下程序施工:凿毛→测量、放线,确定埋件位置→埋件安装→搭设脚手架→安装、加固模板→混凝土浇筑→拆模板、养护。

4.8.2　二期混凝土施工方案

(1)门槽及门楣凿毛。凿毛前先清理底板门槽的淤泥及杂物,然后放线,确定各部位凿毛的范围,凿毛位置确定后,采用电动凿毛机凿毛,凿毛厚度均按 1 ~ 2 cm 控制,完后清理表面的松散混凝土与浮尘,确保凿毛面洁净。

(2)搭设脚手架。脚手架采用 ϕ50 钢管搭设,为便于操作,针对不同部位,分别按如下方式进行:①工作门槽脚手架采用满堂红脚手架形式,搭设高度、宽度均与闸孔一致,长度沿闸孔方向,每边宽出门槽 1 m,搭设时立杆纵横间距可按 1.5 m 左右设置,水平杆步距结合混凝土浇筑平台拟按 1 ~ 1.5 m 设置,为确保其稳定性,在脚手架外侧增剪刀撑加固。②门楣处采用承重式脚手架,用于支撑门楣二期混凝土的荷载,亦采用 ϕ50 钢管搭设,立杆纵横间距不大于 1.2 m,沿闸孔方向的搭设宽度不小于 2.5 m。

(3)立模与加固。门槽及门楣采用钢模板支设,加固采取木方结合钢管进行,立模前要复查埋件位置、尺寸是否准确,焊接是否牢固,支撑是否稳定,方可进行模板安装。

(4)为保证二期混凝土浇筑的质量,施工时采取如下措施:

①浇筑混凝土前,将结合面老混凝土凿毛并冲洗干净,保持湿润,检查模板各部位尺寸,要完全符合要求,并仔细封堵各模板缝隙,以防漏浆,在确保没有任何问题的情况下方可施工。

②由于二期混凝土的仓面空间小,所以施工时要提高混凝土的和易性,增大流动性,同时要做好料槽,避免因骨料与浆分离。

③先用溜槽把混凝土下落在每层的工作台上,然后用小桶和铁锹翻倒入仓,每层混凝土

厚度控制在 20 ~ 30 cm 为宜,每个工作面的门槽二期混凝土均匀上升。

④振捣方法,用 30 mm 棒头的小型插入式振动器进行振捣,在振动器无法达到的地方,用人工插钎的方法进行捣实。

4.9 工作闸门安装

4.9.1 工作闸门安装流程

门槽埋件复检合格→门槽临时设施拆除→门叶吊入、组装→补修涂层→附件、止水件安装→调整水封压缩量→起落试验。

4.9.2 平面闸门安装方法

平面闸门在安装前应对其各项尺寸进行复查,符合 DL/T 5018—2004 规范中有关闸门安装中的规定。

(1)止水橡皮的螺孔位置与止水压板的螺孔位置配钻,孔径应比螺栓直径小 1 mm,严禁采用冲压法或热烫法加工螺孔。

(2)当均匀拧紧螺栓后,螺栓头部应低于止水橡皮的球头自由表面 8 mm。

(3)止水橡皮表面应光滑平直,不得盘折存放,厚度偏差为 ±1 mm,外形尺寸允许偏差为设计尺寸的 2%。

(4)潜孔式闸门有顶止水橡皮,其连接处应切割平整,厚度一致。

(5)止水橡皮接头可用生胶热压方法胶合(由厂家胶接后供货),胶合处不得有错位,凹凸不平和疏松现象。

(6)止水橡皮安装后,其两侧止水中心距离及顶止水至底止水底缘距离允许偏差 ±3 mm,止水表面的平面度为 2 mm,不允许有突然的尺寸改变。

4.9.3 工作闸门下闸操作

(1)下闸前研究制定百花电站底孔工作闸门落闸操作流程,对门槽、底坎尺寸、闸门、水封尺寸等进行复核。

(2)在不装配重情况下进行全行程启闭试验,在确定无异常后装入配重,再次清理门槽、底坎等可能存在掉落的杂物。

(3)下闸过程中密切注意过载限制器荷载显示,若数值突变或超过临界值 300 kN,应立即制动启闭机,待查明原因排除故障后方可继续操作。

(4)工作闸门下到距底坎 1 m 时停止下落,再次对底坎止水钢片检查清理,确认干净,闸门整体无异常后再将闸门下落到位。

(5)闸门到位后检查水封密闭情况,检查水封压缩量并记录,确认正常后开启事故闸门充水阀充水平压,检查工作闸门漏水情况。

(6)待平压后 24 h,检查工作闸门无漏水或漏水小于要求值,即可提起事故闸门,锁定于检修平台。

5 结 论

百花水电站放空底孔事故闸门、工作闸门改造工程的顺利完成,研究制订出一套此类老旧闸门改造工程切实可行的改造方案,既解决了工程实际,同时也对我国建于 20 世纪五六十年代,因运行时间较长,维护薄弱,现状堪忧的老旧底孔闸门改造、更换工作,提供一定参考。

参考文献

[1] SL 74 水利水电工程钢闸门设计规范[S].
[2] DL/T 5167 水利水电工程启闭机设计规范[S].
[3] DL/T 5057 水工混凝土结构设计规范[S].
[4] DL/T 5018 水利水电工程钢闸门制造安装及验收规范[S].
[5] DL/T 5019 水利水电工程启闭机制造、安装及验收规范[S].

水流不同入池角度对陡坡后消力池内水跃特性的试验研究

葛旭峰　徐莉平

（陕西省水利电力勘测设计研究院，西安　710001）

摘　要　陡坡后接消力池是底流消能经常遇到的设计形式，对消力池设计通常采用 $L_b=(0.7\sim0.8)L_j$ 来计算消力池长度，但是针对陡坡后接消力池，采用此式计算出的消力池长度往往不能满足设计泄洪要求。文章分析了在陡坡后消力池内产生水跃的影响因素，通过量纲分析给出了各因素与 η、L_j 的函数关系，并结合室内模型试验，运用数值回归分析的方法推导出 η 和 L_j 的计算公式，利用实际工程的水工模型试验对所推导的公式进行了对比验证。结果表明，两个公式的计算误差不超过 ±10%，可对陡坡后消力池设计提供参考。

关键词　陡坡后消力池；共轭水深比 η；水跃长度 L_j；模型试验；数值分析

0　引　言

底流消能是利用在消力池内产生水跃进行消能的一种传统消能方式，在水利工程中有着广泛的应用[1,2]。《水闸设计规范》（SL 253—2000）中要求消力池的设计长度按下式计算：

$$L_b=(0.7\sim0.8)L_j$$

式中，$L_j=6.9(h_2-h_1)$ 为自由水跃的长度。其中 h_1、h_2 分别为跃前、跃后水深。但是，通过试验及实际工程发现，对于陡坡后接消力池，按照此方法计算出的消力池池长往往不能达到设计泄洪要求。例如：新疆库马拉克河小石峡水电站溢洪道消力池设计 $L_b=82$ m，在模型试验中，发现溢洪道宣泄消力池设计洪水 1 856.2 m^3/s 时，水跃跃前断面位于 0 + 311.68，跃后断面越出池外，消力池池长明显不足[4]。汉江旬阳水电站冲沙闸消力池设计 $L_b=60$ m，在模型试验中，发现冲沙闸在宣泄典型洪水时，跃前断面位于 0 + 35.0 m，跃后断面 0 + 100 m，消力池池长不足[5]。以上工程中提到的消力池形式均属于陡坡后接消力池，通过模型试验，不难发现按照规范要求所设计的消力池池长不能满足宣泄设计流量的要求。针对这一现象，建立供实际工程设计使用的陡坡后接消力池池长计算式是非常必要的。

1　试验方案

试验在宽 40 cm、高 50 cm、长 2 000 cm 的玻璃水槽中进行，水流由上游泄槽进入，通过陡坡后进入消力池内。陡坡角度最初为 20°，后面依次变为 30°、45°，具体布置如图 1 所示。

作者简介：葛旭峰（1984—），男，陕西富平人，工程师，硕士，主要从事水利水电设计等方面的工作。E-mail：gexufeng@ sina. cn。

流量通过在水槽下游三角形堰量测,水面高度通过滑车上的测针(精度0.1 mm)测定。通过线绳在水跃中的速度方向来对跃后位置进行确定,将线绳处在上游或下游或静止不动时的位置定义为跃后位置(水跃末端),通过试验发现这样确定的水跃长度比计算水跃长度精确。以陡坡末端为起点,分别对跃前、跃后水深和水跃长度等进行测定。为了研究陡坡角度对水跃长度的影响,试验进行了三种角度下的试验研究。

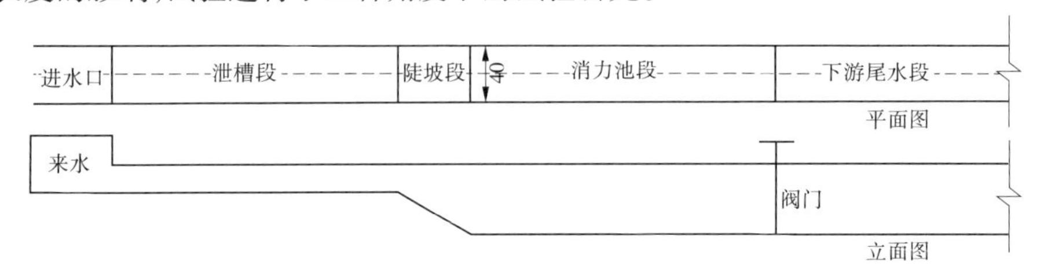

图1 模型试验布置图

2 量纲分析及公式拟合

作者通过对模型试验数据的分析发现,对于陡坡后接消力池的设计方案在设计消力池时仅仅考虑弗汝德数是不够的。图2给出了(20°)跃后水深比与弗汝德数之间的关系,可以看出跃后水深比在不同的淹没度下有显著的关系,此关系也适合于30°和45°情况。

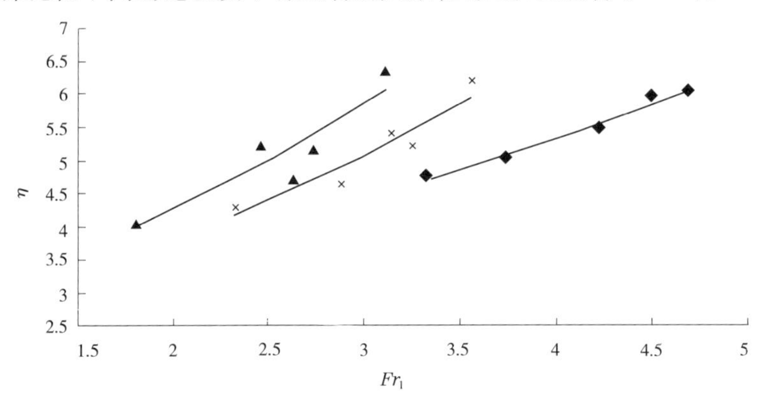

图2 跃后水深比 η 与弗汝德数 Fr_1 的关系图

因此,为进一步研究水跃水力特性,同时能得到其新公式,对于陡坡后接消力池提出跃后水深比 η 主要与 q,h_1,g,θ,L_1,H_1 有关。其中 q 为单宽流量,h_1 为跃前水深,g 为重力加速度,θ 为陡坡与消力池地板的角度,L_1 为水跃在陡坡上的长度,H_1 为跃前的断面总水头。用以下的函数关系式来表达各个变量与 η 之间的关系:

$$\eta = \frac{h_2}{h_1} = f(q,h_1,g,\theta,L_1,\frac{H_1}{L_1})$$

共有6个变数,将上式无量纲化,即可进一步简化为:

$$\eta = f(Fr_1,\theta,\frac{L_1}{H_1})$$

式中:θ 为坡角;H_1 为跃前总水头,$H_1 = h_1 + \frac{q^2}{2gh_1^2\cos^2\theta} + L_1\sin\theta$。

又已知 $\eta_* = \frac{1}{2}(\sqrt{1+8Fr_1^2}-1)$，那么上式可进一步简化为：

$$\frac{\eta}{\eta_*} = f(\theta, \frac{L_1}{H_1})$$

通过室内系列模型试验，研究 $\frac{\eta}{\eta_*}$ 与无量纲量之间的关系。试验条件为：$\theta = 20°$、$30°$、$45°$，$Q = 25 \sim 60$ L/s，对不同陡角后所接消力池内发生不同淹没度水跃进行了试验研究，测出每个流量所对应角度下的水跃长度、跃前水深（位置）、跃后水深等，在 20°～45°的范围内观测 $\frac{\eta}{\eta_*}$ 随 $\frac{L_1}{H_1}$ 变化的变化趋势。

2.1 陡坡后消力池跃后水深比 η

通过对 20°、30°、45°三种角度下测得试验数据绘制如图 3 所示。

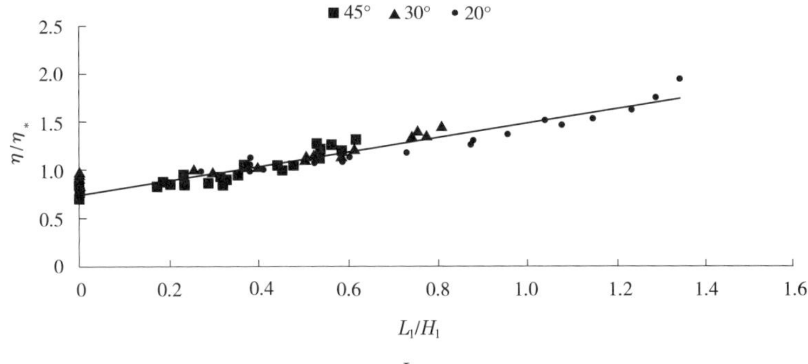

图 3 三种角度 $\frac{L_1}{H_1}$ 与 $\frac{\eta}{\eta_*}$ 关系图

由三种不同陡坡角度测得的试验数据对 $\frac{\eta}{\eta_*}$ 与 $\frac{L_1}{H_1}$ 进行回归计算所得关系如下：

$$\frac{\eta}{\eta_*} = 0.7405\frac{L_1}{H_1} + 0.7392 \tag{1}$$

式中，$\eta_* = \frac{1}{2}(\sqrt{1+8Fr_1^2}-1)$，$H_1 = h_1 + \frac{q^2}{2gd^2\cos^2\theta} + L_1\sin\theta$。

上述的关系式中包含了参数 θ 和 $\frac{L_1}{H_1}$，反映了陡坡后消力池内水跃随其变化的新规律。

2.2 陡坡后消力池水跃长度 L_j

同样将三种角度下的实测数据绘制如图 4 所示。

对水跃长度与跃前水头比值 $\frac{L_j}{H_1}$ 同跃后共轭水深比 $\frac{\eta}{\eta_*}$ 的关系进行回归分析得到如下关系式：

$$\frac{L_j}{H_1} = 3.6291\left(\frac{\eta}{\eta_*}\right)^{0.6234} \tag{2}$$

式中，$\frac{\eta}{\eta_*} = 0.7405\frac{L_1}{H_1} + 0.7392$，$H_1 = h_1 + \frac{q^2}{2gd^2\cos^2\theta} + L_1\sin\theta$。

式(1)、式(2)适用于 $\theta = 20° \sim 45°$、弗汝德数 $Fr_1 = 1.5 \sim 7.5$ 的陡坡后接消力池。

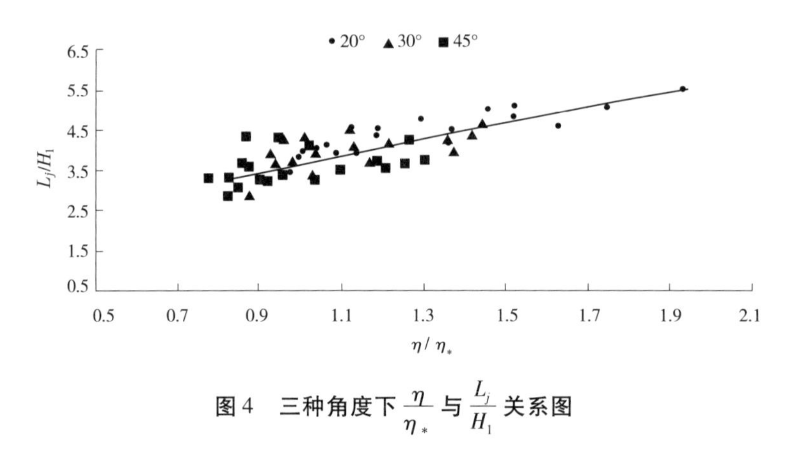

图4 三种角度下 $\frac{\eta}{\eta_*}$ 与 $\frac{L_j}{H_1}$ 关系图

3 公式验证

3.1 新疆库马拉克河小石峡水电站水工模型

新疆库马拉克河小石峡水电站导流洞与溢洪道的设计均为底流消能，其布置形式为陡坡后接消力池。利用新疆小石峡水电站水工模型试验资料，对式(1)和式(2)进行验证，表1中列出了公式所需要的参数并进行计算，结果为弗氏数 $Fr_1 = 2.658 \sim 4.27$，$\theta = 20°$、26.565°，均满足式(1)和式(2)的适用范围，因此将其结果代入式(1)和式(2)中计算跃后水深与水跃长度，结果列于表2中的计算值。从表1中可以看出，跃后水深、水跃长度的计算值与实测值较为接近，除了一组外，其余测组跃后水深、水跃长度的相对误差均在10%之内。说明式(1)和式(2)计算精度较好。

表1 小石峡水电站水工模型跃后水深、水跃长度计算

实测值							计算值						
θ	q (m^3/s)	h_1 (m)	h_2 (m)	v_1 (m/s)	L_j (m)	Fr_1 (m)	H_1	Fr_1	η_*	h_2' (m)	L_j' (m)	相对误差(%) 水深	相对误差(%) 跃长
26.57	0.127	0.05	0.27	2.84	2.06	0.201	0.552	4.06	5.26	0.265	2.01	1.9	2.4
26.57	0.167	0.058	0.28	3.22	2.15	0.134	0.647	4.27	5.56	0.288	2.188	−2.9	−1.8
20	0.115	0.06	0.24	2.04	1.69	0.277	0.367	2.658	3.29	0.256	1.567	−6.7	7.3
20	0.110	0.058	0.255	2.02	1.75	0.319	0.375	2.675	3.32	0.263	1.656	−3.1	5.4
20	0.107	0.052	0.22	2.19	1.64	0.298	0.398	3.065	3.86	0.26	1.679	−18.2	−2.4

注：$Fr_1 = \frac{v_1}{\sqrt{gh_1}}$，$H_1 = h_1 + \frac{q^2}{2gd^2\cos^2\theta} + L_1\sin\theta$，$\eta_* = \frac{1}{2}(\sqrt{1+8Fr_1^2}-1)$。

3.2 新疆迪那河五一水库水工模型

新疆迪那河五一水库导流洞设计为底流消能，其形式也为陡坡后接消力池。利用其试验资料对式(1)、式(2)进行验证，弗汝德数 $Fr_1 = 1.79 \sim 2.42$，$\theta = 20°$，满足公式的适用范围，将式(1)、式(2)所需数据和计算结果列于表2中。同时为验证公式的计算精度，对其计算值进行了相对误差计算(见表2)。结果表明，通过式(1)、式(2)计算出的跃后水深和水跃长度的相对误差均小于±10%。该模型试验资料进一步证明式(1)、式(2)的计算精度较好，可以为适用条件的底流消力池设计提供参考。

3.3 误差分析

实测值与计算值间存在有一定的误差，分析造成其误差可能的原因有：①公式是经验公

式,在进行各个量间的分析时,主要考虑了陡角、跃首位置对跃后水深的影响,使公式的精度有一定限制。②模型试验引起的误差,在模型试验的过程中人为误差和观测仪器误差等。因此,由于模型试验引起的误差是不可避免的,所以试验数据必然存在一定的误差,使公式的计算精度受到限制。③跃后断面的不稳定性,造成水跃长度难以准确量测。

表2 五一水库水工模型跃后水深、水跃长度计算

实测值							计算值						
θ	q (m^3/s)	h_1 (m)	h_2 (m)	v_1 (m/s)	L_j (m)	L_1 (m)	H_1	Fr_1	η_*	h_2' (m)	L_j' (m)	相对误差(%) 水深	跃长
20	0.033	0.034	0.168	1.03	1.5	0.52	0.266	1.79	2.077	0.154	1.57	8.3	-4.7
20	0.066	0.05	0.24	1.4	1.75	0.53	0.332	2.0	2.379	0.229	1.81	4.6	-3.4
20	0.078	0.055	0.265	1.51	1.86	0.5	0.342	2.05	2.447	0.245	1.81	7.5	2.7
20	0.132	0.07	0.3	2.0	2.1	0.45	0.429	2.42	2.96	0.314	2.02	-4.7	3.8

注:$Fr_1=\frac{v_1}{\sqrt{gh_1}}$,$H_1=h_1+\frac{q^2}{2gd^2\cos^2\theta}+L_1\sin\theta$,$\eta_*=\frac{1}{2}(\sqrt{1+8Fr_1^2}-1)$。

4 结 语

通过量纲分析,结合模型试验和数值分析的方法,推导出了陡坡后接消力池的跃后水深、水跃长度的计算公式。并用具体的水工模型试验对其进行了验证,其计算结果相对误差均控制在±10%以内,可作为设计陡坡后消力池提供参考。

参考文献

[1] 孙双科,柳海涛,等.跌坎型底流消力池的水力特性与优化研究[J].水利学报,2005(10):1-7.
[2] 葛旭峰,王长新,李琳.陡坡后消力池内水跃的数值模拟[J].水利水运工程学报,2012(3):70-74.
[3] 中华人民共和国水利部.SL 253—2000 水闸设计规范[S].北京:水利电力出版社,2000.
[4] 葛旭峰,鲁克恩,李琳,等.小石峡水电站表孔溢洪道模型试验研究[J].南水北调与水利科技,2010(5):61-64.
[5] 谢省宗,林秉南,等.宽尾墩消力池联合消能工的消能机理及其在水力计算方法[J].水力发电,1991(1):7-10.